BKI OBJEKTDATEN

Kosten abgerechneter Bauwerke

**G6
Technische Gebäudeausrüstung**

BKI OBJEKTDATEN:
Kosten abgerechneter Objekte und statistische Kostenkennwerte
G6 Technische Gebäudeausrüstung

BKI Baukosteninformationszentrum (Hrsg.)
Stuttgart: BKI, 2022

Mitarbeit:
Hannes Spielbauer (Geschäftsführer)
Brigitte Kleinmann (Prokuristin)
Catrin Baumeister
Heike Elsäßer
Sabine Egenberger
Patrick Jeske
Christiane Keck
Irmgard Schauer
Jeannette Sturm
Sibylle Vogelmann
Tabea Wessel

Layout, Satz:
Hans-Peter Freund
Thomas Fütterer

Fachliche Begleitung:
Beirat Baukosteninformationszentrum
Stephan Weber (Vorsitzender)
Markus Lehrmann (stellv. Vorsitzender)
Prof. Dr. Bert Bielefeld
Markus Fehrs
Andrea Geister-Herbolzheimer
Oliver Heiss
Prof. Dr. Wolfdietrich Kalusche
Martin Müller
Markus Weise

Alle Rechte, auch das der Übersetzung vorbehalten. Ohne ausdrückliche Genehmigung des Herausgebers ist es auch nicht gestattet, dieses Buch oder Teile daraus auf fotomechanischem Wege (Fotokopie, Mikrokopie) zu vervielfältigen sowie die Einspeisung und Verarbeitung in elektronischen Systemen vorzunehmen. Zahlenangaben ohne Gewähr.

© Baukosteninformationszentrum Deutscher Architektenkammern GmbH
Anschrift:
Seelbergstraße 4, 70372 Stuttgart
Telefon: 0711 954 854-0, Telefax: 0711 954 854-54, info@bki.de, www.bki.de

Für etwaige Fehler, Irrtümer usw. kann der Herausgeber keine Verantwortung übernehmen.

Titelabbildungen:
Grundschule (160 Schüler) (4100-0175); Arch.: ralf pohlmann architekten, Waddeweitz; Fotograf: Rainer Erhard
Weinlagerhalle (7700-0080); Arch.: Helmut Mögel, Stuttgart; Fotograf: Xella Aircrete Systems / Holger Krull
Freibad (5200-0013); Arch.: Kauffmann Theilig & Partner; Ostfildern; Fotograf: Stadt Waldkirch, Stephan Falk

Vorwort

Die Planung der Baukosten ist eine wesentliche Leistung der Architekt*innen und Planer*innen mit gleicher Relevanz wie die räumliche, gestalterische oder konstruktive Planung. Kostenermittlungen in den verschiedenen Planungsphasen erfüllen eine Aufgabe mit besonderer Wichtigkeit. Sie dienen auch als Grundlage für weitergehende Leistungen, wie Kostenvergleiche, Kostenkontrolle und Kostensteuerung.

Kostenermittlungen sind meist nur so gut, wie die angewendeten Methoden. Das Baukosteninformationszentrum BKI wurde 1996 von den Architektenkammern aller Bundesländer gegründet, um aktuelle Daten bereitzustellen und zielführende Methoden zu entwickeln und zu vermitteln.

In der Fachbuchreihe BKI OBJEKTDATEN publiziert BKI einzelne Bauobjekte nach thematischen Gesichtspunkten. Das vorliegende Fachbuch BKI OBJEKTDATEN G6 „Technische Gebäudeausrüstung" beinhaltet die Erfahrungen von 51 abgerechneten Objekten. Einen Schwerpunkt bilden die Dokumentationen der Haustechnikanlagen von KfW-, Passiv- und weiteren Energieeffizienzhäusern. Die ausgewählten Objekte enthalten insbesondere energieeffiziente Gebäudetechnik, wie zum Beispiel zu Wärmepumpen, Solaranlagen und Pelletheizungen. Deren sorgfältig dokumentierten Kosten liefern wertvolle Unterstützung bei der wirtschaftlichen Planung in Bezug auf die gesetzlichen Anforderungen zur Verwendung von erneuerbaren Energien im Gebäudebereich.

Erstmals seit Inkrafttreten der DIN 276:2018-12 erscheint diese Fachbuchreihe mit Anpassung der Objekte an die neue DIN. Hierfür wurden alle Objekte nach neuer DIN dokumentiert bzw. Dokumentationen nach alter DIN an die DIN 276:2018-12 angepasst. In den aktuell generierten statistischen Kennwerten sind somit alle kostenrelevanten Änderungen berücksichtigt.

Ein besonderer Vorteil der BKI-Dokumentationen liegt in der ausführlichen Beschreibung der Einflussfaktoren auf die Kostenkennwerte. Fotos, Zeichnungen und textliche Bescheibungen informieren den Nutzer umfassend. Die Abbildung der Baukosten der ersten Ebene nach DIN 276 sorgt für zusätzliche Transparenz und beleuchtet die Kosten der TGA in ihrem baulichen Kontext zum gesamten Objekt. In den tieferen Ebenen nach DIN 276 findet eine detaillierte Darstellung der Kostenkennwerte für die Kostengruppe 400 - Technische Anlagen statt. Komplettiert werden die Kostenangaben mit statistischen Kostenkennwerten, die gleichzeitig eine realistische Bandbreite (Von-, Mittel-, Bis-Werte) angeben.

Unser Dank gilt allen Architektur- und Ingenieurbüros sowie Bauherr*innen, die uns die Daten abgerechneter Objekte zur Verfügung gestellt haben. Wenn auch Sie zum Ausbau der BKI-Baukostendatenbanken beitragen und diese berufspolitische Gemeinschaftsaufgabe unterstützen möchten, finden Sie dazu unter www.bki.de nähere Informationen. Mit der Veröffentlichung interessanter Bauvorhaben in Publikationen des BKI zeigen Architekten Kostenbewusstsein beim Planen und Bauen. Bewerbungsbögen zur Projektdokumentation für Ihre Projekte stellt BKI im Internet unter www.bki.de/objekt-veroeffentlichen.html zur Verfügung.

Besonderer Dank gilt auch den Mitglieder*innen des Beirats für die fachliche Begleitung aller BKI-Entwicklungen. Für die Anwender*innen ist es von Vorteil, dass die Beiratsmitglieder*innen in unterschiedlichen Funktionen als freie Architekt*innen, Projektsteuer*innen, Hochschullehrer*innen und in Führungspositionen von Architektenkammern tätig sind. Auch kommt den Veröffentlichungen sehr zugute, dass sowohl Beiratsmitglieder*innen als auch Herausgeber aktiv an der Normungsarbeit mitwirken.

Wir wünschen allen Anwender*innen der Fachbuchreihe „BKI OBJEKTDATEN" viel Erfolg in allen Phasen der Kostenplanung und vor allem eine große Übereinstimmung zwischen geplanten und realisierten Baukosten im Sinne zufriedener Bauherr*innen. Anregungen und Kritik zur Verbesserung der BKI-Fachbücher sind uns jederzeit willkommen.

Hannes Spielbauer - Geschäftsführer
Brigitte Kleinmann - Prokuristin

Baukosteninformationszentrum
Deutscher Architektenkammern GmbH
Stuttgart, im März 2022

Inhalt	Seite

Benutzerhinweise

Einführung		10
Benutzerhinweise		10
Fotopräsentation der Objekte		14
Erläuterungen der Seitentypen (Musterseiten)		
	Objektübersicht	24
	Objektbeschreibung	26
	Planungskennwerte für Flächen und Rauminhalte DIN 277	28
	Kostenkennwerte 1. Ebene DIN 276	30
	Kostenkennwerte 2. und 3. Ebene DIN 276	32
	Kostenkennwerte für Leistungsbereiche nach STLB	34
	Kostenkennwerte für die Kostengruppe 400 der 3. Ebene DIN 276	36
	Kostenkennwerte für die Kostengruppe 400 der 4. Ebene DIN 276	38
	Gebäudearten-bezogene Kostenkennwerte 1.-3. Ebene DIN 276	40
	Positionen und Mustertexte	42
Gliederung in Leistungsbereiche nach STLB Bau		44
Abkürzungsverzeichnis		45

Objektdaten

A   Objektdokumentation, 1. und 2. Ebene

1   Büro- und Verwaltungsgebäude

1300-0227	Verwaltungsgebäude (42 AP) - Effizienzhaus ~59%	3. Ebene	52
1300-0231	Bürogebäude (95 AP)	3. Ebene	60
1300-0240	Büro- und Wohngebäude (6 AP) - Effizienzhaus 40 PLUS	3. Ebene	68
1300-0253	Bürogebäude (40 AP)	3. Ebene	76
1300-0254	Bürogebäude (8 AP) - Effizienzhaus ~73%	3. Ebene	84
1300-0269	Bürogebäude (116 AP), TG (68 STP) - Effizienzhaus ~51%	3. Ebene	92
1300-0271	Bürogebäude (350 AP), TG (45 STP)	3. Ebene	102
1300-0279	Rathaus (85 AP), Bürgersaal	3. Ebene	112

2   Gebäude für Forschung und Lehre
(keine Objekte in Band G6)

3   Gebäude des Gesundheitswesens
(keine Objekte in Band G6)

4   Schulen und Kindergärten

4100-0161	Real- und Grundschule (13 Klassen, 300 Schüler) - Passivhaus	Erweiterung	3. Ebene	122
4100-0175	Grundschule (4 Lernlandschaften, 160 Schüler) - Effizienzhaus ~3%		3. Ebene	134
4100-0189	Grundschule (12 Klassen, 360 Schüler) - Effizienzhaus ~72%		3. Ebene	144
4400-0250	Kinderkrippe (4 Gruppen, 50 Kinder)		3. Ebene	152
4400-0293	Kinderkrippe (3 Gruppen, 36 Kinder) - Effizienzhaus ~37%		3. Ebene	162
4400-0298	Kinderhort (2 Gruppen, 40 Kinder) - Effizienzhaus ~30%		3. Ebene	170
4400-0307	Kindertagesstätte (4 Gruppen, 100 Kinder) - Effizienzhaus ~60%		3. Ebene	178

	5	**Sportbauten**			
	5100-0115	Sporthalle (Einfeldhalle) - Effizienzhaus ~68%		3. Ebene	188
	5100-0124	Sporthalle (Dreifeldhalle, Einfeldhalle)	Modernisierung	3. Ebene	196
	5200-0013	Freibad	Umbau	3. Ebene	206
	5200-0014	Hallenbad	Modernisierung	3. Ebene	216
	5300-0017	DLRG-Station, Ferienwohnungen (4 WE)		3. Ebene	228
	6	**Wohngebäude**			
	6100-1186	Mehrfamilienhaus (9 WE) - Effizienzhaus Plus		3. Ebene	238
	6100-1262	Mehrfamilienhaus, Dachausbau (2 WE)	Umbau	3. Ebene	246
	6100-1289	Einfamilienhaus, Garage - Effizienzhaus ~31%		3. Ebene	256
	6100-1294	Mehrfamilienhaus (3 WE) - Effizienzhaus 40		3. Ebene	264
	6100-1306	Mehrfamilienhaus (5 WE)	Umbau	3. Ebene	272
	6100-1311	Mehrfamilienhaus (4 WE), Tiefgarage - Effizienzhaus ~55%		3. Ebene	282
	6100-1316	Einfamilienhaus, Carport		3. Ebene	290
	6100-1335	Einfamilienhaus, Garagen - Passivhaus		3. Ebene	298
	6100-1336	Mehrfamilienhäuser (37 WE) - Effizienzhaus ~38%		3. Ebene	306
	6100-1337	Mehrfamilienhaus (5 WE) - Effizienzhaus ~33%		3. Ebene	314
	6100-1338	Einfamilienhaus, Einliegerwohnung, Doppelgarage - Effizienzhaus 40		3. Ebene	322
	6100-1339	Einfamilienhaus, Garage - Effizienzhaus 40		3. Ebene	330
	6100-1375	Mehrfamilienhaus, Aufstockung (1 WE)	Erweiterung	3. Ebene	338
	6100-1383	Einfamilienhaus, Büro (10 AP), Gästeapartment - Effizienzhaus ~35%		3. Ebene	346
	6100-1400	Mehrfamilienhaus (13 WE) - Effizienzhaus 55, Tiefgarage		3. Ebene	354
	6100-1426	Doppelhaushälfte - Passivhaus		3. Ebene	364
	6100-1433	Mehrfamilienhaus (5 WE), Carports - Passivhaus		3. Ebene	372
	6100-1442	Einfamilienhaus - Effizienzhaus 55		3. Ebene	380
	6100-1482	Einfamilienhaus, Garage		3. Ebene	388
	6100-1483	Mehrfamilienhaus (6 WE)	Instandsetzung	3. Ebene	396
	6100-1500	Mehrfamilienhaus (18 WE)	Instandsetzung	3. Ebene	406
	6100-1505	Einfamilienhaus - Effizienzhaus ~56%		3. Ebene	416
	6200-0077	Jugendwohngruppe (10 Betten)		3. Ebene	424
	6400-0100	Ev. Pfarrhaus, Kindergarten - EnerPHit Passivhaus	Umbau	3. Ebene	432
	7	**Gewerbegebäude**			
	7100-0052	Technologietransferzentrum		3. Ebene	442
	7100-0058	Produktionsgebäude (8 AP) - Effizienzhaus 55		3. Ebene	452
	7300-0100	Gewerbegebäude (5 Einheiten, 26 AP) - Effizienzhaus ~59%		3. Ebene	460
	7600-0081	Feuerwehrstützpunkt (8 Fahrzeuge)		3. Ebene	468
	7700-0080	Weinlagerhalle, Büro	Erweiterung	3. Ebene	476
	8	**Bauwerke für technische Zwecke** (keine Objekte in Band G6)			
	9	**Kulturgebäude**			
	9100-0127	Gastronomie- und Veranstaltungszentrum	Umbau	3. Ebene	488
	9100-0144	Kulturzentrum (550 Sitzplätze)	Umbau	3. Ebene	498

B Kosten der 3. Ebene DIN 276

400 Bauwerk – Technische Anlagen

410	Abwasser-, Wasser-, Gasanlagen	510
420	Wärmeversorgungsanlagen	531
430	Raumlufttechnische Anlagen	551
440	Elektrische Anlagen	561
450	Kommunikations-, sicherheits- und informationstechnische Anlagen	585
460	Förderanlagen	605
470	Nutzungsspezifische und verfahrenstechnische Anlagen	608
480	Gebäude- und Anlagenautomation	612
490	Sonstige Maßnahmen für technische Anlagen	619

C Kosten der 4. Ebene DIN 276

410 Abwasser-, Wasser-, Gasanlagen

411	Abwasseranlagen	624
412	Wasseranlagen	637
413	Gasanlagen	656
419	Sonstiges zur KG 410	657

420 Wärmeversorgungsanlagen

421	Wärmeerzeugungsanlagen	659
422	Wärmeverteilnetze	665
423	Raumheizflächen	670
429	Sonstiges zur KG 420	676

430 Raumlufttechnische Anlagen

431	Lüftungsanlagen	678
433	Klimaanlagen	681
434	Kälteanlagen	682

440 Elektrische Anlagen

441	Hoch- und Mittelspannungsanlagen	684
442	Eigenstromversorgungsanlagen	685
443	Niederspannungsschaltanlagen	686
444	Niederspannungsinstallationsanlagen	687
445	Beleuchtungsanlagen	696
446	Blitzschutz- und Erdungsanlagen	698

450 Kommunikations-, sicherheits- und informationstechnische Anlagen

451	Telekommunikationsanlagen	703
452	Such- und Signalanlagen	704
453	Zeitdienstanlagen	706
454	Elektroakustische Anlagen	707
455	Audiovisuelle Medien- und Antennenanlagen	708
456	Gefahrenmelde- und Alarmanlagen	709
457	Datenübertragungsnetze	711

460 Förderanlagen

461	Aufzugsanlagen	712
464	Transportanlagen	713
466	Hydraulikanlagen	714

470 Nutzungsspezifische und verfahrenstechnische Anlagen
- 473 Medienversorgungsanlagen, Medizin- und labortechnische Anlagen — 715
- 475 Feuerlöschanlagen — 716
- 475 Prozesswärme-, -kälte- und -luftanlagen — 717
- 476 Weitere nutzungsspezifische Anlagen — 718

480 Gebäude- und Anlagenautomation
- 481 Automationseinrichtungen — 719
- 484 Kabel, Leitungen und Velegesysteme — 720

490 Sonstige Maßnahmen für technische Anlagen
- 491 Baustelleneinrichtung — 721
- 492 Gerüste — 722
- 493 Sicherungsmaßnahmen — 723

Statistische Kostenkennwerte für Gebäudetechnik

D 2. Ebene DIN 276

400 Bauwerk – Technische Anlagen
- 410 Abwasser-, Wasser-, Gasanlagen — 726
- 420 Wärmeerzeugungsanlagen — 728
- 430 Raumlufttechnische Anlagen — 730
- 440 Elektrische Anlagen — 732
- 450 Kommunikations-, sicherheits- und informationstechnische Anlagen — 734
- 460 Förderanlagen — 736
- 470 Nutzungsspezifische und verfahrenstechnische Anlagen — 738
- 480 Gebäude- und Anlagenautomation — 740
- 490 Sonstige Maßnahmen für technische Anlagen — 742

E 3. Ebene DIN 276

410 Abwasser-, Wasser-, Gasanlagen
- 411 Abwasseranlagen — 746
- 412 Wasseranlagen — 748
- 413 Gasanlagen — 750
- 419 Sonstiges zur KG 410 — 752

420 Wärmeversorgungsanlagen
- 421 Wärmeerzeugungsanlagen — 754
- 422 Wärmeverteilnetze — 756
- 423 Raumheizflächen — 758
- 429 Sonstiges zur KG 420 — 760

430 Raumlufttechnische Anlagen
- 431 Lüftungsanlagen — 762
- 432 Teilklimaanlagen — 764
- 433 Klimaanlagen — 766
- 434 Kälteanlagen — 768

440 Elektrische Anlagen
442	Eigenstromversorgungsanlagen	770
443	Niederspannungsschaltanlagen	772
444	Niederspannungsinstallationsanlagen	774
445	Beleuchtungsanlagen	776
446	Blitzschutz- und Erdungsanlagen	778

450 Kommunikations-, sicherheits- und informationstechnische Anlagen
451	Telekommunikationsanlagen	780
452	Such- und Signalanlagen	782
453	Zeitdienstanlagen	784
454	Elektroakustische Anlagen	786
455	Audiovisuelle Medien- und Antennenanlagen	788
456	Gefahrenmelde- und Alarmanlagen	790
457	Datenübertragungsnetze	792

460 Förderanlagen
461	Aufzugsanlagen	794
465	Krananlagen	796

470 Nutzungsspezifische und verfahrenstechnische Anlagen
471	Küchentechnische Anlagen	798
473	Medienversorgungsanlagen, Medizin- und labortechnische Anlagen	800
474	Feuerlöschanlagen	802
475	Prozesswärme-, -kälte- und -luftanlagen	804

480 Gebäude- und Anlagenautomation
481	Automationseinrichtungen	806
482	Schaltschränke, Automationsschwerpunkte	808
483	Automationsmanagement	810
484	Kabel, Leitungen und Verlegesysteme	812
485	Datenübertragungsnetze	814

490 Sonstige Maßnahmen für technische Anlagen
491	Baustelleneinrichtung	816
492	Gerüste	818
494	Abbruchmaßnahmen	820
495	Instandsetzungen	822
497	Zusätzliche Maßnahmen	824

F Kostenkennwerte für Positionen - Neubau
040	Wärmeversorgungsanlagen - Betriebseinrichtungen	828
041	Wärmeversorgungsanlagen - Leitungen, Armaturen, Heizflächen	854
042	Gas- und Wasseranlagen - Leitungen, Armaturen	884
044	Abwasseranlagen - Leitungen, Abläufe, Armaturen	896
045	Gas-, Wasser- und Entwässerungsanlagen - Ausstattung, Elemente, Fertigbäder	910
047	Dämm- und Brandschutzarbeiten an technischen Anlagen	924
053	Niederspannungsanlagen - Kabel / Leitungen, Verlegesysteme und Installationsgeräte	932
054	Niederspannungsanlagen - Verteilersysteme und Einbaugeräte	948
058	Leuchten und Lampen	952
061	Kommunikations- und Übertragungsnetze	956
069	Aufzüge	960
075	Raumlufttechnische Anlagen	968

G Kostenkennwerte für Positionen - Altbau

340	Wärmeversorgungsanlagen - Betriebseinrichtungen	986
341	Wärmeversorgungsanlagen - Leitungen, Armaturen, Heizflächen	996
342	Gas- und Wasseranlagen - Leitungen, Armaturen	1004
344	Abwasseranlagen - Leitungen, Abläufe, Armaturen	1008
345	Gas-, Wasser- und Entwässerungsanlagen - Ausstattung, Elemente, Fertigbäder	1014
347	Dämm- und Brandschutzarbeiten an technischen Anlagen	1026
353	Niederspannungsanlagen - Kabel / Leitungen, Verlegesysteme und Installationsgeräte	1036
358	Leuchten und Lampen	1042
369	Aufzüge	1046

Anhang

Verzeichnis der Architektur- und Planungsbüros	1054
Regionalfaktoren	1058
Stichwortverzeichnis	1064

Einführung

In der Fachbuchreihe „BKI OBJEKTDATEN" werden für Kostenermittlungszwecke und Wirtschaftlichkeitsvergleiche bereits realisierte und vollständig abgerechnete Bauwerke aus allen Bundesländern veröffentlicht.

Mit diesem neuen Band BKI OBJEKTDATEN G6 setzt BKI innerhalb dieser Buchreihe einen Schwerpunkt. BKI entspricht damit einem vielfachen Wunsch der BKI Kunden, bestimmte Planungsaufgaben zu thematisieren. Das vorliegende Buch befasst sich schwerpunktmäßig mit der Planung von Technischen Anlagen eines Bauwerks. So werden in diesem Buch sowohl grobe statistische Kostenkennwerte für die Kostenplanung in den frühen Planungsphasen veröffentlicht als auch einzelne abgerechnete Kostendaten für differenziertere Kostenermittlungen.

Die Kostenkennwerte der Objekte dienen dazu, die Kosten von Bauprojekten im Vergleich mit den Kosten bereits realisierter Objekte zu ermitteln bzw. Kostenermittlungen mit büroeigenen Daten oder den Daten Dritter zu überprüfen, solange Kostenanschläge auf der Grundlage von Ausschreibungsergebnissen noch nicht vorliegen.

Unterstützt werden Kostenermittlungen nach DIN 276 in den frühen für die Kostenentwicklung eines Projektes aber entscheidenden Planungsphasen.
Zugriff auf alle Einzelobjekte bietet auch die Software „BKI Kostenplaner".

Benutzerhinweise

1. Definitionen
Kostenkennwerte sind Werte, die das Verhältnis von Kosten bestimmter Kostengruppen nach DIN 276:2018-12 zu bestimmten Bezugseinheiten nach DIN 277:2021-08 darstellen.
Planungskennwerte im Sinne dieser Veröffentlichung sind Werte, die das Verhältnis bestimmter Flächen und Rauminhalte zur Nutzungsfläche (NUF) und Brutto-Grundfläche (BGF) darstellen, angegeben als Prozentsätze oder als Faktoren.

Positionen sind Teilleistungen eines gegliederten Leistungsverzeichnisses. Diese werden mit der Baubeschreibung für die Leistungsbeschreibung von Bauleistungen eingesetzt. BKI hat die Positionen als Mustertexte für die Ausschreibung mit Kurz- und Langtexte vorformuliert. Mit aktuellen Baupreisen pro definierter Einheit können diese mit entsprechenden Mengen für ein bepreistes LV eingesetzt werden. Die Baupreise werden aus abgerechneten und vergebenen Bauleistungen ermittelt.

Die Von-, Mittel-, Bis-Preise stellen dabei die übliche Bandbreite der Positionspreise dar. Minimal- und Maximalpreise bezeichnen die kleinsten und größten aufgetretenen Preise einer in der BKI-Positionsdatenbank dokumentierten Position. Sie stellen jedoch keine absolute Unter- oder Obergrenze dar.

2. Kostenstand und Umsatzsteuer
Kostenstand aller Kennwerte ist das 4. Quartal 2021. Alle Kostendaten enthalten die Umsatzsteuer. Maßgeblich für die Fortschreibung ist der Baupreisindex für Wohnungsbau insgesamt, inkl. Umsatzsteuer des Statistischen Bundesamtes. Den vierteljährlich erscheinenden aktuellen Index können Sie im Internet beim Statistischen Bundesamt oder unter www.bki.de/baupreisindex abrufen.

3. Datengrundlage - Haftung
Grundlage der Daten sind statistische Analysen abgerechneter Bauvorhaben. Die Daten wurden mit größtmöglicher Sorgfalt vom BKI bzw. seinen Dokumentationsstellen erhoben und zusammengestellt. Für die Richtigkeit, Aktualität und Vollständigkeit dieser Daten, Analysen und Tabellen übernimmt der Herausgeber keine

Haftung, ebenso nicht für Druckfehler und fehlerhafte Angaben. Die Benutzung dieses Fachbuchs und die Umsetzung der darin erhaltenen Informationen erfolgen auf eigenes Risiko. Angesichts der vielfältigen Kosteneinflussfaktoren müssen Anwender*innen die genannten Orientierungswerte eigenverantwortlich prüfen und entsprechend dem jeweiligen Verwendungszweck anpassen.

4. Blatt-Typ Objektübersicht: Kostenkennwerte

Die jeder Objektdokumentation vorangestellten Kostenkennwerte €/m³ BRI, €/m² BGF und €/m² NUF beziehen sich auf die Kosten des Bauwerks (DIN 276: Summe Kostengruppe 300+400).

5. Kosteneinflüsse

Kosteneinflussgrößen sind beim Bauen von besonderer Bedeutung, da umwelt-, standort-, nutzer- und besonders herstellungs- sowie objektbedingte Faktoren eine erhebliche Relevanz aufweisen. Aus diesen Gründen ist eine genaue Anpassung der Kosten- und Planungskennwerte an die projektspezifisch unterschiedlichen Kosteneinflussgrößen erforderlich (siehe dazu BKI Handbuch Kostenplanung im Hochbau).

Die in der Reihe „BKI Baukosten" angebotenen statistischen Kostenkennwerte (Mittelwerte) sind auf der Grundlage mehrerer Objekte gebildet und können daher nicht über eine genaue Beschreibung der ausgeführten Maßnahmen verfügen. Das vorliegende Buch „BKI Objektdaten G6" bietet hingegen die Möglichkeit, einen Kostenwert durch die Beschreibung der ausgeführten Maßnahmen genau zu bewerten. Die Auswahl eines geeigneten Kostenkennwertes und ggf. eine projektspezifische Anpassung ist damit leichter möglich.

6. Regionalisierung der Daten

Grundlage der BKI Regionalfaktoren sind Daten aus der amtlichen Bautätigkeitsstatistik der statistischen Landesämter, eigene Berechnungen auch unter Verwendung von Schwerpunktpositionen und regionalen Umfragen. Zusätzlich wurden von BKI Verfahren entwickelt, um die Eingangsdaten auf Plausibilität prüfen und ggf. anpassen zu können.

Auf der Grundlage dieser Berechnungen hat BKI einen bundesdeutschen Mittelwert gebildet. Anhand des Mittelwertes lassen sich die einzelnen Land- und Stadtkreise prozentual einordnen. Diese Prozentwerte wurden die Grundlage der BKI Deutschlandkarte mit „Regionalfaktoren für Deutschland und Europa".

Für die größeren Inseln Deutschlands wurden separate Regionalfaktoren ermittelt. Dazu wurde der zugehörige Landkreis in Festland und Inseln unterteilt. Alle Inseln eines Landkreises erhalten durch dieses Verfahren den gleichen Regionalfaktor. Der Regionalfaktor des Festlandes enthält keine Inseln mehr und ist daher gegenüber früheren Ausgaben verringert.

Auch für Österreich liegen Regionalfaktoren vor. Für andere europäische Länder wird zur Umrechnung auf den Bundesdurchschnitt ein Baukosten-Vergleichsfaktor europäischer Länder der Eurostat-Datenbank New Cronos verwendet. Die Kosten der Objekte der BKI Datenbanken wurden auf den Bundesdurchschnitt umgerechnet.

Für den Anwender bedeutet die Umrechnung der Daten auf den Bundesdurchschnitt, dass einzelne Kostenkennwerte oder das Ergebnis einer Kostenermittlung mit dem Regionalfaktor des Standorts des geplanten Objekts multipliziert werden können. Die BKI Landkreisfaktoren befinden sich im Anhang des Buchs.

7. Ausführungsdauer

Die Ausführungsdauer pro Leistungsposition wurde aus unterschiedlichen Literaturquellen recherchiert und dann über unsere Baupreisdokumentation fachkundig angepasst. Die Ausführungsdauer ist somit kein Wert welcher sich direkt aus den BKI-Dokumentationen ergibt, sondern einer der auch über Recherchen und Plausibilitätsprüfungen ermittelt wurde. Er soll eine Orientierung für die Dauer der Arbeitsleistung und durch Verrechnung mit Ausführungsmengen die Grundlage für die Terminplanung schaffen.

8. Urheberrechte

Alle Entwürfe, Zeichnungen und Fotos der uns zur Verfügung gestellten Objekte sind urheberrechtlich geschützt. Die Urheberrechte liegen bei den jeweiligen Büros bzw. Personen.

Fotopräsentation der Objekte

Fotopräsentation der Objekte

1300-0227 Verwaltungsgebäude (42 AP) - Effizienzhaus ~59% Seite 52
⌂ studio moeve, architekten bda
Darmstadt

1300-0231 Bürogebäude (95 AP) Seite 60
⌂ kbg architekten, bagge grothoff partner
Oldenburg

1300-0240 Büro- u. Wohngebäude - Effizienzhaus 40 PLUS
Seite 68
⌂ Architekt Rainer Graf, Architektur + Energiekonzepte
Ofterdingen

1300-0253 Bürogebäude (40 AP) Seite 76
⌂ htm.a Hartmann, Architektur GmbH
Hannover

1300-0254 Bürogebäude (8 AP) - Effizienzhaus ~73%
Seite 84
⌂ AW+ Planungsgesellschaft mbH
Eiterfeld

1300-0269 Bürogebäude (116 AP), TG - Effizienzhaus ~51%
Seite 92
⌂ Plan. Concept Architekten GmbH
Osnabrück

Fotopräsentation der Objekte

1300-0271 Bürogebäude (350 AP), TG (45 STP) Seite 102

⌂ AHM Architekten
Berlin

1300-0279 Rathaus (85 AP), Bürgersaal Seite 112

⌂ ARCHWERK, Generalplaner KG
Bochum

4100-0161 Real- u. Grundschule (300 Sch) - Passivhaus Eweiterung Seite 122

⌂ Andreas Rossmann, Freier Architekt BDA
Schwerin

4100-0175 Grundschule (160 Schüler) - Effizienzhaus ~3% Seite 134

⌂ ralf pohlmann, architekten
Waddeweitz

4100-0189 Grundschule (12 Klassen, 360 Schüler) - Effizienzhaus ~72% Seite 144

⌂ ARCHITEKTURBÜRO TABERY
Bremervörde

4400-0250 Kinderkrippe (4 Gruppen, 50 Kinder) Seite 152

⌂ Leonhard Architekten
München

Fotopräsentation der Objekte

4400-0293 Kinderkrippe (3 Gruppen, 36 Kinder)
- Effizienzhaus ~37%   Seite 162
Architekturbüro Schwalm
Karlskron

4400-0298 Kinderhort (2 Gruppen, 40 Kinder)
- Effizienzhaus ~30%   Seite 170
ralf pohlmann, architekten
Waddeweitz

4400-0307 Kindertagesstätte (4 Gruppen, 100 Kinder)
- Effizienzhaus ~60%   Seite 178
wagner + ewald architekten
Ginsheim-Gustavsburg

5100-0115 Sporthalle (Einfeldhalle) - Effizienzhaus ~68%
Seite 188
Tectum Hille Kobelt, Architekten BDA
Weimar

5100-0124 Sporthalle (Dreifeldhalle, Einfeldhalle)
Modernisierung   Seite 198
Dillig Architekten GmbH
Simmern

5200-0013 Freibad   Seite 206
Umbau
Kauffmann Theilig & Partner, Freie Architekten BDA
Ostfildern

Fotopräsentation der Objekte

5200-0014 Hallenbad Seite 216
Modernisierung
⌂ mse architekten gmbh
  Kaufbeuren

5300-0017 DLRG-Station, Ferienwohnungen (4 WE)
 Seite 228
⌂ Architekturbüro Wohlenberg
  Eckernförde

6100-1186 Mehrfamilienhaus (9 WE) - Effizienzhaus Plus
 Seite 238
⌂ Martin Wamsler, Freier Architekt BDA, Dipl.-Ing. (FH)
  Friedrichshafen

6100-1262 Mehrfamilienhaus Dachausbau (2 WE)
Umbau Seite 246
⌂ brack architekten
  Kempten

6100-1289 Einfamilienhaus, Garage - Effizienzhaus ~31%
 Seite 256
⌂ bau grün ! energieeffiziente Gebäude,
  Architekt Daniel Finocchiaro, Mönchengladbach

6100-1294 Mehrfamilienhaus (3 WE) - Effizienzhaus 40
 Seite 264
⌂ Architekturbüro Rühmann
  Steenfeld

Fotopräsentation der Objekte

6100-1306 Mehrfamilienhaus (5 WE)   Seite 272
Umbau
⌂ Architekturbüro, Samuel Jenichen
    Dresden

6100-1311 Mehrfamilienhaus (4 WE), TG
    - Effizienzhaus ~55%   Seite 282
⌂ Leistner Fahr, Architektenpartnerschaft
    Reinbek

6100-1316 Einfamilienhaus, Carport   Seite 290

⌂ Dritte Haut° Architekten, Dipl.-Ing. Architekt
    Peter Garkisch, Berlin

6100-1335 Einfamilienhaus, Garagen - Passivhaus
    Seite 298

⌂ Rongen Architekten PartG mbB
    Wassenberg

6100-1336 Mehrfamilienhäuser (37 WE)
    - Effizienzhaus ~38%   Seite 306
⌂ Deppisch Architekten GmbH
    Freising

6100-1337 Mehrfamilienhaus (5 WE) - Effizienzhaus ~33%
    Seite 314
⌂ Küssner Architekten BDA
    Kleinmachnow

Fotopräsentation der Objekte

6100-1338 Einfamilienhaus, ELW - Effizienzhaus 40
Seite 322
Architekt Rainer Graf, Architektur + Energiekonzepte
Ofterdingen

6100-1339 Einfamilienhaus, Garage - Effizienzhaus 40
Seite 330
Architekt Rainer Graf, Architektur + Energiekonzepte
Ofterdingen

6100-1375 Mehrfamilienhaus, Aufstockung (1 WE)
Erweiterung   Seite 338
Jan Tenbücken Architekt
Köln

6100-1383 Einfamilienhaus mit Büro (10 AP),
- Effizienzhaus ~35%   Seite 346
Walter Gebhardt Architekt
Hamburg

6100-1400 Mehrfamilienhaus (13 WE), TG
- Effizienzhaus 55   Seite 354
Werkgruppe Freiburg, Architekten
Freiburg

6100-1426 Doppelhaushälfte - Passivhaus   Seite 364
Rongen Architekten PartG mbB
Wassenberg

Fotopräsentation der Objekte

6100-1433 Mehrfamilienhaus (5 WE) - Passivhaus
Seite 372

⌂ Rongen Architekten, PartG mbB
Wassenberg

6100-1442 Einfamilienhaus - Effizienzhaus 55   Seite 380

⌂ hartmann l s, architekten BDA
Telgte

6100-1482 Einfamilienhaus, Garage   Seite 388

⌂ M.A. Architekt Torsten Wolff (LPH 1-4,8) und
Funken Architekten (LPH 5-7), Erfurt

6100-1483 Mehrfamilienhaus (6 WE)   Seite 396
Instandsetzung

⌂ CGG mbH
Cottbus

6100-1500 Mehrfamilienhaus (18 WE)   Seite 406
Instandsetzung

⌂ Ostermann Architekten
Hamburg

6100-1505 Einfamilienhaus - Effizienzhaus ~56%
Seite 416

⌂ Architekturbüro Griebel
Lensahn

Fotopräsentation der Objekte

6200-0077 Jugendwohngruppe (10 Betten)   Seite 424

⌂ BRATHUHN + KÖNIG, Architektur- und Ingenieur-PartGmbB, Braunschweig

6400-0100 Pfarrhaus, Kindergarten   Seite 432
Umbau

⌂ Rongen Architekten, PartG mbB
Wassenberg

7100-0052 Technologietransferzentrum   Seite 442

⌂ Planungsgemeinschaft, blauraum Architekten, ASSMANN BERATEN + PLANEN GmbH, Hamburg

7100-0058 Produktionsgebäude (8 AP) - Effizienzhaus 55
Seite 452

⌂ medienundwerk
Karlsruhe

7300-0100 Gewerbegebäude (26 AP), Effizienzhaus ~59%
Seite 460

⌂ Michelmann Architekten (LPH 1-4), Isernhagen
TW.Architekten (LPH 4-9), Hannover

7600-0081 Feuerwehrstützpunkt (8 Fahrzeuge) Seite 468

⌂ KÖBER-PLAN GmbH
Brandenburg

Fotopräsentation der Objekte

7700-0080 Weinlagerhalle, Büro   Seite 476
Erweiterung
⌂ Helmut Mögel, Freier Architekt BDA
  Stuttgart

9100-0127 Gastronomie- und Veranstaltungszentrum
Umbau   Seite 488
⌂ Dr. Krekeler, Generalplaner GmbH
  Brandenburg a.d. Havel

9100-0144 Kulturzentrum (550 Sitzplätze)   Seite 498
Umbau
⌂ KÖNIG, Architekturbüro
  Magdeburg

Erläuterungen

1300-0240
Büro- und Wohngebäude (6 AP)
Effizienzhaus 40 PLUS

Objektübersicht

BRI 557 €/m³ BGF 1.964 €/m² NUF 2.631 €/m² NE 106.094 €/NE
NE: Arbeitsplatz

Objekt:
a) Kennwerte: 3. Ebene DIN 276
b) BRI: 1.142 m³
   BGF: 324 m²
   NUF: 242 m²
c) Bauzeit: 26 Wochen
d) Bauende: 2016
e) Standard: über Durchschnitt
f) Bundesland: Baden-Württemberg
   Kreis: Tübingen

Architekt*in:
Architekt Rainer Graf
Architektur + Energiekonzepte
Paulinenstraße 22
72131 Ofterdingen

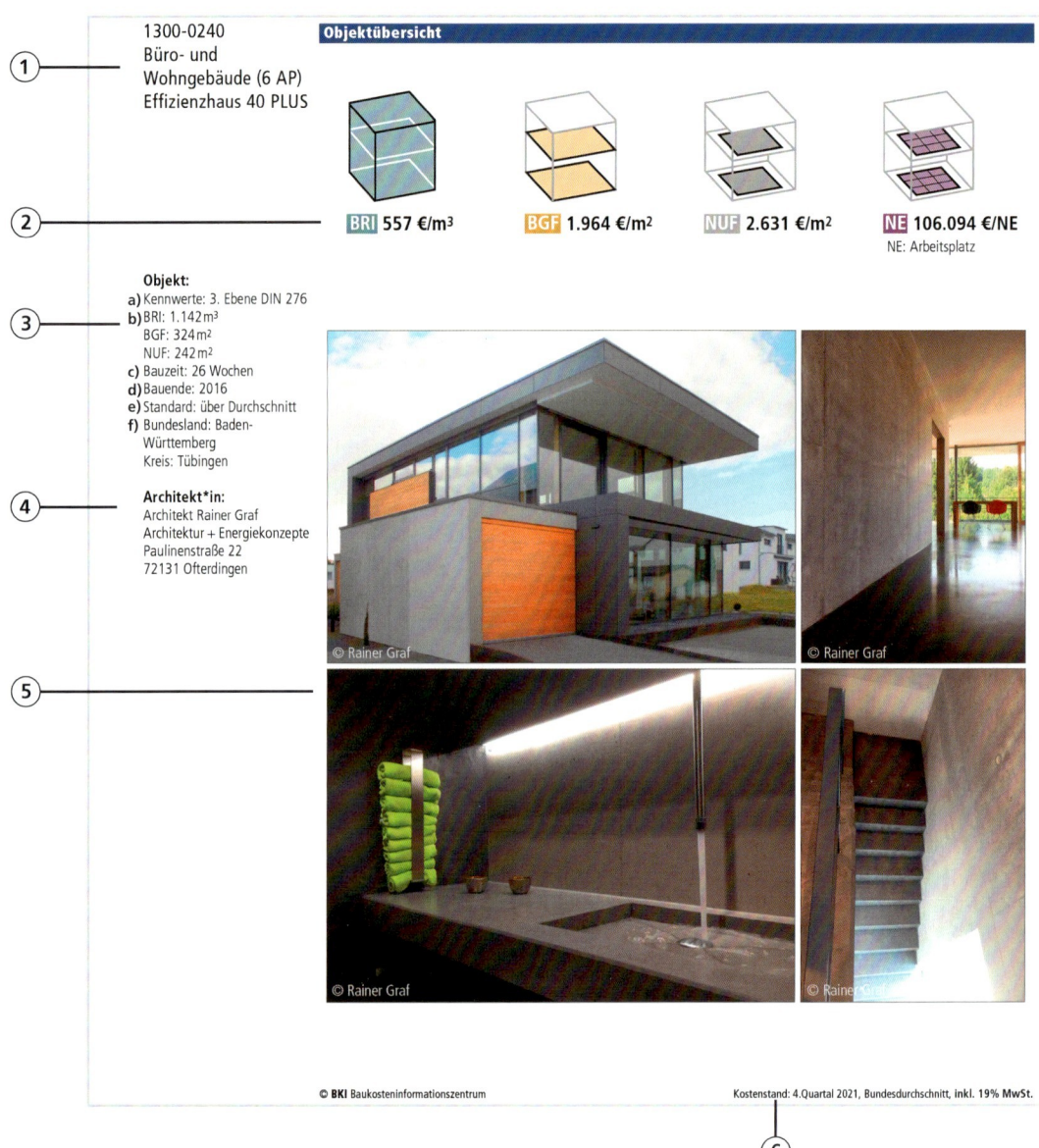

© BKI Baukosteninformationszentrum

Kostenstand: 4.Quartal 2021, Bundesdurchschnitt, inkl. 19% MwSt.

Erläuterungen nebenstehender Beispielseite

Alle Kosten und Kostenkennwerte mit Mehrwertsteuer. Kostenstand 4. Quartal 2021.
Kosten und Kostenkennwerte umgerechnet auf den Bundesdurchschnitt.

Objektübersicht

①
BKI-Objektnummer und -bezeichnung.

②
Kostenkennwerte für Bauwerkskosten (Kostengruppe 300+400 nach DIN 276) bezogen auf:
- BRI: Brutto-Rauminhalt (DIN 277)
- BGF: Brutto-Grundfläche (DIN 277)
- NUF: Nutzungsfläche (DIN 277)
- NE: Nutzeinheiten (z. B. Betten bei Heimen, Stellplätze bei Garagen)
  Wohnfläche nach der Wohnflächenverordnung WoFlV, nur bei Wohngebäuden

③
a) „Kennwerte" gibt die Kostengliederungstiefe nach DIN 276 an. Die BKI Objekte sind unterschiedlich detailliert dokumentiert: Eine Kurzdokumentation enthält Kosteninformationen bis zur 1. Ebene DIN 276, eine Grobdokumentation bis zur 2. Ebene DIN 276 und eine Langdokumentation bis zur 3. Ebene (teilweise darüber hinaus bis zu den Ausführungsarten einzelner Kostengruppen).
b) Angaben zu BRI, BGF und NUF
c) Angaben zur Bauzeit
d) Angaben zum Bauenede
e) Angaben zum Standard
f) Angaben zum Kreis, Bundesland

④
Planendes und/oder ausführendes Architektur- oder Planungsbüro, sowie teilweise Angaben zum Bauherrn.

⑤
Abbildungen des Objekts

⑥
Anzeige des Kostenstands

1300-0240
Büro- und
Wohngebäude (6 AP)
Effizienzhaus 40 PLUS

Objektbeschreibung

Allgemeine Objektinformationen

Das zweigeschossige Gebäude befindet sich auf einem ebenen Grundstück. Es entstand ein großzügig verglaster Kubus mit klaren Linien. Die Fassade wird durch Faserzementplatten und Holzschalung gegliedert. Im Erdgeschoss befindet sich das Architekturbüro mit den zugehörigen Nebenräumen. Der offene Grundriss im Obergeschoss bietet einer großzügigen Loftwohnung Platz. Das Gebäude wurde als KfW 40 PLUS Effizienzhaus errichtet.

Nutzung

1 Erdgeschoss
Eingangsbereich, Büro, Besprechung, Teeküche, Archiv, Technik, Abstellraum, WC, Garage

1 Obergeschoss
Wohnen/Essen/Küche, Schlafen/Ankleide, Bad, WC, Flur mit Garderobe, Balkon

Nutzeinheiten

Arbeitsplätze: 6
Bürofläche: 87 m^2
Stellplätze: 4
Wohneinheiten: 1
Wohnfläche: 102 m^2

Grundstück

Bauraum: Freier Bauraum
Neigung: Ebenes Gelände
Bodenklasse: BK 1 bis BK 5

Markt

Hauptvergabezeit: 1.Quartal 2016
Baubeginn: 2.Quartal 2016
Bauende: 4.Quartal 2016
Konjunkturelle Gesamtlage: über Durchschnitt
Regionaler Baumarkt: Durchschnitt

Baukonstruktion

Unter der Stahlbetonbodenplatte wurde eine Dämmung mit Glasschaumschotter eingebaut. Der Baukörper ist in Massivbauweise mit 20cm starken Stahlbetonwänden erstellt. Die Nordfassade ist in Holzbau errichtet. Die Fassaden sind mit 20cm PU-Dämmung versehen und die Holzkonstruktion des Flachdachs mit 24cm PU-Gefälledämmung belegt. Die Innentreppe ist eine anthrazit eingefärbte Stahlbetontreppe. Die Pfosten-Riegel-Fassade ist mit Dreifachverglasung und Aluschale ausgestattet.

Technische Anlagen

Der Wärmebedarf für Warmwasser und Heizung wird über eine **Sole-Wasser-Wärmepumpe** gedeckt, mit der man **Heizen und Kühlen** kann. Die Wärmeverteilung erfolgt über eine Fußbodenheizung. Das Gebäude ist mit einer **Lüftungsanlage** mit **Wärmerückgewinnung** ausgestattet. Das energetische Konzept wird durch die **Photovoltaikanlage** auf dem Dach und den zugehörigen **Batteriespeicher** abgerundet. Zur Regenwassernutzung wurde eine **Zisterne** eingebaut.

Energetische Kennwerte

Gebäudevolumen: 845,00 m^3
Gebäudenutzfläche (EnEV): 219,00 m^2
Hüllfläche des beheizten Volumens: 566,20 m^2
A/Ve-Verhältnis (Kompaktheit): 0,67 m^{-1}
Jahresendenergiebedarf: 1.723,00 kWh/a
Spez. Jahresendenergiebedarf: 7,80 kWh/(m^2·a)
Jahresprimärenergie: 3.101,00 kWh/a
Spez. Jahresprimärenergiebedarf: 14,10 kWh/(m^2·a)
Spez. Transmissionswärmeverlust: 0,22 W/(m^2·K)
Spez. Jahresheizwärmebedarf: 17,00 kWh/(m^2·a)
CO_2-Emissionen: 4,40 kg/(m^2·a)

Erläuterungen nebenstehender Tabellen und Abbildungen

Objektbeschreibung

Objektbeschreibung mit:
- Allgemeine Objektinformationen
- Angaben zur Nutzung
- Nutzeinheiten
- Grundstück
- Markt
- Baukonstruktion
- Technische Anlagen
- Sonstiges

Gebäudetechnisch besonders relevante Baumaßnahmen sind durch **Fettdruck** hervorgehoben.

- Energetische Kennwerte:
Die Angaben stammen aus dem Energieausweis (EnEV / GEG), bzw. der Energiebedarfsberechnung oder aus dem Passivhausprojektierungspaket (PHPP). Die Werte unterscheiden sich aufgrund unterschiedlicher Rechenverfahren. Die Zielsetzung bundesweit vergleichbarer Ergebnisse bedingt bei der EnEV / GEG bundesweit einheitliche Klimadaten und weitere einheitliche Randbedingungen. Das PHPP Verfahren verfolgt das Ziel, den späteren Energieverbrauch möglichst genau zu prognostizieren. Es berücksichtigt daher individuelle Klimadaten und Randbedingungen und bezieht mehr energetisch wirksame Faktoren mit ein.

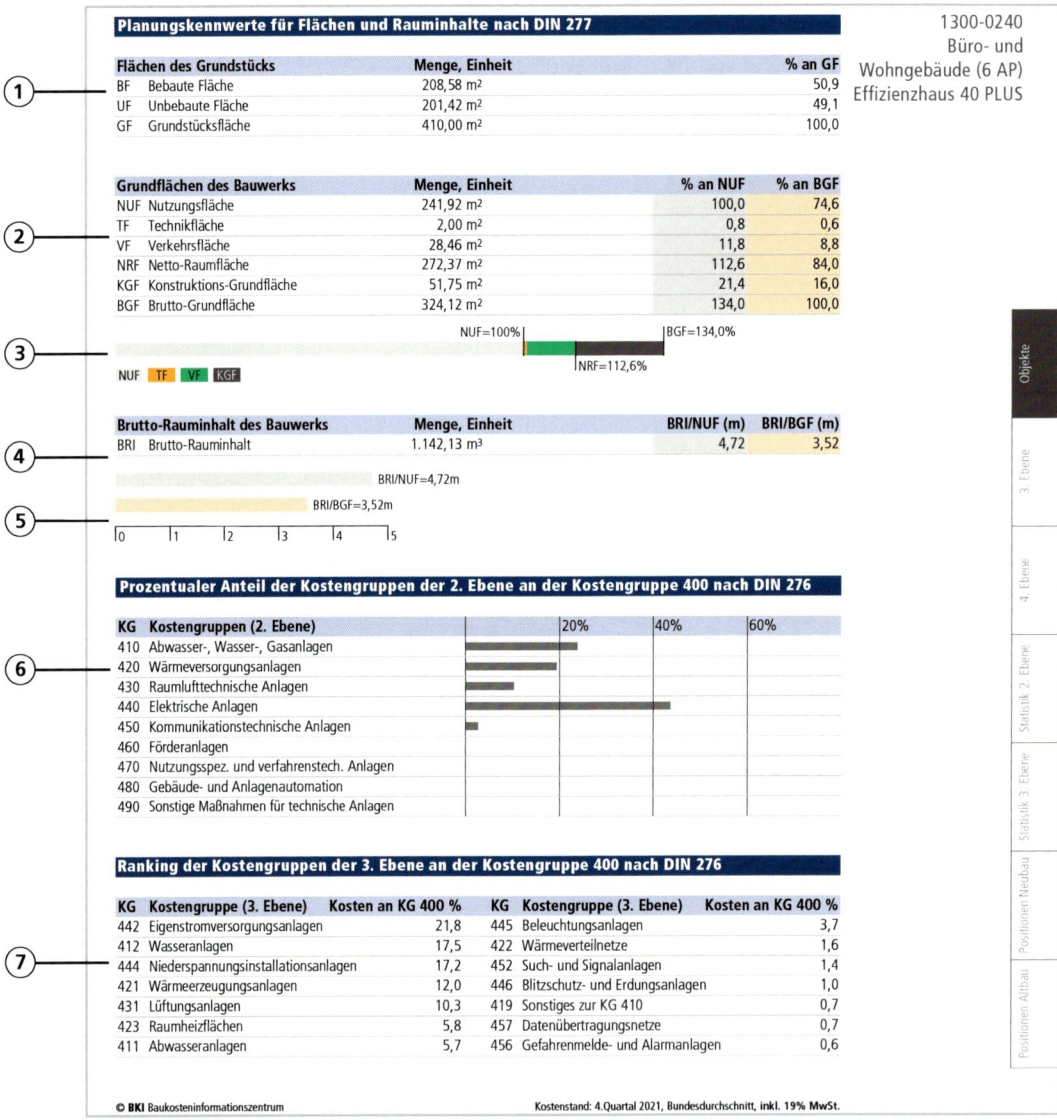

Erläuterungen nebenstehender Planungskennwerte- und Baukostentabellen

Planungskennwerte für Flächen und Rauminhalte nach DIN 277

In Ergänzung der Kostenkennwerttabellen werden für jedes Objekt Planungskennwerte angegeben, die zur Überprüfung der Vergleichbarkeit des Objekts mit der geplanten Baumaßnahme dienen.
Ein Planungskennwert im Sinne dieser Veröffentlichung ist ein Wert, der das Verhältnis bestimmter Flächen und Rauminhalte zur Nutzungsfläche (NUF) und Brutto-Grundfläche (BGF) darstellt, angegeben als Prozentwert oder als Faktor (Mengenverhältnis).

①
Bebaute und unbebaute Flächen des Grundstücks sowie deren Verhältnis in Prozent zur Grundstücksfläche (GF).

②
Grundflächen im Verhältnis zur Nutzungsfläche (NUF = 100%) und Brutto-Grundfläche (BGF = 100%) in Prozent.

③
Grafische Darstellung der Grundflächen im Verhältnis zur Nutzungsfläche (NUF = 100%)

④
Verhältnis von Brutto-Rauminhalt (BRI) zur Nutzungsfläche (NUF) und Brutto-Grundfläche (BGF), (BRI / BGF = mittlere Geschosshöhe), angegeben als Faktor (in Meter).

⑤
Grafische Darstellung der Verhältnisse Brutto-Rauminhalt (BRI) zur Nutzungsfläche (NUF = 100%) und Brutto-Grundfläche (BGF); (BRI / BGF = mittlere Geschosshöhe), angegeben als Faktor (in Meter).

Kostenanalysen für die Kostengruppen der 2. und 3. Ebene an der KG 400

⑥
Prozentualer Anteil:
Die grafische Darstellung verdeutlicht, welchen durchschnittlichen Anteil die Kostengruppen der 2. Ebene DIN 276 an den Kosten Bauwerk - Technische Anlagen (KG 400) haben. Für Kostenermittlungen werden die kostenplanerisch besonders relevanten Kostengruppen sofort erkennbar. Bei der Aufsummierung aller Prozentanteile der Kostengruppen sind Abweichungen zu 100% rundungsbedingt.

⑦
In der Tabelle werden die Prozentwerte der Kosten der 3. Ebene an den Kosten der KG 400 angegeben. Durch die absteigende Sortierung ist schnell ersichtlich in welchen Kostengruppen die meisten Kosten aufgewendet wurden.

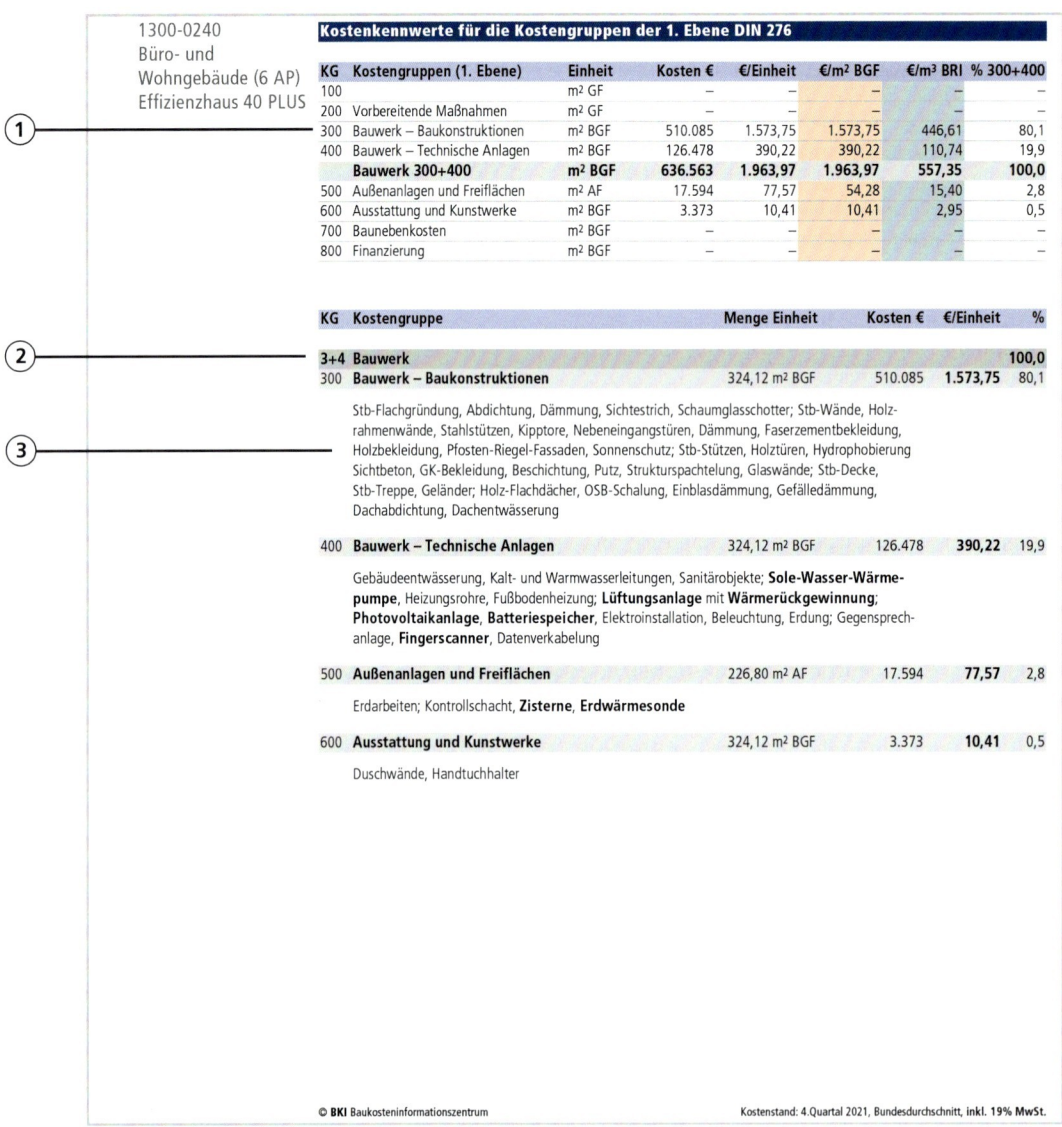

Erläuterung nebenstehender Baukostentabelle

Alle Kostenkennwerte enthalten die Mehrwertsteuer. Kostenstand: 4. Quartal 2021.
Kosten und Kostenkennwerte umgerechnet auf den Bundesdurchschnitt

Kostenkennwerte für die Kostengruppen der 1. Ebene DIN 276

①
Kostenübersicht, Kostenkennwerte in €/Einheit, €/m² BGF und €/m³ BRI für die Kostengruppen der 1. Ebene DIN 276. Anteil der jeweiligen Kostengruppe in Prozent an den Bauwerkskosten (Spalte: % 300+400).
Die Bezugseinheiten der Kostenkennwerte entsprechen der DIN 276:2018-12: Mengen und Bezugseinheiten.

②
Codierung und Bezeichnung der Ausführung zur Kostengruppe entsprechend der 1. Ebene nach DIN 276

③
Abgerechnete Leistungen zu dokumentierten Objekten mit BKI Objektnummer, Beschreibung, Menge, Einheit, Kosten, Kostenkennwert bezogen auf die Kostengruppeneinheit oder alternativ bezogen auf die übergeordnete Einheit.

Bei den Mengen handelt es sich um ausgeführte Mengen.

1300-0240
Büro- und
Wohngebäude (6 AP)
Effizienzhaus 40 PLUS

Kostenkennwerte für die Kostengruppe 400 der 2. und 3. Ebene DIN 276 (Übersicht)

KG	Kostengruppe	Menge Einheit	Kosten €	€/Einheit	%
410	**Abwasser-, Wasser-, Gasanlagen**	**324,12 m² BGF**	**93,12**	**30.181,41**	**23,9**
411	Abwasseranlagen	324,12 m² BGF	22,23	7.205,23	5,7
412	Wasseranlagen	324,12 m² BGF	68,25	22.119,89	17,5
419	Sonstiges zur KG 410	324,12 m² BGF	2,64	856,30	0,7
420	**Wärmeversorgungsanlagen**	**324,12 m² BGF**	**75,72**	**24.541,39**	**19,4**
421	Wärmeerzeugungsanlagen	324,12 m² BGF	46,75	15.153,29	12,0
422	Wärmeverteilnetze	324,12 m² BGF	6,38	2.069,05	1,6
423	Raumheizflächen	324,12 m² BGF	22,58	7.319,03	5,8
430	**Raumlufttechnische Anlagen**	**324,12 m² BGF**	**40,10**	**12.996,60**	**10,3**
431	Lüftungsanlagen	324,12 m² BGF	40,10	12.996,60	10,3
440	**Elektrische Anlagen**	**324,12 m² BGF**	**170,79**	**55.355,86**	**43,8**
442	Eigenstromversorgungsanlagen	324,12 m² BGF	85,05	27.567,80	21,8
444	Niederspannungsinstallationsanlagen	324,12 m² BGF	67,27	21.802,30	17,2
445	Beleuchtungsanlagen	324,12 m² BGF	14,46	4.688,14	3,7
446	Blitzschutz- und Erdungsanlagen	324,12 m² BGF	4,00	1.297,63	1,0
450	**Kommunikationstechnische Anlagen**	**324,12 m² BGF**	**10,50**	**3.402,83**	**2,7**
452	Such- und Signalanlagen	324,12 m² BGF	5,46	1.768,25	1,4
456	Gefahrenmelde- und Alarmanlagen	324,12 m² BGF	2,42	785,59	0,6
457	Datenübertragungsnetze	324,12 m² BGF	2,62	848,98	0,7

© BKI Baukosteninformationszentrum

Kostenstand: 4.Quartal 2021, Bundesdurchschnitt, inkl. 19% MwSt.

Erläuterung nebenstehender Baukostentabelle

Alle Kostenkennwerte enthalten die Mehrwertsteuer. Kostenstand: 4. Quartal 2021
Kosten und Kostenkennwerte umgerechnet auf den Bundesdurchschnitt

Kostenkennwerte für Kostengruppen der 2. und 3. Ebene DIN 276

(1)
Codierung und Bezeichnung der Kostengruppe entsprechend der 2. und 3. Ebene nach DIN 276

(2)
Abgerechneten Leistungen mit Menge, Einheit, Kostenkennwert in Euro pro Einheit, Kosten in Euro und prozentualer Anteil an den Kostengruppen 300 und 400 DIN 276

Kostenkennwerte für Leistungsbereiche nach STLB (Kosten KG 400 nach DIN 276)

1300-0240
Büro- und
Wohngebäude (6 AP)
Effizienzhaus 40 PLUS

LB	Leistungsbereiche	Kosten €	€/m² BGF	€/m³ BRI	% an 400
040	Wärmeversorgungsanlagen - Betriebseinrichtungen	15.538	47,90	13,60	12,3
041	Wärmeversorgungsanlagen - Leitungen, Armaturen, Heizflächen	8.674	26,80	7,60	6,9
042	Gas- und Wasseranlagen - Leitungen, Armaturen	6.524	20,10	5,70	5,2
043	Druckrohrleitungen für Gas, Wasser und Abwasser	–	–	–	–
044	Abwasseranlagen - Leitungen, Abläufe, Armaturen	3.626	11,20	3,20	2,9
045	Gas-, Wasser- und Entwässerungsanlagen - Ausstattung, Elemente, Fertigbäder	15.181	46,80	13,30	12,0
046	Gas-, Wasser- und Entwässerungsanlagen - Betriebseinrichtungen	–	–	–	–
047	Dämm- und Brandschutzarbeiten an technischen Anlagen	2.726	8,40	2,40	2,2
049	Feuerlöschanlagen, Feuerlöschgeräte	–	–	–	–
050	Blitzschutz- / Erdungsanlagen, Überspannungsschutz	1.298	4,00	1,10	1,0
051	Kabelleitungstiefbauarbeiten	–	–	–	–
052	Mittelspannungsanlagen	–	–	–	–
053	Niederspannungsanlagen - Kabel/Leitungen, Verlegesysteme, Installationsgeräte	21.371	65,90	18,70	16,9
054	Niederspannungsanlagen - Verteilersysteme und Einbaugeräte	28.033	86,30	24,50	22,2
055	Sicherheits- und Ersatzstromversorgungsanlagen	–	–	–	–
057	Gebäudesystemtechnik	–	–	–	–
058	Leuchten und Lampen	4.655	14,40	4,10	3,7
059	Sicherheitsbeleuchtungsanlagen	–	–	–	–
060	Sprech-, Ruf-, Antennenempfangs-, Uhren- und elektroakustische Anlagen	1.768	5,50	1,50	1,4
061	Kommunikations- und Übertragungsnetze	849	2,60	0,74	0,7
062	Kommunikationsanlagen	–	–	–	–
063	Gefahrenmeldeanlagen	–	–	–	–
064	Zutrittskontroll-, Zeiterfassungssysteme	786	2,40	0,69	0,6
069	Aufzüge	–	–	–	–
070	Gebäudeautomation	–	–	–	–
075	Raumlufttechnische Anlagen	12.349	38,10	10,80	9,8
078	Kälteanlagen für raumlufttechnische Anlagen	–	–	–	–
	Gebäudetechnik	**123.376**	**380,70**	**108,00**	**97,5**
	Sonstige Leistungsbereiche	**3.102**	**9,60**	**2,70**	**2,5**

© BKI Baukosteninformationszentrum

Kostenstand: 4.Quartal 2021, Bundesdurchschnitt, inkl. 19% MwSt.

Erläuterung nebenstehender Baukostentabelle

Alle Kostenkennwerte enthalten die Mehrwertsteuer. Kostenstand: 4. Quartal 2021.
Kosten und Kostenkennwerte umgerechnet auf den Bundesdurchschnitt.

Kostenkennwerte für Leistungsbereiche nach STLB

①
LB-Nummer nach Standardleistungsbuch (STLB).
Bezeichnung des Leistungsbereichs (zum Teil abgekürzt).

Kosten und Kostenkennwerte je Leistungsbereich in €/m² Brutto-Grundfläche und €/m³ Brutto-Rauminhalt (BGF und BRI nach DIN 277). Anteil der jeweiligen Leistungsbereiche in Prozent an den Kosten der Technischen Anlagen (KG 400).

②
Kostenkennwerte und Prozentanteile für „Leistungsbereichspakete" als Zusammenfassung bestimmter Leistungsbereiche. Leistungsbereiche mit relativ geringem Kostenanteil wurden in Einzelfällen mit anderen Leistungsbereichen zusammengefasst.
Beispiel:
LB 000 Baustelleneinrichtung zusammengefasst mit
LB 001 Gerüstarbeiten (Angabe: inkl. 001).

③
Ergänzende, den o.g. STLB-Leistungsbereichen nicht zuzuordnende Leistungsbereiche.

… 430 Raumlufttechnische Anlagen

Kostenkennwerte für die Kostengruppen 400 der 3. Ebene DIN 276

KG	Kostengruppe	Menge Einheit	Kosten €	€/Einheit	%
431	**Lüftungsanlagen**				

1300-0227 Verwaltungsgebäude (42 AP) - Effizienzhaus ~59%

| | 1.593,33 m² BGF | 166.982 | **104,80** | 100,0 |

Lüftungsgerät 7.500m³/h (1St), Nachheizregister (2St), Luftkanalrauchmelder (2St), Steuerschrank für Brandschutzklappen (1St), Brandschutzklappen (21St), Kulissenschalldämpfer (2St), Rohrschalldämpfer (23St), Volumenstrombegrenzer (63St), Volumenstromregler (20St), Luftauslässe (68St), Abluftventile (25St), Lamellenhaube (1St), Außenluft-Dachhaube (1St), Luftkanäle (67m²), Wickelfalzrohre DN100-560, Formstücke (489m), Flexrohre DN100-315 (36m), Dämmung (69m²)

1300-0231 Bürogebäude (95 AP)

| | 4.489,98 m² BGF | 240.471 | **53,56** | 69,3 |

Lüftungsgeräte, Unterbau, wetterfest, Volumenstrom 4.000m³/h (1St), Volumenstrom 3.000m³/h (1St), Volumenstrom 1.800m³/h (1St), Rechteckkanäle (306m²), Isolierung (470m²), Wickelfalzrohre DN100-250 (305m), Formstücke (239St), Brandschutzklappen (40St), Tellerventile DN100 (25St), Drallauslässe (24St), Schalldämpfer (96St), Volumenstromregler (16St), Einzelraumlüfter (62St), Dachhauben DN250-100 (15St)

1300-0240 Büro- und Wohngebäude (6 AP) - Effizienzhaus 40 PLUS

| | 324,12 m² BGF | 12.997 | **40,10** | 100,0 |

Lüftungsgerät mit Wärmerückgewinnung, Volumenstrom 350m³/h (1St), Bedieneinheit (1St), Schalldämpfer (2St), Flachkanäle, Formstücke (72m), Brandschutzklappen (19St), Kulissenschalldämpfer (2St), Wickelfalzrohre DN125-160, Formstücke (18m), Alu-Flexrohre DN100-160 (8m), EPP-Rohre DN160, Formstücke (5m), Telefonieschalldämpfer (4St), Tellerventile (18St), Schutzgitter (2St)

1300-0253 Bürogebäude (40 AP)

| | 1.142,82 m² BGF | 129.243 | **113,09** | 37,9 |

Zu- und Abluftgerät mit WRG, Volumenstrom 1.020m³/h (1St), Volumenstrom 780m³/h (1St), Kulissenschalldämpfer (4St), Dachabluftventilator, Volumenstrom 2.500m³/h, Sockelschalldämpfer (1St), Rechteckkanäle, Stahl (155m²), Wickelfalzrohre DN100-250, Formstücke, Rohrdämmung (104m), Alu-Flexrohre DN100 (17m), Volumenstromregler (16St), Telefonieschalldämpfer (26St), Zu- und Abluftventile (29St), Drallauslässe (8St), Schlitzdurchlässe (3St), Brandschutzklappen (6St), Brandschutzventile (4St), Dachdurchführungen (3St), Deflektorhaube (1St), Einzelraumlüfter (1St)

1300-0254 Bürogebäude (8 AP) - Effizienzhaus ~73%

| | 226,00 m² BGF | 29.780 | **131,77** | 100,0 |

Lüftungsgerät mit WRG und Kühlung, Volumenstrom 1.000m³/h (1St), Lüftungsrohre DN75 (210m), oval 114/51mm (80m), Doppelsickenrohr DN250 (9m), Wickelfalzrohr DN180 (7m), Alu-Flexrohre DN180-250 (10m), Verteilerkästen (4St), Telefonie-Schalldämpfer (2St), Schalldämpfer (1St), Wetterschutzgitter (2St)

© BKI Baukosteninformationszentrum   Kostenstand: 4.Quartal 2021, Bundesdurchschnitt, inkl. **19% MwSt.**

Erläuterung nebenstehender Beispielseite

Alle Kosten und Kostenkennwerte mit Mehrwertsteuer. Kostenstand 4. Quartal 2021.
Kosten und Kostenkennwerte umgerechnet auf den Bundesdurchschnitt.

Kostenkennwerte für die Kostengruppe 400 der 3. Ebene DIN 276

(1)
Codierung und Bezeichnung zur Kostengruppe entsprechend der 3. Ebene nach DIN 276

(2)
Abgerechnete Leistungen zu im Teil 1 dokumentierten Objekten mit BKI Objektnummer,
Beschreibung, Menge, Einheit, Kosten, Kostenkennwert bezogen auf m² BGF.

431 Lüftungsanlagen

Kostenkennwerte für die Kostengruppen 400 der 4. Ebene (AK nach BKI-Katalog)

KG	Kostengruppe	Einheit	€/Einheit	€/m² BGF
431.11	**Zuluftzentralgeräte**			
	RLT-Anlage, Zuluft, Zubehör, V=9.500m³/h	m³/h	1,33	7,53
	RLT-Zentralgeräte 7.500m³/h (1St), Zu-, Abluftgeräte, Elementbauweise, doppelschalig, zwischenliegender Schall-, Wärmedämmung, 8.000m³/h (2St),	m³/h	4,18	22,44
	Lüftungsgerät für Zu- und Abluft mit Außen- und Fortluftbetrieb, Plattenwärmerückgewinner, Volumenstromregler Volumenstrom 60m³/h (92St), wassergekühlte Flüssigkeitskühler (2St), luftgekühlte Trockenkühler mit Axial-Ventilator (2St), Kreiselpumpen (9St), Kaltwasserpufferspeicher 1.464l (1St); Kaltwasser-Deckenkassettengeräte mit Radialventilator (2St)	m³/h	35,24	82,78
431.21	**Abluftzentralgeräte**			
	RLT-Anlagen, Abluft, Radial-Dachventilatoren, Zubehör, V=7.900m³/h (1St), V=1.200m³/h (2St), V=450m³/h (1St), Axialventilator mit Drehstrom, für innen, V=700m³/h (1St)	m³/h	0,55	3,76
	Radial-Rohrventilator, Volumenstrom bei 0Pa 1.500m³, Rohrschalldämmer, Drehzahlsteller (1St)	m³/h	1,34	3,35
	Dachventilator, doppelwandig, isoliert, Regenhauben 400m³/h (12St)	m³/h	1,44	1,58
	Deckenluftfächer bis 15m/h (10St), Regelanlagen (2St)	m³/h	24,92	2,24
431.22	**Ablufteinzelgeräte**			
	Einzelraumentlüfter mit Nachlaufsteuerung (4St)	St	167,25	0,40
	Ablufteinzelgeräte, kugelgelagerter Energiesparmotor, 16 Watt, Filterwechselanzeige, mit eingebautem Nachlaufrelais, Anlaufverzögerung 1 Minute, Nachlauf 5-6min, Schallleistung 42 dB (4St)	St	287,02	1,26
	Kleinraumradialventilatoren, Steuerung (4St)	St	290,85	1,88
	Einzelraumentlüfter mit Nachlaufsteuerung (4St)	St	334,51	1,78
	Einzelraumlüfter, Volumenstrom 60m³/h (8St)	St	335,55	3,34
	Einzelraumlüfter, Radialventilatoren, Volumenstrom 60m³/h (10St)	St	363,10	1,81
	Einzelraumlüfter, Anschlussrohre (2St)	St	438,03	1,77
	Einzelraumlüfter (4St)	St	456,49	3,23
	Ablufteinzelgeräte, Nachlauf-Intervallschalter, Luftleistung 60/30m³/h, Schaltuhren (18St)	St	472,93	5,36
	Einzelraumlüfter, Anlaufverzögerung 1min, Nachlaufzeit 8min, Unterputzgehäuse, Brandabsperrvorrichtungen (4St)	St	504,11	3,24
431.41	**Zuluftleitungen, rund**			
	Rundrohrluftleitungen DN125-315 (23m)	m	95,67	3,66

© BKI Baukosteninformationszentrum
Kostenstand: 4.Quartal 2021, Bundesdurchschnitt, inkl. 19% MwSt.

Erläuterung nebenstehender Beispielseite

Alle Kosten und Kostenkennwerte mit Mehrwertsteuer. Kostenstand 4. Quartal 2021.
Kosten und Kostenkennwerte umgerechnet auf den Bundesdurchschnitt.

Kostenkennwerte für die Kostengruppe 400 der 4. Ebene DIN 276

①
Codierung und Bezeichnung der Ausführung zur Kostengruppe entsprechend der 4. Kostengruppenebene definiert in DIN 276:2018-12

②
Abgerechnete Ausführungen zu dokumentierten Objekten mit Beschreibung, Menge, Einheit, Kosten, Kostenkennwert bezogen auf die Kostengruppeneinheit.

Bei den Mengen handelt es sich um ausgeführte Mengen, sofern nicht Bezugsmengen ausgewiesen sind (BGF, NGF).

430
Raumlufttechnische Anlagen

Kosten:
Stand 4.Quartal 2021
Bundesdurchschnitt
inkl. 19% MwSt.

Einheit: m²
Brutto-Grundfläche
(BGF)

▷ von
ø Mittel
◁ bis

Gebäudeart	▷	€/Einheit	◁	KG an 400
1 Büro- und Verwaltungsgebäude				
Büro- und Verwaltungsgebäude, einfacher Standard	3,70	**36,00**	132,00	7,2%
Büro- und Verwaltungsgebäude, mittlerer Standard	11,00	**56,00**	105,00	9,3%
Büro- und Verwaltungsgebäude, hoher Standard	68,00	**138,00**	230,00	16,5%
2 Gebäude für Forschung und Lehre				
Instituts- und Laborgebäude	319,00	**490,00**	942,00	39,4%
3 Gebäude des Gesundheitswesens				
Medizinische Einrichtungen	9,90	**107,00**	170,00	16,5%
Pflegeheime	59,00	**99,00**	134,00	14,4%
4 Schulen und Kindergärten				
Allgemeinbildende Schulen	14,00	**66,00**	138,00	11,2%
Berufliche Schulen	53,00	**92,00**	120,00	12,7%
Förder- und Sonderschulen	15,00	**31,00**	63,00	6,3%
Weiterbildungseinrichtungen	33,00	**59,00**	82,00	11,5%
Kindergärten, nicht unterkellert, einfacher Standard	4,00	**7,40**	11,00	1,9%
Kindergärten, nicht unterkellert, mittlerer Standard	19,00	**57,00**	153,00	8,3%
Kindergärten, nicht unterkellert, hoher Standard	14,00	**50,00**	110,00	13,7%
Kindergärten, Holzbauweise, nicht unterkellert	14,00	**31,00**	60,00	5,4%
Kindergärten, unterkellert	3,70	**41,00**	115,00	10,4%
5 Sportbauten				
Sport- und Mehrzweckhallen	12,00	**64,00**	90,00	13,4%
Sporthallen (Einfeldhallen)	7,70	**22,00**	51,00	6,1%
Sporthallen (Dreifeldhallen)	45,00	**82,00**	128,00	17,4%
Schwimmhallen	113,00	**221,00**	275,00	17,6%
6 Wohngebäude				
Ein- und Zweifamilienhäuser				
Ein- und Zweifamilienhäuser, unterkellert, einfacher Standard	–	**0,40**	–	0,1%
Ein- und Zweifamilienhäuser, unterkellert, mittlerer Standard	8,40	**31,00**	75,00	4,6%
Ein- und Zweifamilienhäuser, unterkellert, hoher Standard	19,00	**40,00**	66,00	5,7%
Ein- und Zweifamilienhäuser, nicht unterkellert, einfacher Standard	–	**27,00**	–	6,0%
Ein- und Zweifamilienhäuser, nicht unterkellert, mittlerer Standard	12,00	**33,00**	48,00	4,3%
Ein- und Zweifamilienhäuser, nicht unterkellert, hoher Standard	9,30	**28,00**	60,00	1,4%
Ein- und Zweifamilienhäuser, Passivhausstandard, Massivbau	44,00	**78,00**	133,00	18,9%
Ein- und Zweifamilienhäuser, Passivhausstandard, Holzbau	69,00	**103,00**	162,00	24,4%
Ein- und Zweifamilienhäuser, Holzbauweise, unterkellert	19,00	**34,00**	56,00	6,6%
Ein- und Zweifamilienhäuser, Holzbauweise, nicht unterkellert	29,00	**37,00**	47,00	7,4%
Doppel- und Reihenendhäuser, einfacher Standard	–	**–**	–	–
Doppel- und Reihenendhäuser, mittlerer Standard	11,00	**36,00**	46,00	10,6%
Doppel- und Reihenendhäuser, hoher Standard	6,10	**18,00**	31,00	5,3%
Reihenhäuser, einfacher Standard	2,50	**5,80**	11,00	2,8%
Reihenhäuser, mittlerer Standard	5,10	**41,00**	58,00	10,2%
Reihenhäuser, hoher Standard	37,00	**46,00**	59,00	14,1%
Mehrfamilienhäuser				
Mehrfamilienhäuser, mit bis zu 6 WE, einfacher Standard	1,50	**3,40**	5,30	1,4%
Mehrfamilienhäuser, mit bis zu 6 WE, mittlerer Standard	3,50	**9,80**	34,00	2,7%
Mehrfamilienhäuser, mit bis zu 6 WE, hoher Standard	3,40	**16,00**	36,00	4,1%

© **BKI** Baukosteninformationszentrum

Kosten: 4.Quartal 2021, Bundesdurchschnitt, inkl. **19%** MwSt.

Erläuterung nebenstehender Beispielseite

Alle Kosten und Kostenkennwerte mit Mehrwertsteuer. Kostenstand 4. Quartal 2021.
Kosten und Kostenkennwerte umgerechnet auf den Bundesdurchschnitt.

Gebäudearten-bezogene Kostenkennwerte für die Kostengruppen der 2.-3. Ebene DIN 276

(1)

Ordnungszahl und Bezeichnung der Kostengruppe nach DIN 276:2018-12. Einheit und Mengenbezeichnung der Bezugseinheit nach DIN 276:2018-12, auf die die Kostenkennwerte in der Spalte „€/Einheit" bezogen sind.

DIN 276:2018-12: Mengen und Bezugseinheiten

(2)

Bezeichnung der Gebäudearten, gegliedert nach der Bauwerksartensystematik der BKI-Baukostendatenbanken.

(3)

Kostenkennwerte für die jeweilige Gebäudeart und die jeweilige Kostengruppe (Bauelement) mit Angabe von Mittelwert (Spalte: €/Einheit) und Streubereich (Spalten: von-/bis-Werte unter Berücksichtigung der Standardabweichung).
Bei Gebäudearten mit noch schmaler Datenbasis wird nur der Mittelwert angegeben.
Insbesondere in diesen Fällen wird empfohlen, die Kosten projektbezogen über Ausführungsarten bzw. positionsweise zu ermitteln.

(4)

Durchschnittlicher Anteil der Kosten der jeweiligen Kostengruppe in Prozent der Kosten für Technische Anlagen (Kostengruppe 400 nach DIN 276 = 100%).

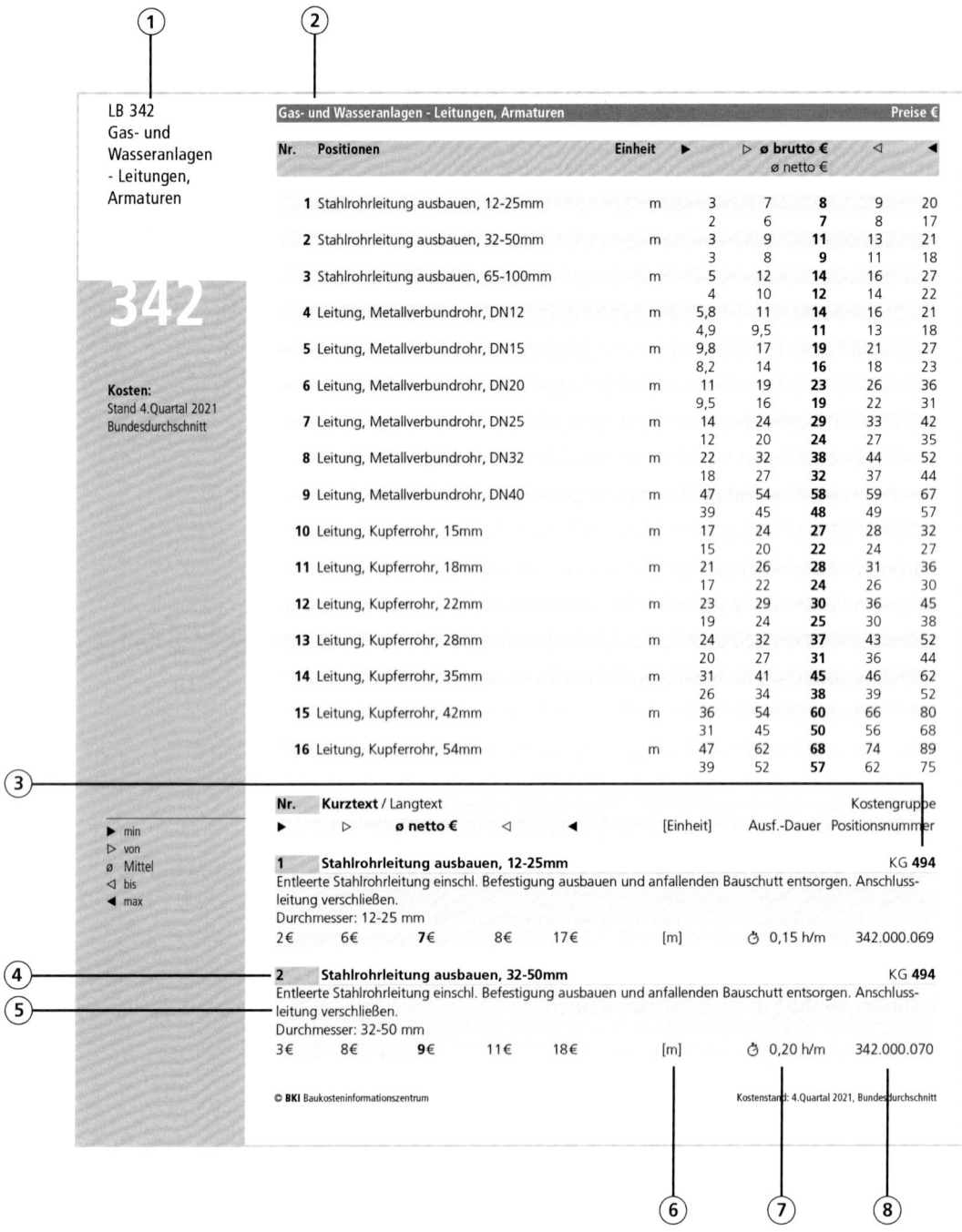

Erläuterung nebenstehender Tabelle

Alle Kostenkennwerte werden mit und ohne Mehrwertsteuer dargestellt.
Kostenstand: 4. Quartal 2021.
Kosten und Kostenkennwerte umgerechnet auf den Bundesdurchschnitt.

Positionen und Mustertexte

①
Leistungsbereichs-Titel

②
Datentabelle mit Angabe:
- der Bauleistungen als Kurztext
- der Einheit
- Minimal-Wert, von-Wert, Mittelwert, bis-Wert und Maximalwert
Angaben jeweils mit MwSt. (1.Zeile) und ohne MwSt. (2.Zeile).
Gerundete Werte bis 10€ Nettosumme.
Die Ordnungsziffer verweist auf den zugehörigen Langtext.

③
Kostengruppen nach DIN 276. Die Angaben sind bei der Anwendung zu prüfen, da diese teilweise auf Positionsebene nicht zweifelsfrei zugeordnet werden können.

④
Ordnungsziffer für den Bezug zur Datentabelle. Mit A bezifferte Positionen sind Beschreibungen für die entsprechenden Folgepositionen.

⑤
Mustertexte als produktneutraler Positionstext für die Ausschreibung. Die durch Fettdruck hervorgehobenen bzw. mit Punktierung gekennzeichneten Textpassagen müssen in der Ausschreibung ausgewählt bzw. eingetragen werden um eindeutig kalkulierbar zu sein.

⑥
Abrechnungseinheit der Leistungspositionen

⑦
Ausführungsdauer der Leistung pro Stunde für die Terminplanung

⑧
Positionsnummer als ID-Kennung für das Auffinden des Datensatzes in elektronischen Medien

Gliederung in Leistungsbereiche nach STLB-Bau

Als Beispiel für eine ausführungsorientierte Ergänzung der Kostengliederung werden im Folgenden die Leistungsbereiche des Standardleistungsbuches für das Bauwesen in einer Übersicht dargestellt.

000 Sicherheitseinrichtungen, Baustelleneinrichtung
001 Gerüstarbeiten
002 Erdarbeiten
003 Landschaftsbauarbeiten
004 Landschaftsbauarbeiten, Pflanzen
005 Brunnenbauarbeiten und Aufschlussbohrungen
006 Spezialtiefbauarbeiten
007 Untertagebauarbeiten
008 Wasserhaltungsarbeiten
009 Entwässerungskanalarbeiten
010 Drän- und Versickerungsarbeiten
011 Abscheider- und Kleinkläranlagen
012 Mauerarbeiten
013 Betonarbeiten
014 Natur-, Betonwerksteinarbeiten
016 Zimmer- und Holzbauarbeiten
017 Stahlbauarbeiten
018 Abdichtungsarbeiten
019 Kampfmittelräumarbeiten
020 Dachdeckungsarbeiten
021 Dachabdichtungsarbeiten
022 Klempnerarbeiten
023 Putz- und Stuckarbeiten, Wärmedämmsysteme
024 Fliesen- und Plattenarbeiten
025 Estricharbeiten
026 Fenster, Außentüren
027 Tischlerarbeiten
028 Parkettarbeiten, Holzpflasterarbeiten
029 Beschlagarbeiten
030 Rollladenarbeiten
031 Metallbauarbeiten
032 Verglasungsarbeiten
033 Baureinigungsarbeiten
034 Maler- und Lackierarbeiten, Beschichtungen
035 Korrosionsschutzarbeiten an Stahlbauten
036 Bodenbelagsarbeiten
037 Tapezierarbeiten
038 Vorgehängte hinterlüftete Fassaden
039 Trockenbauarbeiten

040 Wärmeversorgungsanlagen - Betriebseinrichtungen
041 Wärmeversorgungsanlagen - Leitungen, Armaturen, Heizflächen
042 Gas- und Wasseranlagen - Leitungen und Armaturen
043 Druckrohrleitungen für Gas, Wasser und Abwasser
044 Abwasseranlagen - Leitung, Abläufe, Armaturen
045 Gas-, Wasser- und Entwässerungsanlagen - Ausstattung, Elemente, Fertigbäder
046 Gas-, Wasser- und Entwässerungsanlagen - Betriebseinrichtungen
047 Dämm- und Brandschutzarbeiten an technischen Anlagen
049 Feuerlöschanlagen, Feuerlöschgeräte
050 Blitzschutz- und Erdungsanlagen, Überspannungsschutz
051 Kabelleitungstiefbauarbeiten
052 Mittelspannungsanlagen
053 Niederspannungsanlagen - Kabel/Leitungen, Verlegesysteme, Installationsgeräte
054 Niederspannungsanlagen - Verteilersysteme und Einbaugeräte
055 Sicherheits- und Ersatzstromversorgungsanlagen
057 Gebäudesystemtechnik
058 Leuchten und Lampen
059 Sicherheitsbeleuchtungsanlagen
060 Sprech-, Ruf-, Antennenempfangs-, Uhren- und elektroakustische Anlagen
061 Kommunikations- und Übertragungsnetze
062 Kommunikationsanlagen
063 Gefahrenmeldeanlagen
064 Zutrittskontroll-, Zeiterfassungssysteme
069 Aufzüge
070 Gebäudeautomation
075 Raumlufttechnische Anlagen
078 Kälteanlagen für raumlufttechnische Anlagen
080 Straßen, Wege, Plätze
081 Betonerhaltungsarbeiten
082 Bekämpfender Holzschutz
084 Abbruch-, Rückbau- und Schadstoffsanierungsarbeiten
085 Rohrvortriebsarbeiten
087 Abfallentsorgung, Verwertung und Beseitigung
090 Baulogistik
091 Stundenlohnarbeiten
096 Bauarbeiten an Bahnübergängen
097 Bauarbeiten an Gleisen und Weichen
098 Witterungsschutzmaßnahmen

Abkürzungsverzeichnis

Abkürzung	Bezeichnung
a	Jahr (lat. annus)
AF	Außenanlagenfläche
Alu	Aluminium
AN	Auftragnehmer
AG	Auftraggeber
AP	Arbeitsplätze
AWF	Außenwandfläche
BB	BB-Schloss=Buntbartschloss
BGF	Brutto-Grundfläche (Summe der Regelfall (R)- und Sonderfall (S)-Flächen nach DIN 277)
BGI	Baugrubeninhalt
BHKW	Blockheizkraftwerk
bis	oberer Grenzwert des Streubereichs um einen Mittelwert
BK	Bodenklasse
BRI	Brutto-Rauminhalt (Summe der Regelfall (R)- und Sonderfall (S)-Rauminhalte nach DIN 277)
BRI/BGF (m)	Verhältnis von Brutto-Rauminhalt zur Brutto-Grundfläche angegeben in Meter
BRI/NUF (m)	Verhältnis von Brutto-Rauminhalt zur Nutzungsfläche angegeben in Meter
BSH	Brettschichtholz
CaSi	Calciumsilikat
CG	Schaumglas
CO_2	Kohlendioxid
Cu	Kupfer
DD	DD-Lack=Polyurethan-Lack
DN	Durchmesser, Nennweite (DN80)
DAF	Dachfläche
DEF	Deckenfläche
DF	Dünnformat
DIN 276	Kosten im Bauwesen - Teil 1 Hochbau (DIN 276:2018-12)
DIN 277	Grundflächen und Rauminhalte von Bauwerken im Hochbau (DIN 277:2021-08)
DK	Dreh-/Kipp(-flügel)
EPS	Expandierter Polystyrol-Hartschaum
ESG	Einscheiben-Sicherheitsglas
FFB	Fertigfußboden
Fläche/BGF (%)	Anteil der angegebenen Fläche zur Brutto-Grundfläche in Prozent
Fläche/NUF (%)	Anteil der angegebenen Fläche zur Nutzungsfläche in Prozent
F90-A	Feuerwiderstandsklasse 90min
€/Einheit	Spaltenbezeichnung für Mittelwerte zu den Kosten bezogen auf eine Einheit der Bezugsgröße
€/m² BGF	Spaltenbezeichnung für Mittelwerte zu den Kosten bezogen auf Brutto-Grundfläche
GEG / EnEV	Gebäudeenergiegesetz / Energieeinsparverordnung
GF	Grundstücksfläche
GK / GKB / GKF	Gipskarton / Gipskarton-Bauplatten / Gipskarton-Feuerschutz
GKI	Gipskarton - imprägniert
GKL	Güteklasse
GK1	Geotechnische Kategorie 1 DIN 4020
Gl	Glieder (Heizkörper)
Gl24h	Festigkeitsklasse
GRF	Gründungsfläche
HDF	hochdichte Faserplatte
Hlz / LHlz	Hochlochziegel / Leichthochlochziegel
HT-Rohr	Hochtemperaturrohr
HPL	Laminatbeschichtung im Hochdruckpressverfahren (eng. High Pressure Laminate)

Abkürzungsverzeichnis

Abkürzung	Bezeichnung
inkl.	einschließlich
i.L. / i.M.	im Lichten / im Mittel
IWF	Innenwandfläche
KFZ	Kraftfahrzeug
KG	Kellergeschoß / Kunststoff Grundleitung / Kostengruppe
KGF	Konstruktions-Grundfläche (Summe der Regelfall (R)- und Sonderfall (S)-Flächen nach DIN 277)
KMz	Klinkermauerziegel
KS	Kalksandstein
KSK	kaltselbstklebend
KSL / KSV / KSVm	Kalksandstein-Lochstein / Kalksandstein-Vollstein / Kalksandstein-Vormauerwerk
KVH	Konstruktionsvollholz
KWK	Kraftwärmekopplung
LAR	Leitungsanlagen-Richtlinie
LB	Leistungsbereich
LED	Leuchtdiode
LK	Lastklasse
LM	Leichtmetall / Leichtmörtel
LZR	Luftzwischenraum (Isolierglas)
MDF	mitteldichte Faserplatte (Spanplatte)
MDS	mineralische Dichtschlämme
Menge/BGF	Menge der genannten Kostengruppen-Bezugsgröße bezogen auf die Menge der Brutto-Grundfläche
Menge/NUF	Menge der genannten Kostengruppen-Bezugsgröße bezogen auf die Menge der Nutzungsfläche
MF	Mineralfaser
MG	Mörtelgruppe
MLAR	Master-Leitungsanlagen-Richtlinie
MW	Mauerwerk / Mineralwolle / Maulweite (Zargen)
MwSt.	Mehrwertsteuer
Mz	Mauerziegel
NE	Nutzeinheit
NF	Normalformat / Nut und Feder
NM	Normalmauermörtel
NH	Nadelholz
NUF	Nutzungsfläche (Summe der Regelfall (R)- und Sonderfall (S)-Flächen nach DIN 277)
NRF	Netto-Raumfläche (Summe der Regelfall (R)- und Sonderfall (S)-Flächen nach DIN 277)
Obj.-Nr.	Nummer des Objekts in den BKI-Baukostendatenbanken
OK	Oberkante
OS	Oberflächenschutzschicht
OSB	Grobspanplatten (engl. oriented strand board)
PC	Polycarbonat
PE / PE-HD	Polyethylen / Polyethylen, hohe Dichte
PES	Polyester
PIR	Polyisocyanurat
PMMA	Polymethylmetacrylat
PP	Polypropylen
PS	Polystyrol
PU/PUR	Polyurethan
PVC / PCV-U	Polyvinylchlorid / Polyvinylchlorid-Hart
PV	Polyestervlies
PYE / PYP	Elastomerbitumen / Plastomerbitumen
PZ	Profilzylinder

Abkürzungsverzeichnis

Abkürzung	Bezeichnung
RCL	Recycling
RD	rauchdicht
RRM	Rohbaurichtmaß
RS	Rauchschutz (Türen)
RW	Regenwasser
RWA	Rauch-Wärme-Abzug
SFK	Steindruckfestigkeitsklasse
SML	Gusseisen-Abwasserrohr
sonst.	Sonstige
spez.	spezifischer
Stb	Stahlbeton
STLB	Standardleistungsbuch
Stg	Steigung
STP	Stellplatz
TF	Technikfläche (Summe der Regelfall (R)- und Sonderfall (S)-Flächen nach DIN 277)
T-RS	Rauchschutztür
TSD	Trittschalldämmung
T30	Tür mit Feuerwiderstand 30min
UK	Unterkonstruktion / Unterkante
uP / aP	unter Putz / auf Putz
Uw	U-Wert Fenster (engl. window)
VF	Verkehrsfläche (Summe der Regelfall (R)- und Sonderfall (S)-Flächen nach DIN 277)
VK	Vorderkante
VMz	Vormauerziegel
VSG	Verbund-Sicherheitsglas
von	unterer Grenzwert des Streubereichs um einen Mittelwert
V2A / V4A	Edelstahl
WDVS	Wärmedämmverbundsystem
WD-Putz	Wärmedämmputzsystem
WE	Wohneinheit
WF	Holzweichfaser
WFL	Wohnfläche
WK	Einbruch-Widerstandsklasse
WLG	Wärmeleitgruppe
WLs	Wärmeleitstufe
WU	wasserundurchlässig (Betonqualität)
XPS	extrudierter Polystyrol-Hartschaum
Z	Zuschnitt
ZTV	zusätzl. techn. Vertragsbedingungen
Ø	Mittelwert
300+400	Zusammenfassung der Kostengruppen Bauwerk-Baukonstruktionen und Bauwerk-Technische Anlagen
% an 300+400	Kostenanteil der jeweiligen Kostengruppe an den Kosten des Bauwerks
% an 300	Kostenanteil der jeweiligen Kostengruppe an der Kostengruppe Bauwerk-Baukonstruktion
% an 400	Kostenanteil der jeweiligen Kostengruppe an der Kostengruppe Bauwerk-Technische Anlagen
G1	BKI Objektedaten G1 Technische Gebäudeausrüstung, Kosten abgerechneter Bauwerke, erschienen 2006*
G2	BKI Objektedaten G2 Technische Gebäudeausrüstung, Kosten abgerechneter Bauwerke, erschienen 2008*
G3	BKI Objektedaten G3 Technische Gebäudeausrüstung, Kosten abgerechneter Bauwerke, erschienen 2012*
G4	BKI Objektedaten G4 Technische Gebäudeausrüstung, Kosten abgerechneter Bauwerke, erschienen 2015
G5	BKI Objektedaten G5 Technische Gebäudeausrüstung, Kosten abgerechneter Bauwerke, erschienen 2018
G6	BKI Objektedaten G6 Technische Gebäudeausrüstung, Kosten abgerechneter Bauwerke, erschienen 2022

* Bücher bereits vergriffen

Abkürzungsverzeichnis

Einheiten

µm	Mikrometer
m	Meter
m²	Quadratmeter
m³	Kubikmeter
cm	Zentimeter
cm²	Quadratzentimeter
cm³	Kubikzentimeter
dm	Dezimeter
dm²	Quadratdezimeter
dm³	Kubikdezimeter
d	Tage
dH	deutsche Härte (Wasserhärte)
dB	Dezibel
DPr	Proctordichte
h	Stunde
Hz	Hertz
kg	Kilogramm
kN	Kilonewton
kW	Kilowatt
kWel	elektrische Leistung in Kilowatt
kWth	thermische Leistung in Kilowatt
kWp	Kilowatt-Peak (Photovoltaikanlagen)
kvar	Blindleistung
l	Liter
lm	Lumen
mbar	Millibar
min	Minute
mm	Millimeter
mm²	Quadratmillimeter
mm³	Kubikmillimeter
MN	Meganewton
N	Newton
psch	Pauschal
s	Sekunde
St	Stück
t	Tonnen
V	Volt
W	Watt
Wp	Watt-Peak
°	Grad
%	Prozent
n.A.	nach Aufwand (Preis ist Projektbezogen)

Kombinierte Einheiten

h/[Einheit]	Stunde pro [Einheit] = Ausführungsdauer
mh	Meter pro Stunde
md	Meter pro Tag
mWo	Meter pro Woche
mMt	Meter pro Monat
ma	Meter pro Jahr
m²d	Quadratmeter pro Tag
m²Wo	Quadratmeter pro Woche
m²Mt	Quadratmeter pro Monat
m³d	Kubikmeter pro Tag
m³Wo	Kubikmeter pro Woche
m³Mt	Kubikmeter pro Monat
Sth	Stück pro Stunde
Std	Stück pro Tag
StWo	Stück pro Woche
StMt	Stück pro Monat
td	Tonne pro Tag
tWo	Tonne pro Woche

Mengenangaben

A	Fläche
B	Breite
D	Durchmesser
d	Dicke
H	Höhe
k	k-Wert
L	Länge
lw	lichte Weite
T	Tiefe
U	u-Wert
V	Volumen

Rechenzeichen

<	kleiner
>	größer
<=	kleiner gleich
>=	größer gleich
-	bis

OBJEKTDATEN

Objektdokumentation, 1. und 2. Ebene

Büro- und Verwaltungsgebäude

1

1100 Parlamentsgebäude
1200 Gerichtsgebäude
• 1300 Bürogebäude

1300-0227
Verwaltungsgebäude
(42 AP)
Effizienzhaus ~59%

Objektübersicht

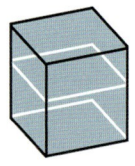 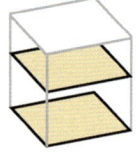  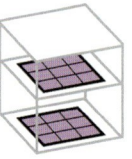

BRI 565 €/m³ **BGF** 2.109 €/m² **NUF** 3.011 €/m² **NE** 80.014 €/NE
NE: Arbeitsplatz

Objekt:
Kennwerte: 3. Ebene DIN 276
BRI: 5.950 m³
BGF: 1.593 m²
NUF: 1.116 m²
Bauzeit: 130 Wochen
Bauende: 2016
Standard: Durchschnitt
Bundesland: Hessen
Kreis: Darmstadt-Dieburg

Architekt*in:
studio moeve
architekten bda
Liebfrauenstraße 80
64289 Darmstadt

© Anastasia Hermann Photographie

Zeichnungen

1300-0227
Verwaltungsgebäude
(42 AP)
Effizienzhaus ~59%

Ansicht Süd-West

Ansicht Nord-Ost

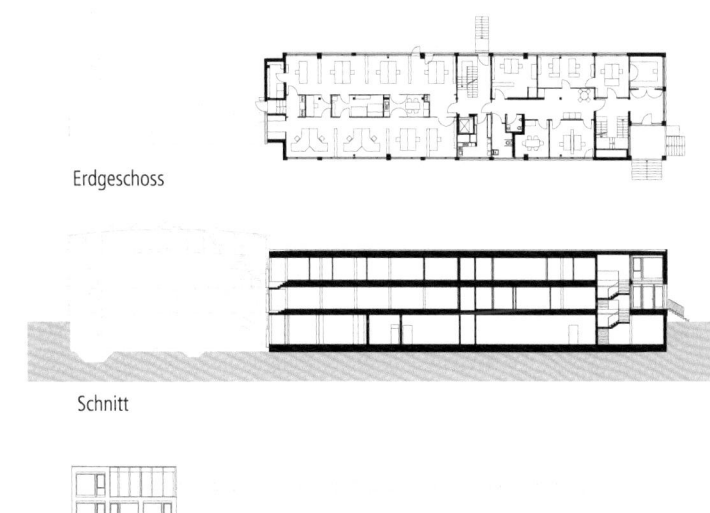

Erdgeschoss

Schnitt

Ansicht Nord-West

1300-0227
Verwaltungsgebäude
(42 AP)
Effizienzhaus ~59%

Objektbeschreibung

Allgemeine Objektinformationen

Der Neubau wurde auf einem bestehenden Untergeschoss neu errichtet. Die rechteckige Form des Neubaus korrespondiert mit der bestehenden Halle. Die Verbindung zum Bestand erfolgt über Türdurchbrüche. Großzügige Öffnungen rastern das Gebäude und verleihen ihm Struktur und Stringenz. Öffentlich zugängliche Bereiche befinden sich im Erdgeschoss im vorderen Teil des Gebäudes. Das Obergeschoss ist als verwaltungsinterne Büroebene ausgelegt und beinhaltet die Cafeteria. Im modernisierten Untergeschoss sind eine Umkleide sowie Archiv-, Technik- und Lagerräume angeordnet.

Nutzung

1 Untergeschoss
Umkleideräume, WC-Anlagen, Technik, Archiv, Lager, Treppenhäuser, **Aufzug**

1 Erdgeschoss
Büros, WCs, Besprechungsräume, Treppenhäuser, **Aufzug**

1 Obergeschoss
Büros, WCs, Besprechungsraum, Treppenhäuser, **Aufzug**, Cafeteria

Nutzeinheiten

Arbeitsplätze: 42

Grundstück

Bauraum: Freier Bauraum
Neigung: Ebenes Gelände
Bodenklasse: BK 1 bis BK 3

Markt

Hauptvergabezeit: 2.Quartal 2013
Baubeginn: 4.Quartal 2013
Bauende: 2.Quartal 2016
Konjunkturelle Gesamtlage: über Durchschnitt
Regionaler Baumarkt: unter Durchschnitt

Baukonstruktion

Das bestehende Untergeschoss wurde weitestgehend entkernt und über Mikrobohrpfähle tragend für die neuen Obergeschosse hergerichtet. Beide Obergeschosse sind als Stahlbetonskelettbau mit Ausmauerungen aus Kalksandsteinmauerwerk realisiert. Die Außenwände wurden mit einem Wärmedämmverbundsystem ummantelt und verputzt. Sichtbeton, weiße Wände und Glastüren definieren neben den Systemwänden aus Glas die Innenräume. Es kam ein rollnahtverschweißtes Edelstahldach mit geringer Aufbauhöhe zur Ausführung.

Technische Anlagen

In den Stahlbetondecken aller Geschosse wurde eine **Bauteilaktivierung** integriert, über die das Verwaltungsgebäude im Winter beheizt und im Sommer gekühlt werden kann. Innenliegende Regenfallrohre sorgen für eine unsichtbare Entwässerung des Flachdachs.

Sonstiges

Ein **Personenaufzug** verbindet die drei Ebenen **barrierefrei**.

Energetische Kennwerte

EnEV Fassung: 2009
Gebäudevolumen: 2.964,00 m^3
Gebäudenutzfläche (EnEV): 1.079,00 m^2
Hüllfläche des beheizten Volumens: 2.020,60 m^2
Spez. Jahresprimärenergiebedarf: 129,20 kWh/(m$^2 \cdot$a)

1300-0227 Verwaltungsgebäude (42 AP) Effizienzhaus ~59%

Planungskennwerte für Flächen und Rauminhalte nach DIN 277

Flächen des Grundstücks		Menge, Einheit	% an GF
BF	Bebaute Fläche	732,93 m²	3,3
UF	Unbebaute Fläche	21.581,07 m²	96,7
GF	Grundstücksfläche	22.314,00 m²	100,0

Grundflächen des Bauwerks		Menge, Einheit	% an NUF	% an BGF
NUF	Nutzungsfläche	1.116,05 m²	100,0	70,1
TF	Technikfläche	3,97 m²	0,4	0,3
VF	Verkehrsfläche	319,85 m²	28,7	20,1
NRF	Netto-Raumfläche	1.439,87 m²	129,0	90,4
KGF	Konstruktions-Grundfläche	153,46 m²	13,8	9,6
BGF	Brutto-Grundfläche	1.593,33 m²	142,8	100,0

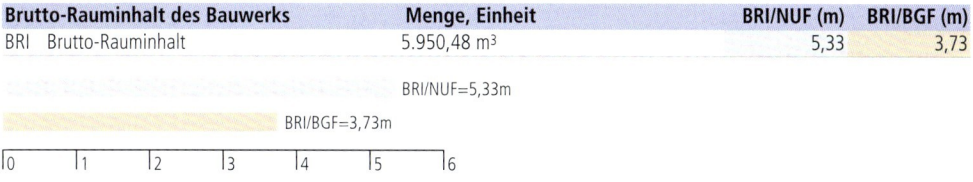

Brutto-Rauminhalt des Bauwerks		Menge, Einheit	BRI/NUF (m)	BRI/BGF (m)
BRI	Brutto-Rauminhalt	5.950,48 m³	5,33	3,73

Prozentualer Anteil der Kostengruppen der 2. Ebene an der Kostengruppe 400 nach DIN 276

KG	Kostengruppen (2. Ebene)
410	Abwasser-, Wasser-, Gasanlagen
420	Wärmeversorgungsanlagen
430	Raumlufttechnische Anlagen
440	Elektrische Anlagen
450	Kommunikationstechnische Anlagen
460	Förderanlagen
470	Nutzungsspez. und verfahrenstech. Anlagen
480	Gebäude- und Anlagenautomation
490	Sonstige Maßnahmen für technische Anlagen

Ranking der Kostengruppen der 3. Ebene an der Kostengruppe 400 nach DIN 276

KG	Kostengruppe (3. Ebene)	Kosten an KG 400 %	KG	Kostengruppe (3. Ebene)	Kosten an KG 400 %
444	Niederspannungsinstallationsanlagen	15,7	457	Datenübertragungsnetze	5,6
422	Wärmeverteilnetze	14,5	411	Abwasseranlagen	4,0
431	Lüftungsanlagen	14,2	421	Wärmeerzeugungsanlagen	2,5
481	Automationseinrichtungen	9,1	482	Schaltschränke, Automation	1,4
461	Aufzugsanlagen	7,8	456	Gefahrenmelde- und Alarmanlagen	1,3
412	Wasseranlagen	7,1	485	Datenübertragungsnetze	0,9
423	Raumheizflächen	7,0	446	Blitzschutz- und Erdungsanlagen	0,7
445	Beleuchtungsanlagen	6,7	419	Sonstiges zur KG 410	0,6

© BKI Baukosteninformationszentrum Kostenstand: 4.Quartal 2021, Bundesdurchschnitt, inkl. 19% MwSt.

1300-0227
Verwaltungsgebäude
(42 AP)
Effizienzhaus ~59%

Kostenkennwerte für die Kostengruppen der 1. Ebene DIN 276

KG	Kostengruppen (1. Ebene)	Einheit	Kosten €	€/Einheit	€/m² BGF	€/m³ BRI	% 300+400
100		m² GF	–		–	–	–
200	Vorbereitende Maßnahmen	m² GF	198.197	8,88	124,39	33,31	5,9
300	Bauwerk – Baukonstruktionen	m² BGF	2.187.384	1.372,84	1.372,84	367,60	65,1
400	Bauwerk – Technische Anlagen	m² BGF	1.173.214	736,33	736,33	197,16	34,9
	Bauwerk 300+400	**m² BGF**	**3.360.598**	**2.109,17**	**2.109,17**	**564,76**	**100,0**
500	Außenanlagen und Freiflächen	m² AF	–		–	–	–
600	Ausstattung und Kunstwerke	m² BGF	12.293	7,71	7,71	2,07	0,4
700	Baunebenkosten	m² BGF	–		–	–	–
800	Finanzierung	m² BGF	–		–	–	–

KG	Kostengruppe	Menge Einheit	Kosten €	€/Einheit	%
200	**Vorbereitende Maßnahmen**	22.314,00 m² GF	198.197	8,88	5,9

Abbruch von Gebäude bis auf OK Rohdecke über UG, Untergeschoss gegen Auftrieb sichern, Entkernung UG, Abbruch von Anbauten, Asphalt, Oberbodenarbeiten

KG	Kostengruppe	Menge Einheit	Kosten €	€/Einheit	%
3+4	**Bauwerk**				**100,0**
300	**Bauwerk – Baukonstruktionen**	1.593,33 m² BGF	2.187.384	1.372,84	65,1

Bodenplatte, Mikrobohrpfähle, Heizestrich, Bodenfliesen, Beschichtung; KS-Mauerwerk, Stb-Stützen, Kunststofffenster, WDVS, Putz, Beschichtungen, Innendämmung, Trockenputz, Kunststoff-Fensterfassaden, Raffstores; Stb-Innenwände, GK-Wände, Innentüren; Stb-Decken, Stb-Treppen, Stahltreppen, Hohlraumboden, PVC, Nadelfilz, Kellerdeckendämmung, GK-Akustikdecken, Stahlgeländer; Stb-Flachdach, Lichtkuppeln, Abdichtung, Gefälledämmung, Metalldeckung, Kies, Dachentwässerung

KG	Kostengruppe	Menge Einheit	Kosten €	€/Einheit	%
400	**Bauwerk – Technische Anlagen**	1.593,33 m² BGF	1.173.214	736,33	34,9

Gebäudeentwässerung, Kalt- und Warmwasserleitungen, Sanitärobjekte; Anschluss **Bestandswärmepumpe**, Heizungsrohre, **Bauteilaktivierung**, Fußbodenheizung, Heizkörper; **Zu- und Abluftanlage**; Elektroinstallation, **EIB-Anlage**, Beleuchtung, Erdungsanlage; WC-Notruf, Zugangskontrollanlage, EDV-Verkabelung; **Personenaufzug**, Personenhublift; **KNX-Module, DDC-Automationsstation**

KG	Kostengruppe	Menge Einheit	Kosten €	€/Einheit	%
600	**Ausstattung und Kunstwerke**	1.593,33 m² BGF	12.293	7,71	0,4

Sanitärausstattungen

Kostenkennwerte für die Kostengruppen 400 der 2. Ebene DIN 276

1300-0227
Verwaltungsgebäude
(42 AP)
Effizienzhaus ~59%

KG	Kostengruppe	Menge	Einheit	Kosten €	€/Einheit	%
400	**Bauwerk – Technische Anlagen**					100,0
410	**Abwasser-, Wasser-, Gasanlagen**	1.593,33	m² BGF	137.452	**86,27**	11,7

Abwasserrohre DN50-125 (154m), PE-Rohre DN100-200 (49m), Pumpe (1St), Abläufe (12St), Regenfallrohre (3m) * Hauswasserstation (1St), Stahlrohre DN18-35 (187m), Edelstahlrohre DN15-28 (20m), Durchlauferhitzer (12St), Waschtische (7St), Ausgussbecken (2St), Tiefspül-WCs (9St), Urinale (5St), Duschwannen (3St), Warmwasserspeicher (2St) * Montageelemente (18St)

420	**Wärmeversorgungsanlagen**	1.593,33	m² BGF	280.337	**175,94**	23,9

Anschlusssets **Wärmepumpe** (2St), Umbau Regelstrecke Bestandswärmepumpe (psch), Pufferspeicher 1.000l (1St), Plattenwärmetauscher (1St), Druckausdehnungsgefäße (4St) * BTA: Industrieverteiler (7St), Verteilerschrank, Fußbodenheizung (1St), Stahlrohre DN15-88 (1.403m), Pumpen (5St), Stellantriebe (8St) * PE-Xc-Rohre (4.019m), Trägermatten (1.003m²), Konvektoren (45St), Heizkörper (11St), Heizwände (2St), Stellantriebe (54St)

430	**Raumlufttechnische Anlagen**	1.593,33	m² BGF	166.982	**104,80**	14,2

Lüftungsgerät 7.500m³/h (1St), Luftkanalrauchmelder (2St), Luftauslässe (68St), Abluftventile (25St), Luftkanäle (67m²), Wickelfalzrohre DN100-560 (489m), Flexrohre DN100-315 (36m)

440	**Elektrische Anlagen**	1.593,33	m² BGF	271.321	**170,29**	23,1

Schaltschrank (1St), Mantelleitungen (11.546m), Installationskabel (2.243m), Steckdosen (195St), Bewegungsmelder (7St), Präsenzmelder (5St), Automatikschalter 180° (28St) * Anbauleuchten (164St), Pendelleuchten (16St), Lichtband (14m), Lichtleisten (4St), Downlights (8St), Sicherheitsleuchten (23St) * Ringerder (170m), Ableitungen (281m), Mantelleitungen (236m), Potenzialausgleichsschienen (9St)

450	**Kommunikationstechnische Anlagen**	1.593,33	m² BGF	82.145	**51,56**	7,0

WC-Notrufanlage (1St) * Zugangskontrollanlage: Zutrittsmodule, Video-Türstationen (3St), Kameras 180° (2St), Deckenkamera 360° (1St), Kleinverteiler (2St), Installationskabel (275m) * Netzwerkschränke (2St), Patchfelder (17St), Patchkabel (130St), Datendosen (21St), Datenkabel (13.538m)

460	**Förderanlagen**	1.593,33	m² BGF	91.936	**57,70**	7,8

Personenaufzug, vier Personen, Förderhöhe 7,04m, drei Haltestellen (1St), Personen-Doppelscherenhublift, außen, rollstuhlgerecht, Tragkraft 300kg, Hubhöhe 1,40m, dreiseitig umlaufende Glaswände (1St), Bodensäule (1St)

480	**Gebäude- und Anlagenautomation**	1.593,33	m² BGF	136.366	**85,59**	11,6

EIB-Anlage: Heizungsaktoren, sechsfach (6St), vierfach (1St), Schaltaktoren, vierfach (3St), achtfach (9St), Jalousieaktoren, achtfach (10St), vierfach (4St), **KNX-Wetterstation** (1St), **KNX-Raumkontroller-Module** (32St), **KNX-Taster** (8St), Tastsensoren (41St), Tastsensor-Erweiterungsmodule (14St), Bus-Ankoppler (27St) * MSR-Schaltschrank (1St), Motorsteuerungen (9St), Melde-/Anzeigemodule (20St) * **EIB-Leitungen** (850m) * **DDC-Automationsstation** (1St), Cat-Module (2St)

490	**Sonstige Maßnahmen für technische Anlagen**	1.593,33	m² BGF	6.674	**4,19**	0,6

Mannschaftscontainer (psch) * Arbeitsbühne (psch) * Abbruch von Trinkwasserleitungen (psch), Heizungsleitungen (psch); Entsorgung, Deponiegebühren

© BKI Baukosteninformationszentrum   Kostenstand: 4.Quartal 2021, Bundesdurchschnitt, **inkl.** 19% MwSt.

1300-0227
Verwaltungsgebäude
(42 AP)
Effizienzhaus ~59%

Kostenkennwerte für die Kostengruppe 400 der 2. und 3. Ebene DIN 276 (Übersicht)

KG	Kostengruppe	Menge Einheit	Kosten €	€/Einheit	%
410	**Abwasser-, Wasser-, Gasanlagen**	**1.593,33 m² BGF**	**86,27**	**137.452,17**	**11,7**
411	Abwasseranlagen	1.593,33 m² BGF	29,60	47.165,36	4,0
412	Wasseranlagen	1.593,33 m² BGF	52,58	83.782,31	7,1
419	Sonstiges zur KG 410	1.593,33 m² BGF	4,08	6.504,50	0,6
420	**Wärmeversorgungsanlagen**	**1.593,33 m² BGF**	**175,94**	**280.336,86**	**23,9**
421	Wärmeerzeugungsanlagen	1.593,33 m² BGF	18,08	28.814,80	2,5
422	Wärmeverteilnetze	1.593,33 m² BGF	106,56	169.778,51	14,5
423	Raumheizflächen	1.593,33 m² BGF	51,30	81.743,55	7,0
430	**Raumlufttechnische Anlagen**	**1.593,33 m² BGF**	**104,80**	**166.982,28**	**14,2**
431	Lüftungsanlagen	1.593,33 m² BGF	104,80	166.982,28	14,2
440	**Elektrische Anlagen**	**1.593,33 m² BGF**	**170,29**	**271.321,38**	**23,1**
444	Niederspannungsinstallationsanlagen	1.593,33 m² BGF	115,61	184.200,35	15,7
445	Beleuchtungsanlagen	1.593,33 m² BGF	49,20	78.397,61	6,7
446	Blitzschutz- und Erdungsanlagen	1.593,33 m² BGF	5,47	8.723,45	0,7
450	**Kommunikationstechnische Anlagen**	**1.593,33 m² BGF**	**51,56**	**82.145,08**	**7,0**
452	Such- und Signalanlagen	1.593,33 m² BGF	0,58	924,38	0,1
456	Gefahrenmelde- und Alarmanlagen	1.593,33 m² BGF	9,82	15.642,46	1,3
457	Datenübertragungsnetze	1.593,33 m² BGF	41,16	65.578,24	5,6
460	**Förderanlagen**	**1.593,33 m² BGF**	**57,70**	**91.936,14**	**7,8**
461	Aufzugsanlagen	1.593,33 m² BGF	57,70	91.936,14	7,8
480	**Gebäude- und Anlagenautomation**	**1.593,33 m² BGF**	**85,59**	**136.366,09**	**11,6**
481	Automationseinrichtungen	1.593,33 m² BGF	67,35	107.313,79	9,1
482	Schaltschränke, Automation	1.593,33 m² BGF	10,52	16.767,61	1,4
484	Kabel, Leitungen und Verlegesysteme	1.593,33 m² BGF	1,30	2.073,50	0,2
485	Datenübertragungsnetze	1.593,33 m² BGF	6,41	10.211,18	0,9
490	**Sonst. Maßnahmen für techn. Anlagen**	**1.593,33 m² BGF**	**4,19**	**6.674,15**	**0,6**
491	Baustelleneinrichtung	1.593,33 m² BGF	2,09	3.336,99	0,3
492	Gerüste	1.593,33 m² BGF	0,52	833,53	0,1
494	Abbruchmaßnahmen	1.593,33 m² BGF	1,57	2.503,64	0,2

Kostenkennwerte für Leistungsbereiche nach STLB (Kosten KG 400 nach DIN 276)

1300-0227
Verwaltungsgebäude
(42 AP)
Effizienzhaus ~59%

LB	Leistungsbereiche	Kosten €	€/m² BGF	€/m³ BRI	% an 400
040	Wärmeversorgungsanlagen - Betriebseinrichtungen	26.623	16,70	4,50	2,3
041	Wärmeversorgungsanlagen - Leitungen, Armaturen, Heizflächen	260.174	163,30	43,70	22,2
042	Gas- und Wasseranlagen - Leitungen, Armaturen	18.738	11,80	3,10	1,6
043	Druckrohrleitungen für Gas, Wasser und Abwasser	–	–	–	–
044	Abwasseranlagen - Leitungen, Abläufe, Armaturen	44.882	28,20	7,50	3,8
045	Gas-, Wasser- und Entwässerungsanlagen - Ausstattung, Elemente, Fertigbäder	51.590	32,40	8,70	4,4
046	Gas-, Wasser- und Entwässerungsanlagen - Betriebseinrichtungen	785	0,49	0,13	0,1
047	Dämm- und Brandschutzarbeiten an technischen Anlagen	26.542	16,70	4,50	2,3
049	Feuerlöschanlagen, Feuerlöschgeräte	–	–	–	–
050	Blitzschutz- / Erdungsanlagen, Überspannungsschutz	8.862	5,60	1,50	0,8
051	Kabelleitungstiefbauarbeiten	–	–	–	–
052	Mittelspannungsanlagen	–	–	–	–
053	Niederspannungsanlagen - Kabel/Leitungen, Verlegesysteme, Installationsgeräte	147.099	92,30	24,70	12,5
054	Niederspannungsanlagen - Verteilersysteme und Einbaugeräte	33.154	20,80	5,60	2,8
055	Sicherheits- und Ersatzstromversorgungsanlagen	–	–	–	–
057	Gebäudesystemtechnik	136.630	85,80	23,00	11,6
058	Leuchten und Lampen	70.111	44,00	11,80	6,0
059	Sicherheitsbeleuchtungsanlagen	8.286	5,20	1,40	0,7
060	Sprech-, Ruf-, Antennenempfangs-, Uhren- und elektroakustische Anlagen	1.456	0,91	0,24	0,1
061	Kommunikations- und Übertragungsnetze	65.578	41,20	11,00	5,6
062	Kommunikationsanlagen	–	–	–	–
063	Gefahrenmeldeanlagen	7.226	4,50	1,20	0,6
064	Zutrittskontroll-, Zeiterfassungssysteme	7.747	4,90	1,30	0,7
069	Aufzüge	91.936	57,70	15,50	7,8
070	Gebäudeautomation	–	–	–	–
075	Raumlufttechnische Anlagen	158.392	99,40	26,60	13,5
078	Kälteanlagen für raumlufttechnische Anlagen	–	–	–	–
	Gebäudetechnik	**1.165.812**	**731,70**	**195,90**	**99,4**
	Sonstige Leistungsbereiche	**7.402**	**4,60**	**1,20**	**0,6**

© BKI Baukosteninformationszentrum   Kostenstand: 4.Quartal 2021, Bundesdurchschnitt, inkl. 19% MwSt.

1300-0231
Bürogebäude
(95 AP)

Objektübersicht

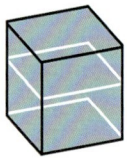 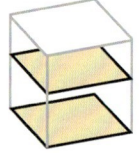 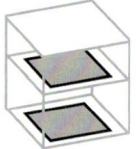 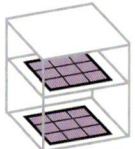

BRI 625 €/m³   BGF 2.226 €/m²   NUF 3.259 €/m²   NE 105.215 €/NE
NE: Arbeitsplatz

Objekt:
Kennwerte: 3. Ebene DIN 276
BRI: 16.002 m³
BGF: 4.490 m²
NUF: 3.067 m²
Bauzeit: 82 Wochen
Bauende: 2015
Standard: Durchschnitt
Bundesland: Niedersachsen
Kreis: Wittmund

Architekt*in:
kbg architekten
bagge grothoff partner
Zeughausstraße 70
26121 Oldenburg

Bauherr*in:
NV Versicherungen VVaG
Ostfriesenstraße 1
26427 Neuharlingersiel

© Olaf Mahlstedt

© Olaf Mahlstedt

Zeichnungen

1300-0231
Bürogebäude
(95 AP)

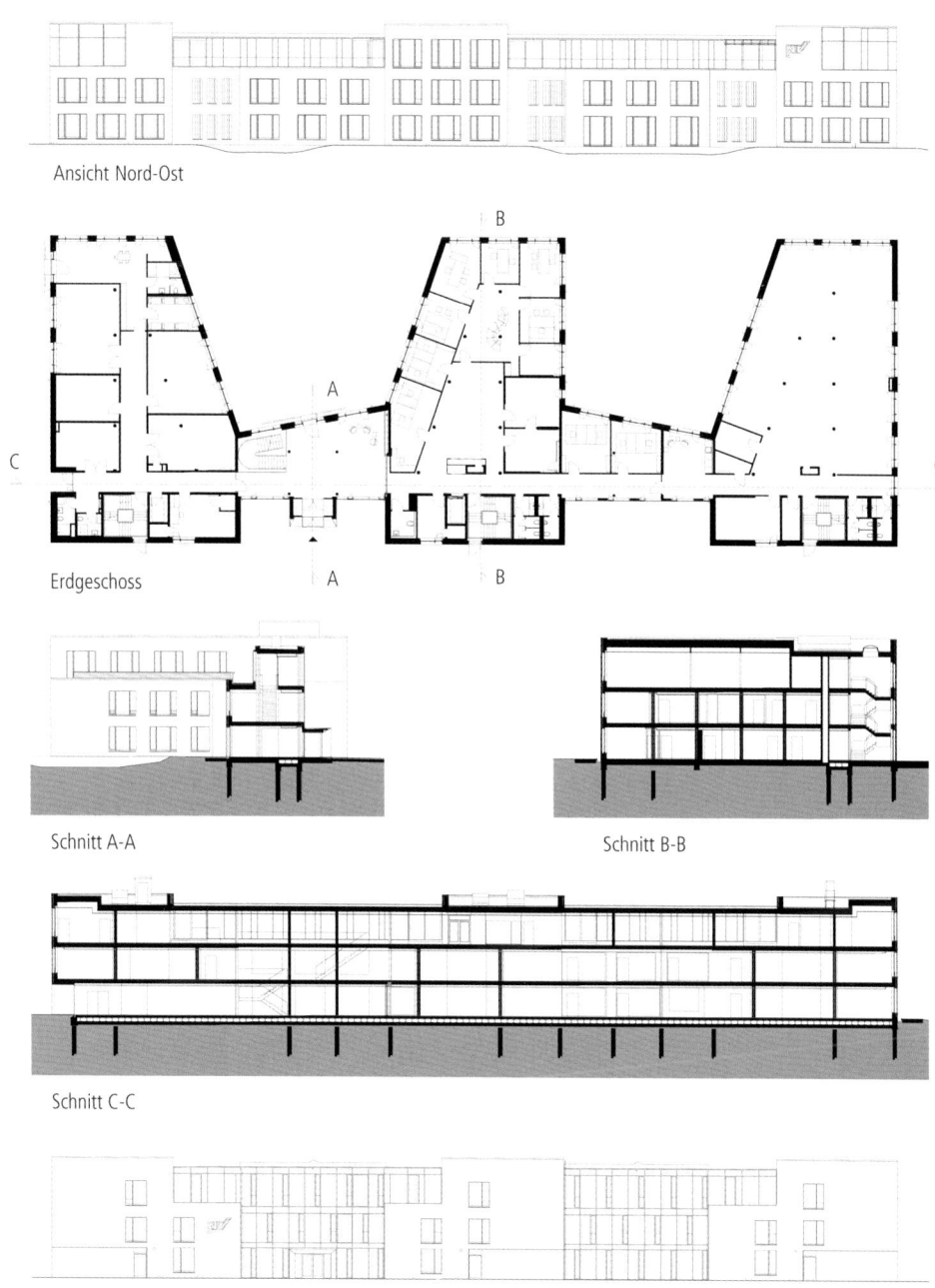

Ansicht Nord-Ost

Erdgeschoss

Schnitt A-A

Schnitt B-B

Schnitt C-C

Ansicht Süd-West

1300-0231 Bürogebäude (95 AP)

Objektbeschreibung

Allgemeine Objektinformationen

Der Neubau dient als Firmenzentrale einer Versicherung mit Einzelbüros, Kinderbetreuung Cafeteria für ca. 80 Mitarbeiter. Von der großzügigen Dachterrasse, die an die öffentliche Cafeteria und an die für bis zu 200 Personen ausgelegten Konferenzräume angrenzt, haben Mitarbeiter und Besucher Ausblick auf die Nordseeinseln. Mobile Wände im Innenbereich sowie Systemtrennwände machen das Gebäude flexibel für Veränderungen innerhalb der Arbeitsplatzstrukturen. In den sich aufweitenden Mittelzonen befinden sich helle und einladende Bereiche für Kaffeebars und Meetingpoints, in denen die Kommunikation zwischen den Mitarbeitern gefördert wird.

Nutzung

1 Erdgeschoss
Büros, Lager, Sanitärräume, Nebenräume, Technik, Kinderbetreuung

1 Obergeschoss
Büros, Besprechungsräume, Meeting-Point, Sanitärräume

1 Dachgeschoss
Cafeteria, Konferenz- und Besprechungsräume, Vorstandsebene, Sanitärräume

Nutzeinheiten

Arbeitsplätze: 95
Gruppen: 1
Kinder: 5

Grundstück

Bauraum: Freier Bauraum
Neigung: Ebenes Gelände
Bodenklasse: BK 1 bis BK 3

Markt

Hauptvergabezeit: 2.Quartal 2014
Baubeginn: 1.Quartal 2014
Bauende: 4.Quartal 2015
Konjunkturelle Gesamtlage: über Durchschnitt
Regionaler Baumarkt: unter Durchschnitt

Baukonstruktion

Das Gebäude ist auf Fertigbetonrammpfählen gegründet. Die tragende Konstruktion bildet ein Stahlbetonskelettbau mit Kalksandsteinwänden und einem Hohlschichtmauerwerk mit ortstypischen Verblender- und Pfosten-Riegelfassaden. Die großzügigen Fensterfronten wurden mit Klima- und Sonnenschutzglas und einem innen liegenden Blendschutz versehen. Die Dach- und Geschossdecken sind als Stahlbetonflachdecken angefertigt. Alle massiven Wände werden innenseitig verputzt und gestrichen. Die nichttragenden Innenwände sind in Leichtbauweise als Gipskartonständerwände ausgeführt. Die Dächer sind als Flachdächer mit bituminöser Dachabdichtung auf Gefälledämmung konzipiert. Im Bereich der Dachterrassen und Loggien wird auf der Dachabdichtung ein Belag aus aufgeständertem Stein aufgebracht.

Technische Anlagen

Die Wärmeerzeugung erfolgt über eine Kombination aus **Wärmepumpe** und **Gas-Brennwertheizung**. Mittels **Bauteilaktivierung** in den Betondecken der Regelbüros werden die Räume je nach Jahreszeit erwärmt oder gekühlt. Zusätzlich benötigte Wärme wird über Heizflächen abgedeckt. Die Warmwasserbereitung erfolgt über dezentral angeordnete Durchlauferhitzer als Untertischgerät. Sämtliche Regelbüros werden über die Fenster belüftet. Sonderbereiche wie Konferenzräume, Cafeteria, Küche und Besprechungszonen sind mit einer **Lüftungsanlage** ausgestattet. Kühl- und Lüftungseinheiten befinden sich auf den Dachflächen.

Sonstiges

Das Gebäude erfüllt die ENEV 2009. Sämtliche Zugänge zu den Treppenhäusern sind **barrierefrei** ausgeführt. Die Erschließung aller Etagen erfolgt über einen zentral gelegenen **Aufzug**.

1300-0231 Bürogebäude (95 AP)

Planungskennwerte für Flächen und Rauminhalte nach DIN 277

Flächen des Grundstücks		Menge, Einheit	% an GF
BF	Bebaute Fläche	1.528,00 m²	8,2
UF	Unbebaute Fläche	17.118,00 m²	91,8
GF	Grundstücksfläche	18.646,00 m²	100,0

Grundflächen des Bauwerks		Menge, Einheit	% an NUF	% an BGF
NUF	Nutzungsfläche	3.066,66 m²	100,0	68,3
TF	Technikfläche	76,40 m²	2,5	1,7
VF	Verkehrsfläche	733,35 m²	23,9	16,3
NRF	Netto-Raumfläche	3.876,41 m²	126,4	86,3
KGF	Konstruktions-Grundfläche	613,57 m²	20,0	13,7
BGF	Brutto-Grundfläche	4.489,98 m²	146,4	100,0

NUF=100% | BGF=146,4% | NRF=126,4%

NUF | TF | VF | KGF

Brutto-Rauminhalt des Bauwerks		Menge, Einheit	BRI/NUF (m)	BRI/BGF (m)
BRI	Brutto-Rauminhalt	16.002,00 m³	5,22	3,56

BRI/NUF=5,22m
BRI/BGF=3,56m

Prozentualer Anteil der Kostengruppen der 2. Ebene an der Kostengruppe 400 nach DIN 276

KG	Kostengruppen (2. Ebene)
410	Abwasser-, Wasser-, Gasanlagen
420	Wärmeversorgungsanlagen
430	Raumlufttechnische Anlagen
440	Elektrische Anlagen
450	Kommunikationstechnische Anlagen
460	Förderanlagen
470	Nutzungsspez. und verfahrenstech. Anlagen
480	Gebäude- und Anlagenautomation
490	Sonstige Maßnahmen für technische Anlagen

Ranking der Kostengruppen der 3. Ebene an der Kostengruppe 400 nach DIN 276

KG	Kostengruppe (3. Ebene)	Kosten an KG 400 %	KG	Kostengruppe (3. Ebene)	Kosten an KG 400 %
444	Niederspannungsinstallationsanlagen	14,4	457	Datenübertragungsnetze	4,9
431	Lüftungsanlagen	10,4	432	Teilklimaanlagen	4,6
445	Beleuchtungsanlagen	9,5	471	Küchentechnische Anlagen	4,6
423	Raumheizflächen	7,9	443	Niederspannungsschaltanlagen	3,9
456	Gefahrenmelde- und Alarmanlagen	7,6	412	Wasseranlagen	3,7
422	Wärmeverteilnetze	7,5	461	Aufzugsanlagen	2,7
421	Wärmeerzeugungsanlagen	6,6	411	Abwasseranlagen	1,7
481	Automationseinrichtungen	5,3	446	Blitzschutz- und Erdungsanlagen	1,4

© BKI Baukosteninformationszentrum   Kostenstand: 4.Quartal 2021, Bundesdurchschnitt, inkl. 19% MwSt.

1300-0231 Bürogebäude (95 AP)

Kostenkennwerte für die Kostengruppen der 1. Ebene DIN 276

KG	Kostengruppen (1. Ebene)	Einheit	Kosten €	€/Einheit	€/m² BGF	€/m³ BRI	% 300+400
100		m² GF	–	–	–	–	–
200	Vorbereitende Maßnahmen	m² GF	10.405	0,56	2,32	0,65	0,1
300	Bauwerk – Baukonstruktionen	m² BGF	7.681.180	1.710,74	1.710,74	480,01	76,8
400	Bauwerk – Technische Anlagen	m² BGF	2.314.267	515,43	515,43	144,62	23,2
	Bauwerk 300+400	**m² BGF**	**9.995.447**	**2.226,17**	**2.226,17**	**624,64**	**100,0**
500	Außenanlagen und Freiflächen	m² AF	127.183	35,55	28,33	7,95	1,3
600	Ausstattung und Kunstwerke	m² BGF	28.754	6,40	6,40	1,80	0,3
700	Baunebenkosten	m² BGF	–	–	–	–	–
800	Finanzierung	m² BGF	–	–	–	–	–

KG	Kostengruppe	Menge Einheit	Kosten €	€/Einheit	%
200	Vorbereitende Maßnahmen	18.646,00 m² GF	10.405	**0,56**	0,1

Abräumen von Pflanzbewuchs, Oberboden abtragen, entsorgen

3+4	**Bauwerk**				**100,0**
300	Bauwerk – Baukonstruktionen	4.489,98 m² BGF	7.681.180	**1.710,74**	76,8

Stb-Tiefgründung; Zementestrich, Doppelboden, Teppich, Bodenfliesen, Parkett, Linoleum; Stb-Wände, KS-Mauerwerk, Alu-Fensterelemente, Haupteingang; Klinker-Verblendmauerwerk, Sonnenschutz; Pfosten-Riegel-Fassaden; GK-Wände; Holztüren, Stahl-Schiebetor; Innenputz, Beschichtung, Wandfliesen; mobile Trennwände, System-Glastrennwände; Stb-Decken, Stb-Treppen, Stahlwangentreppe, Akustikdecken, Geländer; Stb-Flachdach, Dachausstieg, Dachbegrünung, Terrassenplatten, Dachentwässerung; Teeküchen, Einbaumöbel; Schließanlage

| 400 | Bauwerk – Technische Anlagen | 4.489,98 m² BGF | 2.314.267 | **515,43** | 23,2 |

Gebäudeentwässerung, Kalt- und Warmwasserleitungen, Sanitärobjekte; **Gas-Brennwertkessel**, **BHKW**, **Rückkühler**, Heizungsrohre, Heizkörper; **Lüftungsgeräte**, Lüftungsleitungen, **Klimageräte**; **Zentralbatteriesystem**, Elektroinstallation, Beleuchtung, Erdung; Türsprechanlage, **Brandmeldezentrale**, EDV-Verkabelung, Medien-Verkabelung; **Aufzugsanlage**; Großküchenanlage; MSR-Technik

| 500 | Außenanlagen und Freiflächen | 3.578,00 m² AF | 127.183 | **35,55** | 1,3 |

Bodenarbeiten; Versorgungsleitungen ans öffentliche Netz; Bepflanzung

| 600 | Ausstattung und Kunstwerke | 4.489,98 m² BGF | 28.754 | **6,40** | 0,3 |

Sanitärausstattungen

Kostenkennwerte für die Kostengruppen 400 der 2. Ebene DIN 276

1300-0231
Bürogebäude
(95 AP)

KG	Kostengruppe	Menge Einheit	Kosten €	€/Einheit	%
400	Bauwerk – Technische Anlagen				100,0
410	Abwasser-, Wasser-, Gasanlagen	4.489,98 m² BGF	140.452	31,28	6,1

KG-Rohre DN100 (243m), SML-Rohre DN50-100 (61m), Gussrohre DN100 (20m), HT-Rohre DN50-100 (126m) * Kupferrohre DN15-35 (584m), Wand-Tiefspül-WCs (30St), Waschtische (23St), Urinale (9St), Ausgussbecken (2St), Duschwannen (2St), Warmwasserspeicher 5-80l (27St) * Montageelemente (41St)

420	Wärmeversorgungsanlagen	4.489,98 m² BGF	509.047	113,37	22,0

Gas-Brennwertkessel (1St), **Blockheizkraftwerk** (1St), **Rückkühler** (1St), Plattenwärmetauscher (1St), Membran-Ausdehnungsgefäße (3St), Pumpen (2St), Pufferspeicher (1St) * Kupferrohre DN15-42 (1.985m), Stahlrohre DN15-65 (217m) * Ventilheizkörper (143St), Röhrenheizkörper (21St), Konvektoren (8St), Unterflurkonvektoren (23St)

430	Raumlufttechnische Anlagen	4.489,98 m² BGF	347.136	77,31	15,0

Lüftungsgeräte, Volumenstrom bis 4.000m³/h (3St), Lüftungsleitungen (306m²), Wickelfalzrohre DN100-250 (305m), Brandschutzklappen (40St), Tellerventile DN100 (25St), Drallauslässe (24St), Schalldämpfer (96St), Volumenstromregler (16St), Einzelraumlüfter (62St), Dachhauben DN250-100 (15St) * **Split-Klimageräte** (3St), Kältemittelleitungen (553m), Deckenkassetten als Luftauslässe, Fernsteuerung (7St)

440	Elektrische Anlagen	4.489,98 m² BGF	688.257	153,29	29,7

Zentralbatteriesystem (1St) * Schaltschrank (1St), Verteiler (14St) * Mantelleitungen (23.074m), Installationskabel (2.414m), Kunststoffkabel (1.047m), Steckdosen (656St), Schalter/Taster (327St), Präsenzmelder (89St), Bewegungsmelder (16St) * Rettungszeichenleuchten (67St), Sicherheitsleuchten (69St), Notleuchten (22St), Einbaudownlights (412St), Stehleuchten (55St), LED-Wand- und Deckenleuchten (63St), Wannenleuchten (58St) * Mantelleitungen (1.433m), Überspannungsableiter (117St), Fundamenterder (455m)

450	Kommunikationstechnische Anlagen	4.489,98 m² BGF	298.747	66,54	12,9

Ruf-Kompaktset (1St), Türsprechanlage (1St) * **Brandmeldezentrale** (7.621m), Mehrsensormelder (227St), Verschlusssensoren (94St), Feuerwehrbedienfeld (1St) * Datenkabel (20.050m), Module (209St), Patch-Panels (6St)

460	Förderanlagen	4.489,98 m² BGF	61.421	13,68	2,7

Personenaufzug, Traglast 1.125kg, Förderhöhe 6,55m, drei Haltestellen (1St)

470	Nutzungsspez. u. verfahrenstechnische Anlagen	4.489,98 m² BGF	105.305	23,45	4,6

Großkücheneinrichtung mit Kühlschränken (2St), TK-Schrank (1St), Mikrowellen (2St), Kaffeemaschinen (4St), Dunstabzugshaube (1St), Geschirrspülanlage (1St), Schrankanlagen

480	Gebäude- und Anlagenautomation	4.489,98 m² BGF	163.903	36,50	7,1

Fühler (45St), Steuerungen (12St), Module (30St), Bediengeräte (5St) * Schaltschrank (3St) * Mantelleitungen (3.526m) * Datenkabel (188m)

1300-0231
Bürogebäude
(95 AP)

Kostenkennwerte für die Kostengruppe 400 der 2. und 3. Ebene DIN 276 (Übersicht)

KG	Kostengruppe	Menge Einheit	Kosten €	€/Einheit	%
410	**Abwasser-, Wasser-, Gasanlagen**	4.489,98 m² BGF	31,28	140.451,85	**6,1**
411	Abwasseranlagen	4.489,98 m² BGF	8,88	39.867,64	1,7
412	Wasseranlagen	4.489,98 m² BGF	19,10	85.746,06	3,7
419	Sonstiges zur KG 410	4.489,98 m² BGF	3,30	14.838,15	0,6
420	**Wärmeversorgungsanlagen**	4.489,98 m² BGF	113,37	509.046,98	**22,0**
421	Wärmeerzeugungsanlagen	4.489,98 m² BGF	34,18	153.473,69	6,6
422	Wärmeverteilnetze	4.489,98 m² BGF	38,67	173.622,47	7,5
423	Raumheizflächen	4.489,98 m² BGF	40,52	181.950,82	7,9
430	**Raumlufttechnische Anlagen**	4.489,98 m² BGF	77,31	347.135,59	**15,0**
431	Lüftungsanlagen	4.489,98 m² BGF	53,56	240.470,61	10,4
432	Teilklimaanlagen	4.489,98 m² BGF	23,76	106.664,99	4,6
440	**Elektrische Anlagen**	4.489,98 m² BGF	153,29	688.257,46	**29,7**
442	Eigenstromversorgungsanlagen	4.489,98 m² BGF	2,96	13.284,72	0,6
443	Niederspannungsschaltanlagen	4.489,98 m² BGF	20,12	90.337,50	3,9
444	Niederspannungsinstallationsanlagen	4.489,98 m² BGF	74,12	332.783,78	14,4
445	Beleuchtungsanlagen	4.489,98 m² BGF	48,91	219.592,70	9,5
446	Blitzschutz- und Erdungsanlagen	4.489,98 m² BGF	7,18	32.258,75	1,4
450	**Kommunikationstechnische Anlagen**	4.489,98 m² BGF	66,54	298.746,73	**12,9**
452	Such- und Signalanlagen	4.489,98 m² BGF	1,93	8.653,64	0,4
456	Gefahrenmelde- und Alarmanlagen	4.489,98 m² BGF	39,21	176.040,16	7,6
457	Datenübertragungsnetze	4.489,98 m² BGF	25,40	114.052,90	4,9
460	**Förderanlagen**	4.489,98 m² BGF	13,68	61.421,13	**2,7**
461	Aufzugsanlagen	4.489,98 m² BGF	13,68	61.421,13	2,7
470	**Nutzungsspez. u. verfahrenstechn. Anl.**	4.489,98 m² BGF	23,45	105.304,83	**4,6**
471	Küchentechnische Anlagen	4.489,98 m² BGF	23,45	105.304,83	4,6
480	**Gebäude- und Anlagenautomation**	4.489,98 m² BGF	36,50	163.902,75	**7,1**
481	Automationseinrichtungen	4.489,98 m² BGF	27,55	123.688,19	5,3
482	Schaltschränke, Automation	4.489,98 m² BGF	5,92	26.589,59	1,1
484	Kabel, Leitungen und Verlegesysteme	4.489,98 m² BGF	2,90	13.007,20	0,6
485	Datenübertragungsnetze	4.489,98 m² BGF	0,14	617,76	< 0,1

Kostenkennwerte für Leistungsbereiche nach STLB (Kosten KG 400 nach DIN 276)

1300-0231
Bürogebäude
(95 AP)

LB	Leistungsbereiche	Kosten €	€/m² BGF	€/m³ BRI	% an 400
040	Wärmeversorgungsanlagen - Betriebseinrichtungen	153.474	34,20	9,60	6,6
041	Wärmeversorgungsanlagen - Leitungen, Armaturen, Heizflächen	298.615	66,50	18,70	12,9
042	Gas- und Wasseranlagen - Leitungen, Armaturen	–	–	–	–
043	Druckrohrleitungen für Gas, Wasser und Abwasser	–	–	–	–
044	Abwasseranlagen - Leitungen, Abläufe, Armaturen	24.241	5,40	1,50	1,0
045	Gas-, Wasser- und Entwässerungsanlagen - Ausstattung, Elemente, Fertigbäder	99.500	22,20	6,20	4,3
046	Gas-, Wasser- und Entwässerungsanlagen - Betriebseinrichtungen	–	–	–	–
047	Dämm- und Brandschutzarbeiten an technischen Anlagen	68.013	15,10	4,30	2,9
049	Feuerlöschanlagen, Feuerlöschgeräte	–	–	–	–
050	Blitzschutz- / Erdungsanlagen, Überspannungsschutz	32.259	7,20	2,00	1,4
051	Kabelleitungstiefbauarbeiten	–	–	–	–
052	Mittelspannungsanlagen	–	–	–	–
053	Niederspannungsanlagen - Kabel/Leitungen, Verlegesysteme, Installationsgeräte	373.759	83,20	23,40	16,2
054	Niederspannungsanlagen - Verteilersysteme und Einbaugeräte	41.235	9,20	2,60	1,8
055	Sicherheits- und Ersatzstromversorgungsanlagen	–	–	–	–
057	Gebäudesystemtechnik	163.903	36,50	10,20	7,1
058	Leuchten und Lampen	178.629	39,80	11,20	7,7
059	Sicherheitsbeleuchtungsanlagen	102.606	22,90	6,40	4,4
060	Sprech-, Ruf-, Antennenempfangs-, Uhren- und elektroakustische Anlagen	12.721	2,80	0,79	0,5
061	Kommunikations- und Übertragungsnetze	113.707	25,30	7,10	4,9
062	Kommunikationsanlagen	–	–	–	–
063	Gefahrenmeldeanlagen	130.119	29,00	8,10	5,6
064	Zutrittskontroll-, Zeiterfassungssysteme	–	–	–	–
069	Aufzüge	61.421	13,70	3,80	2,7
070	Gebäudeautomation	–	–	–	–
075	Raumlufttechnische Anlagen	240.471	53,60	15,00	10,4
078	Kälteanlagen für raumlufttechnische Anlagen	106.665	23,80	6,70	4,6
	Gebäudetechnik	**2.201.339**	**490,30**	**137,60**	**95,1**
	Sonstige Leistungsbereiche	**112.928**	**25,20**	**7,10**	**4,9**

Kostenstand: 4.Quartal 2021, Bundesdurchschnitt, **inkl. 19% MwSt.**

1300-0240
Büro- und
Wohngebäude (6 AP)
Effizienzhaus 40 PLUS

Objektübersicht

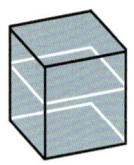 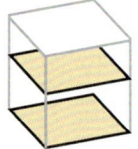 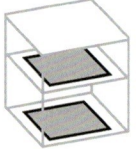 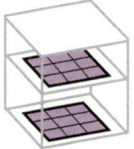

BRI 557 €/m³   BGF 1.964 €/m²   NUF 2.631 €/m²   NE 106.094 €/NE
NE: Arbeitsplatz

Objekt:
Kennwerte: 3. Ebene DIN 276
BRI: 1.142 m³
BGF: 324 m²
NUF: 242 m²
Bauzeit: 26 Wochen
Bauende: 2016
Standard: über Durchschnitt
Bundesland: Baden-Württemberg
Kreis: Tübingen

Architekt*in:
Architekt Rainer Graf
Architektur + Energiekonzepte
Paulinenstraße 22
72131 Ofterdingen

Zeichnungen

1300-0240
Büro- und
Wohngebäude (6 AP)
Effizienzhaus 40 PLUS

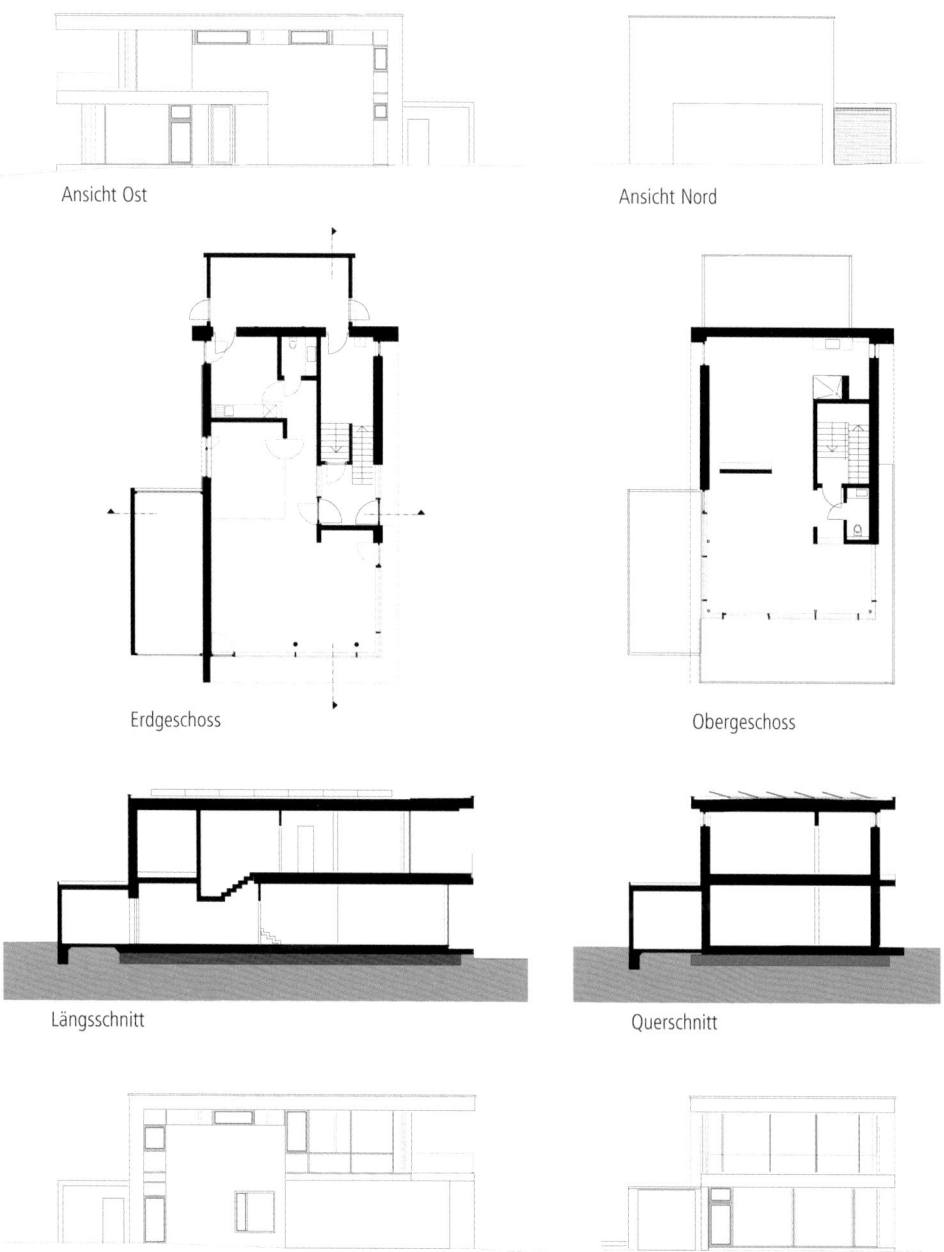

Objektbeschreibung

Allgemeine Objektinformationen

Das zweigeschossige Gebäude befindet sich auf einem ebenen Grundstück. Es entstand ein großzügig verglaster Kubus mit klaren Linien. Die Fassade wird durch Faserzementplatten und Holzschalung gegliedert. Im Erdgeschoss befindet sich das Architekturbüro mit den zugehörigen Nebenräumen. Der offene Grundriss im Obergeschoss bietet einer großzügigen Loftwohnung Platz. Das Gebäude wurde als KfW 40 PLUS Effizienzhaus errichtet.

Nutzung

1 Erdgeschoss
Eingangsbereich, Büro, Besprechung, Teeküche, Archiv, Technik, Abstellraum, WC, Garage

1 Obergeschoss
Wohnen/Essen/Küche, Schlafen/Ankleide, Bad, WC, Flur mit Garderobe, Balkon

Nutzeinheiten

Arbeitsplätze: 6
Bürofläche: 87m^2
Stellplätze: 4
Wohneinheiten: 1
Wohnfläche: 102m^2

Grundstück

Bauraum: Freier Bauraum
Neigung: Ebenes Gelände
Bodenklasse: BK 1 bis BK 5

Markt

Hauptvergabezeit: 1. Quartal 2016
Baubeginn: 2. Quartal 2016
Bauende: 4. Quartal 2016
Konjunkturelle Gesamtlage: über Durchschnitt
Regionaler Baumarkt: Durchschnitt

Baukonstruktion

Unter der Stahlbetonbodenplatte wurde eine Dämmung mit Glasschaumschotter eingebaut. Der Baukörper ist in Massivbauweise mit 20cm starken Stahlbetonwänden erstellt. Die Nordfassade ist in Holzbau errichtet. Die Fassaden sind mit 20cm PU-Dämmung versehen und die Holzkonstruktion des Flachdachs mit 24cm PU-Gefälledämmung belegt. Die Innentreppe ist eine anthrazit eingefärbte Stahlbetontreppe. Die Pfosten-Riegel-Fassade ist mit Dreifachverglasung und Aluschale ausgestattet.

Technische Anlagen

Der Wärmebedarf für Warmwasser und Heizung wird über eine **Sole-Wasser-Wärmepumpe** gedeckt, mit der man **Heizen und Kühlen** kann. Die Wärmeverteilung erfolgt über eine Fußbodenheizung. Das Gebäude ist mit einer **Lüftungsanlage** mit **Wärmerückgewinnung** ausgestattet. Das energetische Konzept wird durch die **Photovoltaikanlage** auf dem Dach und den zugehörigen **Batteriespeicher** abgerundet. Zur Regenwassernutzung wurde eine **Zisterne** eingebaut.

Energetische Kennwerte

Gebäudevolumen: 845,00 m^3
Gebäudenutzfläche (EnEV): 219,00 m^2
Hüllfläche des beheizten Volumens: 566,20 m^2
A/Ve-Verhältnis (Kompaktheit): 0,67 m^{-1}
Jahresendenergiebedarf: 1.723,00 kWh/a
Spez. Jahresendenergiebedarf: 7,80 kWh/(m^2·a)
Jahresprimärenergie: 3.101,00 kWh/a
Spez. Jahresprimärenergiebedarf: 14,10 kWh/(m^2·a)
Spez. Transmissionswärmeverlust: 0,22 W/(m^2·K)
Spez. Jahresheizwärmebedarf: 17,00 kWh/(m^2·a)
CO_2-Emissionen: 4,40 kg/(m^2·a)

1300-0240
Büro- und Wohngebäude (6 AP)
Effizienzhaus 40 PLUS

Planungskennwerte für Flächen und Rauminhalte nach DIN 277

Flächen des Grundstücks		Menge, Einheit	% an GF
BF	Bebaute Fläche	208,58 m²	50,9
UF	Unbebaute Fläche	201,42 m²	49,1
GF	Grundstücksfläche	410,00 m²	100,0

Grundflächen des Bauwerks		Menge, Einheit	% an NUF	% an BGF
NUF	Nutzungsfläche	241,92 m²	100,0	74,6
TF	Technikfläche	2,00 m²	0,8	0,6
VF	Verkehrsfläche	28,46 m²	11,8	8,8
NRF	Netto-Raumfläche	272,37 m²	112,6	84,0
KGF	Konstruktions-Grundfläche	51,75 m²	21,4	16,0
BGF	Brutto-Grundfläche	324,12 m²	134,0	100,0

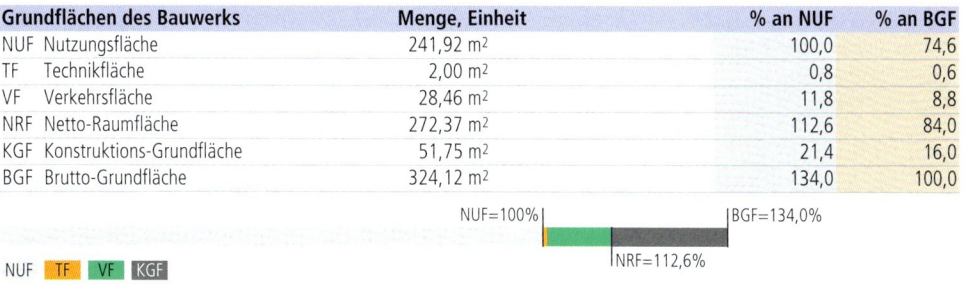

NUF TF VF KGF

Brutto-Rauminhalt des Bauwerks		Menge, Einheit	BRI/NUF (m)	BRI/BGF (m)
BRI	Brutto-Rauminhalt	1.142,13 m³	4,72	3,52

Prozentualer Anteil der Kostengruppen der 2. Ebene an der Kostengruppe 400 nach DIN 276

KG	Kostengruppen (2. Ebene)	20%	40%	60%
410	Abwasser-, Wasser-, Gasanlagen			
420	Wärmeversorgungsanlagen			
430	Raumlufttechnische Anlagen			
440	Elektrische Anlagen			
450	Kommunikationstechnische Anlagen			
460	Förderanlagen			
470	Nutzungsspez. und verfahrenstech. Anlagen			
480	Gebäude- und Anlagenautomation			
490	Sonstige Maßnahmen für technische Anlagen			

Ranking der Kostengruppen der 3. Ebene an der Kostengruppe 400 nach DIN 276

KG	Kostengruppe (3. Ebene)	Kosten an KG 400 %	KG	Kostengruppe (3. Ebene)	Kosten an KG 400 %
442	Eigenstromversorgungsanlagen	21,8	445	Beleuchtungsanlagen	3,7
412	Wasseranlagen	17,5	422	Wärmeverteilnetze	1,6
444	Niederspannungsinstallationsanlagen	17,2	452	Such- und Signalanlagen	1,4
421	Wärmeerzeugungsanlagen	12,0	446	Blitzschutz- und Erdungsanlagen	1,0
431	Lüftungsanlagen	10,3	419	Sonstiges zur KG 410	0,7
423	Raumheizflächen	5,8	457	Datenübertragungsnetze	0,7
411	Abwasseranlagen	5,7	456	Gefahrenmelde- und Alarmanlagen	0,6

© BKI Baukosteninformationszentrum — Kostenstand: 4.Quartal 2021, Bundesdurchschnitt, inkl. 19% MwSt.

1300-0240
Büro- und Wohngebäude (6 AP) Effizienzhaus 40 PLUS

Kostenkennwerte für die Kostengruppen der 1. Ebene DIN 276

KG	Kostengruppen (1. Ebene)	Einheit	Kosten €	€/Einheit	€/m² BGF	€/m³ BRI	% 300+400
100		m² GF	–	–	–	–	–
200	Vorbereitende Maßnahmen	m² GF	–	–	–	–	–
300	Bauwerk – Baukonstruktionen	m² BGF	510.085	1.573,75	1.573,75	446,61	80,1
400	Bauwerk – Technische Anlagen	m² BGF	126.478	390,22	390,22	110,74	19,9
	Bauwerk 300+400	**m² BGF**	**636.563**	**1.963,97**	**1.963,97**	**557,35**	**100,0**
500	Außenanlagen und Freiflächen	m² AF	17.594	77,57	54,28	15,40	2,8
600	Ausstattung und Kunstwerke	m² BGF	3.373	10,41	10,41	2,95	0,5
700	Baunebenkosten	m² BGF	–	–	–	–	–
800	Finanzierung	m² BGF	–	–	–	–	–

KG	Kostengruppe	Menge Einheit	Kosten €	€/Einheit	%
3+4	**Bauwerk**				**100,0**
300	**Bauwerk – Baukonstruktionen**	324,12 m² BGF	510.085	**1.573,75**	80,1

Stb-Flachgründung, Abdichtung, Dämmung, Sichtestrich, Schaumglasschotter; Stb-Wände, Holzrahmenwände, Stahlstützen, Kipptore, Nebeneingangstüren, Dämmung, Faserzementbekleidung, Holzbekleidung, Pfosten-Riegel-Fassaden, Sonnenschutz; Stb-Stützen, Holztüren, Hydrophobierung Sichtbeton, GK-Bekleidung, Beschichtung, Putz, Strukturspachtelung, Glaswände; Stb-Decke, Stb-Treppe, Geländer; Holz-Flachdächer, OSB-Schalung, Einblasdämmung, Gefälledämmung, Dachabdichtung, Dachentwässerung

| 400 | **Bauwerk – Technische Anlagen** | 324,12 m² BGF | 126.478 | **390,22** | 19,9 |

Gebäudeentwässerung, Kalt- und Warmwasserleitungen, Sanitärobjekte; **Sole-Wasser-Wärmepumpe**, Heizungsrohre, Fußbodenheizung; **Lüftungsanlage** mit **Wärmerückgewinnung**; **Photovoltaikanlage**, **Batteriespeicher**, Elektroinstallation, Beleuchtung, Erdung; Gegensprechanlage, **Fingerscanner**, Datenverkabelung

| 500 | **Außenanlagen und Freiflächen** | 226,80 m² AF | 17.594 | **77,57** | 2,8 |

Erdarbeiten; Kontrollschacht, **Zisterne**, **Erdwärmesonde**

| 600 | **Ausstattung und Kunstwerke** | 324,12 m² BGF | 3.373 | **10,41** | 0,5 |

Duschwände, Handtuchhalter

Kostenkennwerte für die Kostengruppen 400 der 2. Ebene DIN 276

KG	Kostengruppe	Menge Einheit	Kosten €	€/Einheit	%
400	**Bauwerk – Technische Anlagen**				100,0
410	**Abwasser-, Wasser-, Gasanlagen**	324,12 m² BGF	30.181	**93,12**	23,9

PVC-Rohre DN100 (59m), PP-Rohre DN50-100 (30m), PE-Rohre DN100 (17m), Regenfallrohre DN50-75, innenliegend (6m), Bodenablauf (1St) * Metallverbundrohre DN12-25 (196m), Hauswasserstation (1St), Zirkulationspumpe (1St), Tiefspül-WCs (2St), Stb-FT-Waschtische (2St), Waschtisch, Holzkonsole (1St), Kopfbrause (1St), Ausgussbecken (1St), Außenarmatur (1St), Warmwasserspeicher (1St) * Montageelemente (4St)

420	**Wärmeversorgungsanlagen**	324,12 m² BGF	24.541	**75,72**	19,4

Sole-Wasser-Wärmepumpe 5-6kW (1St) * Kupferrohre (psch), Heizkreisverteiler, acht Heizkreise (2St) * Fußbodenheizung (180m²)

430	**Raumlufttechnische Anlagen**	324,12 m² BGF	12.997	**40,10**	10,3

Lüftungsgerät 350m³/h, mit **Wärmerückgewinnung**, Schalldämpfer (2St), Flachkanäle (72m), Brandschutzklappen (19St), Kulissenschalldämpfer (2St), Wickelfalzrohre DN125-160 (18m), Alu-Flexrohre DN100-160 (8m), EPP-Rohre DN160 (5m), Tellerventile (18St)

440	**Elektrische Anlagen**	324,12 m² BGF	55.356	**170,79**	43,8

Photovoltaikanlage 9,36kW$_p$ (1St), Wechselrichter (1St), **Batteriespeicher** 7,2kWh (1St) * Grundinstallation (psch), Zwischenzähler (6St), Steckdosen (68St), Bodentanks (2St), Bodensteckdosen (24St), Schalter (28St), Bewegungsmelder (4St), Fensteröffner (2St), Zeitschaltuhren (2St) * Einbaudownlights (33St), Lichtkanäle (3St), LED-Leuchten (4St), Deckenleuchten (7St), Sensor-Außenleuchten (2St) * Fundamenterder (78m), Ringerder (50m)

450	**Kommunikationstechnische Anlagen**	324,12 m² BGF	3.403	**10,50**	2,7

Gegensprechanlage, zwei Innensprechstellen, Klingel, Türöffner (1St) * **Fingerscanner**, Steuerung, Netzteil (2St) * Datenverkabelung (psch), Datenanschlussdosen Cat7 (5St), Internet-Schnittstellen (2St)

Büro- und Wohngebäude (6 AP) Effizienzhaus 40 PLUS

Kostenkennwerte für die Kostengruppe 400 der 2. und 3. Ebene DIN 276 (Übersicht)

KG	Kostengruppe	Menge Einheit	Kosten €	€/Einheit	%
410	**Abwasser-, Wasser-, Gasanlagen**	**324,12 m² BGF**	**93,12**	**30.181,41**	**23,9**
411	Abwasseranlagen	324,12 m² BGF	22,23	7.205,23	5,7
412	Wasseranlagen	324,12 m² BGF	68,25	22.119,89	17,5
419	Sonstiges zur KG 410	324,12 m² BGF	2,64	856,30	0,7
420	**Wärmeversorgungsanlagen**	**324,12 m² BGF**	**75,72**	**24.541,39**	**19,4**
421	Wärmeerzeugungsanlagen	324,12 m² BGF	46,75	15.153,29	12,0
422	Wärmeverteilnetze	324,12 m² BGF	6,38	2.069,05	1,6
423	Raumheizflächen	324,12 m² BGF	22,58	7.319,03	5,8
430	**Raumlufttechnische Anlagen**	**324,12 m² BGF**	**40,10**	**12.996,60**	**10,3**
431	Lüftungsanlagen	324,12 m² BGF	40,10	12.996,60	10,3
440	**Elektrische Anlagen**	**324,12 m² BGF**	**170,79**	**55.355,86**	**43,8**
442	Eigenstromversorgungsanlagen	324,12 m² BGF	85,05	27.567,80	21,8
444	Niederspannungsinstallationsanlagen	324,12 m² BGF	67,27	21.802,30	17,2
445	Beleuchtungsanlagen	324,12 m² BGF	14,46	4.688,14	3,7
446	Blitzschutz- und Erdungsanlagen	324,12 m² BGF	4,00	1.297,63	1,0
450	**Kommunikationstechnische Anlagen**	**324,12 m² BGF**	**10,50**	**3.402,83**	**2,7**
452	Such- und Signalanlagen	324,12 m² BGF	5,46	1.768,25	1,4
456	Gefahrenmelde- und Alarmanlagen	324,12 m² BGF	2,42	785,59	0,6
457	Datenübertragungsnetze	324,12 m² BGF	2,62	848,98	0,7

© BKI Baukosteninformationszentrum   Kostenstand: 4.Quartal 2021, Bundesdurchschnitt, **inkl.** 19% MwSt.

Kostenkennwerte für Leistungsbereiche nach STLB (Kosten KG 400 nach DIN 276)

1300-0240
Büro- und Wohngebäude (6 AP)
Effizienzhaus 40 PLUS

LB	Leistungsbereiche	Kosten €	€/m² BGF	€/m³ BRI	% an 400
040	Wärmeversorgungsanlagen - Betriebseinrichtungen	15.538	47,90	13,60	12,3
041	Wärmeversorgungsanlagen - Leitungen, Armaturen, Heizflächen	8.674	26,80	7,60	6,9
042	Gas- und Wasseranlagen - Leitungen, Armaturen	6.524	20,10	5,70	5,2
043	Druckrohrleitungen für Gas, Wasser und Abwasser	–	–	–	–
044	Abwasseranlagen - Leitungen, Abläufe, Armaturen	3.626	11,20	3,20	2,9
045	Gas-, Wasser- und Entwässerungsanlagen - Ausstattung, Elemente, Fertigbäder	15.181	46,80	13,30	12,0
046	Gas-, Wasser- und Entwässerungsanlagen - Betriebseinrichtungen	–	–	–	–
047	Dämm- und Brandschutzarbeiten an technischen Anlagen	2.726	8,40	2,40	2,2
049	Feuerlöschanlagen, Feuerlöschgeräte	–	–	–	–
050	Blitzschutz- / Erdungsanlagen, Überspannungsschutz	1.298	4,00	1,10	1,0
051	Kabelleitungstiefbauarbeiten	–	–	–	–
052	Mittelspannungsanlagen	–	–	–	–
053	Niederspannungsanlagen - Kabel/Leitungen, Verlegesysteme, Installationsgeräte	21.371	65,90	18,70	16,9
054	Niederspannungsanlagen - Verteilersysteme und Einbaugeräte	28.033	86,50	24,50	22,2
055	Sicherheits- und Ersatzstromversorgungsanlagen	–	–	–	–
057	Gebäudesystemtechnik	–	–	–	–
058	Leuchten und Lampen	4.655	14,40	4,10	3,7
059	Sicherheitsbeleuchtungsanlagen	–	–	–	–
060	Sprech-, Ruf-, Antennenempfangs-, Uhren- und elektroakustische Anlagen	1.768	5,50	1,50	1,4
061	Kommunikations- und Übertragungsnetze	849	2,60	0,74	0,7
062	Kommunikationsanlagen	–	–	–	–
063	Gefahrenmeldeanlagen	–	–	–	–
064	Zutrittskontroll-, Zeiterfassungssysteme	786	2,40	0,69	0,6
069	Aufzüge	–	–	–	–
070	Gebäudeautomation	–	–	–	–
075	Raumlufttechnische Anlagen	12.349	38,10	10,80	9,8
078	Kälteanlagen für raumlufttechnische Anlagen	–	–	–	–
	Gebäudetechnik	**123.376**	**380,70**	**108,00**	**97,5**
	Sonstige Leistungsbereiche	**3.102**	**9,60**	**2,70**	**2,5**

© BKI Baukosteninformationszentrum Kostenstand: 4.Quartal 2021, Bundesdurchschnitt, inkl. 19% MwSt.

1300-0253
Bürogebäude
(40 AP)

Objektübersicht

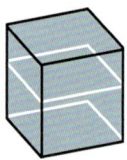 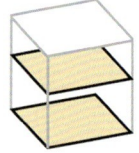  

BRI 842 €/m³   BGF 3.172 €/m²   NUF 4.871 €/m²   NE 90.629 €/NE
NE: Arbeitsplatz

Objekt:
Kennwerte: 3. Ebene DIN 276
BRI: 4.306 m³
BGF: 1.143 m²
NUF: 744 m²
Bauzeit: 82 Wochen
Bauende: 2018
Standard: über Durchschnitt
Bundesland: Niedersachsen
Kreis: Hannover, Region

Architekt*in:
htm.a Hartmann
Architektur GmbH
Walter-Gieseking-Straße 14
30159 Hannover

© Clemens Born

Zeichnungen

1300-0253
Bürogebäude
(40 AP)

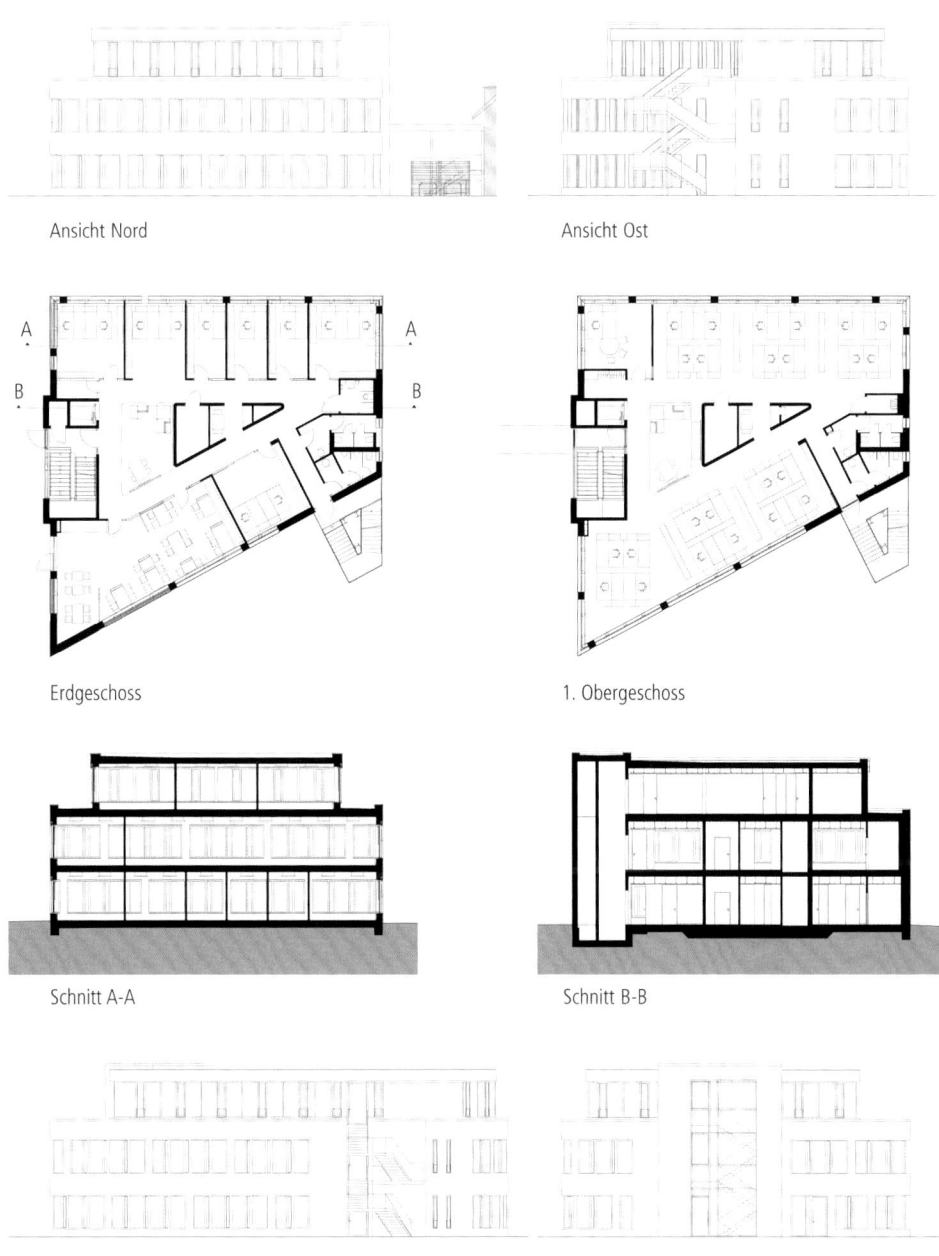

Ansicht Nord

Ansicht Ost

Erdgeschoss

1. Obergeschoss

Schnitt A-A

Schnitt B-B

Ansicht Süd

Ansicht West

1300-0253 Bürogebäude (40 AP)

Objektbeschreibung

Allgemeine Objektinformationen

Der Neubau besteht aus zwei Vollgeschossen und einem Staffelgeschoss und dient als Erweiterung der benachbarten Hauptgeschäftsstelle. Die Erschließung des Gebäudes erfolgt über ein abgeschlossenes Treppenhaus mit **Aufzug**. An der Südseite ist eine außenliegende Fluchttreppe als zweiter Rettungsweg angegliedert. Die Anbindung an das Bestandsgebäude erfolgt über eine überdachte Außentreppe.

Nutzung

1 Erdgeschoss
Einzel- und Doppelbüros, Aufenthaltsraum mit Küchennische, Kopierraum, Sanitärräume, Technik, Lager

2 Obergeschosse
1. OG: Großraumbüros, Einzelbüro, Sitzbereich mit Teeküche, Garderobe, Kopierraum, Sanitärräume, Technik, Putzmittelraum

2. OG: Besprechungsraum, Empfang, Einzelbüros, Doppelbüro, Teeküche, Garderobe, Sanitärräume

Nutzeinheiten

Arbeitsplätze: 40
Stellplätze: 48

Grundstück

Bauraum: Beengter Bauraum
Neigung: Ebenes Gelände
Bodenklasse: BK 3

Markt

Hauptvergabezeit: 2.Quartal 2017
Baubeginn: 2.Quartal 2017
Bauende: 4.Quartal 2018
Konjunkturelle Gesamtlage: über Durchschnitt
Regionaler Baumarkt: über Durchschnitt

Baukonstruktion

Das Tragwerk wurde in Ortbetonbauweise hergestellt. Aussteifend wirken der dreieckige massive Sichtbetonkern, das Treppenhaus sowie **Wandscheiben** in der Außenwand. Im Staffelgeschoss ermöglichen runde Stahlbetonstützen eine umlaufende Glasfassade. Der Stahlbetonkern in der Mitte des Gebäudes mit Technik- und Nebenräumen sowie die Decken sind aus Sichtbeton hergestellt. Sämtliche Büro- und Besprechungsräume sind mit Teppichböden belegt. Die Innentüren aus hellem Holz markieren die Zugänge zu den einzelnen Räumen, die durch Glaswände vom Flur abgegrenzt sind. In die abgehängten Decken der Flure wurde die Beleuchtung in Form von **Lichtbändern** bzw. **Lichtspots** integriert.

Technische Anlagen

Das Gebäude wird über Wandheizkörper beheizt, die über die Zentralheizung des Bestandsgebäudes versorgt werden. Die Kühlung erfolgt über **abgehängte Deckensegel**. Diese sind über in den Betondecken verlegte Kältemittelleitungen an die **Kühltechnik** angeschlossen. Alle Büroräume werden über in die Fensterrahmen integrierte Überströmöffnungen **be- und entlüftet**. Die Absaugung der Abluft erfolgt zentral im Flurbereich über Schattenfugen in der abgehängten Decke und über Abluftkanäle. Die Besprechungs- und Sanitärräume werden über eine zentrale **Lüftungsanlage** auf dem Dach versorgt.
Be- und Entlüftete Fläche: 648,46 m²
Teilklimatisierte Fläche: 489,25 m²

Sonstiges

Das Bürogebäude ist über einen **Aufzug** vollständig **barrierefrei** erschlossen.

Planungskennwerte für Flächen und Rauminhalte nach DIN 277

1300-0253
Bürogebäude
(40 AP)

	Flächen des Grundstücks	Menge, Einheit	% an GF
BF	Bebaute Fläche	1.097,10 m²	36,7
UF	Unbebaute Fläche	1.894,90 m²	63,3
GF	Grundstücksfläche	2.992,00 m²	100,0

	Grundflächen des Bauwerks	Menge, Einheit	% an NUF	% an BGF
NUF	Nutzungsfläche	744,22 m²	100,0	65,1
TF	Technikfläche	18,36 m²	2,5	1,6
VF	Verkehrsfläche	210,31 m²	28,3	18,4
NRF	Netto-Raumfläche	972,89 m²	130,7	85,1
KGF	Konstruktions-Grundfläche	169,93 m²	22,8	14,9
BGF	Brutto-Grundfläche	1.142,82 m²	153,6	100,0

NUF TF VF KGF

	Brutto-Rauminhalt des Bauwerks	Menge, Einheit	BRI/NUF (m)	BRI/BGF (m)
BRI	Brutto-Rauminhalt	4.306,45 m³	5,79	3,77

BRI/NUF = 5,79m
BRI/BGF = 3,77m

Prozentualer Anteil der Kostengruppen der 2. Ebene an der Kostengruppe 400 nach DIN 276

KG	Kostengruppen (2. Ebene)
410	Abwasser-, Wasser-, Gasanlagen
420	Wärmeversorgungsanlagen
430	Raumlufttechnische Anlagen
440	Elektrische Anlagen
450	Kommunikationstechnische Anlagen
460	Förderanlagen
470	Nutzungsspez. und verfahrenstech. Anlagen
480	Gebäude- und Anlagenautomation
490	Sonstige Maßnahmen für technische Anlagen

Ranking der Kostengruppen der 3. Ebene an der Kostengruppe 400 nach DIN 276

KG	Kostengruppe (3. Ebene)	Kosten an KG 400 %	KG	Kostengruppe (3. Ebene)	Kosten an KG 400 %
444	Niederspannungsinstallationsanlagen	15,1	481	Automationseinrichtungen	3,9
431	Lüftungsanlagen	13,6	432	Teilklimaanlagen	3,7
439	Sonstiges zur KG 430	12,0	457	Datenübertragungsnetze	3,5
445	Beleuchtungsanlagen	10,0	411	Abwasseranlagen	3,4
434	Kälteanlagen	6,5	423	Raumheizflächen	3,3
412	Wasseranlagen	6,3	456	Gefahrenmelde- und Alarmanlagen	2,5
461	Aufzugsanlagen	5,3	482	Schaltschränke, Automation	1,6
422	Wärmeverteilnetze	5,2	484	Kabel, Leitungen und Verlegesysteme	1,3

© BKI Baukosteninformationszentrum   Kostenstand: 4.Quartal 2021, Bundesdurchschnitt, inkl. 19% MwSt.

1300-0253
Bürogebäude
(40 AP)

Kostenkennwerte für die Kostengruppen der 1. Ebene DIN 276

KG	Kostengruppen (1. Ebene)	Einheit	Kosten €	€/Einheit	€/m² BGF	€/m³ BRI	% 300+400
100		m² GF	–	–	–	–	–
200	Vorbereitende Maßnahmen	m² GF	94.206	31,49	82,43	21,88	2,6
300	Bauwerk – Baukonstruktionen	m² BGF	2.677.283	2.342,70	2.342,70	621,69	73,9
400	Bauwerk – Technische Anlagen	m² BGF	947.875	829,42	829,42	220,11	26,1
	Bauwerk 300+400	**m² BGF**	**3.625.158**	**3.172,12**	**3.172,12**	**841,80**	**100,0**
500	Außenanlagen und Freiflächen	m² AF	501.809	338,75	439,10	116,52	13,8
600	Ausstattung und Kunstwerke	m² BGF	271.811	237,84	237,84	63,12	7,5
700	Baunebenkosten	m² BGF	–	–	–	–	–
800	Finanzierung	m² BGF	–	–	–	–	–

KG	Kostengruppe	Menge Einheit	Kosten €	€/Einheit	%
200	**Vorbereitende Maßnahmen**	2.992,00 m² GF	94.206	**31,49**	2,6

Abbruch von Kellerbauwerk, Betonbauteilen, Betonpflaster, Kiestraufe, Betonplatten, Bordsteinen, Grundleitungen, Entwässerungsrinnen, Hofabläufen, Maschendrahtzaun, Grasnarbe abtragen, Sträucher roden, Wurzelreste entfernen; Entsorgung, Deponiegebühren, Kampfmittelsondierung

3+4	**Bauwerk**				**100,0**
300	**Bauwerk – Baukonstruktionen**	1.142,82 m² BGF	2.677.283	**2.342,70**	73,9

Auffüllung, Stb-Flachgründung, WU-Beton, Dämmung, Estrich, Teppich, PVC, Bodenfliesen, Installationskanäle; Stb-Wände, Stb-Attiken, Stb-Stützen, Alu-Fensterelemente, WDVS, HPL-Bekleidung, Gipsputz, Tapete, Beschichtung, Wandfliesen, Alu-Pfosten-Riegelfassade, Raffstores; Sichtbetonwände, GK-Wände, Holztüren, Alu-Glaselemente, Betonlasur, Systemtrennwände, mobile Trennwand; Stb-Decken, Sichtbeton, Stb-Treppen, Stahl-Fluchttreppe, GK-Decken, GK-Akustikdecken; Stb-Flachdach, Gefälledämmung, extensive Dachbegrünung, Dachentwässerung; Einbaumöbel

| 400 | **Bauwerk – Technische Anlagen** | 1.142,82 m² BGF | 947.875 | **829,42** | 26,1 |

Gebäudeentwässerung, Kalt- und Warmwasserleitungen, Sanitärobjekte; Nahwärmeanschluss, Heizungsrohre, Heizkörper; **Zu- und Abluftanlagen** mit **WRG**, Dachabluftventilator, **Split-Klimageräte**, Kälteanlage, **Kühldeckensegel**; Elektroinstallation, Beleuchtung, **Blitzschutzanlagen**; Ruf-Kompaktset, Rauchwarnmelder, **Einbruchmeldeanlage**, Datenübertragungsnetz, **Aufzug**; **Gebäudeautomation**

| 500 | **Außenanlagen und Freiflächen** | 1.481,33 m² AF | 501.809 | **338,75** | 13,8 |

Bodenarbeiten; Stb-Fundamente; Betonpflaster, Ziersplitt, Parkplätze; Zäune, überdachte Treppe als Verbindung zum Bestandsgebäude, Fahrradunterstand; Gebäude- und Oberflächenentwässerung, Nahwärmeleitung, Außenbeleuchtung, Fernmeldeaußenkabel; Oberbodenarbeiten

| 600 | **Ausstattung und Kunstwerke** | 1.142,82 m² BGF | 271.811 | **237,84** | 7,5 |

Sanitärausstattung; Piktogramme, Türschilder

Kostenkennwerte für die Kostengruppen 400 der 2. Ebene DIN 276

1300-0253
Bürogebäude
(40 AP)

KG	Kostengruppe	Menge Einheit	Kosten €	€/Einheit	%
400	**Bauwerk – Technische Anlagen**				100,0
410	**Abwasser-, Wasser-, Gasanlagen**	1.142,82 m² BGF	98.665	**86,33**	10,4

PE-Rohre DN50-125 (168m), KG-Rohre DN100 (127m), HT-Rohre DN50-100 (30m), PP-Rohre DN56-100, (27m) * Kupferrohre DN15-35 (328m), Hauswasserstation (1St), Systemtrenner (1St), Tiefspül-WCs (9St), Urinale (8St), Waschtische (7St), Ausgussbecken (2St), Küchenarmatur (1St), Warmwasserspeicher (4St), Durchlauferhitzer (7St), Wasserspender (1St) * Montageelemente (21St)

420	**Wärmeversorgungsanlagen**	1.142,82 m² BGF	86.615	**75,79**	9,1

Anschluss an Nahwärmeleitung (psch), Umwälzpumpen (2St), Dreiwegemischer, Stellmotor (1St), Enthärtungspatrone (1St), Entsalzungspatrone (1St), Wasserzähler (1St) * Kupferrohre DN15-35 (644m) * Plan-Ventil-Heizkörper (52St)

430	**Raumlufttechnische Anlagen**	1.142,82 m² BGF	340.641	**298,07**	35,9

Zu- und Abluftgeräte 780-1.020m³/h, mit **WRG** (2St), Dachabluftventilator 2.500m³/h (1St), Rechteckkanäle (155m²), Wickelfalzrohre DN100-250 (104m), Alu-Flexrohre DN100 (17m), Volumenstromregler (16St), Luftdurchlässe (44St), Einzelraumlüfter (1St) * **Split-Klimageräte**, Außeneinheit 4,0-12,1kW (3St), Inneneinheit 3,6-4,0kW (4St), Kupferrohre (128m) * Kälteanlage 23,4kW (1St), Plattenwärmetauscher 800kW (1St), Umwälzpumpe (1St), Kupferrohre DN28-54 (153m) * **Kühldeckensegel** (81St), thermische Steckdosen (81St), PE-Xa-Rohre DN20 (650m), Verteiler (10St)

440	**Elektrische Anlagen**	1.142,82 m² BGF	246.725	**215,89**	26,0

Hausanschlussschränke (2St), Zählerschrank (1St), Standverteiler (2St), Mantelleitungen NYM-J (5.804m), Erdkabel NYY-J (1.148m), NYCWY (96m), Installationskabel J-Y(St)Y (357m), Steckdosen (172St), Bodendosen (35St), Schalter/Taster (57St), **Dimmer** (8St), Präsenzmelder (15St), Tageslichtsensoren (2St) * LED-Einbaudownlights (70St), Stehleuchten (22St), Pendelleuchten (7St), Einbau-Lichtkanäle (9St), LED-Leuchten (12St), Wannenleuchten (6St), Sicherheitsleuchten (30St), LED-Rettungszeichenleuchten (3St) * Ringerder (152m), Fundamenterder (122m), Fangleitungen (109m), Ableitungen (99m), Anschlussfahnen (38St), Fangstangen (9St)

450	**Kommunikationstechnische Anlagen**	1.142,82 m² BGF	57.701	**50,49**	6,1

Ruf-Kompaktset (1St), Zugtaster (1St) * Rauchwarnmelder, Funkmodule (47St), Funkhandtaster (7St), **Einbruchmeldeanlage** (1St), Bewegungsmelder (18St), Meldergruppenmodule (5St), Tastaturleser (1St), Türmodul (1St) * Netzwerkschränke (2St), 19"-Verteilerfelder (11St), Rangierpanels (9St), LWL-Patchfelder (6St), Datenkabel (4.884m), LWL-Kabel (213m), Fernmeldekabel (180m), Anschlussdosen (22St)

460	**Förderanlagen**	1.142,82 m² BGF	49.927	**43,69**	5,3

Aufzugsanlage (1St)

480	**Gebäude- und Anlagenautomation**	1.142,82 m² BGF	67.601	**59,15**	7,1

Automationsstation (1St), LON-Schnittstelle (1St), Verteilerkästen FBH (2St), Sensoren (36St), Aktoren (50St) * Schaltschrank (1St), Netzabgänge (4St), Aufschaltungen für Stellbefehle (30St), für Messwerte (24St), Motorsteuerungen (4St), Fernbedientableau (1St) * PVC-Steuerleitungen (272m), Mantelleitungen NYM (45m) * Messleitungen J-Y(St)Y (1.383m)

© **BKI** Baukosteninformationszentrum   Kostenstand: 4.Quartal 2021, Bundesdurchschnitt, **inkl. 19% MwSt.**

1300-0253
Bürogebäude
(40 AP)

Kostenkennwerte für die Kostengruppe 400 der 2. und 3. Ebene DIN 276 (Übersicht)

KG	Kostengruppe	Menge Einheit	Kosten €	€/Einheit	%
410	**Abwasser-, Wasser-, Gasanlagen**	**1.142,82 m² BGF**	**86,33**	**98.664,53**	**10,4**
411	Abwasseranlagen	1.142,82 m² BGF	28,33	32.381,26	3,4
412	Wasseranlagen	1.142,82 m² BGF	52,53	60.036,29	6,3
419	Sonstiges zur KG 410	1.142,82 m² BGF	5,47	6.246,98	0,7
420	**Wärmeversorgungsanlagen**	**1.142,82 m² BGF**	**75,79**	**86.615,04**	**9,1**
421	Wärmeerzeugungsanlagen	1.142,82 m² BGF	4,99	5.707,37	0,6
422	Wärmeverteilnetze	1.142,82 m² BGF	43,24	49.418,51	5,2
423	Raumheizflächen	1.142,82 m² BGF	27,55	31.489,15	3,3
430	**Raumlufttechnische Anlagen**	**1.142,82 m² BGF**	**298,07**	**340.640,63**	**35,9**
431	Lüftungsanlagen	1.142,82 m² BGF	113,09	129.242,99	13,6
432	Teilklimaanlagen	1.142,82 m² BGF	31,01	35.438,77	3,7
434	Kälteanlagen	1.142,82 m² BGF	54,33	62.084,49	6,5
439	Sonstiges zur KG 430	1.142,82 m² BGF	99,64	113.874,38	12,0
440	**Elektrische Anlagen**	**1.142,82 m² BGF**	**215,89**	**246.724,55**	**26,0**
444	Niederspannungsinstallationsanlagen	1.142,82 m² BGF	124,93	142.769,51	15,1
445	Beleuchtungsanlagen	1.142,82 m² BGF	82,65	94.452,36	10,0
446	Blitzschutz- und Erdungsanlagen	1.142,82 m² BGF	8,32	9.502,68	1,0
450	**Kommunikationstechnische Anlagen**	**1.142,82 m² BGF**	**50,49**	**57.701,21**	**6,1**
452	Such- und Signalanlagen	1.142,82 m² BGF	0,67	764,83	0,1
456	Gefahrenmelde- und Alarmanlagen	1.142,82 m² BGF	20,62	23.562,96	2,5
457	Datenübertragungsnetze	1.142,82 m² BGF	29,20	33.373,41	3,5
460	**Förderanlagen**	**1.142,82 m² BGF**	**43,69**	**49.927,49**	**5,3**
461	Aufzugsanlagen	1.142,82 m² BGF	43,69	49.927,49	5,3
480	**Gebäude- und Anlagenautomation**	**1.142,82 m² BGF**	**59,15**	**67.601,37**	**7,1**
481	Automationseinrichtungen	1.142,82 m² BGF	31,99	36.555,12	3,9
482	Schaltschränke, Automation	1.142,82 m² BGF	12,94	14.786,89	1,6
484	Kabel, Leitungen und Verlegesysteme	1.142,82 m² BGF	10,54	12.050,25	1,3
485	Datenübertragungsnetze	1.142,82 m² BGF	3,68	4.209,13	0,4

Kostenkennwerte für Leistungsbereiche nach STLB (Kosten KG 400 nach DIN 276)

1300-0253
Bürogebäude
(40 AP)

LB	Leistungsbereiche	Kosten €	€/m² BGF	€/m³ BRI	% an 400
040	Wärmeversorgungsanlagen - Betriebseinrichtungen	5.707	5,00	1,30	0,6
041	Wärmeversorgungsanlagen - Leitungen, Armaturen, Heizflächen	80.908	70,80	18,80	8,5
042	Gas- und Wasseranlagen - Leitungen, Armaturen	27.786	24,30	6,50	2,9
043	Druckrohrleitungen für Gas, Wasser und Abwasser	–	–	–	–
044	Abwasseranlagen - Leitungen, Abläufe, Armaturen	22.041	19,30	5,10	2,3
045	Gas-, Wasser- und Entwässerungsanlagen - Ausstattung, Elemente, Fertigbäder	33.630	29,40	7,80	3,5
046	Gas-, Wasser- und Entwässerungsanlagen - Betriebseinrichtungen	–	–	–	–
047	Dämm- und Brandschutzarbeiten an technischen Anlagen	29.073	25,40	6,80	3,1
049	Feuerlöschanlagen, Feuerlöschgeräte	–	–	–	–
050	Blitzschutz- / Erdungsanlagen, Überspannungsschutz	9.503	8,30	2,20	1,0
051	Kabelleitungstiefbauarbeiten	–	–	–	–
052	Mittelspannungsanlagen	–	–	–	–
053	Niederspannungsanlagen - Kabel/Leitungen, Verlegesysteme, Installationsgeräte	113.509	99,30	26,40	12,0
054	Niederspannungsanlagen - Verteilersysteme und Einbaugeräte	29.577	25,90	6,90	3,1
055	Sicherheits- und Ersatzstromversorgungsanlagen	–	–	–	–
057	Gebäudesystemtechnik	–	–	–	–
058	Leuchten und Lampen	80.143	70,10	18,60	8,5
059	Sicherheitsbeleuchtungsanlagen	14.309	12,50	3,30	1,5
060	Sprech-, Ruf-, Antennenempfangs-, Uhren- und elektroakustische Anlagen	705	0,62	0,16	0,1
061	Kommunikations- und Übertragungsnetze	33.373	29,20	7,70	3,5
062	Kommunikationsanlagen	–	–	–	–
063	Gefahrenmeldeanlagen	23.563	20,60	5,50	2,5
064	Zutrittskontroll-, Zeiterfassungssysteme	–	–	–	–
069	Aufzüge	49.927	43,70	11,60	5,3
070	Gebäudeautomation	65.765	57,50	15,30	6,9
075	Raumlufttechnische Anlagen	209.510	183,30	48,70	22,1
078	Kälteanlagen für raumlufttechnische Anlagen	113.874	99,60	26,40	12,0
	Gebäudetechnik	**942.905**	**825,10**	**219,00**	**99,5**
	Sonstige Leistungsbereiche	**4.970**	**4,30**	**1,20**	**0,5**

© BKI Baukosteninformationszentrum Kostenstand: 4.Quartal 2021, Bundesdurchschnitt, **inkl.** 19% MwSt.

1300-0254
Bürogebäude
(8 AP)
Effizienzhaus ~73%

Objektübersicht

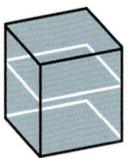 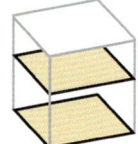 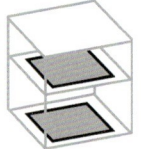 

BRI 445 €/m³ **BGF** 1.489 €/m² **NUF** 2.094 €/m² **NE** 42.052 €/NE

NE: Arbeitsplatz

Objekt:
Kennwerte: 3. Ebene DIN 276
BRI: 755 m³
BGF: 226 m²
NUF: 161 m²
Bauzeit: 21 Wochen
Bauende: 2018
Standard: unter Durchschnitt
Bundesland: Hessen
Kreis: Fulda

Architekt*in:
AW+ Planungsgesellschaft mbH
Reckröder Straße 3
36132 Eiterfeld

© AW+ Planungsgesellschaft mbH

© AW+ Planungsgesellschaft mbH

© AW+ Planungsgesellschaft mbH

© **BKI** Baukosteninformationszentrum

Kostenstand: 4.Quartal 2021, Bundesdurchschnitt, **inkl. 19% MwSt.**

Zeichnungen

1300-0254
Bürogebäude
(8 AP)
Effizienzhaus ~73%

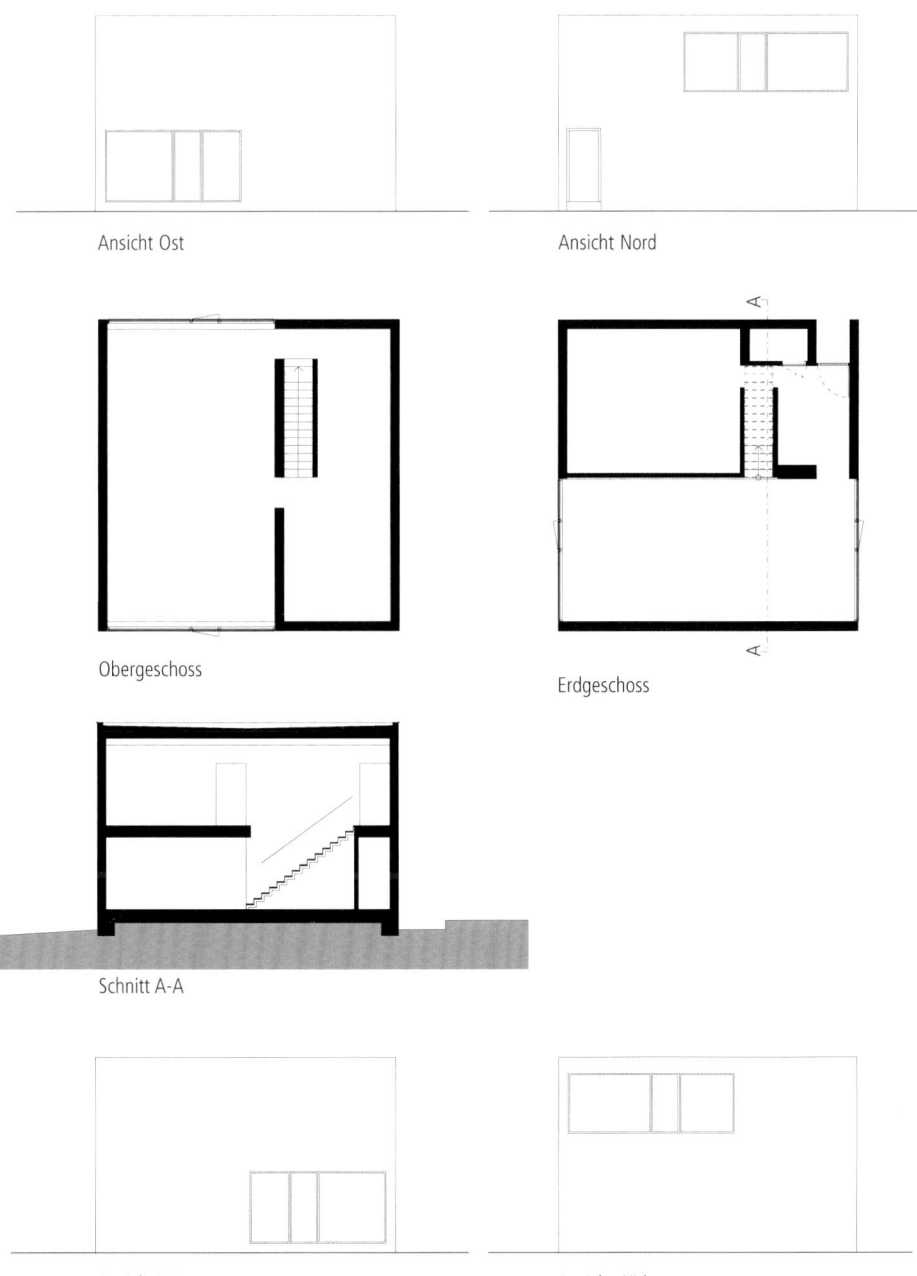

1300-0254
Bürogebäude
(8 AP)
Effizienzhaus ~73%

Objektbeschreibung

Allgemeine Objektinformationen

Das Bürogebäude wurde über die östliche Zufahrt von der Hauptstraße erschlossen. Der Eingang erfolgt **barrierefrei** über die Nordfassade des Gebäudes. Das Haus ist zweigeschossig. Im Erdgeschoss befinden sich der offene Besprechungs- und Pausenraum sowie das Archiv mit Haustechnik und ein WC. Im Obergeschoss, das über eine einläufige Treppe erreichbar ist, sind Büros, Backoffice und Bibliothek zu finden.

Nutzung

1 Erdgeschoss
Besprechung/Pausenraum, Archiv, WC

1 Obergeschoss
Büro, Bibliothek, Backoffice

Nutzeinheiten

Arbeitsplätze: 8

Grundstück

Bauraum: Freier Bauraum
Neigung: Geneigtes Gelände
Bodenklasse: BK 1 bis BK 3

Markt

Hauptvergabezeit: 1.Quartal 2018
Baubeginn: 1.Quartal 2018
Bauende: 3.Quartal 2018
Konjunkturelle Gesamtlage: über Durchschnitt
Regionaler Baumarkt: unter Durchschnitt

Baukonstruktion

Das Flachdachgebäude wurde in Holzständerbauweise auf einer Stahlbetonbodenplatte mit Streifenfundamenten errichtet. Innenwände sind in Holzständer- sowie Trockenbauweise erstellt und die Dachkonstruktion als Flachdach mit Folienabdichtung ausgeführt. Die Fassade erhielt einen hellen Anstrich.

Technische Anlagen

Das Gebäude wird mit einer **Luft-Luft-Wärmepumpe** und über die Lüftung beheizt. Auf dem Flachdach ist eine **Photovoltaikanlage** installiert. Der im Bebauungsplan geforderte **Retentionsspeicher** für Niederschlagswasser wurde gemäß versiegelten Flächen dimensioniert und eingebaut.

Energetische Kennwerte

EnEV Fassung: 2013
Gebäudevolumen: 638,00 m^3
Gebäudenutzfläche (EnEV): 204,00 m^2
Hüllfläche des beheizten Volumens: 472,00 m^2
Spez. Jahresprimärenergiebedarf: 72,26 kWh/(m^2·a)

**1300-0254
Bürogebäude
(8 AP)
Effizienzhaus ~73%**

Planungskennwerte für Flächen und Rauminhalte nach DIN 277

Flächen des Grundstücks

KG	Bezeichnung	Menge, Einheit	% an GF
BF	Bebaute Fläche	113,00 m²	9,2
UF	Unbebaute Fläche	1.115,00 m²	90,8
GF	Grundstücksfläche	1.228,00 m²	100,0

Grundflächen des Bauwerks

KG	Bezeichnung	Menge, Einheit	% an NUF	% an BGF
NUF	Nutzungsfläche	160,67 m²	100,0	71,1
TF	Technikfläche	–	–	–
VF	Verkehrsfläche	15,17 m²	9,4	6,7
NRF	Netto-Raumfläche	175,84 m²	109,4	77,8
KGF	Konstruktions-Grundfläche	50,16 m²	31,2	22,2
BGF	Brutto-Grundfläche	226,00 m²	140,7	100,0

NUF=100%   BGF=140,7%
NRF=109,4%

NUF ■ TF ■ VF ■ KGF

Brutto-Rauminhalt des Bauwerks

KG	Bezeichnung	Menge, Einheit	BRI/NUF (m)	BRI/BGF (m)
BRI	Brutto-Rauminhalt	755,41 m³	4,70	3,34

BRI/NUF=4,70m
BRI/BGF=3,34m

0   1   2   3   4   5

Prozentualer Anteil der Kostengruppen der 2. Ebene an der Kostengruppe 400 nach DIN 276

KG	Kostengruppen (2. Ebene)
410	Abwasser-, Wasser-, Gasanlagen
420	Wärmeversorgungsanlagen
430	Raumlufttechnische Anlagen
440	Elektrische Anlagen
450	Kommunikationstechnische Anlagen
460	Förderanlagen
470	Nutzungsspez. und verfahrenstech. Anlagen
480	Gebäude- und Anlagenautomation
490	Sonstige Maßnahmen für technische Anlagen

Ranking der Kostengruppen der 3. Ebene an der Kostengruppe 400 nach DIN 276

KG	Kostengruppe (3. Ebene)	Kosten an KG 400 %	KG	Kostengruppe (3. Ebene)	Kosten an KG 400 %
431	Lüftungsanlagen	31,7	445	Beleuchtungsanlagen	4,1
442	Eigenstromversorgungsanlagen	30,2	457	Datenübertragungsnetze	1,9
411	Abwasseranlagen	9,7	446	Blitzschutz- und Erdungsanlagen	0,6
444	Niederspannungsinstallationsanlagen	8,2	455	Audiovisuelle Medien- und Antennenanlagen	0,3
481	Automationseinrichtungen	8,1	419	Sonstiges zur KG 410	0,3
412	Wasseranlagen	4,7			

© BKI Baukosteninformationszentrum   Kostenstand: 4.Quartal 2021, Bundesdurchschnitt, inkl. 19% MwSt.

1300-0254
Bürogebäude
(8 AP)
Effizienzhaus ~73%

Kostenkennwerte für die Kostengruppen der 1. Ebene DIN 276

KG	Kostengruppen (1. Ebene)	Einheit	Kosten €	€/Einheit	€/m² BGF	€/m³ BRI	% 300+400
100		m² GF	–	–	–	–	–
200	Vorbereitende Maßnahmen	m² GF	899	0,73	3,98	1,19	0,3
300	Bauwerk – Baukonstruktionen	m² BGF	242.366	1.072,42	1.072,42	320,84	72,0
400	Bauwerk – Technische Anlagen	m² BGF	94.051	416,16	416,16	124,50	28,0
	Bauwerk 300+400	**m² BGF**	**336.417**	**1.488,57**	**1.488,57**	**445,34**	**100,0**
500	Außenanlagen und Freiflächen	m² AF	3.759	17,99	16,63	4,98	1,1
600	Ausstattung und Kunstwerke	m² BGF	–	–	–	–	–
700	Baunebenkosten	m² BGF	–	–	–	–	–
800	Finanzierung	m² BGF	–	–	–	–	–

KG	Kostengruppe	Menge Einheit	Kosten €	€/Einheit	%
200	**Vorbereitende Maßnahmen**	1.228,00 m² GF	899	**0,73**	0,3

Oberboden abtragen, entsorgen

3+4	**Bauwerk**				100,0
300	**Bauwerk – Baukonstruktionen**	226,00 m² BGF	242.366	**1.072,42**	72,0

Kalkschotter, Fundamente, Zementestrich, Nadelfilz, Linoleum; Holzrahmenwände, Holz-Alufenster, Glattputz, Silikatbeschichtung, Multiplex-Wandbekleidung, Gitterrostbelag; Stahlstütze, Holztür, GK-Vorsatzschalen; Holzbalkendecke, Zweiholmtreppe, Multiplex-Deckenbekleidung, GK-Decken; Holzbalkendach, Dachfenster, Abdichtung, Alu-Dachrandabschluss; Büroküche

400	**Bauwerk – Technische Anlagen**	226,00 m² BGF	94.051	**416,16**	28,0

Gebäudeentwässerung, Kalt- und Warmwasserleitungen, Sanitärobjekte; **Luft-Luft-Wärmepumpe** mit **Lüftungsgerät**; **Photovoltaikanlage**, Elektroinstallation, Beleuchtung; Koaxialkabel, Antennendose, EDV-Verkabelung, Anschlussdosen; **Gebäudeautomation**

500	**Außenanlagen und Freiflächen**	209,00 m² AF	3.759	**17,99**	1,1

Rohrgrabenaushub; KG-Rohre, Kontrollschacht

Kostenkennwerte für die Kostengruppen 400 der 2. Ebene DIN 276

1300-0254
Bürogebäude
(8 AP)
Effizienzhaus ~73%

KG	Kostengruppe	Menge Einheit	Kosten €	€/Einheit	%
400	**Bauwerk – Technische Anlagen**				100,0
410	**Abwasser-, Wasser-, Gasanlagen**	226,00 m² BGF	13.864	**61,34**	14,7

KG-Rohre DN100 (56m), Abwasserrohre (psch), **Retentionszisterne** 8.500l (1St), Strangentlüfter (2St) * Kalt- und Warmwasserleitungen (psch), Waschbeckenanlage (1St), Wand-Tiefspül-WC (1St), Urinal (1St), Ausgussbecken (1St), Durchlauferhitzer (2St) * Montageelement (1St)

430	**Raumlufttechnische Anlagen**	226,00 m² BGF	29.780	**131,77**	31,7

Lüftungsgerät, Volumenstrom 1.000m³/h (1St), Lüftungsrohre DN75 (210m), oval 114/51mm (80m), Doppelsickenrohr DN250 (9m), Wickelfalzrohr DN180 (7m), Alu-Flexrohre DN180-250 (10m), Verteilerkästen (4St)

440	**Elektrische Anlagen**	226,00 m² BGF	40.599	**179,64**	43,2

Photovoltaikmodule 270W (39St), Montagesystem (1St), **Speichersystem** (1St), Solarkabel (200m), Wechselrichter (1St) * Zählerschrank (1St), Mantelleitungen (630m), Anschlussdosen (40St), Schukosteckdosen (27St), Schalter, Taster * LED-Deckenleuchten (8St), LED-Hängeleuchten (3St), LED-Aufbauleuchte (1St) * Edelstahl-Fundamenterder, Rundstahl 10mm (41m)

450	**Kommunikationstechnische Anlagen**	226,00 m² BGF	2.154	**9,53**	2,3

Koaxialkabel (100m), Antennendose (1St) * Datenleitung (300m), Anschlussdosen (16St), Patchpanel (1St)

480	**Gebäude- und Anlagenautomation**	226,00 m² BGF	7.654	**33,87**	8,1

Smart-Home-Panel, Display 17,8cm, Busanschluss, TFT-Touch-Display (2St), Access-Point (1St), Wetterstation (1St), Schaltaktor (1St), Jalousieaktor (1St), Dimmaktor (1St), Audiomodul (1St), Kameramodul (1St)

1300-0254
Bürogebäude
(8 AP)
Effizienzhaus ~73%

Kostenkennwerte für die Kostengruppe 400 der 2. und 3. Ebene DIN 276 (Übersicht)

KG	Kostengruppe	Menge Einheit	Kosten €	€/Einheit	%
410	**Abwasser-, Wasser-, Gasanlagen**	**226,00 m² BGF**	**61,34**	**13.863,89**	**14,7**
411	Abwasseranlagen	226,00 m² BGF	40,47	9.145,48	9,7
412	Wasseranlagen	226,00 m² BGF	19,71	4.454,73	4,7
419	Sonstiges zur KG 410	226,00 m² BGF	1,17	263,68	0,3
430	**Raumlufttechnische Anlagen**	**226,00 m² BGF**	**131,77**	**29.779,80**	**31,7**
431	Lüftungsanlagen	226,00 m² BGF	131,77	29.779,80	31,7
440	**Elektrische Anlagen**	**226,00 m² BGF**	**179,64**	**40.599,11**	**43,2**
442	Eigenstromversorgungsanlagen	226,00 m² BGF	125,81	28.433,29	30,2
444	Niederspannungsinstallationsanlagen	226,00 m² BGF	34,08	7.702,15	8,2
445	Beleuchtungsanlagen	226,00 m² BGF	17,16	3.878,54	4,1
446	Blitzschutz- und Erdungsanlagen	226,00 m² BGF	2,59	585,12	0,6
450	**Kommunikationstechnische Anlagen**	**226,00 m² BGF**	**9,53**	**2.154,44**	**2,3**
455	Audiovisuelle Medien- u. Antennenanl.	226,00 m² BGF	1,45	327,70	0,3
457	Datenübertragungsnetze	226,00 m² BGF	8,08	1.826,74	1,9
480	**Gebäude- und Anlagenautomation**	**226,00 m² BGF**	**33,87**	**7.654,01**	**8,1**
481	Automationseinrichtungen	226,00 m² BGF	33,87	7.654,01	8,1

Kostenkennwerte für Leistungsbereiche nach STLB (Kosten KG 400 nach DIN 276)

1300-0254
Bürogebäude
(8 AP)
Effizienzhaus ~73%

LB	Leistungsbereiche	Kosten €	€/m² BGF	€/m³ BRI	% an 400
040	Wärmeversorgungsanlagen - Betriebseinrichtungen	–	–	–	–
041	Wärmeversorgungsanlagen - Leitungen, Armaturen, Heizflächen	–	–	–	–
042	Gas- und Wasseranlagen - Leitungen, Armaturen	1.137	5,00	1,50	1,2
043	Druckrohrleitungen für Gas, Wasser und Abwasser	–	–	–	–
044	Abwasseranlagen - Leitungen, Abläufe, Armaturen	1.830	8,10	2,40	1,9
045	Gas-, Wasser- und Entwässerungsanlagen - Ausstattung, Elemente, Fertigbäder	3.385	15,00	4,50	3,6
046	Gas-, Wasser- und Entwässerungsanlagen - Betriebseinrichtungen	4.663	20,60	6,20	5,0
047	Dämm- und Brandschutzarbeiten an technischen Anlagen	197	0,87	0,26	0,2
049	Feuerlöschanlagen, Feuerlöschgeräte	–	–	–	–
050	Blitzschutz- / Erdungsanlagen, Überspannungsschutz	585	2,60	0,77	0,6
051	Kabelleitungstiefbauarbeiten	–	–	–	–
052	Mittelspannungsanlagen	–	–	–	–
053	Niederspannungsanlagen - Kabel/Leitungen, Verlegesysteme, Installationsgeräte	5.539	24,50	7,30	5,9
054	Niederspannungsanlagen - Verteilersysteme und Einbaugeräte	30.596	135,40	40,50	32,5
055	Sicherheits- und Ersatzstromversorgungsanlagen	–	–	–	–
057	Gebäudesystemtechnik	–	–	–	–
058	Leuchten und Lampen	3.879	17,20	5,10	4,1
059	Sicherheitsbeleuchtungsanlagen	–	–	–	–
060	Sprech-, Ruf-, Antennenempfangs-, Uhren- und elektroakustische Anlagen	–	–	–	–
061	Kommunikations- und Übertragungsnetze	2.154	9,50	2,90	2,3
062	Kommunikationsanlagen	–	–	–	–
063	Gefahrenmeldeanlagen	–	–	–	–
064	Zutrittskontroll-, Zeiterfassungssysteme	–	–	–	–
069	Aufzüge	–	–	–	–
070	Gebäudeautomation	7.654	33,90	10,10	8,1
075	Raumlufttechnische Anlagen	29.496	130,50	39,00	31,4
078	Kälteanlagen für raumlufttechnische Anlagen	–	–	–	–
	Gebäudetechnik	**91.114**	**403,20**	**120,60**	**96,9**
	Sonstige Leistungsbereiche	**2.937**	**13,00**	**3,90**	**3,1**

© BKI Baukosteninformationszentrum Kostenstand: 4.Quartal 2021, Bundesdurchschnitt, inkl. 19% MwSt.

1300-0269
Bürogebäude
(116 AP)
TG (68 STP)
Effizienzhaus ~51%

Objektübersicht

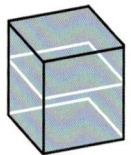 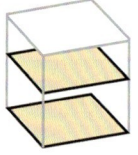 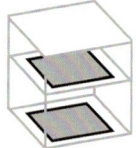 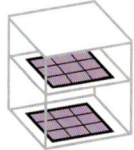

BRI 637 €/m³   **BGF** 2.219 €/m²   **NUF** 3.658 €/m²   **NE** 129.417 €/NE
NE: Arbeitsplatz

Objekt:
Kennwerte: 3. Ebene DIN 276
BRI: 23.569 m³
BGF: 6.765 m²
NUF: 4.104 m²
Bauzeit: 82 Wochen
Bauende: 2019
Standard: Durchschnitt
Bundesland: Niedersachsen
Kreis: Osnabrück, Stadt

Architekt*in:
Plan. Concept
Architekten GmbH
Blumenmorgen 2
49090 Osnabrück

Bauherr*in:
Modularity AG
Arndtstraße 34
49078 Osnabrück

© Hermann Pentermann-Fotografie

© Hermann Pentermann-Fotografie

© Hermann Pentermann-Fotografie

© BKI Baukosteninformationszentrum   Kostenstand: 4. Quartal 2021, Bundesdurchschnitt, **inkl. 19% MwSt.**

Zeichnungen

1300-0269
Bürogebäude
(116 AP)
TG (68 STP)
Effizienzhaus ~51%

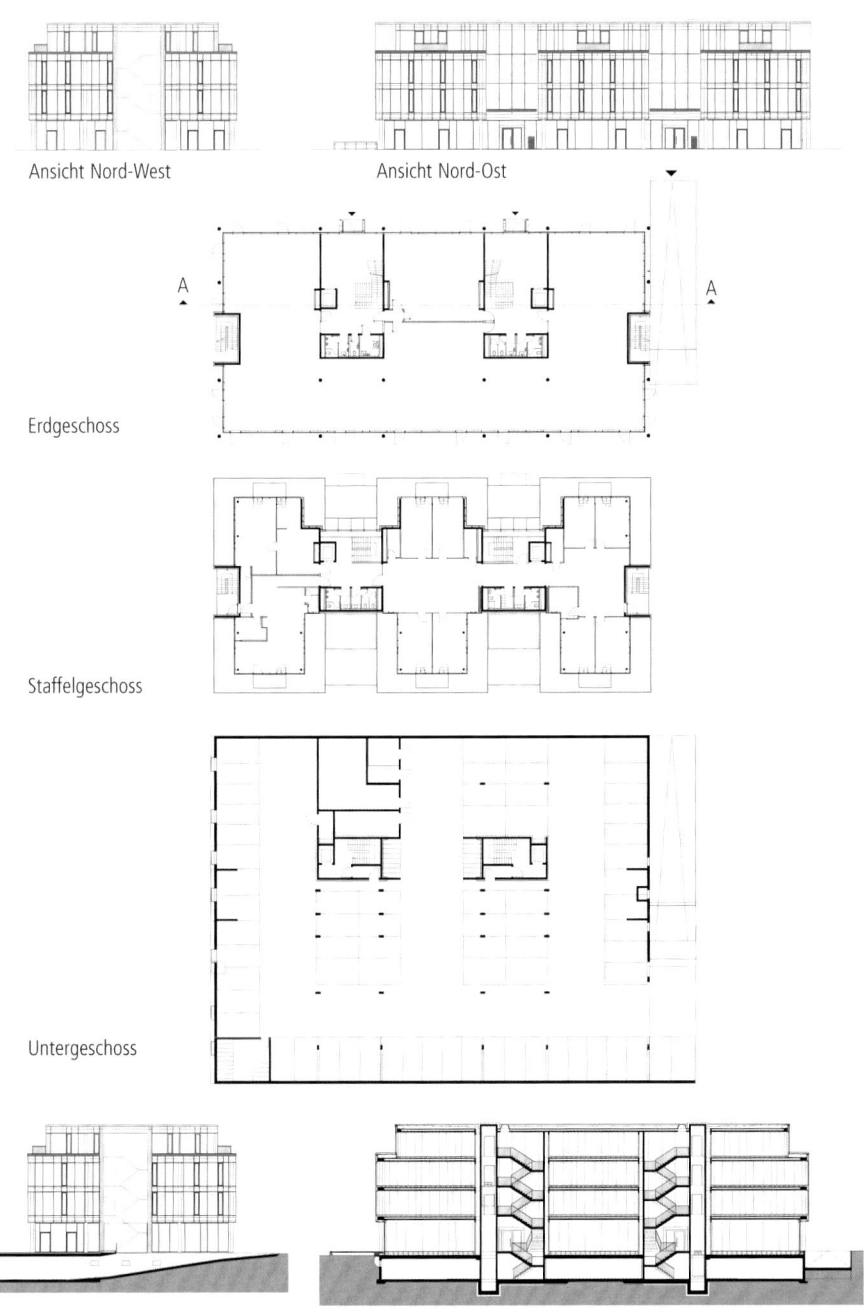

1300-0269
Bürogebäude
(116 AP)
TG (68 STP)
Effizienzhaus ~51%

Objektbeschreibung

Allgemeine Objektinformationen

Bei dem Neubau handelt es sich um ein Bürogebäude mit offenem und flexiblen Raum- und Gestaltungskonzept, um auf wirtschaftliche und strukturelle Gegebenheiten bestmöglich reagieren zu können. Das Gebäude ist in mehrere Baukörper gegliedert. Zwei markante Eingänge bieten Zutritt in die große, frei ausgestaltbare Fläche. Farbig inszenierte Treppenhäuser mit **Aufzug** sichern die **barrierefreie** Erschließung der Büroflächen in den Obergeschossen. Im Untergeschoss befindet sich eine Tiefgarage.

Nutzung

1 Untergeschoss
Tiefgarage, Fahrradraum, Müllraum, Technikraum, Schleusen, Treppenhäuser, **Aufzüge**

1 Erdgeschoss
Büroflächen, Foyers, **Aufzüge**, Fluchttreppenhäuser, Sanitärräume

2 Obergeschosse
Büroflächen, Sanitärräume, Treppenhäuser, **Aufzüge**, Dachterrassen, Fluchttreppenhäuser

1 Dachgeschoss
Büroflächen, Sanitärräume, Treppenhäuser, **Aufzüge**, Dachterrassen, Fluchttreppenhäuser

Nutzeinheiten

Arbeitsplätze: 116
Stellplätze: 68

Grundstück

Bauraum: Beengter Bauraum
Neigung: Ebenes Gelände
Bodenklasse: BK 3 bis BK 4

Markt

Hauptvergabezeit: 2.Quartal 2018
Baubeginn: 2.Quartal 2018
Bauende: 4.Quartal 2019
Konjunkturelle Gesamtlage: über Durchschnitt
Regionaler Baumarkt: Durchschnitt

Baukonstruktion

Die Tragkonstruktion besteht aus Stahlbetonstützen und -wänden und einer Innogration-Decke, die bereits mit Elektro-, Heizungs-, Kühl- und Lüftungsleitungen elementiert auf die Baustelle geliefert wurde. Die Fassade besteht aus Alu-Pfosten-Riegel-Elementen. Die vollflächige Glasfassade wurde mit Sonnenschutzglas und innenliegendem Sonnenschutz ausgestattet, sodass einer Überhitzung bestmöglich vorgebeugt wird. Zudem wurden Teilbereiche mit farbigen Glaspaneelen ausgestattet. Die Innogration-Decke ermöglicht schlanke Deckenquerschnitte, große Stützenweiten und integriert sämtliche Technik, sodass auf Abhangdecken komplett verzichtet werden konnte. Zusätzliche Flexibilität ermöglicht der vollflächig verlegte Hohlraumboden, in dem nachträglich Leitungen verzogen werden können. Die Räume können von den Nutzern wunschgemäß umstrukturiert und geändert werden. Standardmäßig wurde ein Bodenbelag mit Teppich oder Vinylplanken ausgeführt.

Technische Anlagen

Die Wärmeversorgung des Gebäudes erfolgt über das städtische Fernwärmenetz. Auf dem Flachdach des Staffelgeschosses befinden sich **Lüftungs- und Kühlgeräte** mit integrierter **Wärmerückgewinnung**. Das Dach ist großflächig mit **Photovoltaik** zur **Stromeigennutzung** ausgestattet. Im Untergeschoss wurde ein hauseigener **Transformator** installiert. Das Gebäude verfügt über zwei **Aufzugsanlagen**.

Sonstiges

Das Verlegen der Deckenkonstruktion inklusive Technik für ein Geschoss dauerte lediglich ein paar Tage. Somit konnte die Bauzeit verkürzt werden. Die Pfosten-Riegel-Fassade wurde ebenfalls im Voraus akribisch geplant und konnte somit schnell montiert werden.

Energetische Kennwerte

EnEV Fassung: 2013
Gebäudevolumen: 11.621,10 m^3
Gebäudenutzfläche (EnEV): 3.744,70 m^2
Hüllfläche des beheizten Volumens: 5.812,60 m^2
Spez. Jahresprimärenergiebedarf: 55,15 kWh/(m$^2 \cdot$a)

1300-0269
Bürogebäude
(116 AP)
TG (68 STP)
Effizienzhaus ~51%

Planungskennwerte für Flächen und Rauminhalte nach DIN 277

Flächen des Grundstücks		Menge, Einheit	% an GF
BF	Bebaute Fläche	2.176,00 m²	74,9
UF	Unbebaute Fläche	728,00 m²	25,1
GF	Grundstücksfläche	2.904,00 m²	100,0

Grundflächen des Bauwerks		Menge, Einheit	% an NUF	% an BGF
NUF	Nutzungsfläche	4.103,80 m²	100,0	60,7
TF	Technikfläche	81,32 m²	2,0	1,2
VF	Verkehrsfläche	1.543,39 m²	37,6	22,8
NRF	Netto-Raumfläche	5.728,51 m²	139,6	84,7
KGF	Konstruktions-Grundfläche	1.036,69 m²	25,3	15,3
BGF	Brutto-Grundfläche	6.765,20 m²	164,9	100,0

Brutto-Rauminhalt des Bauwerks		Menge, Einheit	BRI/NUF (m)	BRI/BGF (m)
BRI	Brutto-Rauminhalt	23.569,45 m³	5,74	3,48

Prozentualer Anteil der Kostengruppen der 2. Ebene an der Kostengruppe 400 nach DIN 276

KG	Kostengruppen (2. Ebene)
410	Abwasser-, Wasser-, Gasanlagen
420	Wärmeversorgungsanlagen
430	Raumlufttechnische Anlagen
440	Elektrische Anlagen
450	Kommunikationstechnische Anlagen
460	Förderanlagen
470	Nutzungsspez. und verfahrenstech. Anlagen
480	Gebäude- und Anlagenautomation
490	Sonstige Maßnahmen für technische Anlagen

Ranking der Kostengruppen der 3. Ebene an der Kostengruppe 400 nach DIN 276

KG	Kostengruppe (3. Ebene)	Kosten an KG 400 %	KG	Kostengruppe (3. Ebene)	Kosten an KG 400 %
444	Niederspannungsinstallationsanlagen	25,9	457	Datenübertragungsnetze	4,0
433	Klimaanlagen	19,7	412	Wasseranlagen	3,1
422	Wärmeverteilnetze	11,8	411	Abwasseranlagen	2,6
481	Automationseinrichtungen	5,2	441	Hoch- und Mittelspannungsanlagen	2,0
485	Datenübertragungsnetze	5,1	442	Eigenstromversorgungsanlagen	1,6
445	Beleuchtungsanlagen	4,4	482	Schaltschränke, Automation	1,5
421	Wärmeerzeugungsanlagen	4,4	452	Such- und Signalanlagen	1,5
461	Aufzugsanlagen	4,1	446	Blitzschutz- und Erdungsanlagen	0,9

© BKI Baukosteninformationszentrum   Kostenstand: 4.Quartal 2021, Bundesdurchschnitt, inkl. 19% MwSt.

1300-0269
Bürogebäude
(116 AP)
TG (68 STP)
Effizienzhaus ~51%

Kostenkennwerte für die Kostengruppen der 1. Ebene DIN 276

KG	Kostengruppen (1. Ebene)	Einheit	Kosten €	€/Einheit	€/m² BGF	€/m³ BRI	% 300+400
100		m² GF	–	–	–	–	–
200	Vorbereitende Maßnahmen	m² GF	47.998	16,53	7,09	2,04	0,3
300	Bauwerk – Baukonstruktionen	m² BGF	11.142.149	1.646,98	1.646,98	472,74	74,2
400	Bauwerk – Technische Anlagen	m² BGF	3.870.198	572,07	572,07	164,20	25,8
	Bauwerk 300+400	**m² BGF**	**15.012.347**	**2.219,05**	**2.219,05**	**636,94**	**100,0**
500	Außenanlagen und Freiflächen	m² AF	453.326	356,89	67,01	19,23	3,0
600	Ausstattung und Kunstwerke	m² BGF	27.589	4,08	4,08	1,17	0,2
700	Baunebenkosten	m² BGF	–	–	–	–	–
800	Finanzierung	m² BGF	–	–	–	–	–

KG	Kostengruppe	Menge Einheit	Kosten €	€/Einheit	%
200	Vorbereitende Maßnahmen	2.904,00 m² GF	47.998	**16,53**	0,3

Oberboden abtragen, Roden von Bäumen, Sträuchern

3+4	**Bauwerk**				**100,0**
300	Bauwerk – Baukonstruktionen	6.765,20 m² BGF	11.142.149	**1.646,98**	74,2

Baugrubenverbau; Stb-Fundamente, Stb-Bodenplatte, WU, Gussasphaltestrich; Stb-Wände, Stb-Stützen, Alufenster, Sektionaltor, Pfosten-Riegelfassade, WDVS, Dispersionsbeschichtungen; Stb-Stützen, GK-Wände, Schallschutztüren, Holztüren, Glastrennwände, mobile Trennwände, Wandfliesen; Stb-Decken, Stb-Treppen, Spannbetondecken, Innogrationdecken mit Leitungen für Technik, Hohlböden, Zementestrich, PVC-Belag, Teppich, Bodenfliesen, Metallpaneel-Decken, GK-Decken; Stb-Flachdach, Gefälledämmung, Abdichtung, Kies, Betonplatten, Dachentwässerung, Geländer, Absturzsicherungen; Werbe-Pylon

400	Bauwerk – Technische Anlagen	6.765,20 m² BGF	3.870.198	**572,07**	25,8

Gebäudeentwässerung, Hebeanlagen, Kalt- und Warmwasserleitungen, Sanitärobjekte; **Wärmepumpe**, Plattenheizkörper, **Rampenheizung**; **Zu-und Abluftgerät** zur **Heizung und Kühlung**, **Wärmerückgewinnung**; **Mittelspannungs-Schaltanlage**, **Photovoltaikanlage**, Elektroinstallation, Beleuchtung, Notbeleuchtung, **Blitzschutz**; Video-Sprechanlage, Notrufanlage, Datenübertragungsnetz; **Personenaufzüge**; **Gebäudeautomation**

500	Außenanlagen und Freiflächen	1.270,20 m² AF	453.326	**356,89**	3,0

Bodenarbeiten; Einzelfundament; Dränbeton, Betonsteinpflaster, Betonplatten, Betonbeläge, Rasengittersteine; Zaunpfähle, Geländer; Oberflächenentwässerung, **Rampenheizung** TG, **Glasfaserkabel**; Fahrradanlehnbügel, Cortenstahl-Hochbeete; Oberbodenarbeiten, Bepflanzung, Wildblumenwiese

600	**Ausstattung und Kunstwerke**	6.765,20 m² BGF	27.589	**4,08**	0,2

Sanitärausstattung, Duschkabinen

Kostenkennwerte für die Kostengruppen 400 der 2. Ebene DIN 276

1300-0269
Bürogebäude
(116 AP)
TG (68 STP)
Effizienzhaus ~51%

KG	Kostengruppe	Menge Einheit	Kosten €	€/Einheit	%
400	Bauwerk – Technische Anlagen				100,0
410	Abwasser-, Wasser-, Gasanlagen	6.765,20 m² BGF	238.686	35,28	6,2

KG-Rohre DN100 (32m), HT-PR Rohre DN200-300 (27m), Abflussrohre (523m), HT-Rohre DN50-100 (215m), Hebeanlagen (2St), Druckrohre DN70 (13m), Doppelpumpe (1St), Entwässerungsrinnen (11m), Entwässerungsschächte (7St) * Hauswasserstation (1St), Edelstahlrohre DN15-54 (55m), Metallverbundrohre DN17-40 (884m), Hygienespülung (2St), Waschbecken (22St), Tiefspül-WCs (23St), Urinale (16St), Duschen (3St), Durchlauferhitzer (28St) * Montageelemente (62St)

| 420 | Wärmeversorgungsanlagen | 6.765,20 m² BGF | 644.550 | 95,27 | 16,7 |

Wärmepumpe (1St), **Wasserkühlmaschine** (1St), Umwälzpumpen (3St), Kaltwasserpuffer (1St) * Kupferrohre DN15-108 (1.272m), Stahlrohre DN22-76 (417m), Tauchtemperaturfühler (10St) * Heizkörper (5St), Plan-Heizplatten (18St)

| 430 | Raumlufttechnische Anlagen | 6.765,20 m² BGF | 761.658 | 112,58 | 19,7 |

Zu-und Abluftgeräte 8.000m³/h, 79kW (3St), **Entlüftungsgerät**, Gegenstromwärmetauscher (1St), Außenluftansaugturm (2St), Kanalventilator 3.500m³/h (1St), Einzelraumventilatoren (19St), Kältemittelverbindungsleitung (40m), Wetterschutzgitter (11St), Luftkanäle (226m), Schalldämpfer (30St), Brandschutzklappen (11St), Wickelfalzrohre (135m), Fußbodenauslässe (168St), Lüftungsleitungen für **Bauteilaktivierung**

| 440 | Elektrische Anlagen | 6.765,20 m² BGF | 1.380.084 | 204,00 | 35,7 |

Mittelspannungs-Schaltanlagen (2St) * **Photovoltaikanlage** (1St), Anschlussleitungen (1.154m), Mantelleitungen (307m), Zählerschränke (2St) * Niederspannungs-Schaltanlage (1St) * Mantelleitungen (17.302m), Erdkabel (921m), Starkstromkabel (9.841m), Zählerschränke (2St), Schalter (24St), Steckdosen (444St), Bodentanks (81St) * Sicherheitsleuchten (44St), Rettungszeichenleuchten (60St), Wand- und Deckenleuchten (193St), Not-Akku-Leuchten (10St) * Potenzialausgleichsschienen (40St), Rund-, Flachleiter (1.447m), Fangleitungen (270m), Fangstangen (11St)

| 450 | Kommunikationstechnische Anlagen | 6.765,20 m² BGF | 216.165 | 31,95 | 5,6 |

Videosprechanlagen (12St), Kamera, Türlautsprecher (1St), **Sicherheitstrafo** (6St), Schlüsseltaster (1St), Verteiler (19St) * Rufanlage für **behindertengerechtes WC** (1St) * Rauchmelder (18St), Infrarotmelder (9St) * Datenkabel (16.327m), Cat7-Kabel (588m), LWL-Kabel (944m), Fernmeldeleitungen (6.376m), LAN-Schränke (12St), Rangierfelder (51St), Telefonie-Rangierfelder (14St)

| 460 | Förderanlagen | 6.765,20 m² BGF | 159.564 | 23,59 | 4,1 |

Personenaufzüge, Tragkraft 630kg, fünf Haltestellen, Kabinentüren Edelstahl, Kabinenwände VSG, Schachtentrauchung, Schlüsselschalter (2St)

| 470 | Nutzungsspez. u. verfahrenstechnische Anlagen | 6.765,20 m² BGF | 4.382 | 0,65 | 0,1 |

Schaumfeuerlöscher (27St), aufladbar (4St), Pulver-Feuerlöscher (2St), Handfeuerlöscher (1St)

1300-0269
Bürogebäude
(116 AP)
TG (68 STP)
Effizienzhaus ~51%

KG	Kostengruppe	Menge Einheit	Kosten €	€/Einheit	%
480	**Gebäude- und Anlagenautomation**	6.765,20 m² BGF	456.785	**67,52**	11,8

ID-Module (39St), Temperaturregler (73St), Sensoren (89St), Präsenzmelder (26St), Steuerung BSK (33St), Rauchmelderüberwachungen (8St), Ventilsteuerungen (33St), Pumpensteuerungen (5St), Feuchteüberwachung (19St), Aktoren (48St), Programmierung, Lizenzen * Schaltschränke (2St), Drehstromzähler (33St) * Datenkabel (20.079m), **EIB-Leitungen** (3.249m²), **LWL-Glasfaserkabel** (1.262m)

KG	Kostengruppe	Menge Einheit	Kosten €	€/Einheit	%
490	**Sonstige Maßnahmen für technische Anlagen**	6.765,20 m² BGF	8.322	**1,23**	0,2

Baustelleneinrichtungen (3St), Baubeleuchtung (psch) * Arbeitsgerüste, fahrbar (2St)

Kostenkennwerte für die Kostengruppe 400 der 2. und 3. Ebene DIN 276 (Übersicht)

1300-0269
Bürogebäude
(116 AP)
TG (68 STP)
Effizienzhaus ~51%

KG	Kostengruppe	Menge Einheit	Kosten €	€/Einheit	%
410	**Abwasser-, Wasser-, Gasanlagen**	6.765,20 m² BGF	35,28	238.686,27	**6,2**
411	Abwasseranlagen	6.765,20 m² BGF	15,07	101.984,64	2,6
412	Wasseranlagen	6.765,20 m² BGF	17,82	120.534,01	3,1
419	Sonstiges zur KG 410	6.765,20 m² BGF	2,39	16.167,59	0,4
420	**Wärmeversorgungsanlagen**	6.765,20 m² BGF	95,27	644.550,15	**16,7**
421	Wärmeerzeugungsanlagen	6.765,20 m² BGF	24,91	168.551,83	4,4
422	Wärmeverteilnetze	6.765,20 m² BGF	67,71	458.091,16	11,8
423	Raumheizflächen	6.765,20 m² BGF	2,65	17.907,15	0,5
430	**Raumlufttechnische Anlagen**	6.765,20 m² BGF	112,58	761.658,43	**19,7**
433	Klimaanlagen	6.765,20 m² BGF	112,58	761.658,43	19,7
440	**Elektrische Anlagen**	6.765,20 m² BGF	204,00	1.380.084,25	**35,7**
441	Hoch- und Mittelspannungsanlagen	6.765,20 m² BGF	11,37	76.916,87	2,0
442	Eigenstromversorgungsanlagen	6.765,20 m² BGF	9,20	62.248,11	1,6
443	Niederspannungsschaltanlagen	6.765,20 m² BGF	4,45	30.118,13	0,8
444	Niederspannungsinstallationsanlagen	6.765,20 m² BGF	148,23	1.002.826,28	25,9
445	Beleuchtungsanlagen	6.765,20 m² BGF	25,42	171.975,02	4,4
446	Blitzschutz- und Erdungsanlagen	6.765,20 m² BGF	5,32	35.999,84	0,9
450	**Kommunikationstechnische Anlagen**	6.765,20 m² BGF	31,95	216.165,27	**5,6**
452	Such- und Signalanlagen	6.765,20 m² BGF	8,36	56.566,61	1,5
454	Elektroakustische Anlagen	6.765,20 m² BGF	0,17	1.173,32	< 0,1
456	Gefahrenmelde- und Alarmanlagen	6.765,20 m² BGF	0,70	4.763,40	0,1
457	Datenübertragungsnetze	6.765,20 m² BGF	22,71	153.661,95	4,0
460	**Förderanlagen**	6.765,20 m² BGF	23,59	159.564,34	**4,1**
461	Aufzugsanlagen	6.765,20 m² BGF	23,59	159.564,34	4,1
470	**Nutzungsspez. u. verfahrenstechn. Anl.**	6.765,20 m² BGF	0,65	4.381,65	**0,1**
474	Feuerlöschanlagen	6.765,20 m² BGF	0,65	4.381,65	0,1
480	**Gebäude- und Anlagenautomation**	6.765,20 m² BGF	67,52	456.785,05	**11,8**
481	Automationseinrichtungen	6.765,20 m² BGF	29,49	199.480,26	5,2
482	Schaltschränke, Automation	6.765,20 m² BGF	8,72	59.001,10	1,5
485	Datenübertragungsnetze	6.765,20 m² BGF	29,31	198.303,68	5,1
490	**Sonst. Maßnahmen für techn. Anlagen**	6.765,20 m² BGF	1,23	8.322,21	**0,2**
491	Baustelleneinrichtung	6.765,20 m² BGF	0,67	4.565,55	0,1
492	Gerüste	6.765,20 m² BGF	0,10	651,97	< 0,1
495	Instandsetzungen	6.765,20 m² BGF	0,46	3.104,69	0,1

© **BKI** Baukosteninformationszentrum — Kostenstand: 4.Quartal 2021, Bundesdurchschnitt, **inkl. 19% MwSt.**

1300-0269
Bürogebäude
(116 AP)
TG (68 STP)
Effizienzhaus ~51%

Kostenkennwerte für Leistungsbereiche nach STLB (Kosten KG 400 nach DIN 276)

LB	Leistungsbereiche	Kosten €	€/m² BGF	€/m³ BRI	% an 400
040	Wärmeversorgungsanlagen - Betriebseinrichtungen	146.417	21,60	6,20	3,8
041	Wärmeversorgungsanlagen - Leitungen, Armaturen, Heizflächen	507.461	75,00	21,50	13,1
042	Gas- und Wasseranlagen - Leitungen, Armaturen	42.079	6,20	1,80	1,1
043	Druckrohrleitungen für Gas, Wasser und Abwasser	707	0,10	< 0,1	–
044	Abwasseranlagen - Leitungen, Abläufe, Armaturen	81.946	12,10	3,50	2,1
045	Gas-, Wasser- und Entwässerungsanlagen - Ausstattung, Elemente, Fertigbäder	71.804	10,60	3,00	1,9
046	Gas-, Wasser- und Entwässerungsanlagen - Betriebseinrichtungen	13.038	1,90	0,55	0,3
047	Dämm- und Brandschutzarbeiten an technischen Anlagen	208.154	30,80	8,80	5,4
049	Feuerlöschanlagen, Feuerlöschgeräte	468	< 0,1	< 0,1	–
050	Blitzschutz- / Erdungsanlagen, Überspannungsschutz	36.000	5,30	1,50	0,9
051	Kabelleitungstiefbauarbeiten	–	–	–	–
052	Mittelspannungsanlagen	76.917	11,40	3,30	2,0
053	Niederspannungsanlagen - Kabel/Leitungen, Verlegesysteme, Installationsgeräte	547.719	81,00	23,20	14,2
054	Niederspannungsanlagen - Verteilersysteme und Einbaugeräte	426.561	63,10	18,10	11,0
055	Sicherheits- und Ersatzstromversorgungsanlagen	–	–	–	–
057	Gebäudesystemtechnik	–	–	–	–
058	Leuchten und Lampen	122.418	18,10	5,20	3,2
059	Sicherheitsbeleuchtungsanlagen	48.416	7,20	2,10	1,3
060	Sprech-, Ruf-, Antennenempfangs-, Uhren- und elektroakustische Anlagen	57.740	8,50	2,40	1,5
061	Kommunikations- und Übertragungsnetze	153.662	22,70	6,50	4,0
062	Kommunikationsanlagen	–	–	–	–
063	Gefahrenmeldeanlagen	4.763	0,70	0,20	0,1
064	Zutrittskontroll-, Zeiterfassungssysteme	–	–	–	–
069	Aufzüge	163.478	24,20	6,90	4,2
070	Gebäudeautomation	461.832	68,30	19,60	11,9
075	Raumlufttechnische Anlagen	641.779	94,90	27,20	16,6
078	Kälteanlagen für raumlufttechnische Anlagen	–	–	–	–
	Gebäudetechnik	**3.813.357**	**563,70**	**161,80**	**98,5**
	Sonstige Leistungsbereiche	**56.840**	**8,40**	**2,40**	**1,5**

Objekte

1300-0271
Bürogebäude
(350 AP)
TG (45 STP)

Objektübersicht

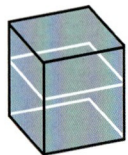 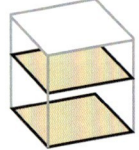 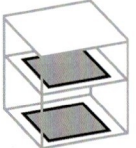 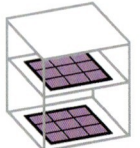

BRI 706 €/m³ **BGF** 2.533 €/m² **NUF** 3.723 €/m² **NE** 60.694 €/NE
NE: Arbeitsplatz

Objekt:
Kennwerte: 3. Ebene DIN 276
BRI: 30.073 m³
BGF: 8.385 m²
NUF: 5.706 m²
Bauzeit: 130 Wochen
Bauende: 2019
Standard: über Durchschnitt
Bundesland: Berlin
Kreis: Berlin, Stadt

Architekt*in:
AHM Architekten
Gutenbergstraße 4
10587 Berlin

Bauherr*in:
ANH Hausbesitz
GmbH & Co. KG
Alt-Moabit 103
10559 Berlin

Bauleitung:
BAL Bauleitungs- und
Steuerungs GmbH
Schillstraße 9
10785 Berlin

© Christian Richters

© Christian Richters

Zeichnungen

1300-0271
Bürogebäude
(350 AP)
TG (45 STP)

Ansicht Straße

Staffelgeschoss

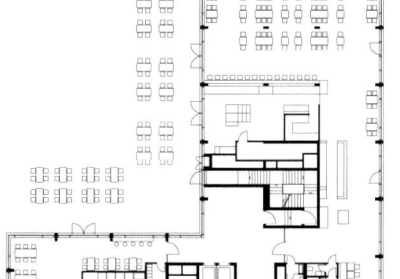

Erdgeschoss

Regelgeschoss

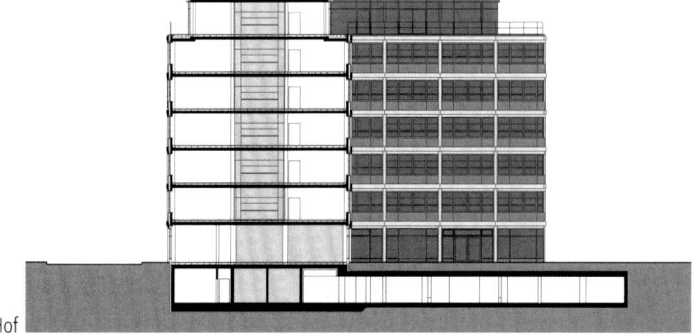

Querschnitt - Ansicht Hof

1300-0271
Bürogebäude
(350 AP)
TG (45 STP)

Objektbeschreibung

Allgemeine Objektinformationen

Das neue Bürogebäude ist Teil eines Ensembles aus insgesamt vier Gebäuden auf einem ehemaligen industriell genutzten Gelände. Der winkelförmige Baukörper orientiert sich in seinen Dimensionen an den Grundrissabmessungen seiner Nachbarn und steht an der Grundstücksecke einer Straßenkreuzung. Das Gebäude besteht aus einem leicht zurückgesetzten Erdgeschoss, fünf Regelgeschossen und einem Staffelgeschoss. Der Hauptzugang führt in ein großzügiges Foyer, das die Straßen- und Hofseite miteinander verbindet. Die vertikale Erschließung erfolgt vom Foyer über zwei **Aufzüge**, die sämtliche Obergeschosse und die Tiefgarage anbinden, sowie über ein innenliegendes zentrales Sicherheitstreppenhaus. Im Erdgeschoss findet eine gewerbliche Nutzung und in den Obergeschossen Büronutzung statt.

Nutzung

1 Untergeschoss
Tiefgarage, Technik, Mietkeller, Sanitärräume, Schleusen

1 Erdgeschoss
Gastronomie, Foyer, Windfang, Schleusen, WCs

6 Obergeschosse
Regelgeschosse: Büroflächen, WCs, Schleuse

Staffelgeschoss: Büroflächen, WCs, Schleuse, Dachterrasse

Nutzeinheiten

Arbeitsplätze: 350
Stellplätze: 45

Grundstück

Bauraum: Freier Bauraum
Neigung: Ebenes Gelände
Bodenklasse: BK 3

Markt

Hauptvergabezeit: 2.Quartal 2017
Baubeginn: 2.Quartal 2017
Bauende: 4.Quartal 2019
Konjunkturelle Gesamtlage: über Durchschnitt
Regionaler Baumarkt: über Durchschnitt

Baukonstruktion

Die Bodenplatte sowie die im Untergeschoss angeordnete Tiefgarage wurden aus WU-Stahlbeton hergestellt. Sämtliche darüberliegenden Geschosse sind als Stahlbetonkonstruktion realisiert. Die Außenwände haben eine hinterlüftete Fassade mit vorgehängten Sichtbetonfertigteilen erhalten. Die Brüstungsbekleidungen und die Profile der Fenster- und Fassadenelemente bestehen aus pulverbeschichtetem Aluminium. Sämtliche Fenster sind mit dreifacher Isolierverglasung ausgeführt. Die Fassaden des Erd- und des Staffelgeschosses erhielten raumhohe Verglasungen. Schiebetürelemente ermöglichen den Austritt auf die mit großformatigem Werkstein belegten Dachterrassen. Als Beschattung dienen außenliegende **motorisch betriebene Sonnenschutzmarkisen** sowie innenliegende Rollos. Das Flachdach wurde als Warmdach mit extensiver Begrünung ausgebildet. Der Beton bleibt an den Decken und Stützen sichtbar und wird ergänzt durch gespachtelte Wandflächen mit Beschichtung. Innen sind die Wände mit Putz und mineralischem Anstrich beschichtet, teilweise sind sie in Sichtbetonqualität hergestellt. Die Hohlböden in den Büros wurden mit Parkett belegt, die Tiefgarage erhielt eine Bodenbeschichtung. Im Foyer ist Terrazo auf schwimmendem Estrich verlegt.

Technische Anlagen

Das Bürogebäude ist an ein Fernwärmenetz angeschlossen und wird über Unterflurkonvektoren beheizt. Eine **Bauteilaktivierung** in den Betondecken der Bürobereiche sorgt für konstante Raumtemperaturen. Auf dem Dach wurde eine zentrale **Lüftungsanlage** installiert. Die Erschließungsbereiche werden über eine **Rauchschutzdruckanlage** belüftet. Die Tiefgarage erhielt eine **Abluftanlage**. Über eine zentrale **Kälteerzeugung** können die Medienräume gekühlt und die Zuluft temperiert werden. Das Gebäude ist mit einer **Brandmeldeanlage**, einer **elektronischen Schließanlage** sowie einem Datenübertragungsnetz ausgestattet und verfügt über eine umfassende **Gebäudeautomation**.
Entlüftete Fläche: 1.412,29m²
Be- und Entlüftete Fläche: 166,85m²
Teilklimatisierte Fläche: 4.411,17m²

Sonstiges

Das Gebäude wurde als nachhaltiges Bauwerk realisiert und erhielt eine **Zertifizierung in LEED - Gold**. Als Zufahrt in die Tiefgarage wurde bis zur Fertigstellung des zweiten Bauabschnitts eine temporäre Rampe errichtet.

Planungskennwerte für Flächen und Rauminhalte nach DIN 277

1300-0271 Bürogebäude (350 AP) TG (45 STP)

Flächen des Grundstücks		Menge, Einheit	% an GF
BF	Bebaute Fläche	2.065,80 m²	96,3
UF	Unbebaute Fläche	79,20 m²	3,7
GF	Grundstücksfläche	2.145,00 m²	100,0

Grundflächen des Bauwerks		Menge, Einheit	% an NUF	% an BGF
NUF	Nutzungsfläche	5.706,02 m²	100,0	68,1
TF	Technikfläche	332,45 m²	5,8	4,0
VF	Verkehrsfläche	1.325,31 m²	23,2	15,8
NRF	Netto-Raumfläche	7.363,78 m²	129,1	87,8
KGF	Konstruktions-Grundfläche	1.021,47 m²	17,9	12,2
BGF	Brutto-Grundfläche	8.385,25 m²	147,0	100,0

NUF=100% | BGF=147,0% | NRF=129,1%

NUF TF VF KGF

Brutto-Rauminhalt des Bauwerks		Menge, Einheit	BRI/NUF (m)	BRI/BGF (m)
BRI	Brutto-Rauminhalt	30.072,63 m³	5,27	3,59

BRI/NUF=5,27m
BRI/BGF=3,59m

Prozentualer Anteil der Kostengruppen der 2. Ebene an der Kostengruppe 400 nach DIN 276

KG	Kostengruppen (2. Ebene)
410	Abwasser-, Wasser-, Gasanlagen
420	Wärmeversorgungsanlagen
430	Raumlufttechnische Anlagen
440	Elektrische Anlagen
450	Kommunikationstechnische Anlagen
460	Förderanlagen
470	Nutzungsspez. und verfahrenstech. Anlagen
480	Gebäude- und Anlagenautomation
490	Sonstige Maßnahmen für technische Anlagen

Ranking der Kostengruppen der 3. Ebene an der Kostengruppe 400 nach DIN 276

KG	Kostengruppe (3. Ebene)	Kosten an KG 400 %	KG	Kostengruppe (3. Ebene)	Kosten an KG 400 %
434	Kälteanlagen	11,2	457	Datenübertragungsnetze	5,4
423	Raumheizflächen	10,3	431	Lüftungsanlagen	5,1
444	Niederspannungsinstallationsanlagen	10,3	461	Aufzugsanlagen	3,9
481	Automationseinrichtungen	9,3	412	Wasseranlagen	2,9
432	Teilklimaanlagen	8,1	482	Schaltschränke, Automation	2,9
445	Beleuchtungsanlagen	7,6	484	Kabel, Leitungen und Verlegesysteme	2,7
422	Wärmeverteilnetze	7,0	456	Gefahrenmelde- und Alarmanlagen	2,0
411	Abwasseranlagen	6,6	421	Wärmeerzeugungsanlagen	0,9

© BKI Baukosteninformationszentrum Kostenstand: 4.Quartal 2021, Bundesdurchschnitt, **inkl. 19% MwSt.**

1300-0271
Bürogebäude
(350 AP)
TG (45 STP)

Kostenkennwerte für die Kostengruppen der 1. Ebene DIN 276

KG	Kostengruppen (1. Ebene)	Einheit	Kosten €	€/Einheit	€/m² BGF	€/m³ BRI	% 300+400
100		m² GF	–	–	–	–	–
200	Vorbereitende Maßnahmen	m² GF	344.508	160,61	41,08	11,46	1,6
300	Bauwerk – Baukonstruktionen	m² BGF	14.844.878	1.770,36	1.770,36	493,63	69,9
400	Bauwerk – Technische Anlagen	m² BGF	6.398.118	763,02	763,02	212,76	30,1
	Bauwerk 300+400	**m² BGF**	**21.242.997**	**2.533,38**	**2.533,38**	**706,39**	**100,0**
500	Außenanlagen und Freiflächen	m² AF	335.865	266,56	40,05	11,17	1,6
600	Ausstattung und Kunstwerke	m² BGF	13.021	1,55	1,55	0,43	0,1
700	Baunebenkosten	m² BGF	–	–	–	–	–
800	Finanzierung	m² BGF	–	–	–	–	–

KG	Kostengruppe	Menge Einheit	Kosten €	€/Einheit	%
200	**Vorbereitende Maßnahmen**	2.145,00 m² GF	344.508	**160,61**	1,6

Suchgräben, Baugelände abräumen, Abbruch von Hindernissen im Boden, dynamischer Schicht, Betonpflaster, Asphalttragschicht, Rohrleitungen, Einfriedungen, Fahrradständer, Entsorgung, Deponiegebühren, Aufnehmen und Lagern von Natursteinbelägen, Abbruch von Trafohaus, Schlackensteinpflaster, Fettabscheidern, Gefahrstoffentsorgung, Deponiegebühren, Wurzelstöcke roden, Kampfmittelsondierung

3+4	**Bauwerk**				**100,0**
300	**Bauwerk – Baukonstruktionen**	8.385,25 m² BGF	14.844.878	**1.770,36**	69,9

Baugrubenverbau, Wasserhaltung, Grundwasserabsenkung, **Düsensauginfiltrationsanlage**; Bodenaustausch, Stb-Fundamentplatten, Bodenbeschichtungen, Doppelboden, Schaltwartenboden, PVC-Belag, Kautschukbelag, Bodenfliesen; Stb-Wände, Stb-Stützen, Alu-Fenster, Dämmung, Stb-FT-Fassaden, Alu-Bekleidungen, Alu-Pfosten-Riegel-Fassaden, Einhausung **Lüftungsanlage**, Sonnenschutz; Stb-Innenwände, Sichtbeton, GK-Wände, KS-Mauerwerk, Metall-Glas-, Holzinnentüren, Kalk-Gipsputz, Dispersionsbeschichtung, WDVS, Wandfliesen; Stb-Decken, Sichtbeton, Stb-FT-Treppen, Hohlboden, Estrich, Terrazzo, Industrieparkett, Betonwerksteinbelag, Akustikdecken, GK-Decken, Brüstungsgeländer; Stb-Flachdächer, Dachausstieg, Bitumenabdichtung, Gefälledämmung, extensive Dachbegrünung, Kiesstreifen, Gitterroste, Rasengittersteine, Dachentwässerung; Briefkastenanlage, Fahrradständer, Orientierungs- und Informationssysteme; temporäre Schwerlastrampe

400	**Bauwerk – Technische Anlagen**	8.385,25 m² BGF	6.398.118	**763,02**	30,1

Gebäudeentwässerung, Hebeanlagen, Kalt- und Warmwasserleitungen, Sanitärobjekte; Wärmeübertrager, Heizungsrohre, **Betonkernaktivierung**, **Bodenkanalheizungen**, Heizkörper, Kaltwasser-Kassetten; **Abluftanlagen**, **Zu- und Abluftanlagen** mit **WRG**, **Kältemaschinen**, Pufferspeicher; **Zentralbatterieanlage**, Elektroinstallation, Beleuchtung, **Blitzschutzanlage**; Gegensprechanlagen, Lichtrufanlage, Parkhausschranken, **Brandmeldeanlage**, **elektronische Schließanlage**, Datenübertragungsnetze; **Aufzüge**; Feuerlöschanlage; **Gebäudeautomation**

500	**Außenanlagen und Freiflächen**	1.260,00 m² AF	335.865	**266,56**	1,6

Bodenarbeiten; Winkelstützelemente; Gebäudeentwässerung, Hebeanlagen, Trinkwasser-, Fernwärme-, Kälteleitungen

600	**Ausstattung und Kunstwerke**	8.385,25 m² BGF	13.021	**1,55**	0,1

Sanitärausstattung

© BKI Baukosteninformationszentrum   Kostenstand: 4.Quartal 2021, Bundesdurchschnitt, **inkl. 19% MwSt.**

Kostenkennwerte für die Kostengruppen 400 der 2. Ebene DIN 276

1300-0271
Bürogebäude
(350 AP)
TG (45 STP)

KG	Kostengruppe	Menge	Einheit	Kosten €	€/Einheit	%
400	**Bauwerk – Technische Anlagen**					100,0
410	**Abwasser-, Wasser-, Gasanlagen**	8.385,25	m² BGF	629.972	**75,13**	9,8

PP-Abwasserrohre DN50-160, PE-Druckrohre DN32-80 (155m), Rohrbegleitheizung (130m), Entwässerungsrinne (33m), Flachdachabläufe DN70-100 (22St), Hebeanlagen (3St), Schmutzwasserpumpen (10St) * Edelstahlrohre DN15-50 (300m), Mehrschichtverbundrohre DN15-32 (260m), Begleitheizung (50m), Spülstationen (4St), Hauswasserfilter (1St), Kalkschutzanlage (1St), Sicherheitstrennstation (1St), Wasserzähler (5St), Außenzapfstelle, Wandeinbauschrank (1St), Tiefspül-WCs (35St), Waschbecken (25St), Urinale (22St), Duschwannen (3St), Ausgussbecken (1St), Elektro-Durchlauferhitzer (5St) * Montageelemtente (82St)

| 420 | **Wärmeversorgungsanlagen** | 8.385,25 | m² BGF | 1.164.049 | **138,82** | 18,2 |

Wärmeübertrager 700kW (1St), 128kW (1St), Druckhaltestation (1St), Abscheider (2St), Vakuum-Sprühentgasung (1St), Heizungsverteiler (2St) * Kupferrohre DN15-28 (2.500m), Stahlgewinderohre DN15-125 (1.899m), Nassläuferpumpen (9St), Strangdifferenzdruckregler (7St), Ventile (117St), Klappen (33St), Thermometer (56St), Manometer (20St), Wärmezähler (6St) * **Betonkernaktivierung**: PE-Xa-Rohre 20x2,3mm (3.120m²), Anbindung an Rohrregister (480m), Edelstahlverteiler (13St), Regulierventile (12St), Kugelhähne (13St), **Bodenkanalheizungen**: Konvektoren (785m), Stellantriebe (310St), Fußbodenheizung (88m²), PB-Rohre 15x1,5mm (450m), Flachheizkörper (43St), Röhrenradiatoren (8St), Badheizkörper (3St), Kaltwasser-Kassetten (4St)

| 430 | **Raumlufttechnische Anlagen** | 8.385,25 | m² BGF | 1.562.719 | **186,37** | 24,4 |

Abluftgeräte 11.000m³/h (1St), 2.300m³/h (1St), 1.700m³/h (1St), Abluftventilatoren 760m³/h (1St), 50m³/h (1St), Rechteckkanäle (196m²), Jalousieklappen (3St), Zu-/Abluftgitter (28St), Rauchschutz-Druckanlage: Zuluftgeräte 24.000m³/h (2St), Schaltschrank (1St), Etagenverteiler (3St), Druckentlastungseinheit (1St), Rechteckkanäle (95m²), Wickelfalzrohre DN100-200 (69m), Alu-Flexrohre DN100-200 (32m), Brandschutzklappen (16St), Regelklappen (16St), Kanalrauchmelder (1St), Luftdurchlässe (18St) * **Zu- und Abluftgeräte** mit **WRG**, Heiz-, Kühlregister, 22.000m³/h (1St), 7.000m³/h (1St), Fortlufthaube (1St), Wetterschutzgitter (5St), Jalousieklappen (2St), Kulissenschalldämpfer (10St), Rechteckkanäle (1.610m²), Wickelfalzrohre DN100-315 (560m), Alu-Flexrohre DN100-200 (73m), Telefonieschalldämpfer (59St), Regelklappen (194St), Luftdurchlässe (336St) * **Kältemaschinen** 162-315kW (3St), **Glykolrückkühler** (4St), Kälteanlage: Plattenwärmeübertrager 160kW (1St), 80kW (1St), Pufferspeicher 1.000l (2St), Hocheffizienzpumpen (9St), Ausdehnungsgefäße 140-800l (8St), Schlammabscheider (2St), Absperrklappen (46St), Ventile (97St), Wärmezähler (23St), Stahlgewinderohre DN15-32 (639m), Stahlrohre DN32-150 (380m), Dehnungskompensatoren DN80-125 (35St)

| 440 | **Elektrische Anlagen** | 8.385,25 | m² BGF | 1.216.878 | **145,12** | 19,0 |

Zentralbatterieanlage (1St), Überwachungsmodule (51St), Spannungsüberwachungen (8St) * Hausanschluss-Hauptverteiler (1St), Unterverteiler (1St), Verteilerschränke (18St), Zählerverteilungen (5St), Wandlermessplätze (4St), Mantelleitungen (48.788m), Starkstromkabel (2.890m), Installationskabel (900m), Außenkabel (400m), Bodentanks, sechs Doppelsteckdosen (254St), Schalter/Taster (141St), Steckdosen (105St), Wallboxen (3St), Bewegungsmelder (1St), Raumtemperaturregler (1St) * LED-Lichtbandleuchten (949St), LED-Leuchten (163St), LED-Rettungszeichenleuchten (120St) * Fundamenterder (2.038m), Ableitungen (250m), Fangstangen (18St), Starkstromkabel (710m)

1300-0271
Bürogebäude
(350 AP)
TG (45 STP)

KG	Kostengruppe	Menge Einheit	Kosten €	€/Einheit	%
450	**Kommunikationstechnische Anlagen**	8.385,25 m² BGF	487.085	**58,09**	7,6

Gegensprechanlagen, Türstationen, CCD-Kameras, Steuermodule (2St), Türöffner (15St), Videotelefone (12St), **Bustreiber** (1St), Installationskabel (346m), Lichtrufanlage (1St), Taster (4St) * Parkhausschranken, Induktionsschleifen (2St), Steuergerät (1St), LED-Signalgeber (2St), Lesegerät (1St), Codekarten (171St), Schlüsseltaster (1St), Deckenzugschalter (1St), **Brandmeldezentrale** (1St), Brandmelder (48St), Signalsockel (35St), Handfeuermelder (3St), Ein-/Ausgabemodule (20St), Rauchabzugstaster (8St), Starkstromkabel (870m), Brandmeldekabel (845m), Installationskabel (445m), **elektronische Schließanlage**: Profilzylinder (69St), digitale Schaltrelais (14St), externe Lesegeräte (2St), Transponder (101St) * Netzwerkschränke (27St), Verteilerfelder (44St), LWL-Verteiler (15St), Datenkabel Cat7 (55.105m), LWL-Kabel (1.140m), Koaxialkabel (827m), Patchkabel (2.087St), Datenanschlussdosen RJ45 (229St), 2xRJ45, in Bodentanks (508St), LWL-Anschlussdosen (184St)

460	**Förderanlagen**	8.385,25 m² BGF	248.450	**29,63**	3,9

Aufzuggruppe, zwei **Personenaufzüge**, acht Haltestellen, Förderhöhe 25,38m (1St), Portalbekleidungen, Stahlblech (8St)

470	**Nutzungsspez. u. verfahrenstechnische Anlagen**	8.385,25 m² BGF	22.291	**2,66**	0,3

Feuerlöschanlage, Stahlrohre DN50-80 (75m), Entnahmearmaturen (7St), Einspeisearmatur (1St), Be-/Entlüftungsventile (2St), Feuerwehrlaufkarten (2St), automatisch-hydraulische Entleerungen (2St)

480	**Gebäude- und Anlagenautomation**	8.385,25 m² BGF	1.024.985	**122,24**	16,0

Automationsstationen (22St), Ein-/Ausgabefunktionen (7.176St), Verarbeitungsfunktionen (1.122St), Managementfunktionen (7.664St), Bedienfunktionen (5.993St), Touchpanels (4St), M-Bus-Regelwandler (2St), Busankoppler (142St), **EIB-Interfaces** (17St), Sensoren (395St), Aktoren (740St), Raumcontroller-Module (42St), Einbruchmeldezentralen (17St), Wetterstation (1St) * Schaltschränke (2St), Schrankfelder (50St), Überspannungsschutzgeräte (62St), Spannungsversorgungen (52St), Einspeisungen (23St), LVB-Module (54St), Leistungsmodule (19St), Switches (30St), Medienkonverter (22St) * Datenverarbeitungseinrichtung (1St), Bedienstation (1St), DVD-Laufwerk (1St), Drucker (1St), Managementfunktionen (514St), Bedienfunktionen (447St) * Mantelleitungen (15.550m), Installationskabel (10.490m) * Bus-Leitungen (4.700m), LWL-Kabel (3.000m), LWL-Switch (1St), LWL-Verteilerkasten (1St)

490	**Sonstige Maßnahmen für technische Anlagen**	8.385,25 m² BGF	41.689	**4,97**	0,7

Baustelleneinrichtung für Gewerk **Aufzug** (psch) * Rollgerüste (2St), Arbeitsgerüst für Gewerk **Aufzug** (psch) * Schutzmattensystem für **Aufzugskabinen** (1St), Schutzabdeckungen für Konvektoren (psch), Mehrkosten durch Behinderungsanzeige (psch)

Kostenkennwerte für die Kostengruppe 400 der 2. und 3. Ebene DIN 276 (Übersicht)

1300-0271
Bürogebäude
(350 AP)
TG (45 STP)

KG	Kostengruppe	Menge Einheit	Kosten €	€/Einheit	%
410	**Abwasser-, Wasser-, Gasanlagen**	8.385,25 m² BGF	75,13	629.971,61	9,8
411	Abwasseranlagen	8.385,25 m² BGF	50,42	422.760,11	6,6
412	Wasseranlagen	8.385,25 m² BGF	22,42	187.982,69	2,9
419	Sonstiges zur KG 410	8.385,25 m² BGF	2,29	19.228,83	0,3
420	**Wärmeversorgungsanlagen**	8.385,25 m² BGF	138,82	1.164.049,46	18,2
421	Wärmeerzeugungsanlagen	8.385,25 m² BGF	6,55	54.906,22	0,9
422	Wärmeverteilnetze	8.385,25 m² BGF	53,67	450.053,59	7,0
423	Raumheizflächen	8.385,25 m² BGF	78,60	659.089,66	10,3
430	**Raumlufttechnische Anlagen**	8.385,25 m² BGF	186,37	1.562.718,93	24,4
431	Lüftungsanlagen	8.385,25 m² BGF	39,02	327.175,75	5,1
432	Teilklimaanlagen	8.385,25 m² BGF	61,56	516.217,36	8,1
434	Kälteanlagen	8.385,25 m² BGF	85,78	719.325,82	11,2
440	**Elektrische Anlagen**	8.385,25 m² BGF	145,12	1.216.878,29	19,0
442	Eigenstromversorgungsanlagen	8.385,25 m² BGF	3,27	27.383,78	0,4
444	Niederspannungsinstallationsanlagen	8.385,25 m² BGF	78,53	658.531,42	10,3
445	Beleuchtungsanlagen	8.385,25 m² BGF	58,35	489.320,19	7,6
446	Blitzschutz- und Erdungsanlagen	8.385,25 m² BGF	4,97	41.642,90	0,7
450	**Kommunikationstechnische Anlagen**	8.385,25 m² BGF	58,09	487.085,43	7,6
452	Such- und Signalanlagen	8.385,25 m² BGF	1,95	16.378,92	0,3
456	Gefahrenmelde- und Alarmanlagen	8.385,25 m² BGF	15,02	125.926,22	2,0
457	Datenübertragungsnetze	8.385,25 m² BGF	41,12	344.780,28	5,4
460	**Förderanlagen**	8.385,25 m² BGF	29,63	248.449,60	3,9
461	Aufzugsanlagen	8.385,25 m² BGF	29,63	248.449,60	3,9
470	**Nutzungsspez. u. verfahrenstechn. Anl.**	8.385,25 m² BGF	2,66	22.290,82	0,3
474	Feuerlöschanlagen	8.385,25 m² BGF	2,66	22.290,82	0,3
480	**Gebäude- und Anlagenautomation**	8.385,25 m² BGF	122,24	1.024.985,02	16,0
481	Automationseinrichtungen	8.385,25 m² BGF	71,10	596.149,60	9,3
482	Schaltschränke, Automation	8.385,25 m² BGF	22,25	186.537,44	2,9
483	Automationsmanagement	8.385,25 m² BGF	5,63	47.192,86	0,7
484	Kabel, Leitungen und Verlegesysteme	8.385,25 m² BGF	20,60	172.774,10	2,7
485	Datenübertragungsnetze	8.385,25 m² BGF	2,66	22.331,01	0,3
490	**Sonst. Maßnahmen für techn. Anlagen**	8.385,25 m² BGF	4,97	41.688,99	0,7
491	Baustelleneinrichtung	8.385,25 m² BGF	< 0,1	658,80	< 0,1
492	Gerüste	8.385,25 m² BGF	2,25	18.832,21	0,3
497	Zusätzliche Maßnahmen	8.385,25 m² BGF	2,65	22.198,01	0,3

© BKI Baukosteninformationszentrum   Kostenstand: 4.Quartal 2021, Bundesdurchschnitt, **inkl.** 19% MwSt.

1300-0271
Bürogebäude
(350 AP)
TG (45 STP)

Kostenkennwerte für Leistungsbereiche nach STLB (Kosten KG 400 nach DIN 276)

LB	Leistungsbereiche	Kosten €	€/m² BGF	€/m³ BRI	% an 400
040	Wärmeversorgungsanlagen - Betriebseinrichtungen	51.729	6,20	1,70	0,8
041	Wärmeversorgungsanlagen - Leitungen, Armaturen, Heizflächen	958.670	114,30	31,90	15,0
042	Gas- und Wasseranlagen - Leitungen, Armaturen	111.414	13,30	3,70	1,7
043	Druckrohrleitungen für Gas, Wasser und Abwasser	–	–	–	–
044	Abwasseranlagen - Leitungen, Abläufe, Armaturen	316.486	37,70	10,50	4,9
045	Gas-, Wasser- und Entwässerungsanlagen - Ausstattung, Elemente, Fertigbäder	84.947	10,10	2,80	1,3
046	Gas-, Wasser- und Entwässerungsanlagen - Betriebseinrichtungen	51.038	6,10	1,70	0,8
047	Dämm- und Brandschutzarbeiten an technischen Anlagen	403.708	48,10	13,40	6,3
049	Feuerlöschanlagen, Feuerlöschgeräte	21.653	2,60	0,72	0,3
050	Blitzschutz- / Erdungsanlagen, Überspannungsschutz	41.643	5,00	1,40	0,7
051	Kabelleitungstiefbauarbeiten	–	–	–	–
052	Mittelspannungsanlagen	–	–	–	–
053	Niederspannungsanlagen - Kabel/Leitungen, Verlegesysteme, Installationsgeräte	481.546	57,40	16,00	7,5
054	Niederspannungsanlagen - Verteilersysteme und Einbaugeräte	138.143	16,50	4,60	2,2
055	Sicherheits- und Ersatzstromversorgungsanlagen	27.384	3,30	0,91	0,4
057	Gebäudesystemtechnik	–	–	–	–
058	Leuchten und Lampen	489.320	58,40	16,30	7,6
059	Sicherheitsbeleuchtungsanlagen	–	–	–	–
060	Sprech-, Ruf-, Antennenempfangs-, Uhren- und elektroakustische Anlagen	15.125	1,80	0,50	0,2
061	Kommunikations- und Übertragungsnetze	321.748	38,40	10,70	5,0
062	Kommunikationsanlagen	–	–	–	–
063	Gefahrenmeldeanlagen	37.575	4,50	1,20	0,6
064	Zutrittskontroll-, Zeiterfassungssysteme	26.855	3,20	0,89	0,4
069	Aufzüge	246.047	29,30	8,20	3,8
070	Gebäudeautomation	1.017.753	121,40	33,80	15,9
075	Raumlufttechnische Anlagen	1.455.019	173,50	48,40	22,7
078	Kälteanlagen für raumlufttechnische Anlagen	–	–	–	–
	Gebäudetechnik	**6.297.803**	**751,10**	**209,40**	**98,4**
	Sonstige Leistungsbereiche	**100.315**	**12,00**	**3,30**	**1,6**

Objekte

1300-0279
Rathaus (85 AP)
Bürgersaal

Objektübersicht

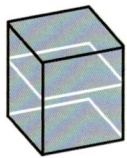 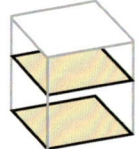 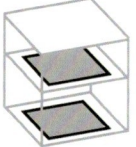 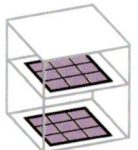

BRI 523 €/m³   **BGF** 2.304 €/m²   **NUF** 3.714 €/m²   **NE** 72.858 €/NE
NE: Arbeitsplatz

Objekt:
Kennwerte: 3. Ebene DIN 276
BRI: 11.851 m³
BGF: 2.688 m²
NUF: 1.668 m²
Bauzeit: 121 Wochen
Bauende: 2019
Standard: Durchschnitt
Bundesland: Nordrhein-Westfalen
Kreis: Oberbergischer Kreis

Architekt*in:
ARCHWERK
Generalplaner KG
Prinz-Regent-Straße 50-60
44795 Bochum

Bauherr*in:
Stadt Waldbröl
51545 Waldbröl

© Jens Kirchner

© Jens Kirchner

Zeichnungen

1300-0279
Rathaus (85 AP)
Bürgersaal

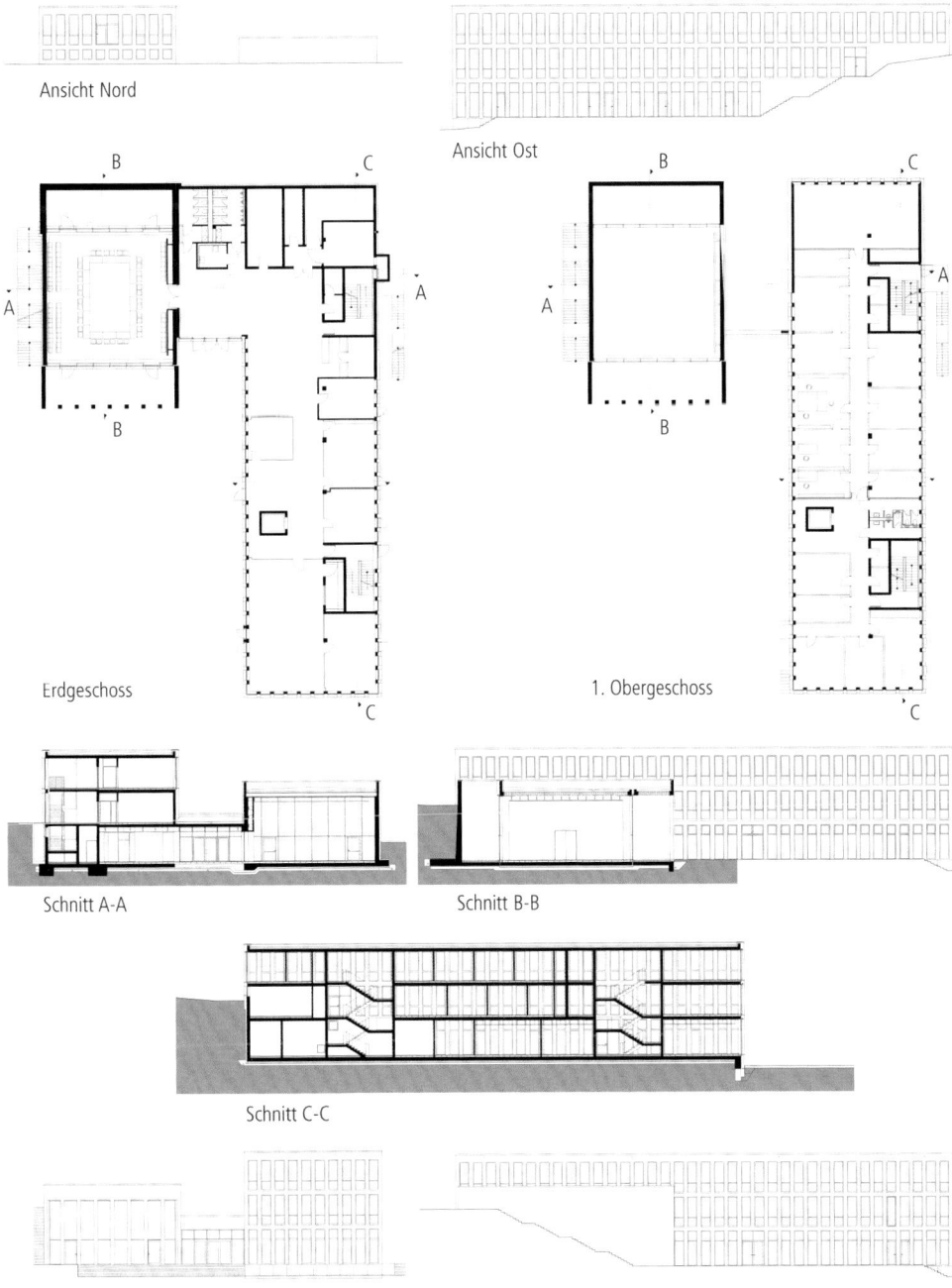

1300-0279 Rathaus (85 AP) Bürgersaal

Objektbeschreibung

Allgemeine Objektinformationen

Der Verwaltungsneubau dient als Erweiterung eines denkmalgeschützten Rathauses und bildet zusammen mit der ehemaligen Bürgermeistervilla ein Gebäudeensemble um einen neuen Platz. Das Bürogebäude bündelt dezentral gelegene administrative Einrichtungen. Der nördlich gelegene Gebäudeteil beherbergt einen multifunktionalen Bürgersaal, der auch dem Rat und seinen Gremien als Sitzungssaal dient. Das im östlichen Langhaus gelegene Bürgerzentrum bietet Fläche für Bürgerinformationen, Beratungsangebote, Ausstellungen, Café und Gastraum.

Nutzung

1 Erdgeschoss
Foyer, Bürgersaal, Begegnungsstätte, Café, Trauzimmer

2 Obergeschosse
Büroräume, Besprechungsräume

Nutzeinheiten

Arbeitsplätze: 85
Sitzplätze: 233

Grundstück

Bauraum: Freier Bauraum
Neigung: Hanglage
Bodenklasse: BK 1 bis BK 6

Markt

Hauptvergabezeit: 2.Quartal 2017
Baubeginn: 1.Quartal 2017
Bauende: 2.Quartal 2019
Konjunkturelle Gesamtlage: Durchschnitt
Regionaler Baumarkt: unter Durchschnitt

Baukonstruktion

Das Langhaus wurde als Stahlbeton-Skelettkonstruktion mit Flachdach, tragenden Stahlbetonkernen und Außenstützen realisiert. Der Bürgersaal erhielt Stahlbetonunterzüge auf tragenden Stahlbetonwänden, wobei der Saal stützenfrei ausgebildet ist. Die Lochfassaden wurden mit einem Wärmedämmverbundsystem bekleidet. Die Belichtung der Räume erfolgt über raumhohe Kunststofffenster. In den Saalbereichen wurden Pfosten-Riegel-Fassaden aus Alu eingebaut. Sämtliche Außentüren an den Haupteingängen sind als Alu-Rahmenelemente ausgeführt. Beide Gebäudeteile besitzen ein konventionelles Warmdach mit Kiesschüttung.

Technische Anlagen

Die Wärmeversorgung erfolgt über eine Kombination aus Gasbrennwertkesseln und einem **Blockheizkraftwerk**. Statische Heizflächen zur Gebäudebeheizung verteilen die Wärme auf die einzelnen Räume. An den Arbeitsplätzen erfolgt die **Be- und Entlüftung** als natürliche Fensterlüftung. Im Bürgersaal wurde eine mechanische **Be- und Entlüftungsanlage** mit einem hocheffizienten regenerativen Wärmetauscher zur **Wärmerückgewinnung** installiert. Für die WC-Bereiche wurde eine kleinere Lüftungsanlage zur Luftverbesserung eingebaut. Zur Abfuhr der entstehenden Wärmelasten in den Serverräumen dienen Umluft-Splitgeräte.
Be- und Entlüftete Fläche: 209,34m²
Teilklimatisierte Fläche: 48,28m²

Sonstiges

Die dazugehörende Außenanlage ist als eigenständiges Projekt mit der BKI-Objektnummer 1300-0280 dokumentiert.

1300-0279 Rathaus (85 AP) Bürgersaal

Planungskennwerte für Flächen und Rauminhalte nach DIN 277

Flächen des Grundstücks		Menge, Einheit	% an GF
BF	Bebaute Fläche	1.636,40 m²	17,7
UF	Unbebaute Fläche	7.623,60 m²	82,3
GF	Grundstücksfläche	9.260,00 m²	100,0

Grundflächen des Bauwerks		Menge, Einheit	% an NUF	% an BGF
NUF	Nutzungsfläche	1.667,58 m²	100,0	62,1
TF	Technikfläche	101,05 m²	6,1	3,8
VF	Verkehrsfläche	474,28 m²	28,4	17,7
NRF	Netto-Raumfläche	2.242,91 m²	134,5	83,5
KGF	Konstruktions-Grundfläche	444,73 m²	26,7	16,6
BGF	Brutto-Grundfläche	2.687,64 m²	161,2	100,0

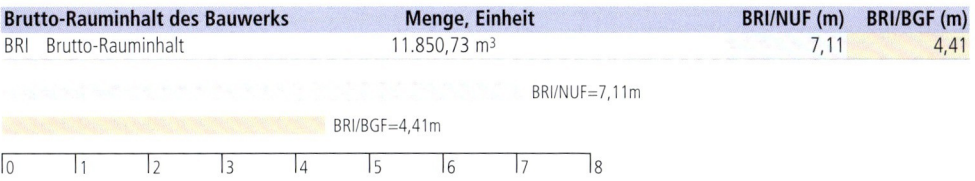

Brutto-Rauminhalt des Bauwerks		Menge, Einheit	BRI/NUF (m)	BRI/BGF (m)
BRI	Brutto-Rauminhalt	11.850,73 m³	7,11	4,41

Prozentualer Anteil der Kostengruppen der 2. Ebene an der Kostengruppe 400 nach DIN 276

KG	Kostengruppen (2. Ebene)
410	Abwasser-, Wasser-, Gasanlagen
420	Wärmeversorgungsanlagen
430	Raumlufttechnische Anlagen
440	Elektrische Anlagen
450	Kommunikationstechnische Anlagen
460	Förderanlagen
470	Nutzungsspez. und verfahrenstech. Anlagen
480	Gebäude- und Anlagenautomation
490	Sonstige Maßnahmen für technische Anlagen

Ranking der Kostengruppen der 3. Ebene an der Kostengruppe 400 nach DIN 276

KG	Kostengruppe (3. Ebene)	Kosten an KG 400 %	KG	Kostengruppe (3. Ebene)	Kosten an KG 400 %
431	Lüftungsanlagen	15,4	412	Wasseranlagen	4,5
423	Raumheizflächen	10,4	461	Aufzugsanlagen	3,9
445	Beleuchtungsanlagen	10,2	474	Feuerlöschanlagen	2,7
422	Wärmeverteilnetze	9,9	411	Abwasseranlagen	2,6
444	Niederspannungsinstallationsanlagen	8,7	482	Schaltschränke, Automation	2,3
457	Datenübertragungsnetze	6,6	446	Blitzschutz- und Erdungsanlagen	2,1
421	Wärmeerzeugungsanlagen	6,5	456	Gefahrenmelde- und Alarmanlagen	2,0
443	Niederspannungsschaltanlagen	6,1	483	Automationsmanagement	1,4

© BKI Baukosteninformationszentrum — Kostenstand: 4.Quartal 2021, Bundesdurchschnitt, inkl. 19% MwSt.

1300-0279
Rathaus (85 AP)
Bürgersaal

Kostenkennwerte für die Kostengruppen der 1. Ebene DIN 276

KG	Kostengruppen (1. Ebene)	Einheit	Kosten €	€/Einheit	€/m² BGF	€/m³ BRI	% 300+400
100		m² GF	–	–	–	–	–
200	Vorbereitende Maßnahmen	m² GF	22.598	2,44	8,41	1,91	0,4
300	Bauwerk – Baukonstruktionen	m² BGF	4.764.652	1.772,80	1.772,80	402,06	76,9
400	Bauwerk – Technische Anlagen	m² BGF	1.428.314	531,44	531,44	120,53	23,1
	Bauwerk 300+400	**m² BGF**	**6.192.966**	**2.304,24**	**2.304,24**	**522,58**	**100,0**
500	Außenanlagen und Freiflächen	m² AF	187.037	24,53	69,59	15,78	3,0
600	Ausstattung und Kunstwerke	m² BGF	7.333	2,73	2,73	0,62	0,1
700	Baunebenkosten	m² BGF	–	–	–	–	–
800	Finanzierung	m² BGF	–	–	–	–	–

KG	Kostengruppe	Menge Einheit	Kosten €	€/Einheit	%
200	**Vorbereitende Maßnahmen**	9.260,00 m² GF	22.598	**2,44**	0,4

Abbruch von Asphaltfläche, Oberboden abtragen, lagern, Grüngut entsorgen, Prüfung auf Schadstoffbelastung

KG	Kostengruppe	Menge Einheit	Kosten €	€/Einheit	%
3+4	**Bauwerk**				**100,0**
300	**Bauwerk – Baukonstruktionen**	2.687,64 m² BGF	4.764.652	**1.772,80**	76,9

Stb-Flachgründung; Zementestrich, Hohlboden, Bodenfliesen, Betonpflaster; Stb-Wände, Stb-Stützen, Kunststoff-Fensterelemente, Alu-Türelemente, Alu-Pfosten-Riegel-Fassaden, Glas-Fassadenelemente; KS-Mauerwerk, GK-Wände, Glas-Trennwände, Wandfliesen; Stb-Decken, Stb-Treppen, Nadelvlies, PVC-Belag, Akustikdecken, Geländer; Stb-Flachdach, Dachabdichtung, Dachentwässerung

KG	Kostengruppe	Menge Einheit	Kosten €	€/Einheit	%
400	**Bauwerk – Technische Anlagen**	2.687,64 m² BGF	1.428.314	**531,44**	23,1

Gebäudeentwässerung, Kalt- und Warmwasserleitungen, Sanitärobjekte; **Gas-Brennwertkessel**, **BHKW**, Heizungsrohre, Heizkörper, Bodenkonvektoren; **Lüftungsgeräte**, **Klimageräte**; Elektroinstallation, Beleuchtung, Erdung; **Brandmeldezentrale**, EDV-Verkabelung, Medien-Verkabelung; **Aufzugsanlage**; Feuerlöscheinrichtung; MSR-Technik

KG	Kostengruppe	Menge Einheit	Kosten €	€/Einheit	%
500	**Außenanlagen und Freiflächen**	7.623,60 m² AF	187.037	**24,53**	3,0

Bodenarbeiten; Gebäudeentwässerung, Mediumrohr für Heizungswasser, Außenbeleuchtung

KG	Kostengruppe	Menge Einheit	Kosten €	€/Einheit	%
600	**Ausstattung und Kunstwerke**	2.687,64 m² BGF	7.333	**2,73**	0,1

Sanitärausstattungen; Beschilderungen

Kostenkennwerte für die Kostengruppen 400 der 2. Ebene DIN 276

1300-0279
Rathaus (85 AP)
Bürgersaal

KG	Kostengruppe	Menge Einheit	Kosten €	€/Einheit	%
400	Bauwerk – Technische Anlagen				100,0
410	Abwasser-, Wasser-, Gasanlagen	2.687,64 m² BGF	112.889	42,00	7,9

PVC-KG-Rohre DN110-125 (121m), PP-Abwasserrohre DN50-100 (174m), Boden-/Dachabläufe (14St), Stahl-Fassadenrinne (11m) * Edelstahlrohre DN15-32 (328m), Hygienespülung (1St), Waschtische (9St), Tiefspül-WCs (15St), Urinale (6St), Ausgussbecken (3St), Durchlauferhitzer (11St) * Montageelemente (32St)

420	Wärmeversorgungsanlagen	2.687,64 m² BGF	400.568	149,04	28,0

Gasbrennwertkessel 50kW/70kW (2St), **Blockheizkraftwerk** 60kW (1St), Pufferspeicher 1.000l (2St), Neutralisationsanlage (1St), CU-Rohre D=28-42mm (20m), Kugelhähne (3St) * Edelstahlrohre, Rohrdämmung (1.619m), Druckausdehnungsgefäße (3St) * Kompaktheizkörper (86St), Bodenkanal-Konvektoren (62St) * Abgaskamine F90, Innendurchmesser 210mm (2St), **Abgasanlage** für Gasbrennwert-Kesselkaskade (1St), für **Blockheizkraftwerk** (1St)

430	Raumlufttechnische Anlagen	2.687,64 m² BGF	231.690	86,21	16,2

Zu-/Abluftgeräte, mit **Wärmerückgewinnung**, 5.000m³/h (1St), 1.350m³/h (1St), Schaltschrank (1St), Brandschutzklappen (22St), Schalldämpfer (14St), Lüftungsleitungen (263m²), Wickelfalzrohre DN100-200 (84m), Auslässe (25St), Tellerventile (11St) * **Split-Klimageräte** (2St), CU-Rohre (20m)

440	Elektrische Anlagen	2.687,64 m² BGF	389.056	144,76	27,2

Mantelleitungen (1.129m), Zählerschränke (2St), Unterverteiler (10St), Schutzschalter (100St) * Mantelleitungen (7.954m), Gummischlauchleitungen (4.670m), Bodentanks (82St), Steckdosen (1.140St), Schalter, Taster (19St), Jalousieschalter (46St), Präsenzmelder (33St) * LED-Einbauspots (100St), Wand-/Flurleuchten (72St), LFD-Stehleuchten (48St), LED-Feuchtraumleuchten (41St), LED-Leuchten (53St), LED-Downlights (17St), **LED-Lichtbänder** (46m) * Ring-Fundamenterder (712m)

450	Kommunikationstechnische Anlagen	2.687,64 m² BGF	125.305	46,62	8,8

Ruf-Kompaktset (1St) * Koaxialkabel (396m), Antennen-/Sat-Dosen (26St) * **Brandmeldezentrale** (1St), Multisensormelder (49St), Fernmeldeleitungen (274m) * Datenkabel (14.245m), Außenkabel (3.369m), Fernmeldeleitungen (1.821m), Verteiler-/Datenschränke (3St), Patchpanels Cat6 (20St), Patchkabel Cat7 (310St), Datendosen Cat6 (260St)

460	Förderanlagen	2.687,64 m² BGF	55.983	20,83	3,9

Personenaufzug, drei Haltestellen, Förderhöhe 7,50m (1St)

470	Nutzungsspez. u. verfahrenstechnische Anlagen	2.687,64 m² BGF	38.394	14,29	2,7

PE-Druckrohre, D=35-110mm (84m), Löschwasser-Einspeiseschrank (1St), Löscheinrichtungen (3St)

480	Gebäude- und Anlagenautomation	2.687,64 m² BGF	69.751	25,95	4,9

Schaltschränke (3St), Mantelleitungen (101m), Fernmeldeleitungen (125m), Trafos (8St), Schutzschalter (8St) * Funk-Raumbediengeräte (8St), Tableau (1St), Regelgerät (1St) * Fernmeldeleitungen (1.575m), Mantelleitungen (420m), Luftmengenmessungen (28St)

490	Sonstige Maßnahmen für technische Anlagen	2.687,64 m² BGF	4.678	1,74	0,3

Baustelleneinrichtung (1St) * Rollgerüste (2St)

1300-0279
Rathaus (85 AP)
Bürgersaal

Kostenkennwerte für die Kostengruppe 400 der 2. und 3. Ebene DIN 276 (Übersicht)

KG	Kostengruppe	Menge Einheit	Kosten €	€/Einheit	%
410	**Abwasser-, Wasser-, Gasanlagen**	**2.687,64 m² BGF**	**42,00**	**112.888,95**	**7,9**
411	Abwasseranlagen	2.687,64 m² BGF	13,69	36.802,96	2,6
412	Wasseranlagen	2.687,64 m² BGF	24,11	64.798,70	4,5
419	Sonstiges zur KG 410	2.687,64 m² BGF	4,20	11.287,31	0,8
420	**Wärmeversorgungsanlagen**	**2.687,64 m² BGF**	**149,04**	**400.567,72**	**28,0**
421	Wärmeerzeugungsanlagen	2.687,64 m² BGF	34,75	93.404,62	6,5
422	Wärmeverteilnetze	2.687,64 m² BGF	52,41	140.863,90	9,9
423	Raumheizflächen	2.687,64 m² BGF	55,15	148.232,12	10,4
429	Sonstiges zur KG 420	2.687,64 m² BGF	6,72	18.067,09	1,3
430	**Raumlufttechnische Anlagen**	**2.687,64 m² BGF**	**86,21**	**231.689,73**	**16,2**
431	Lüftungsanlagen	2.687,64 m² BGF	81,79	219.821,81	15,4
434	Kälteanlagen	2.687,64 m² BGF	4,42	11.867,92	0,8
440	**Elektrische Anlagen**	**2.687,64 m² BGF**	**144,76**	**389.056,07**	**27,2**
443	Niederspannungsschaltanlagen	2.687,64 m² BGF	32,65	87.747,14	6,1
444	Niederspannungsinstallationsanlagen	2.687,64 m² BGF	46,36	124.598,13	8,7
445	Beleuchtungsanlagen	2.687,64 m² BGF	54,38	146.141,77	10,2
446	Blitzschutz- und Erdungsanlagen	2.687,64 m² BGF	11,37	30.569,03	2,1
450	**Kommunikationstechnische Anlagen**	**2.687,64 m² BGF**	**46,62**	**125.305,14**	**8,8**
452	Such- und Signalanlagen	2.687,64 m² BGF	0,26	700,26	< 0,1
455	Audiovisuelle Medien- u. Antennenanl.	2.687,64 m² BGF	0,64	1.726,04	0,1
456	Gefahrenmelde- und Alarmanlagen	2.687,64 m² BGF	10,49	28.205,06	2,0
457	Datenübertragungsnetze	2.687,64 m² BGF	35,23	94.673,81	6,6
460	**Förderanlagen**	**2.687,64 m² BGF**	**20,83**	**55.982,73**	**3,9**
461	Aufzugsanlagen	2.687,64 m² BGF	20,83	55.982,73	3,9
470	**Nutzungsspez. u. verfahrenstechn. Anl.**	**2.687,64 m² BGF**	**14,29**	**38.393,90**	**2,7**
474	Feuerlöschanlagen	2.687,64 m² BGF	14,29	38.393,90	2,7
480	**Gebäude- und Anlagenautomation**	**2.687,64 m² BGF**	**25,95**	**69.751,32**	**4,9**
482	Schaltschränke, Automation	2.687,64 m² BGF	11,99	32.213,41	2,3
483	Automationsmanagement	2.687,64 m² BGF	7,42	19.942,73	1,4
484	Kabel, Leitungen und Verlegesysteme	2.687,64 m² BGF	6,55	17.595,18	1,2
490	**Sonst. Maßnahmen für techn. Anlagen**	**2.687,64 m² BGF**	**1,74**	**4.678,45**	**0,3**
491	Baustelleneinrichtung	2.687,64 m² BGF	1,14	3.069,41	0,2
492	Gerüste	2.687,64 m² BGF	0,60	1.609,04	0,1

Kostenkennwerte für Leistungsbereiche nach STLB (Kosten KG 400 nach DIN 276)

1300-0279
Rathaus (85 AP)
Bürgersaal

LB	Leistungsbereiche	Kosten €	€/m² BGF	€/m³ BRI	% an 400
040	Wärmeversorgungsanlagen - Betriebseinrichtungen	105.198	39,10	8,90	7,4
041	Wärmeversorgungsanlagen - Leitungen, Armaturen, Heizflächen	272.508	101,40	23,00	19,1
042	Gas- und Wasseranlagen - Leitungen, Armaturen	37.180	13,80	3,10	2,6
043	Druckrohrleitungen für Gas, Wasser und Abwasser	–	–	–	–
044	Abwasseranlagen - Leitungen, Abläufe, Armaturen	27.124	10,10	2,30	1,9
045	Gas-, Wasser- und Entwässerungsanlagen - Ausstattung, Elemente, Fertigbäder	35.126	13,10	3,00	2,5
046	Gas-, Wasser- und Entwässerungsanlagen - Betriebseinrichtungen	432	0,16	< 0,1	–
047	Dämm- und Brandschutzarbeiten an technischen Anlagen	57.793	21,50	4,90	4,0
049	Feuerlöschanlagen, Feuerlöschgeräte	36.943	13,70	3,10	2,6
050	Blitzschutz- / Erdungsanlagen, Überspannungsschutz	30.569	11,40	2,60	2,1
051	Kabelleitungstiefbauarbeiten	–	–	–	–
052	Mittelspannungsanlagen	–	–	–	–
053	Niederspannungsanlagen - Kabel/Leitungen, Verlegesysteme, Installationsgeräte	155.555	57,90	13,10	10,9
054	Niederspannungsanlagen - Verteilersysteme und Einbaugeräte	67.499	25,10	5,70	4,7
055	Sicherheits- und Ersatzstromversorgungsanlagen	–	–	–	–
057	Gebäudesystemtechnik	–	–	–	–
058	Leuchten und Lampen	130.265	48,50	11,00	9,1
059	Sicherheitsbeleuchtungsanlagen	15.877	5,90	1,30	1,1
060	Sprech-, Ruf-, Antennenempfangs-, Uhren- und elektroakustische Anlagen	2.426	0,90	0,20	0,2
061	Kommunikations- und Übertragungsnetze	94.674	35,20	8,00	6,6
062	Kommunikationsanlagen	–	–	–	–
063	Gefahrenmeldeanlagen	28.205	10,50	2,40	2,0
064	Zutrittskontroll-, Zeiterfassungssysteme	–	–	–	–
069	Aufzüge	55.983	20,80	4,70	3,9
070	Gebäudeautomation	55.621	20,70	4,70	3,9
075	Raumlufttechnische Anlagen	208.491	77,60	17,60	14,6
078	Kälteanlagen für raumlufttechnische Anlagen	–	–	–	–
	Gebäudetechnik	**1.417.470**	**527,40**	**119,60**	**99,2**
	Sonstige Leistungsbereiche	**10.844**	**4,00**	**0,92**	**0,8**

Schulen und Kindergärten

4

- **4100 Allgemeinbildende Schulen**
- 4200 Berufliche Schulen
- 4300 Sonderschulen
- **4400 Kindertagesstätten**
- 4500 Weiterbildungseinrichtungen

4100-0161
Real- und Grundschule
(13 Klassen)
(300 Schüler)
Passivhaus

Erweiterung

Objektübersicht

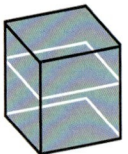 **BRI** 450 €/m³

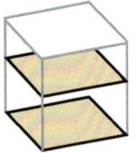 **BGF** 1.537 €/m²

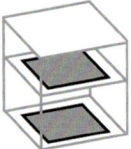 **NUF** 2.659 €/m²

 **NE** 18.540 €/NE
NE: Schüler

Objekt:
Kennwerte: 3. Ebene DIN 276
BRI: 12.357 m³
BGF: 3.618 m²
NUF: 2.092 m²
Bauzeit: 69 Wochen
Bauende: 2011
Standard: Durchschnitt
Bundesland: Mecklenburg-Vorpommern
Kreis: Ludwigslust-Parchim

Architekt*in:
Andreas Rossmann
Freier Architekt BDA
Großer Moor 38
19055 Schwerin

Bauherr*in:
Stadt Lübtheen
Salzstraße 17
19249 Lübtheen

vorher

nachher

© BKI Baukosteninformationszentrum Kostenstand: 4.Quartal 2021, Bundesdurchschnitt, **inkl. 19% MwSt.**

Zeichnungen

4100-0161
Real- und
Grundschule
(13 Klassen)
(300 Schüler)
Passivhaus

Erweiterung

Ansicht Nord-Ost   Ansicht Nord-West

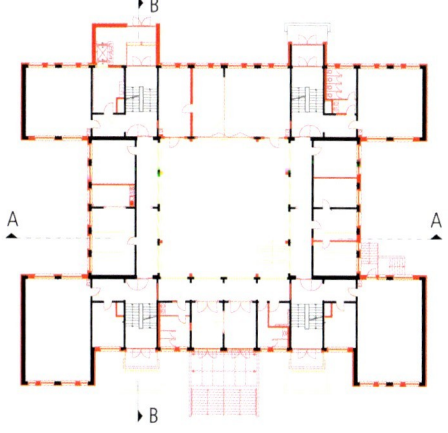

Erdgeschoss

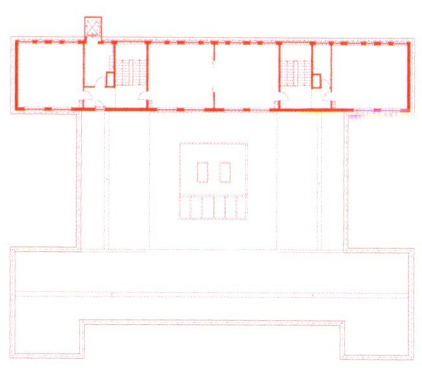

Staffelgeschoss

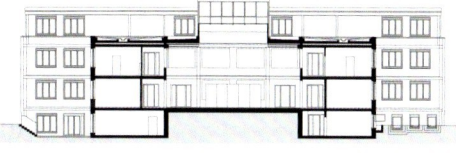

Schnitt A-A durch Innenhof

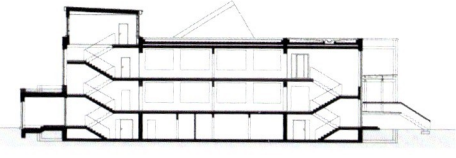

Schnitt B-B durch Gebäudeflügel

Ansicht Süd-West

Ansicht Süd-Ost

© **BKI** Baukosteninformationszentrum   Kostenstand: 4.Quartal 2021, Bundesdurchschnitt, **inkl. 19% MwSt.**

4100-0161
Real- und Grundschule
(13 Klassen)
(300 Schüler)
Passivhaus

Erweiterung

Objektbeschreibung

Allgemeine Objektinformationen

Um die bestehende Schule mit zwei getrennten Standorten in einem Gebäude zusammenzuführen, wurden durch eine Aufstockung mit einem Staffelgeschoss zusätzliche Nutzflächen geschaffen. Durch die Überdachung des Innenhofs entstand eine großzügige zweigeschossige Aula. Das Bestandsgebäude wurde modernisiert und instand gesetzt, die H-förmige Grundrissstruktur komplett überarbeitet. Anstelle der früheren vier gleichrangigen Eingänge in das Gebäude gibt es einen neuen Haupteingang. Auf der Hofseite wurde ein **Aufzug** an das Gebäude angebaut, der alle Geschosse **barrierefrei** erschließt.

Nutzung

1 Untergeschoss
Speisesaal, Keramikwerkstatt, Lehrküche, Ausgabeküche, Essenannahme, Hausmeister, Garderoben, Lagerräume, Projekträume, Sanitärräume

1 Erdgeschoss
Pausenhalle, Klassenräume (2St), Fachräume (3St), Nebenräume, Lehrerzimmer, Besprechungsraum, Arztzimmer, Schulleitung, Sektretiat, Garderobe, Sanitärräume, Windfänge

1 Obergeschoss
Klassenräume (3St), Fachräume (3St), Nebenräume, Gruppenraum, Sozialarbeit, Schülerbücherei, Sanitärräume

1 Dachgeschoss
Klassenräume (4St), Nebenraum, Garderobe

Nutzeinheiten

Klassen: 13
Schüler: 300

Grundstück

Bauraum: Freier Bauraum
Neigung: Ebenes Gelände
Bodenklasse: BK 3 bis BK 4

Markt

Hauptvergabezeit: 4.Quartal 2009
Baubeginn: 1.Quartal 2010
Bauende: 2.Quartal 2011
Konjunkturelle Gesamtlage: Durchschnitt
Regionaler Baumarkt: Durchschnitt

Baubestand

Baujahr: 1984
Bauzustand: schlecht
Aufwand: hoch
Grundrissänderungen: umfangreiche
Tragwerkseingriffe: umfangreiche
Nutzungsänderung: nein
Nutzung während der Bauzeit: nein

Baukonstruktion

Das in Querwandbauweise als Plattenbau errichtete Schulgebäude aus dem Jahr 1984 erforderte besondere Maßnahmen zur Abfangung während der Bauzeit. Durch den Abbruch tragender Wände und das Hinzufügen neuer Wände wurde die Grundrissstruktur dem Raumbedarf angepasst. Die Fensteröffnungen der Klassenräume wurden verkleinert und erhielten neue Fenster mit Isolierverglasung, die auf den Hauptsonnenseiten durch Markisen verschattet werden. An die Außenwände wurde ein Wärmedämmverbundsystem angebracht. Ein Dach aus Trapezblech überspannt den ehemaligen Innenhof, das Atrium wird über ein Oberlicht erhellt. Die Aufstockung wurde in Holzrahmenbauweise erstellt. Die Dachbeläge wurden rückgebaut und durch Dämmung und Abdichtung ersetzt.

Technische Anlagen

Der geringe Heizwärmebedarf des sanierten Schulgebäudes wird über zwei **Wärmepumpen** aus 18 **Erdwärmesonden** gedeckt. Fußboden- und Deckenheizflächen temperieren die Räume. Das Gebäude ist mit zwei getrennten **Lüftungsanlagen** mit **Wärmerückgewinnung** ausgestattet, die im Sommer eine erhöhte **Nachtlüftung** unterstützen. Die Dachfläche der Schule wurde an einen Investor für die Errichtung einer **Photovoltaikanlage** verpachtet, die über das Jahr gesehen mindestens so viel Strom erzeugen kann, wie für Beheizung und Belüftung der Schule erforderlich ist.
Be- und Entlüftete Fläche: 2.945,73m²

Sonstiges

Durch den Einsatz von zertifiziertem Strom gilt das Gebäude als CO_2-neutral.

Energetische Kennwerte

EnEV Fassung: 2007
Gebäudevolumen: 12.187,80 m³
Gebäudenutzfläche (EnEV): 2.345,20 m²
Hüllfläche des beheizten Volumens: 4.912,38 m²
A/Ve-Verhältnis (Kompaktheit): 0,40 m^{-1}
Spez. Jahresprimärenergiebedarf: 12,58 kWh/(m²·a)
Spez. Transmissionswärmeverlust: 0,26 W/(m²·K)
Anlagen-Aufwandszahl: 0,75

4100-0161
Real- und Grundschule
(13 Klassen)
(300 Schüler)
Passivhaus

Erweiterung

4100-0161
Real- und Grundschule
(13 Klassen)
(300 Schüler)
Passivhaus

Erweiterung

Planungskennwerte für Flächen und Rauminhalte nach DIN 277

Flächen des Grundstücks		Menge, Einheit	% an GF
BF	Bebaute Fläche	2.125,00 m²	16,9
UF	Unbebaute Fläche	10.460,00 m²	83,1
GF	Grundstücksfläche	12.585,00 m²	100,0

Grundflächen des Bauwerks		Menge, Einheit	% an NUF	% an BGF
NUF	Nutzungsfläche	2.091,99 m²	100,0	57,8
TF	Technikfläche	139,31 m²	6,7	3,9
VF	Verkehrsfläche	853,74 m²	40,8	23,6
NRF	Netto-Raumfläche	3.085,04 m²	147,5	85,3
KGF	Konstruktions-Grundfläche	532,72 m²	25,5	14,7
BGF	Brutto-Grundfläche	3.617,76 m²	172,9	100,0

Brutto-Rauminhalt des Bauwerks		Menge, Einheit	BRI/NUF (m)	BRI/BGF (m)
BRI	Brutto-Rauminhalt	12.356,52 m³	5,91	3,42

Prozentualer Anteil der Kostengruppen der 2. Ebene an der Kostengruppe 400 nach DIN 276

KG	Kostengruppen (2. Ebene)
410	Abwasser-, Wasser-, Gasanlagen
420	Wärmeversorgungsanlagen
430	Raumlufttechnische Anlagen
440	Elektrische Anlagen
450	Kommunikationstechnische Anlagen
460	Förderanlagen
470	Nutzungsspez. und verfahrenstech. Anlagen
480	Gebäude- und Anlagenautomation
490	Sonstige Maßnahmen für technische Anlagen

Ranking der Kostengruppen der 3. Ebene an der Kostengruppe 400 nach DIN 276

KG	Kostengruppe (3. Ebene)	Kosten an KG 400 %	KG	Kostengruppe (3. Ebene)	Kosten an KG 400 %
431	Lüftungsanlagen	16,6	421	Wärmeerzeugungsanlagen	4,3
422	Wärmeverteilnetze	9,8	412	Wasseranlagen	4,0
423	Raumheizflächen	9,4	461	Aufzugsanlagen	3,4
445	Beleuchtungsanlagen	9,3	411	Abwasseranlagen	2,8
444	Niederspannungsinstallationsanlagen	8,9	442	Eigenstromversorgungsanlagen	2,8
481	Automationseinrichtungen	6,9	454	Elektroakustische Anlagen	1,6
456	Gefahrenmelde- und Alarmanlagen	6,7	471	Küchentechnische Anlagen	1,4
457	Datenübertragungsnetze	4,5	443	Niederspannungsschaltanlagen	1,3

Kostenstand: 4.Quartal 2021, Bundesdurchschnitt, inkl. 19% MwSt.

Kostenkennwerte für die Kostengruppen der 1. Ebene DIN 276

KG	Kostengruppen (1. Ebene)	Einheit	Kosten €	€/Einheit	€/m² BGF	€/m³ BRI	% 300+400
100		m² GF	–	–	–	–	–
200	Vorbereitende Maßnahmen	m² GF	–	–	–	–	–
300	Bauwerk – Baukonstruktionen	m² BGF	3.372.040	932,08	932,08	272,90	60,6
400	Bauwerk – Technische Anlagen	m² BGF	2.189.974	605,34	605,34	177,23	39,4
	Bauwerk 300+400	**m² BGF**	**5.562.013**	**1.537,42**	**1.537,42**	**450,13**	**100,0**
500	Außenanlagen und Freiflächen	m² AF	628.440	108,73	173,71	50,86	11,3
600	Ausstattung und Kunstwerke	m² BGF	80.896	22,36	22,36	6,55	1,5
700	Baunebenkosten	m² BGF	–	–	–	–	–
800	Finanzierung	m² BGF	–	–	–	–	–

4100-0161
Real- und Grundschule
(13 Klassen)
(300 Schüler)
Passivhaus

Erweiterung

KG	Kostengruppe	Menge Einheit	Kosten €	€/Einheit	%
3+4	**Bauwerk**				100,0
300	**Bauwerk – Baukonstruktionen**	3.617,76 m² BGF	3.372.040	932,08	60,6

- Abbrechen (Kosten: 11,6%) — 392.356
  Abbruch von Stb-Bodenplatten, Dämmung, Estrich, Belägen; Brüstungen, Wandpfeilern, Stb-Wänden, WDVS, Kunststofffenstern, Metalltüren, Windfang, Eingangspodesten/-treppen; Stb-Wänden, GK-Wänden, Innentüren, Tapete, Beschichtung, Wandfliesen, GK-Vorwänden, Beschichtung, WC-Trennwänden; Bodenbeschichtung, PVC, Linoleum, Teppichboden, Bodenfliesen, Korkbekleidung; Flachdachabdichtung, Dachschalen; Entsorgung, Deponiegebühren

- Wiederherstellen (Kosten: 2,7%) — 92.128
  Risse im Estrich ausbessern; Dämmung, Bitumenabdichtung erneuern, Schadstellen an Wandflächen ausbessern; Terrazzo aufarbeiten, Geländer aufarbeiten

- Herstellen (Kosten: 85,6%) — 2.887.555
  Stb-Fundamente, Betonbodenplatten, Estrich, Linoleum, Bodenfliesen, Bodenbeschichtung; Stb-Wände, KS-Mauerwerk, Holzrahmenwände, Stb-Brüstungen, Kunststofffenster, Alu-Türelemente, Alu-Pfosten-Riegel-Fassaden, Perimeterdämmung, WDVS, GK-Bekleidung, Tapete, Beschichtung, Sonnen-/Lichtschutz, Vordächer; KS-Mauerwerk, Porenbeton-Mauerwerk, Stahlrahmen, Stb-Stützen, Stahlstützen, Innentüren, GK-Bekleidung, Akustikbekleidung, Putz, Wandfliesen, mobile Trennwand, WC-Trennwände; Stb-Podeste, Stb-Treppen, Stahltreppe, Dämmung, Betonwerksteinplatten, abgehägte Decken, Akustik-Deckensegel; Holz-Pultdachkonstuktion, Stb-Flachdächer, Atrium: Stahl-Dachträger, Trapezblech, Schalung, Eingangsüberdachung: Stahlkonstruktion mit Verglasung, Alu-Lichtdach, Dämmung, Abdichtung, Dachentwässerung; Einbaumöbel

4100-0161
Real- und Grundschule
(13 Klassen)
(300 Schüler)
Passivhaus

Erweiterung

KG	Kostengruppe	Menge Einheit	Kosten €	€/Einheit	%
400	Bauwerk – Technische Anlagen	3.617,76 m² BGF	2.189.974	**605,34**	39,4

- Abbrechen (Kosten: 2,1%)   45.405
  Abbruch von Abwasserrohren, Bodenabläufen, Trinkwasserleitungen, Sanitärobjekten, Trinkwasserhausanschluss, Gasanschluss; Heizungsrohren, Armaturen, Verteilern, Heizkörpern; Klimatruhen; Elektroinstallation, Beleuchtung, **Blitzschutz**; Entsorgung, Deponiegebühren

- Wiederherstellen (Kosten: 0,7%)   15.829
  Vorhandene Kabelbündel lösen, neu bündeln, mit Kabelbandagen einhausen

- Herstellen (Kosten: 97,2%)   2.128.739
  Gebäudeentwässerung, Kalt- und Warmwasserleitungen; Sanitärobjekte; **Sole-Wasser-Wärmepumpe**, **Sole-Erdwärmepumpe**, Heizungsrohre, Deckenheizung, Fußbodenheizung; **Zu- und Abluftanlage**, **Aufzugsschachtentrauchung**; Photovoltaikanlage, Notstromversorgung, NSHV, Elektroinstallation, Beleuchtung, **Blitzschutz**; Telefon-, Ruf-, Sprechanlagen, Uhr, ELA-Anlage mit Alarmierung, Einbruchmelde-, **Brandmelde-**, Zutrittskontroll-, EDV-Anlagen; Lehrküche, Ausgabeküche, Fachklassenabluft; **Gebäudeautomation**

500	Außenanlagen und Freiflächen	5.780,00 m² AF	628.440	**108,73**	11,3

- Abbrechen (Kosten: 2,1%)   13.402
  Abbruch von Betonplatten, Betonbordsteinen; Betontreppe; Abwasserrohren, Kontrollschächten, Mastleuchten; Entsorgung, Deponiegebühren

- Wiederherstellen (Kosten: 0,5%)   3.105
  Trinkwasserleitung und Hausanschluss verlegen, Schaltschrank reparieren

- Herstellen (Kosten: 97,4%)   611.933
  Bodenarbeiten; Frostschutzschichten, Schottertragschicht, Betonpflaster, wassergebundene Decke, Sportrasen, Sand; Ballfangzäune, Stb-Winkelstützwände, Betonblockstufen, Handläufe; Abwasserhebeanlage, Oberflächenentwässerung, Kontrollschächte, Trinkwasserleitung, **Erdwärmesonden**, Zu- und Ablufttürme, Außenbeleuchtung

600	Ausstattung und Kunstwerke	3.617,76 m² BGF	80.896	**22,36**	1,5

- Herstellen (Kosten: 100,0%)   80.896
  Sanitärausstattung, Möblierung, Schilder, Logo

Kostenkennwerte für die Kostengruppen 400 der 2. Ebene DIN 276

KG	Kostengruppe	Menge Einheit	Kosten €	€/Einheit	%
400	**Bauwerk – Technische Anlagen**				100,0
410	**Abwasser-, Wasser-, Gasanlagen**	3.617,76 m² BGF	168.053	**46,45**	7,7

- Abbrechen (Kosten: 11,7%) — 3.617,76 m² BGF — 19.692 — **5,44**
  Abbruch von Abwasserrohren (560m), Bodenabläufen (7St) * Metallrohren (940m), Sanitärobjekten (83St), Trinkwasserhausanschluss (1St) * Gasanschluss (1St); Entsorgung, Deponiegebühren

- Herstellen (Kosten: 88,3%) — 3.617,76 m² BGF — 148.361 — **41,01**
  KG-Rohre DN100-150 (37m), PP-Rohre DN50-110 (394m), HT-Rohre DN40-50 (32m), Hebeanlagen (7St), Druckrohre DN40 (42m), Entwässerungsrinne (7m), Bodenablauf (1St) * Mehrschichtverbundrohre DN16-63 (523m), Waschtische (31St), Tiefspül-WCs (18St), Stützgriffe (2St), Urinale (7St), Ausgussanlagen (4St), Schulwaschtische (3St), Werkraumbecken (1St), Warmwasserspeicher (6St), Durchlauferhitzer (3St), Außenzapfstellen (3St) * Kupferrohre DN18-22 (110m), Gassteckdose (1St) * Montageelemente (25St)

KG	Kostengruppe	Menge Einheit	Kosten €	€/Einheit	%
420	**Wärmeversorgungsanlagen**	3.617,76 m² BGF	514.888	**142,32**	23,5

- Abbrechen (Kosten: 2,6%) — 3.617,76 m² BGF — 13.200 — **3,65**
  Abbruch von Metallrohren, Armaturen (940m), Verteilern (2St) * Plattenheizkörpern (208St); Entsorgung, Deponiegebühren

- Herstellen (Kosten: 97,4%) — 3.617,76 m² BGF — 501.688 — **138,67**
  Sole-Wasser-Wärmepumpe 39,9kW (1St), **Sole-Erdwärmepumpe** 28,8kW (1St), Heizungsregler (2St), Anlaufstrombegrenzer (2St), Pufferspeicher 1.000l (2St), Frostschutzmittel (1.075kg) * Stahlrohre DN15-54 (1.856m), Siederohre DN32-100 (137m), Gewinderohre (44m), Umwälzpumpen (10St), Ventile (112St), Druckausdehnungsgefäße (5St), Luftgefäße DN100 (56St), Heizkreisverteiler (1St), für Fußbodenheizkreise (15St), Stellantriebe (127St) * Deckenheizung, Verlegeplatten (1.392m²), Mehrschichtverbundrohre (5.321m), Wärmeleitlamellen (5.994St), Fußbodenheizung, Trägerelemente (2.096m²), Mehrschichtverbundrohre (9.430m)

KG	Kostengruppe	Menge Einheit	Kosten €	€/Einheit	%
430	**Raumlufttechnische Anlagen**	3.617,76 m² BGF	363.110	**100,37**	16,6

- Abbrechen (Kosten: 0,0%) — 3.617,76 m² BGF — 78 — **< 0,1**
  Abbruch von Klimatruhen (2St); Entsorgung, Deponiegebühren

- Herstellen (Kosten: 100,0%) — 3.617,76 m² BGF — 363.032 — **100,35**
  Zu- und Abluftanlage 6.500m³/h, mit **WRG** (1St), 4.300m³/h (1St), Wickelfalzrohre DN100-315 (578m), GFK-Rohre DN370-400 b(23m), Rechteckkanäle (666m²), Volumenstromregler (115St), Luftauslässe (22St), Zu-/Abluftgitter (96St), Schalldämpfer (127St), Brandschutzklappen (86St), Drosselklappen (64St), **Aufzugsschachtentrauchung** (1St)

4100-0161
Real- und Grundschule (13 Klassen) (300 Schüler) Passivhaus

Erweiterung

4100-0161
Real- und Grundschule
(13 Klassen)
(300 Schüler)
Passivhaus

Erweiterung

KG	Kostengruppe	Menge	Einheit	Kosten €	€/Einheit	%
440	**Elektrische Anlagen**	3.617,76	m² BGF	506.068	**139,88**	23,1
	• Abbrechen (Kosten: 2,5%)	3.617,76	m² BGF	12.435	**3,44**	
	Abbruch von Installationsgeräten (838St), Leuchtstofflampen (726St), Anschlussleitungen (psch), Wandverteilern (12St), Installationskabeln (375m) * Blitzableitern (106m); Entsorgung, Deponiegebühren					
	• Wiederherstellen (Kosten: 3,1%)	3.617,76	m² BGF	15.829	**4,38**	
	Vorhandene Kabelbündel lösen, neu bündeln, mit Kabelbandagen einhausen (1123m)					
	• Herstellen (Kosten: 94,4%)	3.617,76	m² BGF	477.804	**132,07**	
	Photovoltaikmodule (20m²), Wechselrichter (1St), Solarleitungen (900m), **Zentralbatteriesystem** (1St), Dreiphasenüberwachungen (8St), Notstromversorgung (1St) * Niederspannungshauptverteilung: Standverteiler (2St) * Unterverteiler (9St), Kabel NYM-J (13.378m), J-Y(ST)Y (526m), NHXH-I E30 (403m), H05VV5-F (140m), NYCWY (57m), Schalter (580St), Taster (30St), Steckdosen (561St), Steckdosenkombinationen (23St), CEE-Steckdosen (3St), Bodentanks (7St), Geräteanschlussdosen (14St), Präsenzmelder (104St) * Spiegelreflektorleuchten (354St), Anbauleuchten (209St), **Lichtbänder** (2St), LED-Sicherheitsleuchten (113St), Außen-Sicherheitsleuchten (2St) * Fundamenterder (234m), Fangleitungen (302m), Ableitungen (256m), Fangstangen (23St), Erdeinführungsstangen (20St), Potenzialausgleichsschiene (1St)					
450	**Kommunikationstechnische Anlagen**	3.617,76	m² BGF	290.067	**80,18**	13,2
	• Herstellen (Kosten: 100,0%)	3.617,76	m² BGF	290.067	**80,18**	
	Telefonanlage umsetzen (1St), Kabel J-Y(ST)Y (135m), Backbones (2St) * Rufanlage für WC (1St), Erweiterungen der Telefonanlage mit Türstationen (2St) * Funkuhr (1St) * ELA-Verteilerschrank (1St), Notfallwarnsystem (1St), Hauptuhr (1St), Funkempfänger (1St), Tuner (1St), Verstärker (2St), Mischpult (1St), Tischsprechstellen (2St), Funkmikrofon (1St), Lautsprecher (105St), Kabel J-Y(ST)Y (2.477m), Lautsprecherdosen (10St) * **Einbruchmeldeanlage**: Zentrale (1St), Bedienteile (2St), Code-/ID-Schalteinrichtungen (2St), Bewegungsmelder (38St), Alarmgeber (2St), **Brandmeldeanlage**: Zentrale (1St), Bedienfelder (2St), Feuerwehrzentrale (1St), Sensormelder (126St), Handfeuermelder (49St), Blitzleuchte (1St), Sirenen (53St), **RWA-Zentrale** (1St), Kabel J-Y(ST)Y (3.559m), JE-H(ST)H (312m), E30 (570m), Zutrittskontrollanlage: RFID-Drückergarnituren (6St), Transponder-Schlüsselanhänger (20St), Generalhauptschlüssel (13St), Gruppenschlüssel (36St) * Datenschrank (1St), Patchfelder (3St), Konverter (2St), Datenkabel (3.424m), LWL-Kabel (121m), Datendosen (87St), WLAN-Access-Points (17St)					
460	**Förderanlagen**	3.617,76	m² BGF	73.966	**20,45**	3,4
	• Herstellen (Kosten: 100,0%)	3.617,76	m² BGF	73.966	**20,45**	
	Personenaufzug, Tragkraft 630kg, acht Personen, Förderhöhe 9,22m, fünf Haltestellen, zehn Zugänge (1St)					
470	**Nutzungsspez. u. verfahrenstechnische Anlagen**	3.617,76	m² BGF	53.809	**14,87**	2,5
	• Herstellen (Kosten: 100,0%)	3.617,76	m² BGF	53.809	**14,87**	
	Lehrküche: Einbauherde (4St), Dunstabzugshauben (4St), Geschirrspüler (1St), Kühlschrank (1St), Mikrowelle (1St), Spülen (2St), Abfallsammler (2St), Unterschränke (18St), Oberschränke (5St), Hochschränke (2St), Arbeitsplatten (3St), Lichtleisten (2St), Ausgabeküche: Geschirrspüler (1St), Kühlschrank (1St), Oberschränke (4St), Hochschränke (5St), Arbeitsplatte (1St), Wandboards (2St), Warmtisch (1St), Tablett-Gastrobehälter (4St), Abholung aus alter Schule, Aufbau von Spülmaschine (1St), Küchenblock (1St) * Fachklassenabluft: Dachventilator 525m³/h, Regelung (1St), Deflektorhaube DN160 (1St), PP-Rohre DN110-200 (35m), Drosselklappen (5St), Anschlüsse an Laborschränke (4St), Abzug 120x82x190cm, fahrbar (1St), Augendusche (1St)					

KG	Kostengruppe	Menge Einheit	Kosten €	€/Einheit	%
480	**Gebäude- und Anlagenautomation**	3.617,76 m² BGF	218.383	**60,36**	10,0

• Herstellen (Kosten: 100,0%) 3.617,76 m² BGF 218.383 **60,36**
Automationsstation (1St), grafische Anlagenbilder (92St), Animationspunkte (581St), Basisgeräte (7St), Schnittstellenmodule (2St), Relaismodule (2St), Erweiterungseinheiten (7St), Ein-/Ausgangsmodule (39St), Feldbusmodule (16St), Bediengeräte (90St), Sensoren (72St), Aktoren (19), Messumformer (4St) * Standschränke (2St), Steuergeräte (27St), Schaltgeräte (100St), Sammelstöranzeigen (2St) * Installationskabel J-Y(ST)Y (6.580m), Datenkabel Cat7 (74m), J-2Y(ST)Y (62m) * Mantelleitungen NYM-J (918m)

KG	Kostengruppe	Menge Einheit	Kosten €	€/Einheit	%
490	**Sonstige Maßnahmen für technische Anlagen**	3.617,76 m² BGF	1.631	**0,45**	0,1

• Herstellen (Kosten: 100,0%) 3.617,76 m² BGF 1.631 **0,45**
Kran für Lüftungstürme (1St)

4100-0161
Real- und Grundschule
(13 Klassen)
(300 Schüler)
Passivhaus

Erweiterung

4100-0161
Real- und Grundschule
(13 Klassen)
(300 Schüler)
Passivhaus

Erweiterung

Kostenkennwerte für die Kostengruppe 400 der 2. und 3. Ebene DIN 276 (Übersicht)

KG	Kostengruppe	Menge Einheit	Kosten €	€/Einheit	%
410	**Abwasser-, Wasser-, Gasanlagen**	3.617,76 m² BGF	**46,45**	**168.053,01**	**7,7**
411	Abwasseranlagen	3.617,76 m² BGF	17,12	61.934,33	2,8
412	Wasseranlagen	3.617,76 m² BGF	24,19	87.530,88	4,0
413	Gasanlagen	3.617,76 m² BGF	1,87	6.747,94	0,3
419	Sonstiges zur KG 410	3.617,76 m² BGF	3,27	11.839,89	0,5
420	**Wärmeversorgungsanlagen**	3.617,76 m² BGF	**142,32**	**514.887,53**	**23,5**
421	Wärmeerzeugungsanlagen	3.617,76 m² BGF	26,01	94.086,09	4,3
422	Wärmeverteilnetze	3.617,76 m² BGF	59,16	214.044,21	9,8
423	Raumheizflächen	3.617,76 m² BGF	57,15	206.757,22	9,4
430	**Raumlufttechnische Anlagen**	3.617,76 m² BGF	**100,37**	**363.110,14**	**16,6**
431	Lüftungsanlagen	3.617,76 m² BGF	100,35	363.032,03	16,6
432	Teilklimaanlagen	3.617,76 m² BGF	< 0,1	78,09	< 0,1
440	**Elektrische Anlagen**	3.617,76 m² BGF	**139,88**	**506.067,74**	**23,1**
442	Eigenstromversorgungsanlagen	3.617,76 m² BGF	16,80	60.782,34	2,8
443	Niederspannungsschaltanlagen	3.617,76 m² BGF	8,05	29.108,28	1,3
444	Niederspannungsinstallationsanlagen	3.617,76 m² BGF	53,80	194.627,98	8,9
445	Beleuchtungsanlagen	3.617,76 m² BGF	56,06	202.815,86	9,3
446	Blitzschutz- und Erdungsanlagen	3.617,76 m² BGF	5,18	18.733,27	0,9
450	**Kommunikationstechnische Anlagen**	3.617,76 m² BGF	**80,18**	**290.067,34**	**13,2**
451	Telekommunikationsanlagen	3.617,76 m² BGF	1,52	5.499,59	0,3
452	Such- und Signalanlagen	3.617,76 m² BGF	0,80	2.876,42	0,1
453	Zeitdienstanlagen	3.617,76 m² BGF	< 0,1	272,97	< 0,1
454	Elektroakustische Anlagen	3.617,76 m² BGF	9,57	34.615,16	1,6
456	Gefahrenmelde- und Alarmanlagen	3.617,76 m² BGF	40,70	147.248,21	6,7
457	Datenübertragungsnetze	3.617,76 m² BGF	27,52	99.554,96	4,5
460	**Förderanlagen**	3.617,76 m² BGF	**20,45**	**73.965,89**	**3,4**
461	Aufzugsanlagen	3.617,76 m² BGF	20,45	73.965,89	3,4
470	**Nutzungsspez. u. verfahrenstechn. Anl.**	3.617,76 m² BGF	**14,87**	**53.808,66**	**2,5**
471	Küchentechnische Anlagen	3.617,76 m² BGF	8,34	30.178,78	1,4
473	Medienversorgungsanlagen, Medizinanl.	3.617,76 m² BGF	6,53	23.629,88	1,1
480	**Gebäude- und Anlagenautomation**	3.617,76 m² BGF	**60,36**	**218.382,71**	**10,0**
481	Automationseinrichtungen	3.617,76 m² BGF	41,74	151.015,57	6,9
482	Schaltschränke, Automation	3.617,76 m² BGF	5,84	21.128,68	1,0
484	Kabel, Leitungen und Verlegesysteme	3.617,76 m² BGF	5,42	19.617,41	0,9
485	Datenübertragungsnetze	3.617,76 m² BGF	7,36	26.621,08	1,2
490	**Sonst. Maßnahmen für techn. Anlagen**	3.617,76 m² BGF	**0,45**	**1.630,69**	**0,1**
491	Baustelleneinrichtung	3.617,76 m² BGF	0,45	1.630,69	0,1

Kostenkennwerte für Leistungsbereiche nach STLB (Kosten KG 400 nach DIN 276)

4100-0161
Real- und Grundschule
(13 Klassen)
(300 Schüler)
Passivhaus

Erweiterung

LB	Leistungsbereiche	Kosten €	€/m² BGF	€/m³ BRI	% an 400
040	Wärmeversorgungsanlagen - Betriebseinrichtungen	96.996	26,80	7,80	4,4
041	Wärmeversorgungsanlagen - Leitungen, Armaturen, Heizflächen	376.696	104,10	30,50	17,2
042	Gas- und Wasseranlagen - Leitungen, Armaturen	45.616	12,60	3,70	2,1
043	Druckrohrleitungen für Gas, Wasser und Abwasser	–	–	–	–
044	Abwasseranlagen - Leitungen, Abläufe, Armaturen	41.340	11,40	3,30	1,9
045	Gas-, Wasser- und Entwässerungsanlagen - Ausstattung, Elemente, Fertigbäder	42.870	11,80	3,50	2,0
046	Gas-, Wasser- und Entwässerungsanlagen - Betriebseinrichtungen	9.513	2,60	0,77	0,4
047	Dämm- und Brandschutzarbeiten an technischen Anlagen	110.922	30,70	9,00	5,1
	Wiederherstellen	15.829	4,40	1,30	0,7
	Herstellen	95.093	26,30	7,70	4,3
049	Feuerlöschanlagen, Feuerlöschgeräte	–	–	–	–
050	Blitzschutz- / Erdungsanlagen, Überspannungsschutz	18.248	5,00	1,50	0,8
051	Kabelleitungstiefbauarbeiten	–	–	–	–
052	Mittelspannungsanlagen	–	–	–	–
053	Niederspannungsanlagen - Kabel/Leitungen, Verlegesysteme, Installationsgeräte	143.101	39,60	11,60	6,5
054	Niederspannungsanlagen - Verteilersysteme und Einbaugeräte	87.237	24,10	7,10	4,0
055	Sicherheits- und Ersatzstromversorgungsanlagen	–	–	–	–
057	Gebäudesystemtechnik	–	–	–	–
058	Leuchten und Lampen	178.539	49,40	14,40	8,2
059	Sicherheitsbeleuchtungsanlagen	42.096	11,60	3,40	1,9
060	Sprech-, Ruf-, Antennenempfangs-, Uhren- und elektroakustische Anlagen	40.294	11,10	3,30	1,8
061	Kommunikations- und Übertragungsnetze	105.055	29,00	8,50	4,8
062	Kommunikationsanlagen	–	–	–	–
063	Gefahrenmeldeanlagen	137.779	38,10	11,20	6,3
064	Zutrittskontroll-, Zeiterfassungssysteme	–	–	–	–
069	Aufzüge	87.263	24,10	7,10	4,0
070	Gebäudeautomation	218.383	60,40	17,70	10,0
075	Raumlufttechnische Anlagen	306.643	84,80	24,80	14,0
078	Kälteanlagen für raumlufttechnische Anlagen	–	–	–	–
	Gebäudetechnik	**2.088.594**	**577,30**	**169,00**	**95,4**
	Wiederherstellen	15.829	4,40	1,30	0,7
	Herstellen	2.072.765	572,90	167,70	94,6
	Sonstige Leistungsbereiche	**101.380**	**28,00**	**8,20**	**4,6**
	Abbrechen	45.405	12,60	3,70	2,1
	Herstellen	55.975	15,50	4,50	2,6

© BKI Baukosteninformationszentrum   Kostenstand: 4.Quartal 2021, Bundesdurchschnitt, **inkl. 19% MwSt.**

4100-0175
Grundschule
(4 Lernlandschaften)
(160 Schüler)
Effizienzhaus ~3%

Objektübersicht

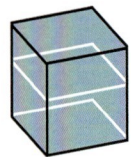 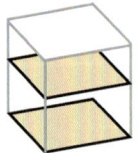 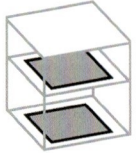 

BRI 481 €/m³   BGF 2.146 €/m²   NUF 2.615 €/m²   NE 29.096 €/NE
NE: Schüler

Objekt:
Kennwerte: 3. Ebene DIN 276
BRI: 9.671 m³
BGF: 2.170 m²
NUF: 1.780 m²
Bauzeit: 69 Wochen
Bauende: 2016
Standard: Durchschnitt
Bundesland: Niedersachsen
Kreis: Lüchow-Dannenberg

Architekt*in:
ralf pohlmann
architekten
Kiefen 26
29496 Waddeweitz

Bauherr*in:
Samtgemeinde Lüchow
29439 Lüchow (Wendland)

© BKI Baukosteninformationszentrum   Kostenstand: 4.Quartal 2021, Bundesdurchschnitt, **inkl. 19% MwSt.**

Zeichnungen

4100-0175
Grundschule
(4 Lernlandschaften)
(160 Schüler)
Effizienzhaus ~3%

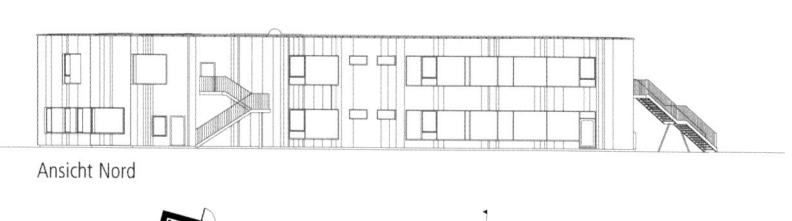

Ansicht Nord

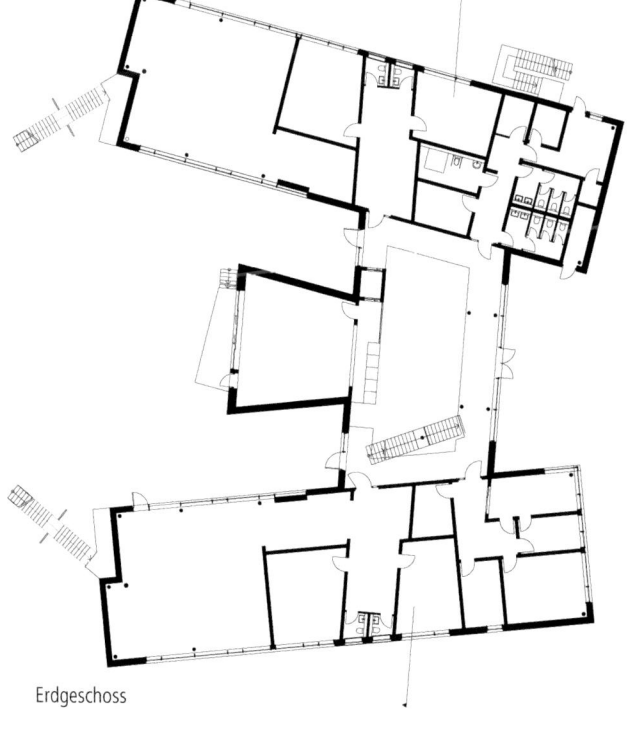

Erdgeschoss

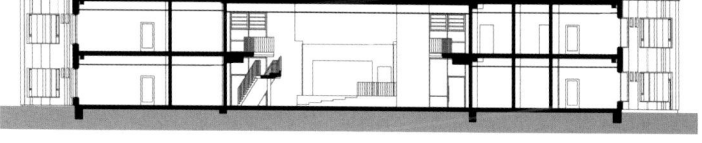

Schnitt

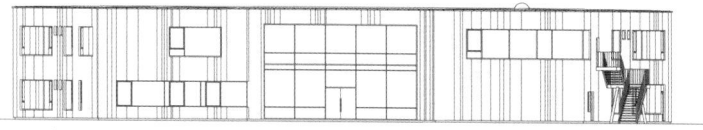

Ansicht Ost

4100-0175
Grundschule
(4 Lernlandschaften)
(160 Schüler)
Effizienzhaus ~3%

Objektbeschreibung

Allgemeine Objektinformationen

Der Schulneubau wurde als Ersatzbau für das alte Schulgebäude errichtet. Das Nutzungskonzept des Gebäudes und des dazugehörigen **Freibereichs** entstand aus einem einmaligen pädagogischen Konzept, das die Schule in vier Lernlandschaften organisiert. Jeder Lernlandschaft, in der bis zu 40 Kinder ihren festen Arbeitsplatz haben, sind zwei Lernräume und ein Garderobenraum samt Toiletten zugeordnet. Die Klassenräume im herkömmlichen Sinn findet man in dieser Schule nicht mehr. Die farbige Holzfassade der Außenwände korrespondiert mit den vier Farben im Inneren an den abgehängten Leuchtringen.

Nutzung

1 Erdgeschoss
Zwei Lernlandschaften, Wir-Raum, Musikraum, Verwaltung, Sanitärbereich, Technik, Lager

1 Obergeschoss
Zwei Lernlandschaften, Werkraum, Lehrerlounge, Sanitärräume, Technik, Lager

Nutzeinheiten

Klassen: 4
Schüler: 160

Grundstück

Bauraum: Beengter Bauraum
Neigung: Geneigtes Gelände
Bodenklasse: BK 1 bis BK 4

Markt

Hauptvergabezeit: 3.Quartal 2014
Baubeginn: 4.Quartal 2014
Bauende: 1.Quartal 2016
Konjunkturelle Gesamtlage: Durchschnitt
Regionaler Baumarkt: unter Durchschnitt

Baukonstruktion

Das Gebäude wurde in Mischbauweise errichtet. Die Außenwände entstanden in Holzrahmenbauweise, das Tragwerk innen wurde in Stahlbeton und Mauerwerk ausgeführt. Die Gründung erfolgt über eine Stahlbetonbodenplatte auf Streifenfundamenten. Die Fensterelemente wurden als Pfosten-Riegel-Elemente eingebaut. Die Innenwände sind zum Teil aus Kalksandstein. Die Fußböden sind mit Gussasphaltestrich, Nadelvlies oder Linoleum belegt. Die Dachdecke aus Stahlbeton ist mit einer Gefälledämmung und Folienabdichtung ausgeführt.

Technische Anlagen

Der Neubau wird über ein Fernleitungsnetz mit Wärme versorgt. Eine zentrale **Be- und Entlüftungsanlage** mit **Wärmerückgewinnung** versorgt alle Räume mit Frischluft. Die **Wärmerückgewinnung** erfolgt über einen Rotationswärmetauscher mit einem **Wärmerückgewinnungsgrad** von mindestens 80%. **Photovoltaikmodule** auf dem Dach speisen Strom in das öffentliche Netz ein. Ein speziell erarbeitetes Beleuchtungskonzept stellt überall eine biologisch aktive Beleuchtungsstärke von 1.000Lux sicher. Die Steuerung erfolgt über Präsenzmelder. Der Primärenergieverbrauch beträgt 3,0kWh/m²a.

Sonstiges

Die Möblierung wurde individuell entwickelt, um den Kindern optimale Lernbedingungen zu bieten. Das Gebäude samt Schulhof ist **barrierefrei**. Alle Außenbauteile wurden im **Passivhausstandard** ausgeführt.

Energetische Kennwerte

EnEV Fassung: 2013
Gebäudenutzfläche (EnEV): 1.880,00 m²
Spez. Jahresprimärenergiebedarf: 3,00 kWh/(m²·a)
CO_2-Emissionen: 2,00 kg/(m²·a)

Planungskennwerte für Flächen und Rauminhalte nach DIN 277

4100-0175
Grundschule
(4 Lernlandschaften)
(160 Schüler)
Effizienzhaus ~3%

Flächen des Grundstücks

		Menge, Einheit	% an GF
BF	Bebaute Fläche	1.154,60 m²	11,0
UF	Unbebaute Fläche	9.347,40 m²	89,0
GF	Grundstücksfläche	10.502,00 m²	100,0

Grundflächen des Bauwerks

		Menge, Einheit	% an NUF	% an BGF
NUF	Nutzungsfläche	1.780,12 m²	100,0	82,1
TF	Technikfläche	47,76 m²	2,7	2,2
VF	Verkehrsfläche	52,30 m²	2,9	2,4
NRF	Netto-Raumfläche	1.880,18 m²	105,6	86,7
KGF	Konstruktions-Grundfläche	289,49 m²	16,3	13,3
BGF	Brutto-Grundfläche	2.169,67 m²	121,9	100,0

NUF TF VF KGF

Brutto-Rauminhalt des Bauwerks

		Menge, Einheit	BRI/NUF (m)	BRI/BGF (m)
BRI	Brutto-Rauminhalt	9.671,27 m³	5,43	4,46

BRI/NUF=5,43m
BRI/BGF=4,46m

Prozentualer Anteil der Kostengruppen der 2. Ebene an der Kostengruppe 400 nach DIN 276

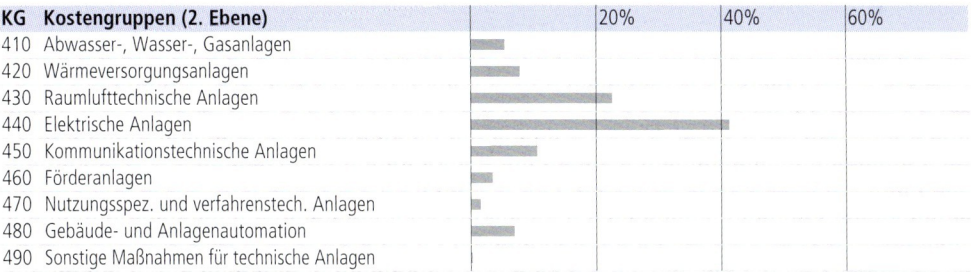

KG	Kostengruppen (2. Ebene)
410	Abwasser-, Wasser-, Gasanlagen
420	Wärmeversorgungsanlagen
430	Raumlufttechnische Anlagen
440	Elektrische Anlagen
450	Kommunikationstechnische Anlagen
460	Förderanlagen
470	Nutzungsspez. und verfahrenstech. Anlagen
480	Gebäude- und Anlagenautomation
490	Sonstige Maßnahmen für technische Anlagen

Ranking der Kostengruppen der 3. Ebene an der Kostengruppe 400 nach DIN 276

KG	Kostengruppe (3. Ebene)	Kosten an KG 400 %	KG	Kostengruppe (3. Ebene)	Kosten an KG 400 %
431	Lüftungsanlagen	22,6	461	Aufzugsanlagen	3,5
445	Beleuchtungsanlagen	22,3	422	Wärmeverteilnetze	3,2
444	Niederspannungsinstallationsanlagen	12,4	446	Blitzschutz- und Erdungsanlagen	1,5
456	Gefahrenmelde- und Alarmanlagen	8,8	471	Küchentechnische Anlagen	1,4
481	Automationseinrichtungen	6,6	421	Wärmeerzeugungsanlagen	1,2
442	Eigenstromversorgungsanlagen	4,2	457	Datenübertragungsnetze	1,0
412	Wasseranlagen	4,2	443	Niederspannungsschaltanlagen	0,9
423	Raumheizflächen	3,5	411	Abwasseranlagen	0,8

© BKI Baukosteninformationszentrum Kostenstand: 4.Quartal 2021, Bundesdurchschnitt, inkl. 19% MwSt.

4100-0175
Grundschule
(4 Lernlandschaften)
(160 Schüler)
Effizienzhaus ~3%

Kostenkennwerte für die Kostengruppen der 1. Ebene DIN 276

KG	Kostengruppen (1. Ebene)	Einheit	Kosten €	€/Einheit	€/m² BGF	€/m³ BRI	% 300+400
100		m² GF	–	–	–	–	–
200	Vorbereitende Maßnahmen	m² GF	253.533	24,14	116,85	26,22	5,4
300	Bauwerk – Baukonstruktionen	m² BGF	3.210.378	1.479,66	1.479,66	331,95	69,0
400	Bauwerk – Technische Anlagen	m² BGF	1.444.986	665,99	665,99	149,41	31,0
	Bauwerk 300+400	**m² BGF**	**4.655.364**	**2.145,66**	**2.145,66**	**481,36**	**100,0**
500	Außenanlagen und Freiflächen	m² AF	641.814	106,89	295,81	66,36	13,8
600	Ausstattung und Kunstwerke	m² BGF	471.212	217,18	217,18	48,72	10,1
700	Baunebenkosten	m² BGF	–	–	–	–	–
800	Finanzierung	m² BGF	–	–	–	–	–

KG	Kostengruppe	Menge Einheit	Kosten €	€/Einheit	%
200	**Vorbereitende Maßnahmen**	10.502,00 m² GF	253.533	**24,14**	5,4

Abbruch von zehn Gebäuden, Betonpflaster, Stützmauern, Tennenbeläge, Gehwege; Abräumen von Bewuchs, Oberbodenarbeiten, Auffüllungen, Mietcontainer als Interimsschulräume

3+4	**Bauwerk**				**100,0**
300	**Bauwerk – Baukonstruktionen**	2.169,67 m² BGF	3.210.378	**1.479,66**	69,0

Baugrubenaushub, Stb-Fundamentplatte, Dämmung, Zementestrich, Nadelvlies, Linoleum, Bodenfliesen; Holzrahmen-Außenwände, Stb-Rundstützen, Holz-Alufenster, gedämmte Holzfassade, GK-Bekleidung, Beschichtung, Raffstores; KS-Mauerwerk, Stb-Wände, Holztüren, Gipsputz, Wandfliesen, WC-Trennwände; Stb-Decken, Stb-Treppe, abgehängte Akustikdecken, Stb-Flachdach, Lichtkuppel, Wärmedämmung, Dachabdichtung, Dachentwässerung

400	**Bauwerk – Technische Anlagen**	2.169,67 m² BGF	1.444.986	**665,99**	31,0

Gebäudeentwässerung, Kalt- und Warmwasserleitungen, Sanitärobjekte; Fernwärmeanschluss, Heizungsrohre, Heizkörper; zentrale **Lüftungsanlagen** mit **Wärmerückgewinnung**; **Photovoltaikanlage**, Elektroinstallation, LED-Beleuchtung, **Blitzschutz**; Telefonanlage, Notrufanlage, Alarmanlage, **Brandmeldeanlage**, Netzwerkverkabelung; **Personenaufzug**; Küchengeräte, Feuerlöscher; **Gebäudeautomation**

500	**Außenanlagen und Freiflächen**	6.004,20 m² AF	641.814	**106,89**	13,8

Bodenarbeiten, Bodenaustausch; Pflasterbeläge, Asphaltbeläge; Nebengebäude als Stahlkonstruktion, Trapezblechdeckung; Entwässerung, Beleuchtung Schulhof, Verkabelung Nebengebäude; Außenmöblierung; Bepflanzung, Rasenflächen, Fertigstellungspflege

600	**Ausstattung und Kunstwerke**	2.169,67 m² BGF	471.212	**217,18**	10,1

Möblierung Unterrichtsräume, Ausstattung Werkraum, Lehrerarbeitsplätze, Küchenzeilen, Garderoben, Ausstattung WCs

Kostenkennwerte für die Kostengruppen 400 der 2. Ebene DIN 276

4100-0175
Grundschule
(4 Lernlandschaften)
(160 Schüler)
Effizienzhaus ~3%

KG	Kostengruppe	Menge Einheit	Kosten €	€/Einheit	%
400	**Bauwerk – Technische Anlagen**				100,0
410	**Abwasser-, Wasser-, Gasanlagen**	2.169,67 m² BGF	79.025	**36,42**	5,5

KG-Rohre DN100-125 (75m), SML-Rohre DN70-100 (33m), HT-Rohre DN50-100 (38 m) * Edelstahlrohre DN12-42 (234m), Waschtische (16St), Wand-Tiefspül-WCs (15St), Ausgussbecken (1St), Spülbecken (5St), Durchlauferhitzer (7St), Duschanlagen (2St), Armaturen (23St), Brandabschottungen (36St) * Montageelemente (32St)

420	**Wärmeversorgungsanlagen**	2.169,67 m² BGF	113.759	**52,43**	7,9

Anschluss Fernwärmenetz (1St), Warmwasserpumpen (2St), Umwälzpumpen (5St), Absperrventile DN25-50 (36St), Schmutzfänger (8St), Drei-Wegeventile (6St), Membranausgleichsgefäß (1St) * C-Stahlrohre DN12-50 (1.311m) * Planheizkörper, Stahlblech (44m²)

430	**Raumlufttechnische Anlagen**	2.169,67 m² BGF	326.066	**150,28**	22,6

Lüftungsgeräte mit Rotationswärmetauscher 2.200m³/h (2St), 2.800m³/h (2St), dezentrales **Lüftungsgerät** 900m³/h (1St), Luftkanäle, eckig (296m²), Wickelfalzrohre DN100-500, (234m), Volumenstromregler (295St), Telefonieschalldämpfer DN100-260 (89St), Brandschutzklappen (16St), Kulissenschalldämpfer (33St)

440	**Elektrische Anlagen**	2.169,67 m² BGF	597.179	**275,24**	41,3

Photovoltaikanlage (189m²), Solarkabel (425m) * Niederspannungshauptverteilung (1St), Unterverteilung (1St), Mantelleitungen (11.998m), Schalter, Taster (44St), Steckdosen (203St), Jalousieschalter (23St) * LED-Flächenleuchten (362St), Downlights (162St), Feuchtraumleuchten (18St), Rettungszeichenleuchten (20St), Sicherheits-Strahler (38St) * Erderleitungen, D=10mm (724m), Fangstangen, l=2,50m (14St)

450	**Kommunikationstechnische Anlagen**	2.169,67 m² BGF	153.599	**70,79**	10,6

Montage bestehende Telefonanlage (1St), Anschlussdosen (47St), Installationskabel (3.174m) * Leinwand (1St) * **Brandmeldecomputer** (1St), optische Rauchmelder (25St), Warntongeber (21St), Übersichtspläne Feuerwehr (2St), elektronische Schließsysteme (2St), **Zugangskontrollsysteme** (2St), **elektroakustisches Notfallwarnsystem**, Eingangsmodule (3St), Funkempfänger (1St), **Batteriemodul** (1St), Mikrofonsprechstelle (1St), Deckeneinbaulautsprecher (43St) * WLAN-Router (6St), Installationskabel (1.500m)

460	**Förderanlagen**	2.169,67 m² BGF	49.944	**23,02**	3,5

Personenaufzug, Tragkraft 675kg, neun Personen, eine Haltestelle (1St)

470	**Nutzungsspez. u. verfahrenstechnische Anlagen**	2.169,67 m² BGF	22.207	**10,24**	1,5

Kochfelder (4St), Backöfen (4St), Dunstabzugshauben (4St), Einbaukühlschränke (4St), Unterbaukühlschrank (1St), Geschirrspüler (1St), Mikrowellen (1St) * Schaum-Feuerlöscher (9St), CO_2-Feuerlöscher (2St), Brandschutzzeichen (10St)

© BKI Baukosteninformationszentrum — Kostenstand: 4.Quartal 2021, Bundesdurchschnitt, **inkl. 19% MwSt.**

4100-0175
Grundschule
(4 Lernlandschaften)
(160 Schüler)
Effizienzhaus ~3%

KG	Kostengruppe	Menge	Einheit	Kosten €	€/Einheit	%
480	**Gebäude- und Anlagenautomation**	2.169,67	m² BGF	100.469	**46,31**	7,0
	KNX-Anlage (1St), Hauptschalter, vierpolig (1St), Spannungsversorgung 640mA (5St), LS-Schalter, dreipolig (6St), einpolig (66St), FI-Schalter (4St), Dämmerungsschalter (1St), Überspannungsschutz (6St), Präsenzmelder (64St), HK-Stellventile (54St), Stetigreglermodule (22St), Dali Gateway (4St), Tastermodule (19St), Steuereinheit (1St), Anzeigepaneel (1St) * Profibus L2, halogenfrei (2.450m)					
490	**Sonstige Maßnahmen für technische Anlagen**	2.169,67	m² BGF	2.737	**1,26**	0,2
	Baustelleneinrichtung (1St), Baustromverteiler (2St)					

Kostenkennwerte für die Kostengruppe 400 der 2. und 3. Ebene DIN 276 (Übersicht)

4100-0175
Grundschule
(4 Lernlandschaften)
(160 Schüler)
Effizienzhaus ~3%

KG	Kostengruppe	Menge Einheit	Kosten €	€/Einheit	%
410	**Abwasser-, Wasser-, Gasanlagen**	2.169,67 m² BGF	36,42	79.024,70	5,5
411	Abwasseranlagen	2.169,67 m² BGF	5,32	11.546,08	0,8
412	Wasseranlagen	2.169,67 m² BGF	27,72	60.139,89	4,2
419	Sonstiges zur KG 410	2.169,67 m² BGF	3,38	7.338,71	0,5
420	**Wärmeversorgungsanlagen**	2.169,67 m² BGF	52,43	113.759,34	7,9
421	Wärmeerzeugungsanlagen	2.169,67 m² BGF	8,01	17.378,18	1,2
422	Wärmeverteilnetze	2.169,67 m² BGF	21,37	46.366,75	3,2
423	Raumheizflächen	2.169,67 m² BGF	23,05	50.014,41	3,5
430	**Raumlufttechnische Anlagen**	2.169,67 m² BGF	150,28	326.065,78	22,6
431	Lüftungsanlagen	2.169,67 m² BGF	150,28	326.065,78	22,6
440	**Elektrische Anlagen**	2.169,67 m² BGF	275,24	597.179,35	41,3
442	Eigenstromversorgungsanlagen	2.169,67 m² BGF	27,84	60.409,53	4,2
443	Niederspannungsschaltanlagen	2.169,67 m² BGF	5,79	12.568,11	0,9
444	Niederspannungsinstallationsanlagen	2.169,67 m² BGF	82,91	179.891,90	12,4
445	Beleuchtungsanlagen	2.169,67 m² BGF	148,64	322.496,16	22,3
446	Blitzschutz- und Erdungsanlagen	2.169,67 m² BGF	10,05	21.813,63	1,5
450	**Kommunikationstechnische Anlagen**	2.169,67 m² BGF	70,79	153.599,16	10,6
451	Telekommunikationsanlagen	2.169,67 m² BGF	4,37	9.474,72	0,7
455	Audiovisuelle Medien- u. Antennenanl.	2.169,67 m² BGF	1,60	3.464,62	0,2
456	Gefahrenmelde- und Alarmanlagen	2.169,67 m² BGF	58,40	126.713,64	8,8
457	Datenübertragungsnetze	2.169,67 m² BGF	6,43	13.946,16	1,0
460	**Förderanlagen**	2.169,67 m² BGF	23,02	49.944,19	3,5
461	Aufzugsanlagen	2.169,67 m² BGF	23,02	49.944,19	3,5
470	**Nutzungsspez. u. verfahrenstechn. Anl.**	2.169,67 m² BGF	10,24	22.207,34	1,5
471	Küchentechnische Anlagen	2.169,67 m² BGF	9,23	20.029,61	1,4
474	Feuerlöschanlagen	2.169,67 m² BGF	1,00	2.177,71	0,2
480	**Gebäude- und Anlagenautomation**	2.169,67 m² BGF	46,31	100.468,79	7,0
481	Automationseinrichtungen	2.169,67 m² BGF	43,93	95.305,02	6,6
484	Kabel, Leitungen und Verlegesysteme	2.169,67 m² BGF	2,38	5.163,76	0,4
490	**Sonst. Maßnahmen für techn. Anlagen**	2.169,67 m² BGF	1,26	2.737,48	0,2
491	Baustelleneinrichtung	2.169,67 m² BGF	1,26	2.737,48	0,2

© BKI Baukosteninformationszentrum Kostenstand: 4.Quartal 2021, Bundesdurchschnitt, **inkl. 19%** MwSt.

4100-0175
Grundschule
(4 Lernlandschaften)
(160 Schüler)
Effizienzhaus ~3%

Kostenkennwerte für Leistungsbereiche nach STLB (Kosten KG 400 nach DIN 276)

LB	Leistungsbereiche	Kosten €	€/m² BGF	€/m³ BRI	% an 400
040	Wärmeversorgungsanlagen - Betriebseinrichtungen	–	–	–	–
041	Wärmeversorgungsanlagen - Leitungen, Armaturen, Heizflächen	115.059	53,00	11,90	8,0
042	Gas- und Wasseranlagen - Leitungen, Armaturen	24.482	11,30	2,50	1,7
043	Druckrohrleitungen für Gas, Wasser und Abwasser	–	–	–	–
044	Abwasseranlagen - Leitungen, Abläufe, Armaturen	11.546	5,30	1,20	0,8
045	Gas-, Wasser- und Entwässerungsanlagen - Ausstattung, Elemente, Fertigbäder	42.996	19,80	4,40	3,0
046	Gas-, Wasser- und Entwässerungsanlagen - Betriebseinrichtungen	–	–	–	–
047	Dämm- und Brandschutzarbeiten an technischen Anlagen	–	–	–	–
049	Feuerlöschanlagen, Feuerlöschgeräte	2.178	1,00	0,23	0,2
050	Blitzschutz- / Erdungsanlagen, Überspannungsschutz	21.403	9,90	2,20	1,5
051	Kabelleitungstiefbauarbeiten	–	–	–	–
052	Mittelspannungsanlagen	–	–	–	–
053	Niederspannungsanlagen - Kabel/Leitungen, Verlegesysteme, Installationsgeräte	241.905	111,50	25,00	16,7
054	Niederspannungsanlagen - Verteilersysteme und Einbaugeräte	72.978	33,60	7,50	5,1
055	Sicherheits- und Ersatzstromversorgungsanlagen	–	–	–	–
057	Gebäudesystemtechnik	–	–	–	–
058	Leuchten und Lampen	249.999	115,20	25,80	17,3
059	Sicherheitsbeleuchtungsanlagen	–	–	–	–
060	Sprech-, Ruf-, Antennenempfangs-, Uhren- und elektroakustische Anlagen	49.784	22,90	5,10	3,4
061	Kommunikations- und Übertragungsnetze	–	–	–	–
062	Kommunikationsanlagen	10.648	4,90	1,10	0,7
063	Gefahrenmeldeanlagen	36.873	17,00	3,80	2,6
064	Zutrittskontroll-, Zeiterfassungssysteme	–	–	–	–
069	Aufzüge	49.944	23,00	5,20	3,5
070	Gebäudeautomation	76.618	35,30	7,90	5,3
075	Raumlufttechnische Anlagen	327.147	150,80	33,80	22,6
078	Kälteanlagen für raumlufttechnische Anlagen	–	–	–	–
	Gebäudetechnik	**1.333.559**	**614,60**	**137,90**	**92,3**
	Sonstige Leistungsbereiche	**111.427**	**51,40**	**11,50**	**7,7**

© BKI Baukosteninformationszentrum — Kostenstand: 4.Quartal 2021, Bundesdurchschnitt, **inkl. 19% MwSt.**

Objekte

4100-0189
Grundschule
(12 Klassen)
(360 Schüler)
Effizienzhaus ~72%

Objektübersicht

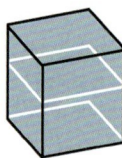 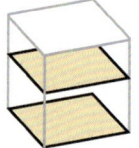 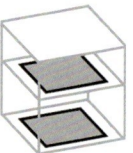

BRI 486 €/m³   **BGF** 2.009 €/m²   **NUF** 2.884 €/m²

Objekt:
Kennwerte: 3. Ebene DIN 276
BRI: 13.760 m³
BGF: 3.330 m²
NUF: 2.320 m²
Bauzeit: 61 Wochen
Bauende: 2016
Standard: Durchschnitt
Bundesland: Niedersachsen
Kreis: Rotenburg (Wümme)

Architekt*in:
ARCHITEKTURBÜRO TABERY
Gnattenbergstraße 25
27432 Bremervörde

Bauherr*in:
Stadt Bremervörde
Rathausmarkt 1
27432 Bremervörde

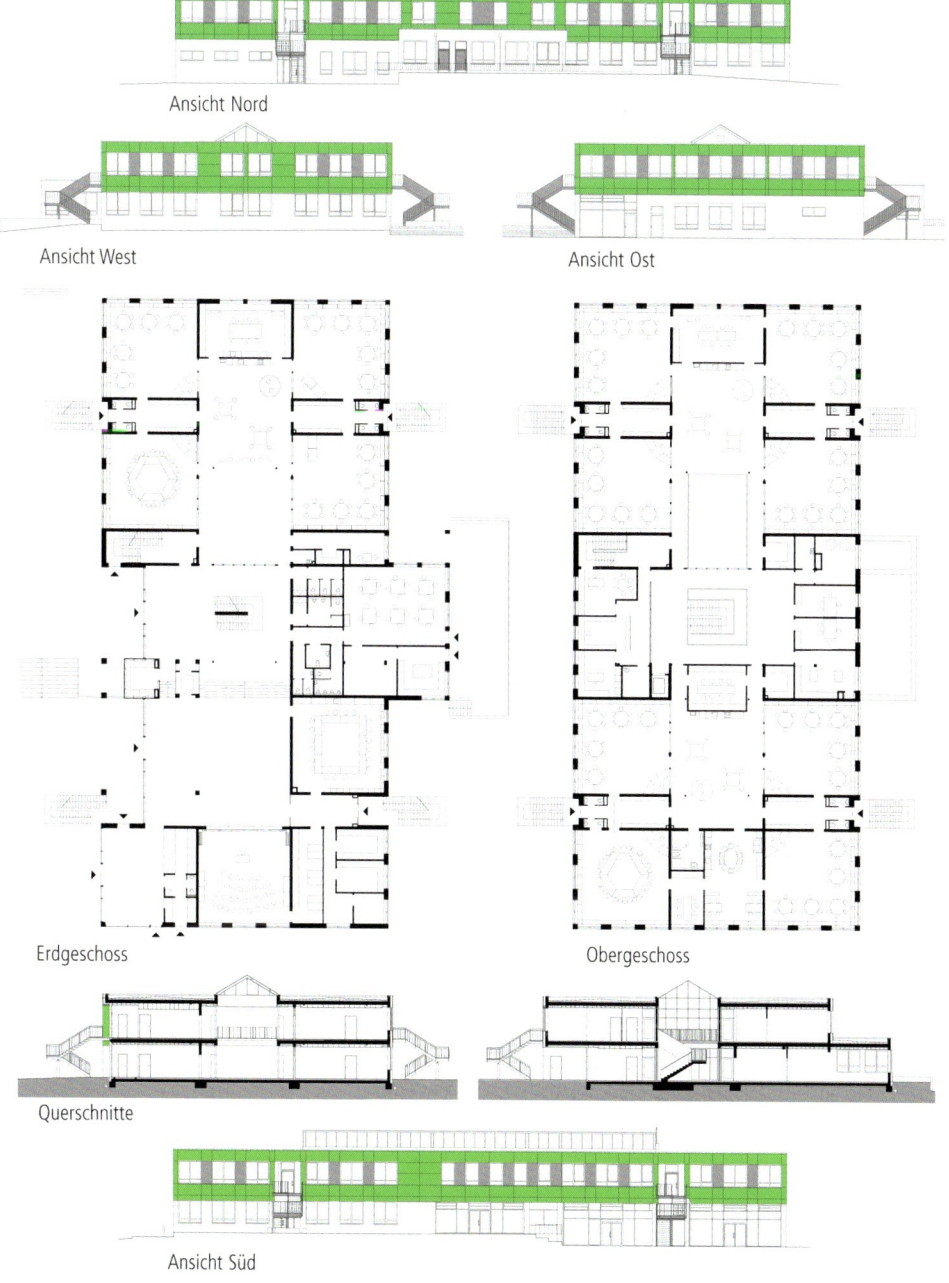

**4100-0189
Grundschule
(12 Klassen)
(360 Schüler)
Effizienzhaus ~72%**

Objektbeschreibung

Allgemeine Objektinformationen

Die Grundschule erweitert einen Schulcampus mit bestehender Realschule und Schulsporthalle. Der Neubau ist als kompakter, rechteckiger, zweigeschossiger Baukörper konzipiert.

Nutzung

1 Erdgeschoss
Lernhaus A: Unterrichtsräume für gruppenorientierten Unterricht, WCs, Werkraum, Musikraum, Lehrerzimmer, Mensa, Selbstlernzentrum, Hausmeisterkabine, Forum, Sanitärräume

1 Obergeschoss
Lernhaus B und C: Unterrichtsräume für gruppenorientierten Unterricht, WCs, Kooperationsklasse mit Gruppenraum, Beratungsräume, Selbstlernzentrum, Schulleitung, Technik, Sanitärräume mit Pflegedusche

Grundstück

Bauraum: Freier Bauraum
Neigung: Ebenes Gelände
Bodenklasse: BK 3 bis BK 4

Markt

Hauptvergabezeit: 1.Quartal 2015
Baubeginn: 1.Quartal 2015
Bauende: 2.Quartal 2016
Konjunkturelle Gesamtlage: Durchschnitt
Regionaler Baumarkt: Durchschnitt

Energetische Kennwerte

EnEV Fassung: 2013
Gebäudevolumen: 13.238,00 m³
Nutzfläche (EnEV): 2.766,00 m²
Hüllfläche des beheizten Volumens: 5.289,80 m²
Spez. Jahresprimärenergiebedarf: 82,20 kWh/(m²·a)

Baukonstruktion

Das nichtunterkellerte Gebäude gründet auf einer Stahlbetonsohlplatte mit Streifenfundamenten sowie auf einer Dämmschicht aus Glasschaumschotter. Die Außenwände bestehen aus Stahlbeton, die innen in Sichtbeton ausgeführt sind bzw. aus Kalksandsteinausmauerungen. Sie erhielten im Erdgeschoss ein Wärmedämmverbundsystem mit hellem Außenputz. Eine vorgehängte, hinterlüftete HPL-Fassade hüllt das Obergeschoss ein. Fenster, Außentüren und Pfosten-Riegelfassade bestehen aus pulverbeschichtetem Aluminium. Stahlbeton-Innenwände dienen als massiver schalldämmender Raumabschluss, als Treppenraumabschluss und zur Gebäudeaussteifung. Als Fußbodenbelag wurde Synthesekautschuk gewählt. Decke und Dach wurden als Spannbeton-Hohldielen ausgeführt. Die nach Süden ausgerichtete Fläche des Sattel-Glasdaches erhielt glasintegrierte **Photovoltaikelemente**, die gleichzeitig als Sonnenschutz dienen.

Technische Anlagen

Die Wärmeerzeugung erfolgt durch eine **Wasser-Erdreich-Wärmepumpe** mit Tiefenbohrungen. Die Raumerwärmung wird mit einer Warmwasser-Fußbodenheizung im Niedertemperaturbereich geregelt. Mechanische Raumlüftungen sind nur in den Toilettenräumen ausgeführt. Sämtliche andere Räume werden über die Fenster gelüftet. Der innenliegende Bereich mit den Selbstlernzentren, Lichthof und Foyer wird über motorisch gesteuerte Lüftungsklappen im Sattel-Glasdach **be- und entlüftet**. Damit alle Räume der Grundschule **barrierefrei** erreicht werden können, wurde im Bereich des Foyers ein **Aufzug** angeordnet, der alle Ebenen des Gebäudes miteinander verbindet.

Sonstiges

Der Grundrissgestaltung der dreizügigen Grundschule liegt ein pädagogisches Konzept mit drei „Lernhäusern" und je vier Klassen für gruppenorientierten Unterricht und einem jeweils einem Lernhaus zugeordneten Selbstlernbereich zu Grunde. Die Klassenräume sind mit ca. 75 m² größer als üblich dimensioniert, um eine Möblierung mit Gruppentischen und paralleler Sitzkreisbildung ohne Zwang zur Veränderung der Tischaufstellungen zu ermöglichen. Alle Klassen erhielten Lüftungsampeln. Durch die in den Lernhäusern zentral angeordneten Selbstlernbereiche konnten Erschließungsflure entfallen. Jedem Klassenraum ist ein eigenes WC zugeordnet. Jeweils zwei Klassen teilen sich einen Garderobenbereich, der gleichzeitig als zweiter Fluchtweg einen direkten Ausgang ins Freien besitzt.

Planungskennwerte für Flächen und Rauminhalte nach DIN 277

4100-0189
Grundschule
(12 Klassen)
(360 Schüler)
Effizienzhaus ~72%

Flächen des Grundstücks		Menge, Einheit	% an GF
BF	Bebaute Fläche	7.676,00 m²	40,7
UF	Unbebaute Fläche	11.170,00 m²	59,3
GF	Grundstücksfläche	18.846,00 m²	100,0

Grundflächen des Bauwerks		Menge, Einheit	% an NUF	% an BGF
NUF	Nutzungsfläche	2.320,00 m²	100,0	69,7
TF	Technikfläche	24,40 m²	1,1	0,7
VF	Verkehrsfläche	466,00 m²	20,1	14,0
NRF	Netto-Raumfläche	2.810,40 m²	121,1	84,4
KGF	Konstruktions-Grundfläche	519,60 m²	22,4	15,6
BGF	Brutto-Grundfläche	3.330,00 m²	143,5	100,0

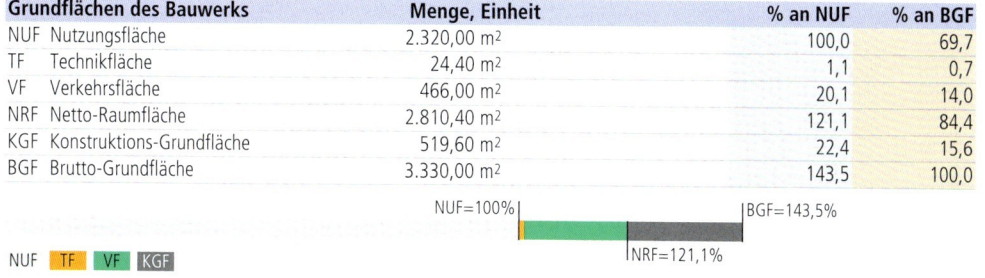

Brutto-Rauminhalt des Bauwerks		Menge, Einheit	BRI/NUF (m)	BRI/BGF (m)
BRI	Brutto-Rauminhalt	13.760,00 m³	5,93	4,13

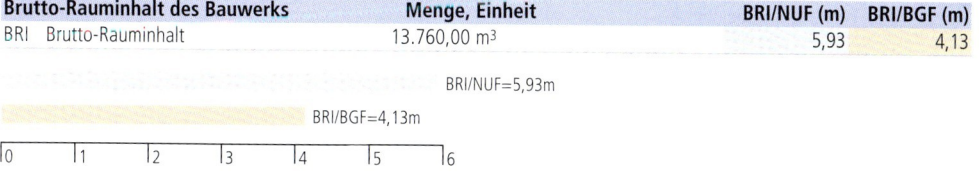

Prozentualer Anteil der Kostengruppen der 2. Ebene an der Kostengruppe 400 nach DIN 276

KG	Kostengruppen (2. Ebene)
410	Abwasser-, Wasser-, Gasanlagen
420	Wärmeversorgungsanlagen
430	Raumlufttechnische Anlagen
440	Elektrische Anlagen
450	Kommunikationstechnische Anlagen
460	Förderanlagen
470	Nutzungsspez. und verfahrenstech. Anlagen
480	Gebäude- und Anlagenautomation
490	Sonstige Maßnahmen für technische Anlagen

Ranking der Kostengruppen der 3. Ebene an der Kostengruppe 400 nach DIN 276

KG	Kostengruppe (3. Ebene)	Kosten an KG 400 %	KG	Kostengruppe (3. Ebene)	Kosten an KG 400 %
421	Wärmeerzeugungsanlagen	22,0	411	Abwasseranlagen	3,3
444	Niederspannungsinstallationsanlagen	21,5	457	Datenübertragungsnetze	2,6
445	Beleuchtungsanlagen	12,3	442	Eigenstromversorgungsanlagen	1,9
423	Raumheizflächen	8,1	431	Lüftungsanlagen	1,1
422	Wärmeverteilnetze	7,7	419	Sonstiges zur KG 410	1,0
412	Wasseranlagen	6,5	454	Elektroakustische Anlagen	1,0
456	Gefahrenmelde- und Alarmanlagen	5,6	446	Blitzschutz- und Erdungsanlagen	0,4
461	Aufzugsanlagen	5,0	452	Such- und Signalanlagen	0,1

© BKI Baukosteninformationszentrum   Kostenstand: 4.Quartal 2021, Bundesdurchschnitt, inkl. 19% MwSt.

4100-0189
Grundschule
(12 Klassen)
(360 Schüler)
Effizienzhaus ~72%

Kostenkennwerte für die Kostengruppen der 1. Ebene DIN 276

KG	Kostengruppen (1. Ebene)	Einheit	Kosten €	€/Einheit	€/m² BGF	€/m³ BRI	% 300+400
100		m² GF	–	–	–	–	–
200	Vorbereitende Maßnahmen	m² GF	73.988	3,93	22,22	5,38	1,1
300	Bauwerk – Baukonstruktionen	m² BGF	5.188.367	1.558,07	1.558,07	377,06	77,6
400	Bauwerk – Technische Anlagen	m² BGF	1.501.634	450,94	450,94	109,13	22,4
	Bauwerk 300+400	**m² BGF**	**6.690.002**	**2.009,01**	**2.009,01**	**486,19**	**100,0**
500	Außenanlagen und Freiflächen	m² AF	120.880	75,82	36,30	8,78	1,8
600	Ausstattung und Kunstwerke	m² BGF	21.945	6,59	6,59	1,59	0,3
700	Baunebenkosten	m² BGF	–	–	–	–	–
800	Finanzierung	m² BGF	–	–	–	–	–

KG	Kostengruppe	Menge Einheit	Kosten €	€/Einheit	%
200	Vorbereitende Maßnahmen	18.846,00 m² GF	73.988	3,93	1,1

Suchgräben; Betonpflaster aufnehmen, Abräumen von Stubben; Hausanschlüsse Wasser, Elektro

3+4	**Bauwerk**				**100,0**
300	**Bauwerk – Baukonstruktionen**	3.330,00 m² BGF	5.188.367	1.558,07	77,6

Stb-Fundamente, Stb-Bodenplatte; Heizestrich, Kautschukbelag, Bodenfliesen, Glasschaumschotter; Stb-Wände, Stb-Stützen, Alu-Pfosten-Riegelfassade, WDVS, hinterlüftete HPL-Fassade, Sonnenschutz; GK-Wände, Stahlstützen, Holztüren, Alu-Glas-Türelemente, Verglasung **Aufzugschacht**, Latex-beschichtungen, Wandfliesen, Wandpaneele, mobile Trennwand, Alu-Glastrennwände, WC-Trennwände; Stb-Decken, Stb-Treppen, Stahltreppen, Akustikdecken, GK-Decken, Beschichtung; Stb-Flachdach, Alu-Lichtdach-Konstruktion, Lichtkuppeln, Abdichtung, Dachentwässerung; Einbauküchen, Einbauschränke

400	**Bauwerk – Technische Anlagen**	3.330,00 m² BGF	1.501.634	450,94	22,4

Gebäudeentwässerung, Kalt- und Warmwasserleitungen, Sanitärobjekte; **Wasser-Erdreich-Wärmepumpe**, **Sole-Wasser-Wärmepumpen**; **Lüftungsanlagen**; **Photovoltaikanlage**; Elektroinstallation, LED-Beleuchtung, Sicherheitsbeleuchtung, **Blitzschutz**; Gegensprechanlage, **Brandmeldeanlage**, Rufanlage **behindertengerechtes WC**, ELA-Anlage, **RWA-Anlage**, CO₂-Lüftungsampeln, Datenübertragungsnetzwerk; **Personenaufzug**

500	**Außenanlagen und Freiflächen**	1.594,33 m² AF	120.880	75,82	1,8

Rohrgrabenaushub; Betonpflaster aufnehmen, wieder einbauen; Gitterroste; Oberflächenentwässerung

600	**Ausstattung und Kunstwerke**	3.330,00 m² BGF	21.945	6,59	0,3

Sanitärausstattung, Gardinenschienen, Winkelblende; Beamer, Halterung

Kostenkennwerte für die Kostengruppen 400 der 2. Ebene DIN 276

4100-0189
Grundschule
(12 Klassen)
(360 Schüler)
Effizienzhaus ~72%

KG	Kostengruppe	Menge Einheit	Kosten €	€/Einheit	%
400	**Bauwerk – Technische Anlagen**				100,0
410	**Abwasser-, Wasser-, Gasanlagen**	3.330,00 m² BGF	163.058	**48,97**	10,9

KG-Rohre DN100-150 (440m), PP-Rohre DN50-100 (378m), Dachhauben DN100 (15St) * Kupferrohre DN15-35 (480m), Wasserfilter (1St), Durchlauferhitzer (6St), Tiefspül-WCs (23St), Waschtische (21St), Urinale (2St), Ausgussbecken (5St), Doppelspüle (1St) * Montageelemente (48St)

| 420 | **Wärmeversorgungsanlagen** | 3.330,00 m² BGF | 566.879 | **170,23** | 37,8 |

Wasser-Erdreich-Wärmepumpe, **Erdwärmesonden** (22St), Abteufen, Bohrloch verfüllen (2.200m), PE-Rohre DN32 (1.186m), **Sole-Wasser-Wärmepumpen** 43kW (2St), Pufferspeicher 1.500l (1St) * Kupferrohre DN28-42 (677m), Umwälzpumpen (4St), Wärmemengenzähler (2St) * Fußbodenheizung (2.810m²), PE-Xc-Rohre (11.931m), Verteilerschränke (14St), Raumthermostate (66St), Stellantriebe (129St), Regelverteiler (15St), Heizkörper (1St)

| 430 | **Raumlufttechnische Anlagen** | 3.330,00 m² BGF | 17.169 | **5,16** | 1,1 |

Einraumlüfter 60-100m³/h (20St), Wickelfalzrohre DN80-200 (76m), Brandschutzschotts (14St)

| 440 | **Elektrische Anlagen** | 3.330,00 m² BGF | 540.912 | **162,44** | 36,0 |

Glasintegrierte **Photovoltaikmodule**, Kosten in KG 362 (107m²), **Zentralbatteriesystem** (1St) * Mantelleitungen (25.082m), Steckdosen (404St), Schalter, Taster (180St), RWA-Taster (7St), Jalousieschalter (51St), Präsenzmelder (101St), Bewegungsmelder (26St) * LED-Einbauleuchten (215St), LED-Einbaudownlights (174St), Flächenstrahler (28St), Langfeldleuchten (32St), Sicherheitsleuchten (56St), Rettungszeichenleuchten (23St) * Kunststoffaderleitungen (631m), Potenzialausgleich (96St)

| 450 | **Kommunikationstechnische Anlagen** | 3.330,00 m² BGF | 138.843 | **41,69** | 9,2 |

Gegensprechanlage, Türsprechstation (1St) * Tischsprechstelle, Funkempfänger (1St), Deckeneinbaulautsprecher (39St), Tonsäulen, außen (3St) * **Brandmeldecomputer** (1St), Handfeuermelder (13St), Meldesockel (91St), Warntongeber (47St), Rauchmelder (5St), Brandmeldekabel (2.894m), Rufanlage **behindertengerechtes WC** (2St), **RWA-Anlage** (1St), Hausalarm, Informationssystem (psch), CO_2-Lüftungsampeln (16St) * Datenschrank (1St), Fernmeldeverteiler (2St), Kommunikationskabel (6.910m)

| 460 | **Förderanlagen** | 3.330,00 m² BGF | 74.774 | **22,45** | 5,0 |

Personenaufzug, getriebelos, ein Geschoss (1St)

4100-0189
Grundschule
(12 Klassen)
(360 Schüler)
Effizienzhaus ~72%

Kostenkennwerte für die Kostengruppe 400 der 2. und 3. Ebene DIN 276 (Übersicht)

KG	Kostengruppe	Menge Einheit	Kosten €	€/Einheit	%
410	**Abwasser-, Wasser-, Gasanlagen**	**3.330,00 m² BGF**	**48,97**	**163.057,50**	**10,9**
411	Abwasseranlagen	3.330,00 m² BGF	14,86	49.491,51	3,3
412	Wasseranlagen	3.330,00 m² BGF	29,49	98.218,18	6,5
419	Sonstiges zur KG 410	3.330,00 m² BGF	4,61	15.347,81	1,0
420	**Wärmeversorgungsanlagen**	**3.330,00 m² BGF**	**170,23**	**566.878,94**	**37,8**
421	Wärmeerzeugungsanlagen	3.330,00 m² BGF	99,05	329.852,18	22,0
422	Wärmeverteilnetze	3.330,00 m² BGF	34,59	115.191,55	7,7
423	Raumheizflächen	3.330,00 m² BGF	36,59	121.835,23	8,1
430	**Raumlufttechnische Anlagen**	**3.330,00 m² BGF**	**5,16**	**17.168,66**	**1,1**
431	Lüftungsanlagen	3.330,00 m² BGF	5,16	17.168,66	1,1
440	**Elektrische Anlagen**	**3.330,00 m² BGF**	**162,44**	**540.912,01**	**36,0**
442	Eigenstromversorgungsanlagen	3.330,00 m² BGF	8,38	27.917,85	1,9
444	Niederspannungsinstallationsanlagen	3.330,00 m² BGF	96,82	322.416,55	21,5
445	Beleuchtungsanlagen	3.330,00 m² BGF	55,52	184.892,98	12,3
446	Blitzschutz- und Erdungsanlagen	3.330,00 m² BGF	1,71	5.684,61	0,4
450	**Kommunikationstechnische Anlagen**	**3.330,00 m² BGF**	**41,69**	**138.842,90**	**9,2**
452	Such- und Signalanlagen	3.330,00 m² BGF	0,44	1.472,33	0,1
454	Elektroakustische Anlagen	3.330,00 m² BGF	4,61	15.339,28	1,0
456	Gefahrenmelde- und Alarmanlagen	3.330,00 m² BGF	25,06	83.453,22	5,6
457	Datenübertragungsnetze	3.330,00 m² BGF	11,59	38.578,07	2,6
460	**Förderanlagen**	**3.330,00 m² BGF**	**22,45**	**74.774,28**	**5,0**
461	Aufzugsanlagen	3.330,00 m² BGF	22,45	74.774,28	5,0

Kostenkennwerte für Leistungsbereiche nach STLB (Kosten KG 400 nach DIN 276)

4100-0189
Grundschule
(12 Klassen)
(360 Schüler)
Effizienzhaus ~72%

LB	Leistungsbereiche	Kosten €	€/m² BGF	€/m³ BRI	% an 400
040	Wärmeversorgungsanlagen - Betriebseinrichtungen	329.852	99,10	24,00	22,0
041	Wärmeversorgungsanlagen - Leitungen, Armaturen, Heizflächen	218.118	65,50	15,90	14,5
042	Gas- und Wasseranlagen - Leitungen, Armaturen	31.394	9,40	2,30	2,1
043	Druckrohrleitungen für Gas, Wasser und Abwasser	–	–	–	–
044	Abwasseranlagen - Leitungen, Abläufe, Armaturen	24.096	7,20	1,80	1,6
045	Gas-, Wasser- und Entwässerungsanlagen - Ausstattung, Elemente, Fertigbäder	75.253	22,60	5,50	5,0
046	Gas-, Wasser- und Entwässerungsanlagen - Betriebseinrichtungen	–	–	–	–
047	Dämm- und Brandschutzarbeiten an technischen Anlagen	31.248	9,40	2,30	2,1
049	Feuerlöschanlagen, Feuerlöschgeräte	–	–	–	–
050	Blitzschutz- / Erdungsanlagen, Überspannungsschutz	5.685	1,70	0,41	0,4
051	Kabelleitungstiefbauarbeiten	–	–	–	–
052	Mittelspannungsanlagen	–	–	–	–
053	Niederspannungsanlagen - Kabel/Leitungen, Verlegesysteme, Installationsgeräte	319.069	95,80	23,20	21,2
054	Niederspannungsanlagen - Verteilersysteme und Einbaugeräte	22.044	6,60	1,60	1,5
055	Sicherheits- und Ersatzstromversorgungsanlagen	–	–	–	–
057	Gebäudesystemtechnik	–	–	–	–
058	Leuchten und Lampen	157.231	47,20	11,40	10,5
059	Sicherheitsbeleuchtungsanlagen	36.883	11,10	2,70	2,5
060	Sprech-, Ruf-, Antennenempfangs-, Uhren- und elektroakustische Anlagen	18.753	5,60	1,40	1,2
061	Kommunikations- und Übertragungsnetze	38.578	11,60	2,80	2,6
062	Kommunikationsanlagen	–	–	–	–
063	Gefahrenmeldeanlagen	81.512	24,50	5,90	5,4
064	Zutrittskontroll-, Zeiterfassungssysteme	–	–	–	–
069	Aufzüge	74.774	22,50	5,40	5,0
070	Gebäudeautomation	–	–	–	–
075	Raumlufttechnische Anlagen	16.013	4,80	1,20	1,1
078	Kälteanlagen für raumlufttechnische Anlagen	–	–	–	–
	Gebäudetechnik	**1.480.504**	**444,60**	**107,60**	**98,6**
	Sonstige Leistungsbereiche	**21.130**	**6,30**	**1,50**	**1,4**

© BKI Baukosteninformationszentrum · Kostenstand: 4.Quartal 2021, Bundesdurchschnitt, **inkl. 19% MwSt.**

4400-0250
Kinderkrippe
(4 Gruppen)
(50 Kinder)

Objektübersicht

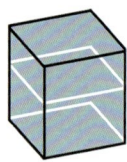 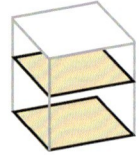 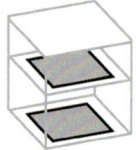 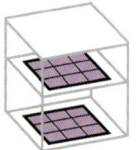

BRI 662 €/m³   **BGF** 2.457 €/m²   **NUF** 4.438 €/m²   **NE** 49.161 €/NE
NE: Kind

Objekt:
Kennwerte: 3. Ebene DIN 276
BRI: 3.712 m³
BGF: 1.000 m²
NUF: 554 m²
Bauzeit: 34 Wochen
Bauende: 2013
Standard: Durchschnitt
Bundesland: Bayern
Kreis: Traunstein

Architekt*in:
Leonhard Architekten
Landwehrstraße 35
80336 München

Bauherr*in:
Stadt Traunstein

© Andreas Leonhard

Zeichnungen

4400-0250
Kinderkrippe
(4 Gruppen)
(50 Kinder)

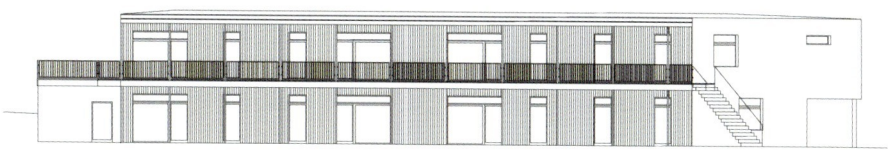

Ansicht Süd-Ost

Erdgeschoss

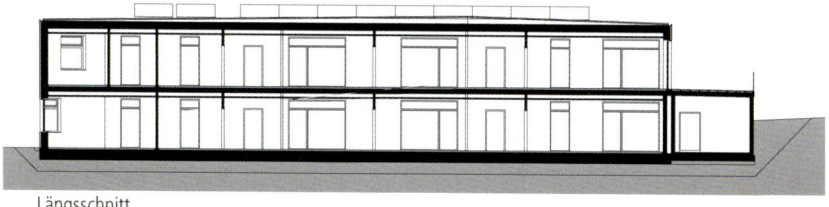

Längsschnitt

Querschnitt

Ansicht Süd-West

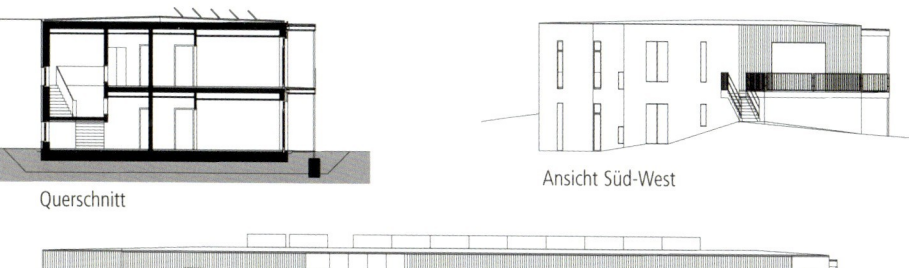

Ansicht Nord-West

4400-0250 Kinderkrippe (4 Gruppen) (50 Kinder)

Objektbeschreibung

Allgemeine Objektinformationen

Die neue zweigeschossige Kinderkrippe bietet Raum für die Betreuung von bis zu 50 Kindern im Alter zwischen einem und drei Jahren. Pro Geschoss sind jeweils zwei Gruppenräume mit Ruheraum, Bad und Garderobe sowie ein Bewegungsraum zum Garten hin angeordnet. Die Bewegungsräume können zum angrenzenden Ruheraum geöffnet werden. Die Flure und der Fluchtbalkon dienen als Spielbereiche.

Nutzung

1 Erdgeschoss
Gruppenräume mit Ruheraum und Bad, Büro-Leitung, Intensivraum, Spielflur, Bewegungsraum mit Ruheraum, Hausanschlussraum, Windfang, Kinderwagenabstellraum, Abstellraum, Putzkammer, Sanitärräume, Mitarbeitergarderobe

1 Obergeschoss
Gruppenräume mit Ruheraum und Bad, Küche, Personalraum, Spielflur, Bewegungsraum mit Ruheraum, Hauswirtschaftsraum, Technikräume, Abstellraum, Putzkammer, Sanitärräume

Nutzeinheiten

Gruppen: 4
Kinder: 50

Grundstück

Bauraum: Freier Bauraum
Neigung: Geneigtes Gelände
Bodenklasse: BK 1 bis BK 5

Markt

Hauptvergabezeit: 1.Quartal 2013
Baubeginn: 2.Quartal 2013
Bauende: 4.Quartal 2013
Konjunkturelle Gesamtlage: Durchschnitt
Regionaler Baumarkt: Durchschnitt

Baukonstruktion

Die Kinderkrippe wurde in ökologischer Holzbauweise errichtet. Sie gründet auf einer Stahlbeton-Fundamentplatte, die mit Estrich und Parkett, bzw. Fliesen belegt ist. Die Brettsperrholzdecken sind mit einer abgehängten Akustikdecke bekleidet. Die Zwischenräume der vorgefertigten Holzständeraußenwände sind mit Zellulose gedämmt, zusätzlich wurde eine Holzfaserdämmung aufgebracht. Die Innenwände wurden aus Massivholz gefertigt. Die Holzfenster sind dreifachverglast. Durch mobile Trennwände können in jedem Geschoss die Bewegungsräume mit dem Ruheraum zusammenschaltet werden. Ein aus Stahl konstruierter Balkon wurde dem Gebäude vorgestellt. Die Fluchttreppen wurden ebenfalls aus Stahl gefertigt.

Technische Anlagen

Das Gebäude wird über eine **Lüftungsanlage** mit **Wärmerückgewinnung** mit Frischluft versorgt. Die Warmwasserbereitung erfolgt durch **Solarthermie**. Spitzenlasten werden durch eine Gastherme gedeckt. Auf dem Flachdach ist eine **Photovoltaikanlage** montiert. Sonnenschutz und Licht werden über ein **Bussystem** gesteuert. Es wurde eine **Aufzugsanlage** eingebaut.
Be- und Entlüftete Fläche: 844,52m²

Planungskennwerte für Flächen und Rauminhalte nach DIN 277

4400-0250
Kinderkrippe
(4 Gruppen)
(50 Kinder)

Flächen des Grundstücks

		Menge, Einheit	% an GF
BF	Bebaute Fläche	457,00 m²	17,6
UF	Unbebaute Fläche	2.143,00 m²	82,4
GF	Grundstücksfläche	2.600,00 m²	100,0

Grundflächen des Bauwerks

		Menge, Einheit	% an NUF	% an BGF
NUF	Nutzungsfläche	553,90 m²	100,0	55,4
TF	Technikfläche	27,80 m²	5,0	2,8
VF	Verkehrsfläche	262,82 m²	47,5	26,3
NRF	Netto-Raumfläche	844,52 m²	152,5	84,4
KGF	Konstruktions-Grundfläche	155,88 m²	28,1	15,6
BGF	Brutto-Grundfläche	1.000,40 m²	180,6	100,0

NUF=100% | BGF=180,6%
NRF=152,5%

NUF TF VF KGF

Brutto-Rauminhalt des Bauwerks

		Menge, Einheit	BRI/NUF (m)	BRI/BGF (m)
BRI	Brutto-Rauminhalt	3.711,66 m³	6,70	3,71

BRI/NUF=6,70m
BRI/BGF=3,71m

0 1 2 3 4 5 6 7

Prozentualer Anteil der Kostengruppen der 2. Ebene an der Kostengruppe 400 nach DIN 276

KG	Kostengruppen (2. Ebene)	20%	40%	60%
410	Abwasser-, Wasser-, Gasanlagen			
420	Wärmeversorgungsanlagen			
430	Raumlufttechnische Anlagen			
440	Elektrische Anlagen			
450	Kommunikationstechnische Anlagen			
460	Förderanlagen			
470	Nutzungsspez. und verfahrenstech. Anlagen			
480	Gebäude- und Anlagenautomation			
490	Sonstige Maßnahmen für technische Anlagen			

Ranking der Kostengruppen der 3. Ebene an der Kostengruppe 400 nach DIN 276

KG	Kostengruppe (3. Ebene)	Kosten an KG 400 %	KG	Kostengruppe (3. Ebene)	Kosten an KG 400 %
444	Niederspannungsinstallationsanlagen	12,3	456	Gefahrenmelde- und Alarmanlagen	5,2
445	Beleuchtungsanlagen	12,2	481	Automationseinrichtungen	3,8
421	Wärmeerzeugungsanlagen	12,0	423	Raumheizflächen	3,3
431	Lüftungsanlagen	11,3	422	Wärmeverteilnetze	3,1
412	Wasseranlagen	11,0	446	Blitzschutz- und Erdungsanlagen	1,1
411	Abwasseranlagen	7,5	451	Telekommunikationsanlagen	1,0
442	Eigenstromversorgungsanlagen	7,0	419	Sonstiges zur KG 410	0,9
461	Aufzugsanlagen	6,9	457	Datenübertragungsnetze	0,6

© BKI Baukosteninformationszentrum

Kostenstand: 4.Quartal 2021, Bundesdurchschnitt, inkl. 19% MwSt.

4400-0250
Kinderkrippe
(4 Gruppen)
(50 Kinder)

Kostenkennwerte für die Kostengruppen der 1. Ebene DIN 276

KG	Kostengruppen (1. Ebene)	Einheit	Kosten €	€/Einheit	€/m² BGF	€/m³ BRI	% 300+400
100		m² GF	–	–	–	–	–
200	Vorbereitende Maßnahmen	m² GF	–	–	–	–	–
300	Bauwerk – Baukonstruktionen	m² BGF	1.825.033	1.824,30	1.824,30	491,70	74,2
400	Bauwerk – Technische Anlagen	m² BGF	633.019	632,77	632,77	170,55	25,8
	Bauwerk 300+400	**m² BGF**	**2.458.052**	**2.457,07**	**2.457,07**	**662,25**	**100,0**
500	Außenanlagen und Freiflächen	m² AF	–	–	–	–	–
600	Ausstattung und Kunstwerke	m² BGF	7.674	7,67	7,67	2,07	0,3
700	Baunebenkosten	m² BGF	–	–	–	–	–
800	Finanzierung	m² BGF	–	–	–	–	–

KG	Kostengruppe	Menge Einheit	Kosten €	€/Einheit	%
3+4	**Bauwerk**				**100,0**
300	**Bauwerk – Baukonstruktionen**	1.000,40 m² BGF	1.825.033	**1.824,30**	74,2

Stb-Fundamentplatte, WU-Beton, Abdichtung, Dämmung, Heizestrich, Parkett, Bodenfliesen, Bodenbeschichtung; Holzständerwände, Stb-Wände, Holzfenster, Holzschalung, HPL-Fassade, GK-Beplankung, Beschichtung, Außenrollos; Brettsperrholzwände, GK-Wände mit Schiebetüren, Holztüren, Beschichtung, Wandfliesen, mobile Trennwände; Brettsperrholzdecken, Treppen, Terrassendielen, Akustikdecken, GK-Decken, Dreischichtplatten, Balkon, Stahlgeländer; Brettsperrholzdach, Stb-Flachdach, Balkondach, Lichtkuppeln, Dämmung, Abdichtung, Kies, Dachbegrünung, Dachentwässerung; Einbaumöbel, Fassadenbeschriftung

| 400 | **Bauwerk – Technische Anlagen** | 1.000,40 m² BGF | 633.019 | **632,77** | 25,8 |

Gebäudeentwässerung, Kalt- und Warmwasserleitungen, Sanitärobjekte; **Gas-Brennwerttherme**, Frischwasserstationen, **Solaranlage**, Fußbodenheizung; **Lüftungszentralgerät** mit **Wärmerückgewinnung**; **Photovoltaikanlage**, Elektroinstallation, Beleuchtung, **Blitzschutzanlage**; Telekommunikationsanlage, Türsprechanlage, Antennenanlage, **Brandmeldeanlage**, Entrauchung **Aufzug**, EDV-Verkabelung; Personenaufzug; **Gebäudeautomation**

| 600 | **Ausstattung und Kunstwerke** | 1.000,40 m² BGF | 7.674 | **7,67** | 0,3 |

Ausstattung mit Hygienegeräte

Kostenkennwerte für die Kostengruppen 400 der 2. Ebene DIN 276

4400-0250
Kinderkrippe
(4 Gruppen)
(50 Kinder)

KG	Kostengruppe	Menge Einheit	Kosten €	€/Einheit	%
400	Bauwerk – Technische Anlagen				100,0
410	Abwasser-, Wasser-, Gasanlagen	1.000,40 m² BGF	122.695	**122,65**	19,4

PP-Rohre (246m), Revisionsschächte (5St), Guss-Rohre (68m), HT-Rohre (77m), Bodenabläufe (9St) * Edelstahlrohre (386m), PE-Druckrohre (43m), Druckminderer (1St), Wasserzähler (1St), Hygienespülungen (5St), Fäkalien-Wandausgüsse (4St), WCs (3St), kindgerecht (8St), Waschtische (2St), Einbauwaschtische (9St), Waschrinnen (4St), Duschwannen (4St), Ausgussbecken (1St), Außenarmaturen (2St) * Montageelemente (16St)

420	**Wärmeversorgungsanlagen**	1.000,40 m² BGF	117.830	**117,78**	18,6

Gas-Brennwerttherme 60kW (1St), Gaszähleranschluss (1St), Gaszuleitung (16m), Heizungswasser-Pufferspeicher 2.000l (1St), Ausdehnungsgefäß (1St), Nachspeise-, Füllstation (1St), Wasserzähler (1St), Pumpen (4St), dezentrale Frischwasserstationen 50kW (2St), 35kW (1St), **Solarkollektoren** (18m²), Solarstation (1St), Fernleitung-Doppelrohr (30m), Wärmemengenzähler (3St) * Heizungsrohre (280m) * Fußbodenheizung (761m²), Verteiler (4St), Thermoantriebe (46St) * **Abgasanlage** (3m)

430	**Raumlufttechnische Anlagen**	1.000,40 m² BGF	71.433	**71,40**	11,3

Lüftungszentralgerät mit **Wärmerückgewinnung**, Volumenstrom 450m³/h (1St), Vorheizregister (5St), TFT-Touchpanels (5St), Bus-Thermostate (5St), Wickelfalzrohre (292m), oval (15St), Alu-Flexrohre (61m), Brandschutzklappen (4St), Zuluftventile (49St), Abluftventile (5St), Rohrdämmung (38m²)

440	**Elektrische Anlagen**	1.000,40 m² BGF	205.924	**205,84**	32,5

Photovoltaikanlage 15,04kW$_p$ (75m²) * Zählerschrank (1St), Kombi-Ableiter (1St), Verteiler (2St), FI-Schalter (26St), Lasttrennschalter (20St), Sicherungen (87St), Schütze (7St), Mantelleitungen (5.656m), Steuerkabel (839m), Gummikabel (60m), Starkstromkabel (41m), Steckdosen (219St), Schalter (13St), Bewegungsmelder (13St), Präsenzmelder (1St), Leerrohre (1.136m), Kabelschutzrohre (260m) * Einbauleuchten (73St), Einbau-Lichtlinien (23St), **Lichtbänder** (4St), Lichtkanal (42m), Anbauleuchten (30St), Downlights (9St), Pollerleuchten (3St), Rettungszeichenleuchten (5St), Sicherheitsleuchten (20St), Bereitschaftsleuchten (2St) * Banderder (261m), Potenzialausgleich (3St), Leitungen (223m), Fangleitungen (165m)

450	**Kommunikationstechnische Anlagen**	1.000,40 m² BGF	45.847	**45,83**	7,2

ISDN-Telefonanlage mit Notstromversorgung, Türstation (1St), Systemtelefone (2St), Drahtlostelefone (4St), Fernmeldeleitungen (1.455m) * Bus-Türsprechanlage (1St), Leitungen (89m), Ruf-Kompaktset, behindertengerechtes WC (1St) * Koaxialkabel (242m), Antennensteckdosen (6St) * **Brandmelde-Computer** (1St), Übertragungsgerät (1St), Fluchttürsteuerungen (2St), Multisensormelder (81St), Wärmemelder (2St), Druckknopfmelder (4St), Warntongeber (1St), Melder, Parallel (38St), Brandmeldekabel (794m), LSF-Zentralgerät, Rauchansaugsystem (1St), Feuerwehrschalter für PV (1St) * Datenkabel (502m), Datendosen (29St)

460	**Förderanlagen**	1.000,40 m² BGF	43.457	**43,44**	6,9

Personenaufzug, Tragkraft 630kg, acht Personen, zwei Haltestellen (1St)

© **BKI** Baukosteninformationszentrum · Kostenstand: 4.Quartal 2021, Bundesdurchschnitt, inkl. 19% MwSt.

KG	Kostengruppe	Menge Einheit	Kosten €	€/Einheit	%
480	Gebäude- und Anlagenautomation	1.000,40 m² BGF	25.081	**25,07**	4,0

EIB-Spannungsversorgung (3St), Linienkoppler (2St), USB-Schnittstelle (1St), Jahresschaltuhr, DCF (1St), **KNX-Applikationsbausteine** (2St), **KNX-Wetterstation** (1St), Schaltaktoren (8St), Jalousieaktoren (2St), Binäreingang (1St), **EIB-Schnittstellen** (2St), Sensoren (65St), Automatikschalter (3St), **EIB-Präsenzmelder** (5St), **KNX-Helligkeitsregler** (10St), Kombi-Ableiter (1St) *
EIB-Leitungen (702m)

KG	Kostengruppe	Menge Einheit	Kosten €	€/Einheit	%
490	Sonstige Maßnahmen für technische Anlagen	1.000,40 m² BGF	753	**0,75**	0,1

Schutz der **Aufzugskabine**, provisorisch bekleiden (1St)

Kostenkennwerte für die Kostengruppe 400 der 2. und 3. Ebene DIN 276 (Übersicht)

4400-0250
Kinderkrippe
(4 Gruppen)
(50 Kinder)

KG	Kostengruppe	Menge Einheit	Kosten €	€/Einheit	%
410	**Abwasser-, Wasser-, Gasanlagen**	1.000,40 m² BGF	122,65	122.694,89	**19,4**
411	Abwasseranlagen	1.000,40 m² BGF	47,35	47.372,01	7,5
412	Wasseranlagen	1.000,40 m² BGF	69,79	69.814,27	11,0
419	Sonstiges zur KG 410	1.000,40 m² BGF	5,51	5.508,60	0,9
420	**Wärmeversorgungsanlagen**	1.000,40 m² BGF	117,78	117.829,96	**18,6**
421	Wärmeerzeugungsanlagen	1.000,40 m² BGF	76,04	76.066,59	12,0
422	Wärmeverteilnetze	1.000,40 m² BGF	19,67	19.675,54	3,1
423	Raumheizflächen	1.000,40 m² BGF	20,93	20.937,12	3,3
429	Sonstiges zur KG 420	1.000,40 m² BGF	1,15	1.150,69	0,2
430	**Raumlufttechnische Anlagen**	1.000,40 m² BGF	71,40	71.432,73	**11,3**
431	Lüftungsanlagen	1.000,40 m² BGF	71,40	71.432,73	11,3
440	**Elektrische Anlagen**	1.000,40 m² BGF	205,84	205.923,66	**32,5**
442	Eigenstromversorgungsanlagen	1.000,40 m² BGF	44,24	44.253,06	7,0
444	Niederspannungsinstallationsanlagen	1.000,40 m² BGF	77,80	77.831,32	12,3
445	Beleuchtungsanlagen	1.000,40 m² BGF	76,95	76.980,51	12,2
446	Blitzschutz- und Erdungsanlagen	1.000,40 m² BGF	6,86	6.858,78	1,1
450	**Kommunikationstechnische Anlagen**	1.000,40 m² BGF	45,83	45.847,10	**7,2**
451	Telekommunikationsanlagen	1.000,40 m² BGF	6,28	6.287,24	1,0
452	Such- und Signalanlagen	1.000,40 m² BGF	2,30	2.297,42	0,4
455	Audiovisuelle Medien- u. Antennenanl.	1.000,40 m² BGF	0,52	517,98	0,1
456	Gefahrenmelde- und Alarmanlagen	1.000,40 m² BGF	32,78	32.792,68	5,2
457	Datenübertragungsnetze	1.000,40 m² BGF	3,95	3.951,77	0,6
460	**Förderanlagen**	1.000,40 m² BGF	43,44	43.456,78	**6,9**
461	Aufzugsanlagen	1.000,40 m² BGF	43,44	43.456,78	6,9
480	**Gebäude- und Anlagenautomation**	1.000,40 m² BGF	25,07	25.080,77	**4,0**
481	Automationseinrichtungen	1.000,40 m² BGF	24,12	24.129,21	3,8
485	Datenübertragungsnetze	1.000,40 m² BGF	0,95	951,56	0,2
490	**Sonst. Maßnahmen für techn. Anlagen**	1.000,40 m² BGF	**0,75**	**753,06**	**0,1**
497	Zusätzliche Maßnahmen	1.000,40 m² BGF	0,75	753,06	0,1

© BKI Baukosteninformationszentrum Kostenstand: 4.Quartal 2021, Bundesdurchschnitt, inkl. 19% MwSt.

4400-0250
Kinderkrippe
(4 Gruppen)
(50 Kinder)

Kostenkennwerte für Leistungsbereiche nach STLB (Kosten KG 400 nach DIN 276)

LB	Leistungsbereiche	Kosten €	€/m² BGF	€/m³ BRI	% an 400
040	Wärmeversorgungsanlagen - Betriebseinrichtungen	75.976	75,90	20,50	12,0
041	Wärmeversorgungsanlagen - Leitungen, Armaturen, Heizflächen	33.834	33,80	9,10	5,3
042	Gas- und Wasseranlagen - Leitungen, Armaturen	32.324	32,30	8,70	5,1
043	Druckrohrleitungen für Gas, Wasser und Abwasser	2.283	2,30	0,62	0,4
044	Abwasseranlagen - Leitungen, Abläufe, Armaturen	12.579	12,60	3,40	2,0
045	Gas-, Wasser- und Entwässerungsanlagen - Ausstattung, Elemente, Fertigbäder	37.375	37,40	10,10	5,9
046	Gas-, Wasser- und Entwässerungsanlagen - Betriebseinrichtungen	–	–	–	–
047	Dämm- und Brandschutzarbeiten an technischen Anlagen	22.802	22,80	6,10	3,6
049	Feuerlöschanlagen, Feuerlöschgeräte	–	–	–	–
050	Blitzschutz- / Erdungsanlagen, Überspannungsschutz	6.859	6,90	1,80	1,1
051	Kabelleitungstiefbauarbeiten	–	–	–	–
052	Mittelspannungsanlagen	–	–	–	–
053	Niederspannungsanlagen - Kabel/Leitungen, Verlegesysteme, Installationsgeräte	61.323	61,30	16,50	9,7
054	Niederspannungsanlagen - Verteilersysteme und Einbaugeräte	16.328	16,30	4,40	2,6
055	Sicherheits- und Ersatzstromversorgungsanlagen	44.253	44,20	11,90	7,0
057	Gebäudesystemtechnik	–	–	–	–
058	Leuchten und Lampen	67.514	67,50	18,20	10,7
059	Sicherheitsbeleuchtungsanlagen	9.466	9,50	2,60	1,5
060	Sprech-, Ruf-, Antennenempfangs-, Uhren- und elektroakustische Anlagen	2.433	2,40	0,66	0,4
061	Kommunikations- und Übertragungsnetze	4.334	4,30	1,20	0,7
062	Kommunikationsanlagen	6.287	6,30	1,70	1,0
063	Gefahrenmeldeanlagen	32.793	32,80	8,80	5,2
064	Zutrittskontroll-, Zeiterfassungssysteme	–	–	–	–
069	Aufzüge	43.663	43,60	11,80	6,9
070	Gebäudeautomation	22.576	22,60	6,10	3,6
075	Raumlufttechnische Anlagen	64.266	64,20	17,30	10,2
078	Kälteanlagen für raumlufttechnische Anlagen	–	–	–	–
	Gebäudetechnik	**599.269**	**599,00**	**161,50**	**94,7**
	Sonstige Leistungsbereiche	**33.750**	**33,70**	**9,10**	**5,3**

Objekte

4400-0293
Kinderkrippe
(3 Gruppen)
(36 Kinder)
Effizienzhaus ~37%

Objektübersicht

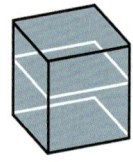 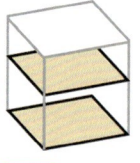  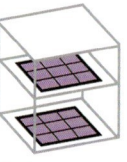

BRI 445 €/m³   **BGF** 1.862 €/m²   **NUF** 2.448 €/m²   **NE** 31.657 €/NE
NE: Kind

Objekt:
Kennwerte: 3. Ebene DIN 276
BRI: 2.560 m³
BGF: 612 m²
NUF: 466 m²
Bauzeit: 56 Wochen
Bauende: 2014
Standard: Durchschnitt
Bundesland: Bayern
Kreis: Neuburg-Schroben-
hausen

Architekt*in:
Architekturbüro Schwalm
Aretinstraße 34
85123 Karlskron

Bauherr*in:
Gemeinde Königsmoos

© Helmut Schwalm

Zeichnungen

4400-0293
Kinderkrippe
(3 Gruppen)
(36 Kinder)
Effizienzhaus ~37%

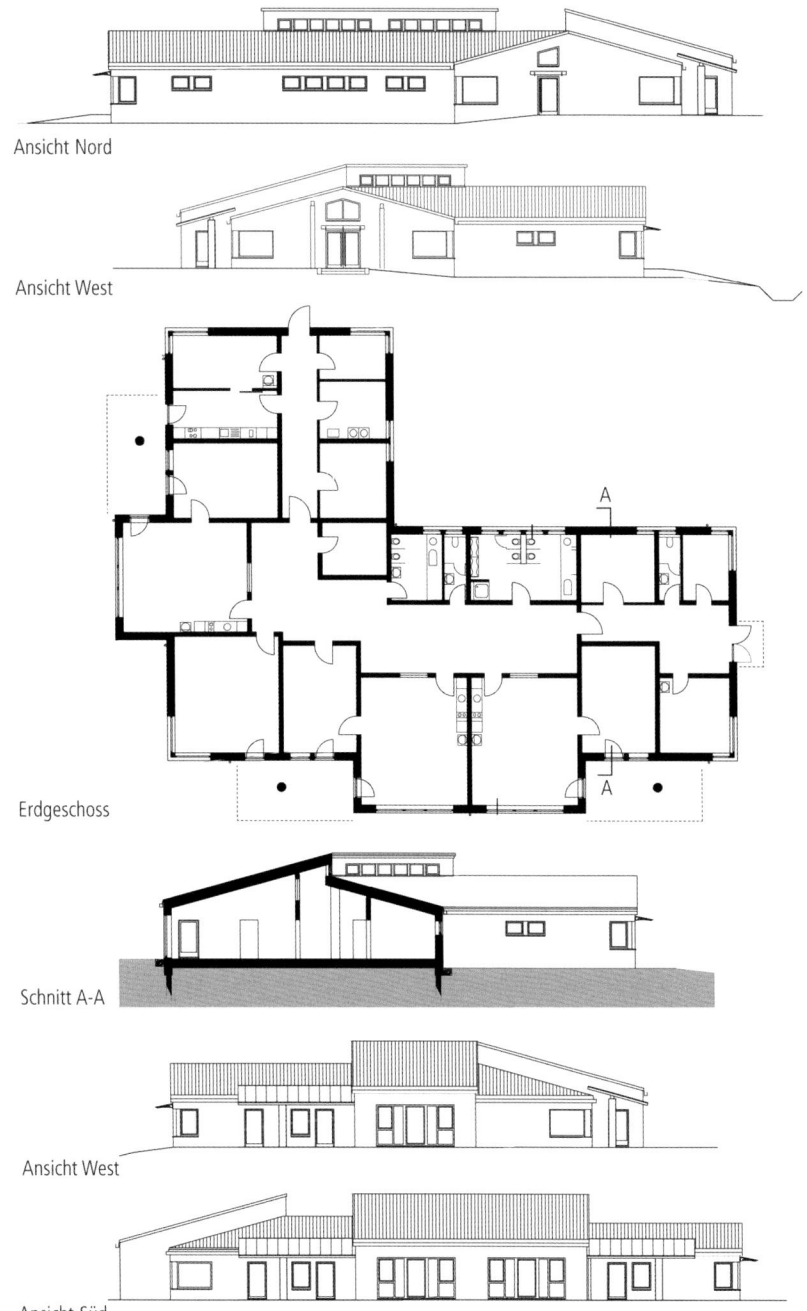

4400-0293
Kinderkrippe
(3 Gruppen)
(36 Kinder)
Effizienzhaus ~37%

Objektbeschreibung

Allgemeine Objektinformationen

Die Kinderkrippe für 36 Kinder wurde auf dem Gelände des nicht mehr benötigten Wertstoffhofes errichtet. Der erdgeschossige Bau in L-Form ist nach Süden bzw. Westen orientiert. Der Bau der Kinderkrippe wurde staatlich gefördert.

Nutzung

1 Erdgeschoss
Kinder: Gruppenräume, Schlafräume (3St), Bäder/WCs (2St), Bewegungsraum, Terrassen (2St), Spielflur, Bibliothek, Garten mit Spielgeräten

Personal: Büro, Aufenthaltsraum, Küche, HWR, WCs (2St), Terrasse, Abstellräume (2St), Garderobe, Haustechnik

Nutzeinheiten

Gruppen: 3
Kinder: 36

Grundstück

Bauraum: Freier Bauraum
Neigung: Ebenes Gelände
Bodenklasse: BK 1 bis BK 3

Markt

Hauptvergabezeit: 4.Quartal 2013
Baubeginn: 4.Quartal 2013
Bauende: 4.Quartal 2014
Konjunkturelle Gesamtlage: über Durchschnitt
Regionaler Baumarkt: unter Durchschnitt

Baukonstruktion

Die Krippe wurde zugunsten des Raumklimas in bewährter Ziegel-Massivbauweise errichtet. Aufgrund des nicht tragfähigen Moosgrundes war eine Pfahlgründung nötig. Um eine ausreichende Belichtung des zentralen Spielflurs sicherzustellen, wurde das Satteldach an drei Stellen zu Pultdächern erhöht. Die Beschattung der Terrassen wird durch farbige Glasüberdachung erreicht.

Technische Anlagen

Die Beheizung erfolgt durch eine **Erd-Wärmepumpe** mit **Energiekörben**. Warmwasser wird wegen des niedrigen Verbrauchs einer Kinderkrippe elektrisch an den jeweiligen Entnahmestellen erzeugt. Die Krippe ist mit einer **Lüftungsanlage** ausgestattet.
Be- und Entlüftete Fläche: 525,22 m^2

Energetische Kennwerte

EnEV Fassung: 2009
Gebäudenutzfläche (EnEV): 600,00 m^2
Spez. Jahresprimärenergiebedarf (EnEV): 6,10 kWh/(m^2·a)

Planungskennwerte für Flächen und Rauminhalte nach DIN 277

4400-0293
Kinderkrippe
(3 Gruppen)
(36 Kinder)
Effizienzhaus ~37%

Flächen des Grundstücks		Menge, Einheit	% an GF
BF	Bebaute Fläche	620,32 m²	15,8
UF	Unbebaute Fläche	3.301,68 m²	84,2
GF	Grundstücksfläche	3.922,00 m²	100,0

Grundflächen des Bauwerks		Menge, Einheit	% an NUF	% an BGF
NUF	Nutzungsfläche	465,64 m²	100,0	76,1
TF	Technikfläche	15,55 m²	3,3	2,5
VF	Verkehrsfläche	44,03 m²	9,5	7,2
NRF	Netto-Raumfläche	525,22 m²	112,8	85,8
KGF	Konstruktions-Grundfläche	86,78 m²	18,6	14,2
BGF	Brutto-Grundfläche	612,00 m²	131,4	100,0

NUF=100% | BGF=131,4%
NRF=112,8%

NUF TF VF KGF

Brutto-Rauminhalt des Bauwerks		Menge, Einheit	BRI/NUF (m)	BRI/BGF (m)
BRI	Brutto-Rauminhalt	2.560,00 m³	5,50	4,18

BRI/NUF=5,50m
BRI/BGF=4,18m
0 1 2 3 4 5 6

Prozentualer Anteil der Kostengruppen der 2. Ebene an der Kostengruppe 400 nach DIN 276

KG	Kostengruppen (2. Ebene)	20%	40%	60%
410	Abwasser-, Wasser-, Gasanlagen			
420	Wärmeversorgungsanlagen			
430	Raumlufttechnische Anlagen			
440	Elektrische Anlagen			
450	Kommunikationstechnische Anlagen			
460	Förderanlagen			
470	Nutzungsspez. und verfahrenstech. Anlagen			
480	Gebäude- und Anlagenautomation			
490	Sonstige Maßnahmen für technische Anlagen			

Ranking der Kostengruppen der 3. Ebene an der Kostengruppe 400 nach DIN 276

KG	Kostengruppe (3. Ebene)	Kosten an KG 400 %	KG	Kostengruppe (3. Ebene)	Kosten an KG 400 %
444	Niederspannungsinstallationsanlagen	16,9	423	Raumheizflächen	5,8
412	Wasseranlagen	16,0	456	Gefahrenmelde- und Alarmanlagen	3,4
445	Beleuchtungsanlagen	15,6	446	Blitzschutz- und Erdungsanlagen	2,6
431	Lüftungsanlagen	13,7	419	Sonstiges zur KG 410	0,9
411	Abwasseranlagen	10,4	457	Datenübertragungsnetze	0,8
421	Wärmeerzeugungsanlagen	7,0	451	Telekommunikationsanlagen	0,5
422	Wärmeverteilnetze	6,0	452	Such- und Signalanlagen	0,5

© BKI Baukosteninformationszentrum Kostenstand: 4.Quartal 2021, Bundesdurchschnitt, inkl. 19% MwSt.

4400-0293
Kinderkrippe
(3 Gruppen)
(36 Kinder)
Effizienzhaus ~37%

Kostenkennwerte für die Kostengruppen der 1. Ebene DIN 276

KG	Kostengruppen (1. Ebene)	Einheit	Kosten €	€/Einheit	€/m² BGF	€/m³ BRI	% 300+400
100		m² GF	–	–	–	–	–
200	Vorbereitende Maßnahmen	m² GF	8.455	2,16	13,81	3,30	0,7
300	Bauwerk – Baukonstruktionen	m² BGF	877.226	1.433,38	1.433,38	342,67	77,0
400	Bauwerk – Technische Anlagen	m² BGF	262.436	428,82	428,82	102,51	23,0
	Bauwerk 300+400	**m² BGF**	**1.139.663**	**1.862,19**	**1.862,19**	**445,18**	**100,0**
500	Außenanlagen und Freiflächen	m² AF	133.045	61,33	217,39	51,97	11,7
600	Ausstattung und Kunstwerke	m² BGF	99.480	162,55	162,55	38,86	8,7
700	Baunebenkosten	m² BGF	–	–	–	–	–
800	Finanzierung	m² BGF	–	–	–	–	–

KG	Kostengruppe	Menge Einheit	Kosten €	€/Einheit	%
200	**Vorbereitende Maßnahmen**	3.922,00 m² GF	8.455	**2,16**	0,7

Wurzelstöcke abräumen, Oberboden abtragen

3+4	**Bauwerk**				**100,0**
300	**Bauwerk – Baukonstruktionen**	612,00 m² BGF	877.226	**1.433,38**	77,0

Stb-Tiefgründung, Stb-Bodenplatte, Estrich, Bodenabdichtung; Ziegelmauerwerk, Stützen, Holz-Alufenster, Außenputz, Sonnenschutz; Holztüren, Beschichtung, Wandfliesen; Holzdachkonstruktion, Zementfaser-Wellplatten, Dachentwässerung, Akustikdecken; Einbauküchen

400	**Bauwerk – Technische Anlagen**	612,00 m² BGF	262.436	**428,82**	23,0

Gebäudeentwässerung, Kalt- und Warmwasserleitungen, Sanitärobjekte; **Sole-Wasser-Wärmepumpe**, Fußbodenheizung, **Lüftungsanlage**; Elektroinstallation, Beleuchtung, Erdung; Telefonanlage, Sprechanlage, **Brandmeldeanlage**, Datenübertragungsnetz

500	**Außenanlagen und Freiflächen**	2.169,50 m² AF	133.045	**61,33**	11,7

Bodenarbeiten; Stb-Bodenplatte Gerätehaus; Betonpflaster, Betonplatten, Rasenfugensteine, Betonblockstufe; Stabgitterzaun, Drehtore; Kontrollschacht, PP-Rohre, Erdkörbe für **Wärmepumpe**, Außenstrahler; Gerätehaus, Mülltonnenboxen, Federwippe, Kletterigel, Sonnenschutzsegel; Abbruch von Belägen

600	**Ausstattung und Kunstwerke**	612,00 m² BGF	99.480	**162,55**	8,7

Kinderbetten, Möbel, Spielzeug, Lernwände, Sprossenwand, Turnbank, Musikinstrumente, Sanitärausstattung, Laser-Schneidemaschiene, Laminiergerät; Beschilderungen

Kostenkennwerte für die Kostengruppen 400 der 2. Ebene DIN 276

4400-0293
Kinderkrippe
(3 Gruppen)
(36 Kinder)
Effizienzhaus ~37%

KG	Kostengruppe	Menge Einheit	Kosten €	€/Einheit	%
400	**Bauwerk – Technische Anlagen**				100,0
410	**Abwasser-, Wasser-, Gasanlagen**	612,00 m² BGF	71.373	**116,62**	27,2

KG-Rohre (123m), PP-Rohre (69m) * PP-Rohre (198m), WW-Speicher (8St), Durchlauferhitzer (1St), Kinder-Tiefspül-WCs (6St), Tiefspül-WCs (2St), Doppelwaschtische (2St), Waschtische (9St), Waschlandschaft, vier Becken (1St), Waschbecken (3St), **Säuglingspflegebecken** (2St), Duschwanne (1St) * Montageelemente (8St)

420	**Wärmeversorgungsanlagen**	612,00 m² BGF	49.092	**80,22**	18,7

Sole-Wasser-Wärmepumpe 21,6kW (1St), Pufferspeicher 300l (1St), Elektroheizung 6kW (1St), Druckausdehnungsgefäß 80l (1St) * Stahl-Gewinderohre DN15-40 (103m), Umwälzpumpe (1St), Heizkreisverteiler (3St), Verteilerschränke (2St) * Fußbodenheizung, Heizungsrohre (499m²), Raumtemperaturregler (21St)

430	**Raumlufttechnische Anlagen**	612,00 m² BGF	36.051	**58,91**	13,7

Zentrales **Lüftungsgerät** 468-1.548m³/h, **Wärmerückgewinnung** (1St), Ab- und Zuluftventile (4St), Wickelfalzrohre DN250 (96m), Telefonieschalldämpfer (11St), Brandschutzklappen (4St)

440	**Elektrische Anlagen**	612,00 m² BGF	92.336	**150,88**	35,2

Zählerschrank (1St), Verteilerkasten (1St), Hauptschalter (2St), Installationskabel (1.371m), Mantelleitungen (2.750m), Steckdosen (122St), Schalter/Taster (61St), Bewegungsmelder (4St), Präsenzmelder (7St) * Pendelleuchten (36St), Anbauleuchten (56St), Wand- Deckenleuchten (18St), Sicherheitsleuchten (4St), Hängeleuchten (2St), Spiegelwandleuchten (3St) * Fundamenterder (144m), Anschlussfahnen (14St), Potentialausgleichsschiene (1St), Fangleitungen (80m), Ableitungen (27m), Anschlüsse (101St)

450	**Kommunikationstechnische Anlagen**	612,00 m² BGF	13.585	**22,20**	5,2

ISDN-Telefonanlage, Mobiltelefon mit Anrufbeantworter (1St), Mobiltelefon (1St), Analogtelefone (4St) * Sprechanlage, eine Gegensprechstelle (1St) * **Brandmeldeanlage**, Anzeige- und Bedienteil, Fernmeldeleitung (1St), **Notstrombatterien** (2St), Rauchmelder (9St), Wärmemelder (1St), Handfeuermelder (3St) * Datenkabel (289m), Verteiler (1St), Anschlussdosen (4St)

4400-0293
Kinderkrippe
(3 Gruppen)
(36 Kinder)
Effizienzhaus ~37%

Kostenkennwerte für die Kostengruppe 400 der 2. und 3. Ebene DIN 276 (Übersicht)

KG	Kostengruppe	Menge Einheit	Kosten €	€/Einheit	%
410	**Abwasser-, Wasser-, Gasanlagen**	**612,00 m² BGF**	**116,62**	**71.372,60**	**27,2**
411	Abwasseranlagen	612,00 m² BGF	44,48	27.219,43	10,4
412	Wasseranlagen	612,00 m² BGF	68,41	41.864,24	16,0
419	Sonstiges zur KG 410	612,00 m² BGF	3,74	2.288,91	0,9
420	**Wärmeversorgungsanlagen**	**612,00 m² BGF**	**80,22**	**49.091,96**	**18,7**
421	Wärmeerzeugungsanlagen	612,00 m² BGF	29,92	18.313,34	7,0
422	Wärmeverteilnetze	612,00 m² BGF	25,61	15.676,38	6,0
423	Raumheizflächen	612,00 m² BGF	24,68	15.102,25	5,8
430	**Raumlufttechnische Anlagen**	**612,00 m² BGF**	**58,91**	**36.051,07**	**13,7**
431	Lüftungsanlagen	612,00 m² BGF	58,91	36.051,07	13,7
440	**Elektrische Anlagen**	**612,00 m² BGF**	**150,88**	**92.336,08**	**35,2**
444	Niederspannungsinstallationsanlagen	612,00 m² BGF	72,65	44.460,32	16,9
445	Beleuchtungsanlagen	612,00 m² BGF	66,97	40.983,01	15,6
446	Blitzschutz- und Erdungsanlagen	612,00 m² BGF	11,26	6.892,75	2,6
450	**Kommunikationstechnische Anlagen**	**612,00 m² BGF**	**22,20**	**13.584,56**	**5,2**
451	Telekommunikationsanlagen	612,00 m² BGF	2,21	1.352,20	0,5
452	Such- und Signalanlagen	612,00 m² BGF	2,02	1.236,29	0,5
456	Gefahrenmelde- und Alarmanlagen	612,00 m² BGF	14,52	8.885,84	3,4
457	Datenübertragungsnetze	612,00 m² BGF	3,45	2.110,23	0,8

Kostenkennwerte für Leistungsbereiche nach STLB (Kosten KG 400 nach DIN 276)

4400-0293
Kinderkrippe
(3 Gruppen)
(36 Kinder)
Effizienzhaus ~37%

LB	Leistungsbereiche	Kosten €	€/m² BGF	€/m³ BRI	% an 400
040	Wärmeversorgungsanlagen - Betriebseinrichtungen	21.040	34,40	8,20	8,0
041	Wärmeversorgungsanlagen - Leitungen, Armaturen, Heizflächen	28.052	45,80	11,00	10,7
042	Gas- und Wasseranlagen - Leitungen, Armaturen	11.918	19,50	4,70	4,5
043	Druckrohrleitungen für Gas, Wasser und Abwasser	–	–	–	–
044	Abwasseranlagen - Leitungen, Abläufe, Armaturen	9.035	14,80	3,50	3,4
045	Gas-, Wasser- und Entwässerungsanlagen - Ausstattung, Elemente, Fertigbäder	33.283	54,40	13,00	12,7
046	Gas-, Wasser- und Entwässerungsanlagen - Betriebseinrichtungen	–	–	–	–
047	Dämm- und Brandschutzarbeiten an technischen Anlagen	–	–	–	–
049	Feuerlöschanlagen, Feuerlöschgeräte	–	–	–	–
050	Blitzschutz- / Erdungsanlagen, Überspannungsschutz	6.992	11,40	2,70	2,7
051	Kabelleitungstiefbauarbeiten	–	–	–	–
052	Mittelspannungsanlagen	–	–	–	–
053	Niederspannungsanlagen - Kabel/Leitungen, Verlegesysteme, Installationsgeräte	36.993	60,40	14,50	14,1
054	Niederspannungsanlagen - Verteilersysteme und Einbaugeräte	9.072	14,80	3,50	3,5
055	Sicherheits- und Ersatzstromversorgungsanlagen	–	–	–	–
057	Gebäudesystemtechnik	–	–	–	–
058	Leuchten und Lampen	39.530	64,60	15,40	15,1
059	Sicherheitsbeleuchtungsanlagen	–	–	–	–
060	Sprech-, Ruf-, Antennenempfangs-, Uhren- und elektroakustische Anlagen	1.499	2,40	0,59	0,6
061	Kommunikations- und Übertragungsnetze	2.110	3,40	0,82	0,8
062	Kommunikationsanlagen	811	1,30	0,32	0,3
063	Gefahrenmeldeanlagen	8.886	14,50	3,50	3,4
064	Zutrittskontroll-, Zeiterfassungssysteme	–	–	–	–
069	Aufzüge	–	–	–	–
070	Gebäudeautomation	–	–	–	–
075	Raumlufttechnische Anlagen	36.051	58,90	14,10	13,7
078	Kälteanlagen für raumlufttechnische Anlagen	–	–	–	–
	Gebäudetechnik	245.272	400,80	95,80	93,5
	Sonstige Leistungsbereiche	17.164	28,00	6,70	6,5

Kostenstand: 4.Quartal 2021, Bundesdurchschnitt, inkl. 19% MwSt.

4400-0298
Kinderhort
(2 Gruppen)
(40 Kinder)
Effizienzhaus ~30%

Objektübersicht

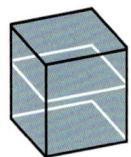

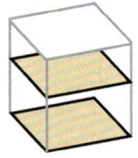

BRI 555 €/m³   **BGF** 2.353 €/m²   **NUF** 4.010 €/m²

Objekt:
Kennwerte: 3. Ebene DIN 276
BRI: 1.343 m³
BGF: 317 m²
NUF: 186 m²
Bauzeit: 21 Wochen
Bauende: 2016
Standard: Durchschnitt
Bundesland: Niedersachsen
Kreis: Lüchow-Dannenberg

Architekt*in:
ralf pohlmann
architekten
Kiefen 26
29496 Waddeweitz

Bauherr*in:
Samtgemeinde Lüchow
29439 Lüchow (Wendland)

© Rainer Erhard

© Rainer Erhard

© Rainer Erhard

© Rainer Erhard

Zeichnungen

4400-0298
Kinderhort
(2 Gruppen)
(40 Kinder)
Effizienzhaus ~30%

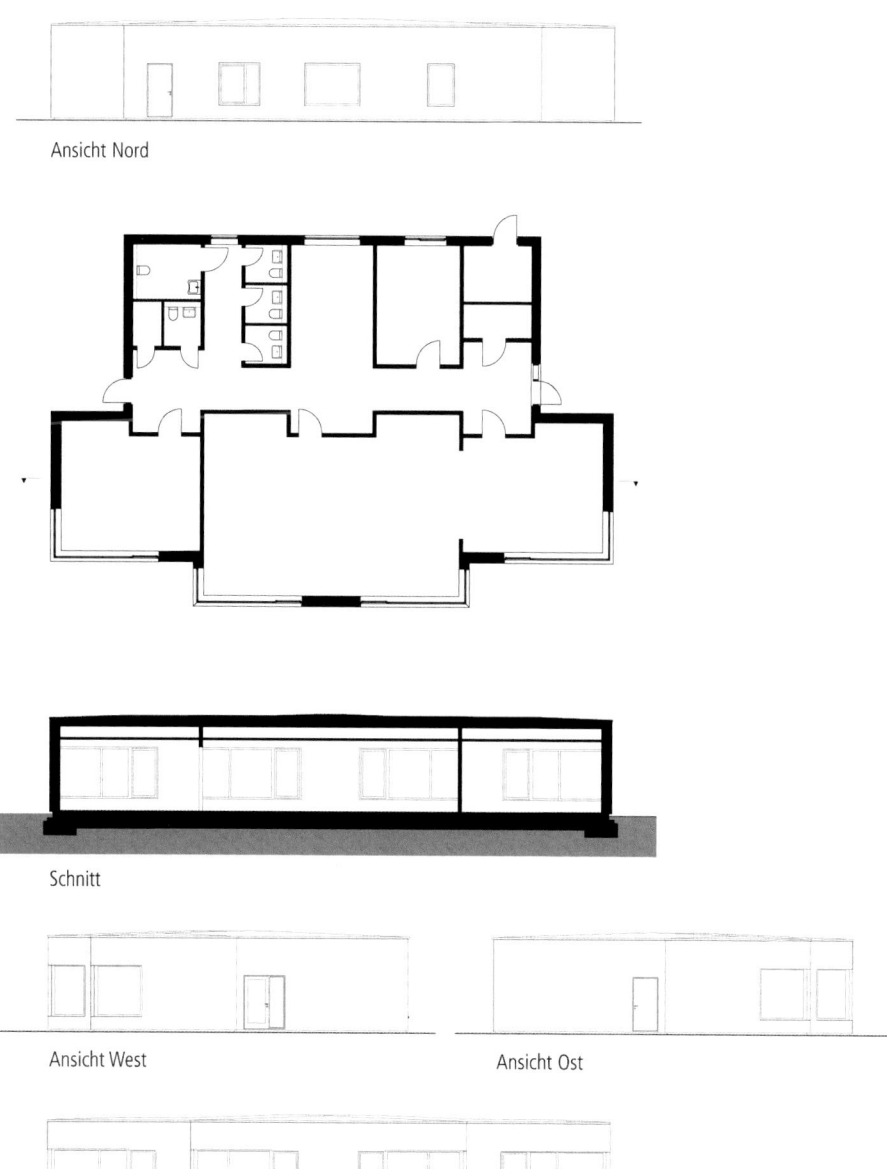

Ansicht Nord

Schnitt

Ansicht West

Ansicht Ost

Ansicht Süd

4400-0298
Kinderhort
(2 Gruppen)
(40 Kinder)
Effizienzhaus ~30%

Objektbeschreibung

Allgemeine Objektinformationen

Das Hortgebäude wurde als Ergänzung der neuen Grundschule gebaut und beherbergt für eine Übergangszeit von etwa vier Jahren eine fünfte Lernlandschaft mit zwei Inputräumen. Danach wird das Gebäude als Hort genutzt, in dem zwei Gruppen mit insgesamt 40 Kindern Platz finden. Dazu sind bereits Vorbereitungen für das Einsetzen einer weiteren Tür und das Einziehen von zwei weiteren Wänden getroffen worden. Schule und Hort befinden sich auf einem Grundstück und werden durch einen gemeinsam genutzten Außenbereich miteinander verbunden. Städtebaulich orientiert sich das Hortgebäude im Gegensatz zur Schule zur Straße hin.

Nutzung

1 Erdgeschoss
Temporäre Nutzung als Ergänzung für Grundschule: Unterrichtsraum, zwei Inputräume, Büro, Sanitärbereich, Technik, Lager
Spätere Nutzung: Hort für zwei Gruppen mit insgesamt 40 Kindern

Nutzeinheiten

Klassen: 1
Schüler: 40

Grundstück

Bauraum: Freier Bauraum
Neigung: Ebenes Gelände
Bodenklasse: BK 1 bis BK 4

Markt

Hauptvergabezeit: 1.Quartal 2016
Baubeginn: 2.Quartal 2016
Bauende: 3.Quartal 2016
Konjunkturelle Gesamtlage: Durchschnitt
Regionaler Baumarkt: unter Durchschnitt

Baukonstruktion

Das Gebäude ist als eingeschossiger Holzrahmenbau konzipiert. Die Gründung erfolgt über eine Stahlbetonbodenplatte auf druckfester Perimeterdämmung. Die vertikale Holzfassade wurde mit Zellulose gedämmt und mit Alufenstern ausgestattet. Das Dach hat eine Gefälledämmung mit Folienabdichtung. Innen sind die Fußböden mit Nadelvlies, Linoleum oder Fliesen belegt. Alle Außenbauteile wurden im **Passivhausstandard** ausgeführt.

Technische Anlagen

Das Gebäude wird über ein Fernleitungsnetz mit Wärme versorgt. Eine maschinelle **Be- und Entlüftungsanlage** mit hocheffizienter **Wärmerückgewinnung** versorgt alle Räume mit Frischluft. Ein speziell erarbeitetes Beleuchtungskonzept stellt überall eine biologisch aktive Beleuchtungsstärke von 1000lux sicher. Die Steuerung erfolgt über Präsenzmelder. Der Primärenergieverbrauch beträgt 34,0KWh/m²a.

Sonstiges

Die Möblierung wurde individuell zusammen mit dem Gebäude entwickelt, um den Kindern optimale Lernbedingungen zu bieten. Das Gebäude ist **barrierefrei**.

Energetische Kennwerte

EnEV Fassung: 2014
Gebäudenutzfläche (EnEV): 310,00 m²
Nutzfläche (EnEV): 310,00 m²
Spez. Jahresendenergiebedarf: 47,00 kWh/(m²·a)
Spez. Jahresprimärenergiebedarf: 34,10 kWh/(m²·a)
CO_2-Emissionen: 8,00 kg/(m²·a)

Planungskennwerte für Flächen und Rauminhalte nach DIN 277

4400-0298
Kinderhort
(2 Gruppen)
(40 Kinder)
Effizienzhaus ~30%

Flächen des Grundstücks

		Menge, Einheit	% an GF
BF	Bebaute Fläche	1.471,43 m²	14,0
UF	Unbebaute Fläche	9.030,57 m²	86,0
GF	Grundstücksfläche	10.502,00 m²	100,0

Grundflächen des Bauwerks

		Menge, Einheit	% an NUF	% an BGF
NUF	Nutzungsfläche	185,92 m²	100,0	58,7
TF	Technikfläche	7,02 m²	3,8	2,2
VF	Verkehrsfläche	72,83 m²	39,2	23,0
NRF	Netto-Raumfläche	265,77 m²	143,0	83,9
KGF	Konstruktions-Grundfläche	51,06 m²	27,5	16,1
BGF	Brutto-Grundfläche	316,83 m²	170,4	100,0

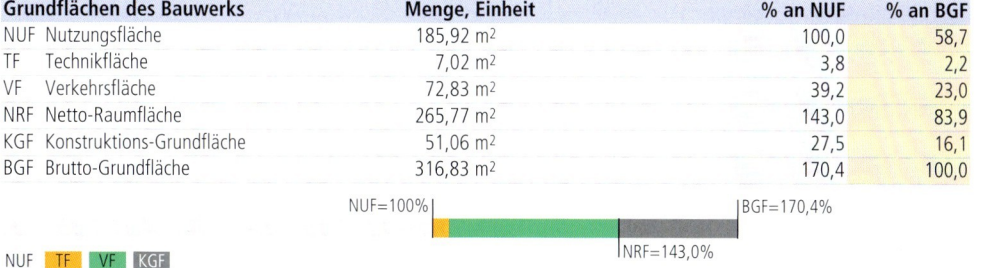

NUF TF VF KGF

Brutto-Rauminhalt des Bauwerks

		Menge, Einheit	BRI/NUF (m)	BRI/BGF (m)
BRI	Brutto-Rauminhalt	1.343,34 m³	7,23	4,24

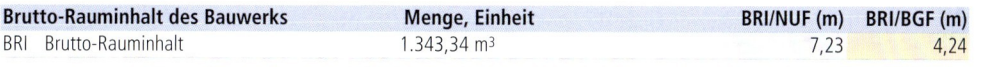

Prozentualer Anteil der Kostengruppen der 2. Ebene an der Kostengruppe 400 nach DIN 276

KG	Kostengruppen (2. Ebene)
410	Abwasser-, Wasser-, Gasanlagen
420	Wärmeversorgungsanlagen
430	Raumlufttechnische Anlagen
440	Elektrische Anlagen
450	Kommunikationstechnische Anlagen
460	Förderanlagen
470	Nutzungsspez. und verfahrenstech. Anlagen
480	Gebäude- und Anlagenautomation
490	Sonstige Maßnahmen für technische Anlagen

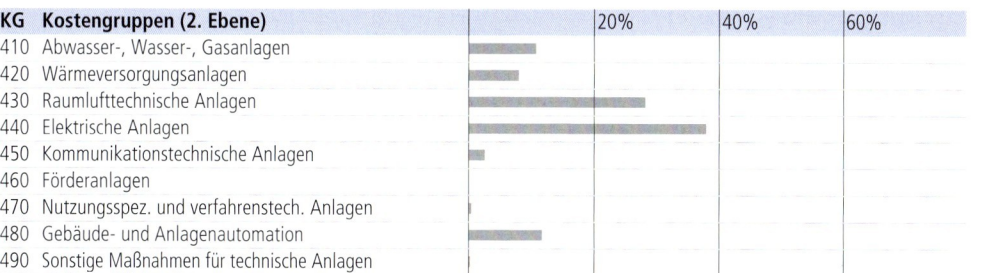

Ranking der Kostengruppen der 3. Ebene an der Kostengruppe 400 nach DIN 276

KG	Kostengruppe (3. Ebene)	Kosten an KG 400 %	KG	Kostengruppe (3. Ebene)	Kosten an KG 400 %
431	Lüftungsanlagen	28,2	421	Wärmeerzeugungsanlagen	2,4
445	Beleuchtungsanlagen	24,1	483	Automationsmanagement	2,2
444	Niederspannungsinstallationsanlagen	8,7	422	Wärmeverteilnetze	1,8
412	Wasseranlagen	7,9	419	Sonstiges zur KG 410	1,5
481	Automationseinrichtungen	6,1	411	Abwasseranlagen	1,4
446	Blitzschutz- und Erdungsanlagen	5,2	457	Datenübertragungsnetze	1,4
423	Raumheizflächen	3,7	456	Gefahrenmelde- und Alarmanlagen	0,9
482	Schaltschränke, Automation	2,8	484	Kabel, Leitungen und Verlegesysteme	0,6

© BKI Baukosteninformationszentrum   Kostenstand: 4.Quartal 2021, Bundesdurchschnitt, inkl. 19% MwSt.

4400-0298
Kinderhort
(2 Gruppen)
(40 Kinder)
Effizienzhaus ~30%

Kostenkennwerte für die Kostengruppen der 1. Ebene DIN 276

KG	Kostengruppen (1. Ebene)	Einheit	Kosten €	€/Einheit	€/m² BGF	€/m³ BRI	% 300+400
100		m² GF	–	–	–	–	–
200	Vorbereitende Maßnahmen	m² GF	7.092	0,68	22,38	5,28	1,0
300	Bauwerk – Baukonstruktionen	m² BGF	529.238	1.670,42	1.670,42	393,97	71,0
400	Bauwerk – Technische Anlagen	m² BGF	216.210	682,42	682,42	160,95	29,0
	Bauwerk 300+400	**m² BGF**	**745.448**	**2.352,83**	**2.352,83**	**554,92**	**100,0**
500	Außenanlagen und Freiflächen	m² AF	–	–	–	–	–
600	Ausstattung und Kunstwerke	m² BGF	7.707	24,33	24,33	5,74	1,0
700	Baunebenkosten	m² BGF	–	–	–	–	–
800	Finanzierung	m² BGF	–	–	–	–	–

KG	Kostengruppe	Menge Einheit	Kosten €	€/Einheit	%
200	**Vorbereitende Maßnahmen**	10.502,00 m² GF	7.092	**0,68**	1,0

Oberboden abtragen, Hausanschlüsse für Wasser, Abwasser, Elektro

3+4	**Bauwerk**				**100,0**
300	**Bauwerk – Baukonstruktionen**	316,83 m² BGF	529.238	**1.670,42**	71,0

Stb-Bodenplatte, Abdichtung, Trockenestrich, Nadelvlies, Linoleum, Fliesen, Perimeterdämmung;
Holzrahmenwände, Stahlstützen, Alufenster, Alu-Glas-Türen, hinterlüftete Holzfassade,
GKF-Bekleidungen, Beschichtungen; Holzständerwände, GK-Wände, Holztüren; Flachdach,
Dämmung, Abdichtung, Dachentwässerung, abgehängte Akustikdecken

400	**Bauwerk – Technische Anlagen**	316,83 m² BGF	216.210	**682,42**	29,0

Gebäudeentwässerung, Kalt- und Warmwasserleitungen, Sanitärobjekte; Fernwärmeanschluss,
Heizkörper; **Lüftungsanlage** mit **WRG**; Elektroinstallation, Beleuchtung, **Blitzschutz**;
Ruf-Kompakt-Set, Rauchwarnmelder, EDV-Anlage; Feuerlöscher; **Gebäudeautomation**

600	**Ausstattung und Kunstwerke**	316,83 m² BGF	7.707	**24,33**	1,0

Elektro-Einbaugeräte für Teeküche, Sanitärausstattungen

Kostenkennwerte für die Kostengruppen 400 der 2. Ebene DIN 276

4400-0298
Kinderhort
(2 Gruppen)
(40 Kinder)
Effizienzhaus ~30%

KG	Kostengruppe	Menge Einheit	Kosten €	€/Einheit	%
400	**Bauwerk – Technische Anlagen**				100,0
410	**Abwasser-, Wasser-, Gasanlagen**	316,83 m² BGF	23.268	**73,44**	10,8

KG-Rohre DN100 (26m), HT-Rohre DN50-100 (18m) * Hauswasserfilter (1St), Edelstahlrohre DN15-28 (59m), Waschtische, Selbstschlussarmaturen (5St), Waschtisch, opto-elektronische Armatur (1St), Tiefspül-WCs (4St), **barrierefrei** (1St), Ausgussbecken (1St), Durchlauferhitzer (1St) * Montageelemente für Sanitärobjekte (12St)

| 420 | **Wärmeversorgungsanlagen** | 316,83 m² BGF | 17.323 | **54,68** | 8,0 |

Fernwärmeanschluss (3St), Regelung mit Fernbedienung (1St), Mischer, Stellantrieb (1St), Pumpe (1St), Ausdehnungsgefäß (1St) * Stahl-Heizungsrohre DN12-25 (145m) * Planheizkörper (13St)

| 430 | **Raumlufttechnische Anlagen** | 316,83 m² BGF | 61.050 | **192,69** | 28,2 |

Lüftungsgerät 1.500m³/h (1St), Volumenstromregler (4St), Deckenluftdurchlässe (10St), Kulissenschalldämpfer (4St), Telefonieschalldämpfer (14St), Zuluftventile (5St), Abluftventile (8St), Rechteckkanäle (72m²), Wickelfalzrohre (65m), Alu Flexrohre (12m)

| 440 | **Elektrische Anlagen** | 316,83 m² BGF | 82.110 | **259,16** | 38,0 |

Hauptverteiler (1St), Mantelleitungen (1.827m), Steckdosen (33St), Schalter (1St), Präsenzmelder (20St) * LED-Deckenleuchten (56St), dazu Sperrholzringe (50St), LED-Downlights (30St), LED-Wandleuchten (5St), Wannenleuchten (3St), Rettungszeichenleuchten (3St), Sicherheitsleuchten (2St), Scheinwerfer (1St) * Erdleitungen (247m), Anschlussfahnen (26St), Fang- und Ableitungen (150m), Mantelleitungen (27m)

| 450 | **Kommunikationstechnische Anlagen** | 316,83 m² BGF | 5.542 | **17,49** | 2,6 |

Ruf-Kompaktset (1St), Notruftaster (2St), Installationsleitungen (15m) * Rauchwarnmelder mit Funkmodul, vernetzt (12St), Installationsleitungen (19m) * Verteilerschrank (1St), Patchfeld (1St), Datenanschlussdosen Cat6 (7St), Access Point (1St), Datenkabel (381m)

| 470 | **Nutzungsspez. u. verfahrenstechnische Anlagen** | 316,83 m² BGF | 980 | **3,09** | 0,5 |

Feuerlöscher, Löschdecken (psch)

| 480 | **Gebäude- und Anlagenautomation** | 316,83 m² BGF | 25.403 | **80,18** | 11,7 |

KNX-Tastensensormodule (4St), Programmierung (psch), **KNX-Stetigregler** (5St), **KNX-Stellventile** (13St), **KNX-Präsenzmelder** (1St) * Aktoren (3St), Wetterzentrale (1St), Dali-Gateway (1St), Spannungsversorgung (1St), Schnittstellenumsetzer (1St), **Sicherheitstrafo** (1St) * Projektierung, Software (psch) * Busleitungen (401m)

| 490 | **Sonstige Maßnahmen für technische Anlagen** | 316,83 m² BGF | 534 | **1,69** | 0,2 |

Montagebühne (1St) * Schuttbeseitigung (psch)

4400-0298
Kinderhort
(2 Gruppen)
(40 Kinder)
Effizienzhaus ~30%

Kostenkennwerte für die Kostengruppe 400 der 2. und 3. Ebene DIN 276 (Übersicht)

KG	Kostengruppe	Menge Einheit	Kosten €	€/Einheit	%
410	**Abwasser-, Wasser-, Gasanlagen**	316,83 m² BGF	**73,44**	**23.267,92**	**10,8**
411	Abwasseranlagen	316,83 m² BGF	9,86	3.124,63	1,4
412	Wasseranlagen	316,83 m² BGF	53,59	16.980,17	7,9
419	Sonstiges zur KG 410	316,83 m² BGF	9,98	3.163,11	1,5
420	**Wärmeversorgungsanlagen**	316,83 m² BGF	**54,68**	**17.322,85**	**8,0**
421	Wärmeerzeugungsanlagen	316,83 m² BGF	16,65	5.276,11	2,4
422	Wärmeverteilnetze	316,83 m² BGF	12,53	3.968,68	1,8
423	Raumheizflächen	316,83 m² BGF	25,50	8.078,06	3,7
430	**Raumlufttechnische Anlagen**	316,83 m² BGF	**192,69**	**61.049,89**	**28,2**
431	Lüftungsanlagen	316,83 m² BGF	192,69	61.049,89	28,2
440	**Elektrische Anlagen**	316,83 m² BGF	**259,16**	**82.110,40**	**38,0**
444	Niederspannungsinstallationsanlagen	316,83 m² BGF	59,67	18.904,79	8,7
445	Beleuchtungsanlagen	316,83 m² BGF	164,15	52.008,59	24,1
446	Blitzschutz- und Erdungsanlagen	316,83 m² BGF	35,34	11.197,02	5,2
450	**Kommunikationstechnische Anlagen**	316,83 m² BGF	**17,49**	**5.541,61**	**2,6**
452	Such- und Signalanlagen	316,83 m² BGF	1,99	629,72	0,3
456	Gefahrenmelde- und Alarmanlagen	316,83 m² BGF	5,93	1.878,83	0,9
457	Datenübertragungsnetze	316,83 m² BGF	9,57	3.033,05	1,4
470	**Nutzungsspez. u. verfahrenstechn. Anl.**	316,83 m² BGF	**3,09**	**979,65**	**0,5**
474	Feuerlöschanlagen	316,83 m² BGF	3,09	979,65	0,5
480	**Gebäude- und Anlagenautomation**	316,83 m² BGF	**80,18**	**25.403,20**	**11,7**
481	Automationseinrichtungen	316,83 m² BGF	41,67	13.202,41	6,1
482	Schaltschränke, Automation	316,83 m² BGF	19,18	6.077,02	2,8
483	Automationsmanagement	316,83 m² BGF	14,92	4.725,81	2,2
484	Kabel, Leitungen und Verlegesysteme	316,83 m² BGF	4,41	1.397,96	0,6
490	**Sonst. Maßnahmen für techn. Anlagen**	316,83 m² BGF	**1,69**	**534,38**	**0,2**
492	Gerüste	316,83 m² BGF	1,12	356,26	0,2
497	Zusätzliche Maßnahmen	316,83 m² BGF	0,56	178,12	0,1

Kostenkennwerte für Leistungsbereiche nach STLB (Kosten KG 400 nach DIN 276)

4400-0298
Kinderhort
(2 Gruppen)
(40 Kinder)
Effizienzhaus ~30%

LB	Leistungsbereiche	Kosten €	€/m² BGF	€/m³ BRI	% an 400
040	Wärmeversorgungsanlagen - Betriebseinrichtungen	5.276	16,70	3,90	2,4
041	Wärmeversorgungsanlagen - Leitungen, Armaturen, Heizflächen	11.120	35,10	8,30	5,1
042	Gas- und Wasseranlagen - Leitungen, Armaturen	4.790	15,10	3,60	2,2
043	Druckrohrleitungen für Gas, Wasser und Abwasser	–	–	–	–
044	Abwasseranlagen - Leitungen, Abläufe, Armaturen	2.987	9,40	2,20	1,4
045	Gas-, Wasser- und Entwässerungsanlagen - Ausstattung, Elemente, Fertigbäder	14.100	44,50	10,50	6,5
046	Gas-, Wasser- und Entwässerungsanlagen - Betriebseinrichtungen	–	–	–	–
047	Dämm- und Brandschutzarbeiten an technischen Anlagen	9.359	29,50	7,00	4,3
049	Feuerlöschanlagen, Feuerlöschgeräte	980	3,10	0,73	0,5
050	Blitzschutz- / Erdungsanlagen, Überspannungsschutz	11.197	35,30	8,30	5,2
051	Kabelleitungstiefbauarbeiten	–	–	–	–
052	Mittelspannungsanlagen	–	–	–	–
053	Niederspannungsanlagen - Kabel/Leitungen, Verlegesysteme, Installationsgeräte	14.875	47,00	11,10	6,9
054	Niederspannungsanlagen - Verteilersysteme und Einbaugeräte	3.766	11,90	2,80	1,7
055	Sicherheits- und Ersatzstromversorgungsanlagen	–	–	–	–
057	Gebäudesystemtechnik	17.338	54,70	12,90	8,0
058	Leuchten und Lampen	50.816	160,40	37,80	23,5
059	Sicherheitsbeleuchtungsanlagen	1.192	3,80	0,89	0,6
060	Sprech-, Ruf-, Antennenempfangs-, Uhren- und elektroakustische Anlagen	553	1,70	0,41	0,3
061	Kommunikations- und Übertragungsnetze	3.110	9,80	2,30	1,4
062	Kommunikationsanlagen	–	–	–	–
063	Gefahrenmeldeanlagen	1.879	5,90	1,40	0,9
064	Zutrittskontroll-, Zeiterfassungssysteme	–	–	–	–
069	Aufzüge	–	–	–	–
070	Gebäudeautomation	8.065	25,50	6,00	3,7
075	Raumlufttechnische Anlagen	53.868	170,00	40,10	24,9
078	Kälteanlagen für raumlufttechnische Anlagen	–	–	–	–
	Gebäudetechnik	**215.271**	**679,50**	**160,30**	**99,6**
	Sonstige Leistungsbereiche	**939**	**3,00**	**0,70**	**0,4**

© BKI Baukosteninformationszentrum   Kostenstand: 4.Quartal 2021, Bundesdurchschnitt, **inkl. 19% MwSt.**

4400-0307
Kindertagesstätte
(4 Gruppen)
(100 Kinder)
Effizienzhaus ~60%

Objektübersicht

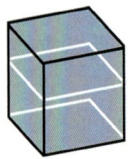 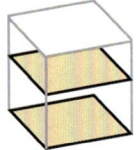 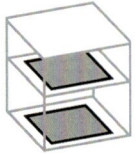 

BRI 388 €/m³   **BGF** 1.602 €/m²   **NUF** 2.642 €/m²   **NE** 16.833 €/NE
NE: Kind

Objekt:
Kennwerte: 3. Ebene DIN 276
BRI: 4.338 m³
BGF: 1.051 m²
NUF: 637 m²
Bauzeit: 43 Wochen
Bauende: 2015
Standard: Durchschnitt
Bundesland: Hessen
Kreis: Groß-Gerau

Architekt*in:
wagner + ewald architekten
Ginsheimer Straße 1
65462 Ginsheim-Gustavsburg

Bauherr*in:
Stadt Mörfelden-Walldorf
Westendstraße 8
64546 Mörfelden-Walldorf

© wagner + ewald architekten

Zeichnungen

4400-0307
Kindertagesstätte
(4 Gruppen)
(100 Kinder)
Effizienzhaus ~60%

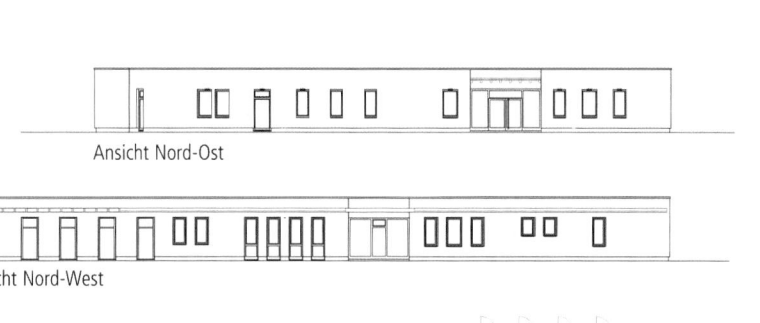

Ansicht Nord-Ost

Ansicht Nord-West

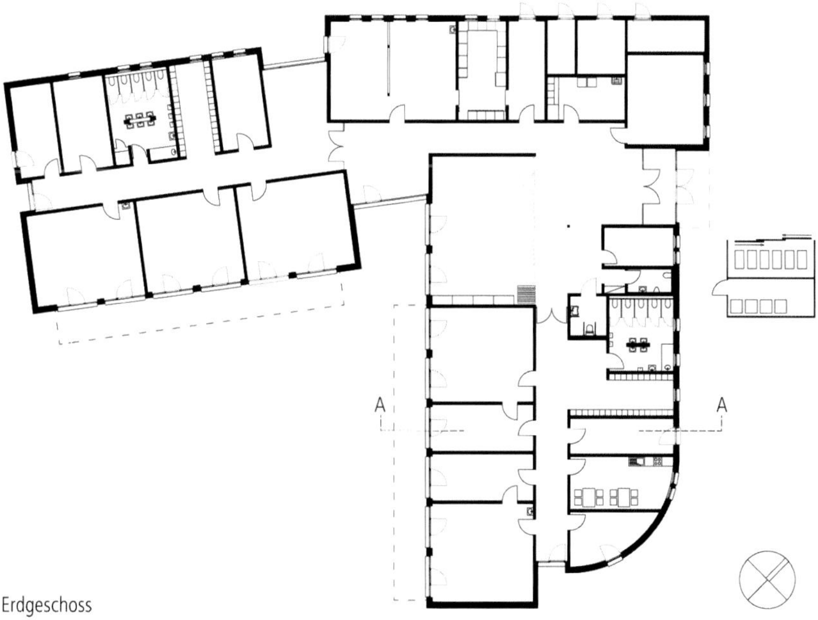

Erdgeschoss

Schnitt A-A

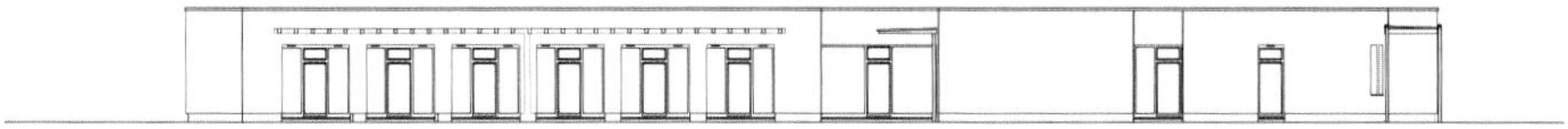

Ansicht Süd-Ost

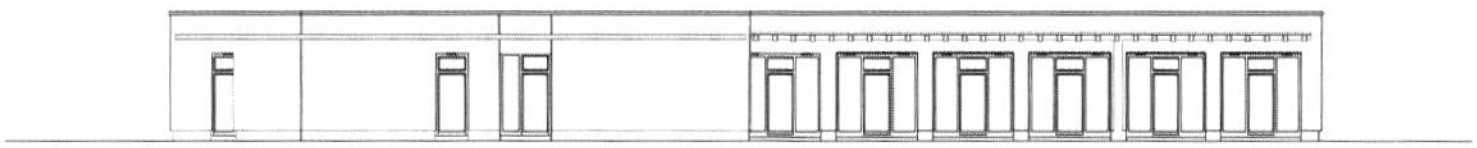

Ansicht Süd-West

4400-0307
Kindertagesstätte
(4 Gruppen)
(100 Kinder)
Effizienzhaus ~60%

Objektbeschreibung

Allgemeine Objektinformationen

Die neu erbaute Kindertagesstätte fügt sich dank ihrer niedrigen Bauhöhe und der lebendigen Holzfassade harmonisch in das parkähnliche Gelände ein. Der Außenraum wurde als wichtiger Bestandteil der Einrichtung naturnah gestaltet. Im Inneren überzeugt ein klares, leicht verständliches Erschließungskonzept. Großzügige Fensterflächen gewährleisten den Bezug zum Außenraum und erhöhen die Aufenthaltsqualität der Spielbereiche in den Fluren. Die klare Struktur und die lichtdurchfluteten Räume ermöglichen auch den jüngsten Nutzern eine gute Orientierung. Den Räumen wurden großzügige Überdachungen vorgelagert, die als konstruktiver Sonnenschutz fungieren und die Nutzung der Spielräume in den Außenbereich hinein ermöglichen. Neben den warmen Holztönen der Fassade wurde in einigen Bereichen, wie dem Fußboden, den Glasflächen der Fenster oder den Bädern auf intensive Farbtöne zurückgegriffen.

Nutzung

1 Erdgeschoss
Gruppenräume, Mehrzweckraum, Gruppennebenräume, Schlafräume, Küche, Kinderküche/Essraum, Personalräume, Büro, Besprechungsraum, Elternraum, Sanitärräume, **barrierefreies** WC, Matschraum, Lager, Haustechnikräume

Nutzeinheiten

Gruppen: 4
Kinder: 100

Grundstück

Bauraum: Freier Bauraum
Neigung: Ebenes Gelände
Bodenklasse: BK 3

Markt

Hauptvergabezeit: 1.Quartal 2015
Baubeginn: 1.Quartal 2015
Bauende: 4.Quartal 2015
Konjunkturelle Gesamtlage: Durchschnitt
Regionaler Baumarkt: Durchschnitt

Baukonstruktion

Die Kindertagesstätte gründet auf einer unterseitig gedämmten Stahlbetonfundamentplatte aus wasserundurchlässigem Beton. Um eine möglichst kurze Bauzeit zu erreichen, wurde das Gebäude komplett in Holzrahmenbauweise errichtet und überwiegend mit Zellulose gedämmt. Die hinterlüftete Fassade ist mit geschosshohen Thermohölzern bekleidet. Der Heizestrich ist mit ökologischem PU-Belag belegt, die Sanitärbereiche sind gefliest.

Technische Anlagen

Sonnenkollektoren auf dem Dach unterstützen die Wärmeversorgung. Die Verteilung der Wärme erfolgt über eine Fußbodenheizung. Zwei Dachventilatoren und ein **Lüftungsgerät** sorgen im Zusammenspiel mit Abluftelementen für frische Luft. Der Neubau unterschreitet den nach ENEV 2015 zulässigen Primärenergiebedarf um ca. 40%.

Sonstiges

Investition und Betrieb der Heizanlage der Kindertagesstätte wurden kostenseitig vom örtlichen Versorgungsunternehmer in Form eines Contracting-Vertrages übernommen. Die Kosten hierfür sind in dieser Dokumentation nicht erfasst.

Energetische Kennwerte

EnEV Fassung: 2014
Gebäudenutzfläche (EnEV): 1.024,10 m²
Spez. Jahresprimärenergiebedarf: 142,70 kWh/(m²·a)

**4400-0307
Kindertagesstätte
(4 Gruppen)
(100 Kinder)
Effizienzhaus ~60%**

Planungskennwerte für Flächen und Rauminhalte nach DIN 277

Flächen des Grundstücks		Menge, Einheit	% an GF
BF	Bebaute Fläche	1.051,00 m²	26,5
UF	Unbebaute Fläche	2.922,00 m²	73,6
GF	Grundstücksfläche	3.973,00 m²	100,0

Grundflächen des Bauwerks		Menge, Einheit	% an NUF	% an BGF
NUF	Nutzungsfläche	637,00 m²	100,0	60,6
TF	Technikfläche	24,00 m²	3,8	2,3
VF	Verkehrsfläche	258,00 m²	40,5	24,6
NRF	Netto-Raumfläche	919,00 m²	144,3	87,4
KGF	Konstruktions-Grundfläche	132,00 m²	20,7	12,6
BGF	Brutto-Grundfläche	1.051,00 m²	165,0	100,0

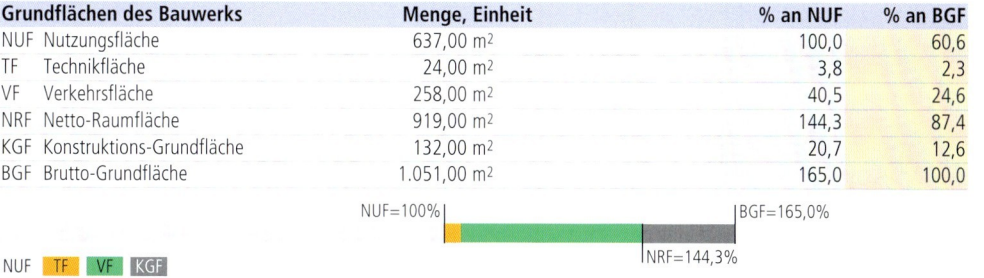

Brutto-Rauminhalt des Bauwerks		Menge, Einheit	BRI/NUF (m)	BRI/BGF (m)
BRI	Brutto-Rauminhalt	4.338,00 m³	6,81	4,13

Prozentualer Anteil der Kostengruppen der 2. Ebene an der Kostengruppe 400 nach DIN 276

KG	Kostengruppen (2. Ebene)
410	Abwasser-, Wasser-, Gasanlagen
420	Wärmeversorgungsanlagen
430	Raumlufttechnische Anlagen
440	Elektrische Anlagen
450	Kommunikationstechnische Anlagen
460	Förderanlagen
470	Nutzungsspez. und verfahrenstech. Anlagen
480	Gebäude- und Anlagenautomation
490	Sonstige Maßnahmen für technische Anlagen

Ranking der Kostengruppen der 3. Ebene an der Kostengruppe 400 nach DIN 276

KG	Kostengruppe (3. Ebene)	Kosten an KG 400 %	KG	Kostengruppe (3. Ebene)	Kosten an KG 400 %
444	Niederspannungsinstallationsanlagen	15,6	411	Abwasseranlagen	6,2
412	Wasseranlagen	13,7	421	Wärmeerzeugungsanlagen	6,0
431	Lüftungsanlagen	13,5	457	Datenübertragungsnetze	4,3
445	Beleuchtungsanlagen	12,4	419	Sonstiges zur KG 410	2,1
446	Blitzschutz- und Erdungsanlagen	8,0	452	Such- und Signalanlagen	1,9
423	Raumheizflächen	6,5	456	Gefahrenmelde- und Alarmanlagen	1,9
422	Wärmeverteilnetze	6,2	429	Sonstiges zur KG 420	1,7

© BKI Baukosteninformationszentrum   Kostenstand: 4.Quartal 2021, Bundesdurchschnitt, inkl. 19% MwSt.

4400-0307
Kindertagesstätte
(4 Gruppen)
(100 Kinder)
Effizienzhaus ~60%

Kostenkennwerte für die Kostengruppen der 1. Ebene DIN 276

KG	Kostengruppen (1. Ebene)	Einheit	Kosten €	€/Einheit	€/m² BGF	€/m³ BRI	% 300+400
100		m² GF	–	–	–	–	–
200	Vorbereitende Maßnahmen	m² GF	3.703	0,93	3,52	0,85	0,2
300	Bauwerk – Baukonstruktionen	m² BGF	1.328.324	1.263,87	1.263,87	306,21	78,9
400	Bauwerk – Technische Anlagen	m² BGF	354.931	337,71	337,71	81,82	21,1
	Bauwerk 300+400	**m² BGF**	**1.683.256**	**1.601,58**	**1.601,58**	**388,03**	**100,0**
500	Außenanlagen und Freiflächen	m² AF	19.390	6,64	18,45	4,47	1,2
600	Ausstattung und Kunstwerke	m² BGF	1.348	1,28	1,28	0,31	0,1
700	Baunebenkosten	m² BGF	–	–	–	–	–
800	Finanzierung	m² BGF	–	–	–	–	–

KG	Kostengruppe	Menge Einheit	Kosten €	€/Einheit	%
200	**Vorbereitende Maßnahmen**	3.973,00 m² GF	3.703	**0,93**	0,2

Abbruch von Betonkantensteinen, Betonplatten, Kanalschächten, Betonbauteilen, Steinzeugrohren, Roden von Bäumen, Gehölzen; Entsorgung, Deponiegebühren

3+4	**Bauwerk**				**100,0**
300	**Bauwerk – Baukonstruktionen**	1.051,00 m² BGF	1.328.324	**1.263,87**	78,9

Baugrundverbesserung, Stb-Fundamentplatte, Heizestrich, PU-Bodenbelag, Bodenfliesen; Holzrahmenwände, Einblasdämmung, Holzfenster, Holztüren, Thermoholzschalung, Sockelputz, GK-Bekleidung, Beschichtung, Wandfliesen, Sonnenschutz; Holztüren, Rauchschutztüren, Windfangelement, mobile Trennwand; Holz-Flachdachkonstruktion, Vordächer, Sichtschalung, Gefälledämmung, Dachabdichtung, Dachentwässerung, GK-Akustikdecken, Kassettendecken

400	**Bauwerk – Technische Anlagen**	1.051,00 m² BGF	354.931	**337,71**	21,1

Gebäudeentwässerung, Kalt- und Warmwasserleitungen, Sanitärobjekte; **Sonnenkollektoren**, (Heizungsanlage über Versorgungsunternehmer), Heizungsrohre, Fußbodenheizung; **Lüftungsanlage**; Elektroinstallation, LED-Beleuchtung, **Blitzschutzanlage**; Gegensprechanlage, Notrufset, Rauchmelder, Datenverkabelung

500	**Außenanlagen und Freiflächen**	2.922,00 m² AF	19.390	**6,64**	1,2

Rohrgrabenaushub; Entwässerungsleitungen, Kontrollschächte

600	**Ausstattung und Kunstwerke**	1.051,00 m² BGF	1.348	**1,28**	0,1

Duschtrennwand

Kostenkennwerte für die Kostengruppen 400 der 2. Ebene DIN 276

4400-0307
Kindertagesstätte
(4 Gruppen)
(100 Kinder)
Effizienzhaus ~60%

KG	Kostengruppe	Menge Einheit	Kosten €	€/Einheit	%
400	**Bauwerk – Technische Anlagen**				**100,0**
410	**Abwasser-, Wasser-, Gasanlagen**	1.051,00 m² BGF	77.952	**74,17**	22,0

PVC-Rohre DN110 (62m), HT-Rohre DN50-100 (60m), Fettabscheider (1St), Kompakt-Doppelpumpwerk (1St), Bodenabläufe DN50-100 (3St) * Metallverbundrohre DN12-32 (485m), Kinder-WCs (10St), WCs (2St), Waschtische (15St), **Säuglingspflegebecken** (2St), Duschelemente (2St), Verbrühschutz (18St) * Montageelemente (16St)

420	**Wärmeversorgungsanlagen**	1.051,00 m² BGF	72.859	**69,32**	20,5

Sonnenkollektoren (10m²), Pufferspeicher 1.000l (1St), Solarkreisstation (1St), Zirkulationspumpe (1St), Umwälzpumpe (1St), Kosten der Heizanlage wurden vom örtlichen Versorgungsunternehmer übernommen und sind hier nicht enthalten * C-Stahlrohre DN28-42mm (219m), Kupferrohre DN20 (7m), Heizkreisverteiler (4St), Stellantriebe (47St), Raumtemperaturregler (28St) * Fußbodenheizung, PS-Dämmung, d=30mm (980m²), PE-Xc-Rohre (4.590m) * Schornstein (4m), Edelstahlaufsatz (3m)

430	**Raumlufttechnische Anlagen**	1.051,00 m² BGF	47.864	**45,54**	13,5

Dachventilatoren, Volumenstrom 130-1.300m²/h (1St), 80-800m²/h (1St), **Lüftungsgerät**, Volumenstrom 250m³/h (1St), Wickelfalzrohre DN125-250 (136m), Alu-Flexrohre DN125-160 (27m), Raumtemperaturregler (28St), Telefonieschalldämpfer DN140-200 (15St), Abluftelemente, Außenluftdurchlässe, Wetterschutzhauben (39St)

440	**Elektrische Anlagen**	1.051,00 m² BGF	127.623	**121,43**	36,0

Zählerschrank (1St), Mantelleitungen NHXMH (4.411m), J-H(ST)H (924m), N2XH-J (118m), Steckdosen (234St), Schalter/Taster (40St), Bewegungs-/Präsenzmelder (12St), Jalousietaster (5St) * LED-Einbauleuchten (125St), Außenleuchten (17St), Anbauleuchten (8St), Sicherheitsleuchten (12St) * Fundamenterder (222m), Fangleitungen (590m), Ableitungen (125m), Erdleitungen (67m)

450	**Kommunikationstechnische Anlagen**	1.051,00 m² BGF	28.634	**27,24**	8,1

Gegensprechanlage, Türsprechstation (1St), Haussprechstationen (2St), Telefonschnittstelle (1St), Installationskabel J-H(ST)H (347m), A2Y2Y (48m), Notrufset (1St) * Funk-Rauchmelder (33St), Funk-Druckknopfmelder (7St) * Datenschrank (1St), Datenkabel Cat7a (3.092m), Datenanschlussdosen (40), Hotspot-Schnittstelle (1St), Telefonanschlussdose (1St)

4400-0307
Kindertagesstätte
(4 Gruppen)
(100 Kinder)
Effizienzhaus ~60%

Kostenkennwerte für die Kostengruppe 400 der 2. und 3. Ebene DIN 276 (Übersicht)

KG	Kostengruppe	Menge Einheit	Kosten €	€/Einheit	%
410	**Abwasser-, Wasser-, Gasanlagen**	**1.051,00 m² BGF**	**74,17**	**77.951,68**	**22,0**
411	Abwasseranlagen	1.051,00 m² BGF	20,88	21.946,51	6,2
412	Wasseranlagen	1.051,00 m² BGF	46,27	48.632,77	13,7
419	Sonstiges zur KG 410	1.051,00 m² BGF	7,01	7.372,40	2,1
420	**Wärmeversorgungsanlagen**	**1.051,00 m² BGF**	**69,32**	**72.859,01**	**20,5**
421	Wärmeerzeugungsanlagen	1.051,00 m² BGF	20,42	21.462,73	6,0
422	Wärmeverteilnetze	1.051,00 m² BGF	21,09	22.164,67	6,2
423	Raumheizflächen	1.051,00 m² BGF	22,02	23.141,77	6,5
429	Sonstiges zur KG 420	1.051,00 m² BGF	5,79	6.089,85	1,7
430	**Raumlufttechnische Anlagen**	**1.051,00 m² BGF**	**45,54**	**47.863,89**	**13,5**
431	Lüftungsanlagen	1.051,00 m² BGF	45,54	47.863,89	13,5
440	**Elektrische Anlagen**	**1.051,00 m² BGF**	**121,43**	**127.622,83**	**36,0**
444	Niederspannungsinstallationsanlagen	1.051,00 m² BGF	52,68	55.367,98	15,6
445	Beleuchtungsanlagen	1.051,00 m² BGF	41,81	43.945,08	12,4
446	Blitzschutz- und Erdungsanlagen	1.051,00 m² BGF	26,94	28.309,80	8,0
450	**Kommunikationstechnische Anlagen**	**1.051,00 m² BGF**	**27,24**	**28.633,95**	**8,1**
452	Such- und Signalanlagen	1.051,00 m² BGF	6,32	6.638,69	1,9
456	Gefahrenmelde- und Alarmanlagen	1.051,00 m² BGF	6,28	6.602,42	1,9
457	Datenübertragungsnetze	1.051,00 m² BGF	14,65	15.392,85	4,3

Kostenkennwerte für Leistungsbereiche nach STLB (Kosten KG 400 nach DIN 276)

4400-0307
Kindertagesstätte
(4 Gruppen)
(100 Kinder)
Effizienzhaus ~60%

LB	Leistungsbereiche	Kosten €	€/m² BGF	€/m³ BRI	% an 400
040	Wärmeversorgungsanlagen - Betriebseinrichtungen	21.085	20,10	4,90	5,9
041	Wärmeversorgungsanlagen - Leitungen, Armaturen, Heizflächen	44.936	42,80	10,40	12,7
042	Gas- und Wasseranlagen - Leitungen, Armaturen	20.080	19,10	4,60	5,7
043	Druckrohrleitungen für Gas, Wasser und Abwasser	–	–	–	–
044	Abwasseranlagen - Leitungen, Abläufe, Armaturen	3.687	3,50	0,85	1,0
045	Gas-, Wasser- und Entwässerungsanlagen - Ausstattung, Elemente, Fertigbäder	29.939	28,50	6,90	8,4
046	Gas-, Wasser- und Entwässerungsanlagen - Betriebseinrichtungen	14.340	13,60	3,30	4,0
047	Dämm- und Brandschutzarbeiten an technischen Anlagen	9.663	9,20	2,20	2,7
049	Feuerlöschanlagen, Feuerlöschgeräte	–	–	–	–
050	Blitzschutz- / Erdungsanlagen, Überspannungsschutz	28.310	26,90	6,50	8,0
051	Kabelleitungstiefbauarbeiten	–	–	–	–
052	Mittelspannungsanlagen	–	–	–	–
053	Niederspannungsanlagen - Kabel/Leitungen, Verlegesysteme, Installationsgeräte	44.286	42,10	10,20	12,5
054	Niederspannungsanlagen - Verteilersysteme und Einbaugeräte	13.915	13,20	3,20	3,9
055	Sicherheits- und Ersatzstromversorgungsanlagen	–	–	–	–
057	Gebäudesystemtechnik	–	–	–	–
058	Leuchten und Lampen	42.127	40,10	9,70	11,9
059	Sicherheitsbeleuchtungsanlagen	–	–	–	–
060	Sprech-, Ruf-, Antennenempfangs-, Uhren- und elektroakustische Anlagen	5.892	5,60	1,40	1,7
061	Kommunikations- und Übertragungsnetze	15.078	14,30	3,50	4,2
062	Kommunikationsanlagen	–	–	–	–
063	Gefahrenmeldeanlagen	6.305	6,00	1,50	1,8
064	Zutrittskontroll-, Zeiterfassungssysteme	–	–	–	–
069	Aufzüge	–	–	–	–
070	Gebäudeautomation	–	–	–	–
075	Raumlufttechnische Anlagen	47.864	45,50	11,00	13,5
078	Kälteanlagen für raumlufttechnische Anlagen	–	–	–	–
	Gebäudetechnik	**347.504**	**330,60**	**80,10**	**97,9**
	Sonstige Leistungsbereiche	**7.427**	**7,10**	**1,70**	**2,1**

© BKI Baukosteninformationszentrum Kostenstand: 4.Quartal 2021, Bundesdurchschnitt, inkl. 19% MwSt.

Sportbauten

5

- 5100 Hallen (ohne Schwimmhallen)
- 5200 Schwimmhallen
- 5300 Gebäude für Sportplatz und Freibadanlagen
  5400 Sportplatzanlagen (Außenanlagen)
  5500 Freibadanlagen (Außenanlagen)
  5600 Sondersportanlagen

5100-0115
Sporthalle
(Einfeldhalle)
Effizienzhaus ~68%

Objektübersicht

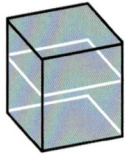 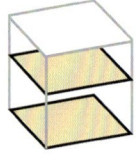 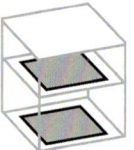

BRI 301 €/m³   **BGF** 1.752 €/m²   **NUF** 2.311 €/m²

Objekt:
Kennwerte: 3. Ebene DIN 276
BRI: 4.292 m³
BGF: 737 m²
NUF: 559 m²
Bauzeit: 52 Wochen
Bauende: 2015
Standard: Durchschnitt
Bundesland: Thüringen
Kreis: Saalfeld-Rudolstadt

Architekt*in:
Tectum Hille Kobelt
Architekten BDA
Jakobstr. 2a
99423 Weimar

Bauherr*in:
AWO Rudolstadt
Weststraße 11
07407 Rudolstadt

© Tectum Hille Kobelt

© Tectum Hille Kobelt

Zeichnungen

5100-0115
Sporthalle
(Einfeldhalle)
Effizienzhaus ~68%

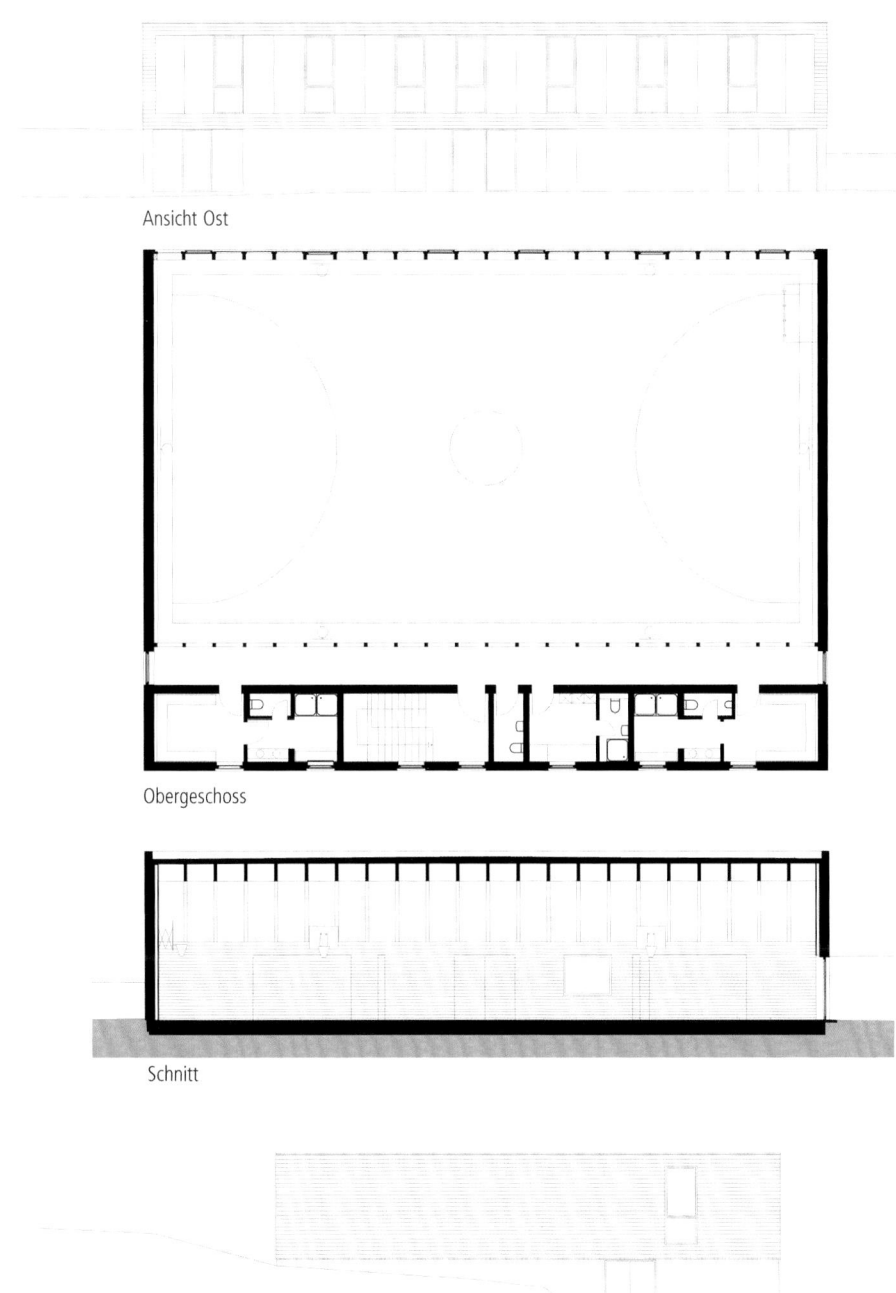

Ansicht Ost

Obergeschoss

Schnitt

Ansicht Süd

5100-0115
Sporthalle
(Einfeldhalle)
Effizienzhaus ~68%

Objektbeschreibung

Allgemeine Objektinformationen

Durch die Errichtung einer Einfeldsporthalle für den Sportunterricht wurde ein Schulcampus komplettiert. Die Sporthalle ist teilbar, sodass auch geschlechtergetrennter Sportunterricht ermöglicht werden kann. Die eingeschossige Halle wird über den Eingangsbereich im Erdgeschoss direkt erschlossen. Umkleide- und Sanitärräume sind über eine mit der Halle verbundene Galerie im Obergeschoss erreichbar. Zwei Geräteräume sind unmittelbar an die Sporthalle angegliedert. Der Technikraum ist von außen begehbar.

Nutzung

1 Erdgeschoss
Sporthalle, Geräteraum, Technik, Sanitärräume

1 Obergeschoss
Umkleideräume, Sanitärräume

Nutzeinheiten

Hallenfläche: 414 m²

Grundstück

Bauraum: Freier Bauraum
Neigung: Hanglage
Bodenklasse: BK 1 bis BK 5

Markt

Hauptvergabezeit: 1. Quartal 2014
Baubeginn: 3. Quartal 2014
Bauende: 3. Quartal 2015
Konjunkturelle Gesamtlage: Durchschnitt
Regionaler Baumarkt: Durchschnitt

Baukonstruktion

Der Sportstättenbau entstand in Mischbauweise. Der Baukörper wurde als zweigeschossiges Gebäude in den Hang hinein gebaut. Im Erdgeschoss wurden die Boden- sowie die Deckenplatte in Massivbauweise ausgeführt. Die oberirdische Kubatur ist in Holzständerbauweise errichtet.

Technische Anlagen

Die Sporthalle ist im Keller an die Fernwärmestation eines Nachbargebäudes angeschlossen. Die Heizungssteuerung erfolgt mit zwei Mischkreisen für die Heizung: die Sporthalle besitzt eine **Sportbodenheizung**, der Sozialteil eine Fußbodenheizung, die über Raumthermostate reguliert werden kann. Die Warmwasserbereitung erfolgt dezentral über zwei 80l Druckspeicher. Die eingebauten Waschtischarmaturen sind berührungslos bedienbar. Alle Waschtisch- und Duschthermostatarmaturen verfügen über einen integrierten Verbrühschutz. In sämtliche Toiletten- und Duschräume wurden Einzelraumlüfter eingebaut. Alle Räume sind mit energiesparenden LED-Leuchten ausgestattet, in der Halle zusätzlich ballwurfsicher. Die Sicherheitsbeleuchtung erfolgt über **Einzelbatterieleuchten**.

Energetische Kennwerte

EnEV Fassung: 2009
Gebäudenutzfläche (EnEV): 608,00 m²
Spez. Jahresprimärenergiebedarf (EnEV): 165,00 kWh/(m²·a)
Spez. Transmissionswärmeverlust: 0,26 W/(m²·K)
CO_2-Emissionen: 43,00 kg/(m²·a)

Planungskennwerte für Flächen und Rauminhalte nach DIN 277

5100-0115
Sporthalle
(Einfeldhalle)
Effizienzhaus ~68%

Flächen des Grundstücks		Menge, Einheit	% an GF
BF	Bebaute Fläche	3.362,20 m²	13,9
UF	Unbebaute Fläche	20.921,01 m²	86,2
GF	Grundstücksfläche	24.283,21 m²	100,0

Grundflächen des Bauwerks		Menge, Einheit	% an NUF	% an BGF
NUF	Nutzungsfläche	558,89 m²	100,0	75,8
TF	Technikfläche	9,00 m²	1,6	1,2
VF	Verkehrsfläche	82,40 m²	14,7	11,2
NRF	Netto-Raumfläche	650,29 m²	116,4	88,2
KGF	Konstruktions-Grundfläche	86,84 m²	15,5	11,8
BGF	Brutto-Grundfläche	737,13 m²	131,9	100,0

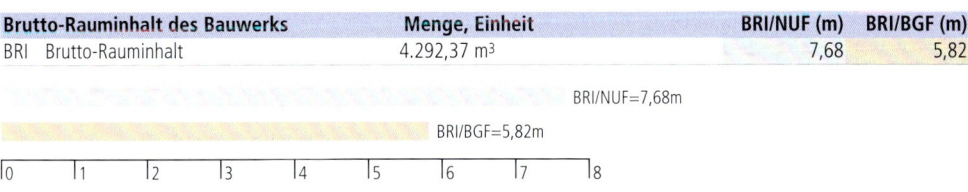

Brutto-Rauminhalt des Bauwerks		Menge, Einheit	BRI/NUF (m)	BRI/BGF (m)
BRI	Brutto-Rauminhalt	4.292,37 m³	7,68	5,82

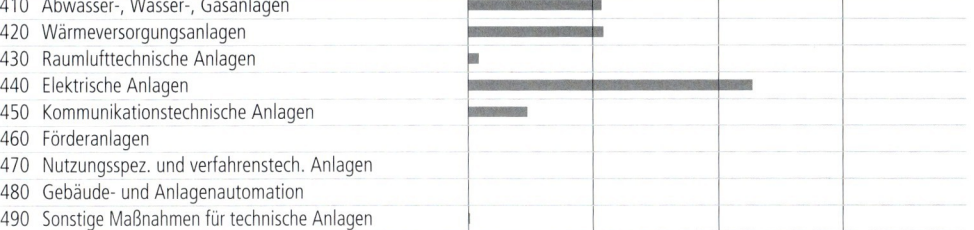

Prozentualer Anteil der Kostengruppen der 2. Ebene an der Kostengruppe 400 nach DIN 276

KG	Kostengruppen (2. Ebene)	20%	40%	60%
410	Abwasser-, Wasser-, Gasanlagen			
420	Wärmeversorgungsanlagen			
430	Raumlufttechnische Anlagen			
440	Elektrische Anlagen			
450	Kommunikationstechnische Anlagen			
460	Förderanlagen			
470	Nutzungsspez. und verfahrenstech. Anlagen			
480	Gebäude- und Anlagenautomation			
490	Sonstige Maßnahmen für technische Anlagen			

Ranking der Kostengruppen der 3. Ebene an der Kostengruppe 400 nach DIN 276

KG	Kostengruppe (3. Ebene)	Kosten an KG 400 %	KG	Kostengruppe (3. Ebene)	Kosten an KG 400 %
445	Beleuchtungsanlagen	22,0	422	Wärmeverteilnetze	3,3
444	Niederspannungsinstallationsanlagen	19,1	411	Abwasseranlagen	2,3
412	Wasseranlagen	17,0	457	Datenübertragungsnetze	2,2
423	Raumheizflächen	14,4	419	Sonstiges zur KG 410	2,1
456	Gefahrenmelde- und Alarmanlagen	6,5	431	Lüftungsanlagen	1,7
446	Blitzschutz- und Erdungsanlagen	4,3	452	Such- und Signalanlagen	0,8
421	Wärmeerzeugungsanlagen	4,0	491	Baustelleneinrichtung	0,2

5100-0115
Sporthalle
(Einfeldhalle)
Effizienzhaus ~68%

Kostenkennwerte für die Kostengruppen der 1. Ebene DIN 276

KG	Kostengruppen (1. Ebene)	Einheit	Kosten €	€/Einheit	€/m² BGF	€/m³ BRI	% 300+400
100		m² GF	–	–	–	–	–
200	Vorbereitende Maßnahmen	m² GF	7.211	0,30	9,78	1,68	0,6
300	Bauwerk – Baukonstruktionen	m² BGF	1.090.700	1.479,66	1.479,66	254,10	84,4
400	Bauwerk – Technische Anlagen	m² BGF	201.005	272,69	272,69	46,83	15,6
	Bauwerk 300+400	**m² BGF**	**1.291.706**	**1.752,34**	**1.752,34**	**300,93**	**100,0**
500	Außenanlagen und Freiflächen	m² AF	17.386	0,71	23,59	4,05	1,3
600	Ausstattung und Kunstwerke	m² BGF	7.395	10,03	10,03	1,72	0,6
700	Baunebenkosten	m² BGF	–	–	–	–	–
800	Finanzierung	m² BGF	–	–	–	–	–

KG	Kostengruppe	Menge Einheit	Kosten €	€/Einheit	%
200	**Vorbereitende Maßnahmen**	24.283,21 m² GF	7.211	**0,30**	0,6

Abbruch von Fernwärmekanal, Fernwärme- und Wasserleitungen

3+4	**Bauwerk**				**100,0**
300	**Bauwerk – Baukonstruktionen**	737,13 m² BGF	1.090.700	**1.479,66**	84,4

Bodenaustausch, Stb-Bodenplatte, Parkett-Sportboden, Heizestrich, Bodenfliesen; Holzrahmenwände, Stb-Elementwände, KS-Mauerwerk, Holzstützen, ballwurfsichere Holzfenster, Sporthallentüren, WDVS, hinterlüftete Holzfassade; GK-Wände, Schwingtore, Holztüren, Prallwandbekleidungen, Putz, Wandfliesen, Beschichtungen; Stb-Decke, Stb-Treppe, Kautschukbelag, Glasbrüstung; Flachdach BSH-Binder, Dachabdichtung, Kiesauflage, Alu-Attikaabdeckung, Dachentwässerung; Einbausportgeräte, Ballfang- und Sichtschutznetze, Pfeilfangnetz

400	**Bauwerk – Technische Anlagen**	737,13 m² BGF	201.005	**272,69**	15,6

Gebäudeentwässerung, Kalt- und Warmwasserleitungen, Sanitärobjekte; Fernwärmeanschluss, **Sportbodenheizung**, Fußbodenheizung; Einzelraumlüfter; Elektroinstallation, Beleuchtung, **Blitzschutzanlage**; Ruf-Kompaktset, **Hausalarmanlage**, Brandschutzanlage, EDV-Verkabelung

500	**Außenanlagen und Freiflächen**	24.383,21 m² AF	17.386	**0,71**	1,3

Versorgungsleitungen von Nachbargebäude zur Sporthalle

600	**Ausstattung und Kunstwerke**	737,13 m² BGF	7.395	**10,03**	0,6

Sanitärausstattungen, Garderobensitzbänke; Transport-Aufbewahrungswagen für Handballtore

Kostenkennwerte für die Kostengruppen 400 der 2. Ebene DIN 276

5100-0115
Sporthalle
(Einfeldhalle)
Effizienzhaus ~68%

KG	Kostengruppe	Menge Einheit	Kosten €	€/Einheit	%
400	**Bauwerk – Technische Anlagen**				**100,0**
410	**Abwasser-, Wasser-, Gasanlagen**	737,13 m² BGF	42.991	**58,32**	21,4

Kunststoffrohre DN50-110 (79m), Flachdachabläufe (4St) * Edelstahlrohre DN12-32 (154m), Warmwasserspeicher 80l (2St), Reihenwaschtische (2St), Waschtische (3St), berührungslose Armaturen (7St), Tiefspül-WCs (4St), **barrierefrei** (1St), Urinal (1St), Ausgussbecken (1St), Stützklappgriffe (4St) * Montageelemente für Sanitärobjekte (17St), für Stütz- und Haltegriffe (2St)

420	**Wärmeversorgungsanlagen**	737,13 m² BGF	43.614	**59,17**	21,7

Fernwärmeanschluss an UG Nachbargebäude, Heizungsverteiler (2St), Mischer, Stellmotoren, Pumpen (2St), Regelung (1St) * Stahl-Heizungsrohre DN12-50 (117m), Verteilerschränke, Verteiler, Regelmodule (3St) * **Sportbodenheizung**: EPS-Verlegeplatte, d=25mm, PE-Xa-Heizungsrohre (422m²), Heizkreisverteilsystem (45m), Fußbodenheizung: EPS-Noppenplatte, d=14/16mm, PE-Xa-Heizungsrohre (139m²), Raumfühler (10St)

430	**Raumlufttechnische Anlagen**	737,13 m² BGF	3.411	**4,63**	1,7

Einzelraumlüfter 100m³/h, Ventilatoreinsätze (4St), 60m³/h (4St), Einbaugehäuse (6St), Brandschutzgehäuse (1St), Wickelfalzrohre DN100 (19m), Flexrohre (7m)

440	**Elektrische Anlagen**	737,13 m² BGF	91.435	**124,04**	45,5

Hauptverteiler (1St), Unterverteiler (3St), Zwischenzähler (1St), Mantelleitungen (4.748m), Steckdosen (45St), Schalter/Taster (7St), Leitungsschutzkanäle (110m), Verlegesysteme * LED-Sporthallenleuchten (30St), Akzentlichter (28St), Anbauleuchten (109St), **Einzelbatterie-LED-Notbeleuchtung** (3St), Einzelbatterie-Sicherheitsleuchte (1St), Rettungszeichenleuchte (2St) * Erdleitung (165m), Potenzialausgleichsleitung (146m), Potenzialausgleichsschienen (2St), Ableitungen (20m), Fangeinrichtungen (164m), **Blitzschutzdraht** (117m)

450	**Kommunikationstechnische Anlagen**	737,13 m² BGF	19.074	**25,88**	9,5

Ruf-Kompaktset (1St), Klingeltaster (1St), Leitungen (466m) * **Hausalarmanlage**: Multisensormelder (9St), Handmelder (2St), Brandmeldeleitungen (47m), Bewegungsmelder (17St), Rauchschalterzentrale (1St), optische Rauchmelder (2St), Fenstersteuerung, Lüftung, RWA: Sonnenschutzzentrale (1St), Motorsteuereinheiten (4St), Wetterstation (1St), Leitungen (732m) * Netzwerkschrank (1St), Datendosen (3St), Datenkabel (195m), Installationsleitungen (732m), Fernsprechleitungen (47m)

490	**Sonstige Maßnahmen für technische Anlagen**	737,13 m² BGF	481	**0,65**	0,2

Baustelleneinrichtung (1St), Bautür (1St)

5100-0115
Sporthalle
(Einfeldhalle)
Effizienzhaus ~68%

Kostenkennwerte für die Kostengruppe 400 der 2. und 3. Ebene DIN 276 (Übersicht)

KG	Kostengruppe	Menge Einheit	Kosten €	€/Einheit	%
410	**Abwasser-, Wasser-, Gasanlagen**	**737,13 m² BGF**	**58,32**	**42.991,12**	**21,4**
411	Abwasseranlagen	737,13 m² BGF	6,39	4.713,93	2,3
412	Wasseranlagen	737,13 m² BGF	46,28	34.117,19	17,0
419	Sonstiges zur KG 410	737,13 m² BGF	5,64	4.160,00	2,1
420	**Wärmeversorgungsanlagen**	**737,13 m² BGF**	**59,17**	**43.613,63**	**21,7**
421	Wärmeerzeugungsanlagen	737,13 m² BGF	10,87	8.014,44	4,0
422	Wärmeverteilnetze	737,13 m² BGF	9,00	6.634,38	3,3
423	Raumheizflächen	737,13 m² BGF	39,29	28.964,81	14,4
430	**Raumlufttechnische Anlagen**	**737,13 m² BGF**	**4,63**	**3.410,80**	**1,7**
431	Lüftungsanlagen	737,13 m² BGF	4,63	3.410,80	1,7
440	**Elektrische Anlagen**	**737,13 m² BGF**	**124,04**	**91.434,77**	**45,5**
444	Niederspannungsinstallationsanlagen	737,13 m² BGF	52,15	38.442,39	19,1
445	Beleuchtungsanlagen	737,13 m² BGF	60,09	44.293,73	22,0
446	Blitzschutz- und Erdungsanlagen	737,13 m² BGF	11,80	8.698,64	4,3
450	**Kommunikationstechnische Anlagen**	**737,13 m² BGF**	**25,88**	**19.073,79**	**9,5**
452	Such- und Signalanlagen	737,13 m² BGF	2,27	1.675,69	0,8
456	Gefahrenmelde- und Alarmanlagen	737,13 m² BGF	17,69	13.040,92	6,5
457	Datenübertragungsnetze	737,13 m² BGF	5,91	4.357,12	2,2
490	**Sonst. Maßnahmen für techn. Anlagen**	**737,13 m² BGF**	**0,65**	**481,30**	**0,2**
491	Baustelleneinrichtung	737,13 m² BGF	0,65	481,30	0,2

Kostenkennwerte für Leistungsbereiche nach STLB (Kosten KG 400 nach DIN 276)

5100-0115
Sporthalle (Einfeldhalle)
Effizienzhaus ~68%

LB	Leistungsbereiche	Kosten €	€/m² BGF	€/m³ BRI	% an 400
040	Wärmeversorgungsanlagen - Betriebseinrichtungen	7.222	9,80	1,70	3,6
041	Wärmeversorgungsanlagen - Leitungen, Armaturen, Heizflächen	34.253	46,50	8,00	17,0
042	Gas- und Wasseranlagen - Leitungen, Armaturen	7.585	10,30	1,80	3,8
043	Druckrohrleitungen für Gas, Wasser und Abwasser	–	–	–	–
044	Abwasseranlagen - Leitungen, Abläufe, Armaturen	2.821	3,80	0,66	1,4
045	Gas-, Wasser- und Entwässerungsanlagen - Ausstattung, Elemente, Fertigbäder	28.260	38,30	6,60	14,1
046	Gas-, Wasser- und Entwässerungsanlagen - Betriebseinrichtungen	793	1,10	0,18	0,4
047	Dämm- und Brandschutzarbeiten an technischen Anlagen	4.689	6,40	1,10	2,3
049	Feuerlöschanlagen, Feuerlöschgeräte	–	–	–	–
050	Blitzschutz- / Erdungsanlagen, Überspannungsschutz	8.699	11,80	2,00	4,3
051	Kabelleitungstiefbauarbeiten	–	–	–	–
052	Mittelspannungsanlagen	–	–	–	–
053	Niederspannungsanlagen - Kabel/Leitungen, Verlegesysteme, Installationsgeräte	30.090	40,80	7,00	15,0
054	Niederspannungsanlagen - Verteilersysteme und Einbaugeräte	8.352	11,30	1,90	4,2
055	Sicherheits- und Ersatzstromversorgungsanlagen	–	–	–	–
057	Gebäudesystemtechnik	–	–	–	–
058	Leuchten und Lampen	39.715	53,90	9,30	19,8
059	Sicherheitsbeleuchtungsanlagen	3.139	4,30	0,73	1,6
060	Sprech-, Ruf-, Antennenempfangs-, Uhren- und elektroakustische Anlagen	1.676	2,30	0,39	0,8
061	Kommunikations- und Übertragungsnetze	2.965	4,00	0,69	1,5
062	Kommunikationsanlagen	–	–	–	–
063	Gefahrenmeldeanlagen	14.433	19,60	3,40	7,2
064	Zutrittskontroll-, Zeiterfassungssysteme	–	–	–	–
069	Aufzüge	–	–	–	–
070	Gebäudeautomation	–	–	–	–
075	Raumlufttechnische Anlagen	3.341	4,50	0,78	1,7
078	Kälteanlagen für raumlufttechnische Anlagen	–	–	–	–
	Gebäudetechnik	**198.033**	**268,70**	**46,10**	**98,5**
	Sonstige Leistungsbereiche	**2.972**	**4,00**	**0,69**	**1,5**

© BKI Baukosteninformationszentrum   Kostenstand: 4.Quartal 2021, Bundesdurchschnitt, inkl. 19% MwSt.

5100-0124
Sporthalle
(Dreifeldhalle)
(Einfeldhalle)

Objektübersicht

Modernisierung

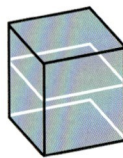 BRI 170 €/m³   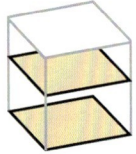 BGF 1.202 €/m²   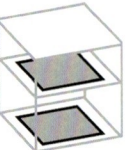 NUF 1.646 €/m²

Objekt:
Kennwerte: 3. Ebene DIN 276
BRI: 24.315 m³
BGF: 3.428 m²
NUF: 2.504 m²
Bauzeit: 69 Wochen
Bauende: 2016
Standard: Durchschnitt
Bundesland: Rheinland-Pfalz
Kreis: Cochem-Zell

Architekt*in:
Dillig Architekten GmbH
Bahnhofsplatz 5
55469 Simmern

Bauherr*in:
Verbandsgemeinde Kaisersesch
Bahnhofstraße 47
56759 Kaisersesch

vorher

nachher

© BKI Baukosteninformationszentrum · Kostenstand: 4.Quartal 2021, Bundesdurchschnitt, inkl. 19% MwSt.

Zeichnungen

5100-0124
Sporthalle
(Dreifeldhalle)
(Einfeldhalle)

Modernisierung

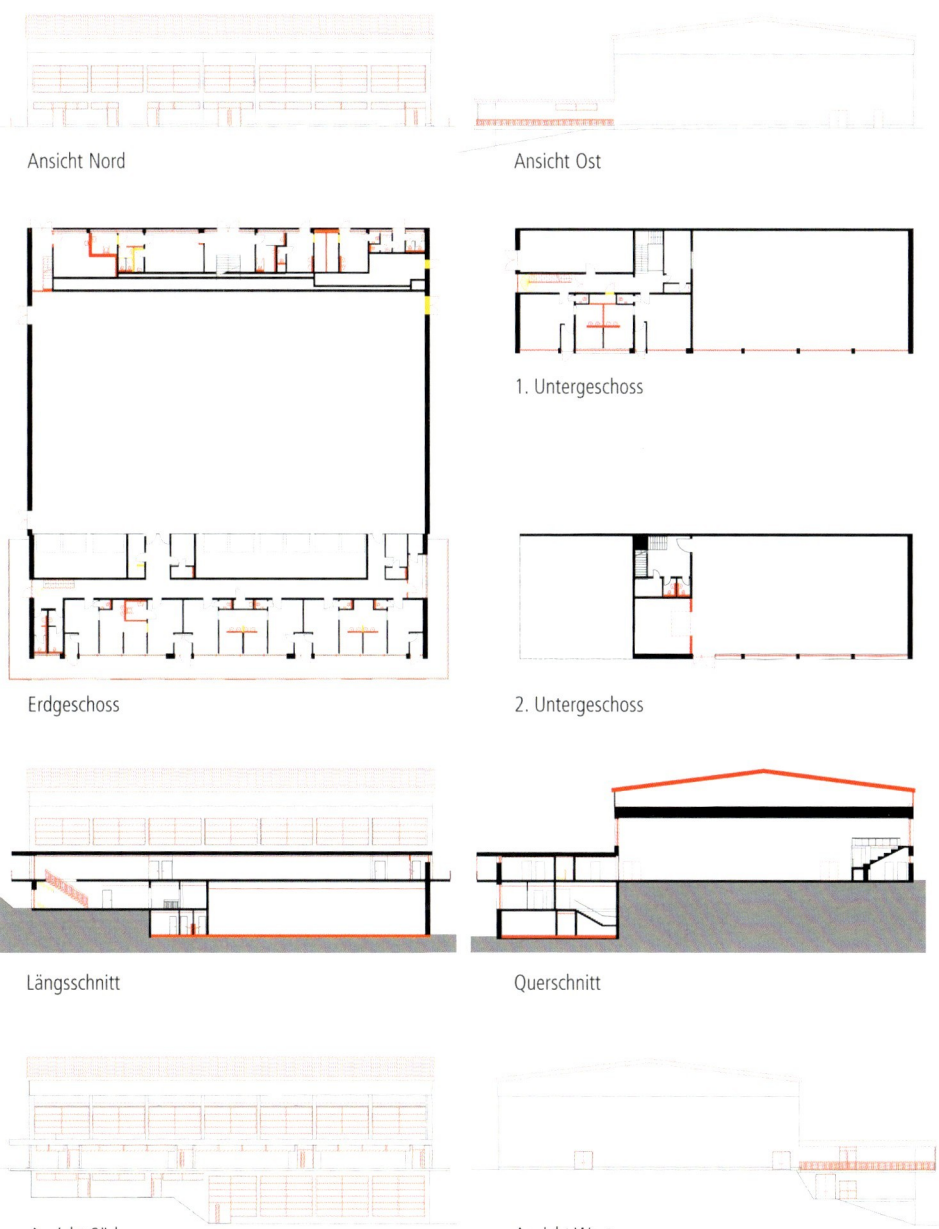

5100-0124
Sporthalle
(Dreifeldhalle)
(Einfeldhalle)

Modernisierung

Objektbeschreibung

Allgemeine Objektinformationen

Die Sporthalle aus den siebziger Jahren umfasst zwei unterschiedlich große Trainingsflächen mit daran angegliederten Geräteräumen sowie Umkleide-, Sanitär- und Nebenräumen. Die Dreifeldhalle im Erdgeschoss ist von Norden und Süden mit Tageslicht belichtet und verfügt an der nördlichen Längsseite über eine große Tribüne. Im Untergeschoss, das nach Norden hin in das abfallende Gelände integriert ist und nur von Süden Tageslicht erhält, befindet sich die kleinere Turnhalle. Nach rund vierzig Jahren wurde das Gebäude entsprechend der heutigen energetischen und brandschutztechnischen Standards generalsaniert. Dabei wurden auch optische Mängel behoben.

Nutzung

2 Untergeschosse
Einfeldhalle, Geräteraum, Umkleideräume, Duschen, Technikraum, WCs, Abstellräume

1 Erdgeschoss
Dreifeldhalle, Geräteräume, Foyer, Umkleideräume, Duschen, WCs

1 Obergeschoss
Tribüne

Nutzeinheiten

Hallenfelder: 4

Grundstück

Bauraum: Beengter Bauraum
Neigung: Hanglage

Markt

Hauptvergabezeit: 2.Quartal 2015
Baubeginn: 3.Quartal 2015
Bauende: 4.Quartal 2016
Konjunkturelle Gesamtlage: Durchschnitt
Regionaler Baumarkt: unter Durchschnitt

Baubestand

Baujahr: 1972
Bauzustand: schlecht
Aufwand: hoch
Grundrissänderungen: wenige
Tragwerkseingriffe: einige
Nutzungsänderung: nein
Nutzung während der Bauzeit: nein

Baukonstruktion

Das Gebäude besteht aus Stahlbeton und Mauerwerk. Wegen Durchfeuchtung wurde die Bodenplatte im Untergeschoss abgebrochen und neu betoniert. Die Sporthallen erhielten Doppelschwingböden mit Linoleumbelag, alle weiteren Bodenflächen wurden durch eine Epoxidharzbeschichtung mit Chipseinstreuung ersetzt. Die Türen und Fenster wurden erneuert, die Wandflächen innen ausgebessert und beschichtet. Die Fassaden sind mit einem Wärmedämmverbundsystem bekleidet. Der Laubengang wurde angehoben und erhielt einen neuen Belag sowie ein neues Geländer. Zwei zusätzliche Treppen gewährleisten die Fluchtwege. Abgehängte Akustikdecken aus Blähglasgranulat wurden eingebaut. Auf das Bestandsdach ist ein Satteldach als Stahlraumtragwerk mit Sandwich-Dachelementen aufgesetzt.

Technische Anlagen

Um die Heizungsanlage auf den neuesten Stand der Technik zu bringen, wurden die komplette Wärmebereitstellung, -verteilung und -übergabe an die Räume neu installiert. Beide Hallen sind über Deckenstrahlheizungen beheizbar. Um die Luftqualität als auch den Luftfeuchtegehalt in den Nassbereichen zu regulieren, wurde eine **Zu- und Abluftanlage** mit **Wärmerückgewinnung** eingebaut.

Sonstiges

Das alte Hallendach blieb bestehen und dient dem neuen Dach als Kontroll- und Reparaturebene. Um einen **barrierefreien** Zugang zu ermöglichen, wurden um die Halle das Gelände angehoben und Betonpflaster verlegt.

Planungskennwerte für Flächen und Rauminhalte nach DIN 277

Flächen des Grundstücks		Menge, Einheit	% an GF
BF	Bebaute Fläche	2.395,11 m²	46,2
UF	Unbebaute Fläche	2.789,89 m²	53,8
GF	Grundstücksfläche	5.185,00 m²	100,0

Grundflächen des Bauwerks		Menge, Einheit	% an NUF	% an BGF
NUF	Nutzungsfläche	2.503,83 m²	100,0	73,0
TF	Technikfläche	59,81 m²	2,4	1,7
VF	Verkehrsfläche	482,61 m²	19,3	14,1
NRF	Netto-Raumfläche	3.046,25 m²	121,7	88,9
KGF	Konstruktions-Grundfläche	381,64 m²	15,2	11,1
BGF	Brutto-Grundfläche	3.427,89 m²	136,9	100,0

NUF=100%
NRF=121,7%
BGF=136,9%

NUF TF VF KGF

Brutto-Rauminhalt des Bauwerks		Menge, Einheit	BRI/NUF (m)	BRI/BGF (m)
BRI	Brutto-Rauminhalt	24.315,23 m³	9,71	7,09

BRI/NUF=9,71m
BRI/BGF=7,09m

5100-0124
Sporthalle
(Dreifeldhalle)
(Einfeldhalle)

Modernisierung

Prozentualer Anteil der Kostengruppen der 2. Ebene an der Kostengruppe 400 nach DIN 276

KG	Kostengruppen (2. Ebene)
410	Abwasser-, Wasser-, Gasanlagen
420	Wärmeversorgungsanlagen
430	Raumlufttechnische Anlagen
440	Elektrische Anlagen
450	Kommunikationstechnische Anlagen
460	Förderanlagen
470	Nutzungsspez. und verfahrenstech. Anlagen
480	Gebäude- und Anlagenautomation
490	Sonstige Maßnahmen für technische Anlagen

Ranking der Kostengruppen der 3. Ebene an der Kostengruppe 400 nach DIN 276

KG	Kostengruppe (3. Ebene)	Kosten an KG 400 %	KG	Kostengruppe (3. Ebene)	Kosten an KG 400 %
431	Lüftungsanlagen	27,2	469	Sonstiges zur KG 460	2,9
412	Wasseranlagen	15,6	454	Elektroakustische Anlagen	2,6
445	Beleuchtungsanlagen	12,2	456	Gefahrenmelde- und Alarmanlagen	1,4
444	Niederspannungsinstallationsanlagen	10,2	446	Blitzschutz- und Erdungsanlagen	1,3
423	Raumheizflächen	6,9	442	Eigenstromversorgungsanlagen	1,3
422	Wärmeverteilnetze	6,5	455	Audiovisuelle Medien- und Antennenanlagen	1,0
411	Abwasseranlagen	4,5	419	Sonstiges zur KG 410	0,8
421	Wärmeerzeugungsanlagen	4,1	491	Baustelleneinrichtung	0,6

© BKI Baukosteninformationszentrum Kostenstand: 4.Quartal 2021, Bundesdurchschnitt, inkl. 19% MwSt.

5100-0124
Sporthalle
(Dreifeldhalle)
(Einfeldhalle)

Modernisierung

Kostenkennwerte für die Kostengruppen der 1. Ebene DIN 276

KG	Kostengruppen (1. Ebene)	Einheit	Kosten €	€/Einheit	€/m² BGF	€/m³ BRI	% 300+400
100		m² GF	–	–	–	–	–
200	Vorbereitende Maßnahmen	m² GF	2.169	0,42	0,63	< 0,1	0,1
300	Bauwerk – Baukonstruktionen	m² BGF	3.027.802	883,28	883,28	124,52	73,5
400	Bauwerk – Technische Anlagen	m² BGF	1.093.891	319,12	319,12	44,99	26,5
	Bauwerk 300+400	**m² BGF**	**4.121.693**	**1.202,40**	**1.202,40**	**169,51**	**100,0**
500	Außenanlagen und Freiflächen	m² AF	136.995	222,96	39,96	5,63	3,3
600	Ausstattung und Kunstwerke	m² BGF	4.794	1,40	1,40	0,20	0,1
700	Baunebenkosten	m² BGF	–	–	–	–	–
800	Finanzierung	m² BGF	–	–	–	–	–

KG	Kostengruppe	Menge Einheit	Kosten €	€/Einheit	%
200	**Vorbereitende Maßnahmen**	5.185,00 m² GF	2.169	**0,42**	0,1

• Herstellen (Kosten: 100,0%)   2.169
Suchgrabenaushub, Sicherung von Kabelkreuzungen

KG	Kostengruppe	Menge Einheit	Kosten €	€/Einheit	%
3+4	**Bauwerk**				**100,0**
300	**Bauwerk – Baukonstruktionen**	3.427,89 m² BGF	3.027.802	**883,28**	73,5

• Abbrechen (Kosten: 5,5%)   167.913
Abbruch von Stb-Bodenplatten, Linoleum, Sportböden, Bitumenabdichtungen, Estrich, Lavaschotter; Betonwänden für Türöffnungen, Alufenstern, Alutüren, Dämmputz, Lamellenraffstores, Basaltstufen, Fußabstreiferkästen; KS-Mauerwerk, GK-Wand, Wandfliesen, GK-Bekleidungen; Stb-Decke, Holzbekleidungen, Stahlwendeltreppe, Geländer; Dachentwässerung; Entsorgung, Deponiegebühren

• Wiederherstellen (Kosten: 3,1%)   95.071
Estrich ausbessern; Laubengangstützen unterlegen, Außenputz überarbeiten; Innenputz ausbessern, Mauerwerk verfestigen, Unebenheiten ausgleichen, Zugkonstruktion von Trennvorhang ertüchtigen, Antriebsmotor erneuern; Stb-Laubengang instandsetzen, Bewehrung entrosten, spachteln, Träger instandsetzen, Abdeckbleche erneuern, Rostflecken an Deckenuntersicht überarbeiten, Tribünengeländer neu beschichten; Dachrinne instandsetzen, schadhafte Dachplatten im überbauten Bestandsdach austauschen; Tribünensitzauflagen erneuern

• Herstellen (Kosten: 91,3%)   2.764.818
Stb-Bodenplatten, Abdichtung, Dämmung, Doppelschwingboden, Linoleum, PU-Versiegelung, Zementestrich, Epoxidharzbeschichtung, Schotterschicht, Dränage; Türanschläge, Alu-Fenster-/Türelemente, RWA-Lamellenfenster, Fluchttüren, Bitumendickbeschichtung, Perimeterdämmung, WDVS, Prallschutzbekleidung, Innenputz, Beschichtung, Wandfliesen, Sandwich-Wandelemente, Lamellenraffstores; Stb-Wand, Türöffnungen verkleinern, Stahlkonstruktion, Porenbeton-Mauerwerk, GK-Wand, Holztüren, Geräteraumtore, Innentüren, Trennvorhänge, WC-Trennwände; Stb-Treppe, Stb-Decke ergänzen, Blechprofilrost-Rampe, abgehängte Akustikdecken F30, Beschichtung, GK-Bekleidung, Stahltreppe, Geländer; Stahldach-Raumtragwerk auf Bestandsdach, Lichtkuppel, Dachabdichtung, Mineralwolldämmung im Dachraum, abgehängte GK-Decken, Sandwich-Dachelemente, Dachentwässerung, Wartungssteg im Dachraum; Sportgeräte

KG	Kostengruppe	Menge Einheit	Kosten €	€/Einheit	%
400	**Bauwerk – Technische Anlagen**	3.427,89 m² BGF	1.093.891	**319,12**	26,5

- Abbrechen (Kosten: 3,5%) — 37.854
  Abbruch von Gussrohren, Sanitärobjekten; Warmwasserspeicher, **Wärmepumpe**, Heizungsrohren, Heizkörpern; **Lüftungsanlagen**; Akkus, Elektroinstallation, Beleuchtung, **Blitzschutzanlage**; Lautsprechern; Entsorgung, Deponiegebühren

- Wiederherstellen (Kosten: 1,8%) — 19.975
  Lüftungskanäle instandsetzen

- Herstellen (Kosten: 94,7%) — 1.036.062
  Gebäudeentwässerung, Kalt- und Warmwasserleitungen, Sanitärobjekte; **Wärmepumpe**, Warmwasserspeicher, Heizungsrohre, Fußbodenheizung, Heizkörper; **Lüftungsanlagen**; Notstromversorgung, Elektroinstallation, Beleuchtung, Sicherheitsbeleuchtung, **Blitzschutzanlage**; Video-Sprechanlage, Notruf-Sets, Uhr, ELA-Anlage, Beamer, **RWA-Anlage**, Datenverkabelung; **Schrägaufzug**

KG	Kostengruppe	Menge Einheit	Kosten €	€/Einheit	%
500	**Außenanlagen und Freiflächen**	614,43 m² AF	136.995	**222,96**	3,3

- Abbrechen (Kosten: 4,0%) — 5.525
  Abbruch von Betonpflaster, Recyclingschotter, Randsteinen; Straßenlampe; Betonbox ; Entsorgung, Deponiegebühren

- Herstellen (Kosten: 96,0%) — 131.470
  Rohrgrabenaushub; Schottertragschicht, Betonpflaster, Traufstreifen; Stb-Winkelstützwände, Betonwerksteintreppe; Gebäude-/Oberflächenentwässerung, Erdkabel, Telefonkabel; Oberbodenarbeiten

KG	Kostengruppe	Menge Einheit	Kosten €	€/Einheit	%
600	**Ausstattung und Kunstwerke**	3.427,89 m² BGF	4.794	**1,40**	0,1

- Abbrechen (Kosten: 29,5%) — 1.412
  Abbruch von Sanitärausstattung; Entsorgung, Deponiegebühren

- Herstellen (Kosten: 70,5%) — 3.382
  Spiegel

5100-0124
Sporthalle
(Dreifeldhalle)
(Einfeldhalle)

Modernisierung

5100-0124
Sporthalle
(Dreifeldhalle)
(Einfeldhalle)

Modernisierung

Kostenkennwerte für die Kostengruppen 400 der 2. Ebene DIN 276

KG	Kostengruppe	Menge Einheit	Kosten €	€/Einheit	%
400	**Bauwerk – Technische Anlagen**				100,0
410	**Abwasser-, Wasser-, Gasanlagen**	3.427,89 m² BGF	227.774	**66,45**	20,8
	• Abbrechen (Kosten: 2,4%)	3.427,89 m² BGF	5.535	**1,61**	

Abbruch von Gussrohren (30m) * WCs (22St), Urinalen (5St), Waschbecken (18St), Ausgussbecken, Betonwerkstein (29m), Stahl (2St); Entsorgung, Deponiegebühren

| | • Herstellen (Kosten: 97,6%) | 3.427,89 m² BGF | 222.239 | **64,83** | |

KG-Rohre DN100-150 (93m), PP-Rohre DN50-100 (224m), SML-Rohre DN50-100 (55m), Röhrensiphons (35St), Badabläufe (23St), Sinkkasten (1St) * PP-Rohre DN16-50 (1.422m), Kaltwasserverteiler (1St), Strömungsverteiler (8St), Hygienespülungen (2St), Druckminderer (1St), Absperrventile (17St), Regulierventile (7St), Rückflussverhinderer (3St), Waschtische (41St), Duscharmaturen, elektronische Zeitsteuerung (39St), WCs (21St), Urinale (5St) * Montageelemente (55St)

| 420 | **Wärmeversorgungsanlagen** | 3.427,89 m² BGF | 191.759 | **55,94** | 17,5 |
| | • Abbrechen (Kosten: 10,6%) | 3.427,89 m² BGF | 20.362 | **5,94** | |

Abbruch von Warmwasserspeicher (2.820kg), **Wärmepumpe** (1.180kg) * Heizungsrohren (1.214m) * Heizkörpern (67m); Entsorgung, Deponiegebühren

| | • Herstellen (Kosten: 89,4%) | 3.427,89 m² BGF | 171.396 | **50,00** | |

Wassererwärmungsmodule (3St), Kommunikationsmodule (2St), Warmwasserspeicher 950l (1St), Ausdehnungsgefäß 400l (1St), Heizungsverteiler (1St), Umwälzpumpen (8St), Heizkreisregler, drei Heizkreise (2St), Erweiterungssätze (4St), Temperaturregler (2St), Rücklaufverteiler (1St), Sekundärkreise für **Lüftungsanlage** (2St) * Kupferrohre DN15-54 (1.065m), Stahlrohre DN50-100 (18m), Verteiler (1St), Lufttöpfe (2St), Strangregulierventile (8St) * Fußbodenheizung (1.550m²), Heizkörper (46St)

| 430 | **Raumlufttechnische Anlagen** | 3.427,89 m² BGF | 297.043 | **86,65** | 27,2 |
| | • Abbrechen (Kosten: 1,8%) | 3.427,89 m² BGF | 5.280 | **1,54** | |

Abbruch von Raumluftgerät (5.180kg), **Lüftungsanlage** (1St), Lüftungskanälen (8m), Lüftungsgittern (24St); Entsorgung, Deponiegebühren

| | • Wiederherstellen (Kosten: 6,7%) | 3.427,89 m² BGF | 19.975 | **5,83** | |

Betonkanäle reinigen, Fehlstellen spachteln, Dispersionsbeschichtung (436m²), Blechkanäle innenseitig reinigen (616m²), Öffnungen luftdicht verschließen (52St)

| | • Herstellen (Kosten: 91,5%) | 3.427,89 m² BGF | 271.787 | **79,29** | |

Lüftungsgeräte 16.000m³/h (1St), 6.600m³/h (1St), bis 450m³/h (2St), Lüftungskanäle, Stahl (965m²), Kanaldämmung (109m²), Wickelfalzrohre DN100-200 (84m), Aluflexrohre DN125 (18m), Lüftungsgitter (48St), Luftdurchlässe (34St), Kulissenschalldämpfer (5St), Brandschutzklappen (8St), Jalousieklappen (5St)

KG	Kostengruppe	Menge Einheit	Kosten €	€/Einheit	%
440	**Elektrische Anlagen**	3.427,89 m² BGF	272.278	**79,43**	24,9
	• Abbrechen (Kosten: 2,4%)	3.427,89 m² BGF	6.513	**1,90**	
	Abbruch von Akkus (260kg) * Installationsgeräten (236St), Kabeln (488m), Kabelkanälen (40m), Verteilungen (7St) * Leuchten (390St), Sicherheitsleuchten (5St) * Blitzableitern (119m); Entsorgung, Deponiegebühren				
	• Herstellen (Kosten: 97,6%)	3.427,89 m² BGF	265.764	**77,53**	
	Zentralbatteriesystem (1St), Notstromversorgung (1St) * Feldverteiler (2St), Kleinverteiler (5St), Mantelleitungen (9.035m), Steuerleitungen (2.534m), Gummischlauchleitungen (125m), Erdkabel (14m), Steckdosen (100St), CEE-Steckdosen (5St), Bewegungsmelder (90St), Geräteanschlussdosen (63St), Schalter/Taster (19St), Schlüsselschalter (17St) * LED-Downlights (128St), LED-Hallenleuchten (55St), LED-Leuchten (64St), Deckenleuchten (6St), Mastansatzleuchten (6St), LED-Strahler, Bewegungsmelder (4St), Dali-Controller (1St), Sensoren (10St), Sicherheitsleuchten (108St), Rettungszeichenleuchten (36St) * Fangeinrichtungen (psch), Banderder (119m), Anschlussfahnen (8St), Überspannungsableiter (5St), Potenzialausgleichsschienen (3St), Mantelleitungen (161m)				
450	**Kommunikationstechnische Anlagen**	3.427,89 m² BGF	67.163	**19,59**	6,1
	• Abbrechen (Kosten: 0,2%)	3.427,89 m² BGF	163	**< 0,1**	
	Abbruch von Lautsprechern (13St); Entsorgung, Deponiegebühren				
	• Herstellen (Kosten: 99,8%)	3.427,89 m² BGF	67.000	**19,55**	
	Video-Sprechanlage, Außenstation (1St), Innenstationen (2St), Läutwerke (2St), Notruf-Sets (2St), Blitzleuchte (1St) * Innenuhr mit **Batterie** (1St) * elektroakustische Anlage (1St), Lautsprecher (27St), digitale Tischsprechstellen (2St), digitales Audiosignal-Wiedergabegerät (1St), Funkmikrofonsysteme (2St) * Beamer, Ballwurfschutzgehäuse (1St), Antennendose (1St), Antennenkabel (30m) * **RWA-Zentralen** (2St), Rauchmelder (4St), Wind-/Regenmelder (1St), Auslösetaster (10St), Lüftertaster (2St) * Datenkabel Cat6a (244m), Datenanschlussdosen 2xRJ45 (6St)				
460	**Förderanlagen**	3.427,89 m² BGF	31.688	**9,24**	2,9
	• Herstellen (Kosten: 100,0%)	3.427,89 m² BGF	31.688	**9,24**	
	Schrägaufzug, **barrierefrei**, Förderhöhe 1,40m (psch)				
490	**Sonstige Maßnahmen für technische Anlagen**	3.427,89 m² BGF	6.187	**1,80**	0,6
	• Herstellen (Kosten: 100,0%)	3.427,89 m² BGF	6.187	**1,80**	
	Baustelleneinrichtungen, technische Gewerke (4St), Mobilkran (1St)				

5100-0124
Sporthalle
(Dreifeldhalle)
(Einfeldhalle)

Modernisierung

5100-0124
Sporthalle
(Dreifeldhalle)
(Einfeldhalle)

Modernisierung

Kostenkennwerte für die Kostengruppe 400 der 2. und 3. Ebene DIN 276 (Übersicht)

KG	Kostengruppe	Menge Einheit	Kosten €	€/Einheit	%
410	**Abwasser-, Wasser-, Gasanlagen**	**3.427,89 m² BGF**	**66,45**	**227.774,24**	**20,8**
411	Abwasseranlagen	3.427,89 m² BGF	14,21	48.709,37	4,5
412	Wasseranlagen	3.427,89 m² BGF	49,81	170.751,96	15,6
419	Sonstiges zur KG 410	3.427,89 m² BGF	2,43	8.312,89	0,8
420	**Wärmeversorgungsanlagen**	**3.427,89 m² BGF**	**55,94**	**191.758,68**	**17,5**
421	Wärmeerzeugungsanlagen	3.427,89 m² BGF	13,11	44.941,27	4,1
422	Wärmeverteilnetze	3.427,89 m² BGF	20,81	71.334,88	6,5
423	Raumheizflächen	3.427,89 m² BGF	22,02	75.482,53	6,9
430	**Raumlufttechnische Anlagen**	**3.427,89 m² BGF**	**86,65**	**297.042,95**	**27,2**
431	Lüftungsanlagen	3.427,89 m² BGF	86,65	297.042,95	27,2
440	**Elektrische Anlagen**	**3.427,89 m² BGF**	**79,43**	**272.277,67**	**24,9**
442	Eigenstromversorgungsanlagen	3.427,89 m² BGF	3,99	13.674,66	1,3
444	Niederspannungsinstallationsanlagen	3.427,89 m² BGF	32,51	111.425,53	10,2
445	Beleuchtungsanlagen	3.427,89 m² BGF	38,83	133.091,27	12,2
446	Blitzschutz- und Erdungsanlagen	3.427,89 m² BGF	4,11	14.086,20	1,3
450	**Kommunikationstechnische Anlagen**	**3.427,89 m² BGF**	**19,59**	**67.162,56**	**6,1**
452	Such- und Signalanlagen	3.427,89 m² BGF	1,31	4.475,47	0,4
453	Zeitdienstanlagen	3.427,89 m² BGF	0,23	794,27	0,1
454	Elektroakustische Anlagen	3.427,89 m² BGF	8,33	28.568,57	2,6
455	Audiovisuelle Medien- u. Antennenanl.	3.427,89 m² BGF	3,22	11.050,67	1,0
456	Gefahrenmelde- und Alarmanlagen	3.427,89 m² BGF	4,42	15.147,75	1,4
457	Datenübertragungsnetze	3.427,89 m² BGF	0,32	1.093,79	0,1
459	Sonstiges zur KG 450	3.427,89 m² BGF	1,76	6.032,06	0,6
460	**Förderanlagen**	**3.427,89 m² BGF**	**9,24**	**31.688,13**	**2,9**
469	Sonstiges zur KG 460	3.427,89 m² BGF	9,24	31.688,13	2,9
490	**Sonst. Maßnahmen für techn. Anlagen**	**3.427,89 m² BGF**	**1,80**	**6.186,89**	**0,6**
491	Baustelleneinrichtung	3.427,89 m² BGF	1,80	6.186,89	0,6

Kostenkennwerte für Leistungsbereiche nach STLB (Kosten KG 400 nach DIN 276)

LB	Leistungsbereiche	Kosten €	€/m² BGF	€/m³ BRI	% an 400
040	Wärmeversorgungsanlagen - Betriebseinrichtungen	28.082	8,20	1,20	2,6
041	Wärmeversorgungsanlagen - Leitungen, Armaturen, Heizflächen	132.309	38,60	5,40	12,1
042	Gas- und Wasseranlagen - Leitungen, Armaturen	76.868	22,40	3,20	7,0
043	Druckrohrleitungen für Gas, Wasser und Abwasser	–	–	–	–
044	Abwasseranlagen - Leitungen, Abläufe, Armaturen	32.986	9,60	1,40	3,0
045	Gas-, Wasser- und Entwässerungsanlagen - Ausstattung, Elemente, Fertigbäder	81.863	23,90	3,40	7,5
046	Gas-, Wasser- und Entwässerungsanlagen - Betriebseinrichtungen	–	–	–	–
047	Dämm- und Brandschutzarbeiten an technischen Anlagen	47.028	13,70	1,90	4,3
049	Feuerlöschanlagen, Feuerlöschgeräte	–	–	–	–
050	Blitzschutz- / Erdungsanlagen, Überspannungsschutz	13.879	4,00	0,57	1,3
051	Kabelleitungstiefbauarbeiten	–	–	–	–
052	Mittelspannungsanlagen	–	–	–	–
053	Niederspannungsanlagen - Kabel/Leitungen, Verlegesysteme, Installationsgeräte	95.859	28,00	3,90	8,8
054	Niederspannungsanlagen - Verteilersysteme und Einbaugeräte	12.644	3,70	0,52	1,2
055	Sicherheits- und Ersatzstromversorgungsanlagen	12.861	3,80	0,53	1,2
057	Gebäudesystemtechnik	–	–	–	–
058	Leuchten und Lampen	103.359	30,20	4,30	9,4
059	Sicherheitsbeleuchtungsanlagen	26.482	7,70	1,10	2,4
060	Sprech-, Ruf-, Antennenempfangs-, Uhren- und elektroakustische Anlagen	39.854	11,60	1,60	3,6
061	Kommunikations- und Übertragungsnetze	11.999	3,50	0,49	1,1
062	Kommunikationsanlagen	–	–	–	–
063	Gefahrenmeldeanlagen	15.148	4,40	0,62	1,4
064	Zutrittskontroll-, Zeiterfassungssysteme	–	–	–	–
069	Aufzüge	31.688	9,20	1,30	2,9
070	Gebäudeautomation	–	–	–	–
075	Raumlufttechnische Anlagen	243.121	70,90	10,00	22,2
	Wiederherstellen	19.975	5,80	0,82	1,8
	Herstellen	223.146	65,10	9,20	20,4
078	Kälteanlagen für raumlufttechnische Anlagen	–	–	–	–
	Gebäudetechnik	**1.006.029**	**293,50**	**41,40**	**92,0**
	Wiederherstellen	19.975	5,80	0,82	1,8
	Herstellen	986.054	287,70	40,60	90,1
	Sonstige Leistungsbereiche	**87.862**	**25,60**	**3,60**	**8,0**
	Abbrechen	37.854	11,00	1,60	3,5
	Herstellen	50.008	14,60	2,10	4,6

5100-0124
Sporthalle
(Dreifeldhalle)
(Einfeldhalle)

Modernisierung

© BKI Baukosteninformationszentrum — Kostenstand: 4.Quartal 2021, Bundesdurchschnitt, inkl. 19% MwSt.

5200-0013
Freibad

Objektübersicht

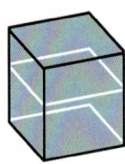 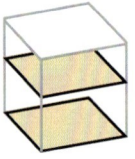 

BRI 743 €/m³   BGF 2.290 €/m²   NUF 2.905 €/m²

Umbau

Objekt:
Kennwerte: 3. Ebene DIN 276
BRI: 13.450 m³
BGF: 4.364 m²
NUF: 3.440 m²
Bauzeit: 82 Wochen
Bauende: 2016
Standard: über Durchschnitt
Bundesland: Baden-Württemberg
Kreis: Emmendingen

Architekt*in:
Kauffmann Theilig & Partner
Freie Architekten BDA
Zeppelinstraße 10
73760 Ostfildern

Bauherr*in:
Stadt Waldkirch
Marktplatz 1-5
79183 Waldkirch

© Stadt Waldkirch, Foto: Stephan Falk

© Stadt Waldkirch, Foto: Stephan Falk

© Stadt Waldkirch, Foto: Stephan Falk

© Stadt Waldkirch, Foto: Stephan Falk

© Stadt Waldkirch, Foto: Stephan Falk

Zeichnungen

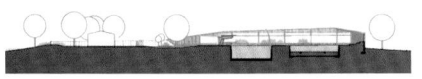
Schnitt A-A

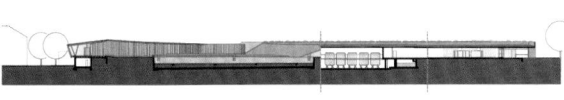
Schnitt B-B

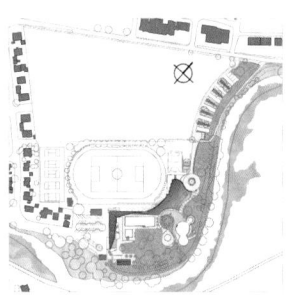
Lageplan

Schnitt C-C

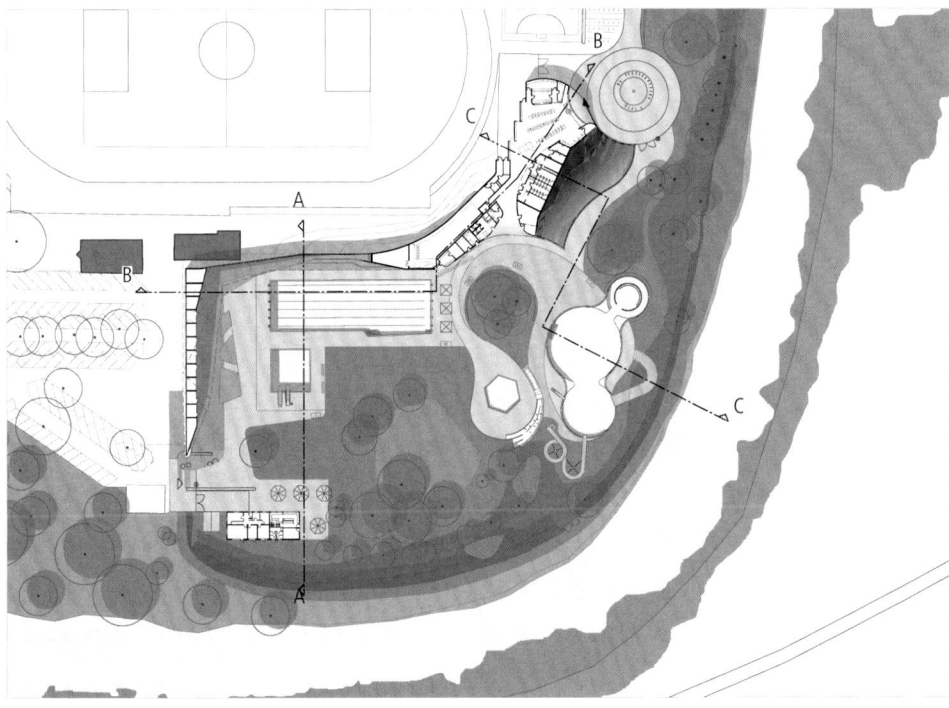
Erdgeschoss

Objektbeschreibung

Allgemeine Objektinformationen

Bei dem Umbau des **Freibads** wurde die Anlage durch ein Gesamtkonzept neu geordnet und wesentlich erweitert. Die Haupterschließung erfolgt über einen neugestalteten Vorbereich mit Parkplätzen. Das neue Eingangsgebäude im Norden mit Kasse, Umkleiden, Nassbereich und Technikräumen fügt sich in die Landschaft ein. Die Dachflächen dienen dem Freibad als Grün- und Liegeflächen. Das alte Eingangsgebäude im Westen wurde bis auf das Erdgeschoss rückgebaut, darüber bildet eine Holzterrasse mit Loungebereich den Abschluss der Badeflächen. Das Schwimmerbecken wurde saniert, zusätzlich wurden ein Erlebnisbecken in Form von drei sich schneidenden Kreisen mit Rutschen und ein Sprungbecken errichtet.

Nutzung

1 Untergeschoss
Technik, Schwallwasserbehälter

1 Erdgeschoss
Kasse, Umkleiden, Sanitär-, Personal-, Nebenräume, Schwimmer-, Sprung-, Erlebnisbecken, Terrasse, Tribüne

Grundstück

Bauraum: Freier Bauraum
Neigung: Ebenes Gelände
Bodenklasse: BK 1 bis BK 5

Markt

Hauptvergabezeit: 4.Quartal 2014
Baubeginn: 3.Quartal 2014
Bauende: 2.Quartal 2016
Konjunkturelle Gesamtlage: Durchschnitt
Regionaler Baumarkt: unter Durchschnitt

Baubestand

Baujahr: 1968
Bauzustand: schlecht
Aufwand: hoch
Grundrissänderungen: umfangreiche
Tragwerkseingriffe: keine
Nutzungsänderung: nein
Nutzung während der Bauzeit: nein

Baukonstruktion

Das Eingangsgebäude entstand in Massivbauweise aus Stahlbeton ohne thermische Hülle. Oberflächen aus Holz und Sichtbeton prägen den Innenbereich. Der geschliffene Gussasphaltestrich erhielt in den Nassbereichen eine Kopfversiegelung. Die Umkleiden wurden aus Sandwichelementen mit HPL-Beschichtung ausgeführt. Das Loungegebäude wurde als Stahl-Holzkonstruktion mit Terrasse und Überdachung errichtet. Die Fassade besteht aus stehenden Lamellen. Das Schwimmerbecken wurde saniert und erhielt eine Edelstahlinnenschale. Das Sprungbecken wurde aus Stahlbeton mit Edelstahlinnenschale und einem Sprungturm neu angelegt. Das Erlebnisbecken aus Edelstahl ist mit Strömungskanal, Sprudelanlage, Nackenduschen und Rutschen ausgestattet. Die bestehende Großrutsche wurde instandgesetzt und neu platziert.

Technische Anlagen

Die bade- und haustechnischen Einbauten wurden einschließlich der Versorgungsleitungen und Entsorgungskanäle erneuert. Die Grundbeheizung der Badebecken erfolgt durch eine **Solar-Absorberanlage**. In Schlechtwetterperioden wird zusätzlich über Wärmetauscher mit **Gas-Brennwertkessel** und Gas-Gebläsebrenner beheizt. Die Umwälzkreisläufe der Schwimmer- und der Nichtschwimmerbecken sind jeweils getrennt und können unterschiedlich temperiert werden. Die Umwälzmenge der Becken wird bedarfsabhängig gesteuert. Ein separater Rückspülbehälter dient als Wärmetauscher. Die innenliegenden Nassräume und Umkleiden erhielten eine dezentrale **Abluftanlage**. Ein Kassensystem mit Verkaufsautomat wurde installiert. Alle Komponenten der technischen Anlagen werden über eine **Gebäudeautomation** geregelt.

Sonstiges

Ein begrünter Damm dient als Abgrenzung zum Fußweg entlang des Flusses. In den Damm integriert sind ovale Holzdecks als ergänzende Liegeflächen und Aussichtsplattformen sowie die Zaunanlage. Im Kinderbereich gibt es ein Spielschiff und einen Wasserspielplatz. Die Sportfläche ist als Sandplatz mit verstellbarem Netz ausgeführt. Der Baumbestand wurde weitgehend erhalten und ergänzt. Pflanzbereiche mit Gräsern durchziehen das gesamte **Freibad** bis auf die begrünten Dachflächen des Eingangsgebäudes hinauf. Die Kennwerte BGF und BRI beinhalten die Flächen und Rauminhalte des Eingangsgebäudes, der Lounge mit Tribüne sowie der drei Becken.

Planungskennwerte für Flächen und Rauminhalte nach DIN 277

5200-0013
Freibad

Umbau

	Flächen des Grundstücks	Menge, Einheit	% an GF
BF	Bebaute Fläche	4.598,00 m²	27,5
UF	Unbebaute Fläche	12.102,00 m²	72,5
GF	Grundstücksfläche	16.700,00 m²	100,0

	Grundflächen des Bauwerks	Menge, Einheit	% an NUF	% an BGF
NUF	Nutzungsfläche	3.440,19 m²	100,0	78,8
TF	Technikfläche	359,46 m²	10,5	8,2
VF	Verkehrsfläche	343,44 m²	10,0	7,9
NRF	Netto-Raumfläche	4.143,09 m²	120,4	94,9
KGF	Konstruktions-Grundfläche	220,83 m²	6,4	5,1
BGF	Brutto-Grundfläche	4.363,92 m²	126,9	100,0

NUF TF VF KGF

	Brutto-Rauminhalt des Bauwerks	Menge, Einheit	BRI/NUF (m)	BRI/BGF (m)
BRI	Brutto-Rauminhalt	13.450,01 m³	3,91	3,08

Prozentualer Anteil der Kostengruppen der 2. Ebene an der Kostengruppe 400 nach DIN 276

KG	Kostengruppen (2. Ebene)
410	Abwasser-, Wasser-, Gasanlagen
420	Wärmeversorgungsanlagen
430	Raumlufttechnische Anlagen
440	Elektrische Anlagen
450	Kommunikationstechnische Anlagen
460	Förderanlagen
470	Nutzungsspez. und verfahrenstech. Anlagen
480	Gebäude- und Anlagenautomation
490	Sonstige Maßnahmen für technische Anlagen

Ranking der Kostengruppen der 3. Ebene an der Kostengruppe 400 nach DIN 276

KG	Kostengruppe (3. Ebene)	Kosten an KG 400 %	KG	Kostengruppe (3. Ebene)	Kosten an KG 400 %
412	Wasseranlagen	29,5	431	Lüftungsanlagen	2,5
472	Reinigungs- und badetechnische Anlagen	28,5	454	Elektroakustische Anlagen	1,6
411	Abwasseranlagen	7,7	422	Wärmeverteilnetze	1,5
421	Wärmeerzeugungsanlagen	5,5	446	Blitzschutz- und Erdungsanlagen	1,4
444	Niederspannungsinstallationsanlagen	4,8	482	Schaltschränke, Automation	1,4
456	Gefahrenmelde- und Alarmanlagen	4,2	484	Kabel, Leitungen und Verlegesysteme	1,3
445	Beleuchtungsanlagen	3,3	413	Gasanlagen	1,2
481	Automationseinrichtungen	2,5	457	Datenübertragungsnetze	0,7

Kostenstand: 4.Quartal 2021, Bundesdurchschnitt, inkl. 19% MwSt.

5200-0013
Freibad

Umbau

Kostenkennwerte für die Kostengruppen der 1. Ebene DIN 276

KG	Kostengruppen (1. Ebene)	Einheit	Kosten €	€/Einheit	€/m² BGF	€/m³ BRI	% 300+400
100		m² GF	–	–	–	–	–
200	Vorbereitende Maßnahmen	m² GF	70.615	4,23	16,18	5,25	0,7
300	Bauwerk – Baukonstruktionen	m² BGF	6.895.991	1.580,23	1.580,23	512,71	69,0
400	Bauwerk – Technische Anlagen	m² BGF	3.098.295	709,98	709,98	230,36	31,0
	Bauwerk 300+400	m² BGF	9.994.287	2.290,21	2.290,21	743,07	100,0
500	Außenanlagen und Freiflächen	m² AF	1.973.649	106,40	452,27	146,74	19,7
600	Ausstattung und Kunstwerke	m² BGF	32.356	7,41	7,41	2,41	0,3
700	Baunebenkosten	m² BGF	–	–	–	–	–
800	Finanzierung	m² BGF	–	–	–	–	–

KG	Kostengruppe	Menge Einheit	Kosten €	€/Einheit	%
200	**Vorbereitende Maßnahmen**	16.700,00 m² GF	70.615	**4,23**	0,7

- Abbrechen (Kosten: 53,9%) — 38.060
  Gelände abräumen, Abbruch von Technikgebäuden, Betonbauteilen, Grasnarbe und Maisfeld abtragen, Roden von Bewuchs, Fällen von Bäumen; Entsorgung, Deponiegebühren

- Herstellen (Kosten: 46,1%) — 32.556
  Suchgräben, Baumschutz, Schutzabdeckung für Planschbecken, Lastverteilplatten, Oberbodenabtrag

KG	Kostengruppe	Menge Einheit	Kosten €	€/Einheit	%
3+4	**Bauwerk**				100,0
300	**Bauwerk – Baukonstruktionen**	4.363,92 m² BGF	6.895.991	**1.580,23**	69,0

- Abbrechen (Kosten: 1,8%) — 123.580
  Abbruch von Stb-Bodenplatten, Fliesenbelag; Stb-Wänden; Beckeneinsteigleitern, Wasserrutschen, Sprunganlage, Startblöcken, Aufnehmen und Lagern von Stahlkonstruktion Wasserrutsche; Abbruch von Kabinengebäude; Entsorgung, Deponiegebühren

- Wiederherstellen (Kosten: 0,1%) — 3.719
  Freiliegenden Bewehrungsstahl entrosten; Handlauf aufarbeiten

- Herstellen (Kosten: 98,2%) — 6.768.693
  Stb-Fundamentplatten, WU, Stb-Fundamente, Stb-Bodenplatte, Gussasphalt, Bodenbeschichtung, Blindenleitsystem, Thermoholzbelag; Stb-Wände, Holzlamellen, Holzständerwände, Stb-Brüstungen, Stahlstützen, Hallentore, Verglasungen, Türen, Holzbekleidungen, GK-Bekleidung, Trinkwasserbeschichtung, Pfosten-Riegel-Fassade; Mauerwerk, Stb-Stützen, Holzfenster, Innentüren, Putz, Tapete, Beschichtungen, HPL-Bekleidung, Umkleiden, WC-Trennwände; Stb-Decke, Stb-Treppen, OSB-Platten, Thermoholzbelag, Verbundestrich, OSB-Bekleidung, Geländer; Stb-Flachdach, Stahl-Holz-dachkonstruktion, Lichtkuppeln, Dachabdichtung, Dachentwässerung, Betonlasur, lichttechnische Deckenelemente, Durchsturz-, Absturzsicherungen; Einbaumöbel, Startblöcke, Anschlagwände, Rückenschwimmersicht-, Fehlstartanlagen, **behindertengerechte Einstiege**, Wasserspieltiere, Wasserrutschen, 1m-/3m-Sprunganlage, Edelstahlbecken

KG	Kostengruppe	Menge Einheit	Kosten €	€/Einheit	%
400	**Bauwerk – Technische Anlagen**	4.363,92 m² BGF	3.098.295	**709,98**	31,0

- Abbrechen (Kosten: 0,3%)   10.251
  Abbruch von Abwasser-, Wasser- und Gasleitungen; Gas-Heizkessel, Heizleitungen; Entsorgung, Deponiegebühren

- Herstellen (Kosten: 99,7%)   3.088.045
  Gebäudeentwässerung, Kalt- und Warmwasserleitungen, Sanitärobjekte, Badewasserleitungen; **Gas-Brennwertkessel**, Gas-Gebläsebrenner, Speicherladesystem, Speicher-Trinkwassererwärmer, Solarabsorber, Heizungsrohre; **Abluftanlage**; Notstrom, NSHV, Elektroinstallation, Beleuchtung, **Blitzschutz**; Rufanlage, ELA-Anlage mit Alarmierung, Kassenanlage, Verkaufsautomat, Drehkreuze, Überwachungskameras, EDV-Anlage; Feuerlöscher, Badewassertechnik; **Gebäudeautomation**

KG	Kostengruppe	Menge Einheit	Kosten €	€/Einheit	%
500	**Außenanlagen und Freiflächen**	18.549,38 m² AF	1.973.649	**106,40**	19,7

- Abbrechen (Kosten: 6,2%)   122.511
  Abbruch von Asphaltbelag, Betonplatten, Betonpflaster, Rasengittersteinen; Zäunen, Toranlagen, Ballfangzäunen, Geländern, Sichtschutzwand, Mauerscheiben, Tribüne, Blockstufen, Treppen, Rampe, Carport, Sitzhäuschen; Abwasserrohren, Schächten, Durchschreitebecken, Duschsäulen, Handwaschbecken, Lautsprechermast, Schwallwasserbehälter, Sprungbeckenschacht; Außenmöblierung, Aufnehmen und Lagern von Spielgeräten; Roden von Gehölzen, Fällen von Bäumen, Grasnarbe abtragen; Entsorgung, Deponiegebühren

- Wiederherstellen (Kosten: 1,2%)   23.338
  Gehwegabsenkung; PCB-Sanierung Abwasserrohre, Abwasserrohre abändern, Schachtfutter ersetzen, Schachtdeckel nachgießen, Kontrollschacht verlängern, Hydrantenstock umbauen

- Herstellen (Kosten: 92,6%)   1.827.801
  Bodenarbeiten; Fundamente; Frostschutztragschichten, Asphaltbelag, Ortbetonplatten, Betonpflaster, Granitpflaster, Holzterrassen, Blindenleitsystem, Schotterrasen, Rasenfugenpflaster, Spielsand; Zäune, Tore, Poller, Absturzsicherung Dach, Geländer, Handläufe, Palisaden, Stb-Mauerscheiben, Betonblockstufen; Oberflächenentwässerung, Rigolen, Wasserleitungen, Standduschen, Gasleitungen, Kabel, Energiepoller, Lautsprecher, WLAN-Access-Points; Außenmöblierung, Spielgeräte, Wasserspielplatz; Oberbodenarbeiten, Bepflanzung, Rasen, Dachbegrünung

KG	Kostengruppe	Menge Einheit	Kosten €	€/Einheit	%
600	**Ausstattung und Kunstwerke**	4.363,92 m² BGF	32.356	**7,41**	0,3

- Herstellen (Kosten: 100,0%)   32.356
  Sitzhocker, Sanitärausstattung; Digitaldruckgrafiken; Piktogramme, Ziffern für Startblöcke

5200-0013
Freibad

Umbau

Kostenkennwerte für die Kostengruppen 400 der 2. Ebene DIN 276

KG	Kostengruppe	Menge	Einheit	Kosten €	€/Einheit	%
400	**Bauwerk – Technische Anlagen**					100,0
410	**Abwasser-, Wasser-, Gasanlagen**	4.363,92	m² BGF	1.206.642	276,50	38,9

- Abbrechen (Kosten: 0,8%) — 4.363,92 m² BGF — 9.261 — **2,12**
  Abbruch von Gussrohren DN50-125 (119m) * Kupferrohren DN15-50 (216m) * Stahlrohren DN15-32 (93m); Entsorgung, Deponiegebühren

- Herstellen (Kosten: 99,2%) — 4.363,92 m² BGF — 1.197.381 — **274,38**
  KG-Rohre DN100-300 (1.148m), PE-Druckrohre DN80-100 (19m), PE-Rohre DN50-200 (315m), Kontrollschacht DN1.000, (1St), Bodenabläufe (66St), Schmutzwasserpumpen (3St), Beckenabläufe (22St) * Kaltwasserverteiler (1St), Zirkulationspumpen (2St), Mehrschichtverbundrohre DN12-50 (1.100m), Waschtische (13St), Tiefspül-WCs (22St), Urinale (6St), Duschen (28St), Schaltanlage für Duschen (1St), Ausgussbecken (2St), Hygienespülungen (3St), Handbrausen, Einhängesitze, Haltegriffe (2St), Badewassertechnik: PE-Rohre DN40-500 (2.428m), Druckrohre DN15-65 (2.695m), Gewinderohre DN15-50 (325m), Kupferrohre DN10-20 (40m), Pneumatikschlauch (130m), Schwimmereinlauf (1St), Durchflusstransmitter (7St), Schwebekörper-Durchflussmesser (6St), Großwasserzähler (2St), Befüllschläuche (2St), Absperrschieber (2St), Bodengitter 24x24cm (4St) * Edelstahlrohre DN35-100 (65m), Gasmanometer (2St) * Montageelemente (44St), Montageplatten (55St)

| 420 | **Wärmeversorgungsanlagen** | 4.363,92 | m² BGF | 231.182 | 52,98 | 7,5 |

- Abbrechen (Kosten: 0,4%) — 4.363,92 m² BGF — 990 — **0,23**
  Abbruch von Gas-Heizkessel (1St), Warmwasserspeicher (1St) * Stahlrohren DN15-40 (30m); Entsorgung, Deponiegebühren

- Herstellen (Kosten: 99,6%) — 4.363,92 m² BGF — 230.192 — **52,75**
  Gas-Brennwertkessel (1St), Gas-Gebläsebrenner (1ST), Warmwasserspeicher 1.000l (1St), Kommunikationsmodule (4St), Mischermodul (1St), Speicher-Trinkwassererwärmer 300l (1St), Gewinderohre DN15-40 (32m), Solarabsorber (650m²), Solarpumpe (1St), PE-Rohre (psch), Steuerung (1St) * Siederohre DN50-100 (108m), Gewinderohre DN15-32 (32m), Pumpen (6St), Wärmezähler (1St) * **Abgasanlage** (8m), Mündungshaube (1St), Wetterkragen (1St), Schachtelemente, PP-Abgasrohre DN110 (6m), Flachdachkragen (1St), Rauchrohr (10m)

| 430 | **Raumlufttechnische Anlagen** | 4.363,92 | m² BGF | 77.732 | 17,81 | 2,5 |

- Herstellen (Kosten: 100,0%) — 4.363,92 m² BGF — 77.732 — **17,81**
  Abluftgerät (1St), Abluftventilatoren (3St), Rechteckkanäle (179m²), Dämmung (16m²), Brandschutzbekleidung (16m²), Wickelfalzrohre DN100-200 (134m), Aluflexrohre DN100 (6m), Tellerventile (10St)

| 440 | **Elektrische Anlagen** | 4.363,92 | m² BGF | 317.813 | 72,83 | 10,3 |

- Herstellen (Kosten: 100,0%) — 4.363,92 m² BGF — 317.813 — **72,83**
  Notstromversorgung (1St) * NSVH (1St), Zähler-/Verteilerschränke (2St), Stromwandler (3St) * Unterverteiler (3St), Kabel NYM-J (6.751m), NYY-J (360m), NYCWY (139m), Steckdosen (144St), CEE-Dosen (2St), Schalter, Taster (19St), Geräteanschlussdosen (13St), Leitungsauslässe (4St), Präsenzmelder (7St), Bewegungsmelder (4St) * LED-Downlights (204St), **LED-Lichtbänder** (98m), LED-Wannenleuchten (88St), Strahler, Spiegelleuchten (2St), LED-Rettungszeichenleuchten (22St) * Fundamenterder (331m), Ringerder (1.243m), Fangleitungen (319m), Anschlussfahnen (40St), Mantelleitungen NYM-J (374m), Potenzialausgleichsschienen (13St)

KG	Kostengruppe	Menge Einheit	Kosten €	€/Einheit	%
450	**Kommunikationstechnische Anlagen**	4.363,92 m² BGF	205.544	**47,10**	6,6

- Herstellen (Kosten: 100,0%) 4.363,92 m² BGF 205.544 **47,10**
Rufanlagen **behindertengerechte WC** (2St), Dienstzimmereinheiten (4St) * ELA-Verteilerschrank (1St), Verteiler (2St), DSP-Systemsteuerung (1St), Verstärker (3St), Alarmierungsansagen (psch), Lautsprecher (32St), Lautsprecherkabel J-Y(ST)Y (722m) * Kassenanlage, Datenzentrale (1St), Personalkasse (1St), Verkaufsautomat (1St), Doppeldrehkreuz (1St), Motordrehtür (1St), Outdoor-Monitor (1St), 2-Wege-Einzeldrehkreuz (1St), Eingangskontrollautomaten (2St), Überwachungskameras (5St), Video-Bedieneinheiten (2St), TFT-Monitore (2St), NAS-Laufwerk (1St) * Netzwerkschrank (1St), Installationskabel J-Y(ST)Y (1.258m), Twisted-Pair-Kabel Cat7 (1.896m), Switches (6St), E-DAT-Module Cat6 (51St), WLAN-Access-Point (1St), Patchkabel Cat6 (21St), Datendosen (18St)

KG	Kostengruppe	Menge Einheit	Kosten €	€/Einheit	%
470	**Nutzungsspez. u. verfahrenstechnische Anlagen**	4.363,92 m² BGF	882.349	**202,19**	28,5

- Herstellen (Kosten: 100,0%) 4.363,92 m² BGF 882.349 **202,19**
Feuerlöscher (3St) * badetechnische Anlage mit Mehrschichtfilter (6St), Differenzdruck-Manometer (6St), Übergabespeicher (1St), Wasserstandsrohre (5St), Pumpen (16St), Druckluftanlage (1St), Verdichter (2St), Druckluft-Trocknungsanlage (1St), Plattenumformer (5St), Desinfektions- und Dosieranlage: Gasdosiergeräte (3St), Marmorkiesbehälter (1St), Chlor-Vorratsbehälter (1St), Dosierpumpen (9St), Dosierstationen (7St), Mess- und Regelstationen (5St), Bodeneinströmkanäle (535m), Einströmdüsen (5St), Luftverteilsystem (13m), Absaugewerke Beckenwand (2St), Schwalldusche (1St), Nackendusche (1St), Einströmtöpfe (7St), Luft-Wasser-Massagedüsen (3St)

KG	Kostengruppe	Menge Einheit	Kosten €	€/Einheit	%
480	**Gebäude- und Anlagenautomation**	4.363,92 m² BGF	175.053	**40,11**	5,6

- Herstellen (Kosten: 100,0%) 4.363,92 m² BGF 175.053 **40,11**
Automationsstation (1St), Bedien- und Beobachtungsgerät (1St), Steuertableaus (3St), LCD-Bedieneinheit (1St), Aktoren (39St), Sensoren (44St) * Schaltschränke (6St), Not-Aus-Schaltung (1St), Motorleistungsgruppen (40St), Trockenlaufschutz (7St), Abgänge (218St), Schnittstellen (6St), Aufschaltungen (101St), Niveausteuerung (1St), Chlorgasraumüberwachung (1St) * Kabel NYM-J (4.844m), J-Y(ST)Y (4.371m), A-2(L)2Y (98m), NYY-J (118m), NYCWY (50m) * Busleitungen (271m), Steuerkabel YSLY-JZ (290m), YSLYCY-JZ (149m), Netzwerkkabel Cat7 (psch)

KG	Kostengruppe	Menge Einheit	Kosten €	€/Einheit	%
490	**Sonstige Maßnahmen für technische Anlagen**	4.363,92 m² BGF	1.980	**0,45**	0,1

- Herstellen (Kosten: 100,0%) 4.363,92 m² BGF 1.980 **0,45**
Gerüste (psch)

5200-0013
Freibad

Umbau

Kostenkennwerte für die Kostengruppe 400 der 2. und 3. Ebene DIN 276 (Übersicht)

KG	Kostengruppe	Menge Einheit	Kosten €	€/Einheit	%
410	**Abwasser-, Wasser-, Gasanlagen**	4.363,92 m² BGF	**276,50**	**1.206.642,01**	**38,9**
411	Abwasseranlagen	4.363,92 m² BGF	54,94	239.739,84	7,7
412	Wasseranlagen	4.363,92 m² BGF	209,74	915.299,94	29,5
413	Gasanlagen	4.363,92 m² BGF	8,75	38.199,69	1,2
419	Sonstiges zur KG 410	4.363,92 m² BGF	3,07	13.402,51	0,4
420	**Wärmeversorgungsanlagen**	4.363,92 m² BGF	**52,98**	**231.181,75**	**7,5**
421	Wärmeerzeugungsanlagen	4.363,92 m² BGF	39,24	171.250,12	5,5
422	Wärmeverteilnetze	4.363,92 m² BGF	10,93	47.682,42	1,5
429	Sonstiges zur KG 420	4.363,92 m² BGF	2,81	12.249,20	0,4
430	**Raumlufttechnische Anlagen**	4.363,92 m² BGF	**17,81**	**77.731,65**	**2,5**
431	Lüftungsanlagen	4.363,92 m² BGF	17,81	77.731,65	2,5
440	**Elektrische Anlagen**	4.363,92 m² BGF	**72,83**	**317.813,48**	**10,3**
442	Eigenstromversorgungsanlagen	4.363,92 m² BGF	1,36	5.944,04	0,2
443	Niederspannungsschaltanlagen	4.363,92 m² BGF	4,00	17.468,97	0,6
444	Niederspannungsinstallationsanlagen	4.363,92 m² BGF	33,81	147.559,53	4,8
445	Beleuchtungsanlagen	4.363,92 m² BGF	23,64	103.142,89	3,3
446	Blitzschutz- und Erdungsanlagen	4.363,92 m² BGF	10,01	43.698,06	1,4
450	**Kommunikationstechnische Anlagen**	4.363,92 m² BGF	**47,10**	**205.544,28**	**6,6**
452	Such- und Signalanlagen	4.363,92 m² BGF	0,57	2.486,55	0,1
454	Elektroakustische Anlagen	4.363,92 m² BGF	11,58	50.550,85	1,6
456	Gefahrenmelde- und Alarmanlagen	4.363,92 m² BGF	29,67	129.492,82	4,2
457	Datenübertragungsnetze	4.363,92 m² BGF	5,27	23.014,07	0,7
470	**Nutzungsspez. u. verfahrenstechn. Anl.**	4.363,92 m² BGF	**202,19**	**882.349,43**	**28,5**
472	Reinigungs- und badetechn. Anlagen	4.363,92 m² BGF	202,13	882.070,09	28,5
474	Feuerlöschanlagen	4.363,92 m² BGF	< 0,1	279,35	< 0,1
480	**Gebäude- und Anlagenautomation**	4.363,92 m² BGF	**40,11**	**175.053,00**	**5,6**
481	Automationseinrichtungen	4.363,92 m² BGF	17,99	78.521,42	2,5
482	Schaltschränke, Automation	4.363,92 m² BGF	9,77	42.620,35	1,4
484	Kabel, Leitungen und Verlegesysteme	4.363,92 m² BGF	8,96	39.081,38	1,3
485	Datenübertragungsnetze	4.363,92 m² BGF	3,40	14.829,83	0,5
490	**Sonst. Maßnahmen für techn. Anlagen**	4.363,92 m² BGF	**0,45**	**1.979,63**	**0,1**
492	Gerüste	4.363,92 m² BGF	0,45	1.979,63	0,1

Kostenkennwerte für Leistungsbereiche nach STLB (Kosten KG 400 nach DIN 276)

5200-0013
Freibad

Umbau

LB	Leistungsbereiche	Kosten €	€/m² BGF	€/m³ BRI	% an 400
040	Wärmeversorgungsanlagen - Betriebseinrichtungen	151.196	34,60	11,20	4,9
041	Wärmeversorgungsanlagen - Leitungen, Armaturen, Heizflächen	42.260	9,70	3,10	1,4
042	Gas- und Wasseranlagen - Leitungen, Armaturen	717.450	164,40	53,30	23,2
043	Druckrohrleitungen für Gas, Wasser und Abwasser	59.243	13,60	4,40	1,9
044	Abwasseranlagen - Leitungen, Abläufe, Armaturen	108.898	25,00	8,10	3,5
045	Gas-, Wasser- und Entwässerungsanlagen - Ausstattung, Elemente, Fertigbäder	105.202	24,10	7,80	3,4
046	Gas-, Wasser- und Entwässerungsanlagen - Betriebseinrichtungen	882.704	202,30	65,60	28,5
047	Dämm- und Brandschutzarbeiten an technischen Anlagen	59.575	13,70	4,40	1,9
049	Feuerlöschanlagen, Feuerlöschgeräte	279	< 0,1	< 0,1	–
050	Blitzschutz- / Erdungsanlagen, Überspannungsschutz	43.698	10,00	3,20	1,4
051	Kabelleitungstiefbauarbeiten	–	–	–	–
052	Mittelspannungsanlagen	–	–	–	–
053	Niederspannungsanlagen - Kabel/Leitungen, Verlegesysteme, Installationsgeräte	130.312	29,90	9,70	4,2
054	Niederspannungsanlagen - Verteilersysteme und Einbaugeräte	37.557	8,60	2,80	1,2
055	Sicherheits- und Ersatzstromversorgungsanlagen	5.944	1,40	0,44	0,2
057	Gebäudesystemtechnik	–	–	–	–
058	Leuchten und Lampen	94.758	21,70	7,00	3,1
059	Sicherheitsbeleuchtungsanlagen	6.955	1,60	0,52	0,2
060	Sprech-, Ruf-, Antennenempfangs-, Uhren- und elektroakustische Anlagen	49.656	11,40	3,70	1,6
061	Kommunikations- und Übertragungsnetze	23.175	5,30	1,70	0,7
062	Kommunikationsanlagen	–	–	–	–
063	Gefahrenmeldeanlagen	24.094	5,50	1,80	0,8
064	Zutrittskontroll-, Zeiterfassungssysteme	105.241	24,10	7,80	3,4
069	Aufzüge	–	–	–	–
070	Gebäudeautomation	175.053	40,10	13,00	5,6
075	Raumlufttechnische Anlagen	66.047	15,10	4,90	2,1
078	Kälteanlagen für raumlufttechnische Anlagen	–	–	–	–
	Gebäudetechnik	**2.889.298**	**662,10**	**214,80**	**93,3**
	Sonstige Leistungsbereiche	**208.997**	**47,90**	**15,50**	**6,7**
	Abbrechen	10.251	2,30	0,76	0,3
	Herstellen	198.747	45,50	14,80	6,4

© BKI Baukosteninformationszentrum Kostenstand: 4.Quartal 2021, Bundesdurchschnitt, inkl. 19% MwSt.

5200-0014
Hallenbad

Objektübersicht

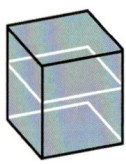
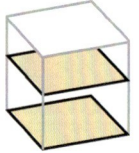

Modernisierung

BRI 552 €/m³   **BGF** 2.682 €/m²   **NUF** 8.506 €/m²

Objekt:
Kennwerte: 3. Ebene DIN 276
BRI: 3.796 m³
BGF: 781 m²
NUF: 246 m²
Bauzeit: 69 Wochen
Bauende: 2016
Standard: Durchschnitt
Bundesland: Bayern
Kreis: Ostallgäu

Architekt*in:
mse architekten gmbh
Kemptener Straße 54
87600 Kaufbeuren

vorher

nachher

Kostenstand: 4.Quartal 2021, Bundesdurchschnitt, **inkl. 19% MwSt.**

Zeichnungen

5200-0014
Hallenbad

Modernisierung

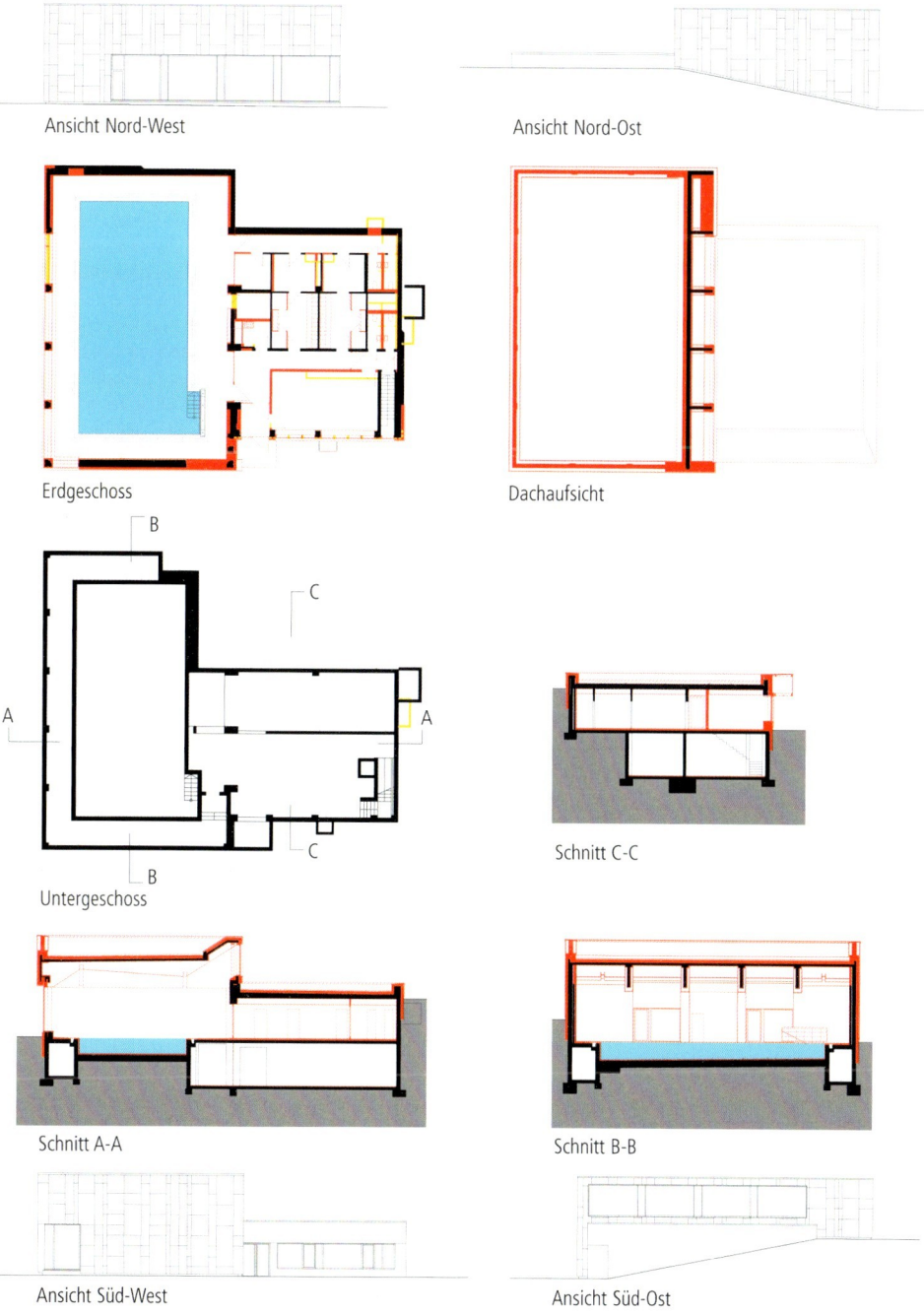

5200-0014 Hallenbad

Modernisierung

Objektbeschreibung

Allgemeine Objektinformationen

Das Schwimmbad ist Teil einer Klinik und stammt aus den 1970er Jahren. Das Bauwerk gliedert sich in Schwimmhalle und Umkleide- und Sanitärbereich. Im Rahmen einer umfangreichen Sanierungs- und Umbaumaßnahme wurde das gesamte Gebäude energetisch und technisch an die heutigen Anforderungen angepasst.

Nutzung

1 Untergeschoss
Schwimmbadtechnik

1 Erdgeschoss
Schwimmhalle, Umkleideräume, Sanitärräume, Aufenthaltsraum

Grundstück

Bauraum: Beengter Bauraum
Neigung: Hanglage
Bodenklasse: BK 3 bis BK 4

Markt

Hauptvergabezeit: 4.Quartal 2014
Baubeginn: 1.Quartal 2015
Bauende: 2.Quartal 2016
Konjunkturelle Gesamtlage: Durchschnitt
Regionaler Baumarkt: unter Durchschnitt

Baubestand

Bauzustand: schlecht
Aufwand: hoch
Grundrissänderungen: wenige
Tragwerkseingriffe: wenige
Nutzungsänderung: nein
Nutzung während der Bauzeit: nein

Baukonstruktion

Zunächst erfolgte der Rückbau des Bestandsgebäudes bis auf die Stahlbetontragkonstruktion. Sämtliche sichtbaren Oberflächen der Böden, Wände und Decken wurden erneuert. Alle Hüllflächenbauteile sind mit einer Innendämmung mit aufkaschierter Aludünnblechdampfsperre belegt. Die Wände erhielten eine mineralisch gedämmte hinterlüftete Fassade mit einer Bekleidung aus Faserzement- bzw. HPL-Platten. Die neuen Fenster wurden als Pfostenriegel-Fassaden aus Holz und Aluminium mit Dreifachverglasungen eingebaut. Die Ausführung der Flachdächer erfolgte als Umkehrdachkonstruktion mit einer Dämmung aus extrudiertem Polystyrol und einem Oberflächenschutz aus Kies. Die Beckenauskleidung besteht aus Fliesen in Kombination mit einer Verbundabdichtung. Um eine maximale Tageslichtnutzung zu ermöglichen, wurde die Höhe der Oberlichter auf der Südseite der Schwimmhalle nahezu verdoppelt. Der Eingangsbereich erhielt ein großzügiges Vordach.

Technische Anlagen

Wie alle anderen Gebäude des Klinikkomplexes wird auch das Hallenbad von einer Heizzentrale mit **Hackschnitzelbefeuerung** sowie einem Spitzenlastgaskessel versorgt. Im Gebäude befindet sich lediglich eine **Übergabestation**. Alle anderen technischen Anlagen mit Ausnahme der Filteranlage wurden im Zuge der Sanierung erneuert.

Sonstiges

Der energetische Nachweis des Gebäudes erfolgte nach dem §9 der EnEV 2014 (Bauteilverfahren) Daher liegen neben den energetischen Angaben zu den Bauteilaufbauten keine weiteren energetischen Kennwerte vor. Die angrenzenden Außenanlagen wurden ebenfalls neu gestaltet. Sie sind unter der Objektnummer 5200-0015 dokumentiert.

Planungskennwerte für Flächen und Rauminhalte nach DIN 277

Flächen des Grundstücks		Menge, Einheit	% an GF
BF	Bebaute Fläche	4.350,00 m²	12,3
UF	Unbebaute Fläche	30.942,00 m²	87,7
GF	Grundstücksfläche	35.292,00 m²	100,0

Grundflächen des Bauwerks		Menge, Einheit	% an NUF	% an BGF
NUF	Nutzungsfläche	246,11 m²	100,0	31,5
TF	Technikfläche	213,87 m²	86,9	27,4
VF	Verkehrsfläche	179,10 m²	72,8	23,0
NRF	Netto-Raumfläche	639,08 m²	259,7	81,9
KGF	Konstruktions-Grundfläche	141,44 m²	57,5	18,1
BGF	Brutto-Grundfläche	780,52 m²	317,1	100,0

Brutto-Rauminhalt des Bauwerks		Menge, Einheit	BRI/NUF (m)	BRI/BGF (m)
BRI	Brutto-Rauminhalt	3.795,65 m³	15,42	4,86

Prozentualer Anteil der Kostengruppen der 2. Ebene an der Kostengruppe 400 nach DIN 276

KG	Kostengruppen (2. Ebene)
410	Abwasser-, Wasser-, Gasanlagen
420	Wärmeversorgungsanlagen
430	Raumlufttechnische Anlagen
440	Elektrische Anlagen
450	Kommunikationstechnische Anlagen
460	Förderanlagen
470	Nutzungsspez. und verfahrenstech. Anlagen
480	Gebäude- und Anlagenautomation
490	Sonstige Maßnahmen für technische Anlagen

Ranking der Kostengruppen der 3. Ebene an der Kostengruppe 400 nach DIN 276

KG	Kostengruppe (3. Ebene)	Kosten an KG 400 %	KG	Kostengruppe (3. Ebene)	Kosten an KG 400 %
432	Teilklimaanlagen	25,8	422	Wärmeverteilnetze	1,1
472	Reinigungs- und badetechnische Anlagen	21,7	456	Gefahrenmelde- und Alarmanlagen	0,8
444	Niederspannungsinstallationsanlagen	12,3	452	Such- und Signalanlagen	0,7
445	Beleuchtungsanlagen	11,8	423	Raumheizflächen	0,7
412	Wasseranlagen	11,3	431	Lüftungsanlagen	0,6
411	Abwasseranlagen	7,4	457	Datenübertragungsnetze	0,6
481	Automationseinrichtungen	3,0	497	Zusätzliche Maßnahmen	0,4
446	Blitzschutz- und Erdungsanlagen	1,1	419	Sonstiges zur KG 410	0,4

5200-0014 Hallenbad

Modernisierung

© BKI Baukosteninformationszentrum   Kostenstand: 4.Quartal 2021, Bundesdurchschnitt, inkl. 19% MwSt.

5200-0014
Hallenbad

Modernisierung

Kostenkennwerte für die Kostengruppen der 1. Ebene DIN 276

KG	Kostengruppen (1. Ebene)	Einheit	Kosten €	€/Einheit	€/m² BGF	€/m³ BRI	% 300+400
100		m² GF	–	–	–	–	–
200	Vorbereitende Maßnahmen	m² GF	3.541	0,10	4,54	0,93	0,2
300	Bauwerk – Baukonstruktionen	m² BGF	1.490.827	1.910,04	1.910,04	392,77	71,2
400	Bauwerk – Technische Anlagen	m² BGF	602.602	772,05	772,05	158,76	28,8
	Bauwerk 300+400	**m² BGF**	**2.093.430**	**2.682,10**	**2.682,10**	**551,53**	**100,0**
500	Außenanlagen und Freiflächen	m² AF	1.450	< 0,1	1,86	0,38	0,1
600	Ausstattung und Kunstwerke	m² BGF	5.485	7,03	7,03	1,45	0,3
700	Baunebenkosten	m² BGF	–	–	–	–	–
800	Finanzierung	m² BGF	–	–	–	–	–

KG	Kostengruppe	Menge Einheit	Kosten €	€/Einheit	%
200	**Vorbereitende Maßnahmen**	35.292,00 m² GF	3.541	**0,10**	0,2

- Abbrechen (Kosten: 50,6%) — 1.792
  Abbruch von Betonpflaster, Randsteinen, Wurzelstöcke roden, Abräumen von Astwerk gefällter Bäume, Aufwuchs

- Herstellen (Kosten: 49,4%) — 1.749
  Suchgräben, Oberbodenabtrag

3+4	**Bauwerk**				**100,0**
300	**Bauwerk – Baukonstruktionen**	780,52 m² BGF	1.490.827	**1.910,04**	71,2

- Abbrechen (Kosten: 11,0%) — 163.655
  Abbruch von Bodenfliesen, Estrich, Natursteinplatten; Brüstungen, Balken, Mauerwerk, Stützen, Pfeilern, Fensterelementen, Türen, Blechbekleidung, WDVS, Wandfliesen, Holzbekleidungen; Vorsatzschalen, Bademeisterkabine, Handläufen; Rückbau von Einbauteilen, Rollrosten, Einstiegsleitern; Dachabdichtungsaufbauten, Kies, Dachrandbekleidung, Stahlblechdeckung, abgehängten Decken, Holzbekleidungen; Einbaumöbeln, Schwimmbad-Wärmebänken

- Wiederherstellen (Kosten: 2,4%) — 36.322
  Wand/Sohlenabdichtung gegen drückendes Wasser mit Arbeitsfugeninjektionen und Flexbandabdichtung, vorbereiten für Bodenbeschichtung; Betonerhaltungsarbeiten: Bewehrung freilegen, trockenstrahlen, Reparaturmörtel, Fugen/Rissabdichtung mit Fugeninjektion, Schlitze und Fehlstellen füllen, Ausblühungen entfernen, Überholungsbeschichtungen

- Herstellen (Kosten: 86,6%) — 1.290.850
  Zementestrich, Abdichtungen, Bodenfliesen; Hlz-Mauerwerk, Ringbalken, Stahlstützen, Perimeterdämmung, Mineralwolldämmung, Fassadenplatten, Pfosten-Riegelfassaden; Alu-Rahmentüren, Holztüren, dampfdichte Innendämmung, Vorsatzschalen, Putz, Tapete, Beschichtungen, Wandfliesen; Vordach, Holzkonstruktion, Dachabdichtung, Dämmung, Kies, Stehfalzdeckung, nassraumgeeignete GK-Decken, Akustikdecken

KG	Kostengruppe	Menge Einheit	Kosten €	€/Einheit	%
400	**Bauwerk – Technische Anlagen**	780,52 m² BGF	602.602	**772,05**	28,8

- Abbrechen (Kosten: 3,6%) — 21.954
  Abbruch von Gebäudeentwässerung, Kalt- und Warmwasserleitungen, Sanitärobjekten; Heizungsrohren, Heizkörpern; Lüftungskanälen, **Lüftungsgeräten** * Elektroinstallation, Beleuchtung * Schwallwasserbehälter 5.000l, Verrohrung; Entsorgung, Deponiegebühren

- Wiederherstellen (Kosten: 4,7%) — 28.179
  Sicherheitsbeleuchtung demontieren, wieder montieren * Leitungen für BMA demontieren, in neuem Verlegesystem montieren, Rauchmelder demontieren, wieder montieren * Filtersanierung: Filtermaterial entsorgen, Filter, Innenflächen strahlentrosten, beschichten, neues Filtermaterial einbringen, Filterdüsen, Warmwasser-Wärmetauscher, Schaltschrank instandsetzen

- Herstellen (Kosten: 91,7%) — 552.470
  Gebäudeentwässerung, Kalt- und Warmwasserleitungen, Sanitärobjekte; Heizungsrohre, Heizkörper; Einzelraumlüfter, **Klimageräte** für Hallenbad; Elektroinstallation, Beleuchtung; Patientenrufanlage, Lautsprecher, EDV-Verkabelung; Schwimmbad-Überlaufbehälter; **Gebäudeautomation**

KG	Kostengruppe	Menge Einheit	Kosten €	€/Einheit	%
500	**Außenanlagen und Freiflächen**	30.942,00 m² AF	1.450	**< 0,1**	0,1

- Abbrechen (Kosten: 100,0%) — 1.450
  Abbruch von Außentreppenabgang; Entsorgung, Deponiegebühren

KG	Kostengruppe	Menge Einheit	Kosten €	€/Einheit	%
600	**Ausstattung und Kunstwerke**	780,52 m² BGF	5.485	**7,03**	0,3

- Abbrechen (Kosten: 0,5%) — 30
  Abbruch von Seifenablagen; Entsorgung, Deponiegebühren

- Herstellen (Kosten: 99,5%) — 5.456
  Schreibtisch, Anlegeleiter, Sanitärausstattung

5200-0014
Hallenbad

Modernisierung

5200-0014
Hallenbad

Modernisierung

Kostenkennwerte für die Kostengruppen 400 der 2. Ebene DIN 276

KG	Kostengruppe	Menge	Einheit	Kosten €	€/Einheit	%
400	**Bauwerk – Technische Anlagen**					100,0
410	**Abwasser-, Wasser-, Gasanlagen**	780,52	m² BGF	114.529	**146,73**	19,0

- Abbrechen (Kosten: 5,7%) — 780,52 m² BGF — 6.492 — **8,32**
  Abbruch von Gussrohren DN50-150, Armaturen (74m), Dachgullys (4St), eingemauerten Leitungen (20m), Pumpenfundament (1St), Ablauf (1St) * Rohren DN10-50, Armaturen (282m), Waschtischen (4St), WCs (3St), Urinal (1St), Wassertank (1St); Entsorgung, Deponiegebühren

- Herstellen (Kosten: 94,3%) — 780,52 m² BGF — 108.038 — **138,42**
  Abwasserleitungen DN100-160 (154m), PE-Rohre DN100 (67m), Flachdachabläufe, beheizbar (4St), Abwasserhebeanlage (1St), Absperrschieber (1St), Handmembranpumpe (1St), Kellerabläufe (5St), Bodenablauf (2St) * Edelstahlrohre DN15-42 (220m), Wand-Tiefspül-WCs (4St), Handwaschbecken, elektronische Armaturen (4St), Wand-Einbauduschen, elektronische **Brausebatterien** (8St), Ausgussbecken (1St), Duschbodenelemente (4St) * Montageelemente (9St)

| 420 | **Wärmeversorgungsanlagen** | 780,52 m² BGF | 11.589 | **14,85** | 1,9 |

- Abbrechen (Kosten: 17,1%) — 780,52 m² BGF — 1.986 — **2,54**
  Abbruch von Stahl-Heizungsrohren, Rohrdämmungen (141m) * Heizkörpern (21St); Entsorgung, Deponiegebühren

- Herstellen (Kosten: 82,9%) — 780,52 m² BGF — 9.603 — **12,30**
  Heizungsanlage füllen, entlüften (2St) * Stahl-Heizungsrohre, Rohrdämmung (41m), Anschluss an Lufterhitzer (1St), an Wärmetauscher (1St) * Heizkörper (3St)

| 430 | **Raumlufttechnische Anlagen** | 780,52 m² BGF | 158.785 | **203,44** | 26,3 |

- Abbrechen (Kosten: 1,4%) — 780,52 m² BGF — 2.271 — **2,91**
  Abbruch von Lüftungskanälen (127m²), Lüftungsrohren (59m), Lüftungsbauteilen (22St), **Lüftungsgeräten** (2St); Entsorgung, Deponiegebühren

- Herstellen (Kosten: 98,6%) — 780,52 m² BGF — 156.514 — **200,53**
  Einzelraumlüfter 60m³/h (2St) * **Klimageräte** für Hallenbäder mit **Hochleistungs-Wärme-rückgewinnung**, **Entfeuchtungs-Wärmepumpe**, MSR-Technik, Luftleistung 6.000-9.500m³/h (1St), Rechteckkanäle (407m²), Wärmedämmung (228m²), Wickelfalzrohre DN100-315 (177m), Alu-Flexrohre DN100-160 (260m), Zu-/Abluftgitter (10St), Abluft-Tellerventile (5St), Fortluftturm 7.000m³/h (1St), Außenluftansaugturm 7.000m³/h (1St), Erweiterung DDC-Einheit (100St)

KG	Kostengruppe	Menge Einheit	Kosten €	€/Einheit	%
440	**Elektrische Anlagen**	780,52 m² BGF	152.325	**195,16**	25,3

- Abbrechen (Kosten: 4,5%) — 780,52 m² BGF — 6.798 — **8,71**
  Abbruch von Installationsgeräten (127St), Elektroleitungen, Installationsrohren (2.716m), Kabelkanälen (138m), Kabelrinnen (59m) * Leuchten (84St) * **Blitzschutz**, Anschlussfahnen (10m); Entsorgung, Deponiegebühren

- Wiederherstellen (Kosten: 0,1%) — 780,52 m² BGF — 103 — **0,13**
  Sicherheitsbeleuchtung, Zuleitungen demontieren, lagern (4St), gelagerte Sicherheitsleuchte und Zuleitungen wieder montieren (2St)

- Herstellen (Kosten: 95,5%) — 780,52 m² BGF — 145.424 — **186,32**
  Einzelstandschränke (2St), Überspannungsableiter (3St), Mantelleitungen (3.291m), Ölflexleitungen (1.006m), Aderleitungen (520m), Steckdosen (33St), Schalter (9St), Taster (5St), **Dimmer** (2St) * Einbau-Schwimmbadleuchten (12St), Feuchtraumleuchten (17St), LED-Einbauspots (31St), Downlights (9St), Deckenleuchten (2St), Wandleuchten (32St), Rettungszeichenleuchten (2St) * Runddraht (305m), Fangspitzen (16St), Rohrfangstangen, l=1,50m (2St), Überbrückungslaschen (40St), Potenzialausgleichsschienen (2St), Fangmast, l=4m (1St)

KG	Kostengruppe	Menge Einheit	Kosten €	€/Einheit	%
450	**Kommunikationstechnische Anlagen**	780,52 m² BGF	12.638	**16,19**	2,1

- Wiederherstellen (Kosten: 37,1%) — 780,52 m² BGF — 4.684 — **6,00**
  Leitungen für BMA demontieren, lagern (78m), in neuem Verlegesystem wieder montieren (80m), Rauchmelder, Handmelder demontieren, lagern, wieder montieren (25St), Schallpegelmessung (25St)

- Herstellen (Kosten: 62,9%) — 780,52 m² BGF — 7.954 — **10,19**
  Zimmersignalleuchten (8St), Zugschalter (4St), Ruf-Abstelltaster (9St), Kleinverteiler (1St), Aufschaltung auf bestehende Lichtrufanlage, Programmierung (1St), Leitungen (176m) * Decken- und Wandeinbaulautsprecher (2St) * Datenanschlussdosen RJ45 (10St), Datenkabel (281m), Steckdosen (4St), Miniverteiler, zwölffach (1St), Wandverteiler (1St), Patchpanel, 25 Steckplätze (1St), 24 Port Modulplatte (1St)

KG	Kostengruppe	Menge Einheit	Kosten €	€/Einheit	%
470	**Nutzungsspez. u. verfahrenstechnische Anlagen**	780,52 m² BGF	131.056	**167,91**	21,7

- Abbrechen (Kosten: 3,4%) — 780,52 m² BGF — 4.408 — **5,65**
  Abbruch von Schwallwasserbehälter 5000l, Verrohrung (1St), Rohrleitungen DN65-100 (192m); Entsorgung, Deponiegebühren

- Wiederherstellen (Kosten: 17,8%) — 780,52 m² BGF — 23.392 — **29,97**
  Filtererneuerung: Filtermaterial entsorgen (psch), Filter DN1.400, h=1.700mm, Innenflächen strahlentrosten, beschichten (1St), Filtermaterial einbringen (600l), Filterdüsen (160St), Warmwasser-Wärmetauscher (1St), Schaltschrank instandsetzen (1St)

- Herstellen (Kosten: 78,8%) — 780,52 m² BGF — 103.256 — **132,29**
  Überlaufbehälter 20.000l, Armaturen, Steuerung (1St), PVC-Rohre DN90-225 (138m), pneumatische Absperrklappen, Schaltkasten (5St), Schwimmbad: Rinnenabläufe (18St), Mauerdurchführungen (18St), Siebbleche (18St), Ansauggitter (2St), Ablaufstutzen V4A (18St), PVC-Rohre DN20-160 (147m), Rohrdurchführungen V2A, Epoxidharzabdichtung (18St)

5200-0014
Hallenbad

Modernisierung

5200-0014 Hallenbad

KG	Kostengruppe	Menge Einheit	Kosten €	€/Einheit	%
480	**Gebäude- und Anlagenautomation**	780,52 m² BGF	19.354	**24,80**	3,2

- Herstellen (Kosten: 100,0%) — 780,52 m² BGF — 19.354 — **24,80**
DALI-Gateway, einfach (1St), Präsenz-, Bewegungsmelder (14St), Dämmerungsschalter (1St), USB-Schnittstelle (1St), Smart Panel (1St), Tastsensoren, einfach (5St), zweifach (5St), vierfach (1St), Binäreingang, vierfach (1St), Schaltausgänge, vierfach (3St), achtfach (2St), Taster (4St), Dimmaktor, achtfach (1St), Spannungsversorgung (1St) * **EIB-Leitungen** (506m)

Modernisierung

KG	Kostengruppe	Menge Einheit	Kosten €	€/Einheit	%
490	**Sonstige Maßnahmen für technische Anlagen**	780,52 m² BGF	2.326	**2,98**	0,4

- Herstellen (Kosten: 100,0%) — 780,52 m² BGF — 2.326 — **2,98**
Schaltschrank und Feldgeräte vor Staub schützen (2St)

Kostenkennwerte für die Kostengruppe 400 der 2. und 3. Ebene DIN 276 (Übersicht)

Hallenbad

Modernisierung

KG	Kostengruppe	Menge Einheit	Kosten €	€/Einheit	%
410	**Abwasser-, Wasser-, Gasanlagen**	**780,52 m² BGF**	**146,73**	**114.529,39**	**19,0**
411	Abwasseranlagen	780,52 m² BGF	56,92	44.429,91	7,4
412	Wasseranlagen	780,52 m² BGF	86,88	67.807,72	11,3
419	Sonstiges zur KG 410	780,52 m² BGF	2,94	2.291,76	0,4
420	**Wärmeversorgungsanlagen**	**780,52 m² BGF**	**14,85**	**11.588,66**	**1,9**
421	Wärmeerzeugungsanlagen	780,52 m² BGF	1,14	892,89	0,1
422	Wärmeverteilnetze	780,52 m² BGF	8,26	6.443,50	1,1
423	Raumheizflächen	780,52 m² BGF	5,45	4.252,26	0,7
430	**Raumlufttechnische Anlagen**	**780,52 m² BGF**	**203,44**	**158.785,30**	**26,3**
431	Lüftungsanlagen	780,52 m² BGF	4,38	3.417,34	0,6
432	Teilklimaanlagen	780,52 m² BGF	199,06	155.367,96	25,8
440	**Elektrische Anlagen**	**780,52 m² BGF**	**195,16**	**152.324,50**	**25,3**
444	Niederspannungsinstallationsanlagen	780,52 m² BGF	94,99	74.140,13	12,3
445	Beleuchtungsanlagen	780,52 m² BGF	91,30	71.262,64	11,8
446	Blitzschutz- und Erdungsanlagen	780,52 m² BGF	8,87	6.921,71	1,1
450	**Kommunikationstechnische Anlagen**	**780,52 m² BGF**	**16,19**	**12.638,31**	**2,1**
452	Such- und Signalanlagen	780,52 m² BGF	5,49	4.285,56	0,7
454	Elektroakustische Anlagen	780,52 m² BGF	0,39	305,14	0,1
456	Gefahrenmelde- und Alarmanlagen	780,52 m² BGF	6,00	4.684,26	0,8
457	Datenübertragungsnetze	780,52 m² BGF	4,31	3.363,36	0,6
470	**Nutzungsspez. u. verfahrenstechn. Anl.**	**780,52 m² BGF**	**167,91**	**131.055,79**	**21,7**
472	Reinigungs- und badetechn. Anlagen	780,52 m² BGF	167,91	131.055,79	21,7
480	**Gebäude- und Anlagenautomation**	**780,52 m² BGF**	**24,80**	**19.354,07**	**3,2**
481	Automationseinrichtungen	780,52 m² BGF	23,46	18.307,40	3,0
484	Kabel, Leitungen und Verlegesysteme	780,52 m² BGF	1,34	1.046,68	0,2
490	**Sonst. Maßnahmen für techn. Anlagen**	**780,52 m² BGF**	**2,98**	**2.326,26**	**0,4**
497	Zusätzliche Maßnahmen	780,52 m² BGF	2,98	2.326,26	0,4

© BKI Baukosteninformationszentrum   Kostenstand: 4.Quartal 2021, Bundesdurchschnitt, **inkl. 19% MwSt.**

Kostenkennwerte für Leistungsbereiche nach STLB (Kosten KG 400 nach DIN 276)

LB	Leistungsbereiche	Kosten €	€/m² BGF	€/m³ BRI	% an 400
040	Wärmeversorgungsanlagen - Betriebseinrichtungen	893	1,10	0,24	0,1
041	Wärmeversorgungsanlagen - Leitungen, Armaturen, Heizflächen	7.060	9,00	1,90	1,2
042	Gas- und Wasseranlagen - Leitungen, Armaturen	109.880	140,80	28,90	18,2
043	Druckrohrleitungen für Gas, Wasser und Abwasser	–	–	–	–
044	Abwasseranlagen - Leitungen, Abläufe, Armaturen	47.276	60,60	12,50	7,8
045	Gas-, Wasser- und Entwässerungsanlagen - Ausstattung, Elemente, Fertigbäder	–	–	–	–
046	Gas-, Wasser- und Entwässerungsanlagen - Betriebseinrichtungen	58.492	74,90	15,40	9,7
	Wiederherstellen	23.392	30,00	6,20	3,9
	Herstellen	35.100	45,00	9,20	5,8
047	Dämm- und Brandschutzarbeiten an technischen Anlagen	30.862	39,50	8,10	5,1
049	Feuerlöschanlagen, Feuerlöschgeräte	–	–	–	–
050	Blitzschutz- / Erdungsanlagen, Überspannungsschutz	6.844	8,80	1,80	1,1
051	Kabelleitungstiefbauarbeiten	–	–	–	–
052	Mittelspannungsanlagen	–	–	–	–
053	Niederspannungsanlagen - Kabel/Leitungen, Verlegesysteme, Installationsgeräte	62.014	79,50	16,30	10,3
	Wiederherstellen	18	< 0,1	–	–
	Herstellen	61.996	79,40	16,30	10,3
054	Niederspannungsanlagen - Verteilersysteme und Einbaugeräte	913	1,20	0,24	0,2
055	Sicherheits- und Ersatzstromversorgungsanlagen	–	–	–	–
057	Gebäudesystemtechnik	–	–	–	–
058	Leuchten und Lampen	69.126	88,60	18,20	11,5
	Wiederherstellen	85	0,11	< 0,1	–
	Herstellen	69.042	88,50	18,20	11,5
059	Sicherheitsbeleuchtungsanlagen	1.243	1,60	0,33	0,2
060	Sprech-, Ruf-, Antennenempfangs-, Uhren- und elektroakustische Anlagen	4.591	5,90	1,20	0,8
061	Kommunikations- und Übertragungsnetze	3.363	4,30	0,89	0,6
062	Kommunikationsanlagen	–	–	–	–
063	Gefahrenmeldeanlagen	4.684	6,00	1,20	0,8
	Wiederherstellen	4.684	6,00	1,20	0,8
064	Zutrittskontroll-, Zeiterfassungssysteme	–	–	–	–
069	Aufzüge	–	–	–	–
070	Gebäudeautomation	18.307	23,50	4,80	3,0
075	Raumlufttechnische Anlagen	149.928	192,10	39,50	24,9
078	Kälteanlagen für raumlufttechnische Anlagen	–	–	–	–
	Gebäudetechnik	**575.476**	**737,30**	**151,60**	**95,5**
	Wiederherstellen	28.179	36,10	7,40	4,7
	Herstellen	547.297	701,20	144,20	90,8
	Sonstige Leistungsbereiche	**27.126**	**34,80**	**7,10**	**4,5**
	Abbrechen	21.954	28,10	5,80	3,6
	Herstellen	5.172	6,60	1,40	0,9

5200-0014 Hallenbad — Modernisierung

Kostenstand: 4. Quartal 2021, Bundesdurchschnitt, inkl. 19% MwSt.

Objekte

5300-0017
DLRG-Station
Ferienwohnungen
(4 WE)

Objektübersicht

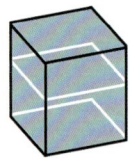
BRI 697 €/m³

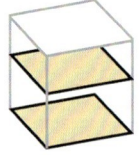
BGF 1.814 €/m²

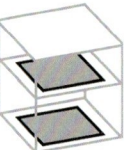
NUF 2.863 €/m²

Objekt:
Kennwerte: 3. Ebene DIN 276
BRI: 1.893 m³
BGF: 728 m²
NUF: 461 m²
Bauzeit: 39 Wochen
Bauende: 2018
Standard: Durchschnitt
Bundesland: Schleswig-Holstein
Kreis: Rendsburg-Eckernförde

Architekt*in:
Architekturbüro Wohlenberg
Riesebyer Straße 35
24340 Eckernförde

Bauherr*in:
Kurbetriebe Schönhagen

Zeichnungen

5300-0017
DLRG-Station
Ferienwohnungen
(4 WE)

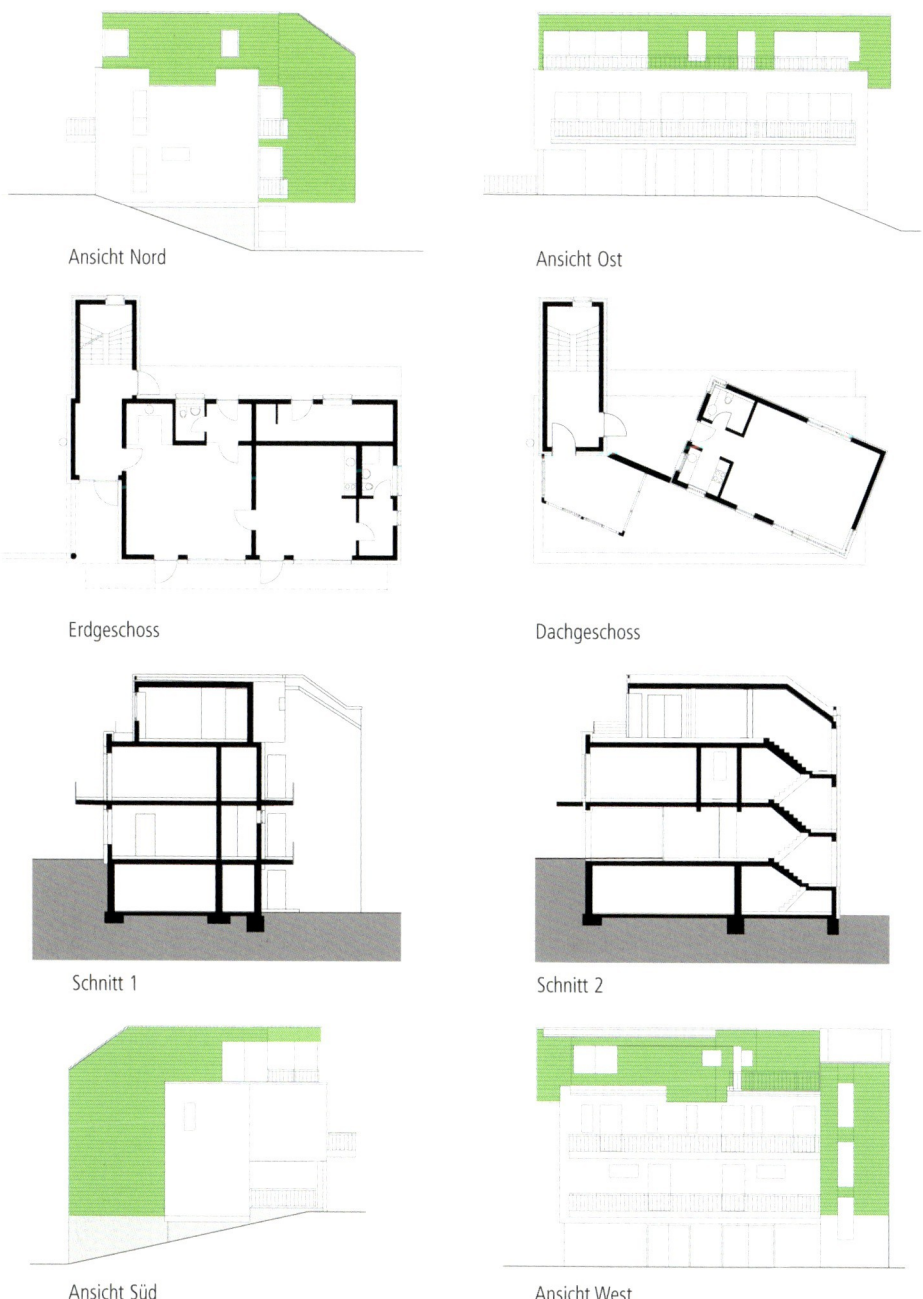

Ansicht Nord

Ansicht Ost

Erdgeschoss

Dachgeschoss

Schnitt 1

Schnitt 2

Ansicht Süd

Ansicht West

Objektbeschreibung

Allgemeine Objektinformationen

Der Neubau liegt unmittelbar hinter dem Dünengürtel der Ostsee. Das Gebäude ist vertikal in drei Zonen unterteilt. Im Erdgeschoss befindet sich die Rettungsschwimmerstation mit Sanitäts- und Aufenthaltsraum, im Obergeschoss schließen sich vier Apartments an. Das Staffelgeschoss dient als DLRG-Stand und Penthouse. Die einzelnen Bereiche werden durch ein vorgesetztes Treppenhaus verbunden.

Nutzung

1 Untergeschoss
Lager

1 Erdgeschoss
Aufenthaltsraum, Sanitätsraum

1 Obergeschoss
Apartments

1 Dachgeschoss
Apartment, DLRG-Wache

Nutzeinheiten

Wohneinheiten: 4

Grundstück

Bauraum: Freier Bauraum
Neigung: Geneigtes Gelände
Bodenklasse: BK 1 bis BK 3

Markt

Hauptvergabezeit: 3.Quartal 2017
Baubeginn: 4.Quartal 2017
Bauende: 3.Quartal 2018
Konjunkturelle Gesamtlage: über Durchschnitt
Regionaler Baumarkt: unter Durchschnitt

Baukonstruktion

Das Untergeschoss ist aus WU-Beton hergestellt, da das Gebäude zusammen mit den Dünen und dem Deich den Küstenhochwasserschutz generiert. Erdgeschoss und Obergeschoss sind in KS-Massivbauweise und Beton ausgeführt, das Dachgeschoss als Holzständerwerk. Für das Sockelgeschoss wurde Sichtbeton gewählt, die zwei Regelgeschosse sind mit einem Wärmedämmverbundsystem und sandfarbenen Riemchen bekleidet. Das Staffelgeschoss sowie das Treppenhaus haben eine grünverlaufende Alu-Paneelfassade erhalten.

Technische Anlagen

Die Beheizung inklusive der Warmwassererzeugung erfolgt mit einer **Luft/Wasserwärmepumpe** in Kombination mit einem **Gas-Brennwertgerät**.

5300-0017
DLRG-Station
Ferienwohnungen
(4 WE)

Planungskennwerte für Flächen und Rauminhalte nach DIN 277

Flächen des Grundstücks

		Menge, Einheit	% an GF
BF	Bebaute Fläche	169,37 m²	19,8
UF	Unbebaute Fläche	690,18 m²	80,6
GF	Grundstücksfläche	856,00 m²	100,0

Grundflächen des Bauwerks

		Menge, Einheit	% an NUF	% an BGF
NUF	Nutzungsfläche	461,00 m²	100,0	63,4
TF	Technikfläche	10,00 m²	2,2	1,4
VF	Verkehrsfläche	95,11 m²	20,6	13,1
NRF	Netto-Raumfläche	566,11 m²	122,8	77,8
KGF	Konstruktions-Grundfläche	161,64 m²	35,1	22,2
BGF	Brutto-Grundfläche	727,75 m²	157,9	100,0

NUF=100% | NRF=122,8% | BGF=157,9%

NUF TF VF KGF

Brutto-Rauminhalt des Bauwerks

		Menge, Einheit	BRI/NUF (m)	BRI/BGF (m)
BRI	Brutto-Rauminhalt	1.892,75 m³	4,11	2,60

BRI/NUF=4,11m
BRI/BGF=2,60m

Prozentualer Anteil der Kostengruppen der 2. Ebene an der Kostengruppe 400 nach DIN 276

KG	Kostengruppen (2. Ebene)
410	Abwasser-, Wasser-, Gasanlagen
420	Wärmeversorgungsanlagen
430	Raumlufttechnische Anlagen
440	Elektrische Anlagen
450	Kommunikationstechnische Anlagen
460	Förderanlagen
470	Nutzungsspez. und verfahrenstech. Anlagen
480	Gebäude- und Anlagenautomation
490	Sonstige Maßnahmen für technische Anlagen

Ranking der Kostengruppen der 3. Ebene an der Kostengruppe 400 nach DIN 276

KG	Kostengruppe (3. Ebene)	Kosten an KG 400 %	KG	Kostengruppe (3. Ebene)	Kosten an KG 400 %
412	Wasseranlagen	35,0	457	Datenübertragungsnetze	1,6
421	Wärmeerzeugungsanlagen	19,6	455	Audiovisuelle Medien- und Antennenanlagen	1,4
444	Niederspannungsinstallationsanlagen	16,5	446	Blitzschutz- und Erdungsanlagen	1,2
423	Raumheizflächen	8,0	429	Sonstiges zur KG 420	1,2
445	Beleuchtungsanlagen	5,1	413	Gasanlagen	0,3
419	Sonstiges zur KG 410	4,2	497	Zusätzliche Maßnahmen	0,2
411	Abwasseranlagen	3,2	495	Instandsetzungen	0,2
422	Wärmeverteilnetze	2,3	491	Baustelleneinrichtung	0,1

© BKI Baukosteninformationszentrum   Kostenstand: 4.Quartal 2021, Bundesdurchschnitt, inkl. 19% MwSt.

5300-0017
DLRG-Station
Ferienwohnungen
(4 WE)

Kostenkennwerte für die Kostengruppen der 1. Ebene DIN 276

KG	Kostengruppen (1. Ebene)	Einheit	Kosten €	€/Einheit	€/m² BGF	€/m³ BRI	% 300+400
100		m² GF	–	–	–	–	–
200	Vorbereitende Maßnahmen	m² GF	13.682	15,98	18,80	7,23	1,0
300	Bauwerk – Baukonstruktionen	m² BGF	1.142.761	1.570,27	1.570,27	603,76	86,6
400	Bauwerk – Technische Anlagen	m² BGF	177.113	243,37	243,37	93,57	13,4
	Bauwerk 300+400	**m² BGF**	**1.319.874**	**1.813,64**	**1.813,64**	**697,33**	**100,0**
500	Außenanlagen und Freiflächen	m² AF	83.887	121,54	115,27	44,32	6,4
600	Ausstattung und Kunstwerke	m² BGF	3.738	5,14	5,14	1,97	0,3
700	Baunebenkosten	m² BGF	–	–	–	–	–
800	Finanzierung	m² BGF	–	–	–	–	–

KG	Kostengruppe	Menge Einheit	Kosten €	€/Einheit	%
200	**Vorbereitende Maßnahmen**	856,00 m² GF	13.682	**15,98**	1,0

Ausbauen, Lagern von Schildern, Abbruch von Asphaltdecke, Betonpflaster, Trapezblechwand, Trapezblechdach, Holztor, Roden von Bewuchs, Oberboden, Mischboden; Entsorgung, Deponiegebühren

3+4	**Bauwerk**				**100,0**
300	**Bauwerk – Baukonstruktionen**	727,75 m² BGF	1.142.761	**1.570,27**	86,6

Füllkies; Bodenplatte, Fundamente, Estrich, Bodenbeschichtung; KS-Mauerwerk, Stb-Wände, WU, Holzständerwände, Stützen, Alu-Glas-Elemente, Kunststofffenster-, türen, Stahltüren, Alu-Paneelfassade, WDVS, Flachverblender, GK-Bekleidung, Putz, Tapete, Beschichtungen, Wandfliesen; Metallständerwände, Holztüren; Stb-Elementdecken, Stb-Balkonplatten, Stb-Treppen, Vinylbelag, Bodenfliesen, Geländer; Flachdach, Elementdecke, Holzflach-, Pultdach, Dachabdichtung, Dämmung, Kunststoff-Terrassendielen, Dachentwässerung, Brüstungsgeländer

| 400 | **Bauwerk – Technische Anlagen** | 727,75 m² BGF | 177.113 | **243,37** | 13,4 |

Gebäudeentwässerung, Kalt- und Warmwasserleitungen, Sanitärobjekte; **Luft/Wasser-Wärmepumpe**, **Gas-Brennwertkessel**, Pufferspeicher, Speicher-Wassererwärmer, Heizungsrohre, Fußbodenheizung, Heizkörper; Elektroinstallation, Beleuchtung, **Blitzschutz**; Fernseh- und Antennenanlage, EDV-Anlage

| 500 | **Außenanlagen und Freiflächen** | 690,18 m² AF | 83.887 | **121,54** | 6,4 |

Füllkies; Dränage; Betonpflaster, Traufstreifen, Abtrittroste; Geländer, Winkelstützen, Oberflächenentwässerung, Erdkabel, Datenerdkabel; Schilder; Oberbodenarbeiten

| 600 | **Ausstattung und Kunstwerke** | 727,75 m² BGF | 3.738 | **5,14** | 0,3 |

Duschtrennwände, Sanitärausstattung

Kostenkennwerte für die Kostengruppen 400 der 2. Ebene DIN 276

KG	Kostengruppe	Menge Einheit	Kosten €	€/Einheit	%
400	**Bauwerk – Technische Anlagen**				100,0
410	**Abwasser-, Wasser-, Gasanlagen**	727,75 m² BGF	75.556	**103,82**	42,7

KG-Rohre DN100 (14m), Abwasserrohre DN40-100 (87m) * Mehrschichtverbundrohre DN16-40, Rohrdämmung (395m), Hauswasseranlage (1St), Hauswasserzähler (1St), Hygienespülungen (3St), Enthärtungsanlage (1St), Hebeanlage (1St), Waschtische (6St), Tiefspül-WCs (6St), Urinal (1St), Duschwannen (3St), Rundduschen, Acrylglas (2St), Ausgussbecken (1St) * Anschluss an Gas-Hausanschluss (1St) * Installationssystemwände (44m²), Montageelemente (12St)

KG	Kostengruppe	Menge Einheit	Kosten €	€/Einheit	%
420	**Wärmeversorgungsanlagen**	727,75 m² BGF	55.077	**75,68**	31,1

Luft/Wasser-Wärmepumpe 7,7kW (1St), **Gas-Brennwertkessel** 18kW (1St), Ausdehnungsgefäß (1St), Speicher-Wassererwärmer 390l (1St), Pufferspeicher 400l (1St), Heizwasser-Pufferspeicher 200l (1St), Pumpen (2St), Heizungssteuerung (1St) * Kupferrohre DN18-35, Rohrdämmung (165m) * Fußbodenheizung, Verlegeplatten, Dämmung, PE-Xa-Rohre (246m²), Heizkreisverteiler (5St), Verteilerschränke (4St), Stellantriebe (54St), Badheizkörper (2St), Elektroheizung (1St) * **Abgasanlage** (1St)

KG	Kostengruppe	Menge Einheit	Kosten €	€/Einheit	%
440	**Elektrische Anlagen**	727,75 m² BGF	40.413	**55,53**	22,8

Zähleranlage (1St), Unterverteiler (4St), Mantelleitungen (431m), Schalter, Taster (113St), Steckdosen (178St), Präsenzmelder (4St), Raumtemperaturregler (15St), Herdanschlussdosen (7St), Kabelkanäle (16m) * LED-Anbau-, Decken-, Wandleuchten (51St), LED-Außenleuchten (5St) * Fundamenterder (126m), Rundleiter (8m), Potenzialausgleiche (5St), Mantelleitungen (25m)

KG	Kostengruppe	Menge Einheit	Kosten €	€/Einheit	%
450	**Kommunikationstechnische Anlagen**	727,75 m² BGF	5.220	**7,17**	2,9

Sat-Antenne (1St), Dachständer (1St), UKW-Antenne (1St), Multischalter (1St), Antennenanschlussdosen (5St), Koaxialkabel (100m) * Datenwandschrank (1St), Patchfeld (1St), Datenanschlussdosen (16St), Fußboden-Einbautank (1St)

KG	Kostengruppe	Menge Einheit	Kosten €	€/Einheit	%
490	**Sonstige Maßnahmen für technische Anlagen**	727,75 m² BGF	848	**1,16**	0,5

Baustelleneinrichtung (1St) * beschädigte Leitungsverbindung Außenbeleuchtung wieder herstellen * Klingelanlage zurückbauen

© **BKI** Baukosteninformationszentrum — Kostenstand: 4.Quartal 2021, Bundesdurchschnitt, **inkl. 19% MwSt.**

5300-0017
DLRG-Station
Ferienwohnungen
(4 WE)

Kostenkennwerte für die Kostengruppe 400 der 2. und 3. Ebene DIN 276 (Übersicht)

KG	Kostengruppe	Menge Einheit	Kosten €	€/Einheit	%
410	**Abwasser-, Wasser-, Gasanlagen**	**727,75 m² BGF**	**103,82**	**75.555,64**	**42,7**
411	Abwasseranlagen	727,75 m² BGF	7,72	5.619,06	3,2
412	Wasseranlagen	727,75 m² BGF	85,18	61.986,55	35,0
413	Gasanlagen	727,75 m² BGF	0,68	496,35	0,3
419	Sonstiges zur KG 410	727,75 m² BGF	10,24	7.453,68	4,2
420	**Wärmeversorgungsanlagen**	**727,75 m² BGF**	**75,68**	**55.076,88**	**31,1**
421	Wärmeerzeugungsanlagen	727,75 m² BGF	47,67	34.691,93	19,6
422	Wärmeverteilnetze	727,75 m² BGF	5,70	4.147,73	2,3
423	Raumheizflächen	727,75 m² BGF	19,42	14.131,58	8,0
429	Sonstiges zur KG 420	727,75 m² BGF	2,89	2.105,65	1,2
440	**Elektrische Anlagen**	**727,75 m² BGF**	**55,53**	**40.413,27**	**22,8**
444	Niederspannungsinstallationsanlagen	727,75 m² BGF	40,09	29.172,78	16,5
445	Beleuchtungsanlagen	727,75 m² BGF	12,44	9.050,40	5,1
446	Blitzschutz- und Erdungsanlagen	727,75 m² BGF	3,01	2.190,09	1,2
450	**Kommunikationstechnische Anlagen**	**727,75 m² BGF**	**7,17**	**5.219,99**	**2,9**
455	Audiovisuelle Medien- u. Antennenanl.	727,75 m² BGF	3,34	2.429,01	1,4
457	Datenübertragungsnetze	727,75 m² BGF	3,84	2.790,97	1,6
490	**Sonst. Maßnahmen für techn. Anlagen**	**727,75 m² BGF**	**1,16**	**847,52**	**0,5**
491	Baustelleneinrichtung	727,75 m² BGF	0,29	213,13	0,1
495	Instandsetzungen	727,75 m² BGF	0,37	272,06	0,2
497	Zusätzliche Maßnahmen	727,75 m² BGF	0,50	362,33	0,2

Kostenkennwerte für Leistungsbereiche nach STLB (Kosten KG 400 nach DIN 276)

5300-0017
DLRG-Station
Ferienwohnungen
(4 WE)

LB	Leistungsbereiche	Kosten €	€/m² BGF	€/m³ BRI	% an 400
040	Wärmeversorgungsanlagen - Betriebseinrichtungen	36.295	49,90	19,20	20,5
041	Wärmeversorgungsanlagen - Leitungen, Armaturen, Heizflächen	17.895	24,60	9,50	10,1
042	Gas- und Wasseranlagen - Leitungen, Armaturen	27.522	37,80	14,50	15,5
043	Druckrohrleitungen für Gas, Wasser und Abwasser	496	0,68	0,26	0,3
044	Abwasseranlagen - Leitungen, Abläufe, Armaturen	4.072	5,60	2,20	2,3
045	Gas-, Wasser- und Entwässerungsanlagen - Ausstattung, Elemente, Fertigbäder	22.829	31,40	12,10	12,9
046	Gas-, Wasser- und Entwässerungsanlagen - Betriebseinrichtungen	7.974	11,00	4,20	4,5
047	Dämm- und Brandschutzarbeiten an technischen Anlagen	12.002	16,50	6,30	6,8
049	Feuerlöschanlagen, Feuerlöschgeräte	–	–	–	–
050	Blitzschutz- / Erdungsanlagen, Überspannungsschutz	2.190	3,00	1,20	1,2
051	Kabelleitungstiefbauarbeiten	–	–	–	–
052	Mittelspannungsanlagen	–	–	–	–
053	Niederspannungsanlagen - Kabel/Leitungen, Verlegesysteme, Installationsgeräte	23.640	32,50	12,50	13,3
054	Niederspannungsanlagen - Verteilersysteme und Einbaugeräte	5.635	7,70	3,00	3,2
055	Sicherheits- und Ersatzstromversorgungsanlagen	–	–	–	–
057	Gebäudesystemtechnik	400	0,55	0,21	0,2
058	Leuchten und Lampen	9.050	12,40	4,80	5,1
059	Sicherheitsbeleuchtungsanlagen	–	–	–	–
060	Sprech-, Ruf-, Antennenempfangs-, Uhren- und elektroakustische Anlagen	487	0,67	0,26	0,3
061	Kommunikations- und Übertragungsnetze	4.865	6,70	2,60	2,7
062	Kommunikationsanlagen	–	–	–	–
063	Gefahrenmeldeanlagen	–	–	–	–
064	Zutrittskontroll-, Zeiterfassungssysteme	–	–	–	–
069	Aufzüge	–	–	–	–
070	Gebäudeautomation	–	–	–	–
075	Raumlufttechnische Anlagen	–	–	–	–
078	Kälteanlagen für raumlufttechnische Anlagen	–	–	–	–
	Gebäudetechnik	**175.353**	**241,00**	**92,60**	**99,0**
	Sonstige Leistungsbereiche	**1.760**	**2,40**	**0,93**	**1,0**

© BKI Baukosteninformationszentrum   Kostenstand: 4.Quartal 2021, Bundesdurchschnitt, **inkl. 19% MwSt.**

Wohngebäude

6

- 6100 Wohnhäuser
- 6200 Wohnheime
  6300 Gemeinschaftsunterkünfte
- 6400 Betreuungseinrichtungen
  6500 Verpflegungseinrichtungen
  6600 Beherbergungsstätten

6100-1186
Mehrfamilienhaus
(9 WE)
Effizienzhaus Plus

Objektübersicht

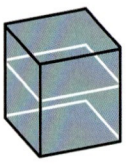 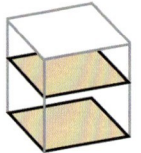 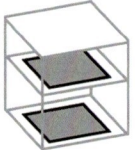 

BRI 591 €/m³   **BGF** 1.801 €/m²   **NUF** 2.329 €/m²   **NE** 2.851 €/NE
NE: m² Wohnfläche

Objekt:
Kennwerte: 3. Ebene DIN 276
BRI: 4.610 m³
BGF: 1.514 m²
NUF: 1.170 m²
Bauzeit: 78 Wochen
Bauende: 2013
Standard: Durchschnitt
Bundesland: Baden-Württemberg
Kreis: Tübingen

Architekt*in:
Martin Wamsler
Freier Architekt BDA
Bahnhofstraße 21
88048 Friedrichshafen

Bauherr*in:
Bauherrengemeinschaft
Licht + Luft
72074 Tübingen

Zeichnungen

6100-1186
Mehrfamilienhaus
(9 WE)
Effizienzhaus Plus

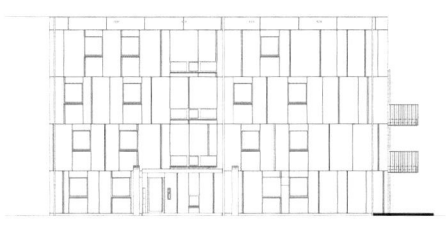

Ansicht Nord-West

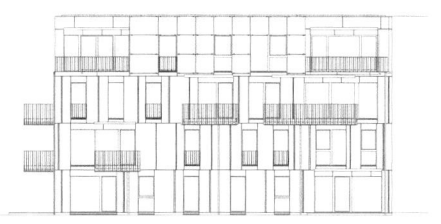

Ansicht Süd-Ost

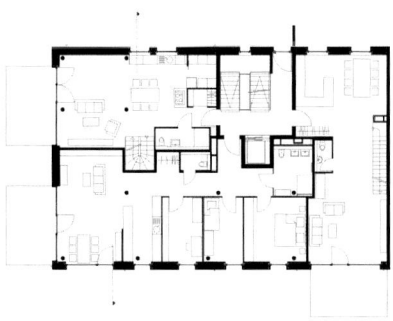

Erdgeschoss

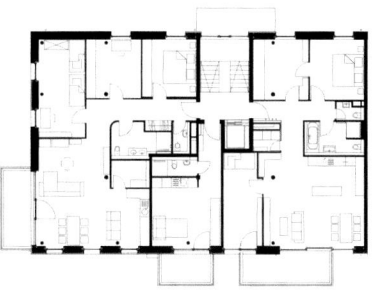

2. Obergeschoss

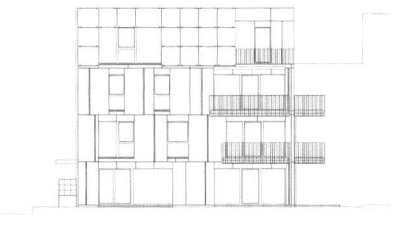

Ansicht Süd-West

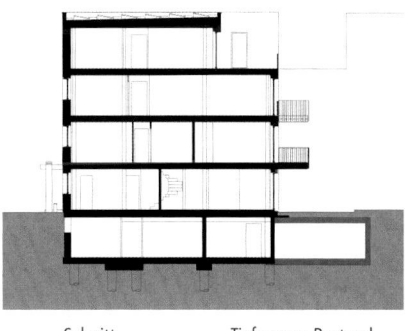

Schnitt   Tiefgarage Bestand

Objektbeschreibung

Allgemeine Objektinformationen

Auf dem Gelände einer alten Weberei in einer zugleich naturnahen wie urbanen Umgebung wurde von einer Baugemeinschaft ein "Plus-Energiehaus" errichtet. Das Gebäude produziert mehr Energie als es selbst benötigt. Der Bauplatz liegt in unmittelbarer Nähe zum Stadtzentrum und verfügt über einen sehr guten Anschluss an den öffentlichen Nahverkehr. In dem viergeschossigen, klar gegliederten Baukörper sind neun Wohneinheiten untergebracht. Auf dem gesamten Gelände wurden Konzepte privat organisierter Baugemeinschaften umgesetzt, die unter anderem auch Anforderungen an soziale Aspekte erfüllen.

Nutzung

1 Untergeschoss
Abstellräume, Fahrradabstellraum, Technik, Waschküche, Müllraum, Zugang zur TG mit 6 Stellplätzen unter dem eigenen Gebäude

1 Erdgeschoss
Wohnen

2 Obergeschosse
Wohnen

1 Dachgeschoss
Wohnen

Nutzeinheiten

Wohneinheiten: 9
Wohnfläche: 956 m²

Grundstück

Bauraum: Beengter Bauraum
Neigung: Ebenes Gelände
Bodenklasse: BK 1 bis BK 3

Markt

Hauptvergabezeit: 2. Quartal 2012
Baubeginn: 2. Quartal 2012
Bauende: 4. Quartal 2013
Konjunkturelle Gesamtlage: Durchschnitt
Regionaler Baumarkt: Durchschnitt

Baukonstruktion

Der Baugrund forderte eine kostenintensive Gründung, bei der insgesamt 1,5 km Pfähle - anteilig für das Gebäude ca. 300 m - in der Länge von 6 -12 m in den Boden gerammt wurden. Das Untergeschoss wurde in Stahlbeton, teilweise in WU-Qualität erstellt. Die Außenwände der Wohngeschosse bestehen aus Holz-Halbfertigteilwänden, mit einer hinterlüfteten Fassade aus Faserzementtafeln und **Photovoltaikmodulen**. Die meist bodentiefen Holz-Alufenster sind dreifachverglast. Runde Stahlbeton-Innenstützen übernehmen die Tragfunktion, während die Innenwände in GK-Bauweise ausgeführt wurden. Die Decken, Treppen und das Flachdach sind aus Stahlbeton.

Technische Anlagen

Das Gebäude ist an ein Fernwärmenetz angeschlossen und wird über eine Fußbodenheizung beheizt. Die Belüftung erfolgt über ein sehr großes, gemeinsames **Lüftungsgerät** mit **Wärmerückgewinnung**. Zur internen Erschließung steht ein **Personenaufzug** zur Verfügung. Die **Photovoltaikanlage** auf dem Dach und in der Fassade erzeugt rund 37.000 kWh Strom pro Jahr. Für die **Stromeigennutzung** kommt ein **Stromspeicher** mit 40 kW zum Einsatz.

Sonstiges

Das Gebäude wurde durch das **Passivhaus-Institut** (PHI) in Darmstadt sowie durch die Deutsche Energieagentur (DENA) im Programm „EffizienzhausPlus" zertifiziert. Ein Monitoring über drei Jahre wurde inzwischen abgeschlossen. Die energetischen Werte sind durch das Resultat bestätigt.

Energetische Kennwerte

Beheiztes Volumen: 3.913,60 m³
Energiebezugsfläche (PHPP): 939,82 m²
Hüllfläche des beheizten Volumens: 1.473,80 m²
Primärenergie-Kennwert (PHPP): 115,00 kWh/(m²·a)

6100-1186
Mehrfamilienhaus
(9 WE)
Effizienzhaus Plus

Planungskennwerte für Flächen und Rauminhalte nach DIN 277

Flächen des Grundstücks		Menge, Einheit	% an GF
BF	Bebaute Fläche	308,00 m²	34,4
UF	Unbebaute Fläche	587,00 m²	65,6
GF	Grundstücksfläche	895,00 m²	100,0

Grundflächen des Bauwerks		Menge, Einheit	% an NUF	% an BGF
NUF	Nutzungsfläche	1.170,37 m²	100,0	77,3
TF	Technikfläche	18,58 m²	1,6	1,2
VF	Verkehrsfläche	94,13 m²	8,0	6,2
NRF	Netto-Raumfläche	1.283,08 m²	109,6	84,8
KGF	Konstruktions-Grundfläche	230,66 m²	19,7	15,2
BGF	Brutto-Grundfläche	1.513,74 m²	129,3	100,0

NUF TF VF KGF

Brutto-Rauminhalt des Bauwerks		Menge, Einheit	BRI/NUF (m)	BRI/BGF (m)
BRI	Brutto-Rauminhalt	4.610,00 m³	3,94	3,05

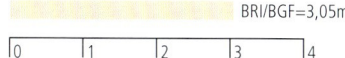

BRI/NUF=3,94m
BRI/BGF=3,05m

0 1 2 3 4

Prozentualer Anteil der Kostengruppen der 2. Ebene an der Kostengruppe 400 nach DIN 276

KG	Kostengruppen (2. Ebene)	20%	40%	60%
410	Abwasser-, Wasser-, Gasanlagen			
420	Wärmeversorgungsanlagen			
430	Raumlufttechnische Anlagen			
440	Elektrische Anlagen			
450	Kommunikationstechnische Anlagen			
460	Förderanlagen			
470	Nutzungsspez. und verfahrenstech. Anlagen			
480	Gebäude- und Anlagenautomation			
490	Sonstige Maßnahmen für technische Anlagen			

Ranking der Kostengruppen der 3. Ebene an der Kostengruppe 400 nach DIN 276

KG	Kostengruppe (3. Ebene)	Kosten an KG 400 %	KG	Kostengruppe (3. Ebene)	Kosten an KG 400 %
442	Eigenstromversorgungsanlagen	19,3	419	Sonstiges zur KG 410	3,2
431	Lüftungsanlagen	17,7	457	Datenübertragungsnetze	2,4
444	Niederspannungsinstallationsanlagen	16,7	445	Beleuchtungsanlagen	1,4
412	Wasseranlagen	13,5	455	Audiovisuelle Medien- und Antennenanlagen	0,7
461	Aufzugsanlagen	7,0	421	Wärmeerzeugungsanlagen	0,6
411	Abwasseranlagen	6,6	452	Such- und Signalanlagen	0,5
423	Raumheizflächen	5,6	446	Blitzschutz- und Erdungsanlagen	0,5
422	Wärmeverteilnetze	3,7	456	Gefahrenmelde- und Alarmanlagen	0,3

© BKI Baukosteninformationszentrum   Kostenstand: 4.Quartal 2021, Bundesdurchschnitt, inkl. 19% MwSt.

6100-1186
Mehrfamilienhaus
(9 WE)
Effizienzhaus Plus

Kostenkennwerte für die Kostengruppen der 1. Ebene DIN 276

KG	Kostengruppen (1. Ebene)	Einheit	Kosten €	€/Einheit	€/m² BGF	€/m³ BRI	% 300+400
100		m² GF	–	–	–	–	–
200	Vorbereitende Maßnahmen	m² GF	–	–	–	–	–
300	Bauwerk – Baukonstruktionen	m² BGF	1.992.660	1.316,38	1.316,38	432,25	73,1
400	Bauwerk – Technische Anlagen	m² BGF	733.521	484,58	484,58	159,12	26,9
	Bauwerk 300+400	**m² BGF**	**2.726.182**	**1.800,96**	**1.800,96**	**591,36**	**100,0**
500	Außenanlagen und Freiflächen	m² AF	30.631	52,18	20,24	6,64	1,1
600	Ausstattung und Kunstwerke	m² BGF	14.152	9,35	9,35	3,07	0,5
700	Baunebenkosten	m² BGF	–	–	–	–	–
800	Finanzierung	m² BGF	–	–	–	–	–

KG	Kostengruppe	Menge Einheit	Kosten €	€/Einheit	%
3+4	**Bauwerk**				**100,0**
300	**Bauwerk – Baukonstruktionen**	1.513,74 m² BGF	1.992.660	**1.316,38**	73,1

Stb-Rammpfähle, Bodenplatte WU, Bodenbeschichtung; Stb-Wände, teilweise WU, Holz-Halbfertigteilwände; Holz-Alufenster, Fenstertüren, hinterlüftete Fassade aus Faserzementtafeln und **Photovoltaikmodulen**, GK-Aufdopplungen, Putz, Beschichtung, Raffstores, Markisen; Stb-Stützen, GK-Wände, Holztüren, Stahltüren, Wandfliesen, Kellertrennwände; Stb-Decken, Stb-Fertigteilbalkone, Stb-Treppen, Heizestrich, Parkett, Bodenfliesen, Bohlenbelag, GK-Decken, Geländer; Stb-Flachdach, Dachausstieg RWA, Flachdachabdichtung, Kies, Dachentwässerungen; Briefkastenanlage

400	**Bauwerk – Technische Anlagen**	1.513,74 m² BGF	733.521	**484,58**	26,9

Gebäudeentwässerung, Kalt- und Warmwasserleitungen, Sanitärobjekte; Fernwärmeanschluss, Fußbodenheizung, Heizkörper; **Lüftungsanlage** mit **Wärmerückgewinnung**; **Photovoltaikanlage**, Elektroinstallation, Beleuchtung, Sprechanlagen, Antennenanschlüsse, EDV-Verkabelung, Monitoringanlage, Fernmeldeanschluss; **Personenaufzug**; Feuerlöscher

500	**Außenanlagen und Freiflächen**	587,00 m² AF	30.631	**52,18**	1,1

Befestigte Flächen, Vegetationsflächen

600	**Ausstattung und Kunstwerke**	1.513,74 m² BGF	14.152	**9,35**	0,5

Duschtrennwände, Waschtischunterbauten

Kostenkennwerte für die Kostengruppen 400 der 2. Ebene DIN 276

6100-1186
Mehrfamilienhaus
(9 WE)
Effizienzhaus Plus

KG	Kostengruppe	Menge Einheit	Kosten €	€/Einheit	%
400	**Bauwerk – Technische Anlagen**				100,0
410	**Abwasser-, Wasser-, Gasanlagen**	1.513,74 m² BGF	171.006	**112,97**	23,3

KG-Leitungen (203m), Hebeanlage (1St), PE-Rohre (370m), Kontrollschacht (1St) * Hauswasserstation (1St), Pumpe (1St), Wasserzähler (18St), Metallverbundrohre (440m), Edelstahlrohre (156m), PE-Rohre (205m), PE-Xc-Rohre (33m), Hauswasserzähler (4St), Zapfhahnzähler (9St), WCs (18St), Duschen (10St), Badewannen (2St), Waschtische (12St), Handwaschbecken (6St), Duschanlage (1St), Außenarmaturen (3St) * Montageelemente (49St)

420	**Wärmeversorgungsanlagen**	1.513,74 m² BGF	72.063	**47,61**	9,8

Druckausdehnungsgefäß (1St), Schmutzabscheider (1St), Mikroblasenabscheider (1St), Wassernachspeisung (1St), Wasserenthärtung (1St), Druckmessgeräte (7St); Fernwärmeanschluss mit bauseitiger **Übergabestation** * Stahlrohre (483m), Wärmezähler (9St) * Heizkörper (6St), Fußbodenheizung, Noppenplatte (930m²), Raumthermostate (51St), Uhrenthermostate (9St), Stellantriebe (60St), Messstationen für Fußbodenheizungen (8St), Regelverteiler Raumthermostate (9St)

430	**Raumlufttechnische Anlagen**	1.513,74 m² BGF	129.609	**85,62**	17,7

Kompakt-Lüftungsgerät 1.500m³/h (1St), Außenluftklappen (2St), Nachheizregister (1St), Lüftungsboxen (2St), Kanalschalldämpfer (18St), Volumenstromregler (22St), Regeleinheit (1St), Raumregler (9St), Zu- und Abluftventile (50St), Wickelfalzrohre DN100-315 (331m), Alu-Flexrohre DN75 (770m), Luftverteilerkasten (18St), Ventilanschlussteile (83St), Thermo-Außenluftansaugturm DN400 (1St), DN200 (1St), Fortluftturm DN400 (1St)

440	**Elektrische Anlagen**	1.513,74 m² BGF	278.694	**184,11**	38,0

Photovoltaikanlage 30kW$_p$: Glas-Folie-Solarmodule (88St), **Solarstromspeicher** 40kWh (1St), Datenlogger (1St), Solarkabel (psch), Strangwechselrichter (4St), AC-Sammler (psch) * Zählerschrank (1St), Messwandlerschrank (1St), Sicherungslasttrennschalter (1St), Unterverteiler (9St), FI-Sicherungen (126St), Sicherungen (19St), Steckdosen (507St), Schalter, Taster (251St), Stromkreiszuleitungen (76St), Raumthermostate (45St), Bewegungsmelder (11St), Mantelleitungen * LED-Leuchten (30St), LED-Strips (16m) * Soleerder (81m), Schlitzband (83m), Kreuzverbinder (41St), Potenzialausgleich (15St)

450	**Kommunikationstechnische Anlagen**	1.513,74 m² BGF	29.485	**19,48**	4,0

TAE-Steckdose (1St), Fernmeldeleitungen (289m) * Türsprechanlage: Wohnungsstationen (11St), Steuergerät (1St), Installationskabel (327m) * Leitungen, Antennensteckdosen (32St), Breitbandkabel-Verteiler (5St), Koax-Module (21St), Antennenzuleitungen (289m) * Rauchmelder (3St), Brandmeldekabel (137m) * Medienverteiler (9St), RJ45-Module (80St), Datenkabel, Datenanschlussdosen (45St), Monitoring: Monitoringdosen, Busleitungen (25St), Datenanschlussdosen (2St), Miniverteiler (1St),

460	**Förderanlagen**	1.513,74 m² BGF	51.613	**34,10**	7,0

Gurtaufzug, Tragkraft 630kg, acht Personen, Förderhöhe 12,06m, fünf Haltestellen, Edelstahl-Kabine 210x110x260cm (1St)

470	**Nutzungsspez. u. verfahrenstechnische Anlagen**	1.513,74 m² BGF	1.052	**0,69**	0,1

Löscheinrichtung (1St), Feuerlöscher 6kg (1St), 12 kg (1St)

© **BKI** Baukosteninformationszentrum   Kostenstand: 4.Quartal 2021, Bundesdurchschnitt, **inkl. 19% MwSt.**

Mehrfamilienhaus (9 WE) Effizienzhaus Plus

Kostenkennwerte für die Kostengruppe 400 der 2. und 3. Ebene DIN 276 (Übersicht)

KG	Kostengruppe	Menge Einheit	Kosten €	€/Einheit	%
410	**Abwasser-, Wasser-, Gasanlagen**	**1.513,74 m² BGF**	**112,97**	**171.006,16**	**23,3**
411	Abwasseranlagen	1.513,74 m² BGF	31,89	48.278,54	6,6
412	Wasseranlagen	1.513,74 m² BGF	65,46	99.086,04	13,5
419	Sonstiges zur KG 410	1.513,74 m² BGF	15,62	23.641,58	3,2
420	**Wärmeversorgungsanlagen**	**1.513,74 m² BGF**	**47,61**	**72.062,71**	**9,8**
421	Wärmeerzeugungsanlagen	1.513,74 m² BGF	2,77	4.198,27	0,6
422	Wärmeverteilnetze	1.513,74 m² BGF	17,92	27.129,85	3,7
423	Raumheizflächen	1.513,74 m² BGF	26,91	40.734,58	5,6
430	**Raumlufttechnische Anlagen**	**1.513,74 m² BGF**	**85,62**	**129.608,67**	**17,7**
431	Lüftungsanlagen	1.513,74 m² BGF	85,62	129.608,67	17,7
440	**Elektrische Anlagen**	**1.513,74 m² BGF**	**184,11**	**278.694,13**	**38,0**
442	Eigenstromversorgungsanlagen	1.513,74 m² BGF	93,73	141.882,74	19,3
444	Niederspannungsinstallationsanlagen	1.513,74 m² BGF	81,06	122.703,83	16,7
445	Beleuchtungsanlagen	1.513,74 m² BGF	7,02	10.618,90	1,4
446	Blitzschutz- und Erdungsanlagen	1.513,74 m² BGF	2,30	3.488,68	0,5
450	**Kommunikationstechnische Anlagen**	**1.513,74 m² BGF**	**19,48**	**29.485,14**	**4,0**
451	Telekommunikationsanlagen	1.513,74 m² BGF	0,58	884,48	0,1
452	Such- und Signalanlagen	1.513,74 m² BGF	2,31	3.500,24	0,5
455	Audiovisuelle Medien- u. Antennenanl.	1.513,74 m² BGF	3,36	5.080,18	0,7
456	Gefahrenmelde- und Alarmanlagen	1.513,74 m² BGF	1,45	2.198,05	0,3
457	Datenübertragungsnetze	1.513,74 m² BGF	11,77	17.822,19	2,4
460	**Förderanlagen**	**1.513,74 m² BGF**	**34,10**	**51.612,74**	**7,0**
461	Aufzugsanlagen	1.513,74 m² BGF	34,10	51.612,74	7,0
470	**Nutzungsspez. u. verfahrenstechn. Anl.**	**1.513,74 m² BGF**	**0,69**	**1.051,82**	**0,1**
474	Feuerlöschanlagen	1.513,74 m² BGF	0,69	1.051,82	0,1

Kostenkennwerte für Leistungsbereiche nach STLB (Kosten KG 400 nach DIN 276)

6100-1186
Mehrfamilienhaus
(9 WE)
Effizienzhaus Plus

LB	Leistungsbereiche	Kosten €	€/m² BGF	€/m³ BRI	% an 400
040	Wärmeversorgungsanlagen - Betriebseinrichtungen	4.198	2,80	0,91	0,6
041	Wärmeversorgungsanlagen - Leitungen, Armaturen, Heizflächen	61.622	40,70	13,40	8,4
042	Gas- und Wasseranlagen - Leitungen, Armaturen	102.961	68,00	22,30	14,0
043	Druckrohrleitungen für Gas, Wasser und Abwasser	203	0,13	< 0,1	–
044	Abwasseranlagen - Leitungen, Abläufe, Armaturen	36.308	24,00	7,90	4,9
045	Gas-, Wasser- und Entwässerungsanlagen - Ausstattung, Elemente, Fertigbäder	69.077	45,60	15,00	9,4
046	Gas-, Wasser- und Entwässerungsanlagen - Betriebseinrichtungen	3.160	2,10	0,69	0,4
047	Dämm- und Brandschutzarbeiten an technischen Anlagen	28.172	18,60	6,10	3,8
049	Feuerlöschanlagen, Feuerlöschgeräte	1.052	0,69	0,23	0,1
050	Blitzschutz- / Erdungsanlagen, Überspannungsschutz	3.697	2,40	0,80	0,5
051	Kabelleitungstiefbauarbeiten	–	–	–	–
052	Mittelspannungsanlagen	–	–	–	–
053	Niederspannungsanlagen Kabel/Leitungen, Verlegesysteme, Installationsgeräte	80.869	53,40	17,50	11,0
054	Niederspannungsanlagen - Verteilersysteme und Einbaugeräte	120.077	79,30	26,00	16,4
055	Sicherheits- und Ersatzstromversorgungsanlagen	–	–	–	–
057	Gebäudesystemtechnik	–	–	–	–
058	Leuchten und Lampen	10.619	7,00	2,30	1,4
059	Sicherheitsbeleuchtungsanlagen	–	–	–	–
060	Sprech-, Ruf-, Antennenempfangs-, Uhren- und elektroakustische Anlagen	3.500	2,30	0,76	0,5
061	Kommunikations- und Übertragungsnetze	23.787	15,70	5,20	3,2
062	Kommunikationsanlagen	–	–	–	–
063	Gefahrenmeldeanlagen	2.198	1,50	0,48	0,3
064	Zutrittskontroll-, Zeiterfassungssysteme	–	–	–	–
069	Aufzüge	51.613	34,10	11,20	7,0
070	Gebäudeautomation	–	–	–	–
075	Raumlufttechnische Anlagen	129.227	85,40	28,00	17,6
078	Kälteanlagen für raumlufttechnische Anlagen	–	–	–	–
	Gebäudetechnik	**732.341**	**483,80**	**158,90**	**99,8**
	Sonstige Leistungsbereiche	**1.180**	**0,78**	**0,26**	**0,2**

© BKI Baukosteninformationszentrum   Kostenstand: 4.Quartal 2021, Bundesdurchschnitt, inkl. 19% MwSt.

6100-1262
Mehrfamilienhaus
Dachausbau
(2 WE)

Objektübersicht

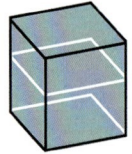 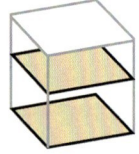 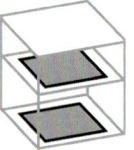 

Umbau

BRI 539 €/m³   BGF 1.403 €/m²   NUF 2.230 €/m²   NE 2.385 €/NE
NE: m² Wohnfläche

Objekt:
Kennwerte: 3. Ebene DIN 276
BRI: 1.173 m³
BGF: 450 m²
NUF: 283 m²
Bauzeit: 52 Wochen
Bauende: 2014
Standard: über Durchschnitt
Bundesland: Bayern
Kreis: Kempten (Allgäu)

Architekt*in:
brack architekten
Brennergasse 9
87435 Kempten

vorher

nachher

Zeichnungen

6100-1262
Mehrfamilienhaus
Dachausbau
(2 WE)

Umbau

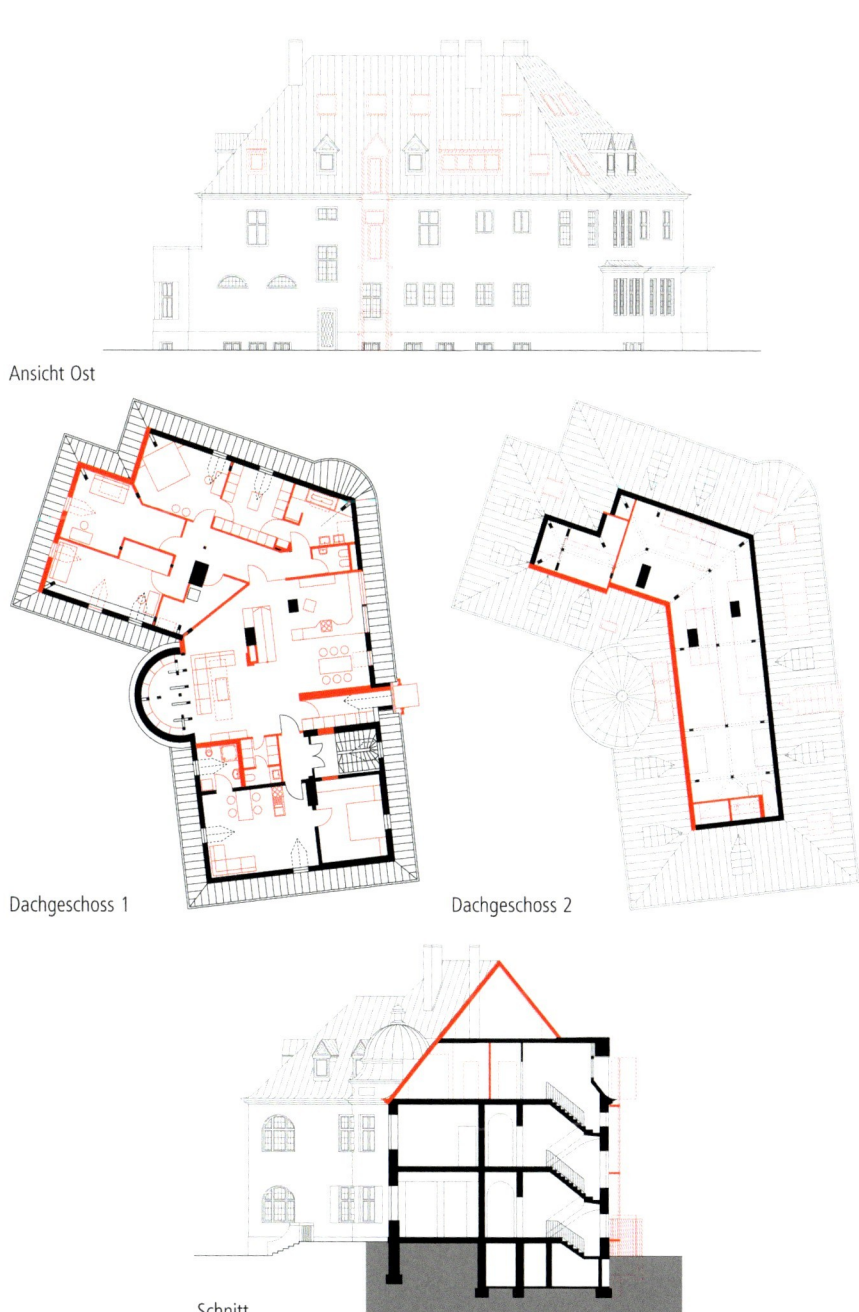

Ansicht Ost

Dachgeschoss 1

Dachgeschoss 2

Schnitt

6100-1262
Mehrfamilienhaus
Dachausbau
(2 WE)

Umbau

Objektbeschreibung

Allgemeine Objektinformationen

Das geschichtsträchtige Familienanwesen der ehemals fürstäbtlichen Druckerei stammt aus dem Jahr 1910. Unter größter Rücksichtnahme auf den Charme der denkmalgeschützten Villa wurde der ehemalige Dachspeicher in eine großzügige zweigeschossige Wohnung mit Einliegerwohnung umgebaut. Eine bis dahin nicht zugängliche neobarocke Kuppel konnte freigelegt und in eine Bibliothek umgenutzt werden.

Nutzung

2 Dachgeschosse
1. DG: zwei Wohnungen
Wohnen/Essen/Küche, Schlafzimmer, Bad/WC, Zimmer

2. DG: eine Wohnung
Wohngalerie, Bad, WC, Abstellraum

Nutzeinheiten

Wohneinheiten: 2
Wohnfläche: 265m²

Grundstück

Bauraum: Freier Bauraum
Neigung: Ebenes Gelände

Markt

Hauptvergabezeit: 1.Quartal 2014
Baubeginn: 4.Quartal 2013
Bauende: 4.Quartal 2014
Konjunkturelle Gesamtlage: über Durchschnitt
Regionaler Baumarkt: Durchschnitt

Baubestand

Baujahr: 1910
Bauzustand: gut
Aufwand: mittel
Grundrissänderungen: umfangreiche
Tragwerkseingriffe: umfangreiche
Nutzungsänderung: ja
Nutzung während der Bauzeit: ja

Baukonstruktion

Der Bestandsbau wurde im Dachgeschoss komplett von späteren Einbauten befreit. Die Tragfähigkeit des Dachstuhls musste an die neue Nutzung und die aktuellen Anforderungen angepasst werden. In enger Abstimmung mit der Denkmalpflege wurden Dachfenster und Gauben zur Belichtung der neuen Wohnräume eingefügt sowie die Grundrisse der zwei Dachebenen in Trockenbauweise behutsam neu gestaltet. Der ursprünglich nicht gedämmte Dachstuhl erhielt eine Zwischensparrendämmung aus Zellulose.

Technische Anlagen

Die bis zum Umbau dezentrale Warmwasserversorgung der einzelnen Geschosse wurde auf eine energiesparende und zentrale Frischwasserbereitung umgestellt. Im Zuge der Erweiterung der Heizungsanlage für die Versorgung des Dachgeschosses erfolgte eine energetische Optimierung durch einen **hydraulischen Abgleich**.

Sonstiges

Äußerlich ist der Umbau des Dachstuhls nur durch einen filigranen **Außenaufzug** an der Rückseite des Gebäudes ablesbar. Die Angaben von Flächen und Rauminhalten in dieser Dokumentation beziehen sich auf die zwei Dachgeschosse. Die darunter liegenden Stockwerke waren nicht Teil der Baumaßnahme.

6100-1262
Mehrfamilienhaus
Dachausbau
(2 WE)

Umbau

Planungskennwerte für Flächen und Rauminhalte nach DIN 277

Flächen des Grundstücks		Menge, Einheit	% an GF
BF	Bebaute Fläche	624,96 m²	16,3
UF	Unbebaute Fläche	3.202,04 m²	83,7
GF	Grundstücksfläche	3.827,00 m²	100,0

Grundflächen des Bauwerks		Menge, Einheit	% an NUF	% an BGF
NUF	Nutzungsfläche	283,37 m²	100,0	62,9
TF	Technikfläche	–	–	–
VF	Verkehrsfläche	47,27 m²	16,7	10,5
NRF	Netto-Raumfläche	330,64 m²	116,7	73,4
KGF	Konstruktions-Grundfläche	119,83 m²	42,3	26,6
BGF	Brutto-Grundfläche	450,47 m²	159,0	100,0

NUF=100% | NRF=116,7% | BGF=159,0%

NUF TF VF KGF

Brutto-Rauminhalt des Bauwerks		Menge, Einheit	BRI/NUF (m)	BRI/BGF (m)
BRI	Brutto-Rauminhalt	1.172,70 m³	4,14	2,60

BRI/NUF=4,14m
BRI/BGF=2,60m

0 1 2 3 4 5

Prozentualer Anteil der Kostengruppen der 2. Ebene an der Kostengruppe 400 nach DIN 276

KG	Kostengruppen (2. Ebene)
410	Abwasser-, Wasser-, Gasanlagen
420	Wärmeversorgungsanlagen
430	Raumlufttechnische Anlagen
440	Elektrische Anlagen
450	Kommunikationstechnische Anlagen
460	Förderanlagen
470	Nutzungsspez. und verfahrenstech. Anlagen
480	Gebäude- und Anlagenautomation
490	Sonstige Maßnahmen für technische Anlagen

Ranking der Kostengruppen der 3. Ebene an der Kostengruppe 400 nach DIN 276

KG	Kostengruppe (3. Ebene)	Kosten an KG 400 %	KG	Kostengruppe (3. Ebene)	Kosten an KG 400 %
461	Aufzugsanlagen	38,2	411	Abwasseranlagen	2,5
444	Niederspannungsinstallationsanlagen	16,0	421	Wärmeerzeugungsanlagen	2,4
412	Wasseranlagen	10,0	457	Datenübertragungsnetze	1,6
456	Gefahrenmelde- und Alarmanlagen	9,5	431	Lüftungsanlagen	0,6
423	Raumheizflächen	7,2	451	Telekommunikationsanlagen	0,4
422	Wärmeverteilnetze	4,7	413	Gasanlagen	0,2
445	Beleuchtungsanlagen	3,2	455	Audiovisuelle Medien- und Antennenanlagen	0,2
452	Such- und Signalanlagen	3,1			

© BKI Baukosteninformationszentrum Kostenstand: 4.Quartal 2021, Bundesdurchschnitt, **inkl. 19% MwSt.**

6100-1262
Mehrfamilienhaus
Dachausbau
(2 WE)

Umbau

Kostenkennwerte für die Kostengruppen der 1. Ebene DIN 276

KG	Kostengruppen (1. Ebene)	Einheit	Kosten €	€/Einheit	€/m² BGF	€/m³ BRI	% 300+400
100		m² GF	–	–	–	–	–
200	Vorbereitende Maßnahmen	m² GF	2.021	0,53	4,49	1,72	0,3
300	Bauwerk – Baukonstruktionen	m² BGF	426.884	947,64	947,64	364,02	67,5
400	Bauwerk – Technische Anlagen	m² BGF	205.161	455,44	455,44	174,95	32,5
	Bauwerk 300+400	**m² BGF**	**632.045**	**1.403,08**	**1.403,08**	**538,97**	**100,0**
500	Außenanlagen und Freiflächen	m² AF	17.636	5,51	39,15	15,04	2,8
600	Ausstattung und Kunstwerke	m² BGF	2.339	5,19	5,19	1,99	0,4
700	Baunebenkosten	m² BGF	–	–	–	–	–
800	Finanzierung	m² BGF	–	–	–	–	–

KG	Kostengruppe	Menge Einheit	Kosten €	€/Einheit	%
200	Vorbereitende Maßnahmen	3.827,00 m² GF	2.021	**0,53**	0,3

- Abbrechen (Kosten: 100,0%)   2.021
  Abbruch von Bäumen, Wurzelstöcken (psch); Entsorgung, Deponiegebühren

3+4	**Bauwerk**				**100,0**
300	Bauwerk – Baukonstruktionen	450,47 m² BGF	426.884	**947,64**	67,5

- Abbrechen (Kosten: 6,7%)   28.599
  Abbruch von Kniestock, Holzfenstern; Trockenbauwänden, Ziegelmauerwerk, Holzverkleidung; Holzbalkendecke, Mineralwolldämmung, Zementestrich; Satteldachgaube, Schleppdachgaube; Entsorgung, Deponiegebühren

- Wiederherstellen (Kosten: 6,9%)   29.374
  Umbau von Fensterbänken, Reparaturverglasung; Sichtbalken schleifen, vorhandene Türblätter umbauen, beschichten, Verglasung tauschen, Putzausbesserungen Bestandswände, Tapete erneuern; Deckenbalken ertüchtigen mit Stahlträgern, Umbau Treppengeländer; Dachkonstruktion ertüchtigen, Instandsetzung Bestandsgauben

- Herstellen (Kosten: 86,4%)   368.910
  Holzfenster, Stahltüren, Kalkzementputz, Fliesen; Fachwerkwand, GK-Metallständerwände, Mineralwolldämmung, GK-Vorsatzschalen, Holztüren; Holzbalkendecke, Trockenestrich, Parkett, GK-Decke, Galeriegeländer, Ganzglas; Zellulose-Einblasdämmung, Satteldachgaube, Schleppdachgaube, Dachflächenfenster, Verblechungen Kupfer, Dispersionsbeschichtungen, Außenmarkisen

400	Bauwerk – Technische Anlagen	450,47 m² BGF	205.161	**455,44**	32,5

- Abbrechen (Kosten: 1,8%)   3.653
  Abbruch von Heizöltank, Kupferleitungen; Entsorgung, Deponiegebühren, **Lastenaufzug** ausbauen, lagern

- Wiederherstellen (Kosten: 0,1%)   235
  Lastenaufzug beschichten

- Herstellen (Kosten: 98,1%)   201.274
  Kalt- und Warmwasserleitungen, Sanitärobjekte; Heizungsrohre, Heizkörper, Fußbodenheizung; Elektroinstallation, Beleuchtung; Türsprechanlage, **Brandmeldeanlage**; **Personenaufzug**

KG	Kostengruppe	Menge Einheit	Kosten €	€/Einheit	%
500	**Außenanlagen und Freiflächen**	3.202,04 m² AF	17.636	**5,51**	2,8
	• Herstellen (Kosten: 100,0%)		17.636		
	Fundamente Carport, Betonpflaster, Grenzzaun				
600	**Ausstattung und Kunstwerke**	450,47 m² BGF	2.339	**5,19**	0,4
	• Herstellen (Kosten: 100,0%)		2.339		
	Sanitärausstattung				

6100-1262
Mehrfamilienhaus
Dachausbau
(2 WE)

Umbau

6100-1262
Mehrfamilienhaus
Dachausbau
(2 WE)

Umbau

Kostenkennwerte für die Kostengruppen 400 der 2. Ebene DIN 276

KG	Kostengruppe	Menge Einheit	Kosten €	€/Einheit	%
400	**Bauwerk – Technische Anlagen**				**100,0**
410	**Abwasser-, Wasser-, Gasanlagen**	450,47 m² BGF	26.249	**58,27**	12,8
	• Herstellen (Kosten: 100,0%)	450,47 m² BGF	26.249	**58,27**	
	Gussrohre DN70-100 (45m), PP-Rohre DN50-100 (13m), KG-Rohre DN100 (10m), Hebeanlage (1St) * Kalt-und Warmwasserleitungen DN18-22 (20m), Waschbecken (1St), Waschtische (5St), Wand-Tiefspül-WCs (5St), Bidet (1St), Badewanne (1St), Duschwanne (1St) * Kupferrohre DN15-22 (12m), Gas-Strömungswächter (1St)				
420	**Wärmeversorgungsanlagen**	450,47 m² BGF	29.431	**65,33**	14,3
	• Abbrechen (Kosten: 11,3%)	450,47 m² BGF	3.314	**7,36**	
	Abbruch von Heizöltank (psch), Kupferrohren (40m); Entsorgung, Deponiegebühren				
	• Herstellen (Kosten: 88,7%)	450,47 m² BGF	26.117	**57,98**	
	Pufferspeicher 850l (1St), Membrandruckausdehnungsgefäß (1St) * Stahlrohre DN28-35 (53m), Hocheffizienzpumpe (1St), Brandschutzschalen (6St) * Heizungsrohre DN14, FBH (65m), Heizkörper (19St)				
430	**Raumlufttechnische Anlagen**	450,47 m² BGF	1.219	**2,71**	0,6
	• Herstellen (Kosten: 100,0%)	450,47 m² BGF	1.219	**2,71**	
	Einraumlüfter (1St), Wickelfalzrohr DN100 (3m), Aluflexrohr DN80 (5m)				
440	**Elektrische Anlagen**	450,47 m² BGF	39.466	**87,61**	19,2
	• Herstellen (Kosten: 100,0%)	450,47 m² BGF	39.466	**87,61**	
	Unterverteiler (2St), FI-Schalter (psch), LS-Schalter (psch), Mantelleitungen (psch), Schalter, Taster (42St), Steckdosen (104St), **Dimmer** (18St) * Wand- und Deckenleuchten (psch)				
450	**Kommunikationstechnische Anlagen**	450,47 m² BGF	30.344	**67,36**	14,8
	• Herstellen (Kosten: 100,0%)	450,47 m² BGF	30.344	**67,36**	
	Telefonleitungen (psch) * Sprechanlage, fünf Gegensprechstellen (1St) * Koaxialkabel (psch) * **Brandmeldezentrale** (1St), Rauchmelder (27St), Sockelsirenen (24St), optische Raucmelder (9St), Handfeuermelder (2St) * Datenkabel, Verteiler, Anschlussdosen (psch)				
460	**Förderanlagen**	450,47 m² BGF	78.452	**174,16**	38,2
	• Abbrechen (Kosten: 0,4%)	450,47 m² BGF	339	**0,75**	
	Ausbau von **Lastenaufzug**, seitlich lagern				
	• Wiederherstellen (Kosten: 0,3%)	450,47 m² BGF	235	**0,52**	
	Lastenaufzug beschichten (psch)				
	• Herstellen (Kosten: 99,3%)	450,47 m² BGF	77.878	**172,88**	
	Personenaufzug, Tragkraft 300kg, Förderhöhe 8,40m, drei Haltestellen (1St)				

Kostenkennwerte für die Kostengruppe 400 der 2. und 3. Ebene DIN 276 (Übersicht)

KG	Kostengruppe	Menge Einheit	Kosten €	€/Einheit	%
410	**Abwasser-, Wasser-, Gasanlagen**	450,47 m² BGF	58,27	26.249,15	12,8
411	Abwasseranlagen	450,47 m² BGF	11,46	5.162,87	2,5
412	Wasseranlagen	450,47 m² BGF	45,71	20.590,79	10,0
413	Gasanlagen	450,47 m² BGF	1,10	495,49	0,2
420	**Wärmeversorgungsanlagen**	450,47 m² BGF	65,33	29.431,25	14,3
421	Wärmeerzeugungsanlagen	450,47 m² BGF	11,09	4.995,56	2,4
422	Wärmeverteilnetze	450,47 m² BGF	21,37	9.627,35	4,7
423	Raumheizflächen	450,47 m² BGF	32,87	14.808,35	7,2
430	**Raumlufttechnische Anlagen**	450,47 m² BGF	2,71	1.218,93	0,6
431	Lüftungsanlagen	450,47 m² BGF	2,71	1.218,93	0,6
440	**Elektrische Anlagen**	450,47 m² BGF	87,61	39.465,79	19,2
444	Niederspannungsinstallationsanlagen	450,47 m² BGF	73,07	32.917,26	16,0
445	Beleuchtungsanlagen	450,47 m² BGF	14,54	6.548,53	3,2
450	**Kommunikationstechnische Anlagen**	450,47 m² BGF	67,36	30.344,22	14,8
451	Telekommunikationsanlagen	450,47 m² BGF	1,73	781,05	0,4
452	Such- und Signalanlagen	450,47 m² BGF	14,22	6.407,28	3,1
455	Audiovisuelle Medien- u. Antennenanl.	450,47 m² BGF	0,92	413,75	0,2
456	Gefahrenmelde- und Alarmanlagen	450,47 m² BGF	43,38	19.539,89	9,5
457	Datenübertragungsnetze	450,47 m² BGF	7,11	3.202,25	1,6
460	**Förderanlagen**	450,47 m² BGF	174,16	78.451,99	38,2
461	Aufzugsanlagen	450,47 m² BGF	174,16	78.451,99	38,2

6100-1262
Mehrfamilienhaus
Dachausbau
(2 WE)

Umbau

Kostenstand: 4.Quartal 2021, Bundesdurchschnitt, **inkl. 19% MwSt.**

6100-1262
Mehrfamilienhaus
Dachausbau
(2 WE)

Umbau

Kostenkennwerte für Leistungsbereiche nach STLB (Kosten KG 400 nach DIN 276)

LB	Leistungsbereiche	Kosten €	€/m² BGF	€/m³ BRI	% an 400
040	Wärmeversorgungsanlagen - Betriebseinrichtungen	–	–	–	–
041	Wärmeversorgungsanlagen - Leitungen, Armaturen, Heizflächen	26.117	58,00	22,30	12,7
042	Gas- und Wasseranlagen - Leitungen, Armaturen	8.314	18,50	7,10	4,1
043	Druckrohrleitungen für Gas, Wasser und Abwasser	–	–	–	–
044	Abwasseranlagen - Leitungen, Abläufe, Armaturen	4.444	9,90	3,80	2,2
045	Gas-, Wasser- und Entwässerungsanlagen - Ausstattung, Elemente, Fertigbäder	12.524	27,80	10,70	6,1
046	Gas-, Wasser- und Entwässerungsanlagen - Betriebseinrichtungen	967	2,10	0,82	0,5
047	Dämm- und Brandschutzarbeiten an technischen Anlagen	–	–	–	–
049	Feuerlöschanlagen, Feuerlöschgeräte	–	–	–	–
050	Blitzschutz- / Erdungsanlagen, Überspannungsschutz	–	–	–	–
051	Kabelleitungstiefbauarbeiten	–	–	–	–
052	Mittelspannungsanlagen	–	–	–	–
053	Niederspannungsanlagen - Kabel/Leitungen, Verlegesysteme, Installationsgeräte	27.747	61,60	23,70	13,5
054	Niederspannungsanlagen - Verteilersysteme und Einbaugeräte	5.951	13,20	5,10	2,9
055	Sicherheits- und Ersatzstromversorgungsanlagen	–	–	–	–
057	Gebäudesystemtechnik	–	–	–	–
058	Leuchten und Lampen	6.549	14,50	5,60	3,2
059	Sicherheitsbeleuchtungsanlagen	–	–	–	–
060	Sprech-, Ruf-, Antennenempfangs-, Uhren- und elektroakustische Anlagen	6.407	14,20	5,50	3,1
061	Kommunikations- und Übertragungsnetze	3.616	8,00	3,10	1,8
062	Kommunikationsanlagen	–	–	–	–
063	Gefahrenmeldeanlagen	19.540	43,40	16,70	9,5
064	Zutrittskontroll-, Zeiterfassungssysteme	–	–	–	–
069	Aufzüge	77.878	172,90	66,40	38,0
070	Gebäudeautomation	–	–	–	–
075	Raumlufttechnische Anlagen	1.219	2,70	1,00	0,6
078	Kälteanlagen für raumlufttechnische Anlagen	–	–	–	–
	Gebäudetechnik	**201.274**	**446,80**	**171,60**	**98,1**
	Sonstige Leistungsbereiche	**3.888**	**8,60**	**3,30**	**1,9**
	Abbrechen	3.653	8,10	3,10	1,8
	Wiederherstellen	235	0,52	0,20	0,1

Objekte

6100-1289
Einfamilienhaus
Garage
Effizienzhaus ~31%

Objektübersicht

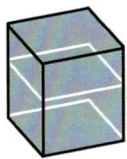 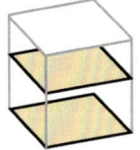 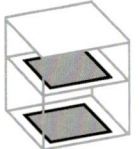 

BRI 593 €/m³   **BGF** 1.986 €/m²   **NUF** 3.007 €/m²   **NE** 4.022 €/NE
NE: m² Wohnfläche

Objekt:
Kennwerte: 3. Ebene DIN 276
BRI: 961 m³
BGF: 287 m²
NUF: 189 m²
Bauzeit: 34 Wochen
Bauende: 2015
Standard: Durchschnitt
Bundesland: Nordrhein-Westfalen
Kreis: Viersen

Architekt*in:
bau grün !
energieeffiziente Gebäude
Architekt Daniel Finocchiaro
Burggrafenstraße 98
41061 Mönchengladbach

Bauherr*in:
Melanie und Dirk Brocker

Zeichnungen

6100-1289
Einfamilienhaus
Garage
Effizienzhaus ~31%

6100-1289
Einfamilienhaus
Garage
Effizienzhaus ~31%

Objektbeschreibung

Allgemeine Objektinformationen

Das Einfamilienhaus besteht aus überwiegend baubiologisch korrekten Baustoffen und ist mit zukunftsorientierter Technik ausgestattet. Es bietet der Bauherrenfamilie 190m² Nutzfläche.

Nutzung

1 Untergeschoss
Hauswirtschaftsraum/Technik, Kellerräume (3St)

1 Erdgeschoss
Wohnen/Essen/Küche, Diele, WC/Dusche

1 Dachgeschoss
Schlafzimmer, Kinderzimmer (3St), Bad

Nutzeinheiten

Wohnfläche: 142m²

Grundstück

Bauraum: Beengter Bauraum
Neigung: Ebenes Gelände
Bodenklasse: BK 1 bis BK 4

Markt

Hauptvergabezeit: 2.Quartal 2015
Baubeginn: 2.Quartal 2015
Bauende: 4.Quartal 2015
Konjunkturelle Gesamtlage: Durchschnitt
Regionaler Baumarkt: unter Durchschnitt

Baukonstruktion

Der Keller des Neubaus ist in Massivbauweise erstellt. Die oberen Geschosse wurden in Holzrahmenbauweise mit Holzfaser- und Zellulosedämmung errichtet. Die Giebelwände sind mit einer von Putzflächen eingefassten Nut- und Federschalung aus Douglasienholz bekleidet. Die Holzfenster mit Dreifachverglasung und eingebautem Sonnenschutz sowie die Hauseingangstür aus Holz sind **passivhaustauglich** ausgeführt.

Technische Anlagen

Eine **Sole-Wasser-Wärmepumpe** mit Erdsonde versorgt den Neubau mit Wärme. Der Luftaustausch erfolgt über eine zentrale **Lüftungsanlage** mit **Wärmerückgewinnung**. Durch die **Photovoltaikanlage** wird der Standard eines Plusenergiehauses erreicht.
Be- und Entlüftete Fläche: 240,64m²

Energetische Kennwerte

EnEV Fassung: 2013
Gebäudevolumen: 941,00m³
Gebäudenutzfläche (EnEV): 301,10m²
Hüllfläche des beheizten Volumens: 570,40m²
A/Ve-Verhältnis (Kompaktheit): 0,61m^{-1}
Spez. Jahresprimärenergiebedarf: 21,17kWh/(m²·a)
Spez. Transmissionswärmeverlust: 0,23W/(m²·K)
Anlagen-Aufwandszahl: 0,83

6100-1289
Einfamilienhaus
Garage
Effizienzhaus ~31%

Planungskennwerte für Flächen und Rauminhalte nach DIN 277

Flächen des Grundstücks		Menge, Einheit	% an GF
BF	Bebaute Fläche	106,91 m²	25,9
UF	Unbebaute Fläche	306,09 m²	74,1
GF	Grundstücksfläche	413,00 m²	100,0

Grundflächen des Bauwerks		Menge, Einheit	% an NUF	% an BGF
NUF	Nutzungsfläche	189,43 m²	100,0	66,0
TF	Technikfläche	12,99 m²	6,9	4,5
VF	Verkehrsfläche	38,22 m²	20,2	13,3
NRF	Netto-Raumfläche	240,64 m²	127,0	83,9
KGF	Konstruktions-Grundfläche	46,21 m²	24,4	16,1
BGF	Brutto-Grundfläche	286,85 m²	151,4	100,0

NUF=100% | BGF=151,4%
NRF=127,0%

NUF | TF | VF | KGF

Brutto-Rauminhalt des Bauwerks		Menge, Einheit	BRI/NUF (m)	BRI/BGF (m)
BRI	Brutto-Rauminhalt	960,94 m³	5,07	3,35

BRI/NUF=5,07m
BRI/BGF=3,35m

0 1 2 3 4 5 6

Prozentualer Anteil der Kostengruppen der 2. Ebene an der Kostengruppe 400 nach DIN 276

KG	Kostengruppen (2. Ebene)	20%	40%	60%
410	Abwasser-, Wasser-, Gasanlagen			
420	Wärmeversorgungsanlagen			
430	Raumlufttechnische Anlagen			
440	Elektrische Anlagen			
450	Kommunikationstechnische Anlagen			
460	Förderanlagen			
470	Nutzungsspez. und verfahrenstech. Anlagen			
480	Gebäude- und Anlagenautomation			
490	Sonstige Maßnahmen für technische Anlagen			

Ranking der Kostengruppen der 3. Ebene an der Kostengruppe 400 nach DIN 276

KG	Kostengruppe (3. Ebene)	Kosten an KG 400 %	KG	Kostengruppe (3. Ebene)	Kosten an KG 400 %
444	Niederspannungsinstallationsanlagen	17,9	454	Elektroakustische Anlagen	0,3
442	Eigenstromversorgungsanlagen	11,9	452	Such- und Signalanlagen	0,2
481	Automationseinrichtungen	8,7	485	Datenübertragungsnetze	0,2
457	Datenübertragungsnetze	1,8	445	Beleuchtungsanlagen	0,2
455	Audiovisuelle Medien- und Antennenanlagen	1,5	446	Blitzschutz- und Erdungsanlagen	0,2
456	Gefahrenmelde- und Alarmanlagen	0,4			

© BKI Baukosteninformationszentrum   Kostenstand: 4.Quartal 2021, Bundesdurchschnitt, inkl. 19% MwSt.

6100-1289
Einfamilienhaus
Garage
Effizienzhaus ~31%

Kostenkennwerte für die Kostengruppen der 1. Ebene DIN 276

KG	Kostengruppen (1. Ebene)	Einheit	Kosten €	€/Einheit	€/m² BGF	€/m³ BRI	% 300+400
100		m² GF	–	–	–	–	–
200	Vorbereitende Maßnahmen	m² GF	13.748	33,29	47,93	14,31	2,4
300	Bauwerk – Baukonstruktionen	m² BGF	435.061	1.516,68	1.516,68	452,74	76,4
400	Bauwerk – Technische Anlagen	m² BGF	134.620	469,30	469,30	140,09	23,6
	Bauwerk 300+400	**m² BGF**	**569.681**	**1.985,99**	**1.985,99**	**592,84**	**100,0**
500	Außenanlagen und Freiflächen	m² AF	40.660	276,03	141,74	42,31	7,1
600	Ausstattung und Kunstwerke	m² BGF	2.490	8,68	8,68	2,59	0,4
700	Baunebenkosten	m² BGF	–	–	–	–	–
800	Finanzierung	m² BGF	–	–	–	–	–

KG	Kostengruppe	Menge Einheit	Kosten €	€/Einheit	%
200	**Vorbereitende Maßnahmen**	413,00 m² GF	13.748	**33,29**	2,4

Abbruch von Mauerwerkswand; Abwasseranschluss an Kanal, Hausanschlüsse Trinkwasser, Strom, Telekommunikation

3+4	**Bauwerk**				**100,0**
300	**Bauwerk – Baukonstruktionen**	286,85 m² BGF	435.061	**1.516,68**	76,4

Stb-Fundamentplatte, Heizestrich, Bodenfliesen, Parkett, Perimeterdämmung; Stb-Wände, Holzrahmenwände, Dämmung, Holzfenster mit Aufsatzraffstores, Kellerfenster, Haustür, Abdichtung, Putz, Holzschalung; Holzrahmenwände, KS-Mauerwerk, Holztüren, GK-Bekleidung, Beschichtung, Wandfliesen; Stb-Decke, Holzbalkendecke, Holztreppen; Holzdachkonstruktion, Dämmung, Dachflächenfenster, Titanzinkdeckung, Dachentwässerung; Küchenarbeitsplatten

| 400 | **Bauwerk – Technische Anlagen** | 286,85 m² BGF | 134.620 | **469,30** | 23,6 |

Gebäudeentwässerung, Kalt- und Warmwasserleitungen, Sanitärobjekte; **Teilklimaanlage** mit **Wärmerückgewinnung**, Warmwasserspeicher, elektrische Zusatzheizung, integrierte **Erdwärmepumpe**, Pufferspeicher, Fußbodenheizung; **Solaranlage**, Elektroinstallation, Erdung; Klingel, Lautsprecher, Sat-Anlage, Rauchmelder, Datenverkabelung; Energiesparsystem

| 500 | **Außenanlagen und Freiflächen** | 147,30 m² AF | 40.660 | **276,03** | 7,1 |

Stb-Fundamente; Betonpflaster; Winkelstützmauern, Betonblockstufen, Stb-Fertiggarage; Entwässerungsrinne, **Erdwärmesonde**, Elektroinstallation Garage; Rollrasen

| 600 | **Ausstattung und Kunstwerke** | 286,85 m² BGF | 2.490 | **8,68** | 0,4 |

Duschabtrennungen (2St)

Kostenkennwerte für die Kostengruppen 400 der 2. Ebene DIN 276

KG	Kostengruppe	Menge Einheit	Kosten €	€/Einheit	%
400	**Bauwerk – Technische Anlagen**				100,0
410	**Abwasser-, Wasser-, Gasanlagen**	286,85 m² BGF	42.881	**149,49**	31,9

Abwasserrohre (psch) * Kalt- und Warmwasserleitungen (psch) * Duschwannen (2St), Waschtische (2St), Wand-WCs (2St), Badewanne (1St)

430	**Raumlufttechnische Anlagen**	286,85 m² BGF	33.503	**116,80**	24,9

Zu- und Abluftanlage mit **Wärmerückgewinnung**, Nachtauskühlung, Zuluftkühlung, Luftentfeuchtung, Warmwasserspeicher 180l, elektrische Zusatzheizung für Spitzenlasten, Vorheizregister, PE-HD-Rohre, Schalldämpfer, Zu-/Abluftventile, integrierte **Erdwärmepumpe**, Kompressor, Pufferspeicher 800l, Heizkreisverteiler, Heizungsrohre, Fußbodenheizung: PS-Dämmung, d=40mm, Noppenplatte, d=30mm, VPE-Rohre (psch)

440	**Elektrische Anlagen**	286,85 m² BGF	40.540	**141,33**	30,1

Solarmodule 225wp (32St), Wechselrichter (1St), Energiemanager (1St), Solarkabel (100m) * Verteiler (1St), Stromwandler (1St), Mantelleitungen (600m), Installationskabel (400m), Steuerleitungen (390m), Steckdosen (100St), Schalter (42St), Bewegungsmelder (1St), CEE-Steckdose (1St) * Wannenleuchten (2St) * Potenzialausgleichsschiene (1St), Erdungen (7St)

450	**Kommunikationstechnische Anlagen**	286,85 m² BGF	5.699	**19,87**	4,2

Gong, Klingeltrafo (1St), Klingelleitungen (30m) * Einbaulautsprecher (6St) * Sat-Anlage (1St), Koaxialkabel (190m) * Rauchmelder (9St) * Datenkabel (190m), Datendosen Cat6 (9St), Modularbuchsen Cat6 (18St)

480	**Gebäude- und Anlagenautomation**	286,85 m² BGF	11.998	**41,83**	8,9

Energiesparsystem (1St) * **EIB-Leitungen** (20m), Patchkabel Cat5 (5St)

6100-1289
Einfamilienhaus
Garage
Effizienzhaus ~31%

Kostenkennwerte für die Kostengruppe 400 der 2. und 3. Ebene DIN 276 (Übersicht)

KG	Kostengruppe	Menge Einheit	Kosten €	€/Einheit	%
410	**Abwasser-, Wasser-, Gasanlagen**	**286,85 m² BGF**	**149,49**	**42.880,55**	**31,9**
430	**Raumlufttechnische Anlagen**	**286,85 m² BGF**	**116,80**	**33.503,26**	**24,9**
440	**Elektrische Anlagen**	**286,85 m² BGF**	**141,33**	**40.540,08**	**30,1**
442	Eigenstromversorgungsanlagen	286,85 m² BGF	55,62	15.953,93	11,9
444	Niederspannungsinstallationsanlagen	286,85 m² BGF	84,12	24.129,15	17,9
445	Beleuchtungsanlagen	286,85 m² BGF	0,87	248,88	0,2
446	Blitzschutz- und Erdungsanlagen	286,85 m² BGF	0,73	208,11	0,2
450	**Kommunikationstechnische Anlagen**	**286,85 m² BGF**	**19,87**	**5.698,54**	**4,2**
452	Such- und Signalanlagen	286,85 m² BGF	0,93	265,57	0,2
454	Elektroakustische Anlagen	286,85 m² BGF	1,36	390,02	0,3
455	Audiovisuelle Medien- u. Antennenanl.	286,85 m² BGF	7,22	2.071,49	1,5
456	Gefahrenmelde- und Alarmanlagen	286,85 m² BGF	2,05	589,10	0,4
457	Datenübertragungsnetze	286,85 m² BGF	8,31	2.382,36	1,8
480	**Gebäude- und Anlagenautomation**	**286,85 m² BGF**	**41,83**	**11.997,54**	**8,9**
481	Automationseinrichtungen	286,85 m² BGF	40,92	11.737,71	8,7
485	Datenübertragungsnetze	286,85 m² BGF	0,91	259,84	0,2

Kostenkennwerte für Leistungsbereiche nach STLB (Kosten KG 400 nach DIN 276)

6100-1289
Einfamilienhaus
Garage
Effizienzhaus ~31%

LB	Leistungsbereiche	Kosten €	€/m² BGF	€/m³ BRI	% an 400
040	Wärmeversorgungsanlagen - Betriebseinrichtungen	33.503	116,80	34,90	24,9
041	Wärmeversorgungsanlagen - Leitungen, Armaturen, Heizflächen	–	–	–	–
042	Gas- und Wasseranlagen - Leitungen, Armaturen	15.954	55,60	16,60	11,9
043	Druckrohrleitungen für Gas, Wasser und Abwasser	–	–	–	–
044	Abwasseranlagen - Leitungen, Abläufe, Armaturen	2.610	9,10	2,70	1,9
045	Gas-, Wasser- und Entwässerungsanlagen - Ausstattung, Elemente, Fertigbäder	15.954	55,60	16,60	11,9
046	Gas-, Wasser- und Entwässerungsanlagen - Betriebseinrichtungen	–	–	–	–
047	Dämm- und Brandschutzarbeiten an technischen Anlagen	–	–	–	–
049	Feuerlöschanlagen, Feuerlöschgeräte	–	–	–	–
050	Blitzschutz- / Erdungsanlagen, Überspannungsschutz	208	0,73	0,22	0,2
051	Kabelleitungstiefbauarbeiten	–	–	–	–
052	Mittelspannungsanlagen	–	–	–	–
053	Niederspannungsanlagen - Kabel/Leitungen, Verlegesysteme, Installationsgeräte	24.129	84,10	25,10	17,9
054	Niederspannungsanlagen - Verteilersysteme und Einbaugeräte	15.954	55,60	16,60	11,9
055	Sicherheits- und Ersatzstromversorgungsanlagen	–	–	–	–
057	Gebäudesystemtechnik	–	–	–	–
058	Leuchten und Lampen	249	0,87	0,26	0,2
059	Sicherheitsbeleuchtungsanlagen	–	–	–	–
060	Sprech-, Ruf-, Antennenempfangs-, Uhren- und elektroakustische Anlagen	656	2,30	0,68	0,5
061	Kommunikations- und Übertragungsnetze	4.454	15,50	4,60	3,3
062	Kommunikationsanlagen	–	–	–	–
063	Gefahrenmeldeanlagen	589	2,10	0,61	0,4
064	Zutrittskontroll-, Zeiterfassungssysteme	–	–	–	–
069	Aufzüge	–	–	–	–
070	Gebäudeautomation	11.998	41,80	12,50	8,9
075	Raumlufttechnische Anlagen	–	–	–	–
078	Kälteanlagen für raumlufttechnische Anlagen	–	–	–	–
	Gebäudetechnik	**126.258**	**440,20**	**131,40**	**93,8**
	Sonstige Leistungsbereiche	**8.362**	**29,20**	**8,70**	**6,2**

© BKI Baukosteninformationszentrum Kostenstand: 4.Quartal 2021, Bundesdurchschnitt, inkl. 19% MwSt.

6100-1294
Mehrfamilienhaus (3 WE)
Effizienzhaus 40

Objektübersicht

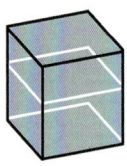 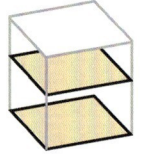 

BRI 410 €/m³   **BGF** 1.154 €/m²   **NUF** 1.472 €/m²

Objekt:
Kennwerte: 3. Ebene DIN 276
BRI: 2.007 m³
BGF: 714 m²
NUF: 559 m²
Bauzeit: 95 Wochen
Bauende: 2015
Standard: über Durchschnitt
Bundesland: Schleswig-Holstein
Kreis: Rendsburg-Eckernförde

Architekt*in:
Architekturbüro Rühmann
Pemelner Dorfstraße 9a
25557 Steenfeld

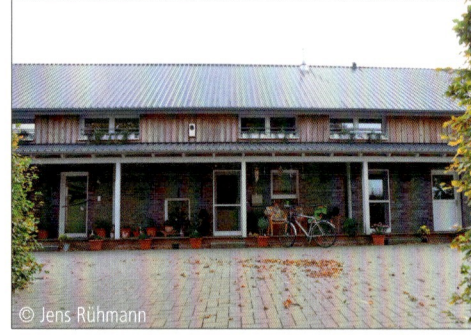 

Zeichnungen

6100-1294
Mehrfamilienhaus
(3 WE)
Effizienzhaus 40

Ansicht Nord

Erdgeschoss

Obergeschoss

Schnitt A-A

Schnitt B-B

Ansicht Ost

© **BKI** Baukosteninformationszentrum Kostenstand: 4.Quartal 2021, Bundesdurchschnitt, **inkl. 19% MwSt.**

6100-1294 Mehrfamilienhaus (3 WE) Effizienzhaus 40

Objektbeschreibung

Allgemeine Objektinformationen

In dem dreigeschossigen Wohngebäude sind drei Wohneinheiten sowie eine ebenfalls zweigeschossige Garage und ein Lageranbau untergebracht. Das Gebäude entstand als Ersatzbau für ein abgebranntes 100 Jahre altes Wohn- und Wirtschaftsgebäude. Es gliedert sich in drei Abschnitte: Die Maisonettewohnung befindet sich zwischen zwei Etagenwohnungen und einer Garage im Erdgeschoss, die als Werkstatt mit Hebebühne und Autoabstellfläche genutzt wird. Im Obergeschoss der Garage und im Dachboden befinden sich Lagerflächen.

Nutzung

1 Erdgeschoss
Wohnen, Schlafen, Kochen/Essen, Bäder, Treppen, Garage/Werkstatt, Garage/Carport, Wintergarten, Gewächshaus, Terrasse

1 Obergeschoss
Schlafen, Kinderzimmer, Gästezimmer, Abstellräume, Flure, Bäder, Treppen, Lagerboden

1 Dachgeschoss
Lagerboden

Grundstück

Bauraum: Freier Bauraum
Neigung: Ebenes Gelände
Bodenklasse: BK 3 bis BK 5

Markt

Hauptvergabezeit: 4.Quartal 2013
Baubeginn: 4.Quartal 2013
Bauende: 3.Quartal 2015
Konjunkturelle Gesamtlage: Durchschnitt
Regionaler Baumarkt: unter Durchschnitt

Baukonstruktion

Das neue Gebäude gründet auf Stahlbetonfundamenten. Im Erdgeschoss wurden die Außenwände in Holzrahmenbauweise sowie als dreischaliges Mauerwerk mit Kerndämmung errichtet und mit Ziegelmauerwerk verblendet. Die Holzrahmenwände des Obergeschosses sind mit Lärchenholz bekleidet. Zwischen den Etagenwohnungen wurde eine Stahlbetondecke eingebaut, sonst wurden Holzbalkendecken ausgeführt. Die hochgedämmte Holzdachkonstruktion erhielt eine Deckung aus Stahltrapezblech, die an der Westseite als Fassadenbekleidung fortgeführt wird. Der Heizestrich in den Wohnungen und der schwimmende Estrich der Garage sind mit großformatigen Fliesen belegt. Auf der Südseite des Hauptgebäudes sind ein Gewächshaus und ein Wintergarten aus Stahl in Pfosten-Riegel-Konstruktion mit innen liegender Verschattung angebaut.

Technische Anlagen

Die Wärmeerzeugung und die Warmwasserbereitung **erfolgen** über einen **Pelletkessel** und einen Hygiene-Kombi-Pufferspeicher mit 1.000 Liter Fassungsvermögen. Die Wärmeverteilung in den Wohnräumen erfolgt über eine Fußbodenheizung. Die Garage wird durch einen Deckenlufterhitzer beheizt. Eine zentrale **Be- und Entlüftungsanlage** mit **Wärmerückgewinnung** sorgt für ein angenehmes Raumklima. Auf der nach Süden ausgerichteten Dachfläche ist eine **Photovoltaikanlage** montiert.

Sonstiges

Als eigenständige Konstruktion ist ein Garagengebäude mit Carport (Objektdokumentation 6100-1396) in Holzbauweise an das Hauptgebäude angebaut. Die Kosten dafür sind in dieser Dokumentation nicht enthalten.

Energetische Kennwerte

EnEV Fassung: 2009
Gebäudevolumen: 955,30 m^3
Gebäudenutzfläche (EnEV): 305,70 m^2
Hüllfläche des beheizten Volumens: 615,80 m^2
A/Ve-Verhältnis (Kompaktheit): 0,64 m^{-1}
Jahresprimärenergie: 1.616,80 kWh/a
Spez. Jahresprimärenergiebedarf (EnEV): 5,40 kWh/(m^2·a)
Spez. Transmissionswärmeverlust: 0,17 W/(m^2·K)
Anlagen-Aufwandszahl: 0,66
Messergebnis Blower-Door-Test: 0,60 h^{-1}

Planungskennwerte für Flächen und Rauminhalte nach DIN 277

6100-1294
Mehrfamilienhaus
(3 WE)
Effizienzhaus 40

Flächen des Grundstücks		Menge, Einheit	% an GF
BF	Bebaute Fläche	419,37 m²	22,9
UF	Unbebaute Fläche	1.410,63 m²	77,1
GF	Grundstücksfläche	1.830,00 m²	100,0

Grundflächen des Bauwerks		Menge, Einheit	% an NUF	% an BGF
NUF	Nutzungsfläche	559,37 m²	100,0	78,4
TF	Technikfläche	11,56 m²	2,1	1,6
VF	Verkehrsfläche	83,80 m²	15,0	11,7
NRF	Netto-Raumfläche	654,73 m²	117,1	91,7
KGF	Konstruktions-Grundfläche	59,04 m²	10,6	8,3
BGF	Brutto-Grundfläche	713,77 m²	127,6	100,0

NUF=100%   BGF=127,6%
NRF=117,1%

NUF TF VF KGF

Brutto-Rauminhalt des Bauwerks		Menge, Einheit	BRI/NUF (m)	BRI/BGF (m)
BRI	Brutto-Rauminhalt	2.006,84 m³	3,59	2,81

BRI/NUF=3,59m
BRI/BGF=2,81m

0   1   2   3   4

Prozentualer Anteil der Kostengruppen der 2. Ebene an der Kostengruppe 400 nach DIN 276

KG	Kostengruppen (2. Ebene)	20%	40%	60%
410	Abwasser-, Wasser-, Gasanlagen			
420	Wärmeversorgungsanlagen			
430	Raumlufttechnische Anlagen			
440	Elektrische Anlagen			
450	Kommunikationstechnische Anlagen			
460	Förderanlagen			
470	Nutzungsspez. und verfahrenstech. Anlagen			
480	Gebäude- und Anlagenautomation			
490	Sonstige Maßnahmen für technische Anlagen			

Ranking der Kostengruppen der 3. Ebene an der Kostengruppe 400 nach DIN 276

KG	Kostengruppe (3. Ebene)	Kosten an KG 400 %	KG	Kostengruppe (3. Ebene)	Kosten an KG 400 %
442	Eigenstromversorgungsanlagen	30,9	445	Beleuchtungsanlagen	2,3
444	Niederspannungsinstallationsanlagen	17,1	429	Sonstiges zur KG 420	1,9
431	Lüftungsanlagen	13,0	455	Audiovisuelle Medien- und Antennenanlagen	0,9
421	Wärmeerzeugungsanlagen	10,8	419	Sonstiges zur KG 410	0,6
412	Wasseranlagen	9,2	446	Blitzschutz- und Erdungsanlagen	0,5
423	Raumheizflächen	5,3	457	Datenübertragungsnetze	0,4
411	Abwasseranlagen	4,1	452	Such- und Signalanlagen	0,3
422	Wärmeverteilnetze	2,5	454	Elektroakustische Anlagen	0,2

© BKI Baukosteninformationszentrum   Kostenstand: 4.Quartal 2021, Bundesdurchschnitt, inkl. 19% MwSt.

6100-1294
Mehrfamilienhaus
(3 WE)
Effizienzhaus 40

Kostenkennwerte für die Kostengruppen der 1. Ebene DIN 276

KG	Kostengruppen (1. Ebene)	Einheit	Kosten €	€/Einheit	€/m² BGF	€/m³ BRI	% 300+400
100		m² GF	–	–			–
200	Vorbereitende Maßnahmen	m² GF	4.214	2,30	5,90	2,10	0,5
300	Bauwerk – Baukonstruktionen	m² BGF	636.395	891,60	891,60	317,11	77,3
400	Bauwerk – Technische Anlagen	m² BGF	187.082	262,10	262,10	93,22	22,7
	Bauwerk 300+400	**m² BGF**	**823.477**	**1.153,70**	**1.153,70**	**410,34**	**100,0**
500	Außenanlagen und Freiflächen	m² AF	7.518	5,33	10,53	3,75	0,9
600	Ausstattung und Kunstwerke	m² BGF	6.089	8,53	8,53	3,03	0,7
700	Baunebenkosten	m² BGF	–	–	–	–	–
800	Finanzierung	m² BGF	–	–	–	–	–

KG	Kostengruppe	Menge Einheit	Kosten €	€/Einheit	%
200	**Vorbereitende Maßnahmen**	1.830,00 m² GF	4.214	**2,30**	0,5

Oberboden abtragen, Wurzelstöcke roden; Wasserversorgung

3+4	**Bauwerk**				**100,0**
300	**Bauwerk – Baukonstruktionen**	713,77 m² BGF	636.395	**891,60**	77,3

Stb-Fundamente, Stb-Bodenplatte, Dämmung, Estrich, Bodenfliesen; Mauerwerk, Holzrahmenwände, Fenster-Türelemente, Garagentore, Kerndämmung, Verblendmauerwerk, Holzbekleidung, Trapezblechbekleidung; Innenmauerwerk, GK-Wände, Holzrahmenwände, Holztüren, Stahltüren T30, Innenputz, Beschichtung, Holzlasur, Wandfliesen, Stb-Decke, Holzbalkendecke, Treppen; GK-Decken, Beschichtung, Stahlrohrgeländer; Holzdachkonstruktion, Dämmung, Trapezblechdeckung, Dachentwässerung, GK-Bekleidung, Untersichtschalung; Unterschränke; Gewächshaus/Wintergarten

400	**Bauwerk – Technische Anlagen**	713,77 m² BGF	187.082	**262,10**	22,7

Gebäudeentwässerung, Kalt- und Warmwasserleitungen, Sanitärobjekte; **Pelletheizung**, Fußbodenheizung, Lufterhitzer; **Lüftungsanlage** mit **WRG**; PV-Anlage, Elektroinstallation, Beleuchtung, **Blitzschutzanlage**; Sprechanlage, Sat-Anlage, EDV-Anschlüsse

500	**Außenanlagen und Freiflächen**	1.410,63 m² AF	7.518	**5,33**	0,9

Holzterrasse; Entwässerungsleitungen, Wasserleitungen

600	**Ausstattung und Kunstwerke**	713,77 m² BGF	6.089	**8,53**	0,7

Duschtrennwand, Vorhangstangen

© BKI Baukosteninformationszentrum   Kostenstand: 4.Quartal 2021, Bundesdurchschnitt, **inkl. 19% MwSt.**

Kostenkennwerte für die Kostengruppen 400 der 2. Ebene DIN 276

6100-1294
Mehrfamilienhaus
(3 WE)
Effizienzhaus 40

KG	Kostengruppe	Menge Einheit	Kosten €	€/Einheit	%
400	**Bauwerk – Technische Anlagen**				**100,0**
410	**Abwasser-, Wasser-, Gasanlagen**	713,77 m² BGF	25.948	**36,35**	13,9

KG-Rohre DN100-200 (80m), HT-Rohre DN40-100 (35m) * Mehrschichtverbundrohre DN16-32 (134m), Warmwasserzähler (2St), Waschtische (4St), Tiefspül-WCs (3St), Urinal (1St), Duschwannen (2St), Duschrinne (1m), Badewannen (2St) * Montageelemente WCs (3St)

420	**Wärmeversorgungsanlagen**	713,77 m² BGF	38.152	**53,45**	20,4

Pelletheizung 4-14kW (1St), **Pellet-Förderschnecken** (3St), Hygiene-Kombipufferspeicher 1.000l (1St), Heizkreisstation DN20-25 (1St) * Mehrschichtverbundrohre (134m), Heizungskugelhähne (11St), Brandschutzmanschetten (5St) * Fußbodenheizung (184m²), Heizkreisverteiler (4St), Verteilerschränke (3St), Wärmezähler (2St), Stellantriebe (16St), Raumthermostate (7St), Lufterhitzer (1St) * Schornsteinsystem (9m)

430	**Raumlufttechnische Anlagen**	713,77 m² BGF	24.377	**34,15**	13,0

Kompaktlüftungsgeräte mit **WRG** (3St), Filter (3St), Bedieneinheiten (3St), Schalldämpfer (6St), HDPE-Rohre, doppelwandig (75m), Wickelfalzrohr DN100-160 (14m), Luftdurchlassgehäuse (9St), Zu- und Abluftventile (13St), Weitwurfdüse DN100 (1St)

440	**Elektrische Anlagen**	713,77 m² BGF	94.958	**133,04**	50,8

Photovoltaik-Generator, Nennleistung 260W_p, Erdung * Zählerschrank (1St), Hauptschalter (4St), Kleinverteiler (3St) * Sicherungen (71St), FI-Schutzschalter (9St), Kabel, Zuleitungen (psch), Schalter, Taster (48St), Steckdosen (146St), CEE-Steckdosen (4St), Außensteckdosen (3St) Bewegungsmelder (2St), Präsenzmelder (6St), Herd- Anschlüsse (3St), Elektroinstallation Wintergarten, Garage (psch) * LED-Einbaustrahler (19St), Feuchtraumwannenleuchten (19St), Außenleuchten (12St) * Hauptpotentialausgleich (1St), Fundamenterder (82m)

450	**Kommunikationstechnische Anlagen**	713,77 m² BGF	3.647	**5,11**	1,9

Telefon-Anschlussdosen (2St) * Gegensprechanlage (1St), Klingelanlage (1St) * Lautsprecherdosen (4St) * Sat-Spiegel (1St), TV-Anschlussdosen (9St) * Patch-Verteilerfeld (1St), Datendosen (4St)

© **BKI** Baukosteninformationszentrum   Kostenstand: 4.Quartal 2021, Bundesdurchschnitt, inkl. **19% MwSt.**

6100-1294 Mehrfamilienhaus (3 WE) Effizienzhaus 40

Kostenkennwerte für die Kostengruppe 400 der 2. und 3. Ebene DIN 276 (Übersicht)

KG	Kostengruppe	Menge Einheit	Kosten €	€/Einheit	%
410	**Abwasser-, Wasser-, Gasanlagen**	713,77 m² BGF	**36,35**	**25.947,77**	**13,9**
411	Abwasseranlagen	713,77 m² BGF	10,70	7.637,75	4,1
412	Wasseranlagen	713,77 m² BGF	24,12	17.218,59	9,2
419	Sonstiges zur KG 410	713,77 m² BGF	1,53	1.091,42	0,6
420	**Wärmeversorgungsanlagen**	713,77 m² BGF	**53,45**	**38.151,75**	**20,4**
421	Wärmeerzeugungsanlagen	713,77 m² BGF	28,21	20.134,29	10,8
422	Wärmeverteilnetze	713,77 m² BGF	6,54	4.669,22	2,5
423	Raumheizflächen	713,77 m² BGF	13,76	9.822,46	5,3
429	Sonstiges zur KG 420	713,77 m² BGF	4,94	3.525,81	1,9
430	**Raumlufttechnische Anlagen**	713,77 m² BGF	**34,15**	**24.376,95**	**13,0**
431	Lüftungsanlagen	713,77 m² BGF	34,15	24.376,95	13,0
440	**Elektrische Anlagen**	713,77 m² BGF	**133,04**	**94.958,44**	**50,8**
442	Eigenstromversorgungsanlagen	713,77 m² BGF	81,01	57.825,68	30,9
444	Niederspannungsinstallationsanlagen	713,77 m² BGF	44,82	31.994,70	17,1
445	Beleuchtungsanlagen	713,77 m² BGF	5,94	4.240,19	2,3
446	Blitzschutz- und Erdungsanlagen	713,77 m² BGF	1,26	897,88	0,5
450	**Kommunikationstechnische Anlagen**	713,77 m² BGF	**5,11**	**3.647,03**	**1,9**
451	Telekommunikationsanlagen	713,77 m² BGF	0,33	237,17	0,1
452	Such- und Signalanlagen	713,77 m² BGF	0,85	605,14	0,3
454	Elektroakustische Anlagen	713,77 m² BGF	0,43	309,85	0,2
455	Audiovisuelle Medien- u. Antennenanl.	713,77 m² BGF	2,34	1.672,83	0,9
457	Datenübertragungsnetze	713,77 m² BGF	1,15	822,03	0,4

© **BKI** Baukosteninformationszentrum Kostenstand: 4.Quartal 2021, Bundesdurchschnitt, **inkl. 19% MwSt.**

Kostenkennwerte für Leistungsbereiche nach STLB (Kosten KG 400 nach DIN 276)

LB	Leistungsbereiche	Kosten €	€/m² BGF	€/m³ BRI	% an 400
040	Wärmeversorgungsanlagen - Betriebseinrichtungen	23.452	32,90	11,70	12,5
041	Wärmeversorgungsanlagen - Leitungen, Armaturen, Heizflächen	13.913	19,50	6,90	7,4
042	Gas- und Wasseranlagen - Leitungen, Armaturen	4.681	6,60	2,30	2,5
043	Druckrohrleitungen für Gas, Wasser und Abwasser	–	–	–	–
044	Abwasseranlagen - Leitungen, Abläufe, Armaturen	1.871	2,60	0,93	1,0
045	Gas-, Wasser- und Entwässerungsanlagen - Ausstattung, Elemente, Fertigbäder	12.852	18,00	6,40	6,9
046	Gas-, Wasser- und Entwässerungsanlagen - Betriebseinrichtungen	–	–	–	–
047	Dämm- und Brandschutzarbeiten an technischen Anlagen	1.885	2,60	0,94	1,0
049	Feuerlöschanlagen, Feuerlöschgeräte	–	–	–	–
050	Blitzschutz- / Erdungsanlagen, Überspannungsschutz	898	1,30	0,45	0,5
051	Kabelleitungstiefbauarbeiten	–	–	–	–
052	Mittelspannungsanlagen	–	–	–	–
053	Niederspannungsanlagen - Kabel/Leitungen, Verlegesysteme, Installationsgeräte	27.702	38,80	13,80	14,8
054	Niederspannungsanlagen - Verteilersysteme und Einbaugeräte	62.428	87,50	31,10	33,4
055	Sicherheits- und Ersatzstromversorgungsanlagen	–	–	–	–
057	Gebäudesystemtechnik	–	–	–	–
058	Leuchten und Lampen	4.240	5,90	2,10	2,3
059	Sicherheitsbeleuchtungsanlagen	–	–	–	–
060	Sprech-, Ruf-, Antennenempfangs-, Uhren- und elektroakustische Anlagen	605	0,85	0,30	0,3
061	Kommunikations- und Übertragungsnetze	2.578	3,60	1,30	1,4
062	Kommunikationsanlagen	154	0,22	< 0,1	0,1
063	Gefahrenmeldeanlagen	–	–	–	–
064	Zutrittskontroll-, Zeiterfassungssysteme	–	–	–	–
069	Aufzüge	–	–	–	–
070	Gebäudeautomation	–	–	–	–
075	Raumlufttechnische Anlagen	24.377	34,20	12,10	13,0
078	Kälteanlagen für raumlufttechnische Anlagen	–	–	–	–
	Gebäudetechnik	**181.637**	**254,50**	**90,50**	**97,1**
	Sonstige Leistungsbereiche	**5.445**	**7,60**	**2,70**	**2,9**

6100-1294
Mehrfamilienhaus
(3 WE)
Effizienzhaus 40

© BKI Baukosteninformationszentrum Kostenstand: 4.Quartal 2021, Bundesdurchschnitt, inkl. 19% MwSt.

6100-1306
Mehrfamilienhaus
(5 WE)

Objektübersicht

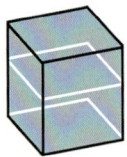 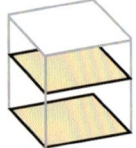 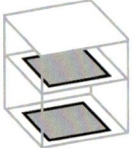 

Umbau

BRI 308 €/m³ **BGF** 1.080 €/m² **NUF** 2.053 €/m² **NE** 2.159 €/NE

NE: m² Wohnfläche

Objekt:
Kennwerte: 3. Ebene DIN 276
BRI: 5.334 m³
BGF: 1.521 m²
NUF: 800 m²
Bauzeit: 61 Wochen
Bauende: 2016
Standard: über Durchschnitt
Bundesland: Sachsen
Kreis: Chemnitz, Stadt

Architekt*in:
Architekturbüro
Samuel Jenichen
Schönbrunnstraße 13
01097 Dresden

nachher

vorher nachher

272   © BKI Baukosteninformationszentrum   Kostenstand: 4.Quartal 2021, Bundesdurchschnitt, **inkl. 19% MwSt.**

Zeichnungen

6100-1306
Mehrfamilienhaus
(5 WE)

Umbau

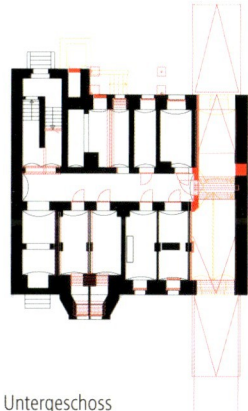
Untergeschoss

Erdgeschoss

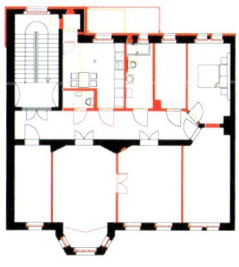
1. Obergeschoss

Ansicht Süd

Ansicht Nord

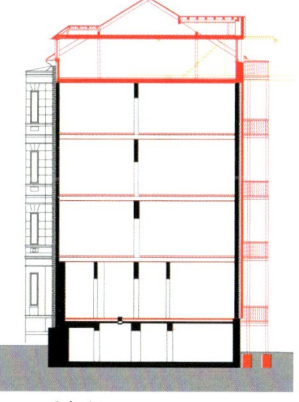
Schnitt

6100-1306 Mehrfamilienhaus (5 WE)

Umbau

Objektbeschreibung

Allgemeine Objektinformationen

Das denkmalgeschützte Mehrfamilienwohnhaus aus dem Jahr 1897 mit Außenwänden aus Mauerwerk und einer vorgesetzten Klinkerfassade wurde saniert, um anschließend die entstandenen Wohnungen zu vermieten. Besonderer Wert lag auf der originalgetreuen Wiederherstellung der aufwendig gestalteten Straßenfassade.

Nutzung

1 Untergeschoss
Hausanschlussraum, Kellerabteile, Fahrradkeller, Hofdurchfahrt

1 Erdgeschoss
Wohnzimmer, Schlafzimmer, Kinderzimmer (2St), Arbeitszimmer, Küche, Speisekammer, Bad, WC, Balkon

3 Obergeschosse
Wohnzimmer, Schlafzimmer, Kinderzimmer (3St), Arbeitszimmer, Küche, Speisekammer, Bad, WC, Balkon

2 Dachgeschosse
Mansardgeschoss: Wohnküche, Schlafzimmer, Kinderzimmer (2St), Arbeitszimmer, Speisekammer, Bad, WC, Balkon
Dachboden: Abstellräume

Besonderer Kosteneinfluss Nutzung:
Denkmalschutz, historische Bauelemente, Brandschutz, Schallschutz

Nutzeinheiten

Stellplätze: 5
Wohneinheiten: 5
Wohnfläche: 760m²

Grundstück

Bauraum: Baulücke
Neigung: Ebenes Gelände
Bodenklasse: BK 1 bis BK 4

Markt

Hauptvergabezeit: 3.Quartal 2015
Baubeginn: 3.Quartal 2015
Bauende: 4.Quartal 2016
Konjunkturelle Gesamtlage: Durchschnitt
Regionaler Baumarkt: über Durchschnitt

Baubestand

Baujahr: 1897
Bauzustand: schlecht
Aufwand: hoch
Grundrissänderungen: wenige
Tragwerkseingriffe: einige
Nutzungsänderung: nein
Nutzung während der Bauzeit: nein

Baukonstruktion

Die denkmalgeschützte Straßenfassade aus Porphyr mit Gewänden und Gesimsen wurde gereinigt und die Fehlstellen mit Vierungen und Saniermörtel ergänzt. Im Bereich der Durchfahrt tragen Unterzüge die neue Ziegel-Einhangdecke. Die Holzbalkendecken wurden fast vollständig ausgetauscht. Die neuen Mittelwände aus Kalksandstein dienen der statischen Lastabtragung. Auf der Straßenseite wurden Denkmalschutz-Holzfenster eingebaut, die Fassade zur Hofseite erhielt Kunststofffenster und eine Bekleidung mit einem Wärmedämmverbundsystem. Die Hohlsteingeschossdecke mit dem neu errichteten Dachstuhl mit Mansardgeschoss und Dachboden ersetzt den baufälligen Dachstuhl.

Technische Anlagen

Die gesamte Elektro-, Heizungs-, Sanitär- und Lüftungsinstallation wurde erneuert. Die Wärmeversorgung erfolgt über eine Fernwärmestation. Alle Wohnungen sind mit einer Fußbodenheizung ausgestattet, in den Bädern sind zusätzlich Heizkörper angebracht.

Sonstiges

Die neu hergestellte Durchfahrt im Keller führt zu fünf Stellplätzen im Hof und verbessert die zuvor angespannte Parkplatzsituation. Im Vorfeld wurde eine Hausschwammsanierung durchgeführt, deren Kosten sowohl in dieser als auch in einer separaten Dokumentation (Objekt 6100-1307) als eigenständige Maßnahme dokumentiert sind.

6100-1306 Mehrfamilienhaus (5 WE)

Umbau

Planungskennwerte für Flächen und Rauminhalte nach DIN 277

Flächen des Grundstücks		Menge, Einheit	% an GF
BF	Bebaute Fläche	222,24 m²	35,8
UF	Unbebaute Fläche	398,27 m²	64,2
GF	Grundstücksfläche	620,50 m²	100,0

Grundflächen des Bauwerks		Menge, Einheit	% an NUF	% an BGF
NUF	Nutzungsfläche	799,84 m²	100,0	52,6
TF	Technikfläche	9,77 m²	1,2	0,6
VF	Verkehrsfläche	291,80 m²	36,5	19,2
NRF	Netto-Raumfläche	1.101,41 m²	137,7	72,4
KGF	Konstruktions-Grundfläche	419,19 m²	52,4	27,6
BGF	Brutto-Grundfläche	1.520,60 m²	190,1	100,0

NUF=100% | BGF=190,1%
NRF=137,7%
NUF TF VF KGF

Brutto-Rauminhalt des Bauwerks		Menge, Einheit	BRI/NUF (m)	BRI/BGF (m)
BRI	Brutto-Rauminhalt	5.334,38 m³	6,67	3,51

BRI/NUF=6,67m
BRI/BGF=3,51m

Prozentualer Anteil der Kostengruppen der 2. Ebene an der Kostengruppe 400 nach DIN 276

KG	Kostengruppen (2. Ebene)	20%	40%	60%
410	Abwasser-, Wasser-, Gasanlagen			
420	Wärmeversorgungsanlagen			
430	Raumlufttechnische Anlagen			
440	Elektrische Anlagen			
450	Kommunikationstechnische Anlagen			
460	Förderanlagen			
470	Nutzungsspez. und verfahrenstech. Anlagen			
480	Gebäude- und Anlagenautomation			
490	Sonstige Maßnahmen für technische Anlagen			

Ranking der Kostengruppen der 3. Ebene an der Kostengruppe 400 nach DIN 276

KG	Kostengruppe (3. Ebene)	Kosten an KG 400 %	KG	Kostengruppe (3. Ebene)	Kosten an KG 400 %
412	Wasseranlagen	29,2	452	Such- und Signalanlagen	1,7
423	Raumheizflächen	21,4	431	Lüftungsanlagen	1,6
444	Niederspannungsinstallationsanlagen	14,7	446	Blitzschutz- und Erdungsanlagen	1,6
422	Wärmeverteilnetze	10,6	456	Gefahrenmelde- und Alarmanlagen	0,9
411	Abwasseranlagen	7,0	498	Provisorische technische Anlagen	0,2
429	Sonstiges zur KG 420	6,3	445	Beleuchtungsanlagen	0,2
419	Sonstiges zur KG 410	2,3	455	Audiovisuelle Medien- und Antennenanlagen	0,1
457	Datenübertragungsnetze	2,1			

© BKI Baukosteninformationszentrum   Kostenstand: 4.Quartal 2021, Bundesdurchschnitt, inkl. 19% MwSt.

6100-1306
Mehrfamilienhaus
(5 WE)

Umbau

Kostenkennwerte für die Kostengruppen der 1. Ebene DIN 276

KG	Kostengruppen (1. Ebene)	Einheit	Kosten €	€/Einheit	€/m² BGF	€/m³ BRI	% 300+400
100		m² GF	–	–	–	–	–
200	Vorbereitende Maßnahmen	m² GF	–	–	–	–	–
300	Bauwerk – Baukonstruktionen	m² BGF	1.476.718	971,14	971,14	276,83	89,9
400	Bauwerk – Technische Anlagen	m² BGF	165.371	108,75	108,75	31,00	10,1
	Bauwerk 300+400	**m² BGF**	**1.642.088**	**1.079,90**	**1.079,90**	**307,83**	**100,0**
500	Außenanlagen und Freiflächen	m² AF	78.162	192,75	51,40	14,65	4,8
600	Ausstattung und Kunstwerke	m² BGF	9.065	5,96	5,96	1,70	0,6
700	Baunebenkosten	m² BGF	–	–	–	–	–
800	Finanzierung	m² BGF	–	–	–	–	–

KG	Kostengruppe	Menge Einheit	Kosten €	€/Einheit	%
3+4	**Bauwerk**				**100,0**
300	**Bauwerk – Baukonstruktionen**	1.520,60 m² BGF	1.476.718	**971,14**	89,9

- Abbrechen (Kosten: 12,8 %) — 188.557
  Abbruch von Estrich, Ziegelboden; Außenwänden, Fenstern, Putz, Tapete, Wandfliesen; nicht-tragenden Innenwänden, Türen, Holzbalkendecken, Schalung, Betondecke, Gewölbedecke, Stahlunterzügen, Bodenbelägen, Dämmung; Schilf, Putz, Sparschalung; Einbauschränken, Waschkessel; Entsorgung, Deponiegebühren

- Wiederherstellen (Kosten: 13,4 %) — 198.475
  Schwammsanierung, Ziegelmauerwerk ergänzen, Stahlstürze entrosten, Haustür aufarbeiten, Klinker-/Natursteinfassaden reinigen, instandsetzen, Ziegelschlämmverfugung, Fugen erneuern, Eingangstreppe instandsetzen, Vierungen austauschen; Wohnungseingangstüren und Pendeltür aufarbeiten, Tapete und Beschichtung erneuern; Balkenköpfe zurückschneiden, Auflagerträger austauschen, Bodenbeschichtung erneuern, schadhafte Bodenfliesen ersetzen, Stahlelemente sandstrahlen, Beschichtung aufbringen

- Herstellen (Kosten: 73,8 %) — 1.089.685
  Stb-Fundamente, Schottertragschicht, Betonpflaster; Hlz-Mauerwerk, Aussteifungsböcke, Stb-Stützen, Denkmalschutz-Holzfenster, Kunststofffenster, Holz-Glas-Haustür, Stahltür, Dämmung, Dekorputz, Stahllamellenbekleidung, Schieferbekleidung, Filzputz; GK-Wände, KS-Wände, Holzstützen, MDF-Türen, Stahllamellentüren, Innenputz, Tapete, Beschichtung, Wandfliesen, Holztrennwände; Hohlsteindecke, Stb-Decken, Ziegel-Einhangdecke, Holzbalkendecken, Holztreppe, Heizestrich, Trockenestrich, Parkett, Bodenfliesen, GK-Bekleidung, abgehängte GK-Decke, Stahlbalkonanlage; Sattel-/Flachdachkonstruktion, Dachausstiegsfenster, RWA, Dachabdichtung, Schieferdeckung, Titanzinkdeckung, Dachentwässerung

KG	Kostengruppe	Menge Einheit	Kosten €	€/Einheit	%
400	**Bauwerk – Technische Anlagen**	1.520,60 m² BGF	165.371	**108,75**	10,1

- Abbrechen (Kosten: 7,5 %) — 12.359
  Abbruch von Sanitärobjekten; Schornsteinen; Elektroinstallation; Entsorgung, Deponiegebühren

- Herstellen (Kosten: 92,5 %) — 153.011
  Gebäudeentwässerung, Kalt- und Warmwasserleitungen, Sanitärobjekte; Heizungsrohre, Fußbodenheizung, Heizkörper; Einzelraumlüfter; Elektroinstallation, Allgemeinbeleuchtung, **Blitzschutzanlage**; Sprechanlage, Antennenanschlussdosen, Rauchmelder, Datenübertragungsnetz

KG	Kostengruppe	Menge Einheit	Kosten €	€/Einheit	%
500	**Außenanlagen und Freiflächen**	405,50 m² AF	78.162	**192,75**	4,8

- Abbrechen (Kosten: 7,3%)   5.705
  Abbruch von Fundamenten; Aufnehmen und Lagern von Klinkerpflaster; Stufen; Abbruch von Gruben; Entsorgung, Deponiegebühren; Roden von Bäumen, Gestrüpp, Hecke

- Wiederherstellen (Kosten: 0,4%)   284
  Treppenstufen instandsetzen, ausmauern

- Herstellen (Kosten: 92,3%)   72.173
  Erdarbeiten; Stb-Fundamente; Schottertragschichten, Rasengitterplatten, Pflaster, Kiesauffüllungen; Zaun, Mauern, Stufen; Entwässerungsrinnen, Pollerleuchte; Oberbodenarbeiten, Pflanzen

KG	Kostengruppe	Menge Einheit	Kosten €	€/Einheit	%
600	**Ausstattung und Kunstwerke**	1.520,60 m² BGF	9.065	**5,96**	0,6

- Herstellen (Kosten: 100,0%)   9.065
  Sanitärausstattung, Duschwände; Schilder

6100-1306
Mehrfamilienhaus
(5 WE)

Umbau

6100-1306
Mehrfamilienhaus
(5 WE)

Umbau

Kostenkennwerte für die Kostengruppen 400 der 2. Ebene DIN 276

KG	Kostengruppe	Menge Einheit	Kosten €	€/Einheit	%
400	**Bauwerk – Technische Anlagen**				100,0
410	**Abwasser-, Wasser-, Gasanlagen**	1.520,60 m² BGF	63.548	**41,79**	38,4
	• Abbrechen (Kosten: 1,2%)	1.520,60 m² BGF	733	**0,48**	
	Abbruch von Waschtischen (11St), WCs (7St), Badewannen (4St); Entsorgung, Deponiegebühren				
	• Herstellen (Kosten: 98,8%)	1.520,60 m² BGF	62.815	**41,31**	
	HT-Rohre DN50-90 (79m), PP-Rohre DN90 (56m), KG-Rohre DN100-150 (62m), Fertigteilschächte DN400, Kunststoff (3St) * PE-X-Rohre DN16-40 (192m), PE-X-Wohnungsverrohrungen (5St), Hauswasserstation (1St), Waschtische (10St), Wand-Tiefspül-WCs (10St), Badewannen (5St), Duschwannen, Kopfbrause (5St), Küchen-/Waschmaschinenanschlüsse (10St), Außenarmatur (1St) * Montageelemente (20St)				
420	**Wärmeversorgungsanlagen**	1.520,60 m² BGF	63.337	**41,65**	38,3
	• Abbrechen (Kosten: 16,4%)	1.520,60 m² BGF	10.396	**6,84**	
	Abbruch von Ziegelschornstein (22m), historischen Öfen (9St); Entsorgung, Deponiegebühren				
	• Herstellen (Kosten: 83,6%)	1.520,60 m² BGF	52.940	**34,82**	
	Anschluss an Fernwärmestation (1St), Stahlrohre DN28-54 (50m), Mehrschichtverbundrohre DN32 (40m), Strangregulierventile (2St), Heizkreisverteiler (5St), Wärmemengenzähler (5St) * Fußbodenheizung, EPS-Tackerplatten, PE-RT-Rohre (750m²), Raumtemperaturregler (43St), Raumfühler (20St), Thermostate (5St), Badheizkörper (5St)				
430	**Raumlufttechnische Anlagen**	1.520,60 m² BGF	2.725	**1,79**	1,6
	• Herstellen (Kosten: 100,0%)	1.520,60 m² BGF	2.725	**1,79**	
	Einzelraumlüfter (5St), Wickelfalzrohre DN100 (20m)				
440	**Elektrische Anlagen**	1.520,60 m² BGF	27.380	**18,01**	16,6
	• Abbrechen (Kosten: 4,5%)	1.520,60 m² BGF	1.230	**0,81**	
	Abbruch von Elektroinstallation, fünf Geschosse (psch); Entsorgung, Deponiegebühren				
	• Herstellen (Kosten: 95,5%)	1.520,60 m² BGF	26.150	**17,20**	
	Kleinverteiler (2St), FI-Schalter (4St), LS-Schalter (36St), Steuerschalter (2St), Zeitschalter (2St), Mantelleitungen (1.046m), Installationskabel (131m), Steckdosen (160St), Schalter/Taster (40St), **Dimmer** (6St), Geräteanschlussdosen (3St), Bodentank (1St), Bewegungsmelder (1St) * Ovalleuchten (4St), LED-Wannenleuchten (2St) * Fundamenterder (68m), Fangleitungen (70m), Ableitungen (60m)				
450	**Kommunikationstechnische Anlagen**	1.520,60 m² BGF	7.994	**5,26**	4,8
	• Herstellen (Kosten: 100,0%)	1.520,60 m² BGF	7.994	**5,26**	
	Sprechanlage, Türstation (1St), Bus-Steuergeräte (2St), Bus-Haustelefone (5St), Taster (5St), Installationskabel (145m), Türöffner (1St)* Antennenanschlussdosen (11St) * Rauchmelder (17St) * Medienverteiler (4St), Datenkabel (250m), Datenanschlussdosen (18St), Telefonanschlussdosen (2St)				
490	**Sonstige Maßnahmen für technische Anlagen**	1.520,60 m² BGF	387	**0,25**	0,2
	• Herstellen (Kosten: 100,0%)	1.520,60 m² BGF	387	**0,25**	
	Provisorische Abläufe, KG-Rohr (3St)				

Kostenkennwerte für die Kostengruppe 400 der 2. und 3. Ebene DIN 276 (Übersicht)

KG	Kostengruppe	Menge Einheit	Kosten €	€/Einheit	%
410	**Abwasser-, Wasser-, Gasanlagen**	**1.520,60 m² BGF**	**41,79**	**63.548,20**	**38,4**
411	Abwasseranlagen	1.520,60 m² BGF	7,58	11.520,05	7,0
412	Wasseranlagen	1.520,60 m² BGF	31,72	48.229,22	29,2
419	Sonstiges zur KG 410	1.520,60 m² BGF	2,50	3.798,93	2,3
420	**Wärmeversorgungsanlagen**	**1.520,60 m² BGF**	**41,65**	**63.336,51**	**38,3**
422	Wärmeverteilnetze	1.520,60 m² BGF	11,50	17.486,76	10,6
423	Raumheizflächen	1.520,60 m² BGF	23,32	35.453,40	21,4
429	Sonstiges zur KG 420	1.520,60 m² BGF	6,84	10.396,35	6,3
430	**Raumlufttechnische Anlagen**	**1.520,60 m² BGF**	**1,79**	**2.724,77**	**1,6**
431	Lüftungsanlagen	1.520,60 m² BGF	1,79	2.724,77	1,6
440	**Elektrische Anlagen**	**1.520,60 m² BGF**	**18,01**	**27.379,51**	**16,6**
444	Niederspannungsinstallationsanlagen	1.520,60 m² BGF	16,03	24.378,28	14,7
445	Beleuchtungsanlagen	1.520,60 m² BGF	0,25	382,52	0,2
446	Blitzschutz- und Erdungsanlagen	1.520,60 m² BGF	1,72	2.618,70	1,6
450	**Kommunikationstechnische Anlagen**	**1.520,60 m² BGF**	**5,26**	**7.994,07**	**4,8**
452	Such- und Signalanlagen	1.520,60 m² BGF	1,90	2.890,72	1,7
455	Audiovisuelle Medien- u. Antennenanl.	1.520,60 m² BGF	< 0,1	86,59	0,1
456	Gefahrenmelde- und Alarmanlagen	1.520,60 m² BGF	1,01	1.532,58	0,9
457	Datenübertragungsnetze	1.520,60 m² BGF	2,29	3.484,21	2,1
490	**Sonst. Maßnahmen für techn. Anlagen**	**1.520,60 m² BGF**	**0,25**	**387,43**	**0,2**
498	Provisorische technische Anlagen	1.520,60 m² BGF	0,25	387,43	0,2

6100-1306
Mehrfamilienhaus
(5 WE)

Umbau

© **BKI** Baukosteninformationszentrum   Kostenstand: 4.Quartal 2021, Bundesdurchschnitt, **inkl. 19%** MwSt.

6100-1306
Mehrfamilienhaus
(5 WE)

Umbau

Kostenkennwerte für Leistungsbereiche nach STLB (Kosten KG 400 nach DIN 276)

LB	Leistungsbereiche	Kosten €	€/m² BGF	€/m³ BRI	% an 400
040	Wärmeversorgungsanlagen - Betriebseinrichtungen	–	–	–	–
041	Wärmeversorgungsanlagen - Leitungen, Armaturen, Heizflächen	51.203	33,70	9,60	31,0
042	Gas- und Wasseranlagen - Leitungen, Armaturen	15.262	10,00	2,90	9,2
043	Druckrohrleitungen für Gas, Wasser und Abwasser	–	–	–	–
044	Abwasseranlagen - Leitungen, Abläufe, Armaturen	5.071	3,30	0,95	3,1
045	Gas-, Wasser- und Entwässerungsanlagen - Ausstattung, Elemente, Fertigbäder	33.208	21,80	6,20	20,1
046	Gas-, Wasser- und Entwässerungsanlagen - Betriebseinrichtungen	–	–	–	–
047	Dämm- und Brandschutzarbeiten an technischen Anlagen	5.849	3,80	1,10	3,5
049	Feuerlöschanlagen, Feuerlöschgeräte	–	–	–	–
050	Blitzschutz- / Erdungsanlagen, Überspannungsschutz	2.619	1,70	0,49	1,6
051	Kabelleitungstiefbauarbeiten	–	–	–	–
052	Mittelspannungsanlagen	–	–	–	–
053	Niederspannungsanlagen - Kabel/Leitungen, Verlegesysteme, Installationsgeräte	21.486	14,10	4,00	13,0
054	Niederspannungsanlagen - Verteilersysteme und Einbaugeräte	1.235	0,81	0,23	0,7
055	Sicherheits- und Ersatzstromversorgungsanlagen	–	–	–	–
057	Gebäudesystemtechnik	–	–	–	–
058	Leuchten und Lampen	383	0,25	< 0,1	0,2
059	Sicherheitsbeleuchtungsanlagen	–	–	–	–
060	Sprech-, Ruf-, Antennenempfangs-, Uhren- und elektroakustische Anlagen	2.977	2,00	0,56	1,8
061	Kommunikations- und Übertragungsnetze	3.449	2,30	0,65	2,1
062	Kommunikationsanlagen	–	–	–	–
063	Gefahrenmeldeanlagen	1.533	1,00	0,29	0,9
064	Zutrittskontroll-, Zeiterfassungssysteme	–	–	–	–
069	Aufzüge	–	–	–	–
070	Gebäudeautomation	–	–	–	–
075	Raumlufttechnische Anlagen	2.725	1,80	0,51	1,6
078	Kälteanlagen für raumlufttechnische Anlagen	–	–	–	–
	Gebäudetechnik	**147.000**	**96,70**	**27,60**	**88,9**
	Sonstige Leistungsbereiche	**18.371**	**12,10**	**3,40**	**11,1**
	Abbrechen	12.359	8,10	2,30	7,5
	Herstellen	6.012	4,00	1,10	3,6

Objekte

6100-1311
Mehrfamilienhaus
(4 WE)
Tiefgarage
Effizienzhaus ~55%

Objektübersicht

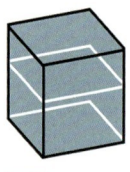 **BRI** 503 €/m³

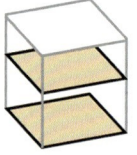 **BGF** 1.511 €/m²

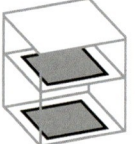 **NUF** 2.690 €/m²

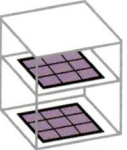 **NE** 3.238 €/NE
NE: m² Wohnfläche

Objekt:
Kennwerte: 3. Ebene DIN 276
BRI: 3.484 m³
BGF: 1.160 m²
NUF: 652 m²
Bauzeit: 73 Wochen
Bauende: 2015
Standard: über Durchschnitt
Bundesland: Hamburg
Kreis: Hamburg, Stadt

Architekt*in:
Leistner Fahr
Architektenpartnerschaft
Am Krähenwald 8b
21465 Reinbek

© Stephan Baumann, bild raum

© Stephan Baumann, bild raum

© Stephan Baumann, bild raum

© Stephan Baumann, bild raum

Zeichnungen

6100-1311
Mehrfamilienhaus
(4 WE)
Tiefgarage
Effizienzhaus ~55%

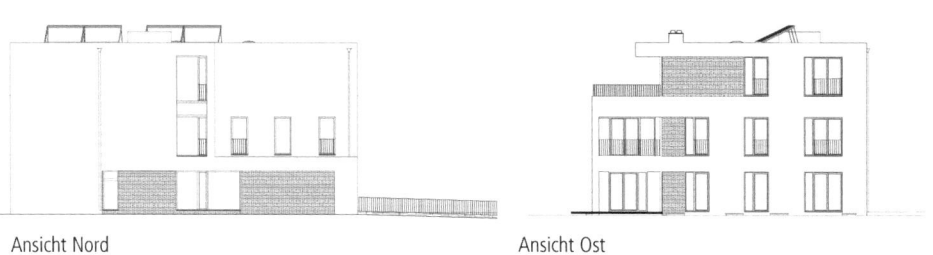

Ansicht Nord

Ansicht Ost

Erdgeschoss

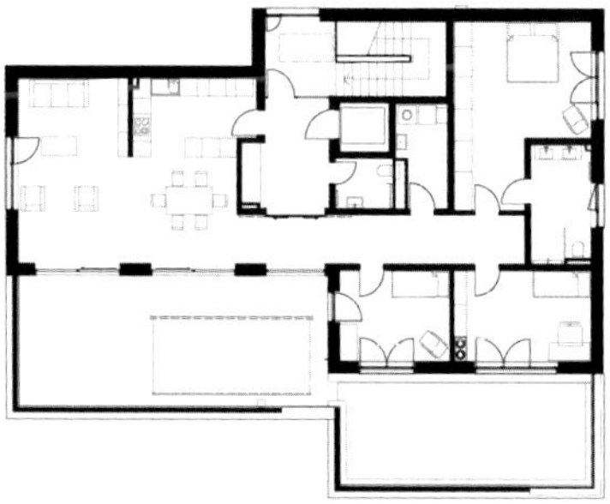

Dachgeschoss

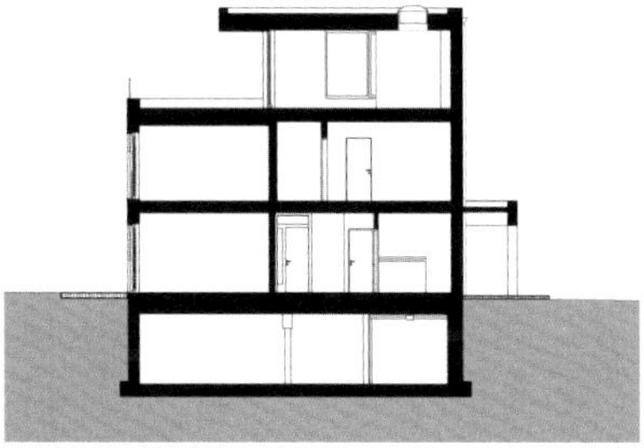

Schnitt

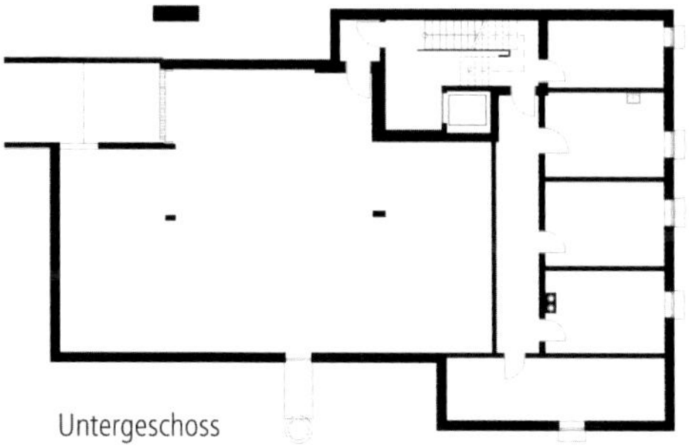

Untergeschoss

Ansicht Süd

Ansicht West

6100-1311
Mehrfamilienhaus
(4 WE)
Tiefgarage
Effizienzhaus ~55%

Objektbeschreibung

Allgemeine Objektinformationen

Die hochwertig ausgestattete Mietwohnanlage besteht aus drei **barrierefrei** gestalteten Wohnungen und einer Maisonettewohnung. Das Wohngebäude wird über ein zentrales Treppenhaus und einen **Aufzug** erschlossen. Jeder Wohneinheit sind Freisitze in Form von Loggien bzw. Dach- oder Gartenterrassen zugeordnet. Der Neubau ist voll unterkellert und verfügt über eine Tiefgarage mit 6 KFZ-Stellplätzen.

Nutzung

1 Untergeschoss
Tiefgarage, Kellerräume, Haustechnik

1 Erdgeschoss
zwei Wohnungen:
Wohnen, Essen, Küche, Schlafzimmer,
Bad/WC, Diele, HWR, Zimmer, Terrassen

1 Obergeschoss
eine Wohnung: Wohnen, Essen, Küche,
Schlafzimmer, Bad/WC, HWR, Diele
Zimmer, Balkon

1 Dachgeschoss
eine Wohnung:
Wohnen, Essen, Küche, Schlafzimmer,
Bad/WC, Diele, HWR, Zimmer, Dachterrasse
Dachbeet, Dachgarten

Nutzeinheiten

Stellplätze: 6
Stellplätze Fläche: 79m^2
Wohneinheiten: 4
Wohnfläche: 541m^2

Grundstück

Bauraum: Beengter Bauraum
Neigung: Ebenes Gelände
Bodenklasse: BK 3 bis BK 5

Markt

Hauptvergabezeit: 4.Quartal 2013
Baubeginn: 4.Quartal 2013
Bauende: 2.Quartal 2015
Konjunkturelle Gesamtlage: über Durchschnitt
Regionaler Baumarkt: Durchschnitt

Baukonstruktion

Für das Mehrfamilienhaus wurde eine massive Bauweise aus Kalksandsteinmauerwerk und Stahlbeton mit einer Wärmedämmverbundfassade gewählt. Raumhohe Kunststofffenster mit Dreifachverglasung gliedern die Fassade. Dazwischen wechseln sich Kratzputz und Klinkermauerwerk ab. Die zentral angeordnete Treppe aus Stahlbetonfertigteilen wurde mit Fliesen belegt und mit einem Stabgeländer ausgestattet. Die Böden in den Wohnbereichen sind mit Echtholzparkett belegt. In den Küchen und Bädern kamen keramische Fliesen zur Ausführung. Die Wände der Wohnräume und des Treppenhauses wurden verputzt und weiß gestrichen.

Technische Anlagen

Eine umschaltbare **Hybridanlage** aus Gastherme und **Luft-Wasser-Wärmepumpe** beheizt das Wohngebäude. Die Anlage erzeugt Wärme für die Fußbodenheizung, eine thermische **Solaranlage** sorgt für eine solare Trinkwassererwärmung. Alle vier Wohnungen wurden mit einer dezentral kontrollierten **Wohnraumlüftung** mit **Wärmerückgewinnung** ausgestattet. **Das Regenwasser wird für die Toilettenspülungen sowie die Außenwasserhähne genutzt.**
Be- und Entlüftete Fläche: 541,00m^2

Sonstiges

Das Gebäude entspricht dem Standard eines KfW Effizienzhauses 55 (EnEV 2009).

Energetische Kennwerte

EnEV Fassung: 2013
Gebäudenutzfläche (EnEV): 798,00m^2
Spez. Jahresendenergiebedarf: 18,60 kWh/(m^2·a)
Spez. Jahresprimärenergiebedarf: 27,70 kWh/(m^2·a)
Spez. Transmissionswärmeverlust: 0,31 W/(m^2·K)
CO_2-Emissionen: 6,70 kg/(m^2·a)

6100-1311
Mehrfamilienhaus (4 WE) Tiefgarage
Effizienzhaus ~55%

Planungskennwerte für Flächen und Rauminhalte nach DIN 277

Flächen des Grundstücks		Menge, Einheit	% an GF
BF	Bebaute Fläche	334,06 m²	22,9
UF	Unbebaute Fläche	1.126,44 m²	77,1
GF	Grundstücksfläche	1.460,50 m²	100,0

Grundflächen des Bauwerks		Menge, Einheit	% an NUF	% an BGF
NUF	Nutzungsfläche	651,56 m²	100,0	56,2
TF	Technikfläche	15,42 m²	2,4	1,3
VF	Verkehrsfläche	279,81 m²	42,9	24,1
NRF	Netto-Raumfläche	946,79 m²	145,3	81,6
KGF	Konstruktions-Grundfläche	213,01 m²	32,7	18,4
BGF	Brutto-Grundfläche	1.159,80 m²	178,0	100,0

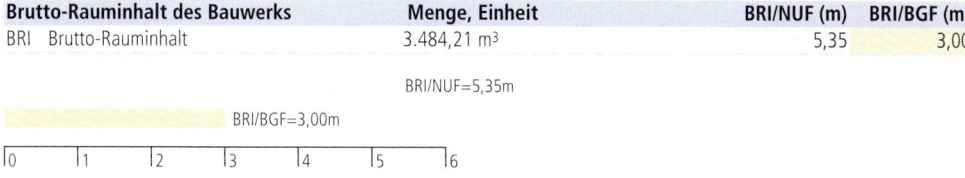

Brutto-Rauminhalt des Bauwerks		Menge, Einheit	BRI/NUF (m)	BRI/BGF (m)
BRI	Brutto-Rauminhalt	3.484,21 m³	5,35	3,00

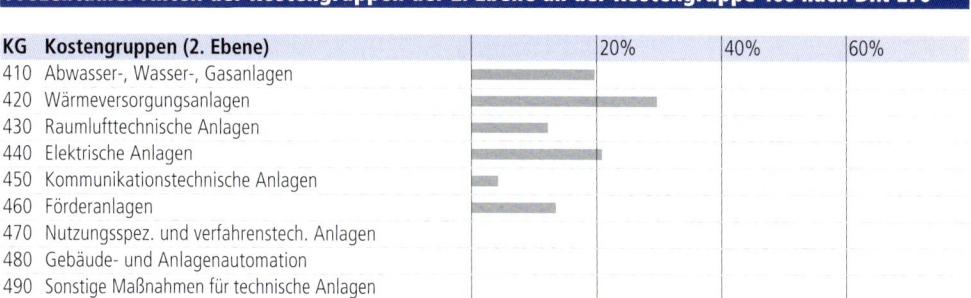

Prozentualer Anteil der Kostengruppen der 2. Ebene an der Kostengruppe 400 nach DIN 276

KG	Kostengruppen (2. Ebene)
410	Abwasser-, Wasser-, Gasanlagen
420	Wärmeversorgungsanlagen
430	Raumlufttechnische Anlagen
440	Elektrische Anlagen
450	Kommunikationstechnische Anlagen
460	Förderanlagen
470	Nutzungsspez. und verfahrenstech. Anlagen
480	Gebäude- und Anlagenautomation
490	Sonstige Maßnahmen für technische Anlagen

Ranking der Kostengruppen der 3. Ebene an der Kostengruppe 400 nach DIN 276

KG	Kostengruppe (3. Ebene)	Kosten an KG 400 %	KG	Kostengruppe (3. Ebene)	Kosten an KG 400 %
444	Niederspannungsinstallationsanlagen	17,2	429	Sonstiges zur KG 420	2,6
421	Wärmeerzeugungsanlagen	14,4	445	Beleuchtungsanlagen	2,4
461	Aufzugsanlagen	13,5	452	Such- und Signalanlagen	2,3
412	Wasseranlagen	12,5	446	Blitzschutz- und Erdungsanlagen	1,2
431	Lüftungsanlagen	12,2	457	Datenübertragungsnetze	1,2
423	Raumheizflächen	7,6	455	Audiovisuelle Medien- und Antennenanlagen	0,5
411	Abwasseranlagen	7,2	456	Gefahrenmelde- und Alarmanlagen	0,3
422	Wärmeverteilnetze	5,0			

© BKI Baukosteninformationszentrum — Kostenstand: 4.Quartal 2021, Bundesdurchschnitt, inkl. 19% MwSt.

6100-1311
Mehrfamilienhaus
(4 WE)
Tiefgarage
Effizienzhaus ~55%

Kostenkennwerte für die Kostengruppen der 1. Ebene DIN 276

KG	Kostengruppen (1. Ebene)	Einheit	Kosten €	€/Einheit	€/m² BGF	€/m³ BRI	% 300+400
100		m² GF	–	–	–	–	–
200	Vorbereitende Maßnahmen	m² GF	27.584	18,89	23,78	7,92	1,6
300	Bauwerk – Baukonstruktionen	m² BGF	1.346.203	1.160,72	1.160,72	386,37	76,8
400	Bauwerk – Technische Anlagen	m² BGF	406.275	350,30	350,30	116,60	23,2
	Bauwerk 300+400	**m² BGF**	**1.752.478**	**1.511,02**	**1.511,02**	**502,98**	**100,0**
500	Außenanlagen und Freiflächen	m² AF	168.666	149,73	145,43	48,41	9,6
600	Ausstattung und Kunstwerke	m² BGF	28.226	24,34	24,34	8,10	1,6
700	Baunebenkosten	m² BGF	–	–	–	–	–
800	Finanzierung	m² BGF	–	–	–	–	–

KG	Kostengruppe	Menge Einheit	Kosten €	€/Einheit	%
200	**Vorbereitende Maßnahmen**	1.460,50 m² GF	27.584	**18,89**	1,6

Abbruch von Wohngebäude, Garage, Schwimmbecken, Buschwerk abräumen, Oberboden abtragen, abfahren

3+4	**Bauwerk**				**100,0**
300	**Bauwerk – Baukonstruktionen**	1.159,80 m² BGF	1.346.203	**1.160,72**	76,8

Stb-Flachgründung, Estrich, Bodenbeschichtung; KS-Mauerwerk, Stb-Wände, Stützen, Kunststofffenster, Außenputz, Klinkerriemchen, Sonnenschutz; Holztüren, Stahltüren, Beschichtung, Wandfliesen; Stb-Elementdecken, Treppen, Holzkonstruktion, Wärmedämmung, Heizestrich, Fertigparkett, Bodenfliesen,Treppengeländer; Stb-Flachdächer, Holz-Flachdachkonstruktionen, Lichtkuppeln, Dachausstieg, Dachbeschichtung, Dachentwässerung, Terrassenplatten, Gründach; Einbauküchen

400	**Bauwerk – Technische Anlagen**	1.159,80 m² BGF	406.275	**350,30**	23,2

Gebäudeentwässerung, Kalt- und Warmwasserleitungen, Sanitärobjekte; **Gas-Brennwertkessel**, **Luft-Wasser-Wärmepumpe**, **Solaranlage**, Heizungsrohre, Fußbodenheizung, Badheizkörper; **Lüftungsanlagen**; Elektroinstallation, Beleuchtung, Erdung, Video-Sprechanlage, Antennenanlage, Rauchmelder, Datenübertragungsnetz; **Personenaufzug**

500	**Außenanlagen und Freiflächen**	1.126,44 m² AF	168.666	**149,73**	9,6

Bodenarbeiten; Fundamente, Frostschicht, Tragschicht; Betonpflaster, Terrassenplatten; Drehtore, Stabgitterzäune, Stahlgeländer, Stb-Winkelstützwände, Stb-Betonpfeiler, Fahrradeinhausung; Kontrollschacht, Entwässerung, Rigolen, Zisternen, Außenleuchten, Lichtsignalanlage; Oberbodenarbeiten, Bepflanzung, Rasenansaat; Abbruch von Gartenmauer, Gartenzaun, Tor, Gartenmauer ausbessern, beschichten

600	**Ausstattung und Kunstwerke**	1.159,80 m² BGF	28.226	**24,34**	1,6

Duschkabinen, Duschtrennwand, Sanitärausstattung

Kostenkennwerte für die Kostengruppen 400 der 2. Ebene DIN 276

6100-1311
Mehrfamilienhaus
(4 WE)
Tiefgarage
Effizienzhaus ~55%

KG	Kostengruppe	Menge Einheit	Kosten €	€/Einheit	%
400	Bauwerk – Technische Anlagen				100,0
410	**Abwasser-, Wasser-, Gasanlagen**	1.159,80 m² BGF	79.924	**68,91**	19,7

Abwasserinstallation (psch), Pumpensumpf (1St), Abwasserdruckleitung (psch), Kleinhebeanlage (1St), Duschrinnen (8St), Bodenablauf (1St), Kanalreinigung (psch) * Kalt-und Warmwasserleitungen (psch), Trinkwasserfilter (1St), Rückflussverhinderer (1St), Ausgussbecken (4St), Badewannen (3St), Doppelwaschtische (5St), Waschtische (4St), Wand-Tiefspül-WCs (9St), Duschelemente, bodengleich (9St)

420	**Wärmeversorgungsanlagen**	1.159,80 m² BGF	120.348	**103,77**	29,6

Gas-Brennwertkessel 26KW (1St), Warmwasserspeicher 950l (1St), Membranausdehnungsgefäß 140l (1St), **Luft-Wasser-Wärmepumpe** (1St), **Solaranlage**, Ausdehnungsgefäß 80l, Warmwasserspeicher 750l (1St), Steuerung Haustechnik (1St) * Kupferrohre DN18-42 (170m), Umwälzpumpen (4St), Heizkreisverteiler (8St), Verteilerschränke (4St) * Systemrohre, Fußbodenheizung (3.706m), Stellantriebe (52St), Raumtemperaturregler (25St), Badheizkörper (4St) * Schornstein (14m), GK-Bekleidung, Mineralwolldämmung, d=20mm (12m²), Bekleidung Schornsteinkopf (5m²), Abdeckplatte mit Wetterschutzrahmen (1St)

430	**Raumlufttechnische Anlagen**	1.159,80 m² BGF	49.472	**42,66**	12,2

Zentrale **Lüftungsgeräte** 300m³/h mit **Wärmerückgewinnung** (4St), Ab- und Zuluftventile (16St), PVC-Rohre, gedämmt (443m), Deckenkästen (44St), Wickelfalzrohre (7m), Einraumlüfter (2St)

440	**Elektrische Anlagen**	1.159,80 m² BGF	84.689	**73,02**	20,8

Zählerschrank (1St), Unterverteilung (6St), Hauptschalter (6St), FI-Schalter (15St), LS-Schalter (130St), Überspannungsableiter (1St), Dämmerungsschalter (1St), Mantelleitungen (2.018m), MSR-Leitung (209m), Schalter, Taster (106St), Steckdosen (177St), Jalousietaster (21St), Bewegungsmelder (13St), Herdanschlussdosen (4St) * Wannenleuchten (6St), Wand-/Deckenleuchten (25St), Rasterleuchten (5St), Außenleuchten (2St), Hausnummernleuchte (1St) * Fundamenterder (75m), Erdungsleitungen (118m), Anschlussfahnen (2St)

450	**Kommunikationstechnische Anlagen**	1.159,80 m² BGF	17.196	**14,83**	4,2

Video-Sprechanlage, vier Gegensprechstellen (1St), Türöffner (1St) * Koaxialkabel (338m), Hausanschlussverstärker (1St), Antennensteckdosen (14St), Hauptverteiler (2St) * Rauchmelder (24St) * Datenkabel (616m), Verteiler (8St), Datendosen (19St), Telefon-Anschlussdose (1St)

460	**Förderanlagen**	1.159,80 m² BGF	54.644	**47,12**	13,5

Personenaufzug, Tragkraft 630kg, acht Personen, Förderhöhe 9,50m, vier Haltestellen (1St)

6100-1311
Mehrfamilienhaus
(4 WE)
Tiefgarage
Effizienzhaus ~55%

Kostenkennwerte für die Kostengruppe 400 der 2. und 3. Ebene DIN 276 (Übersicht)

KG	Kostengruppe	Menge Einheit	Kosten €	€/Einheit	%
410	**Abwasser-, Wasser-, Gasanlagen**	**1.159,80 m² BGF**	**68,91**	**79.924,50**	**19,7**
411	Abwasseranlagen	1.159,80 m² BGF	25,05	29.051,49	7,2
412	Wasseranlagen	1.159,80 m² BGF	43,86	50.873,01	12,5
420	**Wärmeversorgungsanlagen**	**1.159,80 m² BGF**	**103,77**	**120.348,16**	**29,6**
421	Wärmeerzeugungsanlagen	1.159,80 m² BGF	50,51	58.575,95	14,4
422	Wärmeverteilnetze	1.159,80 m² BGF	17,38	20.159,95	5,0
423	Raumheizflächen	1.159,80 m² BGF	26,66	30.922,86	7,6
429	Sonstiges zur KG 420	1.159,80 m² BGF	9,22	10.689,37	2,6
430	**Raumlufttechnische Anlagen**	**1.159,80 m² BGF**	**42,66**	**49.472,08**	**12,2**
431	Lüftungsanlagen	1.159,80 m² BGF	42,66	49.472,08	12,2
440	**Elektrische Anlagen**	**1.159,80 m² BGF**	**73,02**	**84.689,36**	**20,8**
444	Niederspannungsinstallationsanlagen	1.159,80 m² BGF	60,42	70.071,87	17,2
445	Beleuchtungsanlagen	1.159,80 m² BGF	8,53	9.893,52	2,4
446	Blitzschutz- und Erdungsanlagen	1.159,80 m² BGF	4,07	4.723,96	1,2
450	**Kommunikationstechnische Anlagen**	**1.159,80 m² BGF**	**14,83**	**17.196,36**	**4,2**
452	Such- und Signalanlagen	1.159,80 m² BGF	8,17	9.478,38	2,3
455	Audiovisuelle Medien- u. Antennenanl.	1.159,80 m² BGF	1,68	1.951,12	0,5
456	Gefahrenmelde- und Alarmanlagen	1.159,80 m² BGF	0,94	1.089,16	0,3
457	Datenübertragungsnetze	1.159,80 m² BGF	4,03	4.677,68	1,2
460	**Förderanlagen**	**1.159,80 m² BGF**	**47,12**	**54.644,46**	**13,5**
461	Aufzugsanlagen	1.159,80 m² BGF	47,12	54.644,46	13,5

Kostenkennwerte für Leistungsbereiche nach STLB (Kosten KG 400 nach DIN 276)

6100-1311 Mehrfamilienhaus (4 WE) Tiefgarage Effizienzhaus ~55%

LB	Leistungsbereiche	Kosten €	€/m² BGF	€/m³ BRI	% an 400
040	Wärmeversorgungsanlagen - Betriebseinrichtungen	80.876	69,70	23,20	19,9
041	Wärmeversorgungsanlagen - Leitungen, Armaturen, Heizflächen	67.524	58,20	19,40	16,6
042	Gas- und Wasseranlagen - Leitungen, Armaturen	15.801	13,60	4,50	3,9
043	Druckrohrleitungen für Gas, Wasser und Abwasser	1.058	0,91	0,30	0,3
044	Abwasseranlagen - Leitungen, Abläufe, Armaturen	14.645	12,60	4,20	3,6
045	Gas-, Wasser- und Entwässerungsanlagen - Ausstattung, Elemente, Fertigbäder	25.940	22,40	7,40	6,4
046	Gas-, Wasser- und Entwässerungsanlagen - Betriebseinrichtungen	12.567	10,80	3,60	3,1
047	Dämm- und Brandschutzarbeiten an technischen Anlagen	7.397	6,40	2,10	1,8
049	Feuerlöschanlagen, Feuerlöschgeräte	–	–	–	–
050	Blitzschutz- / Erdungsanlagen, Überspannungsschutz	4.724	4,10	1,40	1,2
051	Kabelleitungstiefbauarbeiten	–	–	–	–
052	Mittelspannungsanlagen	–	–	–	–
053	Niederspannungsanlagen - Kabel/Leitungen, Verlegesysteme, Installationsgeräte	56.429	48,70	16,20	13,9
054	Niederspannungsanlagen - Verteilersysteme und Einbaugeräte	12.501	10,80	3,60	3,1
055	Sicherheits- und Ersatzstromversorgungsanlagen	–	–	–	–
057	Gebäudesystemtechnik	–	–	–	–
058	Leuchten und Lampen	10.505	9,10	3,00	2,6
059	Sicherheitsbeleuchtungsanlagen	–	–	–	–
060	Sprech-, Ruf-, Antennenempfangs-, Uhren- und elektroakustische Anlagen	9.478	8,20	2,70	2,3
061	Kommunikations- und Übertragungsnetze	6.680	5,80	1,90	1,6
062	Kommunikationsanlagen	–	–	–	–
063	Gefahrenmeldeanlagen	1.089	0,94	0,31	0,3
064	Zutrittskontroll-, Zeiterfassungssysteme	–	–	–	–
069	Aufzüge	52.639	45,40	15,10	13,0
070	Gebäudeautomation	–	–	–	–
075	Raumlufttechnische Anlagen	8.308	7,20	2,40	2,0
078	Kälteanlagen für raumlufttechnische Anlagen	–	–	–	–
	Gebäudetechnik	**388.163**	**334,70**	**111,40**	**95,5**
	Sonstige Leistungsbereiche	**18.112**	**15,60**	**5,20**	**4,5**

© BKI Baukosteninformationszentrum   Kostenstand: 4.Quartal 2021, Bundesdurchschnitt, **inkl. 19% MwSt.**

6100-1316
Einfamilienhaus
Carport

Objektübersicht

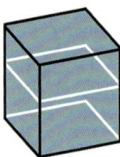 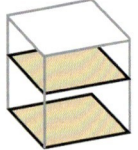 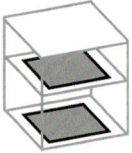 

BRI 1.132 €/m³   **BGF** 2.774 €/m²   **NUF** 3.923 €/m²   **NE** 4.885 €/NE
NE: m² Wohnfläche

Objekt:
Kennwerte: 3. Ebene DIN 276
BRI: 1.150 m³
BGF: 469 m²
NUF: 332 m²
Bauzeit: 108 Wochen
Bauende: 2015
Standard: über Durchschnitt
Bundesland: Brandenburg
Kreis: Oder-Spree

Architekt*in:
Dritte Haut° Architekten
Dipl.-Ing. Architekt
Peter Garkisch
Bölschestr. 18
12587 Berlin

Zeichnungen

6100-1316
Einfamilienhaus
Carport

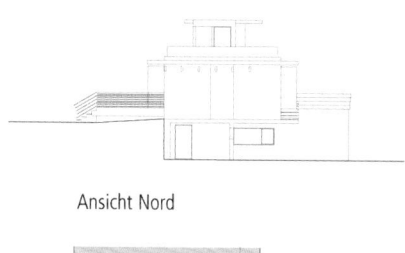
Ansicht Nord

Ansicht Ost

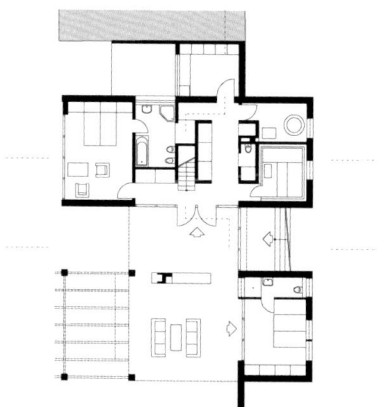
Gartengeschoss

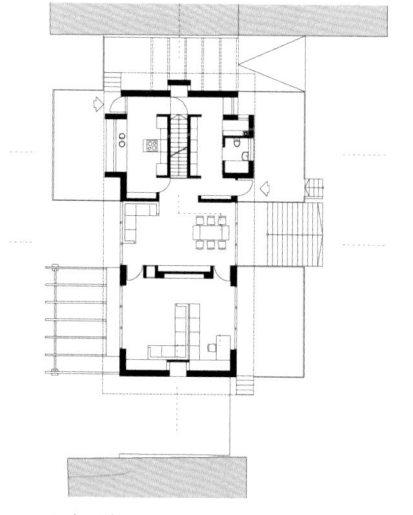
Erdgeschoss

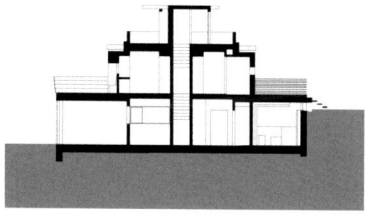
Querschnitt

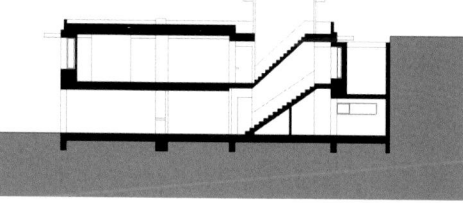
Längsschnitt

Ansicht Süd

Ansicht West

© **BKI** Baukosteninformationszentrum

Kostenstand: 4.Quartal 2021, Bundesdurchschnitt, **inkl. 19% MwSt.**

6100-1316 Einfamilienhaus Carport

Objektbeschreibung

Allgemeine Objektinformationen

Das Wohngebäude ist einseitig in einen zum Seeufer abfallenden Hang eingeschoben, sodass es von der Straße als eingeschossig, vom Wasser aber zweigeschossig wahrgenommen wird. Die zwei rechteckigen Riegel des Gartengeschosses werden durch einen quer liegenden Riegel oben abgedeckt und erzeugen darunter einen außenliegenden Raum, der als Sommerküche nutzbar ist. Wohnraum und Küche befinden sich im Erdgeschoss während die privateren Bereiche im Gartengeschoss angeordnet sind. Die Außenräume sind von nahezu jedem Innenraum erlebbar und durch Austritte über Terrassen oder direkt begehbar.

Nutzung

1 Untergeschoss
Schlafen, Bad, Hauswirtschaftsraum, Abstellraum, Technik, Sauna, Dusche, Gäste, Sommerküche

1 Erdgeschoss
Eingang, Empfang/Essen, Wohnen, Arbeiten, Küche, WC/Dusche, Terrassen, Carport

1 Dachgeschoss
Orangerie, Dachterrasse

Nutzeinheiten

Wohneinheiten: 1
Wohnfläche: 266m^2

Grundstück

Bauraum: Baulücke
Neigung: Hanglage
Bodenklasse: BK 3

Markt

Hauptvergabezeit: 3.Quartal 2013
Baubeginn: 4.Quartal 2013
Bauende: 4.Quartal 2015
Konjunkturelle Gesamtlage: Durchschnitt
Regionaler Baumarkt: unter Durchschnitt

Baukonstruktion

Das Gebäude gründet auf Stahlbetonstreifenfundamenten. Die tragenden Außenwände bestehen aus vorgefertigten eingefärbten Stahlbetonsandwichelementen. Im Innenbereich kommen neben Stahlbetonwänden sichtbare Massivholzwände als tragende Wände zum Einsatz. Die Decke über der Sommerküche wurde als Brettschichtholzdecke ausgeführt. Alle anderen Decken sowie das Dach sind in Stahlbeton hergestellt. Pergolen aus Holz und Stahl ergänzen das Dach. Sämtliche Fenster und Terrassentüren haben eine Dreifachverglasung. Die großzügigen Öffnungen im Erdgeschoss werden durch eine meterbreite umlaufende Dachkrempe und durch außenliegende Schiebeläden vor direkter Sonneneinstrahlung geschützt.

Technische Anlagen

Als Heizungs- und Warmwasseranlage kam ein **Solar-Gas-Brennwertsystem** mit **Röhrenkollektoren** zum Einbau. Die Wärmeübertragung erfolgt über Fußbodenheizungen im Trocken- und im Tackersystem. Im Wohnraum befindet sich zusätzlich ein **Kaminofen**. Da alle Räume einen direkten Außenbezug haben, konnte auf eine mechanische Lüftung verzichtet werden.

Sonstiges

In den Außenanlagen wurde eine umfangreiche Außenbeleuchtung installiert. Ein Erdtank speichert das Regenwasser.

6100-1316 Einfamilienhaus Carport

Planungskennwerte für Flächen und Rauminhalte nach DIN 277

Flächen des Grundstücks		Menge, Einheit	% an GF
BF	Bebaute Fläche	212,52 m²	14,8
UF	Unbebaute Fläche	1.226,48 m²	85,2
GF	Grundstücksfläche	1.439,00 m²	100,0

Grundflächen des Bauwerks		Menge, Einheit	% an NUF	% an BGF
NUF	Nutzungsfläche	331,82 m²	100,0	70,7
TF	Technikfläche	7,24 m²	2,2	1,5
VF	Verkehrsfläche	61,85 m²	18,6	13,2
NRF	Netto-Raumfläche	400,91 m²	120,8	85,5
KGF	Konstruktions-Grundfläche	68,26 m²	20,6	14,6
BGF	Brutto-Grundfläche	469,17 m²	141,4	100,0

NUF TF VF KGF

Brutto-Rauminhalt des Bauwerks		Menge, Einheit	BRI/NUF (m)	BRI/BGF (m)
BRI	Brutto-Rauminhalt	1.149,82 m³	3,47	2,45

BRI/NUF=3,47m
BRI/BGF=2,45m
0 1 2 3 4

Prozentualer Anteil der Kostengruppen der 2. Ebene an der Kostengruppe 400 nach DIN 276

KG	Kostengruppen (2. Ebene)	20%	40%	60%
410	Abwasser-, Wasser-, Gasanlagen			
420	Wärmeversorgungsanlagen			
430	Raumlufttechnische Anlagen			
440	Elektrische Anlagen			
450	Kommunikationstechnische Anlagen			
460	Förderanlagen			
470	Nutzungsspez. und verfahrenstech. Anlagen			
480	Gebäude- und Anlagenautomation			
490	Sonstige Maßnahmen für technische Anlagen			

Ranking der Kostengruppen der 3. Ebene an der Kostengruppe 400 nach DIN 276

KG	Kostengruppe (3. Ebene)	Kosten an KG 400 %	KG	Kostengruppe (3. Ebene)	Kosten an KG 400 %
444	Niederspannungsinstallationsanlagen	34,0	457	Datenübertragungsnetze	2,6
421	Wärmeerzeugungsanlagen	13,6	455	Audiovisuelle Medien- und Antennenanlagen	2,3
412	Wasseranlagen	13,5	452	Such- und Signalanlagen	2,0
445	Beleuchtungsanlagen	9,3	451	Telekommunikationsanlagen	1,2
411	Abwasseranlagen	6,0	456	Gefahrenmelde- und Alarmanlagen	0,9
423	Raumheizflächen	5,4	419	Sonstiges zur KG 410	0,7
429	Sonstiges zur KG 420	4,2	422	Wärmeverteilnetze	0,5
446	Blitzschutz- und Erdungsanlagen	3,6			

© BKI Baukosteninformationszentrum

Kostenstand: 4.Quartal 2021, Bundesdurchschnitt, inkl. 19% MwSt.

6100-1316 Einfamilienhaus Carport

Kostenkennwerte für die Kostengruppen der 1. Ebene DIN 276

KG	Kostengruppen (1. Ebene)	Einheit	Kosten €	€/Einheit	€/m² BGF	€/m³ BRI	% 300+400
100		m² GF	–	–	–	–	–
200	Vorbereitende Maßnahmen	m² GF	6.862	4,77	14,63	5,97	0,5
300	Bauwerk – Baukonstruktionen	m² BGF	1.090.992	2.325,37	2.325,37	948,84	83,8
400	Bauwerk – Technische Anlagen	m² BGF	210.592	448,86	448,86	183,15	16,2
	Bauwerk 300+400	m² BGF	1.301.584	2.774,23	2.774,23	1.131,99	100,0
500	Außenanlagen und Freiflächen	m² AF	84.546	–	180,20	73,53	6,5
600	Ausstattung und Kunstwerke	m² BGF	2.604	5,55	5,55	2,26	0,2
700	Baunebenkosten	m² BGF	–	–	–	–	–
800	Finanzierung	m² BGF	–	–	–	–	–

KG	Kostengruppe	Menge Einheit	Kosten €	€/Einheit	%
200	**Vorbereitende Maßnahmen**	1.439,00 m² GF	6.862	**4,77**	0,5

Oberbodenabtrag; Hausanschluss

3+4	**Bauwerk**				**100,0**
300	**Bauwerk – Baukonstruktionen**	469,17 m² BGF	1.090.992	**2.325,37**	83,8

Stb-Fundamente, Stb-Bodenplatte, Abdichtung, Heizestrich, Bodenfliesen, Holzdielen, Terrassenbelag; Stb-Wände, Holzrahmenwände, Stahlstützen, Holz-Alu-Fenster, Fensterfaltanlagen, Türelemente, Paneelhaustüren, Hydrophobierung, Holzbekleidung, Außenputz, Stb-Sandwichwände, Spachtelputz, Schiebeläden; Hlz-Mauerwerk, Brettsperrholz-Wandelemente, Leimholz-Wandelement, Stb-Stützen, Holz-Innentüren, Schiebetüren, Spachtelung, Beschichtung, Holzlasur, Wandfliesen; Stb-Decken, BSH-Decke, Holztreppen, Malervlies, Akustikdecken; Stb-Flachdach, Holzbalken-Flachdach, Holz-, Stahl-Dachüberstände, Terrassenplatten, Dachentwässerung

400	**Bauwerk – Technische Anlagen**	469,17 m² BGF	210.592	**448,86**	16,2

Gebäudeentwässerung, Kalt- und Warmwasserleitungen, Sanitärobjekte; **Solar-Gas-Brennwertgerät**, **Sonnenkollektoren**, Heizungsrohre, Fußbodenheizung, Heizkörper; Elektroinstallation, Beleuchtung, Erdung; Telefonverkabelung, Sprechanlage, Medienverkabelung, Rauchwarnmelder, Datenverkabelung

500	**Außenanlagen und Freiflächen**	–	84.546	–	6,5

Bodenarbeiten; Stb-Bodenplatte, Fundamente, Estrich; Stb-Stützwand, Stb-Winkelstützelemente, Treppenanlagen, Naturstein-Trittstufen, Geländer, Holz-Pergola; Regenwasserspeicher, Elektroinstallation, Außenbeleuchtung, Medien-, Datenverkabelung; Schachtabstützung

600	**Ausstattung und Kunstwerke**	469,17 m² BGF	2.604	**5,55**	0,2

Spiegelschrank, Duschabtrennung

Kostenkennwerte für die Kostengruppen 400 der 2. Ebene DIN 276

6100-1316
Einfamilienhaus
Carport

KG	Kostengruppe	Menge Einheit	Kosten €	€/Einheit	%
400	**Bauwerk – Technische Anlagen**				**100,0**
410	**Abwasser-, Wasser-, Gasanlagen**	469,17 m² BGF	42.684	**90,98**	20,3

KG-Rohre DN100-125 (49m), PP-Rohre DN50-100 (14m), Bodenrinne (12m), Auslaufventile (3St), Duschrinne (1St) * Metallverbundrohre DN16-26 (108m), Rückspülfilter (1St), Außenarmaturen (2St), Waschtische (3St), Tiefspül-WCs (3St), Duschwannen (2St), Badewanne (1St), Außenbecken (1St) * Montageelemente (6St)

420	**Wärmeversorgungsanlagen**	469,17 m² BGF	50.125	**106,84**	23,8

Solar-Gas-Brennwertgerät 4-10KW (1St), **Sonnenkollektoren** (5m²), Umwälzpumpe (1St), Metallverbundrohre DN16-32 (65m), Kupferrohre DN22 (5m), Gaszähler (1St) * Metallverbundrohre DN20 (20m), PP-Rohre DN100 (6m) * Fußbodenheizung (120m²), Badheizkörper (3St), Unterflurkonvektor (1St) * Schornstein (10m), **Abgasanlage** (9m)

440	**Elektrische Anlagen**	469,17 m² BGF	98.802	**210,59**	46,9

Zählerschrank (1St), Unterverteiler (1St), Erdkabel NYY-J (2.661m), Mantelleitungen NYM-J (228m), Steckdosen (91St), Schalter, Taster (67St), **Dimmer** (15St), Raumthermostate (9St), Bewegungsmelder (2St) * Halogenstrahler (42St), LED-Leuchten (9St), Außenleuchten (25St), LED-Lichtschienen (psch) * Fundamenterder (74m)

450	**Kommunikationstechnische Anlagen**	469,17 m² BGF	18.981	**40,46**	9,0

Fernmeldeleitungen (58m), Anschlussdosen (2St) * Mantelleitungen YR (85m), Sprechanlage, Wohnungsstationen (2St), Toröffner (1St), Einbaulautsprecher (1St) * Koaxialkabel (350m), Antennenanschlussdosen (4St), Hausanschlussverstärker (1St) * Mantelleitungen NYY-J (145m), Rauchwarnmelder (6St) * Datenkabel (300m), Datenanschlussdosen (5St)

Kostenkennwerte für die Kostengruppe 400 der 2. und 3. Ebene DIN 276 (Übersicht)

KG	Kostengruppe	Menge Einheit	Kosten €	€/Einheit	%
410	**Abwasser-, Wasser-, Gasanlagen**	**469,17 m² BGF**	**90,98**	**42.683,50**	**20,3**
411	Abwasseranlagen	469,17 m² BGF	27,12	12.722,82	6,0
412	Wasseranlagen	469,17 m² BGF	60,64	28.452,17	13,5
419	Sonstiges zur KG 410	469,17 m² BGF	3,22	1.508,50	0,7
420	**Wärmeversorgungsanlagen**	**469,17 m² BGF**	**106,84**	**50.125,21**	**23,8**
421	Wärmeerzeugungsanlagen	469,17 m² BGF	61,12	28.676,45	13,6
422	Wärmeverteilnetze	469,17 m² BGF	2,44	1.144,94	0,5
423	Raumheizflächen	469,17 m² BGF	24,38	11.437,99	5,4
429	Sonstiges zur KG 420	469,17 m² BGF	18,90	8.865,88	4,2
440	**Elektrische Anlagen**	**469,17 m² BGF**	**210,59**	**98.801,78**	**46,9**
444	Niederspannungsinstallationsanlagen	469,17 m² BGF	152,67	71.630,52	34,0
445	Beleuchtungsanlagen	469,17 m² BGF	41,60	19.515,19	9,3
446	Blitzschutz- und Erdungsanlagen	469,17 m² BGF	16,32	7.656,09	3,6
450	**Kommunikationstechnische Anlagen**	**469,17 m² BGF**	**40,46**	**18.981,37**	**9,0**
451	Telekommunikationsanlagen	469,17 m² BGF	5,50	2.579,20	1,2
452	Such- und Signalanlagen	469,17 m² BGF	9,03	4.236,93	2,0
455	Audiovisuelle Medien- u. Antennenanl.	469,17 m² BGF	10,21	4.789,86	2,3
456	Gefahrenmelde- und Alarmanlagen	469,17 m² BGF	3,85	1.804,70	0,9
457	Datenübertragungsnetze	469,17 m² BGF	11,87	5.570,66	2,6

Kostenkennwerte für Leistungsbereiche nach STLB (Kosten KG 400 nach DIN 276)

6100-1316
Einfamilienhaus
Carport

LB	Leistungsbereiche	Kosten €	€/m² BGF	€/m³ BRI	% an 400
040	Wärmeversorgungsanlagen - Betriebseinrichtungen	33.403	71,20	29,10	15,9
041	Wärmeversorgungsanlagen - Leitungen, Armaturen, Heizflächen	15.339	32,70	13,30	7,3
042	Gas- und Wasseranlagen - Leitungen, Armaturen	7.173	15,30	6,20	3,4
043	Druckrohrleitungen für Gas, Wasser und Abwasser	–	–	–	–
044	Abwasseranlagen - Leitungen, Abläufe, Armaturen	7.618	16,20	6,60	3,6
045	Gas-, Wasser- und Entwässerungsanlagen - Ausstattung, Elemente, Fertigbäder	26.672	56,80	23,20	12,7
046	Gas-, Wasser- und Entwässerungsanlagen - Betriebseinrichtungen	–	–	–	–
047	Dämm- und Brandschutzarbeiten an technischen Anlagen	143	0,30	0,12	0,1
049	Feuerlöschanlagen, Feuerlöschgeräte	–	–	–	–
050	Blitzschutz- / Erdungsanlagen, Überspannungsschutz	7.656	16,30	6,70	3,6
051	Kabelleitungstiefbauarbeiten	–	–	–	–
052	Mittelspannungsanlagen	–	–	–	–
053	Niederspannungsanlagen - Kabel/Leitungen, Verlegesysteme, Installationsgeräte	70.701	150,70	61,50	33,6
054	Niederspannungsanlagen - Verteilersysteme und Einbaugeräte	5.828	12,40	5,10	2,8
055	Sicherheits- und Ersatzstromversorgungsanlagen	–	–	–	–
057	Gebäudesystemtechnik	–	–	–	–
058	Leuchten und Lampen	19.515	41,60	17,00	9,3
059	Sicherheitsbeleuchtungsanlagen	–	–	–	–
060	Sprech-, Ruf-, Antennenempfangs-, Uhren- und elektroakustische Anlagen	9.027	19,20	7,90	4,3
061	Kommunikations- und Übertragungsnetze	5.056	10,80	4,40	2,4
062	Kommunikationsanlagen	–	–	–	–
063	Gefahrenmeldeanlagen	–	–	–	–
064	Zutrittskontroll-, Zeiterfassungssysteme	–	–	–	–
069	Aufzüge	–	–	–	–
070	Gebäudeautomation	–	–	–	–
075	Raumlufttechnische Anlagen	–	–	–	–
078	Kälteanlagen für raumlufttechnische Anlagen	–	–	–	–
	Gebäudetechnik	**208.129**	**443,60**	**181,00**	**98,8**
	Sonstige Leistungsbereiche	**2.462**	**5,20**	**2,10**	**1,2**

© BKI Baukosteninformationszentrum   Kostenstand: 4.Quartal 2021, Bundesdurchschnitt, **inkl. 19% MwSt.**

6100-1335
Einfamilienhaus
Garagen
Passivhaus

Objektübersicht

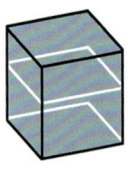 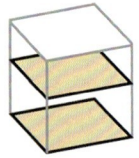 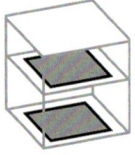 

BRI 473 €/m³   **BGF** 1.599 €/m²   **NUF** 2.509 €/m²   **NE** 2.589 €/NE

NE: m² Wohnfläche

Objekt:
Kennwerte: 3. Ebene DIN 276
BRI: 1.704 m³
BGF: 504 m²
NUF: 321 m²
Bauzeit: 30 Wochen
Bauende: 2013
Standard: über Durchschnitt
Bundesland: Nordrhein-Westfalen
Kreis: Heinsberg

Architekt*in:
RoA Rongen
Architekten PartG mbB
Propsteigasse 2
41849 Wassenberg

Zeichnungen

6100-1335
Einfamilienhaus
Garagen
Passivhaus

Ansicht Nord

Ansicht Ost

Erdgeschoss

Obergeschoss

Schnitt A-A

Schnitt B-B

Ansicht Süd

Ansicht West

Objektbeschreibung

Allgemeine Objektinformationen

Die Bauherren wünschen sich ein Einfamilienhaus für eine 6-köpfige Familie mit Logiermöglichkeit für Gäste oder Au-Pair-Personal zur Kinderbetreuung. Ziel war nicht nur ein Passiv-haus, sondern in energetischer Hinsicht ein Selbstversorgerhaus. Das Haus übernimmt die Gebäudeflucht des Nachbarhauses und öffnet sich im L-Winkel nach Südwesten. Das nach Süden und Westen auskragende Obergeschoss fungiert als Schattenspender, der nach Norden auskragende Teil bildet die Eingangsüberdachung. Dadurch werden auch raumbildende und überdachte Platzsituationen durch die Baukörper selbst geschaffen.

Nutzung

1 Erdgeschoss
Wohnraum, Kochen/Essen, Büro, Kino, Wintergarten, Eingangsbereich, WC, Gästebereich mit Bad, Technik/Abstellen, Garage

1 Obergeschoss
Schlafzimmer, Ankleide, Kinderzimmer (4St), Bad (2St), HWR, Flur

Nutzeinheiten

Wohneinheiten: 1
Wohnfläche: 311m²

Grundstück

Bauraum: Freier Bauraum
Neigung: Ebenes Gelände
Bodenklasse: BK 1 bis BK 3

Markt

Hauptvergabezeit: 3.Quartal 2012
Baubeginn: 3.Quartal 2012
Bauende: 2.Quartal 2013
Konjunkturelle Gesamtlage: Durchschnitt
Regionaler Baumarkt: unter Durchschnitt

Baukonstruktion

Der erdgeschossige Baukörper ist ein hochwärmegedämmter mehrschaliger Massivbau, bestehend aus einer Kalksandstein-Hintermauerung, einer 20cm starken Kerndämmung und einem Recycle-Verblender. Der auskragende Auflieger wurde aus statischen Gründen als Holzkonstruktion ausgeführt und als Kontrast zum Erdgeschoss mit einem 24cm starken Wärmedammverbundsystem bekleidet. Sämtliche Fenster und Pfosten-Riegel-Konstruktionen haben **Passivhaus-Qualität**. Lediglich bei der Verglasung im Pufferbereich Wintergarten wurde auf eine 2-fach-Verglasung zurückgegriffen.

Technische Anlagen

Der Neubau verfügt über eine **Lüftungsanlage** mit Wärmerückgewinnung. Eine 13,8kW$_p$ große **Photovoltaik-Anlage** auf dem Flachdach liefert den Strom für die Haustechnik und für den Haushaltsstrom. Solarabsorber zwischen den Photovoltaik-Modulen auf dem Dach nutzen die **Kollektorabwärme** und unterstützen die **Wärmepumpe** in der Warmwasserbereitung. Eine **Sole-Wärmepumpe** ermöglicht die Wärmeentnahme aus einem unterirdischen Wasserbehälter. Dieser kann im Sommer durch Gebäudekühlung zum **Eisspeicher** umfunktioniert werden.

Sonstiges

Die **Photovoltaik-Module** auf dem Dach decken nicht nur den Stromverbrauch des Hauses, es fällt sogar mehr Energie an als verbraucht wird. Die überschüssige Energie kann zur Betankung eines Elektromobils genutzt werden.

Energetische Kennwerte

Beheiztes Volumen: 1.334,70m³
Gebäudenutzfläche (EnEV): 427,10m²
Primärenergie-Kennwert (PHPP): 82,00 kWh/(m²·a)
CO_2-Emissionen: 10,00 kg/(m²·a)
Messergebnis Blower-Door-Test: 0,20 h^{-1}

6100-1335
Einfamilienhaus
Garagen
Passivhaus

Planungskennwerte für Flächen und Rauminhalte nach DIN 277

	Flächen des Grundstücks	Menge, Einheit	% an GF
BF	Bebaute Fläche	366,75 m²	16,7
UF	Unbebaute Fläche	1.825,89 m²	83,3
GF	Grundstücksfläche	2.192,64 m²	100,0

	Grundflächen des Bauwerks	Menge, Einheit	% an NUF	% an BGF
NUF	Nutzungsfläche	321,09 m²	100,0	63,7
TF	Technikfläche	18,22 m²	5,7	3,6
VF	Verkehrsfläche	48,33 m²	15,1	9,6
NRF	Netto-Raumfläche	387,64 m²	120,7	76,9
KGF	Konstruktions-Grundfläche	116,17 m²	36,2	23,1
BGF	Brutto-Grundfläche	503,81 m²	156,9	100,0

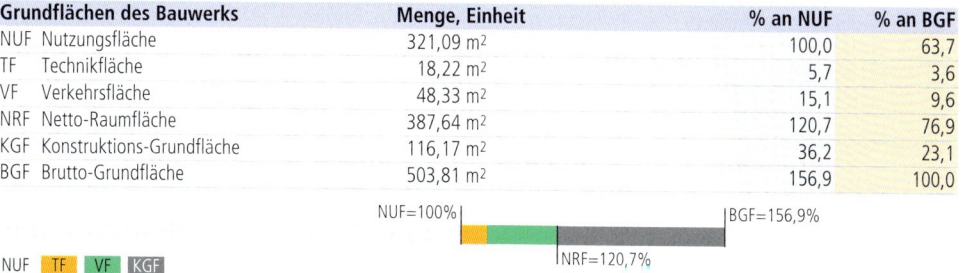

	Brutto-Rauminhalt des Bauwerks	Menge, Einheit	BRI/NUF (m)	BRI/BGF (m)
BRI	Brutto-Rauminhalt	1.703,95 m³	5,31	3,38

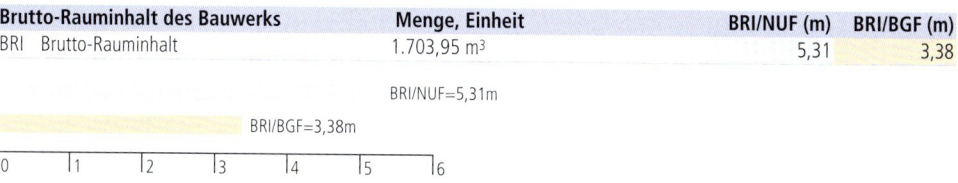

Prozentualer Anteil der Kostengruppen der 2. Ebene an der Kostengruppe 400 nach DIN 276

KG	Kostengruppen (2. Ebene)
410	Abwasser-, Wasser-, Gasanlagen
420	Wärmeversorgungsanlagen
430	Raumlufttechnische Anlagen
440	Elektrische Anlagen
450	Kommunikationstechnische Anlagen
460	Förderanlagen
470	Nutzungsspez. und verfahrenstech. Anlagen
480	Gebäude- und Anlagenautomation
490	Sonstige Maßnahmen für technische Anlagen

Ranking der Kostengruppen der 3. Ebene an der Kostengruppe 400 nach DIN 276

KG	Kostengruppe (3. Ebene)	Kosten an KG 400 %	KG	Kostengruppe (3. Ebene)	Kosten an KG 400 %
442	Eigenstromversorgungsanlagen	17,9	423	Raumheizflächen	5,7
421	Wärmeerzeugungsanlagen	15,3	422	Wärmeverteilnetze	3,7
434	Kälteanlagen	13,6	446	Blitzschutz- und Erdungsanlagen	1,6
412	Wasseranlagen	13,1	457	Datenübertragungsnetze	0,8
444	Niederspannungsinstallationsanlagen	10,6	455	Audiovisuelle Medien- und Antennenanlagen	0,8
431	Lüftungsanlagen	9,2	445	Beleuchtungsanlagen	0,5
411	Abwasseranlagen	7,2			

© BKI Baukosteninformationszentrum Kostenstand: 4.Quartal 2021, Bundesdurchschnitt, inkl. 19% MwSt.

6100-1335
Einfamilienhaus
Garagen
Passivhaus

Kostenkennwerte für die Kostengruppen der 1. Ebene DIN 276

KG	Kostengruppen (1. Ebene)	Einheit	Kosten €	€/Einheit	€/m² BGF	€/m³ BRI	% 300+400
100		m² GF	–	–	–	–	–
200	Vorbereitende Maßnahmen	m² GF	764	0,35	1,52	0,45	0,1
300	Bauwerk – Baukonstruktionen	m² BGF	643.269	1.276,81	1.276,81	377,52	79,8
400	Bauwerk – Technische Anlagen	m² BGF	162.414	322,37	322,37	95,32	20,2
	Bauwerk 300+400	**m² BGF**	**805.682**	**1.599,18**	**1.599,18**	**472,83**	**100,0**
500	Außenanlagen und Freiflächen	m² AF	7.818	4,28	15,52	4,59	1,0
600	Ausstattung und Kunstwerke	m² BGF	–	–	–	–	–
700	Baunebenkosten	m² BGF	–	–	–	–	–
800	Finanzierung	m² BGF	–	–	–	–	–

KG	Kostengruppe	Menge Einheit	Kosten €	€/Einheit	%
200	**Vorbereitende Maßnahmen**	2.192,64 m² GF	764	**0,35**	0,1

Oberboden abtragen, lagern

3+4	**Bauwerk**				**100,0**
300	**Bauwerk – Baukonstruktionen**	503,81 m² BGF	643.269	**1.276,81**	79,8

Stb-Streifenfundamente, Stb-Bodenplatte, Dämmung, Zementestrich, Bodenfliesen, Bodenbeschichtung, Glasschaumschotter; Stb-Wände, KS-Mauerwerk, Holzrahmenwände, Stahlstützen, Holz-Alufenster, Alu-Pfosten-Riegel-Elemente, Garagentore, Verblendmauerwerk, WDVS, Gipsputz, GK-Bekleidung, Wandfliesen, Fassaden-Markisen; GK-Wände, Holztüren, Gipsputz, Dispersionsbeschichtung; Stb-Decke, Stb-Treppe, Laminat; Stb-Flachdach, Holzbalken-Flachdach, Dampfsperre, Dämmung, Abdichtung, Kiesschüttung

400	**Bauwerk – Technische Anlagen**	503,81 m² BGF	162.414	**322,37**	20,2

Gebäudeentwässerung, Kalt- und Warmwasserleitungen, Regenwasserrohrnetz, Sanitärobjekte; **Sole-Wasser-Wärmepumpe**, Deckenkühl- und Heizflächen; **KW-Lüftungsanlage**; **Eisspeicher**; Elektroinstallation, Einbauleuchten, Klingelanlage, Sat-Anlage, Netzwerkverkabelung; **Photovoltaikanlage**

500	**Außenanlagen und Freiflächen**	1.825,89 m² AF	7.818	**4,28**	1,0

Versickerungsrigole, Regenzisterne

Kostenkennwerte für die Kostengruppen 400 der 2. Ebene DIN 276

KG	Kostengruppe	Menge Einheit	Kosten €	€/Einheit	%
400	**Bauwerk – Technische Anlagen**				100,0
410	**Abwasser-, Wasser-, Gasanlagen**	503,81 m² BGF	33.024	**65,55**	20,3

KG-Rohre, DN100-150 (110m), Kontrollschacht (1St), HT-Rohre, DN50-70 (25m), DN100 (39m) * Kalt- und Warmwasserleitungen (psch), Hauswasserstation (1St), Regenwasserrohrnetz (psch), Wand-WCs (4St), Handwaschbecken (7St), Bidet (1St), Badewanne (1St), **Sole-Wasser-Wärmepumpe** (1St), Umwälzpumpe (1St), Elektronischer Durchlauferhitzer (1St), Plattenwärmetauscher (1St), Kühlkreislauf (1St), Frischwassermodul (1St), Pufferspeicher 750l (1St), Pumpengruppe (1St) * Unterwandheizkörper (20m²), Deckenkühl- und Heizfläche (46m²), Raumthermostate (7St), Duschrinnen (3St)

420	**Wärmeversorgungsanlagen**	503,81 m² BGF	39.982	**79,36**	24,6

Sole-Wasser-Wärmepumpe (1St), Umwälzpumpe (1St), Elektronischer Durchlauferhitzer (1St), Plattenwärmetauscher (1St), Kühlkreislauf (1St), Frischwassermodul (1St), Pufferspeicher 750l (1St), Pumpengruppe (1St) * PE-Xa-Heizungsrohre (psch) * Unterwandheizflächen (20m²), Deckenkühl- und Heizflächen (46m²), Raumthermostate (7St)

430	**Raumlufttechnische Anlagen**	503,81 m² BGF	37.040	**73,52**	22,8

KW-Lüftungsanlage (2St), KW-Lüftungskanäle 100/220x50mm (psch) * **Eisspeicher** (1St), elektronische Regelung, 3 Wege Umschaltventil, Umwälzpumpe, Verrohrung HD-Rohr d>40mm (46m)

440	**Elektrische Anlagen**	503,81 m² BGF	49.782	**98,81**	30,7

Photovoltaikanlage (140m²) * Zählerschrank (2St), NYM-Mantelleitungen (psch), Anschluss Raumthermostat (6St), Steckdosen (81St), Herdanschlüsse (2ST), Schalter, Taster (40St), Bewegungsmelder (2St), Verkabelung **Sole-Wasser-Wärmepumpe**, **Eisspeicheranlage**, KWL-Anlage (1St), Klingelanlage (1St), elektronischer Wechselstromzähler/Drehstromzähler (1St) * Einbauleuchten (15St) * Fundamenterder, Erdungsband (75m), Erdungsanschlüsse (8St)

450	**Kommunikationstechnische Anlagen**	503,81 m² BGF	2.586	**5,13**	1,6

Lautsprecherauslässe (3St) * Koaxialkabel (120m), Antennensteckdosen (4St), Sat-Antenne (1St) * Datenkabel (psch), EDV Leerdosen (7St)

Einfamilienhaus Garagen Passivhaus

Kostenkennwerte für die Kostengruppe 400 der 2. und 3. Ebene DIN 276 (Übersicht)

KG	Kostengruppe	Menge Einheit	Kosten €	€/Einheit	%
410	**Abwasser-, Wasser-, Gasanlagen**	**503,81 m² BGF**	**65,55**	**33.023,56**	**20,3**
411	Abwasseranlagen	503,81 m² BGF	23,23	11.703,08	7,2
412	Wasseranlagen	503,81 m² BGF	42,32	21.320,48	13,1
420	**Wärmeversorgungsanlagen**	**503,81 m² BGF**	**79,36**	**39.981,96**	**24,6**
421	Wärmeerzeugungsanlagen	503,81 m² BGF	49,16	24.768,92	15,3
422	Wärmeverteilnetze	503,81 m² BGF	11,91	5.998,22	3,7
423	Raumheizflächen	503,81 m² BGF	18,29	9.214,82	5,7
430	**Raumlufttechnische Anlagen**	**503,81 m² BGF**	**73,52**	**37.039,84**	**22,8**
431	Lüftungsanlagen	503,81 m² BGF	29,59	14.907,37	9,2
434	Kälteanlagen	503,81 m² BGF	43,93	22.132,47	13,6
440	**Elektrische Anlagen**	**503,81 m² BGF**	**98,81**	**49.782,05**	**30,7**
442	Eigenstromversorgungsanlagen	503,81 m² BGF	57,78	29.109,29	17,9
444	Niederspannungsinstallationsanlagen	503,81 m² BGF	34,21	17.233,35	10,6
445	Beleuchtungsanlagen	503,81 m² BGF	1,58	796,23	0,5
446	Blitzschutz- und Erdungsanlagen	503,81 m² BGF	5,25	2.643,17	1,6
450	**Kommunikationstechnische Anlagen**	**503,81 m² BGF**	**5,13**	**2.586,43**	**1,6**
455	Audiovisuelle Medien- u. Antennenanl.	503,81 m² BGF	2,51	1.263,68	0,8
457	Datenübertragungsnetze	503,81 m² BGF	2,63	1.322,76	0,8

Kostenkennwerte für Leistungsbereiche nach STLB (Kosten KG 400 nach DIN 276)

6100-1335
Einfamilienhaus
Garagen
Passivhaus

LB	Leistungsbereiche	Kosten €	€/m² BGF	€/m³ BRI	% an 400
040	Wärmeversorgungsanlagen - Betriebseinrichtungen	24.420	48,50	14,30	15,0
041	Wärmeversorgungsanlagen - Leitungen, Armaturen, Heizflächen	9.658	19,20	5,70	5,9
042	Gas- und Wasseranlagen - Leitungen, Armaturen	12.561	24,90	7,40	7,7
043	Druckrohrleitungen für Gas, Wasser und Abwasser	28	< 0,1	< 0,1	–
044	Abwasseranlagen - Leitungen, Abläufe, Armaturen	4.106	8,20	2,40	2,5
045	Gas-, Wasser- und Entwässerungsanlagen - Ausstattung, Elemente, Fertigbäder	12.269	24,40	7,20	7,6
046	Gas-, Wasser- und Entwässerungsanlagen - Betriebseinrichtungen	–	–	–	–
047	Dämm- und Brandschutzarbeiten an technischen Anlagen	–	–	–	–
049	Feuerlöschanlagen, Feuerlöschgeräte	–	–	–	–
050	Blitzschutz- / Erdungsanlagen, Überspannungsschutz	29.109	57,80	17,10	17,9
051	Kabelleitungstiefbauarbeiten	–	–	–	–
052	Mittelspannungsanlagen	–	–	–	–
053	Niederspannungsanlagen - Kabel/Leitungen, Verlegesysteme, Installationsgeräte	22.714	45,10	13,30	14,0
054	Niederspannungsanlagen - Verteilersysteme und Einbaugeräte	–	–	–	–
055	Sicherheits- und Ersatzstromversorgungsanlagen	–	–	–	–
057	Gebäudesystemtechnik	–	–	–	–
058	Leuchten und Lampen	–	–	–	–
059	Sicherheitsbeleuchtungsanlagen	–	–	–	–
060	Sprech-, Ruf-, Antennenempfangs-, Uhren- und elektroakustische Anlagen	–	–	–	–
061	Kommunikations- und Übertragungsnetze	–	–	–	–
062	Kommunikationsanlagen	–	–	–	–
063	Gefahrenmeldeanlagen	–	–	–	–
064	Zutrittskontroll-, Zeiterfassungssysteme	–	–	–	–
069	Aufzüge	–	–	–	–
070	Gebäudeautomation	–	–	–	–
075	Raumlufttechnische Anlagen	14.907	29,60	8,70	9,2
078	Kälteanlagen für raumlufttechnische Anlagen	23.647	46,90	13,90	14,6
	Gebäudetechnik	**153.419**	**304,50**	**90,00**	**94,5**
	Sonstige Leistungsbereiche	**8.995**	**17,90**	**5,30**	**5,5**

© BKI Baukosteninformationszentrum Kostenstand: 4.Quartal 2021, Bundesdurchschnitt, inkl. 19% MwSt.

6100-1336
Mehrfamilienhäuser
(37 WE)
Effizienzhaus ~38%

Objektübersicht

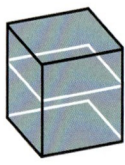 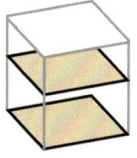  

BRI 325 €/m³   **BGF** 1.008 €/m²   **NUF** 1.403 €/m²   **NE** 1.986 €/NE
                                                                    NE: m² Wohnfläche

Objekt:
Kennwerte: 3. Ebene DIN 276
BRI: 13.069 m³
BGF: 4.214 m²
NUF: 3.028 m²
Bauzeit: 74 Wochen
Bauende: 2013
Standard: unter Durchschnitt
Bundesland: Bayern
Kreis: Ansbach, Stadt

Architekt*in:
Deppisch Architekten GmbH
Obere Hauptstraße 26
85354 Freising

Bauherr*in:
Joseph-Stiftung
Hans-Birkmayr-Straße 65
96050 Bamberg

© Sebastian Schels

© Sebastian Schels

© Sebastian Schels

© Sebastian Schels

Zeichnungen

6100-1336
Mehrfamilienhäuser
(37 WE)
Effizienzhaus ~38%

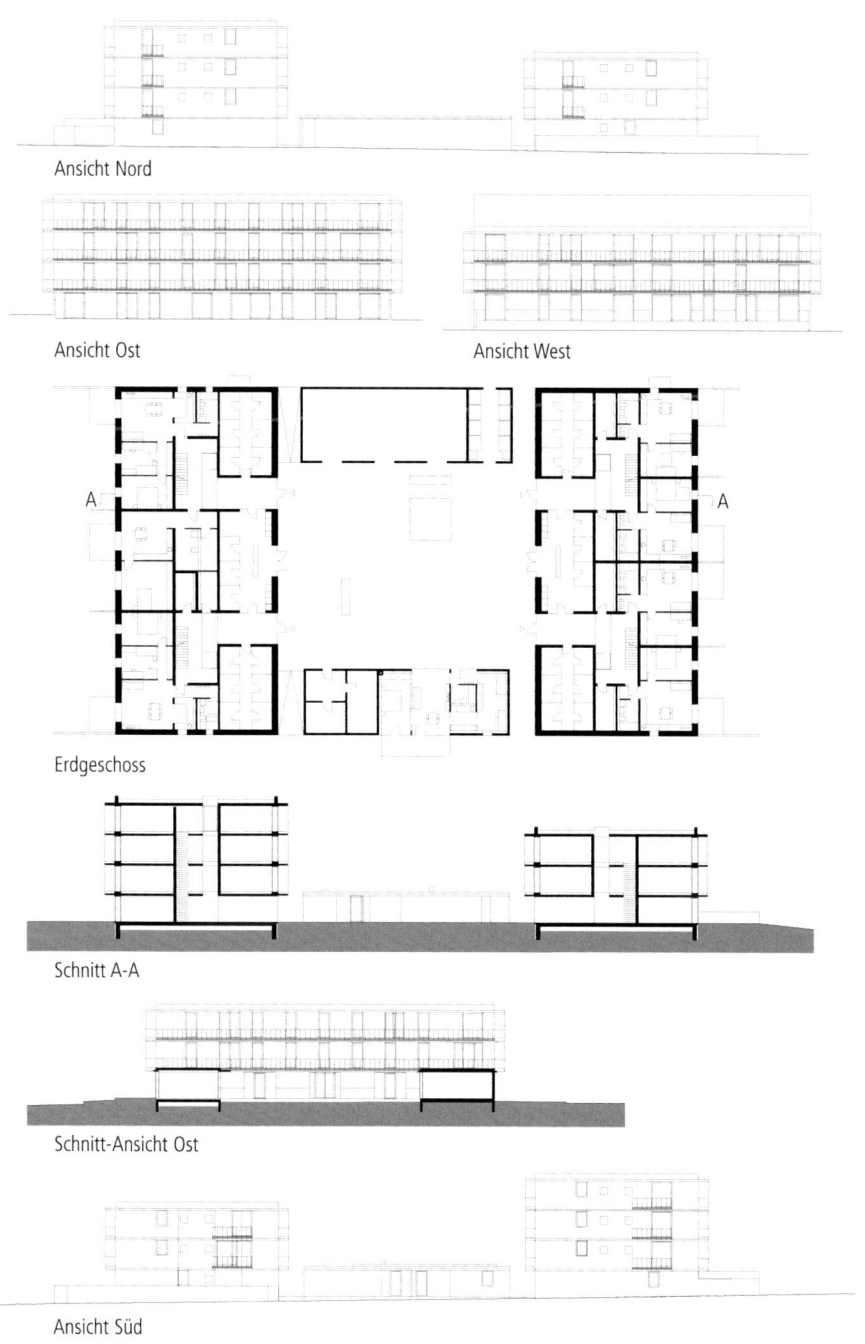

Ansicht Nord

Ansicht Ost   Ansicht West

Erdgeschoss

Schnitt A-A

Schnitt-Ansicht Ost

Ansicht Süd

Mehrfamilienhäuser (37 WE) Effizienzhaus ~38%

Objektbeschreibung

Allgemeine Objektinformationen

Im Rahmen eines Modellprojekts der Obersten Baubehörde des Landes entstanden zwei neue drei- und viergeschossige Wohngebäude mit insgesamt 37 Wohnungen. Als eingeschossige Bindeglieder zwischen den Wohngebäuden umschließen Technik- und Fahrradräume einen beruhigten Innenhof, der als geschützter Raum für die Bewohner und als Veranstaltungsort dient. Die offenen Parkplätze befinden sich im Außenraum direkt an die Straße angrenzend.

Nutzung

1 Erdgeschoss
Wohnungen mit Terrassen (7 WE), Abstellräume, Waschräume; zwei Nebengebäude: Fahrradraum, Müllraum, Technikräume

3 Obergeschosse
Wohnungen mit Balkonen (30 WE)

Nutzeinheiten

Wohneinheiten: 37
Wohnfläche: 2.139 m^2

Grundstück

Bauraum: Freier Bauraum
Neigung: Ebenes Gelände
Bodenklasse: BK 4

Besonderer Kosteneinfluss Grundstück:
Freies Gelände nach Abbruch von Bestandsbauten

Markt

Hauptvergabezeit: 3. Quartal 2011
Baubeginn: 1. Quartal 2012
Bauende: 3. Quartal 2013
Konjunkturelle Gesamtlage: Durchschnitt
Regionaler Baumarkt: Durchschnitt

Baukonstruktion

Die beiden Wohngebäude sind nicht unterkellert und gründen auf einer Bodenplatte aus Stahlbeton. Als Tragwerk wurde eine Mischung aus Holztafel- und Holzrahmenkonstruktion umgesetzt. Die Holzrahmen-Außenwände mit Mineralwolldämmung sind mit einer hinterlüfteten Holzschalung aus Weißtanne bekleidet. Die Innenwände zum Treppenraum bestehen aus Holztafeln. Sämtliche Fenster haben Holzrahmen und eine Dreifachverglasung erhalten. Die durchlaufenden Balkone vor den Fassaden dienen gleichzeitig als Sonnenschutz. Das Flachdach ist mit Elastomerdachbahnen abgedichtet. Innen sind die Erschließungsflächen mit sichtbar belassenem Zementestrich ausgeführt. Die Innentreppen und Wohnräume wurden mit Industrieparkett belegt. Alle Fichtenholzdecken sind sichtbar. Holztüren und Sitzbänke aus Weißtanne vervollständigen das ganzheitliche Entwurfskonzept.

Technische Anlagen

Für die Beheizung und Warmwasserbereitung der beiden Wohngebäude wurde eine **Holzpelletanlage** eingebaut. Die **Wohnraumlüftung** erfolgt in den Bädern und Küchen über eine **Abluftanlage** ohne **Wärmerückgewinnung**. Bei reduziertem Luftwechsel ist Zuluft über eine Fensterspaltlüftung möglich.
Entlüftete Fläche: 2.139,29 m^2

Sonstiges

Für die Planung wurde ein Architektenwettbewerb ausgelobt, dessen Siegerentwurf mit geringen Überarbeitungen realisiert werden konnte. Das Entwurfsziel einer hohen Nachhaltigkeit wurde durch die weitgehende Verwendung nachwachsender Rohstoffe für die Konstruktion, Fassaden und Fußböden erreicht.

Energetische Kennwerte

EnEV Fassung: 2009
Gebäudevolumen: 4.722,30 m^3
Nutzfläche (EnEV): 1.511,10 m^2
Hüllfläche des beheizten Volumens: 1.932,30 m^2
A/Ve-Verhältnis (Kompaktheit): 0,41 m^{-1}
Spez. Jahresprimärenergiebedarf (EnEV): 21,60 kWh/(m^2·a)
Spez. Transmissionswärmeverlust: 0,21 W/(m^2·K)
Anlagen-Aufwandszahl: 0,59

Planungskennwerte für Flächen und Rauminhalte nach DIN 277

6100-1336
Mehrfamilienhäuser
(37 WE)
Effizienzhaus ~38%

Flächen des Grundstücks		Menge, Einheit	% an GF
BF	Bebaute Fläche	1.340,12 m²	37,0
UF	Unbebaute Fläche	2.279,88 m²	63,0
GF	Grundstücksfläche	3.620,00 m²	100,0

Grundflächen des Bauwerks		Menge, Einheit	% an NUF	% an BGF
NUF	Nutzungsfläche	3.027,68 m²	100,0	71,8
TF	Technikfläche	60,70 m²	2,0	1,4
VF	Verkehrsfläche	554,36 m²	18,3	13,2
NRF	Netto-Raumfläche	3.642,74 m²	120,3	86,4
KGF	Konstruktions-Grundfläche	571,51 m²	18,9	13,6
BGF	Brutto-Grundfläche	4.214,25 m²	139,2	100,0

NUF=100% | NRF=120,3% | BGF=139,2%

NUF TF VF KGF

Brutto-Rauminhalt des Bauwerks		Menge, Einheit	BRI/NUF (m)	BRI/BGF (m)
BRI	Brutto-Rauminhalt	13.069,08 m³	4,32	3,10

BRI/NUF=4,32m
BRI/BGF=3,10m

Prozentualer Anteil der Kostengruppen der 2. Ebene an der Kostengruppe 400 nach DIN 276

KG	Kostengruppen (2. Ebene)
410	Abwasser-, Wasser-, Gasanlagen
420	Wärmeversorgungsanlagen
430	Raumlufttechnische Anlagen
440	Elektrische Anlagen
450	Kommunikationstechnische Anlagen
460	Förderanlagen
470	Nutzungsspez. und verfahrenstech. Anlagen
480	Gebäude- und Anlagenautomation
490	Sonstige Maßnahmen für technische Anlagen

Ranking der Kostengruppen der 3. Ebene an der Kostengruppe 400 nach DIN 276

KG	Kostengruppe (3. Ebene)	Kosten an KG 400 %	KG	Kostengruppe (3. Ebene)	Kosten an KG 400 %
412	Wasseranlagen	22,6	419	Sonstiges zur KG 410	2,8
444	Niederspannungsinstallationsanlagen	19,9	429	Sonstiges zur KG 420	2,0
422	Wärmeverteilnetze	12,2	457	Datenübertragungsnetze	1,4
411	Abwasseranlagen	9,5	446	Blitzschutz- und Erdungsanlagen	1,2
421	Wärmeerzeugungsanlagen	8,7	456	Gefahrenmelde- und Alarmanlagen	1,2
423	Raumheizflächen	8,0	455	Audiovisuelle Medien- und Antennenanlagen	0,8
431	Lüftungsanlagen	4,7	451	Telekommunikationsanlagen	0,7
445	Beleuchtungsanlagen	3,6	452	Such- und Signalanlagen	0,7

© BKI Baukosteninformationszentrum   Kostenstand: 4.Quartal 2021, Bundesdurchschnitt, inkl. 19% MwSt.

6100-1336
Mehrfamilienhäuser
(37 WE)
Effizienzhaus ~38%

Kostenkennwerte für die Kostengruppen der 1. Ebene DIN 276

KG	Kostengruppen (1. Ebene)	Einheit	Kosten €	€/Einheit	€/m² BGF	€/m³ BRI	% 300+400
100		m² GF	–	–	–	–	–
200	Vorbereitende Maßnahmen	m² GF	150.773	41,65	35,78	11,54	3,5
300	Bauwerk – Baukonstruktionen	m² BGF	3.420.497	811,65	811,65	261,72	80,5
400	Bauwerk – Technische Anlagen	m² BGF	828.460	196,59	196,59	63,39	19,5
	Bauwerk 300+400	**m² BGF**	**4.248.957**	**1.008,24**	**1.008,24**	**325,12**	**100,0**
500	Außenanlagen und Freiflächen	m² AF	66.920	29,35	15,88	5,12	1,6
600	Ausstattung und Kunstwerke	m² BGF	7.258	1,72	1,72	0,56	0,2
700	Baunebenkosten	m² BGF	–	–	–	–	–
800	Finanzierung	m² BGF	–	–	–	–	–

KG	Kostengruppe	Menge Einheit	Kosten €	€/Einheit	%
200	**Vorbereitende Maßnahmen**	3.620,00 m² GF	150.773	41,65	3,5

Abbruch von Bestandsgebäuden; Öffentliche Erschließung Abwasser, Verkehrserschließung

KG	Kostengruppe	Menge Einheit	Kosten €	€/Einheit	%
3+4	**Bauwerk**				**100,0**
300	**Bauwerk – Baukonstruktionen**	4.214,25 m² BGF	3.420.497	811,65	80,5

Stb-Flachgründung, Installationskanal, Heiz-/Zementestrich, Parkett, Bodenfliesen; Stb-FT-Wandelemente, Holzrahmenelemente, Holzbekleidung, Holzfenster, Türelemente; Brettsperrholzwände, GK-Wände, Holzinnentüren, GK-Bekleidung/Vorsatzschalen, Wandfliesen, Silikatbeschichtung; Holzdeckenkonstruktion, Holztreppen, Geländer, Balkon-Holzroste, Balkon-Trennwände; Holz-Flachdach, Stb-Flachdach, Abdichtung Lichtkuppeln, Dachentwässerung

KG	Kostengruppe	Menge Einheit	Kosten €	€/Einheit	%
400	**Bauwerk – Technische Anlagen**	4.214,25 m² BGF	828.460	196,59	19,5

Gebäudeentwässerung, Kalt- und Warmwasserleitungen, Sanitärobjekte; **Pellet-Brennwertkessel**, Heizungsrohre, Fußbodenheizung; **Lüftungsgeräte**, Lüftungsleitungen, Kleinlüfter; Elektroinstallation, Beleuchtung, Erdung; Telefon-Verkabelung, Sprechanlagen, Medien-Verkabelung, Rauchmelder, EDV-Verkabelung

KG	Kostengruppe	Menge Einheit	Kosten €	€/Einheit	%
500	**Außenanlagen und Freiflächen**	2.279,88 m² AF	66.920	29,35	1,6

Bodenarbeiten; Fundamente; Asphaltschicht; Stb-Wände, Nebengebäude: Stb-Flachdach, Zugangstüren, Lichtkuppeln; Versorgungsleitungen ans öffentliche Netz

KG	Kostengruppe	Menge Einheit	Kosten €	€/Einheit	%
600	**Ausstattung und Kunstwerke**	4.214,25 m² BGF	7.258	1,72	0,2

Sanitärausstattungen

Kostenkennwerte für die Kostengruppen 400 der 2. Ebene DIN 276

6100-1336
Mehrfamilienhäuser
(37 WE)
Effizienzhaus ~38%

KG	Kostengruppe	Menge Einheit	Kosten €	€/Einheit	%
400	**Bauwerk – Technische Anlagen**				100,0
410	**Abwasser-, Wasser-, Gasanlagen**	4.214,25 m² BGF	289.518	**68,70**	34,9

PP-Rohre DN110-250 (586m), PE-Rohre DN50-100 (241m), SML-Rohre DN50-100 (226m), Edelstahlspeier (50St), Kontrollschächte DN1.000 (5St) * Edelstahlrohre D=15-54cm (1.630m), Ventile DN15-50 (322St), Wasserzähler-Anschlussgarnituren (38St), Umwälzpumpe (1St), Kunststoffrohre DN18-32 (70m), WCs (43St), Waschtische (37St), Handwaschbecken (5St), Ausgussbecken (37St), Duschen (32St), Badewannen (5St), Armaturen, Außenarmatur (1St) * Montageelemente (161St)

420	**Wärmeversorgungsanlagen**	4.214,25 m² BGF	255.607	**60,65**	30,9

Pellet-Heizkessel 100kW (1St), Pufferspeicher (2St), Umwälzpumpen (2St), Druckausdehnungsgefäß (1St), Enthärtungsarmatur (1St) * Kupferrohre, D=18-76mm (546m), Stahlrohre DN15-65 (92m), Heizkreisverteiler, Wärmezähler (39St), Stellantriebe (201St) * Fußbodenheizung (2.469m²) * Schornstein (14m)

430	**Raumlufttechnische Anlagen**	4.214,25 m² BGF	39.121	**9,28**	4,7

Einzelraumlüfter bis 90m³/h (59St), Lüftungsrohre DN80-160 (206m), Dachdurchführungen mit Hauben (12St), Brandschutzdeckenschotts (25St)

440	**Elektrische Anlagen**	4.214,25 m² BGF	204.509	**48,53**	24,7

Zählerschränke (5St), Hauptschalter, FI-Schutzschalter (889St), Mantelleitungen (13.653m), Kunststoffkabel (2.074m), Brandschotts (33St), Schalter, Taster (586St), Steckdosen (1.500St), Netzwerkstecker (202St), Raumthermostate (153St), Herddosen (37St), Bewegungsmelder (15St) * Deckenleuchten (109St), Spiegelleuchten (37St), Wannenleuchten (19St), Außenleuchten (13St) * Ringerder (770m), Kreuzverbinder (90St), Potenzialausgleichsschienen (5St)

450	**Kommunikationstechnische Anlagen**	4.214,25 m² BGF	39.705	**9,42**	4,8

Fernmeldeleitungen (3.128m) * Sprechanlagen (4St), Wandapparate, Klingelschalter (37St) * Koaxialkabel (2.427m), Antennenanschlussdosen (101St) * Rauchmelder (133St) * Datenkabel Cat7 (3.332m), Datenanschlussdosen (102St)

6100-1336
Mehrfamilienhäuser
(37 WE)
Effizienzhaus ~38%

Kostenkennwerte für die Kostengruppe 400 der 2. und 3. Ebene DIN 276 (Übersicht)

KG	Kostengruppe	Menge Einheit	Kosten €	€/Einheit	%
410	**Abwasser-, Wasser-, Gasanlagen**	**4.214,25 m² BGF**	**68,70**	**289.518,26**	**34,9**
411	Abwasseranlagen	4.214,25 m² BGF	18,77	79.088,66	9,5
412	Wasseranlagen	4.214,25 m² BGF	44,45	187.338,49	22,6
419	Sonstiges zur KG 410	4.214,25 m² BGF	5,48	23.091,11	2,8
420	**Wärmeversorgungsanlagen**	**4.214,25 m² BGF**	**60,65**	**255.607,00**	**30,9**
421	Wärmeerzeugungsanlagen	4.214,25 m² BGF	17,04	71.827,23	8,7
422	Wärmeverteilnetze	4.214,25 m² BGF	23,92	100.813,11	12,2
423	Raumheizflächen	4.214,25 m² BGF	15,68	66.081,95	8,0
429	Sonstiges zur KG 420	4.214,25 m² BGF	4,01	16.884,72	2,0
430	**Raumlufttechnische Anlagen**	**4.214,25 m² BGF**	**9,28**	**39.120,73**	**4,7**
431	Lüftungsanlagen	4.214,25 m² BGF	9,28	39.120,73	4,7
440	**Elektrische Anlagen**	**4.214,25 m² BGF**	**48,53**	**204.509,26**	**24,7**
444	Niederspannungsinstallationsanlagen	4.214,25 m² BGF	39,09	164.721,76	19,9
445	Beleuchtungsanlagen	4.214,25 m² BGF	6,99	29.470,41	3,6
446	Blitzschutz- und Erdungsanlagen	4.214,25 m² BGF	2,45	10.317,09	1,2
450	**Kommunikationstechnische Anlagen**	**4.214,25 m² BGF**	**9,42**	**39.705,07**	**4,8**
451	Telekommunikationsanlagen	4.214,25 m² BGF	1,47	6.211,52	0,7
452	Such- und Signalanlagen	4.214,25 m² BGF	1,31	5.515,68	0,7
455	Audiovisuelle Medien- u. Antennenanl.	4.214,25 m² BGF	1,63	6.885,65	0,8
456	Gefahrenmelde- und Alarmanlagen	4.214,25 m² BGF	2,28	9.626,09	1,2
457	Datenübertragungsnetze	4.214,25 m² BGF	2,72	11.466,13	1,4

Kostenkennwerte für Leistungsbereiche nach STLB (Kosten KG 400 nach DIN 276)

6100-1336
Mehrfamilienhäuser
(37 WE)
Effizienzhaus ~38%

LB	Leistungsbereiche	Kosten €	€/m² BGF	€/m³ BRI	% an 400
040	Wärmeversorgungsanlagen - Betriebseinrichtungen	69.275	16,40	5,30	8,4
041	Wärmeversorgungsanlagen - Leitungen, Armaturen, Heizflächen	159.632	37,90	12,20	19,3
042	Gas- und Wasseranlagen - Leitungen, Armaturen	97.015	23,00	7,40	11,7
043	Druckrohrleitungen für Gas, Wasser und Abwasser	–	–	–	–
044	Abwasseranlagen - Leitungen, Abläufe, Armaturen	38.218	9,10	2,90	4,6
045	Gas-, Wasser- und Entwässerungsanlagen - Ausstattung, Elemente, Fertigbäder	95.612	22,70	7,30	11,5
046	Gas-, Wasser- und Entwässerungsanlagen - Betriebseinrichtungen	–	–	–	–
047	Dämm- und Brandschutzarbeiten an technischen Anlagen	36.061	8,60	2,80	4,4
049	Feuerlöschanlagen, Feuerlöschgeräte	–	–	–	–
050	Blitzschutz- / Erdungsanlagen, Überspannungsschutz	10.317	2,40	0,79	1,2
051	Kabelleitungstiefbauarbeiten	–	–	–	–
052	Mittelspannungsanlagen	–	–	–	–
053	Niederspannungsanlagen - Kabel/Leitungen, Verlegesysteme, Installationsgeräte	159.023	37,70	12,20	19,2
054	Niederspannungsanlagen - Verteilersysteme und Einbaugeräte	35.372	8,40	2,70	4,3
055	Sicherheits- und Ersatzstromversorgungsanlagen	–	–	–	–
057	Gebäudesystemtechnik	–	–	–	–
058	Leuchten und Lampen	29.470	7,00	2,30	3,6
059	Sicherheitsbeleuchtungsanlagen	–	–	–	–
060	Sprech-, Ruf-, Antennenempfangs-, Uhren- und elektroakustische Anlagen	5.516	1,30	0,42	0,7
061	Kommunikations- und Übertragungsnetze	2.988	0,71	0,23	0,4
062	Kommunikationsanlagen	–	–	–	–
063	Gefahrenmeldeanlagen	–	–	–	–
064	Zutrittskontroll-, Zeiterfassungssysteme	–	–	–	–
069	Aufzüge	–	–	–	–
070	Gebäudeautomation	–	–	–	–
075	Raumlufttechnische Anlagen	39.121	9,30	3,00	4,7
078	Kälteanlagen für raumlufttechnische Anlagen	–	–	–	–
	Gebäudetechnik	**777.620**	**184,50**	**59,50**	**93,9**
	Sonstige Leistungsbereiche	**50.841**	**12,10**	**3,90**	**6,1**

© BKI Baukosteninformationszentrum Kostenstand: 4.Quartal 2021, Bundesdurchschnitt, inkl. 19% MwSt.

6100-1337
Mehrfamilienhaus
(5 WE)
Effizienzhaus ~33%

Objektübersicht

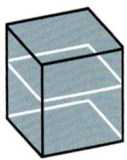 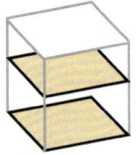  

BRI 577 €/m³   **BGF** 1.847 €/m²   **NUF** 2.632 €/m²   **NE** 3.275 €/NE
NE: m² Wohnfläche

Objekt:
Kennwerte: 3. Ebene DIN 276
BRI: 2.815 m³
BGF: 880 m²
NUF: 617 m²
Bauzeit: 47 Wochen
Bauende: 2017
Standard: über Durchschnitt
Bundesland: Brandenburg
Kreis: Potsdam-Mittelmark

Architekt*in:
Küssner Architekten BDA
Förster-Funke-Allee 8
14532 Kleinmachnow

Bauherr*in:
Grundstücksgesellschaft
Meiereifeld 35 GbR

Bauleitung:
TILIA-Innovation GmbH
Dipl.-Ing. Christian Schulz
Architekt BDA
Mühlholzgasse 4
04277 Leipzig

Zeichnungen

6100-1337
Mehrfamilienhaus
(5 WE)
Effizienzhaus ~33%

6100-1337 Mehrfamilienhaus (5 WE) Effizienzhaus ~33%

Objektbeschreibung

Allgemeine Objektinformationen

Der Neubau mit fünf Eigentumswohnungen hat auch einen Gemeinderaum für die benachbarte Kapelle. Eine Wohneinheit ist so ausgebaut, dass ein Teil zu einer eigenständigen Wohnung zurück- und dann wieder ausgebaut werden kann.

Nutzung

1 Untergeschoss
Abstellräume, Technik, **Pelletbunker**

1 Erdgeschoss
Wohnen, Gemeinderaum

1 Obergeschoss
Wohnen

1 Dachgeschoss
Wohnen

Nutzeinheiten

Wohneinheiten: 5
Wohnfläche: 496 m²

Grundstück

Bauraum: Freier Bauraum
Neigung: Ebenes Gelände
Bodenklasse: BK 1 bis BK 4

Markt

Hauptvergabezeit: 1. Quartal 2016
Baubeginn: 2. Quartal 2016
Bauende: 1. Quartal 2017
Konjunkturelle Gesamtlage: über Durchschnitt
Regionaler Baumarkt: Durchschnitt

Baukonstruktion

Die Baukonstruktion ist vom Unter- bis zum Obergeschoss zur Realisierung des Schallschutzes massiv gewählt worden. Im Dachgeschoss sind nur der **Aufzugskern** und das Treppenhaus massiv hergestellt. Das Spitzbogen-Tonnendach besteht aus Leimbindern mit Gipskarton-Brandschutz-Beplankung. Beide Giebelwände sowie das Dach wurden mit Zellulose gedämmt. Die Dachdeckung erfolgte mit Titanzink. Im Dachgeschoss wurden die Giebelfassaden mit einer lasierten, waagrechten Holzschalung bekleidet.

Technische Anlagen

Mit einer **Holzpelletheizung** konnten die Anforderungen des EEG erfüllt werden. Ein **Aufzug** dient zur **barrierefreien** Erschließung aller Wohnungen. Die Wohnung im Obergeschoss ist mit einer kompletten Abschirmung gegen Mobilfunk ausgestattet.

Energetische Kennwerte

EnEV Fassung: 2013
Gebäudenutzfläche (EnEV): 785,00 m²
Spez. Jahresendenergiebedarf: 95,00 kWh/(m²·a)
Spez. Jahresprimärenergiebedarf: 22,00 kWh/(m²·a)
Spez. Transmissionswärmeverlust: 0,31 W/(m²·K)

Planungskennwerte für Flächen und Rauminhalte nach DIN 277

6100-1337
Mehrfamilienhaus
(5 WE)
Effizienzhaus ~33%

Flächen des Grundstücks

KG		Menge, Einheit	% an GF
BF	Bebaute Fläche	220,00 m²	18,5
UF	Unbebaute Fläche	968,00 m²	81,5
GF	Grundstücksfläche	1.188,00 m²	100,0

Grundflächen des Bauwerks

KG		Menge, Einheit	% an NUF	% an BGF
NUF	Nutzungsfläche	617,35 m²	100,0	70,2
TF	Technikfläche	33,34 m²	5,4	3,8
VF	Verkehrsfläche	56,36 m²	9,1	6,4
NRF	Netto-Raumfläche	707,05 m²	114,5	80,4
KGF	Konstruktions-Grundfläche	172,95 m²	28,0	19,7
BGF	Brutto-Grundfläche	880,00 m²	142,5	100,0

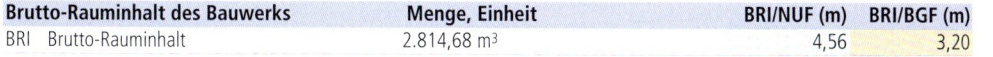

NUF | TF | VF | KGF

Brutto-Rauminhalt des Bauwerks

KG		Menge, Einheit	BRI/NUF (m)	BRI/BGF (m)
BRI	Brutto-Rauminhalt	2.814,68 m³	4,56	3,20

Prozentualer Anteil der Kostengruppen der 2. Ebene an der Kostengruppe 400 nach DIN 276

KG	Kostengruppen (2. Ebene)
410	Abwasser-, Wasser-, Gasanlagen
420	Wärmeversorgungsanlagen
430	Raumlufttechnische Anlagen
440	Elektrische Anlagen
450	Kommunikationstechnische Anlagen
460	Förderanlagen
470	Nutzungsspez. und verfahrenstech. Anlagen
480	Gebäude- und Anlagenautomation
490	Sonstige Maßnahmen für technische Anlagen

Ranking der Kostengruppen der 3. Ebene an der Kostengruppe 400 nach DIN 276

KG	Kostengruppe (3. Ebene)	Kosten an KG 400 %	KG	Kostengruppe (3. Ebene)	Kosten an KG 400 %
444	Niederspannungsinstallationsanlagen	21,4	431	Lüftungsanlagen	2,2
412	Wasseranlagen	17,5	429	Sonstiges zur KG 420	2,1
461	Aufzugsanlagen	14,4	419	Sonstiges zur KG 410	1,7
421	Wärmeerzeugungsanlagen	14,2	445	Beleuchtungsanlagen	1,4
423	Raumheizflächen	9,7	456	Gefahrenmelde- und Alarmanlagen	1,1
411	Abwasseranlagen	4,6	446	Blitzschutz- und Erdungsanlagen	1,1
422	Wärmeverteilnetze	4,2	455	Audiovisuelle Medien- und Antennenanlagen	0,8
457	Datenübertragungsnetze	2,9	452	Such- und Signalanlagen	0,6

© BKI Baukosteninformationszentrum Kostenstand: 4.Quartal 2021, Bundesdurchschnitt, **inkl. 19% MwSt.**

6100-1337
Mehrfamilienhaus
(5 WE)
Effizienzhaus ~33%

Kostenkennwerte für die Kostengruppen der 1. Ebene DIN 276

KG	Kostengruppen (1. Ebene)	Einheit	Kosten €	€/Einheit	€/m² BGF	€/m³ BRI	% 300+400
100		m² GF	–	–	–	–	–
200	Vorbereitende Maßnahmen	m² GF	2.517	2,12	2,86	0,89	0,2
300	Bauwerk – Baukonstruktionen	m² BGF	1.286.181	1.461,57	1.461,57	456,95	79,1
400	Bauwerk – Technische Anlagen	m² BGF	338.822	385,03	385,03	120,38	20,9
	Bauwerk 300+400	**m² BGF**	**1.625.003**	**1.846,59**	**1.846,59**	**577,33**	**100,0**
500	Außenanlagen und Freiflächen	m² AF	–	–	–	–	–
600	Ausstattung und Kunstwerke	m² BGF	8.537	9,70	9,70	3,03	0,5
700	Baunebenkosten	m² BGF	–	–	–	–	–
800	Finanzierung	m² BGF	–	–	–	–	–

KG	Kostengruppe	Menge Einheit	Kosten €	€/Einheit	%
200	**Vorbereitende Maßnahmen**	1.188,00 m² GF	2.517	**2,12**	0,2

Baumschutz, Abbruch von Ziegelschutt und Fundamenten, Aufnehmen und Lagern von Pflaster, Grasnarbe abtragen

3+4	**Bauwerk**				100,0
300	**Bauwerk – Baukonstruktionen**	880,00 m² BGF	1.286.181	**1.461,57**	79,1

Stb-Bodenplatte, Zementestrich, Kunststoffbeschichtung; Filigranwände, KS-Mauerwerk, Holzständerwände, Holzfenster, WDVS, Profilholzfassade, Gipsputz, Silikatbeschichtung, Wandfliesen, Rollläden; GK-Wände, Innentüren, Trockenputz, Systemtrennwände; Filigrandecken, Stb-Treppen, Balkone, Holzbalkendecke, Raumspartreppe, Abschirmgewebe, Heizestrich, Parkett, Fliesen, Nadelvlies, Balkonbeläge, Akustikdecke, Geländer; Spitzbogen-Tonnendach, Gauben, Dachflächenfenster, **RWA-Anlage**, Doppelstehfalzdeckung, Dachentwässerung; Schließanlage

400	**Bauwerk – Technische Anlagen**	880,00 m² BGF	338.822	**385,03**	20,9

Gebäudeentwässerung, Kalt- und Warmwasserleitungen, Sanitärobjekte; **Pelletheizung**, Schichtenspeicher, Heizungsrohre, Fußbodenheizung, Heizkörper, **Abgasanlage**, Einzelraumlüfter; Elektroinstallation, Beleuchtung, Potenzialausgleich; Türsprechanlage, Sat-Antennenanschlüsse, Rauchmelder, EDV-Verkabelung, Fernmeldeanschlüsse; **Personenaufzug**

600	**Ausstattung und Kunstwerke**	880,00 m² BGF	8.537	**9,70**	0,5

Duschabtrennungen, Haltegriffe

Kostenkennwerte für die Kostengruppen 400 der 2. Ebene DIN 276

6100-1337
Mehrfamilienhaus
(5 WE)
Effizienzhaus ~33%

KG	Kostengruppe	Menge Einheit	Kosten €	€/Einheit	%
400	Bauwerk – Technische Anlagen				100,0
410	Abwasser-, Wasser-, Gasanlagen	880,00 m² BGF	80.434	91,40	23,7

KG-Rohre DN100 (71m), Fallleitungen DN70-100 (51m), HT-Abflussrohre DN50-90, Rohrdämmung (71m), Kontrollschächte DN1.000 (2St), Hebeanlagen (2St), Bodenabläufe (6St), Entwässerungsrinnen (10m) * Mehrschicht-Verbundrohre DN16-40, Rohrdämmung (553m), Zirkulationspumpe (1St), Waschtische (9St), Tiefspül-WCs (9St), Urinal (1St), Duschwannen (5St), Badewanne (1St), Sitzwanne (1St), Ausgussbecken (2St) * Montageelemente für Sanitärobjekte (19St)

420	Wärmeversorgungsanlagen	880,00 m² BGF	102.404	116,37	30,2

Pellet-Heizkessel 25,9kW (1St), Schichtspeicher 950l (1St), Lademodul, Steuerung (1St), Druckausdehnungsgefäß (1St), Schlammabscheider (1St) * Kupferrohre DN22-35, Rohrdämmung (166m), Mehrschicht-Verbundrohre (89m) * Systemrohre für Fußbodenheizung (3.000m), Heizkreisverteiler, 5-10 Heizkreise (6St), Stellantriebe (39St), Kompaktheizkörper (7St), Badheizkörper (7St) * **Abgasanlage** mit FT Leerschacht 38x38cm, Abgasrohr (16m), Kaminkopfbekleidung, Titanzink (1St)

430	Raumlufttechnische Anlagen	880,00 m² BGF	7.375	8,38	2,2

Einzelraumlüfter für Feuchträume, Wandeinbausätze, Außenklappen mit Jalousieverschluss (14St)

440	Elektrische Anlagen	880,00 m² BGF	80.752	91,76	23,8

HA/HV-Kombination (1St), Zählerschrank, acht Plätze (1St), Unterverteilungen (6St), Mantelleitungen NYY (3.293m), NYM (3.597m), Schalter, Taster (129St), Steckdosen (289St), Bewegungsmelder (1St), Geräteanschlussdosen (6St) * Decken-/Wandleuchten (10St), LED-Wandleuchten, Hausnummer (2St), Langfeldleuchten (4St) * Mantelleitungen NYY (321m), Potenzialausgleich in Bädern (9St), Hauptpotenzialausgleich (1St)

450	Kommunikationstechnische Anlagen	880,00 m² BGF	18.531	21,06	5,5

Installationskabel J-Y(St)Y (244m), Türsprechanlage (1St), Klingeltaster (5St), Haustelefone (6St) * Antennenschrank (1St), Verteiler (6St), Koaxialkabel (766m), Antennensteckdosen (14St) * Rauchmelder (29St), Funkplatinen (6St) * Datenkabel Cat7 (616m), Fernmeldekabel J-Y(St)Y (50m), Kommunikationsverteiler (7St), E-Dat Einzelmodule (46St), Anschlussdosen (36St)

460	Förderanlagen	880,00 m² BGF	48.822	55,48	14,4

Personenaufzug, Tragkraft 630kg, acht Personen, vier Haltestellen, Förderhöhe 9,10m (1St)

490	Sonstige Maßnahmen für technische Anlagen	880,00 m² BGF	504	0,57	0,1

Provisorische Beheizung mit mobilem Heizgerät (psch)

6100-1337
Mehrfamilienhaus
(5 WE)
Effizienzhaus ~33%

Kostenkennwerte für die Kostengruppe 400 der 2. und 3. Ebene DIN 276 (Übersicht)

KG	Kostengruppe	Menge Einheit	Kosten €	€/Einheit	%
410	**Abwasser-, Wasser-, Gasanlagen**	880,00 m² BGF	**91,40**	**80.434,33**	**23,7**
411	Abwasseranlagen	880,00 m² BGF	17,59	15.480,52	4,6
412	Wasseranlagen	880,00 m² BGF	67,36	59.277,60	17,5
419	Sonstiges zur KG 410	880,00 m² BGF	6,45	5.676,21	1,7
420	**Wärmeversorgungsanlagen**	880,00 m² BGF	**116,37**	**102.403,83**	**30,2**
421	Wärmeerzeugungsanlagen	880,00 m² BGF	54,77	48.201,44	14,2
422	Wärmeverteilnetze	880,00 m² BGF	16,09	14.162,05	4,2
423	Raumheizflächen	880,00 m² BGF	37,28	32.806,66	9,7
429	Sonstiges zur KG 420	880,00 m² BGF	8,22	7.233,69	2,1
430	**Raumlufttechnische Anlagen**	880,00 m² BGF	**8,38**	**7.374,50**	**2,2**
431	Lüftungsanlagen	880,00 m² BGF	8,38	7.374,50	2,2
440	**Elektrische Anlagen**	880,00 m² BGF	**91,76**	**80.751,80**	**23,8**
444	Niederspannungsinstallationsanlagen	880,00 m² BGF	82,31	72.435,96	21,4
445	Beleuchtungsanlagen	880,00 m² BGF	5,23	4.601,07	1,4
446	Blitzschutz- und Erdungsanlagen	880,00 m² BGF	4,22	3.714,76	1,1
450	**Kommunikationstechnische Anlagen**	880,00 m² BGF	**21,06**	**18.531,31**	**5,5**
452	Such- und Signalanlagen	880,00 m² BGF	2,38	2.096,56	0,6
455	Audiovisuelle Medien- u. Antennenanl.	880,00 m² BGF	3,17	2.791,49	0,8
456	Gefahrenmelde- und Alarmanlagen	880,00 m² BGF	4,33	3.810,23	1,1
457	Datenübertragungsnetze	880,00 m² BGF	11,17	9.833,02	2,9
460	**Förderanlagen**	880,00 m² BGF	**55,48**	**48.822,45**	**14,4**
461	Aufzugsanlagen	880,00 m² BGF	55,48	48.822,45	14,4
490	**Sonst. Maßnahmen für techn. Anlagen**	880,00 m² BGF	**0,57**	**503,84**	**0,1**
497	Zusätzliche Maßnahmen	880,00 m² BGF	0,57	503,84	0,1

Kostenkennwerte für Leistungsbereiche nach STLB (Kosten KG 400 nach DIN 276)

6100-1337
Mehrfamilienhaus
(5 WE)
Effizienzhaus ~33%

LB	Leistungsbereiche	Kosten €	€/m² BGF	€/m³ BRI	% an 400
040	Wärmeversorgungsanlagen - Betriebseinrichtungen	55.028	62,50	19,60	16,2
041	Wärmeversorgungsanlagen - Leitungen, Armaturen, Heizflächen	44.575	50,70	15,80	13,2
042	Gas- und Wasseranlagen - Leitungen, Armaturen	26.519	30,10	9,40	7,8
043	Druckrohrleitungen für Gas, Wasser und Abwasser	–	–	–	–
044	Abwasseranlagen - Leitungen, Abläufe, Armaturen	5.118	5,80	1,80	1,5
045	Gas-, Wasser- und Entwässerungsanlagen - Ausstattung, Elemente, Fertigbäder	26.728	30,40	9,50	7,9
046	Gas-, Wasser- und Entwässerungsanlagen - Betriebseinrichtungen	8.349	9,50	3,00	2,5
047	Dämm- und Brandschutzarbeiten an technischen Anlagen	10.010	11,40	3,60	3,0
049	Feuerlöschanlagen, Feuerlöschgeräte	–	–	–	–
050	Blitzschutz- / Erdungsanlagen, Überspannungsschutz	3.715	4,20	1,30	1,1
051	Kabelleitungstiefbauarbeiten	–	–	–	–
052	Mittelspannungsanlagen	–	–	–	–
053	Niederspannungsanlagen - Kabel/Leitungen, Verlegesysteme, Installationsgeräte	59.184	67,30	21,00	17,5
054	Niederspannungsanlagen - Verteilersysteme und Einbaugeräte	13.078	14,90	4,60	3,9
055	Sicherheits- und Ersatzstromversorgungsanlagen	–	–	–	–
057	Gebäudesystemtechnik	–	–	–	–
058	Leuchten und Lampen	4.601	5,20	1,60	1,4
059	Sicherheitsbeleuchtungsanlagen	–	–	–	–
060	Sprech-, Ruf-, Antennenempfangs-, Uhren- und elektroakustische Anlagen	2.097	2,40	0,74	0,6
061	Kommunikations- und Übertragungsnetze	12.625	14,30	4,50	3,7
062	Kommunikationsanlagen	–	–	–	–
063	Gefahrenmeldeanlagen	3.810	4,30	1,40	1,1
064	Zutrittskontroll-, Zeiterfassungssysteme	–	–	–	–
069	Aufzüge	48.822	55,50	17,30	14,4
070	Gebäudeautomation	–	–	–	–
075	Raumlufttechnische Anlagen	6.284	7,10	2,20	1,9
078	Kälteanlagen für raumlufttechnische Anlagen	–	–	–	–
	Gebäudetechnik	**330.541**	**375,60**	**117,40**	**97,6**
	Sonstige Leistungsbereiche	**8.281**	**9,40**	**2,90**	**2,4**

Kostenstand: 4.Quartal 2021, Bundesdurchschnitt, inkl. 19% MwSt.

6100-1338
Einfamilienhaus
Einliegerwohnung
Doppelgarage
Effizienzhaus 40

Objektübersicht

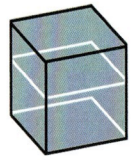 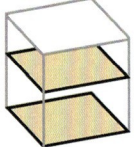 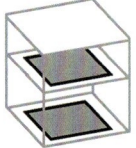 

BRI 443 €/m³   BGF 1.476 €/m²   NUF 2.234 €/m²   NE 3.015 €/NE

NE: m² Wohnfläche

Objekt:
Kennwerte: 3. Ebene DIN 276
BRI: 1.184 m³
BGF: 356 m²
NUF: 235 m²
Bauzeit: 30 Wochen
Bauende: 2014
Standard: Durchschnitt
Bundesland: Baden-Württemberg
Kreis: Reutlingen

Architekt*in:
Architekt Rainer Graf
Architektur + Energiekonzepte
Paulinenstraße 22
72131 Ofterdingen

Zeichnungen

6100-1338
Einfamilienhaus
Einliegerwohnung
Doppelgarage
Effizienzhaus 40

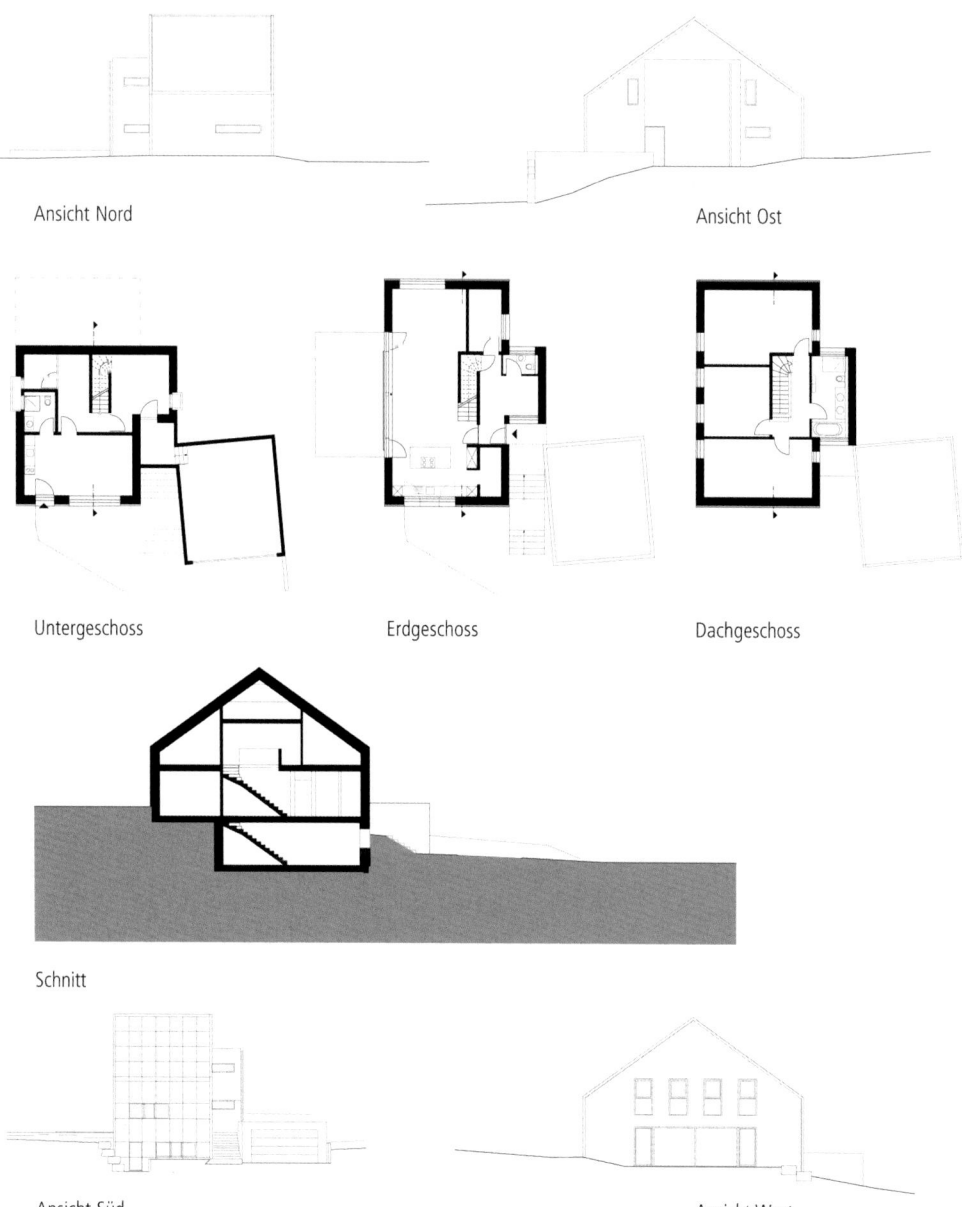

6100-1338
Einfamilienhaus
Einliegerwohnung
Doppelgarage
Effizienzhaus 40

Objektbeschreibung

Allgemeine Objektinformationen

Das Einfamilienhaus mit Garage wurde auf einem Hanggrundstück erbaut. Dadurch konnte im Untergeschoss eine Einliegerwohnung integriert werden. Trotz des vorgeschriebenen Satteldachs entstand ein kompakter Baukörper mit klaren Linien, der über eine betonierte Außentreppe erschlossen wird. Der Eingang befindet sich in dem Flachdachanbau, der außerdem das WC im EG und das Bad im OG beherbergt.

Nutzung

1 Untergeschoss
Schleuse, Garage, Einliegerwohnung: Wohnen/Küche, WC, Abstellraum

1 Erdgeschoss
Wohnen, Essen, Küche, WC, HWR, Speisekammer, Flur/Garderobe

1 Dachgeschoss
Bad, Schlafzimmer, 2 Kinderzimmer, Galerieebene über Treppe/Flur; Kinderzimmer 1

Nutzeinheiten

Stellplätze: 2
Wohneinheiten: 2
Wohnfläche: 174 m²

Grundstück

Bauraum: Freier Bauraum
Neigung: Hanglage
Bodenklasse: BK 3 bis BK 7

Besonderer Kosteneinfluss Grundstück:
Hanglage

Markt

Hauptvergabezeit: 1.Quartal 2014
Baubeginn: 1.Quartal 2014
Bauende: 4.Quartal 2014
Konjunkturelle Gesamtlage: Durchschnitt
Regionaler Baumarkt: unter Durchschnitt

Baukonstruktion

Das Wohngebäude gründet auf einer dämmenden Schaumglasschotter-Tragschicht mit aufliegender Stahlbetonbodenplatte. Der Baukörper ist in Massivbauweise mit 17,5cm starkem Kalksandstein erstellt und an den Giebelseiten mit Wärmedämmverbundsystem versehen. Für die Integration der **Photovoltaik-Anlage** wurde die Südfassade mit einer Holzkonstruktion verkleidet, die wie die Dachkonstruktion mit Zellulose ausgeflockt wurde. Die Satteldachkonstruktion bietet unter dem First ausreichend Platz für eine Galerieebene. Die Innentreppen sind Stahlbetonfertigteiltreppen, die mit Holz belegt wurden. Sämtliche Fenster sind als zertifizierte **Passivhausfenster** mit Dreifachverglasung und Aludeckschalen ausgeführt.

Technische Anlagen

Der Wärmebedarf für Warmwasser und Heizung wird über ein Kompaktgerät gedeckt, in das die Lüftung ebenfalls integriert ist. Es besitzt einen 200l Warmwasserspeicher, eine **Luft-Wasser-Wärmepumpe** und einen Wärmetauscher für die Abluft. Die Wärmeverteilung erfolgt über eine Fußbodenheizung. Auf der Südseite des Gebäudes wurde sowohl in die Fassade als auch im Dach eine **Photovoltaikanlage** integriert. Zur Regenwassernutzung wurde eine **Zisterne** eingebaut.

Sonstiges

Das Gebäude wurde als KfW 40 Effizienzhaus errichtet. Die Kosten für die Garage sind in dieser Dokumentation enthalten.

Energetische Kennwerte

Beheiztes Volumen: 974,50 m³
Nutzfläche (EnEV): 311,80 m²
Hüllfläche des beheizten Volumens: 617,80 m²
A/Ve-Verhältnis (Kompaktheit): 0,63 m^{-1}
Spez. Jahresprimärenergiebedarf: 27,60 kWh/(m²·a)
Spez. Transmissionswärmeverlust: 0,15 W/(m²·K)
Spez. Jahresheizwärmebedarf: 26,00 kWh/(m²·a)
Anlagen-Aufwandszahl: 0,72

6100-1338
Einfamilienhaus
Einliegerwohnung
Doppelgarage
Effizienzhaus 40

Planungskennwerte für Flächen und Rauminhalte nach DIN 277

	Flächen des Grundstücks	Menge, Einheit	% an GF
BF	Bebaute Fläche	153,36 m²	15,3
UF	Unbebaute Fläche	847,64 m²	84,7
GF	Grundstücksfläche	1.001,00 m²	100,0

	Grundflächen des Bauwerks	Menge, Einheit	% an NUF	% an BGF
NUF	Nutzungsfläche	235,00 m²	100,0	66,1
TF	Technikfläche	2,00 m²	0,9	0,6
VF	Verkehrsfläche	35,62 m²	15,2	10,0
NRF	Netto-Raumfläche	272,62 m²	116,0	76,6
KGF	Konstruktions-Grundfläche	83,12 m²	35,4	23,4
BGF	Brutto-Grundfläche	355,74 m²	151,4	100,0

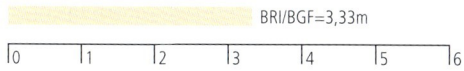

NUF | TF | VF | KGF

	Brutto-Rauminhalt des Bauwerks	Menge, Einheit	BRI/NUF (m)	BRI/BGF (m)
BRI	Brutto-Rauminhalt	1.184,39 m³	5,04	3,33

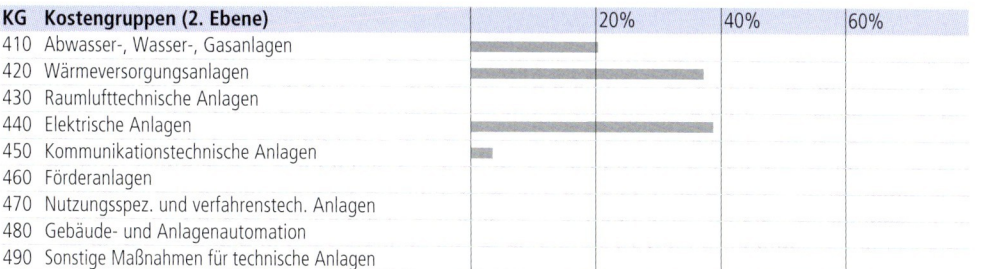

Prozentualer Anteil der Kostengruppen der 2. Ebene an der Kostengruppe 400 nach DIN 276

KG	Kostengruppen (2. Ebene)
410	Abwasser-, Wasser-, Gasanlagen
420	Wärmeversorgungsanlagen
430	Raumlufttechnische Anlagen
440	Elektrische Anlagen
450	Kommunikationstechnische Anlagen
460	Förderanlagen
470	Nutzungsspez. und verfahrenstech. Anlagen
480	Gebäude- und Anlagenautomation
490	Sonstige Maßnahmen für technische Anlagen

Ranking der Kostengruppen der 3. Ebene an der Kostengruppe 400 nach DIN 276

KG	Kostengruppe (3. Ebene)	Kosten an KG 400 %	KG	Kostengruppe (3. Ebene)	Kosten an KG 400 %
421	Wärmeerzeugungsanlagen	28,0	455	Audiovisuelle Medien- und Antennenanlagen	1,0
442	Eigenstromversorgungsanlagen	25,6	457	Datenübertragungsnetze	1,0
412	Wasseranlagen	12,7	419	Sonstiges zur KG 410	0,6
444	Niederspannungsinstallationsanlagen	12,5	445	Beleuchtungsanlagen	0,5
423	Raumheizflächen	9,2	456	Gefahrenmelde- und Alarmanlagen	0,4
411	Abwasseranlagen	7,1	446	Blitzschutz- und Erdungsanlagen	0,2
451	Telekommunikationsanlagen	1,0			

© BKI Baukosteninformationszentrum — Kostenstand: 4.Quartal 2021, Bundesdurchschnitt, inkl. 19% MwSt.

6100-1338
Einfamilienhaus
Einliegerwohnung
Doppelgarage
Effizienzhaus 40

Kostenkennwerte für die Kostengruppen der 1. Ebene DIN 276

KG	Kostengruppen (1. Ebene)	Einheit	Kosten €	€/Einheit	€/m² BGF	€/m³ BRI	% 300+400
100		m² GF	–	–	–	–	–
200	Vorbereitende Maßnahmen	m² GF	–	–	–	–	–
300	Bauwerk – Baukonstruktionen	m² BGF	408.704	1.148,88	1.148,88	345,08	77,9
400	Bauwerk – Technische Anlagen	m² BGF	116.267	326,83	326,83	98,17	22,1
	Bauwerk 300+400	**m² BGF**	**524.972**	**1.475,71**	**1.475,71**	**443,24**	**100,0**
500	Außenanlagen und Freiflächen	m² AF	–	–	–	–	–
600	Ausstattung und Kunstwerke	m² BGF	2.003	5,63	5,63	1,69	0,4
700	Baunebenkosten	m² BGF	–	–	–	–	–
800	Finanzierung	m² BGF	–	–	–	–	–

KG	Kostengruppe	Menge Einheit	Kosten €	€/Einheit	%
3+4	**Bauwerk**				**100,0**
300	**Bauwerk – Baukonstruktionen**	355,74 m² BGF	408.704	**1.148,88**	77,9

Stb-Bodenplatten, Abdichtung, Dämmung, Heizestrich, Bodenfliesen, Schaumglasschotter;
Stb-Wände, KS-Mauerwerk, Holzfenster, Alufassade, Oberputz, Gipsputz, Wandfliesen; Holztüren;
Stb-Decken, Fertigteiltreppen, Heizestrich, Bodenfliesen, Parkett; Satteldach, Dämmung,
Stb-Flachdach, Ziegeldeckung, Dachabdichtung, Dachentwässerung

| 400 | **Bauwerk – Technische Anlagen** | 355,74 m² BGF | 116.267 | **326,83** | 22,1 |

Gebäudeentwässerung, Kalt- und Warmwasserleitungen, Sanitärobjekte; **Luft-Wasser-Wärmepumpe**, Fußbodenheizung, Heizungsrohre; **Photovoltaikanlage**, Elektroinstallation, Beleuchtung, Erdung; Telefon-, Antennenverkabelung, Rauchmelder, EDV-Verkabelung

| 600 | **Ausstattung und Kunstwerke** | 355,74 m² BGF | 2.003 | **5,63** | 0,4 |

Sanitärausstattung

Kostenstand: 4.Quartal 2021, Bundesdurchschnitt, **inkl. 19% MwSt.**

Kostenkennwerte für die Kostengruppen 400 der 2. Ebene DIN 276

6100-1338
Einfamilienhaus
Einliegerwohnung
Doppelgarage
Effizienzhaus 40

KG	Kostengruppe	Menge Einheit	Kosten €	€/Einheit	%
400	**Bauwerk – Technische Anlagen**				**100,0**
410	**Abwasser-, Wasser-, Gasanlagen**	355,74 m² BGF	23.730	**66,71**	20,4

PP-Rohre DN50-110 (35m), KG-Rohre DN100 (31m), Kontrollschacht DN800 (1St) * Metallverbundrohre DN20-32 (124m), Hauswasserstation (1St), Außenwandventil (1St), Waschbecken (1St), Waschtische (2St), Wandtiefspül-WCs (3St), Badewanne (1St), Ausgussbecken (1St) * Montageelemente (3St)

420	**Wärmeversorgungsanlagen**	355,74 m² BGF	43.316	**121,76**	37,3

Luft-Wasser-Wärmepumpe 4,32kW, Wärmemengenzähler (1St), Druckausdehnungsgefäß (1St), Enthärtungsstation (1St), Wassernachspeisung (1St) * Fußbodenheizung, Verteilerschrank (175m²)

440	**Elektrische Anlagen**	355,74 m² BGF	45.115	**126,82**	38,8

Photovoltaikanlage 11,13kW$_p$ (78m²) * Grundinstallation: Verteilerschrank, bestückt (1St), Mantelleitungen (psch), Schalter (38St), Steckdosen (67St), Jalousieschalter (11St) * Einbaudownlights (65St) * Fundamenterder (54m)

450	**Kommunikationstechnische Anlagen**	355,74 m² BGF	4.107	**11,54**	3,5

Telefondosen (5St) * TV-Dosen Zuleitung (5St) * Rauchmelder (10St) * EDV-Dosen (5St)

© **BKI** Baukosteninformationszentrum   Kostenstand: 4.Quartal 2021, Bundesdurchschnitt, **inkl. 19% MwSt.**

6100-1338
Einfamilienhaus
Einliegerwohnung
Doppelgarage
Effizienzhaus 40

Kostenkennwerte für die Kostengruppe 400 der 2. und 3. Ebene DIN 276 (Übersicht)

KG	Kostengruppe	Menge Einheit	Kosten €	€/Einheit	%
410	**Abwasser-, Wasser-, Gasanlagen**	**355,74 m² BGF**	**66,71**	**23.729,78**	**20,4**
411	Abwasseranlagen	355,74 m² BGF	23,12	8.223,85	7,1
412	Wasseranlagen	355,74 m² BGF	41,51	14.767,58	12,7
419	Sonstiges zur KG 410	355,74 m² BGF	2,08	738,36	0,6
420	**Wärmeversorgungsanlagen**	**355,74 m² BGF**	**121,76**	**43.316,00**	**37,3**
421	Wärmeerzeugungsanlagen	355,74 m² BGF	91,63	32.597,57	28,0
423	Raumheizflächen	355,74 m² BGF	30,13	10.718,44	9,2
440	**Elektrische Anlagen**	**355,74 m² BGF**	**126,82**	**45.114,57**	**38,8**
442	Eigenstromversorgungsanlagen	355,74 m² BGF	83,56	29.726,42	25,6
444	Niederspannungsinstallationsanlagen	355,74 m² BGF	40,89	14.547,03	12,5
445	Beleuchtungsanlagen	355,74 m² BGF	1,62	576,84	0,5
446	Blitzschutz- und Erdungsanlagen	355,74 m² BGF	0,74	264,27	0,2
450	**Kommunikationstechnische Anlagen**	**355,74 m² BGF**	**11,54**	**4.106,87**	**3,5**
451	Telekommunikationsanlagen	355,74 m² BGF	3,38	1.200,72	1,0
455	Audiovisuelle Medien- u. Antennenanl.	355,74 m² BGF	3,38	1.200,72	1,0
456	Gefahrenmelde- und Alarmanlagen	355,74 m² BGF	1,42	504,74	0,4
457	Datenübertragungsnetze	355,74 m² BGF	3,38	1.200,72	1,0

Kostenkennwerte für Leistungsbereiche nach STLB (Kosten KG 400 nach DIN 276)

6100-1338
Einfamilienhaus
Einliegerwohnung
Doppelgarage
Effizienzhaus 40

LB	Leistungsbereiche	Kosten €	€/m² BGF	€/m³ BRI	% an 400
040	Wärmeversorgungsanlagen - Betriebseinrichtungen	35.139	98,80	29,70	30,2
041	Wärmeversorgungsanlagen - Leitungen, Armaturen, Heizflächen	8.177	23,00	6,90	7,0
042	Gas- und Wasseranlagen - Leitungen, Armaturen	6.831	19,20	5,80	5,9
043	Druckrohrleitungen für Gas, Wasser und Abwasser	–	–	–	–
044	Abwasseranlagen - Leitungen, Abläufe, Armaturen	3.427	9,60	2,90	2,9
045	Gas-, Wasser- und Entwässerungsanlagen - Ausstattung, Elemente, Fertigbäder	8.431	23,70	7,10	7,3
046	Gas-, Wasser- und Entwässerungsanlagen - Betriebseinrichtungen	–	–	–	–
047	Dämm- und Brandschutzarbeiten an technischen Anlagen	781	2,20	0,66	0,7
049	Feuerlöschanlagen, Feuerlöschgeräte	–	–	–	–
050	Blitzschutz- / Erdungsanlagen, Überspannungsschutz	–	–	–	–
051	Kabelleitungstiefbauarbeiten	–	–	–	–
052	Mittelspannungsanlagen	–	–	–	–
053	Niederspannungsanlagen - Kabel/Leitungen, Verlegesysteme, Installationsgeräte	14.547	40,90	12,30	12,5
054	Niederspannungsanlagen - Verteilersysteme und Einbaugeräte	29.726	83,60	25,10	25,6
055	Sicherheits- und Ersatzstromversorgungsanlagen	–	–	–	–
057	Gebäudesystemtechnik	–	–	–	–
058	Leuchten und Lampen	577	1,60	0,49	0,5
059	Sicherheitsbeleuchtungsanlagen	–	–	–	–
060	Sprech-, Ruf-, Antennenempfangs-, Uhren- und elektroakustische Anlagen	–	–	–	–
061	Kommunikations- und Übertragungsnetze	3.602	10,10	3,00	3,1
062	Kommunikationsanlagen	–	–	–	–
063	Gefahrenmeldeanlagen	505	1,40	0,43	0,4
064	Zutrittskontroll-, Zeiterfassungssysteme	–	–	–	–
069	Aufzüge	–	–	–	–
070	Gebäudeautomation	–	–	–	–
075	Raumlufttechnische Anlagen	–	–	–	–
078	Kälteanlagen für raumlufttechnische Anlagen	–	–	–	–
	Gebäudetechnik	**111.743**	**314,10**	**94,30**	**96,1**
	Sonstige Leistungsbereiche	**4.524**	**12,70**	**3,80**	**3,9**

Kostenstand: 4.Quartal 2021, Bundesdurchschnitt, **inkl. 19% MwSt.**

6100-1339
Einfamilienhaus
Garage
Effizienzhaus 40

Objektübersicht

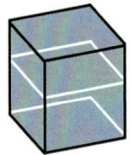
BRI 541 €/m³

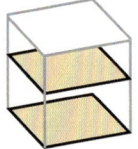
BGF 1.746 €/m²

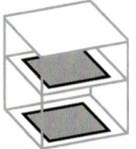
NUF 2.365 €/m²

NE 2.826 €/NE
NE: m² Wohnfläche

Objekt:
Kennwerte: 3. Ebene DIN 276
BRI: 1.010 m³
BGF: 313 m²
NUF: 231 m²
Bauzeit: 26 Wochen
Bauende: 2015
Standard: über Durchschnitt
Bundesland: Baden-Württemberg
Kreis: Reutlingen

Architekt*in:
Architekt Rainer Graf
Architektur + Energiekonzepte
Paulinenstraße 22
72131 Ofterdingen

Kostenstand: 4.Quartal 2021, Bundesdurchschnitt, inkl. 19% MwSt.

Zeichnungen

6100-1339
Einfamilienhaus
Garage
Effizienzhaus 40

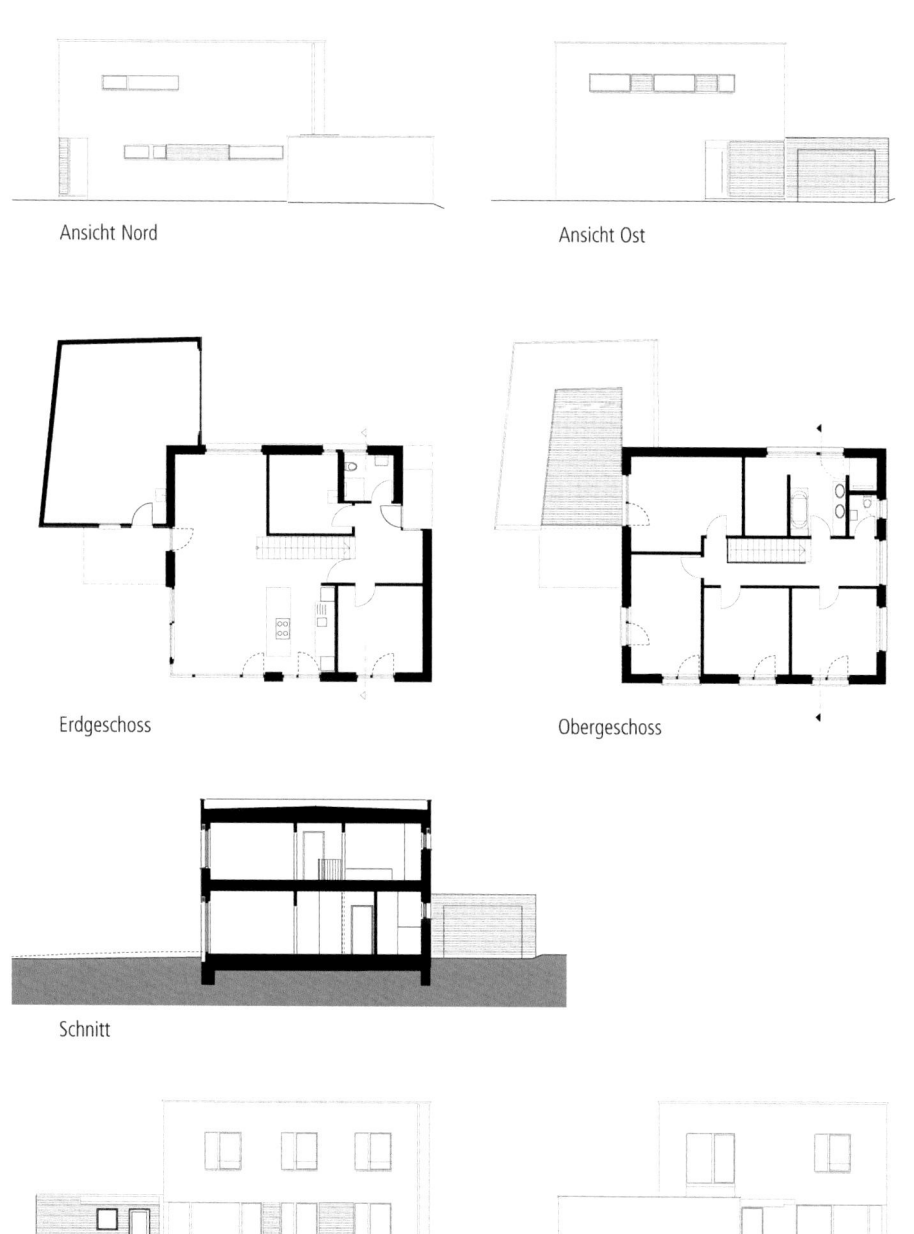

6100-1339
Einfamilienhaus
Garage
Effizienzhaus 40

Objektbeschreibung

Allgemeine Objektinformationen

Das zweigeschossige Wohnhaus befindet sich auf einem ebenen Grundstück. Der Gebäudeentwurf ergab einen Kubus mit Flachdach in Holzbauweise. Die Garage mit Außenabstellraum schließt an das Gebäude an. Eine Auskragung des Garagendachs bildet einen überdachten Sitzplatz zum Wohnbereich hin. Ein weiterer Teil der Garagenüberdachung erhält Zugang vom Obergeschoss und wird als Dachterrasse genutzt.

Nutzung

1 Erdgeschoss
Wohnen, Essen, Küche, Gast, Dusche/WC, Technik, Flur/Garderobe

1 Obergeschoss
Flur, Schlafen, Kinderzimmer (3St), WC, Bad/Hauswirtschaftsraum

Nutzeinheiten

Stellplätze: 1
Wohneinheiten: 1
Wohnfläche: 193 m²

Grundstück

Bauraum: Freier Bauraum
Neigung: Ebenes Gelände
Bodenklasse: BK 1 bis BK 5

Markt

Hauptvergabezeit: 4.Quartal 2014
Baubeginn: 4.Quartal 2014
Bauende: 2.Quartal 2015
Konjunkturelle Gesamtlage: über Durchschnitt
Regionaler Baumarkt: Durchschnitt

Baukonstruktion

Das Gebäude ist in Holzbauweise mit 41,5 cm starken Außenwänden errichtet. Als Dämmung wurden sämtliche Außen- und Innenwände mit Zellulose ausgeflockt. Die Fassade ist größtenteils verputzt, die Garage und Teile der Außenwände sind mit Holzschalung gestaltet. Auf der Bodenplatte wurden 28 cm PU-Dämmplatten verlegt, auf der Dachkonstruktion befindet sich eine 36 cm PU-Gefälledämmung. Die Innentreppe besteht ebenfalls aus einer Holzkonstruktion. Unter der Treppe wurden Einbauschränke integriert, die optimalen Stauraum bieten. Es kamen zertifizierte **Passivhausfenster** mit Dreifachverglasung und Aluschale zur Ausführung.

Technische Anlagen

Der Wärmebedarf für Heizung und Warmwasser wird über ein Kompaktgerät gedeckt, in das die Lüftung ebenfalls integriert ist. Es umfasst einen 200 l-Warmwasserspeicher, eine **Luft-Wasser-Wärmepumpe** und einen Wärmetauscher für die Abluft. Die Wärmeverteilung erfolgt über eine Fußbodenheizung. Auf dem Dach befindet sich eine **Photovoltaikanlage** mit angeschlossenem **Batteriespeicher**. Für die Regenwassernutzung wurde eine **Zisterne** eingebaut. Die Luftdichtigkeit des Gebäudes wurde mittels Blower-Door-Test überprüft und als sehr gut bewertet.

Sonstiges

Das Gebäude wurde als KfW 40 Effizienzhaus errichtet. Durch eine hohe Anzahl an Vorfertigungen der Holzkonstruktion konnte die Bauzeit auf nur 7 Monate begrenzt werden.

Energetische Kennwerte

Beheiztes Volumen: 796,90 m³
Nutzfläche (EnEV): 255,00 m²
Hüllfläche des beheizten Volumens: 542,50 m²
A/Ve-Verhältnis (Kompaktheit): 0,68 m^{-1}
Spez. Jahresprimärenergiebedarf: 26,00 kWh/(m²·a)
Spez. Transmissionswärmeverlust: 0,15 W/(m²·K)
Spez. Jahresheizwärmebedarf: 21,00 kWh/(m²·a)

Planungskennwerte für Flächen und Rauminhalte nach DIN 277

6100-1339
Einfamilienhaus
Garage
Effizienzhaus 40

Flächen des Grundstücks

		Menge, Einheit	% an GF
BF	Bebaute Fläche	171,50 m²	31,5
UF	Unbebaute Fläche	373,55 m²	68,5
GF	Grundstücksfläche	545,00 m²	100,0

Grundflächen des Bauwerks

		Menge, Einheit	% an NUF	% an BGF
NUF	Nutzungsfläche	230,78 m²	100,0	73,8
TF	Technikfläche	11,35 m²	4,9	3,6
VF	Verkehrsfläche	23,84 m²	10,3	7,6
NRF	Netto-Raumfläche	265,97 m²	115,3	85,1
KGF	Konstruktions-Grundfläche	46,63 m²	20,2	14,9
BGF	Brutto-Grundfläche	312,60 m²	135,5	100,0

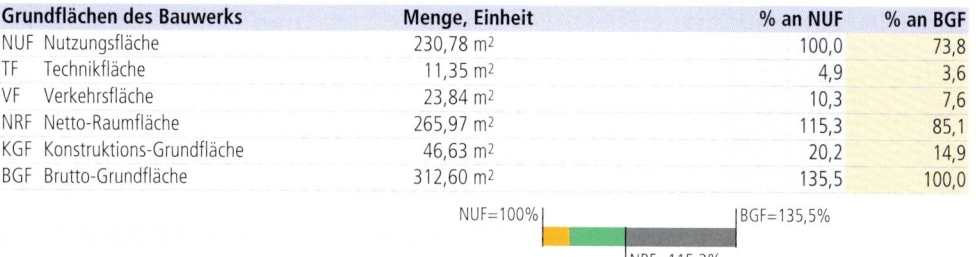

Brutto-Rauminhalt des Bauwerks

		Menge, Einheit	BRI/NUF (m)	BRI/BGF (m)
BRI	Brutto-Rauminhalt	1.009,82 m³	4,38	3,23

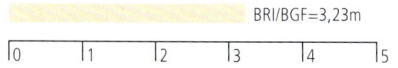

Prozentualer Anteil der Kostengruppen der 2. Ebene an der Kostengruppe 400 nach DIN 276

KG	Kostengruppen (2. Ebene)		20%	40%	60%
410	Abwasser-, Wasser-, Gasanlagen				
420	Wärmeversorgungsanlagen				
430	Raumlufttechnische Anlagen				
440	Elektrische Anlagen				
450	Kommunikationstechnische Anlagen				
460	Förderanlagen				
470	Nutzungsspez. und verfahrenstech. Anlagen				
480	Gebäude- und Anlagenautomation				
490	Sonstige Maßnahmen für technische Anlagen				

Ranking der Kostengruppen der 3. Ebene an der Kostengruppe 400 nach DIN 276

KG	Kostengruppe (3. Ebene)	Kosten an KG 400 %	KG	Kostengruppe (3. Ebene)	Kosten an KG 400 %
442	Eigenstromversorgungsanlagen	29,0	445	Beleuchtungsanlagen	3,2
421	Wärmeerzeugungsanlagen	25,7	454	Elektroakustische Anlagen	0,6
412	Wasseranlagen	19,2	452	Such- und Signalanlagen	0,3
444	Niederspannungsinstallationsanlagen	11,8	446	Blitzschutz- und Erdungsanlagen	0,3
423	Raumheizflächen	6,5	456	Gefahrenmelde- und Alarmanlagen	0,2
411	Abwasseranlagen	3,2			

© BKI Baukosteninformationszentrum · Kostenstand: 4.Quartal 2021, Bundesdurchschnitt, inkl. 19% MwSt.

6100-1339
Einfamilienhaus
Garage
Effizienzhaus 40

Kostenkennwerte für die Kostengruppen der 1. Ebene DIN 276

KG	Kostengruppen (1. Ebene)	Einheit	Kosten €	€/Einheit	€/m² BGF	€/m³ BRI	% 300+400
100		m² GF	–	–	–	–	–
200	Vorbereitende Maßnahmen	m² GF	1.315	2,41	4,21	1,30	0,2
300	Bauwerk – Baukonstruktionen	m² BGF	413.788	1.323,70	1.323,70	409,76	75,8
400	Bauwerk – Technische Anlagen	m² BGF	132.082	422,53	422,53	130,80	24,2
	Bauwerk 300+400	**m² BGF**	**545.870**	**1.746,23**	**1.746,23**	**540,56**	**100,0**
500	Außenanlagen und Freiflächen	m² AF	8.214	21,99	26,28	8,13	1,5
600	Ausstattung und Kunstwerke	m² BGF	211	0,67	0,67	0,21	–
700	Baunebenkosten	m² BGF	–	–	–	–	–
800	Finanzierung	m² BGF	–	–	–	–	–

KG	Kostengruppe	Menge Einheit	Kosten €	€/Einheit	%
200	**Vorbereitende Maßnahmen**	545,00 m² GF	1.315	**2,41**	0,2

Oberboden abtragen, Freimachen des Baustellengeländes

3+4	**Bauwerk**				100,0
300	**Bauwerk – Baukonstruktionen**	312,60 m² BGF	413.788	**1.323,70**	75,8

Stb-Flachgründung, Heizestrich, Dielenbelag; Holzrahmenwände, Stb-Wände, Holz-Attika, Stahlstützen, Holz-Alufenster, Holz-Alu-Außentür, Sektionaltor, Außenputz, Holzbekleidung, Raffstores; Holzständerwände, Dämmung, Holztüren, GK-Bekleidung, Innenputz, Beschichtung; Holzbalkendecke, Massivholztreppe, Bodenfliesen; Flachdächer, Holzkonstruktion, Dachabdichtung, Dachentwässerung; Einbauschrank unter Treppe

| 400 | **Bauwerk – Technische Anlagen** | 312,60 m² BGF | 132.082 | **422,53** | 24,2 |

Gebäudeentwässerung, Kalt- und Warmwasserleitungen, Sanitärobjekte; **Luft-Wasser-Wärmepumpe**, Fußbodenheizung; **Photovoltaikanlage**, Elektroinstallation, Beleuchtung, **Blitzschutz**; Klingelanlage, Einbauradio, Rauchmelder

| 500 | **Außenanlagen und Freiflächen** | 373,55 m² AF | 8.214 | **21,99** | 1,5 |

Traufstreifen; Kontrollschacht, **Regenwasserspeicher**, Gartenarmatur

| 600 | **Ausstattung und Kunstwerke** | 312,60 m² BGF | 211 | **0,67** | < 0,1 |

Rampe, Riffelblech

Kostenkennwerte für die Kostengruppen 400 der 2. Ebene DIN 276

6100-1339
Einfamilienhaus
Garage
Effizienzhaus 40

KG	Kostengruppe	Menge Einheit	Kosten €	€/Einheit	%
400	**Bauwerk – Technische Anlagen**				**100,0**
410	**Abwasser-, Wasser-, Gasanlagen**	312,60 m² BGF	29.695	**94,99**	22,5

KG-Rohre DN100 (48m), PP-Rohre DN50-100 (psch), Kontrollschacht DN300 (1St) * Hauswasserstation (1St), Mehrschichtverbundrohre (psch), Waschtische (2St), Doppelwaschtisch (1St), Wand-Tiefspül-WCs (3St), Badewanne (1St), Duschen, bodengleich (2St), Kopf-Handbrause (2St), Armaturen (4St)

420	**Wärmeversorgungsanlagen**	312,60 m² BGF	42.518	**136,01**	32,2

Luft-Wasser-Wärmepumpe 2,98kW (psch) * Systemrohre für Fußbodenheizung (psch)

440	**Elektrische Anlagen**	312,60 m² BGF	58.387	**186,78**	44,2

Photovoltaikanlage 9,2kW(p) (59m²) * Grundinstallation Wohnhaus und Garage (psch), Bewegungsmelder außen (3St), Einbaudownlights (35St) * Fundamenterder (44m), Anschlussfahne (1St)

450	**Kommunikationstechnische Anlagen**	312,60 m² BGF	1.482	**4,74**	1,1

Klingelanlage (1St) * Einbauradio (1St), Einbaulautsprechermodule (2St) * Rauchmelder (7St)

Einfamilienhaus
Garage
Effizienzhaus 40

Kostenkennwerte für die Kostengruppe 400 der 2. und 3. Ebene DIN 276 (Übersicht)

KG	Kostengruppe	Menge Einheit	Kosten €	€/Einheit	%
410	**Abwasser-, Wasser-, Gasanlagen**	**312,60 m² BGF**	**94,99**	**29.695,15**	**22,5**
411	Abwasseranlagen	312,60 m² BGF	13,73	4.292,39	3,2
412	Wasseranlagen	312,60 m² BGF	81,26	25.402,77	19,2
420	**Wärmeversorgungsanlagen**	**312,60 m² BGF**	**136,01**	**42.517,57**	**32,2**
421	Wärmeerzeugungsanlagen	312,60 m² BGF	108,72	33.984,32	25,7
423	Raumheizflächen	312,60 m² BGF	27,30	8.533,26	6,5
440	**Elektrische Anlagen**	**312,60 m² BGF**	**186,78**	**58.387,26**	**44,2**
442	Eigenstromversorgungsanlagen	312,60 m² BGF	122,47	38.283,55	29,0
444	Niederspannungsinstallationsanlagen	312,60 m² BGF	49,78	15.562,54	11,8
445	Beleuchtungsanlagen	312,60 m² BGF	13,42	4.194,53	3,2
446	Blitzschutz- und Erdungsanlagen	312,60 m² BGF	1,11	346,63	0,3
450	**Kommunikationstechnische Anlagen**	**312,60 m² BGF**	**4,74**	**1.482,42**	**1,1**
452	Such- und Signalanlagen	312,60 m² BGF	1,18	367,40	0,3
454	Elektroakustische Anlagen	312,60 m² BGF	2,56	798,79	0,6
456	Gefahrenmelde- und Alarmanlagen	312,60 m² BGF	1,01	316,20	0,2

Kostenkennwerte für Leistungsbereiche nach STLB (Kosten KG 400 nach DIN 276)

LB	Leistungsbereiche	Kosten €	€/m² BGF	€/m³ BRI	% an 400
040	Wärmeversorgungsanlagen - Betriebseinrichtungen	–	–	–	–
041	Wärmeversorgungsanlagen - Leitungen, Armaturen, Heizflächen	–	–	–	–
042	Gas- und Wasseranlagen - Leitungen, Armaturen	70.641	226,00	70,00	53,5
043	Druckrohrleitungen für Gas, Wasser und Abwasser	–	–	–	–
044	Abwasseranlagen - Leitungen, Abläufe, Armaturen	–	–	–	–
045	Gas-, Wasser- und Entwässerungsanlagen - Ausstattung, Elemente, Fertigbäder	–	–	–	–
046	Gas-, Wasser- und Entwässerungsanlagen - Betriebseinrichtungen	–	–	–	–
047	Dämm- und Brandschutzarbeiten an technischen Anlagen	–	–	–	–
049	Feuerlöschanlagen, Feuerlöschgeräte	–	–	–	–
050	Blitzschutz- / Erdungsanlagen, Überspannungsschutz	–	–	–	–
051	Kabelleitungstiefbauarbeiten	118	0,38	0,12	0,1
052	Mittelspannungsanlagen	–	–	–	–
053	Niederspannungsanlagen Kabel/Leitungen, Verlegesysteme, Installationsgeräte	15.934	51,00	15,80	12,1
054	Niederspannungsanlagen - Verteilersysteme und Einbaugeräte	38.284	122,50	37,90	29,0
055	Sicherheits- und Ersatzstromversorgungsanlagen	–	–	–	–
057	Gebäudesystemtechnik	–	–	–	–
058	Leuchten und Lampen	4.195	13,40	4,20	3,2
059	Sicherheitsbeleuchtungsanlagen	–	–	–	–
060	Sprech-, Ruf-, Antennenempfangs-, Uhren- und elektroakustische Anlagen	677	2,20	0,67	0,5
061	Kommunikations- und Übertragungsnetze	–	–	–	–
062	Kommunikationsanlagen	–	–	–	–
063	Gefahrenmeldeanlagen	316	1,00	0,31	0,2
064	Zutrittskontroll-, Zeiterfassungssysteme	–	–	–	–
069	Aufzüge	–	–	–	–
070	Gebäudeautomation	–	–	–	–
075	Raumlufttechnische Anlagen	–	–	–	–
078	Kälteanlagen für raumlufttechnische Anlagen	–	–	–	–
	Gebäudetechnik	**130.164**	**416,40**	**128,90**	**98,5**
	Sonstige Leistungsbereiche	**1.918**	**6,10**	**1,90**	**1,5**

6100-1339
Einfamilienhaus
Garage
Effizienzhaus 40

Kostenstand: 4.Quartal 2021, Bundesdurchschnitt, inkl. 19% MwSt.

© BKI Baukosteninformationszentrum

6100-1375
Mehrfamilienhaus
Aufstockung (1 WE)

Objektübersicht

Erweiterung

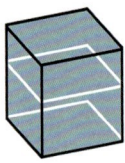 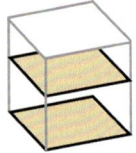 

BRI 775 €/m³   BGF 2.193 €/m²   NUF 3.299 €/m²

Objekt:
Kennwerte: 3. Ebene DIN 276
BRI: 519 m³
BGF: 183 m²
NUF: 122 m²
Bauzeit: 30 Wochen
Bauende: 2013
Standard: über Durchschnitt
Bundesland: Nordrhein-Westfalen
Kreis: Köln, Stadt

Architekt*in:
Jan Tenbücken Architekt
Karolingerring 12
50678 Köln

vorher

nachher

Kostenstand: 4.Quartal 2021, Bundesdurchschnitt, **inkl. 19%** MwSt.

Zeichnungen

6100-1375
Mehrfamilienhaus
Aufstockung (1 WE)

Erweiterung

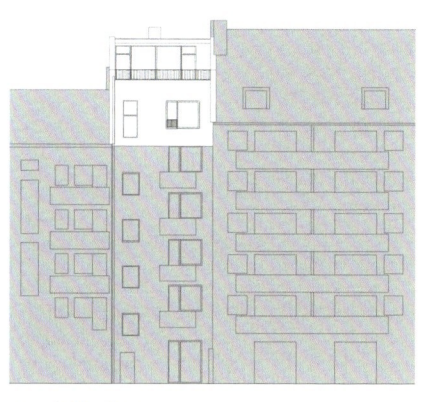

Ansicht Nord-Ost

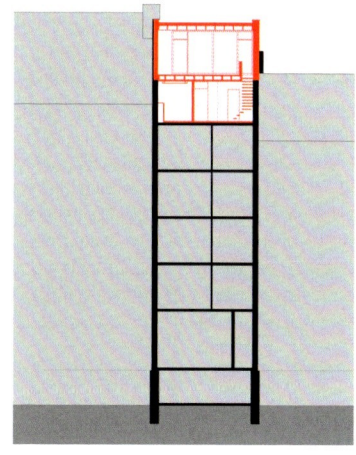

Querschnitt

5. Obergeschoss

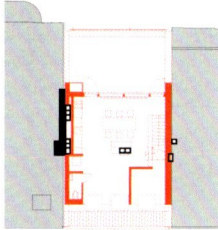

Dachgeschoss

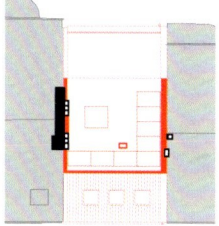

Dachaufsicht

Ansicht Süd-West

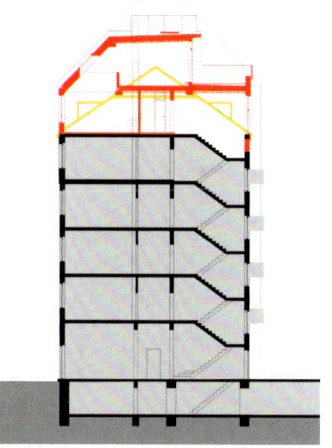

Längsschnitt

Mehrfamilienhaus Aufstockung (1 WE)

Erweiterung

Objektbeschreibung

Allgemeine Objektinformationen

Das Mehrfamilienhaus aus dem Jahr 1952 wurde mit dem Bau einer neuen Wohneinheit aufgestockt, bei dem die angrenzende Gründerzeitbebauung den Rahmen für den Entwurf bildet. Verbunden durch einen Luftraum und eine offene Treppe erstreckt sich der Wohnraum über zwei Etagen und gewährt vielfältige Blickbezüge. Zur Straßenseite wurde die Bestandsfassade mit den vorhandenen Fensteröffnungen erweitert und durch ein Sonderformat im Wohnbereich unterbrochen. Die rückseitige Fassade ist über die gesamte Breite des Gebäudes verglast. Die hier angeordnete Dachterrasse ergänzt den innenliegenden Küchen- und Essbereich und ermöglicht eine weite Sicht über die Stadtlandschaft.

Nutzung

1 Untergeschoss
Bestand: Keller

1 Erdgeschoss
Bestand: Wohnen

5 Obergeschosse
1.-4.OG Bestand: Wohnen
5.OG Neu: Schlafzimmer, Kinderzimmer, Wohnzimmer, Bad, Flur, Treppenhaus

1 Dachgeschoss
Neu: Küche/Essen, Arbeitszimmer, Dachterrasse, WC, Haustechnik

Grundstück

Bauraum: Baulücke
Neigung: Ebenes Gelände

Markt

Hauptvergabezeit: 2.Quartal 2013
Baubeginn: 2.Quartal 2013
Bauende: 4.Quartal 2013
Konjunkturelle Gesamtlage: über Durchschnitt
Regionaler Baumarkt: über Durchschnitt

Baubestand

Baujahr: 1952
Bauzustand: mittel
Aufwand: hoch
Grundrissänderungen: umfangreiche
Tragwerkseingriffe: umfangreiche
Nutzungsänderung: ja
Nutzung während der Bauzeit: ja

Baukonstruktion

Für die Aufstockung des Wohngebäudes wurden die Giebel- und Außenwände in massiver Bauweise ergänzt und teilweise neu errichtet. Sie sind mit einem mineralischen Wärmedämmverbundsystem bekleidet. Die neue Geschossdecke bildet eine Kombination aus Stahl- und Holzbau. Alle Innenwände sowie die Brandschutzverkleidung der Decken wurden in Trockenbauweise hergestellt. Der gesamte Dachstuhl kam als Holzkonstruktion zur Ausführung.

Technische Anlagen

Die neue Wohneinheit ist haustechnisch durch neue Steigleitungen erschlossen. Vorhandene Kamine und Lüftungskanäle wurden über Dach verlängert. Eine Gasbrennwerttherme mit solarunterstütztem Warmwasserspeicher versorgt die neue Etage mit Heizungswärme und Warmwasser.

Sonstiges

Die Angaben von Flächen- und Rauminhalten in dieser Dokumentation beziehen sich auf die Aufstockung mit Dachterrasse. Die darunter liegenden Stockwerke waren nicht Teil der Baumaßnahme.

Planungskennwerte für Flächen und Rauminhalte nach DIN 277

6100-1375
Mehrfamilienhaus
Aufstockung (1 WE)

Flächen des Grundstücks		Menge, Einheit	% an GF
BF	Bebaute Fläche	134,65 m²	75,2
UF	Unbebaute Fläche	44,35 m²	24,8
GF	Grundstücksfläche	179,00 m²	100,0

Grundflächen des Bauwerks		Menge, Einheit	% an NUF	% an BGF
NUF	Nutzungsfläche	121,93 m²	100,0	66,5
TF	Technikfläche	0,96 m²	0,8	0,5
VF	Verkehrsfläche	19,62 m²	16,1	10,7
NRF	Netto-Raumfläche	142,51 m²	116,9	77,7
KGF	Konstruktions-Grundfläche	40,92 m²	33,6	22,3
BGF	Brutto-Grundfläche	183,43 m²	150,4	100,0

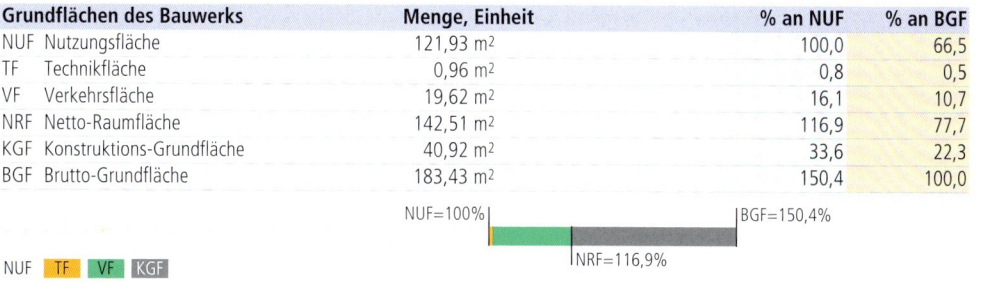

Brutto-Rauminhalt des Bauwerks		Menge, Einheit	BRI/NUF (m)	BRI/BGF (m)
BRI	Brutto-Rauminhalt	519,32 m³	4,26	2,83

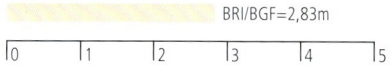

Erweiterung

Prozentualer Anteil der Kostengruppen der 2. Ebene an der Kostengruppe 400 nach DIN 276

KG	Kostengruppen (2. Ebene)	20%	40%	60%
410	Abwasser-, Wasser-, Gasanlagen			
420	Wärmeversorgungsanlagen			
430	Raumlufttechnische Anlagen			
440	Elektrische Anlagen			
450	Kommunikationstechnische Anlagen			
460	Förderanlagen			
470	Nutzungsspez. und verfahrenstech. Anlagen			
480	Gebäude- und Anlagenautomation			
490	Sonstige Maßnahmen für technische Anlagen			

Ranking der Kostengruppen der 3. Ebene an der Kostengruppe 400 nach DIN 276

KG	Kostengruppe (3. Ebene)	Kosten an KG 400 %	KG	Kostengruppe (3. Ebene)	Kosten an KG 400 %
421	Wärmeerzeugungsanlagen	19,6	413	Gasanlagen	3,2
412	Wasseranlagen	18,9	411	Abwasseranlagen	3,0
444	Niederspannungsinstallationsanlagen	17,6	457	Datenübertragungsnetze	2,0
429	Sonstiges zur KG 420	15,7	455	Audiovisuelle Medien- und Antennenanlagen	1,8
423	Raumheizflächen	7,0	451	Telekommunikationsanlagen	1,2
456	Gefahrenmelde- und Alarmanlagen	5,7	419	Sonstiges zur KG 410	0,7
422	Wärmeverteilnetze	3,5			

© BKI Baukosteninformationszentrum   Kostenstand: 4.Quartal 2021, Bundesdurchschnitt, inkl. 19% MwSt.

6100-1375
Mehrfamilienhaus
Aufstockung (1 WE)

Erweiterung

Kostenkennwerte für die Kostengruppen der 1. Ebene DIN 276

KG	Kostengruppen (1. Ebene)	Einheit	Kosten €	€/Einheit	€/m² BGF	€/m³ BRI	% 300+400
100		m² GF	–	–	–	–	–
200	Vorbereitende Maßnahmen	m² GF	385	2,15	2,10	0,74	0,1
300	Bauwerk – Baukonstruktionen	m² BGF	333.753	1.819,51	1.819,51	642,67	83,0
400	Bauwerk – Technische Anlagen	m² BGF	68.461	373,23	373,23	131,83	17,0
	Bauwerk 300+400	**m² BGF**	**402.214**	**2.192,74**	**2.192,74**	**774,50**	**100,0**
500	Außenanlagen und Freiflächen	m² AF	–	–	–	–	–
600	Ausstattung und Kunstwerke	m² BGF	–	–	–	–	–
700	Baunebenkosten	m² BGF	–	–	–	–	–
800	Finanzierung	m² BGF	–	–	–	–	–

KG	Kostengruppe	Menge Einheit	Kosten €	€/Einheit	%
200	**Vorbereitende Maßnahmen**	179,00 m² GF	385	**2,15**	0,1

- Herstellen (Kosten: 100,0%) — 385
  Bäume schützen

3+4	**Bauwerk**				**100,0**
300	**Bauwerk – Baukonstruktionen**	183,43 m² BGF	333.753	**1.819,51**	83,0

- Abbrechen (Kosten: 7,2%) — 23.924
  Abbruch von Holzdachstuhl, Dachausstiegsfenstern, Ziegeldeckung; Dachgeschoss, Treppenhauswand; Entsorgung, Deponiegebühren

- Wiederherstellen (Kosten: 1,6%) — 5.420
  Dachziegel aufnehmen, Bleiverwahrungen erneuern, Ziegel eindecken

- Herstellen (Kosten: 91,2%) — 304.409
  Hlz-Mauerwerk, Stb-Ringbalken, Holzständerwand, BSH-Stützen, Holz-Alufenster, Alufenster, WDVS; Schalldämm-Mauerwerk, GK-Wände, Holztüren, Wohnungseingangstür, Putz, Tapete, Beschichtung, Wandfliesen; Holzbalkendecke, Dämmung, OSB-Schalung, BSH-Träger, Stahlträger, Stahlwangentreppe, TSD, Trockenestrich, Parkett, Bodenfliesen, GK-Bekleidung F90; Holzdachkonstruktion, Dämmung, OSB-Schalung, Dachflächenfenster, Gefälledämmung, Bitumenabdichtung, Terrassenbelag, Ziegeldeckung, Dachentwässerung, Einbaumöbel

400	**Bauwerk – Technische Anlagen**	183,43 m² BGF	68.461	**373,23**	17,0

- Abbrechen (Kosten: 0,1%) — 80
  Abbruch von Antennen; Entsorgung, Deponiegebühren

- Wiederherstellen (Kosten: 2,9%) — 1.957
  Hauswasseranschluss und Wasserleitungen erneuern; Schornsteinkopf erneuern, verlängern

- Herstellen (Kosten: 97,0%) — 66.424
  Wohnungsentwässerung, Kalt- und Warmwasserleitungen, Sanitärobjekte, Gasleitungen; **Gas-Brennwertkessel**, Heizungsrohre, Heizkörper, **Kaminofen**; Elektroinstallation; Telefonverkabelung, Antennenverkabelung, Rauchmelder, **RWA-Anlage**, Datenverkabelung

Kostenkennwerte für die Kostengruppen 400 der 2. Ebene DIN 276

6100-1375
Mehrfamilienhaus
Aufstockung (1 WE)

KG	Kostengruppe	Menge Einheit	Kosten €	€/Einheit	%
400	**Bauwerk – Technische Anlagen**				100,0
410	**Abwasser-, Wasser-, Gasanlagen**	183,43 m² BGF	17.677	**96,37**	25,8

- Wiederherstellen (Kosten: 5,6%) — 183,43 m² BGF — 997 — **5,44**
  Hausanschluss, Eisenleitung demontieren, Edelstahlleitungen, Hauswasserstation einbauen

- Herstellen (Kosten: 94,4%) — 183,43 m² BGF — 16.680 — **90,93**
  SML-Rohre DN100 (psch) * Verbundrohre (psch), Enthärtungsanlage (1St), Trinkwasseranschluss (1St), WC (1St), Badewanne (1St), Waschtisch (1St), Duschwanne (1St), Außenarmaturen (2St) * Gaszähler (1St), Kupferrohre DN22, Anschluss an Bestand (psch), Gassteckdose (1St) * Montageelemente (2St)

Erweiterung

KG	Kostengruppe	Menge Einheit	Kosten €	€/Einheit	%
420	**Wärmeversorgungsanlagen**	183,43 m² BGF	31.365	**170,99**	45,8

- Wiederherstellen (Kosten: 3,1%) — 183,43 m² BGF — 960 — **5,23**
  Schornsteinaufsatz abbrechen, zwei Schornsteinkopfverlängerungen montieren (psch)

- Herstellen (Kosten: 96,9%) — 183,43 m² BGF — 30.405 — **165,76**
  Gas-Brennwertkessel 14kW (1St), **Sonnenkollektoren** (psch), Solarleitungen (psch) * Verbundrohre (psch) * Flachheizkörper (5St), Badheizkörper (1St) * **Kaminofen** (1St), Schornsteine aufmauern (8m), Blechbekleidung (psch)

KG	Kostengruppe	Menge Einheit	Kosten €	€/Einheit	%
440	**Elektrische Anlagen**	183,43 m² BGF	12.073	**65,82**	17,6

- Herstellen (Kosten: 100,0%) — 183,43 m² BGF — 12.073 — **65,82**
  Zählerschrank (1St), NH-Verteiler (1St), Unterverteilung (1St), FI-Schalter (1St), Mantelleitungen NYM (54m), Zuleitungen (psch), Steckdosen (50St), Schalter/Taster (24St), Brennstellen (27St), Klingeltaster (1St)

KG	Kostengruppe	Menge Einheit	Kosten €	€/Einheit	%
450	**Kommunikationstechnische Anlagen**	183,43 m² BGF	7.346	**40,05**	10,7

- Abbrechen (Kosten: 1,1%) — 183,43 m² BGF — 80 — **0,44**
  Abbruch von Antennen (psch); Entsorgung, Deponiegebühren

- Herstellen (Kosten: 98,9%) — 183,43 m² BGF — 7.266 — **39,61**
  Telefonkabel (80m), Telefonanschlussdosen (3St) * Antennenkabel (105m), Antennenanschlussdosen (5St) * Rauchmelder (6St), Rauchabzugszentrale (1St), RWA-Hauptbedienstellen (2St), Lüftertaster (1St), Kettenantrieb (1St) * Datenkabel Cat7 (115m), Datenanschlussdosen (5St), Datenverteiler (1St)

© **BKI** Baukosteninformationszentrum — Kostenstand: 4.Quartal 2021, Bundesdurchschnitt, **inkl. 19% MwSt.**

Mehrfamilienhaus Aufstockung (1 WE)

Erweiterung

Kostenkennwerte für die Kostengruppe 400 der 2. und 3. Ebene DIN 276 (Übersicht)

KG	Kostengruppe	Menge Einheit	Kosten €	€/Einheit	%
410	**Abwasser-, Wasser-, Gasanlagen**	**183,43 m² BGF**	**96,37**	**17.677,27**	**25,8**
411	Abwasseranlagen	183,43 m² BGF	11,09	2.034,43	3,0
412	Wasseranlagen	183,43 m² BGF	70,70	12.969,29	18,9
413	Gasanlagen	183,43 m² BGF	11,99	2.199,12	3,2
419	Sonstiges zur KG 410	183,43 m² BGF	2,59	474,43	0,7
420	**Wärmeversorgungsanlagen**	**183,43 m² BGF**	**170,99**	**31.364,66**	**45,8**
421	Wärmeerzeugungsanlagen	183,43 m² BGF	73,16	13.420,26	19,6
422	Wärmeverteilnetze	183,43 m² BGF	13,18	2.417,12	3,5
423	Raumheizflächen	183,43 m² BGF	26,00	4.768,61	7,0
429	Sonstiges zur KG 420	183,43 m² BGF	58,65	10.758,68	15,7
440	**Elektrische Anlagen**	**183,43 m² BGF**	**65,82**	**12.072,97**	**17,6**
444	Niederspannungsinstallationsanlagen	183,43 m² BGF	65,82	12.072,97	17,6
450	**Kommunikationstechnische Anlagen**	**183,43 m² BGF**	**40,05**	**7.346,12**	**10,7**
451	Telekommunikationsanlagen	183,43 m² BGF	4,47	819,58	1,2
455	Audiovisuelle Medien- u. Antennenanl.	183,43 m² BGF	6,89	1.263,60	1,8
456	Gefahrenmelde- und Alarmanlagen	183,43 m² BGF	21,10	3.870,21	5,7
457	Datenübertragungsnetze	183,43 m² BGF	7,59	1.392,74	2,0

Kostenkennwerte für Leistungsbereiche nach STLB (Kosten KG 400 nach DIN 276)

6100-1375
Mehrfamilienhaus
Aufstockung (1 WE)

Erweiterung

LB	Leistungsbereiche	Kosten €	€/m² BGF	€/m³ BRI	% an 400
040	Wärmeversorgungsanlagen - Betriebseinrichtungen	19.537	106,50	37,60	28,5
	Wiederherstellen	960	5,20	1,80	1,4
	Herstellen	18.576	101,30	35,80	27,1
041	Wärmeversorgungsanlagen - Leitungen, Armaturen, Heizflächen	6.966	38,00	13,40	10,2
042	Gas- und Wasseranlagen - Leitungen, Armaturen	5.559	30,30	10,70	8,1
	Wiederherstellen	997	5,40	1,90	1,5
	Herstellen	4.562	24,90	8,80	6,7
043	Druckrohrleitungen für Gas, Wasser und Abwasser	–	–	–	–
044	Abwasseranlagen - Leitungen, Abläufe, Armaturen	1.815	9,90	3,50	2,7
045	Gas-, Wasser- und Entwässerungsanlagen - Ausstattung, Elemente, Fertigbäder	6.618	36,10	12,70	9,7
046	Gas-, Wasser- und Entwässerungsanlagen - Betriebseinrichtungen	3.027	16,50	5,80	4,4
047	Dämm- und Brandschutzarbeiten an technischen Anlagen	–	–	–	–
049	Feuerlöschanlagen, Feuerlöschgeräte	–	–	–	–
050	Blitzschutz- / Erdungsanlagen, Überspannungsschutz	–	–	–	–
051	Kabelleitungstiefbauarbeiten	–	–	–	–
052	Mittelspannungsanlagen	–	–	–	–
053	Niederspannungsanlagen - Kabel/Leitungen, Verlegesysteme, Installationsgeräte	9.351	51,00	18,00	13,7
054	Niederspannungsanlagen - Verteilersysteme und Einbaugeräte	2.653	14,50	5,10	3,9
055	Sicherheits- und Ersatzstromversorgungsanlagen	–	–	–	–
057	Gebäudesystemtechnik	–	–	–	–
058	Leuchten und Lampen	–	–	–	–
059	Sicherheitsbeleuchtungsanlagen	–	–	–	–
060	Sprech-, Ruf-, Antennenempfangs-, Uhren- und elektroakustische Anlagen	69	0,38	0,13	0,1
061	Kommunikations- und Übertragungsnetze	3.396	18,50	6,50	5,0
062	Kommunikationsanlagen	–	–	–	–
063	Gefahrenmeldeanlagen	3.870	21,10	7,50	5,7
064	Zutrittskontroll-, Zeiterfassungssysteme	–	–	–	–
069	Aufzüge	–	–	–	–
070	Gebäudeautomation	–	–	–	–
075	Raumlufttechnische Anlagen	–	–	–	–
078	Kälteanlagen für raumlufttechnische Anlagen	–	–	–	–
	Gebäudetechnik	**62.860**	**342,70**	**121,00**	**91,8**
	Wiederherstellen	1.957	10,70	3,80	2,9
	Herstellen	60.902	332,00	117,30	89,0
	Sonstige Leistungsbereiche	**5.601**	**30,50**	**10,80**	**8,2**
	Abbrechen	80	0,44	0,15	0,1
	Herstellen	5.521	30,10	10,60	8,1

© BKI Baukosteninformationszentrum   Kostenstand: 4.Quartal 2021, Bundesdurchschnitt, **inkl.** 19% MwSt.

6100-1383
Einfamilienhaus
Büro (10 AP)
Gästeapartment
Effizienzhaus ~35%

Objektübersicht

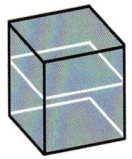 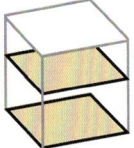 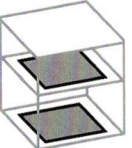 

BRI 1.382 €/m³   BGF 4.635 €/m²   NUF 7.985 €/m²   NE 15.974 €/NE
NE: m² Wohnfläche

Objekt:
Kennwerte: 3. Ebene DIN 276
BRI: 2.582 m³
BGF: 770 m²
NUF: 447 m²
Bauzeit: 152 Wochen
Bauende: 2017
Standard: über Durchschnitt
Bundesland: Hamburg
Kreis: Hamburg, Stadt

Architekt*in:
Walter Gebhardt Architekt
Johnsallee 68
20146 Hamburg

Bauherr*in:
Vera Berndt
Palmaille 98
22767 Hamburg

© Jochen Stüber

© Jochen Stüber

Zeichnungen

6100-1383
Einfamilienhaus
Büro (10 AP)
Gästeapartment
Effizienzhaus ~35%

Ansicht Nord

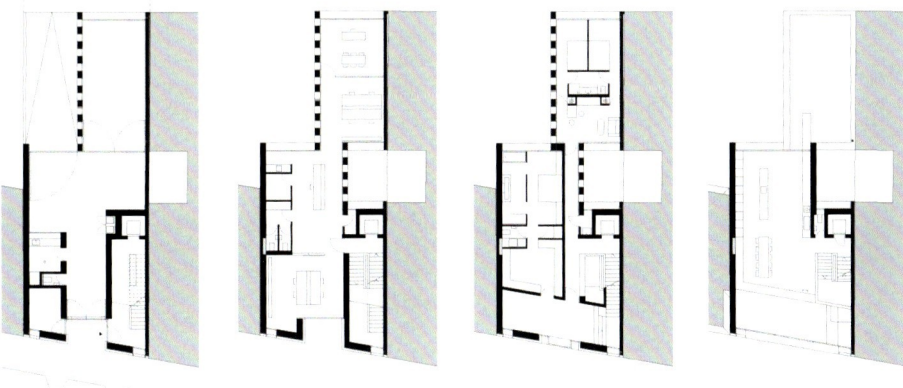

Erdgeschoss   1. Obergeschoss   2. Obergeschoss   Dachgeschoss

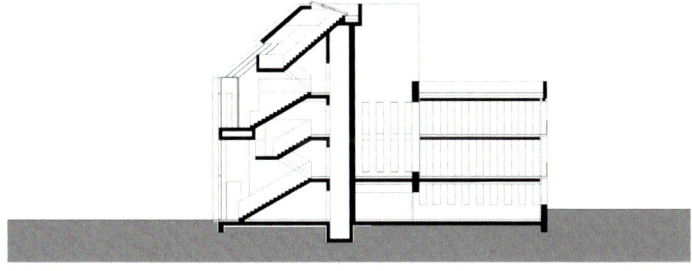

Schnitt

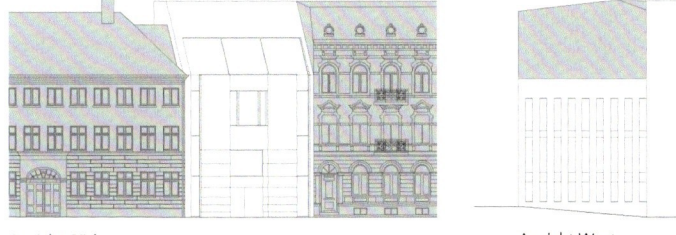

Ansicht Süd   Ansicht West

6100-1383
Einfamilienhaus
Büro (10 AP)
Gästeapartment
Effizienzhaus ~35%

Objektbeschreibung

Allgemeine Objektinformationen

Das moderne Stadthaus hebt sich durch bewusst eingesetzte Fugen von seinen Nachbarn ab. Die horizontale Zonierung in Sockelgeschoss, Hauptgeschoss und Dach wurde von den Nachbargebäuden aufgenommen. Ergänzt wird die Wohnnutzung der Obergeschosse durch eine **freiberufliche** Nutzung im 1.Obergeschoss.

Nutzung

1 Erdgeschoss
Eingangsbereich mit Treppe, **Aufzug**, Garage, Durchfahrt, Technikraum, Zerwirkraum, WC

2 Obergeschosse
1.OG: Büroräume, Besprechungsraum, Teeküche, WCs, Treppenhaus, **Aufzug**
2.OG: Schlafzimmer, Ankleide, Büro, Bad, WC, zwei Gästezimmer, Bad, Küche, Treppenhaus, **Aufzug**

1 Dachgeschoss
Offene Küche, Wohn- Esszimmer, Dachterrasse, WC, Treppenhaus, **Aufzug**

Nutzeinheiten

Arbeitsplätze: 10
Bürofläche: 121m²
Wohneinheiten: 1
Wohnfläche: 223m²

Grundstück

Bauraum: Baulücke
Neigung: Ebenes Gelände
Bodenklasse: BK 3 bis BK 4

Markt

Hauptvergabezeit: 2.Quartal 2014
Baubeginn: 2.Quartal 2014
Bauende: 1.Quartal 2017
Konjunkturelle Gesamtlage: über Durchschnitt
Regionaler Baumarkt: über Durchschnitt

Baukonstruktion

Ausgeführt wurde ein nicht unterkellerter monolithischer, verputzter Mauerwerksbau mit straßenseitig selbst tragender Betonfassade, Stahlbetondecken und aussteifendem Betonkern auf einer WU-Betonsohle. Für die großflächigen Verglasungen kam eine Pfosten-Riegel-Konstruktion zum Einbau. Loch- und Schlitzfenster sind als Elementkonstruktion ausgeführt. Der Terrassenzugang erfolgt über eine fünf Meter hohe Glasschiebeanlage, die Atelierverglasung orientiert sich Richtung Hafen. Eine moderne, der Dachneigung folgende, geschwungene Holzdecke aus Nussbaum unterstreicht die hochwertige Ausstattung des Objekts. Das skulpturale Treppenhaus sowie die Böden der Wohnung sind mit sandfarbenem Terrazzo belegt, die Wände mit naturbelassenem Edelputz versehen. Glasbrüstungen ermöglichen den Blick in den aufwendig gestalteten Außenbereich.

Technische Anlagen

Die Gebäudenutzung sieht eine mechanische **Be- und Entlüftung** mit hocheffizienter **Wärmerückgewinnung** vor. Die Wärmeversorgung erfolgt über eine **Geothermieanlage**, zusätzlich wurde im Wohnbereich ein moderner **Kaminofen** eingebaut. Eine **Photovoltaikanlage** mit einer Leistung von 3kW$_p$ deckt ca. 25% des elektrischen Energiebedarfs des Gebäudes. Die Garage ist mit einer **Ladestation** für das Elektroauto und einer Luftentfeuchtungsanlage für historische Fahrzeuge ausgestattet.
Entlüftete Fläche: 137,00m²
Be- und Entlüftete Fläche: 223,00m²

Sonstiges

Wohngebäude und Nichtwohngebäude müssen für die Effizienzhausklassen getrennt berechnet werden. Die Büroebene entspricht Effizienzhaus ~60%.
Die Freianlagen zu diesem Objekt sind unter der Objektnummer 6100-1544 dokumentiert.

Energetische Kennwerte

EnEV Fassung: 2009
Gebäudevolumen: 1.402,00m³
Nutzfläche (EnEV): 404,00m²
Spez. Jahresprimärenergiebedarf (EnEV): 31,90 kWh/(m²·a)
Spez. Transmissionswärmeverlust: 0,41 W/(m²·K)
CO_2-Emissionen: 11,80 kg/(m²·a)

6100-1383
Einfamilienhaus
Büro (10 AP)
Gästeapartment
Effizienzhaus ~35%

Planungskennwerte für Flächen und Rauminhalte nach DIN 277

Flächen des Grundstücks		Menge, Einheit	% an GF
BF	Bebaute Fläche	197,60 m²	45,2
UF	Unbebaute Fläche	239,40 m²	54,8
GF	Grundstücksfläche	437,00 m²	100,0

Grundflächen des Bauwerks		Menge, Einheit	% an NUF	% an BGF
NUF	Nutzungsfläche	447,00 m²	100,0	58,1
TF	Technikfläche	13,27 m²	3,0	1,7
VF	Verkehrsfläche	151,10 m²	33,8	19,6
NRF	Netto-Raumfläche	611,37 m²	136,8	79,4
KGF	Konstruktions-Grundfläche	158,63 m²	35,5	20,6
BGF	Brutto-Grundfläche	770,00 m²	172,3	100,0

NUF=100%   NRF=136,8%   BGF=172,3%

NUF TF VF KGF

Brutto-Rauminhalt des Bauwerks		Menge, Einheit	BRI/NUF (m)	BRI/BGF (m)
BRI	Brutto-Rauminhalt	2.582,22 m³	5,78	3,35

BRI/NUF=5,78m
BRI/BGF=3,35m

0 1 2 3 4 5 6

Prozentualer Anteil der Kostengruppen der 2. Ebene an der Kostengruppe 400 nach DIN 276

KG	Kostengruppen (2. Ebene)	20%	40%	60%
410	Abwasser-, Wasser-, Gasanlagen			
420	Wärmeversorgungsanlagen			
430	Raumlufttechnische Anlagen			
440	Elektrische Anlagen			
450	Kommunikationstechnische Anlagen			
460	Förderanlagen			
470	Nutzungsspez. und verfahrenstech. Anlagen			
480	Gebäude- und Anlagenautomation			
490	Sonstige Maßnahmen für technische Anlagen			

Ranking der Kostengruppen der 3. Ebene an der Kostengruppe 400 nach DIN 276

KG	Kostengruppe (3. Ebene)	Kosten an KG 400 %	KG	Kostengruppe (3. Ebene)	Kosten an KG 400 %
412	Wasseranlagen	15,3	429	Sonstiges zur KG 420	5,2
444	Niederspannungsinstallationsanlagen	15,1	422	Wärmeverteilnetze	3,6
461	Aufzugsanlagen	13,0	442	Eigenstromversorgungsanlagen	2,7
421	Wärmeerzeugungsanlagen	12,5	457	Datenübertragungsnetze	1,1
445	Beleuchtungsanlagen	10,4	419	Sonstiges zur KG 410	1,0
423	Raumheizflächen	6,2	446	Blitzschutz- und Erdungsanlagen	1,0
431	Lüftungsanlagen	6,1	495	Instandsetzungen	0,9
411	Abwasseranlagen	5,6	452	Such- und Signalanlagen	0,3

© BKI Baukosteninformationszentrum   Kostenstand: 4.Quartal 2021, Bundesdurchschnitt, inkl. 19% MwSt.

6100-1383
Einfamilienhaus
Büro (10 AP)
Gästeapartment
Effizienzhaus ~35%

Kostenkennwerte für die Kostengruppen der 1. Ebene DIN 276

KG	Kostengruppen (1. Ebene)	Einheit	Kosten €	€/Einheit	€/m² BGF	€/m³ BRI	% 300+400
100		m² GF	–	–	–	–	–
200	Vorbereitende Maßnahmen	m² GF	11.946	27,34	15,51	4,63	0,3
300	Bauwerk – Baukonstruktionen	m² BGF	3.029.832	3.934,85	3.934,85	1.173,34	84,9
400	Bauwerk – Technische Anlagen	m² BGF	539.398	700,52	700,52	208,89	15,1
	Bauwerk 300+400	m² BGF	3.569.229	4.635,36	4.635,36	1.382,23	100,0
500	Außenanlagen und Freiflächen	m² AF	174.541	677,30	226,68	67,59	4,9
600	Ausstattung und Kunstwerke	m² BGF	17.111	22,22	22,22	6,63	0,5
700	Baunebenkosten	m² BGF	–	–	–	–	
800	Finanzierung	m² BGF	–	–	–	–	

KG	Kostengruppe	Menge Einheit	Kosten €	€/Einheit	%
200	Vorbereitende Maßnahmen	437,00 m² GF	11.946	27,34	0,3

Suchschachtung; Oberboden abtragen, Keller auffüllen; Baumstubben roden; Kampfmittelüberprüfung

3+4	**Bauwerk**				**100,0**
300	Bauwerk – Baukonstruktionen	770,00 m² BGF	3.029.832	3.934,85	84,9

Stb-Fundamente, Stb-Bodenplatte, Betonwerksteinplatten, Heizestrich; Stb-Wände, Hlz-Mauerwerk, Alu-Fenster, Sektionaltore, Mineralwolldämmung, Marmorbeton-Fassade, Kalkzementputz, Beschichtung, Fliesenbelag; Mauerwerk, GK-Wände, Holztüren; Stb-Decke, Stb-Treppen, Wartungsbalkone, EPS-Dämmung, Heizestrich, Nadelfilz, Terrazzo, Montagedecke, abgehängte GK-Decke, Glasgeländer; Stb-Flachdach, Pfosten-Riegel-Verglasung, Gefälledämmung, Abdichtung, Betonwerkstein, Dachbegrünung, Dachentwässerung, Deckenbekleidung, Nadelholzleisten; Einbauküchen, Einbaumöbel

400	Bauwerk – Technische Anlagen	770,00 m² BGF	539.398	700,52	15,1

Gebäudeentwässerung, Kalt- und Warmwasserleitungen, Weichwasseranlage, Sanitärobjekte; **Sole-Wasser-Wärmepumpe**, Fußbodenheizung, Badheizkörper, Kamineinsatz; **Lüftungszentralgerät mit Wärmerückgewinnung**; Elektroinstallation, Beleuchtung, **Photovoltaikanlage**, **Ladestation** Elektroauto, **Blitzschutz**; Türsprechanlage, Datenübertragungsnetz; **Personenaufzug**

500	Außenanlagen und Freiflächen	257,70 m² AF	174.541	677,30	4,9

Bodenarbeiten; Wege, Betonwerkstein, Parkplätze; Winkelstützmauern, Feuerwehr-Anleiterpodest, Beeteinfassungen Cortenstahl, Stufen, Stahlmattenzaun, Entwässerungsrinnen, Außenleuchten, Oberbodenarbeiten, Bepflanzung

600	Ausstattung und Kunstwerke	770,00 m² BGF	17.111	22,22	0,5

Sanitärausstattung; mobiler Luftentfeuchter

Kostenkennwerte für die Kostengruppen 400 der 2. Ebene DIN 276

6100-1383
Einfamilienhaus
Büro (10 AP)
Gästeapartment
Effizienzhaus ~35%

KG	Kostengruppe	Menge Einheit	Kosten €	€/Einheit	%
400	**Bauwerk – Technische Anlagen**				**100,0**
410	**Abwasser-, Wasser-, Gasanlagen**	770,00 m² BGF	117.991	**153,24**	21,9

KG-Rohre DN100-150 (97m), HT-Rohre DN50-100 (40m), SML-Rohre DN50-100 (106m), Kellerabläufe DN100 (2St) * Kupferrohre (619m), Hauswasserstation (1St), Weichwasseranlage (1St), Zirkulationspumpe (1St), Hauswasserzähler (1St), Durchlauferhitzer (3St), Handwaschbecken (7St), WCs (6St), Urinal (1St), Ausgussbecken (2St), Duschen (3St), Badewanne (1St), Spültisch (1St) * Montageelemente (11St)

420	**Wärmeversorgungsanlagen**	770,00 m² BGF	148.652	**193,05**	27,6

Sole-Wasser-Wärmepumpe 20kW (1St), Soledruckwächter (1St), Durchlaufspeicher 800l (1St) * Kupferrohre (257m), Metallverbundrohre DN16 (25m), Fernwärmeleitung (6m) * Fußbodenheizung: Trittschalldämmmatten (342m²), Trägermatten, Heizrohre (314m²), Verteilerschränke (4St), Röhrenradiator (1St), Badheizkörper (5St) * Schornsteinsystem (7m), Kamineinsatz, Verglasung (1St)

430	**Raumlufttechnische Anlagen**	770,00 m² BGF	32.949	**42,79**	6,1

Lüftungsgerät mit **WRG** (1St), Defrosterheizung (1St), Rohrschalldämpfer (8St), Zu-, Abluftauslässe (16St), Flexschläuche DN75 (180m), Wickelfalzrohre DN100-160 (26m), Brandschutzbekleidung (psch), Küchen-Abluftventilator (1St), Wetterschutzgitter (3St)

440	**Elektrische Anlagen**	770,00 m² BGF	157.544	**204,60**	29,2

Photovoltaikanlage, Einzelmodul 164x100cm (12St), Zähleranlage (1St), Versorgungsleitungen (psch) * Mantelleitungen (psch), Verteilerschrank (1St), Fußbodenkanalanlage (49m), Fußbodentanks (12St), Steckdosen (167St), Schalter, Taster (55St), Präsenzmelder (12St), **Ladestation** Elektroauto (1St) * Leuchten mit Präsenzmelder (17St), Feuchtraumleuchten (10St), LED-Deckeneinbauleuchten (20St), Lichtvorhang (1St), LED-Beleuchtungen (19St), Stufeneinbauleuchten (28St), Außenbeleuchtung (2St) * Fundamenterder (228m)

450	**Kommunikationstechnische Anlagen**	770,00 m² BGF	7.420	**9,64**	1,4

Türsprechanlage (1St), Leitungsnetz (psch), Funk-Wandsender, Empfänger (1St) * Medienschrank (1St), Kleinverteiler RJ45 (3St), Datendosen RJ45 (23St), Datenkabel Cat6 (114m)

460	**Förderanlagen**	770,00 m² BGF	70.171	**91,13**	13,0

Aufzugsanlage, vier Geschosse, Schachtgröße 1,80x1,67m, Tragkraft 630kg (1St)

490	**Sonstige Maßnahmen für technische Anlagen**	770,00 m² BGF	4.671	**6,07**	0,9

Auswechseln Grundleitungen (psch), Kamerabefahrung, Dokumentation, Reparatur (psch)

6100-1383
Einfamilienhaus
Büro (10 AP)
Gästeapartment
Effizienzhaus ~35%

Kostenkennwerte für die Kostengruppe 400 der 2. und 3. Ebene DIN 276 (Übersicht)

KG	Kostengruppe	Menge Einheit	Kosten €	€/Einheit	%
410	**Abwasser-, Wasser-, Gasanlagen**	**770,00 m² BGF**	**153,24**	**117.991,07**	**21,9**
411	Abwasseranlagen	770,00 m² BGF	39,36	30.308,34	5,6
412	Wasseranlagen	770,00 m² BGF	106,86	82.279,29	15,3
419	Sonstiges zur KG 410	770,00 m² BGF	7,02	5.403,44	1,0
420	**Wärmeversorgungsanlagen**	**770,00 m² BGF**	**193,05**	**148.651,55**	**27,6**
421	Wärmeerzeugungsanlagen	770,00 m² BGF	87,33	67.246,96	12,5
422	Wärmeverteilnetze	770,00 m² BGF	25,47	19.614,66	3,6
423	Raumheizflächen	770,00 m² BGF	43,49	33.487,37	6,2
429	Sonstiges zur KG 420	770,00 m² BGF	36,76	28.302,56	5,2
430	**Raumlufttechnische Anlagen**	**770,00 m² BGF**	**42,79**	**32.949,12**	**6,1**
431	Lüftungsanlagen	770,00 m² BGF	42,79	32.949,12	6,1
440	**Elektrische Anlagen**	**770,00 m² BGF**	**204,60**	**157.543,52**	**29,2**
442	Eigenstromversorgungsanlagen	770,00 m² BGF	19,16	14.750,10	2,7
444	Niederspannungsinstallationsanlagen	770,00 m² BGF	105,68	81.373,11	15,1
445	Beleuchtungsanlagen	770,00 m² BGF	72,90	56.136,26	10,4
446	Blitzschutz- und Erdungsanlagen	770,00 m² BGF	6,86	5.284,05	1,0
450	**Kommunikationstechnische Anlagen**	**770,00 m² BGF**	**9,64**	**7.420,27**	**1,4**
452	Such- und Signalanlagen	770,00 m² BGF	2,22	1.705,57	0,3
457	Datenübertragungsnetze	770,00 m² BGF	7,42	5.714,70	1,1
460	**Förderanlagen**	**770,00 m² BGF**	**91,13**	**70.170,76**	**13,0**
461	Aufzugsanlagen	770,00 m² BGF	91,13	70.170,76	13,0
490	**Sonst. Maßnahmen für techn. Anlagen**	**770,00 m² BGF**	**6,07**	**4.671,31**	**0,9**
495	Instandsetzungen	770,00 m² BGF	6,07	4.671,31	0,9

Kostenkennwerte für Leistungsbereiche nach STLB (Kosten KG 400 nach DIN 276)

6100-1383
Einfamilienhaus
Büro (10 AP)
Gästeapartment
Effizienzhaus ~35%

LB	Leistungsbereiche	Kosten €	€/m² BGF	€/m³ BRI	% an 400
040	Wärmeversorgungsanlagen - Betriebseinrichtungen	37.243	48,40	14,40	6,9
041	Wärmeversorgungsanlagen - Leitungen, Armaturen, Heizflächen	78.154	101,50	30,30	14,5
042	Gas- und Wasseranlagen - Leitungen, Armaturen	23.327	30,30	9,00	4,3
043	Druckrohrleitungen für Gas, Wasser und Abwasser	–	–	–	–
044	Abwasseranlagen - Leitungen, Abläufe, Armaturen	33.079	43,00	12,80	6,1
045	Gas-, Wasser- und Entwässerungsanlagen - Ausstattung, Elemente, Fertigbäder	59.059	76,70	22,90	10,9
046	Gas-, Wasser- und Entwässerungsanlagen - Betriebseinrichtungen	–	–	–	–
047	Dämm- und Brandschutzarbeiten an technischen Anlagen	18.627	24,20	7,20	3,5
049	Feuerlöschanlagen, Feuerlöschgeräte	–	–	–	–
050	Blitzschutz- / Erdungsanlagen, Überspannungsschutz	5.284	6,90	2,00	1,0
051	Kabelleitungstiefbauarbeiten	–	–	–	–
052	Mittelspannungsanlagen	–	–	–	–
053	Niederspannungsanlagen - Kabel/Leitungen, Verlegesysteme, Installationsgeräte	80.626	104,70	31,20	14,9
054	Niederspannungsanlagen - Verteilersysteme und Einbaugeräte	15.498	20,10	6,00	2,9
055	Sicherheits- und Ersatzstromversorgungsanlagen	–	–	–	–
057	Gebäudesystemtechnik	–	–	–	–
058	Leuchten und Lampen	50.780	65,90	19,70	9,4
059	Sicherheitsbeleuchtungsanlagen	–	–	–	–
060	Sprech-, Ruf-, Antennenempfangs-, Uhren- und elektroakustische Anlagen	1.221	1,60	0,47	0,2
061	Kommunikations- und Übertragungsnetze	5.178	6,70	2,00	1,0
062	Kommunikationsanlagen	1.021	1,30	0,40	0,2
063	Gefahrenmeldeanlagen	–	–	–	–
064	Zutrittskontroll-, Zeiterfassungssysteme	–	–	–	–
069	Aufzüge	70.171	91,10	27,20	13,0
070	Gebäudeautomation	–	–	–	–
075	Raumlufttechnische Anlagen	30.823	40,00	11,90	5,7
078	Kälteanlagen für raumlufttechnische Anlagen	–	–	–	–
	Gebäudetechnik	**510.091**	**662,50**	**197,50**	**94,6**
	Sonstige Leistungsbereiche	**29.307**	**38,10**	**11,30**	**5,4**

© BKI Baukosteninformationszentrum — Kostenstand: 4.Quartal 2021, Bundesdurchschnitt, inkl. 19% MwSt.

6100-1400
Mehrfamilienhaus
(13 WE)
Effizienzhaus 55
Tiefgarage

Objektübersicht

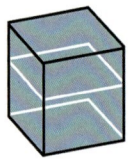 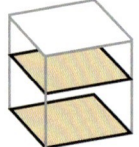 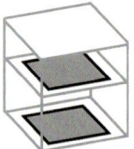 

BRI 353 €/m³   **BGF** 1.005 €/m²   **NUF** 1.576 €/m²   **NE** 2.084 €/NE
NE: m² Wohnfläche

Objekt:
Kennwerte: 3. Ebene DIN 276
BRI: 6.268 m³
BGF: 2.200 m²
NUF: 1.403 m²
Bauzeit: 52 Wochen
Bauende: 2017
Standard: Durchschnitt
Bundesland: Baden-Württemberg
Kreis: Freiburg im Breisgau

Architekt*in:
Werkgruppe Freiburg Architekten
Hummelstraße 17
79100 Freiburg

Bauherr*in:
Lamakat GmbH
Arne-Torgersen-Straße 12
79115 Freiburg

Zeichnungen

6100-1400
Mehrfamilienhaus
(13 WE)
Effizienzhaus 55
Tiefgarage

Ansicht Nord-Ost   Ansicht Süd-West   Ansicht Süd-Ost

Erdgeschoss   1. Obergeschoss

Untergeschoss   3. Obergeschoss

Schnitt A-A   Schnitt B-B

6100-1400
Mehrfamilienhaus
(13 WE)
Effizienzhaus 55
Tiefgarage

Objektbeschreibung

Allgemeine Objektinformationen

Das neu erbaute Wohngebäude beinhaltet auf fünf Geschossen insgesamt dreizehn individuell gestaltete Mietwohnungen sowie einen Gemeinschaftsraum. Das Gebäude ist Teil eines Dreihäuserprojekts im sozialen Wohnungsbau. Vorgegebenes Ziel war, alle Wohnungen 33% unter dem Mietspiegel vermieten zu können. Unter dem Wohnhof befindet sich eine Tiefgarage mit dreizehn Stellplätzen, deren Einfahrt gemeinsam mit dem Nachbargebäude genutzt wird.

Nutzung

1 Untergeschoss
Tiefgarage, Kellerräume, Technikraum, Werkstatt, Flure

1 Erdgeschoss
Wohnen (2 WE), Fahrradabstellraum, Müllraum

4 Obergeschosse
1.OG: Wohnen (4 WE)
2.OG: Wohnen (3 WE)
3.OG: Wohnen (2 WE), Gemeinschaftsraum, Dachterrasse
4.OG: Wohnen (2 WE)

Nutzeinheiten

Wohneinheiten: 13
Wohnfläche: 1.061m²

Grundstück

Bauraum: Beengter Bauraum
Neigung: Ebenes Gelände
Bodenklasse: BK 3

Markt

Hauptvergabezeit: 2.Quartal 2016
Baubeginn: 2.Quartal 2016
Bauende: 2.Quartal 2017
Konjunkturelle Gesamtlage: über Durchschnitt
Regionaler Baumarkt: über Durchschnitt

Baukonstruktion

Das Gebäude wurde in Massivbauweise in Stahlbeton und Kalksandstein errichtet. Die Bodenplatte sowie sämtliche Decken sind in Stahlbeton hergestellt. Sämtliche Treppen bestehen aus Betonfertigteilen. Die Außenwände aus Kalksandsteinmauerwerk wurden mit einem Wärmedämmverbundsystem mit Polystyrol gedämmt und mit einem zweilagigen Putz beschichtet. Die Fassade ist mit Aluholzfenstern gestaltet, die Balkone sind mit einer verzinkten Stahlkonstruktion eingerahmt. Alle nichttragenden Innenwände wurden in Trockenbauweise ausgeführt, ebenso die abgehängten Decken in den Bädern. Die Wohnungseingangstüren sind aus Eichenholz gefertigt, als Innentüren kamen weiß lackierte Holztüren zum Einbau. In den Wohnungen erhielten die Wände einen Innenputz und in den Bädern teilweise raumhohe Fliesen. Die Estrichböden im Treppenhaus sind sichtbar belassen und mit pigmentiertem Leinöl behandelt. Für die Bodenbeläge in den Wohnräumen wurde Parkett gewählt, die Böden der Bäder sind gefliest.

Technische Anlagen

Das Wohngebäude erfüllt den KfW 55-Effizienzhaus-Standard. Die Wärmeenergieversorgung erfolgt über einen Fernwärmeanschluss mit Wohnungsstationen für Warmwasser und Heizung. Es wurden dezentrale **Lüftungsanlagen** mit **Wärmerückgewinnung** installiert. Ein **Aufzug** verbindet alle Ebenen von der Tiefgarage bis zum vierten Obergeschoss. Im dritten Obergeschoss ermöglicht eine Hebeplattform den **barrierefreien** Zugang zur Dachterrasse. Auf dem Flachdach kam eine **Solarthermie** zur Ausführung.
Be- und Entlüftete Fläche: 1.061,00m²

Sonstiges

Alle Wohnungen sind **barrierefrei** und über einen **Aufzug** erreichbar, eine der Wohnungen ist rollstuhlgerecht ausgebaut. Ein weiteres Gebäude des Dreihäuserprojekts wurde unter der Objektnummer 6100-1401 dokumentiert.

Energetische Kennwerte

EnEV Fassung: 2013
Gebäudevolumen: 4.280,80 m³
Nutzfläche (EnEV): 1.369,90 m²
Hüllfläche des beheizten Volumens: 1.705,30 m²
A/Ve-Verhältnis (Kompaktheit): 0,41 m^{-1}
Spez. Jahresprimärenergiebedarf (EnEV): 12,03 kWh/(m²·a)
Spez. Transmissionswärmeverlust: 0,30 W/(m²·K)
Anlagen-Aufwandszahl: 0,29

6100-1400
Mehrfamilienhaus
(13 WE)
Effizienzhaus 55
Tiefgarage

6100-1400
Mehrfamilienhaus
(13 WE)
Effizienzhaus 55
Tiefgarage

Planungskennwerte für Flächen und Rauminhalte nach DIN 277

Flächen des Grundstücks		Menge, Einheit	% an GF
BF	Bebaute Fläche	570,00 m²	65,4
UF	Unbebaute Fläche	301,00 m²	34,6
GF	Grundstücksfläche	871,00 m²	100,0

Grundflächen des Bauwerks		Menge, Einheit	% an NUF	% an BGF
NUF	Nutzungsfläche	1.402,87 m²	100,0	63,8
TF	Technikfläche	23,62 m²	1,7	1,1
VF	Verkehrsfläche	465,34 m²	33,2	21,2
NRF	Netto-Raumfläche	1.891,83 m²	134,9	86,0
KGF	Konstruktions-Grundfläche	307,84 m²	21,9	14,0
BGF	Brutto-Grundfläche	2.199,67 m²	156,8	100,0

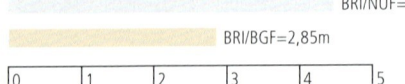

NUF=100%   BGF=156,8%   NRF=134,9%

NUF   TF   VF   KGF

Brutto-Rauminhalt des Bauwerks		Menge, Einheit	BRI/NUF (m)	BRI/BGF (m)
BRI	Brutto-Rauminhalt	6.267,86 m³	4,47	2,85

BRI/NUF=4,47m
BRI/BGF=2,85m

0   1   2   3   4   5

Prozentualer Anteil der Kostengruppen der 2. Ebene an der Kostengruppe 400 nach DIN 276

KG	Kostengruppen (2. Ebene)	20%	40%	60%
410	Abwasser-, Wasser-, Gasanlagen			
420	Wärmeversorgungsanlagen			
430	Raumlufttechnische Anlagen			
440	Elektrische Anlagen			
450	Kommunikationstechnische Anlagen			
460	Förderanlagen			
470	Nutzungsspez. und verfahrenstech. Anlagen			
480	Gebäude- und Anlagenautomation			
490	Sonstige Maßnahmen für technische Anlagen			

Ranking der Kostengruppen der 3. Ebene an der Kostengruppe 400 nach DIN 276

KG	Kostengruppe (3. Ebene)	Kosten an KG 400 %	KG	Kostengruppe (3. Ebene)	Kosten an KG 400 %
444	Niederspannungsinstallationsanlagen	24,0	423	Raumheizflächen	3,7
431	Lüftungsanlagen	22,4	419	Sonstiges zur KG 410	3,2
412	Wasseranlagen	11,3	457	Datenübertragungsnetze	2,0
461	Aufzugsanlagen	9,9	445	Beleuchtungsanlagen	1,5
422	Wärmeverteilnetze	6,1	452	Such- und Signalanlagen	0,6
421	Wärmeerzeugungsanlagen	5,4	456	Gefahrenmelde- und Alarmanlagen	0,5
411	Abwasseranlagen	5,0	446	Blitzschutz- und Erdungsanlagen	0,2
469	Sonstiges zur KG 460	4,1			

Kostenkennwerte für die Kostengruppen der 1. Ebene DIN 276

6100-1400
Mehrfamilienhaus
(13 WE)
Effizienzhaus 55
Tiefgarage

KG	Kostengruppen (1. Ebene)	Einheit	Kosten €	€/Einheit	€/m² BGF	€/m³ BRI	% 300+400
100		m² GF	–	–	–	–	–
200	Vorbereitende Maßnahmen	m² GF	1.396	1,60	0,63	0,22	0,1
300	Bauwerk – Baukonstruktionen	m² BGF	1.744.349	793,00	793,00	278,30	78,9
400	Bauwerk – Technische Anlagen	m² BGF	466.960	212,29	212,29	74,50	21,1
	Bauwerk 300+400	**m² BGF**	**2.211.309**	**1.005,29**	**1.005,29**	**352,80**	**100,0**
500	Außenanlagen und Freiflächen	m² AF	37.573	67,14	17,08	5,99	1,7
600	Ausstattung und Kunstwerke	m² BGF	7.403	3,37	3,37	1,18	0,3
700	Baunebenkosten	m² BGF	–	–	–	–	–
800	Finanzierung	m² BGF	–	–	–	–	–

KG	Kostengruppe	Menge Einheit	Kosten €	€/Einheit	%
200	**Vorbereitende Maßnahmen**	871,00 m² GF	1.396	**1,60**	0,1

Asphalt herausbrechen, KG-Rohr für Hausanschluss

KG	Kostengruppe	Menge Einheit	Kosten €	€/Einheit	%
3+4	**Bauwerk**				**100,0**
300	**Bauwerk – Baukonstruktionen**	2.199,67 m² BGF	1.744.349	**793,00**	78,9

Stb-Fundamente, Stb-Bodenplatte, Betonpflaster; KS-Mauerwerk, Stb-Wände, Holzrahmen-Attika, Stb-Stützen, Holz-Alufenster, Kunststofffenster, Alu-Türelemente, Rollgittertor, WDVS, Streckmetall-Bekleidung, Wandfliesen, Jalousien; GK-Wände, Innentüren, Innenputz, Beschichtung; Stb-Elementdecken, FT-Treppen, Balkonplatten, Estrich, Parkett, Fliesen, Akustikdecke, Geländer; Stb-Flachdach, Flachdachausstieg, Dachentwässerung, Dachbegrünung, Glasgeländer; Sitzbank, Fahrradbügel

KG	Kostengruppe	Menge Einheit	Kosten €	€/Einheit	%
400	**Bauwerk – Technische Anlagen**	2.199,67 m² BGF	466.960	**212,29**	21,1

Gebäudeentwässerung, Kalt- und Warmwasserleitungen, Sanitärobjekte; Fernwärme-Wohnungsstationen, Heizungsrohre, Heizkörper; **Lüftungsgeräte**, Lüftungsleitungen, Kleinlüfter; Elektroinstallation, Beleuchtung, Potenzialausgleich; Türsprechanlage, Rauchmelder, EDV-Verkabelung, Fernmeldeanschlüsse; **Aufzugsanlage**, Hebeplattform

KG	Kostengruppe	Menge Einheit	Kosten €	€/Einheit	%
500	**Außenanlagen und Freiflächen**	559,64 m² AF	37.573	**67,14**	1,7

Versorgungsschacht; Betonpflaster; Geländer; Versorgungsleitungen ans öffentliche Netz, Sickerschacht

KG	Kostengruppe	Menge Einheit	Kosten €	€/Einheit	%
600	**Ausstattung und Kunstwerke**	2.199,67 m² BGF	7.403	**3,37**	0,3

Sanitärausstattungen; Hausnummer

© **BKI** Baukosteninformationszentrum   Kostenstand: 4.Quartal 2021, Bundesdurchschnitt, **inkl. 19% MwSt.**

6100-1400
Mehrfamilienhaus
(13 WE)
Effizienzhaus 55
Tiefgarage

Kostenkennwerte für die Kostengruppen 400 der 2. Ebene DIN 276

KG	Kostengruppe	Menge Einheit	Kosten €	€/Einheit	%
400	**Bauwerk – Technische Anlagen**				**100,0**
410	**Abwasser-, Wasser-, Gasanlagen**	2.199,67 m² BGF	91.245	41,48	19,5

PE-Rohre DN50-125 (145m), PP-Rohre DN50-90 (108m), HT-Rohre DN70 (3m), Fäkalien-Hebeanlage (1St), Bodenablauf (1St), Betonrinne (4m) * Verbundrohre DN15-50 (471m), Hauswasserstation (1St), Zapfventilzähler (3St), Außenarmaturen (2St), Waschtisch (16St), Waschbecken (5St), Ausgussbecken (1St), WCs (19St), Badewannen (12St), Duschen (2St), Armaturen * Montageelemente (40St)

420	**Wärmeversorgungsanlagen**	2.199,67 m² BGF	71.123	32,33	15,2

Wohnungsstationen 46kW, an Fernwärme angeschlossen, Zähler (14St), Umwälzpumpe (1St), Druckausdehnungsgefäß (1St), Schmutzabscheider (1St), Füllstation (1St) * Verbundrohre DN16-20 (925m), Stahlrohre DN22-54 (302m) * Profil-Heizkörper (53St), Badheizkörper (13St)

430	**Raumlufttechnische Anlagen**	2.199,67 m² BGF	104.675	47,59	22,4

Lüftungsgeräte 200m³/h (13St), Lüftungsleitungen (151m), Wickelfalzrohre DN80-125 (403m), Schalldämpfer (65St), Tellerventile DN100-125 (84St), Verteilerkästen (11St), Kleinlüfter 75m³/h, Brandschutzklappen, Rauchauslöseeinrichtung (2St)

440	**Elektrische Anlagen**	2.199,67 m² BGF	119.906	54,51	25,7

Zählerschränke (2St), Wohnungsverteiler (14St), Mantelleitungen (6.496m), Schalter, Taster (653St), Steckdosen (584St), Jalousieschalter (64St), Bewegungsmelder (2St) * LED-Deckenanbauleuchten (15St), Wandleuchten (13St), LED-Einbauleuchten (4St), Wannenleuchten (4St), LED-Einbaustrahler (2St), Rundleuchten (24St) * Potenzialausgleich (14St)

450	**Kommunikationstechnische Anlagen**	2.199,67 m² BGF	14.477	6,58	3,1

Türsprechanlage (1St), Wohnungsstationen (14St), Notrufset (1St) * Rauchwarnmelder (55St) * Datenkabel (890m), Datendosen Cat6 (77St), Patchpanels (13St), Datenmodule (64St)

460	**Förderanlagen**	2.199,67 m² BGF	65.535	29,79	14,0

Aufzugsanlage, behindertengerecht, sechs Haltestellen (1St) * Hebeplattform, Transporthöhe 0,5m (1St)

Kostenkennwerte für die Kostengruppe 400 der 2. und 3. Ebene DIN 276 (Übersicht)

6100-1400
Mehrfamilienhaus
(13 WE)
Effizienzhaus 55
Tiefgarage

KG	Kostengruppe	Menge Einheit	Kosten €	€/Einheit	%
410	**Abwasser-, Wasser-, Gasanlagen**	2.199,67 m² BGF	41,48	91.244,98	**19,5**
411	Abwasseranlagen	2.199,67 m² BGF	10,70	23.546,93	5,0
412	Wasseranlagen	2.199,67 m² BGF	23,95	52.674,85	11,3
419	Sonstiges zur KG 410	2.199,67 m² BGF	6,83	15.023,20	3,2
420	**Wärmeversorgungsanlagen**	2.199,67 m² BGF	32,33	71.123,36	**15,2**
421	Wärmeerzeugungsanlagen	2.199,67 m² BGF	11,51	25.323,68	5,4
422	Wärmeverteilnetze	2.199,67 m² BGF	12,92	28.424,69	6,1
423	Raumheizflächen	2.199,67 m² BGF	7,90	17.374,99	3,7
430	**Raumlufttechnische Anlagen**	2.199,67 m² BGF	47,59	104.674,63	**22,4**
431	Lüftungsanlagen	2.199,67 m² BGF	47,59	104.674,63	22,4
440	**Elektrische Anlagen**	2.199,67 m² BGF	54,51	119.905,50	**25,7**
444	Niederspannungsinstallationsanlagen	2.199,67 m² BGF	50,91	111.977,67	24,0
445	Beleuchtungsanlagen	2.199,67 m² BGF	3,22	7.073,03	1,5
446	Blitzschutz- und Erdungsanlagen	2.199,67 m² BGF	0,39	854,82	0,2
450	**Kommunikationstechnische Anlagen**	2.199,67 m² BGF	6,58	14.476,86	**3,1**
452	Such- und Signalanlagen	2.199,67 m² BGF	1,25	2.744,02	0,6
456	Gefahrenmelde- und Alarmanlagen	2.199,67 m² BGF	1,02	2.239,53	0,5
457	Datenübertragungsnetze	2.199,67 m² BGF	4,32	9.493,32	2,0
460	**Förderanlagen**	2.199,67 m² BGF	29,79	65.534,63	**14,0**
461	Aufzugsanlagen	2.199,67 m² BGF	21,08	46.360,95	9,9
469	Sonstiges zur KG 460	2.199,67 m² BGF	8,72	19.173,68	4,1

© BKI Baukosteninformationszentrum

Kostenstand: 4.Quartal 2021, Bundesdurchschnitt, **inkl. 19%** MwSt.

6100-1400
Mehrfamilienhaus
(13 WE)
Effizienzhaus 55
Tiefgarage

Kostenkennwerte für Leistungsbereiche nach STLB (Kosten KG 400 nach DIN 276)

LB	Leistungsbereiche	Kosten €	€/m² BGF	€/m³ BRI	% an 400
040	Wärmeversorgungsanlagen - Betriebseinrichtungen	28.141	12,80	4,50	6,0
041	Wärmeversorgungsanlagen - Leitungen, Armaturen, Heizflächen	38.880	17,70	6,20	8,3
042	Gas- und Wasseranlagen - Leitungen, Armaturen	20.768	9,40	3,30	4,4
043	Druckrohrleitungen für Gas, Wasser und Abwasser	–	–	–	–
044	Abwasseranlagen - Leitungen, Abläufe, Armaturen	19.882	9,00	3,20	4,3
045	Gas-, Wasser- und Entwässerungsanlagen - Ausstattung, Elemente, Fertigbäder	44.678	20,30	7,10	9,6
046	Gas-, Wasser- und Entwässerungsanlagen - Betriebseinrichtungen	–	–	–	–
047	Dämm- und Brandschutzarbeiten an technischen Anlagen	8.416	3,80	1,30	1,8
049	Feuerlöschanlagen, Feuerlöschgeräte	–	–	–	–
050	Blitzschutz- / Erdungsanlagen, Überspannungsschutz	855	0,39	0,14	0,2
051	Kabelleitungstiefbauarbeiten	–	–	–	–
052	Mittelspannungsanlagen	–	–	–	–
053	Niederspannungsanlagen - Kabel/Leitungen, Verlegesysteme, Installationsgeräte	88.377	40,20	14,10	18,9
054	Niederspannungsanlagen - Verteilersysteme und Einbaugeräte	23.021	10,50	3,70	4,9
055	Sicherheits- und Ersatzstromversorgungsanlagen	–	–	–	–
057	Gebäudesystemtechnik	952	0,43	0,15	0,2
058	Leuchten und Lampen	7.073	3,20	1,10	1,5
059	Sicherheitsbeleuchtungsanlagen	–	–	–	–
060	Sprech-, Ruf-, Antennenempfangs-, Uhren- und elektroakustische Anlagen	2.371	1,10	0,38	0,5
061	Kommunikations- und Übertragungsnetze	9.493	4,30	1,50	2,0
062	Kommunikationsanlagen	–	–	–	–
063	Gefahrenmeldeanlagen	2.240	1,00	0,36	0,5
064	Zutrittskontroll-, Zeiterfassungssysteme	–	–	–	–
069	Aufzüge	64.785	29,50	10,30	13,9
070	Gebäudeautomation	–	–	–	–
075	Raumlufttechnische Anlagen	104.675	47,60	16,70	22,4
078	Kälteanlagen für raumlufttechnische Anlagen	–	–	–	–
	Gebäudetechnik	**464.607**	**211,20**	**74,10**	**99,5**
	Sonstige Leistungsbereiche	**2.353**	**1,10**	**0,38**	**0,5**

Objekte

6100-1426
Doppelhaushälfte
Passivhaus

Objektübersicht

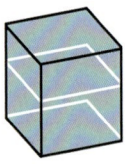 BRI 531 €/m³

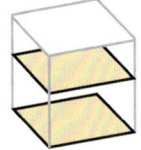 BGF 1.546 €/m²

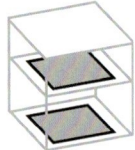 NUF 2.630 €/m²

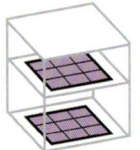 NE 2.821 €/NE
NE: m² Wohnfläche

Objekt:
Kennwerte: 3. Ebene DIN 276
BRI: 764 m³
BGF: 262 m²
NUF: 154 m²
Bauzeit: 39 Wochen
Bauende: 2018
Standard: Durchschnitt
Bundesland: Nordrhein-Westfalen
Kreis: Aachen, Städteregion

Architekt*in:
Rongen Architekten
PartG mbB
Propsteigasse 2
41849 Wassenberg

Bauherr*in:
Eva Maria u. Paul Arns
Quellenweg 35
52074 Aachen

Zeichnungen

6100-1426
Doppelhaushälfte
Passivhaus

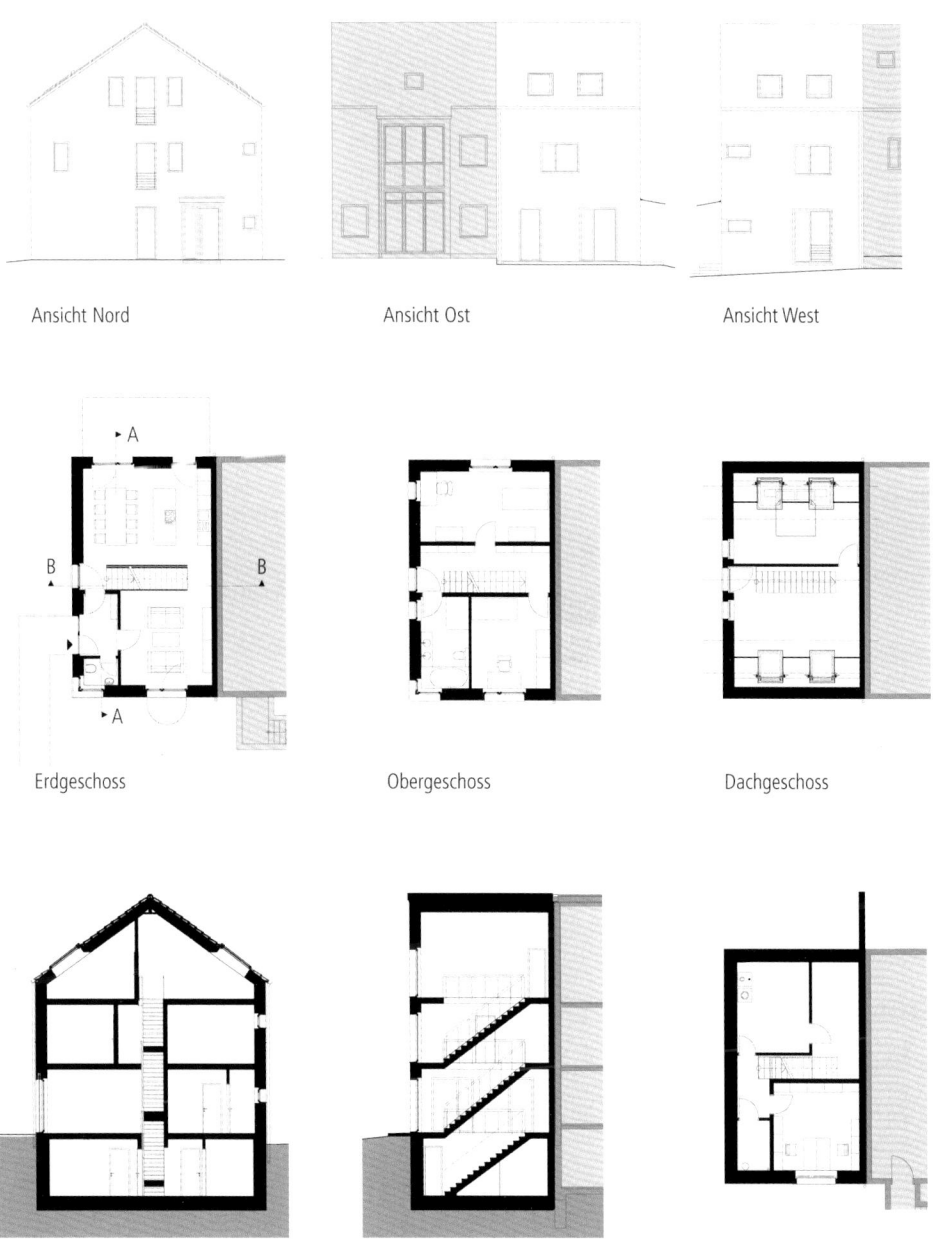

6100-1426 Doppelhaushälfte Passivhaus

Objektbeschreibung

Allgemeine Objektinformationen

Das unterkellerte Einfamilienhaus wurde an eine bereits bestehende Doppelhaushälfte angebaut. Der Neubau übernimmt die Höhen und Fluchten des Nachbarhauses und fügt sich dadurch in die Umgebung ein. Im Inneren wird das Gebäude durch eine offene, einläufige Treppe gegliedert. Beidseits der Treppe befinden sich Wohn- und Schlafräume. Der Keller des Hauses ist in Teilfläche dauerhaft genutzt. Straßenseitig gibt es einen Arbeitsraum, der hintere Bereich steht für Technik und Lager zur Verfügung.

Nutzung

1 Untergeschoss
Arbeitszimmer, Technik, Hausanschluss, Keller

1 Erdgeschoss
Kochen/Essen, Wohnen, Diele, WC

1 Obergeschoss
Zwei Kinderzimmer, Bad, Flur

1 Dachgeschoss
Schlafzimmer, offener Bereich

Nutzeinheiten

Wohnfläche: 144 m²

Grundstück

Bauraum: Beengter Bauraum
Neigung: Geneigtes Gelände
Bodenklasse: BK 1 bis BK 5

Besonderer Kosteneinfluss Grundstück:
Das Fundament der Giebelwand des Nachbargebäudes musste abgefangen werden.

Markt

Hauptvergabezeit: 2. Quartal 2017
Baubeginn: 2. Quartal 2017
Bauende: 1. Quartal 2018
Konjunkturelle Gesamtlage: Durchschnitt
Regionaler Baumarkt: Durchschnitt

Baukonstruktion

Der zweigeschossige Baukörper wurde in Massivbauweise aus 17,5 cm starkem Kalksandstein erstellt und mit einem 32 cm starken Wärmedämmverbundsystem ummantelt. Der Baukörper ist lückenlos auf der Außenhaut gedämmt: Im Kellerbereich wurde die Dämmstärke der Außenwände **beibehalten**, das Satteldach erhielt eine 40 cm starke Dämmung unter der Ziegeldeckung. Die Bodenplatte lastet auf einer druckstabilen Dämmplatte. Fenster und Türen entsprechen dem **Passivhausstandard** und sind in Kunststoff ausgeführt.

Technische Anlagen

Das Wohngebäude ist ein **Passivhaus**. **Beheizung und Kühlung erfolgen** über eine **Luft-Wasser-Splitwärmepumpe**. Zur Energiespeicherung wurde ein Wärmepumpen-Warmwasserspeicher mit einem Fassungsvermögen von 300 l eingebaut, in den ein Elektroheizstab integriert ist. Insgesamt kamen drei Kompaktheizkörper zur Ausführung, die auch zu Kühlzwecken eingesetzt werden können. Durch den Einbau einer **Komfort-Wohnraumlüftungsanlage** wird ein **Wärmerückgewinnungsgrad** bis 90% erzielt.

Energetische Kennwerte

Energiebezugsfläche (PHPP): 164,40 m²
Spez. Jahresheizwärmebedarf: 13,66 kWh/(m²·a)
Heizlast: 10,92 W/m²
Messergebnis Blower-Door-Test: 0,50 h^{-1}

Planungskennwerte für Flächen und Rauminhalte nach DIN 277

6100-1426
Doppelhaushälfte
Passivhaus

Flächen des Grundstücks		Menge, Einheit	% an GF
BF	Bebaute Fläche	65,62 m²	16,1
UF	Unbebaute Fläche	342,94 m²	83,9
GF	Grundstücksfläche	408,56 m²	100,0

Grundflächen des Bauwerks		Menge, Einheit	% an NUF	% an BGF
NUF	Nutzungsfläche	154,28 m²	100,0	58,8
TF	Technikfläche	14,87 m²	9,6	5,7
VF	Verkehrsfläche	29,26 m²	19,0	11,2
NRF	Netto-Raumfläche	198,41 m²	128,6	75,6
KGF	Konstruktions-Grundfläche	64,07 m²	41,5	24,4
BGF	Brutto-Grundfläche	262,48 m²	170,1	100,0

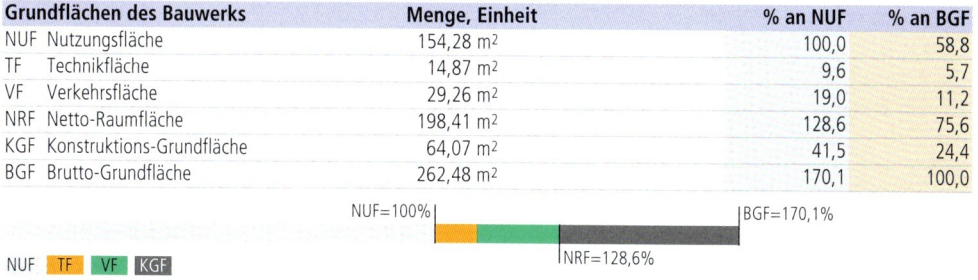

Brutto-Rauminhalt des Bauwerks		Menge, Einheit	BRI/NUF (m)	BRI/BGF (m)
BRI	Brutto-Rauminhalt	764,46 m³	4,96	2,91

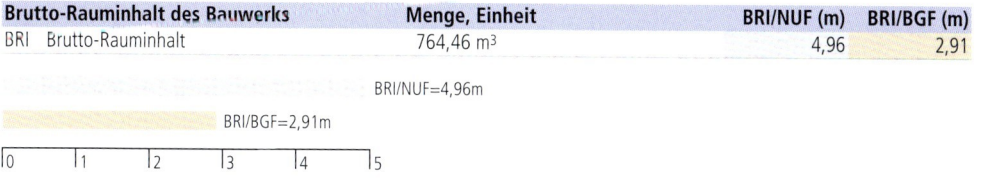

Prozentualer Anteil der Kostengruppen der 2. Ebene an der Kostengruppe 400 nach DIN 276

KG	Kostengruppen (2. Ebene)	20%	40%	60%
410	Abwasser-, Wasser-, Gasanlagen			
420	Wärmeversorgungsanlagen			
430	Raumlufttechnische Anlagen			
440	Elektrische Anlagen			
450	Kommunikationstechnische Anlagen			
460	Förderanlagen			
470	Nutzungsspez. und verfahrenstech. Anlagen			
480	Gebäude- und Anlagenautomation			
490	Sonstige Maßnahmen für technische Anlagen			

Ranking der Kostengruppen der 3. Ebene an der Kostengruppe 400 nach DIN 276

KG	Kostengruppe (3. Ebene)	Kosten an KG 400 %	KG	Kostengruppe (3. Ebene)	Kosten an KG 400 %
421	Wärmeerzeugungsanlagen	28,6	452	Such- und Signalanlagen	1,9
431	Lüftungsanlagen	18,4	457	Datenübertragungsnetze	1,6
444	Niederspannungsinstallationsanlagen	16,0	445	Beleuchtungsanlagen	1,6
412	Wasseranlagen	14,1	446	Blitzschutz- und Erdungsanlagen	0,9
411	Abwasseranlagen	7,2	419	Sonstiges zur KG 410	0,5
422	Wärmeverteilnetze	6,0	455	Audiovisuelle Medien- und Antennenanlagen	0,1
423	Raumheizflächen	3,0			

© BKI Baukosteninformationszentrum   Kostenstand: 4.Quartal 2021, Bundesdurchschnitt, **inkl. 19% MwSt.**

**6100-1426
Doppelhaushälfte
Passivhaus**

Kostenkennwerte für die Kostengruppen der 1. Ebene DIN 276

KG	Kostengruppen (1. Ebene)	Einheit	Kosten €	€/Einheit	€/m² BGF	€/m³ BRI	% 300+400
100		m² GF	–	–	–	–	–
200	Vorbereitende Maßnahmen	m² GF	6.256	15,31	23,84	8,18	1,5
300	Bauwerk – Baukonstruktionen	m² BGF	329.702	1.256,10	1.256,10	431,29	81,3
400	Bauwerk – Technische Anlagen	m² BGF	76.083	289,86	289,86	99,52	18,7
	Bauwerk 300+400	**m² BGF**	**405.784**	**1.545,96**	**1.545,96**	**530,81**	**100,0**
500	Außenanlagen und Freiflächen	m² AF	16.597	85,24	63,23	21,71	4,1
600	Ausstattung und Kunstwerke		1.462	5,57	5,57	1,91	0,4
700	Baunebenkosten	m² BGF	–	–	–	–	–
800	Finanzierung	m² BGF	–	–	–	–	–

KG	Kostengruppe	Menge Einheit	Kosten €	€/Einheit	%
200	**Vorbereitende Maßnahmen**	408,56 m² GF	6.256	**15,31**	1,5

Abbruch von Schuppen, Gartentor, Pflastersteinen, Grundstück abräumen, Grasnarbe abtragen, Wurzelstöcke roden, Oberbodenarbeiten

3+4	**Bauwerk**				**100,0**
300	**Bauwerk – Baukonstruktionen**	262,48 m² BGF	329.702	**1.256,10**	81,3

Stb-Bodenplatte, WU, Estrich, Bodenbeschichtung; KS-Mauerwerk, Stb-Wände, WU, Kunststoff-fenster, Perimeterdämmung, WDVS; GK-Wände, Holztüren, Innenputz, Wandfliesen, Beschichtung; Stb-Decken, Stb-Treppen, Parkett, Bodenfliesen, Vinylboden; Holz-Satteldach, Dämmung, DFF, Dachziegel, Dachentwässerung, GK-Beplankung; Unterfangung Giebel Nachbargebäude

| 400 | **Bauwerk – Technische Anlagen** | 262,48 m² BGF | 76.083 | **289,86** | 18,7 |

Gebäudeentwässerung, Kalt- und Warmwasserleitungen, Sanitärobjekte; **Luft-Wasser-Split-wärmepumpe** zum **Heizen und Kühlen**, Wasserspeicher, Heizkörper; **Lüftungsanlage** mit **Wärmerückgewinnung**; Elektroinstallation; Türsprechanlage, Antennenanlage, EDV-Verkabelung

| 500 | **Außenanlagen und Freiflächen** | 194,70 m² AF | 16.597 | **85,24** | 4,1 |

Aushubarbeiten; Betonpflaster, Natursteinpflaster, Basaltsplitt, Traufstreifen; Abwasserleitungen, Kontrollschacht; Oberbodenarbeiten

| 600 | **Ausstattung und Kunstwerke** | 262,48 m² BGF | 1.462 | **5,57** | 0,4 |

Duschkabine

Kostenkennwerte für die Kostengruppen 400 der 2. Ebene DIN 276

6100-1426
Doppelhaushälfte
Passivhaus

KG	Kostengruppe	Menge Einheit	Kosten €	€/Einheit	%
400	**Bauwerk – Technische Anlagen**				**100,0**
410	**Abwasser-, Wasser-, Gasanlagen**	262,48 m² BGF	16.542	**63,02**	21,7

Kleinhebeanlage (1St), Schmutzwasser-Druckleitung (1St), HT- und PP-Rohre, Rohrdämmung (psch) * Hausanschluss, Trinkwasseranlage (1St), Zirkulationsleitung (1St), Mehrschichtverbundrohre (psch), Waschtisch (1St), Waschbecken (1St), Tiefspül-WCs (2St), Badewanne (1St), Duschwanne (1St) * Montageelemente (2St)

420	**Wärmeversorgungsanlagen**	262,48 m² BGF	28.638	**109,11**	37,6

Luft-Wasser-Splitwärmepumpe 4-10kW zum **Heizen und Kühlen**, Inneneinheit und Außengerät, Splitleitung 15m (1St), Warmwasserspeicher 300l (1St), Regelung (psch) * Heizungsrohre (12m) * Kompaktheizkörper (3St)

430	**Raumlufttechnische Anlagen**	262,48 m² BGF	14.031	**53,46**	18,4

Lüftungsanlage mit **Wärmerückgewinnung** (1St), Lüftungsleitungen, Zu- und Abluftventile, Regelgeräte

440	**Elektrische Anlagen**	262,48 m² BGF	14.120	**53,80**	18,6

Hauptverteilung, Zähler, Sicherungen (1St), Steckdosen (61St), Schalter/Taster (24St), Jalousieschalter (4St), Mantelleitungen, Erdkabel * LED-Einbaustrahler (8St) * Fundamenterder, Bandstahl (34m), Anschlussfahne (1St), Potenzialausgleichsschiene (1St)

450	**Kommunikationstechnische Anlagen**	262,48 m² BGF	2.751	**10,48**	3,6

Türsprechanlage, drei Sprechstellen (1St) * Antennensteckdose (1St), Koaxialkabel * TAE-Anschlussdose, Steuerleitung (1St), Patchfeld, 12-fach (1St), Datendosen RJ45, zweifach (7St), Datenkabel Cat7

Kostenstand: 4.Quartal 2021, Bundesdurchschnitt, **inkl. 19% MwSt**.

© **BKI** Baukosteninformationszentrum

Kostenkennwerte für die Kostengruppe 400 der 2. und 3. Ebene DIN 276 (Übersicht)

KG	Kostengruppe	Menge Einheit	Kosten €	€/Einheit	%
410	**Abwasser-, Wasser-, Gasanlagen**	**262,48 m² BGF**	**63,02**	**16.541,51**	**21,7**
411	Abwasseranlagen	262,48 m² BGF	20,73	5.442,37	7,2
412	Wasseranlagen	262,48 m² BGF	40,83	10.717,03	14,1
419	Sonstiges zur KG 410	262,48 m² BGF	1,46	382,13	0,5
420	**Wärmeversorgungsanlagen**	**262,48 m² BGF**	**109,11**	**28.638,12**	**37,6**
421	Wärmeerzeugungsanlagen	262,48 m² BGF	82,95	21.773,40	28,6
422	Wärmeverteilnetze	262,48 m² BGF	17,44	4.576,47	6,0
423	Raumheizflächen	262,48 m² BGF	8,72	2.288,25	3,0
430	**Raumlufttechnische Anlagen**	**262,48 m² BGF**	**53,46**	**14.031,24**	**18,4**
431	Lüftungsanlagen	262,48 m² BGF	53,46	14.031,24	18,4
440	**Elektrische Anlagen**	**262,48 m² BGF**	**53,80**	**14.120,39**	**18,6**
444	Niederspannungsinstallationsanlagen	262,48 m² BGF	46,47	12.196,82	16,0
445	Beleuchtungsanlagen	262,48 m² BGF	4,66	1.222,82	1,6
446	Blitzschutz- und Erdungsanlagen	262,48 m² BGF	2,67	700,73	0,9
450	**Kommunikationstechnische Anlagen**	**262,48 m² BGF**	**10,48**	**2.751,37**	**3,6**
452	Such- und Signalanlagen	262,48 m² BGF	5,43	1.425,04	1,9
455	Audiovisuelle Medien- u. Antennenanl.	262,48 m² BGF	0,33	87,57	0,1
457	Datenübertragungsnetze	262,48 m² BGF	4,72	1.238,74	1,6

Kostenkennwerte für Leistungsbereiche nach STLB (Kosten KG 400 nach DIN 276)

6100-1426
Doppelhaushälfte
Passivhaus

LB	Leistungsbereiche	Kosten €	€/m² BGF	€/m³ BRI	% an 400
040	Wärmeversorgungsanlagen - Betriebseinrichtungen	17.835	67,90	23,30	23,4
041	Wärmeversorgungsanlagen - Leitungen, Armaturen, Heizflächen	10.803	41,20	14,10	14,2
042	Gas- und Wasseranlagen - Leitungen, Armaturen	5.496	20,90	7,20	7,2
043	Druckrohrleitungen für Gas, Wasser und Abwasser	170	0,65	0,22	0,2
044	Abwasseranlagen - Leitungen, Abläufe, Armaturen	4.125	15,70	5,40	5,4
045	Gas-, Wasser- und Entwässerungsanlagen - Ausstattung, Elemente, Fertigbäder	5.603	21,30	7,30	7,4
046	Gas-, Wasser- und Entwässerungsanlagen - Betriebseinrichtungen	1.147	4,40	1,50	1,5
047	Dämm- und Brandschutzarbeiten an technischen Anlagen	–	–	–	–
049	Feuerlöschanlagen, Feuerlöschgeräte	–	–	–	–
050	Blitzschutz- / Erdungsanlagen, Überspannungsschutz	701	2,70	0,92	0,9
051	Kabelleitungstiefbauarbeiten	–	–	–	–
052	Mittelspannungsanlagen	–	–	–	–
053	Niederspannungsanlagen - Kabel/Leitungen, Verlegesysteme, Installationsgeräte	9.824	37,40	12,90	12,9
054	Niederspannungsanlagen - Verteilersysteme und Einbaugeräte	2.372	9,00	3,10	3,1
055	Sicherheits- und Ersatzstromversorgungsanlagen	–	–	–	–
057	Gebäudesystemtechnik	–	–	–	–
058	Leuchten und Lampen	1.223	4,70	1,60	1,6
059	Sicherheitsbeleuchtungsanlagen	–	–	–	–
060	Sprech-, Ruf-, Antennenempfangs-, Uhren- und elektroakustische Anlagen	1.724	6,60	2,30	2,3
061	Kommunikations- und Übertragungsnetze	1.027	3,90	1,30	1,3
062	Kommunikationsanlagen	–	–	–	–
063	Gefahrenmeldeanlagen	–	–	–	–
064	Zutrittskontroll-, Zeiterfassungssysteme	–	–	–	–
069	Aufzüge	–	–	–	–
070	Gebäudeautomation	–	–	–	–
075	Raumlufttechnische Anlagen	14.031	53,50	18,40	18,4
078	Kälteanlagen für raumlufttechnische Anlagen	–	–	–	–
	Gebäudetechnik	**76.083**	**289,90**	**99,50**	**100,0**
	Sonstige Leistungsbereiche	–	–	–	–

© BKI Baukosteninformationszentrum Kostenstand: 4.Quartal 2021, Bundesdurchschnitt, inkl. 19% MwSt.

6100-1433
Mehrfamilienhaus
(5 WE)
Carports
Passivhaus

Objektübersicht

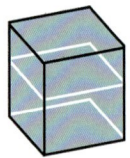 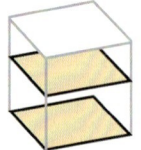 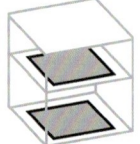 

BRI 506 €/m³   BGF 1.435 €/m²   NUF 2.193 €/m²   NE 2.243 €/NE
NE: m² Wohnfläche

Objekt:
Kennwerte: 3. Ebene DIN 276
BRI: 1.770 m³
BGF: 624 m²
NUF: 408 m²
Bauzeit: 47 Wochen
Bauende: 2017
Standard: über Durchschnitt
Bundesland: Nordrhein-Westfalen
Kreis: Heinsberg

Architekt*in:
Rongen Architekten
PartG mbB
Propsteigasse 2
41849 Wassenberg

Zeichnungen

6100-1433
Mehrfamilienhaus
(5 WE)
Carports
Passivhaus

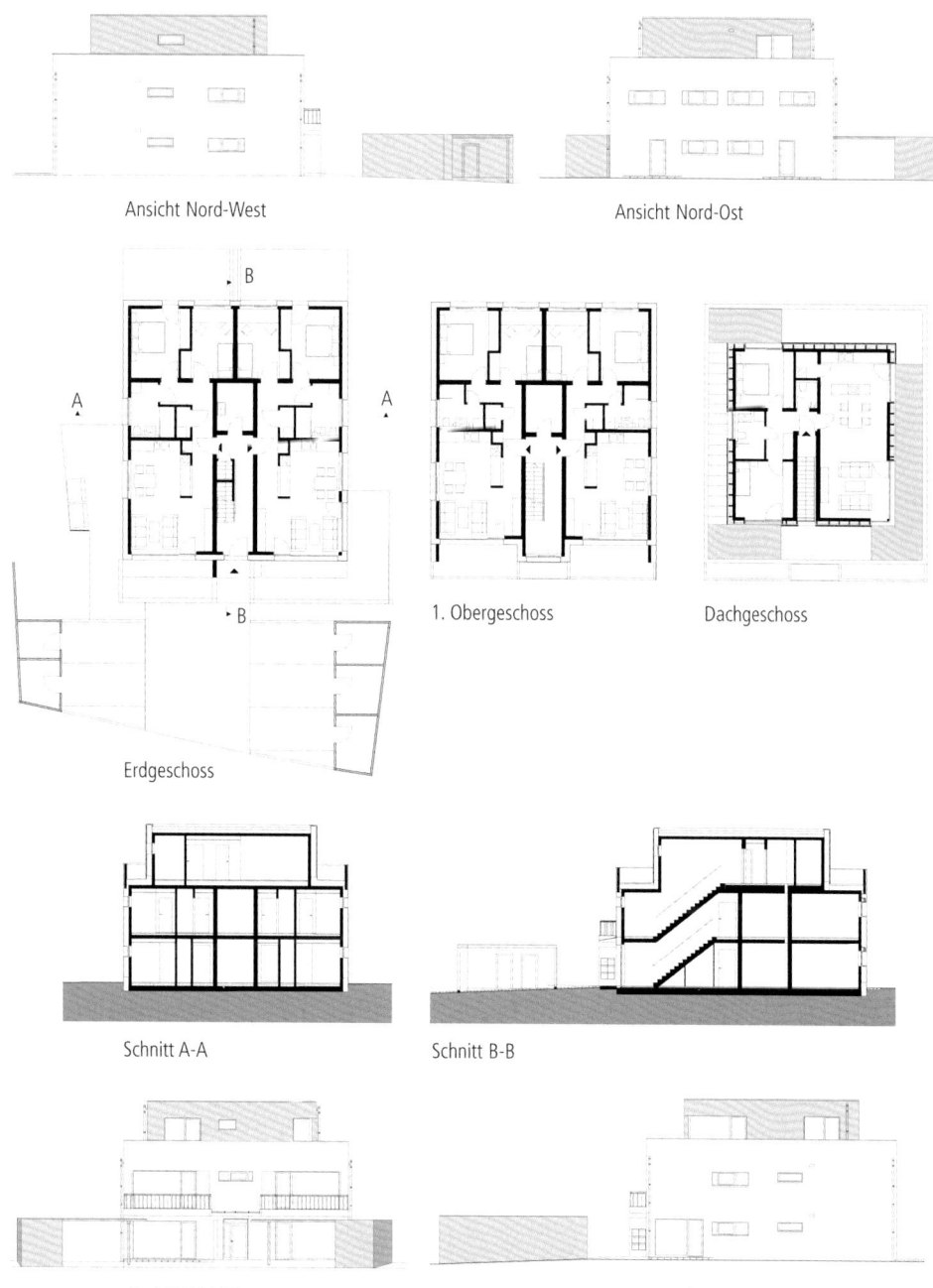

6100-1433
Mehrfamilienhaus
(5 WE)
Carports
Passivhaus

Objektbeschreibung

Allgemeine Objektinformationen

Das nicht unterkellerte Mehrfamilienhaus wurde mit fünf Wohneinheiten zur Vermietung neu erbaut. Es besteht aus zwei Vollgeschossen mit jeweils zwei Wohnungen und einem Staffelgeschoss, in dem sich eine Penthouse-Wohnung befindet. Das Mietobjekt wartet mit einem hohen Wohnkomfort und niedrigen Betriebskosten auf. Jede Wohnung verfügt über Terrassen, Balkone oder Loggien bzw. Dachterrasse im oberen Geschoss. Die Wohnungen im Erdgeschoss sind **barrierefrei**.

Nutzung

1 Erdgeschoss
zwei Wohnungen, **barrierefrei**, Technikräume

1 Obergeschoss
zwei Wohnungen, Technikräume

1 Dachgeschoss
eine Wohnung

Nutzeinheiten

Stellplätze: 5
Wohneinheiten: 5
Wohnfläche: 399 m²

Grundstück

Bauraum: Freier Bauraum
Neigung: Ebenes Gelände
Bodenklasse: BK 1 bis BK 4

Markt

Hauptvergabezeit: 3. Quartal 2016
Baubeginn: 3. Quartal 2016
Bauende: 3. Quartal 2017
Konjunkturelle Gesamtlage: Durchschnitt
Regionaler Baumarkt: unter Durchschnitt

Baukonstruktion

Das Wohngebäude wurde in Massivbauweise errichtet mit Außenwänden aus Kalksandstein und **Deckenscheiben** in Stahlbeton. Erd- und Obergeschoss wurden mit einem Wärmedämmverbundsystem ummantelt, das Staffelgeschoss erhielt eine Rhomboid-Schalen-Verkleidung aus Lärchenholz. Die massiven Wände wurden innenseitig verputzt und gestrichen. Die Bodenplatte sitzt auf einem Schaumglasschotterpaket, das Flachdach wurde mit einer i.M. 34 cm starken EPS-Dämmschicht unter einer Kunststoffabdichtung bekleidet. Es kamen Kunststofffenster mit außenliegenden Jalousien als Sonnenschutz zum Einsatz. Die nicht tragenden Innenwände wurden in Trockenbauweise erstellt, verspachtelt und gestrichen. Sanitärbereiche wurden gefliest. Die Fußböden erhielten Parkett, Teppich bzw. Natursteinbelag.

Technische Anlagen

Die Wärmeversorgung erfolgt zentral über **Erdsonden** und eine **Sole-Wasser-Wärmepumpe**. Über eine Fußbodenheizung wird die Wärme im gesamten Gebäude verteilt. Auf dem Dach des Penthouses ist Platz für **Photovoltaikmodule** zur späteren Erweiterung. Die Wohnungen sind jeweils zentral belüftet. Jede Wohnung hat ihr eigenes **Lüftungsgerät**, das vom Flur aus alle Räume ansteuert.

Sonstiges

Der Neubau wurde im **Passivhausstandard** realisiert. Die effektive **Wärmerückgewinnung** liegt bei 84 %.

Energetische Kennwerte

Energiebezugsfläche (PHPP): 374,00 m²
Primärenergie-Kennwert (PHPP): 16,40 kWh/(m²·a)
Spez. Transmissionswärmeverlust: 0,18 W/(m²·K)
Messergebnis Blower-Door-Test: 0,60 h^{-1}

6100-1433
Mehrfamilienhaus
(5 WE)
Carports
Passivhaus

Planungskennwerte für Flächen und Rauminhalte nach DIN 277

Flächen des Grundstücks		Menge, Einheit	% an GF
BF	Bebaute Fläche	296,27 m²	29,9
UF	Unbebaute Fläche	694,73 m²	70,1
GF	Grundstücksfläche	991,00 m²	100,0

Grundflächen des Bauwerks		Menge, Einheit	% an NUF	% an BGF
NUF	Nutzungsfläche	408,04 m²	100,0	65,4
TF	Technikfläche	12,04 m²	3,0	1,9
VF	Verkehrsfläche	72,83 m²	17,9	11,7
NRF	Netto-Raumfläche	492,91 m²	120,8	79,1
KGF	Konstruktions-Grundfläche	130,67 m²	32,0	21,0
BGF	Brutto-Grundfläche	623,58 m²	152,8	100,0

NUF TF VF KGF

Brutto-Rauminhalt des Bauwerks		Menge, Einheit	BRI/NUF (m)	BRI/BGF (m)
BRI	Brutto-Rauminhalt	1.769,84 m³	4,34	2,84

BRI/NUF=4,34m
BRI/BGF=2,84m
0 1 2 3 4 5

Prozentualer Anteil der Kostengruppen der 2. Ebene an der Kostengruppe 400 nach DIN 276

KG	Kostengruppen (2. Ebene)	20%	40%	60%
410	Abwasser-, Wasser-, Gasanlagen			
420	Wärmeversorgungsanlagen			
430	Raumlufttechnische Anlagen			
440	Elektrische Anlagen			
450	Kommunikationstechnische Anlagen			
460	Förderanlagen			
470	Nutzungsspez. und verfahrenstech. Anlagen			
480	Gebäude- und Anlagenautomation			
490	Sonstige Maßnahmen für technische Anlagen			

Ranking der Kostengruppen der 3. Ebene an der Kostengruppe 400 nach DIN 276

KG	Kostengruppe (3. Ebene)	Kosten an KG 400 %	KG	Kostengruppe (3. Ebene)	Kosten an KG 400 %
444	Niederspannungsinstallationsanlagen	21,6	422	Wärmeverteilnetze	3,4
412	Wasseranlagen	18,1	445	Beleuchtungsanlagen	1,5
431	Lüftungsanlagen	16,1	457	Datenübertragungsnetze	0,9
421	Wärmeerzeugungsanlagen	14,0	455	Audiovisuelle Medien- und Antennenanlagen	0,8
423	Raumheizflächen	9,7	452	Such- und Signalanlagen	0,6
411	Abwasseranlagen	8,8	446	Blitzschutz- und Erdungsanlagen	0,4
419	Sonstiges zur KG 410	4,1			

© BKI Baukosteninformationszentrum   Kostenstand: 4.Quartal 2021, Bundesdurchschnitt, inkl. 19% MwSt.

6100-1433
Mehrfamilienhaus
(5 WE)
Carports
Passivhaus

Kostenkennwerte für die Kostengruppen der 1. Ebene DIN 276

KG	Kostengruppen (1. Ebene)	Einheit	Kosten €	€/Einheit	€/m² BGF	€/m³ BRI	% 300+400
100		m² GF	–	–	–	–	–
200	Vorbereitende Maßnahmen	m² GF	3.653	3,69	5,86	2,06	0,4
300	Bauwerk – Baukonstruktionen	m² BGF	692.985	1.111,30	1.111,30	391,55	77,4
400	Bauwerk – Technische Anlagen	m² BGF	201.971	323,89	323,89	114,12	22,6
	Bauwerk 300+400	**m² BGF**	**894.956**	**1.435,19**	**1.435,19**	**505,67**	**100,0**
500	Außenanlagen und Freiflächen	m² AF	131.049	188,63	210,16	74,05	14,6
600	Ausstattung und Kunstwerke	m² BGF	3.552	5,70	5,70	2,01	0,4
700	Baunebenkosten	m² BGF	–	–	–	–	–
800	Finanzierung	m² BGF	–	–	–	–	–

KG	Kostengruppe	Menge Einheit	Kosten €	€/Einheit	%
200	**Vorbereitende Maßnahmen**	991,00 m² GF	3.653	**3,69**	0,4

Abbruch von Gehwegplatten, Abräumen von Pflanzbewuchs, entsorgen

3+4	**Bauwerk**				**100,0**
300	**Bauwerk – Baukonstruktionen**	623,58 m² BGF	692.985	**1.111,30**	77,4

Stb-Flachgründung, Zementestrich, Parkett, Teppich, Bodenfliesen, Naturstein; KS-Mauerwerk, Stahlstützen, Kunststofffenster, Haustür, EPS-Dämmung, Außenputz, Jalousien; GK-Wände, Innentüren, Innenputz, Beschichtung, GK-Vorsatzschalen, Wandfliesen, Treppengeländer; Stb-Decken, Stb-Treppen, GK-Decken, Balkongeländer; Stb-Dach, Terrassenplatten/-Dielen, Dachentwässerung, Taubenabwehr

400	**Bauwerk – Technische Anlagen**	623,58 m² BGF	201.971	**323,89**	22,6

Gebäudeentwässerung, Kalt- und Warmwasserleitungen, Sanitärobjekte; **Sole-Wasser-Wärmepumpe**, **Erdsonden**, Heizungsrohre, Fußbodenheizung; **Lüftungsgeräte**, Lüftungsleitungen; Elektroinstallation, Beleuchtung, Potenzialausgleich; Sprechanlagen, EDV-Verkabelung

500	**Außenanlagen und Freiflächen**	694,73 m² AF	131.049	**188,63**	14,6

Bodenarbeiten; Fundamente; Betonpflaster; Carport mit Abstellräumen; Regenwasserbehälter, Elektroinstallation; Oberbodenarbeiten, Bepflanzung, Rasen; Fäkalienbehälter abbrechen, entsorgen

600	**Ausstattung und Kunstwerke**	623,58 m² BGF	3.552	**5,70**	0,4

Duschabtrennungen

Kostenkennwerte für die Kostengruppen 400 der 2. Ebene DIN 276

KG	Kostengruppe	Menge Einheit	Kosten €	€/Einheit	%
400	**Bauwerk – Technische Anlagen**				**100,0**
410	**Abwasser-, Wasser-, Gasanlagen**	623,58 m² BGF	62.730	**100,60**	31,1

PVC-Rohre DN70-125 (203m), Kontrollschacht DN1.000, Kanalanschluss (1St), Rückstauklappen (2St) * Hausanschluss (1St), Trinkwasserrohre (psch), WCs (6St), Waschtische (5St), Handwaschbecken (1St), Ausgussbecken (1St), Duschanlagen (5St), Außenarmatur (1St) * Montageelemente (10St)

420	**Wärmeversorgungsanlagen**	623,58 m² BGF	54.840	**87,94**	27,2

Sole-Wasser-Wärmepumpe 6,8kW, **Erdsondenanlage** (1St) * Heizungsrohre (psch), Verteiler (1St), Wärmezähler (5St) * Fußbodenheizung (344m²)

430	**Raumlufttechnische Anlagen**	623,58 m² BGF	32.502	**52,12**	16,1

Wohnraumlüftungsanlagen (5St)

440	**Elektrische Anlagen**	623,58 m² BGF	47.361	**75,95**	23,4

Zählerschrankanlage (1St), Grundinstallation (psch), Wohnungsverteiler (5St), Steckdosen (250St), Schalter, Taster (97St), Raumthermostate (21St), Jalousieschalter (17St), Herdanschlussdosen (10St) * Wannenleuchten (5St), Außenleuchte (1St) * Ringerdung (58m), Kreuzverbinder (4St)

450	**Kommunikationstechnische Anlagen**	623,58 m² BGF	4.537	**7,28**	2,2

Klingeltaster, Sprechanlagen (5St) * Antennendosen (17St) * Datendosen (21St)

6100-1433
Mehrfamilienhaus
(5 WE)
Carports
Passivhaus

© **BKI** Baukosteninformationszentrum — Kostenstand: 4.Quartal 2021, Bundesdurchschnitt, **inkl. 19% MwSt.**

6100-1433
Mehrfamilienhaus
(5 WE)
Carports
Passivhaus

Kostenkennwerte für die Kostengruppe 400 der 2. und 3. Ebene DIN 276 (Übersicht)

KG	Kostengruppe	Menge Einheit	Kosten €	€/Einheit	%
410	**Abwasser-, Wasser-, Gasanlagen**	**623,58 m² BGF**	**100,60**	**62.730,41**	**31,1**
411	Abwasseranlagen	623,58 m² BGF	28,57	17.818,61	8,8
412	Wasseranlagen	623,58 m² BGF	58,72	36.615,84	18,1
419	Sonstiges zur KG 410	623,58 m² BGF	13,30	8.295,99	4,1
420	**Wärmeversorgungsanlagen**	**623,58 m² BGF**	**87,94**	**54.840,43**	**27,2**
421	Wärmeerzeugungsanlagen	623,58 m² BGF	45,47	28.356,52	14,0
422	Wärmeverteilnetze	623,58 m² BGF	11,13	6.940,20	3,4
423	Raumheizflächen	623,58 m² BGF	31,34	19.543,74	9,7
430	**Raumlufttechnische Anlagen**	**623,58 m² BGF**	**52,12**	**32.502,04**	**16,1**
431	Lüftungsanlagen	623,58 m² BGF	52,12	32.502,04	16,1
440	**Elektrische Anlagen**	**623,58 m² BGF**	**75,95**	**47.361,02**	**23,4**
444	Niederspannungsinstallationsanlagen	623,58 m² BGF	69,99	43.646,35	21,6
445	Beleuchtungsanlagen	623,58 m² BGF	4,76	2.966,96	1,5
446	Blitzschutz- und Erdungsanlagen	623,58 m² BGF	1,20	747,70	0,4
450	**Kommunikationstechnische Anlagen**	**623,58 m² BGF**	**7,28**	**4.536,77**	**2,2**
452	Such- und Signalanlagen	623,58 m² BGF	1,88	1.175,43	0,6
455	Audiovisuelle Medien- u. Antennenanl.	623,58 m² BGF	2,53	1.576,72	0,8
457	Datenübertragungsnetze	623,58 m² BGF	2,86	1.784,64	0,9

Kostenkennwerte für Leistungsbereiche nach STLB (Kosten KG 400 nach DIN 276)

6100-1433
Mehrfamilienhaus
(5 WE)
Carports
Passivhaus

LB	Leistungsbereiche	Kosten €	€/m² BGF	€/m³ BRI	% an 400
040	Wärmeversorgungsanlagen - Betriebseinrichtungen	35.808	57,40	20,20	17,7
041	Wärmeversorgungsanlagen - Leitungen, Armaturen, Heizflächen	19.032	30,50	10,80	9,4
042	Gas- und Wasseranlagen - Leitungen, Armaturen	34.993	56,10	19,80	17,3
043	Druckrohrleitungen für Gas, Wasser und Abwasser	–	–	–	–
044	Abwasseranlagen - Leitungen, Abläufe, Armaturen	8.866	14,20	5,00	4,4
045	Gas-, Wasser- und Entwässerungsanlagen - Ausstattung, Elemente, Fertigbäder	9.919	15,90	5,60	4,9
046	Gas-, Wasser- und Entwässerungsanlagen - Betriebseinrichtungen	–	–	–	–
047	Dämm- und Brandschutzarbeiten an technischen Anlagen	–	–	–	–
049	Feuerlöschanlagen, Feuerlöschgeräte	–	–	–	–
050	Blitzschutz- / Erdungsanlagen, Überspannungsschutz	748	1,20	0,42	0,4
051	Kabelleitungstiefbauarbeiten	–	–	–	–
052	Mittelspannungsanlagen	–	–	–	–
053	Niederspannungsanlagen - Kabel/Leitungen, Verlegesysteme, Installationsgeräte	48.190	77,30	27,20	23,9
054	Niederspannungsanlagen - Verteilersysteme und Einbaugeräte	–	–	–	–
055	Sicherheits- und Ersatzstromversorgungsanlagen	–	–	–	–
057	Gebäudesystemtechnik	–	–	–	–
058	Leuchten und Lampen	–	–	–	–
059	Sicherheitsbeleuchtungsanlagen	–	–	–	–
060	Sprech-, Ruf-, Antennenempfangs-, Uhren- und elektroakustische Anlagen	1.175	1,90	0,66	0,6
061	Kommunikations- und Übertragungsnetze	1.785	2,90	1,00	0,9
062	Kommunikationsanlagen	–	–	–	–
063	Gefahrenmeldeanlagen	–	–	–	–
064	Zutrittskontroll-, Zeiterfassungssysteme	–	–	–	–
069	Aufzüge	–	–	–	–
070	Gebäudeautomation	–	–	–	–
075	Raumlufttechnische Anlagen	32.502	52,10	18,40	16,1
078	Kälteanlagen für raumlufttechnische Anlagen	–	–	–	–
	Gebäudetechnik	**193.018**	**309,50**	**109,10**	**95,6**
	Sonstige Leistungsbereiche	**8.952**	**14,40**	**5,10**	**4,4**

© BKI Baukosteninformationszentrum   Kostenstand: 4.Quartal 2021, Bundesdurchschnitt, **inkl. 19% MwSt.**

6100-1442
Einfamilienhaus
Effizienzhaus 55

Objektübersicht

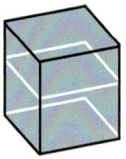 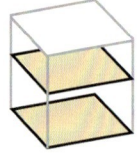 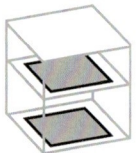 

BRI 455 €/m³   **BGF** 1.468 €/m²   **NUF** 2.467 €/m²   **NE** 3.010 €/NE

NE: m² Wohnfläche

Objekt:
Kennwerte: 3. Ebene DIN 276
BRI: 1.115 m³
BGF: 346 m²
NUF: 206 m²
Bauzeit: 39 Wochen
Bauende: 2018
Standard: Durchschnitt
Bundesland: Nordrhein-Westfalen
Kreis: Warendorf

Architekt*in:
hartmann l s
architekten BDA
Münstertor 9a
48291 Telgte

© hartmann l s architekten BDA

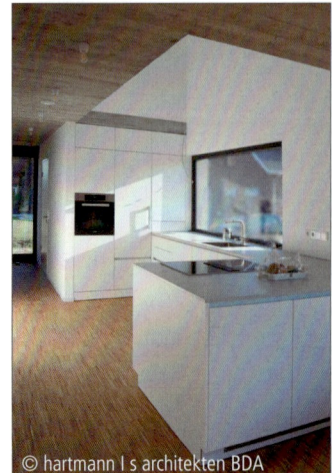
© hartmann l s architekten BDA

© hartmann l s architekten BDA

Zeichnungen

6100-1442
Einfamilienhaus
Effizienzhaus 55

Ansicht Süd-West

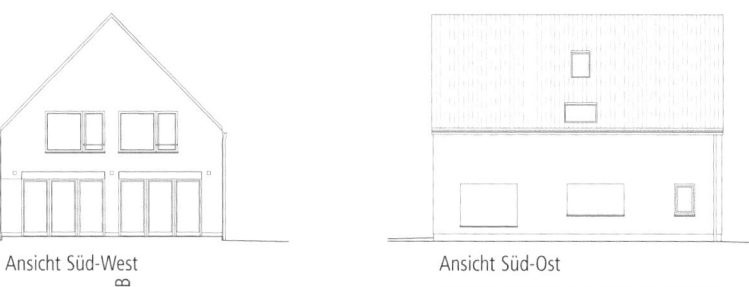

Ansicht Süd-Ost

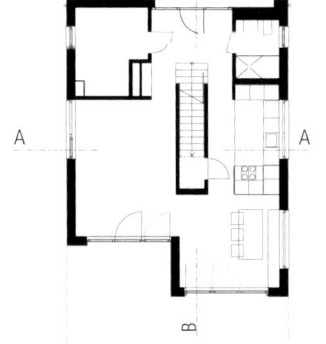

Erdgeschoss

Ansicht Nord-West

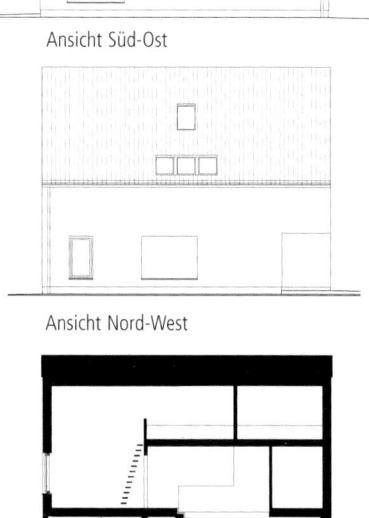

Schnitt B-B

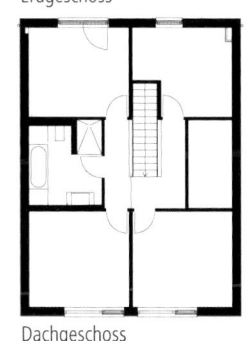

Dachgeschoss

Ansicht Nord-Ost

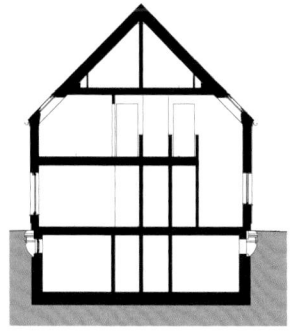

Schnitt A-A

Objektbeschreibung

Allgemeine Objektinformationen

Das Einfamilienhaus wurde als modernes, dreigeschossiges Wohnhaus erstellt. Im Erdgeschoss befinden sich die gemeinsamen Räume für das Familienleben. Die privaten Zimmer liegen im Obergeschoss. Durch die großzügigen, sich zur Gartenseite hin öffnenden Fensterflächen erhalten die Räume viel Tageslicht. Im rückwärtigen Bereich wurde eine Terrasse angelegt.

Nutzung

1 Untergeschoss
Abstellräume, Werkraum, Waschküche, Technikraum, Flur

1 Erdgeschoss
Wohnen, Essen, Kochen, Arbeiten, Flur, Garderobe, Bad,

1 Obergeschoss
Schlafzimmer, drei Kinderzimmer, Bad, Flur

1 Dachgeschoss
Galerieebene mit Abstellbereichen für Kinderzimmer

Nutzeinheiten

Wohneinheiten: 1
Wohnfläche: 169 m²

Grundstück

Bauraum: Freier Bauraum
Neigung: Ebenes Gelände
Bodenklasse: BK 1 bis BK 4

Markt

Hauptvergabezeit: 3. Quartal 2017
Baubeginn: 4. Quartal 2017
Bauende: 3. Quartal 2018
Konjunkturelle Gesamtlage: über Durchschnitt
Regionaler Baumarkt: Durchschnitt

Baukonstruktion

Das Kellergeschoss ist als Weiße Wanne hergestellt. Der Neubau wurde in Kalksandsteinmauerwerk mit Wärmedämmverbundsystem ausgeführt. Innen wurden die Wände verputzt und beschichtet. Die Decken sind in Sichtbeton auf Brettschalung hergestellt. Es kamen dreifachverglaste Holzfenster zum Einbau. Im Innenbereich wurden die Böden mit Laminat, Industrieparkett und Bodenfliesen belegt. Das Satteldach ist als Holzkonstruktion ohne Dachüberstand ausgebildet und mit Tonziegeln gedeckt.

Technische Anlagen

Beheizt wird das Einfamilienhaus mit einer **Geothermie-Wärmepumpe** mit Pufferspeicher über eine Fußbodenheizung. Die eingesetzte Technik entspricht einem gehobenen Standard. Es wurde ein Smart-Home-System eingesetzt.

Energetische Kennwerte

EnEV Fassung: 2013
Beheiztes Volumen: 1.154,00 m³
Nutzfläche (EnEV): 369,30 m²
Hüllfläche des beheizten Volumens: 664,90 m²
A/Ve-Verhältnis (Kompaktheit): 0,58 m^{-1}
Spez. Jahresprimärenergiebedarf (EnEV): 25,00 kWh/(m²·a)
Spez. Transmissionswärmeverlust: 0,26 W/(m²·K)

Planungskennwerte für Flächen und Rauminhalte nach DIN 277

6100-1442
Einfamilienhaus
Effizienzhaus 55

Flächen des Grundstücks		Menge, Einheit	% an GF
BF	Bebaute Fläche	111,50 m²	19,3
UF	Unbebaute Fläche	467,50 m²	80,7
GF	Grundstücksfläche	579,00 m²	100,0

Grundflächen des Bauwerks		Menge, Einheit	% an NUF	% an BGF
NUF	Nutzungsfläche	205,83 m²	100,0	59,5
TF	Technikfläche	9,90 m²	4,8	2,9
VF	Verkehrsfläche	49,51 m²	24,1	14,3
NRF	Netto-Raumfläche	265,24 m²	128,9	76,7
KGF	Konstruktions-Grundfläche	80,66 m²	39,2	23,3
BGF	Brutto-Grundfläche	345,90 m²	168,1	100,0

Brutto-Rauminhalt des Bauwerks		Menge, Einheit	BRI/NUF (m)	BRI/BGF (m)
BRI	Brutto-Rauminhalt	1.114,94 m³	5,42	3,22

Prozentualer Anteil der Kostengruppen der 2. Ebene an der Kostengruppe 400 nach DIN 276

KG	Kostengruppen (2. Ebene)
410	Abwasser-, Wasser-, Gasanlagen
420	Wärmeversorgungsanlagen
430	Raumlufttechnische Anlagen
440	Elektrische Anlagen
450	Kommunikationstechnische Anlagen
460	Förderanlagen
470	Nutzungsspez. und verfahrenstech. Anlagen
480	Gebäude- und Anlagenautomation
490	Sonstige Maßnahmen für technische Anlagen

Ranking der Kostengruppen der 3. Ebene an der Kostengruppe 400 nach DIN 276

KG	Kostengruppe (3. Ebene)	Kosten an KG 400 %	KG	Kostengruppe (3. Ebene)	Kosten an KG 400 %
421	Wärmeerzeugungsanlagen	29,0	422	Wärmeverteilnetze	2,4
444	Niederspannungsinstallationsanlagen	24,5	456	Gefahrenmelde- und Alarmanlagen	1,4
431	Lüftungsanlagen	10,4	455	Audiovisuelle Medien- und Antennenanlagen	0,8
412	Wasseranlagen	9,6	446	Blitzschutz- und Erdungsanlagen	0,6
411	Abwasseranlagen	6,4	445	Beleuchtungsanlagen	0,6
423	Raumheizflächen	5,5	419	Sonstiges zur KG 410	0,4
481	Automationseinrichtungen	5,0	452	Such- und Signalanlagen	0,1
457	Datenübertragungsnetze	3,2			

© **BKI** Baukosteninformationszentrum   Kostenstand: 4.Quartal 2021, Bundesdurchschnitt, **inkl. 19% MwSt.**

Kostenkennwerte für die Kostengruppen der 1. Ebene DIN 276

KG	Kostengruppen (1. Ebene)	Einheit	Kosten €	€/Einheit	€/m² BGF	€/m³ BRI	% 300+400
100		m² GF	–	–	–	–	–
200	Vorbereitende Maßnahmen	m² GF	207	0,36	0,60	0,19	–
300	Bauwerk – Baukonstruktionen	m² BGF	389.207	1.125,20	1.125,20	349,08	76,6
400	Bauwerk – Technische Anlagen	m² BGF	118.627	342,95	342,95	106,40	23,4
	Bauwerk 300+400	**m² BGF**	**507.833**	**1.468,15**	**1.468,15**	**455,48**	**100,0**
500	Außenanlagen und Freiflächen	m² AF	–	–	–	–	–
600	Ausstattung und Kunstwerke	m² BGF	–	–	–	–	–
700	Baunebenkosten	m² BGF	–	–	–	–	–
800	Finanzierung	m² BGF	–	–	–	–	–

KG	Kostengruppe	Menge Einheit	Kosten €	€/Einheit	%
200	**Vorbereitende Maßnahmen**	579,00 m² GF	207	**0,36**	< 0,1
	Oberboden abtragen				
3+4	**Bauwerk**				**100,0**
300	**Bauwerk – Baukonstruktionen**	345,90 m² BGF	389.207	**1.125,20**	76,6

Fundamentplatte, Estrich, Bodenbeschichtung; KS-Mauerwerk, Stb-Wände, Stb-Stützen, Holzfenster, WDVS, Innenputz, Beschichtung, Wandfliesen, Sonnenschutz; GK-Wände, Holztüren, Stahlzargen; Stb-Decke, Stb-Treppen, Kehlbalkenlage, Laminat, Industrieparkett, Bodenfliesen, Holzstufen, GK-Bekleidung; Satteldach, Dämmung, Dachfenster, Ton-Dachziegel, Dachentwässerung; Sitzbank

400	**Bauwerk – Technische Anlagen**	345,90 m² BGF	118.627	**342,95**	23,4

Gebäudeentwässerung, Kalt- und Warmwasserleitungen, Sanitärobjekte; **Sole-Wasser-Wärmepumpe**, **Geothermieanlage**, Warmwasserspeicher, Heizungsrohre, Fußbodenheizung; **Lüftungsanlage** mit **WRG**; Elektroinstallation, Beleuchtung; Klingeltrafo, Kabel für Alarmanlage, Telefonanschluss, Datenverkabelung, Smart-Home-System

Kostenkennwerte für die Kostengruppen 400 der 2. Ebene DIN 276

6100-1442
Einfamilienhaus
Effizienzhaus 55

KG	Kostengruppe	Menge Einheit	Kosten €	€/Einheit	%
400	**Bauwerk – Technische Anlagen**				100,0
410	**Abwasser-, Wasser-, Gasanlagen**	345,90 m² BGF	19.474	**56,30**	16,4

KG-Rohre DN100-150 (131m), Abwasserrohre DN50-110, Rohrdämmung (36m), Hebeanlage (1St), Kontrollschacht DN1.000 (1St), Bodenabläufe (2St) * Mehrschicht-Verbundrohre DN12-15 (275m), Rohrdämmung (38m), Zirkulationspumpe (1St), Waschtische (2St), Tiefspül-WC (2St), Duschsysteme (2St), Badewanne (1St) * Montageelemente (2St)

420	**Wärmeversorgungsanlagen**	345,90 m² BGF	43.828	**126,71**	36,9

Sole-Wasser-Wärmepumpe 10,4kW, Heizwasser-Pufferspeicher 400l, Speicher-Wassererwärmer 390l (1St), **Geothermieanlage**, zwei Bohrungen, Doppel-U-Sonden, Befüllung, Druckprobe (psch), Soleleitung (8m) * Heizkreis-Verteilung (1St), Kupferrohre DN20, Rohrdämmung (66m) * Tackerplatte für Fußbodenheizung (185m²), Heizungsrohre (1.459m), Verteilerschrank (1St), Verteiler (3St), Stellantriebe (17St)

430	**Raumlufttechnische Anlagen**	345,90 m² BGF	12.300	**35,56**	10,4

Lüftungsanlage mit **WRG**, 315m³/h (1St), flexible Lüftungsrohre (208m), Wickelfalzrohre DN80 (16m), Schalldämpfer (2St), Verteilerkästen (2St), Sets für Bodengitter (4St), Bodenkasten (4St), Wandkasten (8St), Lüftungsventile (8St), Zuluftventile (2St)

440	**Elektrische Anlagen**	345,90 m² BGF	30.554	**88,33**	25,8

Zählerschrank, zwei Zählerplätze (1St), Mantelleitungen (1.210m), Ölflexleitung (22m), Schalter, Taster (23St), Sensoreinheiten (23St), Steckdosen (118St), Bewegungsmelder (3St), Raumthermostate (11St) * Feuchtraum-Wannenleuchten (4St), LED-Lichtband (5m), LED-Einbaustrahler (1St) * Erdungsleitung (40m), Potenzialausgleichsschiene (1St)

450	**Kommunikationstechnische Anlagen**	345,90 m² BGF	6.536	**18,90**	5,5

Klingeltrafo (1St), Gong (1St) * Antennenleitung (120m), Antennendosen (7St), TV-Abdeckungen (2St) * Telefonleitungen für Alarmanlage (209m), Schalterdosen (16St), Blindabdeckungen (16St) * Busleitungen (183m), Daten-Doppeldosen Cat6 (12St), Datenkabel Cat7 (240m), Patchfeld Cat6 (1St), Wandgehäuse, vier HE (1St)

480	**Gebäude- und Anlagenautomation**	345,90 m² BGF	5.934	**17,16**	5,0

Spannungsversorgung (1St), Basisstation (1St), Schaltaktoren (9St), **Universaldimmer** (1St)

Kostenkennwerte für die Kostengruppe 400 der 2. und 3. Ebene DIN 276 (Übersicht)

KG	Kostengruppe	Menge Einheit	Kosten €	€/Einheit	%
410	**Abwasser-, Wasser-, Gasanlagen**	**345,90 m² BGF**	**56,30**	**19.473,72**	**16,4**
411	Abwasseranlagen	345,90 m² BGF	22,01	7.613,72	6,4
412	Wasseranlagen	345,90 m² BGF	32,79	11.343,14	9,6
419	Sonstiges zur KG 410	345,90 m² BGF	1,49	516,86	0,4
420	**Wärmeversorgungsanlagen**	**345,90 m² BGF**	**126,71**	**43.828,20**	**36,9**
421	Wärmeerzeugungsanlagen	345,90 m² BGF	99,58	34.444,75	29,0
422	Wärmeverteilnetze	345,90 m² BGF	8,12	2.807,57	2,4
423	Raumheizflächen	345,90 m² BGF	19,01	6.575,86	5,5
430	**Raumlufttechnische Anlagen**	**345,90 m² BGF**	**35,56**	**12.300,44**	**10,4**
431	Lüftungsanlagen	345,90 m² BGF	35,56	12.300,44	10,4
440	**Elektrische Anlagen**	**345,90 m² BGF**	**88,33**	**30.554,41**	**25,8**
444	Niederspannungsinstallationsanlagen	345,90 m² BGF	84,18	29.119,05	24,5
445	Beleuchtungsanlagen	345,90 m² BGF	2,02	697,35	0,6
446	Blitzschutz- und Erdungsanlagen	345,90 m² BGF	2,13	738,00	0,6
450	**Kommunikationstechnische Anlagen**	**345,90 m² BGF**	**18,90**	**6.535,90**	**5,5**
452	Such- und Signalanlagen	345,90 m² BGF	0,30	102,39	0,1
455	Audiovisuelle Medien- u. Antennenanl.	345,90 m² BGF	2,91	1.005,35	0,8
456	Gefahrenmelde- und Alarmanlagen	345,90 m² BGF	4,81	1.664,38	1,4
457	Datenübertragungsnetze	345,90 m² BGF	10,88	3.763,78	3,2
480	**Gebäude- und Anlagenautomation**	**345,90 m² BGF**	**17,16**	**5.934,07**	**5,0**
481	Automationseinrichtungen	345,90 m² BGF	17,16	5.934,07	5,0

Kostenkennwerte für Leistungsbereiche nach STLB (Kosten KG 400 nach DIN 276)

**6100-1442
Einfamilienhaus
Effizienzhaus 55**

LB	Leistungsbereiche	Kosten €	€/m² BGF	€/m³ BRI	% an 400
040	Wärmeversorgungsanlagen - Betriebseinrichtungen	19.519	56,40	17,50	16,5
041	Wärmeversorgungsanlagen - Leitungen, Armaturen, Heizflächen	24.071	69,60	21,60	20,3
042	Gas- und Wasseranlagen - Leitungen, Armaturen	4.810	13,90	4,30	4,1
043	Druckrohrleitungen für Gas, Wasser und Abwasser	–	–	–	–
044	Abwasseranlagen - Leitungen, Abläufe, Armaturen	964	2,80	0,86	0,8
045	Gas-, Wasser- und Entwässerungsanlagen - Ausstattung, Elemente, Fertigbäder	8.056	23,30	7,20	6,8
046	Gas-, Wasser- und Entwässerungsanlagen - Betriebseinrichtungen	–	–	–	–
047	Dämm- und Brandschutzarbeiten an technischen Anlagen	443	1,30	0,40	0,4
049	Feuerlöschanlagen, Feuerlöschgeräte	–	–	–	–
050	Blitzschutz- / Erdungsanlagen, Überspannungsschutz	738	2,10	0,66	0,6
051	Kabelleitungstiefbauarbeiten	–	–	–	–
052	Mittelspannungsanlagen	–	–	–	–
053	Niederspannungsanlagen - Kabel/Leitungen, Verlegesysteme, Installationsgeräte	25.175	72,80	22,60	21,2
054	Niederspannungsanlagen - Verteilersysteme und Einbaugeräte	3.945	11,40	3,50	3,3
055	Sicherheits- und Ersatzstromversorgungsanlagen	–	–	–	–
057	Gebäudesystemtechnik	–	–	–	–
058	Leuchten und Lampen	697	2,00	0,63	0,6
059	Sicherheitsbeleuchtungsanlagen	–	–	–	–
060	Sprech-, Ruf-, Antennenempfangs-, Uhren- und elektroakustische Anlagen	102	0,30	< 0,1	0,1
061	Kommunikations- und Übertragungsnetze	4.769	13,80	4,30	4,0
062	Kommunikationsanlagen	–	–	–	–
063	Gefahrenmeldeanlagen	1.664	4,80	1,50	1,4
064	Zutrittskontroll-, Zeiterfassungssysteme	–	–	–	–
069	Aufzüge	–	–	–	–
070	Gebäudeautomation	5.934	17,20	5,30	5,0
075	Raumlufttechnische Anlagen	12.300	35,60	11,00	10,4
078	Kälteanlagen für raumlufttechnische Anlagen	–	–	–	–
	Gebäudetechnik	**113.188**	**327,20**	**101,50**	**95,4**
	Sonstige Leistungsbereiche	**5.438**	**15,70**	**4,90**	**4,6**

© BKI Baukosteninformationszentrum   Kostenstand: 4.Quartal 2021, Bundesdurchschnitt, inkl. 19% MwSt.

6100-1482
Einfamilienhaus
Garage

Objektübersicht

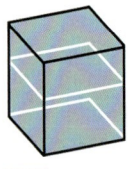 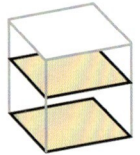 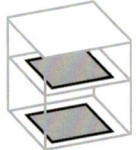 

BRI 555 €/m³   BGF 1.678 €/m²   NUF 2.292 €/m²   NE 2.442 €/NE
NE: m² Wohnfläche

Objekt:
Kennwerte: 3. Ebene DIN 276
BRI: 878 m³
BGF: 291 m²
NUF: 213 m²
Bauzeit: 43 Wochen
Bauende: 2018
Standard: über Durchschnitt
Bundesland: Thüringen
Kreis: Wartburgkreis

Architekt*in:
M.A. Architekt Torsten Wolff
Krummer Weg 32
99094 Erfurt
(LPH 1-4 und 8)

Funken Architekten
Karl-Mark-Platz 3
99084 Erfurt
(LPH 5-7)

Zeichnungen

6100-1482
Einfamilienhaus
Garage

Ansicht Ost

Ansicht West

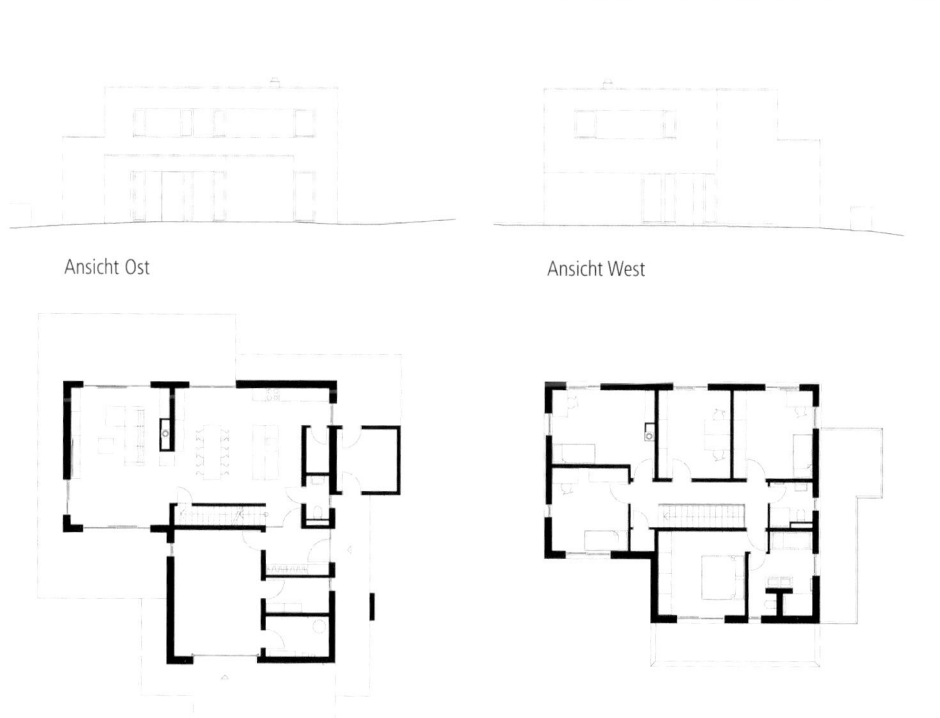

Erdgeschoss

Obergeschoss

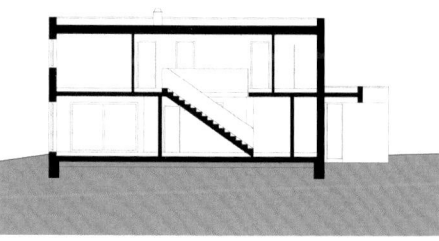

Querschnitt

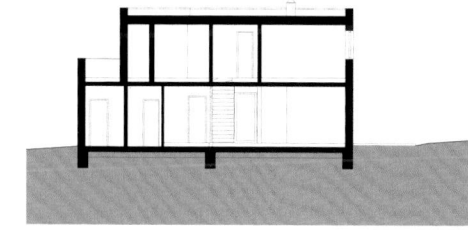

Längsschnitt

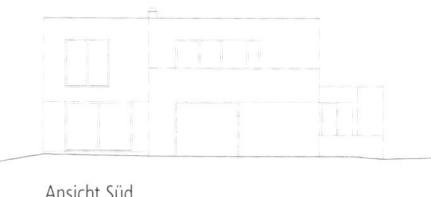

Ansicht Süd

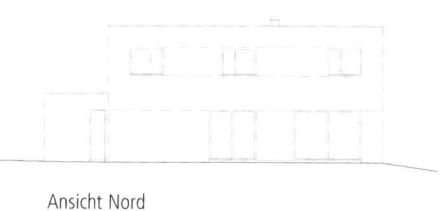

Ansicht Nord

© **BKI** Baukosteninformationszentrum   Kostenstand: 4.Quartal 2021, Bundesdurchschnitt, **inkl. 19% MwSt.**

6100-1482 Einfamilienhaus Garage

Objektbeschreibung

Allgemeine Objektinformationen

Der Neubau besteht aus zwei kubischen Baukörpern, die ineinander greifen. Im Erdgeschoss befindet sich der offene Wohn-, Ess- und Kochbereich. Neben einem Schlafzimmer mit Bad en suite gibt es im Obergeschoss vier weitere Individualräume und ein kleines Bad. Der Eingang auf der Ostseite wurde mittels einer Holzkonstruktion überdacht. Durch das auskragende Obergeschoss werden der nach Süden ausgerichtete Wohnbereich im Erdgeschoss sowie die vorgelagerte Terrasse verschattet.

Nutzung

1 Erdgeschoss
Wohnzimmer, Küche/Esszimmer, Speisekammer, Garderobe, WC, Hauswirtschaftsraum, Hausanschlussraum, Garage, Außenabstellraum

1 Obergeschoss
Kinderzimmer (3St), Schlafzimmer, Arbeitszimmer, Bäder (2St), Abstellraum

Nutzeinheiten

Wohneinheiten: 1
Wohnfläche: 200m²

Grundstück

Bauraum: Freier Bauraum
Neigung: Geneigtes Gelände
Bodenklasse: BK 6 bis BK 7

Markt

Hauptvergabezeit: 2.Quartal 2017
Baubeginn: 2.Quartal 2017
Bauende: 1.Quartal 2018
Konjunkturelle Gesamtlage: über Durchschnitt
Regionaler Baumarkt: unter Durchschnitt

Baukonstruktion

Der Neubau ist in massiver Bauweise aus wärmegedämmten Mauerwerksziegeln errichtet und gründet auf einer Stahlbetonbodenplatte mit umlaufender Frostschürze. Lediglich eine Innenwand musste aus statischen Gründen in Kalksandstein hergestellt werden. Die Garage wurde der thermischen Hülle entnommen und umseitig gedämmt, wodurch ein ungedämmtes Garagentor eingebaut werden konnte. Die Geschossdecken sind als **Stahlbetonscheiben** ausgeführt. Das Flachdach erhielt eine Gefälledämmung mit Bekiesung. Alle Fenster sind hochisolierte, dreifachverglaste Holz-Aluelemente. Die Fassadenflächen wurden mit Kratzputz beschichtet, die zurückgesetzten Fassadenfelder sind mit einem Besenstrichputz gestaltet. Der offene Wohnbereich, die Individualräume und die Stahlbetontreppe sind mit Parkett belegt. Es wurden Innentüren aus Holz eingebaut. Die Bäder wurden mit Einbaumöbeln eingerichtet.

Technische Anlagen

Die Beheizung des Wohnhauses erfolgt durch eine **Erdwärmepumpe** mit **Flächenkollektoren** im Gartenbereich. Die Wärmeverteilung erfolgt über eine Fußbodenheizung. Außerdem wurden Leerrohre für eine **Photovoltaikanlage** vorgesehen. Das Haus ist mit einer Alarmanlage ausgestattet.

6100-1482
Einfamilienhaus
Garage

Planungskennwerte für Flächen und Rauminhalte nach DIN 277

Flächen des Grundstücks		Menge, Einheit	% an GF
BF	Bebaute Fläche	154,74 m²	12,9
UF	Unbebaute Fläche	1.049,01 m²	87,2
GF	Grundstücksfläche	1.203,75 m²	100,0

Grundflächen des Bauwerks		Menge, Einheit	% an NUF	% an BGF
NUF	Nutzungsfläche	212,77 m²	100,0	73,2
TF	Technikfläche	5,42 m²	2,6	1,9
VF	Verkehrsfläche	19,82 m²	9,3	6,8
NRF	Netto-Raumfläche	238,01 m²	111,9	81,9
KGF	Konstruktions-Grundfläche	52,50 m²	24,7	18,1
BGF	Brutto-Grundfläche	290,51 m²	136,5	100,0

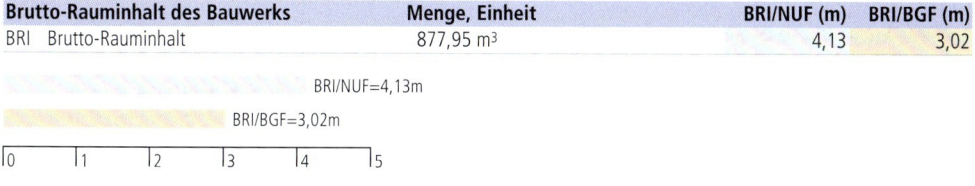

Brutto-Rauminhalt des Bauwerks		Menge, Einheit	BRI/NUF (m)	BRI/BGF (m)
BRI	Brutto-Rauminhalt	877,95 m³	4,13	3,02

Prozentualer Anteil der Kostengruppen der 2. Ebene an der Kostengruppe 400 nach DIN 276

KG	Kostengruppen (2. Ebene)
410	Abwasser-, Wasser-, Gasanlagen
420	Wärmeversorgungsanlagen
430	Raumlufttechnische Anlagen
440	Elektrische Anlagen
450	Kommunikationstechnische Anlagen
460	Förderanlagen
470	Nutzungsspez. und verfahrenstech. Anlagen
480	Gebäude- und Anlagenautomation
490	Sonstige Maßnahmen für technische Anlagen

Ranking der Kostengruppen der 3. Ebene an der Kostengruppe 400 nach DIN 276

KG	Kostengruppe (3. Ebene)	Kosten an KG 400 %	KG	Kostengruppe (3. Ebene)	Kosten an KG 400 %
421	Wärmeerzeugungsanlagen	25,0	422	Wärmeverteilnetze	2,7
412	Wasseranlagen	20,8	446	Blitzschutz- und Erdungsanlagen	2,7
444	Niederspannungsinstallationsanlagen	20,2	452	Such- und Signalanlagen	1,2
423	Raumheizflächen	12,1	456	Gefahrenmelde- und Alarmanlagen	0,5
411	Abwasseranlagen	5,8	455	Audiovisuelle Medien- und Antennenanlagen	0,4
429	Sonstiges zur KG 420	4,9	445	Beleuchtungsanlagen	0,3
457	Datenübertragungsnetze	3,0	419	Sonstiges zur KG 410	0,2

© BKI Baukosteninformationszentrum   Kostenstand: 4.Quartal 2021, Bundesdurchschnitt, inkl. 19% MwSt.

6100-1482 Einfamilienhaus Garage

Kostenkennwerte für die Kostengruppen der 1. Ebene DIN 276

KG	Kostengruppen (1. Ebene)	Einheit	Kosten €	€/Einheit	€/m² BGF	€/m³ BRI	% 300+400
100		m² GF	–		–	–	–
200	Vorbereitende Maßnahmen	m² GF	1.044	0,87	3,59	1,19	0,2
300	Bauwerk – Baukonstruktionen	m² BGF	405.561	1.396,03	1.396,03	461,94	83,2
400	Bauwerk – Technische Anlagen	m² BGF	82.033	282,38	282,38	93,44	16,8
	Bauwerk 300+400	**m² BGF**	**487.594**	**1.678,41**	**1.678,41**	**555,38**	**100,0**
500	Außenanlagen und Freiflächen	m² AF	12.474	91,34	42,94	14,21	2,6
600	Ausstattung und Kunstwerke	m² BGF	–	–	–	–	–
700	Baunebenkosten	m² BGF	–	–	–	–	–
800	Finanzierung	m² BGF	–	–	–	–	–

KG	Kostengruppe	Menge Einheit	Kosten €	€/Einheit	%
200	**Vorbereitende Maßnahmen**	1.203,75 m² GF	1.044	**0,87**	0,2

Baumschutz; Hausanschluss

3+4	**Bauwerk**				**100,0**
300	**Bauwerk – Baukonstruktionen**	290,51 m² BGF	405.561	**1.396,03**	83,2

Stb-Flachgründung, Heizestrich, Parkett, Bodenfliesen; Porenbeton-Mauerwerk, Holz-Alufenster, Haustür, Stahltüren, Sektionaltor, Perimeterdämmung, Außenputz, Raffstores; GK-Wände, Innentüren, Innenputz, Beschichtung, Wandfliesen; Stb-Elementdecke, Stb-FT-Treppe, Geländer; Stb-Elementdach, Holz-Vordach, Dachabdichtung, Dämmung, Kies, Terrassendielen auf Dachterrasse im 1.OG, Dachentwässerung; Einbaumöbel

| 400 | **Bauwerk – Technische Anlagen** | 290,51 m² BGF | 82.033 | **282,38** | 16,8 |

Gebäudeentwässerung, Kalt- und Warmwasserleitungen, Sanitärobjekte; **Sole-Wasser-Wärmepumpe**, Heizungsrohre, Fußbodenheizung, Heizkörper; Elektroinstallation, Beleuchtung, Erdung; Sprechanlage, Alarmanlage, Rauchmelder, EDV-Verkabelung

| 500 | **Außenanlagen und Freiflächen** | 136,56 m² AF | 12.474 | **91,34** | 2,6 |

Versorgungsschacht, Kontrollschächte, Versorgungsleitungen ans öffentliche Netz; Bodenarbeiten

Kostenkennwerte für die Kostengruppen 400 der 2. Ebene DIN 276

KG	Kostengruppe	Menge Einheit	Kosten €	€/Einheit	%
400	**Bauwerk – Technische Anlagen**				**100,0**
410	**Abwasser-, Wasser-, Gasanlagen**	290,51 m² BGF	22.021	**75,80**	26,8

PVC-Rohre DN100-300 (21m), HT-Rohre (psch), Bodenablauf DN100 (1St), Duschrinne (90cm) * Hauswasserstation (1St), Speicher (1St), Zirkulationspumpe (1St), Verbundrohre (psch), Waschtische (4St), WCs (3St), Badewanne (1St), Ausgussbecken (1St), Außenarmaturen (2St), Brauseanlagen mit Kopf- und Handbrausen (3St) * Montageelement (1St)

420	**Wärmeversorgungsanlagen**	290,51 m² BGF	36.732	**126,44**	44,8

Sole-Wasser-Wärmepumpe bis 10kW (1St), Pufferspeicher (1St), Warmwasserspeicher (1St), Umwälzpumpe (2St), Pumpengruppe für Flächenheizung (1St) * Heizungsrohre (psch), Heizkreisverteiler (2St), Stellantriebe (21St) * Fußbodenheizung (187m²), Badheizkörper (2St) * Schornstein (7m)

440	**Elektrische Anlagen**	290,51 m² BGF	18.986	**65,35**	23,1

Zähleranlage (1St), Grundinstallation (psch), Schalter/Taster (62St), Steckdosen (57St), Raumthermostate (14St), Präsenzmelder (8St) * LED-Einbaustrahler (3St), LED-Leuchte (1St) * Fundamenterder (50m)

450	**Kommunikationstechnische Anlagen**	290,51 m² BGF	4.294	**14,78**	5,2

Klingel- und Gegensprechanlage (1St) * Antennensteckdosen (4St) * **Hausalarmanlage** (1St), Rauchwarnmelder (5St) * Verkabelung für Smart-Home (psch), Datensteckdosen (5St), Datenmodule Cat6 (4St)

Kostenkennwerte für die Kostengruppe 400 der 2. und 3. Ebene DIN 276 (Übersicht)

KG	Kostengruppe	Menge Einheit	Kosten €	€/Einheit	%
410	**Abwasser-, Wasser-, Gasanlagen**	290,51 m² BGF	75,80	22.020,86	26,8
411	Abwasseranlagen	290,51 m² BGF	16,35	4.748,99	5,8
412	Wasseranlagen	290,51 m² BGF	58,78	17.077,35	20,8
419	Sonstiges zur KG 410	290,51 m² BGF	0,67	194,54	0,2
420	**Wärmeversorgungsanlagen**	290,51 m² BGF	126,44	36.732,02	44,8
421	Wärmeerzeugungsanlagen	290,51 m² BGF	70,69	20.536,11	25,0
422	Wärmeverteilnetze	290,51 m² BGF	7,72	2.241,31	2,7
423	Raumheizflächen	290,51 m² BGF	34,21	9.939,45	12,1
429	Sonstiges zur KG 420	290,51 m² BGF	13,82	4.015,14	4,9
440	**Elektrische Anlagen**	290,51 m² BGF	65,35	18.985,83	23,1
444	Niederspannungsinstallationsanlagen	290,51 m² BGF	56,98	16.554,00	20,2
445	Beleuchtungsanlagen	290,51 m² BGF	0,86	249,59	0,3
446	Blitzschutz- und Erdungsanlagen	290,51 m² BGF	7,51	2.182,27	2,7
450	**Kommunikationstechnische Anlagen**	290,51 m² BGF	14,78	4.294,17	5,2
452	Such- und Signalanlagen	290,51 m² BGF	3,50	1.018,09	1,2
455	Audiovisuelle Medien- u. Antennenanl.	290,51 m² BGF	1,26	364,85	0,4
456	Gefahrenmelde- und Alarmanlagen	290,51 m² BGF	1,51	437,81	0,5
457	Datenübertragungsnetze	290,51 m² BGF	8,51	2.473,43	3,0

Kostenkennwerte für Leistungsbereiche nach STLB (Kosten KG 400 nach DIN 276)

LB	Leistungsbereiche	Kosten €	€/m² BGF	€/m³ BRI	% an 400
040	Wärmeversorgungsanlagen - Betriebseinrichtungen	20.536	70,70	23,40	25,0
041	Wärmeversorgungsanlagen - Leitungen, Armaturen, Heizflächen	12.181	41,90	13,90	14,8
042	Gas- und Wasseranlagen - Leitungen, Armaturen	7.110	24,50	8,10	8,7
043	Druckrohrleitungen für Gas, Wasser und Abwasser	–	–	–	–
044	Abwasseranlagen - Leitungen, Abläufe, Armaturen	2.446	8,40	2,80	3,0
045	Gas-, Wasser- und Entwässerungsanlagen - Ausstattung, Elemente, Fertigbäder	12.464	42,90	14,20	15,2
046	Gas-, Wasser- und Entwässerungsanlagen - Betriebseinrichtungen	–	–	–	–
047	Dämm- und Brandschutzarbeiten an technischen Anlagen	–	–	–	–
049	Feuerlöschanlagen, Feuerlöschgeräte	–	–	–	–
050	Blitzschutz- / Erdungsanlagen, Überspannungsschutz	2.182	7,50	2,50	2,7
051	Kabelleitungstiefbauarbeiten	–	–	–	–
052	Mittelspannungsanlagen	–	–	–	–
053	Niederspannungsanlagen - Kabel/Leitungen, Verlegesysteme, Installationsgeräte	19.945	68,70	22,70	24,3
054	Niederspannungsanlagen - Verteilersysteme und Einbaugeräte	–	–	–	–
055	Sicherheits- und Ersatzstromversorgungsanlagen	–	–	–	–
057	Gebäudesystemtechnik	–	–	–	–
058	Leuchten und Lampen	250	0,86	0,28	0,3
059	Sicherheitsbeleuchtungsanlagen	–	–	–	–
060	Sprech-, Ruf-, Antennenempfangs-, Uhren- und elektroakustische Anlagen	786	2,70	0,90	1,0
061	Kommunikations- und Übertragungsnetze	27	< 0,1	< 0,1	–
062	Kommunikationsanlagen	–	–	–	–
063	Gefahrenmeldeanlagen	90	0,31	0,10	0,1
064	Zutrittskontroll-, Zeiterfassungssysteme	–	–	–	–
069	Aufzüge	–	–	–	–
070	Gebäudeautomation	–	–	–	–
075	Raumlufttechnische Anlagen	–	–	–	–
078	Kälteanlagen für raumlufttechnische Anlagen	–	–	–	–
	Gebäudetechnik	**78.018**	**268,60**	**88,90**	**95,1**
	Sonstige Leistungsbereiche	**4.015**	**13,80**	**4,60**	**4,9**

6100-1482
Einfamilienhaus
Garage

© BKI Baukosteninformationszentrum — Kostenstand: 4.Quartal 2021, Bundesdurchschnitt, inkl. 19% MwSt.

6100-1483
Mehrfamilienhaus
(6 WE)

Objektübersicht

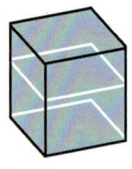
 BRI 307 €/m³

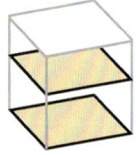 BGF 845 €/m²

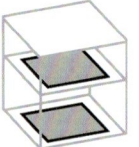 NUF 1.275 €/m²

 NE 1.940 €/NE
NE: m² Wohnfläche

Instandsetzung

Objekt:
Kennwerte: 3. Ebene DIN 276
BRI: 2.471 m³
BGF: 899 m²
NUF: 595 m²
Bauzeit: 35 Wochen
Bauende: 2019
Standard: Durchschnitt
Bundesland: Brandenburg
Kreis: Cottbus, Stadt

Architekt*in:
CGG mbH
Am Turm 14
03046 Cottbus

Bauherr*in:
CGG mbH
Am Turm 14
03046 Cottbus

Zeichnungen

6100-1483
Mehrfamilienhaus
(6 WE)

Instandsetzung

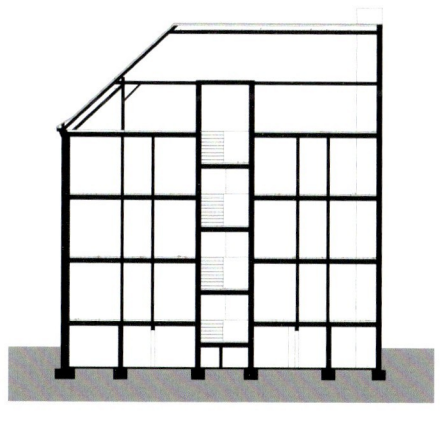

Längsschnitt

Querschnitt

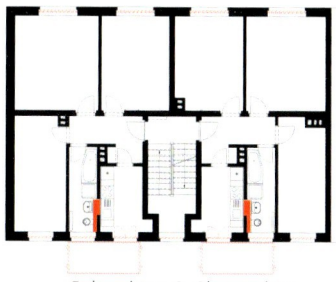

Erdgeschoss -2. Obergeschoss

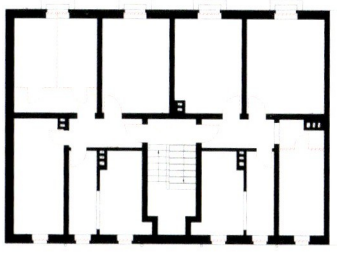

Untergeschoss

Ansicht Ost

Ansicht West

Mehrfamilienhaus (6 WE)

Instandsetzung

Objektbeschreibung

Allgemeine Objektinformationen

Das Gebäude wurde als Endhaus einer aneinander gebauten Gebäudereihe errichtet. Es handelt sich um ein voll unterkellertes dreigeschossiges Mehrfamilienwohnhaus mit nicht ausgebautem Dachgeschoss. Im Erdgeschoss bis zum zweiten Obergeschoss befinden sich je Etage zwei Wohneinheiten als Dreiraumwohnungen mit Flur, Küche und Bad. Die Wohnungen werden über einen hofseitigen Hauszugang und ein außenliegendes Treppenhaus erschlossen.

Nutzung

1 Untergeschoss
Kellerräume, Technikraum, Fahrradraum, Trockenraum, Flur

1 Erdgeschoss
Zwei Wohnungen mit je drei Zimmern, Küche, Bad, Flur

2 Obergeschosse
Zwei Wohnungen mit je drei Zimmern, Küche, Bad, Flur

1 Dachgeschoss
Abstellflächen

Nutzeinheiten

Wohneinheiten: 6
Wohnfläche: 392m²

Grundstück

Bauraum: Beengter Bauraum
Neigung: Ebenes Gelände
Bodenklasse: BK 1 bis BK 4

Markt

Hauptvergabezeit: 2.Quartal 2018
Baubeginn: 2.Quartal 2018
Bauende: 1.Quartal 2019
Konjunkturelle Gesamtlage: unter Durchschnitt
Regionaler Baumarkt: Durchschnitt

Baubestand

Baujahr: 1958
Bauzustand: mittel
Aufwand: mittel
Grundrissänderungen: wenige
Tragwerkseingriffe: wenige
Nutzungsänderung: nein
Nutzung während der Bauzeit: nein

Baukonstruktion

Die tragenden Außen- und Innenwände aus Ziegelmauerwerk wurden in Kleinflächen instandgesetzt. An den Fassaden wurden Fehlstellen im Außenputz ausgebessert und Oberputz sowie Silikatbeschichtung aufgetragen. Die Giebelwand ist mit einem Wärmedämmverbundsystem bekleidet. Die Holzfenster wurden abgebrochen und durch neue Kunststofffenster ersetzt. Vor dem Aufbringen von Tapeten und Beschichtung wurde der Innenputz überarbeitet und ausgeglichen, mit Schwarzschimmel befallene Flächen wurden saniert. PVC-Belag und Fliesen ersetzen die abgebrochenen Bodenbeläge. Die oberste Geschossdecke wurde mit einem Verbund-Thermoboden gedämmt. Im Treppenhaus konnte der Terrazzobelag erhalten und ausgebessert werden. Das Dach erhielt eine neue Deckung aus Dachziegeln.

Technische Anlagen

Die Frisch- und Abwasserleitungen wurden abgebrochen und neu verlegt, Sanitärobjekte erneuert. Das Objekt ist an die Gasversorgung angeschlossen. Ein **Gas-Brennwertgerät** ersetzt die alten Einzelöfen. Zusätzlich wurden eine **Photovoltaikanlage** und **Solarthermie** eingebaut. Im Kellergeschoss befindet sich eine **Batterie** zur Nutzung und Speicherung des erzeugten Stroms. Die Wärmeverteilung erfolgt über die neu installierten Heizleitungen durch Heizkörper. Die Elektroinstallation wurde erneuert und mit einer Gegensprechanlage und einem Datenübertragungsnetz ergänzt.

**6100-1483
Mehrfamilienhaus
(6 WE)**

Instandsetzung

Planungskennwerte für Flächen und Rauminhalte nach DIN 277

Flächen des Grundstücks		Menge, Einheit	% an GF
BF	Bebaute Fläche	184,59 m²	31,6
UF	Unbebaute Fläche	400,41 m²	68,5
GF	Grundstücksfläche	585,00 m²	100,0

Grundflächen des Bauwerks		Menge, Einheit	% an NUF	% an BGF
NUF	Nutzungsfläche	595,46 m²	100,0	66,3
TF	Technikfläche	28,40 m²	4,8	3,2
VF	Verkehrsfläche	113,47 m²	19,1	12,6
NRF	Netto-Raumfläche	737,33 m²	123,8	82,0
KGF	Konstruktions-Grundfläche	161,43 m²	27,1	18,0
BGF	Brutto-Grundfläche	898,76 m²	150,9	100,0

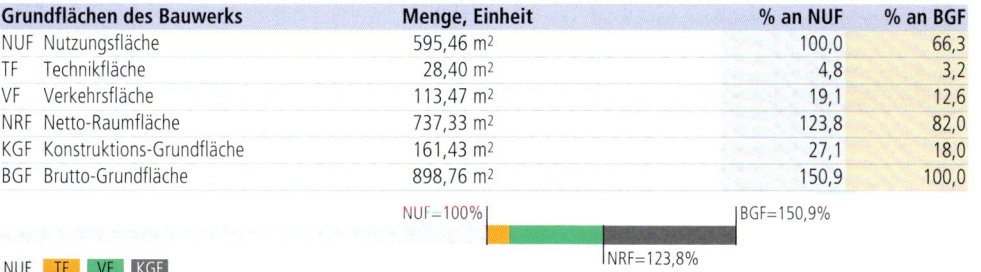

Brutto-Rauminhalt des Bauwerks		Menge, Einheit	BRI/NUF (m)	BRI/BGF (m)
BRI	Brutto-Rauminhalt	2.471,26 m³	4,15	2,75

Prozentualer Anteil der Kostengruppen der 2. Ebene an der Kostengruppe 400 nach DIN 276

KG	Kostengruppen (2. Ebene)
410	Abwasser-, Wasser-, Gasanlagen
420	Wärmeversorgungsanlagen
430	Raumlufttechnische Anlagen
440	Elektrische Anlagen
450	Kommunikationstechnische Anlagen
460	Förderanlagen
470	Nutzungsspez. und verfahrenstech. Anlagen
480	Gebäude- und Anlagenautomation
490	Sonstige Maßnahmen für technische Anlagen

Ranking der Kostengruppen der 3. Ebene an der Kostengruppe 400 nach DIN 276

KG	Kostengruppe (3. Ebene)	Kosten an KG 400 %	KG	Kostengruppe (3. Ebene)	Kosten an KG 400 %
442	Eigenstromversorgungsanlagen	20,1	429	Sonstiges zur KG 420	2,3
444	Niederspannungsinstallationsanlagen	18,5	431	Lüftungsanlagen	2,2
412	Wasseranlagen	13,3	457	Datenübertragungsnetze	1,7
421	Wärmeerzeugungsanlagen	12,2	419	Sonstiges zur KG 410	1,2
423	Raumheizflächen	9,3	445	Beleuchtungsanlagen	1,1
422	Wärmeverteilnetze	8,3	452	Such- und Signalanlagen	1,0
446	Blitzschutz- und Erdungsanlagen	4,2	455	Audiovisuelle Medien- und Antennenanlagen	0,4
411	Abwasseranlagen	4,0	491	Baustelleneinrichtung	0,1

© BKI Baukosteninformationszentrum   Kostenstand: 4.Quartal 2021, Bundesdurchschnitt, **inkl. 19% MwSt.**

6100-1483
Mehrfamilienhaus (6 WE)

Instandsetzung

Kostenkennwerte für die Kostengruppen der 1. Ebene DIN 276

KG	Kostengruppen (1. Ebene)	Einheit	Kosten €	€/Einheit	€/m² BGF	€/m³ BRI	% 300+400
100		m² GF	–	–	–	–	–
200	Vorbereitende Maßnahmen	m² GF	–	–	–	–	–
300	Bauwerk – Baukonstruktionen	m² BGF	503.035	559,70	559,70	203,55	66,2
400	Bauwerk – Technische Anlagen	m² BGF	256.459	285,35	285,35	103,78	33,8
	Bauwerk 300+400	**m² BGF**	**759.494**	**845,05**	**845,05**	**307,33**	**100,0**
500	Außenanlagen und Freiflächen	m² AF	78.737	100,94	87,61	31,86	10,4
600	Ausstattung und Kunstwerke	m² BGF	–	–	–	–	–
700	Baunebenkosten	m² BGF	–	–	–	–	–
800	Finanzierung	m² BGF	–	–	–	–	–

KG	Kostengruppe	Menge Einheit	Kosten €	€/Einheit	%
3+4	**Bauwerk**				**100,0**
300	**Bauwerk – Baukonstruktionen**	898,76 m² BGF	503.035	**559,70**	66,2

- Abbrechen (Kosten: 7,9%)   39.692
Abbruch von Fensterbrüstungen, Kastenfenstern, Einfachfenstern, Tapeten, Anstrichen, Täfelung, Wandfliesen, Innenputz; Innentüren; Bodenbeläge in verschiedenen Materialien, Bodenfliesen; Dachfenstern, Betondachsteindeckung, Dachentwässerung, Schalung, Dämmung; Briefkastenanlage, Einbauschränken

- Wiederherstellen (Kosten: 14,9%)   75.161
Brandwandmauer überarbeiten, Mauerwerk in Kleinflächen instandsetzen, Wanddurchführungen verschließen, Außenputz instandsetzen, Klinkersockel, Laibungen und Gesimsflächen überarbeiten, schadhaften Wandinnenputz reparieren, Schwarzschimmelflächen behandeln, Ausbruchstellen in Anschlussbereichen beiputzen, Stahlgitter auf Lichtschächten überarbeiten; Kalkzementputz in Klein- und Kleinstflächen; Deckenöffnungen mit Beton verschließen, Eingangspodest aus Beton instandsetzen, Reparatur von Treppenstufen und Podesten aus Terrazzo, Fehl- und Schadstellen im Estrich reparieren, beschädigtes Treppengeländer nacharbeiten, Überholungsbeschichtung auf Treppengeländer; Aufschieblinge der Dachkonstruktion erneuern oder vergrößern

- Herstellen (Kosten: 77,2%)   388.182
Stb-Einzelfundamente für Balkonanlagen, Epoxidharzbeschichtung; Kunststofffenster, Alu-Glasrahmentür, WDVS 60mm, Raufasertapete, Silikat- und Dispersionsbeschichtung, Wandfliesen; KS-Mauerwerk, GK-Wände, Holztüren, Feuerschutztüren, dachbodenseitige Wärmedämmung, GK-Trockenputz, Holzlatten-Trennwände; PVC-Belag, Thermoboden, Bodenfliesen, Zementestrich, GK-Decken, Kellerdeckendämmung, Vorstell-Balkonturmkonstruktionen; Dachfenster, Dachziegel, Dachentwässerung, Brandschutzdecke, Wärmedämmung, GKF-Bekleidung; Briefkastenanlage

KG	Kostengruppe	Menge Einheit	Kosten €	€/Einheit	%
400	**Bauwerk – Technische Anlagen**	898,76 m² BGF	256.459	**285,35**	33,8

- Abbrechen (Kosten: 4,5%) — 11.644
  Abbruch von Gebäudeentwässerung, Kalt- und Warmwasserleitungen, Sanitärobjekten; Einzelöfen, Schornstein; Elektroinstallation

- Wiederherstellen (Kosten: 0,3%) — 726
  Revisionsschacht reinigen; Beschichtung der Heizungsrohre überarbeiten und erneuern

- Herstellen (Kosten: 95,2%) — 244.089
  Gebäudeentwässerung, Kalt- und Warmwasserleitungen, Sanitärobjekte; **Gas-Brennwertgerät**, Gas-Umlaufwasserheizer, **Solarthermie**, Heizungsrohre, Heizkörper, Fußbodenheizung; Radial-Rohrventilator, Wickelfalzrohre; **Photovoltaikanlage**, **Batteriespeicher**, Elektroinstallation, Beleuchtung, **Blitzschutzanlage**; Wechselsprechanlage, EDV-Verkabelung

KG	Kostengruppe	Menge Einheit	Kosten €	€/Einheit	%
500	**Außenanlagen und Freiflächen**	780,02 m² AF	78.737	**100,94**	10,4

- Abbrechen (Kosten: 3,8%) — 3.014
  Abbruch von Gehwegplatten, Klinkerpflaster, Betondecke; Maschendrahtzaun; Sickerschacht; Wäschestangen, Teppichstange; Roden von Strauchgehölzen, Einzelsträuchern, Baum fällen

- Wiederherstellen (Kosten: 2,4%) — 1.857
  Fallrohranschlüsse erneuern; Wurzelbehandlung an Baum durchführen

- Herstellen (Kosten: 93,8%) — 73.866
  Bodenarbeiten; Beton-Dränpflaster, Rasengittersteine, Mutterboden, Ansaat, Parkplatzmarkierung, Rollkies, Traufstreifen; Mastleuchte; Müllboxen, Fahrradständer, Wäschestangengerüste; Oberbodenarbeiten, Bodendecker, Kleingehölze, Gebrauchsrasen, Entwicklungspflege

6100-1483
Mehrfamilienhaus
(6 WE)

Instandsetzung

6100-1483
Mehrfamilienhaus (6 WE)

Instandsetzung

Kostenkennwerte für die Kostengruppen 400 der 2. Ebene DIN 276

KG	Kostengruppe	Menge Einheit	Kosten €	€/Einheit	%
400	**Bauwerk – Technische Anlagen**				100,0
410	**Abwasser-, Wasser-, Gasanlagen**	898,76 m² BGF	47.494	**52,84**	18,5
	• Abbrechen (Kosten: 7,0%)	898,76 m² BGF	3.337	**3,71**	
	Abbruch von Abwasserrohren bis DN100 (132m), Bodenablauf (1St) * Trinkwasserrohren bis DN32 (98m), Glaswolle-Ummantelung (7m), Waschtischen (3St), WCs (5St), Badewannen (6St), Küchenspülen (5St); Entsorgung, Deponiegebühren				
	• Wiederherstellen (Kosten: 0,2%)	898,76 m² BGF	86	**0,10**	
	Reinigen SW-Revisionsschacht (1St)				
	• Herstellen (Kosten: 92,8%)	898,76 m² BGF	44.071	**49,04**	
	HT-Abwasserrohre DN50-90 (36m), PE-HD-Schallschutzrohre DN90-100 (72m) * Stahlrohre DN15-32 (222m), PE-Xc-Rohre DN18 (160m), Frischwasserstation (1St), Waschtische (6St), Tiefspül-WCs (6St), Badewannen (6St) * Montageelemente (12St)				
420	**Wärmeversorgungsanlagen**	898,76 m² BGF	82.542	**91,84**	32,2
	• Abbrechen (Kosten: 8,5%)	898,76 m² BGF	6.976	**7,76**	
	Abbruch von Einzelöfen, mit Ofensockel (16St), Ofensockeln ohne Öfen (5St), Ofenrohren (5m) * Schornstein (4m³), Schornsteinfutter, Reinigungsklappen (41St); Entsorgung, Deponiegebühren				
	• Wiederherstellen (Kosten: 0,8%)	898,76 m² BGF	639	**0,71**	
	Beschichtung von Heizungsrohren mit Heizkörperlack, beschädigte Grundbeschichtung ausbessern, lose Bestandteile entfernen (124m)				
	• Herstellen (Kosten: 90,8%)	898,76 m² BGF	74.927	**83,37**	
	Gas-Brennwertgerät 35kW (1St), Gas-Umlaufwasserheizer (1St), **Solarsystem**, vier **Flachkollektoren**, Heizwasser-Pufferspeicher (10m²) * Kupferrohre DN15-35, Rohrdämmung (335m) * Flachheizkörper (19St), Röhrenradiatoren (6St), Heizkörper Küche (6St), Fußbodenheizung (38m²), Systemrohre (200m) * Abgassystem (14m), Abdeckplatten Schornsteine (4St)				
430	**Raumlufttechnische Anlagen**	898,76 m² BGF	5.639	**6,27**	2,2
	• Herstellen (Kosten: 100,0%)	898,76 m² BGF	5.639	**6,27**	
	Radial-Rohrventilator, Volumenstrom 230m³/h (1St), Wickelfalzrohre DN100, Rohrdämmung (42m), Stahlrohre DN100 (10m), Abluftventile (12St)				
440	**Elektrische Anlagen**	898,76 m² BGF	112.340	**124,99**	43,8
	• Abbrechen (Kosten: 1,2%)	898,76 m² BGF	1.331	**1,48**	
	Abbruch von Elektroanlage mit Gebäudehauptverteilung, Installationselementen, Verteilungen, Leuchten, Kabeln, Leitungen (psch), Elektroschränken aus Holz/Metall (4St); Entsorgung, Deponiegebühren				
	• Herstellen (Kosten: 98,8%)	898,76 m² BGF	111.009	**123,51**	
	Photovoltaikanlage 9,77kW$_p$ (1St), **Batteriespeicher** (1St) * Zählerschrank (1St), Kleinverteiler (7St), Mantelleitungen (2.789m), Schalter/Taster (111St), Steckdosen (281St) * Anbauleuchten (16St), Schiffsarmaturen (13St), Treppenhausleuchten (8St), Hausnummernleuchten (2St) * Kunststoffaderleitungen (168m), Runddraht (60m), Tiefenerder (24St), Potenzialausgleichsschienen (2St)				

KG	Kostengruppe	Menge Einheit	Kosten €	€/Einheit	%
450	**Kommunikationstechnische Anlagen**	898,76 m² BGF	8.176	**9,10**	3,2

- Herstellen (Kosten: 100,0%)   898,76 m² BGF   8.176   **9,10**

Wechselsprechanlage für sechs WE (1St), Haustelefone (6St), Klingeltaster (6St), Installationskabel (166m) * Koaxialkabel (364m), Geräteverbindungsdosen (18St) * Datenkabel (273m), Installationskabel (90m), Hybridkabel (84m), Geräteverbindungsdosen (18St), Abdeckungen 3-Loch (18St), Abdeckungen Datendose (18St)

KG	Kostengruppe	Menge Einheit	Kosten €	€/Einheit	%
490	**Sonst. Maßnahmen für techn. Anlagen**	898,76 m² BGF	268	**0,30**	0,1

- Herstellen (Kosten: 100,0%)   898,76 m² BGF   268   **0,30**

Baustelleneinrichtung (1St), Bauwasseranschluss (1St) * HT-Muffenstopfen DN50, Verschließen des nicht genutzten AW-Anschlusses während der Bauzeit (6St)

6100-1483
Mehrfamilienhaus
(6 WE)

Instandsetzung

6100-1483
Mehrfamilienhaus
(6 WE)

Instandsetzung

Kostenkennwerte für die Kostengruppe 400 der 2. und 3. Ebene DIN 276 (Übersicht)

KG	Kostengruppe	Menge Einheit	Kosten €	€/Einheit	%
410	**Abwasser-, Wasser-, Gasanlagen**	898,76 m² BGF	52,84	47.493,98	18,5
411	Abwasseranlagen	898,76 m² BGF	11,50	10.335,66	4,0
412	Wasseranlagen	898,76 m² BGF	37,92	34.084,34	13,3
419	Sonstiges zur KG 410	898,76 m² BGF	3,42	3.073,98	1,2
420	**Wärmeversorgungsanlagen**	898,76 m² BGF	91,84	82.542,36	32,2
421	Wärmeerzeugungsanlagen	898,76 m² BGF	34,86	31.328,59	12,2
422	Wärmeverteilnetze	898,76 m² BGF	23,75	21.347,67	8,3
423	Raumheizflächen	898,76 m² BGF	26,55	23.865,36	9,3
429	Sonstiges zur KG 420	898,76 m² BGF	6,68	6.000,73	2,3
430	**Raumlufttechnische Anlagen**	898,76 m² BGF	6,27	5.639,28	2,2
431	Lüftungsanlagen	898,76 m² BGF	6,27	5.639,28	2,2
440	**Elektrische Anlagen**	898,76 m² BGF	124,99	112.340,13	43,8
442	Eigenstromversorgungsanlagen	898,76 m² BGF	57,26	51.465,33	20,1
444	Niederspannungsinstallationsanlagen	898,76 m² BGF	52,69	47.353,88	18,5
445	Beleuchtungsanlagen	898,76 m² BGF	3,10	2.783,39	1,1
446	Blitzschutz- und Erdungsanlagen	898,76 m² BGF	11,95	10.737,52	4,2
450	**Kommunikationstechnische Anlagen**	898,76 m² BGF	9,10	8.175,56	3,2
452	Such- und Signalanlagen	898,76 m² BGF	2,93	2.635,11	1,0
455	Audiovisuelle Medien- u. Antennenanl.	898,76 m² BGF	1,22	1.095,67	0,4
457	Datenübertragungsnetze	898,76 m² BGF	4,95	4.444,76	1,7
490	**Sonst. Maßnahmen für techn. Anlagen**	898,76 m² BGF	0,30	268,01	0,1
491	Baustelleneinrichtung	898,76 m² BGF	0,29	258,68	0,1
498	Provisorische technische Anlagen	898,76 m² BGF	< 0,1	9,32	< 0,1

Kostenkennwerte für Leistungsbereiche nach STLB (Kosten KG 400 nach DIN 276)

6100-1483
Mehrfamilienhaus
(6 WE)

Instandsetzung

LB	Leistungsbereiche	Kosten €	€/m² BGF	€/m³ BRI	% an 400
040	Wärmeversorgungsanlagen - Betriebseinrichtungen	30.201	33,60	12,20	11,8
041	Wärmeversorgungsanlagen - Leitungen, Armaturen, Heizflächen	40.539	45,10	16,40	15,8
042	Gas- und Wasseranlagen - Leitungen, Armaturen	20.294	22,60	8,20	7,9
043	Druckrohrleitungen für Gas, Wasser und Abwasser	–	–	–	–
044	Abwasseranlagen - Leitungen, Abläufe, Armaturen	8.168	9,10	3,30	3,2
	Wiederherstellen	86	0,10	< 0,1	–
	Herstellen	8.082	9,00	3,30	3,2
045	Gas-, Wasser- und Entwässerungsanlagen - Ausstattung, Elemente, Fertigbäder	11.975	13,30	4,80	4,7
046	Gas-, Wasser- und Entwässerungsanlagen - Betriebseinrichtungen	–	–	–	–
047	Dämm- und Brandschutzarbeiten an technischen Anlagen	10.040	11,20	4,10	3,9
049	Feuerlöschanlagen, Feuerlöschgeräte	–	–	–	–
050	Blitzschutz- / Erdungsanlagen, Überspannungsschutz	10.738	11,90	4,30	4,2
051	Kabelleitungstiefbauarbeiten	–	–	–	–
052	Mittelspannungsanlagen	103	0,12	< 0,1	–
053	Niederspannungsanlagen - Kabel/Leitungen, Verlegesysteme, Installationsgeräte	30.659	34,10	12,40	12,0
054	Niederspannungsanlagen - Verteilersysteme und Einbaugeräte	64.601	71,90	26,10	25,2
055	Sicherheits- und Ersatzstromversorgungsanlagen	49	< 0,1	< 0,1	–
057	Gebäudesystemtechnik	–	–	–	–
058	Leuchten und Lampen	2.783	3,10	1,10	1,1
059	Sicherheitsbeleuchtungsanlagen	–	–	–	–
060	Sprech-, Ruf-, Antennenempfangs-, Uhren- und elektroakustische Anlagen	3.731	4,20	1,50	1,5
061	Kommunikations- und Übertragungsnetze	4.445	4,90	1,80	1,7
062	Kommunikationsanlagen	–	–	–	–
063	Gefahrenmeldeanlagen	–	–	–	–
064	Zutrittskontroll-, Zeiterfassungssysteme	–	–	–	–
069	Aufzüge	–	–	–	–
070	Gebäudeautomation	–	–	–	–
075	Raumlufttechnische Anlagen	4.347	4,80	1,80	1,7
078	Kälteanlagen für raumlufttechnische Anlagen	–	–	–	–
	Gebäudetechnik	**242.672**	**270,00**	**98,20**	**94,6**
	Wiederherstellen	86	0,10	< 0,1	–
	Herstellen	242.586	269,90	98,20	94,6
	Sonstige Leistungsbereiche	**13.787**	**15,30**	**5,60**	**5,4**
	Abbrechen	11.644	13,00	4,70	4,5
	Wiederherstellen	639	0,71	0,26	0,2
	Herstellen	1.503	1,70	0,61	0,6

© BKI Baukosteninformationszentrum Kostenstand: 4.Quartal 2021, Bundesdurchschnitt, inkl. 19% MwSt.

6100-1500
Mehrfamilienhaus
(18 WE)

Objektübersicht

Instandsetzung

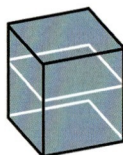 **BRI** 178 €/m³ 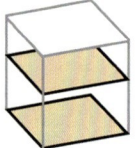 **BGF** 664 €/m² 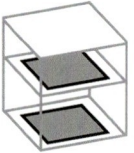 **NUF** 959 €/m² 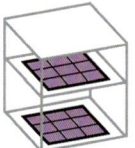 **NE** 974 €/NE

NE: m² Wohnfläche

Objekt:
Kennwerte: 3. Ebene DIN 276
BRI: 13.795 m³
BGF: 3.700 m²
NUF: 2.562 m²
Bauzeit: 121 Wochen
Bauende: 2019
Standard: über Durchschnitt
Bundesland: Hamburg
Kreis: Hamburg, Stadt

Architekt*in:
Ostermann Architekten
Lange Reihe 101
20099 Hamburg

vorher

nachher

Kostenstand: 4.Quartal 2021, Bundesdurchschnitt, **inkl. 19% MwSt.**

Zeichnungen

6100-1500
Mehrfamilienhaus
(18 WE)

Instandsetzung

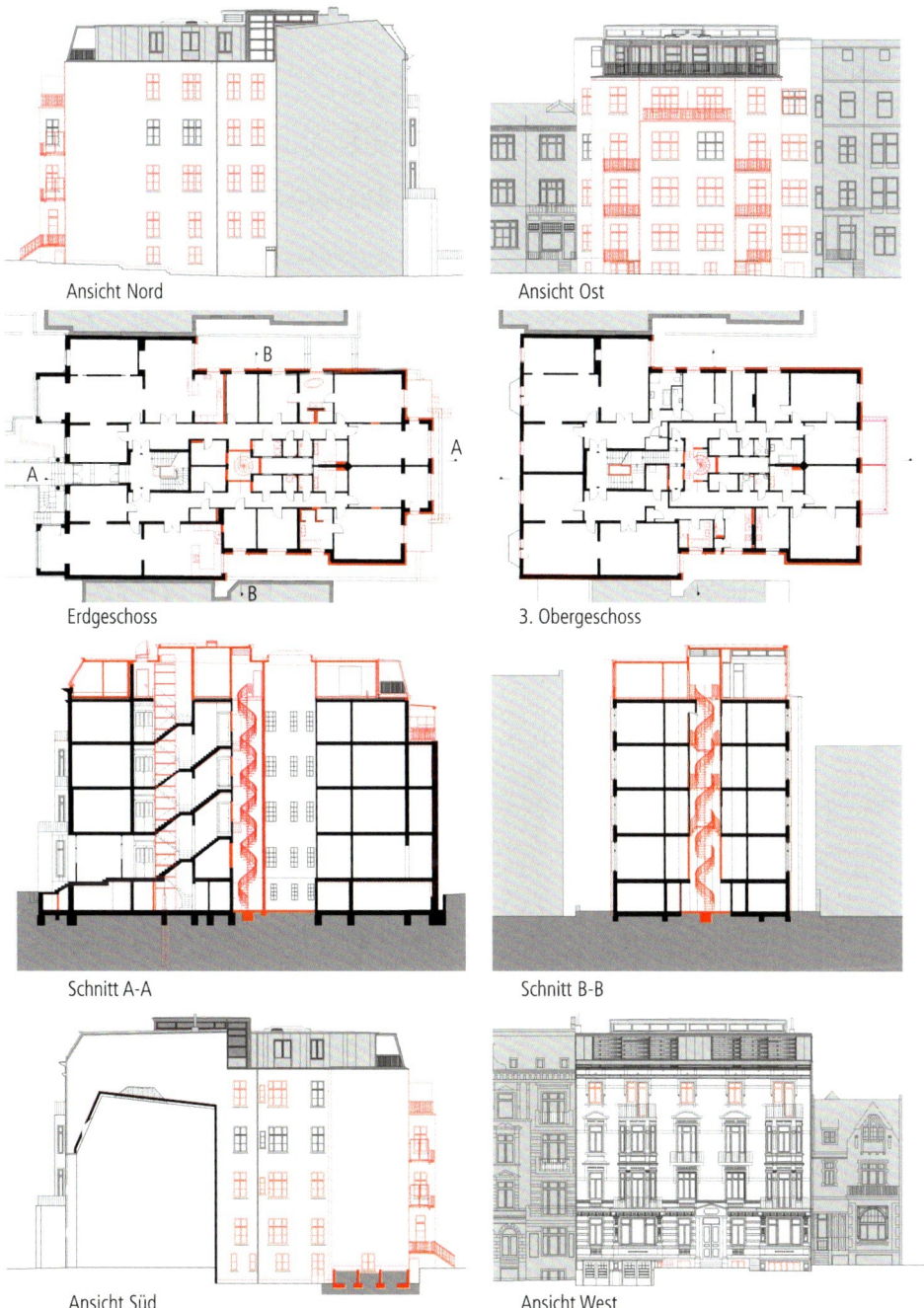

6100-1500 Mehrfamilienhaus (18 WE)

Instandsetzung

Objektbeschreibung

Allgemeine Objektinformationen

Das Stadthaus aus dem Jahr 1895 wurde gemäß der städtebaulichen Erhaltungssatzung vollständig saniert. Die ursprüngliche Gestaltung der Straßenfassade im Stil des Historismus mit typischem Fassadenstuck und orange-roten Ziegelsteinen konnte wiederhergestellt werden. Im Zuge der Arbeiten wurden 16 Wohnungen umfassend saniert, modernisiert und die Gebäudehülle energetisch verbessert. Hierbei gab es nur geringfügige Grundrissänderungen. Im erneuerten Dachgeschoss befinden sich zwei Penthouse-Wohnungen.

Nutzung

1 Untergeschoss
Zwei Souterrain-Wohnungen, Fahrradkeller, zwei Garagen, Technikräume, Mieterkeller

1 Erdgeschoss
zwei Wohnungen

3 Obergeschosse
je vier Wohnungen

Besonderer Kosteneinfluss Nutzung:
Gestaltungssatzung, Brandschutz

Nutzeinheiten

Wohneinheiten: 18
Wohnfläche: 2.523m²

Grundstück

Bauraum: Beengter Bauraum
Neigung: Ebenes Gelände
Bodenklasse: BK 1 bis BK 4

Markt

Hauptvergabezeit: 3.Quartal 2017
Baubeginn: 3.Quartal 2017
Bauende: 4.Quartal 2019
Konjunkturelle Gesamtlage: über Durchschnitt
Regionaler Baumarkt: über Durchschnitt

Baubestand

Baujahr: 1895
Bauzustand: schlecht
Aufwand: hoch
Grundrissänderungen: wenige
Tragwerkseingriffe: wenige
Nutzungsänderung: nein
Nutzung während der Bauzeit: ja

Baukonstruktion

Die Wände des Wohngebäudes bestehen aus Ziegelmauerwerk. Die Obergeschossdecken sind in Holzbauweise errichtet, die Deckenfelder der ursprünglichen Bäder und Küchen sind massiv aus Beton. An der Straßenfassade wurden die Stuckelemente repariert, nachgeformt und ergänzt. Die Farbe auf den Ziegelsteinen wurde abgebeizt, defekte Steine wurden ausgetauscht und die Ziegelflächen komplett neu verfugt. Ein Wärmedämmverbundsystem bekleidet die Hoffassade. Die vorderen Balkone sind saniert und die Geländer erneuert worden, auf der Hofseite konnten neue Balkone errichtet werden. Die im Lichthof eingefügte Stahl-Spindeltreppe dient als zweiter Rettungsweg. Im Treppenhaus wurden die Wand- und Deckenflächen überarbeitet, die Bodenbeläge aus Marmor und Holz instandgesetzt. Die Holztüren sind ausgebessert und neu lackiert. Die Fenster wurden ausgetauscht oder, soweit möglich, instandgesetzt. Es wurde eine Schwammsanierung durchgeführt.

Technische Anlagen

Der Fernwärmeanschluss sowie die Heizungsverteilleitungen im Untergeschoss und gesamte Heiztechnik mit Steuerung, Pumpen und Speicherladesystem für Trinkwasserwärme wurden erneuert. Sämtliche Wasser- und Abwasserleitungen mussten bis zu den Anschlusspunkten der Wohnungen ausgetauscht, die Bäder und WCs renoviert werden. Alle Wohnungen erhielten einen Anschluss an das Glasfaser-Kabelnetz. Ein schlanker verglaster **Aufzug** konnte im Treppenauge platziert werden.

Sonstiges

Der Umbau des Dachgeschosses zu zwei Penthouse-Wohnungen wurde getrennt abgerechnet und ist unter der BKI-Objektnummer 6100-1501 dokumentiert. Die Kosten der Hausschwammsanierung sind sowohl in dieser als auch in einer separaten Dokumentation (Objekt 6100-1502) als eigenständige Maßnahme dokumentiert.

Planungskennwerte für Flächen und Rauminhalte nach DIN 277

Flächen des Grundstücks		Menge, Einheit	% an GF
BF	Bebaute Fläche	630,00 m²	40,1
UF	Unbebaute Fläche	941,00 m²	59,9
GF	Grundstücksfläche	1.571,00 m²	100,0

Grundflächen des Bauwerks		Menge, Einheit	% an NUF	% an BGF
NUF	Nutzungsfläche	2.562,25 m²	100,0	69,3
TF	Technikfläche	27,24 m²	1,1	0,7
VF	Verkehrsfläche	467,34 m²	18,2	12,6
NRF	Netto-Raumfläche	3.056,83 m²	119,3	82,6
KGF	Konstruktions-Grundfläche	643,17 m²	25,1	17,4
BGF	Brutto-Grundfläche	3.700,00 m²	144,4	100,0

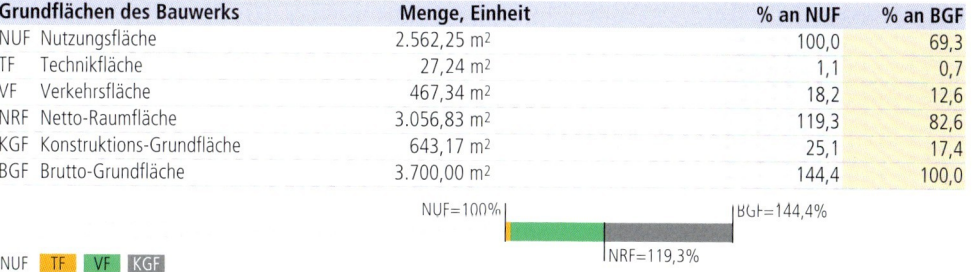

Brutto-Rauminhalt des Bauwerks		Menge, Einheit	BRI/NUF (m)	BRI/BGF (m)
BRI	Brutto-Rauminhalt	13.794,96 m³	5,38	3,73

6100-1500
Mehrfamilienhaus
(18 WE)

Instandsetzung

Prozentualer Anteil der Kostengruppen der 2. Ebene an der Kostengruppe 400 nach DIN 276

KG	Kostengruppen (2. Ebene)
410	Abwasser-, Wasser-, Gasanlagen
420	Wärmeversorgungsanlagen
430	Raumlufttechnische Anlagen
440	Elektrische Anlagen
450	Kommunikationstechnische Anlagen
460	Förderanlagen
470	Nutzungsspez. und verfahrenstech. Anlagen
480	Gebäude- und Anlagenautomation
490	Sonstige Maßnahmen für technische Anlagen

Ranking der Kostengruppen der 3. Ebene an der Kostengruppe 400 nach DIN 276

KG	Kostengruppe (3. Ebene)	Kosten an KG 400 %	KG	Kostengruppe (3. Ebene)	Kosten an KG 400 %
461	Aufzugsanlagen	33,5	423	Raumheizflächen	2,1
412	Wasseranlagen	18,9	445	Beleuchtungsanlagen	1,9
411	Abwasseranlagen	12,4	446	Blitzschutz- und Erdungsanlagen	1,5
422	Wärmeverteilnetze	8,6	457	Datenübertragungsnetze	0,8
444	Niederspannungsinstallationsanlagen	8,4	413	Gasanlagen	0,3
421	Wärmeerzeugungsanlagen	4,8	495	Instandsetzungen	0,2
431	Lüftungsanlagen	3,3	498	Provisorische technische Anlagen	0,2
452	Such- und Signalanlagen	3,2			

© BKI Baukosteninformationszentrum Kostenstand: 4.Quartal 2021, Bundesdurchschnitt, inkl. 19% MwSt.

6100-1500
Mehrfamilienhaus
(18 WE)

Instandsetzung

Kostenkennwerte für die Kostengruppen der 1. Ebene DIN 276

KG	Kostengruppen (1. Ebene)	Einheit	Kosten €	€/Einheit	€/m² BGF	€/m³ BRI	% 300+400
100		m² GF	–	–	–	–	–
200	Vorbereitende Maßnahmen	m² GF	1.817	1,16	0,49	0,13	0,1
300	Bauwerk – Baukonstruktionen	m² BGF	1.708.409	461,73	461,73	123,84	69,5
400	Bauwerk – Technische Anlagen	m² BGF	748.867	202,40	202,40	54,29	30,5
	Bauwerk 300+400	**m² BGF**	**2.457.277**	**664,13**	**664,13**	**178,13**	**100,0**
500	Außenanlagen und Freiflächen	m² AF	65.613	69,73	17,73	4,76	2,7
600	Ausstattung und Kunstwerke	m² BGF	33.311	9,00	9,00	2,41	1,4
700	Baunebenkosten	m² BGF	–	–	–	–	–
800	Finanzierung	m² BGF	–	–	–	–	–

KG	Kostengruppe	Menge Einheit	Kosten €	€/Einheit	%
200	**Vorbereitende Maßnahmen**	1.571,00 m² GF	1.817	**1,16**	0,1

- Herstellen (Kosten: 100,0%)   1.817
Baumschutz, Oberbodenabtrag

3+4	**Bauwerk**				**100,0**
300	**Bauwerk – Baukonstruktionen**	3.700,00 m² BGF	1.708.409	**461,73**	69,5

- Abbrechen (Kosten: 8,2%)   140.394
Abbruch von Bodenplatten, Fundamenten, Holzdielenbelag; Mauerwerk, Balkonwänden, Fenstern, Fassadenbeschichtung, Wandputz, Sichtschutzwänden; Innentüren, Innenfenstern, Beschichtung, Wandputz, Wandfliesen, Holzwänden; Holzdecken, Stb-Treppen, Deckenfenster, Teppich, Bodenfliesen, Linoleum, Estrich, Deckenputz, Tapete, Rohrputzdecke, Holztreppen, Geländer; Dachschalung, Bitumenabdichtung, Dachentwässerung; Einbaumöbeln; Entsorgung, Deponiegebühren

- Wiederherstellen (Kosten: 22,1%)   377.760
Schadhafte Dielen erneuern, Lagerhölzer ergänzen, Estrich ausgleichen, Bodenfliesen ergänzen; Schwammsanierung Mauerwerk, Holzfenster überarbeiten, Holz-Brüstungspaneele, Fensterinnenfutter, Fensterbänke erneuern, Garagentore überarbeiten, Haustürelement instandsetzen, schadhafte Ziegel ersetzen, Verfugung erneuern, Sichtmauerwerk imprägnieren, Stuckfassade instandsetzen, Tympanon in historischem Stil nachbilden, Bossenfugen schneiden, Holz-Laibungsbekleidungen ausbauen, wieder einbauen, Putz ausbessern, Beschichtung erneuern, Außentreppe überarbeiten; Mauerwerk ergänzen, Wohnungseingangstüren überarbeiten, Holztüren neu beschichten, Holzinnenfenster überarbeiten; Schwammsanierung Holzbalkendecke, Stb-Balkone sanieren, Holztreppe ausbessern, lackieren, Steingutbelag überarbeiten, Parkett erneuern, Treppen-/Deckenuntersichten instandsetzen, losen Deckenputz erneuern, historische Stuckprofile erneuern, Geländer überarbeiten; Estrich erneuern

- Herstellen (Kosten: 69,7%)   1.190.255
Stb-Streifenfundamente, Stb-Bodenplatten, Gefälleestrich, Epoxidharzbeschichtung, Bodenfliesen; Kunststoff-, Holzfenster, Garagentorantriebe, Perimeterdämmung, WDVS, Beschichtung auf Klinkerfassade, Wärmedämmputz, Markise, Sichtschutzwände; Ziegelmauerwerk, Türöffnungen herstellen, GK-Wand F90, Stahltüren, Innenputz, Spachtelung Q3, Tapete, Beschichtung, Wandfliesen, Kellertrennwände; Holzbalkendecke, Dielen, Sisal-Treppenläufer, Kellerdeckendämmung, GK-Decke, Schilfrohrdecke, Stahltreppen, Balkonanlagen; Dachabdichtung, Dämmung, Beschichtung, Riffelbohlenbelag, Dachentwässerung

KG	Kostengruppe	Menge Einheit	Kosten €	€/Einheit	%
400	**Bauwerk – Technische Anlagen**	3.700,00 m² BGF	748.867	**202,40**	30,5

- Abbrechen (Kosten: 2,8%) — 20.761
Abbruch von Abwasserrohren, Bodenabläufen, Trinkwasserleitungen, WC, Gasleitungen; Hausstation, Warmwasserbereiter, Heizungsrohren, Heizkörpern; Zählern, Verteilern, Beleuchtungsanlage; Klingelanlage; **Speiseaufzug**; Entsorgung, Deponiegebühren

- Wiederherstellen (Kosten: 7,6%) — 57.190
Schlauchlinersanierung, Trinkwasserleitung ändern, Sanitärobjekte ersetzen; Sicherheitsventil erneuern, Thermostatventile austauschen

- Herstellen (Kosten: 89,6%) — 670.917
Gebäudeentwässerung, Rückstauautomaten, Kalt- und Warmwasserleitungen; Fernwärme-Kompaktstation, Speicherladesystem, Heizungsrohre, Heizkörper; Einzelraumlüfter, Wickelfalzrohre; Elektroinstallation, Beleuchtung, **Blitzschutzanlage**; Video-Sprechanlage; Datenverkabelung; **Glas-Personenaufzug**, Schachtgerüst

KG	Kostengruppe	Menge Einheit	Kosten €	€/Einheit	%
500	**Außenanlagen und Freiflächen**	941,00 m² AF	65.613	**69,73**	2,7

- Abbrechen (Kosten: 9,1%) — 5.990
Abbruch von Betonbodenplatte; Aufnehmen und Lagern von Gartenzaun, Abbruch von Trennwand, Außentreppen; Entsorgung, Deponiegebühren

- Wiederherstellen (Kosten: 1,2%) — 803
Wand reinigen, Putz überarbeiten; Rinne und Hofablauf reinigen

- Herstellen (Kosten: 89,6%) — 58.820
Bodenarbeiten; Mineralschottergemisch als Abstellfläche; Mauerpfeiler, Stb-Stützwände, Beton-Außentreppe, Beton-Winkelstufen; Außenbeleuchtung; digitale Paket- und Briefkastenanlage

KG	Kostengruppe	Menge Einheit	Kosten €	€/Einheit	%
600	**Ausstattung und Kunstwerke**	3.700,00 m² BGF	33.311	**9,00**	1,4

- Wiederherstellen (Kosten: 89,2%) — 29.719
Wand- und Deckenmalereien restaurieren: bildhafte Motive retuschieren, Wandflächen ausbessern, Decken-Kassettenfelder ergänzen, Farbfassungen von Stuck- und Deckenrandbereichen überarbeiten

- Herstellen (Kosten: 10,8%) — 3.592
Fahrradständer, Gardinen; Namensschilder

6100-1500
Mehrfamilienhaus
(18 WE)

Instandsetzung

6100-1500
Mehrfamilienhaus
(18 WE)

Instandsetzung

Kostenkennwerte für die Kostengruppen 400 der 2. Ebene DIN 276

KG	Kostengruppe	Menge Einheit	Kosten €	€/Einheit	%
400	**Bauwerk – Technische Anlagen**				100,0
410	**Abwasser-, Wasser-, Gasanlagen**	3.700,00 m² BGF	236.276	**63,86**	31,6

- Abbrechen (Kosten: 4,7%) — 3.700,00 m² BGF — 11.119 — **3,01**
  Abbruch von Abwasserrohren bis DN100 (22m), Bodenabläufen (3St) * Trinkwasserleitungen DN32-50 (834m), WC (1St) * Stahlrohren (506m); Entsorgung, Deponiegebühren

- Wiederherstellen (Kosten: 20,4%) — 3.700,00 m² BGF — 48.208 — **13,03**
  Schlauchlinersanierung DN100-150 (97m), Vorabreinigung (11h), Wurzelbeseitigung (15h), Anbindungen an Gerinne (12St), Abzweige öffnen (10St), Kamerabefahrungen (22St) * Trinkwasserleitung ändern (psch), Sanitärobjekte ersetzen: WCs (4St), Spülkästen (2St), Handwaschbecken (2St), Ab-/Überlaufgarnitur (1St), Armatur (1St)

- Herstellen (Kosten: 74,9%) — 3.700,00 m² BGF — 176.950 — **47,82**
  PP-Rohre DN50-100 (290m), KG-Rohre DN100 (8m), Anbindungen (73St), Anschlüsse an Grundleitung (25St), Rückstauautomaten (2St), Bodenabläufe mit Rückstau (6St) * Kupferrohre DN15-54 (1.105m), Anbindungen, l bis 4,50m (18St), Wasserzähler (30St), Ventile (46St), Rückflussverhinderer (1St), Ausgussbecken (3St), Außenzapfstellen (4St), Warmwasserspeicher 5l (1St)

| 420 | **Wärmeversorgungsanlagen** | 3.700,00 m² BGF | 115.995 | **31,35** | 15,5 |

- Abbrechen (Kosten: 4,7%) — 3.700,00 m² BGF — 5.436 — **1,47**
  Abbruch von Hausstation, Heizungspumpe (1St), Warmwasserbereiter 400l, Wärmetauscher (1St), Ausdehnungsgefäßen 350l (4St), Stahlrohren DN25-50 (20m) * Stahlrohren DN15-80 (180m), Steigsträngen DN25 (3St) * Heizkörpern (22St); Entsorgung, Deponiegebühren

- Wiederherstellen (Kosten: 6,5%) — 3.700,00 m² BGF — 7.483 — **2,02**
  Defektes Sicherheitsventil erneuern (1St) * Thermostatventile austauschen (42St)

- Herstellen (Kosten: 88,9%) — 3.700,00 m² BGF — 103.076 — **27,86**
  Fernwärme-Kompaktstation (1St), Speicherladesystem 500l (1St), Ausdehnungsgefäß 800l (1St), Trinkwasser-Temperaturregler (1St), Umwälzpumpen (2St), Stahlrohre DN25-50 (28m) * Kupferrohre DN12-54 (515m), Vorlauf-Entlüftungsleitung (psch), Strangregulierventile DN20-25 (28St), Anschlüsse an Bestand (82St) * Flachheizkörper, Anschluss an Bestand (11St)

| 430 | **Raumlufttechnische Anlagen** | 3.700,00 m² BGF | 24.721 | **6,68** | 3,3 |

- Herstellen (Kosten: 100,0%) — 3.700,00 m² BGF — 24.721 — **6,68**
  Einzelraumlüfter, Schalter (22St), Wickelfalzrohre DN100-160 (138m), Alu-Flexrohre DN80 (20m), Rohrschalldämpfer (20St)

| 440 | **Elektrische Anlagen** | 3.700,00 m² BGF | 88.354 | **23,88** | 11,8 |

- Abbrechen (Kosten: 4,3%) — 3.700,00 m² BGF — 3.839 — **1,04**
  Abbruch von Zählern (21St), Verteilern (18St) * Beleuchtungsanlage (psch); Entsorgung, Deponiegebühren

- Herstellen (Kosten: 95,7%) — 3.700,00 m² BGF — 84.515 — **22,84**
  Zählerschränke (3St), Kleinverteiler (18St), Mantelleitungen NYM (psch), Schalter/Taster (97St), Klingelschalter (14St), Steckdosen (46St), **Autoladestationen** (2St), Treppenlichtautomat (1St) * LED-Wannenleuchten (36St), Deckenanbauleuchten (14St), LED-Sicherheitsleuchten (9St), LED-Fassadenleuchten (8St), Scheinwerfer (7St) * Fangleitungen (277m), Ringerder (55m), Tiefenerder (18m), Klemmen (89St), Fangstangen (12St), Erdeinführungsstangen (7St), Potenzialausgleichsschienen (2St)

6100-1500 Mehrfamilienhaus (18 WE)

Instandsetzung

KG	Kostengruppe	Menge Einheit	Kosten €	€/Einheit	%
450	**Kommunikationstechnische Anlagen**	3.700,00 m² BGF	29.701	**8,03**	4,0
	• Abbrechen (Kosten: 0,8%)	3.700,00 m² BGF	237	**< 0,1**	
	Abbruch von Klingelanlage (psch); Entsorgung, Deponiegebühren				
	• Herstellen (Kosten: 99,2%)	3.700,00 m² BGF	29.464	**7,96**	
	Sprechanlage, Türstation, CCD-Videokamera (1St), Video-Innenstationen (18St), Bus-Steuergerät (1St), Bus-Video-Verteiler (18St), Installationsleitungen J-Y(ST)Y (185m) * Datenanschlussdosen 2xRJ45, LWL-Kabel (18St)				
460	**Förderanlagen**	3.700,00 m² BGF	251.134	**67,87**	33,5
	• Abbrechen (Kosten: 0,1%)	3.700,00 m² BGF	130	**< 0,1**	
	Abbruch von **Speiseaufzug** (1St); Entsorgung, Deponiegebühren				
	• Herstellen (Kosten: 99,9%)	3.700,00 m² BGF	251.004	**67,84**	
	Glas-Personenaufzug, Tragkraft 375kg, fünf Haltestellen, Hydraulikantrieb (1St), Schachtgerüst, Winkelkonstruktion, Verglasung (psch), Fensterfolien (psch), Natursteinbelag (psch), LED-Lichtdecke (psch), Programmierung TFT-Bildschirm (psch)				
490	**Sonstige Maßnahmen für technische Anlagen**	3.700,00 m² BGF	2.685	**0,73**	0,4
	• Wiederherstellen (Kosten: 55,8%)	3.700,00 m² BGF	1.498	**0,40**	
	Beschädigte Rohre reparieren (8St)				
	• Herstellen (Kosten: 44,2%)	3.700,00 m² BGF	1.187	**0,32**	
	Provisorische Inbetriebnahme der Heizung (psch)				

6100-1500 Mehrfamilienhaus (18 WE)

Instandsetzung

Kostenkennwerte für die Kostengruppe 400 der 2. und 3. Ebene DIN 276 (Übersicht)

KG	Kostengruppe	Menge	Einheit	Kosten €	€/Einheit	%
410	**Abwasser-, Wasser-, Gasanlagen**	3.700,00	m² BGF	63,86	236.276,39	**31,6**
411	Abwasseranlagen	3.700,00	m² BGF	25,05	92.703,20	12,4
412	Wasseranlagen	3.700,00	m² BGF	38,24	141.489,91	18,9
413	Gasanlagen	3.700,00	m² BGF	0,56	2.083,30	0,3
420	**Wärmeversorgungsanlagen**	3.700,00	m² BGF	31,35	115.995,31	**15,5**
421	Wärmeerzeugungsanlagen	3.700,00	m² BGF	9,74	36.038,18	4,8
422	Wärmeverteilnetze	3.700,00	m² BGF	17,36	64.229,03	8,6
423	Raumheizflächen	3.700,00	m² BGF	4,25	15.728,11	2,1
430	**Raumlufttechnische Anlagen**	3.700,00	m² BGF	6,68	24.721,11	**3,3**
431	Lüftungsanlagen	3.700,00	m² BGF	6,68	24.721,11	3,3
440	**Elektrische Anlagen**	3.700,00	m² BGF	23,88	88.354,14	**11,8**
444	Niederspannungsinstallationsanlagen	3.700,00	m² BGF	16,96	62.751,79	8,4
445	Beleuchtungsanlagen	3.700,00	m² BGF	3,88	14.345,64	1,9
446	Blitzschutz- und Erdungsanlagen	3.700,00	m² BGF	3,04	11.256,72	1,5
450	**Kommunikationstechnische Anlagen**	3.700,00	m² BGF	8,03	29.701,21	**4,0**
452	Such- und Signalanlagen	3.700,00	m² BGF	6,43	23.795,65	3,2
457	Datenübertragungsnetze	3.700,00	m² BGF	1,60	5.905,58	0,8
460	**Förderanlagen**	3.700,00	m² BGF	67,87	251.134,36	**33,5**
461	Aufzugsanlagen	3.700,00	m² BGF	67,87	251.134,36	33,5
490	**Sonst. Maßnahmen für techn. Anlagen**	3.700,00	m² BGF	0,73	2.684,87	**0,4**
495	Instandsetzungen	3.700,00	m² BGF	0,40	1.498,13	0,2
498	Provisorische technische Anlagen	3.700,00	m² BGF	0,32	1.186,74	0,2

Kostenkennwerte für Leistungsbereiche nach STLB (Kosten KG 400 nach DIN 276)

6100-1500
Mehrfamilienhaus
(18 WE)

Instandsetzung

LB	Leistungsbereiche	Kosten €	€/m² BGF	€/m³ BRI	% an 400
040	Wärmeversorgungsanlagen - Betriebseinrichtungen	32.457	8,80	2,40	4,3
041	Wärmeversorgungsanlagen - Leitungen, Armaturen, Heizflächen	68.370	18,50	5,00	9,1
	Wiederherstellen	8.475	2,30	0,61	1,1
	Herstellen	59.896	16,20	4,30	8,0
042	Gas- und Wasseranlagen - Leitungen, Armaturen	101.338	27,40	7,30	13,5
	Wiederherstellen	1.879	0,51	0,14	0,3
	Herstellen	99.459	26,90	7,20	13,3
043	Druckrohrleitungen für Gas, Wasser und Abwasser	5.147	1,40	0,37	0,7
044	Abwasseranlagen - Leitungen, Abläufe, Armaturen	48.411	13,10	3,50	6,5
	Wiederherstellen	1.151	0,31	< 0,1	0,2
	Herstellen	47.260	12,80	3,40	6,3
045	Gas-, Wasser- und Entwässerungsanlagen - Ausstattung, Elemente, Fertigbäder	9.497	2,60	0,69	1,3
	Wiederherstellen	8.335	2,30	0,60	1,1
	Herstellen	1.162	0,31	< 0,1	0,2
046	Gas-, Wasser- und Entwässerungsanlagen - Betriebseinrichtungen	–	–	–	–
047	Dämm- und Brandschutzarbeiten an technischen Anlagen	47.099	12,70	3,40	6,3
049	Feuerlöschanlagen, Feuerlöschgeräte	–	–	–	–
050	Blitzschutz- / Erdungsanlagen, Überspannungsschutz	11.257	3,00	0,82	1,5
051	Kabelleitungstiefbauarbeiten	–	–	–	–
052	Mittelspannungsanlagen	–	–	–	–
053	Niederspannungsanlagen - Kabel/Leitungen, Verlegesysteme, Installationsgeräte	25.322	6,80	1,80	3,4
054	Niederspannungsanlagen - Verteilersysteme und Einbaugeräte	25.342	6,80	1,80	3,4
055	Sicherheits- und Ersatzstromversorgungsanlagen	–	–	–	–
057	Gebäudesystemtechnik	–	–	–	–
058	Leuchten und Lampen	10.919	3,00	0,79	1,5
059	Sicherheitsbeleuchtungsanlagen	2.943	0,80	0,21	0,4
060	Sprech-, Ruf-, Antennenempfangs-, Uhren- und elektroakustische Anlagen	23.558	6,40	1,70	3,1
061	Kommunikations- und Übertragungsnetze	5.906	1,60	0,43	0,8
062	Kommunikationsanlagen	–	–	–	–
063	Gefahrenmeldeanlagen	–	–	–	–
064	Zutrittskontroll-, Zeiterfassungssysteme	–	–	–	–
069	Aufzüge	249.026	67,30	18,10	33,3
070	Gebäudeautomation	–	–	–	–
075	Raumlufttechnische Anlagen	22.187	6,00	1,60	3,0
078	Kälteanlagen für raumlufttechnische Anlagen	–	–	–	–
	Gebäudetechnik	**688.778**	**186,20**	**49,90**	**92,0**
	Wiederherstellen	19.840	5,40	1,40	2,6
	Herstellen	668.938	180,80	48,50	89,3
	Sonstige Leistungsbereiche	**60.089**	**16,20**	**4,40**	**8,0**
	Abbrechen	20.761	5,60	1,50	2,8
	Wiederherstellen	37.350	10,10	2,70	5,0
	Herstellen	1.979	0,53	0,14	0,3

© BKI Baukosteninformationszentrum · Kostenstand: 4.Quartal 2021, Bundesdurchschnitt, inkl. 19% MwSt.

6100-1505
Einfamilienhaus
Effizienzhaus ~56%

Objektübersicht

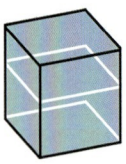  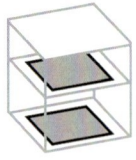 

BRI 749 €/m³   **BGF** 2.173 €/m²   **NUF** 3.663 €/m²   **NE** 3.918 €/NE
NE: m² Wohnfläche

Objekt:
Kennwerte: 3. Ebene DIN 276
BRI: 684 m³
BGF: 236 m²
NUF: 140 m²
Bauzeit: 48 Wochen
Bauende: 2019
Standard: über Durchschnitt
Bundesland: Schleswig-Holstein
Kreis: Ostholstein

Architekt*in:
Architekturbüro Griebel
Eutiner Straße 4a
23738 Lensahn

Zeichnungen

6100-1505
Einfamilienhaus
Effizienzhaus ~56%

Ansicht Nord

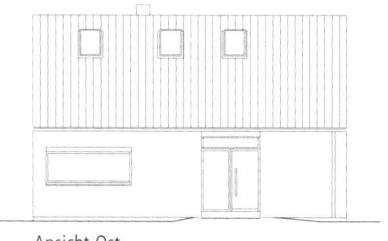
Ansicht Ost

Erdgeschoss

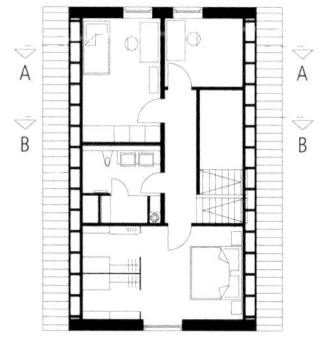
Obergeschoss

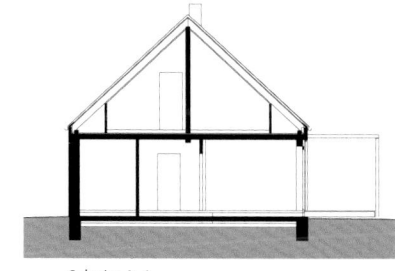
Schnitt A-A

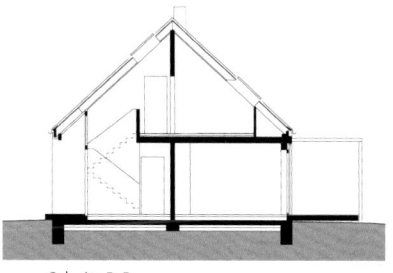
Schnitt B-B

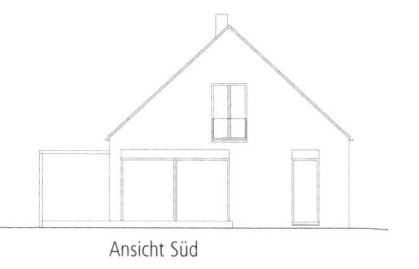
Ansicht Süd

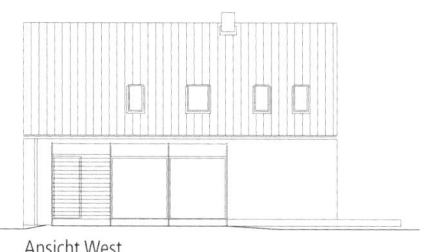
Ansicht West

6100-1505
Einfamilienhaus
Effizienzhaus ~56%

Objektbeschreibung

Allgemeine Objektinformationen

Der Neubau bildet zusammen mit einem landwirtschaftlichen Hof und dem gegenüberliegenden Herrenhaus ein Ensemble um einen zentralen Platz. Von außen präsentiert sich das Wohnhaus als kompakter Baukörper. Innen erschließt es sich über einen großzügigen Eingangsbereich und ein offen gestaltetes Treppenhaus mit anschließender Galerie.

Nutzung

1 Erdgeschoss
Wohn-Ess-Küchenbereiche, Diele mit Garderobe, Duschbad, Technik

1 Dachgeschoss
Lese-/ Gästezimmer, Schlafzimmer, Ankleide, Bad

Nutzeinheiten

Wohnfläche: 131 m²

Grundstück

Bauraum: Freier Bauraum
Neigung: Ebenes Gelände
Bodenklasse: BK 1 bis BK 4

Markt

Hauptvergabezeit: 4.Quartal 2017
Baubeginn: 1.Quartal 2018
Bauende: 1.Quartal 2019
Konjunkturelle Gesamtlage: über Durchschnitt
Regionaler Baumarkt: unter Durchschnitt

Baukonstruktion

Das nicht unterkellerte Gebäude gründet auf einer Stahlbetonsohle. Die Außenwände sind aus Porenbetonsteinen gemauert und mit einem Außenputz versehen. Die Innenwände sind als KS-Mauerwerk und GK-Wände ausgeführt. Das Satteldach wurde mit Ton-Dachziegeln gedeckt, die Geschossdecke ist als Holzbalkendecke mit sichtbarer, lasierter Unterseite ausgeführt. Die Belichtung erfolgt über Holz-Alufenster. Große Schiebetüren öffnen sich zu den Terrassen, von denen eine mit einem Wintergarten überbaut wurde. Die Fußböden in Eingangsbereich, Küche, Bad und WC sind mit großformatigen Fliesen ausgestattet. In den Wohnräumen und auf den Treppenstufen wurden Landhausdielen aus Eiche verlegt.

Technische Anlagen

Der Neubau wird mittels einer **Luft-Wasser-Wärmepumpe** mit Wärme versorgt. Über eine Fußbodenheizung wird diese im gesamten Wohngebäude verteilt. Ein **Kaminofen** sorgt in der kalten Jahreszeit für zusätzliche Strahlungswärme im Wohn-Essbereich. Zur Grundbelüftung dienen gekoppelte Push-Pull-Lüfter im Erd- und im Dachgeschoss, die hauptsächlich in Abwesenheit der Bewohner betrieben werden.

Energetische Kennwerte

EnEV Fassung: 2013
Gebäudevolumen: 605,70 m³
Hüllfläche des beheizten Volumens: 455,00 m²
Spez. Jahresprimärenergiebedarf (EnEV): 42,00 kWh/(m²·a)
Spez. Transmissionswärmeverlust: 0,33 W/(m²·K)
Anlagen-Aufwandszahl: 0,71

6100-1505
Einfamilienhaus
Effizienzhaus ~56%

Planungskennwerte für Flächen und Rauminhalte nach DIN 277

	Flächen des Grundstücks	Menge, Einheit	% an GF
BF	Bebaute Fläche	131,05 m²	1,0
UF	Unbebaute Fläche	–	–
GF	Grundstücksfläche	13.418,00 m²	100,0

	Grundflächen des Bauwerks	Menge, Einheit	% an NUF	% an BGF
NUF	Nutzungsfläche	139,85 m²	100,0	59,3
TF	Technikfläche	8,97 m²	6,4	3,8
VF	Verkehrsfläche	29,78 m²	21,3	12,6
NRF	Netto-Raumfläche	178,60 m²	127,7	75,8
KGF	Konstruktions-Grundfläche	57,16 m²	40,9	24,2
BGF	Brutto-Grundfläche	235,76 m²	168,6	100,0

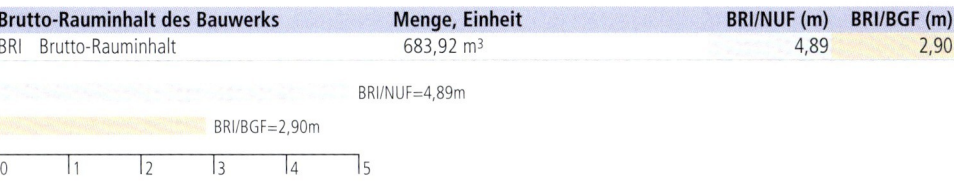

	Brutto-Rauminhalt des Bauwerks	Menge, Einheit	BRI/NUF (m)	BRI/BGF (m)
BRI	Brutto-Rauminhalt	683,92 m³	4,89	2,90

Prozentualer Anteil der Kostengruppen der 2. Ebene an der Kostengruppe 400 nach DIN 276

KG	Kostengruppen (2. Ebene)
410	Abwasser-, Wasser-, Gasanlagen
420	Wärmeversorgungsanlagen
430	Raumlufttechnische Anlagen
440	Elektrische Anlagen
450	Kommunikationstechnische Anlagen
460	Förderanlagen
470	Nutzungsspez. und verfahrenstech. Anlagen
480	Gebäude- und Anlagenautomation
490	Sonstige Maßnahmen für technische Anlagen

Ranking der Kostengruppen der 3. Ebene an der Kostengruppe 400 nach DIN 276

KG	Kostengruppe (3. Ebene)	Kosten an KG 400 %	KG	Kostengruppe (3. Ebene)	Kosten an KG 400 %
421	Wärmeerzeugungsanlagen	21,8	445	Beleuchtungsanlagen	4,2
444	Niederspannungsinstallationsanlagen	21,0	411	Abwasseranlagen	1,8
423	Raumheizflächen	20,4	457	Datenübertragungsnetze	0,9
412	Wasseranlagen	14,4	446	Blitzschutz- und Erdungsanlagen	0,6
422	Wärmeverteilnetze	5,0	456	Gefahrenmelde- und Alarmanlagen	0,3
431	Lüftungsanlagen	4,9	452	Such- und Signalanlagen	0,2
429	Sonstiges zur KG 420	4,5			

© BKI Baukosteninformationszentrum Kostenstand: 4.Quartal 2021, Bundesdurchschnitt, inkl. 19% MwSt.

6100-1505
Einfamilienhaus
Effizienzhaus ~56%

Kostenkennwerte für die Kostengruppen der 1. Ebene DIN 276

KG	Kostengruppen (1. Ebene)	Einheit	Kosten €	€/Einheit	€/m² BGF	€/m³ BRI	% 300+400
100		m² GF	–	–	–	–	–
200	Vorbereitende Maßnahmen	m² GF	–	–	–	–	–
300	Bauwerk – Baukonstruktionen	m² BGF	401.862	1.704,54	1.704,54	587,59	78,5
400	Bauwerk – Technische Anlagen	m² BGF	110.359	468,10	468,10	161,36	21,5
	Bauwerk 300+400	**m² BGF**	**512.221**	**2.172,64**	**2.172,64**	**748,95**	**100,0**
500	Außenanlagen und Freiflächen	m² AF	28.652	–	121,53	41,89	5,6
600	Ausstattung und Kunstwerke	m² BGF	4.625	19,62	19,62	6,76	0,9
700	Baunebenkosten	m² BGF	–	–	–	–	–
800	Finanzierung	m² BGF	–	–	–	–	–

KG	Kostengruppe	Menge Einheit	Kosten €	€/Einheit	%
3+4	**Bauwerk**				**100,0**
300	**Bauwerk – Baukonstruktionen**	235,76 m² BGF	401.862	**1.704,54**	78,5

Streifenfundamente, Stb-Bodenplatte, Zementestrich, Bodenfliesen, Landhausdielen, Terrassendielen; Porenbeton-Mauerwerk, Holz-Alufenster, Haustüren, Silikonputz, Gipsputz, Malervlies, Beschichtungen, Sonnenschutz; KS-Mauerwerk, GK-Wände, Innentüren, Wandfliesen; Holzbalkendecke, BSH-Träger, Stb-Treppe, Holzlasur; Sparrendach, Dämmung, Dachflächenfenster, Ton-Dachziegel, Dachentwässerung, GK-Bekleidung; Einbauküche, Badschrank, Wintergarten

| 400 | **Bauwerk – Technische Anlagen** | 235,76 m² BGF | 110.359 | **468,10** | 21,5 |

Gebäudeentwässerung, Kalt- und Warmwasserleitungen, Sanitärobjekte; **Luft-Wasser-Wärmepumpe**, Wasserspeicher, Heizungsleitungen, Fußbodenheizung, Dämmung, Handtuchheizkörper, **Kaminofen**, Schornstein; **Einzelraumlüftungsgeräte**; Elektroinstallation, Smart-Home, LED-Einbauleuchten, Erdungsanlage; Klingelanlage, Rauchmelder, Datenverkabelung

| 500 | **Außenanlagen und Freiflächen** | – | 28.652 | – | 5,6 |

Rohrgrabenaushub; Holzterrasse; Kleinkläranlage, Regenwasserkanal

| 600 | **Ausstattung und Kunstwerke** | 235,76 m² BGF | 4.625 | **19,62** | 0,9 |

Duschabtrennungen ESG-Glas

Kostenkennwerte für die Kostengruppen 400 der 2. Ebene DIN 276

6100-1505
Einfamilienhaus
Effizienzhaus ~56%

KG	Kostengruppe	Menge Einheit	Kosten €	€/Einheit	%
400	**Bauwerk – Technische Anlagen**				100,0
410	Abwasser-, Wasser-, Gasanlagen	235,76 m² BGF	17.787	**75,45**	16,1

KG-Rohre DN100, Rohrdämmung (23m), HT-Rohre DN50-100 (36m) * Mehrschicht-Verbundrohre DN16-25, Rohrdämmung (100m), Waschtischanlagen, Unterschrank (2St), WCs (2St), Duschanlage mit Duschwanne (1St), mit Duschrinne (1St), Außenwandventile (2St)

420	**Wärmeversorgungsanlagen**	235,76 m² BGF	57.085	**242,13**	51,7

Luft-Wasser-Wärmepumpe 6,34kW, Zirkulationspumpe (1St), **Wärmepumpenspeicher** 300l (1St), Pufferspeicher 100l (1St) * Druckausdehnungsgefäß (1St), Mehrschicht-Verbundrohre DN20-25, Rohrdämmung (1St) * Fußbodenheizung, PE-Systemrohre, Wärme-/Trittschalldämmung, d=140mm (90m²), d=60mm (62m²), Heizkreisverteiler (2St), Stellantriebe (14St), Handtuchheizkörper (1St), **Kaminofen** (1St) * Schornstein, einzügig (1St)

430	**Raumlufttechnische Anlagen**	235,76 m² BGF	5.456	**23,14**	4,9

Einzelraumlüftungsgeräte (4St), Raumluftsteuerung (1St)

440	**Elektrische Anlagen**	235,76 m² BGF	28.502	**120,89**	25,8

Aus- und Wechselschaltungen (40St), Steckdosen (66St), Bodeneinbautank (1St), Bewegungsmelder (3St), Raumthermostate (9St), Jalousiesteuerungen (6St), Steuerung Smart Home (1St), Umweltsensor (1St), **Wärmepumpenschrank** (1St), Erdkabel, Mantelleitungen * LED-Einbaustrahler (23St), LED-Wandeinbauleuchten (11St) * Fundamenterder (43m), Potenzialausgleich (1St)

450	**Kommunikationstechnische Anlagen**	235,76 m² BGF	1.530	**6,49**	1,4

Klingelanlage (1St) * Rauchmelder (4St) * Netzwerkverteiler (1St), Netzwerkanschlüsse (5St), Datenverkabelung

Kostenkennwerte für die Kostengruppe 400 der 2. und 3. Ebene DIN 276 (Übersicht)

KG	Kostengruppe	Menge Einheit	Kosten €	€/Einheit	%
410	**Abwasser-, Wasser-, Gasanlagen**	**235,76 m² BGF**	**75,45**	**17.787,33**	**16,1**
411	Abwasseranlagen	235,76 m² BGF	8,21	1.935,26	1,8
412	Wasseranlagen	235,76 m² BGF	67,24	15.852,07	14,4
420	**Wärmeversorgungsanlagen**	**235,76 m² BGF**	**242,13**	**57.084,94**	**51,7**
421	Wärmeerzeugungsanlagen	235,76 m² BGF	101,98	24.043,73	21,8
422	Wärmeverteilnetze	235,76 m² BGF	23,56	5.553,39	5,0
423	Raumheizflächen	235,76 m² BGF	95,53	22.521,52	20,4
429	Sonstiges zur KG 420	235,76 m² BGF	21,07	4.966,30	4,5
430	**Raumlufttechnische Anlagen**	**235,76 m² BGF**	**23,14**	**5.455,68**	**4,9**
431	Lüftungsanlagen	235,76 m² BGF	23,14	5.455,68	4,9
440	**Elektrische Anlagen**	**235,76 m² BGF**	**120,89**	**28.501,56**	**25,8**
444	Niederspannungsinstallationsanlagen	235,76 m² BGF	98,34	23.185,46	21,0
445	Beleuchtungsanlagen	235,76 m² BGF	19,84	4.678,29	4,2
446	Blitzschutz- und Erdungsanlagen	235,76 m² BGF	2,71	637,81	0,6
450	**Kommunikationstechnische Anlagen**	**235,76 m² BGF**	**6,49**	**1.529,74**	**1,4**
452	Such- und Signalanlagen	235,76 m² BGF	0,96	227,13	0,2
456	Gefahrenmelde- und Alarmanlagen	235,76 m² BGF	1,26	296,87	0,3
457	Datenübertragungsnetze	235,76 m² BGF	4,27	1.005,75	0,9

Kostenkennwerte für Leistungsbereiche nach STLB (Kosten KG 400 nach DIN 276)

6100-1505
Einfamilienhaus
Effizienzhaus ~56%

LB	Leistungsbereiche	Kosten €	€/m² BGF	€/m³ BRI	% an 400
040	Wärmeversorgungsanlagen - Betriebseinrichtungen	24.044	102,00	35,20	21,8
041	Wärmeversorgungsanlagen - Leitungen, Armaturen, Heizflächen	28.169	119,50	41,20	25,5
042	Gas- und Wasseranlagen - Leitungen, Armaturen	4.695	19,90	6,90	4,3
043	Druckrohrleitungen für Gas, Wasser und Abwasser	–	–	–	–
044	Abwasseranlagen - Leitungen, Abläufe, Armaturen	1.452	6,20	2,10	1,3
045	Gas-, Wasser- und Entwässerungsanlagen - Ausstattung, Elemente, Fertigbäder	10.455	44,30	15,30	9,5
046	Gas-, Wasser- und Entwässerungsanlagen - Betriebseinrichtungen	–	–	–	–
047	Dämm- und Brandschutzarbeiten an technischen Anlagen	883	3,70	1,30	0,8
049	Feuerlöschanlagen, Feuerlöschgeräte	–	–	–	–
050	Blitzschutz- / Erdungsanlagen, Überspannungsschutz	638	2,70	0,93	0,6
051	Kabelleitungstiefbauarbeiten	–	–	–	–
052	Mittelspannungsanlagen	–	–	–	–
053	Niederspannungsanlagen - Kabel/Leitungen, Verlegesysteme, Installationsgeräte	23.185	98,30	33,90	21,0
054	Niederspannungsanlagen - Verteilersysteme und Einbaugeräte	–	–	–	–
055	Sicherheits- und Ersatzstromversorgungsanlagen	–	–	–	–
057	Gebäudesystemtechnik	–	–	–	–
058	Leuchten und Lampen	4.678	19,80	6,80	4,2
059	Sicherheitsbeleuchtungsanlagen	–	–	–	–
060	Sprech-, Ruf-, Antennenempfangs-, Uhren- und elektroakustische Anlagen	227	0,96	0,33	0,2
061	Kommunikations- und Übertragungsnetze	1.006	4,30	1,50	0,9
062	Kommunikationsanlagen	–	–	–	–
063	Gefahrenmeldeanlagen	297	1,30	0,43	0,3
064	Zutrittskontroll-, Zeiterfassungssysteme	–	–	–	–
069	Aufzüge	–	–	–	–
070	Gebäudeautomation	–	–	–	–
075	Raumlufttechnische Anlagen	5.456	23,10	8,00	4,9
078	Kälteanlagen für raumlufttechnische Anlagen	–	–	–	–
	Gebäudetechnik	105.185	446,20	153,80	95,3
	Sonstige Leistungsbereiche	5.174	21,90	7,60	4,7

© BKI Baukosteninformationszentrum Kostenstand: 4.Quartal 2021, Bundesdurchschnitt, inkl. 19% MwSt.

6200-0077
Jugendwohngruppe
(10 Betten)

Objektübersicht

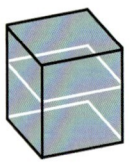 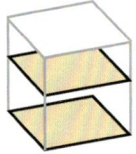 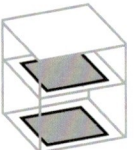

BRI 573 €/m³   BGF 2.109 €/m²   NUF 3.351 €/m²

Objekt:
Kennwerte: 3. Ebene DIN 276
BRI: 1.804 m³
BGF: 490 m²
NUF: 309 m²
Bauzeit: 34 Wochen
Bauende: 2015
Standard: Durchschnitt
Bundesland: Niedersachsen
Kreis: Goslar

Architekt*in:
BRATHUHN + KÖNIG
Architektur- und
Ingenieur-PartGmbB
Zum Ackerberg 25
38126 Braunschweig

Bauherr*in:
Stephansstift
Kirchröder Straße 44
30625 Hannover

© BKI Baukosteninformationszentrum

Kostenstand: 4.Quartal 2021, Bundesdurchschnitt, inkl. 19% MwSt.

Zeichnungen

6200-0077
Jugendwohngruppe
(10 Betten)

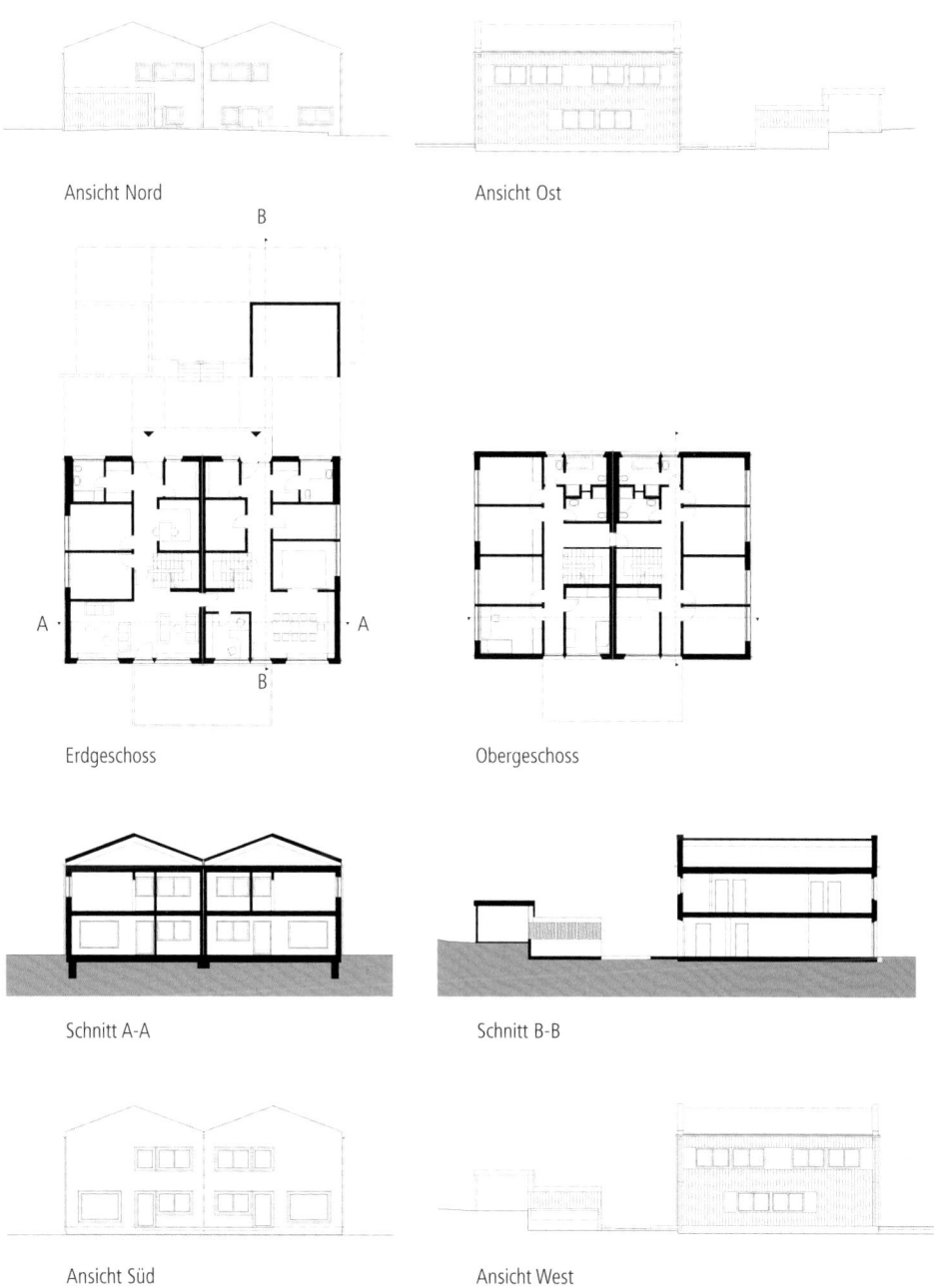

6200-0077 Jugendwohngruppe (10 Betten)

Objektbeschreibung

Allgemeine Objektinformationen

Das zweigeschossige Wohngebäude für die Jugendhilfe entstand als Ersatzbau für einen Vorgängerbau. In beiden Geschossen bestehen direkte Verbindungen zwischen den Gebäudehälften. Die offenen Gemeinschaftsräume, wie Küche, Ess- und Aufenthaltsbereiche im Erdgeschoss und die Wohnräume und Bäder für die Jugendlichen im Obergeschoss, bieten eine optimale Nutzung für Jugendwohngruppen. An das Gebäude mit Satteldach schließen ein Carport und ein Außenabstellraum für Fahrräder an.

Nutzung

1 Erdgeschoss
Wohnraum, Esszimmer, Küchen (2St), Vorrat, Schlafräume (2St), Bäder (2St), Flure (2St), Dienstzimmer, Heizräume (2St), Hauswirtschaftsraum

1 Obergeschoss
Schlafräume (8St), Gruppenraum, Nachtzimmer, Flure (2St), Bäder (4St)

Besonderer Kosteneinfluss Nutzung:
Gestaltungssatzung der Stadt Goslar fordert geneigte Dächer

Nutzeinheiten

Betten: 10
Wohnfläche: 379m²

Grundstück

Bauraum: Freier Bauraum
Neigung: Hanglage
Bodenklasse: BK 3 bis BK 5

Markt

Hauptvergabezeit: 1.Quartal 2015
Baubeginn: 2.Quartal 2015
Bauende: 4.Quartal 2015
Konjunkturelle Gesamtlage: Durchschnitt
Regionaler Baumarkt: unter Durchschnitt

Baukonstruktion

Das neue Gebäude wurde in Massivbauweise mit Kalksandsteinen ausgeführt. Das Obergeschoss erhielt aus Brandschutzgründen eine Stahlbetondecke. Das geneigte Dach entstand aus Gründen der vorgeschriebenen örtlichen Gestaltungssatzung und ist nicht zugänglich. Die Giebelseiten sind mit einer hochwertigen Schieferfassade gestaltet. Die beiden Längsseiten wurden dagegen mit einer unbehandelten Holzfassade bekleidet. Roh belassene Fertigteilbetontreppen verbinden die beiden Geschosse. Weiter kamen Elementdecken in Sichtbetonqualität zur Ausführung. Die Fußböden in den Wohnräumen wurden mit Linoleum belegt.

Technische Anlagen

Der Neubau ist mit einer Fußbodenheizung ausgestattet. Jede Wohnhaushälfte besitzt eine eigene Gasbrennwerttherme. Auf dem Dach wurde für die Beheizung des Warmwassers jeweils eine **Solaranlage** mit **Röhrenkollektoren** installiert. Es kam eine **Blitzschutzanlage** zur Ausführung.

Sonstiges

Um eine spätere Nutzungsänderung in zwei Doppelhaushälften zu ermöglichen, wurden bereits beim Neubau zwei Treppenhäuser, separate Haustechnik, sowie ein erhöhter Schallschutz für die Gebäudetrennwand eingebaut.

Planungskennwerte für Flächen und Rauminhalte nach DIN 277

6200-0077
Jugendwohngruppe
(10 Betten)

Flächen des Grundstücks		Menge, Einheit	% an GF
BF	Bebaute Fläche	295,26 m²	8,2
UF	Unbebaute Fläche	3.302,29 m²	91,8
GF	Grundstücksfläche	3.597,55 m²	100,0

Grundflächen des Bauwerks		Menge, Einheit	% an NUF	% an BGF
NUF	Nutzungsfläche	308,57 m²	100,0	62,9
TF	Technikfläche	10,17 m²	3,3	2,1
VF	Verkehrsfläche	60,41 m²	19,6	12,3
NRF	Netto-Raumfläche	379,15 m²	122,9	77,3
KGF	Konstruktions-Grundfläche	111,17 m²	36,0	22,7
BGF	Brutto-Grundfläche	490,32 m²	158,9	100,0

NUF=100% | BGF=158,9%
NRF=122,9%

NUF ■ TF ■ VF ■ KGF

Brutto-Rauminhalt des Bauwerks		Menge, Einheit	BRI/NUF (m)	BRI/BGF (m)
BRI	Brutto-Rauminhalt	1.804,36 m³	5,85	3,68

BRI/NUF=5,85m
BRI/BGF=3,68m

0 1 2 3 4 5 6

Prozentualer Anteil der Kostengruppen der 2. Ebene an der Kostengruppe 400 nach DIN 276

KG	Kostengruppen (2. Ebene)	20%	40%	60%
410	Abwasser-, Wasser-, Gasanlagen			
420	Wärmeversorgungsanlagen			
430	Raumlufttechnische Anlagen			
440	Elektrische Anlagen			
450	Kommunikationstechnische Anlagen			
460	Förderanlagen			
470	Nutzungsspez. und verfahrenstech. Anlagen			
480	Gebäude- und Anlagenautomation			
490	Sonstige Maßnahmen für technische Anlagen			

Ranking der Kostengruppen der 3. Ebene an der Kostengruppe 400 nach DIN 276

KG	Kostengruppe (3. Ebene)	Kosten an KG 400 %	KG	Kostengruppe (3. Ebene)	Kosten an KG 400 %
421	Wärmeerzeugungsanlagen	16,6	446	Blitzschutz- und Erdungsanlagen	6,2
412	Wasseranlagen	16,3	419	Sonstiges zur KG 410	4,4
444	Niederspannungsinstallationsanlagen	16,1	429	Sonstiges zur KG 420	2,5
431	Lüftungsanlagen	11,8	445	Beleuchtungsanlagen	1,1
423	Raumheizflächen	8,0	413	Gasanlagen	0,8
411	Abwasseranlagen	7,6	456	Gefahrenmelde- und Alarmanlagen	0,7
422	Wärmeverteilnetze	7,4	455	Audiovisuelle Medien- und Antennenanlagen	0,5

© BKI Baukosteninformationszentrum   Kostenstand: 4.Quartal 2021, Bundesdurchschnitt, **inkl.** 19% MwSt.

6200-0077
Jugendwohngruppe
(10 Betten)

Kostenkennwerte für die Kostengruppen der 1. Ebene DIN 276

KG	Kostengruppen (1. Ebene)	Einheit	Kosten €	€/Einheit	€/m² BGF	€/m³ BRI	% 300+400
100		m² GF	–	–	–	–	–
200	Vorbereitende Maßnahmen	m² GF	2.693	0,75	5,49	1,49	0,3
300	Bauwerk – Baukonstruktionen	m² BGF	794.597	1.620,57	1.620,57	440,38	76,9
400	Bauwerk – Technische Anlagen	m² BGF	239.322	488,09	488,09	132,64	23,1
	Bauwerk 300+400	**m² BGF**	**1.033.919**	**2.108,66**	**2.108,66**	**573,01**	**100,0**
500	Außenanlagen und Freiflächen	m² AF	103.346	470,40	210,77	57,28	10,0
600	Ausstattung und Kunstwerke	m² BGF	–	–	–	–	–
700	Baunebenkosten	m² BGF	–	–	–	–	–
800	Finanzierung	m² BGF	–	–	–	–	–

KG	Kostengruppe	Menge Einheit	Kosten €	€/Einheit	%
200	Vorbereitende Maßnahmen	3.597,55 m² GF	2.693	**0,75**	0,3

Oberboden abtragen, verdichten von vorhandener Baugrube, Abräumen von Sträuchern und niederem Bewuchs, Bepflanzung roden, Entsorgung Bauschutt

3+4	Bauwerk				100,0
300	Bauwerk – Baukonstruktionen	490,32 m² BGF	794.597	**1.620,57**	76,9

Auffüllung Baugrube Abbruchhaus, Stb-Streifenfundamente, Stb-Bodenplatte, Bitumenabdichtung, Dämmung, Zement-Heizestrich, Linoleum, Bodenfliesen; KS-Mauerwerk, Holzrahmenwände; Kunststofffenster, Hauseingangstüren, Schieferbekleidung, Holzschalung, Putz, Wandfliesen; Stb-Wände, GK-Wände, Beschichtung; Holztüren, Holz-Glas-Türelement; Stb-Elementdecken, Stb-Treppenläufe, Sichtbetondecken; Stb-Flachdach unter Sparrendachkonstruktion, Ziegeldeckung, Kunststoffdach-Abdichtung, Dachentwässerung; Baustelleneinrichtung

400	Bauwerk – Technische Anlagen	490,32 m² BGF	239.322	**488,09**	23,1

Gebäudeentwässerung, Kalt- und Warmwasserleitungen, Sanitärobjekte; Gasbrennwertthermen, **Solaranlagen**, Heizungsrohre, Fußbodenheizung; dezentrale **Lüftungsgeräte**; Elektroinstallation, LED-Beleuchtung, **Blitzschutzanlage**; Antennenanlagen, Rauchmelder

500	Außenanlagen und Freiflächen	219,70 m² AF	103.346	**470,40**	10,0

Bodenarbeiten; Stb-Fundamente; Fahrrad-Abstellraum, Carport; Gebäudeentwässerung, Erdkabel

Kostenkennwerte für die Kostengruppen 400 der 2. Ebene DIN 276

KG	Kostengruppe	Menge Einheit	Kosten €	€/Einheit	%
400	**Bauwerk – Technische Anlagen**				**100,0**
410	**Abwasser-, Wasser-, Gasanlagen**	490,32 m² BGF	69.793	**142,34**	29,2

KG-Rohre DN100-125 (181m), HT-Rohre DN40-100 (61m), Abwasserschläuche DN50-100 (45m) * Hauswasserstationen (2St), Kupferrohre DN15-28 (420m), Wasserzähler (2St), Tiefspül-WCs (6St), Waschtische (6St), Badewannen (2St), Duschwannen (2St), Ausgussbecken (1St), Spültisch (1St) * Anschlüsse Hauptzähler (2St), Kupferrohre DN22 (20m), Gasströmungswächter (2St), Gaszähler-Kugelhähne (2St) * Montageelemente (16St)

KG	Kostengruppe	Menge Einheit	Kosten €	€/Einheit	%
420	**Wärmeversorgungsanlagen**	490,32 m² BGF	82.518	**168,29**	34,5

Gas-Brennwertgerät 3-15kW (2St), Solarspeicher 316l (2St), Membran-Druckausdehnungsgefäße (2St), Einstrang-Solarstationen, **Solarkollektoren**, Solarpumpen, Verrohrungen (2St) * Kupferrohre DN15-22 (210m), Heizkreisverteiler, Kugelventile (4St), Stellantriebe, elektrisch (38St) * Fußbodenheizung, Mehrschichtverbundrohre (3.000m), Anschlüsse Handtuchwärmekörper (6St) * **Abgasanlagen** DN80/125, Abgasverlängerungen (8m)

KG	Kostengruppe	Menge Einheit	Kosten €	€/Einheit	%
430	**Raumlufttechnische Anlagen**	490,32 m² BGF	28.326	**57,77**	11,8

Lüftungsgeräte, 30-60m³/h (7St), Außenwandventile (14St), Montagerohre DN160 (14m), Wickelfalzrohre DN100 (73m), Alu-Flexrohre DN80 (5m), Dachhauben (5St)

KG	Kostengruppe	Menge Einheit	Kosten €	€/Einheit	%
440	**Elektrische Anlagen**	490,32 m² BGF	55.892	**113,99**	23,4

Zählerschränke (2St), LS-Schalter (66St), NH-Sicherungen (6St), FI-Schutzschalter (6St), Treppenlichtschalter (4St), Mantelleitungen NYY (1.755m), Kunststoffleitungen (410m), Schalter, Taster (230St), Steckdosen (128St), Raumtemperaturregler (34St) * Deckenleuchten (8St), Einbau-Downlights (4St), Hinweisleuchten (4St) * Fundamenterder (82m), Ableitungen (214m), Fangstangen (10St)

KG	Kostengruppe	Menge Einheit	Kosten €	€/Einheit	%
450	**Kommunikationstechnische Anlagen**	490,32 m² BGF	2.793	**5,70**	1,2

Hochfrequenzkabel (100m), Antennenanschlussdosen (4St), Anschlussverstärker (2St) * Rauchmelder (24St)

6200-0077
Jugendwohngruppe
(10 Betten)

Kostenkennwerte für die Kostengruppe 400 der 2. und 3. Ebene DIN 276 (Übersicht)

KG	Kostengruppe	Menge Einheit	Kosten €	€/Einheit	%
410	**Abwasser-, Wasser-, Gasanlagen**	**490,32 m² BGF**	**142,34**	**69.793,24**	**29,2**
411	Abwasseranlagen	490,32 m² BGF	37,06	18.170,31	7,6
412	Wasseranlagen	490,32 m² BGF	79,65	39.055,08	16,3
413	Gasanlagen	490,32 m² BGF	4,05	1.983,70	0,8
419	Sonstiges zur KG 410	490,32 m² BGF	21,59	10.584,15	4,4
420	**Wärmeversorgungsanlagen**	**490,32 m² BGF**	**168,29**	**82.518,09**	**34,5**
421	Wärmeerzeugungsanlagen	490,32 m² BGF	80,85	39.643,49	16,6
422	Wärmeverteilnetze	490,32 m² BGF	35,95	17.626,15	7,4
423	Raumheizflächen	490,32 m² BGF	39,08	19.159,50	8,0
429	Sonstiges zur KG 420	490,32 m² BGF	12,42	6.088,96	2,5
430	**Raumlufttechnische Anlagen**	**490,32 m² BGF**	**57,77**	**28.325,84**	**11,8**
431	Lüftungsanlagen	490,32 m² BGF	57,77	28.325,84	11,8
440	**Elektrische Anlagen**	**490,32 m² BGF**	**113,99**	**55.892,37**	**23,4**
444	Niederspannungsinstallationsanlagen	490,32 m² BGF	78,44	38.459,73	16,1
445	Beleuchtungsanlagen	490,32 m² BGF	5,50	2.695,56	1,1
446	Blitzschutz- und Erdungsanlagen	490,32 m² BGF	30,06	14.737,10	6,2
450	**Kommunikationstechnische Anlagen**	**490,32 m² BGF**	**5,70**	**2.792,63**	**1,2**
455	Audiovisuelle Medien- u. Antennenanl.	490,32 m² BGF	2,27	1.112,72	0,5
456	Gefahrenmelde- und Alarmanlagen	490,32 m² BGF	3,43	1.679,90	0,7

Kostenkennwerte für Leistungsbereiche nach STLB (Kosten KG 400 nach DIN 276)

6200-0077 Jugendwohngruppe (10 Betten)

LB	Leistungsbereiche	Kosten €	€/m² BGF	€/m³ BRI	% an 400
040	Wärmeversorgungsanlagen - Betriebseinrichtungen	43.583	88,90	24,20	18,2
041	Wärmeversorgungsanlagen - Leitungen, Armaturen, Heizflächen	30.782	62,80	17,10	12,9
042	Gas- und Wasseranlagen - Leitungen, Armaturen	33.277	67,90	18,40	13,9
043	Druckrohrleitungen für Gas, Wasser und Abwasser	–	–	–	–
044	Abwasseranlagen - Leitungen, Abläufe, Armaturen	11.990	24,50	6,60	5,0
045	Gas-, Wasser- und Entwässerungsanlagen - Ausstattung, Elemente, Fertigbäder	14.374	29,30	8,00	6,0
046	Gas-, Wasser- und Entwässerungsanlagen - Betriebseinrichtungen	–	–	–	–
047	Dämm- und Brandschutzarbeiten an technischen Anlagen	10.602	21,60	5,90	4,4
049	Feuerlöschanlagen, Feuerlöschgeräte	–	–	–	–
050	Blitzschutz- / Erdungsanlagen, Überspannungsschutz	14.385	29,30	8,00	6,0
051	Kabelleitungstiefbauarbeiten	–	–	–	–
052	Mittelspannungsanlagen	–	–	–	–
053	Niederspannungsanlagen - Kabel/Leitungen, Verlegesysteme, Installationsgeräte	36.538	74,50	20,20	15,3
054	Niederspannungsanlagen - Verteilersysteme und Einbaugeräte	2.275	4,60	1,30	1,0
055	Sicherheits- und Ersatzstromversorgungsanlagen	–	–	–	–
057	Gebäudesystemtechnik	–	–	–	–
058	Leuchten und Lampen	516	1,10	0,29	0,2
059	Sicherheitsbeleuchtungsanlagen	2.180	4,40	1,20	0,9
060	Sprech-, Ruf-, Antennenempfangs-, Uhren- und elektroakustische Anlagen	760	1,60	0,42	0,3
061	Kommunikations- und Übertragungsnetze	–	–	–	–
062	Kommunikationsanlagen	–	–	–	–
063	Gefahrenmeldeanlagen	1.680	3,40	0,93	0,7
064	Zutrittskontroll-, Zeiterfassungssysteme	–	–	–	–
069	Aufzüge	–	–	–	–
070	Gebäudeautomation	–	–	–	–
075	Raumlufttechnische Anlagen	27.247	55,60	15,10	11,4
078	Kälteanlagen für raumlufttechnische Anlagen	–	–	–	–
	Gebäudetechnik	**230.188**	**469,50**	**127,60**	**96,2**
	Sonstige Leistungsbereiche	**9.134**	**18,60**	**5,10**	**3,8**

© BKI Baukosteninformationszentrum Kostenstand: 4.Quartal 2021, Bundesdurchschnitt, **inkl. 19% MwSt.**

6400-0100
Ev. Pfarrhaus
Kindergarten
EnerPHit Passivhaus

Objektübersicht

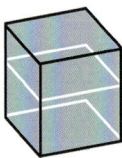 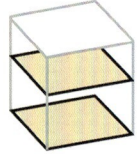 

Umbau

BRI 321 €/m³ **BGF** 814 €/m² **NUF** 1.260 €/m²

Objekt:
Kennwerte: 3. Ebene DIN 276
BRI: 1.408 m³
BGF: 555 m²
NUF: 358 m²
Bauzeit: 26 Wochen
Bauende: 2014
Standard: Durchschnitt
Bundesland: Nordrhein-Westfalen
Kreis: Heinsberg

Architekt*in:
Rongen Architekten
PartG mbB
Propsteigasse 2
41849 Wassenberg

Zeichnungen

6400-0100
Ev. Pfarrhaus
Kindergarten
EnerPHit Passivhaus

Umbau

Ansicht Nord-West

Ansicht Süd-West

Untergeschoss

Erdgeschoss

Obergeschoss

Schnitt

Ansicht Süd-Ost

6400-0100
Ev. Pfarrhaus Kindergarten
EnerPHit Passivhaus

Umbau

Objektbeschreibung

Allgemeine Objektinformationen

Das Pfarrhaus der evangelischen Kirchengemeinde wurde in den 50er Jahren in der typisch niederrheinischen Ziegelbauweise als ein zweigeschossiges, unterkellertes Gebäude errichtet. Zusammen mit dem Kirchengebäude bildet es ein Stadtbild prägendes Ensemble, dessen gestalterische Qualität bei der Sanierung zu erhalten war. Der vorhandene Anbau des Pfarrhauses wurde abgerissen und durch einen größeren Neubau nach Kriterien des **Passivhausstandards** ersetzt. Im Obergeschoss befinden sich zwei Kindergartengruppen.

Nutzung

1 Untergeschoss
Probenraum, Werkstatt, Lager (2St), Heizraum, Diele

1 Erdgeschoss
Mehrzweckraum, Amtszimmer (2St), Küche, Wartebereich, Gemeindebüro, WC, Diele, Abstellraum

1 Obergeschoss
Kindergarten: Bewegungsraum, Personalraum, Bäder (2St), Gruppenräume (2St), Flur mit Wartebereich, Abstellraum, Dachterrasse

1 Dachgeschoss
Speicher, Lüftungstechnik

Nutzeinheiten

Arbeitsplätze: 3
Gruppen: 2
Kinder: 24

Grundstück

Bauraum: Freier Bauraum
Neigung: Ebenes Gelände
Bodenklasse: BK 1 bis BK 4

Markt

Hauptvergabezeit: 2.Quartal 2014
Baubeginn: 2.Quartal 2014
Bauende: 4.Quartal 2014
Konjunkturelle Gesamtlage: Durchschnitt
Regionaler Baumarkt: Durchschnitt

Besonderer Kosteneinfluss Markt:
Beschränkte Ausschreibung

Baubestand

Baujahr: 1956
Bauzustand: gut
Aufwand: hoch
Grundrissänderungen: wenige
Tragwerkseingriffe: wenige
Nutzung während der Bauzeit: nein

Baukonstruktion

Beim Bestand handelt es sich um ein Backsteinhaus mit steilem Satteldach. An den Außenwänden wurde innenseitig eine wärmegedämmte Gipskartonbekleidung mit Metallständerwerk vorgesetzt. Die Fenster wurden gegen dreifachverglaste Holz-Alufenster ausgetauscht. Trotz niedriger Raumhöhe erhielt die Kellerdecke unterseitig eine Dämmung. Zusätzlich zur neuen Zwischensparrendämmung wurde eine Aufsparrendämmung ausgeführt. Das gesamte Dach bekam eine neue Ziegeldeckung. Fundament, Bodenplatte und Flachdach des Anbaus sind aus Stahlbeton hergestellt, die tragenden Wände aus Kalksandsteinmauerwerk. Gedämmtes und hinterlüftetes Verblendmauerwerk bekleidet die Fassade. Die Bodenplatte ist von oben gedämmt und mit Fertigparkett belegt. Das Flachdach bietet eine Außenterrasse für die beiden Kindergartengruppen.

Technische Anlagen

Das Pfarrhaus wird über Gas beheizt. Der Kessel wurde erst jüngst ausgetauscht, die Heizkörper wurden erneuert. Die **Lüftungsanlage** mit 75% **Wärmerückgewinnung** befindet sich auf dem Dachboden, sie versorgt alle Räume des Hauses. Zusätzlich zur Elektroinstallation wurden Beleuchtung, **Blitzschutz**, Türsprech- und EDV-Anlage montiert.
Be- und Entlüftete Fläche: 225,75m²

Sonstiges

In Zusammenarbeit mit dem **Passivhausinstitut** in Darmstadt wurden Kriterien für den EnerPHit-Standard (**Passivhausstandard** für Altbauten) für die Sanierung von Altbauten mit Innendämmung festgelegt. Die Sanierung des Ensembles der evangelischen Kirchengemeinde in Heinsberg gilt als Pilotprojekt für diesen Standard.

6400-0100
Ev. Pfarrhaus
Kindergarten
EnerPHit Passivhaus

Umbau

Planungskennwerte für Flächen und Rauminhalte nach DIN 277

Flächen des Grundstücks		Menge, Einheit	% an GF
BF	Bebaute Fläche	189,63 m²	7,6
UF	Unbebaute Fläche	2.307,53 m²	92,4
GF	Grundstücksfläche	2.497,16 m²	100,0

Grundflächen des Bauwerks		Menge, Einheit	% an NUF	% an BGF
NUF	Nutzungsfläche	358,21 m²	100,0	64,6
TF	Technikfläche	9,01 m²	2,5	1,6
VF	Verkehrsfläche	62,59 m²	17,5	11,3
NRF	Netto-Raumfläche	429,81 m²	120,0	77,5
KGF	Konstruktions-Grundfläche	124,89 m²	34,9	22,5
BGF	Brutto-Grundfläche	554,70 m²	154,9	100,0

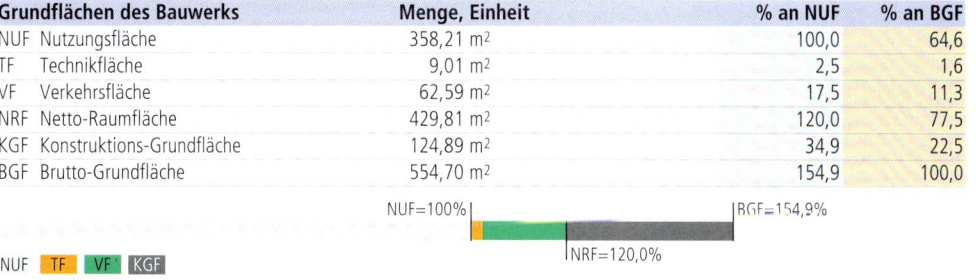

Brutto-Rauminhalt des Bauwerks		Menge, Einheit	BRI/NUF (m)	BRI/BGF (m)
BRI	Brutto-Rauminhalt	1.407,68 m³	3,93	2,54

Prozentualer Anteil der Kostengruppen der 2. Ebene an der Kostengruppe 400 nach DIN 276

KG	Kostengruppen (2. Ebene)
410	Abwasser-, Wasser-, Gasanlagen
420	Wärmeversorgungsanlagen
430	Raumlufttechnische Anlagen
440	Elektrische Anlagen
450	Kommunikationstechnische Anlagen
460	Förderanlagen
470	Nutzungsspez. und verfahrenstech. Anlagen
480	Gebäude- und Anlagenautomation
490	Sonstige Maßnahmen für technische Anlagen

Ranking der Kostengruppen der 3. Ebene an der Kostengruppe 400 nach DIN 276

KG	Kostengruppe (3. Ebene)	Kosten an KG 400 %	KG	Kostengruppe (3. Ebene)	Kosten an KG 400 %
431	Lüftungsanlagen	35,9	452	Such- und Signalanlagen	3,8
444	Niederspannungsinstallationsanlagen	23,7	456	Gefahrenmelde- und Alarmanlagen	1,3
445	Beleuchtungsanlagen	11,8	429	Sonstiges zur KG 420	0,8
457	Datenübertragungsnetze	6,8	411	Abwasseranlagen	0,7
423	Raumheizflächen	5,6	419	Sonstiges zur KG 410	0,5
412	Wasseranlagen	4,8	446	Blitzschutz- und Erdungsanlagen	0,2
422	Wärmeverteilnetze	4,2			

© BKI Baukosteninformationszentrum   Kostenstand: 4.Quartal 2021, Bundesdurchschnitt, inkl. 19% MwSt.

6400-0100
Ev. Pfarrhaus
Kindergarten
EnerPHit Passivhaus

Umbau

Kostenkennwerte für die Kostengruppen der 1. Ebene DIN 276

KG	Kostengruppen (1. Ebene)	Einheit	Kosten €	€/Einheit	€/m² BGF	€/m³ BRI	% 300+400
100		m² GF	–	–	–	–	–
200	Vorbereitende Maßnahmen	m² GF	3.645	1,46	6,57	2,59	0,8
300	Bauwerk – Baukonstruktionen	m² BGF	348.951	629,08	629,08	247,89	77,3
400	Bauwerk – Technische Anlagen	m² BGF	102.506	184,80	184,80	72,82	22,7
	Bauwerk 300+400	**m² BGF**	**451.457**	**813,88**	**813,88**	**320,71**	**100,0**
500	Außenanlagen und Freiflächen	m² AF	2.265	–	4,08	1,61	0,5
600	Ausstattung und Kunstwerke	m² BGF	806	1,45	1,45	0,57	0,2
700	Baunebenkosten	m² BGF	–	–	–	–	–
800	Finanzierung	m² BGF	–	–	–	–	–

KG	Kostengruppe	Menge Einheit	Kosten €	€/Einheit	%
200	**Vorbereitende Maßnahmen**	2.497,16 m² GF	3.645	**1,46**	0,8

- Abbrechen (Kosten: 100,0%) 3.645
  Abbruch von Unterbau, Roden von Bewuchs, Oberboden inkl. Grasnarbe abtragen; Entsorgung, Deponiegebühren

3+4	**Bauwerk**				**100,0**
300	Bauwerk – Baukonstruktionen	554,70 m² BGF	348.951	629,08	77,3

- Abbrechen (Kosten: 9,7%) 33.780
  Abbruch von Stb-Fundamenten, Stb-Bodenplatte; Holzfenster, Holztüren, Holzfensterläden, Rollläden; Drempelwänden; Bodenbelägen, Estrich, Putz, Dachgauben, Mineralwolldämmung, Ziegeldeckung, HWL-Dämmung; Wintergartenanbau; Entsorgung, Deponiegebühren

- Wiederherstellen (Kosten: 2,8%) 9.618
  Firstpfosten austauschen; Dielen lösen, wieder einpassen, Parkett aufarbeiten

- Herstellen (Kosten: 87,6%) 305.553
  Stb-Fundamente, Stb-Bodenplatte, Abdichtung, Estrich, Parkett; KS-Mauerwerk, Holz-Attika, Holz-Alufenster, Verblendmauerwerk, GK-Bekleidung, Dämmung, Tapete, Beschichtung, Putz, Stahlgeländer, Rampe; GK-Drempelwände, Holztüren, Wandfliesen; Zwischensparrendämmung, Einschubtreppe, Holzsockel, Hartschaumdämmung, GK-Deckenbekleidung; Schleppdachgauben, Stb-Flachdach, Dachflächenfenster, Aufdachdämmung, Gefälledämmung, Dachentwässerung, Kies, Betonplatten, Untersparrendämmung

| 400 | **Bauwerk – Technische Anlagen** | 554,70 m² BGF | 102.506 | **184,80** | 22,7 |

- Abbrechen (Kosten: 0,4%) 409
  Abbruch von Netzwerkkomponenten (psch); Entsorgung, Deponiegebühren

- Herstellen (Kosten: 99,6%) 102.097
  Gebäudeentwässerung, Kalt- und Warmwasserleitungen, Sanitärobjekte; Heizungsrohre, Heizkörper, Schornsteinbekleidung; **Lüftungsanlage**; Elektroinstallation, Beleuchtung, **Blitzschutz**; Türsprechanlagen, EDV-Anlage

KG	Kostengruppe	Menge Einheit	Kosten €	€/Einheit	%
500	**Außenanlagen und Freiflächen**	–	2.265	–	0,5
	• Abbrechen (Kosten: 100,0%)		2.265		
	Abbruch Grenzmauer; Entsorgung, Deponiegebühren				
600	**Ausstattung und Kunstwerke**	554,70 m² BGF	806	**1,45**	0,2
	• Herstellen (Kosten: 100,0%)		806		
	Sanitäraustattung				

6400-0100
Ev. Pfarrhaus
Kindergarten
EnerPHit Passivhaus

Umbau

6400-0100
Ev. Pfarrhaus
Kindergarten
EnerPHit Passivhaus

Umbau

Kostenkennwerte für die Kostengruppen 400 der 2. Ebene DIN 276

KG	Kostengruppe	Menge Einheit	Kosten €	€/Einheit	%
400	**Bauwerk – Technische Anlagen**				100,0
410	**Abwasser-, Wasser-, Gasanlagen**	554,70 m² BGF	6.140	**11,07**	6,0

- Herstellen (Kosten: 100,0%) — 554,70 m² BGF — 6.140 — **11,07**
  PP-Rohre DN40-100 (19m) * Mehrschichtverbundrohre DN16-25 (22m), Tiefspül-WC (1St),
  Waschbecken (1St) * Montageelemente (2St)

420	**Wärmeversorgungsanlagen**	554,70 m² BGF	10.840	**19,54**	10,6

- Herstellen (Kosten: 100,0%) — 554,70 m² BGF — 10.840 — **19,54**
  Stahlrohre DN15-22 (33m) * Flachheizkörper (7St) * Schornsteinbekleidung, Zink (1St)

430	**Raumlufttechnische Anlagen**	554,70 m² BGF	36.767	**66,28**	35,9

- Herstellen (Kosten: 100,0%) — 554,70 m² BGF — 36.767 — **66,28**
  Zentrale **Lüftungsgeräte** 150-620m³/h mit **Wärmerückgewinnung** (2St), Wickelfalzrohre
  (123m), Ab- und Zuluftventile (14St), Schalldämpfer (13St)

440	**Elektrische Anlagen**	554,70 m² BGF	36.594	**65,97**	35,7

- Herstellen (Kosten: 100,0%) — 554,70 m² BGF — 36.594 — **65,97**
  Verteilerschränke (2St), Mantelleitungen (1.648m), Kabel (148m), Schalter/Taster (32St), Steckdosen
  (88St), CEE-Steckdosen (2St), Präsenzmelder (5St) * LED-Flachstrahler (48St), LED-Downlights (2St),
  Spiegelleuchten (3St), Wandleuchten (7St), Kellerlampen (2St) * Potenzialausgleichsschienen (2St),
  Potenzialausgleichsleitungen (36m)

450	**Kommunikationstechnische Anlagen**	554,70 m² BGF	12.166	**21,93**	11,9

- Abbrechen (Kosten: 3,4%) — 554,70 m² BGF — 409 — **0,74**
  Abbruch von Netzwerkkomponenten (psch); Entsorgung, Deponiegebühren

- Herstellen (Kosten: 96,6%) — 554,70 m² BGF — 11.757 — **21,20**
  Türsprechanlagen, eine Gegensprechstelle (2St) * Kanalrauchmelder (2St) * Datenkabel (720m),
  Datenanschlussdosen (14St), Verteiler (6St), Informationsmodul (1St)

Kostenkennwerte für die Kostengruppe 400 der 2. und 3. Ebene DIN 276 (Übersicht)

6400-0100
Ev. Pfarrhaus
Kindergarten
EnerPHit Passivhaus

Umbau

KG	Kostengruppe	Menge Einheit	Kosten €	€/Einheit	%
410	**Abwasser-, Wasser-, Gasanlagen**	**554,70 m² BGF**	**11,07**	**6.139,68**	**6,0**
411	Abwasseranlagen	554,70 m² BGF	1,22	677,00	0,7
412	Wasseranlagen	554,70 m² BGF	8,88	4.928,26	4,8
419	Sonstiges zur KG 410	554,70 m² BGF	0,96	534,39	0,5
420	**Wärmeversorgungsanlagen**	**554,70 m² BGF**	**19,54**	**10.839,68**	**10,6**
422	Wärmeverteilnetze	554,70 m² BGF	7,68	4.258,26	4,2
423	Raumheizflächen	554,70 m² BGF	10,40	5.766,58	5,6
429	Sonstiges zur KG 420	554,70 m² BGF	1,47	814,81	0,8
430	**Raumlufttechnische Anlagen**	**554,70 m² BGF**	**66,28**	**36.766,54**	**35,9**
431	Lüftungsanlagen	554,70 m² BGF	66,28	36.766,54	35,9
440	**Elektrische Anlagen**	**554,70 m² BGF**	**65,97**	**36.593,92**	**35,7**
444	Niederspannungsinstallationsanlagen	554,70 m² BGF	43,79	24.287,63	23,7
445	Beleuchtungsanlagen	554,70 m² BGF	21,83	12.109,61	11,8
446	Blitzschutz- und Erdungsanlagen	554,70 m² BGF	0,35	196,68	0,2
450	**Kommunikationstechnische Anlagen**	**554,70 m² BGF**	**21,93**	**12.166,03**	**11,9**
452	Such- und Signalanlagen	554,70 m² BGF	7,03	3.897,91	3,8
456	Gefahrenmelde- und Alarmanlagen	554,70 m² BGF	2,42	1.339,93	1,3
457	Datenübertragungsnetze	554,70 m² BGF	12,49	6.928,19	6,8

© BKI Baukosteninformationszentrum — Kostenstand: 4.Quartal 2021, Bundesdurchschnitt, inkl. 19% MwSt.

6400-0100
Ev. Pfarrhaus
Kindergarten
EnerPHit Passivhaus

Umbau

Kostenkennwerte für Leistungsbereiche nach STLB (Kosten KG 400 nach DIN 276)

LB	Leistungsbereiche	Kosten €	€/m² BGF	€/m³ BRI	% an 400
040	Wärmeversorgungsanlagen - Betriebseinrichtungen	–	–	–	–
041	Wärmeversorgungsanlagen - Leitungen, Armaturen, Heizflächen	11.269	20,30	8,00	11,0
042	Gas- und Wasseranlagen - Leitungen, Armaturen	2.606	4,70	1,90	2,5
043	Druckrohrleitungen für Gas, Wasser und Abwasser	–	–	–	–
044	Abwasseranlagen - Leitungen, Abläufe, Armaturen	660	1,20	0,47	0,6
045	Gas-, Wasser- und Entwässerungsanlagen - Ausstattung, Elemente, Fertigbäder	1.315	2,40	0,93	1,3
046	Gas-, Wasser- und Entwässerungsanlagen - Betriebseinrichtungen	–	–	–	–
047	Dämm- und Brandschutzarbeiten an technischen Anlagen	–	–	–	–
049	Feuerlöschanlagen, Feuerlöschgeräte	–	–	–	–
050	Blitzschutz- / Erdungsanlagen, Überspannungsschutz	72	0,13	< 0,1	0,1
051	Kabelleitungstiefbauarbeiten	–	–	–	–
052	Mittelspannungsanlagen	–	–	–	–
053	Niederspannungsanlagen - Kabel/Leitungen, Verlegesysteme, Installationsgeräte	20.253	36,50	14,40	19,8
054	Niederspannungsanlagen - Verteilersysteme und Einbaugeräte	4.241	7,60	3,00	4,1
055	Sicherheits- und Ersatzstromversorgungsanlagen	–	–	–	–
057	Gebäudesystemtechnik	–	–	–	–
058	Leuchten und Lampen	12.110	21,80	8,60	11,8
059	Sicherheitsbeleuchtungsanlagen	–	–	–	–
060	Sprech-, Ruf-, Antennenempfangs-, Uhren- und elektroakustische Anlagen	3.817	6,90	2,70	3,7
061	Kommunikations- und Übertragungsnetze	6.519	11,80	4,60	6,4
062	Kommunikationsanlagen	–	–	–	–
063	Gefahrenmeldeanlagen	–	–	–	–
064	Zutrittskontroll-, Zeiterfassungssysteme	–	–	–	–
069	Aufzüge	–	–	–	–
070	Gebäudeautomation	–	–	–	–
075	Raumlufttechnische Anlagen	39.036	70,40	27,70	38,1
078	Kälteanlagen für raumlufttechnische Anlagen	–	–	–	–
	Gebäudetechnik	**101.897**	**183,70**	**72,40**	**99,4**
	Sonstige Leistungsbereiche	**1.539**	**2,80**	**1,10**	**1,5**
	Abbrechen	409	0,74	0,29	0,4
	Herstellen	1.130	2,00	0,80	1,1

Gewerbegebäude

7

- 7100 Industrielle Produktionsstätten und Labors
  7200 Geschäftshäuser, Läden
- 7300 Betriebs- und Werkstätten
  7400 Landwirtschaftliche Betriebsgebäude
  7500 Bank- und Postfilialen, gewerbliche Rechenzentren
- 7600 Gebäude öffentlicher Bereitschaftsdienste
- 7700 Lager- und Versandgebäude
  7800 Hoch- und Tiefgaragen, gewerbl. Fahrzeughallen

7100-0052 Technologietransferzentrum

Objektübersicht

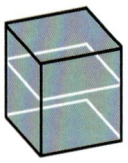 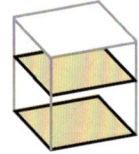 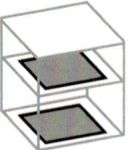

BRI 297 €/m³   **BGF** 1.925 €/m²   **NUF** 3.257 €/m²

Objekt:
Kennwerte: 3. Ebene DIN 276
BRI: 32.224 m³
BGF: 4.969 m²
NUF: 2.937 m²
Bauzeit: 78 Wochen
Bauende: 2013
Standard: über Durchschnitt
Bundesland: Hamburg
Kreis: Hamburg, Stadt

Architekt*in:
Planungsgemeinschaft
blauraum Architekten
ASSMANN
BERATEN + PLANEN GmbH
Vorsetzen 50
20459 Hamburg

Bauherr*in:
LZN Laser Zentrum Nord
Am Schleusengraben 14
21029 Hamburg

© Martin Lukas Kim Fotografie

Zeichnungen

7100-0052
Technologie-
transferzentrum

Ansicht Hof/Durchfahrt

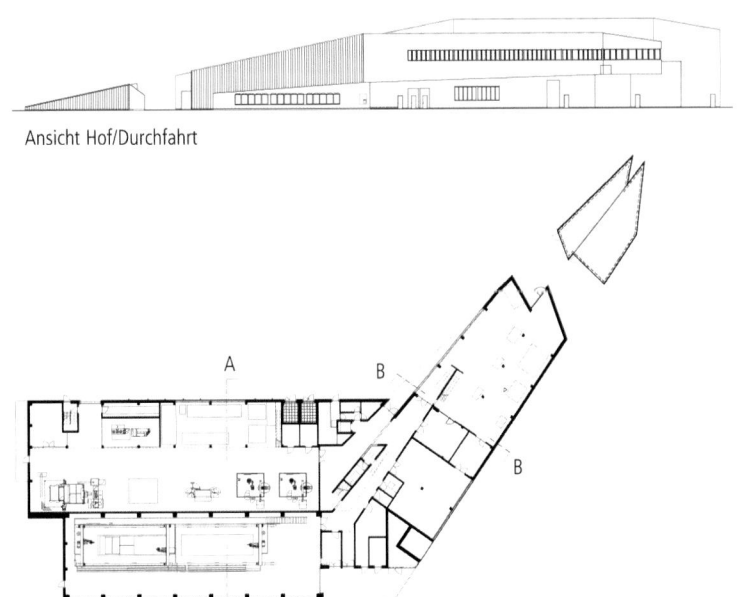

Erdgeschoss

Schnitt A-A   Schnitt B-B

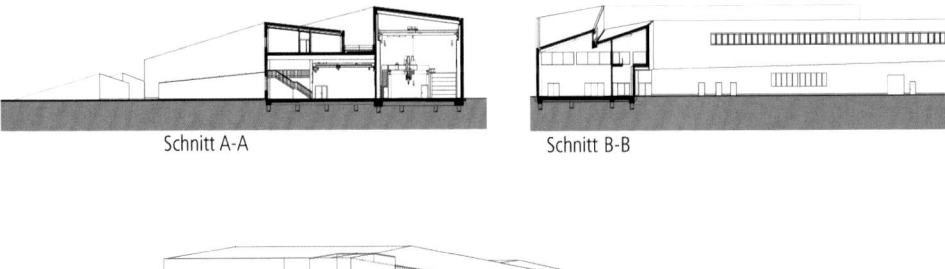

Ansicht Straße

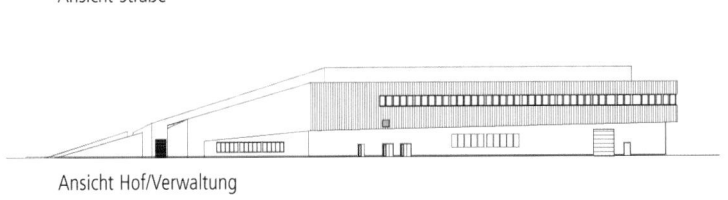

Ansicht Hof/Verwaltung

7100-0052 Technologietransferzentrum

Objektbeschreibung

Allgemeine Objektinformationen

Der Neubau des Technologietransferzentrums umfasst eine eingeschossige Halle für großformatige Makro-Lasermaterialbearbeitung, eine eingeschossige Halle für Makrobearbeitung mit einem aufgesetzten Büro- und Verwaltungstrakt und einen dreigeschossigen Gebäudeteil für Mikrobearbeitung, in dem auch die Technik- und Sozialräume untergebracht sind. Das Foyer dient als bindendes Erschließungselement für alle Bauteile und deren Funktionen.

Nutzung

1 Erdgeschoss
Forschung, Produktion, Werkstatt, Labor, Lager, Technik, Eingangshalle, Empfang

Appendix: Fahrradabstellraum, Außenabstellraum

1 Obergeschoss
Pausenraum, Pantry, Umkleiden, Duschen, WCs, **behindertengerechtes WC**, Lager, Archiv, Technik

1 Dachgeschoss
Verwaltung, Technik, Dachterrasse

Nutzeinheiten

Stellplätze Fläche: 59m²

Grundstück

Bauraum: Freier Bauraum
Neigung: Ebenes Gelände
Bodenklasse: BK 2 bis BK 3

Markt

Hauptvergabezeit: 3.Quartal 2011
Baubeginn: 3.Quartal 2011
Bauende: 1.Quartal 2013
Konjunkturelle Gesamtlage: Durchschnitt
Regionaler Baumarkt: über Durchschnitt

Baukonstruktion

Das Gebäude wurde mit einer Pfahlgründung ausgeführt, auf der die Fundamentbalken und die Bodenplatte aufliegen. In Köcher eingespannte Stahlbeton-Fertigteilstützen dienen als Auflager für die Stahlbetondecken sowie das Stahldachtragwerk und nehmen auf Rücksprüngen und Konsolen die Lasten der **Kranbahnen** auf. Durchlaufendes Zwei- und Dreifeld-Trapezblech überträgt die Lasten direkt in die Stahlhauptträger der Dächer. Aufgrund der hohen Verkehrslasten wurde im Erdgeschoss in der Halle mit den **Kranbahnen** ein Hartstoffestrich ausgeführt. In den weniger belasteten Bereichen und in den Büroräumen im ersten Obergeschoss ist der schwimmende Estrich mit Epoxidharz beschichtet, der Hohlboden im zweiten Obergeschoss ist mit Kautschuk belegt. Liegende Porenbetonwandplatten bilden die Außenwände. Sowohl das Dach als auch die Außenwände sind übergangslos mit einer Aluminiumhaut bekleidet, die an den Fassaden teilweise gelocht ist. Die Fensterbänder sind mit beschichteten Aluminiumprofilen ausgeführt.

Technische Anlagen

Der Neubau wird über einen **Gas-Brennwertkessel** mit Wärme versorgt. Für die Produktions- und Forschungshallen wurde eine **Teilklimaanlage** installiert, die Nebenräume haben eine **Lüftungsanlage** mit **Wärmerückgewinnung**. Die Hallen sind mit zwei Einträgerbrückenkränen mit **Kranbahn** ausgestattet. Medienversorgungsanlagen für Sauerstoff, Argon, Helium, Stickstoff und Druckluft wurden eingebaut. Die Schweißabsaugung und die Prozessabluft werden über Ventilatoren und einen Saugwagen mit Absaugarmen gewährleistet.

Sonstiges

Der Außenbereich integriert sich ohne Abgrenzung in die umgebende Landschaft. Der Asphaltbelag des Hofs und das Pflaster der Stellplätze grenzen an Rasenflächen und Schilfpflanzungen.

7100-0052 Technologietransferzentrum

Planungskennwerte für Flächen und Rauminhalte nach DIN 277

Flächen des Grundstücks		Menge, Einheit	% an GF
BF	Bebaute Fläche	2.993,00 m²	44,1
UF	Unbebaute Fläche	3.789,00 m²	55,9
GF	Grundstücksfläche	6.782,00 m²	100,0

Grundflächen des Bauwerks		Menge, Einheit	% an NUF	% an BGF
NUF	Nutzungsfläche	2.937,35 m²	100,0	59,1
TF	Technikfläche	588,70 m²	20,0	11,9
VF	Verkehrsfläche	490,81 m²	16,7	9,9
NRF	Netto-Raumfläche	4.016,86 m²	136,8	80,8
KGF	Konstruktions-Grundfläche	952,57 m²	32,4	19,2
BGF	Brutto-Grundfläche	4.969,43 m²	169,2	100,0

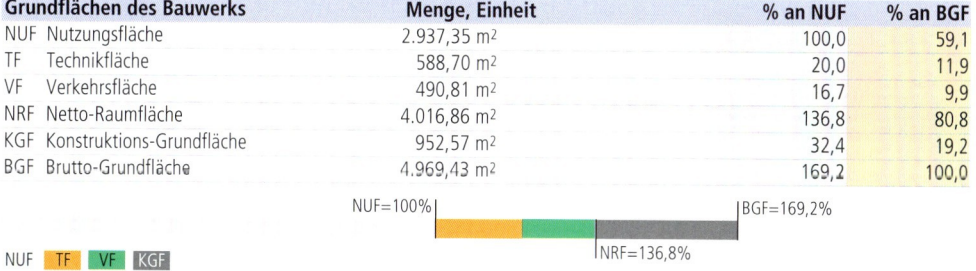

NUF TF VF KGF

Brutto-Rauminhalt des Bauwerks		Menge, Einheit	BRI/NUF (m)	BRI/BGF (m)
BRI	Brutto-Rauminhalt	32.223,80 m³	10,97	6,48

BRI/NUF=10,97m
BRI/BGF=6,48m

0   2   4   6   8   10   12

Prozentualer Anteil der Kostengruppen der 2. Ebene an der Kostengruppe 400 nach DIN 276

KG	Kostengruppen (2. Ebene)
410	Abwasser-, Wasser-, Gasanlagen
420	Wärmeversorgungsanlagen
430	Raumlufttechnische Anlagen
440	Elektrische Anlagen
450	Kommunikationstechnische Anlagen
460	Förderanlagen
470	Nutzungsspez. und verfahrenstech. Anlagen
480	Gebäude- und Anlagenautomation
490	Sonstige Maßnahmen für technische Anlagen

Ranking der Kostengruppen der 3. Ebene an der Kostengruppe 400 nach DIN 276

KG	Kostengruppe (3. Ebene)	Kosten an KG 400 %	KG	Kostengruppe (3. Ebene)	Kosten an KG 400 %
444	Niederspannungsinstallationsanlagen	14,7	481	Automationseinrichtungen	3,7
434	Kälteanlagen	10,8	461	Aufzugsanlagen	3,6
473	Medienversorgungsanlagen, Medizinanlagen	9,5	457	Datenübertragungsnetze	3,5
465	Krananlagen	7,7	456	Gefahrenmelde- und Alarmanlagen	3,4
445	Beleuchtungsanlagen	4,9	422	Wärmeverteilnetze	3,0
432	Teilklimaanlagen	4,9	441	Hoch- und Mittelspannungsanlagen	3,0
412	Wasseranlagen	4,5	475	Prozesswärme-, kälte- und -luftanlagen	2,6
431	Lüftungsanlagen	4,5	411	Abwasseranlagen	2,6

© BKI Baukosteninformationszentrum

Kostenstand: 4.Quartal 2021, Bundesdurchschnitt, inkl. 19% MwSt.

7100-0052 Technologietransferzentrum

Kostenkennwerte für die Kostengruppen der 1. Ebene DIN 276

KG	Kostengruppen (1. Ebene)	Einheit	Kosten €	€/Einheit	€/m² BGF	€/m³ BRI	% 300+400
100		m² GF	–	–	–	–	–
200	Vorbereitende Maßnahmen	m² GF	13.929	2,05	2,80	0,43	0,1
300	Bauwerk – Baukonstruktionen	m² BGF	6.427.488	1.293,41	1.293,41	199,46	67,2
400	Bauwerk – Technische Anlagen	m² BGF	3.139.689	631,80	631,80	97,43	32,8
	Bauwerk 300+400	**m² BGF**	**9.567.177**	**1.925,21**	**1.925,21**	**296,90**	**100,0**
500	Außenanlagen und Freiflächen	m² AF	533.078	129,66	107,27	16,54	5,6
600	Ausstattung und Kunstwerke	m² BGF	21.920	4,41	4,41	0,68	0,2
700	Baunebenkosten	m² BGF	–	–	–	–	–
800	Finanzierung	m² BGF	–	–	–	–	–

KG	Kostengruppe	Menge Einheit	Kosten €	€/Einheit	%
200	**Vorbereitende Maßnahmen**	6.782,00 m² GF	13.929	2,05	0,1

Suchgräben, Abbruch von Schottertragschicht, Geotextil, Pflasterbelag, Findling, Grasnarbe abtragen; Wasserversorgung, Gasversorgung

KG	Kostengruppe	Menge Einheit	Kosten €	€/Einheit	%
3+4	**Bauwerk**				**100,0**
300	**Bauwerk – Baukonstruktionen**	4.969,43 m² BGF	6.427.488	1.293,41	67,2

Köcherfundamente, Bodenplatten, Bohrpfähle, Fundamentbalken, Estrich, Bodenbeschichtung; Stb-Wände, KS-Mauerwerk, Porenbeton-Wandelemente, Stb-Stützen, Stahlprofile (Appendix), Alufenster, Alu-Glas-Türelemente, Stahltüren, Sektionaltore, Falttore, Alu-Pfosten-Riegelelement, Lamellenvorhänge; GK-Wände, KS-Plansteine, Stb-Brüstungen, Innenfenster, Alu-Rahmentüren, Objekttüren, Glastüren, Putz, GK-Bekleidungen, Beschichtung, Wandfliesen, mobile Trennwand, Sanitärtrennwände, Gitterwände; Stb-Decken, Stb-Treppen, Hohlboden, Kautschukbelag, Bodenfliesen, außen: abgehängte Aluminiumbekleidung, WDVS, Stahltreppen; Stahl-Dachkonstruktionen, Trapezbleche, Stb-Dächer, Stahlleichtbau (Appendix), Dämmung, Alu-Stehfalzdeckung, Abdichtung, Kies, Betonplatten, Akustikdecken, Brandschutzdecken; Raum-in-Raum-System

KG	Kostengruppe	Menge Einheit	Kosten €	€/Einheit	%
400	**Bauwerk – Technische Anlagen**	4.969,43 m² BGF	3.139.689	631,80	32,8

Gebäudeentwässerung, Kalt- und Warmwasserleitungen, Sanitärobjekte; **Gas-Brennwertkessel**, Heizungsrohre, Heizkörper; **Lüftungsanlage**, **Teilklimaanlage**, Kälteanlage; EDV-Anlage, Notrufset, Gegensprechanlage, **Brandmeldeanlage**, **Einbruchmeldeanlage**, Datenübertragungsnetze; **Aufzug**, **Kranbahnen**; Medienversorgung, Sauerstoff, Argon, Helium, Stickstoff, Druckluft, Feuerlöscher, Schweißabsaugung, Prozessabluft; **Gebäudeautomation**

KG	Kostengruppe	Menge Einheit	Kosten €	€/Einheit	%
500	**Außenanlagen und Freiflächen**	4.111,36 m² AF	533.078	129,66	5,6

Bodenarbeiten; Wabenpflaster, Asphaltbelag, Betonplatten, Rasenpflaster, Betonpflaster; Poller; Oberflächen-, Gebäudeentwässerung, Außenbeleuchtung; Fahrradständer, Schilder; Oberbodenarbeiten, Bepflanzung, Rasen

KG	Kostengruppe	Menge Einheit	Kosten €	€/Einheit	%
600	**Ausstattung und Kunstwerke**	4.969,43 m² BGF	21.920	4,41	0,2

Sanitärausstattung; Firmenlogo

Kostenkennwerte für die Kostengruppen 400 der 2. Ebene DIN 276

7100-0052 Technologietransferzentrum

KG	Kostengruppe	Menge Einheit	Kosten €	€/Einheit	%
400	Bauwerk – Technische Anlagen				100,0
410	Abwasser-, Wasser-, Gasanlagen	4.969,43 m² BGF	238.008	47,89	7,6

PVC-Rohre DN150 (345m), Gusseisen-Rohre DN50-125 (164m), PP-Rohre DN100-250 (144m), Stahlrohre DN100 (38m), PE-Rohre DN50 (6m), Rohrbegleitheizung (187m), Dachabläufe, beheizt (12St), Attikaabläufe (4St), Bodenabläufe (3St), Fassadenrinnen (21m), Abwasserhebeanlagen (3St) * Edelstahlrohre DN18-42 (287m), Umwälzpumpen (8St), Kompensatoren (4St), Ausdehnungsgefäße (2St), Enthärtungsanlage (1St), Umkehrosmoseanlage, Waschtische (13St), Tiefspül-WCs (9St), Urinale (4St), Duschwannen (4St), Ausgussbecken (2St), Durchlauferhitzer (28St), Warmwasserspeicher (2St) * Montageelemente (31St)

420	Wärmeversorgungsanlagen	4.969,43 m² BGF	234.670	**47,22**	7,5

Gas-Brennwertkessel 310kW (1St), Enthärtungsarmatur (1St), Wasserzähler (1St), Druckausdehnungsgefäß (1St), Kombiverteiler (1St), Lufterhitzer 9-24kW, Luftverteiler (6St) * Stahlrohre DN15-65 (1.605m), Umwälzpumpen (5St), Kompensatoren (2St), Luftgefäße (14St), Ausdehnungsgefäß (1St) * Plattenheizkörper (82St), Heizwände (12St) * **Abgasanlage**, Formstücke (11m), Reinigungselement (1St), Wetterkragen (1St), Mündungsabschluss (1St)

430	Raumlufttechnische Anlagen	4.969,43 m² BGF	633.307	**127,44**	20,2

Lüftungsgerät 5.500m³/h, mit Lufterhitzer, **WRG** (1St), Wickelfalzrohre (345m), Rechteckkanäle (361m²), Wärmedämmung (230m²), Kältedämmung (115m²), Schalldämpfer (13St), Brandschutzklappen (30St), Drosselklappen (8St), Absperrklappen (4St), Jalousieklappe (1St), Tellerventile (35St), Luftauslässe (17St) * **Lüftungsgerät** 3.600m³/h, mit Lufterhitzer, Luftkühler, Dampfbefeuchter, **WRG** (1St), Wickelfalzrohre (393m), Alu-Flexrohre (10m), Rechteckkanäle (361m²), Wärmedämmung (230m²), Kältedämmung (115m²), Schalldämpfer (12St), Brandschutzklappen (27St), Drosselklappen (8St), Absperrklappe (1St), Jalousieklappen (2St), Tellerventile (35St), Luftauslässe (17St) * **Kältemaschine** 323kW (1St), **Rückkühler** 426kW (1St), Glycolprotektor (1St), Pufferspeicher 4.000l (1St), Ladespeicher 2.000l (1St), Plattenwärmeübertrager 320kW (2St), Stahlrohre DN15-125 (789m), Rohrschotts (31St), Umluftkühlgeräte 875m³/h (3St), Kondensatpumpen (3St), Luftgefäße (31St)

440	Elektrische Anlagen	4.969,43 m² BGF	819.675	**164,94**	26,1

Mittelspannungsschaltanlage, sieben Felder, Bestückung (1St), Zählerschrank (1St), Trafostation (1St) * **Zentralbatterie** (1St), Ausgangskreisbaugruppen (26St), Ladebaugruppe (1St), Schaltmodule (4St) * NSHV, Bestückung (1St), Verteilerschränke (2St), Stromwandler (6St), Multimeter (2St) * NSUV, Bestückung (4St), Kleinverteiler (2St), Schienenkästen (86m), Abgangskästen (14St), Mantelleitungen NYM (26.257m), Kabel NYY (3.794m), NYCWY (1.460m), NHXHX-J (1.321m), Y(ST)Y (497m), H07RNF (339m), Steckdosenkombinationen (18St), Bodentanks (144St), Steckdosen (536St), CEE-Dosen (27St), Anschlussdosen (26St), Schalter/Taster (187St), Not-Aus-Taster (15St), Präsenzmelder (1St) * Pendelleuchten (291St), Anbauleuchten (290St), Deckenleuchten, abgehängt (70St), Einbauleuchten (14St), Außenstrahler (2St), LED-Sicherheitsleuchten (60St), Rettungszeichenleuchten (41St), Überwachungsmodule (23St) * Fundamenterder (700m), Ringerder (999m), Fangleitungen (233m), Potenzialausgleichsschienen (16St)

7100-0052 Technologietransferzentrum

KG	Kostengruppe	Menge Einheit	Kosten €	€/Einheit	%
450	**Kommunikationstechnische Anlagen**	4.969,43 m² BGF	223.618	**45,00**	7,1

Notrufset (1St), Gegensprechanlage: Türstation (1St), Haustelefone (2St) * **Brandmeldeanlage**: Zentrale (1St), Info- und Bediensystem (1St), Multisensormelder (124St), Handmelder (22St), Infrarot-Rauchmelder, Warntongeber (34St), optische Alarmgeber (13St), Blitzleuchte (1St), RWA-Bedienstellen (2St), Brandmeldekabel J-Y(ST)Y (4.327m), **Einbruchmeldeanlage**: Zentrale (1St), Anzeige- und Bedieneinheit (1St), Polizeianschluss (1St), Signalgeber (1St), Dualmelder (20St), Codetastaturen (6St) * Datenschränke (8St), Freilüfter (3St), LWL-Spleiß-/Verteilergehäuse (4St), Patchfelder 19" (921St), Datenkabel Cat7 (23.998m), LWL-Kabel (150m), RJ45-Verbindungskabel (120St), Bodentanks (48St), Datendosen 2xRJ45 (217St), Fernmeldekabel J-Y(ST)Y (2.196m), JE-H(ST)H (68m)

KG	Kostengruppe	Menge Einheit	Kosten €	€/Einheit	%
460	**Förderanlagen**	4.969,43 m² BGF	354.196	**71,27**	11,3

Personenaufzug, Tragkraft 800kg, Förderhöhe 7,70m, drei Haltestellen (1St) * Einträgerbrückenkran, **Kranbahn**, Tragkraft 40t, Spannweite 13,45m (1St), Tragkraft 5t, Spannweite 10,44m (1St)

KG	Kostengruppe	Menge Einheit	Kosten €	€/Einheit	%
470	**Nutzungsspez. u. verfahrenstechn. Anl.**	4.969,43 m² BGF	383.215	**77,11**	12,2

Feuerlöscher (26St) * Ventilatoren 7.500-15.000m³/h, Schweißabsaugung (1St), 12.000m³/h, Prozessabluft (1St), 3.000m³/h (1St), 200-1.800m³/h (2St), Rohrventilator (1St), Schalldämmbox (1St), Schalldämpfer (1St), PP-Rohre DN100-250 (116m), Saugschlitzkanal (44m), Saugwagen (1St), Absaugärme DN160-200, l=3,00m (3St), Segeltuchstutzen (16St), Abgasschläuche DN150 (8St) * Entnahmestellen für Medienversorgungen (40St), Druckluft: Schraubenkompressor (1St), Druckluftbehälter 2.000l (1St), Drucklufttrockner (1St), Aktivkohleabsorber (1St), Öl-Wasser-Trenner (1St), Entnahmestellen (45St), Kupferrohre DN12-42 (1.520m), Gaswarnzentrale (1St), Hupe (1St), Blinkleuchtfelder (2St), Transmitterkabel (176m)

KG	Kostengruppe	Menge Einheit	Kosten €	€/Einheit	%
480	**Gebäude- und Anlagenautomation**	4.969,43 m² BGF	212.953	**42,85**	6,8

Automationsstationen (3St), LCD-Bedien- und Beobachtungseinheiten (3St), Ein-/Ausgänge (552St), Koppelrelais (102St), Sensoren (52St), Aktoren (47St), Messumformer (7St), Frostschutzthermostate (3St), Hygrostat (1St) * Schaltschränke (5St), Bedientableau (1St), Leuchttaster (13St), Meldungen (21St), Steuerrelais (83St), Überwachungsgeräte (6St), Quittierungen (3St), Frequenzumrichter (6St), Motorsteuereinheit (1St), Motoren (20St) * Energie-Steuerleitungen NYM (7.670m), Melde-/Messleitungen J-Y(ST)Y (8.434m)

KG	Kostengruppe	Menge Einheit	Kosten €	€/Einheit	%
490	**Sonstige Maßnahmen für technische Anlagen**	4.969,43 m² BGF	40.046	**8,06**	1,3

Baustelleneinrichtungen (2St), Baustromanschlüsse für **Kranbahnen** (2St) * Teleskop-Arbeitsbühnen (17St), Scheren-Hubbühne (1St), Rollgerüste (3St), Innengerüste (psch)

Kostenkennwerte für die Kostengruppe 400 der 2. und 3. Ebene DIN 276 (Übersicht)

7100-0052
Technologie-
transferzentrum

KG	Kostengruppe	Menge Einheit	Kosten €	€/Einheit	%
410	**Abwasser-, Wasser-, Gasanlagen**	4.969,43 m² BGF	47,89	238.008,04	**7,6**
411	Abwasseranlagen	4.969,43 m² BGF	16,45	81.726,54	2,6
412	Wasseranlagen	4.969,43 m² BGF	28,32	140.752,96	4,5
413	Gasanlagen	4.969,43 m² BGF	1,16	5.740,46	0,2
419	Sonstiges zur KG 410	4.969,43 m² BGF	1,97	9.788,07	0,3
420	**Wärmeversorgungsanlagen**	4.969,43 m² BGF	47,22	234.669,99	**7,5**
421	Wärmeerzeugungsanlagen	4.969,43 m² BGF	11,67	57.992,79	1,8
422	Wärmeverteilnetze	4.969,43 m² BGF	19,26	95.731,71	3,0
423	Raumheizflächen	4.969,43 m² BGF	15,31	76.101,96	2,4
429	Sonstiges zur KG 420	4.969,43 m² BGF	0,97	4.843,53	0,2
430	**Raumlufttechnische Anlagen**	4.969,43 m² BGF	127,44	633.307,04	**20,2**
431	Lüftungsanlagen	4.969,43 m² BGF	28,18	140.023,56	4,5
432	Teilklimaanlagen	4.969,43 m² BGF	31,16	154.844,37	4,9
434	Kälteanlagen	4.969,43 m² BGF	68,10	338.439,11	10,8
440	**Elektrische Anlagen**	4.969,43 m² BGF	164,94	819.675,30	**26,1**
441	Hoch- und Mittelspannungsanlagen	4.969,43 m² BGF	18,85	93.665,61	3,0
442	Eigenstromversorgungsanlagen	4.969,43 m² BGF	3,98	19.788,66	0,6
443	Niederspannungsschaltanlagen	4.969,43 m² BGF	10,55	52.449,70	1,7
444	Niederspannungsinstallationsanlagen	4.969,43 m² BGF	92,79	461.097,26	14,7
445	Beleuchtungsanlagen	4.969,43 m² BGF	31,21	155.110,23	4,9
446	Blitzschutz- und Erdungsanlagen	4.969,43 m² BGF	7,56	37.563,84	1,2
450	**Kommunikationstechnische Anlagen**	4.969,43 m² BGF	45,00	223.618,29	**7,1**
452	Such- und Signalanlagen	4.969,43 m² BGF	1,11	5.498,57	0,2
456	Gefahrenmelde- und Alarmanlagen	4.969,43 m² BGF	21,48	106.764,37	3,4
457	Datenübertragungsnetze	4.969,43 m² BGF	22,41	111.355,35	3,5
460	**Förderanlagen**	4.969,43 m² BGF	71,27	354.196,12	**11,3**
461	Aufzugsanlagen	4.969,43 m² BGF	22,88	113.675,90	3,6
465	Krananlagen	4.969,43 m² BGF	48,40	240.520,22	7,7
470	**Nutzungsspez. u. verfahrenstechn. Anl.**	4.969,43 m² BGF	77,11	383.215,01	**12,2**
473	Medienversorgungsanlagen, Medizinanl.	4.969,43 m² BGF	59,86	297.456,11	9,5
474	Feuerlöschanlagen	4.969,43 m² BGF	0,62	3.056,24	0,1
475	Prozesswärme-, kälte- und -luftanlagen	4.969,43 m² BGF	16,64	82.702,66	2,6
480	**Gebäude- und Anlagenautomation**	4.969,43 m² BGF	42,85	212.953,10	**6,8**
481	Automationseinrichtungen	4.969,43 m² BGF	23,39	116.214,68	3,7
482	Schaltschränke, Automation	4.969,43 m² BGF	7,83	38.898,32	1,2
484	Kabel, Leitungen und Verlegesysteme	4.969,43 m² BGF	2,96	14.693,48	0,5
485	Datenübertragungsnetze	4.969,43 m² BGF	8,68	43.146,62	1,4
490	**Sonst. Maßnahmen für techn. Anlagen**	4.969,43 m² BGF	8,06	40.045,81	**1,3**
491	Baustelleneinrichtung	4.969,43 m² BGF	4,79	23.828,27	0,8
492	Gerüste	4.969,43 m² BGF	3,26	16.217,53	0,5

7100-0052 Technologietransferzentrum

Kostenkennwerte für Leistungsbereiche nach STLB (Kosten KG 400 nach DIN 276)

LB	Leistungsbereiche	Kosten €	€/m² BGF	€/m³ BRI	% an 400
040	Wärmeversorgungsanlagen - Betriebseinrichtungen	45.906	9,20	1,40	1,5
041	Wärmeversorgungsanlagen - Leitungen, Armaturen, Heizflächen	144.099	29,00	4,50	4,6
042	Gas- und Wasseranlagen - Leitungen, Armaturen	166.247	33,50	5,20	5,3
043	Druckrohrleitungen für Gas, Wasser und Abwasser	–	–	–	–
044	Abwasseranlagen - Leitungen, Abläufe, Armaturen	72.740	14,60	2,30	2,3
045	Gas-, Wasser- und Entwässerungsanlagen - Ausstattung, Elemente, Fertigbäder	38.501	7,70	1,20	1,2
046	Gas-, Wasser- und Entwässerungsanlagen - Betriebseinrichtungen	222.843	44,80	6,90	7,1
047	Dämm- und Brandschutzarbeiten an technischen Anlagen	122.289	24,60	3,80	3,9
049	Feuerlöschanlagen, Feuerlöschgeräte	3.056	0,62	< 0,1	0,1
050	Blitzschutz- / Erdungsanlagen, Überspannungsschutz	37.564	7,60	1,20	1,2
051	Kabelleitungstiefbauarbeiten	–	–	–	–
052	Mittelspannungsanlagen	93.666	18,80	2,90	3,0
053	Niederspannungsanlagen - Kabel/Leitungen, Verlegesysteme, Installationsgeräte	365.316	73,50	11,30	11,6
054	Niederspannungsanlagen - Verteilersysteme und Einbaugeräte	129.332	26,00	4,00	4,1
055	Sicherheits- und Ersatzstromversorgungsanlagen	19.789	4,00	0,61	0,6
057	Gebäudesystemtechnik	–	–	–	–
058	Leuchten und Lampen	134.626	27,10	4,20	4,3
059	Sicherheitsbeleuchtungsanlagen	20.484	4,10	0,64	0,7
060	Sprech-, Ruf-, Antennenempfangs-, Uhren- und elektroakustische Anlagen	5.499	1,10	0,17	0,2
061	Kommunikations- und Übertragungsnetze	110.576	22,30	3,40	3,5
062	Kommunikationsanlagen	–	–	–	–
063	Gefahrenmeldeanlagen	106.764	21,50	3,30	3,4
064	Zutrittskontroll-, Zeiterfassungssysteme	–	–	–	–
069	Aufzüge	113.676	22,90	3,50	3,6
070	Gebäudeautomation	5.510	1,10	0,17	0,2
075	Raumlufttechnische Anlagen	375.672	75,60	11,70	12,0
078	Kälteanlagen für raumlufttechnische Anlagen	269.547	54,20	8,40	8,6
	Gebäudetechnik	**2.603.702**	**523,90**	**80,80**	**82,9**
	Sonstige Leistungsbereiche	**535.987**	**107,90**	**16,60**	**17,1**

Objekte

7100-0058
Produktionsgebäude
(8 AP)
Effizienzhaus 55

Objektübersicht

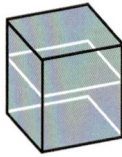 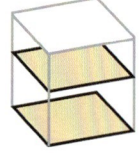 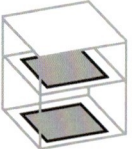

BRI 311 €/m³   **BGF** 1.373 €/m²   **NUF** 1.521 €/m²

Objekt:
Kennwerte: 3. Ebene DIN 276
BRI: 1.706 m³
BGF: 386 m²
NUF: 349 m²
Bauzeit: 69 Wochen
Bauende: 2018
Standard: Durchschnitt
Bundesland: Baden-Württemberg
Kreis: Karlsruhe, Stadt

Architekt*in:
medienundwerk
Rudolf-Link-Straße 19
76228 Karlsruhe

Bauherr*in:
medienundwerk

Zeichnungen

7100-0058
Produktionsgebäude
(8 AP)
Effizienzhaus 55

Ansicht Nord

Ansicht Ost

Erdgeschoss

Obergeschoss

Schnitt

Ansicht Süd

Ansicht West

7100-0058
Produktionsgebäude
(8 AP)
Effizienzhaus 55

Objektbeschreibung

Allgemeine Objektinformationen

Das zweigeschossige Büro- und Produktionsgebäude befindet sich auf einem diagonal stark abfallenden Baugrundstück. Der kubische Baukörper wurde in einfacher und kostengünstiger Bauweise neu errichtet. Eine zentral gelegene Treppe verbindet die Produktionsflächen im Erdgeschoss mit den Büros im Obergeschoss. Die große Produktionshalle erstreckt sich in der Höhe über beide Geschosse.

Nutzung

1 Erdgeschoss
Produktion, drei Arbeitsplätze

1 Obergeschoss
Büro, fünf Arbeitsplätze

Nutzeinheiten

Arbeitsplätze: 8

Grundstück

Bauraum: Freier Bauraum
Neigung: Hanglage
Bodenklasse: BK 1 bis BK 4

Markt

Hauptvergabezeit: 1.Quartal 2017
Baubeginn: 1.Quartal 2017
Bauende: 2.Quartal 2018
Konjunkturelle Gesamtlage: über Durchschnitt
Regionaler Baumarkt: Durchschnitt

Baukonstruktion

Die schwierige Geländesituation wurde mit einer flügelgeglätteten Bodenplatte mit Fundamentschürzen und Teilanschüttungen aufgefangen. Das Haupttragwerk besteht aus einer Stahlkonstruktion mit Fassaden aus Sandwichelementen. Im Eingangsbereich sowie in den Büros und den Produktionsbereichen wurden Glasfassaden eingebaut. Eine Stahlbeton-Elementplatte bildet die Decke über dem Erdgeschoss. Der Balkon über dem Eingangsbereich ist mit einem Sonnenschutz aus Edelstahlgewebe ausgestattet. Das Flachdach wurde mit Stahltrapezblech ausgeführt und hat eine extensive Begrünung erhalten.

Technische Anlagen

Aus Kostengründen und um den Forderungen nach regenerativen Energieanteilen gerecht zu werden, wurde eine **Pelletheizung** gewählt. Gekühlt wird im Sommer ausschließlich über Fensterquerlüftung in der Nacht.

Energetische Kennwerte

EnEV Fassung: 2013
Gebäudevolumen: 1.734,00 m^3
Nutzfläche (EnEV): 555,00 m^2
Hüllfläche des beheizten Volumens: 947,00 m^2
Spez. Jahresprimärenergiebedarf (EnEV): 66,05 kWh/(m^2·a)

7100-0058
Produktionsgebäude
(8 AP)
Effizienzhaus 55

Planungskennwerte für Flächen und Rauminhalte nach DIN 277

Flächen des Grundstücks		Menge, Einheit	% an GF
BF	Bebaute Fläche	269,15 m²	33,6
UF	Unbebaute Fläche	530,85 m²	66,4
GF	Grundstücksfläche	800,00 m²	100,0

Grundflächen des Bauwerks		Menge, Einheit	% an NUF	% an BGF
NUF	Nutzungsfläche	348,69 m²	100,0	90,3
TF	Technikfläche	4,81 m²	1,4	1,3
VF	Verkehrsfläche	11,94 m²	3,4	3,1
NRF	Netto-Raumfläche	365,44 m²	104,8	94,6
KGF	Konstruktions-Grundfläche	20,79 m²	6,0	5,4
BGF	Brutto-Grundfläche	386,23 m²	110,8	100,0

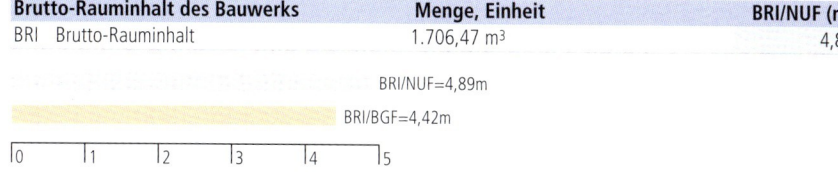

NUF TF VF KGF

Brutto-Rauminhalt des Bauwerks		Menge, Einheit	BRI/NUF (m)	BRI/BGF (m)
BRI	Brutto-Rauminhalt	1.706,47 m³	4,89	4,42

BRI/NUF=4,89m
BRI/BGF=4,42m

0 1 2 3 4 5

Prozentualer Anteil der Kostengruppen der 2. Ebene an der Kostengruppe 400 nach DIN 276

KG	Kostengruppen (2. Ebene)	20%	40%	60%
410	Abwasser-, Wasser-, Gasanlagen			
420	Wärmeversorgungsanlagen			
430	Raumlufttechnische Anlagen			
440	Elektrische Anlagen			
450	Kommunikationstechnische Anlagen			
460	Förderanlagen			
470	Nutzungsspez. und verfahrenstech. Anlagen			
480	Gebäude- und Anlagenautomation			
490	Sonstige Maßnahmen für technische Anlagen			

Ranking der Kostengruppen der 3. Ebene an der Kostengruppe 400 nach DIN 276

KG	Kostengruppe (3. Ebene)	Kosten an KG 400 %	KG	Kostengruppe (3. Ebene)	Kosten an KG 400 %
421	Wärmeerzeugungsanlagen	22,3	429	Sonstiges zur KG 420	2,7
444	Niederspannungsinstallationsanlagen	15,5	431	Lüftungsanlagen	1,8
443	Niederspannungsschaltanlagen	14,2	445	Beleuchtungsanlagen	1,7
411	Abwasseranlagen	12,6	446	Blitzschutz- und Erdungsanlagen	1,5
423	Raumheizflächen	11,9	457	Datenübertragungsnetze	1,1
412	Wasseranlagen	10,2	451	Telekommunikationsanlagen	–
422	Wärmeverteilnetze	4,4			

© BKI Baukosteninformationszentrum Kostenstand: 4.Quartal 2021, Bundesdurchschnitt, inkl. 19% MwSt.

7100-0058
Produktionsgebäude
(8 AP)
Effizienzhaus 55

Kostenkennwerte für die Kostengruppen der 1. Ebene DIN 276

KG	Kostengruppen (1. Ebene)	Einheit	Kosten €	€/Einheit	€/m² BGF	€/m³ BRI	% 300+400
100		m² GF	–	–		–	–
200	Vorbereitende Maßnahmen	m² GF	24.340	30,42	63,02	14,26	4,6
300	Bauwerk – Baukonstruktionen	m² BGF	437.083	1.131,67	1.131,67	256,13	82,4
400	Bauwerk – Technische Anlagen	m² BGF	93.372	241,75	241,75	54,72	17,6
	Bauwerk 300+400	**m² BGF**	**530.456**	**1.373,42**	**1.373,42**	**310,85**	**100,0**
500	Außenanlagen und Freiflächen	m² AF	54.425	278,97	140,91	31,89	10,3
600	Ausstattung und Kunstwerke	m² BGF	–	–	–	–	–
700	Baunebenkosten	m² BGF	–	–	–	–	–
800	Finanzierung	m² BGF	–	–	–	–	–

KG	Kostengruppe	Menge Einheit	Kosten €	€/Einheit	%
200	**Vorbereitende Maßnahmen**	800,00 m² GF	24.340	**30,42**	4,6

Oberbodenarbeiten; Hausanschlüsse

3+4	**Bauwerk**				**100,0**
300	**Bauwerk – Baukonstruktionen**	386,23 m² BGF	437.083	**1.131,67**	82,4

Stb-Bodenplatte mit Hartstoffeinstreuung, Bodenfliesen; Stahlstützen, Pfosten-Riegel-Fassaden, Holz-Alu-Fensterelemente, Haustür, Sektionaltor, GK-Vorsatzschalen, Sandwich-Wandelemente, Jalousien, Metallgewebe, Stahlleiter, GK-Wände, Innentüren, Beschichtung, Wandfliesen; Stb-Decke, Stahl-/Podestkonstruktion, Treppenkonstruktion, Teppichbelag, Trapezblech-Flachdach, EPS-Gefälledämmung, Dachbegrünung, Dachentwässerung

400	**Bauwerk – Technische Anlagen**	386,23 m² BGF	93.372	**241,75**	17,6

Gebäudeentwässerung, Kalt- und Warmwasserleitungen, Sanitärobjekte; **Pellet-Brennwertkessel**, Heizungsrohre, Heizkörper; Elektroinstallation, Beleuchtung, Erdung; EDV-Verkabelung

500	**Außenanlagen und Freiflächen**	195,09 m² AF	54.425	**278,97**	10,3

Bodenarbeiten; Betonpflaster; Fundamente, Gitterzaun, Betonmauerscheiben, Stb-Blockstufen; Oberbodenarbeiten, Hangsicherung, Bepflanzung, Rasen

Kostenkennwerte für die Kostengruppen 400 der 2. Ebene DIN 276

KG	Kostengruppe	Menge Einheit	Kosten €	€/Einheit	%
400	**Bauwerk – Technische Anlagen**				**100,0**
410	**Abwasser-, Wasser-, Gasanlagen**	386,23 m² BGF	21.269	**55,07**	22,8

PVC-Rohre DN125-150 (62m), Kontrollschächte DN1.000 (2St), Fäkalienhebeanlage (1St) * Trinkwasserrohre (psch), WCs (2St), Waschtische (2St), Dusche (1St), Ausgussbecken (1St), Durchlauferhitzer (1St)

420	**Wärmeversorgungsanlagen**	386,23 m² BGF	38.592	**99,92**	41,3

Pellet-Brennwertkessel 18kW (1St), **Pelletsilo** (1St), Heizungsregler (1St), Umwälzpumpe (1St), Heizkreisverteiler (1St) * Heizungsrohre (222m) * Planheizkörper (14St) * Edelstahl-Schornstein (1St)

430	**Raumlufttechnische Anlagen**	386,23 m² BGF	1.637	**4,24**	1,8

Einzelraumlüfter (2St), Wickelfalzrohr DN100 (6m)

440	**Elektrische Anlagen**	386,23 m² BGF	30.829	**79,82**	33,0

Verteiler (1St), Einbaugeräte (psch) * Grundinstallation (psch), Mantelleitungen (1.174m), Leerrohre DN20-50 (751m), Schalter, Taster (24St), Steckdosen (84St) * LED-Hallenleuchten (4St), LED-Röhren (2St) * Fundamenterder (76m), Ableiter (14m)

450	**Kommunikationstechnische Anlagen**	386,23 m² BGF	1.045	**2,71**	1,1

Fernmeldeleitungen (17m) * Datenkabel (555m), Datendosen (12St), Module (24St), Netzwerkschrank (1St)

7100-0058
Produktionsgebäude
(8 AP)
Effizienzhaus 55

Kostenkennwerte für die Kostengruppe 400 der 2. und 3. Ebene DIN 276 (Übersicht)

KG	Kostengruppe	Menge Einheit	Kosten €	€/Einheit	%
410	**Abwasser-, Wasser-, Gasanlagen**	**386,23 m² BGF**	**55,07**	**21.269,15**	**22,8**
411	Abwasseranlagen	386,23 m² BGF	30,51	11.784,66	12,6
412	Wasseranlagen	386,23 m² BGF	24,56	9.484,49	10,2
420	**Wärmeversorgungsanlagen**	**386,23 m² BGF**	**99,92**	**38.592,13**	**41,3**
421	Wärmeerzeugungsanlagen	386,23 m² BGF	53,96	20.842,46	22,3
422	Wärmeverteilnetze	386,23 m² BGF	10,58	4.086,37	4,4
423	Raumheizflächen	386,23 m² BGF	28,81	11.127,05	11,9
429	Sonstiges zur KG 420	386,23 m² BGF	6,57	2.536,24	2,7
430	**Raumlufttechnische Anlagen**	**386,23 m² BGF**	**4,24**	**1.636,87**	**1,8**
431	Lüftungsanlagen	386,23 m² BGF	4,24	1.636,87	1,8
440	**Elektrische Anlagen**	**386,23 m² BGF**	**79,82**	**30.828,86**	**33,0**
443	Niederspannungsschaltanlagen	386,23 m² BGF	34,31	13.252,03	14,2
444	Niederspannungsinstallationsanlagen	386,23 m² BGF	37,57	14.511,32	15,5
445	Beleuchtungsanlagen	386,23 m² BGF	4,20	1.621,09	1,7
446	Blitzschutz- und Erdungsanlagen	386,23 m² BGF	3,74	1.444,42	1,5
450	**Kommunikationstechnische Anlagen**	**386,23 m² BGF**	**2,71**	**1.045,44**	**1,1**
451	Telekommunikationsanlagen	386,23 m² BGF	< 0,1	9,83	< 0,1
457	Datenübertragungsnetze	386,23 m² BGF	2,68	1.035,60	1,1

Kostenkennwerte für Leistungsbereiche nach STLB (Kosten KG 400 nach DIN 276)

7100-0058
Produktionsgebäude
(8 AP)
Effizienzhaus 55

LB	Leistungsbereiche	Kosten €	€/m² BGF	€/m³ BRI	% an 400
040	Wärmeversorgungsanlagen - Betriebseinrichtungen	19.496	50,50	11,40	20,9
041	Wärmeversorgungsanlagen - Leitungen, Armaturen, Heizflächen	19.096	49,40	11,20	20,5
042	Gas- und Wasseranlagen - Leitungen, Armaturen	13.072	33,80	7,70	14,0
043	Druckrohrleitungen für Gas, Wasser und Abwasser	–	–	–	–
044	Abwasseranlagen - Leitungen, Abläufe, Armaturen	3.534	9,10	2,10	3,8
045	Gas-, Wasser- und Entwässerungsanlagen - Ausstattung, Elemente, Fertigbäder	–	–	–	–
046	Gas-, Wasser- und Entwässerungsanlagen - Betriebseinrichtungen	–	–	–	–
047	Dämm- und Brandschutzarbeiten an technischen Anlagen	405	1,00	0,24	0,4
049	Feuerlöschanlagen, Feuerlöschgeräte	–	–	–	–
050	Blitzschutz- / Erdungsanlagen, Überspannungsschutz	1.444	3,70	0,85	1,5
051	Kabelleitungstiefbauarbeiten	–	–	–	–
052	Mittelspannungsanlagen	–	–	–	–
053	Niederspannungsanlagen - Kabel/Leitungen, Verlegesysteme, Installationsgeräte	2.977	7,70	1,70	3,2
054	Niederspannungsanlagen - Verteilersysteme und Einbaugeräte	25.166	65,20	14,70	27,0
055	Sicherheits- und Ersatzstromversorgungsanlagen	–	–	–	–
057	Gebäudesystemtechnik	–	–	–	–
058	Leuchten und Lampen	1.621	4,20	0,95	1,7
059	Sicherheitsbeleuchtungsanlagen	–	–	–	–
060	Sprech-, Ruf-, Antennenempfangs-, Uhren- und elektroakustische Anlagen	–	–	–	–
061	Kommunikations- und Übertragungsnetze	666	1,70	0,39	0,7
062	Kommunikationsanlagen	–	–	–	–
063	Gefahrenmeldeanlagen	–	–	–	–
064	Zutrittskontroll-, Zeiterfassungssysteme	–	–	–	–
069	Aufzüge	–	–	–	–
070	Gebäudeautomation	–	–	–	–
075	Raumlufttechnische Anlagen	462	1,20	0,27	0,5
078	Kälteanlagen für raumlufttechnische Anlagen	–	–	–	–
	Gebäudetechnik	**87.940**	**227,70**	**51,50**	**94,2**
	Sonstige Leistungsbereiche	**5.433**	**14,10**	**3,20**	**5,8**

© BKI Baukosteninformationszentrum   Kostenstand: 4.Quartal 2021, Bundesdurchschnitt, **inkl. 19% MwSt.**

7300-0100
Gewerbegebäude
(5 Einheiten, 26 AP)
Effizienzhaus ~59%

Objektübersicht

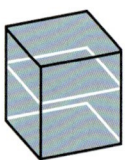 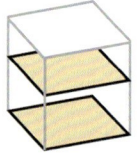 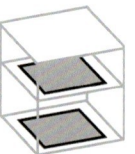

BRI 465 €/m³   **BGF** 1.737 €/m²   **NUF** 2.067 €/m²

Objekt:
Kennwerte: 3. Ebene DIN 276
BRI: 5.459 m³
BGF: 1.462 m²
NUF: 1.229 m²
Bauzeit: 39 Wochen
Bauende: 2019
Standard: Durchschnitt
Bundesland: Niedersachsen
Kreis: Hannover, Region

Architekt*in:
Leistungsphase 1-4:
Michelmann-Architekten GmbH
Lorbeerrosenweg 8
30916 Isernhagen

Leistungsphase 4-9
TW.Architekten
Többen Woschek
Spichernstraße 26
30161 Hannover

Bauherr*in:
hanova
Gewerbe GmbH
Otto-Brenner-Straße 4
30159 Hannover

© Andrea Janssen

© Andrea Janssen

Zeichnungen

7300-0100
Gewerbegebäude
(5 Einheiten, 26 AP)
Effizienzhaus ~59%

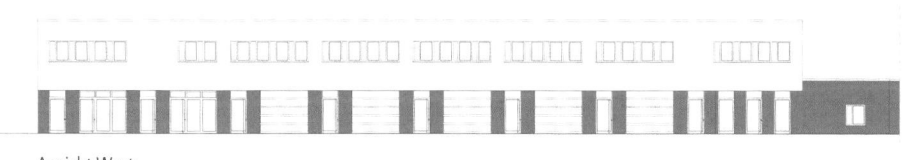

Ansicht West

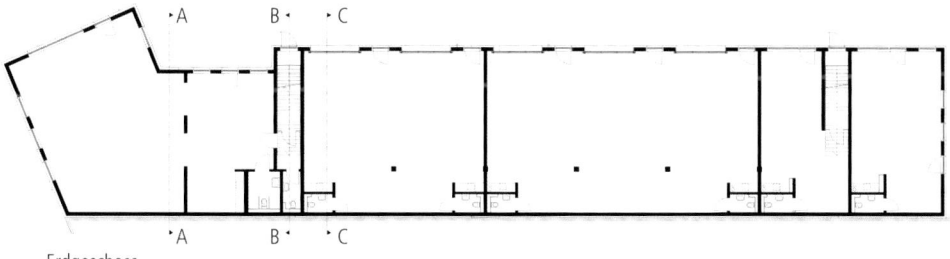

Erdgeschoss

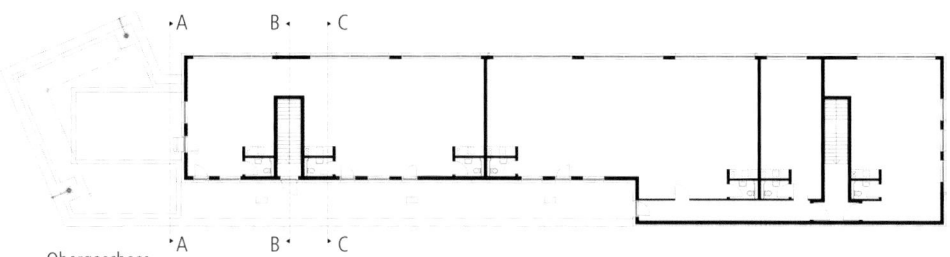

Obergeschoss

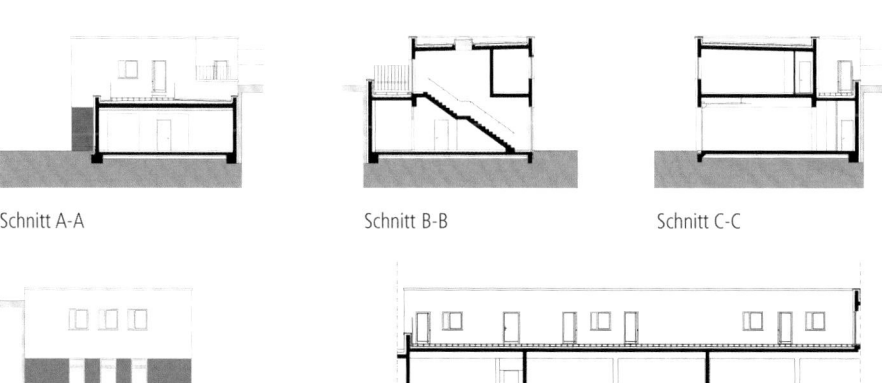

Schnitt A-A   Schnitt B-B   Schnitt C-C

Ansicht Nord   Ansicht Ost

7300-0100 Gewerbegebäude (5 Einheiten, 26 AP) Effizienzhaus ~59%

Objektbeschreibung

Allgemeine Objektinformationen

In dem kompakten, langgestreckten Baukörper mit Flachdach sind im Erdgeschoss Gewerbeeinheiten untergebracht, die über Sektionaltore zugänglich sind. Das Obergeschoss wird über zwei Treppenräume mit vorgelagertem offenen Laubengang erschlossen. Dort ist eine flexible Teilung der Einheiten möglich. An der Rückseite grenzt der Neubau über eine Brandmauer an das Nachbargebäude.

Nutzung

1 Erdgeschoss
Gewerberäume, Sanitärräume

1 Obergeschoss
Gewerberäume, Sanitärräume

Nutzeinheiten

Arbeitsplätze: 26

Grundstück

Bauraum: Beengter Bauraum
Neigung: Ebenes Gelände
Bodenklasse: BK 1 bis BK 4

Markt

Hauptvergabezeit: 3.Quartal 2018
Baubeginn: 3.Quartal 2018
Bauende: 2.Quartal 2019
Konjunkturelle Gesamtlage: über Durchschnitt
Regionaler Baumarkt: Durchschnitt

Baukonstruktion

Für die tragenden Außen- und Innenwände wurden Hohlwandelemente als Stb-Fertigteile in Sichtbeton verbaut. Die Bodenplatte besteht aus wasserundurchlässigem Beton mit hoher Betongüte. Sie ist mit einer abriebfesten Industriebodenvergütung behandelt, die auch im OG zu finden ist. Die Fassade ist mit einem Wärmedämmverbundsystem bekleidet. Im OG kamen Kunststofffenster zum Einbau, im EG sind die Fassadenelemente in Leichtmetallbauweise ausgeführt. Die Sektionaltore haben eine Kunststoff-Dreifachverglasung mit horizontaler Gliederung. Im Gebäudeinnern sind die Betonoberflächen in Sichtbeton ausgeführt, die nicht tragenden GK-Wände wurden beschichtet. Den oberen Gebäudeabschluss bildet ein Flachdach mit mineralischer Dämmung und Folienabdichtung. Auf Dachterrasse und Laubengang sind Betonplatten verlegt, in Randbereichen und auf Teilflächen befindet sich eine Kiesschüttung, die restlichen Flächen sind extensiv begrünt.

Technische Anlagen

Der Neubau ist an das Fernwärmenetz angeschlossen. Er wird im Erdgeschoss über **Deckenstrahlelemente** und im Obergeschoss über konventionelle Heizkörper beheizt. Die Wasserversorgung erfolgt zentral, Warmwasser wird über lokale Speicherelemente erzeugt.

7300-0100
Gewerbegebäude
(5 Einheiten, 26 AP)
Effizienzhaus ~59%

Planungskennwerte für Flächen und Rauminhalte nach DIN 277

	Flächen des Grundstücks	Menge, Einheit	% an GF
BF	Bebaute Fläche	1.977,00 m²	46,5
UF	Unbebaute Fläche	2.272,00 m²	53,5
GF	Grundstücksfläche	4.249,00 m²	100,0

	Grundflächen des Bauwerks	Menge, Einheit	% an NUF	% an BGF
NUF	Nutzungsfläche	1.228,72 m²	100,0	84,0
TF	Technikfläche	–	–	–
VF	Verkehrsfläche	51,04 m²	4,2	3,5
NRF	Netto-Raumfläche	1.279,76 m²	104,2	87,5
KGF	Konstruktions-Grundfläche	182,54 m²	14,9	12,5
BGF	Brutto-Grundfläche	1.462,30 m²	119,0	100,0

NUF=100% | NRF=104,2% | BGF=119,0%

NUF TF VF KGF

	Brutto-Rauminhalt des Bauwerks	Menge, Einheit	BRI/NUF (m)	BRI/BGF (m)
BRI	Brutto-Rauminhalt	5.459,39 m³	4,44	3,73

BRI/NUF=4,44m
BRI/BGF=3,73m

0 1 2 3 4 5

Prozentualer Anteil der Kostengruppen der 2. Ebene an der Kostengruppe 400 nach DIN 276

KG	Kostengruppen (2. Ebene)
410	Abwasser-, Wasser-, Gasanlagen
420	Wärmeversorgungsanlagen
430	Raumlufttechnische Anlagen
440	Elektrische Anlagen
450	Kommunikationstechnische Anlagen
460	Förderanlagen
470	Nutzungsspez. und verfahrenstech. Anlagen
480	Gebäude- und Anlagenautomation
490	Sonstige Maßnahmen für technische Anlagen

Ranking der Kostengruppen der 3. Ebene an der Kostengruppe 400 nach DIN 276

KG	Kostengruppe (3. Ebene)	Kosten an KG 400 %	KG	Kostengruppe (3. Ebene)	Kosten an KG 400 %
444	Niederspannungsinstallationsanlagen	28,5	419	Sonstiges zur KG 410	2,1
423	Raumheizflächen	16,5	457	Datenübertragungsnetze	2,0
411	Abwasseranlagen	15,9	446	Blitzschutz- und Erdungsanlagen	1,9
422	Wärmeverteilnetze	12,8	452	Such- und Signalanlagen	1,5
412	Wasseranlagen	9,6	421	Wärmeerzeugungsanlagen	0,9
445	Beleuchtungsanlagen	4,7	451	Telekommunikationsanlagen	0,8
431	Lüftungsanlagen	2,8			

© BKI Baukosteninformationszentrum   Kostenstand: 4.Quartal 2021, Bundesdurchschnitt, **inkl. 19% MwSt.**

7300-0100
Gewerbegebäude
(5 Einheiten, 26 AP)
Effizienzhaus ~59%

Kostenkennwerte für die Kostengruppen der 1. Ebene DIN 276

KG	Kostengruppen (1. Ebene)	Einheit	Kosten €	€/Einheit	€/m² BGF	€/m³ BRI	% 300+400
100		m² GF	–	–	–	–	–
200	Vorbereitende Maßnahmen	m² GF	–	–	–	–	–
300	Bauwerk – Baukonstruktionen	m² BGF	2.147.664	1.468,69	1.468,69	393,39	84,6
400	Bauwerk – Technische Anlagen	m² BGF	392.170	268,19	268,19	71,83	15,4
	Bauwerk 300+400	**m² BGF**	**2.539.834**	**1.736,88**	**1.736,88**	**465,22**	**100,0**
500	Außenanlagen und Freiflächen	m² AF	–	–	–	–	–
600	Ausstattung und Kunstwerke	m² BGF	–	–	–	–	–
700	Baunebenkosten	m² BGF	–	–	–	–	–
800	Finanzierung	m² BGF	–	–	–	–	–

KG	Kostengruppe	Menge Einheit	Kosten €	€/Einheit	%
3+4	**Bauwerk**				**100,0**
300	Bauwerk – Baukonstruktionen	1.462,30 m² BGF	2.147.664	**1.468,69**	84,6

Bodenarbeiten; Stb-Bodenplatte WU, Fundamente, Estrich, Industriebodenvergütung, Bodenfliesen, Perimeterdämmung; Hohlwandelement-Außenwände, Stb-Attika, Stb-Stützen, Kunststofffenster, Alu-Fassadenelemente, Alu-Türen, Sektionaltore, WDVS, Raffstoreanlagen; Hohlwandelement-Innenwände, KS-Mauerwerk, GK-Wände, Holztüren, Dispersionsbeschichtung, Wandfliesen, Systemtrennwände, Handlauf; Stb-Filigrandecken, Stb-Treppen, Deckenbekleidung außen; Stb-Flachdach als Spannbeton-Hohlplatte, Stb-Filigran-Flachdach, Lichtkuppeln, Dämmung, Dachabdichtung, extensive Dachbegrünung, Kiesschüttung, Betonplatten, Dachentwässerung, Metallgeländer

| 400 | Bauwerk – Technische Anlagen | 1.462,30 m² BGF | 392.170 | **268,19** | 15,4 |

Gebäudeentwässerung, Kalt- und Warmwasserleitungen, Sanitärobjekte; Fernwärmeanschlüsse, Wärmemengenzähler, Kupferrohre, Heizkörper, Deckenstrahlplatten; Einzelraumlüfter; Elektroinstallation, Beleuchtung; **Blitzschutzanlage**; Fernmeldekabel, Türsprechanlagen, Ruf-Set **behindertengerechtes WC**, Datenkabel, Patchfelder, Anschlussdosen

Kostenkennwerte für die Kostengruppen 400 der 2. Ebene DIN 276

7300-0100
Gewerbegebäude
(5 Einheiten, 26 AP)
Effizienzhaus ~59%

KG	Kostengruppe	Menge Einheit	Kosten €	€/Einheit	%
400	**Bauwerk – Technische Anlagen**				**100,0**
410	**Abwasser-, Wasser-, Gasanlagen**	1.462,30 m² BGF	108.227	**74,01**	27,6

KG-Rohre DN100-125 (187m), SML-Rohre DN50-100 (200m), HT-Rohre DN50-110 (141m), Rohrdämmung (120m), Entwässerungsrinnen (6St), Dachgullys (16St), Bodenablauf (1St) * Kupferrohre 15x1,0mm bis 35x1,5mm, Rohrdämmung (206m), Wasserzähler-Montageblöcke (14St), Waschtische (15St), Tiefspül-WCs (15St), Durchlauferhitzer (14St), Warmwasserspeicher 5l (1St), Rohrabschottungen R90 (14St) * Montageelemente (30St)

420	**Wärmeversorgungsanlagen**	1.462,30 m² BGF	118.625	**81,12**	30,2

Fernwärmeanschlüsse bis DN40 (4St), Wärmemengenzähler DN20-40 (8St) * Kupferrohre 15x1,00mm bis 42x2,00mm, Rohrdämmung (710m), Umwälzpumpen (2St) * Kompaktheizkörper (41St), Deckenstrahlplatten, Mineralwolldämmung (13St)

430	**Raumlufttechnische Anlagen**	1.462,30 m² BGF	11.064	**7,57**	2,8

Einzelraumlüfter 100m³/h (15St), Flachdachhauben (14St), Wickelfalzrohre DN100-125 (76m), Alu-Flexrohr (12m)

440	**Elektrische Anlagen**	1.462,30 m² BGF	137.798	**94,23**	35,1

Zählerschränke, Hauptverteilung (2St), Kleinverteiler (14St), Erdkabel (4.003m), Mantelleitungen (2.040m), Flexleitungen (293m), Sockelleistenkanäle (155m), Brüstungskanäle (72m), Schalter/Taster (78St), Steckdosen (210St), Bewegungsmelder (6St), Präsenzmelder (4St), Anschluss Sonnenschutzmodule (15St) * Wandleuchten (36St), Deckeneinbaustrahler (7St), Rettungszeichenleuchten (15St), Anbauleuchten (13St), Ovalleuchten (3St) * Fundamenterder (230m), Ringerder (332m), Potenzialausgleichsschienen (2St)

450	**Kommunikationstechnische Anlagen**	1.462,30 m² BGF	16.456	**11,25**	4,2

Fernmeldekabel (1.288m) * Türsprechanlagen, vier Klingeltasten (2St), Wohnungsstationen für Türsprechanlagen (4St), Zweiklang-Gongs (7St), Ruf-Set für **behindertengerechtes WC** (1St) * Datenkabel (1.397m), Patchfelder, sechs Ports (8St), zwölf Ports (2St), Anschlussdosen RJ45 (44St)

© **BKI** Baukosteninformationszentrum Kostenstand: 4.Quartal 2021, Bundesdurchschnitt, **inkl.** 19% MwSt.

7300-0100
Gewerbegebäude
(5 Einheiten, 26 AP)
Effizienzhaus ~59%

Kostenkennwerte für die Kostengruppe 400 der 2. und 3. Ebene DIN 276 (Übersicht)

KG	Kostengruppe	Menge Einheit	Kosten €	€/Einheit	%
410	**Abwasser-, Wasser-, Gasanlagen**	**1.462,30 m² BGF**	**74,01**	**108.226,67**	**27,6**
411	Abwasseranlagen	1.462,30 m² BGF	42,60	62.297,28	15,9
412	Wasseranlagen	1.462,30 m² BGF	25,64	37.500,08	9,6
419	Sonstiges zur KG 410	1.462,30 m² BGF	5,76	8.429,33	2,1
420	**Wärmeversorgungsanlagen**	**1.462,30 m² BGF**	**81,12**	**118.625,23**	**30,2**
421	Wärmeerzeugungsanlagen	1.462,30 m² BGF	2,49	3.643,11	0,9
422	Wärmeverteilnetze	1.462,30 m² BGF	34,25	50.079,40	12,8
423	Raumheizflächen	1.462,30 m² BGF	44,38	64.902,72	16,5
430	**Raumlufttechnische Anlagen**	**1.462,30 m² BGF**	**7,57**	**11.064,31**	**2,8**
431	Lüftungsanlagen	1.462,30 m² BGF	7,57	11.064,31	2,8
440	**Elektrische Anlagen**	**1.462,30 m² BGF**	**94,23**	**137.797,78**	**35,1**
444	Niederspannungsinstallationsanlagen	1.462,30 m² BGF	76,57	111.961,25	28,5
445	Beleuchtungsanlagen	1.462,30 m² BGF	12,56	18.367,87	4,7
446	Blitzschutz- und Erdungsanlagen	1.462,30 m² BGF	5,11	7.468,63	1,9
450	**Kommunikationstechnische Anlagen**	**1.462,30 m² BGF**	**11,25**	**16.456,20**	**4,2**
451	Telekommunikationsanlagen	1.462,30 m² BGF	2,09	3.059,11	0,8
452	Such- und Signalanlagen	1.462,30 m² BGF	3,90	5.705,10	1,5
457	Datenübertragungsnetze	1.462,30 m² BGF	5,26	7.691,99	2,0

Kostenkennwerte für Leistungsbereiche nach STLB (Kosten KG 400 nach DIN 276)

7300-0100
Gewerbegebäude
(5 Einheiten, 26 AP)
Effizienzhaus ~59%

LB	Leistungsbereiche	Kosten €	€/m² BGF	€/m³ BRI	% an 400
040	Wärmeversorgungsanlagen - Betriebseinrichtungen	1.613	1,10	0,30	0,4
041	Wärmeversorgungsanlagen - Leitungen, Armaturen, Heizflächen	105.126	71,90	19,30	26,8
042	Gas- und Wasseranlagen - Leitungen, Armaturen	14.715	10,10	2,70	3,8
043	Druckrohrleitungen für Gas, Wasser und Abwasser	–	–	–	–
044	Abwasseranlagen - Leitungen, Abläufe, Armaturen	39.402	26,90	7,20	10,0
045	Gas-, Wasser- und Entwässerungsanlagen - Ausstattung, Elemente, Fertigbäder	29.486	20,20	5,40	7,5
046	Gas-, Wasser- und Entwässerungsanlagen - Betriebseinrichtungen	–	–	–	–
047	Dämm- und Brandschutzarbeiten an technischen Anlagen	27.864	19,10	5,10	7,1
049	Feuerlöschanlagen, Feuerlöschgeräte	–	–	–	–
050	Blitzschutz- / Erdungsanlagen, Überspannungsschutz	7.469	5,10	1,40	1,9
051	Kabelleitungstiefbauarbeiten	–	–	–	–
052	Mittelspannungsanlagen	–	–	–	–
053	Niederspannungsanlagen - Kabel/Leitungen, Verlegesysteme, Installationsgeräte	74.280	50,80	13,60	18,9
054	Niederspannungsanlagen - Verteilersysteme und Einbaugeräte	32.990	22,60	6,00	8,4
055	Sicherheits- und Ersatzstromversorgungsanlagen	–	–	–	–
057	Gebäudesystemtechnik	–	–	–	–
058	Leuchten und Lampen	15.812	10,80	2,90	4,0
059	Sicherheitsbeleuchtungsanlagen	2.556	1,70	0,47	0,7
060	Sprech-, Ruf-, Antennenempfangs-, Uhren- und elektroakustische Anlagen	5.705	3,90	1,00	1,5
061	Kommunikations- und Übertragungsnetze	10.422	7,10	1,90	2,7
062	Kommunikationsanlagen	–	–	–	–
063	Gefahrenmeldeanlagen	–	–	–	–
064	Zutrittskontroll-, Zeiterfassungssysteme	–	–	–	–
069	Aufzüge	–	–	–	–
070	Gebäudeautomation	–	–	–	–
075	Raumlufttechnische Anlagen	11.064	7,60	2,00	2,8
078	Kälteanlagen für raumlufttechnische Anlagen	–	–	–	–
	Gebäudetechnik	**378.504**	**258,80**	**69,30**	**96,5**
	Sonstige Leistungsbereiche	**13.667**	**9,30**	**2,50**	**3,5**

© BKI Baukosteninformationszentrum Kostenstand: 4.Quartal 2021, Bundesdurchschnitt, **inkl. 19% MwSt.**

7600-0081
Feuerwehrstützpunkt
(8 Fahrzeuge)

Objektübersicht

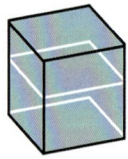
BRI 448 €/m³

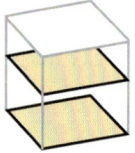
BGF 2.021 €/m²

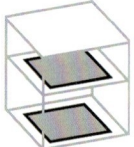
NUF 2.503 €/m²

Objekt:
Kennwerte: 3. Ebene DIN 276
BRI: 7.320 m³
BGF: 1.624 m²
NUF: 1.311 m²
Bauzeit: 60 Wochen
Bauende: 2018
Standard: Durchschnitt
Bundesland: Brandenburg
Kreis: Potsdam-Mittelmark

Architekt*in:
KÖBER-PLAN GmbH
Wilhelmsdorfer Landstraße 41
14776 Brandenburg

Bauherr*in:
Stadt Beelitz
Berliner Straße 202
14547 Beelitz

Zeichnungen

7600-0081
Feuerwehrstützpunkt
(8 Fahrzeuge)

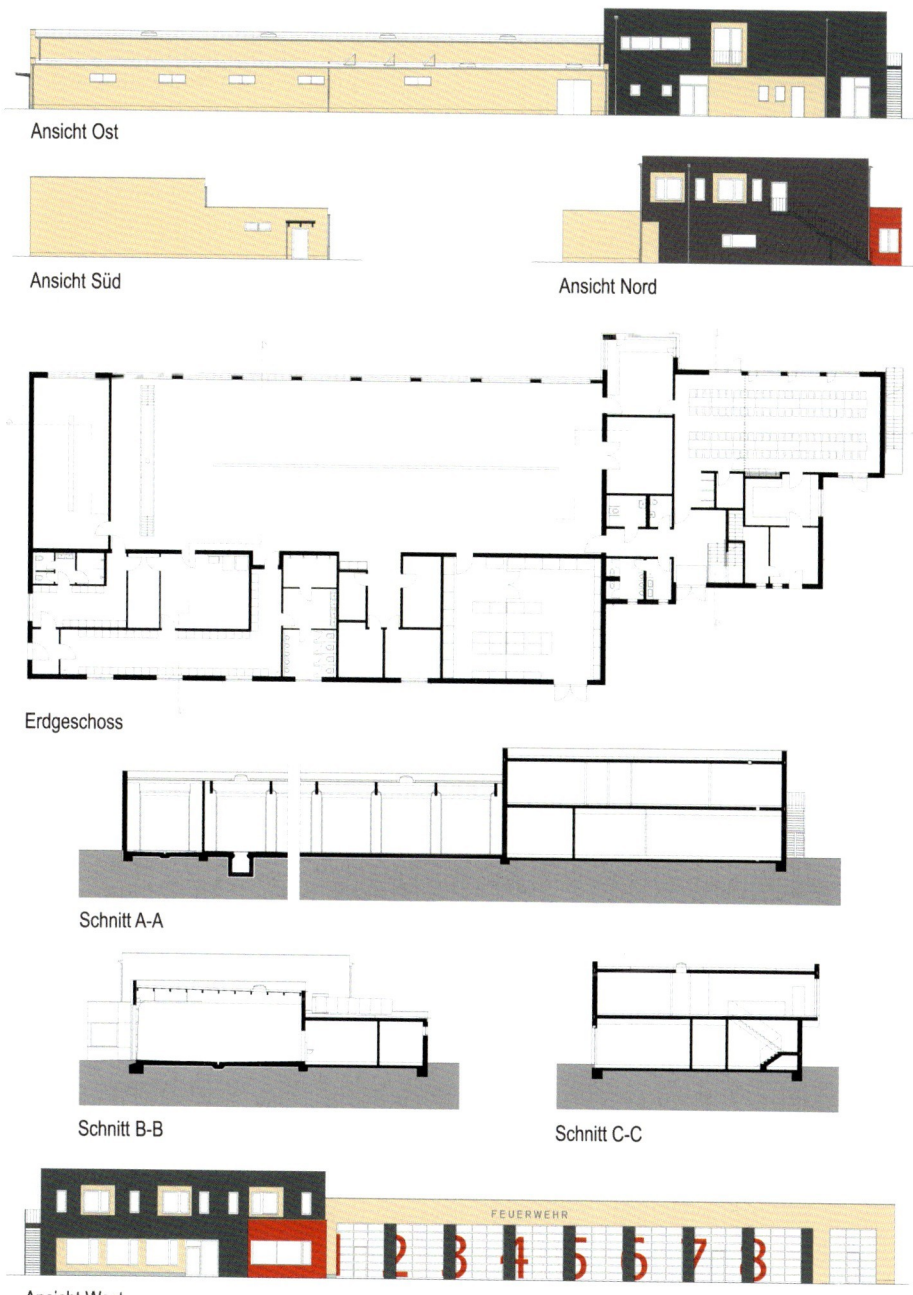

Ansicht Ost

Ansicht Süd

Ansicht Nord

Erdgeschoss

Schnitt A-A

Schnitt B-B

Schnitt C-C

Ansicht West

7600-0081
Feuerwehrstützpunkt
(8 Fahrzeuge)

Objektbeschreibung

Allgemeine Objektinformationen

Der neue Feuerwehrstützpunkt besteht aus drei Gebäudeteilen. Die eingeschossige Fahrzeughalle beherbergt acht Stellplätze und eine Waschhalle. Direkt ebenerdig angrenzend befinden sich für kurze und direkte Alarmwege die Sanitär-, Umkleide und Lagerräume. Straßenseitig dient ein zweigeschossiger Gebäudeteil der Büro- und Verwaltungsnutzung und beinhaltet Räume für Schulungen sowie die Kinder- und Jugendfeuerwehr. Mit seiner zeitgemäßen Fassadengestaltung und der roten Einsatzzentrale ist der Bau eindeutig als Feuerwehr erkennbar.

Nutzung

Feuerwehrstützpunkt (8 Fahrzeuge)

Grundstück

Bauraum: Freier Bauraum
Neigung: Ebenes Gelände
Bodenklasse: BK 1 bis BK 5

Markt

Hauptvergabezeit: 2.Quartal 2017
Baubeginn: 2.Quartal 2017
Bauende: 2.Quartal 2018
Konjunkturelle Gesamtlage: Durchschnitt
Regionaler Baumarkt: unter Durchschnitt

Baukonstruktion

Das Gebäude gründet flach auf einer teils aus wasserundurchlässigem Beton hergestellten Bodenplatte und teils auf einem Brunnenring. Die massive Bauweise aus Porenbetonmauerwerk außen und Kalksandsteinmauerwerk innen und Stahlbetondecken gewährleistet durch die Speichermasse einen guten sommerlichen Wärmeschutz für die Büro- und Schulungsbereiche. Alle Gebäudeteile besitzen eine Flachdachkonstruktion als oberen Abschluss. Die Fahrzeughalle ist mit Brettschichtholzträgern und einer leichten Holzdachkonstruktion überspannt. Im zweigeschossigen Büro- und Verwaltungsbereich kamen Elementdecken zur Ausführung. Die eingebauten Kunststofffenster sind teilweise mit Raffstoreanlagen als Sonnenschutz ausgestattet.

Technische Anlagen

Die Heizung und Warmwasserbereitung erfolgt durch die Kombination aus **Luft-Wasser-Wärmepumpe** mit solarer Unterstützung und einer **Gas-Brennwerttherme**. Im Büro- und Verwaltungsgebäude erwärmt eine Fußbodenheizung die Büro- und Schulungsräume. Es wurden feuerwehrspezifische Anlagen wie Abgasabsaugung, Abscheidetechnik und Funktechnik installiert. Eine **Lüftungsanlage** sorgt für Luftaustausch in den Sanitärbereichen sowie für die Abgasabsaugung in der Fahrzeughalle.

Planungskennwerte für Flächen und Rauminhalte nach DIN 277

7600-0081
Feuerwehrstützpunkt
(8 Fahrzeuge)

Flächen des Grundstücks		Menge, Einheit	% an GF
BF	Bebaute Fläche	1.298,00 m²	21,6
UF	Unbebaute Fläche	4.702,00 m²	78,4
GF	Grundstücksfläche	6.000,00 m²	100,0

Grundflächen des Bauwerks		Menge, Einheit	% an NUF	% an BGF
NUF	Nutzungsfläche	1.311,00 m²	100,0	80,7
TF	Technikfläche	42,00 m²	3,2	2,6
VF	Verkehrsfläche	108,00 m²	8,2	6,7
NRF	Netto-Raumfläche	1.461,00 m²	111,4	90,0
KGF	Konstruktions-Grundfläche	163,00 m²	12,4	10,0
BGF	Brutto-Grundfläche	1.624,00 m²	123,9	100,0

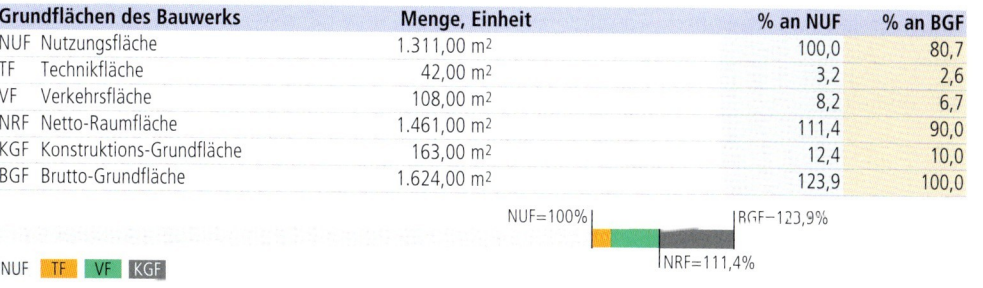

NUF TF VF KGF

Brutto-Rauminhalt des Bauwerks		Menge, Einheit	BRI/NUF (m)	BRI/BGF (m)
BRI	Brutto-Rauminhalt	7.320,00 m³	5,58	4,51

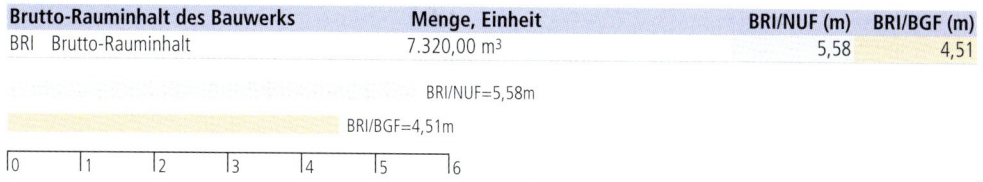

Prozentualer Anteil der Kostengruppen der 2. Ebene an der Kostengruppe 400 nach DIN 276

KG	Kostengruppen (2. Ebene)	20%	40%	60%
410	Abwasser-, Wasser-, Gasanlagen			
420	Wärmeversorgungsanlagen			
430	Raumlufttechnische Anlagen			
440	Elektrische Anlagen			
450	Kommunikationstechnische Anlagen			
460	Förderanlagen			
470	Nutzungsspez. und verfahrenstech. Anlagen			
480	Gebäude- und Anlagenautomation			
490	Sonstige Maßnahmen für technische Anlagen			

Ranking der Kostengruppen der 3. Ebene an der Kostengruppe 400 nach DIN 276

KG	Kostengruppe (3. Ebene)	Kosten an KG 400 %	KG	Kostengruppe (3. Ebene)	Kosten an KG 400 %
411	Abwasseranlagen	13,7	475	Prozesswärme-, kälte- und -luftanlagen	3,6
444	Niederspannungsinstallationsanlagen	11,5	473	Medienversorgungsanlagen, Medizinanlagen	3,1
456	Gefahrenmelde- und Alarmanlagen	11,1	443	Niederspannungsschaltanlagen	2,5
421	Wärmeerzeugungsanlagen	8,8	446	Blitzschutz- und Erdungsanlagen	2,3
445	Beleuchtungsanlagen	8,0	434	Kälteanlagen	2,1
412	Wasseranlagen	7,9	431	Lüftungsanlagen	2,1
422	Wärmeverteilnetze	7,7	457	Datenübertragungsnetze	2,0
423	Raumheizflächen	6,5	451	Telekommunikationsanlagen	1,7

© BKI Baukosteninformationszentrum   Kostenstand: 4.Quartal 2021, Bundesdurchschnitt, inkl. 19% MwSt.

**7600-0081
Feuerwehrstützpunkt
(8 Fahrzeuge)**

Kostenkennwerte für die Kostengruppen der 1. Ebene DIN 276

KG	Kostengruppen (1. Ebene)	Einheit	Kosten €	€/Einheit	€/m² BGF	€/m³ BRI	% 300+400
100		m² GF	–	–	–	–	–
200	Vorbereitende Maßnahmen	m² GF	65.971	11,00	40,62	9,01	2,0
300	Bauwerk – Baukonstruktionen	m² BGF	2.211.997	1.362,07	1.362,07	302,19	67,4
400	Bauwerk – Technische Anlagen	m² BGF	1.069.875	658,79	658,79	146,16	32,6
	Bauwerk 300+400	**m² BGF**	**3.281.872**	**2.020,86**	**2.020,86**	**448,34**	**100,0**
500	Außenanlagen und Freiflächen	m² AF	232.541	74,84	143,19	31,77	7,1
600	Ausstattung und Kunstwerke	m² BGF	20.263	12,48	12,48	2,77	0,6
700	Baunebenkosten	m² BGF	–	–	–	–	–
800	Finanzierung	m² BGF	–	–	–	–	–

KG	Kostengruppe	Menge Einheit	Kosten €	€/Einheit	%
200	**Vorbereitende Maßnahmen**	6.000,00 m² GF	65.971	**11,00**	2,0

Baumschutz, Abbruch von Asphaltfläche, Oberboden abtragen

KG	Kostengruppe	Menge Einheit	Kosten €	€/Einheit	%
3+4	**Bauwerk**				**100,0**
300	**Bauwerk – Baukonstruktionen**	1.624,00 m² BGF	2.211.997	**1.362,07**	67,4

Stb-Fundamente; Stb-Bodenplatte, Estrich, Bodenfliesen, Linoleum; Stb-Wände, Porenbeton-Mauerwerk, Alu-Sektionaltore, Alu-Türelemente, Stahlblechtüren, Kunststofffenster mit Sonnenschutz, Außenputz; KS-Innenwände, GK-Wände, Gitterzaun-Trennwände, Holztüren, Stahlblechtüren, Putz, Beschichtung, Wandfliesen; Stb-Decken, Stb-FT-Treppen, Stahl-Außentreppe, GK-Akustikdecke; Stb-Flachdach, Holz-Pultdach, Wärmedämmung, Dachabdichtung, Lichtkuppeln, Dachentwässerung

KG	Kostengruppe	Menge Einheit	Kosten €	€/Einheit	%
400	**Bauwerk – Technische Anlagen**	1.624,00 m² BGF	1.069.875	**658,79**	32,6

Gebäudeentwässerung, Kalt- und Warmwasserleitungen, Sanitärobjekte; **Luft-Wasser-Wärmepumpe**, **Gas-Brennwertkessel**, **Solar-Kollektoren**, Fußbodenheizung, Heizkörper, Deckenstrahlplatten; **Lüftungsgeräte**, **Split-Klimagerät**; Elektroinstallation, Beleuchtung, Erdung; Telefon-Verkabelung, Sprechanlage, Beschallungsanlagen, Einbruch/**Brandmeldezentrale**, EDV-Verkabelung; Druckluftversorgungsanlage, **Absauganlagen**, **Anlagenautomation**

KG	Kostengruppe	Menge Einheit	Kosten €	€/Einheit	%
500	**Außenanlagen und Freiflächen**	3.107,00 m² AF	232.541	**74,84**	7,1

Bodenarbeiten; Asphaltschicht, Verbundpflasterdecke, Schotterrasen; Außenbeleuchtung; Bepflanzung

KG	Kostengruppe	Menge Einheit	Kosten €	€/Einheit	%
600	**Ausstattung und Kunstwerke**	1.624,00 m² BGF	20.263	**12,48**	0,6

Sanitärausstattungen, Stiefelwaschanlagen, Beschilderungen

© BKI Baukosteninformationszentrum Kostenstand: 4.Quartal 2021, Bundesdurchschnitt, inkl. 19% MwSt.

Kostenkennwerte für die Kostengruppen 400 der 2. Ebene DIN 276

7600-0081
Feuerwehrstützpunkt
(8 Fahrzeuge)

KG	Kostengruppe	Menge Einheit	Kosten €	€/Einheit	%
400	Bauwerk – Technische Anlagen				100,0
410	Abwasser-, Wasser-, Gasanlagen	1.624,00 m² BGF	237.831	146,45	22,2

PVC-KG-Rohre (499m), PP-Rohre DN50-100 (165m), PP-Kontrollschächte DN600 (6St), Hebeanlage (1St), Koaleszenzabscheider, Tauchpumpe (1St), Beton-Kastenrinnen (46m) * Trinkwasserrohre DN12-25 (105m), WCs (11St), Urinale (8St), Waschtische (10St), Handwaschbecken (1St), Ausgussbecken (1St), Waschtrog (1St), Duschelemente (6St) * Montageelemente (29St)

420	**Wärmeversorgungsanlagen**	1.624,00 m² BGF	246.576	**151,83**	23,0

Luft-Wasser-Wärmepumpe (1St), **Gas-Brennwertkessel** (1St), **Solar-Kollektoren** (psch), Rohrinstallation (50m) * Heizkreisverteiler (1St), Heizungsinstallation (psch) * Fußbodenheizung, Heizkörper (psch), Deckenstrahlplatten (9St)

430	**Raumlufttechnische Anlagen**	1.624,00 m² BGF	45.124	**27,79**	4,2

Einraum-Einbaulüfter (18St), Lüftungsrohre (52m), Wetterschutzgitter (2St) * **Split-Klimagerät**, Außeneinheit (1St), Inneneinheiten (2St), Kondensathebeanlagen (2St), Kältemittelleiungen (60m)

440	**Elektrische Anlagen**	1.624,00 m² BGF	274.378	**168,95**	25,6

USV-Anlagen, Überbrückungszeit 10 Minuten (2St) * Hauptverteiler (1St), Unterverteiler (8St) * Mantelleitungen (13.270m), Installationskabel (6.180m), Gummischlauchleitungen (890m), Steckdosen (353St), Schalter/Taster (59St), Präsenz/Bewegungsmelder (26St) * LED-An-/Einbauleuchten (184St), LED-Downlights (58St), LED-Sicherheitsleuchten (39St), LED-Hänge-/Wandleuchten (10St) * Fundamenterder (555m), Fangleitung (342m), Potenzialausgleichsleitung (284m)

450	**Kommunikationstechnische Anlagen**	1.624,00 m² BGF	182.824	**112,58**	17,1

Telekommunikationsserver (1St), Telefone (8St), Faxgeräte (3St) * Türsprechanlage (1St), Ruf-Kompaktset (1St) * elektroakustische Anlagen (2St), Einbaulautsprecher (40St) * Funkanlage (1St), Koaxialkabel (12m), Videokabel (12m), Audiokabel (12m) * Einbruchmeldezentrale (1St), digitale Schließzylinder (24St), Bewegungsmelder (26St), Thermo/Rauchwarnmelder (70St), Schließsystem für Rolltore (9St), **RWA-Anlage** (1St) * Netzwerkschrank (1St), Datendosen (35St), Datenkabel Cat6 (3.150m), Verteilerkasten (2St)

470	**Nutzungsspez. u. verfahrenstechnische Anlagen**	1.624,00 m² BGF	71.599	**44,09**	6,7

Druckluftversorgungsanlage (1St), C-Stahlrohre DN25 (138m), Manometer (8St), Kugelhähne (10St), Kupplungsdosen (8St) * **Absauganlagen** für Fahrzeugabgase (8St), Radialventilator, Schalldämmhaube (1St), Wickelfalzrohre DN100-355 (125m), Drosselklappe, Schalldämpfer, Deflektorhaube (1St)

480	**Gebäude- und Anlagenautomation**	1.624,00 m² BGF	11.542	**7,11**	1,1

KNX-Sonnenschutzsteuerung, Wetterstation, Funkantenne (1St), **KNX-Beleuchtungsanlagen** (2St), Tasterschnittstelle, (21St), Relais (8St) * Busleitungen (600m)

© **BKI** Baukosteninformationszentrum Kostenstand: 4.Quartal 2021, Bundesdurchschnitt, inkl. 19% MwSt.

7600-0081 Feuerwehrstützpunkt (8 Fahrzeuge)

Kostenkennwerte für die Kostengruppe 400 der 2. und 3. Ebene DIN 276 (Übersicht)

KG	Kostengruppe	Menge Einheit	Kosten €	€/Einheit	%
410	**Abwasser-, Wasser-, Gasanlagen**	**1.624,00 m² BGF**	**146,45**	**237.831,18**	**22,2**
411	Abwasseranlagen	1.624,00 m² BGF	90,17	146.430,13	13,7
412	Wasseranlagen	1.624,00 m² BGF	52,37	85.047,12	7,9
419	Sonstiges zur KG 410	1.624,00 m² BGF	3,91	6.353,93	0,6
420	**Wärmeversorgungsanlagen**	**1.624,00 m² BGF**	**151,83**	**246.576,33**	**23,0**
421	Wärmeerzeugungsanlagen	1.624,00 m² BGF	57,89	94.017,19	8,8
422	Wärmeverteilnetze	1.624,00 m² BGF	50,96	82.763,73	7,7
423	Raumheizflächen	1.624,00 m² BGF	42,98	69.795,40	6,5
430	**Raumlufttechnische Anlagen**	**1.624,00 m² BGF**	**27,79**	**45.123,79**	**4,2**
431	Lüftungsanlagen	1.624,00 m² BGF	13,78	22.372,65	2,1
434	Kälteanlagen	1.624,00 m² BGF	14,01	22.751,12	2,1
440	**Elektrische Anlagen**	**1.624,00 m² BGF**	**168,95**	**274.378,27**	**25,6**
442	Eigenstromversorgungsanlagen	1.624,00 m² BGF	8,88	14.424,16	1,3
443	Niederspannungsschaltanlagen	1.624,00 m² BGF	16,37	26.585,82	2,5
444	Niederspannungsinstallationsanlagen	1.624,00 m² BGF	76,02	123.462,17	11,5
445	Beleuchtungsanlagen	1.624,00 m² BGF	52,47	85.217,31	8,0
446	Blitzschutz- und Erdungsanlagen	1.624,00 m² BGF	15,20	24.688,81	2,3
450	**Kommunikationstechnische Anlagen**	**1.624,00 m² BGF**	**112,58**	**182.823,79**	**17,1**
451	Telekommunikationsanlagen	1.624,00 m² BGF	11,18	18.159,55	1,7
452	Such- und Signalanlagen	1.624,00 m² BGF	1,60	2.595,49	0,2
454	Elektroakustische Anlagen	1.624,00 m² BGF	10,86	17.644,34	1,6
455	Audiovisuelle Medien- u. Antennenanl.	1.624,00 m² BGF	2,84	4.607,74	0,4
456	Gefahrenmelde- und Alarmanlagen	1.624,00 m² BGF	73,16	118.805,99	11,1
457	Datenübertragungsnetze	1.624,00 m² BGF	12,94	21.010,68	2,0
470	**Nutzungsspez. u. verfahrenstechn. Anl.**	**1.624,00 m² BGF**	**44,09**	**71.599,41**	**6,7**
473	Medienversorgungsanlagen, Medizinanl.	1.624,00 m² BGF	20,36	33.064,47	3,1
475	Prozesswärme-, kälte- und -luftanlagen	1.624,00 m² BGF	23,73	38.534,92	3,6
480	**Gebäude- und Anlagenautomation**	**1.624,00 m² BGF**	**7,11**	**11.542,29**	**1,1**
481	Automationseinrichtungen	1.624,00 m² BGF	6,33	10.287,57	1,0
485	Datenübertragungsnetze	1.624,00 m² BGF	0,77	1.254,71	0,1

Kostenkennwerte für Leistungsbereiche nach STLB (Kosten KG 400 nach DIN 276)

7600-0081 Feuerwehrstützpunkt (8 Fahrzeuge)

LB	Leistungsbereiche	Kosten €	€/m² BGF	€/m³ BRI	% an 400
040	Wärmeversorgungsanlagen - Betriebseinrichtungen	92.577	57,00	12,60	8,7
041	Wärmeversorgungsanlagen - Leitungen, Armaturen, Heizflächen	147.332	90,70	20,10	13,8
042	Gas- und Wasseranlagen - Leitungen, Armaturen	43.252	26,60	5,90	4,0
043	Druckrohrleitungen für Gas, Wasser und Abwasser	2.287	1,40	0,31	0,2
044	Abwasseranlagen - Leitungen, Abläufe, Armaturen	31.968	19,70	4,40	3,0
045	Gas-, Wasser- und Entwässerungsanlagen - Ausstattung, Elemente, Fertigbäder	43.711	26,90	6,00	4,1
046	Gas-, Wasser- und Entwässerungsanlagen - Betriebseinrichtungen	33.064	20,40	4,50	3,1
047	Dämm- und Brandschutzarbeiten an technischen Anlagen	17.081	10,50	2,30	1,6
049	Feuerlöschanlagen, Feuerlöschgeräte	–	–	–	–
050	Blitzschutz- / Erdungsanlagen, Überspannungsschutz	24.689	15,20	3,40	2,3
051	Kabelleitungstiefbauarbeiten	–	–	–	–
052	Mittelspannungsanlagen	–	–	–	–
053	Niederspannungsanlagen - Kabel/Leitungen, Verlegesysteme, Installationsgeräte	100.119	61,60	13,70	9,4
054	Niederspannungsanlagen - Verteilersysteme und Einbaugeräte	39.217	24,10	5,40	3,7
055	Sicherheits- und Ersatzstromversorgungsanlagen	14.424	8,90	2,00	1,3
057	Gebäudesystemtechnik	22.255	13,70	3,00	2,1
058	Leuchten und Lampen	73.875	45,50	10,10	6,9
059	Sicherheitsbeleuchtungsanlagen	11.342	7,00	1,50	1,1
060	Sprech-, Ruf-, Antennenempfangs-, Uhren- und elektroakustische Anlagen	23.782	14,60	3,20	2,2
061	Kommunikations- und Übertragungsnetze	26.256	16,20	3,60	2,5
062	Kommunikationsanlagen	13.980	8,60	1,90	1,3
063	Gefahrenmeldeanlagen	117.948	72,60	16,10	11,0
064	Zutrittskontroll-, Zeiterfassungssysteme	–	–	–	–
069	Aufzüge	–	–	–	–
070	Gebäudeautomation	–	–	–	–
075	Raumlufttechnische Anlagen	81.864	50,40	11,20	7,7
078	Kälteanlagen für raumlufttechnische Anlagen	–	–	–	–
	Gebäudetechnik	**961.023**	**591,80**	**131,30**	**89,8**
	Sonstige Leistungsbereiche	**108.852**	**67,00**	**14,90**	**10,2**

© BKI Baukosteninformationszentrum Kostenstand: 4.Quartal 2021, Bundesdurchschnitt, **inkl. 19% MwSt.**

7700-0080
Weinlagerhalle
Büro

Objektübersicht

Erweiterung

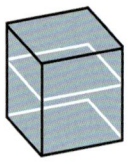
 172 €/m³

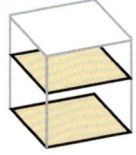 BGF 1.096 €/m²

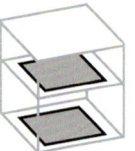 NUF 1.271 €/m²

Objekt:
Kennwerte: 3. Ebene DIN 276
BRI: 30.612 m³
BGF: 4.794 m²
NUF: 4.134 m²
Bauzeit: 56 Wochen
Bauende: 2015
Standard: Durchschnitt
Bundesland: Baden-Württemberg
Kreis: Ludwigsburg

Architekt*in:
Helmut Mögel
Freier Architekt BDA
Eduard-Pfeiffer-Straße 32
70192 Stuttgart

Bauherr*in:
Felsengartenkellerei
Besigheim e.G.
Am Felsengarten 1
74394 Hessigheim

Zeichnungen

7700-0080
Weinlagerhalle
Büro

Erweiterung

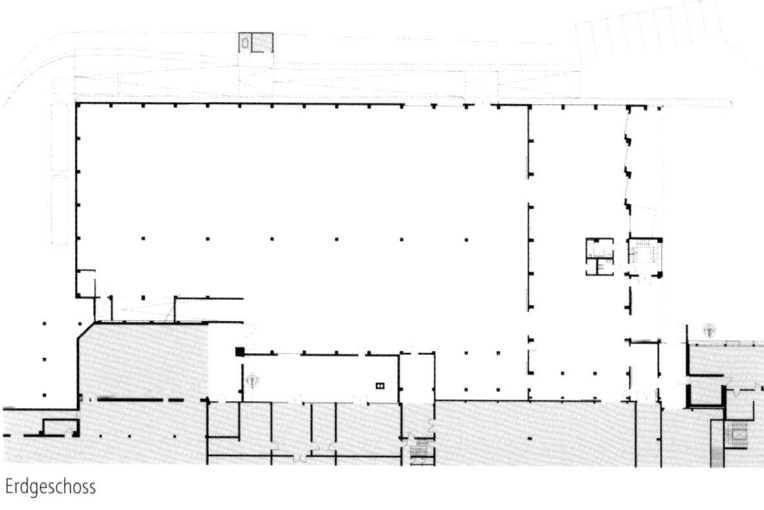

Erdgeschoss

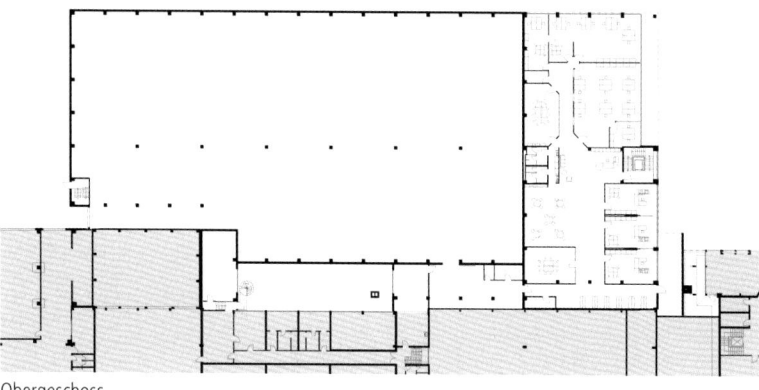

Obergeschoss

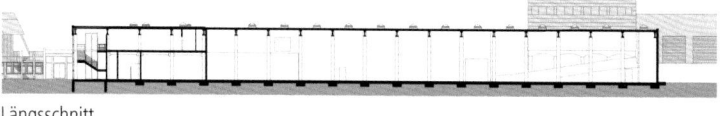

Längsschnitt

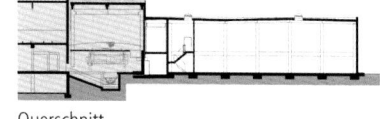

Querschnitt

7700-0080
Weinlagerhalle
Büro

Erweiterung

Objektbeschreibung

Allgemeine Objektinformationen

Die neue Halle zur Flaschenlagerung wurde an die bestehenden Gebäude der Kellerei angebaut. Im Erdgeschoss sind die Auslieferung und der Versand mit drei Andockstationen für LKWs und einer **Beladestation** für Kleinfahrzeuge vorgelagert. Das Obergeschoss bietet Raum für Büros, Besprechungsräume, die Flaschenabfüllung, einen Vesperraum sowie ein Labor.

Nutzung

1 Erdgeschoss
Weinlagerhalle, Anlieferung/Bereitstellung, Werkstatt, Pressenraum, Sanitärräume

1 Obergeschoss
Büros, Besprechungsräume, Vesperraum, Archiv, Labor, Sanitärräume

Grundstück

Bauraum: Freier Bauraum
Neigung: Hanglage
Bodenklasse: BK 4 bis BK 6

Markt

Hauptvergabezeit: 1.Quartal 2014
Baubeginn: 2.Quartal 2014
Bauende: 2.Quartal 2015
Konjunkturelle Gesamtlage: Durchschnitt
Regionaler Baumarkt: Durchschnitt

Baukonstruktion

Das Gebäude wurde mit einem Tragwerk aus Stahlbetonfertigteilen errichtet. Stützen mit angeformtem Fundament tragen die Spannbeton-Satteldachbinder, die Randriegel sowie die Träger und die Decken. Auf den Dachbindern liegen Porenbetonplatten, die mit Folie abgedichtet sind. Liegende Porenbetonplatten und dreischalige Stahlbetonfertigteile bilden die Außenwände. Die unterseitig abgedichtete Stahlfaserbeton-Bodenplatte erhielt eine Silikatimprägnierung. Im Obergeschoss wurde Parkett auf schwimmendem Estrich verlegt.

Technische Anlagen

Die **Heizung und Kühlung** des Neubaus erfolgt über die technischen Anlagen des Bestands. Die Büroräume werden über eine Fußbodenheizung erwärmt. **LED-Lichtbänder** dienen der Beleuchtung der Halle, in den Büros wurden LED-Einzelleuchten montiert. Die Sektional- und Rolltore sind an die **Einbruchmeldeanlage** angeschlossen. Ein **Aufzug** erschließt das Obergeschoss **barrierefrei**.

7700-0080 Weinlagerhalle Büro

Erweiterung

Planungskennwerte für Flächen und Rauminhalte nach DIN 277

Flächen des Grundstücks		Menge, Einheit	% an GF
BF	Bebaute Fläche	23.844,00 m²	80,2
UF	Unbebaute Fläche	5.874,00 m²	19,8
GF	Grundstücksfläche	29.718,00 m²	100,0

Grundflächen des Bauwerks		Menge, Einheit	% an NUF	% an BGF
NUF	Nutzungsfläche	4.133,76 m²	100,0	86,2
TF	Technikfläche	7,95 m²	0,2	0,2
VF	Verkehrsfläche	380,64 m²	9,2	7,9
NRF	Netto-Raumfläche	4.522,35 m²	109,4	94,3
KGF	Konstruktions-Grundfläche	271,28 m²	6,6	5,7
BGF	Brutto-Grundfläche	4.793,63 m²	116,0	100,0

NUF=100% | BGF=116,0%
NRF=109,4%

NUF TF VF KGF

Brutto-Rauminhalt des Bauwerks		Menge, Einheit	BRI/NUF (m)	BRI/BGF (m)
BRI	Brutto-Rauminhalt	30.612,20 m³	7,41	6,39

BRI/NUF=7,41m
BRI/BGF=6,39m

0 1 2 3 4 5 6 7 8

Prozentualer Anteil der Kostengruppen der 2. Ebene an der Kostengruppe 400 nach DIN 276

KG	Kostengruppen (2. Ebene)	20%	40%	60%
410	Abwasser-, Wasser-, Gasanlagen			
420	Wärmeversorgungsanlagen			
430	Raumlufttechnische Anlagen			
440	Elektrische Anlagen			
450	Kommunikationstechnische Anlagen			
460	Förderanlagen			
470	Nutzungsspez. und verfahrenstech. Anlagen			
480	Gebäude- und Anlagenautomation			
490	Sonstige Maßnahmen für technische Anlagen			

Ranking der Kostengruppen der 3. Ebene an der Kostengruppe 400 nach DIN 276

KG	Kostengruppe (3. Ebene)	Kosten an KG 400 %	KG	Kostengruppe (3. Ebene)	Kosten an KG 400 %
444	Niederspannungsinstallationsanlagen	21,7	446	Blitzschutz- und Erdungsanlagen	3,1
445	Beleuchtungsanlagen	13,9	457	Datenübertragungsnetze	2,9
461	Aufzugsanlagen	13,0	422	Wärmeverteilnetze	2,8
434	Kälteanlagen	12,0	423	Raumheizflächen	2,8
411	Abwasseranlagen	7,6	469	Sonstiges zur KG 460	2,0
456	Gefahrenmelde- und Alarmanlagen	7,0	492	Gerüste	0,7
474	Feuerlöschanlagen	3,9	419	Sonstiges zur KG 410	0,6
412	Wasseranlagen	3,1	481	Automationseinrichtungen	0,6

© BKI Baukosteninformationszentrum Kostenstand: 4.Quartal 2021, Bundesdurchschnitt, inkl. 19% MwSt.

7700-0080
Weinlagerhalle
Büro

Erweiterung

Kostenkennwerte für die Kostengruppen der 1. Ebene DIN 276

KG	Kostengruppen (1. Ebene)	Einheit	Kosten €	€/Einheit	€/m² BGF	€/m³ BRI	% 300+400
100		m² GF	–	–	–	–	–
200	Vorbereitende Maßnahmen	m² GF	76.420	2,57	15,94	2,50	1,5
300	Bauwerk – Baukonstruktionen	m² BGF	4.508.733	940,57	940,57	147,29	85,8
400	Bauwerk – Technische Anlagen	m² BGF	746.387	155,70	155,70	24,38	14,2
	Bauwerk 300+400	**m² BGF**	**5.255.120**	**1.096,27**	**1.096,27**	**171,67**	**100,0**
500	Außenanlagen und Freiflächen	m² AF	67.986	11,57	14,18	2,22	1,3
600	Ausstattung und Kunstwerke	m² BGF	3.791	0,79	0,79	0,12	0,1
700	Baunebenkosten	m² BGF	–	–	–	–	–
800	Finanzierung	m² BGF	–	–	–	–	–

KG	Kostengruppe	Menge Einheit	Kosten €	€/Einheit	%
200	**Vorbereitende Maßnahmen**	29.718,00 m² GF	76.420	**2,57**	1,5

- Abbrechen (Kosten: 54,7%) — 41.804
  Abbruch von Asphaltbelag, Betonbelag, Gebäude, Aufnehmen und Lagern von Unterbau, Abbruch von Erdtanks, Roden von Wurzelstöcken, Kleingehölzen, Fällen von Bäumen

- Herstellen (Kosten: 45,3%) — 34.617
  Oberbodenarbeiten

KG	Kostengruppe	Menge Einheit	Kosten €	€/Einheit	%
3+4	**Bauwerk**				**100,0**
300	**Bauwerk – Baukonstruktionen**	4.793,63 m² BGF	4.508.733	**940,57**	85,8

- Abbrechen (Kosten: 0,0%) — 873
  Abbruch von Attika; Entsorgung, Deponiegebühren

- Wiederherstellen (Kosten: 0,1%) — 2.996
  Beschichtung im Bestand erneuern

- Herstellen (Kosten: 99,9%) — 4.504.864
  Baugrundverbesserung, Stb-Fundamente, Stb-Bodenplatten, Bodenbeschichtung, Abdichtung; Porenbeton-Wandelemente, Stb-FT-Stützen, Alufenster, Alu-Glas-Türelemente, Sektionaltore, Stahltüren, Stahl-Schiebetore, Beschichtung, HPL-Bekleidung, Alubekleidung, Stb-Sandwichwände, Sonnenschutz; Stb-Wände, Mauerwerk, Leichtbauwände, Schiebetore, Rolltore, Stahltüren, Holztüren, Dämmung, Tapete, Beschichtung, Wandfliesen, Putz, Lasur, Stb-FT-Wände, Systemtrennwände; Stb-Decken, Stb-FT-Träger, Stb-Rampe, Stb-Treppen, Heizestrich, Parkett, Naturstein, Beschichtung, WDVS, GK-Decken, Wendeltreppen, Geländer; Spannbeton-FT-Satteldachbinder, Porenbeton-Dachplatten, Lichtband, RWA-Lichtkuppeln, Dachabdichtung, Dämmungen, Dachbegrünung, Kies; Teeküche

KG	Kostengruppe	Menge Einheit	Kosten €	€/Einheit	%
400	**Bauwerk – Technische Anlagen**	4.793,63 m² BGF	746.387	**155,70**	14,2

- Abbrechen (Kosten: 0,3%) — 2.283
  Aufnehmen und Lagern von Sanitärobjekten; Abbruch von Rohrdämmung, Heizkörpern; Entsorgung, Deponiegebühren

- Herstellen (Kosten: 99,7%) — 744.104
  Gebäudeentwässerung, Kalt- und Warmwasserleitungen, Sanitärobjekte; Heizungsrohre, Fußbodenheizung, Deckenstrahlplatten, Heizkörper; Einzelraumlüfter, Kälteanlage; **Gruppenbatteriesystem**, Elektroinstallation, Beleuchtung, **Blitzschutzanlage**; Fernmeldekabel, Ruf-, Sprechanlage, Multimedia-Verkabelung, **Brandmelde-**, **Einbruchmeldeanlage**, Datenverkabelung; **Personenaufzug**, Überladebrücken; Löschwasserleitungen; MSR-Technik

KG	Kostengruppe	Menge Einheit	Kosten €	€/Einheit	%
500	**Außenanlagen und Freiflächen**	5.874,00 m² AF	67.986	**11,57**	1,3

- Herstellen (Kosten: 100,0%) — 67.986
  Stb-Bodenplatte; Gartenleitung, Löschwassertank

KG	Kostengruppe	Menge Einheit	Kosten €	€/Einheit	%
600	**Ausstattung und Kunstwerke**	4.793,63 m² BGF	3.791	**0,79**	0,1

- Herstellen (Kosten: 100,0%) — 3.791
  Sanitarausstattung, Beschilderung

7700-0080
Weinlagerhalle
Büro

Erweiterung

7700-0080 Weinlagerhalle Büro

Erweiterung

Kostenkennwerte für die Kostengruppen 400 der 2. Ebene DIN 276

KG	Kostengruppe	Menge	Einheit	Kosten €	€/Einheit	%
400	**Bauwerk – Technische Anlagen**					**100,0**
410	**Abwasser-, Wasser-, Gasanlagen**	4.793,63	m² BGF	84.615	**17,65**	11,3
	• Abbrechen (Kosten: 1,5%)	4.793,63	m² BGF	1.298	**0,27**	
	Aufnehmen und Lagern von WCs (3St), Urinalen (3St), Waschbecken (2St), Schlauchhahn (1St), Spiegeln (2St), WC-Trennwänden (2St), Sanitärzubehör (psch)					
	• Herstellen (Kosten: 98,5%)	4.793,63	m² BGF	83.317	**17,38**	
	Sandbettung (247m³), Abwasserrohre DN50-150 (125m), Flachdachabläufe (32St), Fallrohre DN125, innenliegend (89m) * Metallverbundrohre DN16-32 (125m), Tiefspül-WCs (4St), **barrierefrei** (1St), Stützklappgriffe (2St), Urinale (4St), Waschtische (3St), Einbauspüle (1St), Durchlauferhitzer (2St) * Montageelemente (15St)					
420	**Wärmeversorgungsanlagen**	4.793,63	m² BGF	43.823	**9,14**	5,9
	• Abbrechen (Kosten: 2,2%)	4.793,63	m² BGF	985	**0,21**	
	Abbruch von Rohrdämmung DN32, alukaschiert (24m) * Gliederheizkörpern (2St); Entsorgung, Deponiegebühren					
	• Herstellen (Kosten: 97,8%)	4.793,63	m² BGF	42.839	**8,94**	
	Dreiwege-Mischventil DN20 (1St), Ventilantrieb (1St), Mischermodul (1St) * Verteilerschränke, Heizkreisverteiler (4St), Stellantriebe (69St), Regelverteiler (5St), Kupferrohre DN15-35 (325m), Nassläuferpumpe (1St), Schmutzfänger (1St), Rückschlagventil (1St) * Heizrohre für Fußbodenheizung (4.130m), Raumtemperaturregler (18St), Deckenstrahlplatten (3St), Durchgangs-Zonenventile (2St), Flachheizkörper (2St)					
430	**Raumlufttechnische Anlagen**	4.793,63	m² BGF	93.501	**19,51**	12,5
	• Herstellen (Kosten: 100,0%)	4.793,63	m² BGF	93.501	**19,51**	
	Einzelraumlüfter (4St), Wickelfalzrohre DN80-125 (30m), Lüftungsleitung für Ölpumpenraum (psch) * Gebläsekonvektoren, Kälteleistung 2,27-4,46kW (12St), Fernbedienungen (10St), Schnittstellenmodule (4St), PP-Rohre DN20-90 (407m), Edelstahlummantelung (187m), PVC-Kondensatleitung DN20-40 (92m), Umwälzpumpe (1St), PP-Kugelhähne (9St) (1St)					
440	**Elektrische Anlagen**	4.793,63	m² BGF	291.365	**60,78**	39,0
	• Herstellen (Kosten: 100,0%)	4.793,63	m² BGF	291.365	**60,78**	
	Gruppenbatteriesystem (1St), Netzüberwachung (1St) * Standverteiler, Bestückung (1St), Mantelleitungen (8.551m), Erdkabel (140m), Steckdosen (220St), Schalter, Taster (90St), Bewegungsmelder (15St), Unterflurdosen (9St), CEE-Dose (1St), Motorsteuergeräte (6St), Automatikschalter (4St) * **Lichtbänder** (112m), Pendelleuchten (83St), Strahler (46St), Wannenleuchten (20St), Aufbauleuchten (17St), Lichtleisten (11m), Nothinweisleuchten (11St), Rettungszeichenleuchten (8St) * Erdleitungen (465m), Runddraht (880m), Anschlussfahnen (15St), Erdungsfestpunkte (15St), Potenzialausgleichsschienen (18St)					

KG	Kostengruppe	Menge Einheit	Kosten €	€/Einheit	%
450	**Kommunikationstechnische Anlagen**	4.793,63 m² BGF	80.139	**16,72**	10,7

- Herstellen (Kosten: 100,0%) — 4.793,63 m² BGF — 80.139 — **16,72**
  Fernmeldekabel (976m) * Notrufset (1St), Audiomodul für Sprechanlage (1St) * Koaxialkabel (43m), Multimediakabel, l=10,00-20,00m (2St), Multimedia-Anschlussdosen (6St) * Brandmeldekabel (1.840m), **Brandmeldeanlage**: **Brandmeldecomputer** (1St), optische Rauchmelder (21St), Handmelder (3St), Multisensormelder (2St), Schlüsseldepot (1St), **Einbruchmeldeanlage**: Verteilerkasten (1St), Kleinverteiler (9St), Bedienteile (3St), Bewegungsmelder (18St), Reedkontakte (8St), Rolltorkontakte (8St), Motor-Sicherheitsschlösser (2St), Signalgeber (1St) * Verteilerfelder (6St), Duplex-Datenkabel (3.932m), LWL-Kabel (210m), Datendosen (47St)

KG	Kostengruppe	Menge Einheit	Kosten €	€/Einheit	%
460	**Förderanlagen**	4.793,63 m² BGF	112.132	**23,39**	15,0

- Herstellen (Kosten: 100,0%) — 4.793,63 m² BGF — 112.132 — **23,39**
  Personenaufzug, **barrierefrei**, vier Personen, zwei Haltestellen (1St), Aufzugsschachtgerüst, Stahlhohlprofile, VSG-Verglasungen (psch) * hydraulische Überladebrücken (3St)

KG	Kostengruppe	Menge Einheit	Kosten €	€/Einheit	%
470	**Nutzungsspez. u. verfahrenstechnische Anlagen**	4.793,63 m² BGF	29.423	**6,14**	3,9

- Herstellen (Kosten: 100,0%) — 4.793,63 m² BGF — 29.423 — **6,14**
  Löschwasserverteiler (1St), Stahlrohre DN80-100 (124m), Absperrklappen (4St), **Scheibenventil** (1St), Schneckengetriebe mit Handrad (1St)

KG	Kostengruppe	Menge Einheit	Kosten €	€/Einheit	%
480	**Gebäude- und Anlagenautomation**	4.793,63 m² BGF	6.001	**1,25**	0,8

- Herstellen (Kosten: 100,0%) — 4.793,63 m² BGF — 6.001 — **1,25**
  MSR-Technik für Feuchte- und Temperaturüberwachung (psch) * Fernmeldeleitungen (997m)

KG	Kostengruppe	Menge Einheit	Kosten €	€/Einheit	%
490	**Sonstige Maßnahmen für technische Anlagen**	4.793,63 m² BGF	5.387	**1,12**	0,7

- Herstellen (Kosten: 100,0%) — 4.793,63 m² BGF — 5.387 — **1,12**
  Scherenarbeitsbühnen (12d), Gelenk-Teleskopbühne (3d), Hubbühne (psch), Gerüst (psch)

Kostenkennwerte für die Kostengruppe 400 der 2. und 3. Ebene DIN 276 (Übersicht)

KG	Kostengruppe	Menge Einheit	Kosten €	€/Einheit	%
410	**Abwasser-, Wasser-, Gasanlagen**	4.793,63 m² BGF	17,65	84.615,17	11,3
411	Abwasseranlagen	4.793,63 m² BGF	11,88	56.947,67	7,6
412	Wasseranlagen	4.793,63 m² BGF	4,79	22.954,09	3,1
419	Sonstiges zur KG 410	4.793,63 m² BGF	0,98	4.713,41	0,6
420	**Wärmeversorgungsanlagen**	4.793,63 m² BGF	9,14	43.823,31	5,9
421	Wärmeerzeugungsanlagen	4.793,63 m² BGF	0,31	1.467,50	0,2
422	Wärmeverteilnetze	4.793,63 m² BGF	4,42	21.184,24	2,8
423	Raumheizflächen	4.793,63 m² BGF	4,42	21.171,56	2,8
430	**Raumlufttechnische Anlagen**	4.793,63 m² BGF	19,51	93.501,20	12,5
431	Lüftungsanlagen	4.793,63 m² BGF	0,81	3.875,74	0,5
434	Kälteanlagen	4.793,63 m² BGF	18,70	89.625,46	12,0
440	**Elektrische Anlagen**	4.793,63 m² BGF	60,78	291.365,12	39,0
442	Eigenstromversorgungsanlagen	4.793,63 m² BGF	0,58	2.787,61	0,4
444	Niederspannungsinstallationsanlagen	4.793,63 m² BGF	33,73	161.671,02	21,7
445	Beleuchtungsanlagen	4.793,63 m² BGF	21,72	104.113,59	13,9
446	Blitzschutz- und Erdungsanlagen	4.793,63 m² BGF	4,75	22.792,91	3,1
450	**Kommunikationstechnische Anlagen**	4.793,63 m² BGF	16,72	80.138,98	10,7
451	Telekommunikationsanlagen	4.793,63 m² BGF	0,51	2.465,64	0,3
452	Such- und Signalanlagen	4.793,63 m² BGF	0,43	2.067,91	0,3
455	Audiovisuelle Medien- u. Antennenanl.	4.793,63 m² BGF	0,35	1.687,28	0,2
456	Gefahrenmelde- und Alarmanlagen	4.793,63 m² BGF	10,97	52.603,42	7,0
457	Datenübertragungsnetze	4.793,63 m² BGF	4,45	21.314,72	2,9
460	**Förderanlagen**	4.793,63 m² BGF	23,39	112.131,68	15,0
461	Aufzugsanlagen	4.793,63 m² BGF	20,30	97.300,60	13,0
469	Sonstiges zur KG 460	4.793,63 m² BGF	3,09	14.831,10	2,0
470	**Nutzungsspez. u. verfahrenstechn. Anl.**	4.793,63 m² BGF	6,14	29.423,41	3,9
474	Feuerlöschanlagen	4.793,63 m² BGF	6,14	29.423,41	3,9
480	**Gebäude- und Anlagenautomation**	4.793,63 m² BGF	1,25	6.000,57	0,8
481	Automationseinrichtungen	4.793,63 m² BGF	0,94	4.497,93	0,6
484	Kabel, Leitungen und Verlegesysteme	4.793,63 m² BGF	0,31	1.502,65	0,2
490	**Sonst. Maßnahmen für techn. Anlagen**	4.793,63 m² BGF	1,12	5.387,19	0,7
492	Gerüste	4.793,63 m² BGF	1,12	5.387,19	0,7

Kostenkennwerte für Leistungsbereiche nach STLB (Kosten KG 400 nach DIN 276)

LB	Leistungsbereiche	Kosten €	€/m² BGF	€/m³ BRI	% an 400
040	Wärmeversorgungsanlagen - Betriebseinrichtungen	1.468	0,31	< 0,1	0,2
041	Wärmeversorgungsanlagen - Leitungen, Armaturen, Heizflächen	36.415	7,60	1,20	4,9
042	Gas- und Wasseranlagen - Leitungen, Armaturen	4.732	0,99	0,15	0,6
043	Druckrohrleitungen für Gas, Wasser und Abwasser	–	–	–	–
044	Abwasseranlagen - Leitungen, Abläufe, Armaturen	9.582	2,00	0,31	1,3
045	Gas-, Wasser- und Entwässerungsanlagen - Ausstattung, Elemente, Fertigbäder	20.227	4,20	0,66	2,7
046	Gas-, Wasser- und Entwässerungsanlagen - Betriebseinrichtungen	7.713	1,60	0,25	1,0
047	Dämm- und Brandschutzarbeiten an technischen Anlagen	48.402	10,10	1,60	6,5
049	Feuerlöschanlagen, Feuerlöschgeräte	29.423	6,10	0,96	3,9
050	Blitzschutz- / Erdungsanlagen, Überspannungsschutz	22.793	4,80	0,74	3,1
051	Kabelleitungstiefbauarbeiten	–	–	–	–
052	Mittelspannungsanlagen	–	–	–	–
053	Niederspannungsanlagen - Kabel/Leitungen, Verlegesysteme, Installationsgeräte	134.397	28,00	4,40	18,0
054	Niederspannungsanlagen - Verteilersysteme und Einbaugeräte	21.284	4,40	0,70	2,9
055	Sicherheits- und Ersatzstromversorgungsanlagen	–	–	–	–
057	Gebäudesystemtechnik	–	–	–	–
058	Leuchten und Lampen	98.076	20,50	3,20	13,1
059	Sicherheitsbeleuchtungsanlagen	8.825	1,80	0,29	1,2
060	Sprech-, Ruf-, Antennenempfangs-, Uhren- und elektroakustische Anlagen	2.068	0,43	< 0,1	0,3
061	Kommunikations- und Übertragungsnetze	25.468	5,30	0,83	3,4
062	Kommunikationsanlagen	–	–	–	–
063	Gefahrenmeldeanlagen	50.896	10,60	1,70	6,8
064	Zutrittskontroll-, Zeiterfassungssysteme	–	–	–	–
069	Aufzüge	111.896	23,30	3,70	15,0
070	Gebäudeautomation	–	–	–	–
075	Raumlufttechnische Anlagen	68.033	14,20	2,20	9,1
078	Kälteanlagen für raumlufttechnische Anlagen	–	–	–	–
	Gebäudetechnik	**701.697**	**146,40**	**22,90**	**94,0**
	Sonstige Leistungsbereiche	**44.689**	**9,30**	**1,50**	**6,0**
	Abbrechen	2.283	0,48	< 0,1	0,3
	Herstellen	42.406	8,80	1,40	5,7

7700-0080
Weinlagerhalle
Büro

Erweiterung

© BKI Baukosteninformationszentrum — Kostenstand: 4.Quartal 2021, Bundesdurchschnitt, inkl. 19% MwSt.

Kulturgebäude

9

- **9100 Gebäude für kulturelle und musische Zwecke**
- 9200 Empfangsgebäude bei Verkehrsanlagen
- 9300 Gebäude für Tierhaltung
- 9400 Gebäude für Pflanzenhaltung
- 9500 Schutzbauwerke, Schutzbauten
- 9600 Justizvollzugsanstalten
- 9700 Friedhofsanlagen

9100-0127
Gastronomie- und Veranstaltungs-zentrum

Objektübersicht

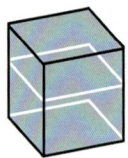 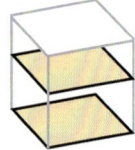 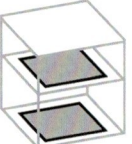

Umbau

BRI 535 €/m³   BGF 4.487 €/m²   NUF 6.749 €/m²

Objekt:
Kennwerte: 3. Ebene DIN 276
BRI: 10.145 m³
BGF: 1.210 m²
NUF: 804 m²
Bauzeit: 65 Wochen
Bauende: 2014
Standard: über Durchschnitt
Bundesland: Brandenburg
Kreis: Brandenburg a. d. Havel

Architekt*in:
Dr. Krekeler
Generalplaner GmbH
Domlinden 28
14776 Brandenburg
an der Havel

Bauherr*in:
Stadtwerke
Brandenburg a.d. Havel

vorher   nachher

Zeichnungen

9100-0127
Gastronomie- und Veranstaltungszentrum

Umbau

Ansicht von Jahrtausendbrücke

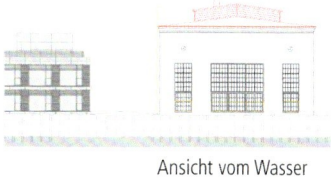
Ansicht vom Wasser

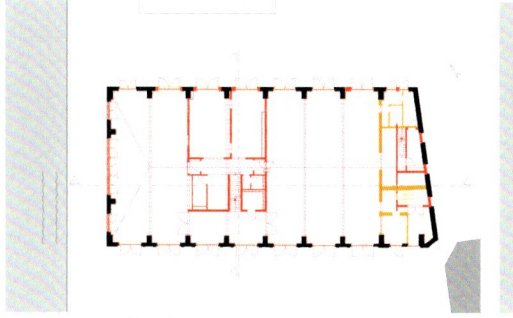
Erdgeschoss

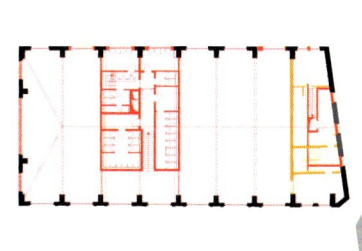
1. Obergeschoss

Längsschnitt

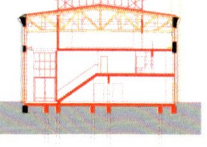
Querschnitt

Ansicht vom Hof

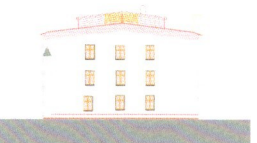
Ansicht Süd-Ost

9100-0127
Gastronomie- und Veranstaltungszentrum

Umbau

Objektbeschreibung

Allgemeine Objektinformationen

Die 1951 errichtete Schiffsbauhalle einer Werft befand sich zu Projektbeginn in einem desolaten Zustand, das Dach war teilweise eingestürzt. Aufgabe war es, den massiven Mauerwerksbau zu sanieren und zu einem Gastronomie- und Veranstaltungszentrum umzubauen. Das Gebäude wurde entkernt und durch einen dreigeschossigen Küchen- und Nebenraumblock im Inneren in zwei Bereiche gegliedert: Ein dem Wasser zugewandtes Restaurant und ein Veranstaltungssaal.

Nutzung

1 Erdgeschoss
Gaststätte, Küche, Veranstaltungssaal, **barrierefreies** WC

1 Obergeschoss
Personalräume, Sanitärräume

1 Dachgeschoss
Technik

Nutzeinheiten

Sitzplätze: 327

Grundstück

Bauraum: Freier Bauraum
Neigung: Ebenes Gelände
Bodenklasse: BK 3

Markt

Hauptvergabezeit: 3.Quartal 2013
Baubeginn: 3.Quartal 2013
Bauende: 4.Quartal 2014
Konjunkturelle Gesamtlage: Durchschnitt
Regionaler Baumarkt: Durchschnitt

Baubestand

Baujahr: 1951
Bauzustand: schlecht
Aufwand: hoch
Grundrissänderungen: umfangreiche
Tragwerkseingriffe: einige
Nutzungsänderung: ja
Nutzung während der Bauzeit: nein

Baukonstruktion

Die neuen Einbauten mussten mit Bohrpfählen nachgegründet werden. Der Sockel wurde mittels einer Horizontalsperre im Mauersägeverfahren abgedichtet. Die ziegelsichtige Fassade wurde restauriert, dabei wurden sämtliche Fenster und Türen als Stahl-Glas-Konstruktion erneuert. Auch die Dachkonstruktion wurde erneuert. Das Gebäude wurde vollständig von innen mit einem mineralischem Wärmedämmputz gedämmt.

Technische Anlagen

Die technischen Anlagen wurden grundsätzlich erneuert. Die Wärmeversorgung des Gebäudes erfolgt über zwei **Gas-Brennwertkessel**. Die Räumlichkeiten werden über eine Fußbodenheizung sowie über Bodeneinbaukonvertoren im Restaurant und eine Luftheizung mit Gasdunkelstrahlern im Saal temperiert. Dadurch erfährt das Gebäude einen optimalen Nutzungskomfort. Die gesamten Sanitär- und Elektroinstallationen sowie die Beleuchtung wurden erneuert. Eine **Brandmeldeanlage** und eine Rauch- und Wärmeabzugsanlage kamen zum Einsatz.

Planungskennwerte für Flächen und Rauminhalte nach DIN 277

9100-0127
Gastronomie- und Veranstaltungszentrum

Umbau

Flächen des Grundstücks		Menge, Einheit	% an GF
BF	Bebaute Fläche	830,00 m²	21,7
UF	Unbebaute Fläche	2.997,10 m²	78,3
GF	Grundstücksfläche	3.827,10 m²	100,0

Grundflächen des Bauwerks		Menge, Einheit	% an NUF	% an BGF
NUF	Nutzungsfläche	804,34 m²	100,0	66,5
TF	Technikfläche	131,66 m²	16,4	10,9
VF	Verkehrsfläche	79,64 m²	9,9	6,6
NRF	Netto-Raumfläche	1.015,64 m²	126,3	84,0
KGF	Konstruktions-Grundfläche	194,04 m²	24,1	16,0
BGF	Brutto-Grundfläche	1.209,68 m²	150,4	100,0

Brutto-Rauminhalt des Bauwerks		Menge, Einheit	BRI/NUF (m)	BRI/BGF (m)
BRI	Brutto-Rauminhalt	10.144,76 m³	12,61	8,39

Prozentualer Anteil der Kostengruppen der 2. Ebene an der Kostengruppe 400 nach DIN 276

KG	Kostengruppen (2. Ebene)
410	Abwasser-, Wasser-, Gasanlagen
420	Wärmeversorgungsanlagen
430	Raumlufttechnische Anlagen
440	Elektrische Anlagen
450	Kommunikationstechnische Anlagen
460	Förderanlagen
470	Nutzungsspez. und verfahrenstech. Anlagen
480	Gebäude- und Anlagenautomation
490	Sonstige Maßnahmen für technische Anlagen

Ranking der Kostengruppen der 3. Ebene an der Kostengruppe 400 nach DIN 276

KG	Kostengruppe (3. Ebene)	Kosten an KG 400 %	KG	Kostengruppe (3. Ebene)	Kosten an KG 400 %
433	Klimaanlagen	29,9	471	Küchentechnische Anlagen	3,1
444	Niederspannungsinstallationsanlagen	11,1	456	Gefahrenmelde- und Alarmanlagen	2,5
423	Raumheizflächen	7,5	443	Niederspannungsschaltanlagen	2,2
412	Wasseranlagen	7,3	442	Eigenstromversorgungsanlagen	1,8
411	Abwasseranlagen	7,3	446	Blitzschutz- und Erdungsanlagen	1,6
445	Beleuchtungsanlagen	6,4	429	Sonstiges zur KG 420	1,4
422	Wärmeverteilnetze	6,2	481	Automationseinrichtungen	1,2
421	Wärmeerzeugungsanlagen	4,1	465	Krananlagen	1,2

© BKI Baukosteninformationszentrum   Kostenstand: 4.Quartal 2021, Bundesdurchschnitt, inkl. 19% MwSt.

9100-0127
Gastronomie- und Veranstaltungszentrum

Umbau

Kostenkennwerte für die Kostengruppen der 1. Ebene DIN 276

KG	Kostengruppen (1. Ebene)	Einheit	Kosten €	€/Einheit	€/m² BGF	€/m³ BRI	% 300+400
100		m² GF	–	–	–	–	–
200	Vorbereitende Maßnahmen	m² GF	–	–	–	–	–
300	Bauwerk – Baukonstruktionen	m² BGF	4.106.224	3.394,47	3.394,47	404,76	75,6
400	Bauwerk – Technische Anlagen	m² BGF	1.321.988	1.092,84	1.092,84	130,31	24,4
	Bauwerk 300+400	**m² BGF**	**5.428.212**	**4.487,31**	**4.487,31**	**535,08**	**100,0**
500	Außenanlagen und Freiflächen	m² AF	3.884	94,73	3,21	0,38	0,1
600	Ausstattung und Kunstwerke	m² BGF	15.878	13,13	13,13	1,57	0,3
700	Baunebenkosten	m² BGF	–	–	–	–	–
800	Finanzierung	m² BGF	–	–	–	–	–

KG	Kostengruppe	Menge	Einheit	Kosten €	€/Einheit	%
3+4	**Bauwerk**					**100,0**
300	**Bauwerk – Baukonstruktionen**	1.209,68	m² BGF	4.106.224	3.394,47	75,6

- Abbrechen (Kosten: 3,8%)   155.409
Abbruch von Fundamenten, Bodenplatte im Gebäude; Stahlträgern, Sägeschnitte in Beton, Ziegelmauerwerk, brauchbare Ziegel lagern, Pfeilervorlagen, Holzfenstern, Stahltoranlage, Putz; Trockenbauwänden; Teerpappen; Stahl-Steindecken; Holzfachwerkbindern, Schalung, Dachentwässerung; Sozialräumen; Entsorgung, Deponiegebühren

- Wiederherstellen (Kosten: 8,3%)   340.269
Horizontalsperren im Sägeverfahren, Brüstungen und Laibungen ausbessern, Ziegel austauschen, Sichtmauerwerk ausbessern, Fugen erneuern; Mauerwerkspfeiler ausbessern; Ziegelfassade reinigen, hydrophobieren, Risse ausbessern, Sockelsanierung, -abdichtung

- Herstellen (Kosten: 87,9%)   3.610.546
Bohrpfähle, Stb-Bodenplatten, Abdichtung, Gussasphalt-Heizestrich, Bodenfliesen, Gasdränage; Stb-Ringanker, Mauerwerk, Stahl-Glas-Tür/Fensterelemente, Dämmputz, Beschichtung, Stahl-Pfosten-Riegel-Fassaden, GK-Wände, Stb-Stützen, Innentüren, Innenputz, Wandfliesen, Beschichtung; Stb-Decken, Stb-Treppen, Stahltreppe, Gussasphaltestrich, Bodenbeschichtung, GK-Decken; Satteldach, Holzfachwerkbinder, Dachreiter, Schalung, Dämmung, Dachabdichtung, Dachentwässerung; Stahl-Glasfuge

| 400 | **Bauwerk – Technische Anlagen** | 1.209,68 | m² BGF | 1.321.988 | **1.092,84** | 24,4 |

- Abbrechen (Kosten: 1,4%)   17.912
Abbruch von Sanitärobjekten, Gussrohren; Heizungsrohren, Industrieschornstein; Ventilator; Elektrokabeln, Unterverteiler, Leuchten; Kranteilstücken; Entsorgung, Deponiegebühren

- Wiederherstellen (Kosten: 0,7%)   9.119
Kranbahn sandstrahlen, Rostschutzbeschichtung

- Herstellen (Kosten: 98,0%)   1.294.957
Gebäudeentwässerung, Kalt- und Warmwasserleitungen, Sanitärobjekte; **Gas-Brennwertkessel**, Heizungsrohre, Gas-Dunkelstrahler, Fußbodenheizung, Heizkörper; **Klimaanlagen**; Elektroinstallation, Beleuchtung, **Blitzschutzanlage**; Ruf-Kompaktset, Lautsprecher-, Mikrofonverkabelung, Antennenanlage, **Brandmeldeanlage**, EDV-Verkabelung; Küchenlüftungshauben; **Gebäudeautomation**

9100-0127
Gastronomie- und Veranstaltungszentrum

Umbau

KG	Kostengruppe	Menge Einheit	Kosten €	€/Einheit	%
500	**Außenanlagen und Freiflächen**	41,00 m² AF	3.884	**94,73**	0,1

- Abbrechen (Kosten: 7,2%) 279
  Abbruch von Asphalt; Entsorgung, Deponiegebühren

- Wiederherstellen (Kosten: 80,1%) 3.109
  Pflaster aufnehmen, lagern, verlegen, Rasengittersteine aufnehmen, reinigen, verlegen; Entwässerungsrinne ausbauen, kürzen, versetzen

- Herstellen (Kosten: 12,8%) 496
  Rasengittersteine; Zaunfelder

KG	Kostengruppe	Menge Einheit	Kosten €	€/Einheit	%
600	**Ausstattung und Kunstwerke**	1.209,68 m² BGF	15.878	**13,13**	0,3

- Herstellen (Kosten: 100,0%) 15.878
  Sanitärausstattung, Leiter, Türschilder

9100-0127 Gastronomie- und Veranstaltungszentrum

Umbau

Kostenkennwerte für die Kostengruppen 400 der 2. Ebene DIN 276

KG	Kostengruppe	Menge	Einheit	Kosten €	€/Einheit	%
400	**Bauwerk – Technische Anlagen**					100,0
410	**Abwasser-, Wasser-, Gasanlagen**	1.209,68	m² BGF	209.665	**173,32**	15,9
	• Abbrechen (Kosten: 0,2%)	1.209,68	m² BGF	382	**0,32**	
	Abbruch von Sanitärobjekten (5St), Gussrohren (53m); Entsorgung, Deponiegebühren					
	• Herstellen (Kosten: 99,8%)	1.209,68	m² BGF	209.282	**173,01**	
	Kunststoffrohre (419m), Kastenrinnen (10m), Bodenabläufe (6St), Abwasserhebeanlage (1St), Fettabscheider (1St) * Edelstahlrohre (446m), Mehrschichtverbundrohre (112m), Tiefspül-WCs (19St), **barrierefrei** (1St), Urinale (8St), Waschtischanlagen (6St), Waschtisch, **barrierefrei** (1St), Duschwanne (1St), Durchlauferhitzer (1St) * Kupferrohre (56m), Gasströmungswächter (1St), Gaskugelhähne (3St) * Montageelemente (41St)					
420	**Wärmeversorgungsanlagen**	1.209,68	m² BGF	253.717	**209,74**	19,2
	• Abbrechen (Kosten: 4,1%)	1.209,68	m² BGF	10.434	**8,63**	
	Abbruch von Heizungsrohren (53m) * Industrieschornstein, Ziegelmauerwerk (36m³); Entsorgung, Deponiegebühren					
	• Herstellen (Kosten: 95,9%)	1.209,68	m² BGF	243.283	**201,11**	
	Gas-Brennwertkessel (2St), Enthärtungsarmatur (1St), Wärmetauscher (1St), Warmwasserspeicher (1St), Umwälzpumpen (3St) * Kupferrohre (609m), Kugelhähne (47St), Ventile (32St), Umwälzpumpen (4St), Heizungsverteiler (1St), Heizkreisverteiler (3St), Stellantriebe (34St), Regelverteiler (3St) * Gas-Dunkelstrahler (2St), Fußbodenheizung (570m²), Bodenkonvektoren (9St), Heizkörper (6St) * Abgassysteme für **Gas-Brennwertkesselanlage** (2St), für Dunkelstrahler (2St)					
430	**Raumlufttechnische Anlagen**	1.209,68	m² BGF	395.382	**326,85**	29,9
	• Abbrechen (Kosten: 0,0%)	1.209,68	m² BGF	192	**0,16**	
	Abbruch von Ventilator (1St); Entsorgung, Deponiegebühren					
	• Herstellen (Kosten: 100,0%)	1.209,68	m² BGF	395.190	**326,69**	
	Klimageräte (3St), Lüftungskanäle (230m²), Wickelfalzrohre DN100-500 (245m), Stahl-Flexrohre (48m), Volumenstromregler (7St), Brandschutzklappen (13St), Schalldämpfer (6St), Ab-/Zuluftventile (38St), Drall-/Luftdurchlässe (14St), Schaltschrank für drei Anlagen (1St), Touchpanels (3St)					
440	**Elektrische Anlagen**	1.209,68	m² BGF	304.888	**252,04**	23,1
	• Abbrechen (Kosten: 0,2%)	1.209,68	m² BGF	593	**0,49**	
	Abbruch von Kabeln (141m), Leuchtstoffröhren, Unterverteiler, Industrieleuchten (35St); Entsorgung, Deponiegebühren					
	• Herstellen (Kosten: 99,8%)	1.209,68	m² BGF	304.296	**251,55**	
	Zentralbatteriesystem (1St) * NSHV, Betriebsspannung AC 230/400V (1St), Verteilerschrank (1St) * Mantelleitungen (14.591m), UF-Steckdosen (90St), UF-Kabelboxen (3St), Steckdosen (230St), Taster (23St), Bewegungsmelder (20St), Präsenzmelder (11St) * Pendelleuchten (49St), Downlights (44St), Wand-, Deckenleuchten (59St), LED-Stripes (10St), LED-Sicherheits- und Rettungszeichenleuchten (12St), Überwachungsmodule (43St), Fassadenleuchten (10St) * Tiefenerder (8St), Erdungsleitungen (134m), Fangleitungen (260m), Ableitungen (94m), Potenzialausgleichsschienen (3St)					

KG	Kostengruppe	Menge Einheit	Kosten €	€/Einheit	%
450	**Kommunikationstechnische Anlagen**	1.209,68 m² BGF	57.327	**47,39**	4,3
	• Herstellen (Kosten: 100,0%)	1.209,68 m² BGF	57.327	**47,39**	
	Fernmeldeverteilerkästen (2St) * Ruf-Kompaktset (1St) * Lautsprecherkabel (1.188m), DMX-Kabel (500m), Mikrofonkabel (200m) * Koaxialkabel (518m), Antennendosen (6St) * **Brandmeldecomputer** (1St), Bus-Warntongeber (22St), optische Rauchmelder (28St), Druckknopfmelder (10St), Blitzleuchte (1St), **RWA-Zentrale** (1St), RWA-Taster (12St), Brandmeldekabel (2.629m) * Serverschrank (1St), Verteilerfeld (1St), Patchfelder Cat6/7, 24xRJ45 (3St), Datendosen Cat6, 2xRJ45 (7St), Datenkabel (2.436m)				
460	**Förderanlagen**	1.209,68 m² BGF	15.429	**12,75**	1,2
	• Abbrechen (Kosten: 40,9%)	1.209,68 m² BGF	6.310	**5,22**	
	Abbruch von Kranteilstücken (psch); Entsorgung, Deponiegebühren				
	• Wiederherstellen (Kosten: 59,1%)	1.209,68 m² BGF	9.119	**7,54**	
	Kranbahn sandstrahlen, Rostschutzbeschichtung (191m²)				
470	**Nutzungsspez. u. verfahrenstechnische Anlagen**	1.209,68 m² BGF	40.498	**33,48**	3,1
	• Herstellen (Kosten: 100,0%)	1.209,68 m² BGF	40.498	**33,48**	
	Küchenlüftungshauben (2St), Beleuchtungen (8St), Luftreinigungsanlage (1St)				
480	**Gebäude- und Anlagenautomation**	1.209,68 m² BGF	26.852	**22,20**	2,0
	• Herstellen (Kosten: 100,0%)	1.209,68 m² BGF	26.852	**22,20**	
	Lichttechnik: Spannungsversorgung (3St), Linienkoppler (1St), Datenschnittstelle (1St), Wetterstation (1St), Jahresschaltuhr (1St), Aktoren (27St), Binäreingänge (28St), Sensor (1St) * Infoterminal (1St), Gateways für Beleuchtungsanlage (3St) * **EIB-Busleitungen** (1.066m)				
490	**Sonstige Maßnahmen für technische Anlagen**	1.209,68 m² BGF	18.230	**15,07**	1,4
	• Herstellen (Kosten: 100,0%)	1.209,68 m² BGF	18.230	**15,07**	
	Baustelleneinrichtungen (4St), Verkehrssicherung (psch) * Gerüste, Hebezeuge (psch) * Schutzfolien für technische Geräte (12St)				

Gastronomie- und Veranstaltungszentrum

Umbau

Kostenkennwerte für die Kostengruppe 400 der 2. und 3. Ebene DIN 276 (Übersicht)

KG	Kostengruppe	Menge Einheit	Kosten €	€/Einheit	%
410	**Abwasser-, Wasser-, Gasanlagen**	**1.209,68 m² BGF**	**173,32**	**209.664,56**	**15,9**
411	Abwasseranlagen	1.209,68 m² BGF	79,40	96.049,64	7,3
412	Wasseranlagen	1.209,68 m² BGF	79,93	96.694,62	7,3
413	Gasanlagen	1.209,68 m² BGF	5,44	6.583,71	0,5
419	Sonstiges zur KG 410	1.209,68 m² BGF	8,54	10.336,58	0,8
420	**Wärmeversorgungsanlagen**	**1.209,68 m² BGF**	**209,74**	**253.717,46**	**19,2**
421	Wärmeerzeugungsanlagen	1.209,68 m² BGF	44,47	53.795,45	4,1
422	Wärmeverteilnetze	1.209,68 m² BGF	67,23	81.328,67	6,2
423	Raumheizflächen	1.209,68 m² BGF	82,46	99.754,18	7,5
429	Sonstiges zur KG 420	1.209,68 m² BGF	15,57	18.839,14	1,4
430	**Raumlufttechnische Anlagen**	**1.209,68 m² BGF**	**326,85**	**395.381,83**	**29,9**
431	Lüftungsanlagen	1.209,68 m² BGF	0,16	192,20	< 0,1
433	Klimaanlagen	1.209,68 m² BGF	326,69	395.189,63	29,9
440	**Elektrische Anlagen**	**1.209,68 m² BGF**	**252,04**	**304.888,31**	**23,1**
442	Eigenstromversorgungsanlagen	1.209,68 m² BGF	19,58	23.680,97	1,8
443	Niederspannungsschaltanlagen	1.209,68 m² BGF	24,00	29.030,50	2,2
444	Niederspannungsinstallationsanlagen	1.209,68 m² BGF	121,18	146.589,08	11,1
445	Beleuchtungsanlagen	1.209,68 m² BGF	69,57	84.152,61	6,4
446	Blitzschutz- und Erdungsanlagen	1.209,68 m² BGF	17,72	21.435,15	1,6
450	**Kommunikationstechnische Anlagen**	**1.209,68 m² BGF**	**47,39**	**57.326,83**	**4,3**
451	Telekommunikationsanlagen	1.209,68 m² BGF	0,24	294,29	< 0,1
452	Such- und Signalanlagen	1.209,68 m² BGF	0,44	532,06	< 0,1
454	Elektroakustische Anlagen	1.209,68 m² BGF	6,77	8.189,76	0,6
455	Audiovisuelle Medien- u. Antennenanl.	1.209,68 m² BGF	1,31	1.584,48	0,1
456	Gefahrenmelde- und Alarmanlagen	1.209,68 m² BGF	27,46	33.219,94	2,5
457	Datenübertragungsnetze	1.209,68 m² BGF	11,17	13.506,33	1,0
460	**Förderanlagen**	**1.209,68 m² BGF**	**12,75**	**15.428,75**	**1,2**
465	Krananlagen	1.209,68 m² BGF	12,75	15.428,75	1,2
470	**Nutzungsspez. u. verfahrenstechn. Anl.**	**1.209,68 m² BGF**	**33,48**	**40.498,10**	**3,1**
471	Küchentechnische Anlagen	1.209,68 m² BGF	33,48	40.498,10	3,1
480	**Gebäude- und Anlagenautomation**	**1.209,68 m² BGF**	**22,20**	**26.852,02**	**2,0**
481	Automationseinrichtungen	1.209,68 m² BGF	13,22	15.996,44	1,2
483	Automationsmanagement	1.209,68 m² BGF	7,36	8.905,74	0,7
485	Datenübertragungsnetze	1.209,68 m² BGF	1,61	1.949,83	0,1
490	**Sonst. Maßnahmen für techn. Anlagen**	**1.209,68 m² BGF**	**15,07**	**18.230,00**	**1,4**
491	Baustelleneinrichtung	1.209,68 m² BGF	5,57	6.742,80	0,5
492	Gerüste	1.209,68 m² BGF	9,40	11.374,93	0,9
497	Zusätzliche Maßnahmen	1.209,68 m² BGF	< 0,1	112,27	< 0,1

Kostenkennwerte für Leistungsbereiche nach STLB (Kosten KG 400 nach DIN 276)

9100-0127 Gastronomie- und Veranstaltungszentrum

Umbau

LB	Leistungsbereiche	Kosten €	€/m² BGF	€/m³ BRI	% an 400
040	Wärmeversorgungsanlagen - Betriebseinrichtungen	75.977	62,80	7,50	5,7
041	Wärmeversorgungsanlagen - Leitungen, Armaturen, Heizflächen	159.205	131,60	15,70	12,0
042	Gas- und Wasseranlagen - Leitungen, Armaturen	46.580	38,50	4,60	3,5
043	Druckrohrleitungen für Gas, Wasser und Abwasser	6.584	5,40	0,65	0,5
044	Abwasseranlagen - Leitungen, Abläufe, Armaturen	54.820	45,30	5,40	4,1
045	Gas-, Wasser- und Entwässerungsanlagen - Ausstattung, Elemente, Fertigbäder	50.037	41,40	4,90	3,8
046	Gas-, Wasser- und Entwässerungsanlagen - Betriebseinrichtungen	24.190	20,00	2,40	1,8
047	Dämm- und Brandschutzarbeiten an technischen Anlagen	54.391	45,00	5,40	4,1
049	Feuerlöschanlagen, Feuerlöschgeräte	–	–	–	–
050	Blitzschutz- / Erdungsanlagen, Überspannungsschutz	21.435	17,70	2,10	1,6
051	Kabelleitungstiefbauarbeiten	–	–	–	–
052	Mittelspannungsanlagen	–	–	–	–
053	Niederspannungsanlagen - Kabel/Leitungen, Verlegesysteme, Installationsgeräte	145.314	120,10	14,30	11,0
054	Niederspannungsanlagen - Verteilersysteme und Einbaugeräte	34.830	28,80	3,40	2,6
055	Sicherheits- und Ersatzstromversorgungsanlagen	23.681	19,60	2,30	1,8
057	Gebäudesystemtechnik	–	–	–	–
058	Leuchten und Lampen	77.132	63,80	7,60	5,8
059	Sicherheitsbeleuchtungsanlagen	6.712	5,50	0,66	0,5
060	Sprech-, Ruf-, Antennenempfangs-, Uhren- und elektroakustische Anlagen	8.722	7,20	0,86	0,7
061	Kommunikations- und Übertragungsnetze	15.385	12,70	1,50	1,2
062	Kommunikationsanlagen	–	–	–	–
063	Gefahrenmeldeanlagen	33.220	27,50	3,30	2,5
064	Zutrittskontroll-, Zeiterfassungssysteme	–	–	–	–
069	Aufzüge	–	–	–	–
070	Gebäudeautomation	26.852	22,20	2,60	2,0
075	Raumlufttechnische Anlagen	394.495	326,10	38,90	29,8
078	Kälteanlagen für raumlufttechnische Anlagen	–	–	–	–
	Gebäudetechnik	**1.259.562**	**1.041,20**	**124,20**	**95,3**
	Sonstige Leistungsbereiche	**62.425**	**51,60**	**6,20**	**4,7**
	Abbrechen	17.912	14,80	1,80	1,4
	Wiederherstellen	9.119	7,50	0,90	0,7
	Herstellen	35.395	29,30	3,50	2,7

9100-0144
Kulturzentrum
(550 Sitzplätze)

Objektübersicht

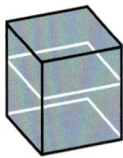 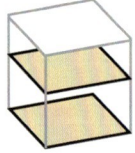 

BRI 192 €/m³   BGF 1.459 €/m²   NUF 1.730 €/m²

Umbau

Objekt:
Kennwerte: 3. Ebene DIN 276
BRI: 9.914 m³
BGF: 1.304 m²
NUF: 1.100 m²
Bauzeit: 47 Wochen
Bauende: 2015
Standard: Durchschnitt
Bundesland: Sachsen-Anhalt
Kreis: Salzlandkreis

Architekt*in:
KÖNIG
Architekturbüro
Herderstraße 36
39108 Magdeburg

Bauherr*in:
Stadt Aschersleben
Markt 1
06449 Aschersleben

vorher

nachher

Zeichnungen

9100-0144
Kulturzentrum
(550 Sitzplätze)

Umbau

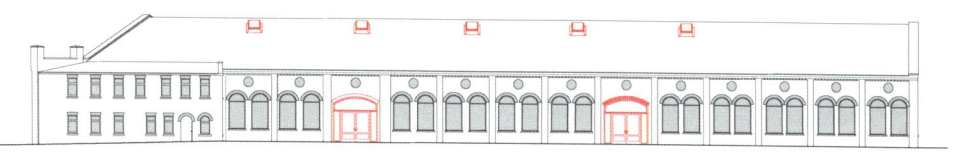

Ansicht West

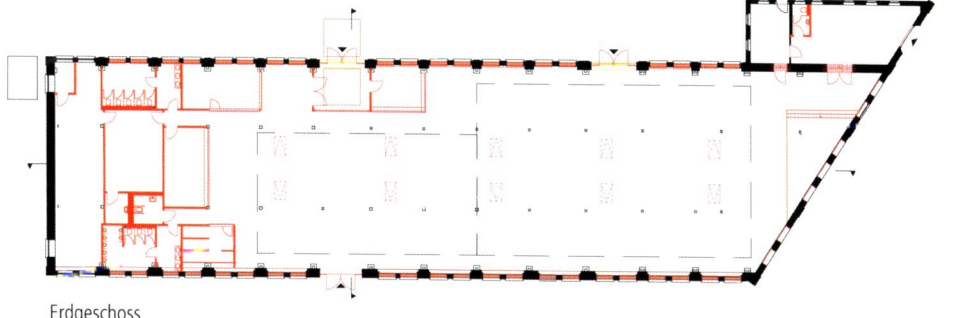

Erdgeschoss

Längsschnitt

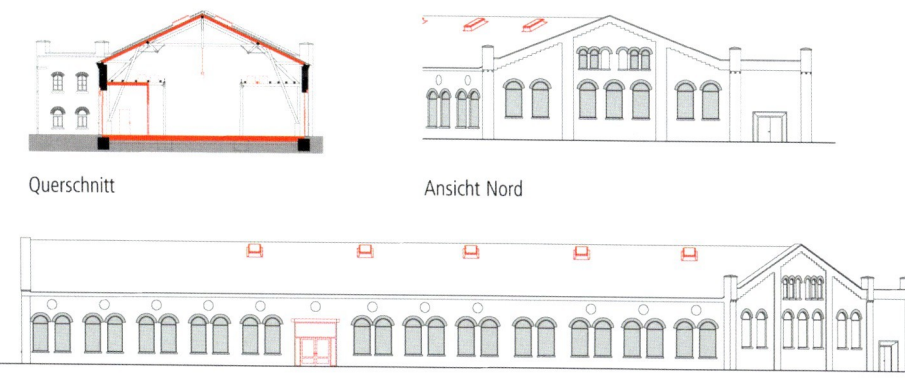

Querschnitt

Ansicht Nord

Ansicht Ost

9100-0144
Kulturzentrum
(550 Sitzplätze)

Umbau

Objektbeschreibung

Allgemeine Objektinformationen

Nach fast 30 Jahren Leerstand wurde die ehemalige Hobeleihalle saniert und zu einem Kulturzentrum umgestaltet. Der Charakter des historischen Industriegebäudes konnte trotz technischer Eingriffe und einer Veränderung der Grundrisse erhalten werden. Die Umnutzung zum Kulturzentrum mit Mehrzweckraum für die Ausrichtung von Konzerten, Feiern, Seminaren und Firmenevents wurde in einer umfangreichen Sanierungsmaßnahme realisiert. Das übrige Areal wurde zu einem Berufsschulzentrum umgenutzt bzw. mit Gewerbeflächen besiedelt.

Nutzung

1 Erdgeschoss
Mehrzweckraum, Stuhllager, Personalraum, Sanitärräume, Windfang, Garderoben, Bar, Lager, Technik

1 Obergeschoss
ungenutzt

Besonderer Kosteneinfluss Nutzung:
Das Gebäude steht unter Denkmalschutz

Nutzeinheiten

Sitzplätze: 550
Versammlungsraumfläche: 818

Grundstück

Bauraum: Freier Bauraum
Neigung: Ebenes Gelände

Markt

Hauptvergabezeit: 2.Quartal 2015
Baubeginn: 1.Quartal 2015
Bauende: 4.Quartal 2015
Konjunkturelle Gesamtlage: Durchschnitt
Regionaler Baumarkt: Durchschnitt

Baubestand

Bauzustand: schlecht
Aufwand: hoch
Grundrissänderungen: wenige
Tragwerkseingriffe: einige
Nutzungsänderung: ja
Nutzung während der Bauzeit: nein

Baukonstruktion

Das Bestandsgebäude mit Außenwänden aus Naturstein auf einem Stahlbetonboden erhielt im Vorfeld der Sanierung eine Schwammsanierung. Der bestehende Holzdachstuhl wurde statisch ertüchtigt.

Technische Anlagen

Das Kulturzentrum verfügt über eine zentrale **Lüftungsanlage**. Zusätzlich können die Raumtemperaturen mit Hilfe diverser **Kühltechniken** reguliert werden. Die Beheizung des Gebäudes erfolgt mittels Radiatoren. Es kamen neue Sanitäranlagen zum Einbau. Dimmbare Beleuchtung sorgt je nach Anlass für eine optimale Ausleuchtung oder eine stimmungsvolle Atmosphäre.

Sonstiges

Die Kosten der Schwammsanierung sind in dieser Dokumentation enthalten und zusätzlich als separate Maßnahme in Objekt 9100-0145 dokumentiert.

Planungskennwerte für Flächen und Rauminhalte nach DIN 277

9100-0144
Kulturzentrum
(550 Sitzplätze)

Umbau

Flächen des Grundstücks

		Menge, Einheit	% an GF
BF	Bebaute Fläche	1.229,74 m²	
UF	Unbebaute Fläche	–	–
GF	Grundstücksfläche	–	–

Grundflächen des Bauwerks

		Menge, Einheit	% an NUF	% an BGF
NUF	Nutzungsfläche	1.099,85 m²	100,0	84,3
TF	Technikfläche	67,35 m²	6,1	5,2
VF	Verkehrsfläche	26,72 m²	2,4	2,1
NRF	Netto-Raumfläche	1.193,92 m²	108,6	91,6
KGF	Konstruktions-Grundfläche	110,11 m²	10,0	8,4
BGF	Brutto-Grundfläche	1.304,03 m²	118,6	100,0

NUF=100% | BGF=118,6%
NRF=108,6%

NUF TF VF KGF

Brutto-Rauminhalt des Bauwerks

		Menge, Einheit	BRI/NUF (m)	BRI/BGF (m)
BRI	Brutto-Rauminhalt	9.914,03 m³	9,01	7,60

BRI/NUF=9,01m
BRI/BGF=7,60m

Prozentualer Anteil der Kostengruppen der 2. Ebene an der Kostengruppe 400 nach DIN 276

KG	Kostengruppen (2. Ebene)
410	Abwasser-, Wasser-, Gasanlagen
420	Wärmeversorgungsanlagen
430	Raumlufttechnische Anlagen
440	Elektrische Anlagen
450	Kommunikationstechnische Anlagen
460	Förderanlagen
470	Nutzungsspez. und verfahrenstech. Anlagen
480	Gebäude- und Anlagenautomation
490	Sonstige Maßnahmen für technische Anlagen

Ranking der Kostengruppen der 3. Ebene an der Kostengruppe 400 nach DIN 276

KG	Kostengruppe (3. Ebene)	Kosten an KG 400 %	KG	Kostengruppe (3. Ebene)	Kosten an KG 400 %
431	Lüftungsanlagen	31,1	456	Gefahrenmelde- und Alarmanlagen	2,9
422	Wärmeverteilnetze	10,4	465	Krananlagen	2,6
444	Niederspannungsinstallationsanlagen	9,4	482	Schaltschränke, Automation	2,2
445	Beleuchtungsanlagen	9,1	421	Wärmeerzeugungsanlagen	2,2
423	Raumheizflächen	7,6	484	Kabel, Leitungen und Verlegesysteme	2,0
412	Wasseranlagen	7,5	443	Niederspannungsschaltanlagen	1,7
411	Abwasseranlagen	4,4	419	Sonstiges zur KG 410	1,4
481	Automationseinrichtungen	3,3	457	Datenübertragungsnetze	0,9

© **BKI** Baukosteninformationszentrum

Kostenstand: 4.Quartal 2021, Bundesdurchschnitt, **inkl. 19% MwSt.**

9100-0144
Kulturzentrum
(550 Sitzplätze)

Umbau

Kostenkennwerte für die Kostengruppen der 1. Ebene DIN 276

KG	Kostengruppen (1. Ebene)	Einheit	Kosten €	€/Einheit	€/m² BGF	€/m³ BRI	% 300+400
100		m² GF	–	–	39,42	5,18	2,7
200	Vorbereitende Maßnahmen	m² GF	51.402	–	–	–	–
300	Bauwerk – Baukonstruktionen	m² BGF	1.385.944	1.062,82	1.062,82	139,80	72,8
400	Bauwerk – Technische Anlagen	m² BGF	516.796	396,31	396,31	52,13	27,2
	Bauwerk 300+400	**m² BGF**	**1.902.740**	**1.459,12**	**1.459,12**	**191,92**	**100,0**
500	Außenanlagen und Freiflächen	m² AF	12.524	–	9,60	1,26	0,7
600	Ausstattung und Kunstwerke	m² BGF	107.990	82,81	82,81	10,89	5,7
700	Baunebenkosten	m² BGF	–	–	–	–	–
800	Finanzierung	m² BGF	–	–	–	–	–

KG	Kostengruppe	Menge	Einheit	Kosten €	€/Einheit	%
200	**Vorbereitende Maßnahmen**	–		51.402	–	2,7

- Herstellen (Kosten: 100,0%) — 51.402
  Hausanschlüsse

						100,0
3+4	**Bauwerk**					
300	**Bauwerk – Baukonstruktionen**	1.304,03	m² BGF	1.385.944	1.062,82	72,8

- Abbrechen (Kosten: 10,3%) — 143.045
  Abbruch von Betonsohle, Fundamenten, Linoleum, Fliesen; Holz-Türelement, Putz, Wandfliesen, Metall-, Eisenteilen in Mauerwerkswänden; Naturstein-Mauerwerk, Holzständerwänden, Ziegel-Mauerwerk, Putz, HWL-Platten; Holztreppen, Kanthölzern, Verfüllungen, Einschüben, Stahlträgern, Holzschalungen, Holzbekleidungen, losen Beschichtungen auf Stahlprofilträgern und Konstruktionshölzern; Dachschalung für Öffnungen; Entsorgung, Deponiegebühren

- Wiederherstellen (Kosten: 9,1%) — 125.489
  Vorhandene Kies/Schotterschicht einebnen; Hausschwammsanierung durch Abflammen, Fluten und Bohrlochtränkung von Mauerwerk; in Kleinflächen: schadhafte vordere Schichten Mauerwerk ausstemmen, Fugen ausräumen, Mauerziegel einsetzen, Holztüre überarbeiten, Steinputzüberarbeitung; Stahlstützen, lose Beschichtungen entfernen, beschichten; Bohrlochtränkung von Konstruktionshölzern, nachträglicher Holzschutz von Konstruktionshölzern und Schalungen im Sprühverfahren; Dachstuhl sanieren: Bauschnittholz, Anschuhungen, Fußpfette

- Herstellen (Kosten: 80,6%) — 1.117.410
  Stb-Bodenplatte, Abdichtung, Parkett, Estrich, Linoleum, Bodenfliesen, Bodenbeschichtung, Perimeterdämmung, Bitumenbahnen; Holzfenster, Alu-Glas-Elemente, Sanierputz, Wandfliesen; Stürze, GKF-Metallständerwände, Innentüren, Stahltüren, Beschichtungen, WC-Trennwände; Dämmung, Holzschalung, abgehängte GK-Decken, GK-Bekleidungen, Brandschutzdecke; Zwischensparrendämmung, RWA-Lichtkuppeln, Sparschalung, Holzwolleplatten

KG	Kostengruppe	Menge Einheit	Kosten €	€/Einheit	%
400	**Bauwerk – Technische Anlagen**	1.304,03 m² BGF	516.796	**396,31**	27,2

- Wiederherstellen (Kosten: 2,6%)   13.579
  Umsetzen historischer Portalkräne, Kranbremsen demontieren, Übertragungswellen und Kranlaufwerke instandsetzen, Stahlflächen trockeneisstrahlen, lose Beschichtungen entfernen

- Herstellen (Kosten: 97,4%)   503.217
  Gebäudeentwässerung, Kalt- und Warmwasserleitungen, Sanitärobjekte; Fernwärmeanschluss, Heizungsrohre, Heizkörper; **Lüftungsanlage**, Lüftungskanäle/Leitungen, Einzellüfter; Elektroinstallation, Beleuchtung, **Blitzschutzanlage**; **Hausalarmanlage**, EDV-Verkabelung; Feuerlöscher; **Automationsstation** für Lüftung

| 500 | **Außenanlagen und Freiflächen** | – | 12.524 | – | 0,7 |

- Abbrechen (Kosten: 10,3%)   1.285
  Betonpflaster aufnehmen, lagern

- Wiederherstellen (Kosten: 2,4%)   297
  Betonborde höhersetzen

- Herstellen (Kosten: 87,4%)   10.941
  Stb-Eingangsplatte mit Sauberlaufmatte, Betonpflaster, Betonborde

| 600 | **Ausstattung und Kunstwerke** | 1.304,03 m² BGF | 107.990 | **82,81** | 5,7 |

- Herstellen (Kosten: 100,0%)   107.990
  Klapptische, Stühle, Reihengarderobenständer, Sanitärausstattung, mobile Rampe, Schilder

9100-0144
Kulturzentrum
(550 Sitzplätze)

Umbau

9100-0144
Kulturzentrum
(550 Sitzplätze)

Umbau

Kostenkennwerte für die Kostengruppen 400 der 2. Ebene DIN 276

KG	Kostengruppe	Menge	Einheit	Kosten €	€/Einheit	%
400	**Bauwerk – Technische Anlagen**					100,0
410	**Abwasser-, Wasser-, Gasanlagen**	1.304,03	m² BGF	68.667	**52,66**	13,3
	• Herstellen (Kosten: 100,0%)	1.304,03	m² BGF	68.667	**52,66**	
	KG-Rohre DN100 (156m), HT-PP-Schallschutzrohre DN50-100 (73m²), Bodenabläufe (6St) * Edelstahl-Druckrohre DN25 (152m), Edelstahlrohre DN15-32 (89m), Mehrschichtverbundrohre DN20-25 (118m), Wasserzähler (2St), Waschtische (8St), Ausgussbecken (1St), Urinale, Steuerung (7St), Wand-Tiefspül-WCs (9St), **barrierefreie** WC-Anlage (1St), Durchlauferhitzer 5,7kW (3St) * Montageelemente (26St)					
420	**Wärmeversorgungsanlagen**	1.304,03	m² BGF	104.053	**79,79**	20,1
	• Herstellen (Kosten: 100,0%)	1.304,03	m² BGF	104.053	**79,79**	
	Fernwärmestation: Luftabscheider (1St), Schlammabscheider (1St), Plattenwärmetauscher 140kW (1St), Ausdehnungsgefäß 400l (1St) * Stahlrohre DN15-54 (1.127m), Heizungsverteiler, vierfach (1St), Pumpen (3St) * Röhrenradiatoren (26St), Kompaktheizkörper (16St)					
430	**Raumlufttechnische Anlagen**	1.304,03	m² BGF	160.627	**123,18**	31,1
	• Herstellen (Kosten: 100,0%)	1.304,03	m² BGF	160.627	**123,18**	
	Zu-, Abluftgerät mit **Wärmerückgewinnung** 11.200m³/h (1St), Luftkanäle, Dämmung (805m²), Wickelfalzrohre DN100-800 (62m), Flexrohre DN100 (15m), Kulissenschalldämpfer (4St), Jalousieklappen (8St), Drallauslässe (18St), Einzelraumlüfter (8St), Druckbegrenzer (2St), Wärmemengenzähler (1St), Messumformer CO_2/Temperatur (4St), Stellantriebe (6St), Kanalrauchmelder (1St)					
440	**Elektrische Anlagen**	1.304,03	m² BGF	107.556	**82,48**	20,8
	• Herstellen (Kosten: 100,0%)	1.304,03	m² BGF	107.556	**82,48**	
	Niederspannungsschaltanlage, Wandlerschrank, bestückt (1St) * Verteiler (2St), Kleinverteiler (2St), Mantelleitungen (4.525m), Schalter/Taster (32St), Steckdosen (75St), Präsenzmelder (8St) * Downlights (18St), An/Einbauleuchten (80St), Pendelleuchten (11St), Wandleuchten (5St), LED-Strahler (5St), Stromschienen (10m), Rettungszeichenleuchten (16St), Notlichteinsätze (17St), Notlichtversorgungsgeräte (4St) * Potenzialausgleichsschiene (1St), Fangleitungen (46m), Fangstangen (13St), Tiefenerder (2St)					
450	**Kommunikationstechnische Anlagen**	1.304,03	m² BGF	20.332	**15,59**	3,9
	• Herstellen (Kosten: 100,0%)	1.304,03	m² BGF	20.332	**15,59**	
	Ruf-Kompaktset (1St) * **Hausalarmanlage**: **Brandmeldecomputer** (1St), Analog-Ringmodul (1St), Brandschutzgehäuse (1St), akustische Alarmgeber (6St), mit Bus (9St), elektronische Handmelder (5St), Parallelanzeige (1St), Schlüsselsafe (1St), **RWA-Zentrale** (1St), Hauptbedienstelle (1St), Nebenstelle (1St), Installationskabel (1.204m) * 19"-Verteilerschrank, 5HE (1St), Datenanschlussdosen (14St), Datenkabel (1.489m)					
460	**Förderanlagen**	1.304,03	m² BGF	13.579	**10,41**	2,6
	• Wiederherstellen (Kosten: 100,0%)	1.304,03	m² BGF	13.579	**10,41**	
	Umsetzen historischer Portalkräne, Kranbremsen demontieren, Übertragungswellen und Kranlaufwerke instandsetzen, manuelle Verschiebung der Kräne mit Brechstangen (167h), Stahlflächen der Portalkrananlagen trockeneisstrahlen, lose Beschichtungen entfernen, Spannweite=6,50m (2St)					

© BKI Baukosteninformationszentrum   Kostenstand: 4.Quartal 2021, Bundesdurchschnitt, **inkl.** 19% MwSt.

KG	Kostengruppe	Menge	Einheit	Kosten €	€/Einheit	%
470	**Nutzungsspez. u. verfahrenstechnische Anlagen**	1.304,03	m² BGF	2.417	**1,85**	0,5

- Herstellen (Kosten: 100,0%)   1.304,03 m² BGF   2.417   **1,85**
Kühlzelle demontieren, transportieren, einbauen (1St) * Pulver-Mehrzweck-Feuerlöscher (9St)

KG	Kostengruppe	Menge	Einheit	Kosten €	€/Einheit	%
480	**Gebäude- und Anlagenautomation**	1.304,03	m² BGF	38.721	**29,69**	7,5

- Herstellen (Kosten: 100,0%)   1.304,03 m² BGF   38.721   **29,69**
Automationsstation für Lüftung (1St), Gateway-Modul (3St), VPN-Router (1St), Patchkabel Cat7 (4St), Anlagenbilderstellung (28St) * Standschrank (1St), Netzableiter (1St), Netzwiederkehrschaltung (1St), Spannungstrafo (1St), **Sicherheitstrafo** (1St), Motorsteuerung (5St), Netzabgang (2St), Überwachung von: Druck (2St), Temperatur (2St), Filter (3St), Strömung (2St), Klappen (6St), Rauchmelder (1St) * Fernmeldeleitungen (1.596m), Mantelleitungen (130m)

KG	Kostengruppe	Menge	Einheit	Kosten €	€/Einheit	%
490	**Sonstige Maßnahmen für technische Anlagen**	1.304,03	m² BGF	844	**0,65**	0,2

- Herstellen (Kosten: 100,0%)   1.304,03 m² BGF   844   **0,65**
Baustellenbeleuchtung: Anbauleuchten (8St), Gummischlauchleitungen (180m), Schalter (1St), Steckdose (1St)

9100-0144
Kulturzentrum
(550 Sitzplätze)

Umbau

9100-0144
Kulturzentrum
(550 Sitzplätze)

Umbau

Kostenkennwerte für die Kostengruppe 400 der 2. und 3. Ebene DIN 276 (Übersicht)

KG	Kostengruppe	Menge Einheit	Kosten €	€/Einheit	%
410	**Abwasser-, Wasser-, Gasanlagen**	**1.304,03 m² BGF**	**52,66**	**68.667,19**	**13,3**
411	Abwasseranlagen	1.304,03 m² BGF	17,41	22.705,99	4,4
412	Wasseranlagen	1.304,03 m² BGF	29,88	38.970,48	7,5
419	Sonstiges zur KG 410	1.304,03 m² BGF	5,36	6.990,75	1,4
420	**Wärmeversorgungsanlagen**	**1.304,03 m² BGF**	**79,79**	**104.052,72**	**20,1**
421	Wärmeerzeugungsanlagen	1.304,03 m² BGF	8,75	11.412,80	2,2
422	Wärmeverteilnetze	1.304,03 m² BGF	41,08	53.574,44	10,4
423	Raumheizflächen	1.304,03 m² BGF	29,96	39.065,50	7,6
430	**Raumlufttechnische Anlagen**	**1.304,03 m² BGF**	**123,18**	**160.627,00**	**31,1**
431	Lüftungsanlagen	1.304,03 m² BGF	123,18	160.627,00	31,1
440	**Elektrische Anlagen**	**1.304,03 m² BGF**	**82,48**	**107.555,57**	**20,8**
443	Niederspannungsschaltanlagen	1.304,03 m² BGF	6,68	8.711,97	1,7
444	Niederspannungsinstallationsanlagen	1.304,03 m² BGF	37,24	48.561,20	9,4
445	Beleuchtungsanlagen	1.304,03 m² BGF	36,02	46.969,58	9,1
446	Blitzschutz- und Erdungsanlagen	1.304,03 m² BGF	2,54	3.312,81	0,6
450	**Kommunikationstechnische Anlagen**	**1.304,03 m² BGF**	**15,59**	**20.332,37**	**3,9**
452	Such- und Signalanlagen	1.304,03 m² BGF	0,43	562,87	0,1
456	Gefahrenmelde- und Alarmanlagen	1.304,03 m² BGF	11,47	14.962,11	2,9
457	Datenübertragungsnetze	1.304,03 m² BGF	3,69	4.807,39	0,9
460	**Förderanlagen**	**1.304,03 m² BGF**	**10,41**	**13.579,04**	**2,6**
465	Krananlagen	1.304,03 m² BGF	10,41	13.579,04	2,6
470	**Nutzungsspez. u. verfahrenstechn. Anl.**	**1.304,03 m² BGF**	**1,85**	**2.416,55**	**0,5**
471	Küchentechnische Anlagen	1.304,03 m² BGF	1,16	1.510,35	0,3
474	Feuerlöschanlagen	1.304,03 m² BGF	0,69	906,20	0,2
480	**Gebäude- und Anlagenautomation**	**1.304,03 m² BGF**	**29,69**	**38.721,25**	**7,5**
481	Automationseinrichtungen	1.304,03 m² BGF	13,00	16.953,90	3,3
482	Schaltschränke, Automation	1.304,03 m² BGF	8,92	11.627,08	2,2
484	Kabel, Leitungen und Verlegesysteme	1.304,03 m² BGF	7,78	10.140,27	2,0
490	**Sonst. Maßnahmen für techn. Anlagen**	**1.304,03 m² BGF**	**0,65**	**843,89**	**0,2**
491	Baustelleneinrichtung	1.304,03 m² BGF	0,65	843,89	0,2

© BKI Baukosteninformationszentrum

Kostenstand: 4. Quartal 2021, Bundesdurchschnitt, **inkl.** 19% MwSt.

Kostenkennwerte für Leistungsbereiche nach STLB (Kosten KG 400 nach DIN 276)

**9100-0144
Kulturzentrum
(550 Sitzplätze)

Umbau**

LB	Leistungsbereiche	Kosten €	€/m² BGF	€/m³ BRI	% an 400
040	Wärmeversorgungsanlagen - Betriebseinrichtungen	10.539	8,10	1,10	2,0
041	Wärmeversorgungsanlagen - Leitungen, Armaturen, Heizflächen	86.071	66,00	8,70	16,7
042	Gas- und Wasseranlagen - Leitungen, Armaturen	15.837	12,10	1,60	3,1
043	Druckrohrleitungen für Gas, Wasser und Abwasser	6.141	4,70	0,62	1,2
044	Abwasseranlagen - Leitungen, Abläufe, Armaturen	8.027	6,20	0,81	1,6
045	Gas-, Wasser- und Entwässerungsanlagen - Ausstattung, Elemente, Fertigbäder	21.481	16,50	2,20	4,2
046	Gas-, Wasser- und Entwässerungsanlagen - Betriebseinrichtungen	–	–	–	–
047	Dämm- und Brandschutzarbeiten an technischen Anlagen	10.198	7,80	1,00	2,0
049	Feuerlöschanlagen, Feuerlöschgeräte	906	0,69	< 0,1	0,2
050	Blitzschutz- / Erdungsanlagen, Überspannungsschutz	3.313	2,50	0,33	0,6
051	Kabelleitungstiefbauarbeiten	–	–	–	–
052	Mittelspannungsanlagen	–	–	–	–
053	Niederspannungsanlagen - Kabel/Leitungen, Verlegesysteme, Installationsgeräte	37.883	29,10	3,80	7,3
054	Niederspannungsanlagen - Verteilersysteme und Einbaugeräte	20.434	15,70	2,10	4,0
055	Sicherheits- und Ersatzstromversorgungsanlagen	–	–	–	–
057	Gebäudesystemtechnik	–	–	–	–
058	Leuchten und Lampen	32.198	24,70	3,20	6,2
059	Sicherheitsbeleuchtungsanlagen	14.771	11,30	1,50	2,9
060	Sprech-, Ruf-, Antennenempfangs-, Uhren- und elektroakustische Anlagen	563	0,43	< 0,1	0,1
061	Kommunikations- und Übertragungsnetze	4.807	3,70	0,48	0,9
062	Kommunikationsanlagen	–	–	–	–
063	Gefahrenmeldeanlagen	13.539	10,40	1,40	2,6
064	Zutrittskontroll-, Zeiterfassungssysteme	–	–	–	–
069	Aufzüge	–	–	–	–
070	Gebäudeautomation	27.703	21,20	2,80	5,4
075	Raumlufttechnische Anlagen	171.645	131,60	17,30	33,2
078	Kälteanlagen für raumlufttechnische Anlagen	–	–	–	–
	Gebäudetechnik	**486.059**	**372,70**	**49,00**	**94,1**
	Sonstige Leistungsbereiche	**30.737**	**23,60**	**3,10**	**5,9**
	Wiederherstellen	13.579	10,40	1,40	2,6
	Herstellen	17.158	13,20	1,70	3,3

© BKI Baukosteninformationszentrum   Kostenstand: 4.Quartal 2021, Bundesdurchschnitt, **inkl. 19% MwSt.**

OBJEKTDATEN

B

Kosten der 3. Ebene DIN 276

410 Abwasser-, Wasser-, Gasanlagen

Kostenkennwerte für die Kostengruppen 400 der 3. Ebene DIN 276

KG	Kostengruppe	Menge Einheit	Kosten €	€/Einheit	%
411	**Abwasseranlagen**				

1300-0227 Verwaltungsgebäude (42 AP) - Effizienzhaus ~59%

		1.593,33 m² BGF	47.165	**29,60**	34,3

Abwasserrohre DN50-125, Formstücke (154m), PE-HD-Rohre DN100-200, Formstücke (28m), PE-Rohre DN50-100, Formstücke (21m), PP-Rohre DN50 (3m), Pumpe, Nassaufstellung (1St), Rückflussverhinderer (1St), Absperrventile (2St), Rohrschotts R30-90 (21St), Brandschutzmörtel (365l), an Bestandsleitungen DN100-125 anschließen (7St), Dachabläufe (7St), Bodenabläufe (5St), Regenfallrohr DN80, innenliegend (3m)

1300-0231 Bürogebäude (95 AP)

		4.489,98 m² BGF	39.868	**8,88**	28,4

KG-Rohre DN100, Formstücke (243m), SML-Rohre DN50-100, Formstücke (61m), Gussrohre DN100, Formstücke (20m), HT-Rohre DN50-100, Formstücke (126m), Rohrdämmung (203m), Bodenabläufe (3St), Geruchsverschlüsse (3St)

1300-0240 Büro- und Wohngebäude (6 AP) - Effizienzhaus 40 PLUS

		324,12 m² BGF	7.205	**22,23**	23,9

PVC-Rohre DN100, Formstücke (59m), PP-Rohre DN50-100, Formstücke, Rohrdämmung (30m), PE-Rohre DN100, Formstücke, Rohrdämmung (17m), Regenfallrohre DN50-75, innenliegend, Rohrdämmung (6m), Bodenablauf (1St), Sifons (7St)

1300-0253 Bürogebäude (40 AP)

		1.142,82 m² BGF	32.381	**28,33**	32,8

PE-Rohre DN50-125, Formstücke, Rohrdämmung (168m), Rohrschotts DN50-125 (12St), KG-Rohre DN100, Formstücke (127m), HT-Rohre DN50-100, Formstücke, Rohrdämmung (30m), PP-Rohre DN56-100, Formstücke, Rohrdämmung (27m), Brandmanschetten (14St), Rückstauverschlüsse (2St), Sifons (5St)

1300-0254 Bürogebäude (8 AP) - Effizienzhaus ~73%

		226,00 m² BGF	9.145	**40,47**	66,0

KG-Rohre DN100, Formstücke, Sandbett (56m), Abwasserrohre (psch), Retentionszisterne, Rückhaltevolumen 8.500l, Erd-und Verfüllarbeiten (1St), Strangentlüfter (2St), Dachgully (1St)

1300-0269 Bürogebäude (116 AP), TG (68 STP) - Effizienzhaus ~51%

		6.765,20 m² BGF	101.985	**15,07**	42,7

KG-Rohre DN100, Formstücke (32m), HT-PR Rohre DN200-300, Formstücke (27m), Abwasserrohre DN50-200, schallgedämmt, Formstücke (523m), HT-Rohre DN50-100, Formstücke, Rohrdämmung (215m), Rückstauklappen, Absperrschieber (2St), Hebeanlagen (2St), Druckrohre DN70, Formstücke (13m), Druckschleife (1St), Doppelpumpe (1St), Entwässerungsrinne, Abdeckung (11m), Entwässerungsschächte 60x60x60cm, Abdeckung (7St)

KG	Kostengruppe	Menge Einheit	Kosten €	€/Einheit	%

1300-0271 Bürogebäude (350 AP), TG (45 STP)
		8.385,25 m² BGF	422.760	50,42	67,1

PP-Abwasserrohre DN50-160, Formstücke (1.358m), Rohrdämmung (780m), Stahl-Tragkonstruktion (1.820kg), PE-Druckrohre DN32-80 (155m), Begleitheizung (130m), Kamerabefahrung (28m), PP-Brandschotts (273St), Entwässerungsrinne, b=30cm (33m), Flachdachabläufe DN70-100, Edelstahl (22St), Hebeanlagen, Förderstrom 54m³/h (3St), Schmutzwasserpumpen (10St), Pumpenschlauch DN25 (20m), Steueranlagen (11St), Niveausteuerungen (2St), Niveauausschalter (9St), Rückschlagventile (7St), Keilflachschieber DN80-100 (6St), Absperrschieber (7St), Steckalarme mit Schwimmschalter (9St), Vereinigungsstücke (2St)

1300-0279 Rathaus (85 AP), Bürgersaal
		2.687,64 m² BGF	36.803	13,69	32,6

PVC-KG-Rohre DN110-125, Formstücke, Sandbett (121m), PP-Abwasserrohre DN50-100, Formstücke, Rohrdämmung (174m), Sifons (12St), Boden-/Dachabläufe (14St), Stahl-Fassadenrinnen, Kiesleiste, Rost, begehbar, Splittbett (11m)

4100-0161 Real- und Grundschule (13 Klassen, 300 Schüler) - Passivhaus
Abbrechen (Kosten: 10,8%)
		3.617,76 m² BGF	6.688	1,85	4,0

Abbruch von Abwasserrohren (560m), Bodenabläufen (7St); Entsorgung, Deponiegebühren

Herstellen (Kosten: 89,2%)
		3.617,76 m² BGF	55.247	15,27	32,9

KG-Rohre DN100-150, Formstücke (37m), PP-Rohre DN50-110, Formstücke (394m), HT-Rohre DN40-50, Formstücke (32m), Kleinhebeanlagen (5St), Abwasserhebeanlage, Unterflur (1St), Druckrohre DN40, Formstücke (42m), Rohrschotts DN75-110 (44St), Entwässerungsrinne (7m), Bodenablauf (1St)

4100-0175 Grundschule (4 Lernlandschaften, 160 Schüler) - Effizienzhaus ~3%
		2.169,67 m² BGF	11.546	5,32	14,6

KG-Rohre DN100-125, Formstücke (75m), SML-Rohre DN70-100, Formstücke (33m), HT-Rohre DN50-100, Formstücke (38m), Ablufthauben DN100 (5St), Bodenabläufe (2St), Brandschutzeinsätze (2St)

4100-0189 Grundschule (12 Klassen, 360 Schüler) - Effizienzhaus ~72%
		3.330,00 m² BGF	49.492	14,86	30,4

KG-Rohre DN100-150, Formstücke (440m), PP-Rohre DN50-100, Formstücke, Rohrdämmung (378m), Dachhauben DN100 (15St), Bodenablauf DN100 (1St)

4400-0250 Kinderkrippe (4 Gruppen, 50 Kinder)
		1.000,40 m² BGF	47.372	47,35	38,6

PP-Rohre DN100-150, Formstücke (246m), Revisionsschächte DN1.000, t=1,10-2,30m (5St), Guss-Rohre DN50-100, Formstücke, Rohrdämmung (68m), HT-Rohre DN40-100, Formstücke, Rohrdämmung (77m), Bodenabläufe DN70 (9St)

4400-0293 Kinderkrippe (3 Gruppe, 36 Kinder) - Effizienzhaus ~37%
		612,00 m² BGF	27.219	44,48	38,1

KG-Rohre DN100-150, Formstücke, Splittbett (123m), PP-Rohre DN50-100, Formstücke, Rohrdämmung (69m), Röhrensiphon DN32 (14St), Lüftungsventil mit Revisionskasten DN70 (1St)

4400-0298 Kinderhort (2 Gruppen, 40 Kinder) - Effizienzhaus ~30%
		316,83 m² BGF	3.125	9,86	13,4

KG-Rohre DN100, Formstücke (26m), HT-Rohre DN50-100, Formstücke, Rohrdämmung (18m)

410 Abwasser-, Wasser-, Gasanlagen

KG	Kostengruppe	Menge	Einheit	Kosten €	€/Einheit	%
	4400-0307 Kindertagesstätte (4 Gruppen, 100 Kinder) - Effizienzhaus ~60%	1.051,00	m² BGF	21.947	**20,88**	28,2

PVC-U-Rohre DN110, Formstücke, Sandbett (62m), HT-Rohre DN50-100, Formstücke (60m), Fettabscheider, Schlammfang (1St), Probeentnahmeschacht (1St), Kompakt-Doppelpumpwerk (1St), Bodenabläufe DN50-100 (3St)

| | **5100-0115 Sporthalle (Einfeldhalle) - Effizienzhaus ~68%** | 737,13 | m² BGF | 4.714 | **6,39** | 11,0 |

Kunststoffrohre DN50-110, Formstücke, Rohrdämmung (79m), Flachdachabläufe, Rohrmanschettenheizungen (2St)

| | **5100-0124 Sporthalle (Dreifeldhalle, Einfeldhalle)** | | | | | |
| | Abbrechen (Kosten: 5,4%) | 3.427,89 | m² BGF | 2.635 | **0,77** | 1,2 |

Abbruch von Gussrohren (30m); Entsorgung, Deponiegebühren

| | Herstellen (Kosten: 94,6%) | 3.427,89 | m² BGF | 46.074 | **13,44** | 20,2 |

KG-Rohre DN100-150, Formstücke (93m), PP-Rohre DN50-100, Formstücke, Rohrdämmung (224m), SML-Rohre DN50-100, Formstücke, Rohrdämmung (55m), Röhrensiphon (35St), Badabläufe (23St), Sinkkasten (1St), Deckendurchbrüche (38St), Kernbohrungen, D=80-130mm (72St), Brandschutzmanschetten (22St), Kamerabefahrung (psch)

| | **5200-0013 Freibad** | | | | | |
| | Abbrechen (Kosten: 1,1%) | 4.363,92 | m² BGF | 2.616 | **0,60** | 0,2 |

Abbruch von Gussrohren DN50-125 (119m); Entsorgung, Deponiegebühren

| | Herstellen (Kosten: 98,9%) | 4.363,92 | m² BGF | 237.124 | **54,34** | 19,7 |

KG-Rohre DN100-200, Formstücke (999m), DN250-300 (149m), PE-Druckrohre DN80-100, Formstücke (19m), PE-HD-Rohre DN50-200, Formstücke, Rohrdämmung (315m), Rohrschotts DN50-100 (6St), Anschlüsse an Grundleitung (42St), Kontrollschacht DN1.000, h=2,50m (1St), Bodenabläufe DN70-100 (14St), mit Pressdichtungsflansch (52St), Aufsatzstücke für Gussasphalt (42St), Schmutzwassertauchpumpen (3St), Doppelpumpensteuerung (1St), Eintauchgeber (1St), Schieber DN80 (2St), Rückschlagklappen DN80 (2St), Becken: Überlauf-Rinnenabläufe (18St), Ablaufkästen (3St), Wandablauf DN100 (1St)

| | **5200-0014 Hallenbad** | | | | | |
| | Abbrechen (Kosten: 9,1%) | 780,52 | m² BGF | 4.065 | **5,21** | 3,5 |

Abbruch von Gussrohren DN50-150, Armaturen (74m), Dachgullys (4St), eingemauerten Leitungen (20m), Pumpenfundament (1St), Ablauf (1St); Entsorgung, Deponiegebühren

| | Herstellen (Kosten: 90,9%) | 780,52 | m² BGF | 40.365 | **51,72** | 35,2 |

Abwasserleitungen DN100-160, Formstücke, Rohrdämmung (154m), PE-Rohre DN100, Formstücke, Rohrdämmung (67m), Flachdachabläufe, beheizbar (4St), Abwasserhebeanlage, stationäre Trockenaufstellung (1St), Absperrschieber (1St), Handmembranpumpe (1St), Kellerabläufe (5St), Bodenablauf (2St)

| | **5300-0017 DLRG-Station, Ferienwohnungen (4 WE)** | 727,75 | m² BGF | 5.619 | **7,72** | 7,4 |

KG-Rohre DN100, Formstücke (14m), Abwasserrohre DN40-100, Formstücke (87m), Entlüftungshauben (3St)

KG	Kostengruppe	Menge Einheit	Kosten €	€/Einheit	%

6100-1186 Mehrfamilienhaus (9 WE) - Effizienzhaus Plus
1.513,74 m² BGF — 48.279 — **31,89** — 28,2

KG-Leitungen DN100-200, Formstücke (203m), Schmutzwasserhebeanlage 3l/s, Förderhöhe 4,00m (1St), Druckleitung (6m), PE-Rohre DN56-100, Formstücke, Rohrdämmung (370m), Belüftungsventile (21St), Rohrschotts (77St), Schlitzarbeiten (60m), Kontrollschacht (1St)

6100-1262 Mehrfamilienhaus, Dachausbau (2 WE)
Herstellen (Kosten: 100,0%) — 450,47 m² BGF — 5.163 — **11,46** — 19,7

Gussrohre DN70-100, Formstücke (45m), PP-Rohre DN50-100, Formstücke (13m), KG-Rohre DN100, Formstücke (10m), Hebeanlage (1St), Röhrensiphon DN32 (7St), Duschrinne, l=80cm (1St), Fliese als Duschablauf, gelocht (1St), Deckendurchbrüche 30x30cm (2St)

6100-1294 Mehrfamilienhaus (3 WE) - Effizienzhaus 40
713,77 m² BGF — 7.638 — **10,70** — 29,4

KG-Rohre DN100-200, Formstücke (80m), HT-Rohre DN40-100, Formstücke, Rohrdämmung (35m), Geruchsverschlüsse (7St), Duschrinne (1m)

6100-1306 Mehrfamilienhaus (5 WE)
Herstellen (Kosten: 100,0%) — 1.520,60 m² BGF — 11.520 — **7,58** — 18,1

HT-Rohre DN50-90, Formstücke (79m), PP-Rohre DN90, Formstücke (56m), KG-Rohre DN100-150, Formstücke (62m), Rückstausicherung (1St), Entlüftungsrohre DN100 (3St), Sifons (10St), Brandschotts (12St), Fertigteilschächte DN400, Kunststoff (3St), Anschlüsse an vorhandene Rohre (2St)

6100-1311 Mehrfamilienhaus (4 WE), TG - Effizienzhaus ~55%
1.159,80 m² BGF — 29.051 — **25,05** — 36,3

Abwasserinstallation (psch), Anschluss an vorhandenen Schmutzwasserübergabeschacht (psch), Pumpensumpf (1St), Pumpen (2St), Abwasserdruckleitung (psch), Hebeanlage für Ausgussbecken (1St), Duschrinnen, l=80cm (5St), l=120cm (3St), Bodenablauf DN50 (1St), Kanalreinigung, Dichtheitsprüfung der Bestands-Grundleitung, Kamerabefahrung (psch)

6100-1316 Einfamilienhaus, Carport
469,17 m² BGF — 12.723 — **27,12** — 29,8

KG-Rohre DN100-125, Formstücke, Rohrdämmung (49m), PP-Rohre DN50-100 (14m), Bodenrinne, Rost (12m), Auslaufventile (3St), Duschrinne (1St), Rückstauverschluss (1St)

6100-1335 Einfamilienhaus, Garagen - Passivhaus
503,81 m² BGF — 11.703 — **23,23** — 35,4

KG-Rohre DN100, Formstücke, Sandbett (104m), KG-Rohr DN150 (6m), Rückstauklappe (1St), Kontrollschacht (1St), HT-Rohre DN50-70, Formstücke, Rohrdämmung (25m), DN100 (39m), Druckprobe (1St)

6100-1336 Mehrfamilienhäuser (37 WE) - Effizienzhaus ~38%
4.214,25 m² BGF — 79.089 — **18,77** — 27,3

PP-Rohre DN110-250, Formstücke (586m), PE-Rohre DN50-100, Formstücke (241m), SML-Rohre DN50-100, Formstücke (226m), Rohrdämmung (453m), Edelstahlspeier (50St), Anschlüsse an Grundleitungen (43St), an Dachabläufe (10St), an Kontrollschächte (12St), Kontrollschächte DN1.000 (5St)

© BKI Baukosteninformationszentrum — Kostenstand: 4.Quartal 2021, Bundesdurchschnitt, **inkl. 19% MwSt.**

410 Abwasser-, Wasser-, Gasanlagen

KG	Kostengruppe	Menge Einheit	Kosten €	€/Einheit	%

6100-1337 Mehrfamilienhaus (5 WE) - Effizienzhaus ~33%
880,00 m² BGF — 15.481 — **17,59** — 19,2

KG-Rohre DN100 (71m), PE-Fallleitungen DN70-100 (51m), HT-Abflussrohre DN50-90, Rohrdämmung (71m), Kontrollschächte DN1.000, Tiefe 1,90m, Schachtabdeckung Gusseisen (2St), Hebeanlagen, fäkalienfreies Abwasser (2St), Bodenabläufe DN90 (6St), Wandeinbau-Geruchsverschlüsse NW40/50 (4St), Entwässerungsrinnen, Gitterrost (10m)

6100-1338 Einfamilienhaus, Einliegerwohnung, Doppelgarage - Effizienzhaus 40
355,74 m² BGF — 8.224 — **23,12** — 34,7

KG-Rohre DN100, Formstücke, Rohrdämmung (104m), PP-Rohre DN50-110, Formstücke, Rohrdämmung (35m), Kontrollschacht DN800 (1St), Strangentlüfter (1St), Röhrensiphon (4St)

6100-1339 Einfamilienhaus, Garage - Effizienzhaus 40
312,60 m² BGF — 4.292 — **13,73** — 14,5

KG-Rohre DN100, Formstücke (48m), PP-Rohre DN50-100, Formstücke (psch), Kontrollschacht DN300 (1St)

6100-1375 Mehrfamilienhaus, Aufstockung (1 WE)
Herstellen (Kosten: 100,0%)   183,43 m² BGF — 2.034 — **11,09** — 11,5

SML-Rohre DN100, Formstücke, Rohrdämmung (psch)

6100-1383 Einfamilienhaus, Büro (10 AP), Gästeapartment - Effizienzhaus ~35%
770,00 m² BGF — 30.308 — **39,36** — 25,7

KG-Rohre DN100-150, Formstücke (97m), HT-Rohre DN50-100, Formstücke, Rohrdämmung (40m), SML-Rohre DN50-100, Formstücke, Rohrdämmung (106m), Guss-Reinigungsrohre DN100 (4St), Kellerabläufe DN100, Rückstauverschlüsse (2St), Bodenablauf (1St)

6100-1400 Mehrfamilienhaus (13 WE), TG - Effizienzhaus 55
2.199,67 m² BGF — 23.547 — **10,70** — 25,8

PE-Rohre DN50-125, Formstücke, Rohrdämmung (145m), PP-Rohre DN50-90, Formstücke, Rohrdämmung (108m), HT-Rohre DN70, Formstücke (3m), Rohrdurchführungen DN32-135 (22St), Fäkalien-Hebeanlage 15l, Signalanlage (1St), Bodenablauf DN100 (1St), Betonrinne, Rost (4m), Dichtungseinsatz DN100-200 (3St)

6100-1426 Doppelhaushälfte - Passivhaus
262,48 m² BGF — 5.442 — **20,73** — 32,9

Kleinhebeanlage, Überflurschacht (1St), Schmutzwasser-Druckleitung (1St), HT- und PP-Rohre, Rohrdämmung (psch)

6100-1433 Mehrfamilienhaus (5 WE), Carports - Passivhaus
623,58 m² BGF — 17.819 — **28,57** — 28,4

PVC-Rohre DN70-125, Formstücke (203m), Kontrollschacht DN1.000, Kanalanschluss (1St), Rückstauklappen (2St), Druckprobe (psch), Abwasserinstallation für Waschtische (10St), für Waschmaschinen (9St), für Küchen, Duschen (5St), für Ausgussbecken (1St)

6100-1442 Einfamilienhaus - Effizienzhaus 55
345,90 m² BGF — 7.614 — **22,01** — 39,1

KG-Rohre DN100, Formstücke (66m), DN125 (43m), DN150 (22m), Leerrohre DN75-100 (66m), Abwasserrohre DN50-110, Formstücke, Rohrdämmung (36m), Hebeanlage (1St), Kontrollschacht DN1.000, t=1,20m (1St), Bodenabläufe (2St)

KG	Kostengruppe	Menge	Einheit	Kosten €	€/Einheit	%

6100-1482 Einfamilienhaus, Garage
		290,51	m² BGF	4.749	**16,35**	21,6

PVC-Rohre DN100, Formstücke (17m), DN300 (4m), HT-Rohre, Formstücke (psch), Bodenablauf DN100 (1St), Duschrinne, Rost (90cm), Sifons DN32 (3St)

6100-1483 Mehrfamilienhaus (6 WE)
Abbrechen (Kosten: 9,1%)

	898,76	m² BGF	942	**1,05**	2,0

Abbruch von Abwasserrohren bis DN100, Porzellan, Guss, Kunststoff (132m), Bodenablauf (1St); Entsorgung, Deponiegebühren

Wiederherstellen (Kosten: 0,8%)

	898,76	m² BGF	86	**0,10**	0,2

Reinigen SW-Revisionsschacht, Schuttbeseitigung (1St)

Herstellen (Kosten: 90,1%)

	898,76	m² BGF	9.308	**10,36**	19,6

HT-Abwasserrohre DN50-90, Formstücke (36m), PE-HD-Schallschutzrohre DN90-100, Formstücke (72m), Rohrdämmung (4m), Sifons (12St), Wandeinbau-Waschgeräte-Sifons (6St), Rohrschotts R90 (10St)

6100-1500 Mehrfamilienhaus (18 WE)
Abbrechen (Kosten: 2,7%)

	3.700,00	m² BGF	2.524	**0,68**	1,1

Abbruch von Abwasserrohren bis DN100 (22m), Bodenabläufen (3St), Strangentlüftung (psch), Standrohre freistemmen (12h); Entsorgung, Deponiegebühren

Wiederherstellen (Kosten: 41,5%)

	3.700,00	m² BGF	38.501	**10,41**	16,3

Schlauchlinersanierung DN100-150 (97m), Vorabreinigung (11h), Wurzelbeseitigung (15h), Anbindungen an Gerinne (12St), Abzweige öffnen (10St), Kamerabefahrungen (22St)

Herstellen (Kosten: 55,7%)

	3.700,00	m² BGF	51.679	**13,97**	21,9

PP-Rohre DN50-100, Formstücke (290m), KG-Rohre DN100, Formstücke (8m), Anbindungen (73St), Anschlüsse an Grundleitung (25St), Brandschutzmanschetten (55St), Rückstauautomaten (2St), Bodenabläufe mit Rückstau (6St), Kernbohrungen, D=130mm (48St), Deckendurchbrüche (45St)

6100-1505 Einfamilienhaus - Effizienzhaus ~56%
		235,76	m² BGF	1.935	**8,21**	10,9

KG-Rohre DN100, Formstücke, Rohrdämmung (23m), HT-Rohre DN50-100 (36m)

6200-0077 Jugendwohngruppe (10 Betten)
		490,32	m² BGF	18.170	**37,06**	26,0

KG-Rohre DN100-125, Formstücke (181m), HT-Rohre DN40-100, Formstücke, Rohrdämmung (61m), PE-Abwasserschläuche DN50-100 (45m), Dunstrohranschlüsse (4St)

6400-0100 Ev. Pfarrhaus, Kindergarten - EnerPHit Passivhaus
Herstellen (Kosten: 100,0%)

	554,70	m² BGF	677	**1,22**	11,0

PP-Rohre DN40-100, Formstücke, Rohrdämmung (19m)

7100-0052 Technologietransferzentrum
		4.969,43	m² BGF	81.727	**16,45**	34,3

PVC-Rohre DN150, Formstücke (345m), Gusseisen-Rohre DN50-125, Formstücke (164m), PP-Rohre DN100-250, Formstücke (144m), Stahlrohre DN100, verzinkt, Formstücke (38m), PE-Rohre DN50, Formstücke (6m), Weichschaum-Schläuche DN125 (30m), Standrohre Regenwasserleitung (14St), Rohrbegleitheizung, vier Steuerungen (187m), Dachabläufe DN125-150, Gusseisen, beheizt (12St), Attikaabläufe (4St), Bodenabläufe DN100, Edelstahl (3St), Fassadenrinnen (21m), Abwasserhebeanlagen, fäkalienfrei (3St)

410 Abwasser-, Wasser-, Gasanlagen

KG	Kostengruppe	Menge	Einheit	Kosten €	€/Einheit	%
	7100-0058 Produktionsgebäude (8 AP) - Effizienzhaus 55	386,23	m² BGF	11.785	**30,51**	55,4

PVC-Rohre DN125 (43m), DN150 (19m), Formstücke (21St), Kontrollschächte DN1.000 (2St), Fäkalienhebeanlage 11m³/h (1St)

| | **7300-0100 Gewerbegebäude (5 Einheiten, 26 AP) - Effizienzhaus ~59%** | 1.462,30 | m² BGF | 62.297 | **42,60** | 57,6 |

KG-Rohre DN100-125, Formstücke (187m), SML-Rohre DN50-100, Formstücke (200m), HT-Rohre DN50-110, Formstücke (141m), Schwitzwasserdämmung, für innenliegende Regenwasserleitungen DN100 (120m), Flachdach-Abwasserbelüfter, PVC-hart (7St), Geruchsverschlüsse (29St), Entwässerungsrinnen, Gussrost (6St), Dachgullys (16St), Bodenablauf DN50, Edelstahlrost (1St)

| | **7600-0081 Feuerwehrstützpunkt (8 Fahrzeuge)** | 1.624,00 | m² BGF | 146.430 | **90,17** | 61,6 |

KG-Rohre (297m), PVC-Abwasserrohre DN110-150, Formstücke (202m), PP-Abwasserrohre DN50-100, Formstücke, Dämmung (165m), Rohrschotts DN70-100 (60St), PP-Kontrollschächte DN600 (6St), Hebeanlage (1St), Koaleszenzabscheider, Tauchpumpe, Probeentnahmeschacht, Überwachungsanlage (1St), Beton-FT-Kastenrinnen, Abdeckgitter (46m), Sifons (32St), Bodeneinläufe (12St)

| | **7700-0080 Weinlagerhalle, Büro** Herstellen (Kosten: 100,0%) | 4.793,63 | m² BGF | 56.948 | **11,88** | 67,3 |

Sandbettung (247m³), Abwasserrohre DN125, Formstücke (69m), HT-Rohre DN50-100, Formstücke, Rohrdämmung (27m), Gussrohre DN100-150, Formstücke (29m), Flachdachabläufe (32St), HT-Regenfallrohre DN125, Formstücke, Rohrdämmung, innenliegend (89m)

| | **9100-0127 Gastronomie- und Veranstaltungszentrum** Herstellen (Kosten: 100,0%) | 1.209,68 | m² BGF | 96.050 | **79,40** | 45,8 |

HT-Rohre DN50-125, Formstücke (170m), PP-Rohre DN110, Formstücke (161m), Kunststoffrohre DN50-100, schallgedämmt, Formstücke (69m), PE-HD-Rohre DN125, Formstücke (19m), KG-Rohre DN100 (5m), Kastenrinnen (10m), Bodenabläufe (6St), Rohrdurchführungen, Edelstahl (39St), Abwasserhebeanlage (1St), Fettabscheider, Schlammfang, Überwachungsgerät, Systemschacht, t=1,20m (1St)

| | **9100-0144 Kulturzentrum (550 Sitzplätze)** Herstellen (Kosten: 100,0%) | 1.304,03 | m² BGF | 22.706 | **17,41** | 33,1 |

KG-Rohre DN100, Formstücke (156m), HT-PP-Schallschutzrohre DN50-100, Formstücke (73m), Bodenabläufe (6St)

412 Wasseranlagen

| | **1300-0227 Verwaltungsgebäude (42 AP) - Effizienzhaus ~59%** | 1.593,33 | m² BGF | 83.782 | **52,58** | 61,0 |

Hauswasserstation (1St), Stahlrohre DN18-35, Formstücke (187m), Edelstahlrohr DN15-28, Formstücke, Rohrdämmung (20m), Rohrschotts R90 (16St), Durchlauferhitzer (12St), Waschtische (5St), Armaturen, berührungslos (3St), Ausgussbecken (2St), Doppelwaschtische (2St), Wand-Tiefspül-WCs (9St), Urinale (5St), IR-Steuerung (14St), Spülauslösung, Funk (2St), Außenarmatur (1St), Duschwannen, flach, Thermostatbatterien, Kopf/Handbrausen (3St), Warmwasserspeicher 10l (2St)

KG	Kostengruppe	Menge	Einheit	Kosten €	€/Einheit	%

1300-0231 Bürogebäude (95 AP)

		4.489,98	m² BGF	85.746	**19,10**	61,1

Kupferrohre DN15-35, Formstücke, Rohrdämmung (584m), Freistromventile (9St), Unterputzventile (20St), Wand-Tiefspül-WCs (30St), Waschtische (23St), Urinale (9St), Ausgussbecken (2St), Duschwannen (2St), Brausegarnituren (3St), Warmwasserspeicher 5l (25St), 10l (1St), 80l (1St), Armaturen

1300-0240 Büro- und Wohngebäude (6 AP) - Effizienzhaus 40 PLUS

		324,12	m² BGF	22.120	**68,25**	73,3

Metallverbundrohre DN12-25, Formstücke, Rohrdämmung (196m), Hauswasserstation (1St), Regulierventil (1St), Zirkulationspumpe (1St), Tiefspül-WCs (2St), Stb-Fertigteil-Waschtisch 158x50x10cm (1St), 104x50x10cm (1St), Waschtisch, Holzkonsole (1St), Kopfbrause (1St), Ausgussbecken (1St), Außenarmatur (1St), Warmwasserspeicher 10l (1St)

1300-0253 Bürogebäude (40 AP)

		1.142,82	m² BGF	60.036	**52,53**	60,8

Kupferrohre DN15-35, Formstücke, Rohrdämmung (328m), Hauswasserstation (1St), Systemtrenner (1St), Freistromventile (7St), Probenahmeventil (1St), Tiefspül-WCs (8St), barrierefrei, Fernauslösung, Rückenstütze (1St), Stützklappgriffe (2St), Urinale, Sensorsteuerung (8St), Waschtische (6St), barrierefrei (1St), Ausgussbecken (2St), Küchenarmatur (1St), Warmwasserspeicher 5l (4St), Mini-Durchlauferhitzer (7St), Wasserspender (1St)

1300-0254 Bürogebäude (8 AP) - Effizienzhaus ~73%

		226,00	m² BGF	4.455	**19,71**	32,1

Kalt- und Warmwasserleitungen, Rohrdämmung (psch), Waschbeckenanlage, Armatur (1St), Wand-Tiefspül-WC (1St), Urinal mit Deckel (1St), Ausgussbecken (1St), Durchlauferhitzer 13,5kW (2St)

1300-0269 Bürogebäude (116 AP), TG (68 STP) - Effizienzhaus ~51%

		6.765,20	m² BGF	120.534	**17,82**	50,5

Hauswasserstation (1St), Freistromventile (5St), Edelstahlrohre DN15-54, Formstücke, Rohrdämmung (55m), Metallverbundrohre DN17-40, Formstücke, Rohrdämmung (884m), Wasserzähler (5St), Hygienespülung (2St), Ausgussbecken (1St), Handwaschbecken (22St), Waschtischarmaturen (6St), Tiefspül-WCs (22St), barrierefrei (1St), Urinale (16St), Duschwannen (2St), Duschrinne (1St), Duscharmaturen (3St), Durchlauferhitzer (12St)

1300-0271 Bürogebäude (350 AP), TG (45 STP)

		8.385,25	m² BGF	187.983	**22,42**	29,8

Edelstahlrohre DN15-50, Formstücke, Rohrdämmung (300m), Stahl-Tragkonstruktion (740kg), Mehrschichtverbundrohre DN15-32, Formstücke, Rohrdämmung (260m), Begleitheizung (50m), Steuerung, Anlegethermometer (1St), R90-Brandschotts DN12-50 (63St), Spülstationen (4St), Hauswasserfilter DN50, Rückspülautomatik (1St), Kalkschutzanlage (1St), Sicherheitstrennstation (1St), Absperrventile (11St), Probenahmeventile (6St), Rohrtrenner (2St), Wasserzähler (5St), Manometer (3St), Rückflussverhinderer (1St), Außenzapfstelle, Wandeinbauschrank (1St), Tiefspül-WCs (34St), barrierefrei, Infrarotsensor (1St), Waschbecken, elektronische Selbstschlussarmaturen (24St), barrierefrei (1St), Urinale, Infrarotsensoren (22St), Duschwannen (3St), Duschumlaufgriff (1St), Ausgussbecken (1St), Elektro-Durchlauferhitzer 24kW (3St), 4,4kW (2St)

410 Abwasser-, Wasser-, Gasanlagen

KG	Kostengruppe	Menge	Einheit	Kosten €	€/Einheit	%

1300-0279 Rathaus (85 AP), Bürgersaal
		2.687,64	m² BGF	64.799	**24,11**	57,4

Edelstahlrohre DN15-32, Formstücke, Rohrdämmung (328m), Hauswasserstation (1St), Hygienespülung (1St), Strömungsteiler (8St), Absperrventile (6St), Waschtische (8St), barrierefrei (1St), Tiefspül-WCs (14St), barrierefrei (1St), Urinale, Spülautomatik (6St), Ausgussbecken (3St), Durchlauferhitzer 3,5kW (8St), 5,7kW (3St), Frostschutzband (14m), Außenarmaturen (2St), Armaturen

4100-0161 Real- und Grundschule (13 Klassen, 300 Schüler) - Passivhaus
Abbrechen (Kosten: 14,3%)   3.617,76 m² BGF   12.516   **3,46**   7,4

Abbruch von Metallrohren, Rohrdämmung, Armaturen (940m), Sanitärobjekten, Porzellan (59St), Ausgussbecken, Stahl (23St), Ausgussanlage, Kunststoff (1St), Trinkwasserhausanschluss (1St); Entsorgung, Deponiegebühren

Herstellen (Kosten: 85,7%)   3.617,76 m² BGF   75.014   **20,74**   44,6

Mehrschichtverbundrohre DN16-63, Formstücke (523m), Brandschotts (104St), Absperrventile (32St), Rückspülfilter (1St), Waschtische (30St), barrierefrei (1St), Tiefspül-WCs (17St), barrierefrei (1St), Stützgriffe (2St), Urinale (1St), wasserlos (6St), Ausgussanlagen (4St), Schulwaschtische (3St), Werkraumbecken (1St), Warmwasserspeicher 5l (6St), Durchlauferhitzer 3,5kW (2St), 24kW (1St), Außenzapfstellen (3St)

4100-0175 Grundschule (4 Lernlandschaften, 160 Schüler) - Effizienzhaus ~3%
		2.169,67	m² BGF	60.140	**27,72**	76,1

Edelstahlrohre DN12-42, Formstücke, Rohrdämmung (234m), Auslaufventile (7St), Außenarmaturen (2St), Waschtische (16St), Wand-Tiefspül-WCs (15St), Ausgussbecken (1St), Spülbecken (5St), Durchlauferhitzer (7St), Gipsfangbecken-Unterteile (6St), Oberteil/Unterteil (1St), Stützklappgriffe (4St), Klappsitze (2St), Duschanlagen (2St), Armaturen (23St), Wasserfilter (1St), Freiflussventile (6St), Brandabschottungen (36St)

4100-0189 Grundschule (12 Klassen, 360 Schüler) - Effizienzhaus ~72%
		3.330,00	m² BGF	98.218	**29,49**	60,2

Kupferrohre DN15-35, Formstücke, Rohrdämmung (480m), Wasserfilter, Zähleranschluss (1St), Gartenanschlüsse, frostsicher (2St), Durchlauferhitzer 11kW-27kW (6St), Tiefspül-WCs (21St), barrierefrei (2St), Waschtische (19St), barrierefrei (2St), Urinale (2St), Betätigungsplatten, V2A (23St), Armaturen, Automatik (21St), Eckablauf Dusche, Duscharmatur, Handbrause, Duschstange (1St), Ausgussbecken (5St), Doppelspüle (1St)

4400-0250 Kinderkrippe (4 Gruppen, 50 Kinder)
		1.000,40	m² BGF	69.814	**69,79**	56,9

Edelstahlrohre DN15-35, Formstücke, Rohrdämmung (386m), PE-Druckrohre DN32 (43m), Druckminderer (1St), Wasserzähler (1St), Hygienespülungen (5St), Fäkalien-Wandausgüsse (4St), Tiefspül-WCs (2St), kind-, kleinkindgerecht (8St), behindertengerecht (1St), Waschtische (2St), Einbauwaschtische, D=45cm (9St), Waschrinnen, l=1,40m (4St), Duschwannen 80x75cm, Brausegarnitur, Handbrause (4St), Ausgussbecken (1St), Außenarmaturen (2St)

4400-0293 Kinderkrippe (3 Gruppe, 36 Kinder) - Effizienzhaus ~37%
		612,00	m² BGF	41.864	**68,41**	58,7

PP-Rohre DN16-32, Formstücke, Rohrdämmung (198m), Trinkwasserfilter (1St), Rücklaufverhinderer (1St), WW-Speicher 30l (1St), 10l (5St), 5l (2St), elektrischer Durchlauferhitzer (1St), Kinder-Tiefspül-WCs (6St), Tiefspül-WCs (2St), Doppelwaschtische (2St), Waschtische (9St), Waschlandschaft, vier Becken, abgetreppt (1St), Waschbecken, Porzellan (2St), Stahl, emailliert (1St), Säuglingspflegebecken (2St), Duschwanne 100x100x6,5cm (1St), Armaturen

KG	Kostengruppe	Menge Einheit	Kosten €	€/Einheit	%

4400-0298 Kinderhort (2 Gruppen, 40 Kinder) - Effizienzhaus ~30%

		316,83 m² BGF	16.980	**53,59**	73,0

Hauswasserfilter (1St), Edelstahlrohre DN15-28, Formstücke, Rohrdämmung (59m), Waschtische, Selbstschlussarmaturen (5St), Waschtisch, opto-elektronische Armatur (1St), Tiefspül-WCs (4St), barrierefrei, Spülautomatik (1St), Ausgussbecken, Stahl (1St), Durchlauferhitzer (1St), Stützklappgriffe (3St), Winkelgriff (1St), Rückenstütze (1St)

4400-0307 Kindertagesstätte (4 Gruppen, 100 Kinder) - Effizienzhaus ~60%

		1.051,00 m² BGF	48.633	**46,27**	62,4

Metallverbundrohre DN12-15, Formstücke, Rohrdämmung (356m), DN20-32 (129m), Rückspülfilter (1St), Wasserzähler-Anschlussgarnitur (1St), Regulierventile (6St), Kinder-WCs (8St), Kleinkind-WCs (2St), WC (1St), barrierefrei (1St), Stütz-Klappgriffe (3St), Klappsitz (1St), Waschtische (14St), barrierefrei (1St), Säuglingspflegebecken (2St), Duschelemente, bodengleich, Brausegarnituren (2St), thermischer Verbrühschutz (18St), Küchenarmaturen (3St), Außenarmaturen (4St).

5100-0115 Sporthalle (Einfeldhalle) - Effizienzhaus ~68%

		737,13 m² BGF	34.117	**46,28**	79,4

Edelstahlrohre DN12-32, Formstücke, Rohrdämmung (154m), Warmwasserspeicher 80l, 1-6kW (2St), Reihenwaschtische (2St), Waschtische (3St), berührungslose Waschtischarmaturen, Verbrühschutz (7St), Tiefspül-WCs (4St), barrierefrei (1St), Urinal (1St), Duscharmaturen (6St), Außenarmatur (1St), Ausgussbecken, Kunststoff (1St), Stützklappgriffe (4St)

5100-0124 Sporthalle (Dreifeldhalle, Einfeldhalle)

Abbrechen (Kosten: 1,7%)

		3.427,89 m² BGF	2.900	**0,85**	1,3

Abbruch von WCs (22St), Urinalen (5St), Waschbecken (18St), Ausgussbecken, Betonwerkstein (29m), Stahl (2St), Armaturen (58m); Entsorgung, Deponiegebühren

Herstellen (Kosten: 98,3%)

		3.427,89 m² BGF	167.852	**48,97**	73,7

PP-Rohre DN16-50, Formstücke, Rohrdämmung (1.422m), Kaltwasserverteiler (1St), Strömungsverteiler (8St), Hygienespülungen (2St), Druckminderer (1St), Absperrventile (17St), Regulierventile (7St), Rückflussverhinderer (3St), Deckendurchbrüche, D=30mm (66St), Kernbohrungen, D=60-100mm (43St), Wanddurchbrüche (24St), Waschtische (39St), barrierefrei (2St), Duscharmaturen, elektronische Zeitsteuerung (39St), Wand-Tiefspül-WCs (19St), barrierefrei (2St), Stützklappgriffe (4St), Urinale (5St)

5200-0013 Freibad

Abbrechen (Kosten: 0,5%)

		4.363,92 m² BGF	4.707	**1,08**	0,4

Abbruch von Kupferrohren DN15-50 (216m); Entsorgung, Deponiegebühren

410 Abwasser-, Wasser-, Gasanlagen

KG	Kostengruppe	Menge	Einheit	Kosten €	€/Einheit	%
	Herstellen (Kosten: 99,5%)	4.363,92	m² BGF	910.593	**208,66**	75,5

Kaltwasserverteiler (1St), Zirkulationspumpen (2St), Mehrschichtverbundrohre DN12-50, Formstücke, Rohrdämmung (1.100m), Edelstahlrohre DN80-100, Formstücke, Rohrdämmung (10m), Brandschotts (8St), Rückspülfilter DN80 (1St), Rückflussverhinderer (5St), Waschtische (11St), behindertengerecht (2St), Tiefspül-WCs (20St), Behinderten-WCs, Spülautomatik, Rückenstütze (2St), Stützklappgriffe (4St), Urinale, elektronische Spülung (6St), Duschen (28St), Schaltanlage für Duschen (1St), Auslaufhähne (23St), Ausgussbecken (2St), Hygienespülungen (3St), Handbrausen, Einhängesitze, Haltegriffe (2St), Badewassertechnik: PE-Rohre DN40-500, Formstücke, Sandummantelung (2.428m), PVC-Druckrohre DN15-65, Formstücke (1.800m), PE-Druckrohre DN15-50, Formstücke (895m), Rohrdämmung (169m), Gewinderohre DN15-50 (325m), Kupferrohre DN10-20, Formstücke (40m), PVC-Rohre DN15, in Spindeltreppe Wasserrutsche (psch), pneumatische Absperrklappen DN40-250 (71St), DN300-400 (18St), Endschalter (64St), Hand-Absperrklappen DN40-250 (50St), DN300-400 (8St), pneumatische Membranventile DN15-50 (38St), Handbetätigung DN15-50 (39St), PVC-Pneumatikschlauch 6x4mm (130m), Schwimmereinlauf DN65 (1St), Durchflusstransmitter (7St), Schwebekörper-Durchflussmesser DN25-50 (6St), Großwasserzähler DN50 (2St), Manometer (85St), Feuerwehrschläuche DN50, l=30m (2St), Absperrschieber (2St), Wanddurchführungen DN25-400 (87St), Bodengitter 24x24cm (4St)

5200-0014 Hallenbad

		Menge	Einheit	Kosten €	€/Einheit	%
	Abbrechen (Kosten: 3,6%)	780,52	m² BGF	2.426	**3,11**	2,1

Abbruch von Rohren DN10-50, Armaturen (282m), Waschtischen (4St), WCs (3St), Urinal (1St), Wassertank (1St); Entsorgung, Deponiegebühren

		Menge	Einheit	Kosten €	€/Einheit	%
	Herstellen (Kosten: 96,4%)	780,52	m² BGF	65.381	**83,77**	57,1

Edelstahlrohre DN15-42, Formstücke, Rohrdämmung (220m), Wand-Tiefspül-WCs (4St), Handwaschbecken, elektronische Armaturen (4St), Wand-Einbauduschen, elektronische Brausebatterien (8St), Ausgussbecken (1St), Duschbodenelemente (4St), Kernbohrungen

5300-0017 DLRG-Station, Ferienwohnungen (4 WE)

		Menge	Einheit	Kosten €	€/Einheit	%
		727,75	m² BGF	61.987	**85,18**	82,0

Mehrschichtverbundrohre DN16-40, Formstücke, Rohrdämmung (395m), Hauswasseranlage (1St), Hauswasserzähler (1St), Probenahmeventile (3St), Freistromventile (10St), Hygienespülungen (3St), Enthärtungsanlage (1St), Sole-Hebeanlage (1St), Brandschutzschalen (50m), Waschtische (6St), Tiefspül-WCs (6St), Urinal (1St), Viertelkreis-Duschwannen, Thermostate (3St), bodengleiche Rundduschen, Acrylglas (2St), Brausethermostat, Schwallbrause (1St), Ausgussbecken (1St), Küchenarmaturen (5St)

6100-1186 Mehrfamilienhaus (9 WE) - Effizienzhaus Plus

		Menge	Einheit	Kosten €	€/Einheit	%
		1.513,74	m² BGF	99.086	**65,46**	57,9

Hauswasserstation (1St), Pumpe (1St), Wasserzähler (18St), Metallverbundrohre DN16-26 (440m), Edelstahlrohre DN12-32, Formstücke (156m), Brandschutzrohrschalen (27St), PE-Rohre DN12-25, Formstücke, Rohrdämmung (205m), PE-Xc-Rohre (33m), Hauswasserzähler (4St), Zapfhahnzähler für WM (9St), Probenahmeventile (4St), Absperrventile (11St), WCs (18St), Duschen (10St), Badewannen (2St), Waschtische (12St), Handwaschbecken (6St), Duschanlage (1St), Außenarmaturen (3St)

6100-1262 Mehrfamilienhaus, Dachausbau (2 WE)

		Menge	Einheit	Kosten €	€/Einheit	%
	Herstellen (Kosten: 100,0%)	450,47	m² BGF	20.591	**45,71**	78,4

Kalt-und Warmwasserleitungen DN18-22, Formstücke, Rohrdämmung (20m), Frischwasserstation (1St), Trinkwasserfilter (1St), Rückflussverhinderer (1St), Deckendurchbrüche (2St), Waschbecken (1St), Waschtische (5St), Wand-Tiefspül-WCs (5St), Bidet (1St), Badewanne 160x70cm (1St), Duschwanne 90x90cm (1St), Armaturen

KG	Kostengruppe	Menge Einheit	Kosten €	€/Einheit	%

410 Abwasser-, Wasser-, Gasanlagen

6100-1294 Mehrfamilienhaus (3 WE) - Effizienzhaus 40
| | | 713,77 m² BGF | 17.219 | **24,12** | 66,4 |

Mehrschichtverbundrohre DN16-32, Formstücke, Rohrdämmung (134m), Freistrom-Absperrventile (6St), Warmwasserzähler (2St), Auslaufventile (7St), Waschtische (4St), Tiefspül-WCs (3St), Urinal (1St), Duschwannen (2St), Badewannen (2St)

6100-1306 Mehrfamilienhaus (5 WE)
Abbrechen (Kosten: 1,5%)   1.520,60 m² BGF   733   **0,48**   1,2

Abbruch von Waschtischen (11St), WCs (7St), Badewannen (4St); Entsorgung, Deponiegebühren

Herstellen (Kosten: 98,5%)   1.520,60 m² BGF   47.496   **31,24**   74,7

PE-X-Rohre DN16-40, Formstücke, Rohrdämmung (192m), PE-X-Wohnungsverrohrungen (5St), Brandschotts (30St), Hauswasserstation (1St), Ventile, Dämmung (8St), Kugelhähne (21St), Waschtische (10St), Wand-Tiefspül-WCs (10St), Badewannen (5St), Duschwannen, Brausegarnituren, Kopfbrause (5St), Küchenanschlüsse (5St), Waschmaschinenanschlüsse (5St), Außenarmatur (1St)

6100-1311 Mehrfamilienhaus (4 WE), TG - Effizienzhaus ~55%
| | | 1.159,80 m² BGF | 50.873 | **43,86** | 63,7 |

Kalt-und Warmwasserleitungen DN10-22, Formstücke, Rohrdämmung (psch), Trinkwasserfilter (1St), Rückflussverhinderer (1St), Brandschutz, Wand-und Deckendurchführungen (30St), Ausgussbecken, Stahl (4St), Badewannen 170x75cm (2St), 170x70cm (1St), Doppelwaschtische (5St), Waschtische (4St), Wand-Tiefspül-WCs (9St), Duschelemente, bodengleich (9St), Armaturen

6100-1316 Einfamilienhaus, Carport
| | | 469,17 m² BGF | 28.452 | **60,64** | 66,7 |

Metallverbundrohre DN16-26, Formstücke, Rohrdämmung (108m), Freistromventile (9St), Rückspülfilter (1St), Außenarmaturen (2St), UP-Badverteilungen (3St), Waschtische (3St), Tiefspül-WCs (3St), Duschwannen (2St), Badewanne (1St), Außenbecken, Terrazzo (1St)

6100-1335 Einfamilienhaus, Garagen - Passivhaus
| | | 503,81 m² BGF | 21.320 | **42,32** | 64,6 |

Mehrschichtverbundrohre für Kalt- und Warmwasserleitungen, Formstücke, Dämmung (psch), Hauswasserstation (1St), sep. Regenwasserrohrnetz (psch), Regenwasserfilter (1St), Anschluss Zisterne (1St), Waschtische (7St), Wand-WCs (4St), Bidet (1St), Badewanne (1St), Duschrinnen (3St)

6100-1336 Mehrfamilienhäuser (37 WE) - Effizienzhaus ~38%
| | | 4.214,25 m² BGF | 187.338 | **44,45** | 64,7 |

Edelstahlrohre, D=15-54cm, Formstücke (1.630m), Rohrdämmung (1.687m), Ventile DN15-50 (322St), Wasserzähler-Anschlussgarnituren (38St), Umwälzpumpe (1St), Kunststoffrohre DN18-32 (70m), WCs (42St), barrierefrei (1St), Waschtische (37St), Handwaschbecken (5St), Ausgussbecken (37St), Duschen (32St), Badewannen (5St), Armaturen, Außenarmatur (1St)

6100-1337 Mehrfamilienhaus (5 WE) - Effizienzhaus ~33%
| | | 880,00 m² BGF | 59.278 | **67,36** | 73,7 |

Mehrschicht-Verbundrohre DN16-40, Formstücke, Rohrdämmung (553m), Nassläufer-Zirkulationspumpe (1St), Rückspülfilter (1St), Schrägsitzventile (30St), Auslaufventile (2St), Rückschlagventil (1St), Wasserzähler-Module UP, zwei Zähler (9St), Waschtische (9St), Wand-Tiefspül-WCs (9St), Urinal (1St), Duschwannen, bodeneben (5St), Badewanne (1St), Sitzwanne (1St), Ausgussbecken (2St), Maschinenanschlüsse (9St), Außenwandventile (7St), Armaturen

410 Abwasser-, Wasser-, Gasanlagen

KG	Kostengruppe	Menge Einheit	Kosten €	€/Einheit	%
	6100-1338 Einfamilienhaus, Einliegerwohnung, Doppelgarage - Effizienzhaus 40	355,74 m² BGF	14.768	**41,51**	62,2
	Metallverbundrohre DN20-32, Formstücke (124m), Rohrdämmung (75m), Hauswasserstation (1St), Außenwandventil (1St), Waschbecken (1St), Waschtische (2St), Wandtiefspül-WCs (3St), Acryl-Badewanne (1St), Stahl-Ausgussbecken (1St)				
	6100-1339 Einfamilienhaus, Garage - Effizienzhaus 40	312,60 m² BGF	25.403	**81,26**	85,5
	Hauswasserstation (1St), Mehrschichtverbundrohre (psch), Waschtische (2St), Doppelwaschtisch (1St), Wand-Tiefspül-WCs (3St), Badewanne (1St), Duschen, bodengleich (2St), Kopf-Handbrause (2St), Armaturen (4St)				
	6100-1375 Mehrfamilienhaus, Aufstockung (1 WE)				
	Wiederherstellen (Kosten: 7,7%)	183,43 m² BGF	997	**5,44**	5,6
	Hausanschluss, Eisenleitung demontieren, Edelstahlleitungen, Hauswasserstation einbauen				
	Herstellen (Kosten: 92,3%)	183,43 m² BGF	11.972	**65,27**	67,7
	Verbundrohre, Formstücke, Rohrdämmung (psch), Enthärtungsanlage (1St), Trinkwasseranschluss (1St), WC (1St), Badewanne (1St), Waschtisch (1St), Duschwanne (1St), Außenarmaturen (2St)				
	6100-1383 Einfamilienhaus, Büro (10 AP), Gästeapartment - Effizienzhaus ~35%	770,00 m² BGF	82.279	**106,86**	69,7
	Kupferrohre DN12-18, Formstücke, Rohrdämmung (512m), DN22-35, Formstücke, Rohrdämmung (107m), Hauswasserstation (1St), Weichwasseranlage (1St), Zirkulationspumpe (1St), Absperrset (1St), Hauswasserzähler (1St), Wasseruhren (5St), Durchlauferhitzer 11kw (3St), Handwaschbecken (7St), Tiefspül-WCs (6St), Urinal (1St), Ausgussbecken (2St), Duschwanne 90x100cm (1St), Dusche, gefliest (2St), Badewanne, freistehend (1St), Spültisch, Sonderanfertigung (1St)				
	6100-1400 Mehrfamilienhaus (13 WE), TG - Effizienzhaus 55	2.199,67 m² BGF	52.675	**23,95**	57,7
	Verbundrohre DN15-50, Formstücke, Rohrdämmung (471m), Hauswasserstation (1St), Zapfventilzähler (3St), Rückspülautomatik (1St), Außenarmaturen DN15 (2St), Waschtische (14St), barrierefrei (2St), Waschbecken (5St), Ausgussbecken (1St), WCs (17St), barrierefrei (2St), Badewannen (12St), Duschen (2St), WM-Anschlüsse (8St), Armaturen				
	6100-1426 Doppelhaushälfte - Passivhaus	262,48 m² BGF	10.717	**40,83**	64,8
	Hausanschluss, Trinkwasseranlage (1St), Zirkulationsleitung (1St), Mehrschichtverbundrohre (psch), Waschtisch (1St), Waschbecken (1St), Tiefspül-WCs (2St), Badewanne (1St), Duschwanne (1St), Armaturen				
	6100-1433 Mehrfamilienhaus (5 WE), Carports - Passivhaus	623,58 m² BGF	36.616	**58,72**	58,4
	Hausanschluss (1St), Trinkwasserinstallation, Rohre, Formstücke, Rohrdämmung, Pumpe, Speicher 390l (psch), WCs (6St), Waschtische, Armaturen (5St), Handwaschbecken (1St, Ausgussbecken (1St), Duschanlagen (5St), Außenarmatur (1St)				

KG	Kostengruppe	Menge	Einheit	Kosten €	€/Einheit	%

410 Abwasser-, Wasser-, Gasanlagen

6100-1442 Einfamilienhaus - Effizienzhaus 55

		345,90	m² BGF	11.343	**32,79**	58,2

Mehrschichtverbundrohre DN12-15, Formstücke (275m), Rohrdämmung (38m), Hauswasseranschluss (1St), Rückspülfilter (1St), Druckminderer (1St), Zirkulationspumpe (1St), Durchgangsventile (2St), Waschtische (2St), Tiefspül-WC (2St), Duschsysteme (2St), Badewanne (1St), Außenzapfstelle (1St), Armaturen

6100-1482 Einfamilienhaus, Garage

		290,51	m² BGF	17.077	**58,78**	77,6

Hauswasserstation (1St), Speicher (1St), Zirkulationspumpe (1St), Verbundrohre, Formstücke, Rohrdämmung (psch), Waschtische (4St), Tiefspül-WCs (3St), Badewanne (1St), Ausgussbecken (1St), Außenarmaturen (2St), Kopf-, Wand- und Handbrausen (6St), Eckventile (8St), Armaturen

6100-1483 Mehrfamilienhaus (6 WE)

Abbrechen (Kosten: 7,0%)   898,76 m² BGF   2.395   **2,67**   5,0

Abbruch von Trinkwasserrohren bis DN32, Formstücken, Armaturen, Tragkonstruktionen (98m), Glaswolle-Ummantelung (7m), Waschtischen (3St), WCs (5St), Badewannen (6St), Küchenspülen (5St); Entsorgung, Deponiegebühren

Herstellen (Kosten: 93,0%)   898,76 m² BGF   31.689   **35,26**   66,7

Stahlrohre DN15-32, Formstücke, Rohrdämmung (222m), PE-Xc-Rohre DN18, Formstücke, Rohrdämmung (160m), Frischwasserstation (1St), Rückspülfilter (1St), Systemtrenner (1St), Freistrom-Absperrventile (7St), Regulierventile (2St), Probenahmeventile (2St), Waschtische (6St), Tiefspül-WCs (6St), Badewannen (6St), Außenarmatur (1St), Rohrschotts (18St), Armaturen

6100-1500 Mehrfamilienhaus (18 WE)

Abbrechen (Kosten: 4,6%)   3.700,00 m² BGF   6.512   **1,76**   2,8

Abbruch von Trinkwasserleitungen DN32-50 (834m), WC (1St); Entsorgung, Deponiegebühren

Wiederherstellen (Kosten: 6,9%)   3.700,00 m² BGF   9.707   **2,62**   4,1

Trinkwasserleitung ändern, Steigstränge absperren, Kellerverteilung entleeren, Leitung austauschen, wieder befüllen (psch), Sanitärobjekte abbrechen, ersetzen: WCs (4St), Spülkästen (2St), Handwaschbecken (2St), Ab-/Überlaufgarnitur (1St), Armatur (1St)

Herstellen (Kosten: 88,5%)   3.700,00 m² BGF   125.271   **33,86**   53,0

Kupferrohre DN15-35, Formstücke, Rohrdämmung (855m), DN42-54 (250m), Anbindungen, l bis 4,50m (18St), Wasserzähler (30St), Schrägsitzventile DN20-50 (30St), Regulierventile (16St), Rückflussverhinderer (1St), Brandschutzdurchführungen (70St), Kernbohrungen, D=80-120mm (94St), Deckendurchbrüche (24St), Ausgussbecken (3St), Außenzapfstellen (4St), Warmwasserspeicher 5l (1St)

6100-1505 Einfamilienhaus - Effizienzhaus ~56%

		235,76	m² BGF	15.852	**67,24**	89,1

Mehrschicht-Verbundrohre DN16-25, Formstücke, Rohrdämmung (100m), Sicherheitsgruppe DN15 (1St), Schmutzfilter (1St), Waschtischanlage, Unterschrank, ein Hahnloch (1St), zwei Hahnlöcher (1St), WCs, wandhängend (2St), Duschanlage mit Duschwanne 180x100cm, Regenkopfbrause (1St), mit Duschrinne, bodeneben (1St), Außenwandventile, absperrbar (2St), Armaturen

410 Abwasser-, Wasser-, Gasanlagen

KG	Kostengruppe	Menge	Einheit	Kosten €	€/Einheit	%

6200-0077 Jugendwohngruppe (10 Betten)

		490,32	m² BGF	39.055	**79,65**	56,0

Hauswasserstationen (2St), Kupferrohre DN15-28, Formstücke, Rohrdämmung (420m), Wartungshähne (2St), Wasserzähler (2St), Freistromventile (2St), Kalt- und Warmwasseranschüsse (25St), Tiefspül-WCs (6St), Waschtische (6St), Badewannen (2St), Duschwannen 90x75cm (2St), Ausgussbecken (1St), Spültisch (1St), Armaturen (8St)

6400-0100 Ev. Pfarrhaus, Kindergarten - EnerPHit Passivhaus

Herstellen (Kosten: 100,0%)   554,70 m² BGF   4.928   **8,88**   80,3

Mehrschichtverbundrohre DN16-25, Formstücke, Rohrdämmung (22m), Tiefspül-WC (1St), Waschbecken (1St), Armaturen (2St)

7100-0052 Technologietransferzentrum

		4.969,43	m² BGF	140.753	**28,32**	59,1

Edelstahlrohre DN18-42, Formstücke, Rohrdämmung (287m), Brandschotts (18St), Umwälzpumpen, Dämmung (8St), Kompensatoren (4St), Ausdehnungsgefäße (2St), Schmutzfänger DN50 (1St), Strangregulierventile (7St), Absperrventile DN15-40 (21St), Absperrklappen (6St), Kugelhähne (110St), Systemtrenner (1St), Enthärtungsanlage (1St), Umkehrosmoseanlage, Anschlussblock (1St), Waschtische (12St), behindertengerecht (1St), Waschtischmischer (13St), Tiefspül-WCs (8St), behindertengerecht, berührungslose Spülauslösung (1St), Stützklappgriffe (2St), Urinale (4St), Duschwannen (4St), Ausgussbecken (2St), Durchlauferhitzer 3,5kW (13St), 6,5kW (13St), 24kW (2St), Warmwasserspeicher 10l (2St)

7100-0058 Produktionsgebäude (8 AP) - Effizienzhaus 55

		386,23	m² BGF	9.484	**24,56**	44,6

Trinkwasserinstallation, Rohre, Formstücke, Rohrdämmung (psch), Wasserzähler, Filter (1St), WCs (2St), Waschtische (2St), Dusche (1St), Ausgussbecken (1St), Durchlauferhitzer 21kW (1St)

7300-0100 Gewerbegebäude (5 Einheiten, 26 AP) - Effizienzhaus ~59%

		1.462,30	m² BGF	37.500	**25,64**	34,6

Kupferrohre 15x1,0mm bis 35x1,5mm, Formstücke, Rohrdämmung (206m), Freistromventile (6St), Auslaufventile (2St), Wasserzähler-Montageblöcke (14St), Waschtische (15St), Tiefspül-WCs (15St), Kleindurchlauferhitzer (14St), Warmwasserspeicher 5l, Untertischversion (1St), Rohrabschottungen R90 (14St)

7600-0081 Feuerwehrstützpunkt (8 Fahrzeuge)

		1.624,00	m² BGF	85.047	**52,37**	35,8

PE-Druckleitung DN80, Formstücke (45m), Trinkwasserrohre DN12-25, Formstücke, Rohrdämmung, Ventile (105m), Hauswasserstation, Rückspülfilter (1St), Rohrschotts R90 (30St), WCs (10St), barrierefrei (1St), Urinale, Spülautomatik (8St), Waschtische (9St), barrierefrei (1St), Handwaschbecken (1St), Ausgussbecken (1St), Waschtrog (1St), Selbstschluss-Duschelemente (6St), Außenarmaturen (3St), Armaturen

7700-0080 Weinlagerhalle, Büro

Abbrechen (Kosten: 5,7%)   4.793,63 m² BGF   1.298   **0,27**   1,5

Aufnehmen und Lagern von WCs (3St), Urinalen (3St), Waschbecken (2St), Schlauchhahn (1St), Spiegeln (2St), WC-Trennwänden (2St), Sanitärzubehör (psch)

KG	Kostengruppe	Menge Einheit	Kosten €	€/Einheit	%

Herstellen (Kosten: 94,3%) — 4.793,63 m² BGF — 21.656 — **4,52** — 25,6

Metallverbundrohre DN16-32, Formstücke, Rohrdämmung (125m), Schrägsitzventile DN20 (2St), Tiefspül-WCs (4St), barrierefrei (1St), Stützklappgriffe (2St), Urinale, automatische Spülung (4St), Waschtische mit Unterschrank, Seifenspender (2St), Waschbecken (1St), barrierefrei (1St), Einbauspüle (1St), Durchlauferhitzer 24-27kW (2St)

9100-0127 Gastronomie- und Veranstaltungszentrum

Abbrechen (Kosten: 0,4%) — 1.209,68 m² BGF — 382 — **0,32** — 0,2

Abbruch von Sanitärobjekten (5St), Gussrohren, Rohrdämmungen (53m); Entsorgung, Deponiegebühren

Herstellen (Kosten: 99,6%) — 1.209,68 m² BGF — 96.312 — **79,62** — 45,9

Edelstahlrohre DN15-40, Formstücke, Rohrdämmung (446m), Mehrschichtverbundrohre DN16-25, Formstücke, Rohrdämmung (112m), Tiefspül-WCs (19St), barrierefrei, Rückenstütze (1St), Stützklappgriffe, WC-Steuerung (2St), Urinale, Infrarot-Steuerung (8St), Waschtischanlagen (6St), Waschtisch, barrierefrei, Stützklappgriff (1St), Duschwanne, Brause-Set (1St), Durchlauferhitzer 21kW (1St)

9100-0144 Kulturzentrum (550 Sitzplätze)

Herstellen (Kosten: 100,0%) — 1.304,03 m² BGF — 38.970 — **29,88** — 56,8

Edelstahl-Druckrohre DN25, Formstücke (152m), Rohrdurchführung, Dichtungseinsatz (1St), Edelstahlrohre DN15-32, Formstücke, Rohrdämmung (89m), Mehrschichtverbundrohre DN20-25, Formstücke (118m), Wasserzähler (2St), Ventile (12St), Rückspülfilter (1St), Waschtische (8St), Ausgussbecken (1St), Urinale, elektronische Steuerung (7St), Wand-Tiefspül-WCs (9St), barrierefreie WC-Anlage (1St), Durchlauferhitzer 5,7kW (3St), Armaturen

413 Gasanlagen

4100-0161 Real- und Grundschule (13 Klassen, 300 Schüler) - Passivhaus

Abbrechen (Kosten: 7,2%) — 3.617,76 m² BGF — 488 — **0,13** — 0,3

Abbruch von Gasanschluss (1St); Entsorgung, Deponiegebühren

Herstellen (Kosten: 92,8%) — 3.617,76 m² BGF — 6.260 — **1,73** — 3,7

Kupferrohre DN18-22, Formstücke (110m), Gassteckdose (1St), Gasmesser (1St), Kugelhähne (5St)

5200-0013 Freibad

Abbrechen (Kosten: 5,1%) — 4.363,92 m² BGF — 1.938 — **0,44** — 0,2

Abbruch von Stahlrohren DN15-32 (93m); Entsorgung, Deponiegebühren

Herstellen (Kosten: 94,9%) — 4.363,92 m² BGF — 36.262 — **8,31** — 3,0

Edelstahlrohre DN35-100, Formstücke (65m), Hauseinführungen DN100 (2St), Gasmanometer (2St), Absperrventil (1St), Kugelhahn DN100 (1St)

5300-0017 DLRG-Station, Ferienwohnungen (4 WE)

727,75 m² BGF — 496 — **0,68** — 0,7

Anschluss an bauseitigen Gas-Hausanschluss (1St), Gaszähler-Kugelhahn (1St), Kupfer-Gasleitung DN28, Formstücke (3St), Gasströmungswächter (1St)

6100-1262 Mehrfamilienhaus, Dachausbau (2 WE)

Herstellen (Kosten: 100,0%) — 450,47 m² BGF — 495 — **1,10** — 1,9

Kupferrohre DN15-22 (12m), Gas-Strömungswächter (1St)

410 Abwasser-, Wasser-, Gasanlagen

KG	Kostengruppe	Menge Einheit	Kosten €	€/Einheit	%
	6100-1375 Mehrfamilienhaus, Aufstockung (1 WE) Herstellen (Kosten: 100,0%)	183,43 m² BGF	2.199	**11,99**	12,4
	Gaszähler (1St), Kupferrohre DN22, Formstücke, Anschluss an Bestand (psch), Gassteckdose (1St)				
	6100-1500 Mehrfamilienhaus (18 WE) Abbrechen (Kosten: 100,0%)	3.700,00 m² BGF	2.083	**0,56**	0,9
	Abbruch von Stahlrohren (506m); Entsorgung, Deponiegebühren				
	6200-0077 Jugendwohngruppe (10 Betten)	490,32 m² BGF	1.984	**4,05**	2,8
	Anschlüsse Hauptzähler (2St), Kupferrohre DN22, Formstücke (20m), Gasströmungswächter (2St), Gaszähler-Kugelhähne (2St)				
	7100-0052 Technologietransferzentrum	4.969,43 m² BGF	5.740	**1,16**	2,4
	Stahlrohre DN65, verzinkt, Formstücke, Beschichtung (33m), Einbau Gaszähler (1St), Manometer- absperrventile DN200 (2St), Brandschutzventil DN65 (1St), Absperrkugelhähne DN65 (2St)				
	9100-0127 Gastronomie- und Veranstaltungszentrum Herstellen (Kosten: 100,0%)	1.209,68 m² BGF	6.584	**5,44**	3,1
	Kupferrohre DN32-50, Formstücke (56m), Gasströmungswächter (1St), Gaskugelhähne (3St), Gaszähler-Anschlussplatte (1St)				
419	**Sonstiges zur KG 410**				
	1300-0227 Verwaltungsgebäude (42 AP) - Effizienzhaus ~59%	1.593,33 m² BGF	6.505	**4,08**	4,7
	Montageelemente für Waschtische (3St), barrierefrei (1St), Urinale (5St), WCs (8St), barrierefrei (1St)				
	1300-0231 Bürogebäude (95 AP)	4.489,98 m² BGF	14.838	**3,30**	10,6
	Montageelemente für WCs (31St), für Urinale (9St), für Waschtisch (1St)				
	1300-0240 Büro- und Wohngebäude (6 AP) - Effizienzhaus 40 PLUS	324,12 m² BGF	856	**2,64**	2,8
	Montageelemente für WCs (2St), für Waschtisch (1St), Montageschiene für Dusche (1St)				
	1300-0253 Bürogebäude (40 AP)	1.142,82 m² BGF	6.247	**5,47**	6,3
	Montageelemente für WCs (8St), barrierefrei (1St), für Waschtische (6St), barrierefrei (1St), für Urinale (5St)				
	1300-0254 Bürogebäude (8 AP) - Effizienzhaus ~73%	226,00 m² BGF	264	**1,17**	1,9
	Montageelement für Urinal (1St)				
	1300-0269 Bürogebäude (116 AP), TG (68 STP) - Effizienzhaus ~51%	6.765,20 m² BGF	16.168	**2,39**	6,8
	Montageelemente für Waschtische (18St), für WCs (23St), für Urinale (16St), für Stützgriffe (2St), für Duschen (3St)				

KG	Kostengruppe	Menge Einheit	Kosten €	€/Einheit	%

1300-0271 Bürogebäude (350 AP), TG (45 STP)
8.385,25 m² BGF — 19.229 — **2,29** — 3,1
Montageelemente für WCs (34St), barrierefrei (1St), Waschbecken (24St), barrierefrei (1St), Urinale (22St)

1300-0279 Rathaus (85 AP), Bürgersaal
2.687,64 m² BGF — 11.287 — **4,20** — 10,0
Montageelemente für WCs (15St), für Waschtische (9St), für Urinale (6St), für Ausgussbecken (2St)

4100-0161 Real- und Grundschule (13 Klassen, 300 Schüler) - Passivhaus
Herstellen (Kosten: 100,0%)
3.617,76 m² BGF — 11.840 — **3,27** — 7,0
Montageelemente für Wand-WCs (17St), barrierefrei, mit Infrarot-Elektronik (1St), für Waschtische (5St), barrierefrei (1St), für Urinal (1St)

4100-0175 Grundschule (4 Lernlandschaften, 160 Schüler) - Effizienzhaus ~3%
2.169,67 m² BGF — 7.339 — **3,38** — 9,3
Montageelemente für Waschtische (16St), für WCs (15St), für Ausgussbecken (1St)

4100-0189 Grundschule (12 Klassen, 360 Schüler) - Effizienzhaus ~72%
3.330,00 m² BGF — 15.348 — **4,61** — 9,4
Montageelemente für WCs (23St), für Waschtische (19St), für Ausgussbecken (2St), für Urinale (2St), für Duschen (2St)

4400-0250 Kinderkrippe (4 Gruppen, 50 Kinder)
1.000,40 m² BGF — 5.509 — **5,51** — 4,5
Montageelemente für Waschtische (4St), für WCs (11St), für Stützklappgriff (1St)

4400-0293 Kinderkrippe (3 Gruppe, 36 Kinder) - Effizienzhaus ~37%
612,00 m² BGF — 2.289 — **3,74** — 3,2
Wand-WC-Montageelemente (8St)

4400-0298 Kinderhort (2 Gruppen, 40 Kinder) - Effizienzhaus ~30%
316,83 m² BGF — 3.163 — **9,98** — 13,6
Montageelemente für Waschtische (6St), für WCs (4St), barrierefrei (1St), für Ausgussbecken (1St)

4400-0307 Kindertagesstätte (4 Gruppen, 100 Kinder) - Effizienzhaus ~60%
1.051,00 m² BGF — 7.372 — **7,01** — 9,5
Montageelemente für WCs (12St), für Waschtische (4St)

5100-0115 Sporthalle (Einfeldhalle) - Effizienzhaus ~68%
737,13 m² BGF — 4.160 — **5,64** — 9,7
Montageelemente für WCs (5St), für Waschtische (7St), für Urinal (1St), für Stütz- und Haltegriffe (2St), für Duschelemente (4St)

5100-0124 Sporthalle (Dreifeldhalle, Einfeldhalle)
Herstellen (Kosten: 100,0%)
3.427,89 m² BGF — 8.313 — **2,43** — 3,6
Montageelemente für Waschtische (23St), für Wand-WCs (19St), für Griff-Haltesysteme (8St), für Urinale (5St)

410 Abwasser-, Wasser-, Gasanlagen

410 Abwasser-, Wasser-, Gasanlagen

KG	Kostengruppe	Menge	Einheit	Kosten €	€/Einheit	%
	5200-0013 Freibad					
	Herstellen (Kosten: 100,0%)	4.363,92	m² BGF	13.403	**3,07**	1,1
	Montageelemente für WCs (24St), für Waschtische (10St), für Urinale (6St), für Armaturenanschlüsse (4St), Montageplatten für Armaturen (55St)					
	5200-0014 Hallenbad					
	Herstellen (Kosten: 100,0%)	780,52	m² BGF	2.292	**2,94**	2,0
	Montageelemente für WCs (4St), Waschtische (4St), Ausgussbecken (1St)					
	5300-0017 DLRG-Station, Ferienwohnungen (4 WE)					
		727,75	m² BGF	7.454	**10,24**	9,9
	Vorwand-Installationssystemwände, h=2,65m, l=1,00-5,00m (44m²), Montageelemente für WCs (6St), für Waschtische (6St)					
	6100-1186 Mehrfamilienhaus (9 WE) - Effizienzhaus Plus					
		1.513,74	m² BGF	23.642	**15,62**	13,8
	Montageelemente für Sanitärobjekte (49St)					
	6100-1294 Mehrfamilienhaus (3 WE) - Effizienzhaus 40					
		713,77	m² BGF	1.091	**1,53**	4,2
	Montageelemente für WCs (3St)					
	6100-1306 Mehrfamilienhaus (5 WE)					
	Herstellen (Kosten: 100,0%)	1.520,60	m² BGF	3.799	**2,50**	6,0
	Montageelemente für WCs (10St), für Waschtische (10St)					
	6100-1316 Einfamilienhaus, Carport					
		469,17	m² BGF	1.509	**3,22**	3,5
	Montageelemente für WCs (3St)					
	6100-1336 Mehrfamilienhäuser (37 WE) - Effizienzhaus ~38%					
		4.214,25	m² BGF	23.091	**5,48**	8,0
	Montageelemente für WCs (41St), für Waschtische (42St), für Waschmaschinen (41St), für Bade-/Duschwannen (37St)					
	6100-1337 Mehrfamilienhaus (5 WE) - Effizienzhaus ~33%					
		880,00	m² BGF	5.676	**6,45**	7,1
	Montageelemente für Waschtische (9St), für WCs (9St), für Urinal (1St)					
	6100-1338 Einfamilienhaus, Einliegerwohnung, Doppelgarage - Effizienzhaus 40					
		355,74	m² BGF	738	**2,08**	3,1
	Montageelemente für WCs (3St)					
	6100-1375 Mehrfamilienhaus, Aufstockung (1 WE)					
	Herstellen (Kosten: 100,0%)	183,43	m² BGF	474	**2,59**	2,7
	Montageelement für WC (1St), für Waschtisch (1St)					
	6100-1383 Einfamilienhaus, Büro (10 AP), Gästeapartment - Effizienzhaus ~35%					
		770,00	m² BGF	5.403	**7,02**	4,6
	Montageelemente für WCs (7St), für Urinal (1St), für Waschtische (3St)					

410 Abwasser-, Wasser-, Gasanlagen

KG Kostengruppe	Menge Einheit	Kosten €	€/Einheit	%
6100-1400 Mehrfamilienhaus (13 WE), TG - Effizienzhaus 55	2.199,67 m² BGF	15.023	**6,83**	16,5
Montageelemente für Waschtische (19St), für WCs (19St), für Duschen (2St)				
6100-1426 Doppelhaushälfte - Passivhaus	262,48 m² BGF	382	**1,46**	2,3
Montageelemente für WCs (2St)				
6100-1433 Mehrfamilienhaus (5 WE), Carports - Passivhaus	623,58 m² BGF	8.296	**13,30**	13,2
Montageelemente für WCs (10St)				
6100-1442 Einfamilienhaus - Effizienzhaus 55	345,90 m² BGF	517	**1,49**	2,7
Montageelemente für WCs (2St)				
6100-1482 Einfamilienhaus, Garage	290,51 m² BGF	195	**0,67**	0,9
Montageelement für WC (1St)				
6100-1483 Mehrfamilienhaus (6 WE) Herstellen (Kosten: 100,0%)	898,76 m² BGF	3.074	**3,42**	6,5
Montageelemente für Waschtische (6St), für WCs (6St)				
6200-0077 Jugendwohngruppe (10 Betten)	490,32 m² BGF	10.584	**21,59**	15,2
Montageelemente für Waschtische (6St), für WCs (6St), für Duschen (2St), für Badewannen (2St)				
6400-0100 Ev. Pfarrhaus, Kindergarten - EnerPHit Passivhaus Herstellen (Kosten: 100,0%)	554,70 m² BGF	534	**0,96**	8,7
Montageelemente für WC (1St), für vorhandenen Waschtisch (1St)				
7100-0052 Technologietransferzentrum	4.969,43 m² BGF	9.788	**1,97**	4,1
Montageelemente für Waschtische (14St), für WCs (9St), für Stützklappgriffe (4St), für Urinale (4St)				
7300-0100 Gewerbegebäude (5 Einheiten, 26 AP) - Effizienzhaus ~59%	1.462,30 m² BGF	8.429	**5,76**	7,8
Montageelemente für Waschtische (15St), für WCs (15St)				
7600-0081 Feuerwehrstützpunkt (8 Fahrzeuge)	1.624,00 m² BGF	6.354	**3,91**	2,7
Montageelemente für WCs (10St), barrierefrei (1St), Waschtische (9St), barrierefrei (1St), Urinale (8St)				
7700-0080 Weinlagerhalle, Büro Herstellen (Kosten: 100,0%)	4.793,63 m² BGF	4.713	**0,98**	5,6
Montageelemente für WCs (4St), für Urinale (4St), für Waschtische (4St), für Durchlauferhitzer (2St), für Stützklappgriffe (1St)				

KG	Kostengruppe	Menge	Einheit	Kosten €	€/Einheit	%
	9100-0127 Gastronomie- und Veranstaltungszentrum					
	Herstellen (Kosten: 100,0%)	1.209,68	m² BGF	10.337	**8,54**	4,9
	Montageelemente für WCs (20St), für Waschtische (10St), für Urinale (8St), für Stütz- und Haltegriffe (3St)					
	9100-0144 Kulturzentrum (550 Sitzplätze)					
	Herstellen (Kosten: 100,0%)	1.304,03	m² BGF	6.991	**5,36**	10,2
	Montageelemente für Waschtische (7St), für WCs (9St), für Urinale (7St), für Ausgussbecken (1St), für Stütz-, Haltegriff (2St)					

Kostenkennwerte für die Kostengruppen 400 der 3. Ebene DIN 276

420 Wärmeversorgungsanlagen

KG	Kostengruppe	Menge	Einheit	Kosten €	€/Einheit	%

421 Wärmeerzeugungsanlagen

1300-0227 Verwaltungsgebäude (42 AP) - Effizienzhaus ~59%
1.593,33 m² BGF — 28.815 — **18,08** — 10,3

Anschlusssets Wärmepumpe (2St), Umbau Regelstrecke Bestandswärmepumpe (psch), Druckwächter Solekreis (1St), Pufferspeicher 1.000l (1St), Plattenwärmetauscher 100kW (1St), Strömungswächter (1St), Druckausdehnungsgefäße 8-50l (3St), 400l (1St), Enthärtungsarmatur (1St), Dreiwegeventile (8St), Heizung/BTA befüllen (12m³)

1300-0231 Bürogebäude (95 AP)
4.489,98 m² BGF — 153.474 — **34,18** — 30,1

Gas-Brennwertkessel (1St), Blockheizkraftwerk (1St), Rückkühler (1St), Plattenwärmetauscher (1St), Membran-Ausdehnungsgefäße (3St), Pumpen (2St), Pufferspeicher (1St), Abgasleitung (1St), Schalldämpfer (4St)

1300-0240 Büro- und Wohngebäude (6 AP) - Effizienzhaus 40 PLUS
324,12 m² BGF — 15.153 — **46,75** — 61,7

Sole-Wasser-Wärmepumpe 5-6kW (1St)

1300-0253 Bürogebäude (40 AP)
1.142,82 m² BGF — 5.707 — **4,99** — 6,6

Anschluss an Nahwärmeleitung (psch), Umwälzpumpen (2St), Kugelhähne (6St), Dreiwegemischer, Stellmotor (1St), Füll- und Entleerungshähne (6St), Thermometer (6St), Manometer (3St), Enthärtungspatrone (1St), Entsalzungspatrone (1St), Wasserzähler (1St)

1300-0269 Bürogebäude (116 AP), TG (68 STP) - Effizienzhaus ~51%
6.765,20 m² BGF — 168.552 — **24,91** — 26,2

Wärmepumpe, Heizleistung 140kW (1St), Wasserkühlmaschine (1St), Frostschutzbefüllung (3.000l), Ausdehnungsgefäße 50l (2St), Rohreinbaupumpen (2St), Umwälzpumpen (3St), Heizbandleitungen (45m), Kaltwasserpuffer, 3bar, Dämmung (1St), Kugelhähne (95St), Luftgefäße (60St), Kompensatoren DN25-65 (30St)

1300-0271 Bürogebäude (350 AP), TG (45 STP)
8.385,25 m² BGF — 54.906 — **6,55** — 4,7

Wärmeübertrager 700kW, Wärmedämmung (1St), 128kW (1St), Druckhaltestation, Ausdehnungsgefäß 200l, Steuereinheit (1St), Maschinenfundamente (2St), Sicherheitsdruckbegrenzer (1St), Nachspeiseeinrichtung (1St), Abscheider (2St), Vakuum-Sprühentgasung (1St), Kontaktwasserzähler (1St), Sicherheitsventile (2St), Heizungsverteiler, zehn Abgänge (1St), acht Abgänge (1St)

1300-0279 Rathaus (85 AP), Bürgersaal
2.687,64 m² BGF — 93.405 — **34,75** — 23,3

Gasbrennwertkessel 50kW (1St), 70kW (1St), Blockheizkraftwerk 40kW thermisch, 20kW elektrisch, Steuereinheit, Durchflussmesser (1St), Abgas-Wärmetauscher (1St), Pufferspeicher 1.000l (2St), Verteiler (1St), Neutralisationsanlage (1St), Kupferrohre D=28-42mm, Formstücke (20m), Kugelhähne (3St), Hauptanschluss (1St), Zähler (3St)

420 Wärmeversorgungsanlagen

KG	Kostengruppe	Menge Einheit	Kosten €	€/Einheit	%

4100-0161 Real- und Grundschule (13 Klassen, 300 Schüler) - Passivhaus

Herstellen (Kosten: 100,0%) 3.617,76 m² BGF 94.086 **26,01** 18,3

Sole-Wasser-Wärmepumpe 39,9kW (1St), Sole-Erdwärmepumpe 28,8kW (1St), Heizungsregler (2St), Anlaufstrombegrenzer (2St), Pufferspeicher 1.000l, Temperatursensor (2St), Flexschläuche 2", l=1,00m (8St), Nachspeiseeinrichtung (1St), Frostschutzmittel (1.075kg)

4100-0175 Grundschule (4 Lernlandschaften, 160 Schüler) - Effizienzhaus ~3%

2.169,67 m² BGF 17.378 **8,01** 15,3

Anschluss Fernwärmenetz (1St), Warmwasserpumpen (2St), Umwälzpumpen (5St), Schwerkraftumlaufsperren (7St), Absperrventile DN25-50 (36St), Schmutzfänger (8St), Entleerhähne (26St), Entlüftungsstationen (3St), Dreiwegeventile (6St), Durchflussregler (5St), Verteiler (1St), Membranausgleichsgefäß (1St)

4100-0189 Grundschule (12 Klassen, 360 Schüler) - Effizienzhaus ~72%

3.330,00 m² BGF 329.852 **99,05** 58,2

Wasser-Erdreich-Wärmepumpe, Erdwärmesonde, t=100m (22St), Abteufen, Bohrloch verfüllen (2.200m), PE-Rohre DN32, für Glykol-Frostschutzgemisch (1.186m), Sammelschacht (1St), Verteiler (44St), Hilfsverrohrung (366m), Temperaturmessstellen, Bohrungen, Hilfsverrohrungen (60m), Sole-Wasser-Wärmepumpen 43kW, Zubehör (2St), Pufferspeicher 1.500l, Wärmedämmung (1St), Heizkreisverteiler (1St), Wärmeträgerflüssigkeit, Ethylenglykol (6.159l)

4400-0250 Kinderkrippe (4 Gruppen, 50 Kinder)

1.000,40 m² BGF 76.067 **76,04** 64,6

Gas-Brennwerttherme 60kW, WWB (1St), Gaszähleranschluss (1St), Gaszuleitung (16m), Heizungswasser-Pufferspeicher 2.000l (1St), Ausdehnungsgefäß 400l (1St), Nachspeise-, Füllstation (1St), Wasserzähler (1St), Pumpen (4St), dezentrale Frischwasserstationen 50kW (2St), 35kW (1St), Differenzdruckregler (3St), Warmwasserbereitung, Solarkollektoren (18m²), Solarstation (1St), Fernleitung-Doppelrohr (30m), Solar-Druckausdehnungsgefäß 80l (1St), Ultraschall-Wärmemengenzähler (3St), Regelung

4400-0293 Kinderkrippe (3 Gruppe, 36 Kinder) - Effizienzhaus ~37%

612,00 m² BGF 18.313 **29,92** 37,3

Sole-Wasser-Wärmepumpe 21,6kW (1St), Pufferspeicher 300l (1St), Elektroheizung 6kW (1St), Druckausdehnungsgefäß 80l (1St)

4400-0298 Kinderhort (2 Gruppen, 40 Kinder) - Effizienzhaus ~30%

316,83 m² BGF 5.276 **16,65** 30,5

Fernwärmeanschluss mit Füll- und Entleerungshähnen (3St), Regelung mit Fernbedienung (1St), Mischer, Stellantrieb (1St), Pumpe (1St), Ausdehnungsgefäß 100l (1St)

4400-0307 Kindertagesstätte (4 Gruppen, 100 Kinder) - Effizienzhaus ~60%

1.051,00 m² BGF 21.463 **20,42** 29,5

Sonnenkollektoren 255x121x11cm (10m²), Pufferspeicher 1.000l (1St), Frischwasserstation (1St), Solarkreisstation (1St), Ausdehnungsgefäß 35l (1St), Zirkulationspumpe (1St), Umwälzpumpe (1St), Kosten der Heizanlage wurden vom örtlichen Versorgungsunternehmer übernommen und sind hier nicht enthalten

KG	Kostengruppe	Menge Einheit	Kosten €	€/Einheit	%

5100-0115 Sporthalle (Einfeldhalle) - Effizienzhaus ~68%

		737,13 m² BGF	8.014	**10,87**	18,4

Fernwärmeanschluss an UG Nachbargebäude, Heizungsverteiler (2St), Mischer, Stellmotoren, Pumpen (2St), Regelung (1St)

5100-0124 Sporthalle (Dreifeldhalle, Einfeldhalle)

Abbrechen (Kosten: 3,1%)	3.427,89 m² BGF	1.376	**0,40**	0,7

Abbruch von Warmwasserspeicher (2.820kg), Wärmepumpe (1.180kg); Entsorgung, Deponiegebühren

Herstellen (Kosten: 96,9%)	3.427,89 m² BGF	43.565	**12,71**	22,7

Wassererwärmungsmodule (3St), Kommunikationsmodule (2St), Warmwasserspeicher 950l (1St), Ausdehnungsgefäß 400l (1St), Heizungsverteiler (1St), Umwälzpumpen (8St), Heizkreisregler, drei Heizkreise (2St), Erweiterungssätze, ein Heizkreis mit Mischer (4St), Temperaturregler (2St), Rücklaufverteiler (1St), Ventile (10St), Temperatursensoren (7St), Sekundärkreise für Lüftungsanlage (2St)

5200-0013 Freibad

Abbrechen (Kosten: 0,4%)	4.363,92 m² BGF	611	**0,14**	0,3

Abbruch von Gas-Heizkessel (1St), Warmwasserspeicher (1St); Entsorgung, Deponiegebühren

Herstellen (Kosten: 99,6%)	4.363,92 m² BGF	170.639	**39,10**	73,8

Gas-Brennwertkessel 635kW (1St), Kesselkreisregelungen (2St), Gas-Gebläsebrenner (1St), Kondensatbeanlage (1St), Druckbegrenzer (3St), Temperaturbegrenzer (1St), Sicherheitsventil (1St), Kappenventil (2St), Druckausdehnungsgefäße (2St), Warmwasserspeicher 1.000l (1St), Speicherladesystem (1St), Mischgruppe (1St), Kommunikationsmodule (4St), Temperatursensoren (4St), Umwälzpumpe (1St), hydraulische Weiche (1St), Neutralisationsanlage (1St), Heizkreisverteiler (2St), Mischermodul (1St), Füllkombination (1St), Speicher-Trinkwassererwärmer 300l, Edelstahl (1St), Gewinderohre DN15-40, Formstücke (32m), Manometer (1St), Solarabsorber (650m²), Solarpumpe (1St), PE-Rohre, Formstücke (psch), Ringabsperrklappen DN125 (4St), Manometer (2St), Rohrnetzentlüfter (3St), Temperaturdifferenz-Steuerung (1St)

5200-0014 Hallenbad

Herstellen (Kosten: 100,0%)	780,52 m² BGF	893	**1,14**	7,7

Heizungsanlage füllen, entlüften (2St)

5300-0017 DLRG-Station, Ferienwohnungen (4 WE)

	727,75 m² BGF	34.692	**47,67**	63,0

Split-Luft/Wasser-Wärmepumpe 7,7kW (1St), Gas-Brennwertkessel 18kW (1St), Membran-Ausdehnungsgefäß 80l (1St), Speicher-Wassererwärmer 390l (1St), Pufferspeicher 400l (1St), Heizwasser-Pufferspeicher 200l (1St), Heizkreispumpe (1St), Umwälzpumpe (1St), Heizungssteuerung (1St)

6100-1186 Mehrfamilienhaus (9 WE) - Effizienzhaus Plus

	1.513,74 m² BGF	4.198	**2,77**	5,8

Druckausdehnungsgefäß 140l (1St), Schmutzabscheider (1St), Mikroblasenabscheider (1St), Wassernachspeisung (1St), Wasserenthärtung (1St), Betriebsdruck-Messgeräte (7St), Inbetriebnahme, Regelung (psch); Fernwärmeanschluss mit bauseitiger Übergabestation

6100-1262 Mehrfamilienhaus, Dachausbau (2 WE)

Abbrechen (Kosten: 41,3%)	450,47 m² BGF	2.061	**4,58**	7,0

Abbruch von Heizöltank (psch); Entsorgung, Deponiegebühren

420 Wärmeversorgungsanlagen

KG	Kostengruppe	Menge Einheit	Kosten €	€/Einheit	%
	Herstellen (Kosten: 58,7%)	450,47 m² BGF	2.934	6,51	10,0

Pufferspeicher 850l (1St), Membrandruckausdehnungsgefäß (1St)

6100-1294 Mehrfamilienhaus (3 WE) - Effizienzhaus 40

		713,77 m² BGF	20.134	28,21	52,8

Pelletheizung 4-14kW (1St), Rücklaufanhebeset (1St), Pelletkollektor (1St), Pellet-Förderschnecke (3St), Hygiene-Kombipufferspeicher 1.000l (1St), Elektro-Einbauheizung 3.8kW (1St), Membranausdehnungsgefäß 80l (1St), Heizkreisstation DN20-25 (1St), Abgasklappe, motorisch (1St), Zuluft, KG-Rohr DN125, Formstücke (1m)

6100-1311 Mehrfamilienhaus (4 WE), TG - Effizienzhaus ~55%

		1.159,80 m² BGF	58.576	50,51	48,7

Gas-Brennwertkessel 26KW, Regelungstechnik (1St), Warmwasserspeicher 950l (1St), Membranausdehnungsgefäß 140l (1St), Luft-Wasser-Wärmepumpe (1St), Umschaltventil (1St), Solaranlage, Ausdehnungsgefäß 80l, Warmwasserspeicher 750l (1St), zentrale Steuerung Haustechnik (1St)

6100-1316 Einfamilienhaus, Carport

		469,17 m² BGF	28.676	61,12	57,2

Solar-Gas-Brennwertgerät 4-10KW (1St), Sonnenkollektoren (5m²), Membran-Ausdehnungsgefäß 12l (1St), Umwälzpumpe (1St), Metallverbundrohre DN16-32, Formstücke, Rohrdämmung (65m), Kupferrohre DN22 (5m), Gaszähler (1St)

6100-1335 Einfamilienhaus, Garagen - Passivhaus

		503,81 m² BGF	24.769	49,16	62,0

Sole-Wasser-Wärmepumpe 7,8kW (1St), Umwälzpumpe (1St), elektronischer Durchlauferhitzer (1St), Plattenwärmetauscher (1St), Kühlkreislauf (1St), Frischwassermodul, max. 95° (1St), Pufferspeicher 750l (1St), Pumpengruppe für Flächenheizung (1St), Nacherhitzung KWL-Zuluft (2St)

6100-1336 Mehrfamilienhäuser (37 WE) - Effizienzhaus ~38%

		4.214,25 m² BGF	71.827	17,04	28,1

Pellet-Heizkessel 100kW (1St), Pufferspeicher 1.500l (2St), Umwälzpumpen (2St), Druckausdehnungsgefäß 450l (1St), Schlauchverbindung DN50 (25m), Befüllkupplungen, Prallmatten (3St), Enthärtungsarmatur (1St)

6100-1337 Mehrfamilienhaus (5 WE) - Effizienzhaus ~33%

		880,00 m² BGF	48.201	54,77	47,1

Pellet-Heizkessel 25,9kW (1St), Schichtenspeicher 950l (1St), Lademodul zur Wärmeverwaltung, Steuerung der Gesamtanlage (1St), Kesselverteiler (1St), Kompaktwärmezähler (1St), Druckausdehnungsgefäß 200l (1St), Schlammabscheider (1St), Umschalteinheit, vollautomatisch, acht Saugsonden (1St), Schlauchverbindung DN50, von Pelletlager zu Kessel (1St), Pelletsaugschlauch DN50 (50m), Einblasstutzen (2St)

6100-1338 Einfamilienhaus, Einliegerwohnung, Doppelgarage - Effizienzhaus 40

		355,74 m² BGF	32.598	91,63	75,3

Luft-Wasser-Wärmepumpe 4,32kW, Wärmemengenzähler (1St), Druckausdehnungsgefäß 50l (1St), Enthärtungsstation (1St), Wassernachspeisung (1St)

6100-1339 Einfamilienhaus, Garage - Effizienzhaus 40

		312,60 m² BGF	33.984	108,72	79,9

Luft-Wasser-Wärmepumpe 2,98kW (psch)

KG	Kostengruppe	Menge	Einheit	Kosten €	€/Einheit	%

6100-1375 Mehrfamilienhaus, Aufstockung (1 WE)
Herstellen (Kosten: 100,0%) — 183,43 m² BGF — 13.420 — **73,16** — 42,8

Gas-Brennwertkessel 14kW (1St), Sonnenkollektoren (psch), Solar-Vorschaltgefäß 6l (1St), Solarleitungen, Formstücke (psch), Sicherheitsarmaturen (psch)

6100-1383 Einfamilienhaus, Büro (10 AP), Gästeapartment - Effizienzhaus ~35%
770,00 m² BGF — 67.247 — **87,33** — 45,2

Sole-Wasser-Wärmepumpe 20kW (1St), Soledruckwächter (1St), Bedienmodul (1St), Durchlaufspeicher 800l (1St), Druckausdehnungsgefäß (1St), Schnellentlüfter (4St), Steuerung Haustechnik (psch)

6100-1400 Mehrfamilienhaus (13 WE), TG - Effizienzhaus 55
2.199,67 m² BGF — 25.324 — **11,51** — 35,6

Wohnungsstationen 46kW, an Fernwärme angeschlossen, Kaltwasserzähler, Wärmezähler (14St), Umwälzpumpe 2,7m³/h (1St), Druckausdehnungsgefäß 80l (1St), Schmutzabscheider (1St), Füllstation, Kappenventil, Füllschlauch (1St)

6100-1426 Doppelhaushälfte - Passivhaus
262,48 m² BGF — 21.773 — **82,95** — 76,0

Luft-Wasser-Splitwärmepumpe 4-10kW zum Heizen und Kühlen, Inneneinheit und Außengerät, Splitleitung 15m, Anschluss- und Systemzubehör (1St), Warmwasserspeicher 300l, Elektroheizstab (1St), Regel- und Sicherheitseinrichtungen (psch)

6100-1433 Mehrfamilienhaus (5 WE), Carports - Passivhaus
623,58 m² BGF — 28.357 — **45,47** — 51,7

Sole-Wasser-Wärmepumpe 6,8kW, Erdsondenanlage, t bis 20m, Befüllung (1St)

6100-1442 Einfamilienhaus - Effizienzhaus 55
345,90 m² BGF — 34.445 — **99,58** — 78,6

Sole-Wasser-Wärmepumpe, Heizleistung 10,4kW, Kälteleistung 8,4kW, Kühlregelfunktion, Steuerung, Bedienteil, Heizwasser-Pufferspeicher 400l, Speicher-Wassererwärmer 390l (1St), Geothermieanlage mit zwei Spülbohrungen 95m, Schutzverrohrung 20m, Doppel-U-Sonden, Erdarbeiten, Einführung ins Gebäude, Befüllung, Druckprobe (psch), Soleleitung (8m)

6100-1482 Einfamilienhaus, Garage
290,51 m² BGF — 20.536 — **70,69** — 55,9

Sole-Wasser-Wärmepumpe bis 10kW (1St), Pufferspeicher (1St), Warmwasserspeicher 300l (1St), Soleflüssigkeit (360l), Umwälzpumpe (2St), Druckrohre (600m), Pumpengruppe für Flächenheizung (1St)

6100-1483 Mehrfamilienhaus (6 WE)
Abbrechen (Kosten: 11,9%) — 898,76 m² BGF — 3.725 — **4,14** — 4,5

Abbruch von Kachelöfen, Raumluftöfen, Beistellherden, Dauerbrandöfen und Kohlebadeöfen, Heißwasserofen/Waschkessel, mit Ofensockel (16St), Ofensockeln ohne Öfen (5St), Ofenrohren bis DN150 (5m); Entsorgung, Deponiegebühren

Herstellen (Kosten: 88,1%) — 898,76 m² BGF — 27.604 — **30,71** — 33,4

Gas-Brennwertgerät 35kW, Wärmetauscher, Ausdehnungsgefäß, Umwälzpumpe, Kesselkreisregelung (1St), Gas-Umlaufwasserheizer (1St), Heizkreisverteilung mit Drei-Wege-Mischer (1St), Solarsystem mit vier Flachkollektoren, Heizwasser-Pufferspeicher mit Trinkwassererwärmung, Hocheffizienz-Umwälzpumpe (10m²), Zirkulationspumpe (1St), Enthärtungsarmatur (1St)

420 Wärmeversorgungsanlagen

KG	Kostengruppe	Menge	Einheit	Kosten €	€/Einheit	%

6100-1500 Mehrfamilienhaus (18 WE)

Abbrechen (Kosten: 5,9%) — 3.700,00 m² BGF — 2.123 — **0,57** — 1,8

Abbruch von Hausstation, Heizungspumpe (1St), Warmwasserbereiter 400l, Wärmetauscher (1St), Ausdehnungsgefäßen 350l (4St), Stahlrohren DN25-50, Rohrdämmung (20m); Entsorgung, Deponiegebühren

Wiederherstellen (Kosten: 1,4%) — 3.700,00 m² BGF — 497 — **0,13** — 0,4

Defektes Sicherheitsventil erneuern (1St)

Herstellen (Kosten: 92,7%) — 3.700,00 m² BGF — 33.418 — **9,03** — 28,8

Fernwärme-Kompaktstation, drei Heizkreise (1St), Speicherladesystem 500l (1St), Füllkombination (1St), Ausdehnungsgefäß 800l (1St), Trinkwasser-Temperaturregler (1St), Umwälzpumpen (2St), Entlüfter (8St), Stahlrohre DN25-50, Rohrdämmung (28m)

6100-1505 Einfamilienhaus - Effizienzhaus ~56%

235,76 m² BGF — 24.044 — **101,98** — 42,1

Luft-Wasser-Wärmepumpe 6,34kW, Hocheffizienz-Heizkreispumpen, Heizkreisregelung, Trinkwassererwärmung, Zirkulationspumpe (1St), Anschluss-Set (1St), Wärmepumpenspeicher 300l (1St), Pufferspeicher 100l (1St), Raumbediengerät (1St)

6200-0077 Jugendwohngruppe (10 Betten)

490,32 m² BGF — 39.643 — **80,85** — 48,0

Gas-Brennwertgerät 3-15kW (2St), Solarspeicher 316l (2St), Membran-Druckausdehnungsgefäße 50l (2St), Temperaturwächter (2St), 3-Wege-Umschaltventile (2St), Einstrang-Solarstationen, Solarkollektoren 1,62x3,47m, Solarpumpe, Verrohrung, Aufdachmontage (2St)

7100-0052 Technologietransferzentrum

4.969,43 m² BGF — 57.993 — **11,67** — 24,7

Gas-Brennwertkessel 310kW, Fundament (1St), Enthärtungsarmatur (1St), Wasserzähler (1St), Druckausdehnungsgefäß 250l (1St), Kombiverteiler (1St), Strangregulierventile DN25-65 (22St), Absperrventile (14St), Rückschlagventile (3St), Motorklappen (8St), Dreiwegeventile DN40 (2St), Manometer, Sackrohre (20St), Zeigerthermometer (16St), Lufterhitzer 24kW, Luftverteiler (3St), 9kW (3St), Drehstromsteuerungen (2St)

7100-0058 Produktionsgebäude (8 AP) - Effizienzhaus 55

386,23 m² BGF — 20.842 — **53,96** — 54,0

Pellet-Brennwertkessel 18kW (1St), Pelletsilo (1St), Heizungsregler (1St), Umwälzpumpe (1St), Heizkreisverteiler (1St)

7300-0100 Gewerbegebäude (5 Einheiten, 26 AP) - Effizienzhaus ~59%

1.462,30 m² BGF — 3.643 — **2,49** — 3,1

Fernwärmeanschlüsse bis DN40 (4St), Wärmemengenzähler DN20-40 (8St)

7600-0081 Feuerwehrstützpunkt (8 Fahrzeuge)

1.624,00 m² BGF — 94.017 — **57,89** — 38,1

Luft-Wasser-Wärmepumpe (1St), Gas-Brennwertkessel (1St), Solar-Kollektoren (psch), Rohrinstallation, Formstücke, Dämmung (50m)

7700-0080 Weinlagerhalle, Büro

Herstellen (Kosten: 100,0%) — 4.793,63 m² BGF — 1.468 — **0,31** — 3,3

Dreiwege-Mischventil DN20 (1St), Ventilantrieb (1St), Mischermodul (1St)

420 Wärmeversorgungs-
anlagen

KG	Kostengruppe	Menge	Einheit	Kosten €	€/Einheit	%
	9100-0127 Gastronomie- und Veranstaltungszentrum					
	Herstellen (Kosten: 100,0%)	1.209,68	m² BGF	53.795	**44,47**	21,2

Gas-Brennwertkessel (2St), Kesselregelung (1St), Pumpenanschlussgruppen (2St), Neutralisationsanlage (1St), Nachspeiseeinrichtungen (2St), Enthärtungsarmatur (1St), Ausdehnungsgefäße (5St), Wärmetauscher (1St), Warmwasserspeicher (1St), Umwälzpumpen (3St)

	9100-0144 Kulturzentrum (550 Sitzplätze)					
	Herstellen (Kosten: 100,0%)	1.304,03	m² BGF	11.413	**8,75**	11,0

Fernwärmestation: Luftabscheider (1St), Schlammabscheider (1St), Ventile (10St), Plattenwärmetauscher 140kW (1St), Ausdehnungsgefäß 400l (1St), Wärmemengenzähler (1St), Druckbegrenzer (2St), Absperrklappen (2St)

422 Wärmeverteilnetze

	1300-0227 Verwaltungsgebäude (42 AP) - Effizienzhaus ~59%					
		1.593,33	m² BGF	169.779	**106,56**	60,6

Für BTA: Industrieverteiler, Edelstahl, fünffach (2St), sechsfach (2St), achtfach (3St), Verteilerschrank Fußbodenheizung (1St), Heizungsverteiler (1St), Stahlrohre DN15-88, Formstücke (1.403m), Bestandleitungen anschließen (20St), Pumpen (3St), Pumpen BTA (2St), Mischventile (6St), Strangdifferenzdruckregler (8St), Absperrklappen (23St), Absperrventile (10St), Stellantriebe (8St)

	1300-0231 Bürogebäude (95 AP)					
		4.489,98	m² BGF	173.622	**38,67**	34,1

Kupferrohre DN15-42, Formstücke (1.985m), Stahlrohre DN15-65, Formstücke (217m), Rohrdämmung (2.157m), Entleerungshähne DN15 (31St), Thermometer (14St), Absperrventile DN32-65 (32St), Pumpen (11St)

	1300-0240 Büro- und Wohngebäude (6 AP) - Effizienzhaus 40 PLUS					
		324,12	m² BGF	2.069	**6,38**	8,4

Kupferrohre, Formstücke, Rohrdämmung (psch), Heizkreisverteiler, acht Heizkreise (2St)

	1300-0253 Bürogebäude (40 AP)					
		1.142,82	m² BGF	49.419	**43,24**	57,1

Kupferrohre DN15-35, Formstücke, Rohrdämmung (644m), Kugelhähne DN20-32 (8St)

	1300-0269 Bürogebäude (116 AP), TG (68 STP) - Effizienzhaus ~51%					
		6.765,20	m² BGF	458.091	**67,71**	71,1

Kupferrohre DN15-108, Formstücke, Rohrdämmung (1.272m), Stahlrohre DN22-76, Formstücke, Rohrdämmung (417m), Tauchtemperaturfühler (10St), Hubventile (3St), Heizkreisverteiler für Bauteilaktivierung

	1300-0271 Bürogebäude (350 AP), TG (45 STP)					
		8.385,25	m² BGF	450.054	**53,67**	38,7

Kupferrohre DN15-28, Formstücke, Rohrdämmung (2.500m), Stahlgewinderohre DN63-125, Formstücke, Rohrdämmung (1.080m), DN15-50 (819m), Stahl-Tragkonstruktion (150kg), abgehängtes Installationsraster (200m), Brandschotts (96St), Hocheffizienz-Nassläuferpumpen (9St), Strangdifferenzdruckregler (7St), Absperrventile (62St), Abgleichventile (16St), Belüftungsventile (11St), Dreiwegeventile (11St), Strangregulierventile (11St), Rückschlagventile (6St), Absperrklappen (23St), Rückschlagklappen (10St), Thermometer (56St), Manometer(20St), Wärmezähler (6St), Kugelhähne (2St), Anschlüsse an Verteiler (12St), an Trockenkühler (4St), an Kältemaschinen (3St), an Lufterhitzer (10St)

420 Wärmeversorgungsanlagen

KG	Kostengruppe	Menge	Einheit	Kosten €	€/Einheit	%

1300-0279 Rathaus (85 AP), Bürgersaal
| | | 2.687,64 | m² BGF | 140.864 | **52,41** | 35,2 |

Edelstahlrohre D=15-54mm, Formstücke, Rohrdämmung (1.619m), Fühler (8St), Pumpengruppen (2St), Umwälzpumpen (6St), Kaskaden-Unit, Zweier-Kaskade (1St), Membran-Druckausdehnungsgefäße (3St), Kugelhähne (77St), Regulier-/Absperrventile (9St), Schmutzfänger (4St), Brandschotts DN32-50 (15St)

4100-0161 Real- und Grundschule (13 Klassen, 300 Schüler) - Passivhaus
Abbrechen (Kosten: 4,7%)
| | | 3.617,76 | m² BGF | 9.958 | **2,75** | 1,9 |

Abbruch von Metallrohren, Rohrdämmung, Armaturen (940m), Verteilern (2St); Entsorgung, Deponiegebühren

Herstellen (Kosten: 95,3%)
| | | 3.617,76 | m² BGF | 204.086 | **56,41** | 39,6 |

Stahlrohre DN15-54, Formstücke, Rohrdämmung (1.856m), Siederohre DN32-100, Formstücke, Rohrdämmung (137m), Gewinderohre 1/2-1" (44m), Rohrschotts (128St), Umwälzpumpen (10St), Strangregulierventile (73St), Regelventile DN15 (34St), Motor-Dreiwegeventile (3St), Flaschenventile (2St), Druckausdehnungsgefäße (5St), Luftgefäße DN100 (56St), Heizkreisverteiler (1St), für vier bis elf Fußbodenheizkreise, Verteilerschrank (15St), Stellantriebe 24V (127St), Kugelhähne (338St), Absperrventile (40St), Siebfilter (5St), Rückschlagventile (4St), Thermometer (21St), Manometer (22St), Wärmezähler montieren (1St)

4100-0175 Grundschule (4 Lernlandschaften, 160 Schüler) - Effizienzhaus ~3%
| | | 2.169,67 | m² BGF | 46.367 | **21,37** | 40,8 |

C-Stahlrohre DN12-50, Formstücke, Rohrdämmung (1.311m)

4100-0189 Grundschule (12 Klassen, 360 Schüler) - Effizienzhaus ~72%
| | | 3.330,00 | m² BGF | 115.192 | **34,59** | 20,3 |

Kupferrohre DN28-42, Formstücke, Dämmung (677m), Stahlrohre DN65 (6m), Umwälzpumpen 4,5-7,5m³/h (4St), Heizungspumpen (2St), Dreiwegeventile DN32 (2St), Stellantriebe (2St), Schnellentlüfter (8St), Schaltschrank (1St), Minimaldruckbegrenzer (1St), Wärmemengenzähler (2St), Datenlogger (1St), Steuerleitungen (60m)

4400-0250 Kinderkrippe (4 Gruppen, 50 Kinder)
| | | 1.000,40 | m² BGF | 19.676 | **19,67** | 16,7 |

Stahl-Heizungsrohre DN22-42, Formstücke, Rohrdämmung (280m)

4400-0293 Kinderkrippe (3 Gruppe, 36 Kinder) - Effizienzhaus ~37%
| | | 612,00 | m² BGF | 15.676 | **25,61** | 31,9 |

Stahl-Gewinderohre DN15-40, Formstücke, Rohrdämmung (103m), Umwälzpumpe (1St), Heizkreisverteiler (3St), Verteilerschränke (2St), Kugelhähne (18St)

4400-0298 Kinderhort (2 Gruppen, 40 Kinder) - Effizienzhaus ~30%
| | | 316,83 | m² BGF | 3.969 | **12,53** | 22,9 |

Stahl-Heizungsrohre DN12-25, Formstücke, Rohrdämmung (145m)

4400-0307 Kindertagesstätte (4 Gruppen, 100 Kinder) - Effizienzhaus ~60%
| | | 1.051,00 | m² BGF | 22.165 | **21,09** | 30,4 |

C-Stahlrohre DN28-42mm, Formstücke, Rohrdämmung (219m), Kupferrohre DN20, Formstücke, Rohrdämmung (7m), Heizkreisverteiler, 10- bis 14-fach, Verteilerschrank (4St), Stellantriebe (47St), Druckausdehnungsgefäß 200l (1St), Schnellentlüfter (6St), Raumtemperaturregler (28St)

420 Wärmeversorgungsanlagen

KG	Kostengruppe	Menge Einheit	Kosten €	€/Einheit	%
	5100-0115 Sporthalle (Einfeldhalle) - Effizienzhaus ~68%	737,13 m² BGF	6.634	**9,00**	15,2

Stahl-Heizungsrohre DN12-50, Formstücke, Rohrdämmung (117m), Verteilerschränke, Verteiler, Edelstahl, Regelmodule (3St)

5100-0124 Sporthalle (Dreifeldhalle, Einfeldhalle)
Abbrechen (Kosten: 23,6%) — 3.427,89 m² BGF — 16.822 — **4,91** — 8,8

Abbruch von Heizungsrohren (1.214m); Entsorgung, Deponiegebühren
Herstellen (Kosten: 76,4%) — 3.427,89 m² BGF — 54.513 — **15,90** — 28,4

Kupferrohre DN15-54, Formstücke, Rohrdämmung (1.065m), Stahlrohre DN50-100, Formstücke, Rohrdämmung (18m), Kugelhähne (31St), Verteiler (1St), Lufttöpfe (2St), Strangregulierventile (8St), Luftflaschen (2St), Brandschutzmanschetten (6St), Wanddurchbrüche (42St)

5200-0013 Freibad
Abbrechen (Kosten: 0,8%) — 4.363,92 m² BGF — 379 — **< 0,1** — 0,2

Abbruch von Stahlrohren DN15-40, Rohrdämmung (30m); Entsorgung, Deponiegebühren
Herstellen (Kosten: 99,2%) — 4.363,92 m² BGF — 47.303 — **10,84** — 20,5

Siederohre DN50-100, Formstücke, Rohrdämmung (108m), Gewinderohre DN15-32, Formstücke, Rohrdämmung (32,2m), Hocheffizienzpumpen (2St), Umwälzpumpen (4St), Absperrklappen DN50-100 (12St), Schmutzfänger DN50-65 (4St), Rückschlagklappen DN50-65 (2St), Kugelhähne DN15-25 (18St), Strangregulier-/Messventile (3St), Luftgefäße DN80-125 (5St), Zeigerthermometer (14St), Hygrostat (1St), Durchgangsventile DN50 (3St), Wärmezähler (1St), Luft-Schlammabscheider (1St), Magnetventile (2St)

5200-0014 Hallenbad
Abbrechen (Kosten: 16,3%) — 780,52 m² BGF — 1.048 — **1,34** — 9,0

Abbruch von Stahl-Heizungsrohren, Rohrdämmungen (141m); Entsorgung, Deponiegebühren
Herstellen (Kosten: 83,7%) — 780,52 m² BGF — 5.395 — **6,91** — 46,6

Stahl-Heizungsrohre, Formstücke, Rohrdämmung (41m), Anschluss an Lufterhitzer (1St), an Wärmetauscher (1St)

5300-0017 DLRG-Station, Ferienwohnungen (4 WE)
727,75 m² BGF — 4.148 — **5,70** — 7,5

Kupferrohre DN18-35, Formstücke, Rohrdämmung (165m)

6100-1186 Mehrfamilienhaus (9 WE) - Effizienzhaus Plus
1.513,74 m² BGF — 27.130 — **17,92** — 37,6

Stahlrohre DN12-40, Rohrdämmung (483m), Brandschutzrohrschalen (40St), Wärmezähler (9St), Anlagenwartung (35h), hydraulischer Abgleich (1St), Stemm- und Schlitzarbeiten

6100-1262 Mehrfamilienhaus, Dachausbau (2 WE)
Abbrechen (Kosten: 13,0%) — 450,47 m² BGF — 1.253 — **2,78** — 4,3

Abbruch von Kupferrohren (40m); Entsorgung, Deponiegebühren
Herstellen (Kosten: 87,0%) — 450,47 m² BGF — 8.375 — **18,59** — 28,5

Stahlrohre DN28-35, Formstücke, Rohrdämmung (53m), Systemregler (1St), Hocheffizienzpumpe (1St), Kugelhähne (2St), Wanddurchbrüche (4St), Brandschutzschalen, d=15-35mm (6St)

420 Wärmeversorgungsanlagen

KG	Kostengruppe	Menge Einheit	Kosten €	€/Einheit	%

6100-1294 Mehrfamilienhaus (3 WE) - Effizienzhaus 40
| | | 713,77 m² BGF | 4.669 | **6,54** | 12,2 |

Mehrschichtverbundrohre DN14-25, Rohrdämmung (134m), Heizungskugelhähne (11St), Brandschutzmanschetten (5St), Heizkreisverteiler (4St), Verteilerschränke (3St), Wärmezähler (2St), Stellantriebe (16St)

6100-1306 Mehrfamilienhaus (5 WE)
Herstellen (Kosten: 100,0%)   1.520,60 m² BGF   17.487   **11,50**   27,6

Anschluss an Fernwärmestation (1St), C-Stahlrohre DN28-54, Formstücke, Rohrdämmung (50m), Mehrschichtverbundrohre DN32, Formstücke, Rohrdämmung (40m), Brandschotts (12St), Strangregulierventile (2St), Verteilerschränke, Heizkreisverteiler, 12-fach (4St), 14-fach (1St), Regelklemmleisten (5St), Wärmemengenzähler (5St), Stellantriebe (78St)

6100-1311 Mehrfamilienhaus (4 WE), TG - Effizienzhaus ~55%
| | | 1.159,80 m² BGF | 20.160 | **17,38** | 16,8 |

Kupferrohre DN18-42, Formstücke, Rohrdämmung (170m), Umwälzpumpen (4St), Heizkreisverteiler (8St), Verteilerschränke (4St), Brandschotts (16St), Kugelhähne (4 St)

6100-1316 Einfamilienhaus, Carport
| | | 469,17 m² BGF | 1.145 | **2,44** | 2,3 |

Metallverbundrohre DN20, Rohrdämmung, Formstücke (20m), PP-Rohre DN100, Formstücke (6m)

6100-1335 Einfamilienhaus, Garagen - Passivhaus
| | | 503,81 m² BGF | 5.998 | **11,91** | 15,0 |

PE-Xa-Heizungsrohre, Formstücke (psch)

6100-1336 Mehrfamilienhäuser (37 WE) - Effizienzhaus ~38%
| | | 4.214,25 m² BGF | 100.813 | **23,92** | 39,4 |

Kupferrohre D=18-76mm, Rohrdämmung, Formstücke (546m), Stahlrohre DN15-65, Rohrdämmung, Formstücke (92m), Heizkreisverteiler, Wärmezähler (39St), Stellantriebe (201St), Regler (37St), Thermometer (19St)

6100-1337 Mehrfamilienhaus (5 WE) - Effizienzhaus ~33%
| | | 880,00 m² BGF | 14.162 | **16,09** | 13,8 |

Kupferrohre DN22-35, Rohrdämmung (166m), Mehrschicht-Verbundrohre (89m), Kugelhähne (3St), Strangabsperrventile (2St), Strangregulierventile (2St), Kompaktwärmezähler (7St)

6100-1375 Mehrfamilienhaus, Aufstockung (1 WE)
Herstellen (Kosten: 100,0%)   183,43 m² BGF   2.417   **13,18**   7,7

Verbundrohre, Formstücke, Rohrdämmung (psch)

6100-1383 Einfamilienhaus, Büro (10 AP), Gästeapartment - Effizienzhaus ~35%
| | | 770,00 m² BGF | 19.615 | **25,47** | 13,2 |

Kupferrohre DN15-42mm, Formstücke, Rohrdämmung (257m), Metallverbundrohre DN16, Rohrdämmung (25m), Fernwärmeleitung 25x11mm (6m)

6100-1400 Mehrfamilienhaus (13 WE), TG - Effizienzhaus 55
| | | 2.199,67 m² BGF | 28.425 | **12,92** | 40,0 |

Verbundrohre DN16-20, vorgedämmt (925m), Stahlrohre DN22-54, Formstücke, Rohrdämmung (302m), Strangabsperrventile DN20-32 (10St)

KG	Kostengruppe	Menge Einheit	Kosten €	€/Einheit	%

6100-1426 Doppelhaushälfte - Passivhaus
| | | 262,48 m² BGF | 4.576 | **17,44** | 16,0 |

Heizungsrohre, Rohrdämmung (psch)

6100-1433 Mehrfamilienhaus (5 WE), Carports - Passivhaus
| | | 623,58 m² BGF | 6.940 | **11,13** | 12,7 |

Heizungsinstallation, Rohre, Formstücke, Dämmung, Verteiler, Pumpe (1St), Wärmezähler (5St)

6100-1442 Einfamilienhaus - Effizienzhaus 55
| | | 345,90 m² BGF | 2.808 | **8,12** | 6,4 |

Heizkreis-Verteilung ohne Mischer, mit Rückschlagklappe
drei Kugelhähnen, Wärmedämmung, Heizkreispumpe (1St), Kleinverteiler (1St), Kugelhähne (8St), Kupferrohre DN20, Formstücke, Rohrdämmung (66m)

6100-1482 Einfamilienhaus, Garage
| | | 290,51 m² BGF | 2.241 | **7,72** | 6,1 |

Heizungsrohre, Formstücke, Rohrdämmung (psch), Heizkreisverteiler, Verteilerschränke (2St), Stellantriebe (21St)

6100-1483 Mehrfamilienhaus (6 WE)
Wiederherstellen (Kosten: 3,0%)
| | | 898,76 m² BGF | 639 | **0,71** | 0,8 |

Beschichtung von Heizungsrohren bis DN25 mit Heizkörperlack, beschädigte Grundbeschichtung ausbessern, lose Bestandteile entfernen (124m)
Herstellen (Kosten: 97,0%)
| | | 898,76 m² BGF | 20.708 | **23,04** | 25,1 |

Kupferrohre DN15-35, Formstücke, Rohrdämmung (335m), Strangdifferenzdruckregler (4St), Strangabsperr- und Messventile (6St), Kugelhähne (8St), Rohrschotts R90 (60St)

6100-1500 Mehrfamilienhaus (18 WE)
Abbrechen (Kosten: 3,1%)
| | | 3.700,00 m² BGF | 1.962 | **0,53** | 1,7 |

Abbruch von Stahlrohren DN15-80, Rohrdämmung (180m), Steigsträngen DN25 (3St); Entsorgung, Deponiegebühren
Herstellen (Kosten: 96,9%)
| | | 3.700,00 m² BGF | 62.267 | **16,83** | 53,7 |

Kupferrohre DN12-35, Formstücke, Rohrdämmung (460m), DN42-54 (55m), Vorlauf-Entlüftungsleitung (psch), Brandschutzdurchführungen DN22-35 (36St), Strangregulierventile DN20-25 (28St), Anschlüsse an Bestand (82St), Schnelllüfter (1St), Kernbohrungen, D=130-240mm (100St)

6100-1505 Einfamilienhaus - Effizienzhaus ~56%
| | | 235,76 m² BGF | 5.553 | **23,56** | 9,7 |

Pumpenset (1St), Membran-Druckausdehnungsgefäß 25l (1St), Kappenventil (1St), Kesselgruppe (1St), Mehrschicht-Verbundrohre DN20-25, Formstücke, Rohrdämmung

6200-0077 Jugendwohngruppe (10 Betten)
| | | 490,32 m² BGF | 17.626 | **35,95** | 21,4 |

Kupferrohre DN15-22, Formstücke, Dämmung (210m), Heizkreisverteiler, Verteilerschränke, UP (4St), Kugelventile (4St), Verschraubungen (76St), Stellantriebe, elektrisch (38St)

6400-0100 Ev. Pfarrhaus, Kindergarten - EnerPHit Passivhaus
Herstellen (Kosten: 100,0%)
| | | 554,70 m² BGF | 4.258 | **7,68** | 39,3 |

Stahlrohre DN15-22, Formstücke, Rohrdämmung (33m), Zweirohr-Ventilblöcke (7St)

420 Wärmeversorgungsanlagen

420 Wärmeversorgungsanlagen

KG	Kostengruppe	Menge	Einheit	Kosten €	€/Einheit	%

7100-0052 Technologietransferzentrum
| | | 4.969,43 | m² BGF | 95.732 | **19,26** | 40,8 |

Stahlrohre DN15-65, Formstücke, Rohrdämmung (1.605m), Rohrschotts (16St), Umwälzpumpen, Alarmmodule (5St), Kompensatoren (2St), Luftgefäße (14St), Ausdehnungsgefäß (1St), Absperrventile (5St), Rückschlagventile (5St), Schmutzfänger (4St), Sicherheitsventile (2St)

7100-0058 Produktionsgebäude (8 AP) - Effizienzhaus 55
| | | 386,23 | m² BGF | 4.086 | **10,58** | 10,6 |

Kupferrohre 15-22x1mm, Formstücke, Rohrdämmung (222m)

7300-0100 Gewerbegebäude (5 Einheiten, 26 AP) - Effizienzhaus ~59%
| | | 1.462,30 | m² BGF | 50.079 | **34,25** | 42,2 |

Kupferrohre 15x1,00mm bis 42x2,00mm, Formstücke, Rohrdämmung (710m), Nassläufer-Umwälzpumpen (2St), Absperrventile DN40 (8St), Dreiwegeventile DN20 (2St), Schrägsitzventile (8St), Stellantriebe (2St), Differenzdruckregler (4St), Rohrabschottungen R90 (64St)

7600-0081 Feuerwehrstützpunkt (8 Fahrzeuge)
| | | 1.624,00 | m² BGF | 82.764 | **50,96** | 33,6 |

Heizkreisverteiler, Wärmemengenzähler (1St), Heizungsinstallation, Rohre, Formstücke, Rohrdämmung, Rohrschotts R90 (psch)

7700-0080 Weinlagerhalle, Büro
Abbrechen (Kosten: 2,7%) — 4.793,63 m² BGF — 575 — **0,12** — 1,3

Abbruch von Rohrdämmung DN32, alukaschiert (24m); Entsorgung, Deponiegebühren

Herstellen (Kosten: 97,3%) — 4.793,63 m² BGF — 20.609 — **4,30** — 47,0

Verteilerschränke, Heizkreisverteiler, vier bis vierzehn Abgänge (4St), Stellantriebe (39St), Regelverteiler (5St), Kupferrohre DN15-35, Formstücke, Rohrdämmung (325m), Nassläuferpumpe (1St), Schmutzfänger DN32 (1St), Rückschlagventil (1St), Kugelhähne DN15-32 (11St), Anschlüsse an Bestand (2St)

9100-0127 Gastronomie- und Veranstaltungszentrum
Abbrechen (Kosten: 0,4%) — 1.209,68 m² BGF — 320 — **0,26** — 0,1

Abbruch von Heizungsrohren, Rohrdämmung (53m); Entsorgung, Deponiegebühren

Herstellen (Kosten: 99,6%) — 1.209,68 m² BGF — 81.009 — **66,97** — 31,9

Kupferrohre DN15-65, Formstücke, Rohrdämmung (609m), Kugelhähne (47St), Rückschlagventile (12St), Absperrventile (10St), Abgleichventile (7St), Dreiwegeventile, Ventiltrieb (3St), Umwälzpumpen (4St), Heizungsverteiler (1St), Heizkreisverteiler, zehnfach (2St), vierzehnfach (1St), Verteilerschränke (3St), Stellantriebe (34St), Regelverteiler (3St)

9100-0144 Kulturzentrum (550 Sitzplätze)
Herstellen (Kosten: 100,0%) — 1.304,03 m² BGF — 53.574 — **41,08** — 51,5

Stahlrohre DN15-54, Formstücke, Rohrdämmung (1.127m), Heizungsverteiler, vierfach (1St), Kugelhähne (22St), Hocheffizienzpumpen (3St), Strangregulierventile (2St), Strangdifferenzdruckregler (2St), Brandschutzabschottungen (7m)

KG	Kostengruppe	Menge Einheit	Kosten €	€/Einheit	%
423	**Raumheizflächen**				

1300-0227 Verwaltungsgebäude (42 AP) - Effizienzhaus ~59%

		1.593,33 m² BGF	81.744	**51,30**	29,2

Bauteilaktivierung, PE-Xc-Rohre (3.360m), Trägermattenkonstruktion, in Stb-Decken (1.003m²), Fußbodenheizung, PE-Xc-Rohre (659m), Konvektoren (45St), Heizkörper (11St), Heizwände (2St), Thermostatventile (49St), Stellantriebe (54St)

1300-0231 Bürogebäude (95 AP)

		4.489,98 m² BGF	181.951	**40,52**	35,7

Ventilheizkörper (143St), Röhrenheizkörper (21St), Konvektoren (8St), Unterflurkonvektoren (23St), Stellantriebe (23St), Raumthermostate (11St)

1300-0240 Büro- und Wohngebäude (6 AP) - Effizienzhaus 40 PLUS

		324,12 m² BGF	7.319	**22,58**	29,8

Fußbodenheizung, Systemrohre, Rasterfolie, zwei Edelstahlverteiler (180m²)

1300-0253 Bürogebäude (40 AP)

		1.142,82 m² BGF	31.489	**27,55**	36,4

Plan-Ventil-Heizkörper, Thermostatköpfe (52St)

1300-0269 Bürogebäude (116 AP), TG (68 STP) - Effizienzhaus ~51%

		6.765,20 m² BGF	17.907	**2,65**	2,8

Plan-Heizkörper (5St), Plan-Heizplatten (18St), Thermostatventile (23St)

1300-0271 Bürogebäude (350 AP), TG (45 STP)

		8.385,25 m² BGF	659.090	**78,60**	56,6

Betonkernaktivierung: PE-Xa-Rohre 20x2,3mm (2.325m²), Rohrträger, Stahl (2.570m²), Anbindeleitungen 20x2,0mm (795m²), Anbindung an Rohrregister (480m), Edelstahlverteiler, zwölffach (10St), sechsfach (3St), Regulierventile (12St), Kugelhähne (13St), UP-Verteilerschränke (7St), Bodenkanalheizungen: Konvektoren (785m), Stellantriebe (310St), Fußbodenheizung: Noppenplatten (88m²), PB-Rohre 15x1,5mm (450m), Flachheizkörper (43St), Röhrenradiatoren (8St), Badheizkörper (3St), Thermostatventile (52St), Kaltwasser-Kassetten, Ventil-Kits (10St)

1300-0279 Rathaus (85 AP), Bürgersaal

		2.687,64 m² BGF	148.232	**55,15**	37,0

Kompaktheizkörper (86St), Bodenkanal-Konvektoren, Verschraubungen (62St), Thermostatköpfe (83St)

4100-0161 Real- und Grundschule (13 Klassen, 300 Schüler) - Passivhaus

Abbrechen (Kosten: 1,6%)

		3.617,76 m² BGF	3.241	**0,90**	0,6

Abbruch von Plattenheizkörpern (208St); Entsorgung, Deponiegebühren

Herstellen (Kosten: 98,4%)

		3.617,76 m² BGF	203.516	**56,25**	39,5

Deckenheizung, EPS-Systemverlegeplatten, d=25mm (1.392m²), Mehrschichtverbundrohre 14x1,6mm (5.321m), Alu-Wärmeleitlamellen 120x118x0,45mm (5.994St), Fußbodenheizung, Trägerelemente (2.096m²), Mehrschichtverbundrohre 14x1,6-20x2,3mm (9.430m), Thermometer (15St)

420 Wärmeversorgungsanlagen

KG	Kostengruppe	Menge	Einheit	Kosten €	€/Einheit	%

4100-0175 Grundschule (4 Lernlandschaften, 160 Schüler) - Effizienzhaus ~3%
2.169,67 m² BGF — 50.014 — **23,05** — 44,0

Planheizkörper, Stahlblech (44m²), Thermostat-Ventilunterteile (52St), HK-Anschlussblöcke (59St), HK-Anschlussstücke (59)

4100-0189 Grundschule (12 Klassen, 360 Schüler) - Effizienzhaus ~72%
3.330,00 m² BGF — 121.835 — **36,59** — 21,5

Fußbodenheizung, Noppenplatte, d= 30mm (1.448m²), d=13mm (1.362m²), PE-Xc-Rohre, d=17x2,0mm (11.931m), Heizkreisverteiler DN25, V2A, Durchflussmengenzähler (3St), Verteilerschränke (14St), Raumthermostate (66St), Stellantriebe (129St), Basiseinheiten (18St), Wärmepumpenregelungseinheit (1St), Mischermodul (1St), Regelverteiler, fünf bis zehn Kreise (15St), Heizkörper 60x60cm (1St)

4400-0250 Kinderkrippe (4 Gruppen, 50 Kinder)
1.000,40 m² BGF — 20.937 — **20,93** — 17,8

Fußbodenheizung, PE-Xa-Rohre (761m²), Verteiler, 12 Heizkreise, Verteilerschränke (4St), Thermoantriebe (46St), Raumregler (31St)

4400-0293 Kinderkrippe (3 Gruppe, 36 Kinder) - Effizienzhaus ~37%
612,00 m² BGF — 15.102 — **24,68** — 30,8

Fußbodenheizung, Trägermatte, Heizungsrohre (499m²), Stellmotor (1St), Raumtemperaturregler (21St)

4400-0298 Kinderhort (2 Gruppen, 40 Kinder) - Effizienzhaus ~30%
316,83 m² BGF — 8.078 — **25,50** — 46,6

Planheizkörper (13St)

4400-0307 Kindertagesstätte (4 Gruppen, 100 Kinder) - Effizienzhaus ~60%
1.051,00 m² BGF — 23.142 — **22,02** — 31,8

Fußbodenheizung, PS-Dämmung WLG 040, d=30mm (980m²), PE-Xc-Rohre (4.590m)

5100-0115 Sporthalle (Einfeldhalle) - Effizienzhaus ~68%
737,13 m² BGF — 28.965 — **39,29** — 66,4

Sportbodenheizung: EPS-Verlegeplatte, d=25mm, PE-Xa-Heizungsrohre 14x2mm (422m²), Heizkreisverteilsystem (45m), Fußbodenheizung: EPS-Noppenplatte, d=14/16mm, PE-Xa-Heizungsrohre 16x1,8mm (139m²), Raumfühler (10St), Ventil-Thermoantriebe (11St)

5100-0124 Sporthalle (Dreifeldhalle, Einfeldhalle)
Abbrechen (Kosten: 2,9%) — 3.427,89 m² BGF — 2.164 — **0,63** — 1,1
Abbruch von Heizkörpern (67m); Entsorgung, Deponiegebühren
Herstellen (Kosten: 97,1%) — 3.427,89 m² BGF — 73.318 — **21,39** — 38,2

Fußbodenheizung, Systemrohre, Rasterfolie, Verteiler (1.550m²), Heizkörper (46St)

5200-0014 Hallenbad
Abbrechen (Kosten: 22,0%) — 780,52 m² BGF — 938 — **1,20** — 8,1
Abbruch von Heizkörpern (21St); Entsorgung, Deponiegebühren
Herstellen (Kosten: 78,0%) — 780,52 m² BGF — 3.315 — **4,25** — 28,6

Heizkörper, Thermostate (3St)

KG	Kostengruppe	Menge Einheit	Kosten €	€/Einheit	%

420
Wärmeversorgungs-
anlagen

5300-0017 DLRG-Station, Ferienwohnungen (4 WE)

| | | 727,75 m² BGF | 14.132 | **19,42** | 25,7 |

Fußbodenheizung, Verlegeplatten mit Dämmung, PE-Xa-Heizungsrohre (246m²), Heizkreisverteiler (5St), Verteilerschränke (4St), Stellantriebe (54St), Badheizkörper (2St), Elektroheizung (1St)

6100-1186 Mehrfamilienhaus (9 WE) - Effizienzhaus Plus

| | | 1.513,74 m² BGF | 40.735 | **26,91** | 56,5 |

Badheizkörper (5St), Heizkörper (1St), Elektro-Heizstab 300W (1St), Fußbodenheizung: PB-Rohre (4.580m), Noppenplatte (930m²), Raumthermostate (51St), Uhrenthermostate (9St), Stellantriebe (60St), Edelstahlverteiler, drei bis acht Kreise (8St), Regelverteiler für sieben bis acht Raumthermostate (9St)

6100-1262 Mehrfamilienhaus, Dachausbau (2 WE)

Herstellen (Kosten: 100,0%)

| | | 450,47 m² BGF | 14.808 | **32,87** | 50,3 |

Heizungsrohre DN14, FBH (65m), Wärmeleitbleche (42St), Stellantrieb (1St), Heizkörper (19St)

6100-1294 Mehrfamilienhaus (3 WE) - Effizienzhaus 40

| | | 713,77 m² BGF | 9.822 | **13,76** | 25,7 |

PE-Rohre, 17x2mm, Fußbodenheizung (184m²), Raumthermostate (7St), Deckenlufterhitzer 20kW (1St)

6100-1306 Mehrfamilienhaus (5 WE)

Herstellen (Kosten: 100,0%)

| | | 1.520,60 m² BGF | 35.453 | **23,32** | 56,0 |

Fußbodenheizung, EPS-Tackerplatten, PE-RT-Rohre (750m²), Raumtemperaturregler (43St), Raumfühler (20St), Thermostate (5St), Badheizkörper (5St)

6100-1311 Mehrfamilienhaus (4 WE), TG - Effizienzhaus ~55%

| | | 1.159,80 m² BGF | 30.923 | **26,66** | 25,7 |

Systemrohre für Fußbodenheizung (3.706m), Stellantriebe (52St), Raumtemperaturregler (25St), Badheizkörper (4St)

6100-1316 Einfamilienhaus, Carport

| | | 469,17 m² BGF | 11.438 | **24,38** | 22,8 |

Fußbodenheizung, Tackersystem, Heizkreisverteiler (120m²), Badheizkörper (3St), Unterflurkonvektor (1St)

6100-1335 Einfamilienhaus, Garagen - Passivhaus

| | | 503,81 m² BGF | 9.215 | **18,29** | 23,0 |

Unterwandheizflächen, PE-Rohre, D=9,9mm (20m²), Deckenkühl- und Heizflächen (46m²), Raumthermostate (7St)

6100-1336 Mehrfamilienhäuser (37 WE) - Effizienzhaus ~38%

| | | 4.214,25 m² BGF | 66.082 | **15,68** | 25,9 |

Fußbodenheizung, Trägerplatten (2.469m²), Heizungsrohre (1.658m)

420 Wärmeversorgungsanlagen

KG	Kostengruppe	Menge	Einheit	Kosten €	€/Einheit	%

6100-1337 Mehrfamilienhaus (5 WE) - Effizienzhaus ~33%
880,00 m² BGF — 32.807 — **37,28** — 32,0

Systemrohre für Fußbodenheizung (3.000m), Clipsschienen (430m), Heizkreisverteiler, Dämmung, fünf Heizkreise (1St), sechs Heizkreise (1St), sieben Heizkreise (1St), acht Heizkreise (2St), zehn Heizkreise (1St), Wärmemengenzähler (6St), Stellantriebe (39St), Raumtemperaturregler (31St), Kompaktheizkörper (7St), Badheizkörper (7St)

6100-1338 Einfamilienhaus, Einliegerwohnung, Doppelgarage - Effizienzhaus 40
355,74 m² BGF — 10.718 — **30,13** — 24,7

Fußbodenheizung, Verteilerschrank, Wärmemengenzähler (175m²)

6100-1339 Einfamilienhaus, Garage - Effizienzhaus 40
312,60 m² BGF — 8.533 — **27,30** — 20,1

Systemrohre für Fußbodenheizung (psch)

6100-1375 Mehrfamilienhaus, Aufstockung (1 WE)
Herstellen (Kosten: 100,0%) — 183,43 m² BGF — 4.769 — **26,00** — 15,2

Flachheizkörper (5St), Badheizkörper (1St)

6100-1383 Einfamilienhaus, Büro (10 AP), Gästeapartment - Effizienzhaus ~35%
770,00 m² BGF — 33.487 — **43,49** — 22,5

Fußbodenheizung: Trittschalldämmmatten WLG 040, d=20mm (342m²), Trägermatten, Heizungsrohre 17x2mm (314m²), Durchflussmesser (5St), Verteilerschränke (4St), Raumfühler (20St), Regelmodule (5St), Röhrenradiator (1St), Badheizkörper (5St)

6100-1400 Mehrfamilienhaus (13 WE), TG - Effizienzhaus 55
2.199,67 m² BGF — 17.375 — **7,90** — 24,4

Profil-Heizkörper, Thermostatfühler (53St), Badheizkörper, Thermostate (13St)

6100-1426 Doppelhaushälfte - Passivhaus
262,48 m² BGF — 2.288 — **8,72** — 8,0

Wärmepumpen-Kompaktheizkörper, Heizen und Kühlen (3St)

6100-1433 Mehrfamilienhaus (5 WE), Carports - Passivhaus
623,58 m² BGF — 19.544 — **31,34** — 35,6

Trittschalldämmung, PE-X-Fußbodenheizungsrohre, Gesamtaufbau, d=12cm (344m²), Heizkreisverteiler, Stellantriebe, Verteilerschränke

6100-1442 Einfamilienhaus - Effizienzhaus 55
345,90 m² BGF — 6.576 — **19,01** — 15,0

Tackerplatte für Fußbodenheizung (185m²), Heizungsrohre (1.459m), Verteilerschrank (1St), Verteiler (3St), Stellantriebe (17St)

6100-1482 Einfamilienhaus, Garage
290,51 m² BGF — 9.939 — **34,21** — 27,1

Fußbodenheizung, Trägermatte, Heizungsrohre (187m²), Badheizkörper (2St), Handtuchhalter (4St)

420 Wärmeversorgungsanlagen

KG	Kostengruppe	Menge	Einheit	Kosten €	€/Einheit	%
	6100-1483 Mehrfamilienhaus (6 WE)					
	Herstellen (Kosten: 100,0%)	898,76	m² BGF	23.865	**26,55**	28,9
	Flachheizkörper, Thermostatköpfe (19St), Röhrenradiatoren (6St), Heizkörper Küche (6St), Fußbodenheizung, Systemplatte 14mm (38m²), Systemrohre (200m)					
	6100-1500 Mehrfamilienhaus (18 WE)					
	Abbrechen (Kosten: 8,6%)	3.700,00	m² BGF	1.350	**0,36**	1,2
	Abbruch von Heizkörpern (22St); Entsorgung, Deponiegebühren					
	Wiederherstellen (Kosten: 44,4%)	3.700,00	m² BGF	6.987	**1,89**	6,0
	Thermostatventile austauschen (42St)					
	Herstellen (Kosten: 47,0%)	3.700,00	m² BGF	7.391	**2,00**	6,4
	Flachheizkörper, Anschluss an Bestand (11St)					
	6100-1505 Einfamilienhaus - Effizienzhaus ~56%					
		235,76	m² BGF	22.522	**95,53**	39,5
	Fußbodenheizungssystem, PE-Systemrohre, EPS-Wärme- und Trittschalldämmung WLG 032, d=140mm (90m²), WLG 040, d=60mm (62m²), Heizkreisverteilerschränke (2St), Heizkreisverteiler, acht Heizkreise (1St), sechs Heizkreise (1St), Stellantriebe (14St), Handtuchheizkörper (1St), Kaminofen (1St)					
	6200-0077 Jugendwohngruppe (10 Betten)					
		490,32	m² BGF	19.159	**39,08**	23,2
	Fußbodenheizung, Mehrschichtverbundrohre 16x2,0mm (3.000m), Bewegungsfugenprofile, Schutzhülsen (76m), PE-Folie (400m²), Anschlüsse für Handtuchwärmekörper (6St)					
	6400-0100 Ev. Pfarrhaus, Kindergarten - EnerPHit Passivhaus					
	Herstellen (Kosten: 100,0%)	554,70	m² BGF	5.767	**10,40**	53,2
	Flachheizkörper (7St)					
	7100-0052 Technologietransferzentrum					
		4.969,43	m² BGF	76.102	**15,31**	32,4
	Plattenheizkörper (82St), Heizwände (12St), Thermostatköpfe (92St)					
	7100-0058 Produktionsgebäude (8 AP) - Effizienzhaus 55					
		386,23	m² BGF	11.127	**28,81**	28,8
	Planheizkörper, lackiert, Thermostatköpfe (14St), Thermostat-Ventilunterteile (8St)					
	7300-0100 Gewerbegebäude (5 Einheiten, 26 AP) - Effizienzhaus ~59%					
		1.462,30	m² BGF	64.903	**44,38**	54,7
	Ventil-Kompaktheizkörper (41St), Deckenstrahlplatten, Mineralwolldämmung, auf Alu-Gitterfolie kaschiert, Aufhängestege (13St)					
	7600-0081 Feuerwehrstützpunkt (8 Fahrzeuge)					
		1.624,00	m² BGF	69.795	**42,98**	28,3
	Fußbodenheizung, Heizkörper, Fühler, Thermostatköpfe (psch), Deckenstrahlplatten, Regelung, 105x813cm (4St), 105x963cm (4St), 135x1164cm (1St)					
	7700-0080 Weinlagerhalle, Büro					
	Abbrechen (Kosten: 1,9%)	4.793,63	m² BGF	410	**< 0,1**	0,9
	Abbruch von Gliederheizkörpern (2St); Entsorgung, Deponiegebühren					

© BKI Baukosteninformationszentrum Kostenstand: 4.Quartal 2021, Bundesdurchschnitt, inkl. 19% MwSt.

420 Wärmeversorgungsanlagen

KG	Kostengruppe	Menge Einheit	Kosten €	€/Einheit	%
	Herstellen (Kosten: 98,1%)	4.793,63 m² BGF	20.762	**4,33**	47,4

Heizrohre für Fußbodenheizung (4.130m), Raumtemperaturregler (18St), Deckenstrahlplatten (3St), Durchgangs-Zonenventile (2St), Flachheizkörper (2St), Thermostatventile (2St)

9100-0127 Gastronomie- und Veranstaltungszentrum
Herstellen (Kosten: 100,0%)   1.209,68 m² BGF   99.754   **82,46**   39,3

Gas-Dunkelstrahler (2St), Regelung (1St), Fußbodenheizung: Rasterfolie (570m²), Kupferrohre (4.112m), Bodenkonvektoren (9St), Raumtemperaturregler (3St), Flachheizkörper, Thermostate (6St)

9100-0144 Kulturzentrum (550 Sitzplätze)
Herstellen (Kosten: 100,0%)   1.304,03 m² BGF   39.065   **29,96**   37,5

Röhrenradiatoren (26St), Kompaktheizkörper (16St), Thermostatventile (35St)

429 Sonstiges zur KG 420

1300-0279 Rathaus (85 AP), Bürgersaal
    2.687,64 m² BGF   18.067   **6,72**   4,5

Abgaskamine F90, 30x30cm, h=10,5m, Innendurchmesser 210mm, Revisionstüren (2St), Abgasanlage für Gasbrennwert-Kesselkaskade (1St), für Blockheizkraftwerk (1St), Schalldämpfer (1St)

4400-0250 Kinderkrippe (4 Gruppen, 50 Kinder)
    1.000,40 m² BGF   1.151   **1,15**   1,0

Abgasanlage, Kunststoff-Doppelwandsystem, Revisionsstück, Längenelemente (3m), Dachdurchführung (1St), Flachdachkragen (1St)

4400-0307 Kindertagesstätte (4 Gruppen, 100 Kinder) - Effizienzhaus ~60%
    1.051,00 m² BGF   6.090   **5,79**   8,4

Schornstein 35x50cm, Zuluft 230m³ (4m), Edelstahlaufsatz, D=180mm, dreischalig (3m)

5200-0013 Freibad
Herstellen (Kosten: 100,0%)   4.363,92 m² BGF   12.249   **2,81**   5,3

Edelstahl-Abgasanlage, D=25cm, doppelwandig, Formstücke (8m), Mündungshaube (1St), Wetterkragen (1St), Schachtelemente, PP-Abgasrohre DN110 (6m), Dachdurchführung, Flachdachkragen (1St), Rauchrohr, D=150mm, Formstücke (10m)

5300-0017 DLRG-Station, Ferienwohnungen (4 WE)
    727,75 m² BGF   2.106   **2,89**   3,8

Abgasanlage, Doppelwandsystem, PP/Alu beschichtet, DN80/125 (1St)

6100-1294 Mehrfamilienhaus (3 WE) - Effizienzhaus 40
    713,77 m² BGF   3.526   **4,94**   9,2

Leichtbau-Schornsteinsystem, Edelstahlrohr, d=130mm, Brandschutzschacht 29x29cm (9m)

6100-1306 Mehrfamilienhaus (5 WE)
Abbrechen (Kosten: 100,0%)   1.520,60 m² BGF   10.396   **6,84**   16,4

Abbruch von Ziegelschornstein (22m), Schornstein-Ziegelmauerwerk im KG (3m³), historischen Öfen (9St); Entsorgung, Deponiegebühren

KG	Kostengruppe	Menge Einheit	Kosten €	€/Einheit	%

6100-1311 Mehrfamilienhaus (4 WE), TG - Effizienzhaus ~55%
| | | 1.159,80 m² BGF | 10.689 | **9,22** | 8,9 |

Schornstein 40x80cm, zweizügig, dreischalig (14m), GK-Bekleidung, Mineralwolldämmung, d=20mm (12m²), Bekleidung Schornsteinkopf, Zinkblech (5m²), Abdeckplatte mit Wetterschutzrahmen (1St)

6100-1316 Einfamilienhaus, Carport
| | | 469,17 m² BGF | 8.866 | **18,90** | 17,7 |

Schornstein, einzügig, D=180mm (10m), Abgasanlage mit Dachdurchführung, Verkleidung (9m)

6100-1336 Mehrfamilienhäuser (37 WE) - Effizienzhaus ~38%
| | | 4.214,25 m² BGF | 16.885 | **4,01** | 6,6 |

Betonkamin C90/105, 60x60cm (14m), Längenelemente, Bögen (16St), Edelstahltüren, Prüföffnungen (2St), Hinterlüftung, Kondensatablauf (1St)

6100-1337 Mehrfamilienhaus (5 WE) - Effizienzhaus ~33%
| | | 880,00 m² BGF | 7.234 | **8,22** | 7,1 |

Abgasanlage für Pelletheizung mit FT-Leerschacht 38x38cm, Fußplatte, Abgasrohr, einwandig (16m), Dachaufsatz (1St), Kaminkopfbekleidung, Titanzink, Holz-UK, h=1,00m (1St)

6100-1375 Mehrfamilienhaus, Aufstockung (1 WE)
Wiederherstellen (Kosten: 8,9%)
| | | 183,43 m² BGF | 960 | **5,23** | 3,1 |

Schornsteinaufsatz abbrechen, zwei Schornsteinkopfverlängerungen montieren (psch)
Herstellen (Kosten: 91,1%)
| | | 183,43 m² BGF | 9.799 | **53,42** | 31,2 |

Kaminofen 45x45x113,5cm (1St), Schornstein aufmauern, zweizügig 76x38cm (6m), einzügig 41x36cm (2m), Blechbekleidung (psch)

6100-1383 Einfamilienhaus, Büro (10 AP), Gästeapartment - Effizienzhaus ~35%
| | | 770,00 m² BGF | 28.303 | **36,76** | 19,0 |

Schornsteinsystem DN20, mehrschalig, einzügig (7m), Rauchrohr Edelstahl, l=2,00m (1St), Sonderanfertigung Regenkragen (1St), Kamineinsatz, b=84cm, dreiseitig offen, Verglasung, hochschiebbar (1St), Unterdruck-Sicherheitsabschalter (1St)

6100-1482 Einfamilienhaus, Garage
| | | 290,51 m² BGF | 4.015 | **13,82** | 10,9 |

Schornstein, einzügig, d=180mm (7m), Rauchrohranschluss, Kaminkopfbekleidung (1St)

6100-1483 Mehrfamilienhaus (6 WE)
Abbrechen (Kosten: 54,2%)
| | | 898,76 m² BGF | 3.251 | **3,62** | 3,9 |

Abbruch von Schornstein (4m³), Schornsteinfutter, Reinigungsklappen, Vermauern der Wandöffnungen (41St); Entsorgung, Deponiegebühren
Herstellen (Kosten: 45,8%)
| | | 898,76 m² BGF | 2.750 | **3,06** | 3,3 |

Abgassystem DN80/125 (14m), FT-Abdeckplatten auf abgebrochenen Schornsteinen verlegen (4St)

6100-1505 Einfamilienhaus - Effizienzhaus ~56%
| | | 235,76 m² BGF | 4.966 | **21,07** | 8,7 |

Schornstein für Kaminofen, einzügig, Leichtbeton-Außenschale, Wärmedämmung, Keramik-Innenrohre, Rohrquerschnitt 18cm, Außenmaße 36x36cm, Gesamthöhe 8,00m, Edelstahl-Abdeckplatte 50x50cm (1St)

420 Wärmeversorgungsanlagen

KG	Kostengruppe	Menge	Einheit	Kosten €	€/Einheit	%
	6200-0077 Jugendwohngruppe (10 Betten)	490,32	m² BGF	6.089	**12,42**	7,4

Abgasanlagen, Doppelwandsystem, PP/Alu, DN80/125 (2St), Revisionsrohre (4St), Abgasverlängerungen (8m)

	6400-0100 Ev. Pfarrhaus, Kindergarten - EnerPHit Passivhaus					
	Herstellen (Kosten: 100,0%)	554,70	m² BGF	815	**1,47**	7,5

Schornsteinbekleidung, Zink (1St)

	7100-0052 Technologietransferzentrum	4.969,43	m² BGF	4.844	**0,97**	2,1

Abgasanlage, Edelstahl, doppelwandig, Längenelementen (11m), Reinigungselement (1St), Reinigungswinkel (1St), Messelement (1St), T-Anschlüsse (2St), Wetterkragen (1St), Mündungsabschluss (1St)

	7100-0058 Produktionsgebäude (8 AP) - Effizienzhaus 55	386,23	m² BGF	2.536	**6,57**	6,6

Edelstahl-Schornstein, doppelwandig (1St)

	9100-0127 Gastronomie- und Veranstaltungszentrum					
	Abbrechen (Kosten: 53,7%)	1.209,68	m² BGF	10.115	**8,36**	4,0

Abbruch von zweizügigem Industrieschornstein, Ziegelmauerwerk, in Außenwand eingebunden (32m³), mit Innenrohren (4m³); Entsorgung, Deponiegebühren

| | Herstellen (Kosten: 46,3%) | 1.209,68 | m² BGF | 8.725 | **7,21** | 3,4 |

Abgassysteme für Gas-Brennwertkesselanlage (2St), Abgasrohre (6St), für Dunkelstrahler (2St), LAS-Abgasrohre (8St), Schrägdachsockel (2St)

Kostenkennwerte für die Kostengruppen 400 der 3. Ebene DIN 276

430
Raumlufttechnische Anlagen

KG	Kostengruppe	Menge Einheit	Kosten €	€/Einheit	%
431	Lüftungsanlagen				

1300-0227 Verwaltungsgebäude (42 AP) - Effizienzhaus ~59%

| | | 1.593,33 m² BGF | 166.982 | **104,80** | 100,0 |

Lüftungsgerät 7.500m³/h (1St), Nachheizregister (2St), Luftkanalrauchmelder (2St), Steuerschrank für Brandschutzklappen (1St), Brandschutzklappen (21St), Kulissenschalldämpfer (2St), Rohrschalldämpfer (23St), Volumenstrombegrenzer (63St), Volumenstromregler (20St), Luftauslässe (68St), Abluftventile (25St), Lamellenhaube (1St), Außenluft-Dachhaube (1St), Luftkanäle (67m²), Wickelfalzrohre DN100-560, Formstücke (489m), Flexrohre DN100-315 (36m), Dämmung (69m²)

1300-0231 Bürogebäude (95 AP)

| | | 4.489,98 m² BGF | 240.471 | **53,56** | 69,3 |

Lüftungsgeräte, Unterbau, wetterfest, Volumenstrom 4.000m³/h (1St), Volumenstrom 3.000m³/h (1St), Volumenstrom 1.800m³/h (1St), Rechteckkanäle (306m²), Isolierung (470m²), Wickelfalzrohre DN100-250 (305m), Formstücke (239St), Brandschutzklappen (40St), Tellerventile DN100 (25St), Drallauslässe (24St), Schalldämpfer (96St), Volumenstromregler (16St), Einzelraumlüfter (62St), Dachhauben DN250-100 (15St)

1300-0240 Büro- und Wohngebäude (6 AP) - Effizienzhaus 40 PLUS

| | | 324,12 m² BGF | 12.997 | **40,10** | 100,0 |

Lüftungsgerät mit Wärmerückgewinnung, Volumenstrom 350m³/h (1St), Bedieneinheit (1St), Schalldämpfer (2St), Flachkanäle, Formstücke (72m), Brandschutzklappen (19St), Kulissenschalldämpfer (2St), Wickelfalzrohre DN125-160, Formstücke (18m), Alu-Flexrohre DN100-160 (8m), EPP-Rohre DN160, Formstücke (5m), Telefonieschalldämpfer (4St), Tellerventile (18St), Schutzgitter (2St)

1300-0253 Bürogebäude (40 AP)

| | | 1.142,82 m² BGF | 129.243 | **113,09** | 37,9 |

Zu- und Abluftgerät mit WRG, Volumenstrom 1.020m³/h (1St), Volumenstrom 780m³/h (1St), Kulissenschalldämpfer (4St), Dachabluftventilator, Volumenstrom 2.500m³/h, Sockelschalldämpfer (1St), Rechteckkanäle, Stahl (155m²), Wickelfalzrohre DN100-250, Formstücke, Rohrdämmung (104m), Alu-Flexrohre DN100 (17m), Volumenstromregler (16St), Telefonieschalldämpfer (26St), Zu- und Abluftventile (29St), Drallauslässe (8St), Schlitzdurchlässe (3St), Brandschutzklappen (6St), Brandschutzventile (4St), Dachdurchführungen (3St), Deflektorhaube (1St), Einzelraumlüfter (1St)

1300-0254 Bürogebäude (8 AP) - Effizienzhaus ~73%

| | | 226,00 m² BGF | 29.780 | **131,77** | 100,0 |

Lüftungsgerät mit WRG und Kühlung, Volumenstrom 1.000m³/h (1St), Lüftungsrohre DN75 (210m), oval 114/51mm (80m), Doppelsickenrohr DN250 (9m), Wickelfalzrohr DN180 (7m), Alu-Flexrohre DN180-250 (10m), Verteilerkästen (4St), Telefonie-Schalldämpfer (2St), Schalldämpfer (1St), Wetterschutzgitter (2St)

430 Raumlufttechnische Anlagen

KG	Kostengruppe	Menge Einheit	Kosten €	€/Einheit	%

1300-0271 Bürogebäude (350 AP), TG (45 STP)

		8.385,25 m² BGF	327.176	39,02	20,9

Abluftgeräte, Volumenstrom 11.000m³/h (1St), 2.300m³/h (1St), 1.700m³/h (1St), Abluftventilatoren, Volumenstrom 760m³/h (1St), 50m³/h (1St), Revisionsschalter (6St), Kulissenschalldämpfer (4St), Rechteckkanäle, Formstücke, Dämmung (196m²), Jalousieklappen (3St), Wetterschutzgitter (2St), Zu-/Abluftgitter (28St), Rauchschutz-Druckanlage: Zuluftgeräte, Volumenstrom 24.000m³/h (2St), Schaltschrank (1St), Etagenverteiler (3St), Druckentlastungseinheit (1St), Rechteckkanäle, Formstücke, Dämmung (95m²), Wickelfalzrohre DN100-200, Formstücke (69m), Alu-Flexrohre DN100-200 (32m), Brandschutzklappen, Drehwinkelgeber (16St), Drosselklappen (9St), Jalousieklappen (5St), Volumenstromregler (2St), Wind-Regenmelder (1St), Lüftungstaster (2St), Druckknopfmelder (2St), Kanalrauchmelder (1St), Schalldämpfer (6St), Wetterschutzgitter (3St), Luftdurchlässe 145x70cm (2St), Abluftventile (8St), Zu-/Abluftgitter (8St)

1300-0279 Rathaus (85 AP), Bürgersaal

		2.687,64 m² BGF	219.822	81,79	94,9

Zu-/Abluftgeräte, mit Wärmerückgewinnung, Volumenstrom 5.000m³/h (1St), 1.350m³/h (1St), Schaltschrank (1St), Brandschutzklappen (22St), Schalldämpfer (14St), Rechteckkanäle, Formstücke, Dämmung (263m²), Wickelfalzrohre DN100-200, Formstücke (84m), Auslässe Zuluft (25St), Tellerventile Abluft (11St)

4100-0161 Real- und Grundschule (13 Klassen, 300 Schüler) - Passivhaus
Herstellen (Kosten: 100,0%)

		3.617,76 m² BGF	363.032	100,35	100,0

Zu- und Abluftanlage, Volumenstrom 6.500m³/h, mit Wärmerückgewinnung (1St), Volumenstrom 4.300m³/h (1St), Wickelfalzrohre DN100-315, Formstücke, Rohrdämmung (578m), GFK-Rohre DN370-400, gedämmt, Formstücke (23m), Rechteckkanäle (356m²), Formstücke (310m²), Kanaldämmung (375m²), Volumenstromregler (115St), Quellluftauslässe (22St), Zuluftgitter (36St), Abluftgitter (60St), Telefonieschalldämpfer DN100-250 (119St), Kanalschalldämpfer 69x50x125cm (8St), Brandschutzklappen (86St), Drosselklappen DN100-150 (64St), Aufzugsschachtentrauchung (1St)

4100-0175 Grundschule (4 Lernlandschaften, 160 Schüler) - Effizienzhaus ~3%

		2.169,67 m² BGF	326.066	150,28	100,0

Lüftungsgeräte mit Rotationswärmetauscher, integrierter Wärmerückgewinnung, 2.200m³/h (2St), 2.800m³/h (2St), dezentrales Lüftungsgerät 900m³/h (1St), Brandschutzklappenregelung (1St), Luftkanäle, eckig, bis 250mm, Formstücke, Rohrdämmung (296m²), Wickelfalzrohre DN100-500, Formstücke, Rohrdämmung (234m), Jalousieklappen (4St), Volumenstromregler (29St), Telefonieschalldämpfer DN100-260 (89St), Brandschutzklappen F90 (16St), Kulissenschalldämpfer (33St)

4100-0189 Grundschule (12 Klassen, 360 Schüler) - Effizienzhaus ~72%

		3.330,00 m² BGF	17.169	5,16	100,0

Einraumlüfter 60m³/h (15St), 100m³/h (5St), Wickelfalzrohre DN80-200, verzinkt, Formstücke, Dämmung (76m), Brandschutzschotts DN80-200 (14St), Dachhauben DN80-200 (11St), Lüftungstaster (3St)

4400-0250 Kinderkrippe (4 Gruppen, 50 Kinder)

		1.000,40 m² BGF	71.433	71,40	100,0

Lüftungszentralgerät mit Wärmerückgewinnung, Volumenstrom 450m³/h (1St), Vorheizregister (5St), TFT-Touchpanels (5St), Bus-Thermostate (5St), Wickelfalzrohre DN100-200, Formstücke (292m), Wickelfalzrohre, oval, Formstücke (15St), Alu-Flexrohre DN100-200 (61m), Brandschutzklappen (4St), Rohrschalldämpfer (83St), Zuluftventile DN100-125 (5St), DN160-200 (44St), Abluftventile DN100-125 (5St), Dachdurchführungen, Fortlufthauben (3St), Rohrdämmung (38m²)

KG	Kostengruppe	Menge Einheit	Kosten €	€/Einheit	%

4400-0293 Kinderkrippe (3 Gruppe, 36 Kinder) - Effizienzhaus ~37%

		612,00 m² BGF	36.051	**58,91**	100,0

Zentrales Lüftungsgerät 468-1.548m³/h, Wärmerückgewinnung (1St), Ab- und Zuluftventile (4St), Wickelfalzrohre DN250, Formstücke, Rohrdämmung (96m), Telefonieschalldämpfer (11St), Brandschutzklappen (4St)

4400-0298 Kinderhort (2 Gruppen, 40 Kinder) - Effizienzhaus ~30%

		316,83 m² BGF	61.050	**192,69**	100,0

Lüftungsgerät mit Rotationswärmetauscher 1.500m³/h (1St), Volumenstromregler (4St), Deckenluftdurchlässe (10St), Kulissenschalldämpfer (4St), Telefonieschalldämpfer DN100-200 (14St), Zuluftventile DN100-160 (5St), Abluftventile DN100-125 (8St), Rechteckkanäle, Formstücke, Dämmung (72m²), Wickelfalzrohre DN100-315, Dämmung (65m), Alu-Flexrohre (12m), Brandschutzklappen (3St), Wetterschutzgitter (2St)

4400-0307 Kindertagesstätte (4 Gruppen, 100 Kinder) - Effizienzhaus ~60%

		1.051,00 m² BGF	47.864	**45,54**	100,0

Dachventilatoren, Volumenstrom 130-1.300m²/h (1St), 80-800m²/h (1St), Lüftungsgerät, Volumenstrom 250m³/h (1St), Wickelfalzrohre DN125-250, Formstücke (125m), DN200-250, doppelwandig (11m), Alu-Flexrohre DN125-160 (27m), Raumtemperaturregler (28St), Telefonieschalldämpfer DN140-200 (15St), Abluftelemente, Außenluftdurchlässe, Wetterschutzhauben (39St)

5100-0115 Sporthalle (Einfeldhalle) - Effizienzhaus ~68%

		737,13 m² BGF	3.411	**4,63**	100,0

Einzelraumlüfter 100m³/h, Ventilatoreneinsätze (4St), 60m³/h (4St), Einbaugehäuse (6St), Brandschutzgehäuse (1St), Wickelfalzrohre DN100, Formstücke (19m), Flexrohre (7m)

5100-0124 Sporthalle (Dreifeldhalle, Einfeldhalle)

Abbrechen (Kosten: 1,8%)

		3.427,89 m² BGF	5.280	**1,54**	1,8

Abbruch von Raumluftgerät (5.180kg), Lüftungsanlage (1St), Lüftungskanälen (8m), Lüftungsgittern (24St); Entsorgung, Deponiegebühren

Wiederherstellen (Kosten: 6,7%)

		3.427,89 m² BGF	19.975	**5,83**	6,7

Betonkanäle reinigen, Fehlstellen spachteln, Dispersionsbeschichtung (436m²), Blechkanäle innenseitig reinigen (616m²), Öffnungen luftdicht verschließen (52St)

Herstellen (Kosten: 91,5%)

		3.427,89 m² BGF	271.787	**79,29**	91,5

Lüftungsgeräte 16.000m³/h (1St), 6.600m³/h (1St), bis 450m³/h (2St), Lüftungskanäle, Stahl (444m²), Formstücke (521m²), Kanaldämmung (109m²), Wickelfalzrohre DN100-200 (84m), Formstücke (70St), Rohrdämmung (16m), Aluflexrohre DN125 (18m), Lüftungsgitter (48St), Luftdurchlässe (34St), Kulissenschalldämpfer (5St), Brandschutzklappen (8St), Jalousieklappen (5St), Kernbohrungen (63St), Wanddurchbrüche (59St)

5200-0013 Freibad

Herstellen (Kosten: 100,0%)

		4.363,92 m² BGF	77.732	**17,81**	100,0

Abluftgerät (1St), Abluftventilatoren (3St), Rechteckkanäle, Formstücke (179m²), Dämmung (16m²), Brandschutzbekleidung (16m²), Wickelfalzrohre DN100-200, Formstücke (134m), Aluflexrohre DN100 (6m), Rohrschalldämpfer (13St), Kanalschalldämpfer (3St), Volumenstromregler DN100-160 (5St), Jalousieklappen (4St), Schutzgitter (3St), Brandschutzklappen DN100 (2St), Abluftgitter (17St), Tellerventile DN100-160 (10St), Wetterschutzgitter (8St)

430 Raumlufttechnische Anlagen

KG Kostengruppe	Menge Einheit	Kosten €	€/Einheit	%

5200-0014 Hallenbad
Abbrechen (Kosten: 66,5%) — 780,52 m² BGF — 2.271 — **2,91** — 1,4

Abbruch von Lüftungskanälen (127m²), Lüftungsrohren (59m), Lüftungsbauteilen (22St), Lüftungsgeräten (2St); Entsorgung, Deponiegebühren

Herstellen (Kosten: 33,5%) — 780,52 m² BGF — 1.146 — **1,47** — 0,7

Einzelraumlüfter 60m³/h (2St)

6100-1186 Mehrfamilienhaus (9 WE) - Effizienzhaus Plus
1.513,74 m² BGF — 129.609 — **85,62** — 100,0

Kompakt-Lüftungsgerät mit Gegenstromwärmetauscher 1.500m³/h (1St), Außenluftklappen (2St), Nachheizregister (1St), Vereisungsschutzset (1St), Lüftungsboxen (2St), Kanalschalldämpfer (18St), Volumenstromregler (22St), Regeleinheit (1St), Raumregler (9St), Zu- und Abluftventile (50St), Wickelfalzrohre DN100-315, Formstücke (331m), Alu-Flexrohre DN75 (770m), Kompaktbögen (125St), Luftverteilerkasten, sechsfach (18St), Ventilanschlussteile (83St), Wärmedämmung (100m²), Außenluftansaugturm DN400, Edelstahl (1St), DN200 (1St), Fortluftturm DN400 (1St), Kondensatabläufe (2St)

6100-1262 Mehrfamilienhaus, Dachausbau (2 WE)
Herstellen (Kosten: 100,0%) — 450,47 m² BGF — 1.219 — **2,71** — 100,0

Einraumlüfter (1St), Wickelfalzrohre DN100, Formstücke (3m), Aluflexrohr DN80 (5m)

6100-1294 Mehrfamilienhaus (3 WE) - Effizienzhaus 40
713,77 m² BGF — 24.377 — **34,15** — 100,0

Zu-/Abluft-Kompaktlüftungsgeräte, Volumenstrom 160m³/h, Kreuz-Gegenstrom-Wärmetauscher (3St), Filter (3St), Bedieneinheiten (3St), Schalldämpfer (6St), HDPE-Rohre, D=90mm, doppelwandig (75m), Wickelfalzrohre DN100-160, Formstücke, Rohrdämmung (14m), Luftdurchlassgehäuse (9St), Zu-und Abluftventile (13St), Weitwurfdüse DN100 (1St), Wanddurchführungen (13St)

6100-1306 Mehrfamilienhaus (5 WE)
Herstellen (Kosten: 100,0%) — 1.520,60 m² BGF — 2.725 — **1,79** — 100,0

Einzelraumlüfter (5St), Brandschotts (5St), Wickelfalzrohre DN100, Formstücke (20m)

6100-1311 Mehrfamilienhaus (4 WE), TG - Effizienzhaus ~55%
1.159,80 m² BGF — 49.472 — **42,66** — 100,0

Zentrale Lüftungsgeräte 300m³/h mit Wärmerückgewinnung (4St), Ab- und Zuluftventile (16St), PVC-Rohre DN75, gedämmt, Formstücke (390m), DN125 (53St), Deckenkästen (44St), Wickelfalzrohre DN100 (7m), Einraumlüfter (2St)

6100-1335 Einfamilienhaus, Garagen - Passivhaus
503,81 m² BGF — 14.907 — **29,59** — 40,2

KW-Lüftungsanlage 270m³/h (2St), KW-Lüftungskanäle 100/220x50mm (psch), Bodenauslässe (7St), Abluftventile (14St), Drallauslässe, Alu poliert (7St)

6100-1336 Mehrfamilienhäuser (37 WE) - Effizienzhaus ~38%
4.214,25 m² BGF — 39.121 — **9,28** — 100,0

Einzelraumlüfter bis 60m³/h (53St), bis 90m³/h (6St), Lüftungsrohre DN80-160 (143m), flexibel (63m), Formstücke (95St), Rohrdämmung, Dachdurchführungen mit Hauben (12St), Tellerventile DN100 (8St), Brandschutzdeckenschotts (25St)

KG	Kostengruppe	Menge Einheit	Kosten €	€/Einheit	%

6100-1337 Mehrfamilienhaus (5 WE) - Effizienzhaus ~33%
880,00 m² BGF   7.375   **8,38** 100,0

Einzelraumlüfter für Feuchträume, Wandeinbausätze, Außenklappen mit Jalousieverschluss (14St), Lüftungsleitung, Wickelfalzrohr und Gitter für Lüftung Aufzugsschacht (psch)

6100-1383 Einfamilienhaus, Büro (10 AP), Gästeapartment - Effizienzhaus ~35%
770,00 m² BGF   32.949   **42,79** 100,0

Lüftungsgerät mit WRG, 300m³/h (1St), Defrosterheizung (1St), Bedienteil, Touchpanel (1St), Rohrschalldämpfer (8St), Zuluftauslässe (9St), Abluftdurchlässe (7St), Flexschläuche DN75mm (180m), Wickelfalzrohre DN100-160mm, Formstücke (26m), Differenzdrucküberwachung (1St), Brandschutzbekleidung (psch), Brandschutzventile (3St), Tellerventile (2St), Küchen-Abluftventilator, Abluftkanal (1St), Wetterschutzgitter (3St)

6100 1400 Mehrfamilienhaus (13 WE), TG - Effizienzhaus 55
2.199,67 m² BGF   104.675   **47,59** 100,0

Lüftungsgeräte mit Wärmerückgewinnung, 200m³/h, Bedienelement (13St), Lüftungsleitungen, Formstücke (151m), Wickelfalzrohre DN80-125 (96m), Formstücke (307m), Schalldämpfer (65St), Tellerventile DN100 (23St), DN125 (61St), Verteilerkästen, Wanddurchführungen (11St), Kleinlüfter 75m³/h, Brandschutzklappen, Rauchauslöseeinrichtung (2St)

6100-1426 Doppelhaushälfte - Passivhaus
262,48 m² BGF   14.031   **53,46** 100,0

Lüftungsanlage mit Wärmerückgewinnung, 300m³/h (1St), Lüftungsleitungen, Zu- und Abluftventile, Systemzubehör, Regelgeräte

6100-1433 Mehrfamilienhaus (5 WE), Carports - Passivhaus
623,58 m² BGF   32.502   **52,12** 100,0

Wohnraumlüftungsanlagen mit Wärmerückgewinnung (5St)

6100-1442 Einfamilienhaus - Effizienzhaus 55
345,90 m² BGF   12.300   **35,56** 100,0

Lüftungsanlage mit WRG, Volumenstrom 315m³/h (1St), Bedienelement, Grafikdisplay (1St), flexible Lüftungsrohre DN75 (200m), DN125, Formstücke (8m), Wickelfalzrohre DN80, Formstücke (16m), Schalldämpfer (2St), Verteilerkästen (2St), Sets für Bodengitter (4St), Bodenkasten (4St), Wandkasten (8St), Lüftungsventile (8St), Zuluftventile (2St)

6100-1483 Mehrfamilienhaus (6 WE)
Herstellen (Kosten: 100,0%)   898,76 m² BGF   5.639   **6,27** 100,0

Radial-Rohrventilator, Volumenstrom 230m³/h (1St), Wickelfalzrohre DN100, Formstücke, Rohrdämmung (42m), Stahlrohre DN100 (10m), Vorsatz-Filterelemente (6St), Abluftventile (12St), Rohrschalldämpfer (2St), Rohrschotts R90 (6St)

6100-1500 Mehrfamilienhaus (18 WE)
Herstellen (Kosten: 100,0%)   3.700,00 m² BGF   24.721   **6,68** 100,0

Einzelraumlüfter, Schalter (22St), Wickelfalzrohre DN100-160, Formstücke (138m), Alu-Flexrohre DN80 (20m), Rohrschalldämpfer DN100-160 (20St), Brandschotts DN100-160 (28St), Kondensatanschlüsse (5St), Kernbohrungen, D=130-400mm (60St)

430 Raumlufttechnische Anlagen

KG	Kostengruppe	Menge	Einheit	Kosten €	€/Einheit	%

6100-1505 Einfamilienhaus - Effizienzhaus ~56%
235,76 m² BGF — 5.456 — **23,14** — 100,0

Einzelraumlüftungsgeräte (4St), Raumluftsteuerung (1St)

6200-0077 Jugendwohngruppe (10 Betten)
490,32 m² BGF — 28.326 — **57,77** — 100,0

Lüftungsgeräte, Volumenstrom 30-60m³/h, Filter, Bedieneinheiten (7St), Außenwandventile (14St), Montagerohre DN160 (14m), Wickelfalzrohre DN100, Formstücke, Rohrdämmung (73m), Alu-Flexrohre DN80, zweilagig (5m), Kondensatleitungen (7St), Dachhauben (5St), Kernbohrungen D=150-200mm (16St)

6400-0100 Ev. Pfarrhaus, Kindergarten - EnerPHit Passivhaus
Herstellen (Kosten: 100,0%) — 554,70 m² BGF — 36.767 — **66,28** — 100,0

Zentrale Lüftungsgeräte 150-620m³/h mit Wärmerückgewinnung (2St), Wickelfalzrohre DN100-250, Formstücke, Rohrdämmung (123m), Ab- und Zuluftventile (14St), Schalldämpfer (13St)

7100-0052 Technologietransferzentrum
4.969,43 m² BGF — 140.024 — **28,18** — 22,1

Lüftungsgerät, Volumenstrom 5.500m³/h, mit Lufterhitzer, Wärmerückgewinnung, Fundament (1St), Wickelfalzrohre DN100-450, Formstücke (393m), Rechteckkanäle (183m²), Formstücke (178m²), Wärmedämmung (230m²), Kältedämmung (115m²), Kanalschalldämpfer (7St), Telefonieschalldämpfer DN100-200 (6St), Brandschutzklappen (30St), Drosselklappen (8St), Absperrklappen (4St), Jalousieklappe (1St), Tellerventile (35St), Gitterauslässe (13St), Drallauslässe (4St)

7100-0058 Produktionsgebäude (8 AP) - Effizienzhaus 55
386,23 m² BGF — 1.637 — **4,24** — 100,0

Einzelraumlüfter (2St), Wickelfalzrohr DN100 (6m), Formstücke (psch)

7300-0100 Gewerbegebäude (5 Einheiten, 26 AP) - Effizienzhaus ~59%
1.462,30 m² BGF — 11.064 — **7,57** — 100,0

Einzelraumlüfter, Volumenstrom 100m³/h (15St), Flachdachhauben (14St), Wickelfalzrohre DN100-125, Formstücke (76m), Rohrschalldämpfer (9St), Brandschutzklappen (7St), Alu-Flexrohr (12m)

7600-0081 Feuerwehrstützpunkt (8 Fahrzeuge)
1.624,00 m² BGF — 22.373 — **13,78** — 49,6

Einraum-Einbaulüfter (18St), Dunstabzugshaube, 350m³/h (1St), Drallauslässe (3St), Wickelfalzrohre DN100-160, Formstücke, Dämmung (52m), Volumenstromregler (1St), Wetterschutzgitter 400x330mm (2St)

7700-0080 Weinlagerhalle, Büro
Herstellen (Kosten: 100,0%) — 4.793,63 m² BGF — 3.876 — **0,81** — 4,1

Einzelraumlüfter (4St), Wickelfalzrohre DN80-125, Formstücke (30m), Brandschutzklappe DN125 (1St), Lüftungsleitung für Ölpumpenraum (psch)

9100-0127 Gastronomie- und Veranstaltungszentrum
Abbrechen (Kosten: 100,0%) — 1.209,68 m² BGF — 192 — **0,16** — < 0,1

Abbruch von Ventilator, D=70cm (1St); Entsorgung, Deponiegebühren

KG	Kostengruppe	Menge Einheit	Kosten €	€/Einheit	%

9100-0144 Kulturzentrum (550 Sitzplätze)
Herstellen (Kosten: 100,0%)   1.304,03 m² BGF   160.627   **123,18**   100,0

Zu-, Abluftgerät mit Wärmerückgewinnung 11.200m³/h (1St), Luftkanäle, Dämmung (514m²), Formstücke (291m²), Wickelfalzrohre DN100-800, Formstücke, Rohrdämmung (62m), Flexrohre DN100 (15m), Kulissenschalldämpfer (4St), Jalousieklappen (8St), Drallauslässe, Lüftungsgitter (18St), Einzelraumlüfter (8St), Druckbegrenzer (2St), Wärmemengenzähler (1St), Messumformer CO_2/Temperatur (4St), Stellantriebe (6St), Kanalrauchmelder (1St)

432 Teilklimaanlagen

1300-0231 Bürogebäude (95 AP)
    4.489,98 m² BGF   106.665   **23,76**   30,7

Split-Klimageräte (3St), Kältemittelleitungen (553m), Deckenkassetten als Luftauslässe, Fernsteuerung (/St)

1300-0253 Bürogebäude (40 AP)
    1.142,82 m² BGF   35.439   **31,01**   10,4

Split-Klimageräte, Außeneinheit, Kühlleistung 12,1kW, Heizleistung 13,6kW, Flachdachsockel, Ölschutzwanne (1St), Kühlleistung 4,0kW, Heizleistung 5,0kW (2St), Inneneinheit, Kühlleistung 4,0kW, Heizleistung 5,0kW (3St), Kühlleistung 3,6kW, Heizleistung 4,1kW (3St), Fernbedienungen (2St), Verteilersets (2St), Kupferrohre 1/4-5/8" (96m), Dachdurchführungen (2St), Kondensatleitungen DN22 (32m)

1300-0271 Bürogebäude (350 AP), TG (45 STP)
    8.385,25 m² BGF   516.217   **61,56**   33,0

Zu- und Abluftgeräte, Volumenstrom 22.000m³/h, mit KVS 180kW, Heizregister 126kW, Kühlregister 180kW (1St), Volumenstrom 7.000m³/h, mit PWT 62kW, Heizregister 52kW, Kühlregister 38kW (1St), Fortlufthaube (1St), Wetterschutzgitter (5St), Jalousieklappen (2St), Kulissenschalldämpfer (10St), Rechteckkanäle, Formstücke (1.610m²), Dämmung (894m²), Wickelfalzrohre DN100-200, Formstücke (430m), DN315 (130m), Alu-Flexrohre DN100-200 (73m), Telefonieschalldämpfer (59St), Drosselklappen (142St), Brandschutzklappen (39St), Stellmotoren (25St), Volumenstromregler (8St), Rückschlagklappen (3St), Absperrklappen (2St), Brandschotts (111St), Zu-/Abluftgitter (208St), Abluftventile (128St)

4100-0161 Real- und Grundschule (13 Klassen, 300 Schüler) - Passivhaus
Abbrechen (Kosten: 100,0%)   3.617,76 m² BGF   78   **< 0,1**   < 0,1

Abbruch von Klimatruhen 100x70x40cm, Umluftbetrieb (2St); Entsorgung, Deponiegebühren

5200-0014 Hallenbad
Herstellen (Kosten: 100,0%)   780,52 m² BGF   155.368   **199,06**   97,8

Klimageräte für Hallenbäder mit Hochleistungs-Wärmerückgewinnung, Entfeuchtungs-Wärmepumpe, MSR-Technik, Luftleistung 6.000-9.500m³/h (1St), Rechteckkanäle (140m²), Formstücke (267m²), Wärmedämmung (228m²), Volumenstromregler (3St), Wickelfalzrohre DN100-315, Formstücke (177m), Alu-Flexrohre DN100-160 (260m), Schalldämpfer (7St), Zuluft-Schlitzschienen (16m), Zu-/Abluftgitter (10St), Abluft-Tellerventile (5St), Fortluftturm, Stahlblech, D=800mm, h=3,00m, 7.000m³/h (1St), Außenluftansaugturm, D=800mm, h=2,00m, 7.000m³/h (1St), Erweiterung DDC-Einheit, Datenpunkte (100St)

430 Raumlufttechnische Anlagen

430 Raumlufttechnische Anlagen

KG	Kostengruppe	Menge Einheit	Kosten €	€/Einheit	%

7100-0052 Technologietransferzentrum

| | 4.969,43 m² BGF | 154.844 | **31,16** | 24,5 |

Lüftungsgerät, Volumenstrom 3.600m³/h, mit Lufterhitzer, Luftkühler, Dampfbefeuchter, Wärmerückgewinnung, Fundament (1St), Wickelfalzrohre DN100-450, Formstücke (393m), Alu-Flexrohre DN100 (10m), Rechteckkanäle (183m²), Formstücke (178m²), Wärmedämmung (230m²), Kältedämmung (115m²), Kanalschalldämpfer (7St), Telefonieschalldämpfer DN100-200 (5St), Brandschutzklappen (27St), Drosselklappen (8St), Absperrklappe (1St), Jalousieklappen (2St), Tellerventile (35St), Gitterauslässe (9St), Drallauslässe (4St)

433 Klimaanlagen

1300-0269 Bürogebäude (116 AP), TG - Effizienzhaus ~51%

| | 6.765,20 m² BGF | 761.658 | **112,58** | 100,0 |

Kombinierte Zu-und Abluftgeräte 8.000m³/h, Heizleistung 79kW (3St), Entlüftungsgerät, Gegenstromwärmetauscher, Kondensatpumpe (1St), Außenluftansaugturm (2St), Kanalventilator 3.500m³/h (1St), Einzelraumventilatoren (19St), Wetterschutzgitter (11St), Luftkanäle, Formteile, Dämmung (226m), Kulissenschalldämpfer (30St), Kalziumsilikatgehäuse (25St), Segeltuchstutzen (48St), Brandschutzklappen (11St), Wickelfalzrohre DN80-280, Formstücke (135m), Volumenstromregler (31St), Fußbodenauslässe (168St), Lüftungsleitungen für Bauteilaktivierung

9100-0127 Gastronomie- und Veranstaltungszentrum
Herstellen (Kosten: 100,0%)

| | 1.209,68 m² BGF | 395.190 | **326,69** | 100,0 |

Klimageräte (3St), Lüftungskanäle, Stahlblech, Formstücke, Dämmung (230m²), Wickelfalzrohre DN100-500 (245m), Stahl-Flexrohre (48m), Volumenstrom-Konstanthalter (31St), Volumenstromregler (7St), Brandschutzklappen (13St), Schalldämpfer (6St), Abluftventile (20St), Zuluftventile (18St), Dralldurchlässe (6St), Luftdurchlässe, Düsenrohre (8St), Schaltschrank mit Einbauten, Feldgeräten, Ansteuerungen und Aufschaltungen für drei Anlagen (1St), Touchpanels (3St), Verkabelung (2.465m)

434 Kälteanlagen

1300-0253 Bürogebäude (40 AP)

| | 1.142,82 m² BGF | 62.084 | **54,33** | 18,2 |

Kälteanlage, luftgekühlter Kaltwassererzeuger, Kälteleistung 23,4kW, Ölschutzwanne, mit Kaltwasseranschluss (1St), Plattenwärmetauscher 800kW (1St), Sicherheitsventile (2St), Havariebehälter 200l (1St), Kugelhähne (17St), Thermometer (6St), Umwälzpumpe (1St), Tauchfühler (8St), Regelventile (2St), Kupferrohre DN28-54, Formstücke, Rohrdämmung (153m), Rohrschotts (18St), Kältedämmung von Armaturen (psch)

KG	Kostengruppe	Menge Einheit	Kosten €	€/Einheit	%

1300-0271 Bürogebäude (350 AP), TG (45 STP)

| | | 8.385,25 m² BGF | 719.326 | **85,78** | 46,0 |

Kältemaschinen 315kW (1St), 162-171kW (2St), Glykolauffangwannen (3St), Glykolrückkühler mit Auffangsystem (4St), Kälteanlage: Plattenwärmeübertrager 160kW (1St), 80kW (1St), Pufferspeicher 1.000l (2St), Hocheffizienzpumpen (9St), Ausdehnungsgefäße 140-800l (8St), Schlammabscheider (2St), Verteiler-/Sammlerkombination (1St), Luftgefäße (16St), Sicherheitsdruckbegrenzer (3St), Schmutzfänger (3St), Kugelhähne (102St), Absperrklappen (46St), Strömungswächter (6St), Absperrventile (55St), Abgleichventile (17St), Motorventile (15St), Rückschlagventile (7St), Sicherheitsventile (3St), Manometer (70St), Thermometer (50St), Entlüftungsarmaturen (10St), Anschlüsse an Kältemaschine (3St), an Trockenkühler (5St), an Umluftgerät, flexibel (14St), Wärmezähler (23St), Stahlgewinderohre DN15-32, Formstücke, Rohrdämmung (639m), Stahlrohre DN32-150, Formstücke, Rohrdämmung (380m), Glykol (1.500l), Dehnungskompensatoren DN80-125 (35St), Brandschotts (70St), Stahl-Tragkonstruktion (340kg)

1300-0279 Rathaus (85 AP), Bürgersaal

| | | 2.687,64 m² BGF | 11.868 | **4,42** | 5,1 |

Split-Klimageräte 3,6 kW, Fernbedienung, Kondensatpumpen, Dachdurchführungen (2St), Kupferrohre, isoliert (20m)

6100-1335 Einfamilienhaus, Garagen - Passivhaus

| | | 503,81 m² BGF | 22.132 | **43,93** | 59,8 |

Eisspeicher, V=10.500l mit Solar-Luftabsorber (1St) Ausdehnungsgefäß, elektronische Regelung, 3-Wege-Umschaltventil, Umwälzpumpe, Armatureinheit (1St), HD-Rohre D>40mm (46m)

7100-0052 Technologietransferzentrum

| | | 4.969,43 m² BGF | 338.439 | **68,10** | 53,4 |

Kältemaschine, Kälteleistung 322,8kW, wassergekühlt, mit Spiralverdichter, Fundament (1St), Rückkühler 426kW, Wärmetauscherblock (1St), Auffangbehälter (1St), Glycolprotektoren (81St), Pufferspeicher 4.000l (1St), Ladespeicher 2.000l (1St), Plattenwärmeübertrager, Wärmeleistung 320kW (2St), Kombiverteiler (1St), Kreiselpumpe Maschinenkühlung (1St), Stahlrohre DN15-125, Formstücke, Kältedämmung (789m), Rohrschotts (31St), Absperrklappen (27St), Absperrventile (9St), Strangregulierventile (29St), Rückschlagventile (5St), Schmutzfänger (4St), Motorventile (7St), Dreiwegeventile (4St), Manometer, Wassersackrohr (28St), Maschinenthermometer (19St), Umluftkühlgeräte 875m³/h (3St), Kondensatpumpen (3St), Luftgefäße (31St), Kältedämmung Armaturen (134St)

7600-0081 Feuerwehrstützpunkt (8 Fahrzeuge)

| | | 1.624,00 m² BGF | 22.751 | **14,01** | 50,4 |

Split-Klimagerät, Außeneinheit 12,5kW (1St), Inneneinheiten 5kW (2St), Fernbedienungen (2St), Kondensathebeanlagen (2St), Kältemittelleitungen, Formstücke, isoliert (60m), Rohrschotts R90 (6St), Kältemittel (8kg)

7700-0080 Weinlagerhalle, Büro
Herstellen (Kosten: 100,0%)

| | | 4.793,63 m² BGF | 89.625 | **18,70** | 95,9 |

Gebläsekonvektoren, Kälteleistung 2,27-4,46kW (12St), Fernbedienungen (10St), Schnittstellenmodule (4St), PP-Rohre DN20-65, Formstücke, Rohrdämmung (271m), DN90 (136m), Edelstahlummantelung, bis D=30mm, Formstücke (187m), PVC-Kondensatleitung DN20-40 (92m), Umwälzpumpe DN65 (1St), PP-Kugelhähne DN32-63 (8St), DN90 (1St), Brandschotts F90 (2St)

430 Raumlufttechnische Anlagen

KG	Kostengruppe	Menge	Einheit	Kosten €	€/Einheit	%
439	Sonstiges zur KG 430					

1300-0253 Bürogebäude (40 AP)

		1.142,82	m² BGF	113.874	**99,64**	33,4

Kühldeckensegel 2,00x1,00m (81St), thermische Steckdosen, Adapterstecker (81St), PE-Anschlussschläuche, D=16mm, l=1,00m (162St), PE-Xa-Rohre DN20, Formstücke, in Betondecke verlegt (650m), Verteiler, drei bis sechs Kältekreise, gedämmt (10St)

Kostenkennwerte für die Kostengruppen 400 der 3. Ebene DIN 276

440 Elektrische Anlagen

KG	Kostengruppe	Menge Einheit	Kosten €	€/Einheit	%

441 Hoch- und Mittelspannungsanlagen

1300-0269 Bürogebäude (116 AP), TG (68 STP) - Effizienzhaus ~51%

| | | 6.765,20 m² BGF | 76.917 | **11,37** | 5,6 |

Mittelspannungs-Schaltanlagen 10kV, Verkabelung (2St), Gießharztransformator 800kVA, Verkabelung (1St), Trafoschiene, zwei HEB160, l=3,00m, verzinkt (1St), Zählerwechselschrank (1St), Übersichtsschaltbilder (3St), Gittertrennwand, Grundrahmen (1St)

7100-0052 Technologietransferzentrum

| | | 4.969,43 m² BGF | 93.666 | **18,85** | 11,4 |

Mittelspannungsschaltanlage: Ringkabelfelder (2St), Längstrennungsfeld (1St), Messfeld (1St), Trafofelder (2St), HH-Sicherungen (2St), Kombi-Prüfgerät (1St), Spannungsprüfer (1St), Zählerschrank (1St), Motorantriebe (2St), Trafostation: Trafos 10kV, 630kVA, Anschlussbänder (2St), Dreileiterkabel XDMZ-Y (35m), Erdung (1St), Steuerstromkreise (2St)

442 Eigenstromversorgungsanlagen

1300-0231 Bürogebäude (95 AP)

| | | 4.489,98 m² BGF | 13.285 | **2,96** | 1,9 |

Zentralbatteriesystem (1St)

1300-0240 Büro- und Wohngebäude (6 AP) - Effizienzhaus 40 PLUS

| | | 324,12 m² BGF | 27.568 | **85,05** | 49,8 |

Photovoltaikanlage 9,36kW$_p$, 36 Module (1St), Wechselrichter (1St), DC-Verkabelung (psch), Batteriespeicher 7,2kWh (1St), Sensor (1St)

1300-0254 Bürogebäude (8 AP) - Effizienzhaus ~73%

| | | 226,00 m² BGF | 28.433 | **125,81** | 70,0 |

Photovoltaikmodule 270W (39St), Montagesystem (1St), Speichersystem 6,5kWh (1St), Solarkabel (200m), Wechselrichter, integriertes Energiemanagementsystem (1St)

1300-0269 Bürogebäude (116 AP), TG (68 STP) - Effizienzhaus ~51%

| | | 6.765,20 m² BGF | 62.248 | **9,20** | 4,5 |

Photovoltaikanlage, Solarmodule 168x80x4cm, 335W$_p$ (90St), Wechselrichter 20.000TL (1St), Flachdach-Montagesysteme (70St), Überspannungsschutz, Kontrollmodul, Steuereinheit (1St), Starkstromkabel (10m), C-Modulanschlussleitungen (1.154m), Mantelleitungen (307m), Zählerschrank, Verteilfeld, Zählertafel, Überspannungsschutz (1St), FI-Schutzschalter (6St)

1300-0271 Bürogebäude (350 AP), TG (45 STP)

| | | 8.385,25 m² BGF | 27.384 | **3,27** | 2,3 |

Zentralbatterieanlage, Betriebsdauer 1h (1St), Überwachungsmodule (51St), Spannungsüberwachungen (8St), Programmierung (psch)

4100-0161 Real- und Grundschule (13 Klassen, 300 Schüler) - Passivhaus
Herstellen (Kosten: 100,0%)

| | | 3.617,76 m² BGF | 60.782 | **16,80** | 12,0 |

Photovoltaikmodule 159x88,5cm (17m²), 150x50cm (3m²), Wechselrichter (1St), Solarleitungen H07RN-F (900m), Zentralbatteriesystem für Sicherheitsbeleuchtungsanlage, Nennbetriebsdauer 3h, Standschrank 180x60x35cm, anschlussfertig vorverdrahtet, Software, Programmierung (1St), Dreiphasenüberwachungen (8St), Notstromversorgung für ELA-Anlage, Batterien 2x65Ah (1St)

440 Elektrische Anlagen

KG Kostengruppe	Menge Einheit	Kosten €	€/Einheit	%
4100-0175 Grundschule (4 Lernlandschaften, 160 Schüler) - Effizienzhaus ~3%	2.169,67 m² BGF	60.410	27,84	10,1
Photovoltaikanlage, Einzelmodulgröße166x99x4cm (189m²), Multistring-Wechselrichter (1St), Montagegestell (1St), Solarkabel (425m), Kabelrinnen V2A, 60x100mm (5m)				
4100-0189 Grundschule (12 Klassen, 360 Schüler) - Effizienzhaus ~72%	3.330,00 m² BGF	27.918	8,38	5,2
Glasintegrierte Photovoltaikmodule in Dachfläche, 95 Poly TT Zellen, 15,6x15,6cm, 390W_p, Kosten in KG 362 enthalten (107m²), Wechselrichter, Unterkonstruktion (1St), Datenlogger (1St), Zentralbatteriesystem (1St), Fernmeldetableau (1St), Inbetriebnahme, Einweisung (psch)				
4400-0250 Kinderkrippe (4 Gruppen, 50 Kinder)	1.000,40 m² BGF	44.253	44,24	21,5
Photovoltaikanlage 15,04kW_p, 46 Module, Montagegestelle, Anlagenüberwachung (75m²), Wechselrichter (2St), Gleichstromanschlusskasten (1St)				
5100-0124 Sporthalle (Dreifeldhalle, Einfeldhalle)				
Abbrechen (Kosten: 5,9%)	3.427,89 m² BGF	813	0,24	0,3
Abbruch von Akkus (260kg); Entsorgung, Deponiegebühren				
Herstellen (Kosten: 94,1%)	3.427,89 m² BGF	12.861	3,75	4,7
Zentralbatteriesystem für Not- und Sicherheitsbeleuchtung (1St), Notstromversorgung für ELA-Anlage (1St)				
5200-0013 Freibad				
Herstellen (Kosten: 100,0%)	4.363,92 m² BGF	5.944	1,36	1,9
Notstromversorgung 180Ah (1St)				
6100-1186 Mehrfamilienhaus (9 WE) - Effizienzhaus Plus	1.513,74 m² BGF	141.883	93,73	50,9
Photovoltaikanlage 30kW_p: Glas-Folie-Solarmodule mit Alurahmen, 1559x1045x46mm, Nennleistung 333W_p, Flachdach-Montagesystem (88St), Solarstromspeicher 40kWh (1St), Datenlogger (1St), Reihenklemmgehäuse (1St), Solarkabel (psch), Strangwechselrichter bis 13,9kW_p (2St), bis 4,3kW_p (2St), AC-Sammler (psch)				
6100-1289 Einfamilienhaus, Garage - Effizienzhaus ~31%	286,85 m² BGF	15.954	55,62	39,4
Solarmodule 225wp, Aufdachmontage (32St), Wechselrichter (1St), Energiemanager (1St), Solarkabel (100m), Netzanschluss (psch)				
6100-1294 Mehrfamilienhaus (3 WE) - Effizienzhaus 40	713,77 m² BGF	57.826	81,01	60,9
Photovoltaik-Generator, 102 Photovoltaik-Module, Nennleistung 260W_p, Aufdach-Montage-System, Erdung (psch), Netzanbindung, Elektroinstallation (1St)				
6100-1335 Einfamilienhaus, Garagen - Passivhaus	503,81 m² BGF	29.109	57,78	58,5
Photovoltaikanlage 13,8 kW_p, Modulneigung 10° (140m²)				

440 Elektrische Anlagen

KG	Kostengruppe	Menge	Einheit	Kosten €	€/Einheit	%
	6100-1338 Einfamilienhaus, Einliegerwohnung, Doppelgarage - Effizienzhaus 40	355,74	m² BGF	29.726	**83,56**	65,9
	Photovoltaikanlage 11,13kW$_p$, auf Dachseite Süd und in Fassade angebracht (78m²)					
	6100-1339 Einfamilienhaus, Garage - Effizienzhaus 40	312,60	m² BGF	38.284	**122,47**	65,6
	Photovoltaikanlage 9,2kW$_p$ (59m²), Zählerschrank (1St), Batteriespeicher (1St)					
	6100-1383 Einfamilienhaus, Büro (10 AP), Gästeapartment - Effizienzhaus ~35%	770,00	m² BGF	14.750	**19,16**	9,4
	Photovoltaikanlage, Einzelmodulgröße 164x100cm, je 300 Watt (12St), Wechselrichter, Montagegestell, Zähleranlage (1St), Anschluss Versorgungsleitungen (psch)					
	6100-1483 Mehrfamilienhaus (6 WE) Herstellen (Kosten: 100,0%)	898,76	m² BGF	51.465	**57,26**	45,8
	Photovoltaikanlage 9,77kW$_p$, 31 Hochleistungsmodule (1St), Batteriespeicher 10,24kW$_h$ (1St), Energiezähler (1St)					
	7100-0052 Technologietransferzentrum	4.969,43	m² BGF	19.789	**3,98**	2,4
	Zentralbatterie 216V, 50Ah (1St), Ausgangskreisbaugruppen 1.100W (26St), Ladebaugruppe 7,5A (1St), Schaltmodule 230V (4St)					
	7600-0081 Feuerwehrstützpunkt (8 Fahrzeuge)	1.624,00	m² BGF	14.424	**8,88**	5,3
	USV-Anlagen, Ausgangsnennleistung 8kVA / 7kW, Überbrückungszeit bei nominaler Last 10 Minuten (2St)					
	7700-0080 Weinlagerhalle, Büro Herstellen (Kosten: 100,0%)	4.793,63	m² BGF	2.788	**0,58**	1,0
	Gruppenbatteriesystem (1St), Netzüberwachung (1St)					
	9100-0127 Gastronomie- und Veranstaltungszentrum Herstellen (Kosten: 100,0%)	1.209,68	m² BGF	23.681	**19,58**	7,8
	Zentralbatteriesystem für Sicherheits- und Rettungszeichenleuchten, Programmierung, Einweisung (1St)					
443	**Niederspannungsschaltanlagen**					
	1300-0231 Bürogebäude (95 AP)	4.489,98	m² BGF	90.337	**20,12**	13,1
	Schaltschrank (1St), Erweiterung NSHV (1St), Verteiler (14St), Überspannungsschutz (3St), Lasttrenner (96St), FI-Schutzschalter (152St), Schutzschalter (413St), Hauptschalter (14St), Relais (5St)					
	1300-0269 Bürogebäude (116 AP), TG (68 STP) - Effizienzhaus ~51%	6.765,20	m² BGF	30.118	**4,45**	2,2
	NH-Lasttrenner 3x630A (2St), 3x160A (10St), 3x100A (2St),63A (14St), Drehstromzähler (33St), FI-Schutzschalter (61St), LS-Schalter (57St), Jalousieaktor (1St), Schaltaktoren, sechsfach (2St), Wetterstation (1St), Datenlogger (1St), Schaltpläne (26St)					

440 Elektrische Anlagen

KG	Kostengruppe	Menge	Einheit	Kosten €	€/Einheit	%

1300-0279 Rathaus (85 AP), Bürgersaal
		2.687,64	m² BGF	87.747	**32,65**	22,6

Mantelleitungen NYM-J (1.129m), Hauptverteiler, Anschlusskasten, Zähler-/Wandlerschränke (2St), Unterverteiler (10St), Schutzschalter (52St), Brandschutzschalter (48St)

4100-0161 Real- und Grundschule (13 Klassen, 300 Schüler) - Passivhaus
Herstellen (Kosten: 100,0%)   3.617,76 m² BGF   29.108   **8,05**   5,8

Niederspannungshauptverteilung: Standverteiler, sechs Felder, bestückt (1St), vier Felder, bestückt (1St), Bestückung für Photovoltaikanlage (1St), Netzgeräte (9St), Hutschienenzähler (2St)

4100-0175 Grundschule (4 Lernlandschaften, 160 Schüler) - Effizienzhaus ~3%
    2.169,67 m² BGF   12.568   **5,79**   2,1

Niederspannungshauptverteilung (1St), Messwandlerschrank (1St), Einspeisefeld (1St), SL-Trennschalter (3St), HL-Schutzschalter (1St), Messwandler (3St), Drehstromzähler (1St), Zähler Solar (1St), Übersichtsschaltplan (1St)

5200-0013 Freibad
Herstellen (Kosten: 100,0%)   4.363,92 m² BGF   17.469   **4,00**   5,5

Niederspannungshauptverteiler (1St), Zähler-/Verteilerschränke (2St), Stromwandler (3St)

7100-0052 Technologietransferzentrum
    4.969,43 m² BGF   52.450   **10,55**   6,4

Niederspannungshauptverteiler, fünf Felder, mit Einbauten (1St), Verteilerschränke, ein Feld (2St), Stromwandler (6St), Multimeter (2St), Blitzstromableiter (1St), Leitungsschutzschalter (18St), FI-Schutzschalter (13St), Lasttrennschalter (5St), Zeitschaltuhren (2St), Schütz 250A (1St), Schalter 250A (1St), Sicherungen (61St), Sicherungslastschaltleisten (30St)

7100-0058 Produktionsgebäude (8 AP) - Effizienzhaus 55
    386,23 m² BGF   13.252   **34,31**   43,0

Standverteiler (1St), FI-Schutzschalter (53St), Leitungsschutzschalter (36St), Sicherungseinsätze (9St), Klemm-/Verteilerfeld (1St), Überspannungsschutz (2St), Lasttrennschalter (1St), Installationseinbaugeräte

7600-0081 Feuerwehrstützpunkt (8 Fahrzeuge)
    1.624,00 m² BGF   26.586   **16,37**   9,7

Hauptverteiler (1St), Unterverteiler, bestückt (8St), Überspannungsschutz (6St), Schutzschalter (181St), Dämmerungsschalter (1St), Schaltuhr (1St)

9100-0127 Gastronomie- und Veranstaltungszentrum
Herstellen (Kosten: 100,0%)   1.209,68 m² BGF   29.031   **24,00**   9,5

Niederspannungsschaltanlage mit zwei Schaltschränken, Wandlerschrank, Einbaugeräten, zusammengebaut und anschlussfertig verdrahtet, Betriebsspannung AC 230/400V (1St), Verteilerschrank (1St), Ausschalter (1St), Blitzstromableiter (2St), Installationsverteiler (2St), FI-Schutzschalter (28St), Schutzschalter (6St), LS-Schalter (194St), Stromstoßschalter (1St), Sicherungen

9100-0144 Kulturzentrum (550 Sitzplätze)
Herstellen (Kosten: 100,0%)   1.304,03 m² BGF   8.712   **6,68**   8,1

Installationsverteiler (1St), NH-Sicherungslasttrenschalter (1St), Blitzstromableiter (1St), Sicherungsleisten (7St), Dämmerungsschalter 2,3kW (1St), Zeitschaltuhr (1St), Zählermesssatzschrank (1St), Zählermesssatztafel (1St), Wandlerschrank (1St)

440 Elektrische Anlagen

KG	Kostengruppe	Menge Einheit	Kosten €	€/Einheit	%
444	Niederspannungsinstallationsanlagen				

1300-0227 Verwaltungsgebäude (42 AP) - Effizienzhaus ~59%

	1.593,33 m² BGF	184.200	**115,61**	67,9

Schaltschrank, bestückt (1St), Schaltanlagen (3St), Mantelleitungen NYM (11.161m), NYCWY (385m), Installationskabel (2.243m), Steckdosen (195St), Herdanschlüsse (2St), Bewegungsmelder (7St), Präsenzmelder (5St), Automatikschalter 180° (28St)

1300-0231 Bürogebäude (95 AP)

	4.489,98 m² BGF	332.784	**74,12**	48,4

Mantelleitungen NYM-J (22.741m), NHXH (333m), Installationskabel J-Y(ST)Y (2.414m), Kunststoffkabel NYY-J (1.047m), Leerrohre (1.366m), Kabelkanäle (450m), Kabelrinnen, Steigtrasse, Stahl (278m), Steckdosen (656St), Schalter/Taster (327St), Präsenzmelder (89St), Bewegungsmelder (16St), CEE-Steckdosen (4St), Herdanschlussdosen (3St)

1300-0240 Büro- und Wohngebäude (6 AP) - Effizienzhaus 40 PLUS

	324,12 m² BGF	21.802	**67,27**	39,4

Grundinstallation (psch), Zwischenzähler (6St), Steckdosen (64St), Bodentanks (2St), Bodensteckdosen (24St), Schalter (28St), Steckdosen mit Schalter (4St), Bewegungsmelder (4St), Fensteröffner (2St), Zeitschaltuhren (2St)

1300-0253 Bürogebäude (40 AP)

	1.142,82 m² BGF	142.770	**124,93**	57,9

Hausanschlussschränke (2St), Zählerschrank, Überspannungsschutz (1St), Standverteiler (2St), Lasttrennschalter (4St), Überspannungsableiter (2St), Sicherungselemente (30St), FI-Schalter (43St), LS-Schalter (146St), Schütze (3St), Zeitschaltuhr (1St), Stromstoßschalter (7St), Mantelleitungen NYM-J (5.804m), Erdkabel NYY-J (1.148m), NYCWY (96m), Installationskabel J-Y(ST)Y (357m), Leerrohre (897m), Kabelkanäle (27m), Steigtrassen (24m), Kabelrinnen (18m), Sammelhalter (413St), Montageschienen (207St), Steckdosen (172St), Bodendosen (35St), Schalter/Taster (39St), Jalousietaster (118St), Dimmer (8St), Präsenzmelder (15St), Tageslichtsensoren, Fernbedienung (2St), Kabelschotts (12St), Geräteanschlüsse 400V (13St), 230V (12St)

1300-0254 Bürogebäude (8 AP) - Effizienzhaus ~73%

	226,00 m² BGF	7.702	**34,08**	19,0

Zählerschrank (1St), LS-Automaten (25St), FI-Schalter (2St), Mantelleitungen NYM (630m), Anschlussdosen (40St), Schukosteckdosen (27St), Schalter, Taster

1300-0269 Bürogebäude (116 AP), TG (68 STP) - Effizienzhaus ~51%

	6.765,20 m² BGF	1.002.826	**148,23**	72,7

Mantelleitungen NYM (15.649m), Ölflexkabel (1.653m), Erdkabel NYY (921m), Starkstromkabel NYCWY (9.841m), Leerrohre (3.210m), Kabelkanäle (1.002m), Zählerschränke (2St), Standardverteiler IP43 (23St), LS-Schalter (830St), FI-Schalter (304St), Überspannungsableiter (25St), Überspannungsschutzmodule (442St), Unterflur-Anschlusseinheiten, Datentechnikträger (222St), Steckdosen (444St), Gerätebecher (762St), Bodentanks (81St), Taster, Schalter (24St), Herdanschlussdosen (39St), Präsenzmelder (32St), Brandschotts (232St), Elektroleitungen für Bauteilaktivierung

440 Elektrische Anlagen

KG	Kostengruppe	Menge	Einheit	Kosten €	€/Einheit	%

1300-0271 Bürogebäude (350 AP), TG (45 STP)

		8.385,25	m² BGF	658.531	78,53	54,1

Hausanschluss-Hauptverteiler, Nennstrom 1.250A (1St), Unterverteiler, Nennstrom 800A (1St), Verteilerschränke 63A (18St), Zählerverteilungen, zwei bis drei Felder (5St), SLS-Schalter (26St), Kombiableiter (5St), Wandlermessplätze (4St), Mantelleitungen NYM-J (48.788m), Starkstromkabel NYY-J (1.824m), NHXCHEF (566m), NYCWY (500m), Installationskabel J-Y(St)Y (900m), Außenkabel A-2Y(L)2Y (400m), Leerrohre (5.768m), Kabelleitern, Stahl (630m), Kabelrinnen (170m), PVC-Kabelkanäle (158m), C-Profilschienen (150m), Ausleger, Stiele, Gewindestangen (1.400St), Brandschutzbekleidung I90, vierseitig (40m²), Brandschotts (202St), Bodentanks, sechs Doppelsteckdosen (254St), Schalter/Taster (141St), Steckdosen (102St), Wallboxen (3St), CEE-Steckdosen (2St), Herdanschlussdose (1St), Bewegungsmelder (1St), Raumtemperaturregler (1St)

1300-0279 Rathaus (85 AP), Bürgersaal

		2.687,64	m² BGF	124.598	46,36	32,0

Mantelleitungen (7.954m), Gummischlauchleitungen (4.670m), Leerrohre (916m), Abzweigdosen (344St), Bodentanks (82St), Steckdosen (1.140St), Schalter, Taster (19St), Jalousieschalter (46St), Präsenzmelder (33St), Schlüsselschalter (1St), Herddose (1St)

4100-0161 Real- und Grundschule (13 Klassen, 300 Schüler) - Passivhaus

Abbrechen (Kosten: 6,1%) 3.617,76 m² BGF 11.950 **3,30** 2,4

Abbruch von Installationsgeräten (838St), Leuchtstofflampen (726St), Anschlussleitungen (psch), Wandverteilern (12St), Installationskabeln, Leerrohren (375m); Entsorgung, Deponiegebühren

Wiederherstellen (Kosten: 8,1%) 3.617,76 m² BGF 15.829 **4,38** 3,1

Vorhandene Kabelbündel lösen, neu bündeln, mit Kabelbandagen einhausen (1123m)

Herstellen (Kosten: 85,7%) 3.617,76 m² BGF 166.849 **46,12** 33,0

Unterverteiler, bestückt (9St), LS-Schalter (155St), FI-Schalter (97St), Lasttrennschalter (9St), elektronische Fernschalter (2St), Kabel NYM-J (13.378m), J-Y(ST)Y (526m), NHXH-I E30 (403m), H05VV5-F (140m), NYCWY (57m), Leerrohre (366m), Kabelkanäle (134m), Kabelrinnen (18m), Brüstungskanal (14m), Kabelschotts F90 (98St), Schalter (580St), Jalousietaster (27St), Not-Halt-Taster (3St), Steckdosen (561St), Steckdosenkombination, vier Steckdosen, ein Schalter, Überspannungsschutz (19St), vier Steckdosen, Kettenabhängung (4St), CEE-Steckdosen (3St), Bodentanks, zwei Steckdosen (6St), zwei Steckdosen eine Lautsprecherdose (1St), Geräteanschlussdosen (14St), Präsenzmelder, Master (71St), Slave (33St)

4100-0175 Grundschule (4 Lernlandschaften, 160 Schüler) - Effizienzhaus ~3%

		2.169,67	m² BGF	179.892	82,91	30,1

Unterverteilung (1St), LS-Schalter (36St), Kabelrinnen 10-30cm (263m), Fußbodenkanal (36m), Mantelleitungen NHXMH-J (11.998m), NYY (122m), Abzweigkästen (26St), Präsenzmelder (3St), Schalter, Taster (44St), Steckdosen (203St), Herdanschlussdosen (9St), Jalousieschalter (23St), Potenzialausgleiche (6St)

4100-0189 Grundschule (12 Klassen, 360 Schüler) - Effizienzhaus ~72%

		3.330,00	m² BGF	322.417	96,82	59,6

Schaltgeräte Unterverteilung (8St), Hausanschlusskasten (1St), Schaltnetzteil (1St), PVC-Mantelleitungen NYM (24.605m), Mantelleitungen NYM, NYCWY (477m), Kabelrinnen (22m), Stahl-Panzerrohre, kunststoffbeschichtet (686m), Jalousieschalter (51St), Steckdosen (404St), Schalter, Taster (180St), RWA-Taster (7St), Abzweigdosen (219St), Präsenzmelder (101St), Bewegungsmelder (26St), Anschluss Waschmaschine, Brennofen (1St)

440 Elektrische Anlagen

KG	Kostengruppe	Menge Einheit	Kosten €	€/Einheit	%
	4400-0250 Kinderkrippe (4 Gruppen, 50 Kinder)	1.000,40 m² BGF	77.831	**77,80**	37,8

Zählerschrank (1St), Kombi-Ableiter (1St), Verteiler (2St), FI-Schalter (26St), Lasttrennschalter (20St), Sicherungen (87St), Schütze (7St), Überspannungsableiter (1St), Mantelleitungen NYM (5.656m), PVC-Steuerkabel (839m), Gummikabel (60m), Starkstromkabel (41m), Steckdosen (218St), CEE-Steckdose (1St), Schalter (7St), Schlüsselschalter (6St), Bewegungsmelder (13St), Präsenzmelder (1St), Herdanschlussdosen (8St), Leerrohre (1.136m), Brandschutzkanal (9m), Kabelrinnen, -kanäle (122m), FBH-Verteiler (2St), Kabelschutzrohre (260m)

	4400-0293 Kinderkrippe (3 Gruppe, 36 Kinder) - Effizienzhaus ~37%	612,00 m² BGF	44.460	**72,65**	48,2

Zählerschrank (1St), Verteilerkasten (1St), Hauptschalter (2St), FI-Schalter (9St), LS-Schalter (63St), Überspannungsableiter (1St), Kabel IY(ST)Y (1.371m), Mantelleitungen NYM (2.750m), Leerrohre (1.068m), Steckdosen (121St), CEE-Steckdose (1St), Taster (40St), Aus/Wechselschalter (21St), Blindabdeckungen (3St), Bewegungsmelder (4St), Präsenzmelder 180° (7St), Anschlüsse Haustechnik (psch), Herdanschlussdose (1St)

	4400-0298 Kinderhort (2 Gruppen, 40 Kinder) - Effizienzhaus ~30%	316,83 m² BGF	18.905	**59,67**	23,0

Hauptverteiler, fünffeldrig, 540 PLE (1St), LS-Schalter (33St), FI-Schalter (3St), Sicherungslasttrennschalter (3St), Überspannungsschutzgerät (1St), Mantelleitungen (1.827m), Steckdosen (33St), Schalter (1St), Herdanschlussdosen (2St), Präsenzmelder (20St)

	4400-0307 Kindertagesstätte (4 Gruppen, 100 Kinder) - Effizienzhaus ~60%	1.051,00 m² BGF	55.368	**52,68**	43,4

Zählerschrank 160x140x20cm (1St), Hauptschalter (4St), Kombiableiter (1St), Sicherungen (13St), Schutzschalter (86St), Treppenlichtautomat (3St), Dämmerungsschalter (1St), Mantelleitungen NHXMH (4.411m), J-H(ST)H (924m), N2XH-J (118m), Kabelrinnen (152m), Steckdosen (227St), CEE-Dosen (2St), Geräteanschlussdosen (2St), Schalter/Taster (40St), Bewegungsmelder (8St), Präsenzmelder (4St)

	5100-0115 Sporthalle (Einfeldhalle) - Effizienzhaus ~68%	737,13 m² BGF	38.442	**52,15**	42,0

Hauptverteiler, neunreihig, 432 PLE (1St), Unterverteiler, zweireihig, 24 PLE (3St), Zwischenzähler (1St), LS-Schalter (13St), FI-Schutzschalter (12St), Sicherungen (46St), Installationsschütze (6St), Dämmerungsschalter (1St), Mantelleitungen NYM (4.748m), Steckdosen (43St), Mosaiktableau (1St), CEE-Steckdosen (2St), Schalter/Taster (7St), Leitungsschutzkanäle (110m), Verlegesysteme

5100-0124 Sporthalle (Dreifeldhalle, Einfeldhalle)

Abbrechen (Kosten: 2,0%)	3.427,89 m² BGF	2.242	**0,65**	0,8

Abbruch von Installationsgeräten (236St), Kabeln (488m), Kabelkanälen (40m), Verteilungen (7St); Entsorgung, Deponiegebühren

Herstellen (Kosten: 98,0%)	3.427,89 m² BGF	109.183	**31,85**	40,1

Feldverteiler (2St), Kleinverteiler (5St), Zwischenzähler (1St), LS-Schalter (125St), FI-Schutzschalter (10St), Lasttrennschalter (3St), Schaltgeräte (9St), Dämmerungsschalter (2St), Mantelleitungen NYM (8.734m), NHXH-JFE (301m), Steuerleitungen J-Y(ST)Y (2.444m), JE-H(ST)H (90m), Gummischlauchleitungen H07RN (125m), Erdkabel (14m), Leerrohre (225m), Kabelkanäle (210m), Brandschotts (10St), Steckdosen (100St), CEE-Steckdosen (5St), Bewegungsmelder (90St), Geräteanschlussdosen (63St), Schalter/Taster (19St), Schlüsselschalter (17St)

440 Elektrische Anlagen

KG Kostengruppe	Menge Einheit	Kosten €	€/Einheit	%

5200-0013 Freibad
Herstellen (Kosten: 100,0%) — 4.363,92 m² BGF — 147.560 — **33,81** — 46,4

Unterverteiler (3St), Kabeldurchführungen (7St), Mantelleitungen NYM-J (6.751m), Kunststoffkabel NYY-J (360m), NYCWY (139m), Leerrohre (3.937m), Stahlpanzerrohre (217m), Stahl-Kabelrinnen, Formstücke (244m), PVC-Kabelkanäle (231m), Brandschotts (19St), Bodenkanäle (48m), Brüstungskanäle (13m), Rangierkanal (2m), Steckdosen (144St), CEE-Dosen (2St), Schalter, Taster (19St), Geräteanschlussdosen (13St), Leitungsauslässe (4St), Präsenzmelder (7St), Bewegungsmelder (4St)

5200-0014 Hallenbad
Abbrechen (Kosten: 7,9%) — 780,52 m² BGF — 5.845 — **7,49** — 3,8

Abbruch von Installationsgeräten (127St), Elektroleitungen, Installationsrohren (2.716m), Kabelkanälen (138m), Kabelrinnen (59m); Entsorgung, Deponiegebühren

Herstellen (Kosten: 92,1%) — 780,52 m² BGF — 68.295 — **87,50** — 44,8

Einzelstandschränke (2St), Überspannungsableiter (3St), Lasttrennschalter (13St), FI-Schalter (11St), FI/LS-Schalter (2St), Sicherungen (71St), Mantelleitungen (3.291m), Ölflexleitungen (1.006m), Aderleitungen (520m), Leerrohre (421m), Installationsrohre (132m), Installationskanäle (122m), Kabelpritschen (70m), Steckdosen (32St), CEE-Steckdose (1St), Schalter (9St), Taster (5St), Dimmer (2St)

5300-0017 DLRG-Station, Ferienwohnungen (4 WE)
727,75 m² BGF — 29.173 — **40,09** — 72,2

Wandschrank, Zähleranlage, bestückt (1St), Unterverteiler, bestückt (4St), Mantelleitungen (431m), Schalter, Taster (113St), Steckdosen (177St), CEE-Steckdose (1St), Präsenzmelder (4St), Raumtemperaturregler (15St), Herdanschlussdosen (7St), Kabelkanäle (16m), Lampenauslässe (29St)

6100-1186 Mehrfamilienhaus (9 WE) - Effizienzhaus Plus
1.513,74 m² BGF — 122.704 — **81,06** — 44,0

Zählerschrank für 13 Zähler (1St), Einspeisung für Monitoring (1St), Messwandlerschrank (1St), Sicherungslasttrennschalter (1St), Unterverteiler (9St), FI-Sicherungen (126St), Sicherungen (19St), Steckdosen (507St), Schalter und Taster (187St), Jalousieschalter (64St), Dimmer (6St), Kontrollausschalter (14St). Stromkreiszuleitungen (76St), Raumthermostate (45St), Bewegungsmelder (11St), Treppenlichtzeitschalter (4St), Brandschotts (36St), Ölflexleitungen (46m), Mantelleitungen

6100-1262 Mehrfamilienhaus, Dachausbau (2 WE)
Herstellen (Kosten: 100,0%) — 450,47 m² BGF — 32.917 — **73,07** — 83,4

Unterverteiler (2St), FI-Schalter (psch), LS-Schalter (psch), Mantelleitungen NYM-J (psch), Schalter, Taster (42St), Steckdosen (104St), Dimmer (18St)

6100-1289 Einfamilienhaus, Garage - Effizienzhaus ~31%
286,85 m² BGF — 24.129 — **84,12** — 59,5

Verteiler, bestückt (1St), Stromwandler (1St), Überspannungsschutzgerät (1St), LS-Schalter (4St), Mantelleitungen (600m), Installationskabel J-Y(ST)Y (400m), Steuerleitungen (390m), Leerrohre (260m), Kabelkanäle 70x130mm (8m), Steckdosen (28St), zweifach (36St), Schalter (22St), Jalousietaster (20St), Bewegungsmelder (1St), CEE-Steckdose (1St)

440 Elektrische Anlagen

KG	Kostengruppe	Menge	Einheit	Kosten €	€/Einheit	%

6100-1294 Mehrfamilienhaus (3 WE) - Effizienzhaus 40

713,77 m² BGF   31.995   **44,82**   33,7

Zählerschrank für 3 Zählerplätze (1St), Hauptschalter 3x63A (4St), Installations-Kleinverteiler (3St), Sicherungselemente (3St), Sicherungsautomaten (68St), FI-Schutzschalter (9St), Kabel, Zuleitungen (psch), Installationskanäle (9m), Leerrohre (32m), Schalter, Taster (48St), Steckdosen (146St), CEE-Steckdosen (4St), Außensteckdosen (3St), Bewegungsmelder (2St), Präsenzmelder (6St), Herd-Anschlüsse (3St), Elektroinstallation Wintergarten

6100-1306 Mehrfamilienhaus (5 WE)

Abbrechen (Kosten: 5,0%)   1.520,60 m² BGF   1.230   **0,81**   4,5

Abbruch von Elektroinstallation, fünf Geschosse (psch); Entsorgung, Deponiegebühren

Herstellen (Kosten: 95,0%)   1.520,60 m² BGF   23.148   **15,22**   84,5

Kleinverteiler (2St), FI-Schalter (4St), LS-Schalter (36St), Steuerschalter (2St), Zeitschalter (2St), Mantelleitungen NYM-J (1.046m), Installationskabel J-Y(ST)Y (131m), Leerrohre (275m), Kabelkanäle (16m), Steckdosen (156St), mit Klappdeckel (4St), Schalter/Taster (40St), Dimmer (6St), Geräteanschlussdosen (3St), Bodentank (1St), Bewegungsmelder (1St), Anschlüsse Haustechnik (23St), Klingel (1St)

6100-1311 Mehrfamilienhaus (4 WE), TG - Effizienzhaus ~55%

1.159,80 m² BGF   70.072   **60,42**   82,7

Zählerschrank (1St), Unterverteilung (6St), Hauptschalter (6St), FI-Schalter (15St), LS-Schalter (130St), Überspannungsableiter (1St), Dämmerungsschalter (1St), Mantelleitungen NYM-J (2.018m²), MSR-Leitung (209m), Leerrohre (502m), Schalter, Taster (106St), Steckdosen (176St), CEE-Steckdose (1St), Jalousietaster (21St), Bewegungsmelder (13St), Herdanschlussdosen (4St), Anschlüsse Haustechnik (psch)

6100-1316 Einfamilienhaus, Carport

469,17 m² BGF   71.631   **152,67**   72,5

Zählerschrank (1St), Unterverteiler (1St), Erdkabel NYY-J (2.661m), Mantelleitungen NYM-J (228m), Kabelrinne (6m), Steckdosen (91St), Schalter, Taster (67St), Dimmer (15St), Raumthermostate (9St), Bewegungsmelder (2St), Deckenauslässe (38St), Wandauslässe (14St)

6100-1335 Einfamilienhaus, Garagen - Passivhaus

503,81 m² BGF   17.233   **34,21**   34,6

Zähleranlage mit SLS Schalter und Verteilfeld (2St), Mantelleitungen NYM (psch), FI-Schutzschalter, Anschluss Raumthermostate (6St), Steckdosen (81St), Herdanschlüsse (2ST), Schalter (26St), Tastdimmer (4St), Bewegungsmelder (2St), Verkabelung Windwächter (1St), Verkabelung Sole-Wasser-Wärmepumpe, Eisspeicheranlage, KWL-Anlage (1St), Klingelanlage (1St), elektronischer Wechselstromzähler/Drehstromzähler (1St), Lautsprecherauslässe (3St)

6100-1336 Mehrfamilienhäuser (37 WE) - Effizienzhaus ~38%

4.214,25 m² BGF   164.722   **39,09**   80,5

Zählerschränke für 41 Zählerplätze (5St), Hauptschalter, FI-Schutzschalter (889St), Mantelleitungen NYM-J (13.653m), Kunststoffkabel (2.074m), Installationsrohre (7.366m), Kabelkanäle (100m), Brandschotts (33St), Wandauslässe (486St), Schalter, Taster (586St), Steckdosen (1.496St), CEE-Steckdosen (4St), Netzwerkstecker (202St), Raumthermostate (153St), Herddosen (37St), Bewegungsmelder (15St)

440 Elektrische Anlagen

KG	Kostengruppe	Menge	Einheit	Kosten €	€/Einheit	%

6100-1337 Mehrfamilienhaus (5 WE) - Effizienzhaus ~33%

		880,00	m² BGF	72.436	**82,31**	89,7

HA/HV-Kombination, Einbauten, NH-Sicherungen (1St), Zählerschrank, acht Zählerplätze, Zählerfeld für Haustechnik und Verteilungsfeld, komplett bestückt (1St), Unterverteilungen mit Bestückung (6St), Mantelleitungen NYY (3.293m), NYM (3.597m), Leerrohre (315m), Kabelrinne (15m), Ankerschienen (18m), Schalter, Taster (129St), Steckdosen (289St), Bewegungsmelder (1St), Geräteanschlussdosen (6St), Deckenleuchtenverbindungsdosen (66St), Deckenauslässe (57St), Wandauslässe (28St)

6100-1338 Einfamilienhaus, Einliegerwohnung, Doppelgarage - Effizienzhaus 40

		355,74	m² BGF	14.547	**40,89**	32,2

Grundinstallation: Verteilerschrank, bestückt (1St), Mantelleitungen (psch), Leerrohre (psch), Schalter (38St), Steckdosen (67St), Deckenauslässe (31St), Wandauslässe (17St), Jalousieschalter (11St)

6100-1339 Einfamilienhaus, Garage - Effizienzhaus 40

		312,60	m² BGF	15.563	**49,78**	26,7

Grundinstallation Wohnhaus und Garage (psch), Bewegungsmelder außen (3St)

6100-1375 Mehrfamilienhaus, Aufstockung (1 WE)
Herstellen (Kosten: 100,0%)

		183,43	m² BGF	12.073	**65,82**	100,0

Zählerschrank (1St), NH-Verteiler (1St), Unterverteilung (1St), FI-Schalter (1St), Mantelleitungen NYM (54m), Zuleitungen (psch), Steckdosen (50St), Schalter/Taster (24St), Brennstellen (27St), Klingeltaster (1St)

6100-1383 Einfamilienhaus, Büro (10 AP), Gästeapartment - Effizienzhaus ~35%

		770,00	m² BGF	81.373	**105,68**	51,7

Verteilerschrank, sechs Zähler (1St), Lasttrennschalter (4St), FI-Schutzschalter (19St), Installationsverteiler (3St), Verkabelung HLS-Anschlüsse (psch), Mantelleitungen NYM (psch), Kabelkanäle (21m), Fußbodenkanalanlage, b=25cm, neun Installationseinheiten (49m), Fußbodentanks, Edelstahl (12St), Leuchtenauslässe (25St), Steckdosen (167St), Schalter, Taster (55St), Präsenzmelder (12St), Herdanschluss (1St), Jalousieschalter (6St), Ladestation Elektroauto (1St)

6100-1400 Mehrfamilienhaus (13 WE), TG - Effizienzhaus 55

		2.199,67	m² BGF	111.978	**50,91**	93,4

Zählerschränke (2St), Wohnungsverteiler (14St), Schutzschalter (189St), Mantelleitungen (6.496m), Leerrohre (1.310m), Kabelrinnen (17m), Schalter, Taster (653St), Steckdosen (584St), Jalousieschalter (64St), Bewegungsmelder (2St)

6100-1426 Doppelhaushälfte - Passivhaus

		262,48	m² BGF	12.197	**46,47**	86,4

Hauptverteilung, Zähler, Sicherungen (1St), Steckdosen (61St), Schalter/Taster (24St), Jalousieschalter (4St), Herdanschlussdose (1St), Mantelleitungen NYM, Erdkabel NYY

6100-1433 Mehrfamilienhaus (5 WE), Carports - Passivhaus

		623,58	m² BGF	43.646	**69,99**	92,2

Zählerschrankanlage (1St), Wohnungsverteiler, Installationsleitungen (5St), Steckdosen (250St), Schalter, Taster (97St), Raumthermostate (21St), Jalousieschalter (17St), Herdanschlussdosen (10St)

KG	Kostengruppe	Menge Einheit	Kosten €	€/Einheit	%

440 Elektrische Anlagen

6100-1442 Einfamilienhaus - Effizienzhaus 55
| | 345,90 m² BGF | 29.119 | **84,18** | 95,3 |

Zählerschrank, zwei Zählerplätze (1St), LS-Schalter (1St), Überspannungsschutz (1St), FS-Schalter (4St), Sicherungsautomaten (36St), Mantelleitungen NYM (1.970m), NYY (40m), Ölflexleitung (22m), Schutzrohre (1.068m), Kabelkanäle (18m), PVC-Leerrohre (13m), Schalter, Taster (23St), Sensoreinheiten, Taster (23St), Steckdosen (118St), Bewegungsmelder (3St), Raumthermostate (11St), Herdanschlussdose (1St)

6100-1482 Einfamilienhaus, Garage
| | 290,51 m² BGF | 16.554 | **56,98** | 87,2 |

Zähleranlage (1St), Grundinstallation (psch), Schalter/Taster (62St), Steckdosen (35St), zweifach (17St), dreifach (5St), Raumthermostate (14St), Präsenzmelder (8St)

6100-1483 Mehrfamilienhaus (6 WE)
Abbrechen (Kosten: 2,8%) 898,76 m² BGF 1.331 **1,48** 1,2

Abbruch von Elektroanlage mit Gebäudehauptverteilung, Installationselementen, Verteilungen, Leuchten, LF-Kanälen, Kabeln, Leitungen, sechs WE (psch), Elektroschränken aus Holz/Metall, Türen, Rahmen, Befestigungen (4St); Entsorgung, Deponiegebühren

Herstellen (Kosten: 97,2%) 898,76 m² BGF 46.022 **51,21** 41,0

Zählerschrank, komplett (1St), Kleinverteiler (7St), FI-Schalter (21St), LS-Schalter (111St), Fernschalter (6St), Ausschalter (6St), Treppenlichtschalter (2St), Stromzähler (7St), Mantelleitungen NYM (2.789m), Leerrohre (262m), Gitterrinnen (9m), Schalter/Taster (111St), Steckdosen (281St), Herdanschlussdosen (6St), Brandschotts S90 (6St)

6100-1500 Mehrfamilienhaus (18 WE)
Abbrechen (Kosten: 5,3%) 3.700,00 m² BGF 3.355 **0,91** 3,8

Abbruch von Zählern (21St), Verteilern (18St); Entsorgung, Deponiegebühren

Herstellen (Kosten: 94,7%) 3.700,00 m² BGF 59.396 **16,05** 67,2

Zählerschränke, bestückt (3St), Kleinverteiler, Zuleitungen (18St), Mantelleitungen NYM (psch), Leerrohre (106m), Kabelkanäle I90 (18m), Kabelrinnen (6m), Schalter/Taster (97St), Klingelschalter (14St), Steckdosen, doppelt (21St), einfach (4St), Autoladestationen (2St), Treppenlichtautomat (1St)

6100-1505 Einfamilienhaus - Effizienzhaus ~56%
| | 235,76 m² BGF | 23.185 | **98,34** | 81,3 |

Aus- und Wechselschaltungen (35St), für Smart Home (5St), Steckdosen (64St), mit Kontrollleuchte (2St), Bodeneinbautank, zwei Steckdosen, ein Netzwerkanschluss (1St), Bewegungsmelder Smart Home (3St), Raumthermostate Smart Home (9St), Jalousiesteuerungen Smart Home (6St), Steuerung Smart Home (1St), Umweltsensor (1St), Wärmepumpenschrank (1St), Erdkabel NYY, Mantelleitungen NYM

6200-0077 Jugendwohngruppe (10 Betten)
| | 490,32 m² BGF | 38.460 | **78,44** | 68,8 |

Zählerschränke (2St), LS-Schalter (66St), NH-Sicherungen (6St), FI-Schutzschalter (6St), Stromstoß-Schalter (4St), Klingeltransformatoren (2St), Treppenlichtschalter (4St), Überspannungsableiter (2St), Mantelleitungen NYY (1.755m), Kunststoffleitungen (410m), Leerrohre (170m), Kabelkanäle (8m), Schalter, Taster (230St), Steckdosen (128St), Herdanschlussdosen (2St), Raumtemperaturregler (34St), Dachrinnenheizung (52m), Steuergeräte (2St), Temperaturregler (2St)

440
Elektrische Anlagen

KG	Kostengruppe	Menge Einheit	Kosten €	€/Einheit	%

6400-0100 Ev. Pfarrhaus, Kindergarten - EnerPHit Passivhaus
Herstellen (Kosten: 100,0%)   554,70 m² BGF   24.288   **43,79**   66,4

Verteilerschränke (2St), Hauptschalter (2St), FI-Schalter (8St), LS-Schalter (54St), Mantelleitungen NYM-J (1.648m), Kabel NYY-J (148m), Leerrohre (128m), Schalter/Taster (32St), Steckdosen (88St), CEE-Steckdosen (2St), Präsenzmelder (5St)

7100-0052 Technologietransferzentrum
    4.969,43 m² BGF   461.097   **92,79**   56,3

Niederspannungs-Unterverteiler (4St), Kleinverteiler (2St), Verteilereinspeisungen (4St), Schienenkästen (86m), Abgangskästen (14St), Hauptschalter 100A (3St), 160A (1St), Lasttrennschalter (8St), Leitungsschutzschalter (324St), FI-Schutzschalter (34St), Leistungsschalter (2St), Überspannungsableiter (4St), Relais (1St), Schütze (31St), Sicherheitsschaltgeräte (3St), Sicherungen (15St), Dämmerungsschalter (1St), Kabel NYM-J (26.257m), NYY (3.794m), NYCWY (1.460m), NHXHX-J (1.321m), Y(ST)Y (497m), H07RNF (339m), Kabelrinnen (556m), Ausleger (429St), Stiele (52St), Brüstungskanäle (168m), Kabeltrassen (115m), Kabelkanäle (71m), Leerrohre (4.347m), Brandschotts (155St), Brandschutzbekleidung (11m²), Steckdosenkombinationen, vier CEE-Dosen, vier Steckdosen, Datendose, Geräteanschluss (15St), drei CEE-Dosen, drei Steckdosen (3St), Bodentanks, für sieben Installationsgeräte (48St), für drei Installationsgeräte (48St), für zwei Installationsgeräte (48St), Steckdosen (536St), CEE-Dosen (27St), Anschlussdosen (26St), Schalter/Taster (187St), Not-Aus-Taster (15St), Präsenzmelder (1St)

7100-0058 Produktionsgebäude (8 AP) - Effizienzhaus 55
    386,23 m² BGF   14.511   **37,57**   47,1

Grundinstallation (psch), Mantelleitungen (1.174m), Kunststoff-Leerrohre DN20-50 (652m), Panzerrohre DN20-40 (99m), Steuerleitungen (230m), Gummischlauchleitungen (100m), Schalter, Taster (24St), Steckdosen (84St), KNX-Eingänge (14St), Kabelrinne (12m), Abzweigkästen (19St)

7300-0100 Gewerbegebäude (5 Einheiten, 26 AP) - Effizienzhaus ~59%
    1.462,30 m² BGF   111.961   **76,57**   81,3

Zählerschränke mit Hauptverteilung, 14 Gewerbeeinheiten, Allgemeinzähler, zwei Reserveplätze (2St), Kleinverteiler, bestückt (14St), Erdkabel NYY (4.003m), Mantelleitungen NYM (2.040m), Flexleitungen (293m), Kabelschutzrohre (973m), Alu-Steckrohre (152m), Kabelrinnen (118m), Leerrohre (27m), Sockelleistenkanäle (155m), Geräteträger (76St), Brüstungskanäle (72m), Einbaudosen (43St), Schalter/Taster (78St), Steckdosen (210St), Anschlussdosen (34St), Wand- und Deckenauslässe (147St), Bewegungsmelder (6St), Präsenzmelder (4St), Brandschottungen S90 (14St), Anschluss Sonnenschutzmodule (15St)

7600-0081 Feuerwehrstützpunkt (8 Fahrzeuge)
    1.624,00 m² BGF   123.462   **76,02**   45,0

Mantelleitungen NYM-J (13.270m), Installationskabel J-Y(St)Y (4.900m), halogenfrei JE-H (1.280m), Gummischlauchleitungen (890m), Kabelrinnen (120m), Installationskanäle (28m), Steckdosen (345St), CEE-Steckdosen (8St), Schalter/Taster (59St), Lichtsignaleinsätze (18St), Präsenz/Bewegungsmelder (26St), Geräteverbindungsdosen (320St)

KG	Kostengruppe	Menge Einheit	Kosten €	€/Einheit	%

7700-0080 Weinlagerhalle, Büro
Herstellen (Kosten: 100,0%)   4.793,63 m² BGF   161.671   **33,73**   55,5

Standverteiler (1St), Kombiableiter (1St), Fehlstrom-Schutzschalter (42St), Dämmerungsschalter (1St), Schaltuhr (1St), NH-Trenner (10St), Sicherungen (57St), Stromstoßschalter (39St), Schütze (5St), Lasttrennleisten (28St), Mantelleitungen NYM-J (8.551m), Erdkabel NYY-J (85m), NYCWY (55m), Leerrohre (753m), Kabelzugrohre DN100-150 (388m), Kabelrinnen (444m), Wandausleger (343St), Hängestiele (376St), Installationskanäle (376m), Brüstungskanäle (66m), Brandschotts F90 (35St), Steckdosen (220St), Schalter, Taster (90St), Bewegungsmelder (15St), Unterflurdosen (9St), CEE-Dose (1St), Motorsteuergeräte (6St), Automatikschalter (4St), Geräteanschlüsse (64St), Leitungsauslässe (6St), LED-Signale (3St)

9100-0127 Gastronomie- und Veranstaltungszentrum
Abbrechen (Kosten: 0,2%)   1.209,68 m² BGF   361   **0,30**   0,1

Abbruch von Elektrokabeln (141m); Entsorgung, Deponiegebühren

Herstellen (Kosten: 99,8%)   1.209,68 m² BGF   146.228   **120,88**   48,0

Mantelleitungen (14.591m), Leitungskanäle, Stahlblech (548m), Kunststoff (131m), Kunststoffleerrohre (958m), Unterflurkanäle (76m), Unterflursteckdosen (90St), Brandschutzdurchführungen (8St), Unterflurkabelboxen (3St), Stahlschächte (2St), Steckdosen (214St), CEE-Dosen (16St), Taster (22St), Bewegungsmelder (20St), Präsenzmelder (11St), Überspannungsschutzschalter (6St), Lüftertaster (1St)

9100-0144 Kulturzentrum (550 Sitzplätze)
Herstellen (Kosten: 100,0%)   1.304,03 m² BGF   48.561   **37,24**   45,1

Verteiler (2St), Kleinverteiler (2St), Hauptschalter (4St), LS-Schalter (80St), FI-Schalter (7St), Fernschalter (9St), Überspannungsableiter (4St), Mantelleitungen (4.525m), Leerrohre (196m), Kabelrinnen (182m), Schalter/Taster (32St), Steckdosen (64St), CEE-Steckdosen (11St), Edelstahl-Unterputzkästen (3St), Präsenzmelder (8St), Feldverteiler (1St), M-Bus-Wandler-Zähler (1St)

445 Beleuchtungsanlagen

1300-0227 Verwaltungsgebäude (42 AP) - Effizienzhaus ~59%
1.593,33 m² BGF   78.398   **49,20**   28,9

Anbauleuchten (111St), Feuchtraumleuchten (51St), Pendelleuchten (16St), Wandleuchten (2St), Leuchte mit Bewegungsmelder (1St), Wannenleuchte (1St), Lichtbandsystem (14m), Lichtleisten (4St), LED-Downlights (8St), LED-Einzelbatterie-Sicherheitsleuchten (23St), Überwachungsmodul (1St)

1300-0231 Bürogebäude (95 AP)
4.489,98 m² BGF   219.593   **48,91**   31,9

Rettungszeichenleuchten (67St), Sicherheitsleuchten (69St), Notleuchten (22St), Einbaudownlights (412St), Stehleuchten (55St), LED-Deckenleuchten (35St), LED-Wandleuchten (28St), Wannenleuchten (58St), Lichtbänder (20m)

1300-0240 Büro- und Wohngebäude (6 AP) - Effizienzhaus 40 PLUS
324,12 m² BGF   4.688   **14,46**   8,5

Einbaudownlights (33St), Lichtkanäle (3St), LED-Leuchten (4St), Deckenleuchten (7St), Sensor-Außenleuchten (2St)

440 Elektrische Anlagen

KG	Kostengruppe	Menge	Einheit	Kosten €	€/Einheit	%

1300-0253 Bürogebäude (40 AP)
		1.142,82	m² BGF	94.452	82,65	38,3

LED-Einbaudownlights (70St), Stehleuchten (22St), Pendelleuchten (7St), Einbau-Lichtkanäle (9St), LED-Anbauleuchten (6St), LED-Einbauleuchten (6St), Wannen-Anbauleuchten (6St), Sicherheitsleuchten (30St), LED-Rettungszeichenleuchten (3St)

1300-0254 Bürogebäude (8 AP) - Effizienzhaus ~73%
		226,00	m² BGF	3.879	17,16	9,6

LED-Deckenleuchten (8St), LED-Hängeleuchten (3St), LED-Aufbauleuchte (1St)

1300-0269 Bürogebäude (116 AP), TG (68 STP) - Effizienzhaus ~51%
		6.765,20	m² BGF	171.975	25,42	12,5

LED-Sicherheitsleuchten (44St), Rettungszeichenleuchten (60St), LED-Rundleuchten, D=47cm (2St), Feuchtraumwannenleuchten (83St), Wandleuchten (43St), LED-Wannenleuchten (32St), Notleuchten (8St), Not-Akku-Leuchten (2St), Leuchtenträgerschienen (54m), Leuchten (30St), Treppenhausleuchten (3St)

1300-0271 Bürogebäude (350 AP), TG (45 STP)
		8.385,25	m² BGF	489.320	58,35	40,2

LED-Lichtbandleuchten, mit Pendelabhängung (681St), als Anbauleuchten (268St), LED-Wannenleuchten (110St), LED-Anbauleuchten (92St), LED-Deckeneinbauleuchten (61St), LED-Rettungszeichenleuchten, mit Seilabhängung (48St), als Anbauleuchten (46St), Einbauleuchten (26St)

1300-0279 Rathaus (85 AP), Bürgersaal
		2.687,64	m² BGF	146.142	54,38	37,6

LED-Einbauspots (100St), Wand-/Flurleuchten (72St), LED-Stehleuchten (48St), LED-Feuchtraumleuchten (41St), LED-Sicherheitsleuchten (27St), LED-Downlights (17St), LED-Rettungszeichenleuchten (26St), LED-Lichtbänder (46m)

4100-0161 Real- und Grundschule (13 Klassen, 300 Schüler) - Passivhaus
Herstellen (Kosten: 100,0%)
		3.617,76	m² BGF	202.816	56,06	40,1

Spiegelreflektorleuchten (354St), Anbauleuchten (209St), Lichtbänder, l=12,25m, Seilabhängung (2St), LED-Sicherheitsleuchten (113St), Außen-Sicherheitsleuchten (2St)

4100-0175 Grundschule (4 Lernlandschaften, 160 Schüler) - Effizienzhaus ~3%
		2.169,67	m² BGF	322.496	148,64	54,0

LED-Flächenleuchten 50W (362St), LED-Einbaudownlights 12W (100St), 6W (62St), Feuchtraumwannenleuchten 161x12cm (18St), LED-Anbauleuchten (2St), Rettungszeichenleuchten (20St), Sicherheitsleuchten LED-Strahler (38St), Leuchtenringe, Sperrholz, farbig beschichtet, ca. 91x79cm (332St), 330x290cm (4St), Küchenleuchten (psch)

4100-0189 Grundschule (12 Klassen, 360 Schüler) - Effizienzhaus ~72%
		3.330,00	m² BGF	184.893	55,52	34,2

LED-Einbauleuchten (215St), LED-Einbaudownlights (132St), Flächenstrahler (28St), LED-Anbaudownlights (42St), Langfeldleuchten, Opalabdeckung (32St), Spiegelwandleuchten (4St), Sicherheitsleuchten (56St), Rettungszeichenleuchten (23St)

440 Elektrische Anlagen

KG	Kostengruppe	Menge	Einheit	Kosten €	€/Einheit	%

4400-0250 Kinderkrippe (4 Gruppen, 50 Kinder)

		1.000,40	m² BGF	76.981	**76,95**	37,4

Einbauleuchten (73St), Einbau-Lichtlinien (23St), Lichtbänder (4St), Lichtkanal (42m), Feuchtraum-Anbauleuchten (13St), Anbauleuchten (17St), LED-Downlights (9St), Pollerleuchten (3St), Sicherheitsbeleuchtung: Überwachungsstation (1St), Rettungszeichenleuchten (5St), LED-Sicherheitsleuchten (20St), LED-Bereitschaftsleuchten (2St)

4400-0293 Kinderkrippe (3 Gruppe, 36 Kinder) - Effizienzhaus ~37%

		612,00	m² BGF	40.983	**66,97**	44,4

Pendelleuchten (36St), Anbauleuchten (56St), Wand- Deckenleuchten (18St), Einzelbatterie-Sicherheitsleuchten (4St), Hängeleuchten (2St), Spiegelwandleuchten (3St)

4400-0298 Kinderhort (2 Gruppen, 40 Kinder) - Effizienzhaus ~30%

		316,83	m² BGF	52.009	**164,15**	63,3

LED-Deckenanbauleuchten (56St), dazu Sperrholzring, beschichtet (50St), LED-Downlights (30St), LED-Wandleuchten (5St), Wannenleuchten (3St), LED-Leuchte (1St), Einzelbatterie-Rettungszeichenleuchten (3St), Sicherheitsleuchten (2St), Multifunktionsscheinwerfer (1St)

4400-0307 Kindertagesstätte (4 Gruppen, 100 Kinder) - Effizienzhaus ~60%

		1.051,00	m² BGF	43.945	**41,81**	34,4

LED-Deckeneinbauleuchten 34W (66St), 32W (47St), 25W (12St), Außenleuchten 26W (17St), Feuchtraum-Anbauleuchten (4St), Wannen-Anbauleuchten (4St), Sicherheitsleuchten, Batterie (12St), Notlicht-Einbauelement, Beschilderung (1St)

5100-0115 Sporthalle (Einfeldhalle) - Effizienzhaus ~68%

		737,13	m² BGF	44.294	**60,09**	48,4

LED-Sporthallenleuchten, ballwurfsicher (30St), Akzentlichter, LED (28St), Anbauleuchten (109St), Einzelbatterie-LED-Notbeleuchtung, (3St), Einzelbatterie-Sicherheitsleuchte (1St), Rettungszeichenleuchte, Ballschutz (2St)

5100-0124 Sporthalle (Dreifeldhalle, Einfeldhalle)
Abbrechen (Kosten: 2,4%)

		3.427,89	m² BGF	3.250	**0,95**	1,2

Abbruch von Leuchten (390St), Sicherheitsleuchten (5St); Entsorgung, Deponiegebühren
Herstellen (Kosten: 97,6%)

		3.427,89	m² BGF	129.841	**37,88**	47,7

LED-Downlights (128St), LED-Hallenleuchten (55St), LED-Einlegeleuchten (39St), LED-Feuchtraumleuchten (21St), Deckenleuchten (6St), Mastansatzleuchten, Wandbefestigung (6St), LED-Strahler, Bewegungsmelder (4St), LED-Leuchten (4St), Dali-Controller (1St), Anwesenheitssensoren (8St), Tageslichtsensoren (2St), Sicherheitsleuchten (85St), mit LED (23St), Rettungszeichenleuchten (27St), ballwurfsicher (9St)

5200-0013 Freibad
Herstellen (Kosten: 100,0%)

		4.363,92	m² BGF	103.143	**23,64**	32,5

LED-Einbaudownlights (196St), LED-Aufbaudownlights (8St), LED-Lichtbänder (98m), LED-Netzteile (10St), Anbau-Wannenleuchten (88St), Strahler (2St), Spiegelleuchten (2St), LED-Einzelbatterie-Rettungszeichenleuchten (22St)

5200-0014 Hallenbad
Abbrechen (Kosten: 1,2%)

		780,52	m² BGF	875	**1,12**	0,6

Abbruch von Leuchten (84St); Entsorgung, Deponiegebühren

440 Elektrische Anlagen

KG	Kostengruppe	Menge	Einheit	Kosten €	€/Einheit	%
	Wiederherstellen (Kosten: 0,1%)	780,52	m² BGF	103	**0,13**	0,1

Sicherheitsbeleuchtung, Zuleitungen demontieren, lagern (4St), gelagerte Sicherheitsleuchte und Zuleitungen wieder montieren (2St)

| | Herstellen (Kosten: 98,6%) | 780,52 | m² BGF | 70.285 | **90,05** | 46,1 |

Einbau-Schwimmbadleuchten (12St), Feuchtraumleuchten (17St), LED-Einbauspots (31St), Downlights (9St), Deckenleuchten (2St), Wandleuchten (32St), Steuergeräte (3St), Rettungszeichenleuchten (2St)

5300-0017 DLRG-Station, Ferienwohnungen (4 WE)

| | | 727,75 | m² BGF | 9.050 | **12,44** | 22,4 |

LED-Anbauleuchten (20St), LED-Deckenleuchten (8St), LED-Feuchtraumleuchten (10St), LED-Wand/Deckenanbauleuchten (13St), LED-Außenleuchten (5St)

6100-1186 Mehrfamilienhaus (9 WE) - Effizienzhaus Plus

| | | 1.513,74 | m² BGF | 10.619 | **7,02** | 3,8 |

LED-Anbauleuchten (21St), Alu-Leuchtenprofil, LED-Strips (16m), Konverter (4St), LED-Langfeldleuchten (2St), Kellerleuchten (7St)

6100-1262 Mehrfamilienhaus, Dachausbau (2 WE)

| | Herstellen (Kosten: 100,0%) | 450,47 | m² BGF | 6.549 | **14,54** | 16,6 |

Wand- und Deckenleuchten (psch)

6100-1289 Einfamilienhaus, Garage - Effizienzhaus ~31%

| | | 286,85 | m² BGF | 249 | **0,87** | 0,6 |

Wannenleuchten (2St)

6100-1294 Mehrfamilienhaus (3 WE) - Effizienzhaus 40

| | | 713,77 | m² BGF | 4.240 | **5,94** | 4,5 |

LED-Einbaustrahler (19St), Feuchtraumwannenleuchten (15St), mit LED (4St), Außenleuchten (12St)

6100-1306 Mehrfamilienhaus (5 WE)

| | Herstellen (Kosten: 100,0%) | 1.520,60 | m² BGF | 383 | **0,25** | 1,4 |

Ovalleuchten (4St), LED-Wannenleuchten (2St)

6100-1311 Mehrfamilienhaus (4 WE), TG - Effizienzhaus ~55%

| | | 1.159,80 | m² BGF | 9.894 | **8,53** | 11,7 |

Wannenleuchten (6St), Wand-/Deckenleuchten (25St), Rasterleuchten (5St), Außenleuchten, stehend (2St), Hausnummernleuchte (1St)

6100-1316 Einfamilienhaus, Carport

| | | 469,17 | m² BGF | 19.515 | **41,60** | 19,8 |

Halogenstrahler (42St), LED-Leuchten (9St), Außenleuchten (25St), LED-Lichtschienen für Treppenhandläufe (psch), für Dusche (1St)

6100-1335 Einfamilienhaus, Garagen - Passivhaus

| | | 503,81 | m² BGF | 796 | **1,58** | 1,6 |

Halogeneinbaustrahler (11St), Leuchtstofflampen, dimmbar (4St), Schiffsarmatur (1St)

KG	Kostengruppe	Menge Einheit	Kosten €	€/Einheit	%

6100-1336 Mehrfamilienhäuser (37 WE) - Effizienzhaus ~38%

		4.214,25 m² BGF	29.470	6,99	14,4

LED-Deckenleuchten (22St), mit Bewegungsmelder (50St), Deckenleuchten (37St), Spiegelleuchten (37St), Wannenleuchten (19St), Außenleuchten (13St)

6100-1337 Mehrfamilienhaus (5 WE) - Effizienzhaus ~33%

		880,00 m² BGF	4.601	5,23	5,7

Decken-/Wandleuchten, Opalglas, D=35cm, 2x26W (10St), LED-Wandleuchten, Opalglas, Dämmerungsschalter, Klebeziffern für Hausnummer (2St), Langfeldleuchten 1x58W (4St)

6100-1338 Einfamilienhaus, Einliegerwohnung, Doppelgarage - Effizienzhaus 40

		355,74 m² BGF	577	1,62	1,3

Einbaudownlights (6St)

6100-1339 Einfamilienhaus, Garage - Effizienzhaus 40

		312,60 m² BGF	4.195	13,42	7,2

Einbaudownlights (35St)

6100-1383 Einfamilienhaus, Büro (10 AP), Gästeapartment - Effizienzhaus ~35%

		770,00 m² BGF	56.136	72,90	35,6

Beleuchtung mit Präsenzmelder (17St), Feuchtraumleuchten (10St), LED-Einbauleuchten (8St), Wannenleuchten (1St), Deckeneinbauleuchten (12St), Lichtvorhang Sektionaltor (1St), LED-Beleuchtung (19St), Bodeneinbauleuchten (2St), LED, umlaufend, Einbauschränke (11St), LED, umlaufend, Garage (1St), LED, umlaufend, Treppenhaus gesamt (psch), Stufeneinbauleuchten (24St), Lichtvoutenleiste (psch), Außenbeleuchtung Eingang (2St), Bodeneinbauleuchten, außen (2St)

6100-1400 Mehrfamilienhaus (13 WE), TG - Effizienzhaus 55

		2.199,67 m² BGF	7.073	3,22	5,9

LED-Deckenanbauleuchten (15St), Wandleuchten (13St), LED-Einbauleuchten (4St), Feuchtraum-Wannenleuchten (4St), LED-Einbaustrahler (2St), ISO-Rundleuchten (24St)

6100-1426 Doppelhaushälfte - Passivhaus

		262,48 m² BGF	1.223	4,66	8,7

LED-Einbaustrahler, Deckeneinbautöpfe (8St)

6100-1433 Mehrfamilienhaus (5 WE), Carports - Passivhaus

		623,58 m² BGF	2.967	4,76	6,3

Wannenleuchten mit Bewegungsmelder, Installationsleitungen (5St), Außenleuchte (1St)

6100-1442 Einfamilienhaus - Effizienzhaus 55

		345,90 m² BGF	697	2,02	2,3

Feuchtraum-Wannenleuchten 1x58W, EVG (4St), LED-Lichtband 24V, 2.700K, Netzgerät (5m), LED-Edelstahl-Einbaustrahler, dimmbar (1St)

6100-1482 Einfamilienhaus, Garage

		290,51 m² BGF	250	0,86	1,3

LED-Einbaustrahler (3St), LED-Leuchte (1St)

440 Elektrische Anlagen

KG Kostengruppe	Menge Einheit	Kosten €	€/Einheit	%
6100-1483 Mehrfamilienhaus (6 WE)				
Herstellen (Kosten: 100,0%)	898,76 m² BGF	2.783	**3,10**	2,5
LED-Anbauleuchten (16St), Schiffsarmaturen (13St), LED-Treppenhausleuchten (8St), Hausnummernleuchten (2St)				
6100-1500 Mehrfamilienhaus (18 WE)				
Abbrechen (Kosten: 3,4%)	3.700,00 m² BGF	484	**0,13**	0,5
Abbruch von Beleuchtungsanlage (psch); Entsorgung, Deponiegebühren				
Herstellen (Kosten: 96,6%)	3.700,00 m² BGF	13.862	**3,75**	15,7
LED-Wannenleuchten (36St), Deckenanbauleuchten (14St), LED-Sicherheitsleuchten (9St), LED-Fassadenleuchten (8St), Scheinwerfer (7St)				
6100-1505 Einfamilienhaus - Effizienzhaus ~56%				
	235,76 m² BGF	4.678	**19,84**	16,4
LED-Einbaustrahler 8W (23St), LED-Wandeinbauleuchten (11St)				
6200-0077 Jugendwohngruppe (10 Betten)				
	490,32 m² BGF	2.696	**5,50**	4,8
Deckenleuchten, D=250mm, Opalglas (8St), Einbau-Downlights (4St), Einzelbatterie-Hinweisleuchten (4St)				
6400-0100 Ev. Pfarrhaus, Kindergarten - EnerPHit Passivhaus				
Herstellen (Kosten: 100,0%)	554,70 m² BGF	12.110	**21,83**	33,1
LED-Flachstrahler (48St), LED-Downlights (2St), Spiegelleuchten (3St), Wandleuchten (7St), Kellerlampen (2St)				
7100-0052 Technologietransferzentrum				
	4.969,43 m² BGF	155.110	**31,21**	18,9
Pendelleuchten (291St), Wandanbauleuchten (110St), Rasterleuchten, Arbeitshöhe > 6,00m (104St), Deckenleuchten, abgehängt, Arbeitshöhe > 6,00m (70St) Wannenleuchten (60St), Deckenanbauleuchten (16St), Deckeneinbauleuchten (14St), Außenstrahler (2St), LED-Sicherheitsleuchten, Arbeitshöhe > 6,00m (60St), Rettungszeichenleuchten (41St), Überwachungsmodule (23St), Notleuchte, tragbar (1St)				
7100-0058 Produktionsgebäude (8 AP) - Effizienzhaus 55				
	386,23 m² BGF	1.621	**4,20**	5,3
LED-Hallenleuchten (4St), LED-Röhren (2St)				
7300-0100 Gewerbegebäude (5 Einheiten, 26 AP) - Effizienzhaus ~59%				
	1.462,30 m² BGF	18.368	**12,56**	13,3
Wandleuchten (36St), Deckeneinbaustrahler (7St), Einzelbatterie-Rettungszeichenleuchten (15St), LED-Anbauleuchten als Bad-Spiegelleuchten (13St), LED-Ovalleuchten (3St)				
7600-0081 Feuerwehrstützpunkt (8 Fahrzeuge)				
	1.624,00 m² BGF	85.217	**52,47**	31,1
LED-Feuchtraumleuchten (80St), LED-Anbauleuchten (64St), LED-Downlights (58St), LED-Einbauleuchten (22St), LED-Sicherheitsleuchten (39St), LED-Flächenstrahler (18St), LED-Hängeleuchten (5St), LED-Wandleuchten (5St)				

KG	Kostengruppe	Menge Einheit	Kosten €	€/Einheit	%

7700-0080 Weinlagerhalle, Büro
Herstellen (Kosten: 100,0%)   4.793,63 m² BGF   104.114   **21,72**   35,7

LED-Lichtbänder, l=3,70-11,80m (112m), LED-Strahler 128W (30St), 62W (4St), LED-Pendelleuchten 67-68W (83St), Feuchtraum-Wannenleuchten (20St), LED-Einbaustrahler 7W (12St), LED-Aufbauleuchten (11St), LED-Feuchtraumleuchten 47,6W (6St), LED-Lichtleisten 10-18W (11m), LED-Nothinweisleuchten (11St), LED-Rettungszeichenleuchten (8St)

9100-0127 Gastronomie- und Veranstaltungszentrum
Abbrechen (Kosten: 0,3%)   1.209,68 m² BGF   231   **0,19**   0,1

Abbruch von Leuchtstoffröhren, Unterverteiler, Industrieleuchten (35St); Entsorgung, Deponiegebühren

Herstellen (Kosten: 99,7%)   1.209,68 m² BGF   83.921   **69,37**   27,5

Pendelleuchten, Kettenabhängung, l bis 5,50m (49St), Downlights (44St), Deckenleuchten (21St), Wandleuchten (11St), Anbauleuchten (27St), LED-Stripes (10St), LED-Sicherheitsleuchte (1St), Rettungszeichenleuchten (11St), Überwachungsmodule (43St), Fassadenleuchten (7St), Wandeinbauleuchten (3St)

9100-0144 Kulturzentrum (550 Sitzplätze)
Herstellen (Kosten: 100,0%)   1.304,03 m² BGF   46.970   **36,02**   43,7

Anbauleuchten (68St), Downlights (18St), Pendelleuchten (11St), Einbauleuchten (12St), Wandleuchte (1St), LED-Wandleuchten (4St), Auflageleuchten, LED-Strahler (5St), für Stromschienensystem (10m), LED-Ambientebeleuchtung (1St), Einzelbatterie-Rettungszeichenleuchten (16St), Notlichteinsätze (17St), Notlichtversorgungsgeräte (4St), Überwachungsstation (1St)

446 Blitzschutz- und Erdungsanlagen

1300-0227 Verwaltungsgebäude (42 AP) - Effizienzhaus ~59%
   1.593,33 m² BGF   8.723   **5,47**   3,2

Ringerder (170m), Fangleitungen (135m), Ableitungen (73m), Erdeinführungstangen (11St), Mantelleitungen NYM-J (236m), Potenzialausgleichsschienen (9St)

1300-0231 Bürogebäude (95 AP)
   4.489,98 m² BGF   32.259   **7,18**   4,7

Mantelleitungen NYY (1.433m), Überspannungsableiter (117St), Ableitungen (221m), Fundamenterder, Bandstahl (395m), Rundstahl (60m), Fangstangen, Alu (66St), Anschlussfahnen V4A (32St), Potenzialausgleichsschienen (20St)

1300-0240 Büro- und Wohngebäude (6 AP) - Effizienzhaus 40 PLUS
   324,12 m² BGF   1.298   **4,00**   2,3

Fundamenterder, Bandstahl 50x3mm (78m), Ringerder, Edelstahl (50m)

1300-0253 Bürogebäude (40 AP)
   1.142,82 m² BGF   9.503   **8,32**   3,9

Ringerder, Edelstahl, D=10mm (152m), Fundamenterder, Bandstahl 30x3,5mm (122m), Fangleitungen, Alu, D=8mm (109m), Ableitungen, Stahl, D=10mm (99m), Anschlussfahnen, Edelstahl (38St), Klemmen (234St), Potenzialausgleichsschienen (3St), Überbrückungen (23St), Fangstangen (9St), Fangspitzen (2St), Erdkabel NYY (37m), Mantelleitungen NYM (18m)

440 Elektrische Anlagen

KG	Kostengruppe	Menge	Einheit	Kosten €	€/Einheit	%

1300-0254 Bürogebäude (8 AP) - Effizienzhaus ~73%
		226,00	m² BGF	585	**2,59**	1,4

Edelstahl-Fundamenterder, Rundstahl 10mm (41m)

1300-0269 Bürogebäude (116 AP), TG (68 STP) - Effizienzhaus ~51%
		6.765,20	m² BGF	36.000	**5,32**	2,6

Potenzialausgleichsschienen (40St), Erdeinführungsstangen (8St), Rundleiter V4A (681m), Flachleiter (766m), Fangleitungen (270m), Fangstangen (11St), Dachleitungshalter (233St), Erdkabel NYY (740m), Mantelleitungen NYM (188m)

1300-0271 Bürogebäude (350 AP), TG (45 STP)
		8.385,25	m² BGF	41.643	**4,97**	3,4

Fundamenterder, Bandstahl 30x3,5mm (1.532m), V4A (506m), Ableitungen, Runddraht 10mm (250m), Überbrückungsseile (100St), Erdungsschellen (50St), Fangspitzen (20St), Fangstangen, l=3,00m (18St), Potenzialausgleichsschienen (12St), Starkstromkabel NYY-J (710m)

1300-0279 Rathaus (85 AP), Bürgersaal
		2.687,64	m² BGF	30.569	**11,37**	7,9

Ringerder (434m), Fundamenterder (278m), Fangstangen (8St), Fangleitungen (230m), Ableitungen (182m), Verbinder (50St), Erdeinführungsstangen (10St), Potenzialausgleichsschienen (9St)

4100-0161 Real- und Grundschule (13 Klassen, 300 Schüler) - Passivhaus
Abbrechen (Kosten: 2,6%)
		3.617,76	m² BGF	485	**0,13**	0,1

Abbruch von Blitzableitern (106m); Entsorgung, Deponiegebühren
Herstellen (Kosten: 97,4%)
		3.617,76	m² BGF	18.248	**5,04**	3,6

Fundamenterder, Bandstahl 30x3,5mm (234m), Fangleitungen, Alu, D=8mm (302m), Ableitungen, Alu, D=8mm (232m), Edelstahl, D=10mm (24m), Aufständerungen (63St), Fangstangen, l=5,50m (23St), Erdeinführungsstangen (20St), Mantelleitungen NYM-J (277m), Potenzialausgleichsschiene (1St), Erdungsanschlüsse (88St)

4100-0175 Grundschule (4 Lernlandschaften, 160 Schüler) - Effizienzhaus ~3%
		2.169,67	m² BGF	21.814	**10,05**	3,7

Erderleitungen, D=10mm (724m), Fangstangen, l=2,50m (14St), Dachleitungsstützen (223St), Wandstützen (227St), Kreuzverbinder (100St)

4100-0189 Grundschule (12 Klassen, 360 Schüler) - Effizienzhaus ~72%
		3.330,00	m² BGF	5.685	**1,71**	1,1

Potenzialausgleichsschienen (10St), Kunststoffaderleitungen, d=4-25mm³ (631m), Leitungsanschlüsse, Potenzialausgleich (96St)

4400-0250 Kinderkrippe (4 Gruppen, 50 Kinder)
		1.000,40	m² BGF	6.859	**6,86**	3,3

Fundamenterder, Bandstahl (160m), Banderder, V4A (101m), Potenzialausgleichsschienen (3St), Aderleitungen (223m), Alu-Fangleitungen, D=8mm (165m), Fangstangen, D=16mm, l=2,00m (5St), l=1,00m (4St)

440 Elektrische Anlagen

KG	Kostengruppe	Menge	Einheit	Kosten €	€/Einheit	%
	4400-0293 Kinderkrippe (3 Gruppe, 36 Kinder) - Effizienzhaus ~37%					
		612,00	m² BGF	6.893	**11,26**	7,5
	Fundamenterder, Bandstahl 30x3,5mm (144m), Anschlussfahnen V2A (14St), Potentialausgleichs- schiene mit Abdeckung (1St), Erdeinführungsstangen, verzinkt (11St), Alu-Fangleitungen 8mm (80m), Alu-Ableitungen 8mm (27m), Fangstangen (2St), Anschlüsse, Blech/Metallteile (101St)					
	4400-0298 Kinderhort (2 Gruppen, 40 Kinder) - Effizienzhaus ~30%					
		316,83	m² BGF	11.197	**35,34**	13,6
	Erdleitungen, Rundstahl 10mm (247m), Anschlussfahnen (26St), Fang- und Ableitungen, Rundstahl 8-10mm (150m), Fangstangen (2St), Dachleitungsstützen (142St), Mantelleitungen (27m)					
	4400-0307 Kindertagesstätte (4 Gruppen, 100 Kinder) - Effizienzhaus ~60%					
		1.051,00	m² BGF	28.310	**26,94**	22,2
	Fundamenterder, Bandstahl 30x3,5mm (222m), Fangleitungen, D=10mm (332m), D=8mm (258m), Ableitungen, D=20mm (125m), Erdleitungen, D=10mm (67m), Anschlussfahnen, D=10mm, l=3,00m (11St), D=3,5mm, l=1,5m (2St)					
	5100-0115 Sporthalle (Einfeldhalle) - Effizienzhaus ~68%					
		737,13	m² BGF	8.699	**11,80**	9,5
	Erdleitung, Edelstahl (165m), Potenzialausgleichsleitung (146m), Anschlussfahnen (9St), Potenzial- ausgleichsschienen (2St), Erdeinführungsstangen (8St), Ableitungen, Alu (20m), Fangeinrichtungen, Alu (164m), Fangstangen (3St), Blitzschutzdraht (117m)					
	5100-0124 Sporthalle (Dreifeldhalle, Einfeldhalle)					
	Abbrechen (Kosten: 1,5%)	3.427,89	m² BGF	208	**< 0,1**	0,1
	Abbruch von Blitzableitern (119m); Entsorgung, Deponiegebühren					
	Herstellen (Kosten: 98,5%)	3.427,89	m² BGF	13.879	**4,05**	5,1
	Fangleitungen, Fangspitzen, Ableitungen, Erdeinführungsstangen (psch), Banderder, Edelstahl 30x3,5mm (119m), Anschlussfahnen (8St), Überspannungsableiter (5St), Potenzialausgleichs- schienen (3St), Mantelleitungen NYM-J (161m)					
	5200-0013 Freibad					
	Herstellen (Kosten: 100,0%)	4.363,92	m² BGF	43.698	**10,01**	13,7
	Fundamenterder, Bandstahl 30x3,5mm (331m), Ringerder, D=10mm (1.243m), Erdungsfestpunkte (46St), Fangleitungen, D=8mm (319m), Anschlussfahnen, l=2,00m (40St), Erdeinführungsstangen, l=1,50m (20St), Fangstangen, l=1,50m (6St), Mantelleitungen NYM-J (374m), Potenzialausgleichsschienen (13St)					
	5200-0014 Hallenbad					
	Abbrechen (Kosten: 1,1%)	780,52	m² BGF	78	**0,10**	0,1
	Abbruch von Blitzschutz, Anschlussfahnen (10m); Entsorgung, Deponiegebühren					
	Herstellen (Kosten: 98,9%)	780,52	m² BGF	6.844	**8,77**	4,5
	Runddraht V4A (105m), AlMgSi (200m), Falzklemmen (120St), Fangspitzen (16St), Rohrfangstangen, l=1,50m (2St), Überbrückungslaschen (40St), Potenzialausgleichsschienen (2St), Erdungsrohrschellen (11St), Fangmast, l=4m (1St)					
	5300-0017 DLRG-Station, Ferienwohnungen (4 WE)					
		727,75	m² BGF	2.190	**3,01**	5,4
	Fundamenterder, Bandeisen 30x3,5mm, Edelstahl (68m), verzinkt (58m), Rundleiter D=10mm, Edelstahl (8m), Potenzialausgleiche (5St), Mantelleitungen NYM (25m)					

440 Elektrische Anlagen

KG	Kostengruppe	Menge Einheit	Kosten €	€/Einheit	%

6100-1186 Mehrfamilienhaus (9 WE) - Effizienzhaus Plus
1.513,74 m² BGF — 3.489 — **2,30** — 1,3

Soleerder V4A (81m), Erdungsfestpunkte (2St), Schlitzband (83m), Kreuzverbinder (41St), Runddraht (5m), Potenzialausgleichsschiene (1St), Potenzialausgleich (15St), Erdbandschelle (1St), Mantelleitungen (16m)

6100-1289 Einfamilienhaus, Garage - Effizienzhaus ~31%
286,85 m² BGF — 208 — **0,73** — 0,5

Potenzialausgleichsschiene (1St), Erdungen (7St)

6100-1294 Mehrfamilienhaus (3 WE) - Effizienzhaus 40
713,77 m² BGF — 898 — **1,26** — 0,9

Hauptpotenzialausgleich (1St), Fundamenterder, Flachstahl 30x3,5mm (82m)

6100-1306 Mehrfamilienhaus (5 WE)
Herstellen (Kosten: 100,0%)
1.520,60 m² BGF — 2.619 — **1,72** — 9,6

Fundamenterder, Bandstahl 30x3,5mm (68m), Anschlussfahnen (8St), Fangleitungen 8mm, Alu (70m), Ableitungen 10mm, Alu (60m)

6100-1311 Mehrfamilienhaus (4 WE), TG - Effizienzhaus ~55%
1.159,80 m² BGF — 4.724 — **4,07** — 5,6

Fundamenterder, Flachstahl 30x3,5mm (75m), Erdungsleitungen V2A (118m), Anschlussfahnen (2St)

6100-1316 Einfamilienhaus, Carport
469,17 m² BGF — 7.656 — **16,32** — 7,7

Fundamenterder, Bandstahl (74m), Runddraht, D=10mm (70m), Staberder (2St), Blitzschutzdraht, D=10mm (60St), Kreuzverbinder (11St), Potenzialausgleich (3St)

6100-1335 Einfamilienhaus, Garagen - Passivhaus
503,81 m² BGF — 2.643 — **5,25** — 5,3

Fundamenterder, Bandstahl (75m), Erdungsanschlüsse (8St)

6100-1336 Mehrfamilienhäuser (37 WE) - Effizienzhaus ~38%
4.214,25 m² BGF — 10.317 — **2,45** — 5,0

Ringerder, D=10mm, V2A (388m), verzinkt (382m), Klemmen (174St), Kreuzverbinder, V2A (50St), verzinkt (40St), Anschlussfahnen (24St), Erdungsanschlüsse (5St), Potenzialausgleichsschienen (5St)

6100-1337 Mehrfamilienhaus (5 WE) - Effizienzhaus ~33%
880,00 m² BGF — 3.715 — **4,22** — 4,6

Mantelleitungen NYY (321m), Potenzialausgleich in Bädern (9St), Hauptpotenzialausgleich (1St)

6100-1338 Einfamilienhaus, Einliegerwohnung, Doppelgarage - Effizienzhaus 40
355,74 m² BGF — 264 — **0,74** — 0,6

Fundamenterder, Bandstahl 30x3,5mm (54m)

6100-1339 Einfamilienhaus, Garage - Effizienzhaus 40
312,60 m² BGF — 347 — **1,11** — 0,6

Fundamenterder, Bandstahl, 30x3,5mm (44m), Anschlussfahne V2A (1St)

KG	Kostengruppe	Menge Einheit	Kosten €	€/Einheit	%

6100-1383 Einfamilienhaus, Büro (10 AP), Gästeapartment - Effizienzhaus ~35%
| | | 770,00 m² BGF | 5.284 | **6,86** | 3,4 |

Fundamenterder, Bandstahl (155m), Edelstahl (73m), Anschlussfahnen, Bandstahl (8St), Edelstahl (7St), Potenzialausgleichsschienen (4St)

6100-1400 Mehrfamilienhaus (13 WE), TG - Effizienzhaus 55
| | | 2.199,67 m² BGF | 855 | **0,39** | 0,7 |

Potenzialausgleichsleitungen (120m), Potenzialausgleich (14St), Potenzialausgleichsschienen (2St), Erdungsbandschellen (13St)

6100-1426 Doppelhaushälfte - Passivhaus
| | | 262,48 m² BGF | 701 | **2,67** | 5,0 |

Fundamenterder, Bandstahl 30x3,5mm (34m), Anschlussfahne (1St), Potenzialausgleichsschiene (1St)

6100-1433 Mehrfamilienhaus (5 WE), Carports - Passivhaus
| | | 623,58 m² BGF | 748 | **1,20** | 1,6 |

Ringerdung (58m), Kreuzverbinder (4St)

6100-1442 Einfamilienhaus - Effizienzhaus 55
| | | 345,90 m² BGF | 738 | **2,13** | 2,4 |

Erdungsleitung V4A, Runddraht 10mm (40m), Potenzialausgleichsschiene (1St), Erdungsbandschellen (6St)

6100-1482 Einfamilienhaus, Garage
| | | 290,51 m² BGF | 2.182 | **7,51** | 11,5 |

Fundamenterder, Bandstahl 30x3,5mm (50m), Ableitungen, Rundstahl 10mm (10m), Anschlussfahne (1St)

6100-1483 Mehrfamilienhaus (6 WE)
Herstellen (Kosten: 100,0%)
| | | 898,76 m² BGF | 10.738 | **11,95** | 9,6 |

Kunststoffaderleitungen HO7V-R (168m), Runddraht 10mm (60m), Tiefenerder (24St), Erdeinführungsstangen (4St), Potenzialausgleichsschienen (2St), Banderdungsschellen (8St)

6100-1500 Mehrfamilienhaus (18 WE)
Herstellen (Kosten: 100,0%)
| | | 3.700,00 m² BGF | 11.257 | **3,04** | 12,7 |

Alu-Fangleitungen, D=8mm (277m), Ringerder, D=10mm (55m), Tiefenerder (18m), Klemmen (89St), Alu-Fangstangen (12St), Alu-Fangspitzen (8St), VA-Erdeinführungsstangen, l=1,50m (7St), Potenzialausgleichsschienen (2St), Potenzialausgleichsleitung NYY-J (10m), Leerrohre (12m)

6100-1505 Einfamilienhaus - Effizienzhaus ~56%
| | | 235,76 m² BGF | 638 | **2,71** | 2,2 |

Fundamenterder, Bandstahl 30x3,5mm (43m), Potenzialausgleich (1St)

6200-0077 Jugendwohngruppe (10 Betten)
| | | 490,32 m² BGF | 14.737 | **30,06** | 26,4 |

Fundamenterder, Bandstahl 30x3,5mm (82m), Ableitungen, D=8mm (214m), Fangstangen, D=16mm, l=2,00m, Fangspitzen (10St), Dachleitungsstützen (100St), Dachrinnenhalter (10St)

…

440 Elektrische Anlagen

KG	Kostengruppe	Menge Einheit	Kosten €	€/Einheit	%

6400-0100 Ev. Pfarrhaus, Kindergarten - EnerPHit Passivhaus
Herstellen (Kosten: 100,0%)   554,70 m² BGF   197   **0,35**   0,5

Potenzialausgleichsschienen (2St), Potenzialausgleichsleitungen NYY (36m)

7100-0052 Technologietransferzentrum
4.969,43 m² BGF   37.564   **7,56**   4,6

Fundamenterder, Bandstahl 30/3,5mm (700m), Anschlussfahnen (11St), Ringerder, Edelstahl, D=10mm (999m), Fangleitungen, D=8-10mm (233m), Potenzialausgleichsschienen (16St), Erdungsfestpunkte (40St), Mantelleitung NYM-J (223m)

7100-0058 Produktionsgebäude (8 AP) - Effizienzhaus 55
386,23 m² BGF   1.444   **3,74**   4,7

Fundamenterder, Bandstahl 30x3,5mm (76m), Ableitungen, Rundstahl 10mm (14m), Erdungsrohrschellen (20St)

7300-0100 Gewerbegebäude (5 Einheiten, 26 AP) - Effizienzhaus ~59%
1.462,30 m² BGF   7.469   **5,11**   5,4

Fundamenterder, Bandstahl 30x3,5mm (230m), Ringerder, Runddraht V4A, D=10mm (332m), Potenzialkabel HO7V-U 1x16mm² (74m), Potenzialausgleichsschienen (2St)

7600-0081 Feuerwehrstützpunkt (8 Fahrzeuge)
1.624,00 m² BGF   24.689   **15,20**   9,0

Fundamenterder, Edelstahl 30x3,5mm (555m), Fangleitung (342m), Ableiter (80m), Potenzialausgleichsleitung (284m), Erdungsrohrschellen (40St), Erdungsanschlüsse (16St), Fangstangen (2St)

7700-0080 Weinlagerhalle, Büro
Herstellen (Kosten: 100,0%)   4.793,63 m² BGF   22.793   **4,75**   7,8

Erdleitungen, Bandstahl 30x3,5mm (465m), Alu-Runddraht 8mm (880m), Anschlussfahnen (15St), Erdungsfestpunkte (15St), Potenzialausgleichsschienen (18St)

9100-0127 Gastronomie- und Veranstaltungszentrum
Herstellen (Kosten: 100,0%)   1.209,68 m² BGF   21.435   **17,72**   7,0

Tiefenerder V4A, l=9,00m (8St), Erdungsleitung V4A (134m), Erdeinführungsstangen 16mm (8St), Fangstange (1St), Dachfangleitungen, Edelstahl (260m), Ableitungen (94m), Potenzialausgleichsschienen (3St), Banderdungsschellen (6St)

9100-0144 Kulturzentrum (550 Sitzplätze)
Herstellen (Kosten: 100,0%)   1.304,03 m² BGF   3.313   **2,54**   3,1

Potenzialausgleichsschiene (1St), Aderleitungen (66m), Fangleitungen (46m), Ableitungen (19m), Fangstangen, l=2,00-3,00m, Betonsockel (13St), Tiefenerder (2St)

Kostenkennwerte für die Kostengruppen 400 der 3. Ebene DIN 276

KG	Kostengruppe	Menge Einheit	Kosten €	€/Einheit	%
451	**Telekommunikationsanlagen**				

4100-0161 Real- und Grundschule (13 Klassen, 300 Schüler) - Passivhaus
Herstellen (Kosten: 100,0%)   3.617,76 m² BGF   5.500   **1,52**   1,9

Vorhandene Telefonanlage umsetzen (1St), Kabel J-Y(ST)Y (135m), Backbones (2St)

4100-0175 Grundschule (4 Lernlandschaften, 160 Schüler) - Effizienzhaus ~3%
2.169,67 m² BGF   9.475   **4,37**   6,2

Montage einer Bestands-Telefonanlage (1St), Anschlussdosen (47St), Installationskabel (3.174m)

4400-0250 Kinderkrippe (4 Gruppen, 50 Kinder)
1.000,40 m² BGF   6.287   **6,28**   13,7

ISDN-Telefonanlage mit Notstromversorgung, sechs analoge Amtsleitungen, vier VoIP-Kanäle, zehn analoge Nebenstellen, Türstation (1St), Systemtelefone mit Touchpanel (2St), Drahtlostelefone (4St), Fernmeldeleitungen (1.455m)

4400-0293 Kinderkrippe (3 Gruppe, 36 Kinder) - Effizienzhaus ~37%
612,00 m² BGF   1.352   **2,21**   10,0

ISDN-Telefonanlage, Mobiltelefon mit Anrufbeantworter (1St), Mobiltelefon (1St), Analogtelefone (4St)

6100-1186 Mehrfamilienhaus (9 WE) - Effizienzhaus Plus
1.513,74 m² BGF   884   **0,58**   3,0

TAE-Steckdose (1St), Fernmeldeleitungen, Leerrohre (289m)

6100-1262 Mehrfamilienhaus, Dachausbau (2 WE)
Herstellen (Kosten: 100,0%)   450,47 m² BGF   781   **1,73**   2,6

Telefonleitungen (psch)

6100-1294 Mehrfamilienhaus (3 WE) - Effizienzhaus 40
713,77 m² BGF   237   **0,33**   6,5

Anschlussleitung (1St), Telefon-Anschlussdosen (2St)

6100-1316 Einfamilienhaus, Carport
469,17 m² BGF   2.579   **5,50**   13,6

Fernmeldeleitungen (58m), Anschlussdosen (2St)

6100-1336 Mehrfamilienhäuser (37 WE) - Effizienzhaus ~38%
4.214,25 m² BGF   6.212   **1,47**   15,6

Fernmeldeleitungen (3.128m)

6100-1338 Einfamilienhaus, Einliegerwohnung, Doppelgarage - Effizienzhaus 40
355,74 m² BGF   1.201   **3,38**   29,2

Telefon-Anschlussdosen (5St)

6100-1375 Mehrfamilienhaus, Aufstockung (1 WE)
Herstellen (Kosten: 100,0%)   183,43 m² BGF   820   **4,47**   11,2

Telefonkabel (80m), Telefonanschlussdosen (3St)

450 Kommunikations-, sicherheits- und informationstechnische Anlagen

KG	Kostengruppe	Menge Einheit	Kosten €	€/Einheit	%
	7100-0058 Produktionsgebäude (8 AP) - Effizienzhaus 55	386,23 m² BGF	10	**< 0,1**	0,9
	Fernmeldeleitungen (17m)				
	7300-0100 Gewerbegebäude (5 Einheiten, 26 AP) - Effizienzhaus ~59%	1.462,30 m² BGF	3.059	**2,09**	18,6
	Fernmelde-Innenkabel J-Y(ST)Y (1.288m)				
	7600-0081 Feuerwehrstützpunkt (8 Fahrzeuge)	1.624,00 m² BGF	18.160	**11,18**	9,9
	Telekommunikationsserver, Basisstation (1St), Telefone (7St), wetterfest (1St), Faxgeräte (3St), Switch (3St), USV-Anlage (1St)				
	7700-0080 Weinlagerhalle, Büro Herstellen (Kosten: 100,0%)	4.793,63 m² BGF	2.466	**0,51**	3,1
	Fernmeldekabel J-Y(ST)Y (976m)				
	9100-0127 Gastronomie- und Veranstaltungszentrum Herstellen (Kosten: 100,0%)	1.209,68 m² BGF	294	**0,24**	0,5
	Fernmeldeverteilerkästen (2St), LSA-Trennleisten (8St)				
452	**Such- und Signalanlagen**				
	1300-0227 Verwaltungsgebäude (42 AP) - Effizienzhaus ~59%	1.593,33 m² BGF	924	**0,58**	1,1
	WC-Notrufanlage (1St), Zugtaster (2St), Abstelltaster (1St), Installationskabel (168m)				
	1300-0231 Bürogebäude (95 AP)	4.489,98 m² BGF	8.654	**1,93**	2,9
	Ruf-Kompaktset für barrierefreies WC (1St), Türsprechanlage, Telefonschnittstelle (1St)				
	1300-0240 Büro- und Wohngebäude (6 AP) - Effizienzhaus 40 PLUS	324,12 m² BGF	1.768	**5,46**	52,0
	Gegensprechanlage, zwei Innensprechstellen, Klingel, Türöffner (1St)				
	1300-0253 Bürogebäude (40 AP)	1.142,82 m² BGF	765	**0,67**	1,3
	Ruf-Kompaktset für barrierefreies WC (1St), Zugtaster (1St)				
	1300-0269 Bürogebäude (116 AP), TG - Effizienzhaus ~51%	6.765,20 m² BGF	56.567	**8,36**	26,2
	Videosprechanlagen (12St), Kamera, Türlautsprecher (1St), Kleinverteiler, Netzgeräte (4St), Ankerschienen (20m), Sicherheitstrafo (6St), Modul Schlüsseltaster (1St), Verteiler, zweifach (19St), Anschlüsse Klingeldrücker (10St)				
	1300-0271 Bürogebäude (350 AP), TG (45 STP)	8.385,25 m² BGF	16.379	**1,95**	3,4
	Gegensprechanlagen, Türstationen, CCD-Kameras, Steuermodule (2St), Türöffner (15St), Videotelefone (12St), Bustreiber (1St), Installationskabel J-Y(ST)Y (346m), Lichtrufanlage, Signalleuchte (1St), Alarmmeldeeinsatz (1St), Taster (4St)				

KG	Kostengruppe	Menge Einheit	Kosten €	€/Einheit	%

1300-0279 Rathaus (85 AP), Bürgersaal
| | | 2.687,64 m² BGF | 700 | **0,26** | 0,6 |

Ruf-Kompaktset für barrierefreies WC (1St)

4100-0161 Real- und Grundschule (13 Klassen, 300 Schüler) - Passivhaus
Herstellen (Kosten: 100,0%)   3.617,76 m² BGF   2.876   **0,80**   1,0

Rufanlage für barrierefreies WC, zwei Signalleuchten (1St), Erweiterungen der Telefonanlage mit Türstationen (2St)

4100-0189 Grundschule (12 Klassen, 360 Schüler) - Effizienzhaus ~72%
| | | 3.330,00 m² BGF | 1.472 | **0,44** | 1,1 |

Gegensprechanlage, Türsprechstation (1St)

4400-0250 Kinderkrippe (4 Gruppen, 50 Kinder)
| | | 1.000,40 m² BGF | 2.297 | **2,30** | 5,0 |

Bus-Türeinbaulautsprecher (1St), Bus-Tastenmodul, vier Ruftasten (1St), zwei Ruftasten (1St), Bus-Netzgerät (1St), Schnittstelle von Tür und Haustelefonanlage (1St), Leitungen (89m), Ruf-Kompaktset, Behinderten-WC (1St)

4400-0293 Kinderkrippe (3 Gruppe, 36 Kinder) - Effizienzhaus ~37%
| | | 612,00 m² BGF | 1.236 | **2,02** | 9,1 |

Sprechanlage, eine Gegensprechstelle (1St), Türöffner (1St)

4400-0298 Kinderhort (2 Gruppen, 40 Kinder) - Effizienzhaus ~30%
| | | 316,83 m² BGF | 630 | **1,99** | 11,4 |

Ruf-Kompaktset für barrierefreies WC (1St), Notruftaster (2St), Installationsleitungen (15m)

4400-0307 Kindertagesstätte (100 Kinder) - Effizienzhaus ~60%
| | | 1.051,00 m² BGF | 6.639 | **6,32** | 23,2 |

Gegensprechanlage, Türsprechstation (1St), Haussprechstationen (2St), Klingel, Netzgerät, Telefonschnittstelle (1St), Installationskabel J-H(ST)H (347m), A2Y2Y (48m), Mischverstärker (1St), Notrufset (1St)

5100-0115 Sporthalle (Einfeldhalle) - Effizienzhaus ~68%
| | | 737,13 m² BGF | 1.676 | **2,27** | 8,8 |

Ruf-Kompaktset für barrierefreies WC (1St), Läutewerk, ballwurfsicher (1St), Klingeltaster (1St), Klingelleitungen (466m)

5100-0124 Sporthalle (Dreifeldhalle, Einfeldhalle)
Herstellen (Kosten: 100,0%)   3.427,89 m² BGF   4.475   **1,31**   6,7

Video-Sprechanlage, Außenstation (1St), Innenstationen (2St), Läutwerke (2St), Notruf-Sets (2St), Blitzleuchte (1St)

5200-0013 Freibad
Herstellen (Kosten: 100,0%)   4.363,92 m² BGF   2.487   **0,57**   1,2

Rufanlagen Behinderten-WC (2St), Dienstzimmereinheiten (4St), Zugtaster (4St)

---

450 Kommunikations-, sicherheits- und informationstechnische Anlagen

450 Kommunikations-, sicherheits- und informationstechnische Anlagen

KG Kostengruppe	Menge Einheit	Kosten €	€/Einheit	%
5200-0014 Hallenbad Herstellen (Kosten: 100,0%)	780,52 m² BGF	4.286	**5,49**	33,9
Zimmersignalleuchten (8St), Zugschalter (4St), Ruf-Abstelltaster (9St), Kleinverteiler (1St), Aufschaltung auf bestehende Lichtrufanlage, Programmierung (1St), Leitungen (176m)				
6100-1186 Mehrfamilienhaus (9 WE) - Effizienzhaus Plus	1.513,74 m² BGF	3.500	**2,31**	11,9
Türsprechanlage: Wohnungsstationen (11St), Steuergerät (1St), Klingeln (10St), Einbaulautsprecher in Briefkastenanlage (1St), Installationskabel (327m)				
6100-1262 Mehrfamilienhaus, Dachausbau (2 WE) Herstellen (Kosten: 100,0%)	450,47 m² BGF	6.407	**14,22**	21,1
Sprechanlage, fünf Gegensprechstellen (1St)				
6100-1289 Einfamilienhaus, Garage - Effizienzhaus ~31%	286,85 m² BGF	266	**0,93**	4,7
Gong, Klingeltrafo (1St), Klingelleitungen YR (30m)				
6100-1294 Mehrfamilienhaus (3 WE) - Effizienzhaus 40	713,77 m² BGF	605	**0,85**	16,6
Gegensprechanlage (1St), Klingelanlage (1St)				
6100-1306 Mehrfamilienhaus (5 WE) Herstellen (Kosten: 100,0%)	1.520,60 m² BGF	2.891	**1,90**	36,2
Sprechanlage, Türstation (1St), Bus-Steuergeräte (2St), Bus-Haustelefone (5St), Taster (5St), Installationskabel J-Y(ST)Y (145m), elektrischer Türöffner (1St)				
6100-1311 Mehrfamilienhaus (4 WE), TG - Effizienzhaus ~55%	1.159,80 m² BGF	9.478	**8,17**	55,1
Video-Sprechanlage, vier Gegensprechstellen (1St), Türöffner (1St)				
6100-1316 Einfamilienhaus, Carport	469,17 m² BGF	4.237	**9,03**	22,3
Mantelleitungen YR (85m), Leerrohre (40m), Sprechanlage, Wohnungsstationen (2St), Toröffner (1St), Einbaulautsprecher (1St)				
6100-1336 Mehrfamilienhäuser (37 WE) - Effizienzhaus ~38%	4.214,25 m² BGF	5.516	**1,31**	13,9
Sprechanlagen (4St), Wandapparate, Klingelschalter (37St), Schlüsselschalter (1St)				
6100-1337 Mehrfamilienhaus (5 WE) - Effizienzhaus ~33%	880,00 m² BGF	2.097	**2,38**	11,3
Installationskabel J-Y(St)Y (244m), Türsprechanlage als Einbau-Audiomodul in Klingeltableau (1St), Klingeltaster (5St), Haustelefone mit Mithörsperre, Türöffner- und Hauslichttaster (6St)				
6100-1339 Einfamilienhaus, Garage - Effizienzhaus 40	312,60 m² BGF	367	**1,18**	24,8
Klingelanlage (1St)				

KG	Kostengruppe	Menge	Einheit	Kosten €	€/Einheit	%
	6100-1383 Einfamilienhaus, Büro (10 AP), Gästeapartment - Effizienzhaus ~35%	770,00	m² BGF	1.706	**2,22**	23,0
	Türsprechanlage (1St), Leitungsnetz (psch), Funk-Wandsender, Empfänger (1St)					
	6100-1400 Mehrfamilienhaus (13 WE), TG - Effizienzhaus 55	2.199,67	m² BGF	2.744	**1,25**	19,0
	Türsprechanlage mit Telefonansteuerung (1St), Wohnungsstationen mit Abdeckrahmen, Klingeltaster (14St) Notrufset (1St)					
	6100-1426 Doppelhaushälfte - Passivhaus	262,48	m² BGF	1.425	**5,43**	51,8
	Türsprechanlage mit drei Sprechstellen, Steuerleitungsnetz (1St)					
	6100-1433 Mehrfamilienhaus (5 WE), Carports - Passivhaus	623,58	m² BGF	1.175	**1,88**	25,9
	Klingeltaster, Sprechanlagen (5St), Installationsleitungen					
	6100-1442 Einfamilienhaus - Effizienzhaus 55	345,90	m² BGF	102	**0,30**	1,6
	Klingeltrafo (1St), Gong (1St)					
	6100-1482 Einfamilienhaus, Garage	290,51	m² BGF	1.018	**3,50**	23,7
	Klingel- und Gegensprechanlage (1St), Gegensprecheinheit (1St)					
	6100-1483 Mehrfamilienhaus (6 WE) Herstellen (Kosten: 100,0%)	898,76	m² BGF	2.635	**2,93**	32,2
	Wechselsprechanlage für sechs WE, Edelstahlfrontplatte (1St), Mithörsperre (1St), Haustelefone (6St), Klingeltaster (6St), Installationskabel J-Y(St)Y (166m)					
	6100-1500 Mehrfamilienhaus (18 WE) Abbrechen (Kosten: 1,0%)	3.700,00	m² BGF	237	**< 0,1**	0,8
	Abbruch von Klingelanlage (psch); Entsorgung, Deponiegebühren Herstellen (Kosten: 99,0%)	3.700,00	m² BGF	23.558	**6,37**	79,3
	Sprechanlage, Türstation, CCD-Videokamera, 17 Klingeltaster, Lichttaster, Türlautsprecher (1St), Video-Innenstationen (18St), Bus-Steuergerät (1St), Bus-Video-Verteiler (18St), Installationsleitungen J-Y(ST)Y (185m)					
	6100-1505 Einfamilienhaus - Effizienzhaus ~56%	235,76	m² BGF	227	**0,96**	14,8
	Klingelanlage (1St)					
	6400-0100 Ev. Pfarrhaus, Kindergarten - EnerPHit Passivhaus Herstellen (Kosten: 100,0%)	554,70	m² BGF	3.898	**7,03**	32,0
	Türsprechanlagen, eine Gegensprechstelle (2St)					

450 Kommunikations-, sicherheits- und informations- technische Anlagen

450 Kommunikations-, sicherheits- und informationstechnische Anlagen

KG	Kostengruppe	Menge Einheit	Kosten €	€/Einheit	%
	7100-0052 Technologietransferzentrum	4.969,43 m² BGF	5.499	**1,11**	2,5
	Notrufset, Zugtaster (1St), Gegensprechanlage: Türstation mit Gegensprechmodul, Kamera, Briefkasten, hinterleuchtete Klingel, Infomodul (1St), Leermodule für Codetastatur (4St), Haustelefone, mit Video (2St), Bus-Netzgerät (1St)				
	7300-0100 Gewerbegebäude (5 Einheiten, 26 AP) - Effizienzhaus ~59%	1.462,30 m² BGF	5.705	**3,90**	34,7
	Türsprechanlagen, Alu-Druckguss, Unterputz, vier Klingeltasten (2St), Wohnungsstationen für Türsprechanlagen, Aufputz (4St), Zweiklang-Gongs (7St), Ruf-Set für Behinderten-WC (1St)				
	7600-0081 Feuerwehrstützpunkt (8 Fahrzeuge)	1.624,00 m² BGF	2.595	**1,60**	1,4
	Türsprechanlage (1St), Türlautsprecher-Modul (1St), Signalgeber (3St), Türöffner (2St), Ruf-Kompaktset für barrierefreies WC (1St)				
	7700-0080 Weinlagerhalle, Büro Herstellen (Kosten: 100,0%)	4.793,63 m² BGF	2.068	**0,43**	2,6
	Notrufset (1St), Audiomodul für Sprechanlage (1St), Telefoninterface (1St)				
	9100-0127 Gastronomie- und Veranstaltungszentrum Herstellen (Kosten: 100,0%)	1.209,68 m² BGF	532	**0,44**	0,9
	Ruf-Kompaktset für barrierefreies WC (1St)				
	9100-0144 Kulturzentrum (550 Sitzplätze) Herstellen (Kosten: 100,0%)	1.304,03 m² BGF	563	**0,43**	2,8
	Ruf-Kompaktset für barrierefreies WC (1St), Installationskabel J-Y(St)Y (47m)				
453	**Zeitdienstanlagen**				
	4100-0161 Real- und Grundschule (13 Klassen, 300 Schüler) - Passivhaus Herstellen (Kosten: 100,0%)	3.617,76 m² BGF	273	**< 0,1**	0,1
	Funkuhr (1St)				
	5100-0124 Sporthalle (Dreifeldhalle, Einfeldhalle) Herstellen (Kosten: 100,0%)	3.427,89 m² BGF	794	**0,23**	1,2
	Innenuhr mit Batterie (1St)				
454	**Elektroakustische Anlagen**				
	1300-0269 Bürogebäude (116 AP), TG - Effizienzhaus ~51%	6.765,20 m² BGF	1.173	**0,17**	0,5
	Rufanlage für WC, barrierefrei (1St)				
	4100-0161 Real- und Grundschule (13 Klassen, 300 Schüler) - Passivhaus Herstellen (Kosten: 100,0%)	3.617,76 m² BGF	34.615	**9,57**	11,9
	Elektroakustische Anlage, 19-Zoll Schrank, 40HE (1St), 19-Zoll Rackschublade, 3HE (1St), Notfallwarnsystem (1St), Hauptuhr (1St), Funkempfänger (1St), 19-Zoll Rundfunktuner (1St), Verstärker (2St), Mischpult, Mischverstärker (1St), Tischsprechstellen (2St), Kabelsatz (1St), Funkmikrofon (1St), Wand-Anbaulautsprecher (81St), Deckenlautsprecher (22St), Außenlautsprecher (2St), Kabel J-Y(ST)Y (2.477m), Lautsprecherdosen (10St)				

450 Kommunikations-, sicherheits- und informationstechnische Anlagen

KG	Kostengruppe	Menge	Einheit	Kosten €	€/Einheit	%
	4100-0189 Grundschule (12 Klassen, 360 Schüler) - Effizienzhaus ~72%	3.330,00	m² BGF	15.339	**4,61**	11,0
	Gestellschrank, 21HE (1St), Tischsprechstelle, Funkempfänger (1St), Deckeneinbaulautsprecher (39St), Wandlautsprecher (3St), Tonsäulen, außen (3St)					
	5100-0124 Sporthalle (Dreifeldhalle, Einfeldhalle)					
	Abbrechen (Kosten: 0,6%)	3.427,89	m² BGF	163	**< 0,1**	0,2
	Abbruch von Lautsprechern (13St); Entsorgung, Deponiegebühren					
	Herstellen (Kosten: 99,4%)	3.427,89	m² BGF	28.406	**8,29**	42,3
	Elektroakustische Anlage, 19"-Schrank (1St), Managementverstärker (1St), Übertragungsmodule (4St), Leistungsverstärker (4St), Mikrofon-Vorverstärker (4St), Lautsprecher (27St), digitale Tischsprechstellen (2St), digitales Audiosignal-Wiedergabegerät (1St), Funkmikrofonsysteme (2St)					
	5200-0013 Freibad					
	Herstellen (Kosten: 100,0%)	4.363,92	m² BGF	50.551	**11,58**	24,6
	Elektroakustische Anlage, 19"-Schrank, 32HE (1St), Bedienmodul (1St), Ethernet-Switch (1St), Netzverteiler (1St), Lautsprecherverteiler (1St), DSP-Systemsteuerung (1St), Verstärker (3St), Alarmierungsansagen (psch), Deckeneinbaulautsprecher (32St), Lautsprecherkabel J-Y(ST)Y (722m)					
	5200-0014 Hallenbad					
	Herstellen (Kosten: 100,0%)	780,52	m² BGF	305	**0,39**	2,4
	Decken- und Wandeinbaulautsprecher (2St)					
	6100-1289 Einfamilienhaus, Garage - Effizienzhaus ~31%	286,85	m² BGF	390	**1,36**	6,8
	Einbaulautsprecher (6St)					
	6100-1294 Mehrfamilienhaus (3 WE) - Effizienzhaus 40	713,77	m² BGF	310	**0,43**	8,5
	Lautsprecherdosen (4St)					
	6100-1339 Einfamilienhaus, Garage - Effizienzhaus 40	312,60	m² BGF	799	**2,56**	53,9
	Einbauradio (1St), Einbaulautsprechermodule (2St)					
	7600-0081 Feuerwehrstützpunkt (8 Fahrzeuge)	1.624,00	m² BGF	17.644	**10,86**	9,7
	Elektroakustische Anlagen, Sprechstellen (2St), Systemcontroller, Verstärker, Verteiler (1St), Einbaulautsprecher (40St)					
	9100-0127 Gastronomie- und Veranstaltungszentrum					
	Herstellen (Kosten: 100,0%)	1.209,68	m² BGF	8.190	**6,77**	14,3
	Lautsprecherkabel (1.188m), DMX-Kabel (500m), Mikrofonkabel (200m)					
455	**Audiovisuelle Medien- und Antennenanlagen**					
	1300-0254 Bürogebäude (8 AP) - Effizienzhaus ~73%	226,00	m² BGF	328	**1,45**	15,2
	Koaxialkabel (100m), Antennendose (1St)					

450 Kommunikations-, sicherheits- und informationstechnische Anlagen

KG	Kostengruppe	Menge	Einheit	Kosten €	€/Einheit	%
1300-0279 Rathaus (85 AP), Bürgersaal						
		2.687,64	m² BGF	1.726	**0,64**	1,4
Koaxialkabel (396m), Antennendosen (21St), Sat-Anschlussdosen (5St)						
4100-0175 Grundschule (4 Lernlandschaften, 160 Schüler) - Effizienzhaus ~3%						
		2.169,67	m² BGF	3.465	**1,60**	2,3
Leinwand (1St), Beamerhalterungen (6St), Beamer Deckenadapter (6St)						
4400-0250 Kinderkrippe (4 Gruppen, 50 Kinder)						
		1.000,40	m² BGF	518	**0,52**	1,1
Koaxialkabel (242m), Antennensteckdosen (6St)						
5100-0124 Sporthalle (Dreifeldhalle, Einfeldhalle)						
Herstellen (Kosten: 100,0%)		3.427,89	m² BGF	11.051	**3,22**	16,5
Beamer, Ballwurfschutzgehäuse (1St), Antennendose (1St), Antennenkabel (30m)						
5300-0017 DLRG-Station, Ferienwohnungen (4 WE)						
		727,75	m² BGF	2.429	**3,34**	46,5
Sat-Antenne (1St), Dachständer (1St), UKW-Antenne (1St), Multischalter (1St), Antennenanschlussdosen (5St), Koaxialkabel (100m)						
6100-1186 Mehrfamilienhaus (9 WE) - Effizienzhaus Plus						
		1.513,74	m² BGF	5.080	**3,36**	17,2
Leerrohre, Leitungen, Antennensteckdosen (32St), Breitbandkabel-Verteiler vier- bis sechsfach (5St), Koax-Module (21St), Antennenzuleitungen (289m)						
6100-1262 Mehrfamilienhaus, Dachausbau (2 WE)						
Herstellen (Kosten: 100,0%)		450,47	m² BGF	414	**0,92**	1,4
Koaxialkabel (psch)						
6100-1289 Einfamilienhaus, Garage - Effizienzhaus ~31%						
		286,85	m² BGF	2.071	**7,22**	36,4
Sat-Anlage, Parabolspiegel 90cm (1St), Koaxialkabel (190m), Leerrohre (80m)						
6100-1294 Mehrfamilienhaus (3 WE) - Effizienzhaus 40						
		713,77	m² BGF	1.673	**2,34**	45,9
Sat-Spiegel, d=80cm (1St), TV-Anschlussdosen (9St)						
6100-1306 Mehrfamilienhaus (5 WE)						
Herstellen (Kosten: 100,0%)		1.520,60	m² BGF	87	**< 0,1**	1,1
Antennenanschlussdosen (11St)						
6100-1311 Mehrfamilienhaus (4 WE), TG - Effizienzhaus ~55%						
		1.159,80	m² BGF	1.951	**1,68**	11,3
Koaxialkabel (338m), Hausanschlussverstärker (1St), Antennensteckdosen (14St), Stammleitungsverteiler, achtfach (2St)						
6100-1316 Einfamilienhaus, Carport						
		469,17	m² BGF	4.790	**10,21**	25,2
Koaxialkabel (350m), Antennenanschlussdosen (4St), Hausanschlussverstärker (1St)						

450 Kommunikations-, sicherheits- und informationstechnische Anlagen

KG	Kostengruppe	Menge	Einheit	Kosten €	€/Einheit	%
	6100-1335 Einfamilienhaus, Garagen - Passivhaus	503,81	m² BGF	1.264	**2,51**	48,9
	Koaxialkabel (120m), Antennensteckdosen (4St), Sat-Antenne, D=850mm (1St)					
	6100-1336 Mehrfamilienhäuser (37 WE) - Effizienzhaus ~38%	4.214,25	m² BGF	6.886	**1,63**	17,3
	Koaxialkabel (2.332m), erdverlegt (95m), Antennenanschlussdosen (101St), Antennenmast (4St)					
	6100-1337 Mehrfamilienhaus (5 WE) - Effizienzhaus ~33%	880,00	m² BGF	2.791	**3,17**	15,1
	Antennenschrank 60x40x20cm (1St), Verteiler, zweifach (4St), dreifach (1St), sechsfach (1St), Koaxialkabel (766m), Antennensteckdosen (14St)					
	6100-1338 Einfamilienhaus, Einliegerwohnung, Doppelgarage - Effizienzhaus 40	355,74	m² BGF	1.201	**3,38**	29,2
	TV-Dosen, Zuleitung (5St)					
	6100-1375 Mehrfamilienhaus, Aufstockung (1 WE)					
	Abbrechen (Kosten: 6,3%)	183,43	m² BGF	80	**0,44**	1,1
	Abbruch von Antennen (psch); Entsorgung, Deponiegebühren					
	Herstellen (Kosten: 93,7%)	183,43	m² BGF	1.184	**6,45**	16,1
	Antennenkabel (105m), Antennenanschlussdosen (5St)					
	6100-1426 Doppelhaushälfte - Passivhaus	262,48	m² BGF	88	**0,33**	3,2
	Antennensteckdose (1St), Koaxialkabel					
	6100-1433 Mehrfamilienhaus (5 WE), Carports - Passivhaus	623,58	m² BGF	1.577	**2,53**	34,8
	Antennendosen (17St)					
	6100-1442 Einfamilienhaus - Effizienzhaus 55	345,90	m² BGF	1.005	**2,91**	15,4
	Antennenleitung (120m), Antennendosen (7St), TV-Abdeckungen (2St)					
	6100-1482 Einfamilienhaus, Garage	290,51	m² BGF	365	**1,26**	8,5
	Antennensteckdosen (4St)					
	6100-1483 Mehrfamilienhaus (6 WE)					
	Herstellen (Kosten: 100,0%)	898,76	m² BGF	1.096	**1,22**	13,4
	Koaxialkabel (364m), Geräteverbindungsdosen (18St)					
	6200-0077 Jugendwohngruppe (10 Betten)	490,32	m² BGF	1.113	**2,27**	39,8
	Hochfrequenzkabel (100m), Antennenanschlussdosen (4St), Anschlussverstärker 20dB (2St)					

450 Kommunikations-, sicherheits- und informationstechnische Anlagen

KG	Kostengruppe	Menge	Einheit	Kosten €	€/Einheit	%
	7600-0081 Feuerwehrstützpunkt (8 Fahrzeuge)	1.624,00	m² BGF	4.608	**2,84**	2,5
	Funkanlage, Netzgerät, USV-Anlage (1St), Antennen (3St), Koaxialkabel (12m), HDMI-Anschlussdosen (2St), AV-Anschlussdosen (2St), Videokabel (12m), Audiokabel (12m)					
	7700-0080 Weinlagerhalle, Büro					
	Herstellen (Kosten: 100,0%)	4.793,63	m² BGF	1.687	**0,35**	2,1
	Koaxialkabel (43m), HDMI-Kabel, l=10,00m (1St), l=20,00m (1St), SVGA-Kabel, Stecker-Stecker, l=20,00m (2St), Leerrohre (56m), Antennensteckdosen (2St), VGA-Anschlussdosen (2St), HDMI-Anschlussdosen (2St)					
	9100-0127 Gastronomie- und Veranstaltungszentrum					
	Herstellen (Kosten: 100,0%)	1.209,68	m² BGF	1.584	**1,31**	2,8
	Koaxialkabel (518m), Antennendosen (6St)					
456	**Gefahrenmelde- und Alarmanlagen**					
	1300-0227 Verwaltungsgebäude (42 AP) - Effizienzhaus ~59%	1.593,33	m² BGF	15.642	**9,82**	19,0
	Zugangskontrollanlage: Zutrittsmodule, Video-Türstationen, Kamera, Klingeltaste (3St), Kameras 180°, innen (2St), Deckenkamera 360°, Sensoren, SD-Kartenspeicher, Mikrofon (1St), Kleinverteiler (2St), VGA-Kabel (4m), HDMI-Kabel (4m), Installationskabel (275m)					
	1300-0231 Bürogebäude (95 AP)	4.489,98	m² BGF	176.040	**39,21**	58,9
	Brandmeldezentrale, Leitungen (7.621m), Mehrsensormelder (227St), Verschlusssensoren (94St), Feuerwehrbedienfeld, Tableau, Schlüsseldepot (1St), Akkus (4St), optische, akustische Signalgeber (3St)					
	1300-0240 Büro- und Wohngebäude (6 AP) - Effizienzhaus 40 PLUS	324,12	m² BGF	786	**2,42**	23,1
	Fingerscanner, Steuerung, Netzteil (2St)					
	1300-0253 Bürogebäude (40 AP)	1.142,82	m² BGF	23.563	**20,62**	40,8
	Rauchwarnmelder, Funkmodule (47St), Funkhandtaster (7St), Einbruchmeldeanlage (1St), Übertragungseinrichtung (1St), Signalgeber (1St), Bewegungsmelder (18St), Meldergruppenmodule (5St), Tastaturleser (1St), Türmodul (1St), Kartentransponder (40St)					
	1300-0269 Bürogebäude (116 AP), TG - Effizienzhaus ~51%	6.765,20	m² BGF	4.763	**0,70**	2,2
	Rauchmelder (18St)					

KG	Kostengruppe	Menge Einheit	Kosten €	€/Einheit	%

450 Kommunikations-, sicherheits- und informationstechnische Anlagen

1300-0271 Bürogebäude (350 AP), TG (45 STP)

| | 8.385,25 m² BGF | 125.926 | **15,02** | 25,9 |

Parkhausschranken, Induktionsschleifen (2St), Steuergerät (1St), Detektoren (2St), Schaltuhr (1St), LED-Signalgeber rot/grün (2St), Lesegerät (1St), Codekarten (171St), Schlüsseltaster (1St), Deckenzugschalter (1St), Brandmeldezentrale (1St), Akkus (2St), Übertragungseinrichtung (1St), Brandmelder (48St), Signalsockel (35St), Handfeuermelder (3St), Ein-/Ausgabemodule (20St), Rauchabzugstaster (8St), Starkstromkabel NHXH-J FE (870m), Brandmeldekabel (845m), Installationskabel J-Y(ST)Y (445m), Brandschotts (30St), elektronische Schließanlage: Profilzylinder (69St), Zulage für Antipanikfunktion (41St), für Zugangskontrollversion (26St), für Feuer- und Rauchschutzzulassung (18St), für Kernziehschutz (11St), für wetterfeste Ausführung (11St), digitale Schaltrelais (14St), externe Lesegeräte (2St), Transponder (100St), für Feuerwehr (1St)

1300-0279 Rathaus (85 AP), Bürgersaal

| | 2.687,64 m² BGF | 28.205 | **10,49** | 22,5 |

Brandmeldezentrale (1St), Notstrombatterien (2St), Netzteil (1St), Multisensormelder (49St), Warntongeber (8St), Handmelder (8St), Fernmeldeleitungen J-Y (274m)

4100-0161 Real- und Grundschule (13 Klassen, 300 Schüler) - Passivhaus

Herstellen (Kosten: 100,0%) 3.617,76 m² BGF 147.248 **40,70** 50,8

Einbruchmeldanlage: Zentrale (1St), Systemübertragungsgerät (1St), Schnittstellenmodule (2St), Bedienteile (2St), Code-/ID-Schalteinrichtungen (2St), Bewegungsmelder (38St), Riegelschaltkontakte (19St), Magnetkontakte (19St), Linienauswertmodule (8St), Türanschaltmodule (2St), Verteiler (1St), Alarmgeber (2St), Brandmeldeanlage: Zentrale (1St), Bedienfelder (2St), Ringleitungsmodule (4St), Steuermodul (1St), Überwachungsmodul (1St), Schnittstellenmodul (1St), Relaismodul (1St), Wandverteiler F60 (1St), Feuerwehrzentrale, Bedienfeld, Anzeigetableau (1St), Feuerwehrlaufkarten (39St), ISDN-Übertragungsgerät (1St), Sensormelder (126St), Handfeuermelder (49St), Ein-/Ausgabemodule (3St), Blitzleuchte (1St), Loop-Sirenen (53St), RWA-Zentrale (1St), Kabel J-Y(ST)Y (3.559m), JE-H(ST)H (312m), Brandmeldekabel E30 (570m), Zutrittskontrollanlage: RFID-Drückergarnituren für Klassenräume (6St), Software (1St), Tischleser (1St), Transponder-Schlüsselanhänger (20St), Generalhauptschlüssel (13St), Gruppenschlüssel (36St)

4100-0175 Grundschule (4 Lernlandschaften, 160 Schüler) - Effizienzhaus ~3%

| | 2.169,67 m² BGF | 126.714 | **58,40** | 82,5 |

Brandmeldecomputer (1St), Analogringmodule (2St), optische Rauchmelder (25St), Elektronikmodule Handmelder (17St), Warntongeber (21St), Übersichtspläne Feuerwehr (2St), elektronische Schließsysteme (2St), Zugangskontrollsysteme (2St), Steuereinheiten (2St), Schutzbeschläge (10St), Drückergarnituren (14St), Installationssoftware (1St), elektroakustisches Notfallwarnsystem, Gestellschrank (1St), Eingangsmodule (3St), Funkempfänger (1St), Batteriemodul mit Ladegerät (1St), Mikrofonsprechstelle (1St), Deckeneinbaulautsprecher (43St)

4100-0189 Grundschule (12 Klassen, 360 Schüler) - Effizienzhaus ~72%

| | 3.330,00 m² BGF | 83.453 | **25,06** | 60,1 |

Brandmeldecomputer, Übertragungsgerät, Brandschutzgehäuse, Anzeigetableau (1St), Handfeuermelder (13St), Standardmeldesockel, Multisensor (91St), Warntongeber (47St), Rauchmelder (5St), Brandmeldekabel (2.894m), Rufanlage Behinderten-WC (2St), RWA-Anlage, Motorsteuerung (1St), Schlüsselschalter (5St), Hausalarm, Schlüsseldepot mit Sabotageschloss, Feuerwehrlaufkarten, Informationssystem, Anlagedokumentation (psch), CO_2-Lüftungsampel, Kleinverteiler (16St)

450 Kommunikations-, sicherheits- und informationstechnische Anlagen

KG	Kostengruppe	Menge	Einheit	Kosten €	€/Einheit	%

4400-0250 Kinderkrippe (4 Gruppen, 50 Kinder)
1.000,40 m² BGF 32.793 **32,78** 71,5

Brandmeldeanlage, Brandmelde-Computer (1St), digitales Übertragungsgerät (1St), Fluchttürsteuerungen (2St), Multisensormelder (66St), mit Warntongeber (15St), Wärmemelder (2St), Druckknopfmelder (4St), Warntongeber (1St), Melder Parallelanzeiger (38St), Feuerwehrlaufkarten (35St), Signalblitzleuchten (2St), Brandmeldekabel (794m), LSF-Zentralgerät mit Rauchansaugsystem für Aufzug (1St), Feuerwehrschalter für Photovoltaikanlage, Notaus (1St), Fernauslöser (1St), Steuerleitungen (50m)

4400-0293 Kinderkrippe (3 Gruppe, 36 Kinder) - Effizienzhaus ~37%
612,00 m² BGF 8.886 **14,52** 65,4

Brandmeldeanlage, Hardware, Ringleitung, Anzeige- und Bedienteil, Fernmeldeleitung (1St), Notstrombatterien (2St), optische Rauchmelder (9St), Wärmemelder (1St), Handfeuermelder (3St)

4400-0298 Kinderhort (2 Gruppen, 40 Kinder) - Effizienzhaus ~30%
316,83 m² BGF 1.879 **5,93** 33,9

Rauchwarnmelder mit Funkmodul, vernetzt (12St), Installationsleitungen (19m)

4400-0307 Kindertagesstätte (4 Gruppen, 100 Kinder) - Effizienzhaus ~60%
1.051,00 m² BGF 6.602 **6,28** 23,1

Thermo-optische Rauchmelder (33St), Funkmodule (34St), Funk-Druckknopfmelder (7St)

5100-0115 Sporthalle (Einfeldhalle) - Effizienzhaus ~68%
737,13 m² BGF 13.041 **17,69** 68,4

Hausalarmanlage: Multisensormelder (9St), Handmelder (2St), Warntongeber (5St), Brandmeldeleitungen (47m), Brandschutz-Fernmeldeverteiler (2St), Bewegungsmelder (17St), Rauchschalterzentrale (1St), optische Rauchmelder (2St), Fenstersteuerung, Lüftung, RWA: Sonnenschutzzentrale (1St), Motorsteuereinheiten (4St), Wetterstation (1St)

5100-0124 Sporthalle (Dreifeldhalle, Einfeldhalle)
Herstellen (Kosten: 100,0%) 3.427,89 m² BGF 15.148 **4,42** 22,6

RWA-Zentralen (2St), Rauchmelder (4St), Wind-/Regenmelder (1St), Auslösetaster (10St), Lüftertaster (2St)

5200-0013 Freibad
Herstellen (Kosten: 100,0%) 4.363,92 m² BGF 129.493 **29,67** 63,0

Kassenanlage, Server, Datenzentrale, NAS-Datensicherung, USV, Software (1St), PoE-Switch, 24-Port (1St), Personalkasse (1St), Verkaufsautomat mit EC-Kartenterminal (1St), Doppeldrehkreuz, h=1,25m, Motorantrieb (1St), Motordrehtür, h=1,10m (1St), 19"-Outdoor-Monitor (1St), 2-Wege-Einzeldrehkreuz, h=2,00m, Motorantrieb (1St), Eingangskontrollautomaten (2St), Transponderkarten (5.000St), Dome-Überwachungskameras (5St), Video-Bedieneinheiten (2St), 22"-TFT-Monitore (2St), NAS-Laufwerk (1St), PoE-Injector (1St), PoE-Switch, 8-Port (1St), DVI-Kabel, l=20,00m (2St)

5200-0014 Hallenbad
Wiederherstellen (Kosten: 100,0%) 780,52 m² BGF 4.684 **6,00** 37,1

Leitungen für BMA demontieren, lagern (78m), in neuem Verlegesystem wieder montieren (80m), Rauchmelder, Handmelder demontieren, lagern, wieder montieren (25St), Schallpegelmessung (25St)

450 Kommunikations-, sicherheits- und informationstechnische Anlagen

KG	Kostengruppe	Menge Einheit	Kosten €	€/Einheit	%
	6100-1186 Mehrfamilienhaus (9 WE) - Effizienzhaus Plus	1.513,74 m² BGF	2.198	**1,45**	7,5
	Optischer Rauchmelder (3St), Brandmeldekabel (137m)				
	6100-1262 Mehrfamilienhaus, Dachausbau (2 WE) Herstellen (Kosten: 100,0%)	450,47 m² BGF	19.540	**43,38**	64,4
	Brandmeldezentrale (1St), Rauchmelder (27St), Sockelsirenen (24St), optische Rauchmelder (9St), Handfeuermelder (2St)				
	6100-1289 Einfamilienhaus, Garage - Effizienzhaus ~31%	286,85 m² BGF	589	**2,05**	10,3
	Rauchmelder (9St)				
	6100-1306 Mehrfamilienhaus (5 WE) Herstellen (Kosten: 100,0%)	1.520,60 m² BGF	1.533	**1,01**	19,2
	Rauchmelder (17St)				
	6100-1311 Mehrfamilienhaus (4 WE), TG - Effizienzhaus ~55%	1.159,80 m² BGF	1.089	**0,94**	6,3
	Rauchmelder (24St)				
	6100-1316 Einfamilienhaus, Carport	469,17 m² BGF	1.805	**3,85**	9,5
	Mantelleitungen NYY-J (145m), Rauchwarnmelder (6St)				
	6100-1336 Mehrfamilienhäuser (37 WE) - Effizienzhaus ~38%	4.214,25 m² BGF	9.626	**2,28**	24,2
	Rauchmelder (133St)				
	6100-1337 Mehrfamilienhaus (5 WE) - Effizienzhaus ~33%	880,00 m² BGF	3.810	**4,33**	20,6
	Rauchmelder (29St), Funkplatinen (6St)				
	6100-1338 Einfamilienhaus, Einliegerwohnung, Doppelgarage - Effizienzhaus 40	355,74 m² BGF	505	**1,42**	12,3
	Rauchmelder (10St)				
	6100-1339 Einfamilienhaus, Garage - Effizienzhaus 40	312,60 m² BGF	316	**1,01**	21,3
	Rauchmelder (7St)				
	6100-1375 Mehrfamilienhaus, Aufstockung (1 WE) Herstellen (Kosten: 100,0%)	183,43 m² BGF	3.870	**21,10**	52,7
	Rauchmelder (6St), Rauchabzugszentrale (1St), RWA-Hauptbedienstellen (2St), Lüftertaster (1St), Kettenantrieb (1St)				
	6100-1400 Mehrfamilienhaus (13 WE), TG - Effizienzhaus 55	2.199,67 m² BGF	2.240	**1,02**	15,5
	Rauchwarnmelder (55St)				

450 Kommunikations-, sicherheits- und informationstechnische Anlagen

KG Kostengruppe	Menge Einheit	Kosten €	€/Einheit	%
6100-1442 Einfamilienhaus - Effizienzhaus 55	345,90 m² BGF	1.664	**4,81**	25,5
Telefonleitungen für Alarmanlage (209m), Schutzrohr (117m), Schalterdosen (16St), Blindabdeckungen (16St)				
6100-1482 Einfamilienhaus, Garage	290,51 m² BGF	438	**1,51**	10,2
Hausalarmanlage (1St), Rauchwarnmelder (5St)				
6100-1505 Einfamilienhaus - Effizienzhaus ~56%	235,76 m² BGF	297	**1,26**	19,4
Rauchmelder (4St)				
6200-0077 Jugendwohngruppe (10 Betten)	490,32 m² BGF	1.680	**3,43**	60,2
Rauchmelder (24St)				
6400-0100 Ev. Pfarrhaus, Kindergarten - EnerPHit Passivhaus Herstellen (Kosten: 100,0%)	554,70 m² BGF	1.340	**2,42**	11,0
Kanalrauchmelder (2St)				
7100-0052 Technologietransferzentrum	4.969,43 m² BGF	106.764	**21,48**	47,7
Brandmeldeanlage: Zentrale, acht Analogringe (1St), FW-Info- und Bediensystem (1St), FW-Schlüsseldepot (1St), Freischaltelement (1St), Akkus (6St), Multisensormelder (124St), Meldersockel (145St), Alarmbausteine (15St), Handmelder (22St), Infrarot-Rauchmelder, Alarmierungskoppler (2St), Buskoppler (1St), Warntongeber (34St), optische Alarmgeber (13St), Blitzleuchte (1St), RWA-Bedienstellen (2St), Brandmeldekabel J-Y(ST)Y (4.327m), Einbruchmeldeanlage: Zentrale (1St), Anzeige- und Bedieneinheit (1St), Wähl- und Übertragungsmodul (1St), Polizeianschluss über Festverbindung (1St), Signalgeber (1St), LSN-Koppler (13St), Dualmelder, Connectorboxen (20St), Riegelkontakte, Sperrelemente, für Türen (8St), Rolltorkontakte (4St), Codetastaturen (6St)				
7600-0081 Feuerwehrstützpunkt (8 Fahrzeuge)	1.624,00 m² BGF	118.806	**73,16**	65,0
Einbruchmeldezentrale, Steuereinheit (1St), Riegel/Magnetkontakte (30St), digitale Schließzylinder (24St), Bewegungsmelder (26St), Thermo/Rauchwarnmelder (70St), Signalgeber (2St), Schließsystem für Rolltore (9St), Handsender (17St), RWA-Anlage (1St), Windsensor (1St)				
7700-0080 Weinlagerhalle, Büro Herstellen (Kosten: 100,0%)	4.793,63 m² BGF	52.603	**10,97**	65,6
Brandmeldekabel J-Y(ST)Y (1.840m), Leerrohre (39m), Brandmeldeanlage: Brandmeldecomputer (1St), Bus-Ringmodul (1St), Bus-Koppler (1St), optische Rauchmelder (21St), Handmelder (3St), Multisensormelder (2St), FW-Schlüsseldepot, Adapter (1St), Verteiler (1St), Einbruchmeldeanlage: 19"-Verteilerkasten (1St), Anschlusseinheiten (14St), Kleinverteiler (9St), BUS-Module (15St), BUS-Interfaces (4St), Bedienteile (3St), Auswerteeinheit (1St), Bewegungsmelder (18St), Reedkontakte (8St), Rolltorkontakte (8St), Motor-Sicherheitsschlösser (2St), Steuerung (1St), Signalgeber (1St)				

KG	Kostengruppe	Menge Einheit	Kosten €	€/Einheit	%

9100-0127 Gastronomie- und Veranstaltungszentrum
Herstellen (Kosten: 100,0%)   1.209,68 m² BGF   33.220   **27,46**   57,9

Brandmeldecomputer, Programmierung (1St), automatisches Wählsystem (1St), Bus-Warntongeber (22St), optische Rauchmelder (28St), Druckknopfmelder (10St), Blitzleuchte (1St), RWA-Zentrale, sechs Antriebsgruppen (1St), RWA-Taster (12St), E30-Gehäuse (1St), Brandmeldekabel (2.629m)

9100-0144 Kulturzentrum (550 Sitzplätze)
Herstellen (Kosten: 100,0%)   1.304,03 m² BGF   14.962   **11,47**   73,6

Hausalarmanlage: Brandmeldecomputer (1St), Analog-Ringmodul (1St), Brandschutzgehäuse (1St), akustische Alarmgeber (6St), mit Bus (9St), elektronische Handmelder (5St), Parallelanzeige (1St), Rohrtresor, Schlüsselsafe (1St), RWA-Zentrale (1St), Hauptbedienstelle (1St), Nebenstelle (1St), Regenfühler (1St), Windwächter (1St), Installationskabel (1.204m)

457 Datenübertragungsnetze

1300-0227 Verwaltungsgebäude (42 AP) - Effizienzhaus ~59%
1.593,33 m² BGF   65.578   **41,16**   79,8

19"-Netzwerkschränke, 46HE (2St), Patchfelder, 24 Ports (17St), Patchkabel (130St), Datendosen 2xRJ45, Cat6 (21St), Datenkabel Cat7 (13.538m)

1300-0231 Bürogebäude (95 AP)
4.489,98 m² BGF   114.053   **25,40**   38,2

Datenkabel (20.050m), Module (209St), Patch-Panels (6St), Schrankbelüftungen (5St)

1300-0240 Büro- und Wohngebäude (6 AP) - Effizienzhaus 40 PLUS
324,12 m² BGF   849   **2,62**   24,9

Datenverkabelung (psch), Datenanschlussdosen Cat7 (5St), Internet-Schnittstellen (2St)

1300-0253 Bürogebäude (40 AP)
1.142,82 m² BGF   33.373   **29,20**   57,8

Netzwerkschränke 42HE (2St), 19"-Verteilerfelder (11St), 19"-Rangierpanels (9St), 19"-LWL-Patchfelder (6St), 19"-Überspannungsschutz-Steckdosenleisten (4St), Datenkabel Cat7 (4.644m), l=1,00m (100m), l=2,00m (140m), LWL-Kabel J-D(ZN)H (213m), Fernmeldekabel (180m), Cat-6a-Anschlussdosen 2xRJ45 (16St), 1xRJ45 (6St)

1300-0254 Bürogebäude (8 AP) - Effizienzhaus ~73%
226,00 m² BGF   1.827   **8,08**   84,8

Datenleitung (300m), Anschlussdosen Cat6 (16St), Patchpanel Cat6, 24 Ports (1St)

1300-0269 Bürogebäude (116 AP), TG - Effizienzhaus ~51%
6.765,20 m² BGF   153.662   **22,71**   71,1

Datenkabel (16.327m), Cat7-Kabel (588m), LWL-Kabel (944m), Fernmeldeleitungen (358m), LAN-Schränke 42HE (12St), Wandschwenkgehäuse (8St), Rangierfelder (51St), Telefonie-Rangierfelder (14St), Steckdosenleisten (13St)

1300-0271 Bürogebäude (350 AP), TG (45 STP)
8.385,25 m² BGF   344.780   **41,12**   70,8

Netzwerkschränke 42HE (27St), 19"-Verteilerfelder 24xRJ45 (44St), 19"-LWL-Verteiler (15St), Datenkabel Cat7 (55.105m), LWL-Kabel (1.140m), Koaxialkabel (827m), Patchkabel (2.087St), Brandschotts (172St), Brandschutzbekleidung I90, vierseitig (40m²), Datenanschlussdosen RJ45 (229St), 2xRJ45, in Bodentanks (508St), LWL-Anschlussdosen (184St)

450 Kommunikations-, sicherheits- und informationstechnische Anlagen

KG	Kostengruppe	Menge	Einheit	Kosten €	€/Einheit	%
	1300-0279 Rathaus (85 AP), Bürgersaal	2.687,64	m² BGF	94.674	**35,23**	75,6
	Datenkabel (14.245m), Außenkabel LWL (3.369m), Fernmeldeleitungen (1.821m), Verteilerschränke (2St), Datenschrank (1St), Patchpanels Cat6 (20St), Patchkabel Cat7, 3,00m (160St), 2,00m (110St), 1,00m (40St), Datendosen Cat6 (260St)					
	4100-0161 Real- und Grundschule (13 Klassen, 300 Schüler) - Passivhaus Herstellen (Kosten: 100,0%)	3.617,76	m² BGF	99.555	**27,52**	34,3
	Datenschrank 80x200x120cm, Router, UMTS-Modul, Switch, Server, Bandlaufwerk, Software, Programmierung, Drucker/Scanner (1St), Patchfelder Cat6 (3St), Konverter (2St), Datenkabel Cat6 (3.424m), LWL-Kabel (121m), Kabelkanäle (172m), Datendosen (34St), 1xRJ45 (39St), 2xRJ45 (7St), WLAN-Access-Points (17St)					
	4100-0175 Grundschule (4 Lernlandschaften, 160 Schüler) - Effizienzhaus ~3%	2.169,67	m² BGF	13.946	**6,43**	9,1
	WLAN-Router (6St), KNX-Analogausgänge (1St), Datendosen (2St), Installationskabel (1.500m)					
	4100-0189 Grundschule (12 Klassen, 360 Schüler) - Effizienzhaus ~72%	3.330,00	m² BGF	38.578	**11,59**	27,8
	Datenschrank (1St), Fernmeldeverteiler (2St), Rangierfeld Datennetz (1St), Datengeräteanschlüsse (88St), Kommunikationskabel (6.910m)					
	4400-0250 Kinderkrippe (4 Gruppen, 50 Kinder)	1.000,40	m² BGF	3.952	**3,95**	8,6
	Datenkabel Cat7 (502m), Wandverteiler 19" (1St), Patchpanel (2St), Datendosen RJ45 (15St), zweifach (7St)					
	4400-0293 Kinderkrippe (3 Gruppe, 36 Kinder) - Effizienzhaus ~37%	612,00	m² BGF	2.110	**3,45**	15,5
	Datenkabel (289m), Verteiler (1St), Anschlussdosen (4St), RJ45-Modul (1St)					
	4400-0298 Kinderhort (2 Gruppen, 40 Kinder) - Effizienzhaus ~30%	316,83	m² BGF	3.033	**9,57**	54,7
	Verteilerschrank (1St), Patchfeld (1St), Datenanschlussdosen Cat6 (7St), Access Point (1St), Datenkabel (381m)					
	4400-0307 Kindertagesstätte (4 Gruppen, 100 Kinder) - Effizienzhaus ~60%	1.051,00	m² BGF	15.393	**14,65**	53,8
	Datenschrank 42HE, 80x200x80cm (1St), Datenkabel Cat7a (3.092m), Datenanschlussdosen Cat6a (40), Hotspot-Schnittstelle (1St), Telefonanschlussdose (1St)					
	5100-0115 Sporthalle (Einfeldhalle) - Effizienzhaus ~68%	737,13	m² BGF	4.357	**5,91**	22,8
	Netzwerkschrank (1St), Patchfeld, 24 Steckplätze (1St), Datendosen RJ45, Cat6 (3St), Datenkabel (195m), LWL-Spleißboxen (2St), Installationsleitungen (732m), Fernsprechleitungen (47m)					
	5100-0124 Sporthalle (Dreifeldhalle, Einfeldhalle) Herstellen (Kosten: 100,0%)	3.427,89	m² BGF	1.094	**0,32**	1,6
	Datenkabel Cat6a (244m), Datenanschlussdosen 2xRJ45 (6St)					

KG	Kostengruppe	Menge Einheit	Kosten €	€/Einheit	%

5200-0013 Freibad
Herstellen (Kosten: 100,0%)   4.363,92 m² BGF   23.014   **5,27**   11,2

19"-Netzwerkschrank (1St), Installationskabel J-Y(ST)Y (1.258m), Twisted-Pair-Kabel Cat7, Single (1.374m), Duplex (522m), PoE-Switches, 24-Port (1St), 8-Port (1St), 5-Port (4St), E-DAT-Module Cat6 (51St), WLAN-Access-Point (1St), Patchkabel Cat6, l=2,00-10,00m (21St), Datendosen 2xRJ45 (12St), 1xRJ45 (6St), Steckdosenleiste, neunfach (1St)

5200-0014 Hallenbad
Herstellen (Kosten: 100,0%)   780,52 m² BGF   3.363   **4,31**   26,6

Datenanschlussdosen RJ45 (10St), Datenkabel Cat7 (281m), Steckdosen Cat6 (4St), Miniverteiler, zwölffach (1St), Wandverteiler 19" (1St), Patchpanel, 19", 25 Steckplätze (1St), Modulplatte, 24 Port (1St)

5300-0017 DLRG-Station, Ferienwohnungen (4 WE)
    727,75 m² BGF   2.791   **3,84**   53,5

19" Datenwandschrank 6HE (1St), Patchfeld 24-fach (1St), Datenanschlussdosen Cat6, RJ45 (16St), Fußboden-Einbautank, Datendosen zweifach, Steckdosen zweifach (1St), Leitungen

6100-1186 Mehrfamilienhaus (9 WE) - Effizienzhaus Plus
    1.513,74 m² BGF   17.822   **11,77**   60,4

Medienverteiler (9St), mit RJ45-Modulen (80St), Leerrohre, Datenkabel Cat7, Datenanschlussdosen (45St), Monitoring: Monitoringdosen, Busleitungen (25St), Buszuleitungen (14St), Datenanschlussdosen Cat6 (2St), Miniverteiler (1St), Datenkabel Cat7

6100-1262 Mehrfamilienhaus, Dachausbau (2 WE)
Herstellen (Kosten: 100,0%)   450,47 m² BGF   3.202   **7,11**   10,6

Datenkabel, Verteiler, Anschlussdosen (psch)

6100-1289 Einfamilienhaus, Garage - Effizienzhaus ~31%
    286,85 m² BGF   2.382   **8,31**   41,8

Datenkabel (190m), Leerrohre (160m), Datendosen Cat6 (9St), Modularbuchsen Cat6 (18St)

6100-1294 Mehrfamilienhaus (3 WE) - Effizienzhaus 40
    713,77 m² BGF   822   **1,15**   22,5

Patch-Verteilerfeld, sechsfach (1St), Datendosen (4St)

6100-1306 Mehrfamilienhaus (5 WE)
Herstellen (Kosten: 100,0%)   1.520,60 m² BGF   3.484   **2,29**   43,6

Medienverteiler (4St), Datenkabel (250m), Datenanschlussdosen (18St), Telefonanschlussdosen (2St), Brandschotts (4St)

6100-1311 Mehrfamilienhaus (4 WE), TG - Effizienzhaus ~55%
    1.159,80 m² BGF   4.678   **4,03**   27,2

Datenkabel Cat6 (616m), Verteiler (8St), Datendosen Cat6 (19St), Telefon-Anschlussdose (1St)

6100-1316 Einfamilienhaus, Carport
    469,17 m² BGF   5.571   **11,87**   29,3

Datenkabel (300m), Leerrohre (260m), Datenanschlussdosen (5St)

---

450 Kommunikations-, sicherheits- und informationstechnische Anlagen

450 Kommunikations-, sicherheits- und informationstechnische Anlagen

KG	Kostengruppe	Menge	Einheit	Kosten €	€/Einheit	%
	6100-1335 Einfamilienhaus, Garagen - Passivhaus	503,81	m² BGF	1.323	**2,63**	51,1
	Datenkabel Cat7 (psch), Datendosen Cat6, 2xRJ45 (7St), EDV-Leerdosen (7St)					
	6100-1336 Mehrfamilienhäuser (37 WE) - Effizienzhaus ~38%	4.214,25	m² BGF	11.466	**2,72**	28,9
	Datenkabel Cat7 (1.932m) Cat7 Duplex (1.400m), Datenanschlussdosen (102St)					
	6100-1337 Mehrfamilienhaus (5 WE) - Effizienzhaus ~33%	880,00	m² BGF	9.833	**11,17**	53,1
	Datenkabel Cat7 (616m), Fernmeldekabel J-Y(St)Y (50m), Leerrohre (50m), Kommunikationsverteiler (7St), E-Dat Einzelmodule, 1TE (46St), Anschlussdosen, zweifach (36St)					
	6100-1338 Einfamilienhaus, Einliegerwohnung, Doppelgarage - Effizienzhaus 40	355,74	m² BGF	1.201	**3,38**	29,2
	EDV-Anschlussdosen (5St)					
	6100-1375 Mehrfamilienhaus, Aufstockung (1 WE) Herstellen (Kosten: 100,0%)	183,43	m² BGF	1.393	**7,59**	19,0
	Datenkabel Cat7 (115m), Datenanschlussdosen (5St), Datenverteiler, dreireihig (1St)					
	6100-1383 Einfamilienhaus, Büro (10 AP), Gästeapartment - Effizienzhaus ~35%	770,00	m² BGF	5.715	**7,42**	77,0
	Medienschrank (1St), Kleinverteiler RJ45 (3St), Datendosen RJ45 (23St), Datenkabel Cat6, 500MHz (114m)					
	6100-1400 Mehrfamilienhaus (13 WE), TG - Effizienzhaus 55	2.199,67	m² BGF	9.493	**4,32**	65,6
	Datenkabel (890m), Datendosen Cat6 (77St), Patchpanels (13St), Datenmodule 10GB (64St)					
	6100-1426 Doppelhaushälfte - Passivhaus	262,48	m² BGF	1.239	**4,72**	45,0
	TAE-Anschlussdose, Steuerleitung (1St), Patchfeld, 12-fach (1St), Datendosen RJ45, zweifach (7St), Datenkabel Cat7					
	6100-1433 Mehrfamilienhaus (5 WE), Carports - Passivhaus	623,58	m² BGF	1.785	**2,86**	39,3
	Datendosen (21St)					
	6100-1442 Einfamilienhaus - Effizienzhaus 55	345,90	m² BGF	3.764	**10,88**	57,6
	Busleitungen (183m), Daten-Doppeldosen Cat6 (12St), Datenkabel Cat7 (240m), Patchfeld Cat6, 24 x RJ45 (1St), Wandgehäuse für Patchfelder, vier HE (1St)					
	6100-1482 Einfamilienhaus, Garage	290,51	m² BGF	2.473	**8,51**	57,6
	Verkabelung für Smart-Home (psch), Datensteckdosen (5St), Datenmodule Cat6 (4St)					

KG	Kostengruppe	Menge	Einheit	Kosten €	€/Einheit	%

6100-1483 Mehrfamilienhaus (6 WE)
Herstellen (Kosten: 100,0%) — 898,76 m² BGF — 4.445 — **4,95** — 54,4

Datenkabel Cat7 (273m), Installationskabel J-Y(St)Y (90m), Hybridkabel (84m), Geräteverbindungsdosen (18St), Abdeckungen 3-Loch (18St), Abdeckungen Datendose (18St)

6100-1500 Mehrfamilienhaus (18 WE)
Herstellen (Kosten: 100,0%) — 3.700,00 m² BGF — 5.906 — **1,60** — 19,9

Datenanschlussdosen 2xRJ45, LWL-Kabel (18St)

6100-1505 Einfamilienhaus - Effizienzhaus ~56%
235,76 m² BGF — 1.006 — **4,27** — 65,7

Netzwerkverteiler (1St), Netzwerkanschlüsse (5St), Datenverkabelung

6400-0100 Ev. Pfarrhaus, Kindergarten - EnerPHit Passivhaus
Abbrechen (Kosten: 5,9%) — 554,70 m² BGF — 409 — **0,74** — 3,4

Abbruch von Netzwerkkomponenten (psch); Entsorgung, Deponiegebühren
Herstellen (Kosten: 94,1%) — 554,70 m² BGF — 6.519 — **11,75** — 53,6

Datenkabel Cat7 (720m), Datenanschlussdosen 2xRJ45 (14St), Verteiler (6St), Informationsmodul (1St)

7100-0052 Technologietransferzentrum
4.969,43 m² BGF — 111.355 — **22,41** — 49,8

Datenschränke 19", 42HE (8St), Fachböden, ausziehbar (8St), Freilüfter (3St), LWL-Stecker (96St), Spleißverbindungen (48St), LWL-Spleiß-/Verteilergehäuse (4St), Patchfelder 19" Cat6, 1HE, 24 Steckplätze (19St), Cat3 (2St), Datenkabel Cat7 (23.998m), LWL-Kabel (150m) RJ45-Verbindungskabel, l=2,00m (120St), Bodentanks, für zwei Installationsgeräte (48St), Datedosen 2xRJ45 (217St), Fernmeldekabel J-Y(ST)Y (2.196m), JE-H(ST)H (68m)

7100-0058 Produktionsgebäude (8 AP) - Effizienzhaus 55
386,23 m² BGF — 1.036 — **2,68** — 99,1

Datenkabel Cat7 (410m), Busleitungen (145m), Anschlussdosen Cat6 (12St), Module (24St), Netzwerkschrank (1St)

7300-0100 Gewerbegebäude (5 Einheiten, 26 AP) - Effizienzhaus ~59%
1.462,30 m² BGF — 7.692 — **5,26** — 46,7

Datenkabel Kat7 (1.397m), Mini-Patchfelder, sechs Ports (8St), zwölf Ports (2St), Anschlussdosen RJ45 Kat7 (44St), Brandschotts (3St)

7600-0081 Feuerwehrstützpunkt (8 Fahrzeuge)
1.624,00 m² BGF — 21.011 — **12,94** — 11,5

19"-Netzwerkschrank, 42HE (1St), Patchfelder, 24 Ports (3St), Datendosen (35St), Datenkabel Cat6 (3.150m), Verteilerkasten (2St)

7700-0080 Weinlagerhalle, Büro
Herstellen (Kosten: 100,0%) — 4.793,63 m² BGF — 21.315 — **4,45** — 26,6

19"-Verteilerfelder (6St), Module 1xRJ45, Cat6 (124St), Duplex-Datenkabel (3.932m), LWL-Kabel (210m), Datendosen 2xRJ45, Cat6 (47St)

450 Kommunikations-, sicherheits- und informationstechnische Anlagen

450 Kommunikations-, sicherheits- und informationstechnische Anlagen

KG	Kostengruppe	Menge	Einheit	Kosten €	€/Einheit	%
	9100-0127 Gastronomie- und Veranstaltungszentrum					
	Herstellen (Kosten: 100,0%)	1.209,68	m² BGF	13.506	**11,17**	23,6
	19"-Serverschrank (1St), Verteilerfeld, 25-fach (1St), Patchfelder Cat6/7, 24xRJ45 (3St), Datendosen Cat6, 2xRJ45 (7St), Datenkabel (2.436m)					
	9100-0144 Kulturzentrum (550 Sitzplätze)					
	Herstellen (Kosten: 100,0%)	1.304,03	m² BGF	4.807	**3,69**	23,6
	19"-Verteilerschrank, 5HE (1St), Patchfelder, 24 Ports (2St), Datenanschlussdosen (14St), Datenkabel (1.489m)					
459	**Sonstiges zur KG 450**					
	5100-0124 Sporthalle (Dreifeldhalle, Einfeldhalle)					
	Herstellen (Kosten: 100,0%)	3.427,89	m² BGF	6.032	**1,76**	9,0
	LED-Spielstandsanzeige 3,00x3,50m (1St)					

Kostenkennwerte für die Kostengruppen 400 der 3. Ebene DIN 276

460 Förderanlagen

KG	Kostengruppe	Menge Einheit	Kosten €	€/Einheit	%
461	**Aufzugsanlagen**				

1300-0227 Verwaltungsgebäude (42 AP) - Effizienzhaus ~59%
	1.593,33 m² BGF	91.936	**57,70**	100,0

Personenaufzug, vier Personen, Förderhöhe 7,04m, drei Haltestellen (1St), Personen-Doppelscheren-Hublift, außen, rollstuhlgerecht, Tragkraft 300kg, Hubtisch 1,50x1,13cm, Hubhöhe 1,40m, dreiseitig umlaufende Glaswände (1St), Bodensäule (1St), Grubenrahmen, Edelstahl (1St)

1300-0231 Bürogebäude (95 AP)
	4.489,98 m² BGF	61.421	**13,68**	100,0

Personenaufzug, Traglast 1.125kg, 15 Personen, Förderhöhe 6,55m, Notrufsystem, drei Haltestellen (1St)

1300-0253 Bürogebäude (40 AP)
	1.142,82 m² BGF	49.927	**43,69**	100,0

Aufzugsanlage (1St)

1300-0269 Bürogebäude (116 AP), TG - Effizienzhaus ~51%
	6.765,20 m² BGF	159.564	**23,59**	100,0

Personenaufzüge, Tragkraft 630kg, Förderhöhe 13,65m, fünf Haltstellen, Kabinentüren Edelstahl, Kabinenwände VSG, Schachtentrauchung, Codekartenleser, Schlüsselschalter (2St)

1300-0271 Bürogebäude (350 AP), TG (45 STP)
	8.385,25 m² BGF	248.450	**29,63**	100,0

Aufzuggruppe, zwei Personenaufzüge, barrierefrei, 13 Personen, Tragkraft 1.000kg, acht Haltestellen, Förderhöhe 25,38m, 2-Knopf-Gruppen-Sammelsteuerung, Kabinengröße 110x210x230cm (1St), Portalbekleidungen, b=2,63m, h=3,16-3,67m, Stahlblech, beschichtet, rückseitig GK-Platten (8St)

1300-0279 Rathaus (85 AP), Bürgersaal
	2.687,64 m² BGF	55.983	**20,83**	100,0

Personenaufzug, drei Haltestellen, Förderhöhe 7,50m, Seilantrieb, Schlüsselschalter (1St)

4100-0161 Real- und Grundschule (13 Klassen, 300 Schüler) - Passivhaus
Herstellen (Kosten: 100,0%)
	3.617,76 m² BGF	73.966	**20,45**	100,0

Personenaufzug, Tragkraft 630kg, acht Personen, Förderhöhe 9,22m, fünf Haltestellen, zehn Zugänge (1St)

4100-0175 Grundschule (4 Lernlandschaften, 160 Schüler) - Effizienzhaus ~3%
	2.169,67 m² BGF	49.944	**23,02**	100,0

Personenaufzug 1,20x1,40m, Tragkraft 675kg, neun Personen, eine Haltestelle (1St)

4100-0189 Grundschule (12 Klassen, 360 Schüler) - Effizienzhaus ~72%
	3.330,00 m² BGF	74.774	**22,45**	100,0

Personenaufzug, getriebelos, ein Geschoss, Abnahme (1St)

4400-0250 Kinderkrippe (4 Gruppen, 50 Kinder)
	1.000,40 m² BGF	43.457	**43,44**	100,0

Personenaufzug, Tragkraft 630kg, acht Personen, Förderhöhe 3,20m, zwei Haltestellen, zwei Zugänge (1St), Kabinenbodenbelag, Parkett geklebt (2m²)

460 Förderanlagen

KG Kostengruppe	Menge	Einheit	Kosten €	€/Einheit	%
6100-1186 Mehrfamilienhaus (9 WE) - Effizienzhaus Plus	1.513,74	m² BGF	51.613	**34,10**	100,0

Maschinenraumloser Gurtaufzug, Tragkraft 630kg, acht Personen, Förderhöhe 12,06m, fünf Haltestellen, Edelstahl-Kabine 210x110x260cm (1St)

6100-1262 Mehrfamilienhaus, Dachausbau (2 WE)					
Abbrechen (Kosten: 0,4%)	450,47	m² BGF	339	**0,75**	0,4

Ausbau von Lastenaufzug, seitlich lagern

| Wiederherstellen (Kosten: 0,3%) | 450,47 | m² BGF | 235 | **0,52** | 0,3 |

Lastenaufzug beschichten (psch)

| Herstellen (Kosten: 99,3%) | 450,47 | m² BGF | 77.878 | **172,88** | 99,3 |

Personenaufzug, Tragkraft 300kg, Förderhöhe 8,40m, drei Haltestellen (1St)

| **6100-1311 Mehrfamilienhaus (4 WE), TG - Effizienzhaus ~55%** | 1.159,80 | m² BGF | 54.644 | **47,12** | 100,0 |

Personenaufzug, Tragkraft 630kg, acht Personen, Förderhöhe 9,50m, vier Haltestellen (1St)

| **6100-1337 Mehrfamilienhaus (5 WE) - Effizienzhaus ~33%** | 880,00 | m² BGF | 48.822 | **55,48** | 100,0 |

Personenaufzug, Tragkraft 630kg, acht Personen, vier Haltestellen, Förderhöhe 9,10m, Kabinengröße 110x140x220cm (1St)

| **6100-1383 Einfamilienhaus, Büro (10 AP), Gästeapartment - Effizienzhaus ~35%** | 770,00 | m² BGF | 70.171 | **91,13** | 100,0 |

Aufzugsanlage, vier Geschosse, Schachtgröße 1,80x1,67m, acht Personen, Tragkraft 630kg, Höhe 9,42m (1St)

| **6100-1400 Mehrfamilienhaus (13 WE), TG - Effizienzhaus 55** | 2.199,67 | m² BGF | 46.361 | **21,08** | 70,7 |

Aufzugsanlage, behindertengerecht, sechs Haltestellen (1St), Aufzugstüren beschichten (6St)

6100-1500 Mehrfamilienhaus (18 WE)					
Abbrechen (Kosten: 0,1%)	3.700,00	m² BGF	130	**< 0,1**	0,1

Abbruch von Speiseaufzug (1St); Entsorgung, Deponiegebühren

| Herstellen (Kosten: 99,9%) | 3.700,00 | m² BGF | 251.004 | **67,84** | 99,9 |

Glas-Personenaufzug, Tragkraft 375kg, fünf Haltestellen, Hydraulikantrieb, Fahrkorbmaße 162x69x240cm (1St), Schachtgerüst, Winkelkonstruktion, Verglasung mit Rahmen (psch), Fensterfolien (psch), Natursteinbelag (psch), LED-Lichtdecke (psch), Programmierung TFT-Bildschirm (psch)

| **7100-0052 Technologietransferzentrum** | 4.969,43 | m² BGF | 113.676 | **22,88** | 32,1 |

Personenaufzug, Tragkraft 800kg, Förderhöhe 7,70m, drei Haltestellen (1St), Datenpunkte (4St), Schachtleiter (1St)

7700-0080 Weinlagerhalle, Büro					
Herstellen (Kosten: 100,0%)	4.793,63	m² BGF	97.301	**20,30**	86,8

Personenaufzug, barrierefrei, Tragkraft 625kg, vier Personen, Förderhöhe 4,65m, zwei Haltestellen, Fahrkorbmaße 120x140x214cm (1St), Aufzugsschachtgerüst 2,00x2,40x7,25m, Stahlhohlprofile 100x100mm, VSG-Verglasungen (psch)

KG	Kostengruppe	Menge Einheit	Kosten €	€/Einheit	%

460 Förderanlagen

465 Krananlagen

7100-0052 Technologietransferzentrum
| | 4.969,43 m² BGF | 240.520 | **48,40** | 67,9 |

Einträgerbrückenkran, Kranbahn, Tragkraft 40t, Spannweite 13,45m (1St), Tragkraft 5t, Spannweite 10,44m (1St), Korrosionsschutz (psch)

9100-0127 Gastronomie- und Veranstaltungszentrum
Abbrechen (Kosten: 40,9%)
| | 1.209,68 m² BGF | 6.310 | **5,22** | 40,9 |

Abbruch von Kranteilstücken (psch); Entsorgung, Deponiegebühren
Wiederherstellen (Kosten: 59,1%)
| | 1.209,68 m² BGF | 9.119 | **7,54** | 59,1 |

Vorhandene Kranbahn sandstrahlen, Rostschutzbeschichtung (191m²)

9100-0144 Kulturzentrum (550 Sitzplätze)
Wiederherstellen (Kosten: 100,0%)
| | 1.304,03 m² BGF | 13.579 | **10,41** | 100,0 |

Umsetzen historischer Portalkräne, Kranbremsen demontieren, Übertragungswellen und Kranlaufwerke instandsetzen, manuelle Verschiebung der Kräne mit Brechstangen (167h), Stahlflächen der Portalkrananlagen trockeneisstrahlen, lose Beschichtungen entfernen, Spannweite=6,50m (2St)

469 Sonstiges zur KG 460

5100-0124 Sporthalle (Dreifeldhalle, Einfeldhalle)
Herstellen (Kosten: 100,0%)
| | 3.427,89 m² BGF | 31.688 | **9,24** | 100,0 |

Schrägaufzug, barrierefrei, Förderhöhe 1,40m (psch)

6100-1400 Mehrfamilienhaus (13 WE), TG - Effizienzhaus 55
| | 2.199,67 m² BGF | 19.174 | **8,72** | 29,3 |

Hebeplattform Transporthöhe 0,5m, Bodenblech (1St)

7700-0080 Weinlagerhalle, Büro
Herstellen (Kosten: 100,0%)
| | 4.793,63 m² BGF | 14.831 | **3,09** | 13,2 |

Hydraulische Überladebrücken (3St)

470 Nutzungsspezifische und verfahrenstechnische Anlagen

Kostenkennwerte für die Kostengruppen 400 der 3. Ebene DIN 276

KG	Kostengruppe	Menge Einheit	Kosten €	€/Einheit	%
471	**Küchentechnische Anlagen**				

1300-0231 Bürogebäude (95 AP)

		4.489,98 m² BGF	105.305	**23,45**	100,0

Großkücheneinrichtung mit Kühlschränken (2St), TK-Schrank (1St), Mikrowellen (2St), Kaffeemaschinen (4St), Dunstabzugshaube (1St), Geschirrspülanlage (1St), Schrankanlagen, Regalen, Waschbecken, Armaturen

4100-0161 Real- und Grundschule (13 Klassen, 300 Schüler) - Passivhaus

Herstellen (Kosten: 100,0%)

		3.617,76 m² BGF	30.179	**8,34**	56,1

Lehrküche: Einbauherde (4St), Dunstabzugshauben (4St) Geschirrspüler (1St), Kühlschrank (1St), Mikrowelle (1St), Spülen (2St), Abfallsammler (2St), Unterschränke 60x81cm (16St), 100x81cm (2St), Besteckeinsätze (6St), Oberschränke 60x65cm (5St), Hochschränke 60x57x205cm (2St), Arbeitsplatten, l=4,61m (2St), l=3,01m (1St), Lichtleisten (2St), Ausgabeküche: Geschirrspüler (1St), Kühlschrank (1St), Oberschränke 60x65cm (4St), Schiebetürschränke 100-140x60cm (3St), Hochschränke 60x57x205cm (2St), Arbeitsplatte, l=3,01m (1St), Wandboards 140x60cm (2St), Selbstbedienungswarmtisch 150x70x90cm (1St), Tablett-Gastrobehälter 53x32,5x20cm (4St), Abholung aus alter Schule, Aufbau von Spülmaschine (1St), Küchenblock 240x60x80cm, vierteilig, mit Arbeitsplatte (1St)

4100-0175 Grundschule (4 Lernlandschaften, 160 Schüler) - Effizienzhaus ~3%

		2.169,67 m² BGF	20.030	**9,23**	90,2

Kochfelder (4St), Backöfen (4St), Dunstabzugshauben (4St), Einbaukühlschränke (4St), Unterbaukühlschränke (1St), Geschirrspüler (1St), Mikrowellen (1St)

9100-0127 Gastronomie- und Veranstaltungszentrum

Herstellen (Kosten: 100,0%)

		1.209,68 m² BGF	40.498	**33,48**	100,0

Küchenlüftungshauben, Stützstrahltechnik (2St), Beleuchtungen (8St), UV-C-Luftreinigungsanlage (1St)

9100-0144 Kulturzentrum (550 Sitzplätze)

Herstellen (Kosten: 100,0%)

		1.304,03 m² BGF	1.510	**1,16**	62,5

Kühlzelle demontieren, transportieren, einbauen (1St)

472	**Reinigungs- und badetechnische Anlagen**				

5200-0013 Freibad

Herstellen (Kosten: 100,0%)

		4.363,92 m² BGF	882.070	**202,13**	100,0

Mehrschichtfilter 210m³/h, Plexiglas-Mannlochdeckel (6St), Schlammwasser-Schauglas DN400 (1St), Differenzdruck-Manometer (6St), Be-/Entlüftungsventile (6St), Übergabespeicher, Nutzinhalt 4,00m³ (1St), Wasserstandsrohre (5St), Kreiselpumpen 110-450m³/h (8St), Uniblockpumpen 12,5-120m³/h (6St), Abwasserblockpumpen 6m³/h, Grobfilter (2St), Druckluftanlage (1St), Verdichter (2St), Schalldämmhaube (1St), Druckluft-Trocknungsanlage (1St), Plattenumformer (5St), Desinfektions- und Dosieranlage: Gasdosiergeräte (3St), Marmorkiesbehälter (1St), Chlor-Vorratsbehälter 200l (1St), Dosierpumpen (9St), Dosierungsventile (4St), Injektoren (6St), Dosierstationen (7St), Mess- und Regelstationen (5St), Messwasserentnahmen (7St), Bodeneinströmkanäle, b=20cm (535m), Einströmdüsen (5St), Luftverteilsystem, zwölf Sitzplätze im Becken (13m), Flutventile (9St), Absaugewerke Beckenwand 450m³/h (2St), Schwalldusche (1St), Nackendusche (1St), Einströmtöpfe (7St), Luft-Wasser-Massagedüsen (3St), Stb-Sockel, Schalung, Bewehrung (11m³)

KG	Kostengruppe	Menge Einheit	Kosten €	€/Einheit	%

5200-0014 Hallenbad

	Abbrechen (Kosten: 3,4%)	780,52 m² BGF	4.408	**5,65**	3,4

Abbruch von Schwallwasserbehälter 5.000l, Verrohrung (1St), Rohrleitungen DN65-100, Formstücken (192m); Entsorgung, Deponiegebühren

	Wiederherstellen (Kosten: 17,8%)	780,52 m² BGF	23.392	**29,97**	17,8

Filtererneuerung: Filtermaterial entsorgen (psch), Filter DN1.400, h=1.700mm, Innenflächen strahlentrosten, beschichten (1St), Filtermaterial einbringen (1.775kg), Filterdüsen (160St), Warmwasser-Wärmetauscher (1St), Schaltschrank instandsetzen: Schaltschütz (1St), Reparatureinsatz (1St)

	Herstellen (Kosten: 78,8%)	780,52 m² BGF	103.256	**132,29**	78,8

Überlaufbehälter 20.000l, Armaturen, Steuerung (1St), PVC-Rohre DN90-225, Formstücke (138m), pneumatische Absperrklappen, Schaltkasten (5St), Probeentnahmeventile (3St), Schwimmbad: Rinnenabläufe (18St), Mauerdurchführungen (18St), Siebbleche (18St), Ansauggitter (2St), Ablaufstutzen V4A (18St), PVC-Rohre DN20-160, Formstücke (147m), Kernbohrungen, Rohrdurchführungen V2A, Epoxidharzabdichtung (18St)

473 Medienversorgungsanlagen, Medizin- und labortechnische Anlagen

4100-0161 Real- und Grundschule (13 Klassen, 300 Schüler) - Passivhaus

	Herstellen (Kosten: 100,0%)	3.617,76 m² BGF	23.630	**6,53**	43,9

Fachklassenabluft: Dachventilator 525m³/h, Schalldämmsockel, Regelung (1St), Deflektorhaube DN160 (1St), PP-Rohre DN110-200, Formstücke (35m), Drosselklappen DN110 (4St), DN200, mit Stellantrieb (1St), Anschlüsse an Laborschränke (4St), Abzug 120x82x190cm, fahrbar (1St), Augendusche (1St)

7100-0052 Technologietransferzentrum

	4.969,43 m² BGF	297.456	**59,86**	77,6

Sauerstoff: Armaturenblock (1St), Bündelbatterieanlage (1St), Signalgerät (1St), Entnahmestellen (13St), Argon: Entspannungsstation (1St), Signalgerät (1St), Entnahmestellen (11St), Helium: Entspannungsstation (1St), Entnahmestellen (6St), Stickstoff: Armaturenblock (1St), Tankanschluss (1St), Entnahmestellen (5St), mit Druckflussmesser (5St), Druckluft: Schraubenkompressor (1St), Druckluftbehälter 2.000l (1St), Kondensatableiter (1St), Drucklufttrockner (1St), Mikrofilter (1St), Aktivkohleadsorber (1St), Vorfilter(1St), Öl-Wasser-Trenner (1St), Entnahmestellen (45St), Kupferrohre DN12-42, Formstücke (1.520m), Rohrschotts als Wärmedämmung (42St), Profilstahlkonstruktion (3.044kg), Gaswarnzentrale (1St), Hupe (1St), Blinkleuchtfelder (2St), Transmitter (3St), Transmitterkabel (176m)

7600-0081 Feuerwehrstützpunkt (8 Fahrzeuge)

	1.624,00 m² BGF	33.064	**20,36**	46,2

Druckluftversorgungsanlage: Kolbenkompressor, Filterset (1St), C-Stahlrohre DN25, Formstücke (46m), DN20 (92m), Manometer (8St), Kugelhähne (10St), Kupplungsdosen (8St)

474 Feuerlöschanlagen

1300-0269 Bürogebäude (116 AP), TG - Effizienzhaus ~51%

	6.765,20 m² BGF	4.382	**0,65**	100,0

Schaumfeuerlöscher (27St), aufladbar (4St), Beschilderungen (29St), Pulver-Feuerlöscher, Beschilderung (2St), Handfeuerlöscher, Kohlensäure (1St)

470 Nutzungsspezifische und verfahrenstechnische Anlagen

470 Nutzungsspezifische und verfahrenstechnische Anlagen

KG Kostengruppe	Menge Einheit	Kosten €	€/Einheit	%
1300-0271 Bürogebäude (350 AP), TG (45 STP)	8.385,25 m² BGF	22.291	**2,66**	100,0
Feuerlöschanlage, Stahlrohre DN50-80, Formstücke (75m), Rohrschotts (10St), Stahl-Trag-konstruktion (75kg), Entnahmearmaturen (7St), Einspeisearmatur (1St), Be-/Entlüftungs-ventile (2St), Feuerwehrlaufkarten (2St), automatisch-hydraulische Entleerungen (2St)				
1300-0279 Rathaus (85 AP), Bürgersaal	2.687,64 m² BGF	38.394	**14,29**	100,0
PE-Druckrohre, D=110mm (57m), D=35-89mm, Formteile (27m), Löschwasser-Einspeiseschrank (1St), Löscheinrichtungen (3St), Entleerungsschacht (1St)				
4100-0175 Grundschule (4 Lernlandschaften, 160 Schüler) - Effizienzhaus ~3%	2.169,67 m² BGF	2.178	**1,00**	9,8
Schaum-Feuerlöscher (9St), Co2-Feuerlöscher (2St), Brandschutzzeichen (10St)				
4400-0298 Kinderhort (2 Gruppen, 40 Kinder) - Effizienzhaus ~30%	316,83 m² BGF	980	**3,09**	100,0
Feuerlöscher, Löschdecken (psch)				
5200-0013 Freibad Herstellen (Kosten: 100,0%)	4.363,92 m² BGF	279	**< 0,1**	< 0,1
Feuerlöscher 6kg (3St)				
6100-1186 Mehrfamilienhaus (9 WE) - Effizienzhaus Plus	1.513,74 m² BGF	1.052	**0,69**	100,0
Löscheinrichtung (1St), Feuerlöscher 6kg (1St), 12kg (1St)				
7100-0052 Technologietransferzentrum	4.969,43 m² BGF	3.056	**0,62**	0,8
Feuerlöscher 5kg, CO_2 (26St)				
7700-0080 Weinlagerhalle, Büro Herstellen (Kosten: 100,0%)	4.793,63 m² BGF	29.423	**6,14**	100,0
Löschwasserverteiler (1St), Stahlrohre DN80-100, Formstücke (124m), Absperrklappen DN65-100 (4St), Scheibenventil DN100 (1St), Kugelhahn (1St), Schneckengetriebe mit Handrad, Wanddurch-führung (1St)				
9100-0144 Kulturzentrum (550 Sitzplätze) Herstellen (Kosten: 100,0%)	1.304,03 m² BGF	906	**0,69**	37,5
Pulver-Mehrzweck-Feuerlöscher (9St)				

KG	Kostengruppe	Menge Einheit	Kosten €	€/Einheit	%
475	**Prozesswärme-, kälte- und -luftanlagen**				

7100-0052 Technologietransferzentrum

	4.969,43 m² BGF	82.703	**16,64**	21,6

Ventilatoren 7.500-15.000m³/h, Schweißabsaugung (1St), 12.000m³/h, Prozessabluft (1St), Kunststoff-Radialventilator 3.000m³/h (1St), Ventilatoren 200-1.800m³/h (2St), Rohrventilator (1St), Schalldämmbox (1St), Schalldämpfer (1St), PP-Rohre DN100-250, Formstücke (116m), Saugschlitzkanal (44m), Saugwagen (1St), Absaugarme DN160, l=3,00m (2St), DN200 (1St), Segeltuchstutzen (16St), Abgastülle, Bowdenzug (1St), Abgasschläuche DN150 (8St), Volumenstromregler (8St), Reparaturschalter (1St), Motorschutzschalter (1St)

7600-0081 Feuerwehrstützpunkt (8 Fahrzeuge)

	1.624,00 m² BGF	38.535	**23,73**	53,8

Absauganlagen für Fahrzeugabgase, mitfahrend (8St), Radialventilator, Schalldämmhaube, Steuerung (1St), Wickelfalzrohre DN100-355, Formstücke (125m), Drosselklappe, Schalldämpfer, Deflektorhaube (1St)

470 Nutzungsspezifische und verfahrenstechnische Anlagen

480 Gebäude- und Anlagenautomation

Kostenkennwerte für die Kostengruppen 400 der 3. Ebene DIN 276

KG	Kostengruppe	Menge Einheit	Kosten €	€/Einheit	%
481	**Automationseinrichtungen**				

1300-0227 Verwaltungsgebäude (42 AP) - Effizienzhaus ~59%

		1.593,33 m² BGF	107.314	**67,35**	78,7

EIB-Anlage: IP-Schnittstelle (1St), USB-Schnittstellen (3St), Heizungsaktoren, sechsfach (6St), vierfach (1St), Schaltaktoren, vierfach (3St), achtfach (9St), Jalousieaktoren, achtfach (10St), vierfach (4St), KNX-Wetterstation (1St), KNX-Raumkontroller-Module (32St), KNX-Taster (8St), Tastsensoren, vierfach (41St), Temperaturmesswertgeber (35St), Tastsensor-Erweiterungsmodule (14St), Bus-Ankoppler (27St), Spannungsversorgungen (4St)

1300-0231 Bürogebäude (95 AP)

		4.489,98 m² BGF	123.688	**27,55**	75,5

Fühler (45St), Steuerungen (12St), Module (30St), Dreiwegeventile (11St), Stellantriebe (7St), Bediengeräte, Tableaus (5St)

1300-0253 Bürogebäude (40 AP)

		1.142,82 m² BGF	36.555	**31,99**	54,1

Automationsstation (1St), LON-Schnittstelle (1St), Überspannungsschutz (3St), Verteilerkästen FBH (2St), Temperaturfühler (34St), Luftqualitätsfühler (2St), Stellantriebe (44St), Dreiwegeventile DN50 (3St), Drosselklappen (2St), Stecker mit Kabel (41St)

1300-0254 Bürogebäude (8 AP) - Effizienzhaus ~73%

		226,00 m² BGF	7.654	**33,87**	100,0

Smart-Home-Panel 155x218x29mm, Aufputzmontage, Display 17,8cm (7"), Busanschluss, elf Verbrauchseinheiten, TFT-Touch-Display (2St), Access-Point (1St), Wetterstation (1St), Schaltaktor, achtfach (1St), Jalousieaktor, vierfach (1St), Dimmaktor, vierfach (1St), Einbau-Audiomodul (1St), Kameramodul (1St)

1300-0269 Bürogebäude (116 AP), TG - Effizienzhaus ~51%

		6.765,20 m² BGF	199.480	**29,49**	43,7

ID-Automationsgerät (1St), ID-Basismodule (21St), ID-Eingangsmodule (11St), ID-Ausgangsmodule (7St), KNX-Temperaturregler (73St), KNX-Tastsensoren (89St), KNX-Präsenzmelder (26St), EIB-Gateways (17St), Ansteuerung Brandschutzklappen (33St), Rauchmelderüberwachungen (8St), Ventilansteuerungen (33St), Pumpensteuerungen (5St), Feuchteüberwachung (19St), Heizungsaktoren (48St), ID-Softwaremodule (90St), KNX-Linien-Bereichskoppler (29St), Programmierung, Lizenzen

1300-0271 Bürogebäude (350 AP), TG (45 STP)

		8.385,25 m² BGF	596.150	**71,10**	58,2

Automationsstationen (22St), Managementfunktionen (7.664St), Ein-/Ausgabefunktionen (7.176St), Bedienfunktionen (5.993St), Verarbeitungsfunktionen (1.122St), Touchpanels (4St), M-Bus-Regelwandler (2St), Busankoppler (142St), EIB-Interfaces (17St), Sensoren (395St), Aktoren (740St), Raumcontroller-Module (42St), Einbruchmeldezentralen (17St), Wetterstation (1St)

KG	Kostengruppe	Menge Einheit	Kosten €	€/Einheit	%

4100-0161 Real- und Grundschule (13 Klassen, 300 Schüler) - Passivhaus
Herstellen (Kosten: 100,0%) 3.617,76 m² BGF 151.016 **41,74** 69,2

Automationsstation, 19"-Bildschirmeinheit, Systemdrucker, Modem, Software (1St), grafische Anlagenbilder (92St), Animationspunkte (581St), Basisgeräte für Wärmepumpe (1St), für Heizungsregelung (1St), für Lüftung (1St), für Raumregler (4St), Schnittstellenmodule (2St), Relaismodule (2St), Erweiterungseinheiten, vier Steckplätze (7St), Verbindungsstecker (6St), Verbindungskabel (2St), Eingangsmodule (22St), Ausgangsmodule (17St), Feldbusmodule (16St), Bediengeräte 8x20 Zeichen (2St), Raumbediengeräte (88St), Temperaturfühler (37St), Luftqualitätsfühler (33St), Feuchtefühler (2St), Motor-Dreiwegeventile (3St), Differenzdruckschalter (8St), Klappenstellantriebe (6St), Frostschutzthermostate (2St), Differenzdrucktransmitter (4St), Projektierung, Programmierung, Inbetriebnahme, Dokumentation (psch)

4100-0175 Grundschule (4 Lernlandschaften, 160 Schüler) - Effizienzhaus ~3%
 2.169,67 m² BGF 95.305 **43,93** 94,9

KNX-Anlage (1St), Hauptschalter, vierpolig (1St), Spannungsversorgung 640mA (5St), LS-Schalter, dreipolig (6St), einpolig (66St), FI-Schalter (4St), Jalousieaktor (8St), Wetterstation (1St), Kombisensor (1St), Dämmerungsschalter (1St), Überspannungsschutz (6St), Präsenzmelder (64St), HK-Stellventile (54St), Stetigreglermodule (22St), Dali Gateway (4St), Tastermodule (19St), Steuereinheit (1St), Anzeigepaneel (1St)

4400-0250 Kinderkrippe (4 Gruppen, 50 Kinder)
 1.000,40 m² BGF 24.129 **24,12** 96,2

EIB-Spannungsversorgung (3St), Linienkoppler (2St), USB-Schnittstelle (1St), Jahresschaltuhr, DCF (1St), KNX-Applikationsbausteine (2St), KNX-Wetterstation (1St), Schaltaktoren, achtfach (4St), vierfach (4St), Jalousieaktor, achtfach (1St), vierfach (1St), Binäreingang, vierfach (1St), EIB-Schnittstellen (2St), Sensoren (65St), Automatikschalter (3St), EIB-Präsenzmelder (5St), KNX-Helligkeitsregler (10St), Kombi-Ableiter (1St), Brandschotts (11St)

4400-0298 Kinderhort (2 Gruppen, 40 Kinder) - Effizienzhaus ~30%
 316,83 m² BGF 13.202 **41,67** 52,0

KNX-Tastensensormodule (4St), Programmierung (psch), KNX-Stetigregler (5St), KNX-Stellventile für Heizkörper (13St), KNX-Präsenzmelder (1St)

5200-0013 Freibad
Herstellen (Kosten: 100,0%) 4.363,92 m² BGF 78.521 **17,99** 44,9

Automationsstation, Systemsoftware (1St), Bedien- und Beobachtungsgerät (1St), Steuertableaus (3St), LCD-Bedieneinheit (1St), ADSL-Router (1St), Eingänge, binär (626St), analog (74St), Ausgänge, binär (200St), analog (18St), Datenpunkte (918St), Gateway (1St), Aktoren (39St), Sensoren (44St)

5200-0014 Hallenbad
Herstellen (Kosten: 100,0%) 780,52 m² BGF 18.307 **23,46** 94,6

DALI-Gateway, einfach, 16 Gruppen (1St), Präsenz-, Bewegungsmelder KNX (14St), Dämmerungsschalter (1St), USB-Schnittstelle (1St), KNX Smart Panel (1St), Tastsensoren KNX, einfach (5St), zweifach (5St), vierfach (1St), Binäreingang, vierfach (1St), Schaltausgänge, vierfach (3St), achtfach (2St), Taster KNX (4St), Dimmaktor KNX, achtfach (1St), Spannungsversorgung KNX (1St)

6100-1289 Einfamilienhaus, Garage - Effizienzhaus ~31%
 286,85 m² BGF 11.738 **40,92** 97,8

Energiesparsystem, Verteiler Cat6 (1St)

480 Gebäude- und Anlagenautomation

KG	Kostengruppe	Menge	Einheit	Kosten €	€/Einheit	%

6100-1442 Einfamilienhaus - Effizienzhaus 55
| | 345,90 | m² BGF | 5.934 | **17,16** | 100,0 |

Spannungsversorgung BUS-System (1St), Basisstation (1St), Schaltaktoren, achtfach (2St), vierfach (3St), Jalousieaktoren, vierfach (2St), Heizungsaktoren, sechsfach (2St), Universaldimmer (1St)

7100-0052 Technologietransferzentrum
| | 4.969,43 | m² BGF | 116.215 | **23,39** | 54,6 |

Automationsstationen (3St), LCD-Bedien- und Beobachtungseinheiten (3St), Binäreingänge (336St), Binärausgänge (88St), Analogeingänge (92St), Analogausgänge (36St), Koppelrelais (102St), Temperaturfühler (48St), Keilriemenwächter (4St), Regelventile (16St), Stellantriebe (13St), Absperrklappen (5St), Differenzdruckschalter (7St), Druckregler (4St), Rauchauslöseeinrichtungen (2St), Messumformer (7St), Frequenzumrichter (6St), Frostschutzthermostate (3St), Hygrostat (1St)

7600-0081 Feuerwehrstützpunkt (8 Fahrzeuge)
| | 1.624,00 | m² BGF | 10.288 | **6,33** | 89,1 |

KNX-Sonnenschutzsteuerung, acht Jalousieaktoren, Wetterstation, Funkantenne (1St), KNX-Beleuchtungsanlagen (2St), Tasterschnittstellen, vierfach (13St), zweifach (8St), Relais (8St)

7700-0080 Weinlagerhalle, Büro
Herstellen (Kosten: 100,0%)
| | 4.793,63 | m² BGF | 4.498 | **0,94** | 75,0 |

MSR-Technik für Feuchte- und Temperaturüberwachung (psch)

9100-0127 Gastronomie- und Veranstaltungszentrum
Herstellen (Kosten: 100,0%)
| | 1.209,68 | m² BGF | 15.996 | **13,22** | 59,6 |

Lichttechnik: KNX-Spannungsversorgung (3St), Linienkoppler (1St), Datenschnittstelle (1St), Wetterstation (1St), Jahresschaltuhr (1St), Jalousieaktoren (12St), Schaltaktoren, sechs- bis achtfach (10St), Dimmaktoren (4St), Binäreingänge (28St), Tastsensor, vierfach (1St)

9100-0144 Kulturzentrum (550 Sitzplätze)
Herstellen (Kosten: 100,0%)
| | 1.304,03 | m² BGF | 16.954 | **13,00** | 43,8 |

Automationsstation für Lüftung (1St), Gateway-Modul, 32 Zähler, M-Bus (3St), VPN-Router (1St), Patchkabel Cat7 (4St), Anlagenbilderstellung (28St), Inbetriebnahme

482 Schaltschränke, Automation

1300-0227 Verwaltungsgebäude (42 AP) - Effizienzhaus ~59%
| | 1.593,33 | m² BGF | 16.768 | **10,52** | 12,3 |

MSR-Schaltschrank, bestückt (1St), Motorsteuerungen (9St), Melde-/Anzeigemodule (20St), Brandschutzklappensteuerungen (21St)

1300-0231 Bürogebäude (95 AP)
| | 4.489,98 | m² BGF | 26.590 | **5,92** | 16,2 |

Schaltschränke (3St)

1300-0253 Bürogebäude (40 AP)
| | 1.142,82 | m² BGF | 14.787 | **12,94** | 21,9 |

Schaltschrank (1St), Überspannungsschutz (3St), Einspeisung 400V (1St), Phasenlampe (1St), Phasenüberwachung (1St), Netzwiederkehrschaltung (1St), Steckdose (1St), Trafos (2St), Hilfsschutz (1St), Netzabgänge (4St), Aufschaltungen für Stellbefehle (30St), für Messwerte (24St), Motorsteuerungen (4St), Fernbedientableau (1St)

KG	Kostengruppe	Menge Einheit	Kosten €	€/Einheit	%

1300-0269 Bürogebäude (116 AP), TG - Effizienzhaus ~51%

		6.765,20 m² BGF	59.001	8,72	12,9

Standgehäuse 1,00x1,80x0,40m, Sockel (2St), Hauptschalter mit Sicherungen, 400V (2St), Überspannungsschutz, Geräteschutz (2St), FI-Schutzschalter (2St), Drehstromzähler (33St), Sicherungsautomaten (12St), Bedieneinheit (1St), Programmierung, Inbetriebnahme

1300-0271 Bürogebäude (350 AP), TG (45 STP)

		8.385,25 m² BGF	186.537	22,25	18,2

Schaltschränke 100x80x330cm (2St), Schrankfelder 180x80x40cm (50St), 19"-Trägerrahmen (5St), Sicherheitssteuerungen (94St), Leistungsbaugruppen (19St), Überspannungsschutzgeräte (62St), Spannungsversorgungen (52St), Einspeisungen mit Lasttrennschalter (23St), Schutzschalter (75St), LVB-Module (54St), Switches (30St), Medienkonverter (22St)

1300-0279 Rathaus (85 AP), Bürgersaal

		2.687,64 m² BGF	32.213	11,99	46,2

Schaltschränke (3St), Mantelleitungen (101m), Fernmeldeleitungen (125m), Panzerrohre (16m), Trafos (8St), Spannungsschutz (6St), FI-Schutzschalter (2St)

4100-0161 Real- und Grundschule (13 Klassen, 300 Schüler) - Passivhaus

Herstellen (Kosten: 100,0%)

		3.617,76 m² BGF	21.129	5,84	9,7

Standschränke 80x180x40cm, Beleuchtung, Steckdosen Einspeisung 400V, Trafo, Netzwiederkehrschaltung, Blitzschutz (2St), Steuergeräte (27St), Schaltgeräte (100St), Sammelstöranzeigen (2St)

4400-0298 Kinderhort (2 Gruppen, 40 Kinder) - Effizienzhaus ~30%

		316,83 m² BGF	6.077	19,18	23,9

Schaltaktoren, achtfach (2St), Jalousieaktor, achtfach (1St), Wetterzentrale (1St), Applikationsbaustein (1St), Dali-Gateway (1St), Analogausgang (1St), Spannungsversorgung (1St), Schnittstellenumsetzer (1St), Sicherheitstrafo (1St)

5200-0013 Freibad

Herstellen (Kosten: 100,0%)

		4.363,92 m² BGF	42.620	9,77	24,3

Schaltschränke Badewassertechnik (4St), Lüftungstechnik (2St), Haupteinspeisung (1St), Zähler (1St), Stromversorgungen (3St), Not-Aus-Schaltung (1St), Motorleistungsgruppen (40St), Trockenlaufschutz (7St), Steckdosen (4St), Abgänge für Aktoren (218St), Schnittstellen zu Feldgeräten (6St), Aufschaltungen von Feldgeräten (101St), Niveausteuerung (1St), Chlorgasraumüberwachung (1St)

7100-0052 Technologietransferzentrum

		4.969,43 m² BGF	38.898	7,83	18,3

Schaltschränke (5St), Bedientableau (1St), Leuchttaster (13St), Meldungen (21St), Steuerrelais (83St), Überwachungsgeräte (6St), Quittierungen (3St), Spannungsmessungen (3St), Spannungsversorgungen (6St), Einspeisungen Nennstrom (3St), Sicherungen (28St), FI-Schutzschalter (4St), Sicherungsabgänge (4St), Motorsteuereinheit (1St), Wechselstrommotoren (10St), Drehstrommotoren (10St)

9100-0144 Kulturzentrum (550 Sitzplätze)

Herstellen (Kosten: 100,0%)

		1.304,03 m² BGF	11.627	8,92	30,0

Standschrank (1St), Einspeisung 400VAC (1St), Netzableiter (1St), Phasenlampe (1St), Netzwiederkehrschaltung (1St), Spannungstrafo (1St), Sicherheitstrafo (1St), Motorsteuerung (5St), Netzabgang (2St), Schrankbeleuchtung (1St), Überwachung von: Druck (2St), Temperatur (2St), Filter (3St), Strömung (2St), Klappen (6St), Rauchmelder (1St)

480 Gebäude- und Anlagenautomation

KG	Kostengruppe	Menge Einheit	Kosten €	€/Einheit	%
483	**Automationsmanagement**				
	1300-0271 Bürogebäude (350 AP), TG (45 STP)	8.385,25 m² BGF	47.193	**5,63**	4,6
	Datenverarbeitungseinrichtung (1St), Bedienstation (1St), DVD-Laufwerk (1St), Drucker (1St), Software (psch), Managementfunktionen (514St), Bedienfunktionen (447St)				
	1300-0279 Rathaus (85 AP), Bürgersaal	2.687,64 m² BGF	19.943	**7,42**	28,6
	Funk-Raumbediengeräte, Steuerungen (8St), LED-Tableau (1St), digitales Regelgerät (1St), Mess-/Steuer- und Regelpunkte				
	4400-0298 Kinderhort (2 Gruppen, 40 Kinder) - Effizienzhaus ~30%	316,83 m² BGF	4.726	**14,92**	18,6
	Projektierung aller KNX-Geräte, Software (psch)				
	9100-0127 Gastronomie- und Veranstaltungszentrum Herstellen (Kosten: 100,0%)	1.209,68 m² BGF	8.906	**7,36**	33,2
	Touch-Infoterminal (1St), Gateways für Beleuchtungsanlage (3St), Programmierungen (2St)				
484	**Kabel, Leitungen und Verlegesysteme**				
	1300-0227 Verwaltungsgebäude (42 AP) - Effizienzhaus ~59%	1.593,33 m² BGF	2.073	**1,30**	1,5
	EIB-Leitungen (850m)				
	1300-0231 Bürogebäude (95 AP)	4.489,98 m² BGF	13.007	**2,90**	7,9
	Mantelleitungen (3.526m)				
	1300-0253 Bürogebäude (40 AP)	1.142,82 m² BGF	12.050	**10,54**	17,8
	PVC-Steuerleitungen (272m), Mantelleitungen NYM (45m), Leerrohre (38m), Kabelrinnen (30m), Flexschläuche (25m), Potenzialausgleichsschienen (2St), Abzweigdosen (10St)				
	1300-0271 Bürogebäude (350 AP), TG (45 STP)	8.385,25 m² BGF	172.774	**20,60**	16,9
	Mantelleitungen NYM-J (14.290m), NHMH-J (1.260m), Installationskabel J-Y(ST)Y (10.490m), Kabelrinnen, Formstücke (2.440m), Ausleger (1.040m), Stiele (40m), Leerrohre (302m), Steigleitern (40m), Brandschotts (160St), Brandschutzbekleidungen I30 (40m²)				
	1300-0279 Rathaus (85 AP), Bürgersaal	2.687,64 m² BGF	17.595	**6,55**	25,2
	Fernmeldeleitungen (1.575m), Mantelleitungen (420m), Panzerrohre (131m), Verbindungsdosen (42St), Luftmengenmessungen (28St)				
	4100-0161 Real- und Grundschule (13 Klassen, 300 Schüler) - Passivhaus Herstellen (Kosten: 100,0%)	3.617,76 m² BGF	19.617	**5,42**	9,0
	Mantelleitungen NYM-J (918m), Kabelkanäle (169m), Abzweigdosen (235St)				

KG	Kostengruppe	Menge Einheit	Kosten €	€/Einheit	%

4100-0175 Grundschule (4 Lernlandschaften, 160 Schüler) - Effizienzhaus ~3%
| | | 2.169,67 m² BGF | 5.164 | **2,38** | 5,1 |

Profibus L2, halogenfrei (2.180m)

4400-0298 Kinderhort (2 Gruppen, 40 Kinder) - Effizienzhaus ~30%
| | | 316,83 m² BGF | 1.398 | **4,41** | 5,5 |

Busleitungen (401m), luftdichte Kabelmanschetten (26St)

5200-0013 Freibad
Herstellen (Kosten: 100,0%)
| | | 4.363,92 m² BGF | 39.081 | **8,96** | 22,3 |

Mantelleitungen NYM-J (4.844m), Installationskabel J-Y(ST)Y (4.371m), A-2(L)2Y (98m), Kunststoffkabel NYY-J (118m), NYCWY (50m)

5200-0014 Hallenbad
Herstellen (Kosten: 100,0%)
| | | 780,52 m² BGF | 1.047 | **1,34** | 5,4 |

EIB-Leitungen (506m)

7100-0052 Technologietransferzentrum
| | | 4.969,43 m² BGF | 14.693 | **2,96** | 6,9 |

Abzweigdosen (228St), Leerrohre (309m), Kabelrinnen (56m), Steigtrassen (37m)

7700-0080 Weinlagerhalle, Büro
Herstellen (Kosten: 100,0%)
| | | 4.793,63 m² BGF | 1.503 | **0,31** | 25,0 |

Fernmeldeleitungen J-Y(ST)Y (997m), Leerrohre (79m)

9100-0144 Kulturzentrum (550 Sitzplätze)
Herstellen (Kosten: 100,0%)
| | | 1.304,03 m² BGF | 10.140 | **7,78** | 26,2 |

J-Y(St)Y Fernmeldeleitungen (1.596m), Mantelleitungen NYM (130m), Installationsrohre (141m), Kabelpritschen (29m)

485 Datenübertragungsnetze

1300-0227 Verwaltungsgebäude (42 AP) - Effizienzhaus ~59%
| | | 1.593,33 m² BGF | 10.211 | **6,41** | 7,5 |

DDC-Automationsstation, Projektierung (1St), Überspannungsschutz (2St), Datenkabel (3m), Cat-Module (2St)

1300-0231 Bürogebäude (95 AP)
| | | 4.489,98 m² BGF | 618 | **0,14** | 0,4 |

Datenkabel (188m)

1300-0253 Bürogebäude (40 AP)
| | | 1.142,82 m² BGF | 4.209 | **3,68** | 6,2 |

Messleitungen J-Y(ST)Y (1.383m)

1300-0269 Bürogebäude (116 AP), TG - Effizienzhaus ~51%
| | | 6.765,20 m² BGF | 198.304 | **29,31** | 43,4 |

Datenkabel 4P CAT (20.079m), EIB-Leitungen J-Y (3.249m²), LWL-Glasfaserkabel (1.262m), Kupferleitungen (154m), Kabelbahnen (33m), Kabelsammelhalter (281St), Projektierung (psch)

480 Gebäude- und Anlagenautomation

KG Kostengruppe	Menge Einheit	Kosten €	€/Einheit	%
1300-0271 Bürogebäude (350 AP), TG (45 STP)	8.385,25 m² BGF	22.331	**2,66**	2,2
Bus-Leitungen YCYM (4.700m), LWL-Kabel (3.000m), LWL-Switch (1St), LWL-Verteilerkasten (1St), Datenkabel Cat6, l bis 100m, Stecker (8St)				
4100-0161 Real- und Grundschule (13 Klassen, 300 Schüler) - Passivhaus Herstellen (Kosten: 100,0%)	3.617,76 m² BGF	26.621	**7,36**	12,2
Installationskabel J-Y(ST)Y (6.580m), Datenkabel Cat7 (74m), J-2Y(ST)Y (62m)				
4400-0250 Kinderkrippe (4 Gruppen, 50 Kinder)	1.000,40 m² BGF	952	**0,95**	3,8
EIB-Leitungen (702m)				
5200-0013 Freibad Herstellen (Kosten: 100,0%)	4.363,92 m² BGF	14.830	**3,40**	8,5
Busleitungen (271m), Steuerleitungen YSLY-JZ (290m), YSLYCY-JZ (149m), Netzwerkkabel Cat7, RJ45-Stecker (psch)				
6100-1289 Einfamilienhaus, Garage - Effizienzhaus ~31%	286,85 m² BGF	260	**0,91**	2,2
EIB-Leitungen (20m), Patchkabel Cat5 (5St)				
7100-0052 Technologietransferzentrum	4.969,43 m² BGF	43.147	**8,68**	20,3
Energie-Steuerleitungen NYM (7.670m), Melde-/Messleitungen J-Y(ST)Y (8.434m)				
7600-0081 Feuerwehrstützpunkt (8 Fahrzeuge)	1.624,00 m² BGF	1.255	**0,77**	10,9
Busleitungen YCYM (600m)				
9100-0127 Gastronomie- und Veranstaltungszentrum Herstellen (Kosten: 100,0%)	1.209,68 m² BGF	1.950	**1,61**	7,3
EIB-Busleitungen (1.066m)				

Kostenkennwerte für die Kostengruppen 400 der 3. Ebene DIN 276

490 Sonstige Maßnahmen für technische Anlagen

KG	Kostengruppe	Menge Einheit	Kosten €	€/Einheit	%
491	**Baustelleneinrichtung**				

1300-0227 Verwaltungsgebäude (42 AP) - Effizienzhaus ~59%

	1.593,33 m² BGF	3.337	**2,09**	50,0

Mannschaftscontainer (psch)

1300-0269 Bürogebäude (116 AP), TG - Effizienzhaus ~51%

	6.765,20 m² BGF	4.566	**0,67**	54,9

Baustelleneinrichtungen (3St), Baubeleuchtung (psch)

1300-0271 Bürogebäude (350 AP), TG (45 STP)

	8.385,25 m² BGF	659	**< 0,1**	1,6

Baustelleneinrichtung für Gewerk Aufzug (psch)

1300-0279 Rathaus (85 AP), Bürgersaal

	2.687,64 m² BGF	3.069	**1,14**	65,6

Baustelleneinrichtung (1St)

4100-0161 Real- und Grundschule (13 Klassen, 300 Schüler) - Passivhaus
Herstellen (Kosten: 100,0%)

	3.617,76 m² BGF	1.631	**0,45**	100,0

Kran für Lüftungstürme (1St)

4100-0175 Grundschule (4 Lernlandschaften, 160 Schüler) - Effizienzhaus ~3%

	2.169,67 m² BGF	2.737	**1,26**	100,0

Baustelleneinrichtung (1St), Baustromverteiler (2St)

5100-0115 Sporthalle (Einfeldhalle) - Effizienzhaus ~68%

	737,13 m² BGF	481	**0,65**	100,0

Baustelleneinrichtung (1St), Bautür (1St)

5100-0124 Sporthalle (Dreifeldhalle, Einfeldhalle)
Herstellen (Kosten: 100,0%)

	3.427,89 m² BGF	6.187	**1,80**	100,0

Baustelleneinrichtungen, technische Gewerke (4St), Mobilkran (1St)

5300-0017 DLRG-Station, Ferienwohnungen (4 WE)

	727,75 m² BGF	213	**0,29**	25,1

Baustelleneinrichtung (1St)

6100-1483 Mehrfamilienhaus (6 WE)
Herstellen (Kosten: 100,0%)

	898,76 m² BGF	259	**0,29**	96,5

Baustelleneinrichtung (1St), Bauwasseranschluss (1St)

7100-0052 Technologietransferzentrum

	4.969,43 m² BGF	23.828	**4,79**	59,5

Baustelleneinrichtungen (2St), Baustromanschlüsse für Kranbahnen (2St)

9100-0127 Gastronomie- und Veranstaltungszentrum
Herstellen (Kosten: 100,0%)

	1.209,68 m² BGF	6.743	**5,57**	37,0

Baustelleneinrichtungen (4St), Verkehrssicherung (psch)

© BKI Baukosteninformationszentrum — Kostenstand: 4.Quartal 2021, Bundesdurchschnitt, **inkl. 19% MwSt.**

490 Sonstige Maßnahmen für technische Anlagen

KG	Kostengruppe	Menge Einheit	Kosten €	€/Einheit	%
	9100-0144 Kulturzentrum (550 Sitzplätze) Herstellen (Kosten: 100,0%) Baustellenbeleuchtung: Anbauleuchten (8St), Gummischlauchleitungen (180m), Schalter (1St), Steckdose (1St)	1.304,03 m² BGF	844	0,65	100,0
492	**Gerüste**				
	1300-0227 Verwaltungsgebäude (42 AP) - Effizienzhaus ~59% Arbeitsbühne (psch)	1.593,33 m² BGF	834	0,52	12,5
	1300-0269 Bürogebäude (116 AP), TG - Effizienzhaus ~51% Arbeitsgerüste 3,00x1,50m, fahrbar (2St)	6.765,20 m² BGF	652	0,10	7,8
	1300-0271 Bürogebäude (350 AP), TG (45 STP) Rollgerüst, h bis 15m (1St), h bis 3,50m (1St), Arbeitsgerüst für Gewerk Aufzug (psch)	8.385,25 m² BGF	18.832	2,25	45,2
	1300-0279 Rathaus (85 AP), Bürgersaal Rollgerüste, Arbeitshöhe 8m (2St)	2.687,64 m² BGF	1.609	0,60	34,4
	4400-0298 Kinderhort (2 Gruppen, 40 Kinder) - Effizienzhaus ~30% Montagebühne (1St)	316,83 m² BGF	356	1,12	66,7
	5200-0013 Freibad Herstellen (Kosten: 100,0%) Gerüste (psch)	4.363,92 m² BGF	1.980	0,45	100,0
	7100-0052 Technologietransferzentrum Teleskop-Arbeitsbühnen, h bis 14,00m (17St), Scheren-Hubbühne, Hubhöhe 12,00m (1St), Rollgerüste, h=5,00m (2St), h=6,00m (1St), Innengerüste, h=2,20-4,50m (psch)	4.969,43 m² BGF	16.218	3,26	40,5
	7700-0080 Weinlagerhalle, Büro Herstellen (Kosten: 100,0%) Scherenarbeitsbühnen (12d), Gelenk-Teleskopbühne (3d), Hubbühne (psch), Gerüst (psch)	4.793,63 m² BGF	5.387	1,12	100,0
	9100-0127 Gastronomie- und Veranstaltungszentrum Herstellen (Kosten: 100,0%) Gerüste, Hebezeuge für Einbau Klimaanlagen (psch), RWA (1St)	1.209,68 m² BGF	11.375	9,40	62,4
494	**Abbruchmaßnahmen**				
	1300-0227 Verwaltungsgebäude (42 AP) - Effizienzhaus ~59% Abbruch von Trinkwasserleitungen DN100 (psch), Heizungsleitungen (psch); Entsorgung, Deponiegebühren	1.593,33 m² BGF	2.504	1,57	37,5

490
Sonstige Maßnahmen
für technische
Anlagen

KG	Kostengruppe	Menge Einheit	Kosten €	€/Einheit	%
495	**Instandsetzungen**				

1300-0269 Bürogebäude (116 AP), TG - Effizienzhaus ~51%

	6.765,20 m² BGF	3.105	**0,46**	37,3

Reparaturen, Heizleitungen in Betondecken (3St)

5300-0017 DLRG-Station, Ferienwohnungen (4 WE)

	727,75 m² BGF	272	**0,37**	32,1

Beschädigte Leitungsverbindung Außenbeleuchtung wieder herstellen: Mantelleitungen (21m), Klemmkasten (1St)

6100-1383 Einfamilienhaus, Büro (10 AP), Gästeapartment - Effizienzhaus ~35%

	770,00 m² BGF	4.671	**6,07**	100,0

Auswechseln Grundleitungen (psch), Kamerabefahrung Bestandskanalisation, Dokumentation, Protokoll, Reparatur (psch)

6100-1500 Mehrfamilienhaus (18 WE)
Wiederherstellen (Kosten: 100,0%)

	3.700,00 m² BGF	1.498	**0,40**	55,8

Beschädigte Rohre reparieren (8St)

497	**Zusätzliche Maßnahmen**				

1300-0271 Bürogebäude (350 AP), TG (45 STP)

	8.385,25 m² BGF	22.198	**2,65**	53,2

Schutzmattensystem für Aufzugskabinen (1St), Schutzabdeckungen für Konvektoren (psch), Mehrkosten durch Behinderungsanzeige (psch)

4400-0250 Kinderkrippe (4 Gruppen, 50 Kinder)

	1.000,40 m² BGF	753	**0,75**	100,0

Schutz der Aufzugskabine, Kabinenwände und -boden provisorisch bekleiden (1St)

4400-0298 Kinderhort (2 Gruppen, 40 Kinder) - Effizienzhaus ~30%

	316,83 m² BGF	178	**0,56**	33,3

Schuttbeseitigung (psch)

5200-0014 Hallenbad
Herstellen (Kosten: 100,0%)

	780,52 m² BGF	2.326	**2,98**	100,0

Schaltschrank und Feldgeräte vor Staub schützen (2St)

5300-0017 DLRG-Station, Ferienwohnungen (4 WE)

	727,75 m² BGF	362	**0,50**	42,8

Klingelanlage für vier Apartments ausgeführt, anschließend zurückgebaut (1St), Blindabdeckungen (5St)

6100-1337 Mehrfamilienhaus (5 WE) - Effizienzhaus ~33%

	880,00 m² BGF	504	**0,57**	100,0

Provisorische Beheizung mit mobilem Heizgerät, Anschluss an Baustrom (psch)

9100-0127 Gastronomie- und Veranstaltungszentrum
Herstellen (Kosten: 100,0%)

	1.209,68 m² BGF	112	**< 0,1**	0,6

Schutzfolien für technische Geräte (12St)

490
Sonstige Maßnahmen für technische Anlagen

KG	Kostengruppe	Menge Einheit	Kosten €	€/Einheit	%
498	**Provisorische technische Anlagen**				

6100-1306 Mehrfamilienhaus (5 WE)
Herstellen (Kosten: 100,0%)   1.520,60 m² BGF   387   **0,25**   100,0
Provisorische Abläufe, KG-Rohr (3St)

6100-1483 Mehrfamilienhaus (6 WE)
Herstellen (Kosten: 100,0%)   898,76 m² BGF   9   **< 0,1**   3,5
HT-Muffenstopfen DN50, Verschließen des nicht genutzten AW-Anschlusses in der Küche während der Bauzeit (6St)

6100-1500 Mehrfamilienhaus (18 WE)
Herstellen (Kosten: 100,0%)   3.700,00 m² BGF   1.187   **0,32**   44,2
Provisorische Inbetriebnahme der Heizung (psch)

OBJEKTDATEN

C

Kosten der 4. Ebene DIN 276

411 Abwasseranlagen

Kostenkennwerte für die Kostengruppen 400 der 4. Ebene (AK nach BKI-Katalog)

KG	Kostengruppe	Einheit	€/Einheit	€/m² BGF
411.11 Abwasserleitungen - Schmutz-/Regenwasser				
	PE-Schallschutzrohre DN20-100, Formstücke (380m), PE-Rohre DN70-100, Formstücke (42m), Rohrabschottungen (23St)	m	66,57	19,58
	Abwasserleitungen DN40-150, Formstücke, Rohrdämmung (517m)	m	75,31	11,61
	Abwasserleitungen, Guss DN50 (21m), DN70 (89m), DN100 (125m), DN125 (5m), DN150 (148m), Formstücke (742St), Kunststoff, PP, DN40 (31m), DN50 (86m), DN70 (144m), DN100 (168m), Formstücke (432St)	m	88,57	27,76
	HT-Abflussrohre, Rohrdämmung (5m), Formstücke (18St)	m	113,67	0,92
	Abwasserleitungen DN56-100, Formstücke (130m), HDPE-Rohre DN32-100, Formstücke (24m), PE-Rohre DN150, Formstücke (21m), Rohrschotts (27St)	m	136,01	24,08
411.12 Abwasserleitungen - Schmutzwasser				
	Abwasserleitungen DN70-100, Formstücke (805m), Rohrdämmung (130m)	m	32,00	9,07
	Gussabflussrohre DN100 (193m), DN70 (9m), DN50 (7m), Rohrverbinder für Gussrohre (115St), Reinigungsflansche Guss-Rohr (2St), SML-Rohre DN125 (1m), Bögen für SML-Rohre (45St), Abzweigstücke SML-Rohre (23St), Übergangsstücke SML-Rohre (5St), Rohrverbinder SML-Rohre (34St), HT-Rohre DN50 (14m), DN100 (1m), HT-Bögen DN50 (35St), HT-Abzweig (1St)	m	38,13	6,09
	Abwasserleitungen, Formstücke (85m), Kondensatabflussleitungen (12m)	m	40,15	4,65
	HT-Abflussleitungen DN50-100, Formstücke, Isolierschlauch (18m)	m	41,37	1,69
	HT-Abwasserleitungen DN70, Formstücke (74m)	m	41,55	8,28
	HT-Abwasserleitungen DN50-100, Formstücke (72m)	m	42,27	4,12
	Abwasserleitungen, Kunststoffrohre DN50-100, Formstücke (36m), Schallschutzrohr aus mineralstoffverstärktem PE-S2, DN50-100, Formstücke (49m)	m	45,47	6,38
	HT-Abwasserleitungen DN50-100, Formstücke (727m)	m	46,53	3,73
	HT-Abwasserleitungen DN50-100, Formstücke (148m)	m	46,66	7,64
	HT-Rohre DN100, Formstücke (64m)	m	47,01	15,16
	KG-Rohre DN100-150 (134m), Kunststoffrohre DN100-125, Formstücke (62m)	m	48,58	12,69
	Abwasserleitungen DN50-100, Formstücke, Rohrdämmung (235m²)	m	48,79	1,77
	HT-Abwasserleitungen, Formstücke, Isolierung (20m)	m	48,93	2,23
	SML-Abwasserleitungen DN100-150, Formstücke (86m), HT-Rohre (13m)	m	49,15	8,60
	SML-Abwasserleitungen, Formstücke, Befestigungen, Rohrdämmung (639m), HT-Rohre, Formstücke (564m)	m	49,22	9,95
	HT-Abwasserleitungen, Formstücke (90m), SML-Rohre (12m)	m	49,84	6,59
	HT-Abwasserleitungen DN50-100, Formstücke, Rohrbelüfter (32m)	m	51,14	6,95

Kostenkennwerte für die Kostengruppen 400 der 4. Ebene (AK nach BKI-Katalog)

411 Abwasseranlagen

KG	Kostengruppe	Einheit	€/Einheit	€/m² BGF
411.12 Abwasserleitungen - Schmutzwasser				
	HT-Abwasserleitungen DN50-70, Formstücke (17m)	m	51,15	2,80
	PP-Abwasserleitungen DN40-100, Formstücke (112m)	m	52,14	4,93
	Abwasserleitungen DN50-100, Formstücke, Rohrdämmung (168m)	m	52,26	8,54
	Abwasserleitungen, HT-Rohre DN70-100, Formstücke (18m)	m	52,35	3,75
	PP-Abwasserleitungen, schallgedämmt, Formstücke (59m)	m	52,39	10,88
	PP-Kunststoffrohre, Fallrohre im Wohnbereich mineralfaserverstärktes Kunststoffrohr, Rohrisolierungen (94m), Strangentlüfter (3St)	m	52,96	18,22
	Abwasserleitungen DN50-100, Formstücke, Dämmung (76m)	m	53,45	1,70
	SML-Ableitungen (242m), HT-Rohre (210m²), Formstücke	m	53,80	8,76
	PE-Rohr DN25-75 (10m), SML-Rohr DN50-100, Formstücke (9m)	m	54,06	0,80
	ML-Abflussrohre DN50-100, Formstücke (174m), HT-Abflussrohre DN50 (194m)	m	55,50	12,87
	HT-Abwasserleitungen DN40-100, Formstücke, Dämmung (53m)	m	57,92	4,60
	HT-Abwasserleitungen DN40-100, Formstücke, Rohrdämmung (39m), Rohrbelüfter (3St)	m	62,20	9,13
	HT-Abwasserleitungen DN50, Formstücke (5m)	m	62,86	0,45
	HT-Rohre DN50-100, Formstücke, Schallschutzschläuche (30m)	m	67,19	8,33
	PP-Schmutzwasserleitungen DN50-100 (115m), PVC-Schmutzwasserleitungen DN100 (12m), Rohrdämmung (77m), Brandschutzmanschetten (7St)	m	71,63	5,37
	SML-Abwasserleitungen DN70-150 (443m), HT-Rohre DN70-100, Formstücke, Rohrdämmung (163m)	m	72,26	13,35
	Abwasserleitungen DN70-100, Formstücke, Dämmung (67m)	m	73,28	8,18
	HT-Abwasserleitungen DN100, Formstücke (29m)	m	76,76	5,79
	Gussabwasserleitungen DN100 (19m), HT-Abwasserleitungen DN100, Formstücke, Rohrdämmung (19m)	m	76,91	5,31
	SML-Rohre DN50-100, Formstücke (73m), HT-Rohre DN50-100, Formstücke, Rohrisolierung (71m)	m	77,70	13,92
	HT-Abwasserleitungen DN50-100, Formstücke (25m), SML-Leitungen (19m)	m	79,24	5,40
	Abwasserrohre DN100, Formstücke (9m), HT-Rohre DN50-100, Isolierung (16m)	m	80,52	1,20
	SML-Rohre DN70-100, Formstücke, Geräuschdämmung (129m), HT-Rohre DN50-100 (116m)	m	82,08	25,85
	Kunststoff-Abwasserleitungen, db 20, DN56-125, schallgedämmt, Formstücke (256m), HT-Rohre DN40-100, Rohrdämmung (84m)	m	86,21	22,98

411 Abwasseranlagen

Kostenkennwerte für die Kostengruppen 400 der 4. Ebene (AK nach BKI-Katalog)

KG	Kostengruppe	Einheit	€/Einheit	€/m² BGF
411.12 Abwasserleitungen - Schmutzwasser				
	SML-Abwasserleitungen DN50-100, Formstücke (88m), HT-Rohre DN50-100, Rohrdämmung (110m)	m	86,38	13,36
	HT-Abwasserleitungen DN50-100, Formstücke, Rohrdämmung (108m)	m	86,74	10,50
	SML-Abwasserleitungen DN100, Formstücke (14m), HT-Abwasserleitungen DN50-100, Form- und Verbindungsstücke (22m)	m	87,41	8,43
	Gussabwasserleitungen DN50-100, Formstücke, Rohrdämmung (406m), PE-Abwasserleitungen DN50-100 (76m)	m	87,48	7,14
	HT-Abflussleitungen DN50-100, Formstücke, Rohrdämmung, Brandschutzmanschetten (20m)	m	87,84	1,95
	HT-Rohre DN50-100, Formstücke, Rohrdämmung (74m)	m	88,85	13,25
	SML-Rohr DN50-100, Formstücke (68m)	m	92,05	12,39
	SML-Rohre DN50-100, Brandschutzisolierungen (47m), HT-Abwasserleitungen DN50-100, Formstücke, Rohrdämmung (92m)	m	92,69	2,60
	PP-Schallschutzrohre DN100 (10m), DN70 (2m), PP-Form- und Verbindungsstücke (20St), PP-Reinigungsrohre (3St), HT-Rohre, Rohrdämmung, DN100 (8m), DN70 (3m), DN50 (8m), HT-Form- und Verbindungsstücke (36St)	m	95,70	9,18
	PE-Abwasserleitungen DN50-90, Formstücke, Schwitzwasserisolierungen (67m)	m	97,62	13,75
	HT-Abwasserleitungen DN50-100, Formstücke, Rohrdämmung (157m)	m	97,72	13,53
	Schmutzwasserleitungen, HT-Rohre DN50-100, Formstücke (19m)	m	98,89	4,59
	Kunststoffabwasserrohre DN70-100, Formstücke, Rohrisolierungen (56m), PE-Abwasserrohre (17m)	m	108,71	8,71
	SML-Gussrohre DN50-150 (60m), Bögen DN50-150 (32St), Abzweige DN70-150 (17St), Reinigungsrohre DN70-100 (6St), Fallrohrstützen (7St), Rohrdeckenabhängungen (20St), HT-Rohre, Form-, Verbindungsstücke, DN50-70 (19m), Rohrbelüfter (1St), Abflussrohrisolierung, d=10mm, DN100-125 (20m), Siphon, chrom (2St)	m	108,80	27,55
	SML-Abwasserleitungen DN50-125, Formstücke, Rohrdämmung, Kennzeichnungsbänder für Fördermedium und Fließrichtung mit Pfeilen (250m), PP-Abwasserleitungen DN40-100 (21m)	m	112,63	12,99
	Abwasserleitungen DN56-100, Formstücke, Rohrdämmung (104m), PP-Abflussrohre DN50-100 (25m), Dachhauben DN100 (3St)	m	117,01	17,19
	Abwasserleitungen, HT-Rohre DN50-100, Formstücke, Dämmung (20m), Wanddurchbrüche (6St)	m	121,59	3,87
	HT-Abwasserleitungen DN50-100, Formstücke, Rohrisolierung (77m)	m	125,83	18,71
	HT-Abwasserleitungen DN70-100, Formstücke, Dämmung (66m)	m	153,88	8,31

Kostenkennwerte für die Kostengruppen 400 der 4. Ebene (AK nach BKI-Katalog)

411 Abwasseranlagen

KG	Kostengruppe	Einheit	€/Einheit	€/m² BGF
411.12 Abwasserleitungen - Schmutzwasser				
	Abwasserleitungen, Gussrohre DN70-100 (40m), Stahlrohre DN100 (90m), Kunststoffrohre DN50-100 (80m), Formstücke	m	194,80	20,35
	Mantelrohre, SW-Entlüftung DN100 (5St), SML-Rohre DN125 (3m), Guss-Rohrverbinder DN50-125 (469St), SML-Bögen DN125 (177St), SML-Abzweigstücke DN70-100 (91St), Übergangsstücke (19St), SML-Rohrverbinder (128St), Guss-Reinigungsflansche DN100 (6St), SML-Reduzierungen (2St), HT-Rohre DN100 (3m), DN50 (56m), HT-Bögen DN50-100 (138St), HT-Abzweigstücke (2St), Spülen der Schmutzanlage	m	282,34	3,97
411.13 Abwasserleitungen - Regenwasser				
	Regenstandrohre, Gusseisen (5St)	m	18,27	1,62
	PP-Regenfallrohre DN100, innenliegend (36m)	m	34,77	0,29
	Regenwasserleitungen DN100, Formstücke, mit Misselfixbinden umwickelt (12m), Standrohre (5St)	m	67,44	4,71
	SML-Regenwasserleitungen DN100, Formstücke, innenliegend (40m), Anschlüsse an Grundleitungen	m	72,53	4,84
	Standrohre, l=1,00m (4St)	m	73,30	0,58
	SML-Regenwasserleitungen DN100, im Gebäude verlegt (40m)	m	74,55	5,27
	SML-Standrohre DN100 (2m)	m	98,32	0,61
	PP-Regenwasserleitungen DN70-100, innenliegend, gedämmt, Formteile (115m)	m	119,96	8,15
	Regenfallrohre innenliegend, Verbundrohre DN100, Formstücke (123m), Deckendurchführungen F90 (7St)	m	169,31	8,69
411.14 Ab-/Einläufe für Abwasserleitungen				
	Ablaufgarnituren für flache Duschwanne (11St), Abläufe für Wasch- oder Geschirrspülmaschine (5St)	St	33,68	0,23
	Fußbodenablauf DN100 (1St)	St	51,87	0,16
	Senkkasten (1St)	St	65,50	0,05
	Bodenabläufe DN100 mit Geruchsverschluss (2St)	St	84,18	0,22
	Bodenabläufe (2St)	St	87,89	0,13
	Bodenabläufe DN100 mit Geruchsverschluss (2St)	St	97,69	0,12
	Badabläufe DN50-70 (18St), Fußbodenabläufe DN50-100 (3St)	St	100,39	1,25
	Bodenabläufe DN50, Edelstahlrost (2St)	St	106,77	0,27
	Bodenabläufe, Kunststoff, Edelstahlroste (5St)	St	119,91	0,25

411 Abwasseranlagen

Kostenkennwerte für die Kostengruppen 400 der 4. Ebene (AK nach BKI-Katalog)

KG	Kostengruppe	Einheit	€/Einheit	€/m² BGF
411.14 Ab-/Einläufe für Abwasserleitungen				
	Entwässerungsrinnen DN100, Beton B45, Gitterroste, Belastungsklasse D 400 (54m), Sinkkästen DN100 mit Geruchsverschluss (8St)	St	129,62	4,19
	Bodenabläufe, Kunststoff (6St)	St	141,03	3,22
	Ablauf mit Ablaufsieb DN70 (1St)	St	150,16	0,60
	Duschrinnen (3St), Abläufe (8St), Fassadenrinne, b=10cm (3m)	St	182,54	2,13
	Bodenabläufe DN50 mit Geruchsverschluss (3St)	St	189,40	0,77
	Guss-Bodenabläufe DN50, Roste, Geruchsverschluss (5St)	St	211,50	1,17
	Guss-Bodenabläufe DN50, Roste, Geruchsverschluss (21St)	St	211,50	0,49
	Bodeneinlauf (1St)	St	229,41	0,08
	Dachabläufe DN125 (6St)	St	230,17	0,23
	Abläufe, Kunststoff, herausnehmbarer Geruchsverschluss (9St)	St	246,39	3,32
	Bodenablauf DN70, Geruchsverschluss, Bodenabdichtung, verchromte Abdeckung (1St)	St	247,37	0,67
	Bodeneinläufe (2St)	St	254,75	0,52
	Bodenablauf DN100, PVC, Edelstahlrost, mit Geruchsverschluss- und Rückstauverschluss (1St), Bodenablauf DN70, PVC, Edelstahlrost, ohne Geruchsverschluss- und Rückstauverschluss (1St)	St	265,75	1,95
	Bodenabläufe mit Rückstauverschluss (2St), Bodenabläufe, Kunststoffgehäuse (13St)	St	291,73	3,68
	Kunststoffabläufe, Edelstahlroste (3St), Gusseisenabläufe (2St)	St	304,25	0,24
	Guss-Bodenablauf, Reinigungsschraube, Anschlussrand, Geruchsverschluss, Kunststoff-Schlammeimer (1St), ASB-Bodenablauf, Schlammeimer (1St)	St	312,13	0,69
	Kellerablauf DN100, Rost (1St), Rückstauverschluss (1St)	St	362,01	1,20
	Kellerabläufe DN100 (2St), Flachdachabläufe (5St)	St	367,14	2,01
	Bodeneinläufe DN70, Edelstahl, Abdeckungen (26St)	St	377,95	3,46
	Dachabläufe DN100, Gehäuse aus PUR-Integralschaum (5St)	St	411,76	4,31
	Bodenabläufe (12St)	St	428,04	8,32
	Bodenabläufe, Abdeckroste (3St)	St	434,80	2,63
	Ablauf DN50, Schlitzrost, Brand- und Schallschutz (1St)	St	447,50	0,14
	Entwässerungsrinne, Polymerbeton (5m), Boden- und Deckenabläufe (8St)	St	465,83	2,64
	Fußbodenabläufe DN100 (17St), Kastenrinne mit Bodenablauf, Edelstahlgitter, b=30cm, h=39cm, l=2,60m (1St), l=1,90m (1St)	St	679,54	7,70
	Bodenabläufe DN100 (4St)	St	703,76	3,17

Kostenkennwerte für die Kostengruppen 400 der 4. Ebene (AK nach BKI-Katalog)

411 Abwasseranlagen

KG	Kostengruppe	Einheit	€/Einheit	€/m² BGF
411.14	**Ab-/Einläufe für Abwasserleitungen**			
	Kellerabläufe (31St), Entwässerungsrinnen, Edelstahl (2St), Regenwasserabläufe (12St), Abläufe (13St)	St	892,44	19,86
411.15	**Abwasserleitungen, Begleitheizung**			
	Elektrische Begleitheizung, Thermostat mit Rohranlegefühler, l=10,00m (20m)	m	75,98	0,35
	Heizband (28m), Thermostate (4St), Aufsatzringe (3St)	m	255,38	2,74
411.19	**Abwasserleitungen/Abläufe, sonstiges**			
	Mauerkragen DN100 (107St), DN150 (6St), Reinigungsöffnungen (4St), Rückstauverschluss (1St), Hauseinführungen, druckwasserdicht (20St), Brandschutzmanschetten (14St), Schalldämmfolie (10m²)	m	54,25	17,00
411.21	**Grundleitungen - Schmutz-/Regenwasser**			
	KG-Grundleitungen DN100, Formstücke (180m)	m	20,06	9,67
	PVC-Grundleitungen DN125, Formstücke (24m)	m	20,34	1,25
	PVC-Grundleitungen DN100-150, Formstücke, Sandbettung (120m)	m	22,61	7,27
	KG-Grundleitungen DN100-300, Formstücke (568m)	m	23,68	6,69
	PVC-Grundleitungen DN100, Formstücke (51m)	m	25,10	2,14
	PVC-Grundleitungen DN100-150, Sandbett (151m)	m	29,66	4,93
	KG-Rohre DN100-125, Formstücke (175m)	m	29,79	5,94
	KG-Grundleitungen DN100, Formstücke (130m)	m	32,88	5,32
	KG-Grundleitungen DN100-150, Formstücke (91m)	m	37,73	7,18
	PVC-Grundleitungen DN100-150, Sandbettung (18m)	m	37,75	0,47
	KG-Rohre DN100-150, Formstücke, Sandbett (51m)	m	38,79	2,64
	KG-Grundleitungen DN100-250, Formstücke (536m)	m	41,18	9,22
	PCV-Kanalabflussrohre DN100-200, Formstücke, Sandbettung (325m)	m	41,39	10,28
	PVC-Grundleitungen DN100-150, Formstücke (141m)	m	42,30	6,61
	PVC-Grundleitungen DN100-150, Formstücke (1.054m)	m	42,30	4,92
	PVC Grundleitungen DN150, Formstücke (57m)	m	42,41	2,89
	Rohrgrabenaushub BK 3-5, KG-Grundleitungen DN100-150, Formstücke, Sandbettung (90m)	m	44,74	1,23
	PVC-Grundleitungen DN100-150, Formstücke (93m)	m	45,28	7,42
	KG-Grundleitungen DN100, Formstücke, Sandbettung (25m)	m	46,55	4,43

411 Abwasseranlagen

Kostenkennwerte für die Kostengruppen 400 der 4. Ebene (AK nach BKI-Katalog)

KG	Kostengruppe	Einheit	€/Einheit	€/m² BGF
411.21 Grundleitungen - Schmutz-/Regenwasser				
	KG-Grundleitungen DN100, Formstücke, Auffüllungen (59m), SML-Rohre DN50-100, Formstücke (54m)	m	47,00	8,60
	PVC-Grundleitungen DN150 (70m)	m	48,60	13,53
	KG-Rohrleitungen DN100, Formstücke, Sandbett (38m)	m	50,34	4,28
	PVC-Grundleitungen DN100-150 (110m)	m	50,38	9,27
	PVC-Grundleitungen, Formstücke (96m)	m	50,48	6,53
	PVC-Grundleitungen DN100 (53m)	m	51,63	3,06
	KG-Rohre DN100-125, Formstücke, Sandbettung (132m)	m	51,79	13,81
	PVC-Grundleitungen DN100, Formstücke, Sandbettung (117m), SML-Rohre (46m)	m	53,75	28,24
	PVC-Grundleitungen (2.169m)	m	54,06	18,11
	Steinzeugrohre DN150 (5m), PVC-Rohre DN100, Formstücke, Sandbett (37m)	m	56,75	4,72
	PVC-Grundleitungen DN100, Formstücke (421m)	m	56,90	8,43
	PVC-Grundleitungen DN100-125, Formstücke, Kies/Sandbettung (73m)	m	58,63	8,25
	PVC-Grundwasserleitungen DN100-150, Formstücke (80m)	m	58,66	1,40
	KG-Grundleitungen DN100-200, Formstücke (601m), SML-Rohre DN80-125 (173m)	m	59,71	9,38
	PVC-Grundleitungen DN100-150, Formstücke, Sandbettung (825m)	m	60,53	8,45
	KG-Grundleitungen DN100, Formstücke (30m)	m	62,87	7,74
	Rückstauklappe (1St), Kunststoffrohre DN100, einbetonieren, wasserdicht, Befestigungen, Formstücke, Gefälle 1,5% (30m), PVC-Rohrhülsen, im Gefälle, DN125 (2St), DN150 (2St)	m	63,19	6,08
	PVC-Grundleitungen DN100, Formstücke, wieder verfüllen (37m)	m	64,27	1,84
	PVC-Grundleitungen, Formstücke, Sandbettung (101m)	m	65,98	10,18
	PVC-Grundleitungen DN100, Formstücke, Sandbett (83m)	m	66,92	7,17
	PVC-Grundleitungen DN100-150, Formstücke (163m)	m	69,23	9,48
	Rohrbettung (95m³), PVC-Grundleitungen DN100-150, Formteile (205m), Rohrdurchführungen (40St), Schachtanschlüsse (2St), Kanalanschluss (1St)	m	72,80	8,82
	Rohrgrabenaushub, KG-Grundleitungen DN100-200, Formstücke, Sandbettung (106m)	m	78,78	15,02
	PVC-Grundleitungen, Sandbettung (29m)	m	84,19	3,15
	KG-Grundleitungen DN100-150, Formstücke, Sandbettung (15m)	m	88,75	4,59
	KG-Grundleitungen DN100-250, Formstücke (87m)	m	90,25	7,59

Kostenkennwerte für die Kostengruppen 400 der 4. Ebene (AK nach BKI-Katalog)

411 Abwasseranlagen

KG	Kostengruppe	Einheit	€/Einheit	€/m² BGF
411.21 Grundleitungen - Schmutz-/Regenwasser				
	PVC-Grundleitungen DN100, Formstücke, Sandbettung (191m)	m	91,85	14,35
	SML-Grundleitungen (23m), Formstücke (35St), Dämmung (11m)	m	96,25	3,59
	SML-Rohre DN70-100 (21m), KG-Rohre DN100-125, Formstücke, Betonmantel (90m)	m	102,35	8,84
	Grundleitungen, Sandbettung (11m)	m	115,83	1,43
	KG-Grundleitungen DN100-150, Formstücke, Sandbettung (123m), Grundleitungsanschlüsse (8St)	m	121,77	15,19
	SML-Abwasserleitungen, Formstücke, Hauseinführungen (31m)	m	133,89	1,77
	KG-Grundleitungen DN100-200, Formstücke, Kiessand, d=20-30cm (376m)	m	146,93	9,35
	Gussgrundleitungen DN100-150 (107m), KG-Leitungen DN100-150 (114m), Formstücke, Sandbettung	m	215,85	17,18
411.22 Grundleitungen - Schmutzwasser				
	KG-Grundleitungen DN100, Formstücke (64m)	m	24,24	3,63
	KG-Grundleitungen DN100-125, Formstücke (50m)	m	32,32	1,02
	KG-Grundleitungen, Formstücke (44m)	m	43,53	1,70
	PVC-Grundleitungen DN100 (66m), DN125 (9m), DN150 (3m), Formstücke (26St)	m	48,35	11,63
	KG-Rohre DN100-200, Formstücke, Sandbettung (49m)	m	48,71	1,41
	PVC-Grundleitungen DN100, Formstücke (45m)	m	48,92	3,23
	KG-Grundleitungen (81m)	m	52,15	6,33
	KG-Rohre DN150, Dichtigkeitsprüfung (9m)	m	57,62	2,22
	PVC-Grundleitungen DN100, Formstücke, Sandbett (31m)	m	65,28	4,80
	Grundleitungen DN100, PVC, Ortbetonvoute, d=30-40cm (20m), Formstücke DN100 (9St)	m	94,16	6,89
	TML-Grundleitungen DN150 (90m), DN125 (155m), DN100 (156m), Übergangsstücke (6St), Bögen DN150 (5St), DN125 (22St), DN100 (157St), Verbindungen DN150 (48St), DN125 (136St), DN100 (561St), Anschlussstücke (69St), elektrische Begleitheizung (1St), Wärmedämmung (7m), Grundwasserpegelmessstelle (1St)	m	187,34	17,16
	TML-Grundleitungen DN150 (38m), DN125 (66m), DN100 (67m), KML-Rohre DN125 (22m), DN100 (43m), Übergangsstücke (4St), Bögen (102St), Rohrverbinder (319St), Abzweigstücke (45St), Verbindungsstücke (172St), Sammelrohr (1St), elektrische Begleitheizung (1St), Grundwasserpegelmessstelle (1St)	m	274,48	38,68

© BKI Baukosteninformationszentrum — Kostenstand: 4.Quartal 2021, Bundesdurchschnitt, inkl. 19% MwSt.

411 Abwasseranlagen

Kostenkennwerte für die Kostengruppen 400 der 4. Ebene (AK nach BKI-Katalog)

KG	Kostengruppe	Einheit	€/Einheit	€/m² BGF
411.23	**Grundleitungen - Regenwasser**			
	KG-Rohre DN150, Dichtigkeitsprüfung (12m)	m	58,10	2,99
	Grundleitung DN125 (16m), DN100 (35m), Bögen (24St), Abzweigstücke (6St), Übergangsstücke (4St)	m	127,92	3,91
	Grundleitungen, Polypropylen, DN125 (37m), DN100 (83m), Bögen DN125 (6St), DN100 (50St), Anschlussstücke (13St), Übergangsstücke (8St), Regenwasserrohre DN125, Befestigungen, Formstücke (112m)	m	156,18	8,27
411.24	**Ab-/Einläufe für Grundleitungen**			
	Kellerablauf DN100, Geruchs- und Rückstauverschluss (1St)	St	104,96	0,13
	Bodeneinlauf mit Geruchsverschluss (1St)	St	148,50	0,29
	Sinkkästen DN100, Anschluss an das Kanalnetz, Unterbeton, Rückstaudoppelverschluss (2St)	St	191,55	0,42
	Entwässerungsrinnen, Beton (12m)	St	194,61	0,65
	Entwässerungsrinne, Schlitzrost (1St)	St	223,23	0,60
	Bodenabläufe DN100 (5St)	St	231,05	0,20
	Bodenabläufe DN70-100 (4St)	St	241,71	1,10
	Bodeneinläufe mit Geruchsverschluss (2St)	St	250,09	0,99
	Bodeneinläufe mit Sinkkästen, Kunststoff, mit Geruchsverschluss (2St)	St	264,31	1,64
	Ablauf DN100 (1St), Entwässerungsrinne, Maschenrostabdeckung (2m), Einlaufkästen (2St)	St	292,38	1,18
	Abläufe DN100 mit Geruchsverschluss (25St)	St	307,12	2,70
	Sinkkasten, Kunststoffeimer (1St)	St	311,80	1,01
	Fußbodenabläufe DN100 (11St)	St	315,80	2,07
	Fußbodenabläufe DN100 (25St), Reinigungsverschluss DN150 (1St)	St	324,22	1,85
	Ablauf DN100, Geruchsverschluss (1St)	St	327,33	0,10
	Bodenabläufe, Geruchsverschluss, Abdeckroste (5St)	St	343,80	2,63
	Sinkkästen DN150, Roste (2St)	St	355,33	0,79
	Straßensinkkästen DN150, Rost (3St), Drän-Rinnen, Gitterrost-Abdeckungen (10m)	St	395,81	3,17
	Bodenabläufe DN70, Gusseisen, ziehbarer Geruchsverschluss (10St)	St	420,07	3,44
	Entwässerungsrinne, Abdeckroste (2m), Sinkkasten 160x500mm (1St)	St	510,25	2,14
	Bodenabläufe DN100, Gusseisen, Geruchsverschluss (5St), Entwässerungsrinne, l=5,00m (1St)	St	541,16	1,17

Kostenkennwerte für die Kostengruppen 400 der 4. Ebene (AK nach BKI-Katalog)

KG	Kostengruppe	Einheit	€/Einheit	€/m² BGF
411.24 Ab-/Einläufe für Grundleitungen				
	Bodeneinläufe mit Sinkkasten, Ölsperre, Abdeckungen nicht rostend (2St)	St	685,30	4,39
	Hofablauf DN100 (1St)	St	875,70	0,18
	Entwässerungsrinnen (8m), Einlaufkasten (1St)	St	1.121,98	2,63
	Kellerabläufe DN100 mit Geruchsverschluss (2St)	St	1.225,20	1,04
	Beton-Kastenrinne, Abdeckung, Rückstauklappe, Fundament C12/15 (3m)	St	2.010,17	4,70
	Entwässerungsrinnen, Gitterrostabdeckungen (23m)	St	3.883,15	3,43
	Entwässerungsrinnen, Abdeckung für Schwerlastverkehr (21m)	St	4.263,26	6,30
	Bodenabläufe, Edelstahl (3St), Edelstahl-Kastenrinnen (26m)	St	5.088,09	18,22
411.25 Kontrollschächte				
	Stb-Fertigteilschächte, Schachtabdeckung (6m)	m	241,39	3,72
	Kontrollschächte aus vorgefertigten Betonteilen (8m)	m	347,64	2,00
	Kontrollschächte DN1.000 (34m)	m	380,71	1,43
	Kontrollschächte DN1.000 (15m)	m	380,71	6,32
	Kontrollschächte, Betonfertigteile DN1.000, Schachtabdeckungen (19m)	m	476,37	3,74
	Revisions- und Reinigungsschacht DN1.000, Schachtdeckel (1St)	m	485,09	1,18
	Kontrollschacht DN1.000 mit Revisionsöffnung (3m)	m	491,51	6,09
	Kontrollschacht, Betonfertigteile C25/30, Abdeckung (2m)	m	564,63	1,10
	Vorhandenen Hausanschlussschacht DN1.000 erhöhen, Betonfertigteile, Leitungen anschließen (1St)	m	568,77	0,92
	PVC-Kontrollschächte DN1.000, Schachtunterteile aus Betonfertigteile C30/37, WU-Beton, Steigeisen, Schachtabdeckungen (5m)	m	594,26	1,48
	Beton-Kontrollschacht, Schachtabdeckung (3m)	m	662,13	1,61
	Spül- und Kontrollschächte, Betonformstücke, Schachtabdeckungen (9m)	m	669,03	4,77
	Beton-Kontrollschächte DN1.000, Stb-Schachtdeckel, befahrbar (6m), Kunststoffschacht DN400 (2m)	m	671,02	8,90
	Kontrollschacht DN1.000, Betonfertigteile, Schachtabdeckung (3m)	m	671,59	3,32
	Kontrollschächte DN1.000, Betonfertigteile, Schachtabdeckungen (6m)	m	676,66	6,81
	Kontrollschächte DN1.000, Betonfertigteile, Steigeisen, Schachtabdeckungen (19m), Kontrollschächte, Kunststofffertigteile DN400 (20m)	m	706,15	4,68
	Kontrollschacht, Betonfertigteile DN1.000, Auflagerringe, Steigeisen (1St)	m	831,32	4,56
	Kontrollschacht DN100, h=2,50m, Erdaushub, Sandbettung (1St)	m	839,44	2,61

411 Abwasseranlagen

Kostenkennwerte für die Kostengruppen 400 der 4. Ebene (AK nach BKI-Katalog)

KG	Kostengruppe	Einheit	€/Einheit	€/m² BGF
411.25	**Kontrollschächte**			
	Kontrollschacht DN1.000, Stb-Schachtunterteil, vorgefertigte Schachtringe (2m)	m	840,46	2,57
	Kontrollschacht DN1.000, Stb-Schachtunterteil C20/25, Schachtwandung, vorgefertigte Betonringe, Schachtabdeckung (2m)	m	869,40	2,23
	Kontrollschacht DN1.000, Fertigteile, Steigeisen, Schachtdeckel (2m)	m	881,29	4,06
	Beton-Fertigteilschächte DN1.000, Schachtabdeckungen (25m)	m	961,81	4,78
	Kontrollschacht aus Betonfertigteilen DN1.000, Schachtabdeckung (2m)	m	967,56	4,52
	Erdaushub, Kontrollschacht DN1.000, Betonfertigteile, Abdeckung (2m)	m	974,54	3,77
	Revisionsschacht aus Betonringen DN100-200 (3m)	m	1.014,88	0,76
	Beton-Fertigteilschächte, Steigeisen, Schachtabdeckung (6m)	m	1.038,27	1,98
	Stb-Kontrollschacht C20/25, Schachtabdeckung (1St)	m	1.039,36	5,03
	Kontrollschacht, Beton-Fertigteile, Schachtabdeckung (2m)	m	1.139,37	8,02
	Kontrollschächte DN1.000, Stb-Fertigteile, Schachtabdeckung (6m)	m	1.146,09	2,42
	Kontrollschächte DN1.000, Betonfertigteile C35/45, Steigeisen, Abdeckplatten (3m)	m	1.178,55	6,78
	Kontrollschächte DN1.000, Betonfertigteile, Schachtabdeckungen (17m)	m	1.431,04	4,12
	Kontrollschächte DN1.000 (2St)	m	1.477,95	0,77
	Fertigteil-Kontrollschacht DN1.000, Schachtabdeckung (4m)	m	1.851,57	20,43
411.31	**Abwassersammelanlagen**			
	Unterflurschacht (1St)	St	1.291,94	1,31
	Rückstauautomat DN100, für fäkalienhaltiges Wasser, elektrisch betrieben (1St)	St	3.635,38	3,99
411.41	**Schlammfänge**			
	Entwässerungsrinnen als Schlammfang, Polymerbeton, l=100cm, b=30cm, h=40cm, Belastungsklasse D 400 (7St)	St	748,18	1,20
	Koaleszenzabscheider mit Schlammfang und Probenahmeschacht, Nenninhalt 2.500l (1St)	St	5.709,64	2,84
411.44	**Ölabscheider**			
	Benzin- und Koaleszenzabscheider NS 6 mit Schlammfang, Inhalt 5.000l, Ölspeichermenge 1.238l, selbsttätige Verschlusseinrichtung	St	8.791,24	13,43
	Ölabscheider (1St)	St	10.582,00	1,17

Kostenkennwerte für die Kostengruppen 400 der 4. Ebene (AK nach BKI-Katalog)

411 Abwasseranlagen

KG	Kostengruppe	Einheit	€/Einheit	€/m² BGF
411.45	**Fettabscheider**			
	Fettabscheider (1St)	St	6.462,29	3,85
411.51	**Abwassertauchpumpen**			
	Tauchmotorpumpe (1St)	St	327,21	0,33
	Entwässerungspumpe, Druckleitungen (1St)	St	609,04	1,21
	Tauchpumpe, voll überflutbar (1St)	St	629,78	1,32
	Schmutzwasser-Tauchpumpe (1St)	St	668,08	0,47
	Abwassertauchpumpen, Schaltautomatik, Alarmschaltungen, netzabhängig (3St)	St	806,40	2,14
	Abwasserpumpen, Schaltautomatik, voll überflutbar, Fördermenge: Q=6,5-1,5cbm/h, Alarmschaltung bei zu hohem Wasserstand (2St), Überflurbehälter 25l (2St)	St	978,94	0,60
	Pumpenschacht, Kunststoff, Schmutzwasserpumpen überflutbare Tauchmotorpumpen, Steuerung zum niveauabhängigen Ein- und Ausschalten (3St)	St	2.567,90	2,71
	Stb-Pumpenschächte, Abwassertauchmotorpumpen voll überflutbar, Alarmschaltungen (2St)	St	2.601,67	4,06
	Schmutzwasser-Tauchpumpe, Steueranlage, Zubehör (1St)	St	2.856,48	2,24
	Erdaushub, Beton-Abwasserschacht, Tauchpumpe mit Schwimmerschalter, Alarmschalter, Abdeckung	St	4.040,20	7,82
411.52	**Abwasserhebeanlagen**			
	Abwasserhebeanlage, Tauchpumpe (1St)	St	581,49	2,05
	Schmutzwasserhebeanlage für fäkalienfreies Abwasser, Förderhöhe 6,50m (1St)	St	609,61	1,64
	Kleinhebeanlage, Motorleistung 0,22kW (1St), Druckleitung (4m)	St	773,38	1,81
	Abwasserpumpen in vorhandenen Schacht (2St)	St	804,64	0,68
	Schmutzwasser-Hebeanlage, Betonschacht (1St)	St	3.406,77	4,24
	Abwasserhebeanlage, Elektroanschluss, Schachtabdeckung	St	5.545,80	7,13
	Hebeanlage für fäkalienhaltiges und fäkalienfreies Abwasser, Volumen 120l, Fernsignalgeber, Handmembranpumpe (1St)	St	6.532,72	1,95
	Pumpensumpf, Hebeanlage aus WU-Beton, d=25cm (2m³), Fäkalien-Hebeanlage, zwei Pumpenanlagen, Förderhöhe 5,00m, elektrische Steuerung, Warnanlage (1St), Blechstreifen, vierseitig, 250/8mm, verzinkt (4m), Winkelrahmen, verzinkt, begehbar, Rahmengröße 1/1m (1St), Riffelblechabdeckung, zweiteilig, 100/50cm, verzinkt, d=10mm	St	7.413,30	23,77
	Fäkaliensammelgrube 6.000l, Einbauteile, Füllstoffplatten, Füllstandsanzeige	St	8.983,10	24,06

411 Abwasseranlagen

Kostenkennwerte für die Kostengruppen 400 der 4. Ebene (AK nach BKI-Katalog)

KG	Kostengruppe	Einheit	€/Einheit	€/m² BGF
411.52 Abwasserhebeanlagen				
	Abwasserhebeanlage, Förderhöhe 3,00m, Förderlänge 60,00m, Fördermenge mind. 3l/s (1St)	St	13.377,58	20,43
	Hebeanlage, Volumenstrom 40m³/h, Förderhöhe 8,00m, Schnittstelle für Protokolle, Alarmanlage, akustische Störmeldung auf zentrale Leittechnik	St	28.351,33	10,88

Kostenkennwerte für die Kostengruppen 400 der 4. Ebene (AK nach BKI-Katalog)

KG	Kostengruppe	Einheit	€/Einheit	€/m² BGF
412.11	**Wassergewinnungsanlagen**			
	Zisternenfüllstandsanzeige (1St)	St	126,46	0,03
	Stb-Regenwasserzisterne, Fertigteil, Abdeckung, Überlauf, Rückstausicherung, Geruchsverschluss, Speichervolumen 6.000l, Regenwassernutzanlage	St	5.575,85	11,04
412.21	**Filteranlagen**			
	Selbstreinigender Wirbelfeinfilter für Regenwasser, Polyethylen, Edelstahlfiltereinsatz, Zulauf DN150, Revisionsöffnungen DN250 (6St), Verlängerung (3St)	St	578,22	0,79
	Automatischer Rückspülfilter DN40, 11m³/h (1St)	St	891,78	0,53
	Enthärtungsanlage, Sparbesalzung, automatische Entkeimung, Impulsgeber, mengenabhängig gesteuerte Anlage	St	2.897,96	7,76
412.31	**Druckerhöhungsanlagen**			
	Druckminderer (3St)	St	176,00	1,05
	Hauswasserstationen (8St)	St	283,29	0,38
	Hauswasserstation mit Druckminderer (1St)	St	298,58	1,09
	Hauswasserstation (1St)	St	364,29	0,37
	Hauswasserstation (1St)	St	655,51	0,46
	Hauswasserstation (1St), Membrandruckausdehnungsgefäße (2St)	St	2.941,26	0,88
	Druckerhöhungsanlage, Membrandruckbehälter 8l, Regelung, Wassermangelsicherung, Förderleistung 4,8l/s-19m³/h, Alarmschaltgerät	St	9.298,60	5,85
	Druckerhöhungsanlage, Förderleistung 7m³/h, LON-Schnittstelle	St	19.437,40	7,46
412.41	**Wasserleitungen, Kaltwasser**			
	Kupferrohre 15-22mm, Verbindungsteile, Rohrisolierung (68m), Wasserfilter (1St)	m	20,21	3,08
	Kupferrohr DN15-28, Formstücke, Zubehör (24m)	m	20,40	0,38
	Kalt- und Warmwasserleitungen, Metallverbundrohre DN20, Rohrdämmung (208m)	m	29,96	5,23
	PP-Trinkwasserleitungen DN25-50 (145m), Absperrventile (6St)	m	31,94	11,06
	Kalt- und Warmwasserleitungen, Kupfer, 15x1mm (70m), 18x1mm (35m), 22x1mm (15m), 28x1,5mm (15m), Rohrdämmungen (135m), Druckminderer mit Filter und Rückschlagventil (1St), Freistromventile (3St), Außenzapfstelle (1St), Waschmaschinenanschluss (1St)	m	32,46	12,06
	Metallverbundrohre DN12-25 (225m), flexible Metallverbundrohre DN12-15 (130m), Außenzapfstelle (3St), Absperrventile (16St), Druckminderer mit Filter und Rückschlagventil (1St), Rohrdämmung	m	33,10	13,38

412 Wasseranlagen

Kostenkennwerte für die Kostengruppen 400 der 4. Ebene (AK nach BKI-Katalog)

KG	Kostengruppe	Einheit	€/Einheit	€/m² BGF
412.41	**Wasserleitungen, Kaltwasser**			
	Kalt- und Warmwasserleitungen, Kunststoffrohre, Formstücke, Rohrdämmung (137m)	m	34,36	10,96
	Trinkwasserleitung, Verbundrohre (187m)	m	34,43	23,62
	Edelstahlrohre 15x1mm, Rohrdämmung (51m), 22x1,2mm (38m), 28x1,2 (15m), 35x1,5 (6m), Druckrohr PE-HD 32x2,9mm (62m)	m	35,21	7,35
	Kalt- und Warmwasserleitungen DN12-20, Metallverbundrohre, Formstücke, Dämmung (152m)	m	35,75	9,04
	Kalt- und Warmwasserleitungen, Verbundrohre, Rohrdämmung (98m)	m	35,82	14,51
	Kalt- und Warmwasserleitungen DN15-28, Verbundrohre, Filter, Ventile, Auslaufhähne (107m), Rohrdämmung (96m)	m	36,32	16,67
	Kalt- und Warmwasserleitungen, Kunststoffrohre, Formstücke, Rohrdämmung (153m)	m	36,81	19,83
	Kalt- und Warmwasserleitungen, Kupferrohre, Formstücke, Rohrdämmung (220m)	m	38,41	12,67
	Kalt- und Warmwasserleitungen, Kupferrohre, Formstücke, Rohrdämmung (34m)	m	38,45	1,94
	Edelstahlrohre 15x1mm, Rohrdämmung (26m), 22x1,2mm (16m), 28x1,2mm (7m), Druckrohre PE-HD 32x2,9mm (27m)	m	38,52	1,75
	Stahlrohre, Formstücke, (178m), Kunststoffrohre, aluminiumverstärkt, Formstücke, Rohrdämmung (980m), Wasserzähler (26St), Hauswasserstation (1St)	m	39,44	13,93
	Kalt- und Warmwasserleitungen, Kupferrohre, Formstücke, Rohrdämmung (152m)	m	42,65	17,45
	Kalt- und Warmwasserleitungen, Kunststoff, Formstücke, Rohrdämmung (263m)	m	43,10	23,75
	Kalt- und Warmwasserleitungen, Mepla-Rohre, Rohrdämmung (241m)	m	43,85	34,00
	Kalt- und Warmwasserleitungen, Metall-Kunststoff- Verbundrohr, Formstücke (74m), Rohrdämmung, Feinfilter mit Druckminderer (1St)	m	44,04	12,96
	Kalt- und Warmwasserleitungen, Formstücke, Rohrdämmung (87m)	m	44,61	6,47
	Kalt- und Warmwasserleitungen, Edelstahlrohre, Formstücke, Rohrdämmung (491m)	m	44,82	3,40
	Kalt- und Warmwasser, Kupferrohre 15-35mm, Formstücke, Rohrisolierungen (275m), Wasserzähler, Unterputz (1St)	m	45,62	13,77
	Kalt- und Warmwasserleitungen, Kupferrohre, Formstücke, Rohrdämmung (358m)	m	48,26	34,88
	Kalt- und Warmwasserleitungen, Edelstahlrohre, Formstücke, Rohrdämmung (57m), Metallverbundrohre (45m)	m	48,49	8,85

Kostenkennwerte für die Kostengruppen 400 der 4. Ebene (AK nach BKI-Katalog)

412 Wasseranlagen

KG	Kostengruppe	Einheit	€/Einheit	€/m² BGF
412.41 Wasserleitungen, Kaltwasser				
	Kalt- und Warmwasserleitungen, Kupferrohre, Formstücke, Rohrdämmung (1.230m), Wasserzähler für Kaltwasser (32St), für Warmwasser (32St)	m	48,63	21,07
	Kalt- und Warmwasserleitungen, VPE-Rohre, Formstücke, Rohrdämmung (310m)	m	50,48	19,47
	Kalt- und Warmwasserleitungen, Stahlrohre DN12-35, Formstücke, Dämmung (292m), Hauswasserstation (1St), Warmwasserzähler (4St)	m	52,11	24,48
	Kaltwasserleitungen, Formstücke, Rohrdämmung (188m)	m	52,74	9,65
	Kalt- und Warmwasserleitungen, Kupferleitungen, 15x1mm-42x1,5mm, Formstücke, Rohrisolierung (755m), Kalt- und Warmwasserzähler (28St)	m	53,33	25,35
	Kupferrohre für Kalt- und Warmwasser DN12-32 (275m), Rohrleitungen streichen (19m), PVC-Rohrhülsen (3St), Ventile (8St), Wasserzähleranschlussgarnitur (1St), frostsichere Außenarmaturen DN15 (3St), Dichtigkeitsprüfung, Isolierung, Mineralwolle (190m), Dämmschlauch, für Verteilerleitungen im Fußboden (100m), Isolierung im Mauerwerk (20m), Betonbohrungen (7St), Waschmaschinenanschluss DN50 (1St), Wasch-, Spülmaschinen-Anschlüsse DN20 (2St)	m	53,66	47,31
	Kalt- und Warmwasserleitungen, Edelstahl, Zuschnitte, Formstücke, Ventile, Rohrdämmung (201m)	m	53,98	29,06
	Kalt- und Warmwasserleitungen, Formstücke, Dämmung (85m)	m	54,31	8,16
	Kalt- und Warmwasserleitungen, Kupferrohre, Formstücke, Rohrdämmung (2.014m)	m	57,61	12,80
	Kalt- und Warmwasserleitungen DN16-40, Kunststoff, Rohrdämmung (750m), Trinkwasserzähler (9St), Ventile (10St)	m	57,74	30,18
	Kalt- und Warmwasserleitungen, Stahlrohre, Formstücke, Dämmung (509m)	m	58,72	12,48
	Kupferrohre DN15-42, Formstücke, Rohrdämmung (805m), Wasserzähler, Zirkulationspumpe	m	59,36	23,77
	Kalt- und Warmwasserleitungen, Metallverbundrohre DN5-32, Formstücke, Rohrdämmung (541m), Wasserzähler (1St), Rückspülfilter mit Druckminderer (1St), Zirkulationspumpe (1St), Ventile	m	59,44	32,59
	Metallverbundrohre, Formstücke, Rohrdämmung (205m), Hauswasserstation (1St)	m	59,50	15,81
	Kaltwasserleitungen, Formstücke, Rohrdämmung (585m)	m	59,64	10,41
	Kalt- und Warmwasserleitungen, Edelstahlrohre, Formstücke, Rohrdämmung (47m)	m	62,78	3,26
	Kalt- und Warmwasserleitungen, Edelstahlrohre 15-35mm, Formstücke, Rohrdämmung (271m)	m	63,20	26,12
	Kalt- und Warmwasserleitungen, Kupferrohre, Formstücke, Rohrdämmung (208m)	m	63,96	14,72

Kostenstand: 4.Quartal 2021, Bundesdurchschnitt, **inkl. 19% MwSt.**

412 Wasseranlagen

Kostenkennwerte für die Kostengruppen 400 der 4. Ebene (AK nach BKI-Katalog)

KG	Kostengruppe	Einheit	€/Einheit	€/m² BGF
412.41	**Wasserleitungen, Kaltwasser**			
	Kaltwasserleitungen, nichtrostender Stahl DN18-42, Formstücke, Rohrdämmung (560m), Wasserzähler (1St)	m	64,16	21,22
	Kalt- und Warmwasserleitungen, Edelstahl, Formstücke, Wärmedämmung (1.496m), Verbundrohre (2.223m)	m	64,37	40,50
	Kalt- und Warmwasserleitungen, Kupferrohre, d=18-35mm, Formstücke, Rohrdämmung, Wanddurchführungen (782m)	m	65,12	21,67
	Kalt- und Warmwasserleitungen DN12-40, Edelstahlrohre, Formstücke, Rohrdämmung (410m), Wasserzähler (8St)	m	66,55	21,30
	Mehrschichtverbundrohre 16-40mm, Formstücke, Rohrdämmung (302m), Kalt- und Warmwasserzähler (8St)	m	66,66	25,89
	Kupferrohre, blank, Stangen 18x1-35x1,5mm (101m), Kupferrohre, Ringe, PVC-Kunststoffmantel 15x1-18x1mm (55m), Form- und Verbindungsstücke; PVC-Rohr (25m)	m	70,31	25,19
	Mehrschichtverbundrohre, Formstücke, Rohrdämmung (185m)	m	78,55	28,14
	Kupferleitungen DN15-40, Formstücke, Rohrdämmung, Rohrabschottungen (462m), Kaltwasserzähler (1St)	m	79,41	30,00
	Edelstahlrohre (72m), Formstücke (93St), Dämmung (43m), Wasserzähler (1St), Rückspülfilter (1St), Ventile (7St)	m	85,60	9,94
	Gewinderohre, schwarz, nahtlos, Formstücke, Rohrdämmungen (92m), Brandschutzisolierungen (6St)	m	88,67	25,05
	Kalt- und Warmwasserleitungen, Metallverbundrohre DN16-50, Rohrdämmung (399m), Ventile, Verteiler, Kaltwasserzähler (33St), Warmwasserzähler (22St), Brauwasserpumpe (1St)	m	90,53	30,59
	PE-Rohre DN15-50, Form-, Verbindungsstücke (1.139m), PE-Bögen (9St), Ventile (26St), Flügelradzähler (2St), Rückspülfilter (1St), Zirkulationspumpe (1St), Membranausdehnungsgefäß (1St), Kaltwasserzähler (3St), Warmwasserzähler (2St), Kühlwasserleitung (2St), Schaumglasrohrdämmung (962m), Brandschutzmanschetten (2St), Kernbohrungen Beton (8m), Kernbohrungen Kalksandstein (131St), Kernbohrungen Holzbalkendecke (24St)	m	92,45	24,06
	Kupferrohre 15x1-28x1,5mm, halbhart, Form- und Verbindungsstücke, Rohrisolierungen (114m)	m	99,86	57,50
	PE-Rohre DN50 (2m), DN40 (19m), DN32 (17m), DN25 (11m), DN20 (12m), DN15 (78m), Rohrdämmung (156m), Bogen, Rückspülfilter, Ventil, Kugelhahn, Kaltwasserzähler (1St), Kernbohrungen durch Beton (1m), durch KS-Mauerwerk (18St), durch Holzbalkendecke (3St), Innendruckprüfung, Spülen der Trinkwasseranlage, Abnahme, Inbetriebnahme	m	101,97	8,45
	Mehrschichtverbundrohre DN16-25, Formstücke, Rohrdämmung (39m), Wasserzähler (2St), Sicherheitsgruppen (2St), Rückspülfilter (2St)	m	102,74	15,05

Kostenkennwerte für die Kostengruppen 400 der 4. Ebene (AK nach BKI-Katalog)

412 Wasseranlagen

KG	Kostengruppe	Einheit	€/Einheit	€/m² BGF
412.41 Wasserleitungen, Kaltwasser				
	Kaltwasserleitungen, Edelstahl, DN40 (98m), DN50 (386m), Kunststoff DN15 (15m), DN20 (80m), DN25 (67m), DN32 (56m), DN40 (74m), Absperrventile (26St)	m	104,62	31,14
	Edelstahlrohre DN12-40, Formstücke, Rohrdämmung (384m)	m	117,91	7,67
	Kalt- und Warmwasserleitungen, Formstücke, Rohrdämmung (155m), Brandabschottungen (26St)	m	122,44	21,36
412.42 Verteiler, Kaltwasser				
	Regenwasser-Verteiler für Betriebswasser (1St)	St	81,30	0,05
	Sanitärverteiler (2St)	St	128,89	0,26
	Brauchwasserpumpe (1St)	St	223,76	0,96
	Kaltwasserverteiler, Abzweig-T-Ventile mit Entleerventilen, drei Abgängen, Entleerrinne, l=40cm, verzinktes Blech (1St)	St	290,62	0,93
	Kaltwasserverteiler, Kaltwasserdurchsatz 11m³/h, Dämmung (1St)	St	4.565,91	1,75
412.43 Wasserleitungen, Warmwasser/Zirkulation				
	Zirkulationspumpen mit Schaltuhr und Energiesparthermostat (2St)	m	1,44	0,55
	Warmwasserleitungen, Formstücke, Rohrdämmung (188m)	m	38,55	7,06
	Warmwasserleitungen, nichtrostender Stahl DN18-35, Formstücke, Rohrdämmung (470m), Umwälzpumpe (1St), Wasserzähler (1St), Ventile	m	47,51	13,19
	Warmwasserleitungen, Formstücke, Rohrdämmung (585m)	m	49,93	8,71
	Mehrschichtverbundrohre DN16-25mm, Formstücke, Rohrdämmung (39m)	m	55,76	8,17
	PE-Rohre DN15-40, Form-, Verbindungsstücke (452m), Mineralwolldämmung (349m), Innendruckprüfung, Spülen der Trinkwasseranlage, Abnahme, Inbetriebnahme	m	56,61	5,85
	PE-Rohre DN40 (11m), DN32 (16m), DN25 (9m), DN20 (37m), DN15 (45m), Mineralfaserdämmung (87m), Warmwasserzähler (1St), Zirkulationspumpe, Membranausdehnungsgefäß (1St), Kernbohrungen durch Beton (1m), durch KS-Mauerwerk (15St), durch Holzbalkendecke (3St), Innendruckprüfung, Spülen der Trinkwasseranlage, Abnahme, Inbetriebnahme	m	67,49	4,54
	Warmwasserleitungen, Edelstahl, DN15 (246m), DN20 (218m), DN25 (202m), DN32 (147m), Absperrventile (56St), Einbauventile (7St)	m	74,38	23,20
412.44 Verteiler, Warmwasser/Zirkulation				
	Zirkulationspumpe (1St)	St	242,24	1,00
	Zirkulationspumpe für Warmwasser (1St)	St	275,57	0,53
	Zirkulationspumpe für Warmwasser (1St)	St	308,35	0,99

© BKI Baukosteninformationszentrum — Kostenstand: 4.Quartal 2021, Bundesdurchschnitt, inkl. 19% MwSt.

412 Wasseranlagen

Kostenkennwerte für die Kostengruppen 400 der 4. Ebene (AK nach BKI-Katalog)

KG	Kostengruppe	Einheit	€/Einheit	€/m² BGF
412.44	**Verteiler, Warmwasser/Zirkulation**			
	Zirkulationspumpe, Pumpengehäuse aus Messing, wellenloser Wechselstrom-Kugelmotor, Betriebsspannung 230V, Leistungsaufnahme 25W (1St), Zirkulations-Regulierventile DN15, thermisch gesteuert (3St)	St	534,37	1,71
	Brauchwasser-Zirkulationspumpe, automatische Zirkulationsregulierventile (4St), Anschluss an Warmwasserspeicher	St	896,81	2,40
	Nassläufer-Umwälzpumpe (1St)	St	1.064,26	0,32
	Warmwasserverteiler, Edelstahl (1St)	St	1.648,18	0,63
412.45	**Wasserleitungen, Begleitheizung**			
	Elektrisches selbstregelndes Heizband, Leistung 6,4W, Zeitschaltuhr (40m)	m	49,40	1,54
	Rohrbegleitheizung, Kalt- und Warmwasserleitungen, selbstregelndes Heizband, aus zwei parallelen verzinnten Kupferlitzen 1,2mm², Nennleistung bei 5°, max. 10W/m, drei Heizkreise (29m)	m	79,43	2,53
412.51	**Elektrowarmwasserspeicher**			
	Warmwasserboiler 5l, Untertischmontage (1St)	St	103,69	0,15
	Untertischspeicher 5l mit Thermostat (6St)	St	155,43	1,24
	Untertischspeicher 5l mit Thermostat (2St)	St	182,53	0,22
	Elektro-Warmwasserbereiter (3St), Warmwasserspeicher (4St)	St	225,87	2,05
	Elektrowarmwasserspeicher 5l, drucklos, Untertischmontage (4St)	St	235,19	1,06
	Warmwasserspeicher 5l, Untertischmontage, Leistung 2kW (4St)	St	241,19	0,79
	Warmwassergeräte mit Speicherfunktion 5l, Untertischmontage, stufenlose Temperatureinstellung, Abschaltautomatik (25St)	St	287,65	0,79
	Warmwassergeräte mit Speicherfunktion 5l, Untertischmontage, stufenlose Temperatureinstellung, Abschaltautomatik (9St)	St	287,65	2,86
	Warmwassergeräte 5l, Untertischmontage (9St), 10l (6St), Warmwasserspeicher (1St)	St	315,64	0,85
	Warmwasser-Untertischspeicher 5l (1St), 10l (2St)	St	322,60	2,32
	Warmwasserspeicher 5l, Untertischmontage (7St)	St	429,56	1,28
412.52	**Elektro-Durchlauferhitzer**			
	Durchlauferhitzer, Nennleistung 4,4kW (8St)	St	252,02	3,57
	Elektro-Durchlauferhitzer, Leistung 3,5kW (5St)	St	277,97	0,21
	Durchlauferhitzer, Anschlussleistung 13,5kW (2St)	St	307,09	1,02
	Durchlauferhitzer 3,5kW (6St)	St	336,23	2,27

© BKI Baukosteninformationszentrum   Kostenstand: 4.Quartal 2021, Bundesdurchschnitt, **inkl.** 19% MwSt.

Kostenkennwerte für die Kostengruppen 400 der 4. Ebene (AK nach BKI-Katalog)

412 Wasseranlagen

KG	Kostengruppe	Einheit	€/Einheit	€/m² BGF
412.52	**Elektro-Durchlauferhitzer**			
	Durchlauferhitzer, Leistung 27kW (25St)	St	778,22	5,93
412.59	**Dezentrale Wassererwärmer, sonstiges**			
	Druckspeicher (1St)	St	713,42	0,55
412.61	**Ausgussbecken**			
	Stahl-Ausgussbecken 50cm (1St)	St	69,79	0,16
	Ausgussbecken mit Klapproste (2St)	St	82,12	0,14
	Ausgussbecken (2St)	St	100,87	0,36
	Ausgussbecken, Stahlblech, emailliert (2St)	St	102,21	0,05
	Ausgussbecken, Kunststoff (1St)	St	111,61	0,07
	Ausgussbecken (1St)	St	112,48	0,20
	Ausgussbecken, Stahlblech (1St)	St	114,01	0,40
	Stahl-Ausgussbecken, emailliert, Auflegeroste, Aufputz-Batterien, Ausläufe 150mm (2St)	St	123,75	0,79
	Ausgussbecken, emailliert (1St)	St	130,78	0,35
	Ausgussbecken (1St)	St	134,07	0,11
	Ausgussbecken, Wandbatterie (4St)	St	138,84	0,28
	Ausgussbecken, Stahlblech, Klapprost (1St)	St	156,06	0,23
	Ausgussbecken, Spültischbatterie (1St)	St	163,41	0,16
	Ausgussbecken (3St)	St	164,04	0,17
	Ausgussbecken (1St)	St	166,97	0,05
	Ausgussbecken 50x33cm, Klapproste, Wandbatterie, Schwenkarm (2St)	St	181,12	0,45
	Ausgussbecken (4St)	St	191,10	0,77
	Ausgussbecken (1St)	St	197,04	0,32
	Ausgussbecken (1St)	St	207,80	0,16
	Ausgussbecken, Klapproste, Zweigriff-Wandbatterien (5St)	St	211,15	0,44
	Ausgussbecken, Stahl (1St)	St	218,79	0,80
	Ausgussbecken, Stahlblech, Einlegeroste, Wandbatterien (2St)	St	227,62	1,47
	Stahl-Ausgussbecken, Einlegerost, Wandbatterie (1St)	St	230,86	0,18
	Ausgussbecken, Armatur, Schwenkauslauf (1St)	St	231,56	0,62
	Ausgussbecken, Stahlblech, Einlegeroste, Armaturen (8St)	St	245,34	0,22

412 Wasseranlagen

Kostenkennwerte für die Kostengruppen 400 der 4. Ebene (AK nach BKI-Katalog)

KG	Kostengruppe	Einheit	€/Einheit	€/m² BGF
412.61 Ausgussbecken				
	Ausgussbecken, Stahlblech, Einlegeroste, Armaturen (2St)	St	253,80	0,56
	Ausgussbecken (1St)	St	266,61	0,30
	Ausgussbecken, Stahlblech, Zweigriff-Wandbatterie mit Schwenkauslauf (8St)	St	285,36	0,39
	Stahl-Ausgussbecken	St	297,73	0,58
	Ausgussbecken, Kunststoff (3St)	St	308,59	0,65
	Ausgussbecken, Stahl-Emaille, Auflagerost (1St)	St	329,83	1,02
	Stahlblech-Ausgussbecken, emailliert, mit Rückwand, umlaufendem Kunststoffrand, Stopfenablaufventil, Kette, Kettenhalter, Ventilstopfen, 505/335mm (1St)	St	340,83	0,37
	Ausgussbecken, Wandbatterie mit Schwenkauslauf (1St)	St	351,22	0,38
	Ausgussbecken, Stahlblech, emailliert (1St), Strangabsperrventil DN40 (2St)	St	353,99	0,21
	Ausgussbecken, Einhand-Mischbatterie (1St)	St	358,48	0,23
	Ausgussbecken, Einhebel-Wandbatterie DN15, schwenkbarer Gussauslauf (3St)	St	371,12	1,85
	Ausgussbecken, Stahlblech (1St)	St	373,74	0,29
	Ausgussbecken, Stahlblech, Wandbatterien mit Schwenkarmatur (2St)	St	459,27	1,53
	Ausgussbecken, Klapproste, Einhandmischer (3St)	St	460,14	0,43
	Ausgussbecken, Einhandhebelmischer (2St)	St	465,17	1,05
	Ausgussbecken (1St)	St	472,01	0,95
	Ausgussbecken mit Roste, Wandbatterien (2St)	St	523,73	1,35
	Ausgussbecken, Schwenkarmatur (2St)	St	541,03	1,40
	Edelstahl-Ausgussbecken, Spültischbatterie (1St)	St	698,25	0,21
	Ausgussbecken, Porzellan (2St), Stahlblech (1St), Spültischbatterien	St	822,87	5,17
	Edelstahlausgussbecken mit Rückwand, Klapprost, Armaturen (3St)	St	1.099,42	1,95
	Ausgussbecken für LKW-Waschhalle, Schwenkgarnitur (1St)	St	1.559,61	2,38
	Ausgussbecken, Kunststein (4St), Keramik (4St), Stahl (4St), Armaturen (12St)	St	1.859,92	8,56
412.62 Waschtische, Waschbecken				
	Waschbecken, Einhandhebelmischer (26St)	St	221,67	1,76
	Waschbecken, Einhand-Hebelmischer (14St)	St	280,43	1,64
	Waschtische, Eckventile, Röhrensiphon, Einhandhebelmischer (2St)	St	327,48	2,03
	Waschbecken, Einhebel-Waschtischbatterien, Spiegel (9St)	St	353,13	3,95

Kostenkennwerte für die Kostengruppen 400 der 4. Ebene (AK nach BKI-Katalog)

412 Wasseranlagen

KG	Kostengruppe	Einheit	€/Einheit	€/m² BGF
412.62 Waschtische, Waschbecken				
	Waschtische, Einhandhebelmischer (17St)	St	367,12	4,89
	Waschbecken, Einhandhebelmicher (2St)	St	368,48	0,81
	Waschbecken, Einhand-Mischerbatterie (8St)	St	376,38	4,02
	Waschtische, Einhandhebelmischer (14St)	St	379,64	3,70
	Waschbecken, Einhandhebelmischer (8St)	St	383,08	3,94
	Waschtisch, Einhebelmischer (1St)	St	408,29	0,31
	Waschbecken, Eckventile, Hebelmischer (3St)	St	421,54	4,45
	Waschtische (15St), Handwaschbecken (14St), Doppelwaschtische (3St), Schrankwaschtisch (1St), Armaturen (36St)	St	421,92	4,15
	Waschbecken, Einhand-Hebelmischer (2St)	St	430,38	4,35
	Waschtische, Einhandhebelmischer, Montageelemente (2St)	St	445,67	2,00
	Waschbecken, Einhandhebelmischer (4St)	St	467,02	3,11
	Waschtische, Selbstschlussventile (7St)	St	469,40	4,93
	Waschbecken, Einhandhebelmischer (8St)	St	484,79	5,03
	Waschtische, Einhandhebelmischer (2St)	St	485,06	4,01
	Waschtische, Einhand-Waschtischbatterie, Körperschalldämmung (6St)	St	487,10	4,70
	Waschbecken, Einhandhebelmischer (49St)	St	495,89	4,11
	Waschbecken, Einhand-Mischbatterie (4St)	St	519,43	1,24
	Waschbecken, Einhandhebelmischer (24St)	St	524,53	1,39
	Waschbecken, Einhandhebelmischer (10St)	St	524,53	5,80
	Waschtische, Einhebel-Mischbatterie (3St)	St	545,41	2,72
	Waschbecken, Einhandhebelmischer (1St)	St	546,64	0,81
	Waschtische 60x50cm, weiß, Einhandmischer (6St)	St	555,16	6,59
	Waschtische, Einhandhebelmischer, Eckventile, Spiegel (3St)	St	562,05	7,23
	Waschtische, Kristallporzellan, 60x47cm (2St), 50x34,5cm (3St), Einhand-Hebelmischer	St	580,50	3,19
	Waschtische, Keramik (19St), Einhebelmischer, Standarmatur (10St), berührungslose Waschtischarmaturen (2St), Zweigriffwandarmaturen (7St), Ärztewaschtische, Keramik (5St), berührungsloses Auslaufventil (1St), Waschtisch-Wandventile, Kaltwasser (29St), Wandauslaufventile DN15, Kaltwasser (2St), Absperrventile DN15-32 (66St), Unterputzventile DN20/25 (4St)	St	594,06	8,50
	Waschbecken, Einhebelmischer (4St)	St	601,79	2,71

© **BKI** Baukosteninformationszentrum Kostenstand: 4.Quartal 2021, Bundesdurchschnitt, **inkl. 19% MwSt.**

412 Wasseranlagen

Kostenkennwerte für die Kostengruppen 400 der 4. Ebene (AK nach BKI-Katalog)

KG	Kostengruppe	Einheit	€/Einheit	€/m² BGF
412.62	**Waschtische, Waschbecken**			
	Waschtische, Einhandhebelmischer mit Temperaturbegrenzer (18St)	St	605,13	6,86
	Waschbecken, Einhandhebelmischer (24St)	St	616,38	2,50
	Waschbecken, Einhandhebelmischer (10St)	St	616,71	4,82
	Waschbecken, Einlochbatterien, berührungslos, Mischwassertemperatur einstellbar, Elektroanschluss (9St)	St	649,25	7,43
	Waschbecken, Einhandhebelmischer (18St)	St	659,25	1,83
	Waschbecken, Einhandhebelmischer (4St)	St	669,83	6,26
	Waschbecken, Einhand-Hebelmischer, Befestigungen (6St)	St	677,49	7,87
	Waschbecken, Einhandhebelmischer (7St), Edelstahl-Waschrinnen, 3.000x40cm, 12 Waschplätze (2St), 120x40cm (1St)	St	681,40	6,44
	Waschbecken, Einhebelmischbatterien (16St)	St	697,40	9,37
	Waschbecken 65x50cm, Einhandhebelmischer (24St)	St	706,46	5,97
	Handwaschbecken, Einhebel-Waschtischbatterien (4St)	St	717,61	6,01
	Waschtische, Einhandhebelmischer (8St), Doppelwaschtische (4St)	St	766,73	9,33
	Waschbecken, Hebelmischer (2St)	St	770,10	2,77
	Waschbecken, Einhandhebelmischer (3St)	St	775,30	6,26
	Waschtische, Einhand-Einlochbatterie (3St)	St	782,35	5,62
	Waschtische 55x44-60x48cm, Einhandhebelmischer (23St)	St	806,37	10,96
	Waschbecken, Einhandhebelmischer (4St), Halbsäulen für Waschbecken (2St)	St	868,79	13,22
	Waschtische, Einhebelmischer (2St)	St	924,30	2,99
	Waschtische, Einhandhebelmischer (7St)	St	959,92	2,86
	Waschbecken, Einhandhebelmischer (4St)	St	998,15	7,06
	Waschtisch 60x48cm mit Halbsäule (1St), Waschtisch 105cm mit Halbsäule (1St)	St	1.051,22	7,69
	Waschbecken, Einhandhebelmischer (3St)	St	1.114,78	5,11
	Waschbecken, Einhandhebelmischer (3St)	St	1.151,67	11,14
	Doppelwaschtische (3St), Waschtische (3St), Handwaschbecken (2St), Armaturen, Eckventile, Rohrgeruchsverschlüsse	St	1.295,85	10,07
	Waschbecken, Einhandhebelmischer (6St)	St	1.427,62	17,28
	Handwaschbecken, Halbsäule für Handwaschbecken (1St), Einbau-Waschtisch (1St), Waschtischmischbatterien (2St), Waschtisch-Konsole, Glasplatte, b=55cm, t=45cm (1St), Waschtisch 95x48cm, Waschtisch-Wandbatterie (1St), Eckventile (4St)	St	1.524,98	14,67

Kostenkennwerte für die Kostengruppen 400 der 4. Ebene (AK nach BKI-Katalog)

KG	Kostengruppe	Einheit	€/Einheit	€/m² BGF
412.62 Waschtische, Waschbecken				
	Reihenwaschanlage, einreihig, Edelstahl, drei Waschplätze (12St), Sammelgeruchsverschlüsse DN70 (12St), Waschtisch-Standventile (6St), Fußbadewanne, Betonwerkstein (15St), Einband-Klemm-Mischbatterie (36St), Auslaufventil DN20, Handrad (10St), Einzel-Rohrbe- und entlüfter DN20 (8St)	St	1.525,89	9,42
	Glaswaschtisch 90cm, Einhandmischer (1St), Einbaubecken 60x40,5cm, Einhandmischer (2St), Handwaschbecken 50cm, Einhandmischer (1St), Halbsäule (1St), Einbau bauseitiger Waschtischabdeckung 190x55x3cm (1St)	St	1.557,54	7,09
	Waschtische (9St), Schulbecken, rechteckig, Unterbau (1St), Armaturen (10St)	St	1.698,18	6,51
	Waschtische, Einhebelmischer, Befestigungen, Eckventile (2St)	St	2.111,74	16,79
	Waschtische, Befestigungen, Eckventile, Hebelmischer (3St)	St	2.599,27	20,88
412.63 Bidets				
	Bidets, Armaturen (3St)	St	493,70	0,44
	Bidet (1St)	St	529,87	0,37
	Bidets, Einhandhebelmischer (2St)	St	772,15	0,97
	Bidet (1St), Armatur, Eckventile, Rohrgeruchsverschluss	St	940,38	0,91
	Bidet, gehobene Ausführung (1St)	St	1.010,19	4,33
	Wandbidet, Bidetbatterie (1St)	St	1.046,07	1,34
412.64 Urinale				
	Urinale (2St)	St	205,18	0,68
	Urinale (4St)	St	212,55	1,10
	Urinale (2St)	St	212,65	0,18
	Urinale, Keramik, Unterputzdruckspüler (7St)	St	213,25	0,89
	Urinale, Keramik, Unterputzdruckspüler, Vorwandelemente mit Wandeinbau-Druckspüler (11St)	St	213,91	0,54
	Urinale (2St)	St	275,64	0,99
	Urinale (2St)	St	277,73	0,90
	Urinalbecken, Druckspüler (7St)	St	279,12	1,64
	Urinale, Handauslösung (2St)	St	462,17	0,55
	Urinale, Druckspüler (3St)	St	477,16	2,15
	Urinale, Druckspüler (6St)	St	496,77	0,46
	Urinale (3St)	St	508,63	3,65
	Urinale, Handbetätigung (2St)	St	515,05	2,16

412 Wasseranlagen

Kostenkennwerte für die Kostengruppen 400 der 4. Ebene (AK nach BKI-Katalog)

KG	Kostengruppe	Einheit	€/Einheit	€/m² BGF
412.64 Urinale				
	Urinale, Handauslösung (3St)	St	544,88	1,84
	Urinal (1St)	St	545,79	0,81
	Urinale, Druckspüler (6St)	St	617,20	1,84
	Urinale, Druckspüler (8St)	St	710,65	6,29
	Urinale, Druckspüler (22St)	St	710,66	1,72
	Urinalbecken, Urinaldrücker (1St)	St	714,50	0,55
	Urinale, Infrarotsteuerung (4St)	St	717,50	4,77
	Urinal, Handauslösung (1St)	St	803,36	0,48
	Urinal, automatische Spülung (1St)	St	865,88	0,95
	Urinale, Handauslösung (2St)	St	878,39	2,34
	Urinal, Druckspüler (1St)	St	970,15	3,55
	Urinale, elektronische Spülung (2St)	St	1.018,85	0,62
	Urinal, Druckspüler (1St)	St	1.122,21	1,44
	Urinale, automatische Spülung (12St)	St	1.128,13	2,29
	Urinale, elektronisch gesteuerte Spülung (6St)	St	1.221,34	3,12
	Urinal, automatisch gesteuerte Spülung (1St)	St	2.173,72	3,32
	Urinale, Armaturen (8St), Trennwände, Keramik (5St)	St	2.840,80	8,72
412.65 WC-Becken				
	WC-Becken, Tiefspüler (2St)	St	171,20	0,77
	WC-Becken (8St)	St	210,34	2,18
	WC-Becken, Tiefspüler, WC-Sitz mit Deckel (51St)	St	223,73	1,93
	WC-Becken, WC-Sitze mit Deckel (11St)	St	241,75	1,11
	WC-Becken, wandhängend, Keramik, WC-Sitze, -Deckel, Betätigungsplatten (14St)	St	250,01	2,09
	WC-Becken, wandhängend, Sitz, Deckel, Betätigungsplatte (12St)	St	250,80	0,69
	Tiefspül-WCs (5St)	St	251,21	3,01
	WC-Becken, Tiefspüler (12St)	St	266,46	1,36
	WC-Becken (7St)	St	283,80	2,47
	Wandtiefspülklosetts, WC-Sitz, Wandeinbau-Spülkästen 6l (9St)	St	302,13	1,35
	WC-Becken, Spülkasten, WC-Sitz (4St)	St	308,05	1,01

Kostenkennwerte für die Kostengruppen 400 der 4. Ebene (AK nach BKI-Katalog)

KG	Kostengruppe	Einheit	€/Einheit	€/m² BGF
412.65 WC-Becken				
	WC-Becken, WC-Sitz mit Deckel, Betätigungsplatte (30St)	St	334,81	3,00
	Tiefspül-WCs, wandhängend (4St)	St	336,56	5,12
	Tiefspül-WC (9St), Flachspül-WC (10St)	St	338,79	3,80
	Tiefspülklosetts, Klosettsitz, Spülkasten (4St)	St	346,38	2,30
	WC-Becken (5St)	St	358,66	2,02
	WC-Becken, Spülkästen, WC-Sitze (3St)	St	361,70	3,82
	WC-Becken, Tiefspüler, wandhängend, WC-Sitze, Papierhalter, Bürstengarnituren (18St)	St	393,19	4,46
	WC-Becken, Tiefspüler, WC-Sitz (10St)	St	398,09	3,34
	WC-Becken, WC-Sitz (26St)	St	399,33	3,17
	Tiefspül-WC, Spülkasten, Schallschutzset, WC-Sitz mit Deckel (2St)	St	413,67	3,03
	WC-Becken, Tiefspüler, WC-Sitze (4St)	St	439,02	2,93
	WC-Becken (9St)	St	442,74	0,62
	Wandhänge WC-Becken (4St)	St	451,94	2,93
	WC-Becken, WC-Sitz (5St)	St	453,17	4,74
	WC-Becken, wandhängend, Klosettsitze (6St)	St	454,75	4,39
	WC-Becken, Tiefspüler (14St)	St	461,71	4,51
	Wand-Tiefspül-WC, WC-Sitz, Spülkasten, Schallschutzset, Abdeckplatte, Papierhalter (2St)	St	513,23	3,18
	WC-Becken, Tiefspüler, WC-Sitz (26St)	St	541,45	1,55
	WC-Becken, Tiefspüler, WC-Sitz, Papierhalter (8St)	St	541,45	4,79
	WC-Becken, WC-Sitz mit Deckel (5St)	St	542,84	3,62
	WC-Becken, WC-Sitz mit Deckel (3St)	St	542,84	0,97
	WC-Becken, WC-Sitz, Spülkasten (17St)	St	546,05	7,28
	WC-Becken, UP-Spülkasten (6St)	St	546,66	6,49
	WC-Becken, Tiefspüler (4St)	St	552,20	3,97
	WC-Becken (1St)	St	591,96	0,87
	Tiefspülklosetts, Spülkästen, Schallschutzsets, Klosettsitze mit Deckel (7St)	St	591,98	4,55
	WC-Becken (2St)	St	608,20	1,33
	WC-Becken (1St)	St	614,39	0,47
	WC-Becken (2St)	St	647,68	3,03

Kostenstand: 4.Quartal 2021, Bundesdurchschnitt, **inkl. 19% MwSt.**

Kostenkennwerte für die Kostengruppen 400 der 4. Ebene (AK nach BKI-Katalog)

KG	Kostengruppe	Einheit	€/Einheit	€/m² BGF
412.65 WC-Becken				
	WC-Becken, WC-Sitze, Betätigungsplatten (6St), Eckventile, Rohrgeruchsverschlüsse	St	653,21	3,81
	WC-Becken, Einbauspülkasten (6St)	St	662,23	5,96
	WC-Tiefspüler, WC-Sitz, Spülkästen (9St)	St	696,07	4,89
	WC-Becken, wandhängend (3St)	St	724,17	5,85
	WC-Becken (2St)	St	732,57	4,72
	WC-Becken, Spülkasten, WC-Sitz (3St)	St	737,39	3,38
	WC-Becken, Spülkasten, WC-Sitze (5St)	St	749,27	4,82
	WC-Becken (6St)	St	751,91	9,10
	WC-Becken, Tiefspüler, Spülkasten, WC-Sitz mit Deckel (24St)	St	774,27	6,54
	WC-Becken, Tiefspüler, Spülkasten, WC-Sitz, Papierhalter (12St)	St	780,17	9,49
	WC-Becken, Spülkasten, WC-Sitze (25St)	St	786,47	3,33
	WC-Becken, wandhängend (2St)	St	786,86	6,50
	Wand-Tiefspül-WCs, WC-Sitze, Abdeckplatten (3St)	St	829,68	7,98
	Wand-Tiefspül-WC, Schallschutzset, Spülkästen, Abdeckplatten, WC-Sitze (3St)	St	875,38	2,99
	WC-Becken, Klosett-Sitze (2St)	St	895,13	9,04
	WC-Becken, Tiefspüler, WC-Sitze mit Deckel (5St)	St	975,35	9,44
	Tiefspül-WC-Becken (4St)	St	1.120,77	7,93
	WC-Becken, wandhängend, WC-Sitz, Spülkasten (2St)	St	1.206,18	6,46
	WC-Becken (17St)	St	1.415,92	9,23
	WC-Becken, WC-Sitze, Unterputz-Spülkästen (2St)	St	1.481,31	11,78
	WC-Becken, Tiefspüler, Spülkasten (2St)	St	1.688,48	14,48
412.66 Duschen				
	Brauseeinhandmischer DN15 (1St)	St	169,11	0,10
	Einhebelduscharmaturen, Wandkopfbrause (12St)	St	284,52	0,78
	Stahl-Duschwannen, Brausegarnituren (3St)	St	349,72	1,69
	Reihenduschen, Selbstschlussbrauseventile (10St)	St	355,33	0,39
	Brausebatterie, Brausestange (1St)	St	400,53	0,07
	Einhand-Hebelmischer, Wandstange, Brauseschlauch, Handbrause (5St)	St	442,95	0,92
	Duschbecken, Duschstange, Brausearmaturen (5St)	St	510,17	0,39

Kostenkennwerte für die Kostengruppen 400 der 4. Ebene (AK nach BKI-Katalog)

412 Wasseranlagen

KG	Kostengruppe	Einheit	€/Einheit	€/m² BGF
412.66 Duschen				
	Duscharmaturen (17St), Wandstangen (7St)	St	517,03	5,19
	Duschwanne, Brausebatterie, Brausestange mit Schlauch und Garnitur (1St)	St	518,89	1,16
	Duschen, bodengleich, Wandstangen, Handbrausen (2St)	St	539,93	3,80
	Duschbecken, Brausebatterie, Duschstange (1St)	St	602,35	2,49
	Duschtassen, Brausegarnitur (2St)	St	612,09	1,38
	Stahl-Brausewannen 90x75x15cm, Einhebel-Brausebatterien (3St)	St	636,78	2,38
	Duschwanne, Einhandbrausebatterie (1St)	St	651,99	0,71
	Duschbecken, Einhandhebelmischer (7St)	St	684,30	3,74
	Duschbecken, Thermostat-Brausebatterie (25St)	St	717,71	5,47
	Duschwannen, Thermostatventile, Wandbrausebatterie (24St)	St	729,43	6,17
	Duschbecken, Brausearmatur, Wandstange (1St)	St	798,52	1,03
	Duschbecken, Einhandhebelmischer, Handbrause Wandstangen, Brauseschlauch (3St)	St	855,11	5,17
	Stahl-Duschwannen 80x80cm, Einhandhebelmischer (6St)	St	888,73	4,18
	Duschwannen 90x90cm, Stahl, Einhebel-Duscharmatur, Wandstange, Handbrause (2St)	St	951,97	7,24
	Duschwannen, Brausegarnituren (9St)	St	1.012,85	4,54
	Stahl-Duschwanne 80x80x15cm, Einhand-Duschbatterie (1St)	St	1.022,50	1,12
	Duschwannen 80x80cm, Brausegarnitur, Brausestange (4St)	St	1.038,12	2,89
	Duschwannen, Einhandbrause-Wand-Batterie, Wandstange (4St)	St	1.039,96	4,22
	Duschwannen (11St), Hartschaum-Duschelemente, bodengleich (10St), Brausearmaturen, Handbrausen, Brausestangen, Brauseschläuche (21St), Holzeinleger in Duschwanne, bodengleich (1St)	St	1.054,17	6,60
	Duschtasse, Armatur (1St)	St	1.075,46	0,41
	Duschbecken, Brausegarnitur, Brausestange (2St)	St	1.098,08	3,35
	Duschwanne 80x80cm, Brausegarnitur (1St)	St	1.118,85	3,01
	Duschtassen, Selbstschluss-Thermostatarmaturen (14St)	St	1.163,25	24,42
	Duschwanne, Brause-Wand-Batterie (1St)	St	1.218,17	0,77
	Duschwannen, Einhand-UP-Brausebatterien, Handbrausen, Wandstangen (2St)	St	1.268,07	12,81
	Duschtasse 90x90x16cm, Einhandhebelmischer, Brausestange, Handbrause, Duschkabine mit dreiteiliger Schiebetür, Kunstglas (2St)	St	1.313,44	8,13
	Duschbecken, Wandstangengarnituren (45St)	St	1.326,14	10,10

© **BKI** Baukosteninformationszentrum   Kostenstand: 4.Quartal 2021, Bundesdurchschnitt, **inkl.** 19% MwSt.

Kostenkennwerte für die Kostengruppen 400 der 4. Ebene (AK nach BKI-Katalog)

KG	Kostengruppe	Einheit	€/Einheit	€/m² BGF
412.66 Duschen				
	Duschwanne, Stahl, Brausegarnitur (1St)	St	1.413,59	6,06
	Duschwannen (3St), Fliesenmulde (1St), Montagefüße, Brause-Einhandmischer, Brausegarnituren, Armaturen	St	1.469,86	5,71
	Duschbecken 90x90cm, Brausestange, Einhandhebelmischer (2St)	St	1.483,24	6,21
	Duschtassen, Brausebatterien, Wandstange, Stützgriffe (2St)	St	1.853,09	4,76
	Duschtasse, Handbrause, Brausestange (1St)	St	1.921,68	7,64
	Duschwannen, Brausebatterien (3St)	St	1.996,16	11,60
	Duschelement 114x169cm, rollstuhlbefahrbar, Brausegarnitur (1St)	St	2.050,28	7,50
	Duschwannen 90x110cm, Eingriff-Brause-Mischkombination (2St)	St	2.324,17	12,45
	Acryl-Fünfeck-Duschwanne 90x90x3,2cm, Wannenprofil, Brausewannenfuß, Duschbatterie, Brauseset (1St), Duschwanne 90x90x2,5cm, h=12,5cm, Wannenträger, Wannenprofil, Ablaufgarnitur, Thermostat, Handbrause, Haltestange (1St)	St	2.353,10	15,09
	Duschbecken 80x100cm, Thermostatbatterie, Tellerkopfbrause, d=300mm (1St)	St	2.674,29	6,25
	Duschwanne, Brausebatterie mit Thermostat (1St)	St	3.068,54	9,89
	Duschelement 120x100cm, bodengleich, Brauseset (1St), Duschelement 140x120cm, zum Verfliesen, Brauseset (1St), Handbrause (1St), Wandstange, l=90cm (1St)	St	3.360,93	7,65
412.67 Badewannen				
	Badewanne (1St)	St	358,25	0,75
	Stahl-Badewannen (3St)	St	411,31	1,99
	Badewannen, Einhand-Wannenbatterie (25St)	St	636,18	4,85
	Stahl-Badewannen 170x75cm, Einhebel-Badebatterien (3St)	St	657,75	2,45
	Einbaubadewanne, Einhand-Wannenfüllbatterie (1St)	St	681,73	2,40
	Badewanne, Einhebel-Wannenbatterie (1St)	St	701,35	2,90
	Stahl-Einbauwanne 170x75cm, Einhandmischer, Brausegarnitur, Handbrause, Wandhalter (3St)	St	841,97	5,00
	Badewannen 170x75cm, Stahl, Einhebel-Badearmatur, Handbrause (2St)	St	846,19	6,44
	Badewannen, Einhand-Wannenbatterie (12St)	St	921,25	3,89
	Badewannen (4St), Wannengriff (1St), Montagefüße, Brausegarnituren	St	944,14	3,67
	Badewannen 170x75cm, Einhandhebelmischer (8St)	St	1.067,87	6,67
	Badewanne, Einhand-Wannenfüll- und Brausebatterie (1St)	St	1.092,36	2,20

Kostenstand: 4.Quartal 2021, Bundesdurchschnitt, inkl. 19% MwSt.

Kostenkennwerte für die Kostengruppen 400 der 4. Ebene (AK nach BKI-Katalog)

412 Wasseranlagen

KG	Kostengruppe	Einheit	€/Einheit	€/m² BGF
412.67	**Badewannen**			
	Badewannen, Wannenbatterien (45St)	St	1.123,82	8,56
	Stahleinbauwanne 180x80cm, Montagefüße, Multiplex-Wannengarnitur, Wannenprofil, Einhandmischer, Brause-Set, Wannengriff (1St)	St	1.157,19	3,58
	Badewannen 170x75cm, Einhandhebelmischer, Handbrause, Brauseschlauch (11St)	St	1.270,16	10,95
	Acryl-Badewannen, Wannengarnitur (3St)	St	1.286,96	7,48
	Stahl-Badewannen, Badewannen-Wand-Batterien (10St), Eck-Einbauwanne, Schenkellänge 150cm, Unterwasserscheinwerfer 12V, 50W (1St)	St	1.412,03	9,78
	Badewannen 170x75cm, Einhand-Badebatterie, Brausegarnitur (4St)	St	1.438,68	5,83
	Stahl-Badewanne 180x80cm, Einhand-Badebatterie, Brausegarnitur (1St)	St	1.495,98	5,48
	Stahl-Badewannen 180x80cm, Einhandhebelmischer (7St)	St	1.504,56	7,34
	Badewannen, Ab- und Überlaufgarnituren, Einhand-Wannenarmaturen, Handbrausen, Brausestangen, Brauseschläuche (13St)	St	1.580,48	6,13
	Badewanne 180x80cm, Brausegarnitur (1St)	St	1.600,99	4,31
	Stahl-Badewanne, Wannengarnitur (1St)	St	1.772,44	7,60
	Badewanne 180x80cm (1St)	St	1.905,18	9,62
	Acryl-Sechseck-Badewanne 200x85x47cm, Wannenprofil, Wannenfuß, Wannengarnitur, Unterputz-Zweiwege-Umstellung, Brauseschlauch, Brause-Wandhalter, Handbrause (1St), Unterputzventile (2St)	St	2.641,85	8,47
	Eckbadewanne, Einhebel-Badebatterie (1St)	St	3.016,29	11,99
	Acryl-Badewanne 190x90cm, Einhebelbatterie (1St)	St	3.347,44	10,79
	Badewannen, Badewannengarnitur, Einhebelmischer (2St)	St	3.430,74	10,48
	Badewanne, Thermostatbatterie, Wannenrandthermostat (1St)	St	4.138,00	9,67
	Einbaubadewanne 190x190cm, mit zwei einstellbaren Rückenlehnen, Wannengarnitur (1St)	St	4.252,65	4,84
	Acryl-Badewanne, Wannenrandarmatur, Eingriffmischer, versenkbare Handbrause (1St)	St	4.277,28	11,45
	Pflege-Hubwanne, Wanne frei unterfahrbar, von drei Seiten begehbar, mechanischer Spindelantrieb, synchrongesteuertes Hubsystem, 220l (1St), Massage-Einrichtung, Whirl-Düse, Massageschlauch mit Düsen (1St)	St	10.821,63	6,39
412.68	**Behindertengerechte Einrichtungen**			
	Behindertengerechte Flachspül-WCs, mit Rückenlehne, elektrische Spülung (2St)	St	1.345,68	3,18
	Waschbecken, WC-Becken, Wandstützgriff (1St), Stützklappgriff (1St)	St	1.486,73	2,41

412 Wasseranlagen

Kostenkennwerte für die Kostengruppen 400 der 4. Ebene (AK nach BKI-Katalog)

KG	Kostengruppe	Einheit	€/Einheit	€/m² BGF
412.68	**Behindertengerechte Einrichtungen**			
	Behindertengerechter Waschtisch, Keramik, unterfahrbar, Einhand-Standarmatur DN15, behindertengerechter WC-Tiefspüler, wandhängend, WC-Deckel, Keramik (1St), Wandstützgriffe (2St)	St	1.950,71	1,16
	Behindertengerechtes WC, Stützklappgriffe (8St), Rückenstütze (4St), WC-Steuerung, Fernauslösung (4St)	St	2.700,47	1,83
	WC-Becken, barrierefrei, elektronische Spülung mit Funkfernbedienung, Waschbecken, unterfahrbar, Haltegriffe, Licht-Ton-Rufanlage (1St)	St	3.114,04	0,95
	Behindertengerechte Einrichtung, WC-Becken, Klappgriffe, Edelstahlrohre, d=32mm, Waschbecken, Notrufeinrichtung (1St)	St	3.656,13	5,48
	Behindertengerechte Einrichtung, WC-Becken, Spülung mit Funksender, Stützgriffe (5St), Rückenstütze (1St), Waschbecken (1St)	St	6.280,27	2,41
412.69	**Sanitärobjekte, sonstiges**			
	Außenarmaturen (2St), Auslaufventile, Knebelgriff, Schlauchanschluss (4St)	St	96,16	2,19
	Außenarmaturen (2St)	St	190,87	0,37
	Spiegel (3St)	St	235,37	2,81
	Duschabtrennungen, Seitenwände, Türen (45St)	St	773,30	5,89
	Duschkabinen, Pendeltüren, zweiflüglig (7St)	St	880,94	4,81
	Gewerbespülen, Chromnickelstahl, Untergestelle (2St)	St	3.257,99	5,33
	Glastrennelement, Alu-Boden- und Deckenschiene, ESG, d=12mm, mit Glaslack rückseitig blickdicht lackiert (3m²)	St	3.713,86	8,68
412.71	**Wasserspeicher**			
	Elektro-Warmwasserspeicher (2St)	St	189,59	0,61
	Hauswasserstation (1St), Druckschlauch aus EPDM (8m), Mauerdurchführung DN100 (1St)	St	1.179,36	3,78
	Warmwasserspeicher 30l, mehrere Entnahmestellen, Wärmedämmung (3St)	St	1.235,89	3,03
	Wasserspeicher (200l)	St	1.669,21	1,83
	Speicher-Wassererwärmer 400l, Zirkulationspumpe (1St)	St	2.264,53	1,34
	Wasserversorgungsaggregat, Pumpe selbstsaugend, Membrandruckkessel, elektrischer Anschluss, elektronische Wasserstandsregelung (1St), Saugleitungen	St	2.699,96	0,62
	Beton-Zisterne 6.000l, Sandbettung (1St)	St	3.445,78	6,67
	Warmwasserspeicher 5l (3St), 80l (1St), Vorlagebehälter für Regenwasser (1St), Unterwasserpumpe, Förderleistung 5,9m³/h, Zubehör, Schnittstellenmodul (1St)	St	3.861,46	7,41
	Regenwasserzisterne, Raintanks, Dichtungen (1St)	St	8.418,53	26,06

Kostenkennwerte für die Kostengruppen 400 der 4. Ebene (AK nach BKI-Katalog)

KG	Kostengruppe	Einheit	€/Einheit	€/m² BGF
412.71	**Wasserspeicher**			
	Regenwasser-Erdtank 12.000l, Filteranlage, Wasserpumpe zur Brauchwasserentnahme, Dränagekies (27m³)	St	13.046,66	30,49
412.91	**Sonstige Wasseranlagen**			
	Warmwasserspeicher (5St)	BGF		1,05
	Frischwasserstation zur hygienischen Trinkwarmwasserbereitung, gradgenaue Eingabe und Regelung, Brauchwasserzirkulationspumpe	BGF		6,85
	Profilstahlkonstruktionen (1.000kg), Hauswasserzähler (2St), Bohrungen (17St), Schlauchventile (23St), Schnittstellenmodul (1St)	BGF		12,69
412.94	**Sanitäreinrichtungen**			
	Außenarmaturen, frostsicher, abschließbarer Bedienungsgriff mit zwei Schlüsseln (6St)	St	151,27	0,27
	Duschabtrennung, Pendeltür, b=900mm, ESG-Glas (2St)	St	1.057,74	8,05
	Eckduschabtrennung (1St)	St	2.526,15	3,14

412 Wasseranlagen

413 Gasanlagen

Kostenkennwerte für die Kostengruppen 400 der 4. Ebene (AK nach BKI-Katalog)

KG	Kostengruppe	Einheit	€/Einheit	€/m² BGF
413.21	**Übergabestationen**			
	Gasübergabestation, Erdgas H (1St)	St	834,02	0,25
413.41	**Gasleitungen**			
	Kupferrohre, Formstücke (165m), Kugelhähne (6St)	m	33,16	1,63
	Gewinderohre DN80 (3m), DN65 (1m), DN50 (1m), DN32 (1m), DN20 (1m), Stahlrohre 1" (29m), Zählerplatte für Gaszähler, Gaszähler, Geräteanschlussarmatur, DN20, DN25, Gasmagnetventil, Durchflussmengenzähler (1St), thermisch auslösendes Sicherheitsventil DN32 (1St), DN25 (1St), Gasleitung spülen, abdrücken, entlüften, Funktionsprobe	m	123,00	2,53
	Gewinderohr DN20-80, verzinkt (22m), Zählerplatte für Doppelstutzengaszähler (1St), Geräteanschlussarmatur DN20/25 (2St), Durchflussmengenzähler (1St), Gasleitung spülen, abdrücken, entlüften, Funktionsprobe (1St)	m	207,64	1,03

Kostenkennwerte für die Kostengruppen 400 der 4. Ebene (AK nach BKI-Katalog)

KG	Kostengruppe	Einheit	€/Einheit	€/m² BGF
419.11	**Installationsblöcke**			
	Installationblöcke für WCs (51St), für Waschtische (62St), für Armaturen (36St)	St	122,33	2,34
	Installationsblöcke für Montagewände, pulverbeschichtete Montageelemente, höhenverstellbar (42St)	St	177,38	3,71
	Montageelemente für Waschtische (10St), für WCs (7St)	St	177,42	3,75
	Montageelemente für WCs (2St)	St	191,25	1,23
	Montageelemente für WCs (26St), für Waschbecken (26St), für Urinale (2St), für WC, barrierefrei (1St), für Stützgriffe (2St)	St	197,32	3,43
	Installationsblöcke (13St)	St	229,68	6,25
	Montageelemente für Waschtische (6St), für WCs (4St)	St	235,44	1,93
	Montageelemente für Vorwandinstallation (3St)	St	236,55	1,91
	Montageelemente für Waschtische (33St), für Bidets (3St), für WC-Becken (30St), für Duschwannen (21St), für Badewannen (13St)	St	275,70	8,22
	Montageelemente für Waschtische, h=1,20m (18St), für Urinale, h=1,20m (7St), für Wand-WCs, h=1,20m (14St), für behindertengerechtes Wand-WC (1St)	St	293,68	7,00
	Montagewände (26m²), Montageelemente für WCs (2St), für Brause (1St)	St	297,49	2,66
	Montageelemente für Waschtische (8St), für WC-Becken (6St), für Bidet (1St)	St	329,03	4,80
	Montageelemente für WCs (18St), Waschtische (18St), für Bidet (1St)	St	349,65	8,15
	Installationsblöcke für Metallständerwände (24St)	St	352,88	3,60
	Montageelement für Bidet (1St), für Urinal (1St)	St	371,32	0,95
	Installationswände für Sanitärobjekte (7St), Montageelemente (10St)	St	415,02	11,73
	Montageelemente für WCs (5St)	St	479,46	5,74
419.12	**Montagegestelle**			
	Montageelemente für WCs (10St), für Urinale (6St), für Waschtische (4St)	St	197,61	3,32
	Montageelemente für WCs (21St), für Waschtische (17St), für Ausgussbecken (2St), für Urinale (2St)	St	198,21	4,92
	Montageelemente für WCs (5St), für Stützgriffe (4St), für Urinale (2St)	St	250,34	4,46
	Montageelemente für Waschtische, h=100cm (4St), Montageelemente für WCs, h=120cm (4St)	St	307,71	9,36
	Montageelemente für WCs (12St), für Urinale (11St)	St	346,37	1,82
	Montageelemente für WCs (2St)	St	454,25	3,33
	Montageelemente für WCs (17St), für Waschtische (11St), für Urinale (8St), für Haltegriffe (4St), für Laborbecken (4St), für Armaturen (8St)	St	490,42	9,78

Kostenstand: 4.Quartal 2021, Bundesdurchschnitt, **inkl. 19% MwSt.**

419
Sonstiges
zur KG 410

Kostenkennwerte für die Kostengruppen 400 der 4. Ebene (AK nach BKI-Katalog)

KG	Kostengruppe	Einheit	€/Einheit	€/m² BGF
419.12 Montagegestelle				
	Montageelemente, GK-Bekleidung (80m²)	St	506,18	12,70
419.99 Sonstige Abwasser-, Wasser-, Gasanlagen, sonstiges, sonstiges				
	Montage-, Bestandspläne, Schalt-, Strangschemen, Anlagenbeschreibung Schmutzwasser, Druck-, Spülprotokolle, Beschilderung, Kennzeichnung der Rohrleitungen, Dichtheitsprüfung TML, DN70, DN150, DN100/125, Spülen der SW-Anlagen, Abnahme und Inbetriebnahme der erstellten Anlagen	BGF		2,03

Kostenkennwerte für die Kostengruppen 400 der 4. Ebene (AK nach BKI-Katalog)

421 Wärmeerzeugungsanlagen

KG	Kostengruppe	Einheit	€/Einheit	€/m² BGF
421.11	**Gasversorgungsanlagen**			
	Gasregler (2St), Wartungspauschale, Kupferleitungen (40m)	St	1.578,10	0,66
	Gas-Brennwertheizkessel, Anschlussleitungen, Gasleitungen (7m), Zubehör	St	5.369,04	14,38
	Gas-Brennwertkessel, Nennleistung 6,5-28kW, Regelung, Zubehör	St	9.331,01	13,99
	Gas-Brennwerttherme, Nennleistung 8-40kW, Zubehör, Inbetriebnahme, Einweisung	St	9.438,57	10,36
	Gas-Brennwert-Wandheizkessel, Volllast-Wärmeleistung 24kW, Zubehör, Gasleitungen (25m), Umwälzpumpe, Speicher-Wassererwärmer 160l, Regel- und Steuertechnik	St	10.183,36	51,44
421.12	**Heizölversorgungsanlagen**			
	Ölleitung (4m), Frostschutz-Thermostat (1St), TOC-Filter (1St), Entlüftungsleitung (8m)	St	746,37	2,39
421.13	**Festbrennstoffbeschickung**			
	Pellet-Übergabestation (1St), Saugsystem (1St), Austragungsschnecken (3St), Entnahmeanschluss (1St), Einblas- und Entlüftungsstutzen (2St)	St	8.026,82	13,00
421.21	**Fernwärmeübergabestationen**			
	Fernwärme-Kompaktstation, Plattenwärmetauscher, Verteiler, Motordurchgangsventil, Umwälzpumpen, Membrandruckausdehnungsgefäß, Rohrgrabenaushub, Anschlussleitungen, Wärmedämmung (10m)	kW	188,93	10,71
	Fernwärme-Kompaktstation 200kW, Ventile, Strangdifferenzdruckregler, Wärmemengenzähler	kW	202,38	17,22
	Fernwärmeübergabestation 40kW (1St)	kW	210,65	5,87
	Fernwärme-Kompaktstation 70kW/1.600l, mit zwei Pufferspeichern je 800l (1St)	kW	234,01	4,89
	Hausstation, indirekter Anschluss an Heizwasser-Fernwärmenetze (1St), Umwälzpumpen (5St)	kW	253,93	12,00
421.31	**Heizkesselanlagen gasförmige/flüssige Brennstoffe**			
	Niedertemperatur-Gas-Brennwertkessel 284-345kW, Gas-Gebläsebrenner 95-350kW, witterungsgeführter Mikrocomputer, Abgastemperatursensor, Wasserstandsbegrenzer, Ventile, Neutralisationsanlage mit Beschickungseinrichtung, Membrandruckausdehnungsgefäß, Elektroinstallation der Brenneranlage	kW	27,05	5,56

421 Wärmeerzeugungsanlagen

Kostenkennwerte für die Kostengruppen 400 der 4. Ebene (AK nach BKI-Katalog)

KG	Kostengruppe	Einheit	€/Einheit	€/m² BGF
421.31 Heizkesselanlagen gasförmige/flüssige Brennstoffe				
	Gas-Brennwertkessel 285-314kW, Zubehör, Gas-Gebläsebrenner 95-350kW, Niedertemperatur-Gas-Heizkessel 345kW, Untergestell, Gas-Gebläsebrenner 95-350kW, Gaskompaktarmatur (1St), witterungsgeführte Mikrocomputer, Zubehör (2St), Abgastemperatursensor, Wasserstandsbegrenzer (1St), Ventile (4St), Neutralisationsanlage, Beschickungseinrichtung, Überlaufwarnschalter, Alarmverzögerung (1St), Membrandruckausdehnungsgefäß (2St), Elektroinstallation	kW	78,80	11,87
	Heizkessel, Kesselleistung 1.120kW (2St), Gasgebläsebrenner (4St), Schalldämmhauben (2St), Wärmetauscher (2St), Neutralisationseinrichtungen (2St), Druckbegrenzer (6St)	kW	88,01	151,25
	Gas-Brennwertkessel, Nennbelastung 25-110kW, Regelung, Elektroarbeiten	kW	106,78	4,90
	Gas-Brennwerttherme 16,6-107kW, Regelung, Zubehör	kW	117,00	1,93
	Gas-Brennwertkessel, Regelung, Ausdehnungsgefäß, Elektroinstallation (200kW)	kW	153,34	5,19
	Gasbrennwerttherme, Nennwärmeleistung: 27,5kW, Zubehör	kW	170,95	7,56
	Gas-Brennwertkessel, Nenn-Wärmeleistung 13,5-129kW, Heizkreisregelung, Zubehör	kW	175,93	11,29
	Gas-Brennwerttherme 113kW, Regelung, Ausdehnungsgefäß, Elektroinstallation (1St)	kW	182,37	6,28
	Gas-Brennwertkessel, Nennleistung 160kW, Regelung	kW	184,57	5,00
	Gas-Brennwertheizung, Nenn-Wärmeleistungbereich bei 50/30°C: 6,6-26,3kW bei 80/60°C: 6-24kW, Zubehör (1St), Gasleitungen (16m)	kW	192,94	8,44
	Gas-Brennwertheizgerät, Nenn-Wärmeleistung bei 50/30°C, 12,2-48,6kW, Niedertemperatur-Gas-Heizkessel, Nenn-Wärmeleistung 84kW, Zubehör, Elektroverkabelung, zentrale Bediengeräte (3St)	kW	202,22	22,52
	Gas-Brennwertkessel, Wärmeleistung bei Volllast 42,9kW, Regelung, Zubehör (1St)	kW	234,04	12,91
	Niedertemperatur-Gasheizkessel 127kW, Dämmung, Regelung, Wärmemengenzähler, Zubehör	kW	235,68	24,48
	Gas-Brennwertkessel, Leistung max. 65kW, Regelung, Zubehör	kW	236,38	17,29
	Gas-Brennwertkessel, Nennleistung 75/60°C, 40kW, Regelung, Elektroanschluss, Gasleitungen (14m), Bezeichnungsschilder	kW	243,55	7,64
	Gas-Brennwertkessel 26kW, Regelung, Mischermodul	kW	272,88	12,75
	Gas-Brennwertkessel mit Warmwasserspeicher, Regelgerät	kW	274,47	25,51
	Gas-Brennwertkessel, Nennleistungsbereich 40/30° 15-69,6kW, 80/60° 14,1-65,7kW, Regelung (3St)	kW	290,68	21,38
	Gas-Brennwertkessel 35kW, Regelung, Elektroarbeiten	kW	302,76	17,66

Kostenkennwerte für die Kostengruppen 400 der 4. Ebene (AK nach BKI-Katalog)

421 Wärmeerzeugungsanlagen

KG	Kostengruppe	Einheit	€/Einheit	€/m² BGF
421.31	**Heizkesselanlagen gasförmige/flüssige Brennstoffe**			
	Gas-Brennwertkessel 30kW, Regelung, Zubehör	kW	321,65	20,19
	Gas-Brennwertkessel 43kW, Wandheizkessel mit integriertem Wärmetauscher, Regelung, Zubehör	kW	334,82	11,24
	Gas-Brennwertkessel, Nenn-Wärmeleistung 4,8-15kW (1St), Membranausdehnungsgefäß (1St), Regelung, Zubehör, Elektroarbeiten	kW	344,64	18,19
	Öl-Brennwertkessel, Kesseluntergestell, Speicherfühler (1St), Abgasrohre, Formstücke, Edelstahl, Isolierung (1m), Ausdehnungsgefäß 50l (1St), Sicherheitsventil DN15 (2St), Manometer (2St), Kesselverteiler, PU-Isolierung, Dreiwege-Mischventil (1St), Umwälzpumpen (3St), Thermometer (2St), Kugelhähne DN25 (6St), Füllschlauche DN15 (6m), Inbetriebnahme	kW	404,28	27,22
	Gas-Brennwertkessel 4,3-14,7kW, Umwälzpumpe, Ausdehnungsgefäß, Warmwasserbereiter (1St)	kW	463,35	21,08
	Gas-Brennwertkessel, Regelung, Ausdehnungsgefäß, Elektroarbeiten	kW	467,28	20,75
	Gas-Brennwertkessel, Nenn-Wärmeleistungen bei Heizbetrieb 50/30° 4,5-26,3kW, Zubehör	kW	470,16	22,40
	Gas-Brennwertkessel 4,8-35kW, Abgasrohre, Ausdehnungsgefäß, Wärmemengenzähler (4St), Gasleitungen (16m), Elektroarbeiten	kW	536,37	37,87
	Gas-Brennwertkessel 3,8-13kW (2St), Druckausdehnungsgefäße 25l (2St), Regelung, Zubehör	kW	667,19	32,99
	Gas-Brennwertkessel 3,8-13kW	kW	871,32	12,90
	Gas-Brennwerttherme, Kompaktgerät, Regelung, Zubehör, 3,8-13kW	kW	935,51	50,25
	Gastherme 8-20kW, Regelung (3St), Gewinderohr 1" (61m)	kW	1.081,67	42,83
421.32	**Heizkesselanlagen feste Brennstoffe**			
	Hackgutheizanlage 65kW, Drehrost-Brenner, Wärmetauscher mit vier Zylinder-Rohrreihen, Heizkessel mit Röhrenwärmetauscher, Förderschnecke, Hackschnitzel-Sauggebläse 15kW, Saugschlauch 210mm	kW	660,04	65,54
	Holz-Pellet Heizanlage, Pufferspeicher 800l	kW	1.584,40	67,96
421.39	**Heizkesselanlagen, sonstiges**			
	Profilstahlkonstruktionen (2.500kg), Druckausdehngefäße (4St), Entschlammungsbehälter (1St), Wärmedämmung (12m)	kW	14,96	25,71
421.41	**Wärmepumpenanlagen**			
	Luft-Wasser-Wärmepumpen, Heizwasserdurchfluss 6.000l/h, Luftdurchsatz 7.800m³/h, Nennleistung 34/18kW (2St)	kW	734,93	23,32

© BKI Baukosteninformationszentrum Kostenstand: 4.Quartal 2021, Bundesdurchschnitt, **inkl. 19% MwSt.**

421 Wärmeerzeugungsanlagen

Kostenkennwerte für die Kostengruppen 400 der 4. Ebene (AK nach BKI-Katalog)

KG	Kostengruppe	Einheit	€/Einheit	€/m² BGF
421.41 Wärmepumpenanlagen				
	Sole-Wasser-Wärmepumpe 10,8kW, Heizwasser-Pufferspeicher 200l, Speichertemperatursensoren (3St), Druckausdehnungsgefäß, Erdbohrungen, Baustelleneinrichtung, Duplex-Erdsonden, PEHD DA 32x2,9 (170m), Verteiler, Elektroarbeiten	kW	2.770,23	96,45
	Sole-Wasser-Wärmepumpe 21,1kW (1St), Erdwärmesondenbohrungen 4x96m, Erdsonden 4x32 UL (384m), Sondenverteiler (1St), horizontale Sondenleitungen, HDPE (60m), Umwälzpumpen (2St), passive Kühlstation (1St), Anschlussleitungen, Steuerung	kW	3.042,44	73,10
	Sole-Wasser-Kompaktwärmepumpe 4,98kW (1St), Hocheffizienzpumpe (1St), Wärmemengenzähler (1St), Kühlpaket zur passiven Kühlung, Membranausdehnungsgefäß 18l (1St), Luft-Erdwärmetauscherrohre DN200 (50m), Kondensatableitung (1St)	kW	5.728,66	82,18
421.51 Solaranlagen				
	Solaranlage, Indachmontage, 4,78x5,2m (25m²), Füll-, Spülarmatur, Rohrisolierung für Solarleitung (23m), Inbetriebnahme, Einweisung (1St)	m²	303,45	24,18
	Solaranlagen, Flachkollektoren mit je 5m² Absorberfläche (2St), Ausdehnungsgefäße 25l (2St), Edelstahlwellrohr DN15, Wärmedämmung (24m)	m²	884,66	33,65
	Solar-Kompaktstation (1St), Großflächen-Flachkollektoren (67m²), Membrandruckausdehnungsgefäße (2St), Vorschaltgefäß (2St), Solarleitungen (60m), Betonstufen (27St)	m²	895,00	17,95
	Solaranlage entleeren, abbauen, neu aufbauen, füllen, 2x Flachkollektor je 2,3m² (5m²)	m²	928,52	15,63
	Solaranlage, Flachkollektoren, Absorberfläche (8m²), Befestigungsmaterial, Anschlussleitungen, Ausdehnungsgefäß 40l, Befüllung, Warmwasserspeicher 400l	m²	1.065,42	28,23
	Solaranlage, Flachkollektoren je 2,5m², aufgeständert, Anschlussleitungen (7St), Heizkreisverteiler (1St)	m²	1.068,83	18,96
	Vakuumkollektoren, Befestigungen für Aufdachmontage, Verbindungsrohre, Wärmeträgermedium 25l, Luftabscheider, Anschlussleitungen, Pumpstation für Kollektorkreis Umwälzpumpe, Ausgleichgefäß 18l	m²	1.101,09	30,03
	Pufferspeicher 3.000l, Übergabestationen, Membranausdehnungsgefäße (2St), Solarwärmetauscher, thermostatisch geregeltes Dreiwegeventil, Wärmemengenzähler (1St), Flachkollektoren, rückseitige Wärmedämmung (20St, 44m²), Solarflüssigkeit (200l), Kupferrohre DN15-32 (550m), Ventile (20St)	m²	1.516,20	15,25
	Flachkollektoren im Alurahmen für Warmwasserbereitung, Aufdachmontage, Ausdehnungsgefäß, Umwälzpumpen, Kollektorfläche 2,02m² (8St), Kupferrohre 28x1mm, Rohrdämmung (165m)	m²	1.613,93	9,19
	Solaranlage, Absorberfläche 3m², Solar-Ausdehnungsgefäß, Montagezubehör	m²	2.523,78	20,28

Kostenkennwerte für die Kostengruppen 400 der 4. Ebene (AK nach BKI-Katalog)

421 Wärmeerzeugungsanlagen

KG	Kostengruppe	Einheit	€/Einheit	€/m² BGF
421.61	**Wassererwärmungsanlagen**			
	Speicher-Wassererwärmer 500l, stehender Behälter, Heizwendel, korrosionssicher, PUR-Hartschaumisolierung (1St)	St	813,99	0,49
	Warmwasserspeicher 160l	St	1.249,78	2,62
	Warmwasserspeicher 160l, Stahlblech-Ummantelung, Wärmedämmung (1St)	St	1.305,97	2,17
	Warmwasserspeicher 300l, indirekt beheizt (1St)	St	1.416,75	2,28
	Warmwasserspeicher 300l, Speicherladegarnitur	St	1.455,52	6,24
	Trinkwassererwärmung, stehender Stahlbehälter, Speicherinhalt 200l, Hartschaumisolierung mit PVC-Folie kaschiert	St	1.485,55	1,63
	Warmwasserspeicher 100l, Anschlussgruppe (1St)	St	1.501,65	4,65
	Warmwasserspeicher 500l, Glattrohrwärmetauscher, Dauerleistung 65kW (2St)	St	1.592,73	0,54
	Warmwasserspeicher 500l, elektrische Zusatzheizungen (1St)	St	1.765,18	0,74
	Speicher-Wassererwärmer 120l (1St), 200l (1St), Anschlussleitungen	St	1.851,24	4,61
	Warmwasserbereitung 200W, Stabfühler (1St)	St	1.902,40	2,56
	Warmwasserspeicher 300l, für Solaranlage, zwei Wärmetauscher, Wärmedämmung, d=100mm (2St)	St	1.923,17	14,63
	Warmwasserspeicher, Glattrohrwärmetauscher (1St)	St	2.309,07	1,80
	Warmwasserspeicher, Wärmetauscher für Heizungs- und Solaranlage (2St)	St	2.515,27	1,77
	Warmwasserspeicher 500l, Flanschheizung (1St), Standpufferspeicher 200l, Tauchheizkörper (1St)	St	2.601,52	5,92
	Warmwasserbereiter (400l), Hartschaumisolierung, Umwälzpumpe	St	2.654,42	2,08
	Warmwasserspeicher 390l, mit Heizwendel, Wärmedämmung (1St)	St	2.772,83	7,46
	Speicherwassererwärmer 500l (1St)	St	3.122,60	3,16
	Speicherladesystem 400l, 20kW (1St), Pufferspeicher 495l (2St)	St	3.199,63	6,69
	Solarwarmwasserspeicher	St	3.282,98	4,92
	Stehender Speicher-Wassererwärmer 390l, Elektro-Heizeinsatz, Heizleistung 2,4/6kW	St	3.506,11	11,30
	Warmwasserspeicher 300l, Brauchwasserpumpe, Wärmedämmung (1St)	St	3.957,20	5,09
	Edelstahl-Wassererwärmer mit Zubehör	St	4.186,48	3,52
	Speicher-Wassererwärmer 500l, Edelstahl, Dämmung, Blechmantel (1St), Wassererwärmung über Solaranlage	St	4.581,18	1,05
	Warmwasserspeicher 800l, indirekt beheizt, Wärmedämmung	St	4.833,40	2,40
	Warmwasserbereiter 1.000l, Zapfleistungen bis 35l/min, Plattenwärmetauscher	St	5.753,66	8,79

421 Wärmeerzeugungsanlagen

Kostenkennwerte für die Kostengruppen 400 der 4. Ebene (AK nach BKI-Katalog)

KG	Kostengruppe	Einheit	€/Einheit	€/m² BGF
421.61	**Wassererwärmungsanlagen**			
	Brauchwasser-Speicher 500l (1St)	St	6.565,76	1,96
	Trinkwasserspeicher, Edelstahl, l=1.000l, Plattenwärmetauscher, Wärmedämmung	St	7.462,95	4,70
	Warmwasserspeicher 1.000l mit Glattrohrwärmetauscher	St	7.669,53	1,18
421.71	**Mess-, Steuer- und Regelanlagen**			
	Regel- und Messeinrichtungen, elektronische Messkapsel-Wärmezähler, Regler-Kombinationen, Ventile, Fühler	St	55,77	2,70
	Wärmemengenzähler für die Regelung, Fühler, Thermostate, Durchgangs- und Dreiwegeventile, elektrische Drosselklappen, Datenübertragung an LON-Bus	St	196,99	3,25
	Mikroprozessor gesteuertes Regelgerät (1St), Kompaktwärmezähler (8St), Stellantriebe (7St), Uhrenthermostat (7St), Differenzdruckregler (7St)	St	320,93	6,71
	Elektronische Temperatur-Differenz-Regelung, Solaranlage (1St), elektronische Wärmezähler (5St)	St	415,19	2,52
	Thermostate, Regelung, Pufferspeichermanagement	St	1.430,00	6,13
	Witterungsgeführte modulierende Kessel- und Heizkreissteuerung, Ansteuerung von Brenner, Umwälzpumpen, Boilerladepumpe, Frostschutzfunktion, stufenlose Heizkurvenverstellung, Optimierung des Heizbeginns, Anlagentemperaturwächter, Maximaltemperaturbegrenzung für Fußbodenheizung	St	2.980,66	3,27
	Steuerung und Regelung der Gastherme und Wärmepumpenanlage, Elektronik und Steuerleitungen (229m), EIB-Leitungen (22m), Mantelleitungen (83m), Thermoantrieb, Funk-Einzelraumregelung (43St), Funkbasiseinheit (5St), Funk-Raumfühler (18St)	St	11.392,01	12,97
421.91	**Sonstige Wärmeerzeugungsanlagen**			
	Unterputz-Kompaktstationen zur Heizungs- und Trinkwarmwasserversorgung je Wohnung (7St), Stahlrohre DN15x2-18x1,2 (623m)	BGF		18,68
	Kaminanlage, Feuerstellenumrandung mit Natursteinen, hochschiebbare Ganzglasscheibe, Warmluftkammer	BGF		22,84
	Kamin, innen, Funkenschutzplatte, Rauchsauger; Fundamente, Außenkamin mit Feuerraumöffnung	BGF		83,21
421.92	**Kesselfundamente, Sockel**			
	Kesselfundament (1St)	m²	0,46	0,50
	Podest, schalldämmend, FCKW-frei, passend zum Warmwasserbereiter und Ausdehnungsgefäß, l=1.500mm, b=600mm, t=80mm	m²	96,08	0,13
	Kesselpodeste 150x95x8cm (4St)	m²	118,55	0,34
	Heizkesselfundament, h=15cm (1m²)	m²	196,92	0,25

Kostenkennwerte für die Kostengruppen 400 der 4. Ebene (AK nach BKI-Katalog)

422 Wärmeverteilnetze

KG	Kostengruppe	Einheit	€/Einheit	€/m² BGF
422.11	**Verteiler, Pumpen für Raumheizflächen**			
	Heizungsumwälzpumpe 2,5m³/h (3St)	St	288,15	0,54
	Umwälzpumpen (2St), Dreiwegemischer, Stellmotor, Ventile	St	314,57	5,40
	Dreiwege-Umschaltventil, Heizkreispumpe, Mischermotor, Heizkreisverteilung mit Mischer	St	436,53	5,63
	Umwälzpumpe (1St), Heizkreisverteiler für 5 Heizkreise (1St), für 6 Heizkreise (2St)	St	446,89	7,39
	Fußboden-Verteiler (3St)	St	453,75	4,36
	Umwälzpumpen UPE, mit Lastanpassung (3St), Schwerkraftumlaufsperren (3St)	St	465,29	1,53
	Zirkulationspumpe (1St), Heizkreisverteiler für 11 Heizkreise (1St), für 12 Heizkreise (2St)	St	488,95	3,79
	Dreiwegemischer (1St), Umwälzpumpen (2St), Heizkreisverteiler für 3-6 Gruppen, Verteilerschränke (9St)	St	508,57	4,77
	Umwälzpumpen (4St), Heizkreisverteiler (1St)	St	522,73	3,92
	Vierwegemischer (1St), Dreiwegemischer (2St), Umwälzpumpen (4St)	St	564,62	2,85
	Heizkreisverteiler für fünf Kreise, Wandbefestigung (1St)	St	606,03	1,22
	Mischventile, mechanische Stellungsanzeige (5St)	St	635,92	0,54
	Heizkreisverteiler, 4-8 Heizkreise, Raumfühler, Thermoantriebe, Maximalbegrenzungsthermostate (6St)	St	678,04	10,95
	Dreiwegemischer (3St), Stellmotoren VMM 20 (3St), Heizungsverteiler, acht Anschlüsse, Heizwasserdurchsatz bis 11m³/h (1St), Umwälzpumpen, elektronisch geregelt (3St)	St	727,08	2,22
	Heizkreisverteiler (1St), Umwälzpumpen (3St)	St	746,77	4,98
	Umwälzpumpen, UPE 32-60 (2St), UPE 40-80 F (1St), Mischventil PN 16 (1St), Heizkreisverteiler (1St), Dreiwegemischer PN 6 (2St), Fußbodenheizungsverteiler, drei Heizkreise (1St), sieben Heizkreise (1St)	St	766,68	10,54
	Etagenverteiler, zwei Gruppen (1St)	St	784,07	0,47
	Dreiwegeventil (1St), Umwälzpumpen (2St), Heizkreisverteiler, Wandeinbaukästen, Elektroanschluss (53St)	St	786,69	7,45
	Umwälzpumpe (1St), elektrischer Ventilstellantrieb (1St), Dreiwege-Mischventil PN6 (1St), Schrägsitzabsperrventile (6St)	St	797,31	7,35
	Umwälzpumpen, serielle Schnittstellen (3St)	St	812,04	2,74
	Heizungsverteiler (1St), Heizkreisverteiler, Verteilerschränke (9St)	St	812,19	4,80
	Umwälzpumpen 10-85kW (3St), Messstation Einbauschrank (1St)	St	815,53	0,73

422 Wärmeverteilnetze

Kostenkennwerte für die Kostengruppen 400 der 4. Ebene (AK nach BKI-Katalog)

KG	Kostengruppe	Einheit	€/Einheit	€/m² BGF
422.11	**Verteiler, Pumpen für Raumheizflächen**			
	Heizungsverteiler (1St), hydraulische Weiche (1St), Dreiwegeventil PN6 (1St), Umwälzpumpen (4St)	St	908,34	0,98
	Dreiwegeventile (3St), Motordreiwege- und Durchgangsventile (5St), Umwälzpumpen, Alarmmodul mit integrierter Regelung (3St)	St	923,86	8,31
	Umwälzpumpen mit integrierter elektronischer Phasenanschnittsteuerung für konstanten Pumpendruck (5St), Dreiwegemischer mit elektronischen Stellmotoren (3St), Heizungsverteiler (1St)	St	924,13	4,14
	Umwälzpumpen (5St), Heizverteiler (6St), Dreiwege-Mischer (2St), Dämmung	St	928,93	5,04
	Heizkreisverteiler für zwei Heizkreise (1St), Dreiwegemischer DN15 (1St), DN20 (1St), hydraulische Weiche (1St)	St	976,44	8,17
	Heizkreisverteiler, 4-8 Heizkreise, Verteilerschränke (11St), thermische Stellantriebe (32St), Dreiwegemischventil (1St), Umwälzpumpe (1St)	St	1.006,00	10,25
	Umwälzpumpe (1St)	St	1.033,84	1,53
	Heizkreisverteiler (2St), Verteilerschrank (1St), Kugelhähne (10St), Bimetall-Thermometer (2St), Schnellentlüfter DN10 (2St)	St	1.226,54	7,07
	Heizkreisverteiler, 8-12 Heizkreise, Verteilerschrank (3St), Umwälzpumpen, Dreiwegemischer (3St)	St	1.469,99	13,23
	Fußbodenheizungsverteileranlage für Einzelraumtemperaturregelung (1St)	St	1.775,12	6,50
	Rohrleitungspumpe, Förderhöhe 3,80m, Volumenstrom 2,91m³/h (1St), Rohrfedermanometer (2St), Dreiwegehähne (2St), Glasthermometer (4St)	St	1.857,86	4,45
	Rohrleitungspumpen (11St), Druckhalteanlage (1St), Verteiler (2St)	St	6.095,16	32,73
422.12	**Verteiler, Pumpen für Wärmeverbraucher**			
	Heizungsverteiler (1St), Umwälzpumpen (2St), Dreiwegemischer (2St)	St	321,54	2,60
	Etagenverteiler, zwei Gruppen (1St)	St	420,55	0,56
	Umwälzpumpen (2St), Heizungsverteiler (1St), Dreiwegeventile (2St), Durchgangsventil (1St), Stellantrieb (1St)	St	913,61	8,61
	Soleverteiler (1St), Durchflussmesser (4St), Klemmringverschraubung (4St), Modulverteiler-Anschlussset (1St)	St	1.865,68	5,37
	Absperrklappen (4St), Wärmezähler, Schmutzfänger (2St), Rückschlagventile, Thermometer (1St), Umwälzpumpe (2St), Verteilerrohr, Isolierung für Heizungsverteiler, Wärmezähler (1St), Manometer (2St)	St	2.287,17	2,05
	Umwälzpumpen (5St), Mantelrohre (6St), Absperrklappen (17St), Wärmezähler (3St), Schmutzfänger (5St), Ventile (7St), Thermometer (20St), Manometer (3St), Stahl-Verteilerrohre, St 37, DN100 (3St), Isolierung (2St)	St	3.681,47	4,21

Kostenkennwerte für die Kostengruppen 400 der 4. Ebene (AK nach BKI-Katalog)

KG	Kostengruppe	Einheit	€/Einheit	€/m² BGF
422.19 Verteilungen, sonstiges				
	Weiche, hydraulisch (1St), Differenzdruckregler (2St), Schmutzfänger (2St), Ventile (116St), Kugelhähne (46St), Flanschenpaare (99St)	St	4.211,75	22,62
422.21 Rohrleitungen für Raumheizflächen				
	Kupferrohre 14x0,8mm (50m), 18x1mm (6m), 22x1mm (16m), Rohrdämmung (22m)	m	16,57	3,69
	Kupferrohrleitungen 18x1-28x1,5mm, Wärmedämmung (233m)	m	20,64	7,98
	Kunststoffrohre, Formstücke, Rohrdämmung (600m)	m	22,01	23,75
	Kupferrohre DN15-28, Rohrdämmung (119m)	m	23,33	11,91
	Kupferrohre 18-28mm, Formstücke, Rohrdämmung (179m)	m	23,84	9,58
	Heizungsrohre, Formstücke, Rohrdämmung (263m)	m	24,98	15,35
	Kupferrohre, Form-, Verbindungsstücke, Befestigungs-, Dichtungsmaterial, d=15-28mm (156m), Rohrleitungen streichen (11m), Rohrdämmung (123m), Durchflussmesser (15St), Klemmverschraubungen (30St)	m	25,54	12,77
	Gewinderohre, schwarz, DN15-25 (72m), Metallverbundrohre (355m), Kupferrohre 22x1mm (91m), PE-Druckrohre DN25 (360m), Rohrdämmung (495m)	m	25,54	22,74
	Heizungsrohre, Rohrdämmung (88m)	m	27,07	9,84
	Kupferrohrleitungen DN15-28, Formstücke, Wärmedämmung (460m)	m	29,43	21,80
	Kupferleitungen, Formstücke, Rohrdämmung (1.830m)	m	29,56	19,05
	Kupferrohre 15-22mm, Rohrdämmung (454m), 28x1,5mm, halbhart (45m)	m	30,50	20,31
	Kupferrohre, 15x1,5mm-42x1,5mm, Wärmedämmung (920m)	m	30,69	17,78
	Kupferrohre, Formstücke, Rohrdämmung (82m)	m	34,83	3,55
	Heizungsrohre, Kunststoffrohre (116m), Kupferleitungen (31m), Formstücke, Rohrdämmung	m	36,15	18,75
	Kupferheizungsrohre, Rohrdämmung (127m)	m	36,67	15,02
	Kupferrohre, Formstücke, Rohrdämmung (629m)	m	37,05	46,98
	Rohrleitungen DN10 (90m), DN15 (220m), DN20 (260m), DN25 (110m), DN32 (95m), DN40 (48m), DN50 (32m), DN65 (34m), Flanschen (110St)	m	37,06	12,64
	Kupferrohre DN15-22, Rohrdämmung (114m)	m	37,38	16,21
	Mittelschwere, geschweißte Gewinderohre DN15-50, Formstücke, Rohrdämmung (1.140m)	m	37,92	21,50
	Kupferrohrleitungen 18x1-35x1,5mm, Formstücke, Rohrisolierung (341m)	m	40,00	28,52
	Stahlgewinderohre DN20-32, Formstücke (31m), Kupferleitungen, Rohrdämmung (24m)	m	41,21	6,07

422 Wärmeverteilnetze

Kostenkennwerte für die Kostengruppen 400 der 4. Ebene (AK nach BKI-Katalog)

KG	Kostengruppe	Einheit	€/Einheit	€/m² BGF
422.21	**Rohrleitungen für Raumheizflächen**			
	Kupferrohre (11m), Stahlrohre, Formstücke, Rohrdämmung (270m)	m	41,23	18,74
	Kupferrohre, Formstücke, Dämmung (380m)	m	42,03	26,62
	Gewinderohre, Rohrdämmung (170m)	m	42,41	5,63
	Stahlrohrleitungen, Formstücke, Rohrdämmung (3.243m)	m	42,76	23,47
	Rohrleitungen, Kupferrohre, Rohrdämmung (548m)	m	45,33	27,96
	Gewinderohre, mittelschwer, schwarz (130m), Zubehör	m	45,61	14,19
	Kupferleitungen 18x1,0-42x1,5mm, Rohrdämmung (206m)	m	47,44	7,66
	Kupferrohre, Formstücke, Rohrdämmung (362m)	m	49,30	26,76
	Kupferleitungen 15-42mm, Formstücke, Wärmedämmung (173m), Wärmemengenzähler (1St)	m	49,63	11,02
	Kupferrohre, Rohrdämmung (245m)	m	51,43	22,28
	Kupferheizungsrohre, Rohrdämmung (92m)	m	53,63	9,56
	Mittelschwere Gewinderohre DN15-50, Formstücke, Rohrdämmung (475m), Schutzrohre (178m), Luftsammler/Filterkombination (1St), Manometer (3St)	m	55,43	15,55
	Heizungsrohre, Formstücke, Rohrdämmung (1.199m)	m	57,62	10,67
	Stahlrohre, unlegiert, 18-42x1,5mm, Formstücke, Rohrdämmung (382m)	m	57,64	6,71
	Heizungsrohre DN12-32, Formstücke, Rohrdämmung (715m), Kugelhähne (10St)	m	62,96	13,43
	Überschieberohre, Stahlrohr, schalldämpfende Ausstopfung, DN15 (104m), DN20 (9m), DN25 (19m), DN32 (63m), DN40 (9m), DN60 (16m), DN65 (21m), DN80 (4m), Form-, Verbindungsstücke (141St), Gewinderohre, Form-, Verbindungsstücke, DN15 (11m), DN20 (6m), DN25 (4m), Wärmezähler (1St), Mineralfaserdämmung (236m), Kernbohrung durch Beton (1m), durch KS-Mauerwerk (5m), durch Holzdecke (1m), Bohrungen (3St/2m)	m	65,55	10,64
	Kupferrohre, Formstücke, Rohrdämmung (663m)	m	66,79	59,61
	Kupferheizleitungen 15x1-35x1,5mm, Formstücke, Rohrdämmung (1.832m), geschweißte Stahlrohre (79m)	m	67,77	55,11
	Gewinderohre DN15-25, Form-, Verbindungsstücke (120m), Kupferleitungen DN15-80 (1.389m), Form-, Verbindungsstücke (802St), Mantelrohre (25St), Mineralfaserdämmung (1.337m), Achsialkompensator (2St), Kernbohrungen (45m), Bohrungen (15St), Spülen der Rohrleitungen, Füllen, Entlüften	m	71,97	24,82
	Kupferrohre 35x1,5-54x2,0mm, Rohrdämmung (369m)	m	73,88	16,30
	Stahlrohre, Formstücke, Dämmung (563m)	m	75,16	17,67
	Kupferrohrleitungen (22m), Gewinderohre (80m), Rohrdämmung	m	76,84	1,33

Kostenkennwerte für die Kostengruppen 400 der 4. Ebene (AK nach BKI-Katalog)

422 Wärmeverteilnetze

KG	Kostengruppe	Einheit	€/Einheit	€/m² BGF
422.21 Rohrleitungen für Raumheizflächen				
	Stahl-Systemrohre, 15x1,2-54x1,5mm, Formstücke, Rohrdämmung (274m), Schmutzfänger (2St), Ventile (18St)	m	76,89	23,99
	Stahlrohre DN15-54, Rohrdämmung (246m)	m	78,57	13,47
	Kupferrohre, Formstücke, Rohrdämmungen (85m)	m	84,34	10,63
	Heizungsrohre DN20-40, Formstücke, Röhrdämmung (279m)	m	88,32	20,68
	Heizungsrohre, Kupfer, Rohrdämmung (176m), Profilstahl für Sonderkonstruktionen und Befestigung (100kg), Höhenzuschlag, Fahrgerüst	m	88,63	23,87
	Kupfer-Heizungsrohre DN15-54, Formstücke, Rohrdämmung, Höhenzuschlag für Höhen von 3,00-7,00m (972m)	m	99,96	79,46
	Schwarze, nahtlose Stahlrohre DN65-80, Formstücke, Rohrdämmung (127m), Anschlüsse an bestehende Leitungen (8St)	m	113,13	44,17
	Heizungsrohre, Rohrdämmung (39m)	m	131,12	14,73
422.22 Rohrleitungen für Wärmeverbraucher				
	Kupferrohr DN10-32, Form- und Verbindungsstücke, Rohrdämmung, alukaschierte Isoliermatten, 0,035W/mK, (322m)	m	28,82	10,19
	Rohrleitungen für Wärmeverbraucher (20m)	m	150,27	8,66
422.23 Rohrleitungen für sonstige Anlagen				
	Kupferrohr 22x1mm, isoliert für Solaranlage (13m)	m	30,05	1,43
	Verbindungsrohrleitungen DN15 (30m), DN20 (15m), DN25 (10m), DN32 (20m), DN40 (10m), DN50 (30m), DN65 (190m), DN80 (20m), DN100 (50m), DN125 (50m), Flanschen (168St)	m	78,74	12,84
422.29 Rohrleitungen, sonstiges				
	Wärmedämmung (410m), Dämmkappen (67St), Bohrungen (34St), Ventile (20St)	m	38,66	22,60

423 Raumheizflächen

Kostenkennwerte für die Kostengruppen 400 der 4. Ebene (AK nach BKI-Katalog)

KG	Kostengruppe	Einheit	€/Einheit	€/m² BGF
423.11 Radiatoren				
	Badheizkörper (2St)	St	307,71	2,34
	Badheizkörper, Thermostatventile (25St)	St	312,89	2,39
	Heizkörper, Thermostatventil (1St)	St	351,44	1,45
	Ventilheizkörper (12St), Edelstahlheizkörper, Rohrkonstruktion (25m)	St	358,93	10,45
	Badheizkörper, Thermostatventile (8St)	St	407,51	3,30
	Heizkörper, Thermostatventile (2St)	St	411,32	2,53
	Stahlrohrradiatoren als Fertigheizkörper, Thermostatventile (51St)	St	420,24	10,66
	Röhrenradiatoren, Thermostatventile (10St)	St	435,29	18,67
	Stahlröhrenradiatoren, Thermostatventile (36St)	St	605,46	43,97
	Heizkörper, lackiert, Zubehör (14St), Heizkörperventile (13St), Heizkörperrücklaufverschraubung (13St), Strangabsperrventile (3St)	St	666,81	5,57
	Heizkörper, Thermostatventile (24St)	St	677,37	20,22
	Radiatoren (1St)	St	678,11	1,13
	Badheizkörper, Thermostatventile (2St)	St	686,72	6,94
	Badheizkörper (2St)	St	742,65	4,28
	Radiator, Thermostatventil (1St)	St	765,02	1,60
	Badheizkörper 60x120cm (1St)	St	770,55	2,82
	Radiatoren, Thermostatventile (12St)	St	815,16	2,92
	Gliederradiatoren, Thermostatventile (14St)	St	836,19	18,96
	Heizkörper, Thermostatventile (3St)	St	864,13	6,94
	Röhrenradiatoren, Thermostatventile (40St)	St	891,67	46,23
	Röhrenradiator in Gliederbauweis, Zubehör, t=136mm, h=2.000mm, Gliederzahl 15 Stück, Thermostatventil (1St)	St	911,14	1,00
	Wärmekörper als Heizwand (14St)	St	1.047,26	10,22
	Heizwände aus Rechteckrohren, Bauhöhe 2.000mm, Baulänge 910mm, Bautiefe 122mm (2St)	St	1.149,92	3,82
	Stahlröhrenradiatoren	St	1.165,81	11,16
	Gliederheizkörper, Thermostatventile (23St)	St	1.405,53	12,40
423.12 Plattenheizkörper				
	Plattenheizkörper, Thermostatventile (2St)	St	193,87	0,59
	Ventilheizkörper, Thermostate (13St)	St	239,08	5,17

Kostenkennwerte für die Kostengruppen 400 der 4. Ebene (AK nach BKI-Katalog)

KG	Kostengruppe	Einheit	€/Einheit	€/m² BGF
423.12 Plattenheizkörper				
	Flachheizkörper, profiliertes Stahlblech, lackiert, Zubehör (39St), Heizkörperventile, Heizkörperrücklaufverschraubung (40St), Strangabsperrventile (8St)	St	249,88	5,81
	Flachheizkörper, Thermostatventile (12St)	St	273,57	12,49
	Plattenheizkörper, Thermostatventile, Zubehör (35St)	St	279,12	15,72
	Flachheizkörper, Thermostatventile (24St)	St	326,60	11,75
	Ventilkompaktheizkörper, profiliertes Stahlblech, Anschlussverschraubung, Thermostatventile, Aufhängeset (14St)	St	335,10	14,52
	Flachheizkörper, Thermostatventile (38St)	St	346,21	3,01
	Flachheizkörper, Thermostatventile (4St)	St	348,66	0,83
	Heizkörper, Thermostate (41St)	St	364,90	2,31
	Flachheizkörper (31St)	St	382,51	20,97
	Flachheizkörper, Thermostatventile (32St)	St	386,28	16,49
	Plattenheizkörper (26St)	St	391,24	18,28
	Fertigheizkörper, Thermostatventile (38St)	St	391,37	31,12
	Kompaktheizkörper, Thermostatventile (15St)	St	405,26	4,97
	Flachheizkörper, Thermostatventile (66St), Heizwände (2St)	St	408,05	8,03
	Heizkörper, Thermostatventil (1St)	St	419,93	0,62
	Plattenheizkörper (14St)	St	422,63	13,83
	Heizkörper, Thermostatfühler (1St), Handtuchheizkörper, Thermostatfühler, absperrbare Verschraubungen (3St)	St	429,70	5,51
	Plattenheizkörper, kaltgewalztes Stahlblech, fertig lackiert, Thermostatventile (9St)	St	434,22	4,29
	Badheizkörper (2St)	St	441,62	2,38
	Plattenheizkörper, Thermostatventile (59St)	St	462,42	17,18
	Heizkörper (329St)	St	479,20	26,68
	Plattenheizkörper, Thermostatventile (11St), Fußbodentemperierung (2St)	St	490,63	18,99
	Plattenheizkörper, Thermostatsventile (24St)	St	518,02	5,29
	Stahl-Plattenheizkörper	St	553,93	7,96
	Plattenheizkörper, Thermostatventile, Befestigungen (2St)	St	557,22	0,87
	Heizkörper, Thermostatventile (43St)	St	563,15	4,91
	Badheizkörper (45St)	St	605,54	4,61

423 Raumheizflächen

Kostenkennwerte für die Kostengruppen 400 der 4. Ebene (AK nach BKI-Katalog)

KG	Kostengruppe	Einheit	€/Einheit	€/m² BGF
423.12 Plattenheizkörper				
	Heizkörper, Thermostatventile (69St)	St	619,70	15,06
	Handtuchheizkörper 600x1.800mm	St	703,56	2,80
	Plan-Ventilheizkörper (19St), Badheizkörper, Handtuchtrockner (10St)	St	794,32	16,06
	Heizkörper, Thermostatventil (1St)	St	856,50	1,10
	Heizkörper, Thermostatventile (17St)	St	865,81	16,57
	Stahl-Plattenheizkörper, Thermostate, Zubehör (2St)	St	891,75	1,50
	Flachheizkörper 600x1.800mm, Fühlerelement (1St)	St	969,64	3,55
	Badheizkörper, Thermostatventile (3St)	St	1.049,27	6,10
	Badheizkörper, 120x60cm, elektrisch (3St)	St	1.109,06	3,79
	Plattenheizkörper, Thermostatventile (26St)	St	1.770,15	17,65
	Heizkörper, Wärmemengenzähler, Thermostatventile (11St)	St	2.014,71	17,37
	Heizkörper, Edelstahl (2St)	St	2.669,43	17,21
423.13 Konvektoren				
	Konvektoren 2.000W, Thermostate, Schalter, Wandgestelle (3St)	St	302,74	0,18
	Konvektionsheizkörper, Thermostatventile (7St)	St	567,94	1,98
	Konvektor aus Stahlrohren, verkleidet (1St)	St	762,66	1,60
	Konvektoren, Abdeckungen 123x2.600mm (5St)	St	792,73	5,29
	Konvektoren (4St)	St	862,66	6,20
	Konvektoren (3St)	St	928,47	4,93
	Konvektor (1St)	St	1.200,03	0,84
	Unterflurkonvektoren, verzinkt, Unterflurschächte, verzinktes Stahlblech, Roll-Roste, Aluminium eloxiert, Heizkörperventile, Heizkörperrücklaufverschraubung (6St), Strangabsperrventil (1St)	St	1.415,86	5,06
	Konvektorheizkörper, Thermostatventile (96St)	St	1.441,93	58,90
	Konvektoren, l=1,00-4,00m, Thermostate (18St)	St	1.574,66	47,25
	Konvektoren im Bodenkanal, Raumthermostate (4St)	St	1.693,87	6,87
	Konvektoren mit Abdeckungen (12St)	St	1.902,86	8,04
	Unterflurkonvektoren, Thermostatventile (10St)	St	2.725,80	10,46
	Bodenkonvektoren zum Heizen und Kühlen, Anschluss an bauseitiges Kühlwasser, Abdeckungen (3St)	St	4.276,81	16,63

Kostenkennwerte für die Kostengruppen 400 der 4. Ebene (AK nach BKI-Katalog)

423 Raumheizflächen

KG	Kostengruppe	Einheit	€/Einheit	€/m² BGF
423.21 Bodenheizflächen				
	Fußbodenheizung (240m²)	m²	29,64	11,52
	Fußbodenheizung, Systemrohre PE-Xa 17x2mm (8.450m), Noppenplatten mit Systemdämmung EPS, d=30mm (1.350m²), Zusatzdämmung, d=40mm (485m²)	m²	32,10	25,60
	Fußbodenheizung, Träger-Dämmmatten, aufkaschierte Folie, Verlegerasterung, d=20mm (207m²), Kunststoffrohre, auf Trägermatte getackert, 17 Heizkreise, Zuleitungen, Rohrabstand 15cm (14m²), Rohrabstand 20cm (183m²), Stellmotoren mit elektrischem Antrieb (15St)	m²	37,75	23,84
	Fußbodenheizung, PE-Xa Rohre (1.958m²), Dämmung, Polystyrol-Hartschaum, d=60mm (639m²)	m²	39,85	32,58
	Fußbodenheizung, Heizrohre PE-XC (27.591m), Styropor-Noppenplatten, d=30mm (4.144m²)	m²	42,86	30,04
	Fußbodenheizung, Kupferrohre, Kompaktdämmhülsen (125m), RTL-Ventil (1St)	m²	44,40	11,10
	Fußbodenheizung, Velta-Rohre (220m²), Raumthermostate (16St)	m²	48,59	28,77
	Fußbodenheizung (222m²), Duoplex S5 Systemheizrohre (865m), elektrothermische Stellantriebe (15St), Uhren-Raumthermostate (7St)	m²	51,24	36,67
	Fußbodenheizung, Wohnraum (161m²), Industriefußbodenheizung 22/18, Verlegeart M 10 (313m²), thermische Stellantriebe (11St), Raumtemperaturregler (12St)	m²	51,76	37,54
	Fußbodenheizung, PE-X-Rohre 17x2mm (5.080m), Wärmedämmung, d=30mm (684m²)	m²	56,63	30,36
	Fußbodenheizung, VPE-Rohre 17x2mm, Trittschalldämmung, d=60mm, Raumthermostate (12St), Stellantriebe (17St)	m²	57,23	48,24
	Fußbodenheizung, Verbundrohre aus Polyethylen (486m²), Raumthermostate (36St), Stellantriebe (45St)	m²	58,37	22,15
	Trittschalldämmplatten als Rollisolierung für Fußbodenheizung (187m²), PE-Xa-Rohre (1.520m), Raumthermostate (10St)	m²	61,49	33,12
	Fußbodenheizung, Dämmung (88m²), Stellantriebe (9St), Raumtemperaturregler (6St)	m²	62,16	12,79
	Fußbodenheizung, Heizrohre PE-Xa 17x2mm (3.718m), Dämmung EPS, d=30mm (349m²), Dämmung EPS, d=50mm (153m²), Noppenplatte mit Trittschalldämmung (502m²), PE-Folie (386m²), Heizkreisverteiler (5St), Verteilerschränke (5St), Thermometer (5St)	m²	64,23	36,72
	Fußbodenheizung, PE-Xa-Rohre 14x2mm (10.900m), Noppenplatten, Wärme- und Trittschalldämmung (1.692m²), Funk-Raumfühler (106St), Regelmodule (25St), Verteilerschränke (25St)	m²	65,11	33,59

© BKI Baukosteninformationszentrum Kostenstand: 4.Quartal 2021, Bundesdurchschnitt, inkl. 19% MwSt.

423 Raumheizflächen

Kostenkennwerte für die Kostengruppen 400 der 4. Ebene (AK nach BKI-Katalog)

KG	Kostengruppe	Einheit	€/Einheit	€/m² BGF
423.21	**Bodenheizflächen**			
	Fußbodenheizung, Kunststoffsicherheitsrohr auf Noppensystem, PST-Isolierung 2x60mm, WLG 040, Trittschalldämmung PSTK 35-2mm (88m²), Kunststoff-sicherheitsrohr auf Noppensystem, PST-Isolierung 1x30mm, WLG 040, Trittschalldämmung PSTK 35-2mm (94m²)	m²	65,54	43,70
	Fußbodenheizung, Dämmung (394m²), Raumthermostate (25St)	m²	68,41	34,65
	Fußbodenheizung, Wärme- und Trittschalldämmung, Trägerplatte mit Verbinderclips, diffusionsbeständiges Rohr, d=17mm, Rücklaufbegrenzer	m²	83,12	6,06
	Fußbodenheizung, Polytherm-VPE-Rohr 16x2mm, Führungsboden, Wärmedämmplatten, d=46mm (240m²), Heizkreisverteiler (5St), Raumthermostate (23St), Stellantriebe (26St), Polytherm-VPE-Rohr 16x2mm als Anbindung (212m)	m²	89,53	42,54
	Kunststoff-Sicherheits-Heizrohre 16x2mm (1.450m), Raumthermostate (13St), Dämmwolle 38/35mm, WLG 045, Zusatz-Wärmedämmung (284m²), Heizkreisverteiler, 7-9 Heizkreise, elektrische Stellantriebe, Durchflussmesser, Wandschränke (3St)	m²	90,20	68,60
	Fußbodenheizung, Systemrohre 14x2mm, Zusatzdämmung PS-Platten (270m²), Stellantriebe (32St), Verteilerschränke (3St)	m²	91,98	48,02
	Fußbodenheizung, PB-Rohre, Noppenplatte, Trittschall- und Wärmedämmung WLG 040 (151m²)	m²	93,28	2,86
	Fußbodenheizung, Kupferrohre, Heizungsverteiler, Dämmung (164m²), Raumthermostate (9St)	m²	94,32	61,50
	Fußbodenheizung, Noppenplatte, Trittschalldämmplatte (4m²), Mehrschichtverbundrohr 14x2mm (30m)	m²	95,03	0,26
	Fußbodenheizung, Systemheizrohr 17mm (1.600m), Verteilerschränke (2St), Heizkreisverteiler (2St), Raumthermostate (15St), Stellantriebe (17St), Verbundplatte, PST 38/35mm (165m²), Dämmplatte PU, d=42mm (90m²)	m²	102,60	85,51
	Fußbodenheizung, Heizungsrohre PE-Xa, Wärme- und Trittschalldämmung (120m²), Einzelraumregelungen (22St)	m²	116,05	4,15
	Systemplatten 22/20, WLG 035, Warmwasser-Rohrfußbodenheizung 17x2,0mm, unterschiedliche Verlegeabständen (198m²)	m²	117,85	25,61
	Fußbodenheizung, Heizungsrohre, 22/18x2mm (443m²), Verteilerkästen, Einzelraumregelungen (7St), thermische Stellantriebe (36St)	m²	127,23	47,33
	Fußbodenheizung, VPE-Xa-Rohre 16x2,2m (644m), Heizkreisverteiler, Dämmplatten, Befestigungen (77m²)	m²	134,47	12,88
423.22	**Wandheizflächen**			
	Heizwände, Thermostate (10m)	m²	922,71	10,58

Kostenkennwerte für die Kostengruppen 400 der 4. Ebene (AK nach BKI-Katalog)

KG	Kostengruppe	Einheit	€/Einheit	€/m² BGF
423.23 Deckenheizflächen				
	Deckenstrahlplatten, Wärmedämmung, Lamellenmatten, d=40mm, WLG 040 (568m²), Spannschlösser (568St), Wärmemengenzähler (13St)	m²	258,10	33,51
	Lufterhitzer, Steuer- und Regelung, Heizleistung 24kW (6St); Torluftschleier, Regelung, 3 Drehzahlstufen, Luftstrom max. 3.645m³/h, Heizleistung 24kW (2St)	m²	4.343,26	22,77
423.91 Sonstige Raumheizflächen				
	Elektro-Schnellheizer (1St)	BGF		0,10
	Heizlüfter-Schnellheizer 2kW (2St)	BGF		0,29
	Kachelöfen (2St)	BGF		12,16

Kostenkennwerte für die Kostengruppen 400 der 4. Ebene (AK nach BKI-Katalog)

KG	Kostengruppe	Einheit	€/Einheit	€/m² BGF
429.11 Schornsteine, Mauerwerk				
	Schornstein aus Mantelsteinen (13m)	m	209,20	0,46
	Schornstein, d=18cm, gemauert, Einzelformstücken, Außenabmessungen 42x42cm (13m)	m	278,64	4,59
	Gemauerter Schornstein 30x30cm, einzügig, Leichtbetonschachtelemente (11m)	m	315,52	6,81
	Dreischaliger gemauerter Schornstein (7m)	m	1.936,05	6,24
	Gemauerter Kamin, Mantelsteine aus Leichtbetonformsteine (13m), Kaminkopfbekleidung, Titanzink	m	3.161,82	6,12
	Einschaliger gemauerter Schornstein, Innenmaß 18,5x18,5cm, Mantelstein feuerbeständig L-90 (13m)	m	3.447,61	7,21
	Schornstein, zweizügig, aus Formsteinen (7m), Schornstein, einzügig, aus Formsteinen (7m), Schornsteinabdeckplatten	m	3.716,19	19,90
	Schornstein, gemauert, Formsteine, mit Hinterlüftung, Innenrohr D=16cm, Außenabmessungen: 56x40cm, Reinigungsklappen (1St)	m	4.399,73	13,62
	Schornstein gemauert, einzügig, Leichtbetonmantelsteine, Schamotteinnenrohr, d=20cm, Reinigungsklappen (12m)	m	4.525,49	5,15
	Luft-Abgas-Schornstein aus Leichtbeton-Außenschale und Innenrohr, einzügig (1St), Zink Kaminkopfbekleidung	m	5.481,11	10,85
	Gemauerte Schornsteine aus Formsteinen 36x36cm (30m)	m	7.179,58	11,21
429.12 Schornsteine, Edelstahl				
	Schornsteinanlage für Kaminofen, Edelstahl, d=150mm, doppelwandig (1St), Schornsteinanlage für Ölheizung (1St)	m	735,33	23,57
	Abgasrohr, D=108mm, Revisionsöffnung (1St)	m	742,00	1,66
	Luft-Abgas-Schornsteine mit LAS-Rohren DN80/125 (9m), LAS-Bögen (4St)	m	1.346,21	10,24
	Abgasrohr, D=1.000mm, Kessel-Schornsteinverbinder (1St)	m	1.353,22	0,81
	Edelstahlschornsteine DN150, Formstücke, Wandhalterungen (9m)	m	1.803,84	1,79
	Edelstahl-Abgasleitung, Rohr-In-Rohr-System, Elementbauweise, Befestigungen, Genehmigungen (7m)	m	3.044,35	3,34
	Edelstahlkamin, Dachabdeckung mit Wetterkragen (11m)	m	3.619,62	3,04
	Schornstein, Edelstahl, Rohrschalldämpfer (8m)	m	5.023,17	3,00
	Schornstein, Edelstahl, Rohrschalldämpfer	m	6.073,21	8,10
	Edelstahlschornstein, Elementbauweise, h=12,00m, Verbindungsstücke, Verbindungsleitung, l=2,50m, Edelstahl, Anschlusslaschen für Blitzschutz (1St)	m	7.702,27	1,76

Kostenkennwerte für die Kostengruppen 400 der 4. Ebene (AK nach BKI-Katalog)

KG	Kostengruppe	Einheit	€/Einheit	€/m² BGF
429.12	**Schornsteine, Edelstahl**			
	Edelstahlschornsteine (2St), Unterkonstruktion (1t), Innenrohre, Wärmedämmung (70m), Kompensatoren (2St)	m	23.406,83	17,96
429.19	**Schornsteinanlagen, sonstiges**			
	PP-Abgasrohre DN125, Kunststoff (14m), Abluftschächte (15m)	m	171,50	1,52
	Abgasrohr (8m), Formstücke (8St), Schalldämpfer (2St), Thermometer (2St), Druckanzeige (2St)	m	9.852,58	7,56
429.91	**Sonstige Wärmeversorgungsanlagen, sonstiges**			
	Luftgefäße (16St), Kugelhähne (4St), Entleerung, Entlüftung, Mediumrohr (4St)	BGF		7,57

431 Lüftungsanlagen

Kostenkennwerte für die Kostengruppen 400 der 4. Ebene (AK nach BKI-Katalog)

KG	Kostengruppe	Einheit	€/Einheit	€/m² BGF
431.11	**Zuluftzentralgeräte**			
	RLT-Anlage, Zuluft, Zubehör, V=9.500m³/h	m³/h	1,33	7,53
	RLT-Zentralgeräte 7.500m³/h (1St), Zu-, Abluftgeräte, Elementbauweise, doppelschalig, zwischenliegender Schall-, Wärmedämmung, 8.000m³/h (2St),	m³/h	4,18	22,44
	Lüftungsgerät für Zu- und Abluft mit Außen- und Fortluftbetrieb, Plattenwärmerückgewinner, Volumenstromregler Volumenstrom 60m³/h (92St), wassergekühlte Flüssigkeitskühler (2St), luftgekühlte Trockenkühler mit Axial-Ventilator (2St), Kreiselpumpen (9St), Kaltwasserpufferspeicher 1.464l (1St); Kaltwasser-Deckenkassettengeräte mit Radialventilator (2St)	m³/h	35,24	82,78
431.21	**Abluftzentralgeräte**			
	RLT-Anlagen, Abluft, Radial-Dachventilatoren, Zubehör, V=7.900m³/h (1St), V=1.200m³/h (2St), V=450m³/h (1St), Axialventilator mit Drehstrom, für innen, V=700m³/h (1St)	m³/h	0,55	3,76
	Radial-Rohrventilator, Volumenstrom bei 0Pa 1.500m³, Rohrschalldämmer, Drehzahlsteller (1St)	m³/h	1,34	3,35
	Dachventilator, doppelwandig, isoliert, Regenhauben 400m³/h (12St)	m³/h	1,44	1,58
	Deckenluftfächer bis 15m/h (10St), Regelanlagen (2St)	m³/h	24,92	2,24
431.22	**Ablufteinzelgeräte**			
	Einzelraumentlüfter mit Nachlaufsteuerung (4St)	St	167,25	0,40
	Ablufteinzelgeräte, kugelgelagerter Energiesparmotor, 16 Watt, Filterwechselanzeige, mit eingebautem Nachlaufrelais, Anlaufverzögerung 1 Minute, Nachlauf 5-6min, Schallleistung 42 dB (4St)	St	287,02	1,26
	Kleinraumradialventilatoren, Steuerung (4St)	St	290,85	1,88
	Einzelraumentlüfter mit Nachlaufsteuerung (4St)	St	334,51	1,78
	Einzelraumlüfter, Volumenstrom 60m³/h (8St)	St	335,55	3,34
	Einzelraumlüfter, Radialventilatoren, Volumenstrom 60m³/h (10St)	St	363,10	1,81
	Einzelraumlüfter, Anschlussrohre (2St)	St	438,03	1,77
	Einzelraumlüfter (4St)	St	456,49	3,23
	Ablufteinzelgeräte, Nachlauf-Intervallschalter, Luftleistung 60/30m³/h, Schaltuhren (18St)	St	472,93	5,36
	Einzelraumlüfter, Anlaufverzögerung 1min, Nachlaufzeit 8min, Unterputzgehäuse, Brandabsperrvorrichtungen (4St)	St	504,11	3,24
431.41	**Zuluftleitungen, rund**			
	Rundrohrluftleitungen DN125-315 (23m)	m	95,67	3,66

Kostenkennwerte für die Kostengruppen 400 der 4. Ebene (AK nach BKI-Katalog)

431 Lüftungsanlagen

KG	Kostengruppe	Einheit	€/Einheit	€/m² BGF
431.41	**Zuluftleitungen, rund**			
	Wickelfalzrohre DN100-150, Formstücke (117m), Ovalrohre 129x52mm-208x52mm, Formstücke (197m), Schalldämpfer (16St), Ansaugstutzen DN150 (4St), Kanaldämmung (47m²)	m	105,11	33,39
	Spiralfalzrohre aus verzinktem Stahlblech DN100-400, Formstücke, Rohr- und Kulissenschalldämpfer, Rohrdämmung, Tellerventile (265m)	m	151,30	19,95
	Abluft-Rundrohre DN100-710, Form-, Verbindungsstücke (49m), Regel-, Absperrklappen mit Motor (3St), Brandschutzklappen K 90 (4St), Telefonieschalldämpfer, l=1.000mm, DN125-250 (6St), Blech-Ummantelung, verzinktes Stahlblech (1m²), Kernbohrung durch Beton (1m), durch KS-Mauerwerk (3St), durch Holzbalkendecke (5St)	m	262,68	7,63
	Rundrohre DN80-200, Formstücke, Brandschutzklappen, Schalldämpfer Absperrklappen, Kältedämmung, Lüftungsventile (765m)	m	358,61	78,74
	Winkelfalzrohre, schallgedämmt (179m), Luftleitungen, flexible Rundrohre (52m), Erdaushub, Erdkanäle 5x65m, d=95cm, Ansaugbauwerk	m	538,67	28,44
431.42	**Zuluftleitungen, eckig**			
	Rechteckkanäle, Formstücke (767m²)	m²	51,65	16,86
	Lüftungskanäle, Formstücke, Dämmung, Inspektionsdeckel (69m²)	m²	69,30	2,38
	Luftleitungen, Rechteckkanal, schallgedämmt (219m²), Formstücke (247m²), Lüftungsgitter (54St), Befestigungen	m²	171,29	18,27
	Abluft-Rechteckkanal (74m²), Formstücke (112m²), Reinigungsöffnungen (4St), feuerbeständige Ummantelungen (41St), Regel-, Absperrklappe mit Motor (6St), Brandschutzklappe K 90 (2St), Kompaktfilter, Schalldämpfer, Dachdurchführung (1St), Lüftungsgitter (5St), Drallauslässe (8St), Dämmung von Außenluftleitungen, d=32mm (6m²), d=40mm (57m²)	m²	230,69	25,57
431.51	**Abluftleitungen, rund**			
	Wickelfalzrohre DN100-160, Formstücke (39m)	m	30,19	2,08
	Wickelfalzrohre DN80-100 (34m), Flexrohre DN80, doppellagig (7m)	m	34,88	1,78
	Wickelfalzrohr verzinkt DN100, Schutzschlauch (15m)	m	48,05	0,43
	Wickelfalzrohre DN100, verzinkt, Formstücke, Enddeckel (7m)	m	63,41	0,55
	Wickelfalzrohr DN100, Formstücke, Brandschutzabsperrungen (18m)	m	70,34	2,05
	Spiralfalzrohre DN80-100, Formstücke, Rohrdämmung, Enddeckel (12m)	m	104,64	1,38
	Spirofalzrohre, Stahlblech, Dämmung (7m), Formstücke (6St)	m	120,68	1,39
	Wickelfalzrohre DN160, Formstücke (60m), DN80 (15m), Deckenschotts, Telefonie-Schalldämpfer, Dachgauben, Fortluftgitter	m	154,72	7,31

© BKI Baukosteninformationszentrum   Kostenstand: 4.Quartal 2021, Bundesdurchschnitt, **inkl. 19% MwSt.**

431 Lüftungsanlagen

Kostenkennwerte für die Kostengruppen 400 der 4. Ebene (AK nach BKI-Katalog)

KG	Kostengruppe	Einheit	€/Einheit	€/m² BGF
431.52	**Abluftleitungen, eckig**			
	Dunstabzugshauben, Edelstahl (3St), Abzugshaube, Edelstahl (1St), Drallauslässe (3St), Revisionstür F 90 (1St)	m²	14,14	14,14
431.61	**Mess-, Steuer-, Regelanlagen**			
	Automatik-Fernsteuerungen, Zeit- und Funktionssteuerung, Tages- und Wochenprogramm (5St)	St	593,15	1,48

Kostenkennwerte für die Kostengruppen 400 der 4. Ebene (AK nach BKI-Katalog)

433 Klimaanlagen

KG	Kostengruppe	Einheit	€/Einheit	€/m² BGF
433.11	**Zuluftzentralgeräte**			
	Zuluftzentralgeräte (2St)	m³/h	14,13	195,17
433.19	**Zuluftanlagen, sonstiges**			
	Luftbefeuchter (2St), Auslässe (33St)	m³/h	1,86	25,68
433.22	**Ablufteinzelgeräte**			
	Dachventilatoren (4St)	m³/h	3,42	8,93
433.29	**Abluftanlagen, sonstiges**			
	Außenluftrohre (2St), Wetterschutzgitter (1St), Tellerventile (30St)	m³/h	7,52	19,60
433.42	**Zuluftleitungen, eckig**			
	Rechteckkanäle, Stahlblech (1.071m²)	m²	38,53	41,86
433.43	**Einbauteile in Zuluftleitungen**			
	Luftkühler (2St), Lufterhitzer (4St), Volumenstromregler (21St), Brandschutzklappen (45St), Regulierklappen (58St), Luftgitter (48St)	St	858,49	60,92
433.49	**Zuluftleitungen, sonstiges**			
	Schalldämpfer (30St)	BGF		12,54
433.51	**Abluftleitungen, rund**			
	Spiralrohre (127m), Bogen (72St), Reduzierstücke (51St), Abzweige (40St), Sattelstutzen (11St), Kreuzungen (7St), Enddeckel (19St), Bundkragen (11St), Flexrohr (38m), Rohr, glatt, Stahl, verzinkt (92m), Bogen (26St), Abzweige (8St), Reduzierstücke (8St), Kunststoff (28m), Formstücke (26St)	m	23,63	25,67
433.53	**Einbauteile in Abluftleitungen**			
	Brandschutzklappen (4St), Widerstände, verstellbar (15St), Drosselklappen (6St)	St	315,66	3,15
433.59	**Abluftleitungen, sonstiges**			
	Schalldämpfer (59St)	BGF		7,87
433.61	**Mess-, Steuer-, Regelanlagen**			
	Schnittstellenmodule (6St), Kabel (400m)	St	16.163,14	6,20
433.91	**Sonstige Klimaanlagen**			
	Umluftklimagerät (1St), Umluftkühlgerät (1St)	BGF		22,97

Kostenstand: 4.Quartal 2021, Bundesdurchschnitt, **inkl. 19% MwSt.**

434 Kälteanlagen

Kostenkennwerte für die Kostengruppen 400 der 4. Ebene (AK nach BKI-Katalog)

KG	Kostengruppe	Einheit	€/Einheit	€/m² BGF
434.11	**Kälteerzeugungsanlagen**			
	Kolbenwassersatz, 2-Kreise (1St), Kühlturm (1St), Pumpendosieranlagen (6St), Absalzeinrichtungen (2St), Kühlregister (1St), Wärmetauscher (1St)	kW	1.407,09	224,00
434.19	**Kälteerzeugungsanlagen, sonstiges**			
	Schalldämmhaube (1St), Druckhalteanlagen, pumpengesteuert (2St), Kältespeicher (1St), Druckausdehnungsgefäße (3St)	kW	238,52	37,97
434.31	**Pumpen und Verteiler**			
	Passive Kühlung, Anbindung der einzelnen Sondenkreise aus Bohrpfählen, Verteiler/Sammler (6St), Kaltwasseranlage, Verteiler (1St), Sammler (1St), Pumpen (5St), Kühlkreisverteiler, Mischergruppe (1St), Verteilerschrank (1St)	St	1.339,96	11,08
	Kreiselpumpen (10St), Verteiler (3St)	St	7.731,31	38,55
434.39	**Pumpen und Verteiler, sonstiges**			
	Kondensatsammeltrichter (10St), Kältedämmung (10St), Fertigteildämmung, Verteiler (2St)	St	960,71	4,79
434.41	**Rohrleitungen**			
	PE-Xa-plus-Rohre DN25, als Erdwärmekollektor, zur direkten Gebäudekühlung, in Bohrpfähle einbetoniert (3.850m), passive Kühlung, Betonkerntemperierung, PE-Xa-Rohre 20x2,0mm (3.000m), Wandflächenkühlung PE-Xa-Rohre 14x1,5mm (450m), mittelschwere Gewinderohre DN20-50, Rohrdämmung (255m), Formstücke (174St)	m	9,61	42,88
	Rohrleitungen, Dämmung, DN15 (64m), DN20 (45m), DN25 (22m), DN32 (12m), DN40 (130m), DN50 (225m), DN65 (10m), DN80 (140m), DN100 (50m), DN125 (210m), DN150 (75m), Rohrverbindungen (56St), Dämmkappen (89m), Fernkälteleitung DN80 (8m), DN100 (110m), Formstücke (28St)	m	260,10	110,15
434.49	**Rohrleitungen, sonstiges**			
	Profilstahlkonstruktionen (2.000kg), Bohrungen (34St), schießen, Durchbrüche (10m³), Rohrbefestigungen (549St), Ventile (20St), Fernheizleitung, Kugelhahn (6St), Entleerung (4St), Hauseinführungen (2St)	m	129,98	55,05
434.51	**Mess-, Steuer-, Regelanlagen**			
	Reglerkombination (4St), Kältezähler (1St), Ventile (10St), Fühler (22St), Manometer (3St), Thermometer (8St)	St	80,66	2,29
	Steuerschrank (1St), Warnsystem, Gas (1St), Messeinheiten (3St)	St	19.595,06	15,03
434.59	**Mess-, Steuer-, Regelanlagen, sonstiges**			
	Messcomputer (1St), Gasalarm, Signalhorn, Alarmquittung, Warntransparent (1St), Manometer (50St), Thermometer (40St)	St	7.380,36	5,66

Kostenkennwerte für die Kostengruppen 400 der 4. Ebene (AK nach BKI-Katalog)

434 Kälteanlagen

KG	Kostengruppe	Einheit	€/Einheit	€/m² BGF
434.91 Sonstige Kälteanlagen				
	Erdregister, Vorkühlung RLT (1.193m²)	BGF		9,11
434.92 Gerätesockel				
	Stahlkonstruktion (5t), Maschinenfundamente (3St)	m²	19,95	9,13
434.99 Sonstige Kälteanlagen, sonstiges				
	Hauseinführungen (12St), Erdregister, Probebetrieb, Prüfung, Abnahme (1St)	BGF		1,66

441 Hoch- und Mittelspannungsanlagen

Kostenkennwerte für die Kostengruppen 400 der 4. Ebene (AK nach BKI-Katalog)

KG	Kostengruppe	Einheit	€/Einheit	€/m² BGF
441.11 Schaltanlagen				
	Liefern, einrichten, Schaltmodule (4St), Erweiterung (4St), Router (1St), Buskabel (100m)	St	7.590,69	11,65
441.22 Drehstrom-Gießharztransformatoren				
	Drehstrom-Gießharztransformatoren, Lager, Schienen (2St), Schaltfelder (3St)	St	56.035,93	42,99
441.29 Transformatoren, sonstiges				
	Doppelboden (28m²), Treppenstufen (4St), Gitterrost (10m²), Konsolen (4St), Einrichtung, Werkzeug (1St)	St	20.370,01	15,63

Kostenkennwerte für die Kostengruppen 400 der 4. Ebene (AK nach BKI-Katalog)

KG	Kostengruppe	Einheit	€/Einheit	€/m² BGF
442.31 Zentrale Batterieanlagen				
	Zentralbatterieanlage, Versorgung von Sicherheits-, Rettungszeichenleuchten, 1h Nennbetriebsdauer, Zubehör, Unterstation mit Funktionserhalt E30 (1St), Spannungsüberwachungen, 3-Phasen-Überwachung (5St), Verbindungsdosen (16St)	Ah	384,58	7,57
	Zentralbatterieanlage (6.700VA), Versorgung von Leuchten, 3h Überbrückungszeit, Zubehör, Spannungsüberwachungen (13St)	Ah	943,21	7,11
	Zentrale Batterieanlage, 2x60 kVA/10min, wartungsfreie Batterien aus 276 Zellen, elektronische Bypass/Umschalteinrichtung, parallelredundante Anlage, Lasttrennschalter (11St), elektronische Sicherungsüberwachung, Meldeleuchte, automatische Netzumschaltung	Ah	2.668,21	98,73
442.41 Photovoltaikanlagen				
	Multifunktionale Dachabdichtung mit integrierten Photovoltaik-Modulen 3,67 kW_p (84m²), Netzwechselrichter 3.500W (1St), luftdichte Durchführungen (12St)	kW_p	6.725,40	71,10

443 Niederspannungsschaltanlagen

Kostenkennwerte für die Kostengruppen 400 der 4. Ebene (AK nach BKI-Katalog)

KG	Kostengruppe	Einheit	€/Einheit	€/m² BGF
443.11	**Niederspannungshauptverteiler**			
	Niederspannungsverteiler, Zähler Verteilerfelder, SLS-Schalter 63A, 3polig (5St), Anschluss der Hauptleitung, 4x16mm²	St	2.826,35	3,10
	Niederspannungs-Schaltschrank, Blitzstromableiter (1St), Lasttrennschalter, 160A, 3-polig (18St), Leistungsschalter, 630A, 3-polig (1St), Verteilerschränke (6St), Leitungsschutzschalter (246St), Fehlerstromschutzschalter (17St), Not-Ausschaltgerät (1St), Kleintransformator (7St), Installationsverteiler (1St)	St	5.366,42	22,39
	Stb-Aufstellflächen, d=40cm, integrierte Kabelkanäle (25m²), Schaltschrankanlagen, Dauernennstrom 630-800A, Anschlusslaschen für Parallelkabel 4x300mm² (7St)	St	20.915,84	22,62
	Gebäude-Hauptverteilung nachrüsten, erweitern (1St), Niederspannungs-Schaltanlage (1St)	St	28.069,48	16,58
	Hauptverteiler, stahlblechgekapselte Niederspannungsschaltanlage, Schranksystem aus Anreih-Einzelfeldern, verzinktes Stahlblech (1St), Schutzschalter, Lasttrennschalter	St	70.741,01	16,17
443.21	**Blindstromkompensationsanlagen**			
	Kompensationsanlage, Gesamtleistung 450kVar in 12 Schritten schaltbar, Dauernennstrom bis 1.600A	kvar	44,96	3,13
	Blindstromkompensationsanlage 70kvar, automatisch geregelt, Stufen 10/20/40kvar, Verdrosselung 14%, Kondensatornennspannung 525V, Nennspannung 400V/50Hz, Steuerspannung 230/50Hz, Stahlblechgehäuse	kvar	69,54	3,98

Kostenkennwerte für die Kostengruppen 400 der 4. Ebene (AK nach BKI-Katalog)

444 Niederspannungsinstallationsanlagen

KG	Kostengruppe	Einheit	€/Einheit	€/m² BGF
444.11 Kabel und Leitungen				
	Mantelleitungen NYM (7.496m), EIB-Leitungen (344m), Steuerleitung (328m)	m	1,78	12,83
	Mantelleitungen NYM (19.651m), Installationskabel NYY (1.562m), Gummischlauchleitungen (885m), halogenfreies Sicherheitskabel (N)HXH E30 (293m)	m	2,11	10,79
	Mantelleitungen NYM (6.165m), NYY (166m)	m	2,24	11,92
	Mantelleitungen NYM (7.020m)	m	2,28	20,78
	Mantelleitungen NYM (26.149), Erdkabel NYY (262m)	m	2,36	10,54
	Mantelleitungen NYM (2.020m), NYY (32m), Steuerleitungen (1.228m), Anschlüsse an Geräte und Motoren (59St)	m	2,44	4,79
	Kunststoffkabel NYCWY-J (62m), Kunststoffkabel NYY (649m), Mantelleitungen NYM (8.074m), Kunststoff-Aderleitungen H07V (341m), Gummischlauchleitungen HO7RN-F (31m), Sicherheitskabel E30 (120m), Installationskabel J-Y(St) (1.284m)	m	2,50	15,74
	PVC-Rohrhülsen (3St), PVC-Kabel, Mantelleitungen NYM 3x1,5mm² (1.150m), NYM 5x1,5mm² (325m), NYM 5x2,5mm² (55m), Bohrungen durch Holzbalken (40St)	m	2,64	12,93
	Mantelleitungen NYM (2.574m)	m	2,83	13,09
	Mantelleitung NYM (993m), NYIF (200m), NYY (21m)	m	2,87	8,35
	Erdleitungen NYY (370m), Mantelleitungen NYM (19.938m)	m	2,90	13,52
	Mantelleitungen NYM (6.428m)	m	3,04	32,53
	Mantelleitungen NYM (1.672m), Erdkabel NYY (130m)	m	3,09	6,92
	Mantelleitungen NYM (3.935m), NYY (1.410m), NYCWY (2m)	m	3,09	10,42
	Mantelleitungen NYM (9.763m), NYY (648m), Steuerleitungen (481m)	m	3,14	17,02
	Mantelleitungen NYM (7.758m)	m	3,17	27,73
	Mantelleitungen NYM 3x1,5mm² (1.693m)	m	3,40	11,41
	Mantelleitungen NYM (2.994m)	m	3,41	7,96
	Mantelleitungen (2.205m)	m	3,54	11,93
	Mantelleitungen (2.675m)	m	3,62	17,13
	Mantelleitungen NYM (2.387m), Installationskabel NYY-J (10.043m)	m	3,62	13,73
	Mantelleitungen NYM (4.480m), Leitungsführungskanäle (456m)	m	3,63	27,04
	Mantelleitungen NYM (4.569m), EIB-Busleitungen (215m)	m	3,70	23,85
	Mantelleitungen NYY (450m), NYM (1.481m), Stegleitungen NYIF (206m), PVC-Steuerleitungen (291m)	m	3,93	10,47
	Mantelleitungen NYM (3.121m), Erdkabel (112m), Ölflex YSLY (745m)	m	3,94	17,84

Kostenstand: 4.Quartal 2021, Bundesdurchschnitt, **inkl. 19% MwSt.**

444 Niederspannungsinstallationsanlagen

Kostenkennwerte für die Kostengruppen 400 der 4. Ebene (AK nach BKI-Katalog)

KG	Kostengruppe	Einheit	€/Einheit	€/m² BGF
444.11 Kabel und Leitungen				
	Mantelleitungen NYM (31.600m), NYY (1.085m), NYCWY (1.060m), NHX (825m), EIB-Busleitungen (3.550m), Brandschotts (25St)	m	4,04	31,25
	Mantelleitungen NYM (1.121m), Installationskabel J-Y(ST)Y 2x2x0,8mm (184m), (N)HXH-J FE (121m)	m	4,27	18,74
	Mantelleitungen NYM, Verlegesysteme (812m)	m	4,38	14,12
	Mantelleitungen NYM (9.795m), Brandmeldekabel E30 JE-HE(ST)H (800m), Installationskabel NYY (525m), NHXHX (150m)	m	4,55	30,30
	Leerrohre, flexibel (839m), Stangenrohre (1.461m), Brüstungskanäle (68m), Mantelleitungen NYM (6.151m)	m	4,79	39,27
	Mantelleitungen NYM (2.145m), NYY (25m), Kabelrinnen (15m), Leerrohre (15m)	m	4,93	13,75
	Mantelleitungen NYM (10.415m)	m	4,96	43,67
	Mantelleitungen NYM-J (7.264m), PVC-Steuerleitungen (130m), Einzeladeranschlüsse (42St)	m	5,02	11,06
	Mantelleitungen NYM (2.498m), Brandschotts (5St)	m	5,14	41,39
	Mantelleitungen NYM (2.446m), NI2XY (649m), NYY (153m)	m	6,20	42,14
	Mantelleitungen NYM (20.500m), NAYY (3.600m), NHXH (570m), NYY (270m), NYCWY (200m)	m	6,62	25,71
	Mantelleitungen NYM (622m)	m	6,64	11,12
	Mantelleitungen NHXMH-J (13.560m), HXMH-St (2.970m), NHXCHX E30 (800m), NYCWY (522m), NYM (305m)	m	7,07	54,66
	Leerrohre, Kunststoff (1.694m), Kabelkanäle (22m), Mantelleitungen NYM (1.792m)	m	7,12	20,54
	Mantelleitungen NYM (148m), Mantelleitungen NYY (1.771m), Kabelrinnen, Leerrohre PG 16-21 (217m)	m	7,39	10,86
	Mantelleitungen NYM 3x1,5mm² (46m), Installationskanäle (40m), Erdkabel NYY-J 5 x 1.5mm² (7m), Tasterleitung für Garagentore	m	8,11	2,50
	Mantelleitungen NYM (255m), NYY (8m)	m	10,56	2,82
	Mantelleitungen NYM (579m)	m	10,69	9,28
	Mantelleitungen NYM (107m), Mantelleitungen NYM-J, Leerrohre (300m), Mantelleitung, offene Rohrverlegung (15m)	m	11,86	18,32
	Mantelleitungen, Zuleitungen Haupt- und Unterverteilung (656m)	m	12,91	5,90
	Mantelleitungen NYY (205m), NYCWY (179m), NYM (223m), A-2YF(L)2Y (215m), LWL-Kabel (700m)	m	21,82	12,74

Kostenkennwerte für die Kostengruppen 400 der 4. Ebene (AK nach BKI-Katalog)

444 Niederspannungs-installationsanlagen

KG	Kostengruppe	Einheit	€/Einheit	€/m² BGF
444.11	**Kabel und Leitungen**			
	Mantelleitungen NYM 3x1,5mm³ (40m), 7x1,5mm² (89m), 5x10mm² (59m), 4x25mm² (17m), Brüstungskanäle (13m), Anschlüsse für Bremsenstand, ASU-Tester, zwei Hebebühnen, Farbmischanlage	m	22,19	10,18
444.19	**Kabel und Leitungen, sonstiges**			
	Brandschutzabschottung F90 (50m³), Ortung (1St), Gießharz-Endverschluss (6St), Pressverbinder (13St)	m	7,08	4,13
444.21	**Unterverteiler**			
	Zählerschränke (2St), Unterverteilungen, FI-Schutzschalter (60St), Sicherungen (515St)	St	478,68	9,05
	Unterverteiler, 1x2-reihig (2St), 2x3-reihig (3St), Sicherungsautomaten, 10-16A, einpolig (50St), dreipolig (7St), Schraubsicherungen 63A (9St), FI-Schutzschalter (2St), Einschalter 63A, dreipolig (2St), Überspannungsableiter (2St), Blitzstromableiter (2St)	St	731,40	4,01
	Zählerschrank (1St), Hauptschutzschalter 25A (5St), Unterverteiler, FI-Schutzschalter (6St), Sicherungsautomaten 16A (78St) Fernschalter (4St)	St	736,66	7,11
	Zählerschränke (3St), Sicherungsautomaten (239St), FI-Schutzschalter (34St), Sicherungen (31St), Verteiler (22St), Stromstoßschalter (16St), Schaltuhren (17St), Treppenhausautomaten (3St), Feldfreischaltrelais (2St)	St	825,18	6,15
	Unterverteiler, Sicherungen 16A (12St), FI-Schutzschalter (1St), Relais (2St), Schaltuhr (1St)	St	989,32	3,04
	Zählerhauptverteilung, zehn Zählerplätze, Unterverteilungen (11St), Sicherungen, FI-Schutzschalter	St	996,06	8,15
	Zählerschrank (1St), Unterverteiler (9St), FI-Schutzschalter (11St), Sicherungen (149St), Treppenlichtzeitschalter (2St)	St	1.017,38	7,09
	Zählerschrank (1St), Unterverteilungen (8St), Sicherungen 16A (102St), FI-Schutzschalter (9St)	St	1.020,99	7,17
	Zählerplätze (8St), Unterverteilungen (50St), Sicherungen (739St), FI-Schutzschalter (99St), Mantelleitungen 4x16mm² (956m)	St	1.039,11	10,20
	Zählerschrank, fünf Zählerplätze (1St), Unterverteilungen (4St), Sicherungsautomaten (54St), FI-Schutzschalter (6St)	St	1.069,16	6,87
	Zählerschrank mit 6 Zählerplätzen (1St), Unterverteilungen, FI-Schutzschalter (3St), Sicherungen (99St)	St	1.137,23	9,52
	Unterverteilungen (3St), Sicherungen 16A (55St), FI-Schutzschalter 25/0,03A (3St)	St	1.243,56	7,39
	Zählerschrank (1St) Stromkreisverteiler (2St), Sicherungsautomaten 16A (28St), FI-Schutzschalter (3St), Schaltschütze 24A (2St)	St	1.268,74	8,52

© **BKI** Baukosteninformationszentrum   Kostenstand: 4.Quartal 2021, Bundesdurchschnitt, **inkl. 19% MwSt.**

444 Niederspannungsinstallationsanlagen

Kostenkennwerte für die Kostengruppen 400 der 4. Ebene (AK nach BKI-Katalog)

KG	Kostengruppe	Einheit	€/Einheit	€/m² BGF
444.21 Unterverteiler				
	Zählerschrank (1St), Unterverteilungen (4St), Sicherungen (12St), Hauptleitungsschutzschalter (5St), FI-Schutzschalter (1St)	St	1.419,72	5,76
	Zählerschrank, FI-Schutzschalter, Sicherungen	St	1.521,82	6,53
	Zählerschrank (1St), LS-Automaten (32St), FI-Schutzschalter, zweipolig (4St), vierpolig (1St), Steuerschalter, einpolig (5St), Kleinverteiler, dreireihig (2St), Einbau-Treppenlicht-Zeitautomat (1St), Mantelleitungen NYM 4x16mm² (25m), NYM 5x10,0mm² (55m	St	1.782,10	11,43
	Zählerschrank (1St), FI-Schutzschalter (2St), Sicherungen (15St), Hauptschalter (1St)	St	1.897,40	6,94
	Unterverteilungen, Hauptschalter 63A (3St), Sicherungsautomaten 16A (68St), FI-Schutzschalter (5St)	St	1.898,46	7,08
	Niederspannungsunterverteilung (1St), Sicherungsautomaten 16A (10St), FI-Schutzschalter 0,03A (2St)	St	1.999,50	4,79
	Zählerschrank, Unterverteilungen, Sicherungen, FI-Schutzschalter	St	2.177,06	9,00
	Zählerschrank (1St), Unterverteilungen (3St), Kleinverteiler (1St), Sicherungen (124St), FI-Schutzschalter (6St)	St	2.196,48	10,00
	Zählerschrank mit 14 Plätzen (1St), Unterverteilungen (4St), Sicherungen (116St), FI-Schutzschalter (11St), Mantelleitungen 5x16mm² (142m)	St	2.221,53	9,81
	Zählerschrank, Unterverteilung, Sicherungen, Einbauautomaten (56St), FI-Schutzschalter (6St), Treppenlichtautomaten (4St)	St	2.557,97	4,25
	Zählerschrank, Unterverteilungen, Sicherungen (60St), FI-Schutzschalter (4St)	St	2.989,39	13,70
	Zählerschrank (1St), Verteiler (1St), Schaltschrank (1St), Sicherungen (66St), FI-Schutzschalter (5St), Mantelleitungen (255m)	St	3.279,50	17,40
	Zählerschrank (1St), Mess- und Wandlerschränke (2St), Standverteiler (1St), Unterverteiler (4St), Automatensicherungen 10-16A (216St), Stromstoßschalter (10St), Schaltuhren (2St), FI-Schutzschalter, 30mA (30St)	St	3.571,62	23,37
	Unterverteilung, Sicherungen (12St), Motorschutzschalter (2St), Hauptschalter (2St)	St	3.576,73	2,74
	Verteilerschränke (2St), Sicherungen (72St), FI-Schutzschalter (9St), Fernschalter (39St)	St	4.582,65	16,47
	Gebäude-Unterverteilungen (4St), Niederspannungs-Schaltgeräte-Kombination (2St), FI-Schutzschalter (27St), Installationsschütz (51St), Stromstoßschalter (36St), Leistungsschutzschalter (211St), Lasttrennschalter (12St), Treppenlichtzeitschalter (2St)	St	4.746,33	16,82
	Zählerschrank, Unterverteilungen, Sicherungen (122St), FI-Schutzschalter (1St)	St	5.066,28	12,77
	Standverteiler mit Türen (17St), Wandverteiler (4St), Sicherungen (591St), FI-Schutzschalter (26St), Hauptschalter (16St), Amperemeter (9St)	St	5.143,76	45,97

Kostenkennwerte für die Kostengruppen 400 der 4. Ebene (AK nach BKI-Katalog)

444 Niederspannungsinstallationsanlagen

KG	Kostengruppe	Einheit	€/Einheit	€/m² BGF
444.21	**Unterverteiler**			
	Zählerschrank (1St), Sicherungen (47St), FI-Schutzschalter (7St)	St	5.297,03	7,94
	Einspeisekästen (18St), Schienenkästen (187St), Abgangskästen (72St), L-Kästen (18St), T-Kasten (1St), Sicherungen (92St)	St	5.861,61	24,11
	Unterverteilungen, Sicherungen (254St), FI-Schutzschalter (11St), Lastschalter (3St), dreiphasige Netzüberwachungen (6St), Mantelleitungen 4x120mm² (270m)	St	6.474,58	4,00
	Unterverteiler (1St), Sicherungen (35St), Stromstoßrelais (5St), Treppenautomat (2St), Schalter (3St), Schütz (5St)	St	7.442,72	2,85
	Zählerschrank, Unterverteilungen, FI-Schutzschalter (11St), Sicherungen (119St)	St	7.509,98	25,04
	Zählerschrank, Unterverteilungen, Sicherungen (121St), FI-Schutzschalter (3St)	St	7.779,93	10,08
	Zählerschrank, Unterverteilungen, Sicherungen (73St), FI-Schutzschalter (35St), Stromstoß-Dimmschalter (23St), Stromstoßschalter (34St)	St	8.638,10	55,70
	Standverteiler (1St), Sicherungslastschalter (3St), Trennschalter (2St), Sicherungen (36St), FI-Schutzschalter (4St), Fernausschalter (9St), Messwandler (1St)	St	8.677,31	5,19
	Zählerschrank, Kabelverteilerschränke (2St), Unterverteilungen (3St), Sicherungen (118St), FI-Schutzschalter (3St), Leitungen 4x185/95mm² (260m), 4x95/50mm² (52m)	St	9.084,92	73,40
	Zählerschrank, Wandverteiler, Standverteiler, Sicherungen 63A, dreipolig (29St), 10-20A, einpolig (164St), FI-Schutzschalter (8St), Stromstoßrelais (77St)	St	9.281,70	13,85
	Standverteiler (1St), Sicherungslastschalter (9St), Trennschalter (2St), Sicherungen (98St), FI-Schutzschalter (8St), Fernausschalter (7St)	St	9.711,97	12,95
	Unterverteilungen (6St), FI-Schutzschalter (24St), Sicherungen (397St), Hauptschalter 80-250A (7St)	St	10.410,95	12,67
	Zählerschrank, Unterverteilungen (8St), Sicherungen (1.401St), FI-Schutzschalter (4St), Zuleitungen 4x10-25mm² (927m)	St	14.994,42	20,30
444.31	**Leerrohre**			
	Leerrohre, d=20-25mm, Schlitze in Mauerwerk herstellen (907m)	m	1,12	2,74
	Kabelrinne (36m), PVC-Leerrohre (14.231m), Kabelkanäle (148m)	m	1,62	3,94
	Leerrohre (1.112m), Installationskanäle (39m)	m	2,91	4,17
	Rohre DN20-32, gewellt (2.420m), Kunststoffstangenrohre DN16-25 (77m), Leitungskanäle, 40/60-60/100mm (47m), Kabelrinnen (22m)	m	3,44	10,19
	PVC-Leerrohre (521m)	m	3,85	4,80
	Leerrohre (2.632m), Kabelrinnen (3m), PVC-Kabelkanäle (36m)	m	4,00	9,43
	Kunststoffpanzerrohre (4.529m), Kabelkanäle (64m), Gitterrinnen (32m)	m	4,38	6,04

Kostenstand: 4.Quartal 2021, Bundesdurchschnitt, **inkl. 19% MwSt.**

444 Niederspannungs-installationsanlagen

Kostenkennwerte für die Kostengruppen 400 der 4. Ebene (AK nach BKI-Katalog)

KG	Kostengruppe	Einheit	€/Einheit	€/m² BGF
444.31	**Leerrohre**			
	Leerrohre (1.448m)	m	4,77	5,65
	Elektrokanäle (22m), Kunststoffrohre, flexibel, FBY16 (485m)	m	5,13	5,15
	Leerrohre, Kunststoff (1.152m), Metallrohre (186m), Installationskanäle (55m)	m	5,16	6,04
	Kunststoffisolierrohre (240m), Leitungsführungskanäle, Tehalit (20m), Panzersteckrohre, Kunststoff (35m)	m	5,30	5,01
	Elektro-Kanäle (292m), Leerrohre (28m)	m	5,83	5,74
	Leerrohre DN25 (6.715m), Kabelrinnen (135m), Kabelkanäle (205m), Kabeleinführungssystem, Schlauchlänge 13m (3St)	m	6,08	25,34
	Kunststoff-Panzerrohre, EN 25-50 (1.053m), Kunststoff-Isolierrohre EN 25 (1.175m), Installationskanäle (100m)	m	6,39	11,61
	Leerrohre (463m), Kabelrinne (10m), Steigetrasse (12m)	m	6,46	5,23
	Kabelrinnen (1.171m), Installationskanäle (52m), Leerrohre (6.551m)	m	8,57	11,27
	Kabelrinnen, Befestigungsmaterial, 100-300x60mm (546m), PVC-Leerrohre (3.438m), Brüstungskanäle (30m)	m	10,02	20,00
	Kunststoffstangen-Panzerrohr (75m), Kunststoffrohr, flexibel, DN16-23 (170m)	m	10,14	9,09
	Leerrohre, Kunststoff (611m), Installationskanäle (103m), Stahl-Kabelrinnen (30m)	m	10,67	12,13
	Stangenleerrohre (346m), Kunststoffpanzerrohre (377m), Bodenrohre DN20 (498m), Kabeltrassen (227m), Bodenkanäle (92m)	m	13,25	12,19
	Leerrohre, Zugdraht (293m), Leitungskanäle (28m), Kabelrinnen (27m)	m	14,90	9,15
	Kunststoffleerrohre, EN16-32, mit Zugdraht (452m), Leitungsführungskanal, Tehalit (100m), Unterflur-Installationskanal, 38x190mm (72m)	m	15,82	10,84
	Stahlrohre (30m), Edelstahlrohre (6m), PVC-Rohre (50m), Kabelkanal (15m), Kabelrinne (12m)	m	16,83	0,73
	Kabelrinne gelocht (211m/16St), Brüstungskanal (6m), Standsäule (1m), Unterflurkanäle (41m), Stahlpanzerrohre (747m), Installationskanal, individuell gefertigt (14m), Brandschutzanstrich (1m)	m	21,84	15,47
	Leerrohre (2.990m), Kabelrinnen (746m), Kabelkanäle (550m)	m	23,38	20,33
	Z-Schienen, h=100mm, als Unterkonstruktion für Trassen im Doppelboden (600m), Leerrohre (760m), Kabelrinnen (450m), Installationskanäle (206m), Ankerschienen (80m), Steigtrassen (60m)	m	25,13	23,06
	PVC-Kabelkanäle (43m), Kabelpritschen (15m)	m	26,21	1,54
	Kabelrinnen (521m), Unterflurkanäle (99m), Kabelkanäle (65m), Leerrohre, Metall (1.769m), PE (305m)	m	26,35	16,61

Kostenkennwerte für die Kostengruppen 400 der 4. Ebene (AK nach BKI-Katalog)

444 Niederspannungsinstallationsanlagen

KG	Kostengruppe	Einheit	€/Einheit	€/m² BGF
444.31	**Leerrohre**			
	Flexible Kunststoffpanzerrohre, gewellt, M20-40 (233m), Installationskanäle (99m)	m	26,58	18,44
	Leerrohre (355m), Kabelrinnen, gelocht, Breite 200-400mm (176m), Brüstungskanäle (75m)	m	26,65	20,93
	Brüstungskanäle (90m), Kabelrinnen (52m), Leitungskänale (67m), Leerrohre (1.151m)	m	27,52	50,42
	Kunststoffleerrohre DN16-40 (123m), Kabelbahnen (10St), Kabelbahnen (20m), Kabelkanal 200x60mm (16m)	m	29,85	3,31
	Kabelrinnen (1.420m), Kabelkanäle (115m), Leerrohre (890m)	m	34,89	13,07
	Kunststoff-Installationskanäle (54m), Leerrohre (50m)	m	38,36	12,86
	Alu-Brüstungskanäle (56m), Kabelkanäle (163m), Geräte-Einbaudosen (215St), Leerrohre (279m)	m	38,70	21,69
	Kabelrinnen (90m), Steigtrassen (70m)	m	41,44	2,02
	Installationskanäle (50m), Kabelrinnen (30m)	m	49,28	7,08
	PVC-Installationskanäle (68m), Leerrohre (175m)	m	60,15	9,20
444.39	**Verlegesysteme, sonstiges**			
	Stahl-Kabelrinnen (99m), Installationskanäle (161m)	m	56,50	12,01
444.41	**Installationsgeräte**			
	Schalter, Taster (6St), Steckdosen (6St)	St	15,92	1,11
	Schalter, Taster (907St), Steckdosen (2.320St)	St	16,88	9,21
	Schalter und Steckdosen (206St)	St	20,74	8,46
	Steckdosen (57St), Wechselschalter (6St), Geräteanschlussdosen, Feuchtraum (8St), CEE-Steckdose, Aufputz, abschließbar (1St)	St	20,75	3,58
	Schalter, Taster (481St), Steckdosen (1.007St), Bewegungsmelder (2St), Dämmerungsschalter (1St)	St	21,19	9,63
	Schalter, Taster (130St), Steckdosen (241St)	St	22,40	6,49
	Schalter (79St), Steckdosen (92St)	St	22,40	12,28
	Schalter (104St), Steckdosen (239St)	St	22,97	9,80
	Schalter, Taster (172St), Steckdosen (488St)	St	23,93	9,94
	Schalter, Taster (48St), Steckdosen (107St)	St	24,13	3,14
	Schalter (9St), Steckdosen unter Putz (19St), Steckdosen, FR (21St), CEE-Steckdosen (2St)	St	25,97	1,01

© **BKI** Baukosteninformationszentrum — Kostenstand: 4.Quartal 2021, Bundesdurchschnitt, **inkl. 19% MwSt.**

444 Niederspannungsinstallationsanlagen

Kostenkennwerte für die Kostengruppen 400 der 4. Ebene (AK nach BKI-Katalog)

KG	Kostengruppe	Einheit	€/Einheit	€/m² BGF
444.41	**Installationsgeräte**			
	Schalter, Taster (68St), Steckdosen (110St)	St	26,11	12,51
	Elektroschalter (36St), Elektrosteckdosen (128St)	St	26,31	7,18
	Schalter (99St), Steckdosen (187St)	St	26,49	12,19
	Schalter, Taster (54St), Steckdosen (164St), Bewegungsmelder (8St)	St	26,75	8,06
	Schalter (54St), Steckdosen (142St), Präsenzmelder (4St), Bewegungsmelder (1St)	St	28,82	10,46
	Schalter, Taster (48St), Steckdosen (127St)	St	30,91	8,26
	Schalter, Taster (31St), Steckdosen (71St)	St	31,70	12,85
	Schalter (34St), Steckdosen (72St)	St	31,72	5,60
	Schalter, Taster (101St), Steckdosen (705St)	St	32,68	5,34
	Schalter (25St), Steckdosen (66St)	St	32,75	12,31
	Steckdosen (80St), Schalter, Taster (68St)	St	35,21	10,90
	Schalter, Taster (115St), Steckdosen (143St), Bewegungsmelder (1St)	St	35,92	12,06
	Schalter, Taster (28St), Steckdosen (52St), CEE-Steckdosen 16-32A (9St)	St	36,69	1,95
	Schalter, Taster (78St), Steckdosen (275St), CEE-Dosen (3St), Präsenzmelder (19St), Bewegungsmelder (4St)	St	43,69	18,64
	Schalter, Taster (53St), Steckdosen (112St), CEE-Steckdosen (20St)	St	43,94	6,65
	Schalter, Taster (136St), Steckdosen (405St)	St	44,28	3,70
	Schalter, Taster (23St), Steckdosen (35St), CEE-Steckdosen 32A (7St)	St	44,78	6,52
	Schalter, Taster (53St), Steckdosen (305St)	St	44,80	20,61
	Schalter, Taster (78St), Steckdosen (261St), CEE-Steckdose (1St), Auskontrollschalter (20St)	St	47,45	17,32
	Schalter, Taster (83St), Steckdosen (151St)	St	47,76	15,05
	Schalter, Taster (51St), Steckdosen (202St)	St	49,96	22,36
	Steckdosen (90St), Bodensteckdosen (6St), Schalter, Taster (49St), Automatikschalter (8St), Präsenzmelder (5St)	St	54,34	12,87
	Schalter, Taster (150St), Steckdosen (367St), CEE-Steckdosen (4St), Tableau zur Beleuchtungssteuerung (2St), Bewegungsmelder (50St)	St	58,26	19,72
	Schalter, Taster (284St), Steckdosen (741St)	St	60,13	10,43
	Unterflur-Leerdosen (17St), Schalter, unter Putz, Schalterdosen (43St), Steckdosen (50St), Schalter, auf Putz (8St), Steckdosen (16St), Bewegungsmelder (2St)	St	61,43	9,17

Kostenkennwerte für die Kostengruppen 400 der 4. Ebene (AK nach BKI-Katalog)

444 Niederspannungsinstallationsanlagen

KG	Kostengruppe	Einheit	€/Einheit	€/m² BGF
444.41	**Installationsgeräte**			
	Schalter, Taster (88St), Steckdosen, auf Putz (31St), unter Putz (110St), Hängeverteiler (2St), Geräteanschlussdosen (17St), Verbindungsdosen (244St), Mosaiktableau (4St), Signalleuchten (14St), Blindelemente (595St)	St	67,08	10,56
	Trafos für Raumthermostate (2St), Schalter (36St), Steckdosen (48St), Bewegungsmelder (1St), Abzweigkasten (9St)	St	68,20	21,72
	Steuertableaus (9St), Einbauschalter in Tableau (179St), Einbausignalleuchten in Tableau (35St), Blindfelder in Tableau (1.457St), Schalter (36St), Steckdosen (310St), CEE-Steckdosen (21St), Hängeverteiler, Steckdose, zwei CEE-Steckdosen (4St)	St	73,27	9,80
	Ausschalter (125St), Jalousieschalter (47St), Wechselschalter (45St), Serienschalter (33St), Tastschalter (32St), Dreistufen-Drehschalter (18St), Kreuzschalter (7St), Doppelwechselschalter (5St), Automatikschalter (3St), Auskontrollschalter (3St), Dämmerungsschalter (2St), Steckdosen (643St), Geräteanschlussdosen (22St), Bewegungsmelder (12St)	St	73,85	21,96
	Schalter, Taster (100St), Steckdosen (266St)	St	81,54	26,37
	Schalter, Taster (158St), Steckdosen (331St), Netzfreischaltungen (7St), Auskontrollschalter (8St), Bewegungsmelder (10St), Mantelleitungen	St	82,94	29,72
	Schalter, Taster (230St), Steckdosen (1.441St)	St	87,20	62,01
	Tastsensoren (31St), Schalter (5St), Steckdosen (112St)	St	90,49	43,18
	Steckdosen (208St), CEE-Steckdose (3St), Schalter (2St), Tastsensoren (70St), Tastsensoren mit Controller (54St), Taster mit Busankopplung (3St)	St	91,51	35,43
	Schalter, Taster (12St), Steckdosen (9St), Unterflur-Leerdosen, Deckel (3St)	St	92,19	6,80
	Schalter, Taster (8St), Steckdosen (42St)	St	92,53	19,84
	Schalter, Taster (103St), Steckdosen (166St), CEE-Steckdosen (17St)	St	109,50	10,13
444.49	**Installationsgeräte, sonstiges**			
	Standsäule aus eloxiertem Aluminium mit Deckel und Potenzialausgleich für die Aufnahme von zwei Druckknopfmeldern, Schalter und Schukosteckdose	St	793,59	2,44
444.91	**Sonstige Niederspannungsinstallationsanlagen**			
	Standsäulen, Fußbodenmontage, Deckel (29St)	BGF		21,32

445 Beleuchtungsanlagen

Kostenkennwerte für die Kostengruppen 400 der 4. Ebene (AK nach BKI-Katalog)

KG	Kostengruppe	Einheit	€/Einheit	€/m² BGF
445.11	**Ortsfeste Leuchten, Allgemeinbeleuchtung**			
	Wand- und Deckenleuchten (16St)	St	45,28	1,43
	Trafo 105VA, Halogenlampen (2St), Langfeldleuchten (86St), Anbauleuchten (10St), Raster-Einbauleuchten (3St), NV-Lampen (2St)	St	47,70	3,76
	Leuchtstofflampen, 1x36/58W, Acrylglaswannen, Feuchtraumausführung (2St); Opalglasleuchten, 75W, D=300mm (11St)	St	57,73	1,21
	Langfeldleuchten 1x58W (2St), Ovalleuchten TC-D 13W (4St)	St	65,97	0,49
	Halogenreflektoren 75W (82St), Wand-/Deckenleuchten (79St), Feuchtraumleuchten (27St), Aufbauleuchten mit opalisierter Glas-Abdeckung (4St), Warnlampen für Garagentorsteuerung (4St)	St	70,82	4,14
	Leuchtstofflampen, Feuchtraum 1x58W (15St), Decken- Wanddeckenleuchten (34St), Spiegelleuchten (11St)	St	71,98	3,37
	Leuchtstofflampen 1x58W, Feuchtraumausführung (25St), Nurglasleuchten (5St), Halogenleuchten, Trafo (18St), Schienen (44m), Scheinwerfer 1.000W (1St)	St	72,77	7,43
	Ovalleuchten, 100W (6St), Anbauleuchten (9St), Treppenhausleuchten (17St)	St	80,98	1,81
	Deckenanbauleuchten 100W (14St), Ovalleuchten (10St), Einbau-Downlight 50W, elektronische Transformatoren (80St), Feuchtraum-Wannenleuchte 1x58W (24St), Außen-Wandleuchten 1x18W (16St)	St	86,77	7,87
	Aufbauleuchten 60W (158St), 1x18W (37St), 2x36W (18St), Außenlampen 60W (60St), Hausnummernleuchten 9W (8St)	St	87,38	4,15
	Außenleuchten mit Bewegungsmelder (3St), Wannenleuchten (6St)	St	124,48	4,10
	Leuchtstoffröhren, D=16mm, Stahlblechgehäuse, Vorschaltgerät, 21-35W (22St)	St	145,15	13,70
	Langfeldleuchten (22St), Wandleuchten (3St), Ovalleuchte 1x60W (3St), Hängeleuchten (3St)	St	181,27	13,45
	Leuchtstofflampen 1x58W (2St), Pendelleuchten (29St), Schaufensterbeleuchtung (6St), Werbeleuchten (2St), Thekenbeleuchtung (4St), WC-Leuchte (1St)	St	196,77	19,38
	Anbauleuchten (12St), Außenleuchten mit Bewegungsmelder (4St), Schiffsarmaturen (2St), Leuchten Carport (4St)	St	209,81	4,68
	Pendelleuchten (53St), Anbauleuchten (74St), Lichtbandleuchten (12St), Einbauleuchten (150St), medizinische Einzelbettleuchten (12St), Einzellichtleisten (119St), Feuchtraumwannenleuchten (36St), Lichtband (1St)	St	223,12	60,23
	Niedervoltstrahler (32St), Flügelschienen, l=3,00-11,00m, in Filigrandecke (4St)	St	224,82	23,31

445 Beleuchtungsanlagen

Kostenkennwerte für die Kostengruppen 400 der 4. Ebene (AK nach BKI-Katalog)

KG	Kostengruppe	Einheit	€/Einheit	€/m² BGF
445.11	**Ortsfeste Leuchten, Allgemeinbeleuchtung**			
	Rastereinbauleuchten, Spiegelraster 4x18W (18St), Rasteranbauleuchten 1x58W, Parabolspiegelraster (5St), Deckenleuchten 100W (8St), Wand-, Deckenleuchten 18W (10St), Langfeldleuchten, Stahlblechreflektor 58W (15St), Lichtleisten 1x58W (31St), Wannenleuchten 1x58W, Perlwanne, Feuchtraum (24St), Halogenstrahler 50W (6St), Planflächenstrahler (6St)	St	282,20	28,39
	Wannenleuchten, 2xT16, 28/54W (22St), 14/24W (1St), Wandleuchten, zwei Halogenglühlampen (126St), Schiffsarmaturen (25St), Deckeneinbauleuchten (9St), Pendelleuchten (8St)	St	299,97	17,47
	Pendelleuchten, Reflektor und Oberteil aus Reinstaluminium (24St), Aufbau-Downlights, schwenkbarer Strahler, 50W (6St), Aufbaudownlights 1x26W (8St)	St	485,91	56,77
	LED-Sternenhimmel, Steuergerät, Equalizer (1St), Netzgeräte (2St), LED-Lichtschlauch, blau (12m), Feuchtraumwannenleuchten, 58W (6St), Freistrahler-Feuchtraumleuchten, 58W (8St), Flutlichtstrahler (1St), Montage von Decken- und Wandleuchten (39St), Montage von Decken-, Wand-, Bodeneinbauleuchten (116St), Montage von Niedervolttrafos (115St)	St	726,86	13,24
	Lichtsystem für Pendelmontage mit Stahlseilaufhängung (33St), Pendelleuchten, Pendelmontage mit Stahlseilaufhängung (25St), Anbauleuchten (83St), Einbauleuchten, Alu-Gussgehäuse, Abschlussglas klar, begehbar, für Halogen-Reflektorlampe (5St)	St	742,29	64,61
	Leuchtstofflampen 54W, Seilabhängungen (155St), Anbauleuchten (61St), Bodeneinbaustrahler (13St), Leuchtstofflampen mit Prismenwannen (117St)	St	764,18	60,43
445.21	**Ortsfeste Leuchten, Sicherheitsbeleuchtung**			
	Rettungszeichensystemleuchten, ein-, zweiseitige Piktogrammbestückung, Modulbauweise (46St), Überwachungsbausteine zur Überwachung der Leuchtmittel (10St)	St	212,13	2,71
	Sicherheits-, Rettungszeichenleuchten, Gehäuse aus halogenfreiem Polycarbonat (19St)	St	254,94	2,89
	Einzelbatterie-Notausgangsleuchten mit Piktogrammen, Leuchtstofflampen 8W, Betriebszeit min. 3h, NC-Akku (6St)	St	268,39	1,32
	Notleuchten für Flucht- und Rettungswege, Betriebszeit mindestens 3h (2St)	St	403,78	2,48
	LED-Rettungszeichenleuchten (21St), überwachtes Notlichtsystem mit Fernmeldetableau (1St)	St	520,18	7,07
445.91	**Sonstige Beleuchtungsanlagen**			
	Leuchtenverblendung (1St), Bodenhülsen zum Einsetzen von Leuchten (3St), Blendschutz vor TG-Beleuchtung	St	309,69	0,37

446 Blitzschutz- und Erdungsanlagen

Kostenkennwerte für die Kostengruppen 400 der 4. Ebene (AK nach BKI-Katalog)

KG	Kostengruppe	Einheit	€/Einheit	€/m² BGF
446.11 Auffangeinrichtungen, Ableitungen				
	Blitzschutz, Fangleitungen, Alu, D=8mm (180m), Edelstahl, D=8mm (460m), Dachleitungshalter (308St), Anschluss an Metallkonstruktionen (34St)	m	10,82	4,09
	Blitzschutzanlage, Fangleitungen, Rd 10-Al (160m), Fangstangen (4St), Ableitungen Rd 10-Al (70m), Erdeinführungen mit Trennstücken (7St)	m	11,68	3,48
	Blitzschutzanlage, Alu-Ableitungen, D=10mm (39m), Alu-Auffangleitungen, D=8mm (49m), Befestigungen	m	11,68	2,13
	Erdkabel 5x1,5mm², Warnband (50m), Erdung für Sat-Anlage mit Kabel 1x16, Anschluss an Sparrenhalter und im EG an Potenzialausgleichsschiene (1St)	m	13,47	1,94
	Blitzschutzanlage, Fangspitzen (89St), Rundaluminium Rd 8 (1.194m), Bandrohrschellen (41St), Überspannungsableiter (16St)	m	16,37	3,31
	Blitzschutzanlage, Ableitungen, Runddraht, D=8mm (48m), Fangeinrichtung, D=8mm (120m), Erdleitungen V4A, D=10mm (76m)	m	17,50	7,55
	Blitzschutz, Runddraht, D=8mm (1.025m), Anschlussschrauben (23St), Flachdachleitungshalter (800St), Fangstangen (38St), Blitzstromableiter (12St)	m	18,64	3,88
	Blitzschutzanlage, Fang- und Ableitungen (187m), Fangstangen (10St), Ringerder, Rundstahl, D=10mm (112m)	m	19,85	8,91
	Blitzschutzanlage, Fangleitungen, RD 8-Al (454m), Fangstangen, A1-1.000 (10St), Ableitungen, RD 8-Al (114m), Befestigungen, Verbinder, Klemmen	m	27,87	3,62
	Blitzschutzanlage, Blitzschutzdraht 10mm (543m)	m	29,43	2,47
	Fangleitungen auf Attiken, Flachdach (185m), Fangstangen (4St), Ableitungen (51m), Betonsockel, D=350mm, mit Adapterstück, Aufnahmerohr, Stützrohr (3St), Abspannseil, D=4mm (56m), Erdeinführungen, Nirosta, l=1,00m (11St), Wanddurchführungen (2St)	m	29,46	4,16
	Blitzschutz, Fangleitungen Aluminium, D=16mm (250m), Ableitungen, D=8mm (440m), Anleitungen, D=10mm (422m), Auffangstangen, h=2,00m (22St), Anschlüsse an Metallkonstruktionen (50St), Schweißverbindungen (2.119St), Überbrückungsseil (30m)	m	34,18	16,60
	Fangleitung, Rd 8-Alu (13m), Ableitungen, Rd 8-Alu (91m), Fangstangen 4m (1St), Verbinder (35St), Erdeinführungen mit Trennstellen (13St)	m	42,84	3,74
446.21 Erdungen				
	Fundamenterder, Bandstahl 30x3,5mm (50m), Anschlussfahnen (2St)	m	1,76	1,76
	Fundamenterder (417m)	m	4,21	0,67
	Fundamenterder, Bandstahl 30x3,5mm (57m)	m	4,40	0,68
	Fundamenterder, Bandstahl 30x3,5mm (64m)	m	5,06	0,42
	Fundamenterder, Bandstahl 30x3,5mm (106m)	m	5,08	0,34
	Fundamenterder, Bandstahl 30x3,5mm (49m)	m	5,10	0,33

Kostenkennwerte für die Kostengruppen 400 der 4. Ebene (AK nach BKI-Katalog)

KG	Kostengruppe	Einheit	€/Einheit	€/m² BGF
446.21	**Erdungen**			
	Fundamenterder, Bandstahl 30x3,5mm (193m)	m	5,10	0,59
	Fundamenterder, Bandstahl 30x3,5mm (39m), Anschlussfahne (1St)	m	5,95	0,95
	Anschlussfahnen (2St), Fundamenterder, b=40mm (45m)	m	6,01	0,87
	Fundamenterder, Bandstahl 30x3,5mm (78m)	m	6,37	0,51
	Fundamenterder (50m), Anschlussfahnen (3St)	m	7,06	0,59
	Fundamenterder, Bandstahl 30/3,5mm (44m)	m	7,13	0,62
	Fundamenterder, Bandstahl 30x3,5mm (130m)	m	7,14	1,04
	Fundamenterder, Bandstahl 30x3,5mm (476m), Erdungsleitungen (50m)	m	7,18	1,61
	Fundamenterder, Rd 10-St (45m)	m	7,39	1,32
	Fundamenterder Bandstahl 30/3,5mm (75m)	m	8,09	0,69
	Fundamenterder, Bandstahl 30x3,5mm (70m)	m	8,10	0,71
	Fundamenterder, Bandstahl 30/3,5mm (189m)	m	8,29	0,48
	Fundamenterder, Bandstahl 30x3,5mm (642m), Anschlussfahnen (20St)	m	8,67	1,13
	Fundamenterder, Bandstahl 30x3,5mm (237m), Anschlussfahnen (87m)	m	8,71	1,73
	Fundamenterder, Bandstahl 30x3,5mm (157m), NYM-J 1x16mm² (27m), NYY-J 1x25mm² (12m)	m	8,75	1,05
	Fundamenterder, Bandstahl 30x3,5mm (161m²)	m	8,90	2,18
	Fundamenterder, Bandstahl 30x3,5mm (67m), Anschlussfahnen (10m)	m	9,06	1,42
	Fundamenterder, Bandstahl 30x3,5mm (75m)	m	9,18	2,22
	Fundamenterder, Bandstahl 30x3,5mm (29m)	m	9,50	1,18
	Fundamenterder (125m)	m	9,92	1,61
	Fundamenterder, Bandstahl 30x3,5mm (69m)	m	9,98	1,44
	Fundamenterder, Bandstahl 30x3,5mm (140m)	m	10,55	2,22
	Fundamenterder, Bandstahl 30x3,5mm (50m)	m	11,45	2,09
	Fundamenterder (442m), Ableitungen, Rundstahl, D=10mm (114m)	m	11,51	1,08
	Fundamenterder (171m), Anschlussverbindungen (64m), Verbinder (36St), Korrosionsschutz (35St), Messen, Prüfen der Blitzschutz-, Erdungsanlage	m	12,13	1,70
	Fundamenterder, Bandstahl 30/3,5mm (66m), Anschlussfahnen (3St)	m	12,51	0,57
	Fundamenterder, Bandstahl 30x3,5mm (119m), Anschlussfahnen (5St)	m	12,73	2,67
	Fundamenterder, Bandstahl 30x3,5mm (73m), Anschlussfahnen (9St)	m	14,41	2,53

446 Blitzschutz- und Erdungsanlagen

Kostenkennwerte für die Kostengruppen 400 der 4. Ebene (AK nach BKI-Katalog)

KG	Kostengruppe	Einheit	€/Einheit	€/m² BGF
446.21 Erdungen				
	Fundamenterder, Bandstahl 30x3,5mm (128m), Mantelleitungen NYM-J (57m), Anschlussfahnen, Rundstahl (36m), Einzeladeranschlüsse (12St), Kreuzverbinder (8St)	m	14,53	0,71
	Fundamenterder, Bandstahl 30x3,5mm (365m), Edelstahl 30x3,5mm (370m), Anschlussfahnen V4A (15St), Stahldraht, D=10mm, Bewehrungsanschluss (310m)	m	14,65	9,05
	Fundamenterder, Bandstahl (378m), Anschlussverbindungen (124m), Verbinder (71St)	m	15,59	1,35
	Fundamenterder (120m), Erdungsanlage mit Potenzialausgleichsschiene	m	17,82	6,16
	Fundamenterder (181m), Erdbandschellen, Erdungen, Mantelleitungen	m	23,82	6,99
446.31 Potenzialausgleichsschienen				
	Potenzialausgleichsschienen (2St)	St	0,59	0,59
	Potenzialausgleichsschienen (2St)	St	19,18	0,03
	Potenzialausgleichsschiene (1St)	St	20,38	0,02
	Potenzialausgleichsschiene (1St)	St	20,52	0,03
	Potenzialausgleichsschienen (2St)	St	21,25	0,05
	Potenzialausgleichsschienen (4St)	St	22,23	0,18
	Potenzialausgleichsschienen (2St)	St	23,16	0,01
	Potenzialausgleichsschienen (2St)	St	23,69	0,04
	Potenzialausgleichsschiene (1St), Leitungen NYM 1x16mm² (27m), 1x25mm² (12m)	St	25,58	0,02
	Potenzialausgleichsschiene (1St)	St	27,29	0,05
	Potenzialausgleichsschiene (1St)	St	29,86	0,04
	Potenzialausgleichsschienen, feuerverzinkt (2St), Potenzialausgleichsschienen, Messing vernickelt (3St)	St	35,92	0,23
	Potenzialausgleichsschiene (1St)	St	36,98	0,10
	Potenzialausgleichsschienen (2St)	St	40,28	0,10
	Potenzialausgleichsschienen (16St)	St	43,57	0,12
	Potenzialausgleichsschiene (1St)	St	45,63	0,05
	Potenzialausgleichsschienen (3St)	St	46,39	0,16
	Potenzialausgleichsschienen (2St)	St	48,28	0,04
	Potenzialausgleichsschienen (9St)	St	49,37	0,09

Kostenkennwerte für die Kostengruppen 400 der 4. Ebene (AK nach BKI-Katalog)

KG	Kostengruppe	Einheit	€/Einheit	€/m² BGF
446.31 Potenzialausgleichsschienen				
	Potenzialausgleichsschienen (12St)	St	49,74	0,09
	Potenzialausgleichsschienen (2St)	St	64,44	0,27
	Potenzialausgleichsschiene (1St)	St	65,80	0,10
	Potenzialausgleichsschienen (20St), Erdbandschellen (26St), Schraubverbindungen (112St)	St	67,45	0,31
	Potenzialausgleichsschienen (8St), Erdungsbandrohrschellen (10St)	St	68,75	0,33
	Potenzialausgleichsschienen (7St)	St	81,04	0,34
	Potenzialausgleichsschienen (14St)	St	96,86	0,58
	Potenzialausgleichsschienen (2St)	St	144,08	0,18
	Potenzialausgleichsschiene (1St)	St	251,25	0,51
	Potenzialausgleichsschienen (3St), Anschlussfahnen (12St)	St	367,67	0,33
	Potenzialausgleichsschiene (1St)	St	374,36	0,26
446.32 Erdung haustechnische Anlagen				
	Erdungen, Badewannen, Wasser- und Heizungsleitungen, Mantelleitung NYM 1x6mm² (200m)	St	6,83	0,86
	Verbindungsklemmen (80St), Erdungsschellen (2St), Brücken (3St), Mantelleitungen NYM (20m)	St	8,98	0,29
	Erdbandschellen (8St), Erdungsanschlüsse (20St), Mantelleitung NYM 1x10/16mm² (70m)	St	22,53	0,96
	Mantelleitungen NYM 1x4mm² (138m), Erdbandschellen (60St), Schraubverbindungen (25St)	St	30,20	0,78
	Erdungsschellen (9St), Mantelleitung NYY, 1x6mm² (60m)	St	32,35	0,48
	Erdungen, Metallteile, Rohre, Erdungsschellen, Mantelleitungen NYM (56m)	St	32,66	0,56
	Erdungsanschlüsse (16St), Erdbandschellen (49St), Mantelleitungen NYM 1x16mm² (440m)	St	35,58	2,64
	Banderdungsschellen (10St), PVC-Mantelleitung, NYM 1x10mm² (65m), NYM 1x16mm² (30m)	St	37,20	1,19
	Edelstahl-Erdungsbandschellen (10St), Anschlussfahnen (5St), Anschlüsse Bandeisen (12St), Mantelleitungen 1x16mm² (29m)	St	41,19	0,50
	Erdbandungsschrauben (106St), Erdbandschellen (4St), Mantelleitungen (1.600m)	St	47,12	1,05
	Erdungsschellen (7St), Mantelleitungen 1x6mm² (20m), Potenzialausgleich an Leitungen	St	49,49	0,29

446 Blitzschutz- und Erdungsanlagen

Kostenkennwerte für die Kostengruppen 400 der 4. Ebene (AK nach BKI-Katalog)

KG	Kostengruppe	Einheit	€/Einheit	€/m² BGF
446.32 Erdung haustechnische Anlagen				
	Erdungsbandrohrschellen (6St), Mantelleitungen 1x6mm² (36m), 1x16mm² (43m)	St	52,49	0,66
	Potenzialausgleiche an Zähler-, Antennen- und Heizungsanlage, Gas- und Wasserleitungen 17St, Mantelleitung NYM-J 1x4,0mm² (30m), Potenzialausgleichschienen (2St)	St	55,06	1,16
	Potenzialausgleichschiene, Erdbandschellen, Leitungen	St	62,17	1,24
	Erdbandschellen (6St), Anschlussklemmen (16St), Mantelleitungen (150m)	St	68,48	1,95
	Erdbandschellen, Mantelleitungen NYM 1x4mm², Erdungen an Dusche und Badewanne	St	79,34	0,98
	Erdungen, Mantelleitungen MYM 1x10mm² (98m)	St	81,41	1,57
	Erdbandschellen (41St), Mantelleitungen (730m)	St	91,27	0,58
	Erdungsbandschellen (15St), Mantelleitungen NYM (1.200m), Erdungsanschlüsse (30St)	St	99,56	2,65
	Erdungsbandschellen 3/8-1 1/2" (17St), Mantelleitungen NYM 1x6-1x16mm² (40m)	St	101,51	0,60
	Erdungsschellen (5St), Bade- und Duschwannenerdung (2St), Aufzug erden (1St), Mantelleitungen NYM (88m)	St	137,55	1,41
	Erdungsband (42m), Erdungsschienen (3St), Mantelleitungen (20m)	St	148,19	1,24
	Anschlüsse (40St), Erdbandschellen (215St), Mantelleitungen NYM 1x4mm (1.626m), 1x10mm² (1.180m)	St	153,16	1,04
	Erdbandschellen (5St), Mantelleitungen NYM 10mm² (50m)	St	160,42	1,20
	Erdbandschellen (4St), Mantelleitungen NYN (227m)	St	197,59	1,40
	Potenzialausgleich erstellen (1St)	St	255,52	0,94
	Mantelleitungen 1x6-1x16mm (36m), Antennen und Blitzschutzerdung (1St)	St	448,51	0,51
	Mantelleitungen 1x4 bis 1x50mm² (1.939m), Band-Erdungsschellen (17St), Anschlüsse an Metallkonstruktionen (60St)	St	509,55	3,69
	Erdbandschellen (4St), Runddraht 10mm (335m), H07V-R 16 (60m)	St	650,99	3,47

Kostenkennwerte für die Kostengruppen 400 der 4. Ebene (AK nach BKI-Katalog)

KG	Kostengruppe	Einheit	€/Einheit	€/m² BGF
451.11	**Telekommunikationsanlagen**			
	Fernmeldeleitungen, Leerrohre (105m), Steckdosen (25St)	St	42,80	0,84
	Fernsprechleitung J-Y STY 2*2*0,6mm² (20m), TAE-Steckdosen (7St)	St	57,95	0,34
	TAE-Anschlussdosen (2St)	St	67,31	0,51
	Leerrohre, Telefonleitungen J-Y(ST)Y, 4x2x0,6m² (590m); TAE-Anschlussdosen (36St)	St	104,51	2,37
	Fernmeldeleitungen, J-Y (ST) Y 2x2x0,6 mm², in Leerrohr (50m)	St	107,33	0,39
	Leerrohre, Telefonleitungen, TAE-Steckdosen (18St)	St	181,07	2,27
	Fernmeldeleitungen (27m), TAE-Steckdose (1St), Haustelefon (1St)	St	335,33	0,26
	Leerrohre, Fernmeldeleitungen, Steckdose	St	443,80	1,90
	TAE-Steckdosen, NFN (15St), Rangierverteiler (2St), Fernmeldeverteiler (1St)	St	471,39	0,76
	FM-Installationsleitungen, J-Y(ST) Y 2x2x0,6mm (110m), J-Y(ST) Y 4x2x0,8mm (105m), Isolierstoff-Wandgehäuse, 55mm (6St), Kunststoffisolierrohre (82m), TAE-Steckdosen, sechspolig (6St)	St	1.062,76	3,41
	Leerrohre, Fernmeldeleitungen (1.950m), TAE-Anschlussdosen (56St)	St	6.442,15	1,96
	Kunststoff-Panzerrohre, Fernmeldeleitungen J-Y(St)Y 4x2x0,6mm (1.244m), TAE-Anschlussdosen (53St)	St	7.427,25	2,22
	Telekommunikationsanlage mit Notstromversorgung (1St), Systemapparate (6St), Münztelefon, Telefonhaube, Halbkugelform, Wandmontage, Gesprächsdatenerfassung mit PC, Drucker, Datenschränke, 19"-Standverteilerschrank, 19"-Untertischschrank (1St), 19"-Patchpanel (6St), Rangierverteiler, Verteilerkasten (1St), Anschlussdosen, achtpolig, geschirmt (20St), Telekommunikations-Anschluss-Einheit (1St), Patchkabel, geschirmt (20St), Installationskabel J-Y(St)Y (1.147m)	St	18.013,38	10,74
	Telefonanlage, Systemapparate (15St), Gesprächsdatenerfassung, mit PC und Drucker, Münztelefon (1St), Fernmeldeleitungen J-Y(St)Y (2.654m), Anschlussdosen (51St), Patch-Kabel	St	44.222,94	10,11
	Erweiterung bestehender Telefonanlage (1St), Basisstationen (6St), Systemtelefone, Internettelefonie (44St), Fernsprechleitungen (280m), Halogenfreies Datenkabel (350m), Mobiltelefone, Ladeschale, Software (10St), Chipkarten-Telefone (12St), Chipkarten (36St), Tür-/Aufzugsprechstelle, analog (2St), DAKS-Programmierung (32St)	St	103.527,88	61,15

452 Such- und Signalanlagen

Kostenkennwerte für die Kostengruppen 400 der 4. Ebene (AK nach BKI-Katalog)

KG	Kostengruppe	Einheit	€/Einheit	€/m² BGF
452.11 Personenrufanlagen				
	Klingelleitungen, Leerrohre (98m), Haustelefone für Gegensprechbetrieb (7St), Videoanlage, elektrischer Türöffner, Bewegungsmelder	St	8.579,12	6,70
452.21 Lichtruf- und Klingelanlagen				
	Klingelanlagen, ein Klingeltaster (2St)	St	115,39	0,88
	Klingelanlage, Bewegungsmelder, Leerrohre	St	365,58	1,57
	Sprechanlage, Türöffner in Briefkastenanlage, Klingelleitungen (105m)	St	1.513,10	0,35
	Türklingeln, Taster (2St), Lichtrufanlage, Briefkastenanlage mit Sprech-, Klingelkasten, freistehend, Gehäuse verzinkt (1St), Installationskabel, halogenfrei, 100Ohm (1.470m), Innenkabel für Lichtwellenleiter, J-DY (90m)	St	1.615,50	2,48
	Patienten-Lichtrufanlage (1St), Elektronikmodul und Display für Dienstzimmer (2St), Informationsdisplay (1St), Zugtaster (22St), Mehrfachtaster (4St), Ruf-/Abstelltaster (14St), Abstelltaster (20St), Installationsrohre (300m), Mantelleitungen (80m), Fernsprechleitungen (775m)	St	21.694,71	12,81
452.31 Türsprech- und Türöffneranlagen				
	Klingeltaster, Klingel (2St)	St	173,27	0,69
	Einbaulautsprecher, Netzgleichrichter, Zubehördiode (1St), Haustelefon, Gegensprechbetrieb, Gehäuse, Mikrofontelefon, Türöffnertaste, Läutewerk, schlagfester Kunststoff (4St)	St	589,96	1,89
	Türsprechanlage, Türöffner (4St), Leerrohre, Klingelleitungen, 12x0,8mm (50m)	St	746,73	3,03
	Sprechanlage mit drei Sprechapparaten für EG, OG und einer Sprechstelle am Eingang (1St)	St	1.707,90	4,92
	Türsprechanlage, Türlautsprecher, Haustelefone (4St), Installationskabel J-Y(St)Y 4x2x0,6 (244m)	St	1.794,02	2,89
	Türmodul, Netzgerät (1St), Türsprechanlage (1St), Klingeltaster (9St), Klingelleitungen (68m), Haustelefone (9St)	St	2.200,83	1,53
	Türklingelanlage, Freisprechtelefon, Läutewerk (1St), Fernsprechleitungen (100m), Fernmeldekabel (100m)	St	2.221,48	1,31
	Klingelleitung J-Y Y 4x2x0,6mm² (150m), Systemsprechstellen (3St), Netzgleichrichter (1St), Türlautsprecher (1St)	St	3.939,51	7,80
	Gegensprechanlage, Außentürstation (1St), Haustelefone (12St), Klingelleitungen, YR (200m), Installationskabel J-Y(ST)Y, 2x2x0,8mm² (100m), 4x2x0,8mm² (88m), Leerrohre (34m), Taster (11St)	St	5.061,98	3,19
	Kunststoff-Panzerrohre, Klingelleitungen (112m), Türstation mit Einbaulautsprecher, Farbkamera, Klingeltasten, Namensschilder (1St), Wohnungsstationen, TFT-Farbdisplays (5St)	St	9.175,62	8,92

Kostenkennwerte für die Kostengruppen 400 der 4. Ebene (AK nach BKI-Katalog)

KG	Kostengruppe	Einheit	€/Einheit	€/m² BGF
452.31 Türsprech- und Türöffneranlagen				
	Farbkamera für Türstation (1St), Freisprechstationen (5St), Farbdisplays (5St), Videosteuergerät (1St), Videoverstärker (2St), Keyless-In-Fingerprinter (1St), Einbaulautsprecher für Briefkasten (1St), Audio-Steuergerät (1St), Schwachstromleitungen (461m)	St	11.578,64	13,19
	Kunststoff-Panzerrohre, PVC-Klingelleitungen (1.603m), Wohntelefone (21St), Etagensteuerung (4St), Türsprechstellen (4St), Türstation mit Einbaulautsprecher, 12 Klingeltasten, 12 Namensschilder (1St)	St	14.200,29	4,24
	Leerrohre, Klingelleitungen (1.071m), Farbkameras (2St), Wohnstationen mit Farbmonitoren (25St), Türsprechanlage mit Briefkasten (1St)	St	56.807,16	17,32

452
Such- und Signalanlagen

453 Zeitdienstanlagen

Kostenkennwerte für die Kostengruppen 400 der 4. Ebene (AK nach BKI-Katalog)

KG	Kostengruppe	Einheit	€/Einheit	€/m² BGF
453.11 Uhrenanlagen				
	Funkuhren für Netzbetrieb, quadratisch, 30x30cm (3St)	St	1.801,79	2,07

Kostenkennwerte für die Kostengruppen 400 der 4. Ebene (AK nach BKI-Katalog)

KG	Kostengruppe	Einheit	€/Einheit	€/m² BGF
454.11	**Beschallungsanlagen**			
	Hifi-Verkabelung (40m), Hifi-Steckdosen (4St)	St	155,37	0,57
	Lautsprechersteckdosen (3St), Lautsprecherkabel (78m), Cinchkabel (19m)	St	615,55	0,70
	Lautsprecherleitungen J-Y(ST)Y 4x2x0,6mm² (320m), Deckenlautsprecher (4St)	St	1.633,93	1,03
	Lautsprecheranlage, Leistungsverstärker, 2x600W, 4Ohm, 20Hz-20kHz (2St), Fullrange-Lautsprecher (4St), 19"-Gestellschrank (1St), Mischpult (1St), CD- und Kassetten-Laufwerk (1St), Universalmikrofone, 40-16.000Hz, Mikrofonstative (4St), Mantelleitung NYM-J 3x4mm² (76m), Bodenanschlussdosen (10St)	St	39.842,67	33,47

455 Audiovisuelle Medien- und Antennenanlagen

Kostenkennwerte für die Kostengruppen 400 der 4. Ebene (AK nach BKI-Katalog)

KG	Kostengruppe	Einheit	€/Einheit	€/m² BGF
455.11 Fernseh- und Rundfunkempfangsanlagen				
	Hausanschlussverstärker (1St), Koaxialkabel (510m), Antennendosen (17St), Trassenwarnband (500m)	St	3,90	3,90
	Sat-Anlage, Parabolantenne 80cm, Multischalter für acht Anschlüsse (1St), Antennensteckdosen (8St)	St	194,72	5,93
	Koaxialkabel 75 Ohm, doppelt geschirmt, Leerrohre (405m), Hausanschlussverstärker, Antennensteckdosen (18St)	St	207,60	2,92
	Leerrohre, Antennenleitungen, Antennendosen (5St)	St	567,10	8,17
	TV-Kabelanschlüsse (4St), Leerrohre, Koaxialkabel (160m), Antennensteckdosen (20St)	St	1.012,81	4,11
	BK-Antennenanlage, Koaxialkabel (185m), Antennensteckdosen (12St), Antennenverstärker (1St)	St	1.071,20	2,12
	Antennenleitungen 75Ohm (180m), Antennensteckdosen (8St), Kunststoffisolierrohre (80m), Anlage prüfen, in Betrieb nehmen	St	1.079,47	3,46
	Sat-Anlage, Receiver, sechsfach-Verteiler, Antennenleitungen (95m), Antennensteckdosen (6St)	St	1.778,59	7,07
	Antennenmast, l=3,00m, Parabolantenne, D=90cm, Koaxialkabel (320m), Antennensteckdosen (15St)	St	1.805,40	2,91
	Satellitenanlage, Antennenleitungen, zehn Anschlussdosen	St	1.824,48	6,68
	Antennenmast, l=6,00m, UKW-Antenne, Parabolreflektor-Offset-Antenne, D=85cm, Empfangssystem, Basisgerät zur Aufnahme von acht Kassetten (1St), Kassetten für CSE 3100 (2St), Kassette für UKW, Decoder-Nachrüstsatz, Hausanschlussverstärker (1St), Antennendosen (8St)	St	1.886,34	2,25
	Satellitenanlage, Antennenleitungen, Anschlussdose	St	1.979,22	8,49
	Antennenanlage, Hausverstärker, Verteiler, Leerrohre, Koaxialkabel (590m), Antennensteckdosen (36St)	St	4.054,88	2,55
	Satellitenspiegel mit Standfuß (1St), Antennensteckdosen (14St), Multischaltersystem (2St), UKW-Antenne (1St), Antennenverstärker (1St), Antennenweiche (4St), Koaxialkabel (756m)	St	4.669,86	5,32
	Digitale Satellitenempfangsanlage mit Nachverstärker, Parabolantenne (1St), UKW-Antenne (1St), Antennensteckdosen (14St), Koaxialkabel (340m)	St	6.767,99	4,72
	Antennenanlage, Offset-Antenne, UKW-Antenne, Verstärker, Antennensteckdosen (19St), Koaxialkabel (1.069m)	St	10.973,87	2,51
	Kunststoff-Panzerrohre, Koaxialkabel 75Ohm (1.362m), Antennensteckdosen (130St), Multi-Verteilnetzverstärker (3St), Multischalter (4St), Speisesysteme (2St), Parabolantenne (1St)	St	20.284,68	6,05
455.21 Fernseh- und Rundfunkverteilanlagen				
	Leerrohre, Koaxialkabel (1.851m), Antennensteckdosen (56St)	St	5.466,35	1,67

Kostenkennwerte für die Kostengruppen 400 der 4. Ebene (AK nach BKI-Katalog)

KG	Kostengruppe	Einheit	€/Einheit	€/m² BGF
456.11	**Brandmeldeanlagen**			
	Kunststoff-Panzerrohre, Brandmeldeleitungen (48m), Mantelleitungen NYM-J (45m), PVC-Steuerleitungen (18m)	St	828,50	0,25
	Hausalarmzentrale, acht Meldegruppen, Bedien- und Anzeigetableau, Software, automatischer Telefonnotruf, Sirenen (20St), Rauchmelder (10St), Feuermelder (12St)	St	16.083,05	6,17
	Brandmeldecomputer mit Ringbustechnik, automatisches Wähl-, Übertragungsgerät (1St), optische Rauchmelder (40St), Thermodifferenzialmelder (8St), Meldersockel (48St), nichtautomatischer Melder mit manueller Alarmauslösung (7St), Warntongeber (11St), Blitzleuchte, Feuerwehrlaufkarten, Visualisierungssoftware, Verteilerkasten (1St), Koaxial-Innenkabel (437m), Installationskabel mit statischem Schirm (1.388m)	St	20.938,24	12,48
	Brandmeldecomputer als Erweiterung der bestehenden Brandmeldezentrale, Software, Ringbus (1St), Feuerwehr-Info- und Bediensystem (1St), Feuerwehrschlüsseldepot (1St), Brandmeldekabel, Leerrohre (1.200m), Nachrichtenkabel (30m), Multisensoren (114St), Handmelder (14St), Warntongeber (2St)	St	44.703,91	26,41
	Brandmeldeanlage, Brandmeldecomputer, Grenzwert-, Prozessdiagnose- und Prozessanalogmelder, Rauchmelder (97St), Thermomelder (20St), Warntongeber (27St), Blitzleuchte (1St), Brandmeldekabel mit statischem Schirm, rot, J-Y(St)Y 3x2x0,8mm², mit Aufdruck (3.399m)	St	49.525,40	11,32
456.19	**Brandmeldeanlagen, sonstiges**			
	Rauchmelder (112St), Alarmblitzleuchten (25St)	St	83,95	3,51
456.21	**Überfall-, Einbruchmeldeanlagen**			
	Alarmanlage, Schwachstromleitungen für Fensterkontakte, Außensirene (1.052m), Brandmeldekabel (120m), Kombischalterdosen (21St), Bewegungsmelder (2St)	St	4.108,47	4,68
	Einbruchmeldeanlage (1St), BUS-Koppler (11St), elektronische Einsatzdatei zur Visualisierung, Fernbedienfeld, Telefonwählgerät, akustischer Signalgeber, optischer und akustischer Signalgeber (1St), Riegelschaltkontakt (6St), Infrarotbewegungsmelder (13St), Einlass-Reedkontakt für Türen (14St), Aufbau-Reedkontakt für Fenstern (6St), Verteiler mit Sabotagekontakt (11St), Einrichtung zum Scharf-/Unscharfschalteinrichtung als Blockschloss für Türeinbau (1St)	St	10.078,63	6,01
	Einbruchmeldeanlage Klasse B, 16 Meldergruppen, mit Akkumulator 12V, 24Ah, akustischer Signalgeber (1St), Passiv-Infrarotbewegungsmelder (31St), Reedkontakte (47St), Installationskabel J-Y(St)Y 2x2x0,8mm (3.144m)	St	28.465,66	6,51
456.41	**Zugangskontrollanlagen**			
	Keyless In-Transponder (25St), Transponder Cards (55St)	St	680,06	5,18
	Multifunktionssäule für Zugangskontrolle, fünf Türöffner (1St)	St	3.610,75	1,39

456 Gefahrenmelde- und Alarmanlagen

Kostenkennwerte für die Kostengruppen 400 der 4. Ebene (AK nach BKI-Katalog)

KG	Kostengruppe	Einheit	€/Einheit	€/m² BGF
456.41	**Zugangskontrollanlagen**			
	Zugangskontrollanlage (1St), Patchfeld 19" (1St), Türen-/Leserkarte für Steuereinheit (2St), Zutrittsleser (3St), Masterzutrittsleser (2St), Elektrotüröffner (4St), Sicherheitstüröffner (1St), Chipkarten (100St), Fernsprechleitungen (410m)	St	19.891,21	11,75

Kostenkennwerte für die Kostengruppen 400 der 4. Ebene (AK nach BKI-Katalog)

KG	Kostengruppe	Einheit	€/Einheit	€/m² BGF
457.11 Übertragungsnetze				
	Leerrohre, Datenkabel Cat7, Anschlussdosen RJ45 (6St)	St	268,08	4,63
	Patchverteiler (6St), Datenleitungen Cat6, Datensteckdosen (12St)	St	356,42	2,98
	Geschirmte Datenleitungen Cat5 (140m)	St	580,11	1,86
	EDV-Verkabelung, Datendosen Kat6 (12St), Patchfelder, 12 Anschlüsse (4St), Fernmeldekabel J-Y(ST)Y 6x2x0,6mm (48m), NFN-Anschlussdosen (8St)	St	1.038,37	4,21
	Leerrohre, Datenleitungen Cat7 (378m), Anschlussdosen (16St)	St	2.271,01	0,68
	Standschrank 19" (1St), Verteilerfeld (2St), EDV-Verkabelung Cat6 (693m), Steckdosen RJ45 (15St), Fernmeldeerdkabel (25m), Fernmeldeleitungen 4x2x0,8mm (125m)	St	8.391,06	9,56
	Verteilerschränke, Ausstattung (2St), Datenanschlussdosen (92St), USV-Strommanagement (1St), halogenfreies Datenkabel (9.550m), Nachrichtenkabel 10-50DA (625m), Elektroinstallationsrohre DN25 (1.000m), Fluchtwegkanalsystem (20m), LWL-SM-Kabel (130m), LWL-Ader-Pigtail (48St), Nachrichtenkabel 100DA (360m)	St	69.745,09	41,20
	Systemschränke, Ausstattung (2St), Spleißboxen (5St), LWL-Kabel (3.160m), BUS-Kabel (350m), Kabel (280m); Messung (148St), Beschriftung (200St), Patchkabel (170St), Ader-Pigtail (308St), Datenkabel (7.300m), Verteiler (10St), Wanddosen (44St), Bodendosen (25St), Installationssets (135St), Adaptereinsätze (275St)	St	96.341,84	73,91

461 Aufzugsanlagen

Kostenkennwerte für die Kostengruppen 400 der 4. Ebene (AK nach BKI-Katalog)

KG	Kostengruppe	Einheit	€/Einheit	€/m² BGF
461.11	**Personenaufzüge**			
	Personenaufzug (1St), Montageträger, HE-A-Profil (2St), Schafthaken (1St), Anstrich auf Aufzugstüren (2St)	St	48.305,60	28,80
	Personenaufzug, behindertengerecht, Traglast 675kg, neun Personen, Geschwindigkeit 1m/s, vier Haltestellen, Förderhöhe 8.400mm (1St), Aufzugsentlüftung (1St)	St	53.185,43	51,68
	Personenaufzug, barrierefrei, Traglast 630kg, acht Personen, sechs Haltestellen (1St)	St	53.376,48	15,92
	Personenaufzug, Rauchabzug	St	65.551,22	41,27
	Personenaufzug, Tragkraft 630kg, 5 Haltestellen	St	78.401,88	23,91
	Seilaufzug als Bettenaufzug, barrierefrei, zwei Haltestellen, Kabinengröße 1,50x2,70m (1St)	St	110.421,79	65,22
461.91	**Sonstige Aufzugsanlagen**			
	Rahmen mit Streckmetallfüllung zur Verkleidung des Rauchabzugs des Fahrstuhlschachts	St	896,53	0,06

Kostenkennwerte für die Kostengruppen 400 der 4. Ebene (AK nach BKI-Katalog)

KG	Kostengruppe	Einheit	€/Einheit	€/m² BGF
464.31	**Rohrpostanlagen**			
	Rohrpoststation mit Leitungen DN160, Schutzrohren, Anbindung an vorhandenes System (1St)	St	31.293,01	18,48

466 Hydraulikanlagen

Kostenkennwerte für die Kostengruppen 400 der 4. Ebene (AK nach BKI-Katalog)

KG	Kostengruppe	Einheit	€/Einheit	€/m² BGF
466.19	**Sonstiges zu Hydraulikanlagen**			
	Verladeanlage für LKWs, Stahlunterkonstruktion, drei wärmegedämmte Verladeschleusen, Vorschubbrücke, Hydraulikzylinder, automatische Rückkehr, Ampelanlage	St	26.064,72	15,86

Kostenkennwerte für die Kostengruppen 400 der 4. Ebene (AK nach BKI-Katalog)

KG	Kostengruppe	Einheit	€/Einheit	€/m² BGF
473.12	**Drucklufterzeugungsanlagen**			
	Kompressoranlage, luftgekühlt, Liefermenge 6,4m³/min, Regelung, Druckluftbehälter (1.000l), Druckluftfilter (1St)	St	61.445,32	23,57
473.21	**Leitungen für Gase und Vakuum**			
	Entnahmestellen für Sauerstoff (12St), für Druckluft (24St), Rohrleitungen für medizinische Gase SF-Kupfer, Formteile (350m), Etagenabsperrkasten (1St), Hauseinführungen (2St)	m	66,43	13,73
	Gasleitungen, Stahl (125m), Formstücke (52St), Druckluftleitungen, PEHD (196m), Formstücke (213St), Adapter (21St), Kupfer (253m)	m	126,08	27,76
473.29	**Sonstige Leitungen für Medienversorgungsanlagen**			
	Gasdruckregler (1St), Sicherheitsventile (2St), Motorventil (1St), Membranventile (13St), Bohrungen (64St), Profilstahlkonstruktion (210kg), Kugelhähne (39St), Filter (2St), Edelstahlschlauch (2St)	m	152,54	33,59
473.91	**Sonstige Medienversorgungsanlagen, Medizin- und labortechnische Anlagen**			
	Desinfektor (1St), Desinfektionsdosiergerät (1St), Pflegearbeitskombination aus Steckbeckenspüler, Ausguss, Spülbecken, Handwaschbecken, Schrankkombination (1St)	BGF		28,76

474 Feuerlöschanlagen

Kostenkennwerte für die Kostengruppen 400 der 4. Ebene (AK nach BKI-Katalog)

KG	Kostengruppe	Einheit	€/Einheit	€/m² BGF
474.31	**Löschwasserleitungen**			
	Edelstahlrohre, Formstücke (70m), Schlauchanschlussventile (5St), Festkupplungen (3St)	m	219,71	7,65
474.41	**Wandhydranten**			
	Unterflurhydrant DN80 (1St), Überflurhydrant DN100 mit Doppelabsperrung und Sollbruchstelle (1St)	St	3.863,98	3,84
474.51	**Handfeuerlöscher**			
	Handfeuerlöscher 6kg, Brandklasse ABC, Hinweisschilder (4St)	St	162,72	0,41
	Feuerlöscher mit Schutzschrank (6St), Kohlensäure-Handfeuerlöscher 6kg (2St)	St	260,12	1,23
	Handfeuerlöscher (2St)	St	279,18	1,34

Kostenkennwerte für die Kostengruppen 400 der 4. Ebene (AK nach BKI-Katalog)

KG	Kostengruppe	Einheit	€/Einheit	€/m² BGF
475.51	**Absauganlagen**			
	Entstaubungsgerät, zentral (1St), mobil (1St)	m³/h	9,61	24,70
475.59	**Absauganlagen, sonstiges**			
	Luftleitungen (38m), Formstücke (24St), Rohrdurchführung, Schleifstaubentsorgung (1m), Kugelgelenkabsaugarme (6St), Profilstahlkonstruktion (1t), Bohrungen (30St), Durchbrüche schließen (15m³)	m³/h	19,03	48,91
475.61	**Mess-, Steuer-, Regelanlagen**			
	Schnittstellenmodul (1St)	St	1.458,84	0,56

476 Weitere nutzungsspezifische Anlagen

Kostenkennwerte für die Kostengruppen 400 der 4. Ebene (AK nach BKI-Katalog)

KG	Kostengruppe	Einheit	€/Einheit	€/m² BGF
476.61	**Betankungsanlagen**			
	Versorgungsleitungen Tankstelle, Saug- und Entlüftungsleitung (42m), Füllrohre (39m), Cu-Rohr DN10 (50m), Grenzwertgeber (2St), Heberschutzventile (2St), geschweißtes Rohr 1 1/4" (108m), Kupferrohr 18x1mm (134m); Zapfsäule Typ 112/50 mit fünfstelliger LCD-Literanzeige, 50 l/min, Zapfsäule Typ 112/90, 90l/min, Tankautomat; doppelwandiger Lagerbehälter, 30.000l, oberirdische Lagerung (1St), 16.000l (1St)	St	64.763,08	49,59

Kostenkennwerte für die Kostengruppen 400 der 4. Ebene (AK nach BKI-Katalog)

KG	Kostengruppe	Einheit	€/Einheit	€/m² BGF
481.11	**Automationssysteme**			
	EIB-Info-Terminal Touch (1St), Gateway (1St), Busleitungen (402m), Buskoppler (53St), Jalousieaktoren, sechsfach (8St), vierfach (3St), Dimmaktoren (2St), Schaltaktoren sechs- bis achtfach (5St), Linienkoppler (1St), Wetterstation (1St), Netzteile (2St)	St	36.879,60	42,00
	LON-Bus-Spannungsversorgung mit Router (5St), LON-Busankoppler (65St), Infrarot-Bewegungsmelder (41St), Sensoren (54St), Anwendungscontroller (1St), Software (5St), Parametrierung der LON-Busteilnehmer, Informationsschwerpunkt ISP (1St), Fühler (6St), Überwachungsanlagen (8St), Ventile (6St), Schaltschrank, Netzeingang (1St), Frequenzumformer (1St), Lüftersteuerung (7St), Gebäudeleittechnik, LON-Schnittstellenadapter, Bedienstation	St	176.926,40	105,48
	LON-Spannungsversorgung mit Router zur physikalischen Trennung und logischen Verbindung von zwei Linien in FT/LP-Netzwerken (13St), LON-Busankoppler (159St), Automatikschalter (107St), Tastsensoren (65St), Helligkeitssensor zur helligkeitsabhängigen Lichtsteuerung (38St), Informationsschwerpunkte, DDC-Stationen (4St), Feuchtemesser (3St), Rohrtemperaturfühler (10St), Mantelleitungen (2.410m), Steuerleitungen (6.447m), Energie- und Medienmesssoftware	St	449.041,79	102,63

481
Automationseinrichtungen

484 Kabel, Leitungen und Verlegesysteme

Kostenkennwerte für die Kostengruppen 400 der 4. Ebene (AK nach BKI-Katalog)

KG	Kostengruppe	Einheit	€/Einheit	€/m² BGF
484.11	**Kabel, Leitungen, Verlegesysteme**			
	Mantelleitungen (1.001m), Steuerleitungen (2.633m)	m	3,29	7,13

Kostenkennwerte für die Kostengruppen 400 der 4. Ebene (AK nach BKI-Katalog)

KG	Kostengruppe	Einheit	€/Einheit	€/m² BGF
491.11	**Baustelleneinrichtung**			
	Baustelleneinrichtung, Verpressarbeiten (1St)	BGF		0,37

492 Gerüste

Kostenkennwerte für die Kostengruppen 400 der 4. Ebene (AK nach BKI-Katalog)

KG	Kostengruppe	Einheit	€/Einheit	€/m² BGF
492.21 Fahrgerüste				
	Roll- und Arbeitsgerüste	St	97,28	0,06

Kostenkennwerte für die Kostengruppen 400 der 4. Ebene (AK nach BKI-Katalog)

KG	Kostengruppe	Einheit	€/Einheit	€/m² BGF
493.11	**Sicherungsmaßnahmen**			
	Verpressarbeiten, Schlauch (210m), Aufsätze, CrNi (12St), Stahlkonstruktionen (2St), Schalung (87m²), Bewehrungsanschlüsse (76m), Schraubanschlüsse (234St), Dämmung (82m²)	BGF		32,39

STATISTISCHE KOSTENKENNWERTE FÜR GEBÄUDETECHNIK

D

2. Ebene DIN 276

410 Abwasser-, Wasser-, Gasanlagen

Kosten:
Stand 4. Quartal 2021
Bundesdurchschnitt
inkl. 19% MwSt.

Einheit: m² Brutto-Grundfläche (BGF)

▷ von
Ø Mittel
◁ bis

Gebäudeart	▷	€/Einheit	◁	KG an 400
1 Büro- und Verwaltungsgebäude				
Büro- und Verwaltungsgebäude, einfacher Standard	25,00	**41,00**	62,00	16,1%
Büro- und Verwaltungsgebäude, mittlerer Standard	44,00	**58,00**	78,00	13,0%
Büro- und Verwaltungsgebäude, hoher Standard	46,00	**68,00**	84,00	10,9%
2 Gebäude für Forschung und Lehre				
Instituts- und Laborgebäude	54,00	**93,00**	208,00	7,1%
3 Gebäude des Gesundheitswesens				
Medizinische Einrichtungen	74,00	**91,00**	102,00	16,2%
Pflegeheime	150,00	**192,00**	233,00	28,2%
4 Schulen und Kindergärten				
Allgemeinbildende Schulen	40,00	**57,00**	77,00	14,1%
Berufliche Schulen	57,00	**87,00**	219,00	13,1%
Förder- und Sonderschulen	49,00	**80,00**	105,00	16,1%
Weiterbildungseinrichtungen	62,00	**87,00**	113,00	21,7%
Kindergärten, nicht unterkellert, einfacher Standard	61,00	**68,00**	71,00	23,3%
Kindergärten, nicht unterkellert, mittlerer Standard	67,00	**102,00**	123,00	25,6%
Kindergärten, nicht unterkellert, hoher Standard	68,00	**91,00**	128,00	22,5%
Kindergärten, Holzbauweise, nicht unterkellert	72,00	**95,00**	117,00	27,9%
Kindergärten, unterkellert	70,00	**90,00**	130,00	24,6%
5 Sportbauten				
Sport- und Mehrzweckhallen	74,00	**88,00**	115,00	26,6%
Sporthallen (Einfeldhallen)	58,00	**72,00**	80,00	22,3%
Sporthallen (Dreifeldhallen)	77,00	**101,00**	135,00	23,4%
Schwimmhallen	139,00	**189,00**	282,00	14,8%
6 Wohngebäude				
Ein- und Zweifamilienhäuser				
Ein- und Zweifamilienhäuser, unterkellert, einfacher Standard	46,00	**60,00**	71,00	36,0%
Ein- und Zweifamilienhäuser, unterkellert, mittlerer Standard	62,00	**82,00**	125,00	28,9%
Ein- und Zweifamilienhäuser, unterkellert, hoher Standard	61,00	**87,00**	116,00	24,4%
Ein- und Zweifamilienhäuser, nicht unterkellert, einfacher Standard	42,00	**59,00**	77,00	32,4%
Ein- und Zweifamilienhäuser, nicht unterkellert, mittlerer Standard	73,00	**90,00**	120,00	31,2%
Ein- und Zweifamilienhäuser, nicht unterkellert, hoher Standard	64,00	**99,00**	135,00	27,3%
Ein- und Zweifamilienhäuser, Passivhausstandard, Massivbau	68,00	**97,00**	133,00	27,6%
Ein- und Zweifamilienhäuser, Passivhausstandard, Holzbau	75,00	**108,00**	154,00	27,0%
Ein- und Zweifamilienhäuser, Holzbauweise, unterkellert	62,00	**83,00**	125,00	30,2%
Ein- und Zweifamilienhäuser, Holzbauweise, nicht unterkellert	55,00	**85,00**	124,00	26,0%
Doppel- und Reihenendhäuser, einfacher Standard	44,00	**56,00**	74,00	32,0%
Doppel- und Reihenendhäuser, mittlerer Standard	51,00	**77,00**	97,00	28,5%
Doppel- und Reihenendhäuser, hoher Standard	77,00	**96,00**	141,00	30,9%
Reihenhäuser, einfacher Standard	47,00	**61,00**	69,00	34,0%
Reihenhäuser, mittlerer Standard	69,00	**88,00**	112,00	34,2%
Reihenhäuser, hoher Standard	105,00	**108,00**	109,00	32,1%
Mehrfamilienhäuser				
Mehrfamilienhäuser, mit bis zu 6 WE, einfacher Standard	49,00	**57,00**	74,00	38,1%
Mehrfamilienhäuser, mit bis zu 6 WE, mittlerer Standard	55,00	**86,00**	110,00	36,0%
Mehrfamilienhäuser, mit bis zu 6 WE, hoher Standard	66,00	**80,00**	97,00	26,8%

410 Abwasser-, Wasser-, Gasanlagen

Gebäudeart	▷	€/Einheit	◁	KG an 400
Mehrfamilienhäuser (Fortsetzung)				
Mehrfamilienhäuser, mit 6 bis 19 WE, einfacher Standard	61,00	**72,00**	86,00	37,6%
Mehrfamilienhäuser, mit 6 bis 19 WE, mittlerer Standard	42,00	**68,00**	90,00	30,6%
Mehrfamilienhäuser, mit 6 bis 19 WE, hoher Standard	69,00	**76,00**	83,00	33,7%
Mehrfamilienhäuser, mit 20 oder mehr WE, einfacher Standard	69,00	**76,00**	99,00	36,8%
Mehrfamilienhäuser, mit 20 oder mehr WE, mittlerer Standard	58,00	**71,00**	109,00	26,8%
Mehrfamilienhäuser, mit 20 oder mehr WE, hoher Standard	85,00	**102,00**	130,00	33,3%
Mehrfamilienhäuser, Passivhäuser	61,00	**76,00**	103,00	28,3%
Wohnhäuser, mit bis zu 15% Mischnutzung, einfacher Standard	60,00	**77,00**	91,00	34,6%
Wohnhäuser, mit bis zu 15% Mischnutzung, mittlerer Standard	24,00	**73,00**	99,00	30,7%
Wohnhäuser, mit bis zu 15% Mischnutzung, hoher Standard	84,00	**127,00**	171,00	32,3%
Wohnhäuser, mit mehr als 15% Mischnutzung	76,00	**130,00**	166,00	32,0%
Seniorenwohnungen				
Seniorenwohnungen, mittlerer Standard	76,00	**99,00**	193,00	30,9%
Seniorenwohnungen, hoher Standard	70,00	**101,00**	132,00	27,1%
Beherbergung				
Wohnheime und Internate	63,00	**105,00**	162,00	25,1%
7 Gewerbegebäude				
Gaststätten und Kantinen				
Gaststätten, Kantinen und Mensen	83,00	**114,00**	168,00	14,9%
Gebäude für Produktion				
Industrielle Produktionsgebäude, Massivbauweise	46,00	**60,00**	73,00	17,8%
Industrielle Produktionsgebäude, überwiegend Skelettbauweise	19,00	**32,00**	46,00	7,4%
Betriebs- und Werkstätten, eingeschossig	6,50	**69,00**	101,00	16,8%
Betriebs- und Werkstätten, mehrgeschossig, geringer Hallenanteil	12,00	**26,00**	41,00	12,0%
Betriebs- und Werkstätten, mehrgeschossig, hoher Hallenanteil	19,00	**55,00**	100,00	19,3%
Gebäude für Handel und Lager				
Geschäftshäuser, mit Wohnungen	28,00	**41,00**	49,00	14,2%
Geschäftshäuser, ohne Wohnungen	52,00	**68,00**	83,00	26,4%
Verbrauchermärkte	43,00	**60,00**	76,00	14,6%
Autohäuser	23,00	**41,00**	71,00	16,1%
Lagergebäude, ohne Mischnutzung	4,60	**13,00**	24,00	21,8%
Lagergebäude, mit bis zu 25% Mischnutzung	15,00	**27,00**	49,00	13,5%
Lagergebäude, mit mehr als 25% Mischnutzung	30,00	**36,00**	47,00	18,1%
Garagen und Bereitschaftsdienste				
Einzel-, Mehrfach- und Hochgaragen	5,80	**17,00**	33,00	32,3%
Tiefgaragen	13,00	**20,00**	27,00	44,1%
Feuerwehrhäuser	54,00	**77,00**	93,00	18,4%
Öffentliche Bereitschaftsdienste	17,00	**35,00**	55,00	10,4%
9 Kulturgebäude				
Gebäude für kulturelle Zwecke				
Bibliotheken, Museen und Ausstellungen	50,00	**79,00**	134,00	13,5%
Theater	78,00	**107,00**	137,00	19,4%
Gemeindezentren, einfacher Standard	42,00	**52,00**	71,00	25,6%
Gemeindezentren, mittlerer Standard	51,00	**84,00**	108,00	20,1%
Gemeindezentren, hoher Standard	69,00	**98,00**	154,00	16,6%
Gebäude für religiöse Zwecke				
Sakralbauten	69,00	**69,00**	69,00	16,8%
Friedhofsgebäude	59,00	**83,00**	107,00	24,2%

Einheit: m² Brutto-Grundfläche (BGF)

420 Wärmeversorgungsanlagen

Kosten:
Stand 4.Quartal 2021
Bundesdurchschnitt
inkl. 19% MwSt.

Einheit: m² Brutto-Grundfläche (BGF)

▷ von
ø Mittel
◁ bis

Gebäudeart	▷	€/Einheit ø	◁	KG an 400
1 Büro- und Verwaltungsgebäude				
Büro- und Verwaltungsgebäude, einfacher Standard	45,00	**60,00**	73,00	24,9%
Büro- und Verwaltungsgebäude, mittlerer Standard	81,00	**113,00**	190,00	24,0%
Büro- und Verwaltungsgebäude, hoher Standard	102,00	**148,00**	204,00	23,4%
2 Gebäude für Forschung und Lehre				
Instituts- und Laborgebäude	75,00	**156,00**	358,00	11,3%
3 Gebäude des Gesundheitswesens				
Medizinische Einrichtungen	40,00	**49,00**	54,00	9,0%
Pflegeheime	54,00	**60,00**	74,00	9,1%
4 Schulen und Kindergärten				
Allgemeinbildende Schulen	48,00	**76,00**	129,00	19,6%
Berufliche Schulen	40,00	**85,00**	113,00	13,6%
Förder- und Sonderschulen	70,00	**109,00**	162,00	22,1%
Weiterbildungseinrichtungen	48,00	**91,00**	195,00	16,7%
Kindergärten, nicht unterkellert, einfacher Standard	79,00	**99,00**	139,00	33,2%
Kindergärten, nicht unterkellert, mittlerer Standard	61,00	**82,00**	115,00	21,7%
Kindergärten, nicht unterkellert, hoher Standard	62,00	**89,00**	130,00	22,9%
Kindergärten, Holzbauweise, nicht unterkellert	67,00	**91,00**	118,00	26,6%
Kindergärten, unterkellert	44,00	**85,00**	113,00	24,3%
5 Sportbauten				
Sport- und Mehrzweckhallen	41,00	**82,00**	144,00	18,5%
Sporthallen (Einfeldhallen)	61,00	**82,00**	125,00	25,8%
Sporthallen (Dreifeldhallen)	98,00	**133,00**	181,00	29,5%
Schwimmhallen	130,00	**214,00**	354,00	17,1%
6 Wohngebäude				
Ein- und Zweifamilienhäuser				
Ein- und Zweifamilienhäuser, unterkellert, einfacher Standard	55,00	**66,00**	78,00	40,7%
Ein- und Zweifamilienhäuser, unterkellert, mittlerer Standard	85,00	**122,00**	162,00	41,2%
Ein- und Zweifamilienhäuser, unterkellert, hoher Standard	113,00	**154,00**	199,00	43,0%
Ein- und Zweifamilienhäuser, nicht unterkellert, einfacher Standard	70,00	**74,00**	78,00	42,6%
Ein- und Zweifamilienhäuser, nicht unterkellert, mittlerer Standard	85,00	**118,00**	157,00	40,8%
Ein- und Zweifamilienhäuser, nicht unterkellert, hoher Standard	118,00	**173,00**	236,00	48,0%
Ein- und Zweifamilienhäuser, Passivhausstandard, Massivbau	62,00	**112,00**	173,00	30,6%
Ein- und Zweifamilienhäuser, Passivhausstandard, Holzbau	69,00	**123,00**	195,00	23,7%
Ein- und Zweifamilienhäuser, Holzbauweise, unterkellert	85,00	**115,00**	162,00	42,2%
Ein- und Zweifamilienhäuser, Holzbauweise, nicht unterkellert	94,00	**150,00**	226,00	44,8%
Doppel- und Reihenendhäuser, einfacher Standard	52,00	**86,00**	135,00	43,7%
Doppel- und Reihenendhäuser, mittlerer Standard	74,00	**104,00**	161,00	37,1%
Doppel- und Reihenendhäuser, hoher Standard	107,00	**129,00**	160,00	41,7%
Reihenhäuser, einfacher Standard	56,00	**74,00**	103,00	40,0%
Reihenhäuser, mittlerer Standard	83,00	**92,00**	117,00	36,4%
Reihenhäuser, hoher Standard	95,00	**138,00**	222,00	38,9%
Mehrfamilienhäuser				
Mehrfamilienhäuser, mit bis zu 6 WE, einfacher Standard	47,00	**53,00**	63,00	35,3%
Mehrfamilienhäuser, mit bis zu 6 WE, mittlerer Standard	56,00	**84,00**	108,00	35,6%
Mehrfamilienhäuser, mit bis zu 6 WE, hoher Standard	67,00	**93,00**	122,00	30,8%

420 Wärmeversorgungsanlagen

Einheit: m² Brutto-Grundfläche (BGF)

Gebäudeart	▷	€/Einheit	◁	KG an 400
Mehrfamilienhäuser (Fortsetzung)				
Mehrfamilienhäuser, mit 6 bis 19 WE, einfacher Standard	48,00	**60,00**	73,00	32,0%
Mehrfamilienhäuser, mit 6 bis 19 WE, mittlerer Standard	38,00	**62,00**	108,00	27,0%
Mehrfamilienhäuser, mit 6 bis 19 WE, hoher Standard	44,00	**54,00**	73,00	23,5%
Mehrfamilienhäuser, mit 20 oder mehr WE, einfacher Standard	39,00	**60,00**	104,00	28,3%
Mehrfamilienhäuser, mit 20 oder mehr WE, mittlerer Standard	59,00	**74,00**	112,00	27,9%
Mehrfamilienhäuser, mit 20 oder mehr WE, hoher Standard	50,00	**73,00**	119,00	23,1%
Mehrfamilienhäuser, Passivhäuser	38,00	**71,00**	148,00	23,1%
Wohnhäuser, mit bis zu 15% Mischnutzung, einfacher Standard	53,00	**67,00**	84,00	30,4%
Wohnhäuser, mit bis zu 15% Mischnutzung, mittlerer Standard	59,00	**70,00**	86,00	35,3%
Wohnhäuser, mit bis zu 15% Mischnutzung, hoher Standard	69,00	**106,00**	143,00	26,8%
Wohnhäuser, mit mehr als 15% Mischnutzung	82,00	**95,00**	115,00	25,4%
Seniorenwohnungen				
Seniorenwohnungen, mittlerer Standard	44,00	**63,00**	78,00	20,6%
Seniorenwohnungen, hoher Standard	112,00	**126,00**	139,00	35,3%
Beherbergung				
Wohnheime und Internate	74,00	**103,00**	142,00	27,0%
7 Gewerbegebäude				
Gaststätten und Kantinen				
Gaststätten, Kantinen und Mensen	98,00	**118,00**	128,00	17,4%
Gebäude für Produktion				
Industrielle Produktionsgebäude, Massivbauweise	61,00	**73,00**	81,00	22,2%
Industrielle Produktionsgebäude, überwiegend Skelettbauweise	36,00	**50,00**	86,00	9,4%
Betriebs- und Werkstätten, eingeschossig	83,00	**90,00**	101,00	14,7%
Betriebs- und Werkstätten, mehrgeschossig, geringer Hallenanteil	54,00	**73,00**	117,00	18,7%
Betriebs- und Werkstätten, mehrgeschossig, hoher Hallenanteil	48,00	**90,00**	142,00	29,7%
Gebäude für Handel und Lager				
Geschäftshäuser, mit Wohnungen	34,00	**56,00**	67,00	20,1%
Geschäftshäuser, ohne Wohnungen	79,00	**80,00**	82,00	32,5%
Verbrauchermärkte	50,00	**98,00**	146,00	22,6%
Autohäuser	31,00	**67,00**	86,00	27,6%
Lagergebäude, ohne Mischnutzung	32,00	**55,00**	130,00	17,8%
Lagergebäude, mit bis zu 25% Mischnutzung	42,00	**52,00**	70,00	31,6%
Lagergebäude, mit mehr als 25% Mischnutzung	28,00	**47,00**	58,00	24,8%
Garagen und Bereitschaftsdienste				
Einzel-, Mehrfach- und Hochgaragen	0,10	**11,00**	23,00	3,4%
Tiefgaragen	–	**–**	–	–
Feuerwehrhäuser	56,00	**62,00**	72,00	14,6%
Öffentliche Bereitschaftsdienste	37,00	**42,00**	56,00	15,0%
9 Kulturgebäude				
Gebäude für kulturelle Zwecke				
Bibliotheken, Museen und Ausstellungen	75,00	**123,00**	247,00	19,7%
Theater	80,00	**119,00**	140,00	10,5%
Gemeindezentren, einfacher Standard	55,00	**66,00**	85,00	33,3%
Gemeindezentren, mittlerer Standard	71,00	**108,00**	136,00	25,9%
Gemeindezentren, hoher Standard	115,00	**135,00**	149,00	23,0%
Gebäude für religiöse Zwecke				
Sakralbauten	115,00	**138,00**	162,00	33,6%
Friedhofsgebäude	–	**131,00**	–	19,9%

Kosten: 4. Quartal 2021, Bundesdurchschnitt, **inkl. 19% MwSt.**

430 Raumlufttechnische Anlagen

Kosten:
Stand 4. Quartal 2021
Bundesdurchschnitt
inkl. 19% MwSt.

Einheit: m²
Brutto-Grundfläche (BGF)

▷ von
ø Mittel
◁ bis

Gebäudeart	▷	€/Einheit	◁	KG an 400
1 Büro- und Verwaltungsgebäude				
Büro- und Verwaltungsgebäude, einfacher Standard	3,70	**36,00**	132,00	7,2%
Büro- und Verwaltungsgebäude, mittlerer Standard	11,00	**56,00**	105,00	9,3%
Büro- und Verwaltungsgebäude, hoher Standard	68,00	**138,00**	230,00	16,5%
2 Gebäude für Forschung und Lehre				
Instituts- und Laborgebäude	319,00	**490,00**	942,00	39,4%
3 Gebäude des Gesundheitswesens				
Medizinische Einrichtungen	9,90	**107,00**	170,00	16,5%
Pflegeheime	59,00	**99,00**	134,00	14,4%
4 Schulen und Kindergärten				
Allgemeinbildende Schulen	14,00	**66,00**	138,00	11,2%
Berufliche Schulen	53,00	**92,00**	120,00	12,7%
Förder- und Sonderschulen	15,00	**31,00**	63,00	6,3%
Weiterbildungseinrichtungen	33,00	**59,00**	82,00	11,5%
Kindergärten, nicht unterkellert, einfacher Standard	4,00	**7,40**	11,00	1,9%
Kindergärten, nicht unterkellert, mittlerer Standard	19,00	**57,00**	153,00	8,3%
Kindergärten, nicht unterkellert, hoher Standard	14,00	**50,00**	110,00	13,7%
Kindergärten, Holzbauweise, nicht unterkellert	14,00	**31,00**	60,00	5,4%
Kindergärten, unterkellert	3,70	**41,00**	115,00	10,4%
5 Sportbauten				
Sport- und Mehrzweckhallen	12,00	**64,00**	90,00	13,4%
Sporthallen (Einfeldhallen)	7,70	**22,00**	51,00	6,1%
Sporthallen (Dreifeldhallen)	45,00	**82,00**	128,00	17,4%
Schwimmhallen	113,00	**221,00**	275,00	17,6%
6 Wohngebäude				
Ein- und Zweifamilienhäuser				
Ein- und Zweifamilienhäuser, unterkellert, einfacher Standard	–	**0,40**	–	0,1%
Ein- und Zweifamilienhäuser, unterkellert, mittlerer Standard	8,40	**31,00**	75,00	4,6%
Ein- und Zweifamilienhäuser, unterkellert, hoher Standard	19,00	**40,00**	66,00	5,7%
Ein- und Zweifamilienhäuser, nicht unterkellert, einfacher Standard	–	**27,00**	–	6,0%
Ein- und Zweifamilienhäuser, nicht unterkellert, mittlerer Standard	12,00	**33,00**	48,00	4,3%
Ein- und Zweifamilienhäuser, nicht unterkellert, hoher Standard	9,30	**28,00**	60,00	1,4%
Ein- und Zweifamilienhäuser, Passivhausstandard, Massivbau	44,00	**78,00**	133,00	18,9%
Ein- und Zweifamilienhäuser, Passivhausstandard, Holzbau	69,00	**103,00**	162,00	24,4%
Ein- und Zweifamilienhäuser, Holzbauweise, unterkellert	19,00	**34,00**	56,00	6,6%
Ein- und Zweifamilienhäuser, Holzbauweise, nicht unterkellert	29,00	**37,00**	47,00	7,4%
Doppel- und Reihenendhäuser, einfacher Standard	–	**–**	–	–
Doppel- und Reihenendhäuser, mittlerer Standard	11,00	**36,00**	46,00	10,6%
Doppel- und Reihenendhäuser, hoher Standard	6,10	**18,00**	31,00	5,3%
Reihenhäuser, einfacher Standard	2,50	**5,80**	11,00	2,8%
Reihenhäuser, mittlerer Standard	5,10	**41,00**	58,00	10,2%
Reihenhäuser, hoher Standard	37,00	**46,00**	59,00	14,1%
Mehrfamilienhäuser				
Mehrfamilienhäuser, mit bis zu 6 WE, einfacher Standard	1,50	**3,40**	5,30	1,4%
Mehrfamilienhäuser, mit bis zu 6 WE, mittlerer Standard	3,50	**9,80**	34,00	2,7%
Mehrfamilienhäuser, mit bis zu 6 WE, hoher Standard	3,40	**16,00**	36,00	4,1%

430 Raumlufttechnische Anlagen

Gebäudeart	▷	€/Einheit	◁	KG an 400
Mehrfamilienhäuser (Fortsetzung)				
Mehrfamilienhäuser, mit 6 bis 19 WE, einfacher Standard	4,30	**14,00**	32,00	4,8%
Mehrfamilienhäuser, mit 6 bis 19 WE, mittlerer Standard	6,30	**22,00**	65,00	7,2%
Mehrfamilienhäuser, mit 6 bis 19 WE, hoher Standard	6,10	**11,00**	22,00	4,7%
Mehrfamilienhäuser, mit 20 oder mehr WE, einfacher Standard	4,60	**6,20**	9,30	2,3%
Mehrfamilienhäuser, mit 20 oder mehr WE, mittlerer Standard	3,70	**9,10**	19,00	2,8%
Mehrfamilienhäuser, mit 20 oder mehr WE, hoher Standard	16,00	**34,00**	68,00	12,1%
Mehrfamilienhäuser, Passivhäuser	33,00	**57,00**	77,00	20,1%
Wohnhäuser, mit bis zu 15% Mischnutzung, einfacher Standard	0,70	**3,20**	11,00	1,4%
Wohnhäuser, mit bis zu 15% Mischnutzung, mittlerer Standard	17,00	**23,00**	29,00	5,5%
Wohnhäuser, mit bis zu 15% Mischnutzung, hoher Standard	21,00	**21,00**	21,00	6,0%
Wohnhäuser, mit mehr als 15% Mischnutzung	4,50	**12,00**	19,00	1,7%
Seniorenwohnungen				
Seniorenwohnungen, mittlerer Standard	9,60	**12,00**	15,00	3,9%
Seniorenwohnungen, hoher Standard	–	**3,60**	–	0,5%
Beherbergung				
Wohnheime und Internate	8,60	**43,00**	80,00	7,6%
7 Gewerbegebäude				
Gaststätten und Kantinen				
Gaststätten, Kantinen und Mensen	43,00	**214,00**	319,00	24,7%
Gebäude für Produktion				
Industrielle Produktionsgebäude, Massivbauweise	10,00	**24,00**	42,00	5,6%
Industrielle Produktionsgebäude, überwiegend Skelettbauweise	53,00	**148,00**	396,00	16,6%
Betriebs- und Werkstätten, eingeschossig	4,30	**156,00**	237,00	18,2%
Betriebs- und Werkstätten, mehrgeschossig, geringer Hallenanteil	9,30	**98,00**	198,00	16,4%
Betriebs- und Werkstätten, mehrgeschossig, hoher Hallenanteil	2,20	**35,00**	68,00	3,4%
Gebäude für Handel und Lager				
Geschäftshäuser, mit Wohnungen	2,70	**39,00**	113,00	9,6%
Geschäftshäuser, ohne Wohnungen	2,90	**3,40**	4,00	1,4%
Verbrauchermärkte	59,00	**71,00**	83,00	17,9%
Autohäuser	1,20	**2,50**	4,50	0,9%
Lagergebäude, ohne Mischnutzung	1,70	**49,00**	142,00	2,5%
Lagergebäude, mit bis zu 25% Mischnutzung	–	**52,00**	–	4,3%
Lagergebäude, mit mehr als 25% Mischnutzung	–	**2,00**	–	0,4%
Garagen und Bereitschaftsdienste				
Einzel-, Mehrfach- und Hochgaragen	–	**1,20**	–	0,2%
Tiefgaragen	21,00	**30,00**	40,00	19,9%
Feuerwehrhäuser	27,00	**47,00**	57,00	11,2%
Öffentliche Bereitschaftsdienste	32,00	**36,00**	42,00	7,8%
9 Kulturgebäude				
Gebäude für kulturelle Zwecke				
Bibliotheken, Museen und Ausstellungen	4,80	**142,00**	285,00	10,9%
Theater	177,00	**266,00**	312,00	23,9%
Gemeindezentren, einfacher Standard	1,20	**8,60**	16,00	2,2%
Gemeindezentren, mittlerer Standard	1,60	**21,00**	59,00	2,2%
Gemeindezentren, hoher Standard	20,00	**58,00**	134,00	9,8%
Gebäude für religiöse Zwecke				
Sakralbauten	–	**68,00**	–	8,3%
Friedhofsgebäude	13,00	**114,00**	216,00	30,8%

Einheit: m² Brutto-Grundfläche (BGF)

© **BKI** Baukosteninformationszentrum   Kosten: 4.Quartal 2021, Bundesdurchschnitt, **inkl. 19% MwSt.**

440 Elektrische Anlagen

Kosten:
Stand 4.Quartal 2021
Bundesdurchschnitt
inkl. 19% MwSt.

Einheit: m²
Brutto-Grundfläche
(BGF)

▷ von
Ø Mittel
◁ bis

Gebäudeart	▷	€/Einheit	◁	KG an 400
1 Büro- und Verwaltungsgebäude				
Büro- und Verwaltungsgebäude, einfacher Standard	59,00	**100,00**	161,00	36,8%
Büro- und Verwaltungsgebäude, mittlerer Standard	119,00	**155,00**	218,00	33,1%
Büro- und Verwaltungsgebäude, hoher Standard	158,00	**209,00**	326,00	30,4%
2 Gebäude für Forschung und Lehre				
Instituts- und Laborgebäude	129,00	**183,00**	303,00	17,4%
3 Gebäude des Gesundheitswesens				
Medizinische Einrichtungen	178,00	**210,00**	270,00	36,8%
Pflegeheime	136,00	**144,00**	150,00	21,6%
4 Schulen und Kindergärten				
Allgemeinbildende Schulen	105,00	**139,00**	222,00	33,7%
Berufliche Schulen	146,00	**175,00**	218,00	31,4%
Förder- und Sonderschulen	122,00	**167,00**	251,00	34,2%
Weiterbildungseinrichtungen	95,00	**171,00**	349,00	28,7%
Kindergärten, nicht unterkellert, einfacher Standard	79,00	**84,00**	87,00	28,6%
Kindergärten, nicht unterkellert, mittlerer Standard	104,00	**142,00**	210,00	33,4%
Kindergärten, nicht unterkellert, hoher Standard	101,00	**122,00**	160,00	30,6%
Kindergärten, Holzbauweise, nicht unterkellert	90,00	**117,00**	168,00	33,0%
Kindergärten, unterkellert	78,00	**134,00**	235,00	32,6%
5 Sportbauten				
Sport- und Mehrzweckhallen	54,00	**160,00**	233,00	36,7%
Sporthallen (Einfeldhallen)	97,00	**133,00**	192,00	40,2%
Sporthallen (Dreifeldhallen)	62,00	**100,00**	129,00	22,2%
Schwimmhallen	149,00	**190,00**	213,00	17,2%
6 Wohngebäude				
Ein- und Zweifamilienhäuser				
Ein- und Zweifamilienhäuser, unterkellert, einfacher Standard	23,00	**32,00**	42,00	19,2%
Ein- und Zweifamilienhäuser, unterkellert, mittlerer Standard	38,00	**64,00**	112,00	20,8%
Ein- und Zweifamilienhäuser, unterkellert, hoher Standard	42,00	**77,00**	157,00	19,1%
Ein- und Zweifamilienhäuser, nicht unterkellert, einfacher Standard	25,00	**27,00**	30,00	15,6%
Ein- und Zweifamilienhäuser, nicht unterkellert, mittlerer Standard	40,00	**56,00**	86,00	19,2%
Ein- und Zweifamilienhäuser, nicht unterkellert, hoher Standard	48,00	**70,00**	110,00	19,1%
Ein- und Zweifamilienhäuser, Passivhausstandard, Massivbau	44,00	**69,00**	180,00	18,0%
Ein- und Zweifamilienhäuser, Passivhausstandard, Holzbau	58,00	**97,00**	203,00	22,5%
Ein- und Zweifamilienhäuser, Holzbauweise, unterkellert	34,00	**49,00**	78,00	17,8%
Ein- und Zweifamilienhäuser, Holzbauweise, nicht unterkellert	43,00	**60,00**	150,00	17,8%
Doppel- und Reihenendhäuser, einfacher Standard	23,00	**43,00**	110,00	19,4%
Doppel- und Reihenendhäuser, mittlerer Standard	43,00	**53,00**	94,00	19,1%
Doppel- und Reihenendhäuser, hoher Standard	42,00	**63,00**	106,00	19,5%
Reihenhäuser, einfacher Standard	17,00	**31,00**	39,00	16,9%
Reihenhäuser, mittlerer Standard	32,00	**37,00**	41,00	14,7%
Reihenhäuser, hoher Standard	33,00	**44,00**	52,00	13,1%
Mehrfamilienhäuser				
Mehrfamilienhäuser, mit bis zu 6 WE, einfacher Standard	29,00	**35,00**	44,00	23,0%
Mehrfamilienhäuser, mit bis zu 6 WE, mittlerer Standard	33,00	**54,00**	100,00	22,1%
Mehrfamilienhäuser, mit bis zu 6 WE, hoher Standard	56,00	**69,00**	84,00	23,1%

440 Elektrische Anlagen

Gebäudeart	▷	€/Einheit	◁	KG an 400
Mehrfamilienhäuser (Fortsetzung)				
Mehrfamilienhäuser, mit 6 bis 19 WE, einfacher Standard	33,00	**43,00**	70,00	21,7%
Mehrfamilienhäuser, mit 6 bis 19 WE, mittlerer Standard	39,00	**59,00**	132,00	24,1%
Mehrfamilienhäuser, mit 6 bis 19 WE, hoher Standard	25,00	**38,00**	45,00	16,5%
Mehrfamilienhäuser, mit 20 oder mehr WE, einfacher Standard	32,00	**44,00**	55,00	21,8%
Mehrfamilienhäuser, mit 20 oder mehr WE, mittlerer Standard	61,00	**71,00**	82,00	27,4%
Mehrfamilienhäuser, mit 20 oder mehr WE, hoher Standard	46,00	**53,00**	64,00	17,6%
Mehrfamilienhäuser, Passivhäuser	40,00	**56,00**	71,00	20,5%
Wohnhäuser, mit bis zu 15% Mischnutzung, einfacher Standard	43,00	**46,00**	56,00	21,6%
Wohnhäuser, mit bis zu 15% Mischnutzung, mittlerer Standard	29,00	**47,00**	79,00	20,5%
Wohnhäuser, mit bis zu 15% Mischnutzung, hoher Standard	58,00	**114,00**	171,00	27,3%
Wohnhäuser, mit mehr als 15% Mischnutzung	65,00	**91,00**	139,00	25,3%
Seniorenwohnungen				
Seniorenwohnungen, mittlerer Standard	53,00	**71,00**	86,00	22,8%
Seniorenwohnungen, hoher Standard	60,00	**70,00**	79,00	19,6%
Beherbergung				
Wohnheime und Internate	82,00	**105,00**	173,00	26,8%
7 Gewerbegebäude				
Gaststätten und Kantinen				
Gaststätten, Kantinen und Mensen	140,00	**182,00**	262,00	24,2%
Gebäude für Produktion				
Industrielle Produktionsgebäude, Massivbauweise	101,00	**131,00**	176,00	35,2%
Industrielle Produktionsgebäude, überwiegend Skelettbauweise	76,00	**147,00**	205,00	31,9%
Betriebs- und Werkstätten, eingeschossig	34,00	**113,00**	170,00	21,9%
Betriebs- und Werkstätten, mehrgeschossig, geringer Hallenanteil	21,00	**82,00**	121,00	28,1%
Betriebs- und Werkstätten, mehrgeschossig, hoher Hallenanteil	56,00	**105,00**	167,00	34,7%
Gebäude für Handel und Lager				
Geschäftshäuser, mit Wohnungen	64,00	**95,00**	111,00	33,9%
Geschäftshäuser, ohne Wohnungen	47,00	**54,00**	60,00	22,2%
Verbrauchermärkte	111,00	**120,00**	128,00	30,8%
Autohäuser	59,00	**93,00**	148,00	39,3%
Lagergebäude, ohne Mischnutzung	24,00	**49,00**	112,00	49,4%
Lagergebäude, mit bis zu 25% Mischnutzung	42,00	**78,00**	131,00	37,6%
Lagergebäude, mit mehr als 25% Mischnutzung	58,00	**77,00**	110,00	40,0%
Garagen und Bereitschaftsdienste				
Einzel-, Mehrfach- und Hochgaragen	7,20	**18,00**	39,00	37,3%
Tiefgaragen	6,00	**26,00**	83,00	31,6%
Feuerwehrhäuser	100,00	**117,00**	152,00	26,8%
Öffentliche Bereitschaftsdienste	84,00	**108,00**	170,00	38,5%
9 Kulturgebäude				
Gebäude für kulturelle Zwecke				
Bibliotheken, Museen und Ausstellungen	151,00	**283,00**	862,00	37,2%
Theater	90,00	**138,00**	190,00	24,1%
Gemeindezentren, einfacher Standard	40,00	**58,00**	93,00	27,7%
Gemeindezentren, mittlerer Standard	110,00	**164,00**	232,00	39,1%
Gemeindezentren, hoher Standard	147,00	**194,00**	264,00	32,9%
Gebäude für religiöse Zwecke				
Sakralbauten	105,00	**136,00**	167,00	33,1%
Friedhofsgebäude	40,00	**70,00**	99,00	19,3%

Einheit: m² Brutto-Grundfläche (BGF)

Kosten: 4.Quartal 2021, Bundesdurchschnitt, inkl. 19% MwSt.

450 Kommunikations-, sicherheits- und informationstechnische Anlagen

Kosten:
Stand 4.Quartal 2021
Bundesdurchschnitt
inkl. 19% MwSt.

Einheit: m² Brutto-Grundfläche (BGF)

▷ von
Ø Mittel
◁ bis

Gebäudeart	▷	€/Einheit	◁	KG an 400
1 Büro- und Verwaltungsgebäude				
Büro- und Verwaltungsgebäude, einfacher Standard	6,20	**19,00**	43,00	7,4%
Büro- und Verwaltungsgebäude, mittlerer Standard	40,00	**63,00**	124,00	13,2%
Büro- und Verwaltungsgebäude, hoher Standard	37,00	**75,00**	172,00	9,4%
2 Gebäude für Forschung und Lehre				
Instituts- und Laborgebäude	23,00	**68,00**	87,00	5,5%
3 Gebäude des Gesundheitswesens				
Medizinische Einrichtungen	51,00	**63,00**	87,00	10,9%
Pflegeheime	69,00	**80,00**	91,00	11,7%
4 Schulen und Kindergärten				
Allgemeinbildende Schulen	19,00	**35,00**	61,00	7,6%
Berufliche Schulen	39,00	**47,00**	58,00	8,1%
Förder- und Sonderschulen	22,00	**35,00**	50,00	7,5%
Weiterbildungseinrichtungen	8,20	**33,00**	66,00	4,8%
Kindergärten, nicht unterkellert, einfacher Standard	1,60	**5,40**	7,90	1,8%
Kindergärten, nicht unterkellert, mittlerer Standard	17,00	**30,00**	58,00	7,8%
Kindergärten, nicht unterkellert, hoher Standard	4,20	**16,00**	22,00	4,0%
Kindergärten, Holzbauweise, nicht unterkellert	10,00	**25,00**	40,00	5,5%
Kindergärten, unterkellert	8,70	**16,00**	28,00	3,8%
5 Sportbauten				
Sport- und Mehrzweckhallen	7,90	**28,00**	47,00	3,2%
Sporthallen (Einfeldhallen)	12,00	**17,00**	26,00	5,5%
Sporthallen (Dreifeldhallen)	15,00	**19,00**	29,00	3,7%
Schwimmhallen	7,90	**17,00**	32,00	1,7%
6 Wohngebäude				
Ein- und Zweifamilienhäuser				
Ein- und Zweifamilienhäuser, unterkellert, einfacher Standard	3,50	**6,10**	9,00	3,6%
Ein- und Zweifamilienhäuser, unterkellert, mittlerer Standard	5,20	**9,80**	16,00	3,5%
Ein- und Zweifamilienhäuser, unterkellert, hoher Standard	11,00	**21,00**	48,00	5,1%
Ein- und Zweifamilienhäuser, nicht unterkellert, einfacher Standard	1,90	**6,60**	11,00	3,2%
Ein- und Zweifamilienhäuser, nicht unterkellert, mittlerer Standard	6,80	**12,00**	22,00	4,5%
Ein- und Zweifamilienhäuser, nicht unterkellert, hoher Standard	9,20	**17,00**	36,00	4,0%
Ein- und Zweifamilienhäuser, Passivhausstandard, Massivbau	5,80	**11,00**	19,00	2,9%
Ein- und Zweifamilienhäuser, Passivhausstandard, Holzbau	6,60	**13,00**	19,00	2,3%
Ein- und Zweifamilienhäuser, Holzbauweise, unterkellert	4,50	**7,60**	12,00	2,8%
Ein- und Zweifamilienhäuser, Holzbauweise, nicht unterkellert	5,00	**8,70**	18,00	2,7%
Doppel- und Reihenendhäuser, einfacher Standard	1,10	**4,20**	7,10	1,5%
Doppel- und Reihenendhäuser, mittlerer Standard	8,60	**13,00**	18,00	4,7%
Doppel- und Reihenendhäuser, hoher Standard	4,40	**7,80**	13,00	2,5%
Reihenhäuser, einfacher Standard	2,70	**5,50**	8,30	1,8%
Reihenhäuser, mittlerer Standard	8,80	**13,00**	19,00	3,9%
Reihenhäuser, hoher Standard	5,80	**8,60**	11,00	1,8%
Mehrfamilienhäuser				
Mehrfamilienhäuser, mit bis zu 6 WE, einfacher Standard	2,70	**4,60**	6,60	2,1%
Mehrfamilienhäuser, mit bis zu 6 WE, mittlerer Standard	4,50	**7,70**	9,90	3,3%
Mehrfamilienhäuser, mit bis zu 6 WE, hoher Standard	11,00	**15,00**	21,00	5,0%

450 Kommunikations-, sicherheits- und informationstechnische Anlagen

Einheit: m² Brutto-Grundfläche (BGF)

Gebäudeart	▷	€/Einheit	◁	KG an 400
Mehrfamilienhäuser (Fortsetzung)				
Mehrfamilienhäuser, mit 6 bis 19 WE, einfacher Standard	4,50	**6,60**	13,00	3,3%
Mehrfamilienhäuser, mit 6 bis 19 WE, mittlerer Standard	4,10	**7,30**	16,00	3,0%
Mehrfamilienhäuser, mit 6 bis 19 WE, hoher Standard	9,10	**13,00**	20,00	5,8%
Mehrfamilienhäuser, mit 20 oder mehr WE, einfacher Standard	3,20	**6,60**	8,50	3,0%
Mehrfamilienhäuser, mit 20 oder mehr WE, mittlerer Standard	16,00	**23,00**	28,00	7,2%
Mehrfamilienhäuser, mit 20 oder mehr WE, hoher Standard	7,30	**12,00**	22,00	3,8%
Mehrfamilienhäuser, Passivhäuser	5,50	**11,00**	17,00	4,2%
Wohnhäuser, mit bis zu 15% Mischnutzung, einfacher Standard	3,10	**6,90**	8,20	3,3%
Wohnhäuser, mit bis zu 15% Mischnutzung, mittlerer Standard	3,00	**11,00**	15,00	4,5%
Wohnhäuser, mit bis zu 15% Mischnutzung, hoher Standard	3,30	**3,50**	3,70	1,0%
Wohnhäuser, mit mehr als 15% Mischnutzung	8,40	**12,00**	16,00	2,5%
Seniorenwohnungen				
Seniorenwohnungen, mittlerer Standard	11,00	**19,00**	35,00	6,0%
Seniorenwohnungen, hoher Standard	11,00	**17,00**	23,00	4,5%
Beherbergung				
Wohnheime und Internate	8,70	**22,00**	40,00	5,5%
7 Gewerbegebäude				
Gaststätten und Kantinen				
Gaststätten, Kantinen und Mensen	11,00	**19,00**	36,00	2,5%
Gebäude für Produktion				
Industrielle Produktionsgebäude, Massivbauweise	4,20	**10,00**	19,00	2,6%
Industrielle Produktionsgebäude, überwiegend Skelettbauweise	9,80	**17,00**	45,00	3,7%
Betriebs- und Werkstätten, eingeschossig	6,80	**24,00**	56,00	3,3%
Betriebs- und Werkstätten, mehrgeschossig, geringer Hallenanteil	2,30	**14,00**	29,00	4,1%
Betriebs- und Werkstätten, mehrgeschossig, hoher Hallenanteil	4,30	**13,00**	35,00	2,8%
Gebäude für Handel und Lager				
Geschäftshäuser, mit Wohnungen	12,00	**19,00**	25,00	3,7%
Geschäftshäuser, ohne Wohnungen	5,20	**9,60**	14,00	4,2%
Verbrauchermärkte	5,50	**8,40**	11,00	2,0%
Autohäuser	22,00	**23,00**	25,00	4,5%
Lagergebäude, ohne Mischnutzung	12,00	**26,00**	66,00	4,8%
Lagergebäude, mit bis zu 25% Mischnutzung	19,00	**31,00**	43,00	7,8%
Lagergebäude, mit mehr als 25% Mischnutzung	–	**11,00**	–	1,5%
Garagen und Bereitschaftsdienste				
Einzel-, Mehrfach- und Hochgaragen	0,20	**0,20**	0,30	0,3%
Tiefgaragen	–	**3,30**	–	0,6%
Feuerwehrhäuser	16,00	**46,00**	64,00	10,2%
Öffentliche Bereitschaftsdienste	10,00	**27,00**	44,00	9,6%
9 Kulturgebäude				
Gebäude für kulturelle Zwecke				
Bibliotheken, Museen und Ausstellungen	17,00	**53,00**	88,00	7,8%
Theater	10,00	**43,00**	78,00	5,9%
Gemeindezentren, einfacher Standard	5,50	**6,00**	6,40	1,8%
Gemeindezentren, mittlerer Standard	6,40	**16,00**	29,00	3,4%
Gemeindezentren, hoher Standard	7,70	**31,00**	54,00	3,5%
Gebäude für religiöse Zwecke				
Sakralbauten	4,50	**11,00**	18,00	2,7%
Friedhofsgebäude	–	**16,00**	–	2,4%

© BKI Baukosteninformationszentrum — Kosten: 4. Quartal 2021, Bundesdurchschnitt, **inkl. 19% MwSt.**

460 Förderanlagen

Kosten:
Stand 4.Quartal 2021
Bundesdurchschnitt
inkl. 19% MwSt.

Einheit: m²
Brutto-Grundfläche
(BGF)

▷ von
Ø Mittel
◁ bis

Gebäudeart	▷	€/Einheit	◁	KG an 400
1 Büro- und Verwaltungsgebäude				
Büro- und Verwaltungsgebäude, einfacher Standard	27,00	**38,00**	49,00	5,6%
Büro- und Verwaltungsgebäude, mittlerer Standard	23,00	**37,00**	66,00	2,5%
Büro- und Verwaltungsgebäude, hoher Standard	28,00	**40,00**	59,00	2,9%
2 Gebäude für Forschung und Lehre				
Instituts- und Laborgebäude	–	**21,00**	–	0,5%
3 Gebäude des Gesundheitswesens				
Medizinische Einrichtungen	21,00	**36,00**	43,00	6,3%
Pflegeheime	33,00	**38,00**	47,00	3,9%
4 Schulen und Kindergärten				
Allgemeinbildende Schulen	12,00	**22,00**	29,00	3,5%
Berufliche Schulen	18,00	**40,00**	101,00	3,3%
Förder- und Sonderschulen	15,00	**30,00**	45,00	5,6%
Weiterbildungseinrichtungen	19,00	**38,00**	71,00	3,9%
Kindergärten, nicht unterkellert, einfacher Standard	–	**14,00**	–	1,4%
Kindergärten, nicht unterkellert, mittlerer Standard	–	**41,00**	–	1,2%
Kindergärten, nicht unterkellert, hoher Standard	–	**14,00**	–	0,9%
Kindergärten, Holzbauweise, nicht unterkellert	–	**43,00**	–	1,0%
Kindergärten, unterkellert	–	**–**	–	–
5 Sportbauten				
Sport- und Mehrzweckhallen	–	**–**	–	–
Sporthallen (Einfeldhallen)	–	**–**	–	–
Sporthallen (Dreifeldhallen)	15,00	**19,00**	24,00	1,8%
Schwimmhallen	–	**7,80**	–	0,4%
6 Wohngebäude				
Ein- und Zweifamilienhäuser				
Ein- und Zweifamilienhäuser, unterkellert, einfacher Standard	–	**–**	–	–
Ein- und Zweifamilienhäuser, unterkellert, mittlerer Standard	–	**–**	–	–
Ein- und Zweifamilienhäuser, unterkellert, hoher Standard	–	**–**	–	–
Ein- und Zweifamilienhäuser, nicht unterkellert, einfacher Standard	–	**–**	–	–
Ein- und Zweifamilienhäuser, nicht unterkellert, mittlerer Standard	–	**–**	–	–
Ein- und Zweifamilienhäuser, nicht unterkellert, hoher Standard	–	**–**	–	–
Ein- und Zweifamilienhäuser, Passivhausstandard, Massivbau	–	**–**	–	–
Ein- und Zweifamilienhäuser, Passivhausstandard, Holzbau	–	**–**	–	–
Ein- und Zweifamilienhäuser, Holzbauweise, unterkellert	–	**–**	–	–
Ein- und Zweifamilienhäuser, Holzbauweise, nicht unterkellert	–	**–**	–	–
Doppel- und Reihenendhäuser, einfacher Standard	–	**–**	–	–
Doppel- und Reihenendhäuser, mittlerer Standard	–	**–**	–	–
Doppel- und Reihenendhäuser, hoher Standard	–	**–**	–	–
Reihenhäuser, einfacher Standard	–	**–**	–	–
Reihenhäuser, mittlerer Standard	–	**–**	–	–
Reihenhäuser, hoher Standard	–	**–**	–	–
Mehrfamilienhäuser				
Mehrfamilienhäuser, mit bis zu 6 WE, einfacher Standard	–	**–**	–	–
Mehrfamilienhäuser, mit bis zu 6 WE, mittlerer Standard	–	**–**	–	–
Mehrfamilienhäuser, mit bis zu 6 WE, hoher Standard	45,00	**50,00**	54,00	10,3%

Gebäudeart	▷	€/Einheit	◁	KG an 400
Mehrfamilienhäuser (Fortsetzung)				
Mehrfamilienhäuser, mit 6 bis 19 WE, einfacher Standard	–	–	–	–
Mehrfamilienhäuser, mit 6 bis 19 WE, mittlerer Standard	29,00	**37,00**	75,00	8,0%
Mehrfamilienhäuser, mit 6 bis 19 WE, hoher Standard	23,00	**36,00**	42,00	15,8%
Mehrfamilienhäuser, mit 20 oder mehr WE, einfacher Standard	33,00	**50,00**	67,00	7,6%
Mehrfamilienhäuser, mit 20 oder mehr WE, mittlerer Standard	18,00	**26,00**	37,00	7,5%
Mehrfamilienhäuser, mit 20 oder mehr WE, hoher Standard	20,00	**46,00**	71,00	10,0%
Mehrfamilienhäuser, Passivhäuser	16,00	**29,00**	41,00	3,8%
Wohnhäuser, mit bis zu 15% Mischnutzung, einfacher Standard	19,00	**27,00**	33,00	8,3%
Wohnhäuser, mit bis zu 15% Mischnutzung, mittlerer Standard	–	**34,00**	–	3,5%
Wohnhäuser, mit bis zu 15% Mischnutzung, hoher Standard	–	**31,00**	–	5,8%
Wohnhäuser, mit mehr als 15% Mischnutzung	–	–	–	–
Seniorenwohnungen				
Seniorenwohnungen, mittlerer Standard	24,00	**45,00**	88,00	14,9%
Seniorenwohnungen, hoher Standard	25,00	**49,00**	73,00	12,9%
Beherbergung				
Wohnheime und Internate	8,50	**26,00**	36,00	3,5%
7 Gewerbegebäude				
Gaststätten und Kantinen				
Gaststätten, Kantinen und Mensen	–	**60,00**	–	2,2%
Gebäude für Produktion				
Industrielle Produktionsgebäude, Massivbauweise	3,10	**18,00**	32,00	1,9%
Industrielle Produktionsgebäude, überwiegend Skelettbauweise	48,00	**81,00**	136,00	7,3%
Betriebs- und Werkstätten, eingeschossig	22,00	**26,00**	30,00	17,9%
Betriebs- und Werkstätten, mehrgeschossig, geringer Hallenanteil	10,00	**16,00**	18,00	16,3%
Betriebs- und Werkstätten, mehrgeschossig, hoher Hallenanteil	9,30	**48,00**	74,00	6,9%
Gebäude für Handel und Lager				
Geschäftshäuser, mit Wohnungen	47,00	**82,00**	117,00	14,5%
Geschäftshäuser, ohne Wohnungen	–	**79,00**	–	13,3%
Verbrauchermärkte	–	–	–	–
Autohäuser	–	**92,00**	–	8,6%
Lagergebäude, ohne Mischnutzung	–	**5,90**	–	0,1%
Lagergebäude, mit bis zu 25% Mischnutzung	–	**16,00**	–	1,3%
Lagergebäude, mit mehr als 25% Mischnutzung	–	–	–	–
Garagen und Bereitschaftsdienste				
Einzel-, Mehrfach- und Hochgaragen	–	–	–	–
Tiefgaragen	–	–	–	–
Feuerwehrhäuser	–	**20,00**	–	1,3%
Öffentliche Bereitschaftsdienste	–	**15,00**	–	0,9%
9 Kulturgebäude				
Gebäude für kulturelle Zwecke				
Bibliotheken, Museen und Ausstellungen	20,00	**74,00**	129,00	1,6%
Theater	24,00	**38,00**	44,00	3,3%
Gemeindezentren, einfacher Standard	–	**12,00**	–	2,1%
Gemeindezentren, mittlerer Standard	56,00	**59,00**	63,00	7,0%
Gemeindezentren, hoher Standard	–	**118,00**	–	6,8%
Gebäude für religiöse Zwecke				
Sakralbauten	–	**32,00**	–	3,9%
Friedhofsgebäude	–	–	–	–

Einheit: m² Brutto-Grundfläche (BGF)

Kosten: 4.Quartal 2021, Bundesdurchschnitt, inkl. 19% MwSt.

470 Nutzungsspezifische und verfahrenstechnische Anlagen

Kosten:
Stand 4.Quartal 2021
Bundesdurchschnitt
inkl. 19% MwSt.

Einheit: m² Brutto-Grundfläche (BGF)

▷ von
Ø Mittel
◁ bis

Gebäudeart	▷	€/Einheit	◁	KG an 400
1 Büro- und Verwaltungsgebäude				
Büro- und Verwaltungsgebäude, einfacher Standard	0,80	**2,50**	4,20	0,4%
Büro- und Verwaltungsgebäude, mittlerer Standard	4,50	**19,00**	51,00	1,9%
Büro- und Verwaltungsgebäude, hoher Standard	2,40	**9,40**	43,00	0,6%
2 Gebäude für Forschung und Lehre				
Instituts- und Laborgebäude	152,00	**217,00**	347,00	13,5%
3 Gebäude des Gesundheitswesens				
Medizinische Einrichtungen	–	**44,00**	–	1,8%
Pflegeheime	47,00	**78,00**	147,00	10,9%
4 Schulen und Kindergärten				
Allgemeinbildende Schulen	11,00	**55,00**	103,00	4,8%
Berufliche Schulen	7,10	**104,00**	182,00	12,2%
Förder- und Sonderschulen	4,00	**20,00**	59,00	4,1%
Weiterbildungseinrichtungen	9,70	**63,00**	169,00	7,1%
Kindergärten, nicht unterkellert, einfacher Standard	28,00	**43,00**	58,00	8,8%
Kindergärten, nicht unterkellert, mittlerer Standard	1,20	**2,00**	3,10	0,2%
Kindergärten, nicht unterkellert, hoher Standard	–	**34,00**	–	3,1%
Kindergärten, Holzbauweise, nicht unterkellert	0,40	**0,50**	0,60	0,0%
Kindergärten, unterkellert	0,90	**1,10**	1,20	0,3%
5 Sportbauten				
Sport- und Mehrzweckhallen	–	**1,40**	–	0,1%
Sporthallen (Einfeldhallen)	–	–	–	–
Sporthallen (Dreifeldhallen)	0,50	**1,30**	4,10	0,4%
Schwimmhallen	154,00	**477,00**	1.063,00	27,7%
6 Wohngebäude				
Ein- und Zweifamilienhäuser				
Ein- und Zweifamilienhäuser, unterkellert, einfacher Standard	–	–	–	–
Ein- und Zweifamilienhäuser, unterkellert, mittlerer Standard	–	–	–	–
Ein- und Zweifamilienhäuser, unterkellert, hoher Standard	–	–	–	–
Ein- und Zweifamilienhäuser, nicht unterkellert, einfacher Standard	–	–	–	–
Ein- und Zweifamilienhäuser, nicht unterkellert, mittlerer Standard	–	–	–	–
Ein- und Zweifamilienhäuser, nicht unterkellert, hoher Standard	–	–	–	–
Ein- und Zweifamilienhäuser, Passivhausstandard, Massivbau	–	–	–	–
Ein- und Zweifamilienhäuser, Passivhausstandard, Holzbau	–	**8,50**	–	0,2%
Ein- und Zweifamilienhäuser, Holzbauweise, unterkellert	–	**7,70**	–	0,2%
Ein- und Zweifamilienhäuser, Holzbauweise, nicht unterkellert	–	**9,10**	–	0,3%
Doppel- und Reihenendhäuser, einfacher Standard	–	–	–	–
Doppel- und Reihenendhäuser, mittlerer Standard	–	–	–	–
Doppel- und Reihenendhäuser, hoher Standard	–	–	–	–
Reihenhäuser, einfacher Standard	–	–	–	–
Reihenhäuser, mittlerer Standard	–	–	–	–
Reihenhäuser, hoher Standard	–	–	–	–
Mehrfamilienhäuser				
Mehrfamilienhäuser, mit bis zu 6 WE, einfacher Standard	–	**0,20**	–	0,1%
Mehrfamilienhäuser, mit bis zu 6 WE, mittlerer Standard	–	–	–	–
Mehrfamilienhäuser, mit bis zu 6 WE, hoher Standard	–	–	–	–

470 Nutzungsspezifische und verfahrenstechnische Anlagen

Einheit: m² Brutto-Grundfläche (BGF)

Gebäudeart	▷	€/Einheit	◁	KG an 400
Mehrfamilienhäuser (Fortsetzung)				
Mehrfamilienhäuser, mit 6 bis 19 WE, einfacher Standard	–	–	–	–
Mehrfamilienhäuser, mit 6 bis 19 WE, mittlerer Standard	0,30	**0,50**	0,70	0,0%
Mehrfamilienhäuser, mit 6 bis 19 WE, hoher Standard	–	**0,40**	–	0,0%
Mehrfamilienhäuser, mit 20 oder mehr WE, einfacher Standard	–	**2,50**	–	0,2%
Mehrfamilienhäuser, mit 20 oder mehr WE, mittlerer Standard	–	–	–	–
Mehrfamilienhäuser, mit 20 oder mehr WE, hoher Standard	–	–	–	–
Mehrfamilienhäuser, Passivhäuser	–	–	–	–
Wohnhäuser, mit bis zu 15% Mischnutzung, einfacher Standard	–	**0,20**	–	0,0%
Wohnhäuser, mit bis zu 15% Mischnutzung, mittlerer Standard	–	–	–	–
Wohnhäuser, mit bis zu 15% Mischnutzung, hoher Standard	–	–	–	–
Wohnhäuser, mit mehr als 15% Mischnutzung	–	**227,00**	–	13,2%
Seniorenwohnungen				
Seniorenwohnungen, mittlerer Standard	0,60	**2,00**	6,90	0,6%
Seniorenwohnungen, hoher Standard	0,20	**0,70**	1,20	0,2%
Beherbergung				
Wohnheime und Internate	0,50	**25,00**	98,00	2,9%
7 Gewerbegebäude				
Gaststätten und Kantinen				
Gaststätten, Kantinen und Mensen	81,00	**93,00**	115,00	12,8%
Gebäude für Produktion				
Industrielle Produktionsgebäude, Massivbauweise	6,10	**137,00**	661,00	14,9%
Industrielle Produktionsgebäude, überwiegend Skelettbauweise	16,00	**61,00**	133,00	19,8%
Betriebs- und Werkstätten, eingeschossig	25,00	**61,00**	97,00	4,1%
Betriebs- und Werkstätten, mehrgeschossig, geringer Hallenanteil	4,80	**22,00**	55,00	3,3%
Betriebs- und Werkstätten, mehrgeschossig, hoher Hallenanteil	4,00	**17,00**	44,00	1,4%
Gebäude für Handel und Lager				
Geschäftshäuser, mit Wohnungen	0,80	**26,00**	51,00	4,1%
Geschäftshäuser, ohne Wohnungen	–	–	–	–
Verbrauchermärkte	42,00	**48,00**	53,00	12,1%
Autohäuser	–	**7,40**	–	0,8%
Lagergebäude, ohne Mischnutzung	0,60	**82,00**	163,00	2,5%
Lagergebäude, mit bis zu 25% Mischnutzung	–	**15,00**	–	1,2%
Lagergebäude, mit mehr als 25% Mischnutzung	–	**115,00**	–	15,2%
Garagen und Bereitschaftsdienste				
Einzel-, Mehrfach- und Hochgaragen	–	**50,00**	–	9,7%
Tiefgaragen	–	–	–	–
Feuerwehrhäuser	18,00	**61,00**	83,00	14,0%
Öffentliche Bereitschaftsdienste	20,00	**105,00**	270,00	15,7%
9 Kulturgebäude				
Gebäude für kulturelle Zwecke				
Bibliotheken, Museen und Ausstellungen	3,20	**57,00**	120,00	5,2%
Theater	11,00	**281,00**	820,00	12,7%
Gemeindezentren, einfacher Standard	0,80	**14,00**	41,00	7,3%
Gemeindezentren, mittlerer Standard	0,70	**17,00**	50,00	1,9%
Gemeindezentren, hoher Standard	1,40	**37,00**	110,00	6,3%
Gebäude für religiöse Zwecke				
Sakralbauten	–	**0,90**	–	0,1%
Friedhofsgebäude	–	**17,00**	–	2,5%

© **BKI** Baukosteninformationszentrum   Kosten: 4.Quartal 2021, Bundesdurchschnitt, **inkl. 19% MwSt.**

480 Gebäude- und Anlagenautomation

Kosten: Stand 4. Quartal 2021, Bundesdurchschnitt inkl. 19% MwSt.

Einheit: m² Brutto-Grundfläche (BGF)

▷ von
ø Mittel
◁ bis

Gebäudeart	▷	€/Einheit	◁	KG an 400
1 Büro- und Verwaltungsgebäude				
Büro- und Verwaltungsgebäude, einfacher Standard	–	**34,00**	–	1,6%
Büro- und Verwaltungsgebäude, mittlerer Standard	32,00	**49,00**	64,00	3,1%
Büro- und Verwaltungsgebäude, hoher Standard	37,00	**70,00**	116,00	5,8%
2 Gebäude für Forschung und Lehre				
Instituts- und Laborgebäude	32,00	**71,00**	143,00	4,6%
3 Gebäude des Gesundheitswesens				
Medizinische Einrichtungen	12,00	**23,00**	34,00	2,1%
Pflegeheime	2,50	**4,20**	5,90	0,3%
4 Schulen und Kindergärten				
Allgemeinbildende Schulen	26,00	**50,00**	69,00	4,2%
Berufliche Schulen	47,00	**65,00**	103,00	5,6%
Förder- und Sonderschulen	9,10	**21,00**	32,00	3,8%
Weiterbildungseinrichtungen	29,00	**71,00**	113,00	5,6%
Kindergärten, nicht unterkellert, einfacher Standard	–	**–**	–	–
Kindergärten, nicht unterkellert, mittlerer Standard	–	**80,00**	–	1,5%
Kindergärten, nicht unterkellert, hoher Standard	–	**–**	–	–
Kindergärten, Holzbauweise, nicht unterkellert	4,80	**15,00**	25,00	0,7%
Kindergärten, unterkellert	–	**39,00**	–	3,3%
5 Sportbauten				
Sport- und Mehrzweckhallen	–	**28,00**	–	1,6%
Sporthallen (Einfeldhallen)	–	**–**	–	–
Sporthallen (Dreifeldhallen)	–	**20,00**	–	0,8%
Schwimmhallen	–	**100,00**	–	2,9%
6 Wohngebäude				
Ein- und Zweifamilienhäuser				
Ein- und Zweifamilienhäuser, unterkellert, einfacher Standard	–	**–**	–	–
Ein- und Zweifamilienhäuser, unterkellert, mittlerer Standard	17,00	**30,00**	42,00	0,7%
Ein- und Zweifamilienhäuser, unterkellert, hoher Standard	43,00	**46,00**	54,00	2,7%
Ein- und Zweifamilienhäuser, nicht unterkellert, einfacher Standard	–	**–**	–	–
Ein- und Zweifamilienhäuser, nicht unterkellert, mittlerer Standard	–	**–**	–	–
Ein- und Zweifamilienhäuser, nicht unterkellert, hoher Standard	–	**–**	–	–
Ein- und Zweifamilienhäuser, Passivhausstandard, Massivbau	7,80	**30,00**	42,00	1,8%
Ein- und Zweifamilienhäuser, Passivhausstandard, Holzbau	–	**–**	–	–
Ein- und Zweifamilienhäuser, Holzbauweise, unterkellert	–	**–**	–	–
Ein- und Zweifamilienhäuser, Holzbauweise, nicht unterkellert	–	**16,00**	–	0,8%
Doppel- und Reihenendhäuser, einfacher Standard	–	**–**	–	–
Doppel- und Reihenendhäuser, mittlerer Standard	–	**–**	–	–
Doppel- und Reihenendhäuser, hoher Standard	–	**–**	–	–
Reihenhäuser, einfacher Standard	–	**–**	–	–
Reihenhäuser, mittlerer Standard	–	**–**	–	–
Reihenhäuser, hoher Standard	–	**–**	–	–
Mehrfamilienhäuser				
Mehrfamilienhäuser, mit bis zu 6 WE, einfacher Standard	–	**–**	–	–
Mehrfamilienhäuser, mit bis zu 6 WE, mittlerer Standard	–	**–**	–	–
Mehrfamilienhäuser, mit bis zu 6 WE, hoher Standard	–	**–**	–	–

480 Gebäude- und Anlagenautomation

Gebäudeart	▷	€/Einheit	◁	KG an 400
Mehrfamilienhäuser (Fortsetzung)				
Mehrfamilienhäuser, mit 6 bis 19 WE, einfacher Standard	–	–	–	–
Mehrfamilienhäuser, mit 6 bis 19 WE, mittlerer Standard	–	–	–	–
Mehrfamilienhäuser, mit 6 bis 19 WE, hoher Standard	–	–	–	–
Mehrfamilienhäuser, mit 20 oder mehr WE, einfacher Standard	–	–	–	–
Mehrfamilienhäuser, mit 20 oder mehr WE, mittlerer Standard	–	–	–	–
Mehrfamilienhäuser, mit 20 oder mehr WE, hoher Standard	–	–	–	–
Mehrfamilienhäuser, Passivhäuser	–	–	–	–
Wohnhäuser, mit bis zu 15% Mischnutzung, einfacher Standard	–	–	–	–
Wohnhäuser, mit bis zu 15% Mischnutzung, mittlerer Standard	–	–	–	–
Wohnhäuser, mit bis zu 15% Mischnutzung, hoher Standard	–	–	–	–
Wohnhäuser, mit mehr als 15% Mischnutzung	–	–	–	–
Seniorenwohnungen				
Seniorenwohnungen, mittlerer Standard	–	–	–	–
Seniorenwohnungen, hoher Standard	–	–	–	–
Beherbergung				
Wohnheime und Internate	14,00	**18,00**	22,00	1,3%
7 Gewerbegebäude				
Gaststätten und Kantinen				
Gaststätten, Kantinen und Mensen	–	–	–	–
Gebäude für Produktion				
Industrielle Produktionsgebäude, Massivbauweise	–	–	–	–
Industrielle Produktionsgebäude, überwiegend Skelettbauweise	10,00	**42,00**	64,00	3,5%
Betriebs- und Werkstätten, eingeschossig	–	**77,00**	–	2,7%
Betriebs- und Werkstätten, mehrgeschossig, geringer Hallenanteil	–	**31,00**	–	1,2%
Betriebs- und Werkstätten, mehrgeschossig, hoher Hallenanteil	23,00	**38,00**	53,00	1,8%
Gebäude für Handel und Lager				
Geschäftshäuser, mit Wohnungen	–	–	–	–
Geschäftshäuser, ohne Wohnungen	–	–	–	–
Verbrauchermärkte	–	–	–	–
Autohäuser	–	–	–	–
Lagergebäude, ohne Mischnutzung	–	**52,00**	–	0,8%
Lagergebäude, mit bis zu 25% Mischnutzung	–	**34,00**	–	2,8%
Lagergebäude, mit mehr als 25% Mischnutzung	–	–	–	–
Garagen und Bereitschaftsdienste				
Einzel-, Mehrfach- und Hochgaragen	–	–	–	–
Tiefgaragen	–	–	–	–
Feuerwehrhäuser	–	**44,00**	–	2,9%
Öffentliche Bereitschaftsdienste	13,00	**20,00**	27,00	2,0%
9 Kulturgebäude				
Gebäude für kulturelle Zwecke				
Bibliotheken, Museen und Ausstellungen	35,00	**63,00**	111,00	2,8%
Theater	–	–	–	–
Gemeindezentren, einfacher Standard	–	–	–	–
Gemeindezentren, mittlerer Standard	–	**11,00**	–	0,5%
Gemeindezentren, hoher Standard	–	**21,00**	–	1,2%
Gebäude für religiöse Zwecke				
Sakralbauten	–	–	–	–
Friedhofsgebäude	–	–	–	–

Einheit: m² Brutto-Grundfläche (BGF)

Kosten: 4.Quartal 2021, Bundesdurchschnitt, **inkl. 19% MwSt.**

490 Sonstige Maßnahmen für technische Anlagen

Kosten:
Stand 4.Quartal 2021
Bundesdurchschnitt
inkl. 19% MwSt.

Einheit: m² Brutto-Grundfläche (BGF)

▷ von
ø Mittel
◁ bis

Gebäudeart	▷	€/Einheit	◁	KG an 400
1 Büro- und Verwaltungsgebäude				
Büro- und Verwaltungsgebäude, einfacher Standard	–	–	–	–
Büro- und Verwaltungsgebäude, mittlerer Standard	1,10	**1,50**	2,00	0,1%
Büro- und Verwaltungsgebäude, hoher Standard	1,10	**2,50**	5,00	0,1%
2 Gebäude für Forschung und Lehre				
Instituts- und Laborgebäude	3,40	**18,00**	33,00	0,5%
3 Gebäude des Gesundheitswesens				
Medizinische Einrichtungen	2,20	**3,20**	4,30	0,4%
Pflegeheime	1,50	**1,80**	2,10	0,1%
4 Schulen und Kindergärten				
Allgemeinbildende Schulen	2,90	**8,80**	31,00	1,3%
Berufliche Schulen	1,10	**2,30**	3,40	0,1%
Förder- und Sonderschulen	0,50	**2,20**	5,50	0,2%
Weiterbildungseinrichtungen	0,10	**0,30**	0,50	0,0%
Kindergärten, nicht unterkellert, einfacher Standard	–	**2,50**	–	0,3%
Kindergärten, nicht unterkellert, mittlerer Standard	1,70	**4,90**	6,90	0,5%
Kindergärten, nicht unterkellert, hoher Standard	1,00	**12,00**	23,00	1,7%
Kindergärten, Holzbauweise, nicht unterkellert	–	**0,80**	–	0,0%
Kindergärten, unterkellert	1,40	**5,10**	8,90	0,7%
5 Sportbauten				
Sport- und Mehrzweckhallen	–	**0,50**	–	0,0%
Sporthallen (Einfeldhallen)	–	**0,70**	–	0,1%
Sporthallen (Dreifeldhallen)	0,50	**2,70**	7,10	0,5%
Schwimmhallen	–	**0,70**	–	0,0%
6 Wohngebäude				
Ein- und Zweifamilienhäuser				
Ein- und Zweifamilienhäuser, unterkellert, einfacher Standard	–	–	–	–
Ein- und Zweifamilienhäuser, unterkellert, mittlerer Standard	–	–	–	–
Ein- und Zweifamilienhäuser, unterkellert, hoher Standard	–	–	–	–
Ein- und Zweifamilienhäuser, nicht unterkellert, einfacher Standard	–	–	–	–
Ein- und Zweifamilienhäuser, nicht unterkellert, mittlerer Standard	–	**0,80**	–	0,0%
Ein- und Zweifamilienhäuser, nicht unterkellert, hoher Standard	–	**6,00**	–	0,1%
Ein- und Zweifamilienhäuser, Passivhausstandard, Massivbau	–	**3,20**	–	0,1%
Ein- und Zweifamilienhäuser, Passivhausstandard, Holzbau	–	–	–	–
Ein- und Zweifamilienhäuser, Holzbauweise, unterkellert	–	**10,00**	–	0,2%
Ein- und Zweifamilienhäuser, Holzbauweise, nicht unterkellert	–	–	–	–
Doppel- und Reihenendhäuser, einfacher Standard	–	**0,80**	–	0,1%
Doppel- und Reihenendhäuser, mittlerer Standard	–	–	–	–
Doppel- und Reihenendhäuser, hoher Standard	–	–	–	–
Reihenhäuser, einfacher Standard	–	**0,80**	–	0,2%
Reihenhäuser, mittlerer Standard	–	–	–	–
Reihenhäuser, hoher Standard	–	–	–	–
Mehrfamilienhäuser				
Mehrfamilienhäuser, mit bis zu 6 WE, einfacher Standard	–	–	–	–
Mehrfamilienhäuser, mit bis zu 6 WE, mittlerer Standard	–	–	–	–
Mehrfamilienhäuser, mit bis zu 6 WE, hoher Standard	–	**0,60**	–	0,0%

490 Sonstige Maßnahmen für technische Anlagen

Einheit: m² Brutto-Grundfläche (BGF)

Gebäudeart	▷	€/Einheit	◁	KG an 400
Mehrfamilienhäuser (Fortsetzung)				
Mehrfamilienhäuser, mit 6 bis 19 WE, einfacher Standard	–	**2,00**	–	0,2%
Mehrfamilienhäuser, mit 6 bis 19 WE, mittlerer Standard	–	–	–	–
Mehrfamilienhäuser, mit 6 bis 19 WE, hoher Standard	–	**0,60**	–	0,1%
Mehrfamilienhäuser, mit 20 oder mehr WE, einfacher Standard	–	**0,20**	–	0,0%
Mehrfamilienhäuser, mit 20 oder mehr WE, mittlerer Standard	0,10	**0,30**	0,40	0,1%
Mehrfamilienhäuser, mit 20 oder mehr WE, hoher Standard	–	**0,50**	–	0,1%
Mehrfamilienhäuser, Passivhäuser	–	–	–	–
Wohnhäuser, mit bis zu 15% Mischnutzung, einfacher Standard	–	–	–	–
Wohnhäuser, mit bis zu 15% Mischnutzung, mittlerer Standard	–	–	–	–
Wohnhäuser, mit bis zu 15% Mischnutzung, hoher Standard	–	–	–	–
Wohnhäuser, mit mehr als 15% Mischnutzung	–	–	–	–
Seniorenwohnungen				
Seniorenwohnungen, mittlerer Standard	–	–	–	–
Seniorenwohnungen, hoher Standard	–	–	–	–
Beherbergung				
Wohnheime und Internate	2,00	**4,40**	8,00	0,4%
7 Gewerbegebäude				
Gaststätten und Kantinen				
Gaststätten, Kantinen und Mensen	7,50	**11,00**	15,00	0,8%
Gebäude für Produktion				
Industrielle Produktionsgebäude, Massivbauweise	–	–	–	–
Industrielle Produktionsgebäude, überwiegend Skelettbauweise	8,10	**10,00**	13,00	0,5%
Betriebs- und Werkstätten, eingeschossig	–	**3,50**	–	0,1%
Betriebs- und Werkstätten, mehrgeschossig, geringer Hallenanteil	–	**0,30**	–	0,0%
Betriebs- und Werkstätten, mehrgeschossig, hoher Hallenanteil	0,30	**1,90**	3,50	0,1%
Gebäude für Handel und Lager				
Geschäftshäuser, mit Wohnungen	–	–	–	–
Geschäftshäuser, ohne Wohnungen	–	–	–	–
Verbrauchermärkte	–	–	–	–
Autohäuser	–	–	–	–
Lagergebäude, ohne Mischnutzung	–	**2,50**	–	0,0%
Lagergebäude, mit bis zu 25% Mischnutzung	–	–	–	–
Lagergebäude, mit mehr als 25% Mischnutzung	–	–	–	–
Garagen und Bereitschaftsdienste				
Einzel-, Mehrfach- und Hochgaragen	–	–	–	–
Tiefgaragen	–	–	–	–
Feuerwehrhäuser	0,20	**3,50**	6,80	0,6%
Öffentliche Bereitschaftsdienste	0,10	**0,50**	1,10	0,1%
9 Kulturgebäude				
Gebäude für kulturelle Zwecke				
Bibliotheken, Museen und Ausstellungen	2,40	**11,00**	27,00	1,3%
Theater	–	–	–	–
Gemeindezentren, einfacher Standard	–	–	–	–
Gemeindezentren, mittlerer Standard	–	**1,60**	–	0,1%
Gemeindezentren, hoher Standard	–	–	–	–
Gebäude für religiöse Zwecke				
Sakralbauten	–	**5,30**	–	0,7%
Friedhofsgebäude	–	–	–	–

© BKI Baukosteninformationszentrum — Kosten: 4.Quartal 2021, Bundesdurchschnitt, **inkl. 19% MwSt.**

STATISTISCHE KOSTENKENNWERTE FÜR GEBÄUDETECHNIK

E

3. Ebene DIN 276

411 Abwasseranlagen

Kosten:
Stand 4. Quartal 2021
Bundesdurchschnitt
inkl. 19% MwSt.

Einheit: m² Brutto-Grundfläche (BGF)

▷ von
Ø Mittel
◁ bis

Gebäudeart	▷	€/Einheit	◁	KG an 400
1 Büro- und Verwaltungsgebäude				
Büro- und Verwaltungsgebäude, einfacher Standard	6,00	**22,00**	37,00	7,6%
Büro- und Verwaltungsgebäude, mittlerer Standard	15,00	**25,00**	38,00	5,3%
Büro- und Verwaltungsgebäude, hoher Standard	14,00	**23,00**	38,00	3,4%
2 Gebäude für Forschung und Lehre				
Instituts- und Laborgebäude	23,00	**39,00**	78,00	2,9%
3 Gebäude des Gesundheitswesens				
Medizinische Einrichtungen	34,00	**39,00**	46,00	6,9%
Pflegeheime	43,00	**49,00**	63,00	7,2%
4 Schulen und Kindergärten				
Allgemeinbildende Schulen	12,00	**23,00**	36,00	4,9%
Berufliche Schulen	26,00	**39,00**	89,00	6,0%
Förder- und Sonderschulen	15,00	**25,00**	44,00	5,5%
Weiterbildungseinrichtungen	41,00	**53,00**	66,00	6,2%
Kindergärten, nicht unterkellert, einfacher Standard	–	**23,00**	–	9,4%
Kindergärten, nicht unterkellert, mittlerer Standard	14,00	**28,00**	43,00	7,1%
Kindergärten, nicht unterkellert, hoher Standard	10,00	**11,00**	12,00	3,2%
Kindergärten, Holzbauweise, nicht unterkellert	17,00	**27,00**	48,00	7,6%
Kindergärten, unterkellert	24,00	**29,00**	32,00	8,9%
5 Sportbauten				
Sport- und Mehrzweckhallen	27,00	**34,00**	44,00	9,8%
Sporthallen (Einfeldhallen)	9,00	**15,00**	26,00	4,7%
Sporthallen (Dreifeldhallen)	37,00	**42,00**	51,00	7,2%
Schwimmhallen	–	**–**	–	–
6 Wohngebäude				
Ein- und Zweifamilienhäuser				
Ein- und Zweifamilienhäuser, unterkellert, einfacher Standard	9,70	**18,00**	33,00	10,7%
Ein- und Zweifamilienhäuser, unterkellert, mittlerer Standard	12,00	**22,00**	34,00	7,9%
Ein- und Zweifamilienhäuser, unterkellert, hoher Standard	20,00	**28,00**	38,00	7,7%
Ein- und Zweifamilienhäuser, nicht unterkellert, einfacher Standard	8,90	**16,00**	23,00	8,4%
Ein- und Zweifamilienhäuser, nicht unterkellert, mittlerer Standard	16,00	**25,00**	43,00	8,5%
Ein- und Zweifamilienhäuser, nicht unterkellert, hoher Standard	13,00	**26,00**	38,00	7,5%
Ein- und Zweifamilienhäuser, Passivhausstandard, Massivbau	13,00	**24,00**	39,00	7,0%
Ein- und Zweifamilienhäuser, Passivhausstandard, Holzbau	16,00	**27,00**	43,00	6,7%
Ein- und Zweifamilienhäuser, Holzbauweise, unterkellert	13,00	**23,00**	36,00	8,5%
Ein- und Zweifamilienhäuser, Holzbauweise, nicht unterkellert	10,00	**22,00**	39,00	7,8%
Doppel- und Reihenendhäuser, einfacher Standard	17,00	**20,00**	25,00	8,6%
Doppel- und Reihenendhäuser, mittlerer Standard	18,00	**28,00**	59,00	10,3%
Doppel- und Reihenendhäuser, hoher Standard	17,00	**29,00**	63,00	9,4%
Reihenhäuser, einfacher Standard	10,00	**22,00**	34,00	10,2%
Reihenhäuser, mittlerer Standard	25,00	**29,00**	38,00	11,3%
Reihenhäuser, hoher Standard	26,00	**32,00**	42,00	9,7%
Mehrfamilienhäuser				
Mehrfamilienhäuser, mit bis zu 6 WE, einfacher Standard	14,00	**20,00**	29,00	13,1%
Mehrfamilienhäuser, mit bis zu 6 WE, mittlerer Standard	13,00	**21,00**	31,00	8,7%
Mehrfamilienhäuser, mit bis zu 6 WE, hoher Standard	19,00	**25,00**	32,00	8,6%

411 Abwasseranlagen

Gebäudeart	▷	€/Einheit	◁	KG an 400
Mehrfamilienhäuser (Fortsetzung)				
Mehrfamilienhäuser, mit 6 bis 19 WE, einfacher Standard	15,00	**22,00**	27,00	11,2%
Mehrfamilienhäuser, mit 6 bis 19 WE, mittlerer Standard	11,00	**21,00**	30,00	9,2%
Mehrfamilienhäuser, mit 6 bis 19 WE, hoher Standard	20,00	**24,00**	30,00	10,5%
Mehrfamilienhäuser, mit 20 oder mehr WE, einfacher Standard	16,00	**19,00**	24,00	7,0%
Mehrfamilienhäuser, mit 20 oder mehr WE, mittlerer Standard	15,00	**19,00**	28,00	7,5%
Mehrfamilienhäuser, mit 20 oder mehr WE, hoher Standard	23,00	**27,00**	35,00	9,1%
Mehrfamilienhäuser, Passivhäuser	14,00	**24,00**	35,00	8,5%
Wohnhäuser, mit bis zu 15% Mischnutzung, einfacher Standard	25,00	**30,00**	33,00	12,4%
Wohnhäuser, mit bis zu 15% Mischnutzung, mittlerer Standard	5,70	**21,00**	29,00	8,5%
Wohnhäuser, mit bis zu 15% Mischnutzung, hoher Standard	–	**23,00**	–	8,5%
Wohnhäuser, mit mehr als 15% Mischnutzung	31,00	**39,00**	47,00	8,2%
Seniorenwohnungen				
Seniorenwohnungen, mittlerer Standard	21,00	**30,00**	44,00	9,4%
Seniorenwohnungen, hoher Standard	18,00	**26,00**	34,00	7,0%
Beherbergung				
Wohnheime und Internate	14,00	**31,00**	43,00	7,4%
7 Gewerbegebäude				
Gaststätten und Kantinen				
Gaststätten, Kantinen und Mensen	–	**85,00**	–	9,3%
Gebäude für Produktion				
Industrielle Produktionsgebäude, Massivbauweise	16,00	**20,00**	26,00	6,4%
Industrielle Produktionsgebäude, überwiegend Skelettbauweise	11,00	**18,00**	22,00	4,4%
Betriebs- und Werkstätten, eingeschossig	8,50	**22,00**	36,00	4,0%
Betriebs- und Werkstätten, mehrgeschossig, geringer Hallenanteil	2,10	**8,40**	14,00	5,8%
Betriebs- und Werkstätten, mehrgeschossig, hoher Hallenanteil	8,50	**24,00**	41,00	8,6%
Gebäude für Handel und Lager				
Geschäftshäuser, mit Wohnungen	17,00	**18,00**	19,00	6,0%
Geschäftshäuser, ohne Wohnungen	16,00	**27,00**	38,00	10,3%
Verbrauchermärkte	17,00	**21,00**	26,00	5,3%
Autohäuser	6,00	**25,00**	45,00	10,0%
Lagergebäude, ohne Mischnutzung	2,70	**8,90**	11,00	17,3%
Lagergebäude, mit bis zu 25% Mischnutzung	5,20	**9,70**	17,00	5,3%
Lagergebäude, mit mehr als 25% Mischnutzung	6,10	**13,00**	20,00	7,5%
Garagen und Bereitschaftsdienste				
Einzel-, Mehrfach- und Hochgaragen	3,30	**11,00**	19,00	31,2%
Tiefgaragen	–	**12,00**	–	48,9%
Feuerwehrhäuser	24,00	**36,00**	53,00	8,6%
Öffentliche Bereitschaftsdienste	9,70	**13,00**	20,00	3,6%
9 Kulturgebäude				
Gebäude für kulturelle Zwecke				
Bibliotheken, Museen und Ausstellungen	13,00	**25,00**	30,00	4,7%
Theater	45,00	**63,00**	81,00	14,9%
Gemeindezentren, einfacher Standard	11,00	**14,00**	18,00	7,0%
Gemeindezentren, mittlerer Standard	11,00	**28,00**	41,00	6,2%
Gemeindezentren, hoher Standard	25,00	**37,00**	59,00	6,2%
Gebäude für religiöse Zwecke				
Sakralbauten	–	**–**	–	–
Friedhofsgebäude	–	**21,00**	–	5,6%

Einheit: m² Brutto-Grundfläche (BGF)

© BKI Baukosteninformationszentrum Kosten: 4.Quartal 2021, Bundesdurchschnitt, **inkl. 19% MwSt.**

412 Wasseranlagen

Kosten: Stand 4.Quartal 2021 Bundesdurchschnitt inkl. 19% MwSt.

Einheit: m² Brutto-Grundfläche (BGF)

▷ von
Ø Mittel
◁ bis

Gebäudeart	▷	€/Einheit	◁	KG an 400
1 Büro- und Verwaltungsgebäude				
Büro- und Verwaltungsgebäude, einfacher Standard	14,00	**20,00**	25,00	9,4%
Büro- und Verwaltungsgebäude, mittlerer Standard	23,00	**30,00**	57,00	6,4%
Büro- und Verwaltungsgebäude, hoher Standard	27,00	**41,00**	57,00	7,0%
2 Gebäude für Forschung und Lehre				
Instituts- und Laborgebäude	27,00	**51,00**	120,00	3,9%
3 Gebäude des Gesundheitswesens				
Medizinische Einrichtungen	45,00	**51,00**	61,00	9,0%
Pflegeheime	53,00	**80,00**	107,00	11,9%
4 Schulen und Kindergärten				
Allgemeinbildende Schulen	26,00	**33,00**	41,00	8,3%
Berufliche Schulen	28,00	**51,00**	130,00	7,4%
Förder- und Sonderschulen	31,00	**42,00**	81,00	8,6%
Weiterbildungseinrichtungen	25,00	**26,00**	26,00	3,1%
Kindergärten, nicht unterkellert, einfacher Standard	–	**48,00**	–	19,6%
Kindergärten, nicht unterkellert, mittlerer Standard	43,00	**67,00**	83,00	16,8%
Kindergärten, nicht unterkellert, hoher Standard	50,00	**60,00**	71,00	17,3%
Kindergärten, Holzbauweise, nicht unterkellert	42,00	**59,00**	72,00	17,3%
Kindergärten, unterkellert	39,00	**57,00**	92,00	14,9%
5 Sportbauten				
Sport- und Mehrzweckhallen	46,00	**54,00**	71,00	16,7%
Sporthallen (Einfeldhallen)	46,00	**55,00**	61,00	17,0%
Sporthallen (Dreifeldhallen)	46,00	**57,00**	73,00	10,0%
Schwimmhallen	–	**–**	–	–
6 Wohngebäude				
Ein- und Zweifamilienhäuser				
Ein- und Zweifamilienhäuser, unterkellert, einfacher Standard	33,00	**38,00**	41,00	23,4%
Ein- und Zweifamilienhäuser, unterkellert, mittlerer Standard	39,00	**51,00**	81,00	17,6%
Ein- und Zweifamilienhäuser, unterkellert, hoher Standard	38,00	**58,00**	80,00	16,3%
Ein- und Zweifamilienhäuser, nicht unterkellert, einfacher Standard	33,00	**42,00**	51,00	23,4%
Ein- und Zweifamilienhäuser, nicht unterkellert, mittlerer Standard	51,00	**63,00**	88,00	22,1%
Ein- und Zweifamilienhäuser, nicht unterkellert, hoher Standard	46,00	**69,00**	112,00	19,7%
Ein- und Zweifamilienhäuser, Passivhausstandard, Massivbau	44,00	**66,00**	98,00	19,3%
Ein- und Zweifamilienhäuser, Passivhausstandard, Holzbau	55,00	**84,00**	124,00	21,1%
Ein- und Zweifamilienhäuser, Holzbauweise, unterkellert	39,00	**58,00**	103,00	21,0%
Ein- und Zweifamilienhäuser, Holzbauweise, nicht unterkellert	29,00	**51,00**	80,00	16,8%
Doppel- und Reihenendhäuser, einfacher Standard	33,00	**41,00**	57,00	18,5%
Doppel- und Reihenendhäuser, mittlerer Standard	32,00	**46,00**	60,00	17,2%
Doppel- und Reihenendhäuser, hoher Standard	51,00	**66,00**	96,00	21,1%
Reihenhäuser, einfacher Standard	38,00	**46,00**	54,00	23,2%
Reihenhäuser, mittlerer Standard	40,00	**54,00**	78,00	19,9%
Reihenhäuser, hoher Standard	63,00	**76,00**	83,00	22,5%
Mehrfamilienhäuser				
Mehrfamilienhäuser, mit bis zu 6 WE, einfacher Standard	33,00	**38,00**	46,00	25,0%
Mehrfamilienhäuser, mit bis zu 6 WE, mittlerer Standard	39,00	**63,00**	90,00	26,8%
Mehrfamilienhäuser, mit bis zu 6 WE, hoher Standard	41,00	**53,00**	66,00	17,6%

412 Wasseranlagen

Gebäudeart	▷	€/Einheit	◁	KG an 400
Mehrfamilienhäuser (Fortsetzung)				
Mehrfamilienhäuser, mit 6 bis 19 WE, einfacher Standard	45,00	**53,00**	69,00	26,2%
Mehrfamilienhäuser, mit 6 bis 19 WE, mittlerer Standard	29,00	**41,00**	55,00	19,1%
Mehrfamilienhäuser, mit 6 bis 19 WE, hoher Standard	37,00	**48,00**	54,00	21,3%
Mehrfamilienhäuser, mit 20 oder mehr WE, einfacher Standard	28,00	**40,00**	46,00	14,8%
Mehrfamilienhäuser, mit 20 oder mehr WE, mittlerer Standard	29,00	**34,00**	36,00	13,9%
Mehrfamilienhäuser, mit 20 oder mehr WE, hoher Standard	38,00	**70,00**	92,00	22,7%
Mehrfamilienhäuser, Passivhäuser	40,00	**47,00**	59,00	18,2%
Wohnhäuser, mit bis zu 15% Mischnutzung, einfacher Standard	50,00	**55,00**	62,00	22,6%
Wohnhäuser, mit bis zu 15% Mischnutzung, mittlerer Standard	19,00	**48,00**	67,00	20,9%
Wohnhäuser, mit bis zu 15% Mischnutzung, hoher Standard	–	**61,00**	–	23,0%
Wohnhäuser, mit mehr als 15% Mischnutzung	45,00	**66,00**	87,00	13,4%
Seniorenwohnungen				
Seniorenwohnungen, mittlerer Standard	33,00	**44,00**	53,00	13,9%
Seniorenwohnungen, hoher Standard	53,00	**75,00**	97,00	20,1%
Beherbergung				
Wohnheime und Internate	40,00	**67,00**	108,00	16,0%
7 Gewerbegebäude				
Gaststätten und Kantinen				
Gaststätten, Kantinen und Mensen	–	**82,00**	–	9,0%
Gebäude für Produktion				
Industrielle Produktionsgebäude, Massivbauweise	27,00	**36,00**	41,00	11,9%
Industrielle Produktionsgebäude, überwiegend Skelettbauweise	9,60	**16,00**	25,00	2,7%
Betriebs- und Werkstätten, eingeschossig	38,00	**52,00**	65,00	14,2%
Betriebs- und Werkstätten, mehrgeschossig, geringer Hallenanteil	8,60	**20,00**	24,00	5,8%
Betriebs- und Werkstätten, mehrgeschossig, hoher Hallenanteil	19,00	**33,00**	62,00	10,3%
Gebäude für Handel und Lager				
Geschäftshäuser, mit Wohnungen	12,00	**22,00**	29,00	8,0%
Geschäftshäuser, ohne Wohnungen	33,00	**38,00**	44,00	15,2%
Verbrauchermärkte	27,00	**37,00**	48,00	9,1%
Autohäuser	7,20	**17,00**	27,00	7,9%
Lagergebäude, ohne Mischnutzung	5,10	**10,00**	20,00	2,1%
Lagergebäude, mit bis zu 25% Mischnutzung	9,20	**16,00**	29,00	7,8%
Lagergebäude, mit mehr als 25% Mischnutzung	14,00	**28,00**	41,00	12,6%
Garagen und Bereitschaftsdienste				
Einzel-, Mehrfach- und Hochgaragen	–	**2,40**	–	0,6%
Tiefgaragen	–	–	–	–
Feuerwehrhäuser	28,00	**36,00**	40,00	8,5%
Öffentliche Bereitschaftsdienste	6,60	**13,00**	23,00	3,2%
9 Kulturgebäude				
Gebäude für kulturelle Zwecke				
Bibliotheken, Museen und Ausstellungen	25,00	**40,00**	60,00	7,7%
Theater	42,00	**66,00**	91,00	9,7%
Gemeindezentren, einfacher Standard	25,00	**36,00**	57,00	17,2%
Gemeindezentren, mittlerer Standard	35,00	**51,00**	71,00	12,2%
Gemeindezentren, hoher Standard	43,00	**60,00**	95,00	10,3%
Gebäude für religiöse Zwecke				
Sakralbauten	–	–	–	–
Friedhofsgebäude	–	**38,00**	–	10,3%

Einheit: m² Brutto-Grundfläche (BGF)

© BKI Baukosteninformationszentrum — Kosten: 4. Quartal 2021, Bundesdurchschnitt, inkl. 19% MwSt.

413 Gasanlagen

Kosten:
Stand 4.Quartal 2021
Bundesdurchschnitt
inkl. 19% MwSt.

Einheit: m² Brutto-Grundfläche (BGF)

▷ von
ø Mittel
◁ bis

Gebäudeart	▷	€/Einheit	◁	KG an 400
1 Büro- und Verwaltungsgebäude				
Büro- und Verwaltungsgebäude, einfacher Standard	–	–	–	–
Büro- und Verwaltungsgebäude, mittlerer Standard	–	–	–	–
Büro- und Verwaltungsgebäude, hoher Standard	0,80	**1,00**	1,10	0,0%
2 Gebäude für Forschung und Lehre				
Instituts- und Laborgebäude	–	–	–	–
3 Gebäude des Gesundheitswesens				
Medizinische Einrichtungen	–	–	–	–
Pflegeheime	–	–	–	–
4 Schulen und Kindergärten				
Allgemeinbildende Schulen	–	**5,40**	–	0,1%
Berufliche Schulen	–	**1,00**	–	0,0%
Förder- und Sonderschulen	–	**0,40**	–	0,0%
Weiterbildungseinrichtungen	–	**2,50**	–	0,1%
Kindergärten, nicht unterkellert, einfacher Standard	–	–	–	–
Kindergärten, nicht unterkellert, mittlerer Standard	–	**4,90**	–	0,2%
Kindergärten, nicht unterkellert, hoher Standard	–	–	–	–
Kindergärten, Holzbauweise, nicht unterkellert	–	–	–	–
Kindergärten, unterkellert	–	–	–	–
5 Sportbauten				
Sport- und Mehrzweckhallen	–	–	–	–
Sporthallen (Einfeldhallen)	–	–	–	–
Sporthallen (Dreifeldhallen)	–	–	–	–
Schwimmhallen	–	–	–	–
6 Wohngebäude				
Ein- und Zweifamilienhäuser				
Ein- und Zweifamilienhäuser, unterkellert, einfacher Standard	–	–	–	–
Ein- und Zweifamilienhäuser, unterkellert, mittlerer Standard	–	–	–	–
Ein- und Zweifamilienhäuser, unterkellert, hoher Standard	–	**2,70**	–	0,1%
Ein- und Zweifamilienhäuser, nicht unterkellert, einfacher Standard	–	–	–	–
Ein- und Zweifamilienhäuser, nicht unterkellert, mittlerer Standard	–	–	–	–
Ein- und Zweifamilienhäuser, nicht unterkellert, hoher Standard	–	–	–	–
Ein- und Zweifamilienhäuser, Passivhausstandard, Massivbau	–	**6,50**	–	0,1%
Ein- und Zweifamilienhäuser, Passivhausstandard, Holzbau	–	–	–	–
Ein- und Zweifamilienhäuser, Holzbauweise, unterkellert	–	**1,90**	–	0,1%
Ein- und Zweifamilienhäuser, Holzbauweise, nicht unterkellert	–	**1,70**	–	0,1%
Doppel- und Reihenendhäuser, einfacher Standard	–	–	–	–
Doppel- und Reihenendhäuser, mittlerer Standard	–	–	–	–
Doppel- und Reihenendhäuser, hoher Standard	–	**1,30**	–	0,1%
Reihenhäuser, einfacher Standard	–	–	–	–
Reihenhäuser, mittlerer Standard	–	–	–	–
Reihenhäuser, hoher Standard	–	–	–	–
Mehrfamilienhäuser				
Mehrfamilienhäuser, mit bis zu 6 WE, einfacher Standard	–	–	–	–
Mehrfamilienhäuser, mit bis zu 6 WE, mittlerer Standard	–	–	–	–
Mehrfamilienhäuser, mit bis zu 6 WE, hoher Standard	–	–	–	–

413 Gasanlagen

Gebäudeart	▷	€/Einheit	◁	KG an 400
Mehrfamilienhäuser (Fortsetzung)				
Mehrfamilienhäuser, mit 6 bis 19 WE, einfacher Standard	–	–	–	–
Mehrfamilienhäuser, mit 6 bis 19 WE, mittlerer Standard	–	–	–	–
Mehrfamilienhäuser, mit 6 bis 19 WE, hoher Standard	–	–	–	–
Mehrfamilienhäuser, mit 20 oder mehr WE, einfacher Standard	–	–	–	–
Mehrfamilienhäuser, mit 20 oder mehr WE, mittlerer Standard	–	–	–	–
Mehrfamilienhäuser, mit 20 oder mehr WE, hoher Standard	–	–	–	–
Mehrfamilienhäuser, Passivhäuser	–	1,90	–	0,1%
Wohnhäuser, mit bis zu 15% Mischnutzung, einfacher Standard	–	–	–	–
Wohnhäuser, mit bis zu 15% Mischnutzung, mittlerer Standard	–	–	–	–
Wohnhäuser, mit bis zu 15% Mischnutzung, hoher Standard	–	–	–	–
Wohnhäuser, mit mehr als 15% Mischnutzung	–	–	–	–
Seniorenwohnungen				
Seniorenwohnungen, mittlerer Standard	–	–	–	–
Seniorenwohnungen, hoher Standard	–	–	–	–
Beherbergung				
Wohnheime und Internate	–	4,10	–	0,1%
7 Gewerbegebäude				
Gaststätten und Kantinen				
Gaststätten, Kantinen und Mensen	–	0,50	–	0,1%
Gebäude für Produktion				
Industrielle Produktionsgebäude, Massivbauweise	–	–	–	–
Industrielle Produktionsgebäude, überwiegend Skelettbauweise	–	1,20	–	0,0%
Betriebs- und Werkstätten, eingeschossig	–	–	–	–
Betriebs- und Werkstätten, mehrgeschossig, geringer Hallenanteil	–	–	–	–
Betriebs- und Werkstätten, mehrgeschossig, hoher Hallenanteil	–	8,50	–	0,2%
Gebäude für Handel und Lager				
Geschäftshäuser, mit Wohnungen	–	–	–	–
Geschäftshäuser, ohne Wohnungen	–	–	–	–
Verbrauchermärkte	–	–	–	–
Autohäuser	–	–	–	–
Lagergebäude, ohne Mischnutzung	–	–	–	–
Lagergebäude, mit bis zu 25% Mischnutzung	–	–	–	–
Lagergebäude, mit mehr als 25% Mischnutzung	–	–	–	–
Garagen und Bereitschaftsdienste				
Einzel-, Mehrfach- und Hochgaragen	–	–	–	–
Tiefgaragen	–	–	–	–
Feuerwehrhäuser	–	–	–	–
Öffentliche Bereitschaftsdienste	–	–	–	–
9 Kulturgebäude				
Gebäude für kulturelle Zwecke				
Bibliotheken, Museen und Ausstellungen	–	–	–	–
Theater	–	8,60	–	0,3%
Gemeindezentren, einfacher Standard	–	–	–	–
Gemeindezentren, mittlerer Standard	–	–	–	–
Gemeindezentren, hoher Standard	–	2,60	–	0,2%
Gebäude für religiöse Zwecke				
Sakralbauten	–	–	–	–
Friedhofsgebäude	–	–	–	–

Einheit: m² Brutto-Grundfläche (BGF)

© **BKI** Baukosteninformationszentrum   Kosten: 4.Quartal 2021, Bundesdurchschnitt, **inkl. 19% MwSt.**

419 Sonstiges zur KG 410

Kosten:
Stand 4.Quartal 2021
Bundesdurchschnitt
inkl. 19% MwSt.

Einheit: m²
Brutto-Grundfläche (BGF)

▷ von
ø Mittel
◁ bis

Gebäudeart	▷	€/Einheit	◁	KG an 400
1 Büro- und Verwaltungsgebäude				
Büro- und Verwaltungsgebäude, einfacher Standard	1,20	**3,50**	5,90	0,7%
Büro- und Verwaltungsgebäude, mittlerer Standard	2,70	**4,60**	7,50	0,8%
Büro- und Verwaltungsgebäude, hoher Standard	2,20	**3,30**	5,50	0,5%
2 Gebäude für Forschung und Lehre				
Instituts- und Laborgebäude	2,00	**4,60**	9,80	0,3%
3 Gebäude des Gesundheitswesens				
Medizinische Einrichtungen	–	**4,60**	–	0,3%
Pflegeheime	39,00	**85,00**	159,00	9,1%
4 Schulen und Kindergärten				
Allgemeinbildende Schulen	3,10	**5,00**	9,50	0,9%
Berufliche Schulen	1,80	**3,30**	4,80	0,3%
Förder- und Sonderschulen	2,60	**3,50**	4,40	0,4%
Weiterbildungseinrichtungen	–	**9,00**	–	0,4%
Kindergärten, nicht unterkellert, einfacher Standard	–	**–**	–	–
Kindergärten, nicht unterkellert, mittlerer Standard	5,50	**8,30**	11,00	1,5%
Kindergärten, nicht unterkellert, hoher Standard	–	**–**	–	–
Kindergärten, Holzbauweise, nicht unterkellert	6,70	**9,70**	13,00	3,0%
Kindergärten, unterkellert	4,90	**5,90**	6,90	0,9%
5 Sportbauten				
Sport- und Mehrzweckhallen	–	**–**	–	–
Sporthallen (Einfeldhallen)	–	**5,60**	–	0,7%
Sporthallen (Dreifeldhallen)	–	**–**	–	–
Schwimmhallen	–	**–**	–	–
6 Wohngebäude				
Ein- und Zweifamilienhäuser				
Ein- und Zweifamilienhäuser, unterkellert, einfacher Standard	–	**1,30**	–	0,2%
Ein- und Zweifamilienhäuser, unterkellert, mittlerer Standard	2,10	**4,60**	14,00	0,8%
Ein- und Zweifamilienhäuser, unterkellert, hoher Standard	1,40	**2,70**	4,40	0,3%
Ein- und Zweifamilienhäuser, nicht unterkellert, einfacher Standard	–	**2,90**	–	0,7%
Ein- und Zweifamilienhäuser, nicht unterkellert, mittlerer Standard	2,30	**4,50**	6,20	0,7%
Ein- und Zweifamilienhäuser, nicht unterkellert, hoher Standard	0,70	**1,60**	2,00	0,2%
Ein- und Zweifamilienhäuser, Passivhausstandard, Massivbau	4,80	**8,40**	10,00	1,1%
Ein- und Zweifamilienhäuser, Passivhausstandard, Holzbau	2,90	**5,00**	6,60	0,5%
Ein- und Zweifamilienhäuser, Holzbauweise, unterkellert	3,00	**4,90**	7,00	0,6%
Ein- und Zweifamilienhäuser, Holzbauweise, nicht unterkellert	2,80	**4,30**	5,50	1,1%
Doppel- und Reihenendhäuser, einfacher Standard	3,90	**6,60**	9,20	1,7%
Doppel- und Reihenendhäuser, mittlerer Standard	2,50	**4,60**	8,00	1,0%
Doppel- und Reihenendhäuser, hoher Standard	–	**5,70**	–	0,3%
Reihenhäuser, einfacher Standard	–	**–**	–	–
Reihenhäuser, mittlerer Standard	3,80	**4,50**	5,20	1,2%
Reihenhäuser, hoher Standard	–	**–**	–	–
Mehrfamilienhäuser				
Mehrfamilienhäuser, mit bis zu 6 WE, einfacher Standard	–	**–**	–	–
Mehrfamilienhäuser, mit bis zu 6 WE, mittlerer Standard	1,50	**2,20**	2,80	0,4%
Mehrfamilienhäuser, mit bis zu 6 WE, hoher Standard	1,90	**4,40**	5,90	0,7%

© BKI Baukosteninformationszentrum

Kosten: 4.Quartal 2021, Bundesdurchschnitt, **inkl. 19% MwSt.**

Gebäudeart	▷	€/Einheit	◁	KG an 400
Mehrfamilienhäuser (Fortsetzung)				
Mehrfamilienhäuser, mit 6 bis 19 WE, einfacher Standard	–	**3,70**	–	0,6%
Mehrfamilienhäuser, mit 6 bis 19 WE, mittlerer Standard	6,00	**9,00**	17,00	2,5%
Mehrfamilienhäuser, mit 6 bis 19 WE, hoher Standard	4,00	**6,50**	8,30	1,9%
Mehrfamilienhäuser, mit 20 oder mehr WE, einfacher Standard	3,60	**21,00**	55,00	6,3%
Mehrfamilienhäuser, mit 20 oder mehr WE, mittlerer Standard	4,00	**5,70**	8,70	2,2%
Mehrfamilienhäuser, mit 20 oder mehr WE, hoher Standard	2,30	**4,60**	5,80	1,5%
Mehrfamilienhäuser, Passivhäuser	1,80	**5,50**	11,00	1,5%
Wohnhäuser, mit bis zu 15% Mischnutzung, einfacher Standard	–	**–**	–	–
Wohnhäuser, mit bis zu 15% Mischnutzung, mittlerer Standard	–	**13,00**	–	1,3%
Wohnhäuser, mit bis zu 15% Mischnutzung, hoher Standard	–	**–**	–	–
Wohnhäuser, mit mehr als 15% Mischnutzung	–	**–**	–	–
Seniorenwohnungen				
Seniorenwohnungen, mittlerer Standard	8,10	**34,00**	110,00	7,0%
Seniorenwohnungen, hoher Standard	–	**–**	–	–
Beherbergung				
Wohnheime und Internate	4,00	**9,30**	18,00	1,6%
7 Gewerbegebäude				
Gaststätten und Kantinen				
Gaststätten, Kantinen und Mensen	–	**–**	–	–
Gebäude für Produktion				
Industrielle Produktionsgebäude, Massivbauweise	–	**–**	–	–
Industrielle Produktionsgebäude, überwiegend Skelettbauweise	0,70	**1,50**	2,30	0,3%
Betriebs- und Werkstätten, eingeschossig	–	**–**	–	–
Betriebs- und Werkstätten, mehrgeschossig, geringer Hallenanteil	0,70	**2,00**	2,80	0,4%
Betriebs- und Werkstätten, mehrgeschossig, hoher Hallenanteil	1,30	**3,10**	6,50	0,2%
Gebäude für Handel und Lager				
Geschäftshäuser, mit Wohnungen	–	**1,80**	–	0,2%
Geschäftshäuser, ohne Wohnungen	1,00	**2,00**	3,00	0,9%
Verbrauchermärkte	–	**1,90**	–	0,2%
Autohäuser	–	**2,70**	–	1,4%
Lagergebäude, ohne Mischnutzung	–	**–**	–	–
Lagergebäude, mit bis zu 25% Mischnutzung	0,80	**1,70**	2,70	0,4%
Lagergebäude, mit mehr als 25% Mischnutzung	–	**–**	–	–
Garagen und Bereitschaftsdienste				
Einzel-, Mehrfach- und Hochgaragen	–	**–**	–	–
Tiefgaragen	–	**–**	–	–
Feuerwehrhäuser	3,70	**5,40**	6,30	1,2%
Öffentliche Bereitschaftsdienste	–	**1,90**	–	0,1%
9 Kulturgebäude				
Gebäude für kulturelle Zwecke				
Bibliotheken, Museen und Ausstellungen	3,80	**5,00**	8,10	0,9%
Theater	–	**6,30**	–	1,1%
Gemeindezentren, einfacher Standard	0,40	**3,10**	5,70	1,4%
Gemeindezentren, mittlerer Standard	6,20	**9,20**	14,00	1,7%
Gemeindezentren, hoher Standard	–	**–**	–	–
Gebäude für religiöse Zwecke				
Sakralbauten	–	**–**	–	–
Friedhofsgebäude	–	**–**	–	–

Einheit: m² Brutto-Grundfläche (BGF)

© BKI Baukosteninformationszentrum   Kosten: 4.Quartal 2021, Bundesdurchschnitt, **inkl. 19% MwSt.**

421 Wärmeerzeugungsanlagen

Kosten:
Stand 4.Quartal 2021
Bundesdurchschnitt
inkl. 19% MwSt.

Einheit: m² Brutto-Grundfläche (BGF)

▷ von
ø Mittel
◁ bis

Gebäudeart	▷	€/Einheit	◁	KG an 400
1 Büro- und Verwaltungsgebäude				
Büro- und Verwaltungsgebäude, einfacher Standard	8,70	**17,00**	22,00	7,9%
Büro- und Verwaltungsgebäude, mittlerer Standard	11,00	**26,00**	65,00	5,1%
Büro- und Verwaltungsgebäude, hoher Standard	14,00	**40,00**	60,00	7,1%
2 Gebäude für Forschung und Lehre				
Instituts- und Laborgebäude	12,00	**68,00**	181,00	3,2%
3 Gebäude des Gesundheitswesens				
Medizinische Einrichtungen	11,00	**17,00**	30,00	2,8%
Pflegeheime	9,40	**15,00**	31,00	2,5%
4 Schulen und Kindergärten				
Allgemeinbildende Schulen	8,90	**25,00**	72,00	5,5%
Berufliche Schulen	8,20	**18,00**	28,00	1,5%
Förder- und Sonderschulen	11,00	**36,00**	80,00	7,7%
Weiterbildungseinrichtungen	6,10	**13,00**	20,00	1,8%
Kindergärten, nicht unterkellert, einfacher Standard	–	**13,00**	–	5,1%
Kindergärten, nicht unterkellert, mittlerer Standard	22,00	**45,00**	107,00	10,9%
Kindergärten, nicht unterkellert, hoher Standard	22,00	**29,00**	35,00	8,3%
Kindergärten, Holzbauweise, nicht unterkellert	19,00	**36,00**	60,00	10,4%
Kindergärten, unterkellert	11,00	**28,00**	61,00	6,9%
5 Sportbauten				
Sport- und Mehrzweckhallen	8,70	**27,00**	37,00	6,2%
Sporthallen (Einfeldhallen)	8,90	**12,00**	19,00	3,7%
Sporthallen (Dreifeldhallen)	–	**66,00**	–	3,3%
Schwimmhallen	–	**–**	–	–
6 Wohngebäude				
Ein- und Zweifamilienhäuser				
Ein- und Zweifamilienhäuser, unterkellert, einfacher Standard	27,00	**30,00**	34,00	18,8%
Ein- und Zweifamilienhäuser, unterkellert, mittlerer Standard	28,00	**63,00**	92,00	20,5%
Ein- und Zweifamilienhäuser, unterkellert, hoher Standard	43,00	**79,00**	119,00	21,5%
Ein- und Zweifamilienhäuser, nicht unterkellert, einfacher Standard	20,00	**37,00**	54,00	19,4%
Ein- und Zweifamilienhäuser, nicht unterkellert, mittlerer Standard	33,00	**57,00**	98,00	19,6%
Ein- und Zweifamilienhäuser, nicht unterkellert, hoher Standard	49,00	**94,00**	159,00	25,4%
Ein- und Zweifamilienhäuser, Passivhausstandard, Massivbau	30,00	**70,00**	100,00	20,0%
Ein- und Zweifamilienhäuser, Passivhausstandard, Holzbau	62,00	**100,00**	143,00	15,1%
Ein- und Zweifamilienhäuser, Holzbauweise, unterkellert	34,00	**54,00**	83,00	15,6%
Ein- und Zweifamilienhäuser, Holzbauweise, nicht unterkellert	41,00	**66,00**	119,00	21,3%
Doppel- und Reihenendhäuser, einfacher Standard	34,00	**81,00**	105,00	32,1%
Doppel- und Reihenendhäuser, mittlerer Standard	27,00	**49,00**	77,00	17,9%
Doppel- und Reihenendhäuser, hoher Standard	39,00	**49,00**	80,00	12,0%
Reihenhäuser, einfacher Standard	34,00	**45,00**	55,00	21,4%
Reihenhäuser, mittlerer Standard	39,00	**43,00**	50,00	16,8%
Reihenhäuser, hoher Standard	42,00	**67,00**	81,00	19,3%
Mehrfamilienhäuser				
Mehrfamilienhäuser, mit bis zu 6 WE, einfacher Standard	6,90	**9,30**	11,00	6,5%
Mehrfamilienhäuser, mit bis zu 6 WE, mittlerer Standard	18,00	**26,00**	38,00	9,3%
Mehrfamilienhäuser, mit bis zu 6 WE, hoher Standard	24,00	**36,00**	50,00	11,6%

421 Wärmeerzeugungsanlagen

Gebäudeart	▷	€/Einheit	◁	KG an 400
Mehrfamilienhäuser (Fortsetzung)				
Mehrfamilienhäuser, mit 6 bis 19 WE, einfacher Standard	4,70	**14,00**	32,00	7,3%
Mehrfamilienhäuser, mit 6 bis 19 WE, mittlerer Standard	9,10	**31,00**	64,00	10,7%
Mehrfamilienhäuser, mit 6 bis 19 WE, hoher Standard	7,60	**11,00**	15,00	4,9%
Mehrfamilienhäuser, mit 20 oder mehr WE, einfacher Standard	6,20	**12,00**	16,00	4,7%
Mehrfamilienhäuser, mit 20 oder mehr WE, mittlerer Standard	8,70	**18,00**	35,00	6,8%
Mehrfamilienhäuser, mit 20 oder mehr WE, hoher Standard	5,70	**11,00**	17,00	2,3%
Mehrfamilienhäuser, Passivhäuser	14,00	**38,00**	97,00	12,1%
Wohnhäuser, mit bis zu 15% Mischnutzung, einfacher Standard	17,00	**38,00**	75,00	14,9%
Wohnhäuser, mit bis zu 15% Mischnutzung, mittlerer Standard	27,00	**35,00**	45,00	19,4%
Wohnhäuser, mit bis zu 15% Mischnutzung, hoher Standard	–	**3,50**	–	1,3%
Wohnhäuser, mit mehr als 15% Mischnutzung	–	**13,00**	–	1,8%
Seniorenwohnungen				
Seniorenwohnungen, mittlerer Standard	4,30	**16,00**	32,00	5,0%
Seniorenwohnungen, hoher Standard	44,00	**49,00**	53,00	13,4%
Beherbergung				
Wohnheime und Internate	20,00	**46,00**	69,00	11,4%
7 Gewerbegebäude				
Gaststätten und Kantinen				
Gaststätten, Kantinen und Mensen	–	**39,00**	–	4,2%
Gebäude für Produktion				
Industrielle Produktionsgebäude, Massivbauweise	6,90	**27,00**	38,00	8,8%
Industrielle Produktionsgebäude, überwiegend Skelettbauweise	6,20	**15,00**	30,00	2,4%
Betriebs- und Werkstätten, eingeschossig	–	**11,00**	–	0,8%
Betriebs- und Werkstätten, mehrgeschossig, geringer Hallenanteil	13,00	**34,00**	94,00	7,1%
Betriebs- und Werkstätten, mehrgeschossig, hoher Hallenanteil	11,00	**35,00**	57,00	11,7%
Gebäude für Handel und Lager				
Geschäftshäuser, mit Wohnungen	14,00	**25,00**	33,00	9,3%
Geschäftshäuser, ohne Wohnungen	8,40	**13,00**	18,00	5,1%
Verbrauchermärkte	–	**24,00**	–	2,5%
Autohäuser	9,50	**14,00**	18,00	7,9%
Lagergebäude, ohne Mischnutzung	4,80	**15,00**	29,00	4,9%
Lagergebäude, mit bis zu 25% Mischnutzung	5,20	**7,60**	10,00	2,7%
Lagergebäude, mit mehr als 25% Mischnutzung	11,00	**14,00**	16,00	7,2%
Garagen und Bereitschaftsdienste				
Einzel-, Mehrfach- und Hochgaragen	–	**–**	–	–
Tiefgaragen	–	**–**	–	–
Feuerwehrhäuser	5,30	**8,30**	14,00	2,0%
Öffentliche Bereitschaftsdienste	10,00	**12,00**	15,00	4,0%
9 Kulturgebäude				
Gebäude für kulturelle Zwecke				
Bibliotheken, Museen und Ausstellungen	14,00	**26,00**	37,00	5,6%
Theater	–	**6,10**	–	0,2%
Gemeindezentren, einfacher Standard	13,00	**23,00**	37,00	11,4%
Gemeindezentren, mittlerer Standard	30,00	**42,00**	91,00	10,1%
Gemeindezentren, hoher Standard	47,00	**60,00**	85,00	10,2%
Gebäude für religiöse Zwecke				
Sakralbauten	–	**–**	–	–
Friedhofsgebäude	–	**–**	–	–

Einheit: m² Brutto-Grundfläche (BGF)

Kosten: 4.Quartal 2021, Bundesdurchschnitt, inkl. 19% MwSt.

422 Wärmeverteilnetze

Kosten:
Stand 4. Quartal 2021
Bundesdurchschnitt
inkl. 19% MwSt.

Einheit: m² Brutto-Grundfläche (BGF)

▷ von
∅ Mittel
◁ bis

Gebäudeart	▷	€/Einheit	◁	KG an 400
1 Büro- und Verwaltungsgebäude				
Büro- und Verwaltungsgebäude, einfacher Standard	6,50	**8,10**	11,00	3,2%
Büro- und Verwaltungsgebäude, mittlerer Standard	23,00	**38,00**	63,00	7,5%
Büro- und Verwaltungsgebäude, hoher Standard	33,00	**58,00**	99,00	8,4%
2 Gebäude für Forschung und Lehre				
Instituts- und Laborgebäude	23,00	**71,00**	120,00	5,4%
3 Gebäude des Gesundheitswesens				
Medizinische Einrichtungen	14,00	**18,00**	20,00	3,4%
Pflegeheime	24,00	**27,00**	30,00	4,0%
4 Schulen und Kindergärten				
Allgemeinbildende Schulen	17,00	**26,00**	41,00	7,4%
Berufliche Schulen	13,00	**32,00**	61,00	3,2%
Förder- und Sonderschulen	17,00	**31,00**	51,00	6,4%
Weiterbildungseinrichtungen	13,00	**23,00**	34,00	3,2%
Kindergärten, nicht unterkellert, einfacher Standard	–	**18,00**	–	7,4%
Kindergärten, nicht unterkellert, mittlerer Standard	12,00	**18,00**	23,00	3,0%
Kindergärten, nicht unterkellert, hoher Standard	11,00	**21,00**	31,00	6,0%
Kindergärten, Holzbauweise, nicht unterkellert	13,00	**19,00**	22,00	6,0%
Kindergärten, unterkellert	19,00	**22,00**	27,00	6,9%
5 Sportbauten				
Sport- und Mehrzweckhallen	5,90	**25,00**	35,00	5,4%
Sporthallen (Einfeldhallen)	16,00	**32,00**	57,00	9,8%
Sporthallen (Dreifeldhallen)	–	**33,00**	–	1,7%
Schwimmhallen	–	**–**	–	–
6 Wohngebäude				
Ein- und Zweifamilienhäuser				
Ein- und Zweifamilienhäuser, unterkellert, einfacher Standard	7,20	**10,00**	17,00	6,4%
Ein- und Zweifamilienhäuser, unterkellert, mittlerer Standard	7,90	**13,00**	22,00	4,4%
Ein- und Zweifamilienhäuser, unterkellert, hoher Standard	9,50	**19,00**	31,00	4,6%
Ein- und Zweifamilienhäuser, nicht unterkellert, einfacher Standard	13,00	**15,00**	18,00	9,4%
Ein- und Zweifamilienhäuser, nicht unterkellert, mittlerer Standard	6,60	**12,00**	18,00	3,2%
Ein- und Zweifamilienhäuser, nicht unterkellert, hoher Standard	7,50	**13,00**	22,00	3,4%
Ein- und Zweifamilienhäuser, Passivhausstandard, Massivbau	6,70	**11,00**	19,00	2,1%
Ein- und Zweifamilienhäuser, Passivhausstandard, Holzbau	5,40	**8,00**	13,00	1,7%
Ein- und Zweifamilienhäuser, Holzbauweise, unterkellert	7,30	**13,00**	18,00	4,2%
Ein- und Zweifamilienhäuser, Holzbauweise, nicht unterkellert	8,70	**13,00**	30,00	4,4%
Doppel- und Reihenendhäuser, einfacher Standard	12,00	**13,00**	14,00	4,2%
Doppel- und Reihenendhäuser, mittlerer Standard	18,00	**25,00**	63,00	7,5%
Doppel- und Reihenendhäuser, hoher Standard	7,80	**16,00**	19,00	4,0%
Reihenhäuser, einfacher Standard	14,00	**16,00**	19,00	7,9%
Reihenhäuser, mittlerer Standard	3,60	**17,00**	25,00	6,0%
Reihenhäuser, hoher Standard	15,00	**27,00**	47,00	7,5%
Mehrfamilienhäuser				
Mehrfamilienhäuser, mit bis zu 6 WE, einfacher Standard	16,00	**22,00**	32,00	14,4%
Mehrfamilienhäuser, mit bis zu 6 WE, mittlerer Standard	9,30	**18,00**	24,00	6,7%
Mehrfamilienhäuser, mit bis zu 6 WE, hoher Standard	13,00	**19,00**	48,00	6,5%

© BKI Baukosteninformationszentrum

Kosten: 4.Quartal 2021, Bundesdurchschnitt, **inkl. 19% MwSt.**

Gebäudeart	▷	€/Einheit	◁	KG an 400
Mehrfamilienhäuser (Fortsetzung)				
Mehrfamilienhäuser, mit 6 bis 19 WE, einfacher Standard	19,00	**22,00**	29,00	10,6%
Mehrfamilienhäuser, mit 6 bis 19 WE, mittlerer Standard	8,10	**17,00**	23,00	6,0%
Mehrfamilienhäuser, mit 6 bis 19 WE, hoher Standard	12,00	**17,00**	20,00	7,6%
Mehrfamilienhäuser, mit 20 oder mehr WE, einfacher Standard	13,00	**17,00**	24,00	6,0%
Mehrfamilienhäuser, mit 20 oder mehr WE, mittlerer Standard	8,90	**22,00**	30,00	8,9%
Mehrfamilienhäuser, mit 20 oder mehr WE, hoher Standard	11,00	**16,00**	26,00	5,3%
Mehrfamilienhäuser, Passivhäuser	8,90	**13,00**	20,00	3,5%
Wohnhäuser, mit bis zu 15% Mischnutzung, einfacher Standard	–	**16,00**	–	2,3%
Wohnhäuser, mit bis zu 15% Mischnutzung, mittlerer Standard	6,80	**14,00**	27,00	5,6%
Wohnhäuser, mit bis zu 15% Mischnutzung, hoher Standard	–	**36,00**	–	13,4%
Wohnhäuser, mit mehr als 15% Mischnutzung	–	**29,00**	–	4,0%
Seniorenwohnungen				
Seniorenwohnungen, mittlerer Standard	15,00	**27,00**	39,00	8,3%
Seniorenwohnungen, hoher Standard	28,00	**42,00**	56,00	12,1%
Beherbergung				
Wohnheime und Internate	14,00	**23,00**	32,00	5,9%
7 Gewerbegebäude				
Gaststätten und Kantinen				
Gaststätten, Kantinen und Mensen	–	**55,00**	–	6,0%
Gebäude für Produktion				
Industrielle Produktionsgebäude, Massivbauweise	17,00	**21,00**	29,00	7,1%
Industrielle Produktionsgebäude, überwiegend Skelettbauweise	16,00	**23,00**	38,00	3,5%
Betriebs- und Werkstätten, eingeschossig	–	**54,00**	–	3,7%
Betriebs- und Werkstätten, mehrgeschossig, geringer Hallenanteil	7,20	**11,00**	12,00	2,9%
Betriebs- und Werkstätten, mehrgeschossig, hoher Hallenanteil	11,00	**36,00**	77,00	5,6%
Gebäude für Handel und Lager				
Geschäftshäuser, mit Wohnungen	14,00	**16,00**	17,00	5,6%
Geschäftshäuser, ohne Wohnungen	24,00	**29,00**	35,00	12,3%
Verbrauchermärkte	–	**88,00**	–	8,8%
Autohäuser	9,60	**22,00**	35,00	10,4%
Lagergebäude, ohne Mischnutzung	12,00	**24,00**	55,00	8,0%
Lagergebäude, mit bis zu 25% Mischnutzung	8,30	**17,00**	26,00	4,0%
Lagergebäude, mit mehr als 25% Mischnutzung	10,00	**11,00**	11,00	5,4%
Garagen und Bereitschaftsdienste				
Einzel-, Mehrfach- und Hochgaragen	–	**–**	–	–
Tiefgaragen	–	**–**	–	–
Feuerwehrhäuser	17,00	**25,00**	31,00	6,0%
Öffentliche Bereitschaftsdienste	13,00	**16,00**	21,00	4,8%
9 Kulturgebäude				
Gebäude für kulturelle Zwecke				
Bibliotheken, Museen und Ausstellungen	13,00	**16,00**	21,00	2,7%
Theater	–	**65,00**	–	1,9%
Gemeindezentren, einfacher Standard	3,60	**12,00**	17,00	6,7%
Gemeindezentren, mittlerer Standard	12,00	**21,00**	28,00	5,5%
Gemeindezentren, hoher Standard	23,00	**26,00**	27,00	4,4%
Gebäude für religiöse Zwecke				
Sakralbauten	–	**–**	–	–
Friedhofsgebäude	–	**–**	–	–

Einheit: m² Brutto-Grundfläche (BGF)

423 Raumheizflächen

Kosten:
Stand 4. Quartal 2021
Bundesdurchschnitt
inkl. 19% MwSt.

Einheit: m² Brutto-Grundfläche (BGF)

▷ von
ø Mittel
◁ bis

Gebäudeart	▷	€/Einheit	◁	KG an 400
1 Büro- und Verwaltungsgebäude				
Büro- und Verwaltungsgebäude, einfacher Standard	21,00	**30,00**	43,00	13,7%
Büro- und Verwaltungsgebäude, mittlerer Standard	26,00	**46,00**	73,00	9,7%
Büro- und Verwaltungsgebäude, hoher Standard	20,00	**46,00**	72,00	7,1%
2 Gebäude für Forschung und Lehre				
Instituts- und Laborgebäude	20,00	**26,00**	41,00	2,2%
3 Gebäude des Gesundheitswesens				
Medizinische Einrichtungen	9,90	**13,00**	19,00	2,6%
Pflegeheime	16,00	**17,00**	19,00	2,5%
4 Schulen und Kindergärten				
Allgemeinbildende Schulen	14,00	**24,00**	44,00	6,2%
Berufliche Schulen	9,40	**19,00**	37,00	2,1%
Förder- und Sonderschulen	26,00	**42,00**	65,00	8,6%
Weiterbildungseinrichtungen	16,00	**26,00**	36,00	3,5%
Kindergärten, nicht unterkellert, einfacher Standard	–	**43,00**	–	17,4%
Kindergärten, nicht unterkellert, mittlerer Standard	20,00	**24,00**	25,00	4,3%
Kindergärten, nicht unterkellert, hoher Standard	4,00	**33,00**	62,00	9,2%
Kindergärten, Holzbauweise, nicht unterkellert	25,00	**34,00**	82,00	10,0%
Kindergärten, unterkellert	18,00	**33,00**	40,00	9,7%
5 Sportbauten				
Sport- und Mehrzweckhallen	13,00	**26,00**	52,00	6,2%
Sporthallen (Einfeldhallen)	12,00	**37,00**	53,00	12,2%
Sporthallen (Dreifeldhallen)	–	**45,00**	–	2,3%
Schwimmhallen	–	–	–	–
6 Wohngebäude				
Ein- und Zweifamilienhäuser				
Ein- und Zweifamilienhäuser, unterkellert, einfacher Standard	12,00	**19,00**	22,00	11,2%
Ein- und Zweifamilienhäuser, unterkellert, mittlerer Standard	27,00	**34,00**	44,00	12,2%
Ein- und Zweifamilienhäuser, unterkellert, hoher Standard	25,00	**38,00**	48,00	11,2%
Ein- und Zweifamilienhäuser, nicht unterkellert, einfacher Standard	11,00	**12,00**	14,00	7,5%
Ein- und Zweifamilienhäuser, nicht unterkellert, mittlerer Standard	21,00	**39,00**	63,00	14,1%
Ein- und Zweifamilienhäuser, nicht unterkellert, hoher Standard	37,00	**51,00**	78,00	14,7%
Ein- und Zweifamilienhäuser, Passivhausstandard, Massivbau	16,00	**25,00**	32,00	6,8%
Ein- und Zweifamilienhäuser, Passivhausstandard, Holzbau	15,00	**26,00**	48,00	5,0%
Ein- und Zweifamilienhäuser, Holzbauweise, unterkellert	21,00	**32,00**	49,00	8,4%
Ein- und Zweifamilienhäuser, Holzbauweise, nicht unterkellert	16,00	**26,00**	34,00	9,1%
Doppel- und Reihenendhäuser, einfacher Standard	19,00	**22,00**	28,00	9,3%
Doppel- und Reihenendhäuser, mittlerer Standard	14,00	**25,00**	44,00	9,3%
Doppel- und Reihenendhäuser, hoher Standard	22,00	**32,00**	38,00	7,5%
Reihenhäuser, einfacher Standard	18,00	**24,00**	29,00	11,4%
Reihenhäuser, mittlerer Standard	19,00	**29,00**	34,00	11,7%
Reihenhäuser, hoher Standard	22,00	**27,00**	36,00	7,9%
Mehrfamilienhäuser				
Mehrfamilienhäuser, mit bis zu 6 WE, einfacher Standard	14,00	**17,00**	21,00	11,2%
Mehrfamilienhäuser, mit bis zu 6 WE, mittlerer Standard	18,00	**34,00**	51,00	14,7%
Mehrfamilienhäuser, mit bis zu 6 WE, hoher Standard	27,00	**33,00**	40,00	11,1%

© BKI Baukosteninformationszentrum — Kosten: 4. Quartal 2021, Bundesdurchschnitt, **inkl. 19% MwSt.**

Raumheizflächen

Gebäudeart	▷	€/Einheit	◁	KG an 400
Mehrfamilienhäuser (Fortsetzung)				
Mehrfamilienhäuser, mit 6 bis 19 WE, einfacher Standard	12,00	**18,00**	22,00	8,9%
Mehrfamilienhäuser, mit 6 bis 19 WE, mittlerer Standard	11,00	**17,00**	25,00	7,3%
Mehrfamilienhäuser, mit 6 bis 19 WE, hoher Standard	14,00	**25,00**	39,00	10,7%
Mehrfamilienhäuser, mit 20 oder mehr WE, einfacher Standard	11,00	**12,00**	16,00	4,4%
Mehrfamilienhäuser, mit 20 oder mehr WE, mittlerer Standard	14,00	**22,00**	36,00	8,9%
Mehrfamilienhäuser, mit 20 oder mehr WE, hoher Standard	28,00	**49,00**	89,00	15,5%
Mehrfamilienhäuser, Passivhäuser	12,00	**21,00**	30,00	7,3%
Wohnhäuser, mit bis zu 15% Mischnutzung, einfacher Standard	16,00	**28,00**	35,00	12,1%
Wohnhäuser, mit bis zu 15% Mischnutzung, mittlerer Standard	14,00	**20,00**	31,00	10,0%
Wohnhäuser, mit bis zu 15% Mischnutzung, hoher Standard	–	**26,00**	–	9,8%
Wohnhäuser, mit mehr als 15% Mischnutzung	–	**35,00**	–	4,8%
Seniorenwohnungen				
Seniorenwohnungen, mittlerer Standard	16,00	**20,00**	25,00	6,3%
Seniorenwohnungen, hoher Standard	24,00	**29,00**	34,00	8,1%
Beherbergung				
Wohnheime und Internate	23,00	**33,00**	42,00	9,4%
7 Gewerbegebäude				
Gaststätten und Kantinen				
Gaststätten, Kantinen und Mensen	–	**28,00**	–	3,0%
Gebäude für Produktion				
Industrielle Produktionsgebäude, Massivbauweise	16,00	**28,00**	49,00	9,9%
Industrielle Produktionsgebäude, überwiegend Skelettbauweise	15,00	**21,00**	33,00	3,4%
Betriebs- und Werkstätten, eingeschossig	–	**15,00**	–	1,0%
Betriebs- und Werkstätten, mehrgeschossig, geringer Hallenanteil	18,00	**30,00**	46,00	8,2%
Betriebs- und Werkstätten, mehrgeschossig, hoher Hallenanteil	18,00	**26,00**	33,00	11,2%
Gebäude für Handel und Lager				
Geschäftshäuser, mit Wohnungen	4,30	**14,00**	20,00	5,1%
Geschäftshäuser, ohne Wohnungen	23,00	**30,00**	36,00	11,6%
Verbrauchermärkte	–	**28,00**	–	2,8%
Autohäuser	10,00	**16,00**	22,00	9,0%
Lagergebäude, ohne Mischnutzung	8,80	**19,00**	31,00	7,3%
Lagergebäude, mit bis zu 25% Mischnutzung	21,00	**29,00**	38,00	7,7%
Lagergebäude, mit mehr als 25% Mischnutzung	4,90	**15,00**	25,00	8,9%
Garagen und Bereitschaftsdienste				
Einzel-, Mehrfach- und Hochgaragen	–	**0,10**	–	0,0%
Tiefgaragen	–	**–**	–	–
Feuerwehrhäuser	19,00	**28,00**	33,00	6,4%
Öffentliche Bereitschaftsdienste	5,60	**9,20**	15,00	2,9%
9 Kulturgebäude				
Gebäude für kulturelle Zwecke				
Bibliotheken, Museen und Ausstellungen	27,00	**36,00**	46,00	7,6%
Theater	–	**76,00**	–	2,2%
Gemeindezentren, einfacher Standard	21,00	**27,00**	36,00	13,6%
Gemeindezentren, mittlerer Standard	24,00	**44,00**	69,00	10,0%
Gemeindezentren, hoher Standard	31,00	**37,00**	45,00	6,3%
Gebäude für religiöse Zwecke				
Sakralbauten	–	**–**	–	–
Friedhofsgebäude	–	**–**	–	–

Einheit: m² Brutto-Grundfläche (BGF)

© BKI Baukosteninformationszentrum   Kosten: 4.Quartal 2021, Bundesdurchschnitt, **inkl. 19% MwSt.**

429 Sonstiges zur KG 420

Kosten: Stand 4.Quartal 2021 Bundesdurchschnitt inkl. 19% MwSt.

Einheit: m² Brutto-Grundfläche (BGF)

▷ von
Ø Mittel
◁ bis

Gebäudeart	▷	€/Einheit	◁	KG an 400
1 Büro- und Verwaltungsgebäude				
Büro- und Verwaltungsgebäude, einfacher Standard	3,10	**3,70**	4,40	1,1%
Büro- und Verwaltungsgebäude, mittlerer Standard	2,80	**10,00**	39,00	0,8%
Büro- und Verwaltungsgebäude, hoher Standard	4,80	**10,00**	26,00	0,7%
2 Gebäude für Forschung und Lehre				
Instituts- und Laborgebäude	1,10	**12,00**	33,00	0,5%
3 Gebäude des Gesundheitswesens				
Medizinische Einrichtungen	0,90	**1,50**	2,10	0,2%
Pflegeheime	0,90	**1,40**	1,90	0,1%
4 Schulen und Kindergärten				
Allgemeinbildende Schulen	–	**2,10**	–	0,1%
Berufliche Schulen	1,10	**1,40**	1,80	0,1%
Förder- und Sonderschulen	–	**5,40**	–	0,2%
Weiterbildungseinrichtungen	0,60	**0,70**	0,80	0,1%
Kindergärten, nicht unterkellert, einfacher Standard	–	–	–	–
Kindergärten, nicht unterkellert, mittlerer Standard	3,00	**4,40**	5,80	0,3%
Kindergärten, nicht unterkellert, hoher Standard	–	**14,00**	–	2,0%
Kindergärten, Holzbauweise, nicht unterkellert	0,60	**1,70**	3,10	0,3%
Kindergärten, unterkellert	1,30	**2,70**	4,20	0,7%
5 Sportbauten				
Sport- und Mehrzweckhallen	–	**12,00**	–	0,8%
Sporthallen (Einfeldhallen)	–	**1,00**	–	0,1%
Sporthallen (Dreifeldhallen)	–	**6,90**	–	0,4%
Schwimmhallen	–	–	–	–
6 Wohngebäude				
Ein- und Zweifamilienhäuser				
Ein- und Zweifamilienhäuser, unterkellert, einfacher Standard	14,00	**15,00**	16,00	6,8%
Ein- und Zweifamilienhäuser, unterkellert, mittlerer Standard	10,00	**18,00**	36,00	4,5%
Ein- und Zweifamilienhäuser, unterkellert, hoher Standard	8,90	**21,00**	52,00	5,7%
Ein- und Zweifamilienhäuser, nicht unterkellert, einfacher Standard	–	**17,00**	–	6,3%
Ein- und Zweifamilienhäuser, nicht unterkellert, mittlerer Standard	4,70	**19,00**	51,00	3,9%
Ein- und Zweifamilienhäuser, nicht unterkellert, hoher Standard	16,00	**24,00**	38,00	6,1%
Ein- und Zweifamilienhäuser, Passivhausstandard, Massivbau	–	**11,00**	–	0,3%
Ein- und Zweifamilienhäuser, Passivhausstandard, Holzbau	15,00	**25,00**	43,00	2,4%
Ein- und Zweifamilienhäuser, Holzbauweise, unterkellert	8,00	**14,00**	22,00	2,3%
Ein- und Zweifamilienhäuser, Holzbauweise, nicht unterkellert	6,90	**14,00**	21,00	3,1%
Doppel- und Reihenendhäuser, einfacher Standard	–	**3,30**	–	0,6%
Doppel- und Reihenendhäuser, mittlerer Standard	5,20	**12,00**	24,00	2,5%
Doppel- und Reihenendhäuser, hoher Standard	17,00	**26,00**	53,00	6,0%
Reihenhäuser, einfacher Standard	–	**3,30**	–	0,9%
Reihenhäuser, mittlerer Standard	4,60	**5,50**	7,20	2,1%
Reihenhäuser, hoher Standard	–	**53,00**	–	4,3%
Mehrfamilienhäuser				
Mehrfamilienhäuser, mit bis zu 6 WE, einfacher Standard	2,80	**4,40**	7,70	3,2%
Mehrfamilienhäuser, mit bis zu 6 WE, mittlerer Standard	3,70	**7,60**	13,00	3,0%
Mehrfamilienhäuser, mit bis zu 6 WE, hoher Standard	2,70	**6,00**	8,30	1,5%

© BKI Baukosteninformationszentrum   Kosten: 4.Quartal 2021, Bundesdurchschnitt, **inkl.** 19% MwSt.

Gebäudeart	▷	€/Einheit	◁	KG an 400
Mehrfamilienhäuser (Fortsetzung)				
Mehrfamilienhäuser, mit 6 bis 19 WE, einfacher Standard	1,30	**8,80**	24,00	4,4%
Mehrfamilienhäuser, mit 6 bis 19 WE, mittlerer Standard	5,30	**8,50**	10,00	1,1%
Mehrfamilienhäuser, mit 6 bis 19 WE, hoher Standard	–	**4,50**	–	0,3%
Mehrfamilienhäuser, mit 20 oder mehr WE, einfacher Standard	2,00	**2,70**	4,00	1,0%
Mehrfamilienhäuser, mit 20 oder mehr WE, mittlerer Standard	–	**1,50**	–	0,2%
Mehrfamilienhäuser, mit 20 oder mehr WE, hoher Standard	–	**0,50**	–	0,1%
Mehrfamilienhäuser, Passivhäuser	0,70	**1,60**	3,00	0,2%
Wohnhäuser, mit bis zu 15% Mischnutzung, einfacher Standard	1,10	**1,80**	2,60	0,6%
Wohnhäuser, mit bis zu 15% Mischnutzung, mittlerer Standard	–	**3,30**	–	0,3%
Wohnhäuser, mit bis zu 15% Mischnutzung, hoher Standard	–	**3,60**	–	1,4%
Wohnhäuser, mit mehr als 15% Mischnutzung	–	**–**	–	–
Seniorenwohnungen				
Seniorenwohnungen, mittlerer Standard	0,20	**0,50**	0,80	0,1%
Seniorenwohnungen, hoher Standard	5,40	**6,10**	6,80	1,7%
Beherbergung				
Wohnheime und Internate	–	**12,00**	–	0,4%
7 Gewerbegebäude				
Gaststätten und Kantinen				
Gaststätten, Kantinen und Mensen	–	**3,90**	–	0,4%
Gebäude für Produktion				
Industrielle Produktionsgebäude, Massivbauweise	–	**6,30**	–	0,6%
Industrielle Produktionsgebäude, überwiegend Skelettbauweise	0,40	**0,90**	1,30	0,1%
Betriebs- und Werkstätten, eingeschossig	–	**0,60**	–	0,0%
Betriebs- und Werkstätten, mehrgeschossig, geringer Hallenanteil	1,30	**2,00**	3,30	0,6%
Betriebs- und Werkstätten, mehrgeschossig, hoher Hallenanteil	1,40	**6,20**	9,30	1,2%
Gebäude für Handel und Lager				
Geschäftshäuser, mit Wohnungen	–	**1,30**	–	0,1%
Geschäftshäuser, ohne Wohnungen	3,70	**8,00**	12,00	3,6%
Verbrauchermärkte	–	**5,40**	–	0,5%
Autohäuser	1,70	**1,70**	1,80	1,2%
Lagergebäude, ohne Mischnutzung	0,70	**3,00**	4,60	0,8%
Lagergebäude, mit bis zu 25% Mischnutzung	0,90	**1,10**	1,20	0,3%
Lagergebäude, mit mehr als 25% Mischnutzung	–	**0,90**	–	0,2%
Garagen und Bereitschaftsdienste				
Einzel-, Mehrfach- und Hochgaragen	–	**–**	–	–
Tiefgaragen	–	**–**	–	–
Feuerwehrhäuser	0,80	**1,30**	1,80	0,2%
Öffentliche Bereitschaftsdienste	–	**1,20**	–	0,1%
9 Kulturgebäude				
Gebäude für kulturelle Zwecke				
Bibliotheken, Museen und Ausstellungen	5,20	**7,00**	8,70	0,8%
Theater	–	**–**	–	–
Gemeindezentren, einfacher Standard	1,70	**5,70**	9,80	1,5%
Gemeindezentren, mittlerer Standard	1,30	**2,20**	3,20	0,3%
Gemeindezentren, hoher Standard	4,40	**19,00**	33,00	2,2%
Gebäude für religiöse Zwecke				
Sakralbauten	–	**–**	–	–
Friedhofsgebäude	–	**–**	–	–

Einheit: m² Brutto-Grundfläche (BGF)

Kosten: 4.Quartal 2021, Bundesdurchschnitt, inkl. 19% MwSt.

431 Lüftungsanlagen

Kosten:
Stand 4.Quartal 2021
Bundesdurchschnitt
inkl. 19% MwSt.

Einheit: m² Brutto-Grundfläche (BGF)

▷ von
ø Mittel
◁ bis

Gebäudeart	▷	€/Einheit	◁	KG an 400
1 Büro- und Verwaltungsgebäude				
Büro- und Verwaltungsgebäude, einfacher Standard	1,60	**45,00**	132,00	8,3%
Büro- und Verwaltungsgebäude, mittlerer Standard	6,90	**36,00**	70,00	5,2%
Büro- und Verwaltungsgebäude, hoher Standard	17,00	**66,00**	125,00	7,4%
2 Gebäude für Forschung und Lehre				
Instituts- und Laborgebäude	119,00	**237,00**	305,00	20,4%
3 Gebäude des Gesundheitswesens				
Medizinische Einrichtungen	–	**9,00**	–	0,7%
Pflegeheime	47,00	**95,00**	134,00	13,7%
4 Schulen und Kindergärten				
Allgemeinbildende Schulen	13,00	**69,00**	137,00	11,7%
Berufliche Schulen	40,00	**56,00**	71,00	4,8%
Förder- und Sonderschulen	12,00	**19,00**	30,00	4,3%
Weiterbildungseinrichtungen	59,00	**75,00**	91,00	9,6%
Kindergärten, nicht unterkellert, einfacher Standard	–	**11,00**	–	4,4%
Kindergärten, nicht unterkellert, mittlerer Standard	19,00	**57,00**	153,00	8,3%
Kindergärten, nicht unterkellert, hoher Standard	0,30	**55,00**	110,00	16,3%
Kindergärten, Holzbauweise, nicht unterkellert	14,00	**31,00**	60,00	5,4%
Kindergärten, unterkellert	3,70	**41,00**	115,00	10,4%
5 Sportbauten				
Sport- und Mehrzweckhallen	12,00	**64,00**	90,00	13,4%
Sporthallen (Einfeldhallen)	7,70	**22,00**	51,00	6,1%
Sporthallen (Dreifeldhallen)	21,00	**46,00**	72,00	5,3%
Schwimmhallen	–	–	–	–
6 Wohngebäude				
Ein- und Zweifamilienhäuser				
Ein- und Zweifamilienhäuser, unterkellert, einfacher Standard	–	–	–	–
Ein- und Zweifamilienhäuser, unterkellert, mittlerer Standard	2,00	**21,00**	36,00	2,8%
Ein- und Zweifamilienhäuser, unterkellert, hoher Standard	15,00	**34,00**	50,00	4,4%
Ein- und Zweifamilienhäuser, nicht unterkellert, einfacher Standard	–	**27,00**	–	6,0%
Ein- und Zweifamilienhäuser, nicht unterkellert, mittlerer Standard	12,00	**33,00**	48,00	4,3%
Ein- und Zweifamilienhäuser, nicht unterkellert, hoher Standard	1,90	**13,00**	23,00	0,5%
Ein- und Zweifamilienhäuser, Passivhausstandard, Massivbau	41,00	**78,00**	134,00	18,8%
Ein- und Zweifamilienhäuser, Passivhausstandard, Holzbau	68,00	**106,00**	162,00	25,1%
Ein- und Zweifamilienhäuser, Holzbauweise, unterkellert	19,00	**34,00**	56,00	6,6%
Ein- und Zweifamilienhäuser, Holzbauweise, nicht unterkellert	29,00	**37,00**	46,00	11,5%
Doppel- und Reihenendhäuser, einfacher Standard	–	–	–	–
Doppel- und Reihenendhäuser, mittlerer Standard	11,00	**36,00**	46,00	10,6%
Doppel- und Reihenendhäuser, hoher Standard	6,10	**18,00**	31,00	5,3%
Reihenhäuser, einfacher Standard	–	**5,40**	–	1,5%
Reihenhäuser, mittlerer Standard	5,10	**41,00**	58,00	13,6%
Reihenhäuser, hoher Standard	37,00	**46,00**	59,00	14,1%
Mehrfamilienhäuser				
Mehrfamilienhäuser, mit bis zu 6 WE, einfacher Standard	1,50	**3,40**	5,30	1,4%
Mehrfamilienhäuser, mit bis zu 6 WE, mittlerer Standard	4,40	**12,00**	34,00	3,1%
Mehrfamilienhäuser, mit bis zu 6 WE, hoher Standard	3,40	**16,00**	36,00	4,1%

© **BKI** Baukosteninformationszentrum   Kosten: 4.Quartal 2021, Bundesdurchschnitt, **inkl. 19% MwSt.**

431 Lüftungsanlagen

Gebäudeart	▷	€/Einheit	◁	KG an 400
Mehrfamilienhäuser (Fortsetzung)				
Mehrfamilienhäuser, mit 6 bis 19 WE, einfacher Standard	4,00	**17,00**	29,00	4,9%
Mehrfamilienhäuser, mit 6 bis 19 WE, mittlerer Standard	6,20	**23,00**	65,00	7,5%
Mehrfamilienhäuser, mit 6 bis 19 WE, hoher Standard	6,10	**11,00**	22,00	4,7%
Mehrfamilienhäuser, mit 20 oder mehr WE, einfacher Standard	5,90	**7,00**	9,30	2,5%
Mehrfamilienhäuser, mit 20 oder mehr WE, mittlerer Standard	3,70	**9,10**	19,00	3,7%
Mehrfamilienhäuser, mit 20 oder mehr WE, hoher Standard	16,00	**34,00**	68,00	12,1%
Mehrfamilienhäuser, Passivhäuser	33,00	**57,00**	77,00	20,1%
Wohnhäuser, mit bis zu 15% Mischnutzung, einfacher Standard	0,70	**4,10**	11,00	1,8%
Wohnhäuser, mit bis zu 15% Mischnutzung, mittlerer Standard	17,00	**23,00**	29,00	5,5%
Wohnhäuser, mit bis zu 15% Mischnutzung, hoher Standard	–	**21,00**	–	7,9%
Wohnhäuser, mit mehr als 15% Mischnutzung	–	**4,50**	–	0,6%
Seniorenwohnungen				
Seniorenwohnungen, mittlerer Standard	9,10	**11,00**	12,00	3,4%
Seniorenwohnungen, hoher Standard	–	**3,60**	–	0,5%
Beherbergung				
Wohnheime und Internate	8,00	**43,00**	80,00	7,5%
7 Gewerbegebäude				
Gaststätten und Kantinen				
Gaststätten, Kantinen und Mensen	–	**238,00**	–	26,1%
Gebäude für Produktion				
Industrielle Produktionsgebäude, Massivbauweise	–	**12,00**	–	1,4%
Industrielle Produktionsgebäude, überwiegend Skelettbauweise	5,70	**19,00**	30,00	3,8%
Betriebs- und Werkstätten, eingeschossig	–	**150,00**	–	10,5%
Betriebs- und Werkstätten, mehrgeschossig, geringer Hallenanteil	6,50	**39,00**	136,00	7,3%
Betriebs- und Werkstätten, mehrgeschossig, hoher Hallenanteil	2,20	**34,00**	66,00	3,3%
Gebäude für Handel und Lager				
Geschäftshäuser, mit Wohnungen	2,50	**9,00**	22,00	2,4%
Geschäftshäuser, ohne Wohnungen	2,90	**3,30**	3,70	1,4%
Verbrauchermärkte	–	**83,00**	–	8,4%
Autohäuser	0,70	**2,60**	4,50	1,1%
Lagergebäude, ohne Mischnutzung	3,10	**59,00**	114,00	3,1%
Lagergebäude, mit bis zu 25% Mischnutzung	–	**30,00**	–	2,5%
Lagergebäude, mit mehr als 25% Mischnutzung	–	**2,00**	–	0,6%
Garagen und Bereitschaftsdienste				
Einzel-, Mehrfach- und Hochgaragen	–	–	–	–
Tiefgaragen	–	–	–	–
Feuerwehrhäuser	23,00	**45,00**	57,00	10,9%
Öffentliche Bereitschaftsdienste	–	**30,00**	–	1,5%
9 Kulturgebäude				
Gebäude für kulturelle Zwecke				
Bibliotheken, Museen und Ausstellungen	3,30	**4,90**	6,40	0,6%
Theater	–	**299,00**	–	8,7%
Gemeindezentren, einfacher Standard	1,20	**8,60**	16,00	2,2%
Gemeindezentren, mittlerer Standard	2,50	**31,00**	59,00	2,2%
Gemeindezentren, hoher Standard	20,00	**58,00**	134,00	9,8%
Gebäude für religiöse Zwecke				
Sakralbauten	–	–	–	–
Friedhofsgebäude	–	**6,00**	–	1,6%

Einheit: m² Brutto-Grundfläche (BGF)

© BKI Baukosteninformationszentrum

Kosten: 4.Quartal 2021, Bundesdurchschnitt, inkl. 19% MwSt.

432 Teilklimaanlagen

Kosten:
Stand 4.Quartal 2021
Bundesdurchschnitt
inkl. 19% MwSt.

Einheit: m²
Brutto-Grundfläche
(BGF)

▷ von
ø Mittel
◁ bis

Gebäudeart	▷	€/Einheit	◁	KG an 400
1 Büro- und Verwaltungsgebäude				
Büro- und Verwaltungsgebäude, einfacher Standard	–	–	–	–
Büro- und Verwaltungsgebäude, mittlerer Standard	4,00	**10,00**	20,00	0,4%
Büro- und Verwaltungsgebäude, hoher Standard	40,00	**63,00**	97,00	1,9%
2 Gebäude für Forschung und Lehre				
Instituts- und Laborgebäude	–	–	–	–
3 Gebäude des Gesundheitswesens				
Medizinische Einrichtungen	0,90	**84,00**	127,00	13,5%
Pflegeheime	–	**1,10**	–	0,0%
4 Schulen und Kindergärten				
Allgemeinbildende Schulen	–	**4,20**	–	0,1%
Berufliche Schulen	–	–	–	–
Förder- und Sonderschulen	–	**1,30**	–	0,1%
Weiterbildungseinrichtungen	–	–	–	–
Kindergärten, nicht unterkellert, einfacher Standard	–	–	–	–
Kindergärten, nicht unterkellert, mittlerer Standard	–	–	–	–
Kindergärten, nicht unterkellert, hoher Standard	–	–	–	–
Kindergärten, Holzbauweise, nicht unterkellert	–	–	–	–
Kindergärten, unterkellert	–	–	–	–
5 Sportbauten				
Sport- und Mehrzweckhallen	–	–	–	–
Sporthallen (Einfeldhallen)	–	–	–	–
Sporthallen (Dreifeldhallen)	–	–	–	–
Schwimmhallen	–	–	–	–
6 Wohngebäude				
Ein- und Zweifamilienhäuser				
Ein- und Zweifamilienhäuser, unterkellert, einfacher Standard	–	–	–	–
Ein- und Zweifamilienhäuser, unterkellert, mittlerer Standard	–	–	–	–
Ein- und Zweifamilienhäuser, unterkellert, hoher Standard	–	–	–	–
Ein- und Zweifamilienhäuser, nicht unterkellert, einfacher Standard	–	–	–	–
Ein- und Zweifamilienhäuser, nicht unterkellert, mittlerer Standard	–	–	–	–
Ein- und Zweifamilienhäuser, nicht unterkellert, hoher Standard	–	–	–	–
Ein- und Zweifamilienhäuser, Passivhausstandard, Massivbau	–	–	–	–
Ein- und Zweifamilienhäuser, Passivhausstandard, Holzbau	–	–	–	–
Ein- und Zweifamilienhäuser, Holzbauweise, unterkellert	–	–	–	–
Ein- und Zweifamilienhäuser, Holzbauweise, nicht unterkellert	–	–	–	–
Doppel- und Reihenendhäuser, einfacher Standard	–	–	–	–
Doppel- und Reihenendhäuser, mittlerer Standard	–	–	–	–
Doppel- und Reihenendhäuser, hoher Standard	–	–	–	–
Reihenhäuser, einfacher Standard	–	–	–	–
Reihenhäuser, mittlerer Standard	–	–	–	–
Reihenhäuser, hoher Standard	–	–	–	–
Mehrfamilienhäuser				
Mehrfamilienhäuser, mit bis zu 6 WE, einfacher Standard	–	–	–	–
Mehrfamilienhäuser, mit bis zu 6 WE, mittlerer Standard	–	–	–	–
Mehrfamilienhäuser, mit bis zu 6 WE, hoher Standard	–	–	–	–

432 Teilklimaanlagen

Gebäudeart	▷	€/Einheit	◁	KG an 400
Mehrfamilienhäuser (Fortsetzung)				
Mehrfamilienhäuser, mit 6 bis 19 WE, einfacher Standard	–	3,00	–	0,4%
Mehrfamilienhäuser, mit 6 bis 19 WE, mittlerer Standard	–	–	–	–
Mehrfamilienhäuser, mit 6 bis 19 WE, hoher Standard	–	–	–	–
Mehrfamilienhäuser, mit 20 oder mehr WE, einfacher Standard	–	–	–	–
Mehrfamilienhäuser, mit 20 oder mehr WE, mittlerer Standard	–	–	–	–
Mehrfamilienhäuser, mit 20 oder mehr WE, hoher Standard	–	–	–	–
Mehrfamilienhäuser, Passivhäuser	–	–	–	–
Wohnhäuser, mit bis zu 15% Mischnutzung, einfacher Standard	–	–	–	–
Wohnhäuser, mit bis zu 15% Mischnutzung, mittlerer Standard	–	–	–	–
Wohnhäuser, mit bis zu 15% Mischnutzung, hoher Standard	–	–	–	–
Wohnhäuser, mit mehr als 15% Mischnutzung	–	–	–	–
Seniorenwohnungen				
Seniorenwohnungen, mittlerer Standard	–	–	–	–
Seniorenwohnungen, hoher Standard	–	–	–	–
Beherbergung				
Wohnheime und Internate	–	–	–	–
7 Gewerbegebäude				
Gaststätten und Kantinen				
Gaststätten, Kantinen und Mensen	–	–	–	–
Gebäude für Produktion				
Industrielle Produktionsgebäude, Massivbauweise	–	50,00	–	6,0%
Industrielle Produktionsgebäude, überwiegend Skelettbauweise	–	31,00	–	1,0%
Betriebs- und Werkstätten, eingeschossig	–	–	–	–
Betriebs- und Werkstätten, mehrgeschossig, geringer Hallenanteil	2,30	3,90	5,50	0,6%
Betriebs- und Werkstätten, mehrgeschossig, hoher Hallenanteil	–	–	–	–
Gebäude für Handel und Lager				
Geschäftshäuser, mit Wohnungen	–	65,00	–	5,2%
Geschäftshäuser, ohne Wohnungen	–	–	–	–
Verbrauchermärkte	–	–	–	–
Autohäuser	–	–	–	–
Lagergebäude, ohne Mischnutzung	–	–	–	–
Lagergebäude, mit bis zu 25% Mischnutzung	–	–	–	–
Lagergebäude, mit mehr als 25% Mischnutzung	–	–	–	–
Garagen und Bereitschaftsdienste				
Einzel-, Mehrfach- und Hochgaragen	–	–	–	–
Tiefgaragen	–	–	–	–
Feuerwehrhäuser	–	4,00	–	0,3%
Öffentliche Bereitschaftsdienste	–	2,00	–	0,1%
9 Kulturgebäude				
Gebäude für kulturelle Zwecke				
Bibliotheken, Museen und Ausstellungen	–	–	–	–
Theater	–	–	–	–
Gemeindezentren, einfacher Standard	–	–	–	–
Gemeindezentren, mittlerer Standard	–	–	–	–
Gemeindezentren, hoher Standard	–	–	–	–
Gebäude für religiöse Zwecke				
Sakralbauten	–	–	–	–
Friedhofsgebäude	–	–	–	–

Einheit: m² Brutto-Grundfläche (BGF)

Kosten: 4.Quartal 2021, Bundesdurchschnitt, **inkl. 19% MwSt.**

433 Klimaanlagen

Kosten:
Stand 4.Quartal 2021
Bundesdurchschnitt
inkl. 19% MwSt.

Einheit: m²
Brutto-Grundfläche (BGF)

▷ von
ø Mittel
◁ bis

Gebäudeart	▷	€/Einheit	◁	KG an 400
1 Büro- und Verwaltungsgebäude				
Büro- und Verwaltungsgebäude, einfacher Standard	–	–	–	–
Büro- und Verwaltungsgebäude, mittlerer Standard	6,80	**40,00**	95,00	1,6%
Büro- und Verwaltungsgebäude, hoher Standard	42,00	**85,00**	133,00	4,1%
2 Gebäude für Forschung und Lehre				
Instituts- und Laborgebäude	–	**431,00**	–	5,7%
3 Gebäude des Gesundheitswesens				
Medizinische Einrichtungen	–	–	–	–
Pflegeheime	–	–	–	–
4 Schulen und Kindergärten				
Allgemeinbildende Schulen	–	–	–	–
Berufliche Schulen	–	–	–	–
Förder- und Sonderschulen	–	–	–	–
Weiterbildungseinrichtungen	–	–	–	–
Kindergärten, nicht unterkellert, einfacher Standard	–	–	–	–
Kindergärten, nicht unterkellert, mittlerer Standard	–	–	–	–
Kindergärten, nicht unterkellert, hoher Standard	–	–	–	–
Kindergärten, Holzbauweise, nicht unterkellert	–	–	–	–
Kindergärten, unterkellert	–	–	–	–
5 Sportbauten				
Sport- und Mehrzweckhallen	–	–	–	–
Sporthallen (Einfeldhallen)	–	–	–	–
Sporthallen (Dreifeldhallen)	–	–	–	–
Schwimmhallen	–	–	–	–
6 Wohngebäude				
Ein- und Zweifamilienhäuser				
Ein- und Zweifamilienhäuser, unterkellert, einfacher Standard	–	–	–	–
Ein- und Zweifamilienhäuser, unterkellert, mittlerer Standard	–	–	–	–
Ein- und Zweifamilienhäuser, unterkellert, hoher Standard	–	**80,00**	–	1,4%
Ein- und Zweifamilienhäuser, nicht unterkellert, einfacher Standard	–	–	–	–
Ein- und Zweifamilienhäuser, nicht unterkellert, mittlerer Standard	–	–	–	–
Ein- und Zweifamilienhäuser, nicht unterkellert, hoher Standard	–	–	–	–
Ein- und Zweifamilienhäuser, Passivhausstandard, Massivbau	–	–	–	–
Ein- und Zweifamilienhäuser, Passivhausstandard, Holzbau	–	–	–	–
Ein- und Zweifamilienhäuser, Holzbauweise, unterkellert	–	–	–	–
Ein- und Zweifamilienhäuser, Holzbauweise, nicht unterkellert	–	–	–	–
Doppel- und Reihenendhäuser, einfacher Standard	–	–	–	–
Doppel- und Reihenendhäuser, mittlerer Standard	–	–	–	–
Doppel- und Reihenendhäuser, hoher Standard	–	–	–	–
Reihenhäuser, einfacher Standard	–	**11,00**	–	2,3%
Reihenhäuser, mittlerer Standard	–	–	–	–
Reihenhäuser, hoher Standard	–	–	–	–
Mehrfamilienhäuser				
Mehrfamilienhäuser, mit bis zu 6 WE, einfacher Standard	–	–	–	–
Mehrfamilienhäuser, mit bis zu 6 WE, mittlerer Standard	–	–	–	–
Mehrfamilienhäuser, mit bis zu 6 WE, hoher Standard	–	–	–	–

433 Klimaanlagen

Gebäudeart	▷	€/Einheit	◁	KG an 400
Mehrfamilienhäuser (Fortsetzung)				
Mehrfamilienhäuser, mit 6 bis 19 WE, einfacher Standard	–	–	–	–
Mehrfamilienhäuser, mit 6 bis 19 WE, mittlerer Standard	–	–	–	–
Mehrfamilienhäuser, mit 6 bis 19 WE, hoher Standard	–	–	–	–
Mehrfamilienhäuser, mit 20 oder mehr WE, einfacher Standard	–	–	–	–
Mehrfamilienhäuser, mit 20 oder mehr WE, mittlerer Standard	–	–	–	–
Mehrfamilienhäuser, mit 20 oder mehr WE, hoher Standard	–	–	–	–
Mehrfamilienhäuser, Passivhäuser	–	–	–	–
Wohnhäuser, mit bis zu 15% Mischnutzung, einfacher Standard	–	–	–	–
Wohnhäuser, mit bis zu 15% Mischnutzung, mittlerer Standard	–	–	–	–
Wohnhäuser, mit bis zu 15% Mischnutzung, hoher Standard	–	–	–	–
Wohnhäuser, mit mehr als 15% Mischnutzung	–	–	–	–
Seniorenwohnungen				
Seniorenwohnungen, mittlerer Standard	–	–	–	–
Seniorenwohnungen, hoher Standard	–	–	–	–
Beherbergung				
Wohnheime und Internate	–	**2,30**	–	0,1%
7 Gewerbegebäude				
Gaststätten und Kantinen				
Gaststätten, Kantinen und Mensen	–	–	–	–
Gebäude für Produktion				
Industrielle Produktionsgebäude, Massivbauweise	–	–	–	–
Industrielle Produktionsgebäude, überwiegend Skelettbauweise	10,00	**62,00**	164,00	4,8%
Betriebs- und Werkstätten, eingeschossig	–	–	–	–
Betriebs- und Werkstätten, mehrgeschossig, geringer Hallenanteil	–	**227,00**	–	8,6%
Betriebs- und Werkstätten, mehrgeschossig, hoher Hallenanteil	–	**3,20**	–	0,1%
Gebäude für Handel und Lager				
Geschäftshäuser, mit Wohnungen	–	–	–	–
Geschäftshäuser, ohne Wohnungen	–	–	–	–
Verbrauchermärkte	–	–	–	–
Autohäuser	–	–	–	–
Lagergebäude, ohne Mischnutzung	–	–	–	–
Lagergebäude, mit bis zu 25% Mischnutzung	–	–	–	–
Lagergebäude, mit mehr als 25% Mischnutzung	–	–	–	–
Garagen und Bereitschaftsdienste				
Einzel-, Mehrfach- und Hochgaragen	–	–	–	–
Tiefgaragen	–	–	–	–
Feuerwehrhäuser	–	–	–	–
Öffentliche Bereitschaftsdienste	–	–	–	–
9 Kulturgebäude				
Gebäude für kulturelle Zwecke				
Bibliotheken, Museen und Ausstellungen	–	**112,00**	–	2,7%
Theater	–	–	–	–
Gemeindezentren, einfacher Standard	–	–	–	–
Gemeindezentren, mittlerer Standard	–	–	–	–
Gemeindezentren, hoher Standard	–	–	–	–
Gebäude für religiöse Zwecke				
Sakralbauten	–	–	–	–
Friedhofsgebäude	–	–	–	–

Einheit: m² Brutto-Grundfläche (BGF)

434 Kälteanlagen

Kosten:
Stand 4.Quartal 2021
Bundesdurchschnitt
inkl. 19% MwSt.

Einheit: m²
Brutto-Grundfläche (BGF)

▷ von
Ø Mittel
◁ bis

Gebäudeart	▷	€/Einheit	◁	KG an 400
1 Büro- und Verwaltungsgebäude	–	–	–	–
Büro- und Verwaltungsgebäude, einfacher Standard	–	–	–	–
Büro- und Verwaltungsgebäude, mittlerer Standard	22,00	**45,00**	116,00	1,6%
Büro- und Verwaltungsgebäude, hoher Standard	26,00	**57,00**	80,00	2,1%
2 Gebäude für Forschung und Lehre				
Instituts- und Laborgebäude	150,00	**273,00**	511,00	13,3%
3 Gebäude des Gesundheitswesens				
Medizinische Einrichtungen	–	**51,00**	–	2,0%
Pflegeheime	–	**15,00**	–	0,6%
4 Schulen und Kindergärten				
Allgemeinbildende Schulen	–	–	–	–
Berufliche Schulen	–	–	–	–
Förder- und Sonderschulen	–	–	–	–
Weiterbildungseinrichtungen	–	–	–	–
Kindergärten, nicht unterkellert, einfacher Standard	–	–	–	–
Kindergärten, nicht unterkellert, mittlerer Standard	–	–	–	–
Kindergärten, nicht unterkellert, hoher Standard	–	–	–	–
Kindergärten, Holzbauweise, nicht unterkellert	–	–	–	–
Kindergärten, unterkellert	–	–	–	–
5 Sportbauten				
Sport- und Mehrzweckhallen	–	–	–	–
Sporthallen (Einfeldhallen)	–	–	–	–
Sporthallen (Dreifeldhallen)	–	–	–	–
Schwimmhallen	–	–	–	–
6 Wohngebäude				
Ein- und Zweifamilienhäuser				
Ein- und Zweifamilienhäuser, unterkellert, einfacher Standard	–	–	–	–
Ein- und Zweifamilienhäuser, unterkellert, mittlerer Standard	–	–	–	–
Ein- und Zweifamilienhäuser, unterkellert, hoher Standard	–	–	–	–
Ein- und Zweifamilienhäuser, nicht unterkellert, einfacher Standard	–	–	–	–
Ein- und Zweifamilienhäuser, nicht unterkellert, mittlerer Standard	–	–	–	–
Ein- und Zweifamilienhäuser, nicht unterkellert, hoher Standard	–	–	–	–
Ein- und Zweifamilienhäuser, Passivhausstandard, Massivbau	–	**44,00**	–	1,1%
Ein- und Zweifamilienhäuser, Passivhausstandard, Holzbau	–	–	–	–
Ein- und Zweifamilienhäuser, Holzbauweise, unterkellert	–	–	–	–
Ein- und Zweifamilienhäuser, Holzbauweise, nicht unterkellert	–	–	–	–
Doppel- und Reihenendhäuser, einfacher Standard	–	–	–	–
Doppel- und Reihenendhäuser, mittlerer Standard	–	–	–	–
Doppel- und Reihenendhäuser, hoher Standard	–	–	–	–
Reihenhäuser, einfacher Standard	–	–	–	–
Reihenhäuser, mittlerer Standard	–	–	–	–
Reihenhäuser, hoher Standard	–	–	–	–
Mehrfamilienhäuser				
Mehrfamilienhäuser, mit bis zu 6 WE, einfacher Standard	–	–	–	–
Mehrfamilienhäuser, mit bis zu 6 WE, mittlerer Standard	–	–	–	–
Mehrfamilienhäuser, mit bis zu 6 WE, hoher Standard	–	–	–	–

434 Kälteanlagen

Einheit: m² Brutto-Grundfläche (BGF)

Gebäudeart	▷	€/Einheit	◁	KG an 400
Mehrfamilienhäuser (Fortsetzung)				
Mehrfamilienhäuser, mit 6 bis 19 WE, einfacher Standard	–	–	–	–
Mehrfamilienhäuser, mit 6 bis 19 WE, mittlerer Standard	–	–	–	–
Mehrfamilienhäuser, mit 6 bis 19 WE, hoher Standard	–	–	–	–
Mehrfamilienhäuser, mit 20 oder mehr WE, einfacher Standard	–	–	–	–
Mehrfamilienhäuser, mit 20 oder mehr WE, mittlerer Standard	–	–	–	–
Mehrfamilienhäuser, mit 20 oder mehr WE, hoher Standard	–	–	–	–
Mehrfamilienhäuser, Passivhäuser	–	–	–	–
Wohnhäuser, mit bis zu 15% Mischnutzung, einfacher Standard	–	–	–	–
Wohnhäuser, mit bis zu 15% Mischnutzung, mittlerer Standard	–	–	–	–
Wohnhäuser, mit bis zu 15% Mischnutzung, hoher Standard	–	–	–	–
Wohnhäuser, mit mehr als 15% Mischnutzung	–	–	–	–
Seniorenwohnungen				
Seniorenwohnungen, mittlerer Standard	–	–	–	–
Seniorenwohnungen, hoher Standard	–	–	–	–
Beherbergung				
Wohnheime und Internate	–	–	–	–
7 Gewerbegebäude				
Gaststätten und Kantinen				
Gaststätten, Kantinen und Mensen	–	–	–	–
Gebäude für Produktion				
Industrielle Produktionsgebäude, Massivbauweise	–	–	–	–
Industrielle Produktionsgebäude, überwiegend Skelettbauweise	68,00	**144,00**	219,00	6,8%
Betriebs- und Werkstätten, eingeschossig	–	**58,00**	–	4,0%
Betriebs- und Werkstätten, mehrgeschossig, geringer Hallenanteil	–	–	–	–
Betriebs- und Werkstätten, mehrgeschossig, hoher Hallenanteil	–	–	–	–
Gebäude für Handel und Lager				
Geschäftshäuser, mit Wohnungen	–	**26,00**	–	2,1%
Geschäftshäuser, ohne Wohnungen	–	**0,30**	–	0,1%
Verbrauchermärkte	–	–	–	–
Autohäuser	–	–	–	–
Lagergebäude, ohne Mischnutzung	–	**28,00**	–	0,6%
Lagergebäude, mit bis zu 25% Mischnutzung	–	**22,00**	–	1,8%
Lagergebäude, mit mehr als 25% Mischnutzung	–	–	–	–
Garagen und Bereitschaftsdienste				
Einzel-, Mehrfach- und Hochgaragen	–	–	–	–
Tiefgaragen	–	–	–	–
Feuerwehrhäuser	–	–	–	–
Öffentliche Bereitschaftsdienste	–	**32,00**	–	3,9%
9 Kulturgebäude				
Gebäude für kulturelle Zwecke				
Bibliotheken, Museen und Ausstellungen	–	**35,00**	–	0,8%
Theater	–	–	–	–
Gemeindezentren, einfacher Standard	–	–	–	–
Gemeindezentren, mittlerer Standard	–	–	–	–
Gemeindezentren, hoher Standard	–	–	–	–
Gebäude für religiöse Zwecke				
Sakralbauten	–	–	–	–
Friedhofsgebäude	–	**210,00**	–	56,1%

Kosten: 4.Quartal 2021, Bundesdurchschnitt, inkl. 19% MwSt.

442 Eigenstromversorgungsanlagen

Kosten: Stand 4. Quartal 2021 Bundesdurchschnitt inkl. 19% MwSt.

Einheit: m² Brutto-Grundfläche (BGF)

▷ von
ø Mittel
◁ bis

Gebäudeart	▷	€/Einheit	◁	KG an 400
1 Büro- und Verwaltungsgebäude				
Büro- und Verwaltungsgebäude, einfacher Standard	–	**126,00**	–	7,6%
Büro- und Verwaltungsgebäude, mittlerer Standard	7,20	**29,00**	89,00	2,6%
Büro- und Verwaltungsgebäude, hoher Standard	14,00	**39,00**	83,00	4,3%
2 Gebäude für Forschung und Lehre				
Instituts- und Laborgebäude	–	**6,40**	–	0,2%
3 Gebäude des Gesundheitswesens				
Medizinische Einrichtungen	15,00	**25,00**	34,00	3,0%
Pflegeheime	3,90	**6,60**	12,00	0,7%
4 Schulen und Kindergärten				
Allgemeinbildende Schulen	5,80	**14,00**	36,00	1,7%
Berufliche Schulen	–	**7,10**	–	0,3%
Förder- und Sonderschulen	6,70	**18,00**	48,00	3,4%
Weiterbildungseinrichtungen	–	**7,60**	–	0,4%
Kindergärten, nicht unterkellert, einfacher Standard	–	–	–	–
Kindergärten, nicht unterkellert, mittlerer Standard	–	**4,90**	–	0,2%
Kindergärten, nicht unterkellert, hoher Standard	–	–	–	–
Kindergärten, Holzbauweise, nicht unterkellert	–	**44,00**	–	1,0%
Kindergärten, unterkellert	–	–	–	–
5 Sportbauten				
Sport- und Mehrzweckhallen	12,00	**19,00**	26,00	2,3%
Sporthallen (Einfeldhallen)	–	**13,00**	–	1,4%
Sporthallen (Dreifeldhallen)	–	**21,00**	–	1,0%
Schwimmhallen	–	–	–	–
6 Wohngebäude				
Ein- und Zweifamilienhäuser				
Ein- und Zweifamilienhäuser, unterkellert, einfacher Standard	–	–	–	–
Ein- und Zweifamilienhäuser, unterkellert, mittlerer Standard	56,00	**79,00**	94,00	3,5%
Ein- und Zweifamilienhäuser, unterkellert, hoher Standard	–	–	–	–
Ein- und Zweifamilienhäuser, nicht unterkellert, einfacher Standard	–	–	–	–
Ein- und Zweifamilienhäuser, nicht unterkellert, mittlerer Standard	–	–	–	–
Ein- und Zweifamilienhäuser, nicht unterkellert, hoher Standard	–	–	–	–
Ein- und Zweifamilienhäuser, Passivhausstandard, Massivbau	58,00	**138,00**	219,00	4,9%
Ein- und Zweifamilienhäuser, Passivhausstandard, Holzbau	117,00	**124,00**	131,00	3,8%
Ein- und Zweifamilienhäuser, Holzbauweise, unterkellert	–	–	–	–
Ein- und Zweifamilienhäuser, Holzbauweise, nicht unterkellert	–	**122,00**	–	4,1%
Doppel- und Reihenendhäuser, einfacher Standard	–	**67,00**	–	7,2%
Doppel- und Reihenendhäuser, mittlerer Standard	–	–	–	–
Doppel- und Reihenendhäuser, hoher Standard	–	–	–	–
Reihenhäuser, einfacher Standard	–	–	–	–
Reihenhäuser, mittlerer Standard	–	–	–	–
Reihenhäuser, hoher Standard	–	–	–	–
Mehrfamilienhäuser				
Mehrfamilienhäuser, mit bis zu 6 WE, einfacher Standard	–	–	–	–
Mehrfamilienhäuser, mit bis zu 6 WE, mittlerer Standard	–	**81,00**	–	5,2%
Mehrfamilienhäuser, mit bis zu 6 WE, hoher Standard	–	–	–	–

© BKI Baukosteninformationszentrum — Kosten: 4. Quartal 2021, Bundesdurchschnitt, **inkl. 19% MwSt.**

442 Eigenstromversorgungsanlagen

Einheit: m² Brutto-Grundfläche (BGF)

Gebäudeart	▷	€/Einheit	◁	KG an 400
Mehrfamilienhäuser (Fortsetzung)				
Mehrfamilienhäuser, mit 6 bis 19 WE, einfacher Standard	–	–	–	–
Mehrfamilienhäuser, mit 6 bis 19 WE, mittlerer Standard	–	94,00	–	1,8%
Mehrfamilienhäuser, mit 6 bis 19 WE, hoher Standard	–	–	–	–
Mehrfamilienhäuser, mit 20 oder mehr WE, einfacher Standard	–	–	–	–
Mehrfamilienhäuser, mit 20 oder mehr WE, mittlerer Standard	–	3,70	–	0,5%
Mehrfamilienhäuser, mit 20 oder mehr WE, hoher Standard	–	–	–	–
Mehrfamilienhäuser, Passivhäuser	–	–	–	–
Wohnhäuser, mit bis zu 15% Mischnutzung, einfacher Standard	–	–	–	–
Wohnhäuser, mit bis zu 15% Mischnutzung, mittlerer Standard	–	25,00	–	2,7%
Wohnhäuser, mit bis zu 15% Mischnutzung, hoher Standard	–	–	–	–
Wohnhäuser, mit mehr als 15% Mischnutzung	–	–	–	–
Seniorenwohnungen				
Seniorenwohnungen, mittlerer Standard	–	2,50	–	0,2%
Seniorenwohnungen, hoher Standard	–	2,40	–	0,4%
Beherbergung				
Wohnheime und Internate	–	33,00	–	1,8%
7 Gewerbegebäude				
Gaststätten und Kantinen				
Gaststätten, Kantinen und Mensen	–	–	–	–
Gebäude für Produktion				
Industrielle Produktionsgebäude, Massivbauweise	–	23,00	–	2,8%
Industrielle Produktionsgebäude, überwiegend Skelettbauweise	3,50	3,70	4,00	0,3%
Betriebs- und Werkstätten, eingeschossig	–	1,70	–	0,1%
Betriebs- und Werkstätten, mehrgeschossig, geringer Hallenanteil	–	1,50	–	0,1%
Betriebs- und Werkstätten, mehrgeschossig, hoher Hallenanteil	–	0,90	–	0,0%
Gebäude für Handel und Lager				
Geschäftshäuser, mit Wohnungen	–	18,00	–	1,5%
Geschäftshäuser, ohne Wohnungen	–	–	–	–
Verbrauchermärkte	–	–	–	–
Autohäuser	–	–	–	–
Lagergebäude, ohne Mischnutzung	–	3,70	–	0,1%
Lagergebäude, mit bis zu 25% Mischnutzung	–	5,80	–	0,5%
Lagergebäude, mit mehr als 25% Mischnutzung	–	–	–	–
Garagen und Bereitschaftsdienste				
Einzel-, Mehrfach- und Hochgaragen	–	–	–	–
Tiefgaragen	–	–	–	–
Feuerwehrhäuser	–	28,00	–	1,9%
Öffentliche Bereitschaftsdienste	–	2,80	–	0,1%
9 Kulturgebäude				
Gebäude für kulturelle Zwecke				
Bibliotheken, Museen und Ausstellungen	–	15,00	–	0,4%
Theater	–	4,90	–	0,8%
Gemeindezentren, einfacher Standard	–	–	–	–
Gemeindezentren, mittlerer Standard	–	31,00	–	1,1%
Gemeindezentren, hoher Standard	–	15,00	–	0,8%
Gebäude für religiöse Zwecke				
Sakralbauten	–	–	–	–
Friedhofsgebäude	–	–	–	–

© BKI Baukosteninformationszentrum   Kosten: 4.Quartal 2021, Bundesdurchschnitt, **inkl. 19% MwSt.**

443 Niederspannungsschaltanlagen

Kosten:
Stand 4.Quartal 2021
Bundesdurchschnitt
inkl. 19% MwSt.

Einheit: m² Brutto-Grundfläche (BGF)

▷ von
ø Mittel
◁ bis

Gebäudeart	▷	€/Einheit	◁	KG an 400
1 Büro- und Verwaltungsgebäude				
Büro- und Verwaltungsgebäude, einfacher Standard	–	–	–	–
Büro- und Verwaltungsgebäude, mittlerer Standard	7,60	**14,00**	26,00	0,9%
Büro- und Verwaltungsgebäude, hoher Standard	12,00	**18,00**	25,00	0,8%
2 Gebäude für Forschung und Lehre				
Instituts- und Laborgebäude	17,00	**72,00**	126,00	3,0%
3 Gebäude des Gesundheitswesens				
Medizinische Einrichtungen	–	–	–	–
Pflegeheime	9,30	**10,00**	11,00	0,7%
4 Schulen und Kindergärten				
Allgemeinbildende Schulen	5,80	**16,00**	22,00	0,9%
Berufliche Schulen	–	**16,00**	–	0,6%
Förder- und Sonderschulen	–	**15,00**	–	0,8%
Weiterbildungseinrichtungen	–	**22,00**	–	1,1%
Kindergärten, nicht unterkellert, einfacher Standard	–	–	–	–
Kindergärten, nicht unterkellert, mittlerer Standard	–	**10,00**	–	0,4%
Kindergärten, nicht unterkellert, hoher Standard	–	**8,10**	–	1,1%
Kindergärten, Holzbauweise, nicht unterkellert	–	–	–	–
Kindergärten, unterkellert	–	–	–	–
5 Sportbauten				
Sport- und Mehrzweckhallen	–	**11,00**	–	0,7%
Sporthallen (Einfeldhallen)	–	–	–	–
Sporthallen (Dreifeldhallen)	–	–	–	–
Schwimmhallen	–	–	–	–
6 Wohngebäude				
Ein- und Zweifamilienhäuser				
Ein- und Zweifamilienhäuser, unterkellert, einfacher Standard	–	–	–	–
Ein- und Zweifamilienhäuser, unterkellert, mittlerer Standard	–	–	–	–
Ein- und Zweifamilienhäuser, unterkellert, hoher Standard	–	–	–	–
Ein- und Zweifamilienhäuser, nicht unterkellert, einfacher Standard	–	–	–	–
Ein- und Zweifamilienhäuser, nicht unterkellert, mittlerer Standard	–	–	–	–
Ein- und Zweifamilienhäuser, nicht unterkellert, hoher Standard	–	–	–	–
Ein- und Zweifamilienhäuser, Passivhausstandard, Massivbau	–	–	–	–
Ein- und Zweifamilienhäuser, Passivhausstandard, Holzbau	–	–	–	–
Ein- und Zweifamilienhäuser, Holzbauweise, unterkellert	–	–	–	–
Ein- und Zweifamilienhäuser, Holzbauweise, nicht unterkellert	–	–	–	–
Doppel- und Reihenendhäuser, einfacher Standard	–	–	–	–
Doppel- und Reihenendhäuser, mittlerer Standard	–	–	–	–
Doppel- und Reihenendhäuser, hoher Standard	–	–	–	–
Reihenhäuser, einfacher Standard	–	**15,00**	–	3,1%
Reihenhäuser, mittlerer Standard	–	–	–	–
Reihenhäuser, hoher Standard	–	–	–	–
Mehrfamilienhäuser				
Mehrfamilienhäuser, mit bis zu 6 WE, einfacher Standard	2,30	**5,00**	7,70	2,1%
Mehrfamilienhäuser, mit bis zu 6 WE, mittlerer Standard	–	–	–	–
Mehrfamilienhäuser, mit bis zu 6 WE, hoher Standard	–	–	–	–

443 Niederspannungsschaltanlagen

Gebäudeart	▷	€/Einheit	◁	KG an 400
Mehrfamilienhäuser (Fortsetzung)				
Mehrfamilienhäuser, mit 6 bis 19 WE, einfacher Standard	–	**3,70**	–	0,6%
Mehrfamilienhäuser, mit 6 bis 19 WE, mittlerer Standard	–	**14,00**	–	0,4%
Mehrfamilienhäuser, mit 6 bis 19 WE, hoher Standard	–	–	–	–
Mehrfamilienhäuser, mit 20 oder mehr WE, einfacher Standard	–	–	–	–
Mehrfamilienhäuser, mit 20 oder mehr WE, mittlerer Standard	–	**7,10**	–	0,8%
Mehrfamilienhäuser, mit 20 oder mehr WE, hoher Standard	–	–	–	–
Mehrfamilienhäuser, Passivhäuser	–	–	–	–
Wohnhäuser, mit bis zu 15% Mischnutzung, einfacher Standard	–	–	–	–
Wohnhäuser, mit bis zu 15% Mischnutzung, mittlerer Standard	–	–	–	–
Wohnhäuser, mit bis zu 15% Mischnutzung, hoher Standard	–	**2,40**	–	0,9%
Wohnhäuser, mit mehr als 15% Mischnutzung	–	–	–	–
Seniorenwohnungen				
Seniorenwohnungen, mittlerer Standard	–	**4,50**	–	0,2%
Seniorenwohnungen, hoher Standard	–	–	–	–
Beherbergung				
Wohnheime und Internate	–	–	–	–
7 Gewerbegebäude				
Gaststätten und Kantinen				
Gaststätten, Kantinen und Mensen	–	**35,00**	–	3,8%
Gebäude für Produktion				
Industrielle Produktionsgebäude, Massivbauweise	7,00	**24,00**	42,00	4,8%
Industrielle Produktionsgebäude, überwiegend Skelettbauweise	4,90	**13,00**	26,00	2,1%
Betriebs- und Werkstätten, eingeschossig	–	**26,00**	–	1,8%
Betriebs- und Werkstätten, mehrgeschossig, geringer Hallenanteil	3,10	**21,00**	39,00	3,6%
Betriebs- und Werkstätten, mehrgeschossig, hoher Hallenanteil	10,00	**19,00**	30,00	3,3%
Gebäude für Handel und Lager				
Geschäftshäuser, mit Wohnungen	–	**1,50**	–	0,1%
Geschäftshäuser, ohne Wohnungen	–	–	–	–
Verbrauchermärkte	–	**4,00**	–	0,4%
Autohäuser	–	–	–	–
Lagergebäude, ohne Mischnutzung	–	**14,00**	–	0,3%
Lagergebäude, mit bis zu 25% Mischnutzung	–	–	–	–
Lagergebäude, mit mehr als 25% Mischnutzung	–	**7,40**	–	1,5%
Garagen und Bereitschaftsdienste				
Einzel-, Mehrfach- und Hochgaragen	–	–	–	–
Tiefgaragen	–	–	–	–
Feuerwehrhäuser	–	–	–	–
Öffentliche Bereitschaftsdienste	–	–	–	–
9 Kulturgebäude				
Gebäude für kulturelle Zwecke				
Bibliotheken, Museen und Ausstellungen	–	**17,00**	–	0,4%
Theater	–	–	–	–
Gemeindezentren, einfacher Standard	–	–	–	–
Gemeindezentren, mittlerer Standard	–	–	–	–
Gemeindezentren, hoher Standard	–	–	–	–
Gebäude für religiöse Zwecke				
Sakralbauten	–	–	–	–
Friedhofsgebäude	–	–	–	–

Einheit: m² Brutto-Grundfläche (BGF)

Kosten: 4.Quartal 2021, Bundesdurchschnitt, inkl. 19% MwSt.

444 Niederspannungsinstallationsanlagen

Kosten:
Stand 4.Quartal 2021
Bundesdurchschnitt
inkl. 19% MwSt.

Einheit: m²
Brutto-Grundfläche
(BGF)

▷ von
ø Mittel
◁ bis

Gebäudeart	▷	€/Einheit	◁	KG an 400
1 Büro- und Verwaltungsgebäude				
Büro- und Verwaltungsgebäude, einfacher Standard	26,00	**36,00**	45,00	17,0%
Büro- und Verwaltungsgebäude, mittlerer Standard	63,00	**88,00**	133,00	19,2%
Büro- und Verwaltungsgebäude, hoher Standard	74,00	**98,00**	148,00	14,8%
2 Gebäude für Forschung und Lehre				
Instituts- und Laborgebäude	38,00	**84,00**	124,00	8,3%
3 Gebäude des Gesundheitswesens				
Medizinische Einrichtungen	76,00	**110,00**	174,00	18,1%
Pflegeheime	43,00	**75,00**	87,00	11,2%
4 Schulen und Kindergärten				
Allgemeinbildende Schulen	49,00	**69,00**	93,00	16,2%
Berufliche Schulen	76,00	**118,00**	155,00	17,4%
Förder- und Sonderschulen	72,00	**111,00**	240,00	22,3%
Weiterbildungseinrichtungen	71,00	**138,00**	271,00	20,0%
Kindergärten, nicht unterkellert, einfacher Standard	–	**34,00**	–	13,9%
Kindergärten, nicht unterkellert, mittlerer Standard	49,00	**71,00**	113,00	17,7%
Kindergärten, nicht unterkellert, hoher Standard	29,00	**33,00**	36,00	9,4%
Kindergärten, Holzbauweise, nicht unterkellert	27,00	**53,00**	65,00	15,4%
Kindergärten, unterkellert	37,00	**74,00**	145,00	17,5%
5 Sportbauten				
Sport- und Mehrzweckhallen	36,00	**93,00**	206,00	22,2%
Sporthallen (Einfeldhallen)	27,00	**36,00**	52,00	11,6%
Sporthallen (Dreifeldhallen)	39,00	**39,00**	39,00	5,2%
Schwimmhallen	–	**–**	–	–
6 Wohngebäude				
Ein- und Zweifamilienhäuser				
Ein- und Zweifamilienhäuser, unterkellert, einfacher Standard	22,00	**29,00**	43,00	17,5%
Ein- und Zweifamilienhäuser, unterkellert, mittlerer Standard	31,00	**48,00**	72,00	16,5%
Ein- und Zweifamilienhäuser, unterkellert, hoher Standard	35,00	**60,00**	114,00	15,2%
Ein- und Zweifamilienhäuser, nicht unterkellert, einfacher Standard	23,00	**24,00**	24,00	13,7%
Ein- und Zweifamilienhäuser, nicht unterkellert, mittlerer Standard	34,00	**49,00**	69,00	16,9%
Ein- und Zweifamilienhäuser, nicht unterkellert, hoher Standard	38,00	**57,00**	82,00	16,3%
Ein- und Zweifamilienhäuser, Passivhausstandard, Massivbau	35,00	**41,00**	50,00	11,9%
Ein- und Zweifamilienhäuser, Passivhausstandard, Holzbau	44,00	**59,00**	82,00	14,7%
Ein- und Zweifamilienhäuser, Holzbauweise, unterkellert	31,00	**45,00**	70,00	16,4%
Ein- und Zweifamilienhäuser, Holzbauweise, nicht unterkellert	23,00	**38,00**	44,00	13,0%
Doppel- und Reihenendhäuser, einfacher Standard	35,00	**37,00**	41,00	15,5%
Doppel- und Reihenendhäuser, mittlerer Standard	38,00	**45,00**	64,00	16,3%
Doppel- und Reihenendhäuser, hoher Standard	28,00	**49,00**	76,00	15,2%
Reihenhäuser, einfacher Standard	23,00	**30,00**	38,00	15,5%
Reihenhäuser, mittlerer Standard	25,00	**30,00**	38,00	11,6%
Reihenhäuser, hoher Standard	31,00	**40,00**	54,00	11,8%
Mehrfamilienhäuser				
Mehrfamilienhäuser, mit bis zu 6 WE, einfacher Standard	22,00	**28,00**	40,00	18,9%
Mehrfamilienhäuser, mit bis zu 6 WE, mittlerer Standard	28,00	**39,00**	50,00	16,4%
Mehrfamilienhäuser, mit bis zu 6 WE, hoher Standard	45,00	**57,00**	72,00	19,3%

© BKI Baukosteninformationszentrum

Kosten: 4.Quartal 2021, Bundesdurchschnitt, **inkl. 19% MwSt.**

444 Niederspannungsinstallationsanlagen

Gebäudeart	▷	€/Einheit	◁	KG an 400
Mehrfamilienhäuser (Fortsetzung)				
Mehrfamilienhäuser, mit 6 bis 19 WE, einfacher Standard	28,00	**35,00**	49,00	16,9%
Mehrfamilienhäuser, mit 6 bis 19 WE, mittlerer Standard	28,00	**45,00**	62,00	19,8%
Mehrfamilienhäuser, mit 6 bis 19 WE, hoher Standard	26,00	**33,00**	40,00	14,5%
Mehrfamilienhäuser, mit 20 oder mehr WE, einfacher Standard	37,00	**42,00**	50,00	15,0%
Mehrfamilienhäuser, mit 20 oder mehr WE, mittlerer Standard	38,00	**47,00**	62,00	18,8%
Mehrfamilienhäuser, mit 20 oder mehr WE, hoher Standard	34,00	**45,00**	51,00	14,9%
Mehrfamilienhäuser, Passivhäuser	39,00	**51,00**	69,00	18,7%
Wohnhäuser, mit bis zu 15% Mischnutzung, einfacher Standard	39,00	**40,00**	44,00	16,9%
Wohnhäuser, mit bis zu 15% Mischnutzung, mittlerer Standard	20,00	**33,00**	41,00	15,7%
Wohnhäuser, mit bis zu 15% Mischnutzung, hoher Standard	–	**44,00**	–	16,7%
Wohnhäuser, mit mehr als 15% Mischnutzung	65,00	**100,00**	135,00	20,2%
Seniorenwohnungen				
Seniorenwohnungen, mittlerer Standard	46,00	**57,00**	64,00	17,9%
Seniorenwohnungen, hoher Standard	52,00	**59,00**	67,00	16,7%
Beherbergung				
Wohnheime und Internate	50,00	**68,00**	93,00	17,9%
7 Gewerbegebäude				
Gaststätten und Kantinen				
Gaststätten, Kantinen und Mensen	–	**39,00**	–	4,3%
Gebäude für Produktion				
Industrielle Produktionsgebäude, Massivbauweise	43,00	**64,00**	98,00	20,6%
Industrielle Produktionsgebäude, überwiegend Skelettbauweise	53,00	**105,00**	180,00	22,0%
Betriebs- und Werkstätten, eingeschossig	102,00	**105,00**	108,00	26,2%
Betriebs- und Werkstätten, mehrgeschossig, geringer Hallenanteil	17,00	**39,00**	67,00	14,1%
Betriebs- und Werkstätten, mehrgeschossig, hoher Hallenanteil	30,00	**66,00**	102,00	23,0%
Gebäude für Handel und Lager				
Geschäftshäuser, mit Wohnungen	28,00	**61,00**	80,00	22,7%
Geschäftshäuser, ohne Wohnungen	41,00	**47,00**	52,00	19,4%
Verbrauchermärkte	91,00	**93,00**	95,00	24,6%
Autohäuser	25,00	**70,00**	114,00	30,8%
Lagergebäude, ohne Mischnutzung	22,00	**41,00**	107,00	23,0%
Lagergebäude, mit bis zu 25% Mischnutzung	21,00	**47,00**	63,00	24,6%
Lagergebäude, mit mehr als 25% Mischnutzung	30,00	**31,00**	33,00	16,3%
Garagen und Bereitschaftsdienste				
Einzel-, Mehrfach- und Hochgaragen	4,00	**7,60**	15,00	18,3%
Tiefgaragen	–	**10,00**	–	40,4%
Feuerwehrhäuser	60,00	**62,00**	65,00	14,4%
Öffentliche Bereitschaftsdienste	49,00	**61,00**	85,00	21,7%
9 Kulturgebäude				
Gebäude für kulturelle Zwecke				
Bibliotheken, Museen und Ausstellungen	75,00	**93,00**	115,00	18,9%
Theater	87,00	**110,00**	133,00	18,6%
Gemeindezentren, einfacher Standard	18,00	**24,00**	34,00	11,8%
Gemeindezentren, mittlerer Standard	50,00	**77,00**	111,00	18,1%
Gemeindezentren, hoher Standard	64,00	**84,00**	124,00	14,3%
Gebäude für religiöse Zwecke				
Sakralbauten	–	–	–	–
Friedhofsgebäude	–	**76,00**	–	20,5%

Einheit: m² Brutto-Grundfläche (BGF)

Kosten: 4.Quartal 2021, Bundesdurchschnitt, **inkl. 19% MwSt.**

445 Beleuchtungsanlagen

Kosten:
Stand 4.Quartal 2021
Bundesdurchschnitt
inkl. 19% MwSt.

Einheit: m²
Brutto-Grundfläche
(BGF)

▷ von
ø Mittel
◁ bis

Gebäudeart	▷	€/Einheit	◁	KG an 400
1 Büro- und Verwaltungsgebäude				
Büro- und Verwaltungsgebäude, einfacher Standard	8,00	**22,00**	33,00	9,5%
Büro- und Verwaltungsgebäude, mittlerer Standard	23,00	**42,00**	58,00	9,0%
Büro- und Verwaltungsgebäude, hoher Standard	37,00	**77,00**	115,00	9,4%
2 Gebäude für Forschung und Lehre				
Instituts- und Laborgebäude	34,00	**47,00**	73,00	4,2%
3 Gebäude des Gesundheitswesens				
Medizinische Einrichtungen	62,00	**75,00**	99,00	14,1%
Pflegeheime	50,00	**55,00**	65,00	8,3%
4 Schulen und Kindergärten				
Allgemeinbildende Schulen	34,00	**52,00**	101,00	12,1%
Berufliche Schulen	36,00	**51,00**	67,00	6,9%
Förder- und Sonderschulen	29,00	**46,00**	71,00	9,7%
Weiterbildungseinrichtungen	23,00	**56,00**	73,00	8,0%
Kindergärten, nicht unterkellert, einfacher Standard	–	**45,00**	–	18,1%
Kindergärten, nicht unterkellert, mittlerer Standard	35,00	**62,00**	134,00	11,7%
Kindergärten, nicht unterkellert, hoher Standard	53,00	**61,00**	69,00	17,4%
Kindergärten, Holzbauweise, nicht unterkellert	19,00	**47,00**	69,00	12,8%
Kindergärten, unterkellert	35,00	**53,00**	83,00	13,4%
5 Sportbauten				
Sport- und Mehrzweckhallen	18,00	**44,00**	89,00	9,5%
Sporthallen (Einfeldhallen)	48,00	**83,00**	150,00	24,1%
Sporthallen (Dreifeldhallen)	40,00	**40,00**	41,00	5,4%
Schwimmhallen	–	**–**	–	–
6 Wohngebäude				
Ein- und Zweifamilienhäuser				
Ein- und Zweifamilienhäuser, unterkellert, einfacher Standard	0,10	**0,60**	1,10	0,2%
Ein- und Zweifamilienhäuser, unterkellert, mittlerer Standard	2,00	**3,40**	11,00	0,7%
Ein- und Zweifamilienhäuser, unterkellert, hoher Standard	4,20	**15,00**	41,00	2,6%
Ein- und Zweifamilienhäuser, nicht unterkellert, einfacher Standard	–	**3,70**	–	0,8%
Ein- und Zweifamilienhäuser, nicht unterkellert, mittlerer Standard	3,60	**6,60**	17,00	1,2%
Ein- und Zweifamilienhäuser, nicht unterkellert, hoher Standard	1,50	**5,10**	16,00	0,9%
Ein- und Zweifamilienhäuser, Passivhausstandard, Massivbau	1,50	**4,50**	7,80	0,5%
Ein- und Zweifamilienhäuser, Passivhausstandard, Holzbau	1,10	**8,50**	14,00	0,9%
Ein- und Zweifamilienhäuser, Holzbauweise, unterkellert	1,00	**2,00**	3,80	0,2%
Ein- und Zweifamilienhäuser, Holzbauweise, nicht unterkellert	8,90	**12,00**	16,00	2,0%
Doppel- und Reihenendhäuser, einfacher Standard	–	**0,10**	–	0,0%
Doppel- und Reihenendhäuser, mittlerer Standard	3,10	**7,60**	21,00	1,3%
Doppel- und Reihenendhäuser, hoher Standard	4,60	**14,00**	31,00	2,9%
Reihenhäuser, einfacher Standard	–	**0,90**	–	0,2%
Reihenhäuser, mittlerer Standard	0,50	**5,80**	11,00	1,2%
Reihenhäuser, hoher Standard	3,50	**4,10**	4,70	0,8%
Mehrfamilienhäuser				
Mehrfamilienhäuser, mit bis zu 6 WE, einfacher Standard	1,20	**1,90**	2,60	1,0%
Mehrfamilienhäuser, mit bis zu 6 WE, mittlerer Standard	1,70	**3,10**	5,80	1,3%
Mehrfamilienhäuser, mit bis zu 6 WE, hoher Standard	6,10	**11,00**	18,00	2,9%

Beleuchtungsanlagen

Gebäudeart	▷	€/Einheit	◁	KG an 400
Mehrfamilienhäuser (Fortsetzung)				
Mehrfamilienhäuser, mit 6 bis 19 WE, einfacher Standard	2,60	**7,40**	15,00	3,4%
Mehrfamilienhäuser, mit 6 bis 19 WE, mittlerer Standard	1,90	**4,20**	8,10	1,6%
Mehrfamilienhäuser, mit 6 bis 19 WE, hoher Standard	1,80	**4,00**	7,10	1,4%
Mehrfamilienhäuser, mit 20 oder mehr WE, einfacher Standard	7,10	**8,40**	11,00	3,0%
Mehrfamilienhäuser, mit 20 oder mehr WE, mittlerer Standard	8,30	**15,00**	19,00	6,4%
Mehrfamilienhäuser, mit 20 oder mehr WE, hoher Standard	0,70	**4,00**	6,20	1,4%
Mehrfamilienhäuser, Passivhäuser	2,60	**4,10**	4,70	0,9%
Wohnhäuser, mit bis zu 15% Mischnutzung, einfacher Standard	1,30	**4,20**	10,00	1,8%
Wohnhäuser, mit bis zu 15% Mischnutzung, mittlerer Standard	0,40	**3,00**	8,10	1,1%
Wohnhäuser, mit bis zu 15% Mischnutzung, hoher Standard	–	**9,20**	–	3,5%
Wohnhäuser, mit mehr als 15% Mischnutzung	–	**8,20**	–	1,1%
Seniorenwohnungen				
Seniorenwohnungen, mittlerer Standard	11,00	**13,00**	18,00	4,1%
Seniorenwohnungen, hoher Standard	2,00	**3,70**	5,30	1,1%
Beherbergung				
Wohnheime und Internate	9,10	**25,00**	70,00	5,5%
7 Gewerbegebäude				
Gaststätten und Kantinen				
Gaststätten, Kantinen und Mensen	–	**76,00**	–	8,3%
Gebäude für Produktion				
Industrielle Produktionsgebäude, Massivbauweise	28,00	**33,00**	43,00	11,3%
Industrielle Produktionsgebäude, überwiegend Skelettbauweise	14,00	**23,00**	34,00	4,9%
Betriebs- und Werkstätten, eingeschossig	–	**16,00**	–	1,1%
Betriebs- und Werkstätten, mehrgeschossig, geringer Hallenanteil	14,00	**35,00**	56,00	7,3%
Betriebs- und Werkstätten, mehrgeschossig, hoher Hallenanteil	9,00	**27,00**	45,00	7,2%
Gebäude für Handel und Lager				
Geschäftshäuser, mit Wohnungen	17,00	**26,00**	42,00	9,2%
Geschäftshäuser, ohne Wohnungen	3,70	**3,90**	4,10	1,6%
Verbrauchermärkte	9,00	**19,00**	30,00	4,4%
Autohäuser	19,00	**26,00**	32,00	15,2%
Lagergebäude, ohne Mischnutzung	8,90	**15,00**	31,00	5,7%
Lagergebäude, mit bis zu 25% Mischnutzung	9,60	**24,00**	50,00	9,9%
Lagergebäude, mit mehr als 25% Mischnutzung	11,00	**24,00**	37,00	13,8%
Garagen und Bereitschaftsdienste				
Einzel-, Mehrfach- und Hochgaragen	1,70	**2,80**	3,50	9,4%
Tiefgaragen	–	**0,80**	–	3,1%
Feuerwehrhäuser	30,00	**39,00**	54,00	8,8%
Öffentliche Bereitschaftsdienste	15,00	**20,00**	22,00	6,1%
9 Kulturgebäude				
Gebäude für kulturelle Zwecke				
Bibliotheken, Museen und Ausstellungen	21,00	**59,00**	97,00	9,1%
Theater	61,00	**67,00**	73,00	12,5%
Gemeindezentren, einfacher Standard	16,00	**30,00**	57,00	13,5%
Gemeindezentren, mittlerer Standard	46,00	**75,00**	112,00	18,6%
Gemeindezentren, hoher Standard	42,00	**93,00**	122,00	15,7%
Gebäude für religiöse Zwecke				
Sakralbauten	–	**–**	–	–
Friedhofsgebäude	–	**12,00**	–	3,1%

Einheit: m² Brutto-Grundfläche (BGF)

© BKI Baukosteninformationszentrum Kosten: 4.Quartal 2021, Bundesdurchschnitt, **inkl. 19% MwSt.**

446 Blitzschutz- und Erdungsanlagen

Kosten:
Stand 4. Quartal 2021
Bundesdurchschnitt
inkl. 19% MwSt.

Einheit: m² Brutto-Grundfläche (BGF)

▷ von
ø Mittel
◁ bis

Gebäudeart	▷	€/Einheit	◁	KG an 400
1 Büro- und Verwaltungsgebäude				
Büro- und Verwaltungsgebäude, einfacher Standard	1,90	**3,20**	4,40	1,7%
Büro- und Verwaltungsgebäude, mittlerer Standard	3,00	**6,20**	10,00	1,4%
Büro- und Verwaltungsgebäude, hoher Standard	4,80	**7,50**	15,00	1,1%
2 Gebäude für Forschung und Lehre				
Instituts- und Laborgebäude	3,10	**8,20**	12,00	0,8%
3 Gebäude des Gesundheitswesens				
Medizinische Einrichtungen	5,80	**8,70**	10,00	1,6%
Pflegeheime	2,70	**4,30**	6,00	0,7%
4 Schulen und Kindergärten				
Allgemeinbildende Schulen	3,20	**6,80**	13,00	1,9%
Berufliche Schulen	5,30	**20,00**	27,00	2,5%
Förder- und Sonderschulen	3,00	**5,60**	10,00	1,3%
Weiterbildungseinrichtungen	1,30	**4,50**	6,10	0,8%
Kindergärten, nicht unterkellert, einfacher Standard	–	**6,10**	–	2,5%
Kindergärten, nicht unterkellert, mittlerer Standard	7,60	**14,00**	32,00	3,4%
Kindergärten, nicht unterkellert, hoher Standard	2,30	**4,30**	6,40	1,3%
Kindergärten, Holzbauweise, nicht unterkellert	5,70	**11,00**	19,00	3,8%
Kindergärten, unterkellert	0,50	**7,20**	12,00	1,7%
5 Sportbauten				
Sport- und Mehrzweckhallen	4,50	**7,30**	13,00	1,9%
Sporthallen (Einfeldhallen)	5,30	**9,90**	12,00	3,1%
Sporthallen (Dreifeldhallen)	2,30	**3,00**	3,60	0,4%
Schwimmhallen	–	**–**	–	–
6 Wohngebäude				
Ein- und Zweifamilienhäuser				
Ein- und Zweifamilienhäuser, unterkellert, einfacher Standard	0,80	**1,70**	3,30	1,0%
Ein- und Zweifamilienhäuser, unterkellert, mittlerer Standard	1,50	**2,90**	7,40	1,0%
Ein- und Zweifamilienhäuser, unterkellert, hoher Standard	1,80	**4,30**	8,50	1,3%
Ein- und Zweifamilienhäuser, nicht unterkellert, einfacher Standard	1,30	**2,00**	2,70	1,1%
Ein- und Zweifamilienhäuser, nicht unterkellert, mittlerer Standard	1,60	**2,90**	5,00	1,0%
Ein- und Zweifamilienhäuser, nicht unterkellert, hoher Standard	1,70	**5,20**	11,00	1,4%
Ein- und Zweifamilienhäuser, Passivhausstandard, Massivbau	1,60	**3,50**	7,40	1,0%
Ein- und Zweifamilienhäuser, Passivhausstandard, Holzbau	1,60	**3,00**	6,20	0,6%
Ein- und Zweifamilienhäuser, Holzbauweise, unterkellert	2,00	**3,80**	11,00	1,3%
Ein- und Zweifamilienhäuser, Holzbauweise, nicht unterkellert	1,40	**1,90**	3,20	0,8%
Doppel- und Reihenendhäuser, einfacher Standard	0,90	**1,50**	2,20	0,4%
Doppel- und Reihenendhäuser, mittlerer Standard	2,60	**3,30**	4,80	1,2%
Doppel- und Reihenendhäuser, hoher Standard	2,70	**4,60**	6,30	1,4%
Reihenhäuser, einfacher Standard	–	**1,00**	–	0,2%
Reihenhäuser, mittlerer Standard	1,90	**2,00**	2,10	0,5%
Reihenhäuser, hoher Standard	0,90	**1,70**	3,20	0,5%
Mehrfamilienhäuser				
Mehrfamilienhäuser, mit bis zu 6 WE, einfacher Standard	0,60	**1,40**	3,00	1,0%
Mehrfamilienhäuser, mit bis zu 6 WE, mittlerer Standard	1,40	**2,00**	3,20	0,8%
Mehrfamilienhäuser, mit bis zu 6 WE, hoher Standard	1,40	**2,70**	4,00	0,9%

446 Blitzschutz- und Erdungsanlagen

Gebäudeart	▷	€/Einheit	◁	KG an 400
Mehrfamilienhäuser (Fortsetzung)				
Mehrfamilienhäuser, mit 6 bis 19 WE, einfacher Standard	1,20	**1,70**	2,60	0,8%
Mehrfamilienhäuser, mit 6 bis 19 WE, mittlerer Standard	0,50	**1,20**	2,00	0,6%
Mehrfamilienhäuser, mit 6 bis 19 WE, hoher Standard	0,90	**1,30**	1,70	0,6%
Mehrfamilienhäuser, mit 20 oder mehr WE, einfacher Standard	1,90	**2,10**	2,50	0,8%
Mehrfamilienhäuser, mit 20 oder mehr WE, mittlerer Standard	2,10	**4,30**	7,90	1,7%
Mehrfamilienhäuser, mit 20 oder mehr WE, hoher Standard	2,90	**3,90**	5,50	1,3%
Mehrfamilienhäuser, Passivhäuser	1,40	**2,20**	4,80	0,9%
Wohnhäuser, mit bis zu 15% Mischnutzung, einfacher Standard	2,20	**2,20**	2,20	0,9%
Wohnhäuser, mit bis zu 15% Mischnutzung, mittlerer Standard	1,50	**2,40**	3,60	1,1%
Wohnhäuser, mit bis zu 15% Mischnutzung, hoher Standard	–	**1,80**	–	0,7%
Wohnhäuser, mit mehr als 15% Mischnutzung	2,70	**3,40**	4,20	0,7%
Seniorenwohnungen				
Seniorenwohnungen, mittlerer Standard	3,00	**4,90**	8,70	1,6%
Seniorenwohnungen, hoher Standard	4,50	**5,20**	5,90	1,4%
Beherbergung				
Wohnheime und Internate	2,40	**7,30**	23,00	1,6%
7 Gewerbegebäude				
Gaststätten und Kantinen				
Gaststätten, Kantinen und Mensen	–	**5,10**	–	0,6%
Gebäude für Produktion				
Industrielle Produktionsgebäude, Massivbauweise	3,80	**5,90**	10,00	1,9%
Industrielle Produktionsgebäude, überwiegend Skelettbauweise	1,80	**6,40**	9,00	1,9%
Betriebs- und Werkstätten, eingeschossig	1,00	**2,00**	3,00	0,4%
Betriebs- und Werkstätten, mehrgeschossig, geringer Hallenanteil	1,90	**5,90**	12,00	2,9%
Betriebs- und Werkstätten, mehrgeschossig, hoher Hallenanteil	2,00	**4,10**	8,10	1,3%
Gebäude für Handel und Lager				
Geschäftshäuser, mit Wohnungen	0,60	**1,70**	2,20	0,5%
Geschäftshäuser, ohne Wohnungen	1,90	**2,90**	3,90	1,2%
Verbrauchermärkte	3,30	**4,90**	6,50	1,4%
Autohäuser	1,10	**1,40**	1,60	0,8%
Lagergebäude, ohne Mischnutzung	1,50	**2,50**	6,20	5,9%
Lagergebäude, mit bis zu 25% Mischnutzung	1,70	**4,80**	6,30	2,6%
Lagergebäude, mit mehr als 25% Mischnutzung	1,30	**2,20**	3,20	1,0%
Garagen und Bereitschaftsdienste				
Einzel-, Mehrfach- und Hochgaragen	1,50	**3,40**	7,10	8,6%
Tiefgaragen	–	**1,90**	–	7,6%
Feuerwehrhäuser	3,90	**7,60**	15,00	1,8%
Öffentliche Bereitschaftsdienste	1,90	**4,80**	11,00	1,0%
9 Kulturgebäude				
Gebäude für kulturelle Zwecke				
Bibliotheken, Museen und Ausstellungen	5,40	**14,00**	23,00	2,9%
Theater	1,80	**5,00**	8,20	1,4%
Gemeindezentren, einfacher Standard	1,80	**4,00**	6,30	2,4%
Gemeindezentren, mittlerer Standard	2,60	**5,90**	12,00	1,4%
Gemeindezentren, hoher Standard	1,50	**5,10**	7,00	0,9%
Gebäude für religiöse Zwecke				
Sakralbauten	–	**–**	–	–
Friedhofsgebäude	–	**11,00**	–	2,9%

Einheit: m² Brutto-Grundfläche (BGF)

Kosten: 4.Quartal 2021, Bundesdurchschnitt, **inkl. 19% MwSt.**

451 Telekommunikationsanlagen

Kosten:
Stand 4. Quartal 2021
Bundesdurchschnitt
inkl. 19% MwSt.

Einheit: m² Brutto-Grundfläche (BGF)

▷ von
ø Mittel
◁ bis

Gebäudeart	▷	€/Einheit	◁	KG an 400
1 Büro- und Verwaltungsgebäude				
Büro- und Verwaltungsgebäude, einfacher Standard	–	–	–	–
Büro- und Verwaltungsgebäude, mittlerer Standard	4,20	**12,00**	27,00	1,1%
Büro- und Verwaltungsgebäude, hoher Standard	15,00	**23,00**	31,00	0,6%
2 Gebäude für Forschung und Lehre				
Instituts- und Laborgebäude	–	**3,00**	–	0,1%
3 Gebäude des Gesundheitswesens				
Medizinische Einrichtungen	0,50	**3,40**	6,40	0,3%
Pflegeheime	–	**6,80**	–	0,3%
4 Schulen und Kindergärten				
Allgemeinbildende Schulen	3,40	**5,20**	8,50	0,3%
Berufliche Schulen	5,40	**7,70**	10,00	0,7%
Förder- und Sonderschulen	2,40	**6,30**	21,00	1,5%
Weiterbildungseinrichtungen	2,20	**6,50**	11,00	0,7%
Kindergärten, nicht unterkellert, einfacher Standard	–	–	–	–
Kindergärten, nicht unterkellert, mittlerer Standard	2,00	**6,70**	16,00	0,6%
Kindergärten, nicht unterkellert, hoher Standard	–	**3,10**	–	0,5%
Kindergärten, Holzbauweise, nicht unterkellert	–	**6,30**	–	0,1%
Kindergärten, unterkellert	3,30	**4,70**	6,10	0,7%
5 Sportbauten				
Sport- und Mehrzweckhallen	–	**0,60**	–	0,0%
Sporthallen (Einfeldhallen)	–	**0,20**	–	0,0%
Sporthallen (Dreifeldhallen)	–	**0,20**	–	0,0%
Schwimmhallen	–	–	–	–
6 Wohngebäude				
Ein- und Zweifamilienhäuser				
Ein- und Zweifamilienhäuser, unterkellert, einfacher Standard	0,70	**1,30**	2,40	0,8%
Ein- und Zweifamilienhäuser, unterkellert, mittlerer Standard	0,80	**1,50**	3,40	0,2%
Ein- und Zweifamilienhäuser, unterkellert, hoher Standard	–	**3,90**	–	0,1%
Ein- und Zweifamilienhäuser, nicht unterkellert, einfacher Standard	–	**0,30**	–	0,1%
Ein- und Zweifamilienhäuser, nicht unterkellert, mittlerer Standard	0,50	**1,00**	2,30	0,2%
Ein- und Zweifamilienhäuser, nicht unterkellert, hoher Standard	2,10	**4,00**	5,90	0,2%
Ein- und Zweifamilienhäuser, Passivhausstandard, Massivbau	1,00	**1,80**	3,20	0,3%
Ein- und Zweifamilienhäuser, Passivhausstandard, Holzbau	1,20	**2,30**	3,50	0,4%
Ein- und Zweifamilienhäuser, Holzbauweise, unterkellert	0,60	**1,60**	2,90	0,4%
Ein- und Zweifamilienhäuser, Holzbauweise, nicht unterkellert	–	–	–	–
Doppel- und Reihenendhäuser, einfacher Standard	–	**0,30**	–	0,0%
Doppel- und Reihenendhäuser, mittlerer Standard	0,50	**0,80**	1,20	0,2%
Doppel- und Reihenendhäuser, hoher Standard	1,00	**1,70**	2,40	0,3%
Reihenhäuser, einfacher Standard	–	–	–	–
Reihenhäuser, mittlerer Standard	1,50	**1,70**	2,00	0,5%
Reihenhäuser, hoher Standard	–	–	–	–
Mehrfamilienhäuser				
Mehrfamilienhäuser, mit bis zu 6 WE, einfacher Standard	–	**0,80**	–	0,2%
Mehrfamilienhäuser, mit bis zu 6 WE, mittlerer Standard	0,40	**0,50**	0,90	0,1%
Mehrfamilienhäuser, mit bis zu 6 WE, hoher Standard	0,60	**1,70**	2,20	0,5%

451 Telekommunikationsanlagen

Einheit: m² Brutto-Grundfläche (BGF)

Gebäudeart	▷	€/Einheit	◁	KG an 400
Mehrfamilienhäuser (Fortsetzung)				
Mehrfamilienhäuser, mit 6 bis 19 WE, einfacher Standard	0,70	**0,80**	0,80	0,3%
Mehrfamilienhäuser, mit 6 bis 19 WE, mittlerer Standard	0,70	**1,10**	2,00	0,2%
Mehrfamilienhäuser, mit 6 bis 19 WE, hoher Standard	0,80	**2,30**	2,80	0,8%
Mehrfamilienhäuser, mit 20 oder mehr WE, einfacher Standard	1,50	**2,00**	2,60	0,4%
Mehrfamilienhäuser, mit 20 oder mehr WE, mittlerer Standard	–	**2,00**	–	0,3%
Mehrfamilienhäuser, mit 20 oder mehr WE, hoher Standard	1,10	**1,30**	1,60	0,4%
Mehrfamilienhäuser, Passivhäuser	0,90	**1,50**	2,10	0,5%
Wohnhäuser, mit bis zu 15% Mischnutzung, einfacher Standard	–	**–**	–	–
Wohnhäuser, mit bis zu 15% Mischnutzung, mittlerer Standard	1,40	**1,60**	1,70	0,7%
Wohnhäuser, mit bis zu 15% Mischnutzung, hoher Standard	–	**0,20**	–	0,1%
Wohnhäuser, mit mehr als 15% Mischnutzung	–	**2,90**	–	0,4%
Seniorenwohnungen				
Seniorenwohnungen, mittlerer Standard	1,80	**3,30**	4,80	0,8%
Seniorenwohnungen, hoher Standard	–	**–**	–	–
Beherbergung				
Wohnheime und Internate	0,90	**1,40**	2,40	0,2%
7 Gewerbegebäude				
Gaststätten und Kantinen				
Gaststätten, Kantinen und Mensen	–	**5,40**	–	0,6%
Gebäude für Produktion				
Industrielle Produktionsgebäude, Massivbauweise	1,50	**2,70**	3,90	0,6%
Industrielle Produktionsgebäude, überwiegend Skelettbauweise	–	**1,10**	–	0,1%
Betriebs- und Werkstätten, eingeschossig	–	**5,70**	–	0,4%
Betriebs- und Werkstätten, mehrgeschossig, geringer Hallenanteil	1,40	**1,80**	2,20	0,1%
Betriebs- und Werkstätten, mehrgeschossig, hoher Hallenanteil	1,20	**3,20**	8,00	0,4%
Gebäude für Handel und Lager				
Geschäftshäuser, mit Wohnungen	1,00	**1,60**	2,20	0,3%
Geschäftshäuser, ohne Wohnungen	1,20	**1,60**	2,00	0,7%
Verbrauchermärkte	–	**0,80**	–	0,1%
Autohäuser	–	**7,30**	–	1,1%
Lagergebäude, ohne Mischnutzung	–	**–**	–	–
Lagergebäude, mit bis zu 25% Mischnutzung	–	**0,40**	–	0,0%
Lagergebäude, mit mehr als 25% Mischnutzung	–	**–**	–	–
Garagen und Bereitschaftsdienste				
Einzel-, Mehrfach- und Hochgaragen	–	**0,30**	–	0,1%
Tiefgaragen	–	**–**	–	–
Feuerwehrhäuser	4,20	**8,10**	12,00	1,1%
Öffentliche Bereitschaftsdienste	1,10	**1,70**	2,40	0,3%
9 Kulturgebäude				
Gebäude für kulturelle Zwecke				
Bibliotheken, Museen und Ausstellungen	1,10	**6,80**	13,00	0,7%
Theater	0,50	**3,00**	5,50	0,2%
Gemeindezentren, einfacher Standard	0,40	**0,60**	0,80	0,2%
Gemeindezentren, mittlerer Standard	1,60	**4,30**	8,60	0,5%
Gemeindezentren, hoher Standard	–	**6,30**	–	0,4%
Gebäude für religiöse Zwecke				
Sakralbauten	–	**–**	–	–
Friedhofsgebäude	–	**–**	–	–

© BKI Baukosteninformationszentrum   Kosten: 4.Quartal 2021, Bundesdurchschnitt, **inkl. 19% MwSt.**

452 Such- und Signalanlagen

Kosten:
Stand 4.Quartal 2021
Bundesdurchschnitt
inkl. 19% MwSt.

Einheit: m² Brutto-Grundfläche (BGF)

▷ von
Ø Mittel
◁ bis

Gebäudeart	▷	€/Einheit	◁	KG an 400
1 Büro- und Verwaltungsgebäude				
Büro- und Verwaltungsgebäude, einfacher Standard	0,70	**2,70**	6,80	1,2%
Büro- und Verwaltungsgebäude, mittlerer Standard	1,50	**3,30**	8,20	0,7%
Büro- und Verwaltungsgebäude, hoher Standard	0,90	**3,50**	6,70	0,5%
2 Gebäude für Forschung und Lehre				
Instituts- und Laborgebäude	1,90	**5,10**	11,00	0,3%
3 Gebäude des Gesundheitswesens				
Medizinische Einrichtungen	4,10	**13,00**	29,00	2,4%
Pflegeheime	20,00	**25,00**	30,00	3,8%
4 Schulen und Kindergärten				
Allgemeinbildende Schulen	0,50	**1,00**	2,20	0,2%
Berufliche Schulen	0,40	**0,70**	1,00	0,1%
Förder- und Sonderschulen	1,00	**1,60**	3,30	0,3%
Weiterbildungseinrichtungen	–	**2,50**	–	0,1%
Kindergärten, nicht unterkellert, einfacher Standard	–	**0,70**	–	0,3%
Kindergärten, nicht unterkellert, mittlerer Standard	2,00	**2,90**	5,30	0,7%
Kindergärten, nicht unterkellert, hoher Standard	–	**0,80**	–	0,1%
Kindergärten, Holzbauweise, nicht unterkellert	1,70	**3,00**	5,00	0,6%
Kindergärten, unterkellert	1,20	**3,80**	8,40	0,8%
5 Sportbauten				
Sport- und Mehrzweckhallen	–	**0,70**	–	0,0%
Sporthallen (Einfeldhallen)	–	**2,30**	–	0,3%
Sporthallen (Dreifeldhallen)	–	**–**	–	–
Schwimmhallen	–	**–**	–	–
6 Wohngebäude				
Ein- und Zweifamilienhäuser				
Ein- und Zweifamilienhäuser, unterkellert, einfacher Standard	1,00	**1,60**	2,60	1,0%
Ein- und Zweifamilienhäuser, unterkellert, mittlerer Standard	1,10	**2,50**	4,30	0,8%
Ein- und Zweifamilienhäuser, unterkellert, hoher Standard	2,20	**5,20**	13,00	1,3%
Ein- und Zweifamilienhäuser, nicht unterkellert, einfacher Standard	1,10	**1,30**	1,50	0,7%
Ein- und Zweifamilienhäuser, nicht unterkellert, mittlerer Standard	0,80	**1,90**	3,10	0,5%
Ein- und Zweifamilienhäuser, nicht unterkellert, hoher Standard	1,00	**3,30**	7,10	0,8%
Ein- und Zweifamilienhäuser, Passivhausstandard, Massivbau	1,40	**3,10**	6,60	0,8%
Ein- und Zweifamilienhäuser, Passivhausstandard, Holzbau	2,70	**4,30**	8,20	0,8%
Ein- und Zweifamilienhäuser, Holzbauweise, unterkellert	1,20	**2,50**	3,70	0,9%
Ein- und Zweifamilienhäuser, Holzbauweise, nicht unterkellert	1,20	**2,50**	4,80	0,7%
Doppel- und Reihenendhäuser, einfacher Standard	1,20	**2,10**	3,10	0,5%
Doppel- und Reihenendhäuser, mittlerer Standard	1,70	**3,80**	6,00	1,5%
Doppel- und Reihenendhäuser, hoher Standard	2,10	**2,90**	3,40	1,0%
Reihenhäuser, einfacher Standard	–	**1,20**	–	0,3%
Reihenhäuser, mittlerer Standard	1,00	**2,10**	3,20	0,5%
Reihenhäuser, hoher Standard	3,00	**3,60**	4,20	0,7%
Mehrfamilienhäuser				
Mehrfamilienhäuser, mit bis zu 6 WE, einfacher Standard	1,90	**2,40**	2,90	1,1%
Mehrfamilienhäuser, mit bis zu 6 WE, mittlerer Standard	1,90	**3,70**	6,10	1,6%
Mehrfamilienhäuser, mit bis zu 6 WE, hoher Standard	2,00	**6,70**	9,30	2,2%

© BKI Baukosteninformationszentrum

Kosten: 4.Quartal 2021, Bundesdurchschnitt, **inkl. 19% MwSt.**

Gebäudeart	▷	€/Einheit	◁	KG an 400
Mehrfamilienhäuser (Fortsetzung)				
Mehrfamilienhäuser, mit 6 bis 19 WE, einfacher Standard	1,70	**2,10**	2,70	1,0%
Mehrfamilienhäuser, mit 6 bis 19 WE, mittlerer Standard	1,40	**2,40**	5,00	0,8%
Mehrfamilienhäuser, mit 6 bis 19 WE, hoher Standard	2,40	**4,40**	5,60	1,6%
Mehrfamilienhäuser, mit 20 oder mehr WE, einfacher Standard	1,40	**1,70**	2,30	0,6%
Mehrfamilienhäuser, mit 20 oder mehr WE, mittlerer Standard	2,40	**7,40**	17,00	3,1%
Mehrfamilienhäuser, mit 20 oder mehr WE, hoher Standard	1,70	**2,60**	4,40	0,8%
Mehrfamilienhäuser, Passivhäuser	2,10	**3,00**	4,00	1,2%
Wohnhäuser, mit bis zu 15% Mischnutzung, einfacher Standard	–	**0,70**	–	0,1%
Wohnhäuser, mit bis zu 15% Mischnutzung, mittlerer Standard	1,10	**2,00**	2,90	0,4%
Wohnhäuser, mit bis zu 15% Mischnutzung, hoher Standard	–	**2,10**	–	0,8%
Wohnhäuser, mit mehr als 15% Mischnutzung	1,90	**2,00**	2,10	0,4%
Seniorenwohnungen				
Seniorenwohnungen, mittlerer Standard	3,10	**9,50**	21,00	2,9%
Seniorenwohnungen, hoher Standard	4,30	**8,30**	12,00	2,2%
Beherbergung				
Wohnheime und Internate	1,80	**2,80**	4,40	0,7%
7 Gewerbegebäude				
Gaststätten und Kantinen				
Gaststätten, Kantinen und Mensen	–	–	–	–
Gebäude für Produktion				
Industrielle Produktionsgebäude, Massivbauweise	–	**5,00**	–	0,6%
Industrielle Produktionsgebäude, überwiegend Skelettbauweise	0,90	**1,00**	1,10	0,1%
Betriebs- und Werkstätten, eingeschossig	–	**1,90**	–	0,1%
Betriebs- und Werkstätten, mehrgeschossig, geringer Hallenanteil	0,70	**1,50**	2,00	0,4%
Betriebs- und Werkstätten, mehrgeschossig, hoher Hallenanteil	0,50	**1,40**	4,70	0,4%
Gebäude für Handel und Lager				
Geschäftshäuser, mit Wohnungen	0,30	**4,70**	9,10	1,0%
Geschäftshäuser, ohne Wohnungen	2,00	**2,10**	2,20	0,8%
Verbrauchermärkte	–	**1,90**	–	0,2%
Autohäuser	–	–	–	–
Lagergebäude, ohne Mischnutzung	1,60	**2,20**	2,80	0,4%
Lagergebäude, mit bis zu 25% Mischnutzung	1,30	**2,50**	3,70	0,6%
Lagergebäude, mit mehr als 25% Mischnutzung	–	**0,40**	–	0,1%
Garagen und Bereitschaftsdienste				
Einzel-, Mehrfach- und Hochgaragen	–	–	–	–
Tiefgaragen	–	–	–	–
Feuerwehrhäuser	0,60	**9,20**	18,00	1,2%
Öffentliche Bereitschaftsdienste	0,60	**0,90**	1,10	0,2%
9 Kulturgebäude				
Gebäude für kulturelle Zwecke				
Bibliotheken, Museen und Ausstellungen	0,70	**1,40**	2,10	0,1%
Theater	–	**1,00**	–	0,2%
Gemeindezentren, einfacher Standard	0,50	**1,20**	1,80	0,4%
Gemeindezentren, mittlerer Standard	0,80	**1,80**	2,90	0,4%
Gemeindezentren, hoher Standard	–	**1,10**	–	0,1%
Gebäude für religiöse Zwecke				
Sakralbauten	–	–	–	–
Friedhofsgebäude	–	–	–	–

452 Such- und Signalanlagen

Einheit: m² Brutto-Grundfläche (BGF)

Kosten: 4.Quartal 2021, Bundesdurchschnitt, inkl. 19% MwSt.

453 Zeitdienstanlagen

Kosten:
Stand 4.Quartal 2021
Bundesdurchschnitt
inkl. 19% MwSt.

Einheit: m²
Brutto-Grundfläche
(BGF)

▷ von
ø Mittel
◁ bis

Gebäudeart	▷	€/Einheit	◁	KG an 400
1 Büro- und Verwaltungsgebäude				
Büro- und Verwaltungsgebäude, einfacher Standard	–	–	–	–
Büro- und Verwaltungsgebäude, mittlerer Standard	15,00	**17,00**	18,00	0,3%
Büro- und Verwaltungsgebäude, hoher Standard	–	–	–	–
2 Gebäude für Forschung und Lehre				
Instituts- und Laborgebäude	–	**2,10**	–	0,0%
3 Gebäude des Gesundheitswesens				
Medizinische Einrichtungen	–	–	–	–
Pflegeheime	–	–	–	–
4 Schulen und Kindergärten				
Allgemeinbildende Schulen	0,40	**0,90**	2,60	0,1%
Berufliche Schulen	–	**2,70**	–	0,2%
Förder- und Sonderschulen	0,90	**1,50**	2,10	0,2%
Weiterbildungseinrichtungen	–	–	–	–
Kindergärten, nicht unterkellert, einfacher Standard	–	–	–	–
Kindergärten, nicht unterkellert, mittlerer Standard	–	–	–	–
Kindergärten, nicht unterkellert, hoher Standard	–	–	–	–
Kindergärten, Holzbauweise, nicht unterkellert	–	–	–	–
Kindergärten, unterkellert	–	**0,50**	–	0,0%
5 Sportbauten				
Sport- und Mehrzweckhallen	–	**0,30**	–	0,0%
Sporthallen (Einfeldhallen)	–	–	–	–
Sporthallen (Dreifeldhallen)	0,30	**0,90**	1,60	0,1%
Schwimmhallen	–	–	–	–
6 Wohngebäude				
Ein- und Zweifamilienhäuser				
Ein- und Zweifamilienhäuser, unterkellert, einfacher Standard	–	–	–	–
Ein- und Zweifamilienhäuser, unterkellert, mittlerer Standard	–	–	–	–
Ein- und Zweifamilienhäuser, unterkellert, hoher Standard	–	–	–	–
Ein- und Zweifamilienhäuser, nicht unterkellert, einfacher Standard	–	–	–	–
Ein- und Zweifamilienhäuser, nicht unterkellert, mittlerer Standard	–	–	–	–
Ein- und Zweifamilienhäuser, nicht unterkellert, hoher Standard	–	–	–	–
Ein- und Zweifamilienhäuser, Passivhausstandard, Massivbau	–	–	–	–
Ein- und Zweifamilienhäuser, Passivhausstandard, Holzbau	–	–	–	–
Ein- und Zweifamilienhäuser, Holzbauweise, unterkellert	–	–	–	–
Ein- und Zweifamilienhäuser, Holzbauweise, nicht unterkellert	–	–	–	–
Doppel- und Reihenendhäuser, einfacher Standard	–	–	–	–
Doppel- und Reihenendhäuser, mittlerer Standard	–	–	–	–
Doppel- und Reihenendhäuser, hoher Standard	–	–	–	–
Reihenhäuser, einfacher Standard	–	–	–	–
Reihenhäuser, mittlerer Standard	–	–	–	–
Reihenhäuser, hoher Standard	–	–	–	–
Mehrfamilienhäuser				
Mehrfamilienhäuser, mit bis zu 6 WE, einfacher Standard	–	–	–	–
Mehrfamilienhäuser, mit bis zu 6 WE, mittlerer Standard	–	–	–	–
Mehrfamilienhäuser, mit bis zu 6 WE, hoher Standard	–	–	–	–

Gebäudeart	▷	€/Einheit	◁	KG an 400
Mehrfamilienhäuser (Fortsetzung)				
Mehrfamilienhäuser, mit 6 bis 19 WE, einfacher Standard	–	–	–	–
Mehrfamilienhäuser, mit 6 bis 19 WE, mittlerer Standard	–	–	–	–
Mehrfamilienhäuser, mit 6 bis 19 WE, hoher Standard	–	–	–	–
Mehrfamilienhäuser, mit 20 oder mehr WE, einfacher Standard	–	–	–	–
Mehrfamilienhäuser, mit 20 oder mehr WE, mittlerer Standard	–	–	–	–
Mehrfamilienhäuser, mit 20 oder mehr WE, hoher Standard	–	–	–	–
Mehrfamilienhäuser, Passivhäuser	–	–	–	–
Wohnhäuser, mit bis zu 15% Mischnutzung, einfacher Standard	–	–	–	–
Wohnhäuser, mit bis zu 15% Mischnutzung, mittlerer Standard	–	–	–	–
Wohnhäuser, mit bis zu 15% Mischnutzung, hoher Standard	–	–	–	–
Wohnhäuser, mit mehr als 15% Mischnutzung	–	–	–	–
Seniorenwohnungen				
Seniorenwohnungen, mittlerer Standard	–	–	–	–
Seniorenwohnungen, hoher Standard	–	–	–	–
Beherbergung				
Wohnheime und Internate	–	–	–	–
7 Gewerbegebäude				
Gaststätten und Kantinen				
Gaststätten, Kantinen und Mensen				
Gebäude für Produktion				
Industrielle Produktionsgebäude, Massivbauweise	–	–	–	–
Industrielle Produktionsgebäude, überwiegend Skelettbauweise	–	–	–	–
Betriebs- und Werkstätten, eingeschossig	–	–	–	–
Betriebs- und Werkstätten, mehrgeschossig, geringer Hallenanteil	–	–	–	–
Betriebs- und Werkstätten, mehrgeschossig, hoher Hallenanteil	–	–	–	–
Gebäude für Handel und Lager				
Geschäftshäuser, mit Wohnungen	–	–	–	–
Geschäftshäuser, ohne Wohnungen	–	–	–	–
Verbrauchermärkte	–	–	–	–
Autohäuser	–	–	–	–
Lagergebäude, ohne Mischnutzung	–	0,50	–	0,0%
Lagergebäude, mit bis zu 25% Mischnutzung	–	–	–	–
Lagergebäude, mit mehr als 25% Mischnutzung	–	–	–	–
Garagen und Bereitschaftsdienste				
Einzel-, Mehrfach- und Hochgaragen	–	–	–	–
Tiefgaragen	–	–	–	–
Feuerwehrhäuser	–	3,00	–	0,2%
Öffentliche Bereitschaftsdienste	–	–	–	–
9 Kulturgebäude				
Gebäude für kulturelle Zwecke				
Bibliotheken, Museen und Ausstellungen	–	–	–	–
Theater	–	–	–	–
Gemeindezentren, einfacher Standard	–	–	–	–
Gemeindezentren, mittlerer Standard	–	–	–	–
Gemeindezentren, hoher Standard	–	–	–	–
Gebäude für religiöse Zwecke				
Sakralbauten	–	–	–	–
Friedhofsgebäude	–	–	–	–

Einheit: m² Brutto-Grundfläche (BGF)

454 Elektroakustische Anlagen

Kosten:
Stand 4.Quartal 2021
Bundesdurchschnitt
inkl. 19% MwSt.

Einheit: m² Brutto-Grundfläche (BGF)

▷ von
Ø Mittel
◁ bis

Gebäudeart	▷	€/Einheit	◁	KG an 400
1 Büro- und Verwaltungsgebäude				
Büro- und Verwaltungsgebäude, einfacher Standard	–	–	–	–
Büro- und Verwaltungsgebäude, mittlerer Standard	–	**0,20**	–	0,0%
Büro- und Verwaltungsgebäude, hoher Standard	–	–	–	–
2 Gebäude für Forschung und Lehre				
Instituts- und Laborgebäude	–	–	–	–
3 Gebäude des Gesundheitswesens				
Medizinische Einrichtungen	0,20	**3,90**	6,10	0,7%
Pflegeheime	2,60	**7,50**	12,00	0,5%
4 Schulen und Kindergärten				
Allgemeinbildende Schulen	2,20	**5,50**	9,50	0,9%
Berufliche Schulen	8,10	**11,00**	13,00	0,7%
Förder- und Sonderschulen	2,90	**6,80**	15,00	1,0%
Weiterbildungseinrichtungen	–	–	–	–
Kindergärten, nicht unterkellert, einfacher Standard	–	–	–	–
Kindergärten, nicht unterkellert, mittlerer Standard	–	**17,00**	–	0,7%
Kindergärten, nicht unterkellert, hoher Standard	–	–	–	–
Kindergärten, Holzbauweise, nicht unterkellert	–	–	–	–
Kindergärten, unterkellert	–	–	–	–
5 Sportbauten				
Sport- und Mehrzweckhallen	3,40	**5,00**	6,50	0,6%
Sporthallen (Einfeldhallen)	0,80	**4,20**	7,70	0,7%
Sporthallen (Dreifeldhallen)	9,10	**10,00**	11,00	1,4%
Schwimmhallen	–	–	–	–
6 Wohngebäude				
Ein- und Zweifamilienhäuser				
Ein- und Zweifamilienhäuser, unterkellert, einfacher Standard	–	–	–	–
Ein- und Zweifamilienhäuser, unterkellert, mittlerer Standard	1,30	**2,00**	3,20	0,1%
Ein- und Zweifamilienhäuser, unterkellert, hoher Standard	1,20	**3,20**	13,00	0,4%
Ein- und Zweifamilienhäuser, nicht unterkellert, einfacher Standard	–	–	–	–
Ein- und Zweifamilienhäuser, nicht unterkellert, mittlerer Standard	0,80	**1,90**	5,00	0,2%
Ein- und Zweifamilienhäuser, nicht unterkellert, hoher Standard	0,40	**0,80**	1,60	0,1%
Ein- und Zweifamilienhäuser, Passivhausstandard, Massivbau	–	–	–	–
Ein- und Zweifamilienhäuser, Passivhausstandard, Holzbau	–	–	–	–
Ein- und Zweifamilienhäuser, Holzbauweise, unterkellert	–	**4,20**	–	0,1%
Ein- und Zweifamilienhäuser, Holzbauweise, nicht unterkellert	1,10	**1,90**	2,60	0,1%
Doppel- und Reihenendhäuser, einfacher Standard	–	–	–	–
Doppel- und Reihenendhäuser, mittlerer Standard	–	–	–	–
Doppel- und Reihenendhäuser, hoher Standard	0,20	**0,70**	1,10	0,1%
Reihenhäuser, einfacher Standard	–	–	–	–
Reihenhäuser, mittlerer Standard	–	**0,70**	–	0,1%
Reihenhäuser, hoher Standard	–	–	–	–
Mehrfamilienhäuser				
Mehrfamilienhäuser, mit bis zu 6 WE, einfacher Standard	–	–	–	–
Mehrfamilienhäuser, mit bis zu 6 WE, mittlerer Standard	–	**0,40**	–	0,0%
Mehrfamilienhäuser, mit bis zu 6 WE, hoher Standard	–	**0,70**	–	0,0%

454 Elektroakustische Anlagen

Gebäudeart	▷	€/Einheit	◁	KG an 400
Mehrfamilienhäuser (Fortsetzung)				
Mehrfamilienhäuser, mit 6 bis 19 WE, einfacher Standard	–	–	–	–
Mehrfamilienhäuser, mit 6 bis 19 WE, mittlerer Standard	–	–	–	–
Mehrfamilienhäuser, mit 6 bis 19 WE, hoher Standard	–	**1,00**	–	0,1%
Mehrfamilienhäuser, mit 20 oder mehr WE, einfacher Standard	–	–	–	–
Mehrfamilienhäuser, mit 20 oder mehr WE, mittlerer Standard	–	–	–	–
Mehrfamilienhäuser, mit 20 oder mehr WE, hoher Standard	–	–	–	–
Mehrfamilienhäuser, Passivhäuser	–	**0,10**	–	0,0%
Wohnhäuser, mit bis zu 15% Mischnutzung, einfacher Standard	–	**1,10**	–	0,2%
Wohnhäuser, mit bis zu 15% Mischnutzung, mittlerer Standard	–	**0,80**	–	0,2%
Wohnhäuser, mit bis zu 15% Mischnutzung, hoher Standard	–	–	–	–
Wohnhäuser, mit mehr als 15% Mischnutzung	–	–	–	–
Seniorenwohnungen				
Seniorenwohnungen, mittlerer Standard	–	–	–	–
Seniorenwohnungen, hoher Standard	–	–	–	–
Beherbergung				
Wohnheime und Internate	–	**12,00**	–	0,3%
7 Gewerbegebäude				
Gaststätten und Kantinen				
Gaststätten, Kantinen und Mensen	–	**14,00**	–	1,5%
Gebäude für Produktion				
Industrielle Produktionsgebäude, Massivbauweise	–	–	–	–
Industrielle Produktionsgebäude, überwiegend Skelettbauweise	–	–	–	–
Betriebs- und Werkstätten, eingeschossig	–	–	–	–
Betriebs- und Werkstätten, mehrgeschossig, geringer Hallenanteil	–	–	–	–
Betriebs- und Werkstätten, mehrgeschossig, hoher Hallenanteil	–	**0,30**	–	0,0%
Gebäude für Handel und Lager				
Geschäftshäuser, mit Wohnungen	–	–	–	–
Geschäftshäuser, ohne Wohnungen	–	–	–	–
Verbrauchermärkte	–	**1,30**	–	0,1%
Autohäuser	–	–	–	–
Lagergebäude, ohne Mischnutzung	–	–	–	–
Lagergebäude, mit bis zu 25% Mischnutzung	–	–	–	–
Lagergebäude, mit mehr als 25% Mischnutzung	–	–	–	–
Garagen und Bereitschaftsdienste				
Einzel-, Mehrfach- und Hochgaragen	–	–	–	–
Tiefgaragen	–	–	–	–
Feuerwehrhäuser	–	**8,00**	–	0,5%
Öffentliche Bereitschaftsdienste	–	–	–	–
9 Kulturgebäude				
Gebäude für kulturelle Zwecke				
Bibliotheken, Museen und Ausstellungen	12,00	**48,00**	84,00	3,0%
Theater	–	**19,00**	–	0,6%
Gemeindezentren, einfacher Standard	–	**2,00**	–	0,2%
Gemeindezentren, mittlerer Standard	2,00	**7,70**	11,00	0,9%
Gemeindezentren, hoher Standard	–	**44,00**	–	2,5%
Gebäude für religiöse Zwecke				
Sakralbauten	–	–	–	–
Friedhofsgebäude	–	–	–	–

Einheit: m² Brutto-Grundfläche (BGF)

© BKI Baukosteninformationszentrum Kosten: 4. Quartal 2021, Bundesdurchschnitt, inkl. 19% MwSt.

455 Audiovisuelle Medien- und Antennenanlagen

Kosten: Stand 4.Quartal 2021 Bundesdurchschnitt inkl. 19% MwSt.

Einheit: m² Brutto-Grundfläche (BGF)

▷ von
Ø Mittel
◁ bis

Gebäudeart	▷	€/Einheit	◁	KG an 400
1 Büro- und Verwaltungsgebäude				
Büro- und Verwaltungsgebäude, einfacher Standard	1,50	**3,30**	5,20	0,8%
Büro- und Verwaltungsgebäude, mittlerer Standard	0,30	**1,70**	4,00	0,1%
Büro- und Verwaltungsgebäude, hoher Standard	1,20	**3,50**	17,00	0,2%
2 Gebäude für Forschung und Lehre				
Instituts- und Laborgebäude	–	**–**	–	–
3 Gebäude des Gesundheitswesens				
Medizinische Einrichtungen	0,10	**1,30**	2,00	0,2%
Pflegeheime	3,30	**4,10**	4,70	0,6%
4 Schulen und Kindergärten				
Allgemeinbildende Schulen	0,40	**1,00**	1,60	0,0%
Berufliche Schulen	–	**2,50**	–	0,1%
Förder- und Sonderschulen	0,60	**0,80**	1,20	0,1%
Weiterbildungseinrichtungen	–	**2,30**	–	0,1%
Kindergärten, nicht unterkellert, einfacher Standard	–	**–**	–	–
Kindergärten, nicht unterkellert, mittlerer Standard	–	**0,60**	–	0,0%
Kindergärten, nicht unterkellert, hoher Standard	–	**4,20**	–	0,6%
Kindergärten, Holzbauweise, nicht unterkellert	–	**0,50**	–	0,0%
Kindergärten, unterkellert	–	**0,50**	–	0,1%
5 Sportbauten				
Sport- und Mehrzweckhallen	0,90	**1,00**	1,20	0,1%
Sporthallen (Einfeldhallen)	–	**–**	–	–
Sporthallen (Dreifeldhallen)	–	**–**	–	–
Schwimmhallen	–	**–**	–	–
6 Wohngebäude				
Ein- und Zweifamilienhäuser				
Ein- und Zweifamilienhäuser, unterkellert, einfacher Standard	1,30	**3,50**	7,00	2,0%
Ein- und Zweifamilienhäuser, unterkellert, mittlerer Standard	3,00	**4,30**	6,00	1,1%
Ein- und Zweifamilienhäuser, unterkellert, hoher Standard	3,80	**5,10**	7,00	1,1%
Ein- und Zweifamilienhäuser, nicht unterkellert, einfacher Standard	0,50	**3,00**	5,60	1,4%
Ein- und Zweifamilienhäuser, nicht unterkellert, mittlerer Standard	2,20	**4,80**	7,00	1,5%
Ein- und Zweifamilienhäuser, nicht unterkellert, hoher Standard	1,40	**4,00**	9,10	0,9%
Ein- und Zweifamilienhäuser, Passivhausstandard, Massivbau	1,40	**3,40**	5,80	0,9%
Ein- und Zweifamilienhäuser, Passivhausstandard, Holzbau	2,60	**5,30**	8,50	0,8%
Ein- und Zweifamilienhäuser, Holzbauweise, unterkellert	1,40	**3,10**	5,50	1,0%
Ein- und Zweifamilienhäuser, Holzbauweise, nicht unterkellert	2,30	**4,30**	7,50	1,4%
Doppel- und Reihenendhäuser, einfacher Standard	1,60	**2,90**	4,20	0,7%
Doppel- und Reihenendhäuser, mittlerer Standard	1,10	**4,50**	6,90	1,7%
Doppel- und Reihenendhäuser, hoher Standard	1,00	**3,60**	6,80	1,0%
Reihenhäuser, einfacher Standard	–	**1,30**	–	0,3%
Reihenhäuser, mittlerer Standard	1,40	**5,50**	9,70	1,8%
Reihenhäuser, hoher Standard	1,60	**2,80**	4,10	0,6%
Mehrfamilienhäuser				
Mehrfamilienhäuser, mit bis zu 6 WE, einfacher Standard	0,80	**1,80**	2,90	0,8%
Mehrfamilienhäuser, mit bis zu 6 WE, mittlerer Standard	1,60	**3,20**	5,10	1,4%
Mehrfamilienhäuser, mit bis zu 6 WE, hoher Standard	2,00	**2,90**	3,30	1,0%

Gebäudeart	▷	€/Einheit	◁	KG an 400
Mehrfamilienhäuser (Fortsetzung)				
Mehrfamilienhäuser, mit 6 bis 19 WE, einfacher Standard	1,90	**3,90**	7,80	1,8%
Mehrfamilienhäuser, mit 6 bis 19 WE, mittlerer Standard	1,70	**2,90**	4,80	1,0%
Mehrfamilienhäuser, mit 6 bis 19 WE, hoher Standard	2,20	**3,20**	4,00	1,2%
Mehrfamilienhäuser, mit 20 oder mehr WE, einfacher Standard	1,40	**1,50**	1,60	0,6%
Mehrfamilienhäuser, mit 20 oder mehr WE, mittlerer Standard	1,70	**6,30**	16,00	2,7%
Mehrfamilienhäuser, mit 20 oder mehr WE, hoher Standard	2,80	**6,00**	12,00	1,8%
Mehrfamilienhäuser, Passivhäuser	1,60	**4,70**	7,80	1,8%
Wohnhäuser, mit bis zu 15% Mischnutzung, einfacher Standard	1,90	**3,00**	3,60	1,2%
Wohnhäuser, mit bis zu 15% Mischnutzung, mittlerer Standard	2,20	**6,70**	14,00	2,5%
Wohnhäuser, mit bis zu 15% Mischnutzung, hoher Standard	–	**1,50**	–	0,6%
Wohnhäuser, mit mehr als 15% Mischnutzung	–	**3,60**	–	0,5%
Seniorenwohnungen				
Seniorenwohnungen, mittlerer Standard	1,60	**3,30**	6,20	1,0%
Seniorenwohnungen, hoher Standard	2,90	**3,00**	3,00	0,8%
Beherbergung				
Wohnheime und Internate	0,70	**1,90**	2,80	0,4%
7 Gewerbegebäude				
Gaststätten und Kantinen				
Gaststätten, Kantinen und Mensen	–	**3,30**	–	0,4%
Gebäude für Produktion				
Industrielle Produktionsgebäude, Massivbauweise	–	–	–	–
Industrielle Produktionsgebäude, überwiegend Skelettbauweise	–	–	–	–
Betriebs- und Werkstätten, eingeschossig	–	–	–	–
Betriebs- und Werkstätten, mehrgeschossig, geringer Hallenanteil	0,60	**0,70**	0,80	0,2%
Betriebs- und Werkstätten, mehrgeschossig, hoher Hallenanteil	–	**5,60**	–	0,4%
Gebäude für Handel und Lager				
Geschäftshäuser, mit Wohnungen	0,20	**0,70**	1,30	0,2%
Geschäftshäuser, ohne Wohnungen	–	**1,90**	–	0,3%
Verbrauchermärkte	–	–	–	–
Autohäuser	–	–	–	–
Lagergebäude, ohne Mischnutzung	–	–	–	–
Lagergebäude, mit bis zu 25% Mischnutzung	–	**0,60**	–	0,1%
Lagergebäude, mit mehr als 25% Mischnutzung	–	–	–	–
Garagen und Bereitschaftsdienste				
Einzel-, Mehrfach- und Hochgaragen	–	–	–	–
Tiefgaragen	–	–	–	–
Feuerwehrhäuser	1,50	**3,30**	6,90	0,8%
Öffentliche Bereitschaftsdienste	–	**1,60**	–	0,2%
9 Kulturgebäude				
Gebäude für kulturelle Zwecke				
Bibliotheken, Museen und Ausstellungen	–	**1,20**	–	0,0%
Theater	–	–	–	–
Gemeindezentren, einfacher Standard	1,90	**2,10**	2,20	0,6%
Gemeindezentren, mittlerer Standard	0,60	**1,50**	3,20	0,2%
Gemeindezentren, hoher Standard	–	**1,40**	–	0,1%
Gebäude für religiöse Zwecke				
Sakralbauten	–	–	–	–
Friedhofsgebäude	–	–	–	–

455 Audiovisuelle Medien- und Antennenanlagen

Einheit: m² Brutto-Grundfläche (BGF)

Kosten: 4.Quartal 2021, Bundesdurchschnitt, inkl. 19% MwSt.

456 Gefahrenmelde- und Alarmanlagen

Kosten: Stand 4.Quartal 2021 Bundesdurchschnitt inkl. 19% MwSt.

Einheit: m² Brutto-Grundfläche (BGF)

▷ von
ø Mittel
◁ bis

Gebäudeart	▷	€/Einheit	◁	KG an 400
1 Büro- und Verwaltungsgebäude				
Büro- und Verwaltungsgebäude, einfacher Standard	–	–	–	–
Büro- und Verwaltungsgebäude, mittlerer Standard	11,00	**26,00**	80,00	4,4%
Büro- und Verwaltungsgebäude, hoher Standard	16,00	**37,00**	70,00	3,8%
2 Gebäude für Forschung und Lehre				
Instituts- und Laborgebäude	5,60	**26,00**	47,00	2,3%
3 Gebäude des Gesundheitswesens				
Medizinische Einrichtungen	12,00	**22,00**	39,00	3,5%
Pflegeheime	19,00	**31,00**	43,00	4,4%
4 Schulen und Kindergärten				
Allgemeinbildende Schulen	7,70	**19,00**	44,00	3,3%
Berufliche Schulen	14,00	**24,00**	51,00	3,5%
Förder- und Sonderschulen	3,40	**12,00**	17,00	2,7%
Weiterbildungseinrichtungen	0,10	**9,30**	18,00	0,9%
Kindergärten, nicht unterkellert, einfacher Standard	–	**5,10**	–	2,1%
Kindergärten, nicht unterkellert, mittlerer Standard	9,30	**17,00**	34,00	3,4%
Kindergärten, nicht unterkellert, hoher Standard	–	**17,00**	–	2,5%
Kindergärten, Holzbauweise, nicht unterkellert	5,80	**15,00**	26,00	3,3%
Kindergärten, unterkellert	2,50	**5,30**	10,00	1,4%
5 Sportbauten				
Sport- und Mehrzweckhallen	–	**20,00**	–	1,1%
Sporthallen (Einfeldhallen)	7,00	**11,00**	18,00	3,7%
Sporthallen (Dreifeldhallen)	–	**7,10**	–	0,4%
Schwimmhallen	–	–	–	–
6 Wohngebäude				
Ein- und Zweifamilienhäuser				
Ein- und Zweifamilienhäuser, unterkellert, einfacher Standard	–	**–**	–	–
Ein- und Zweifamilienhäuser, unterkellert, mittlerer Standard	1,30	**2,10**	4,80	0,2%
Ein- und Zweifamilienhäuser, unterkellert, hoher Standard	2,10	**7,00**	11,00	0,5%
Ein- und Zweifamilienhäuser, nicht unterkellert, einfacher Standard	–	**–**	–	–
Ein- und Zweifamilienhäuser, nicht unterkellert, mittlerer Standard	2,30	**8,50**	21,00	0,8%
Ein- und Zweifamilienhäuser, nicht unterkellert, hoher Standard	2,00	**5,20**	21,00	0,7%
Ein- und Zweifamilienhäuser, Passivhausstandard, Massivbau	0,70	**6,10**	9,90	0,4%
Ein- und Zweifamilienhäuser, Passivhausstandard, Holzbau	0,40	**1,00**	1,60	0,1%
Ein- und Zweifamilienhäuser, Holzbauweise, unterkellert	–	**–**	–	–
Ein- und Zweifamilienhäuser, Holzbauweise, nicht unterkellert	1,00	**1,10**	1,20	0,1%
Doppel- und Reihenendhäuser, einfacher Standard	–	**1,40**	–	0,2%
Doppel- und Reihenendhäuser, mittlerer Standard	–	**2,60**	–	0,1%
Doppel- und Reihenendhäuser, hoher Standard	–	**0,60**	–	0,0%
Reihenhäuser, einfacher Standard	–	**5,80**	–	1,2%
Reihenhäuser, mittlerer Standard	–	**1,40**	–	0,1%
Reihenhäuser, hoher Standard	–	**–**	–	–
Mehrfamilienhäuser				
Mehrfamilienhäuser, mit bis zu 6 WE, einfacher Standard	–	**–**	–	–
Mehrfamilienhäuser, mit bis zu 6 WE, mittlerer Standard	0,70	**1,70**	2,70	0,2%
Mehrfamilienhäuser, mit bis zu 6 WE, hoher Standard	0,90	**2,60**	4,30	0,2%

© BKI Baukosteninformationszentrum

Kosten: 4.Quartal 2021, Bundesdurchschnitt, **inkl. 19% MwSt.**

456 Gefahrenmelde- und Alarmanlagen

Einheit: m² Brutto-Grundfläche (BGF)

Gebäudeart	▷	€/Einheit	◁	KG an 400
Mehrfamilienhäuser (Fortsetzung)				
Mehrfamilienhäuser, mit 6 bis 19 WE, einfacher Standard	–	1,10	–	0,2%
Mehrfamilienhäuser, mit 6 bis 19 WE, mittlerer Standard	0,70	1,30	1,90	0,3%
Mehrfamilienhäuser, mit 6 bis 19 WE, hoher Standard	1,90	5,30	11,00	1,3%
Mehrfamilienhäuser, mit 20 oder mehr WE, einfacher Standard	0,80	1,30	2,30	0,5%
Mehrfamilienhäuser, mit 20 oder mehr WE, mittlerer Standard	2,60	4,70	8,70	1,9%
Mehrfamilienhäuser, mit 20 oder mehr WE, hoher Standard	–	2,30	–	0,3%
Mehrfamilienhäuser, Passivhäuser	–	0,30	–	0,0%
Wohnhäuser, mit bis zu 15% Mischnutzung, einfacher Standard	–	–	–	–
Wohnhäuser, mit bis zu 15% Mischnutzung, mittlerer Standard	–	1,60	–	0,2%
Wohnhäuser, mit bis zu 15% Mischnutzung, hoher Standard	–	–	–	–
Wohnhäuser, mit mehr als 15% Mischnutzung	–	14,00	–	1,1%
Seniorenwohnungen				
Seniorenwohnungen, mittlerer Standard	2,70	3,40	4,50	1,1%
Seniorenwohnungen, hoher Standard	–	1,20	–	0,2%
Beherbergung				
Wohnheime und Internate	5,20	12,00	16,00	2,8%
7 Gewerbegebäude				
Gaststätten und Kantinen				
Gaststätten, Kantinen und Mensen	–	13,00	–	1,5%
Gebäude für Produktion				
Industrielle Produktionsgebäude, Massivbauweise	–	–	–	–
Industrielle Produktionsgebäude, überwiegend Skelettbauweise	3,10	9,40	21,00	1,1%
Betriebs- und Werkstätten, eingeschossig	–	34,00	–	2,4%
Betriebs- und Werkstätten, mehrgeschossig, geringer Hallenanteil	–	20,00	–	1,6%
Betriebs- und Werkstätten, mehrgeschossig, hoher Hallenanteil	–	22,00	–	0,5%
Gebäude für Handel und Lager				
Geschäftshäuser, mit Wohnungen	–	9,60	–	0,8%
Geschäftshäuser, ohne Wohnungen	–	10,00	–	2,4%
Verbrauchermärkte	–	6,90	–	0,7%
Autohäuser	–	–	–	–
Lagergebäude, ohne Mischnutzung	13,00	27,00	54,00	5,3%
Lagergebäude, mit bis zu 25% Mischnutzung	2,70	15,00	26,00	2,7%
Lagergebäude, mit mehr als 25% Mischnutzung	–	11,00	–	2,1%
Garagen und Bereitschaftsdienste				
Einzel-, Mehrfach- und Hochgaragen	–	–	–	–
Tiefgaragen	–	–	–	–
Feuerwehrhäuser	6,00	20,00	44,00	4,6%
Öffentliche Bereitschaftsdienste	9,00	24,00	40,00	5,2%
9 Kulturgebäude				
Gebäude für kulturelle Zwecke				
Bibliotheken, Museen und Ausstellungen	21,00	27,00	33,00	2,1%
Theater	–	16,00	–	0,5%
Gemeindezentren, einfacher Standard	–	–	–	–
Gemeindezentren, mittlerer Standard	1,10	3,60	5,10	0,6%
Gemeindezentren, hoher Standard	–	7,10	–	0,4%
Gebäude für religiöse Zwecke				
Sakralbauten	–	–	–	–
Friedhofsgebäude	–	–	–	–

Kosten: 4.Quartal 2021, Bundesdurchschnitt, inkl. 19% MwSt.

457 Datenübertragungsnetze

Kosten:
Stand 4.Quartal 2021
Bundesdurchschnitt
inkl. 19% MwSt.

Einheit: m² Brutto-Grundfläche (BGF)

▷ von
Ø Mittel
◁ bis

Gebäudeart	▷	€/Einheit	◁	KG an 400
1 Büro- und Verwaltungsgebäude				
Büro- und Verwaltungsgebäude, einfacher Standard	8,10	**9,80**	11,00	3,1%
Büro- und Verwaltungsgebäude, mittlerer Standard	22,00	**31,00**	51,00	6,7%
Büro- und Verwaltungsgebäude, hoher Standard	16,00	**38,00**	86,00	4,4%
2 Gebäude für Forschung und Lehre				
Instituts- und Laborgebäude	23,00	**37,00**	74,00	2,8%
3 Gebäude des Gesundheitswesens				
Medizinische Einrichtungen	13,00	**22,00**	26,00	3,8%
Pflegeheime	1,60	**15,00**	20,00	2,0%
4 Schulen und Kindergärten				
Allgemeinbildende Schulen	6,80	**13,00**	21,00	2,7%
Berufliche Schulen	3,70	**16,00**	41,00	1,2%
Förder- und Sonderschulen	5,40	**12,00**	14,00	2,2%
Weiterbildungseinrichtungen	–	**17,00**	–	1,3%
Kindergärten, nicht unterkellert, einfacher Standard	–	**–**	–	–
Kindergärten, nicht unterkellert, mittlerer Standard	3,90	**8,10**	13,00	1,6%
Kindergärten, nicht unterkellert, hoher Standard	–	**–**	–	–
Kindergärten, Holzbauweise, nicht unterkellert	2,90	**6,60**	24,00	1,5%
Kindergärten, unterkellert	0,40	**3,50**	5,40	0,8%
5 Sportbauten				
Sport- und Mehrzweckhallen	–	**22,00**	–	1,3%
Sporthallen (Einfeldhallen)	0,60	**3,30**	5,90	0,8%
Sporthallen (Dreifeldhallen)	–	**–**	–	–
Schwimmhallen	–	**–**	–	–
6 Wohngebäude				
Ein- und Zweifamilienhäuser				
Ein- und Zweifamilienhäuser, unterkellert, einfacher Standard	–	**–**	–	–
Ein- und Zweifamilienhäuser, unterkellert, mittlerer Standard	2,60	**5,30**	8,20	0,9%
Ein- und Zweifamilienhäuser, unterkellert, hoher Standard	5,00	**8,00**	16,00	1,9%
Ein- und Zweifamilienhäuser, nicht unterkellert, einfacher Standard	–	**4,30**	–	1,0%
Ein- und Zweifamilienhäuser, nicht unterkellert, mittlerer Standard	3,60	**7,60**	11,00	1,4%
Ein- und Zweifamilienhäuser, nicht unterkellert, hoher Standard	3,30	**6,40**	13,00	1,3%
Ein- und Zweifamilienhäuser, Passivhausstandard, Massivbau	1,50	**4,00**	6,50	0,8%
Ein- und Zweifamilienhäuser, Passivhausstandard, Holzbau	2,60	**4,20**	9,60	0,3%
Ein- und Zweifamilienhäuser, Holzbauweise, unterkellert	0,30	**2,00**	4,00	0,4%
Ein- und Zweifamilienhäuser, Holzbauweise, nicht unterkellert	2,50	**3,70**	7,70	1,0%
Doppel- und Reihenendhäuser, einfacher Standard	–	**2,60**	–	0,4%
Doppel- und Reihenendhäuser, mittlerer Standard	2,50	**4,60**	10,00	1,2%
Doppel- und Reihenendhäuser, hoher Standard	–	**4,30**	–	0,2%
Reihenhäuser, einfacher Standard	–	**–**	–	–
Reihenhäuser, mittlerer Standard	0,30	**5,40**	10,00	1,1%
Reihenhäuser, hoher Standard	–	**4,20**	–	0,5%
Mehrfamilienhäuser				
Mehrfamilienhäuser, mit bis zu 6 WE, einfacher Standard	–	**–**	–	–
Mehrfamilienhäuser, mit bis zu 6 WE, mittlerer Standard	1,00	**1,40**	2,10	0,3%
Mehrfamilienhäuser, mit bis zu 6 WE, hoher Standard	1,20	**4,40**	9,30	1,0%

© BKI Baukosteninformationszentrum — Kosten: 4.Quartal 2021, Bundesdurchschnitt, **inkl. 19% MwSt.**

Gebäudeart	▷	€/Einheit	◁	KG an 400
Mehrfamilienhäuser (Fortsetzung)				
Mehrfamilienhäuser, mit 6 bis 19 WE, einfacher Standard	–	**1,80**	–	0,3%
Mehrfamilienhäuser, mit 6 bis 19 WE, mittlerer Standard	2,60	**4,80**	12,00	0,8%
Mehrfamilienhäuser, mit 6 bis 19 WE, hoher Standard	–	**1,90**	–	0,1%
Mehrfamilienhäuser, mit 20 oder mehr WE, einfacher Standard	2,50	**2,60**	2,70	0,7%
Mehrfamilienhäuser, mit 20 oder mehr WE, mittlerer Standard	3,50	**6,50**	9,40	1,6%
Mehrfamilienhäuser, mit 20 oder mehr WE, hoher Standard	–	**4,30**	–	0,4%
Mehrfamilienhäuser, Passivhäuser	1,90	**3,80**	8,30	0,7%
Wohnhäuser, mit bis zu 15% Mischnutzung, einfacher Standard	3,70	**4,30**	4,90	1,2%
Wohnhäuser, mit bis zu 15% Mischnutzung, mittlerer Standard	1,30	**1,90**	2,50	0,4%
Wohnhäuser, mit bis zu 15% Mischnutzung, hoher Standard	–	**–**	–	–
Wohnhäuser, mit mehr als 15% Mischnutzung	–	**–**	–	–
Seniorenwohnungen				
Seniorenwohnungen, mittlerer Standard	1,00	**2,40**	4,90	0,5%
Seniorenwohnungen, hoher Standard	2,40	**5,00**	7,60	1,3%
Beherbergung				
Wohnheime und Internate	5,80	**13,00**	18,00	1,2%
7 Gewerbegebäude				
Gaststätten und Kantinen				
Gaststätten, Kantinen und Mensen	–	**–**	–	–
Gebäude für Produktion				
Industrielle Produktionsgebäude, Massivbauweise	–	**3,90**	–	0,5%
Industrielle Produktionsgebäude, überwiegend Skelettbauweise	4,10	**11,00**	18,00	2,4%
Betriebs- und Werkstätten, eingeschossig	–	**14,00**	–	1,0%
Betriebs- und Werkstätten, mehrgeschossig, geringer Hallenanteil	14,00	**14,00**	14,00	1,8%
Betriebs- und Werkstätten, mehrgeschossig, hoher Hallenanteil	4,10	**7,70**	11,00	1,1%
Gebäude für Handel und Lager				
Geschäftshäuser, mit Wohnungen	–	**14,00**	–	1,5%
Geschäftshäuser, ohne Wohnungen	–	**–**	–	–
Verbrauchermärkte	–	**0,50**	–	0,1%
Autohäuser	–	**14,00**	–	2,2%
Lagergebäude, ohne Mischnutzung	0,20	**5,20**	10,00	0,3%
Lagergebäude, mit bis zu 25% Mischnutzung	13,00	**14,00**	14,00	4,3%
Lagergebäude, mit mehr als 25% Mischnutzung	–	**–**	–	–
Garagen und Bereitschaftsdienste				
Einzel-, Mehrfach- und Hochgaragen	–	**0,20**	–	0,3%
Tiefgaragen	–	**–**	–	–
Feuerwehrhäuser	2,80	**7,40**	14,00	1,6%
Öffentliche Bereitschaftsdienste	3,70	**4,10**	4,90	1,4%
9 Kulturgebäude				
Gebäude für kulturelle Zwecke				
Bibliotheken, Museen und Ausstellungen	7,20	**12,00**	22,00	1,7%
Theater	4,30	**12,00**	19,00	1,3%
Gemeindezentren, einfacher Standard	–	**2,30**	–	0,4%
Gemeindezentren, mittlerer Standard	1,50	**7,00**	18,00	0,9%
Gemeindezentren, hoher Standard	–	**1,80**	–	0,1%
Gebäude für religiöse Zwecke				
Sakralbauten	–	**–**	–	–
Friedhofsgebäude	–	**–**	–	–

Einheit: m² Brutto-Grundfläche (BGF)

© BKI Baukosteninformationszentrum — Kosten: 4.Quartal 2021, Bundesdurchschnitt, **inkl. 19% MwSt.**

461 Aufzugsanlagen

Kosten:
Stand 4.Quartal 2021
Bundesdurchschnitt
inkl. 19% MwSt.

Einheit: m²
Brutto-Grundfläche (BGF)

▷ von
ø Mittel
◁ bis

Gebäudeart	▷	€/Einheit	◁	KG an 400
1 Büro- und Verwaltungsgebäude				
Büro- und Verwaltungsgebäude, einfacher Standard	–	**49,00**	–	4,9%
Büro- und Verwaltungsgebäude, mittlerer Standard	22,00	**36,00**	66,00	2,4%
Büro- und Verwaltungsgebäude, hoher Standard	28,00	**40,00**	59,00	2,9%
2 Gebäude für Forschung und Lehre				
Instituts- und Laborgebäude	–	**21,00**	–	0,5%
3 Gebäude des Gesundheitswesens				
Medizinische Einrichtungen	21,00	**36,00**	43,00	6,3%
Pflegeheime	33,00	**38,00**	47,00	3,9%
4 Schulen und Kindergärten				
Allgemeinbildende Schulen	15,00	**23,00**	30,00	3,6%
Berufliche Schulen	17,00	**46,00**	101,00	3,3%
Förder- und Sonderschulen	16,00	**33,00**	45,00	7,2%
Weiterbildungseinrichtungen	19,00	**38,00**	71,00	5,2%
Kindergärten, nicht unterkellert, einfacher Standard	–	–	–	–
Kindergärten, nicht unterkellert, mittlerer Standard	–	**41,00**	–	1,2%
Kindergärten, nicht unterkellert, hoher Standard	–	–	–	–
Kindergärten, Holzbauweise, nicht unterkellert	–	**43,00**	–	1,0%
Kindergärten, unterkellert	–	–	–	–
5 Sportbauten				
Sport- und Mehrzweckhallen	–	–	–	–
Sporthallen (Einfeldhallen)	–	–	–	–
Sporthallen (Dreifeldhallen)	–	–	–	–
Schwimmhallen	–	–	–	–
6 Wohngebäude				
Ein- und Zweifamilienhäuser				
Ein- und Zweifamilienhäuser, unterkellert, einfacher Standard	–	–	–	–
Ein- und Zweifamilienhäuser, unterkellert, mittlerer Standard	–	–	–	–
Ein- und Zweifamilienhäuser, unterkellert, hoher Standard	–	–	–	–
Ein- und Zweifamilienhäuser, nicht unterkellert, einfacher Standard	–	–	–	–
Ein- und Zweifamilienhäuser, nicht unterkellert, mittlerer Standard	–	–	–	–
Ein- und Zweifamilienhäuser, nicht unterkellert, hoher Standard	–	–	–	–
Ein- und Zweifamilienhäuser, Passivhausstandard, Massivbau	–	–	–	–
Ein- und Zweifamilienhäuser, Passivhausstandard, Holzbau	–	–	–	–
Ein- und Zweifamilienhäuser, Holzbauweise, unterkellert	–	–	–	–
Ein- und Zweifamilienhäuser, Holzbauweise, nicht unterkellert	–	–	–	–
Doppel- und Reihenendhäuser, einfacher Standard	–	–	–	–
Doppel- und Reihenendhäuser, mittlerer Standard	–	–	–	–
Doppel- und Reihenendhäuser, hoher Standard	–	–	–	–
Reihenhäuser, einfacher Standard	–	–	–	–
Reihenhäuser, mittlerer Standard	–	–	–	–
Reihenhäuser, hoher Standard	–	–	–	–
Mehrfamilienhäuser				
Mehrfamilienhäuser, mit bis zu 6 WE, einfacher Standard	–	–	–	–
Mehrfamilienhäuser, mit bis zu 6 WE, mittlerer Standard	–	–	–	–
Mehrfamilienhäuser, mit bis zu 6 WE, hoher Standard	45,00	**50,00**	54,00	10,3%

© **BKI** Baukosteninformationszentrum

Kosten: 4.Quartal 2021, Bundesdurchschnitt, **inkl. 19% MwSt.**

461 Aufzugsanlagen

Einheit: m² Brutto-Grundfläche (BGF)

Gebäudeart	▷	€/Einheit	◁	KG an 400
Mehrfamilienhäuser (Fortsetzung)				
Mehrfamilienhäuser, mit 6 bis 19 WE, einfacher Standard	–	–	–	–
Mehrfamilienhäuser, mit 6 bis 19 WE, mittlerer Standard	24,00	**34,00**	75,00	6,4%
Mehrfamilienhäuser, mit 6 bis 19 WE, hoher Standard	23,00	**36,00**	42,00	15,8%
Mehrfamilienhäuser, mit 20 oder mehr WE, einfacher Standard	–	**67,00**	–	6,5%
Mehrfamilienhäuser, mit 20 oder mehr WE, mittlerer Standard	18,00	**26,00**	37,00	10,1%
Mehrfamilienhäuser, mit 20 oder mehr WE, hoher Standard	20,00	**46,00**	71,00	10,0%
Mehrfamilienhäuser, Passivhäuser	16,00	**29,00**	41,00	3,8%
Wohnhäuser, mit bis zu 15% Mischnutzung, einfacher Standard	19,00	**27,00**	33,00	11,1%
Wohnhäuser, mit bis zu 15% Mischnutzung, mittlerer Standard	–	**34,00**	–	3,5%
Wohnhäuser, mit bis zu 15% Mischnutzung, hoher Standard	–	**31,00**	–	11,6%
Wohnhäuser, mit mehr als 15% Mischnutzung	–	–	–	–
Seniorenwohnungen				
Seniorenwohnungen, mittlerer Standard	24,00	**50,00**	88,00	16,2%
Seniorenwohnungen, hoher Standard	25,00	**49,00**	73,00	12,9%
Beherbergung				
Wohnheime und Internate	8,50	**26,00**	36,00	3,5%
7 Gewerbegebäude				
Gaststätten und Kantinen				
Gaststätten, Kantinen und Mensen	–	**55,00**	–	6,0%
Gebäude für Produktion				
Industrielle Produktionsgebäude, Massivbauweise	–	**32,00**	–	3,0%
Industrielle Produktionsgebäude, überwiegend Skelettbauweise	–	**23,00**	–	0,7%
Betriebs- und Werkstätten, eingeschossig	–	**11,00**	–	0,8%
Betriebs- und Werkstätten, mehrgeschossig, geringer Hallenanteil	10,00	**16,00**	18,00	16,3%
Betriebs- und Werkstätten, mehrgeschossig, hoher Hallenanteil	–	**4,30**	–	0,1%
Gebäude für Handel und Lager				
Geschäftshäuser, mit Wohnungen	29,00	**32,00**	34,00	5,9%
Geschäftshäuser, ohne Wohnungen	–	**79,00**	–	13,3%
Verbrauchermärkte	–	–	–	–
Autohäuser	–	–	–	–
Lagergebäude, ohne Mischnutzung	–	–	–	–
Lagergebäude, mit bis zu 25% Mischnutzung	–	–	–	–
Lagergebäude, mit mehr als 25% Mischnutzung	–	–	–	–
Garagen und Bereitschaftsdienste				
Einzel-, Mehrfach- und Hochgaragen	–	–	–	–
Tiefgaragen	–	–	–	–
Feuerwehrhäuser	–	**20,00**	–	1,3%
Öffentliche Bereitschaftsdienste	–	–	–	–
9 Kulturgebäude				
Gebäude für kulturelle Zwecke				
Bibliotheken, Museen und Ausstellungen	–	–	–	–
Theater	–	**45,00**	–	1,3%
Gemeindezentren, einfacher Standard	–	**12,00**	–	2,1%
Gemeindezentren, mittlerer Standard	56,00	**59,00**	63,00	7,0%
Gemeindezentren, hoher Standard	–	**118,00**	–	6,8%
Gebäude für religiöse Zwecke				
Sakralbauten	–	–	–	–
Friedhofsgebäude	–	–	–	–

© BKI Baukosteninformationszentrum — Kosten: 4.Quartal 2021, Bundesdurchschnitt, **inkl. 19% MwSt.**

465 Krananlagen

Kosten:
Stand 4.Quartal 2021
Bundesdurchschnitt
inkl. 19% MwSt.

Einheit: m²
Brutto-Grundfläche (BGF)

▷ von
ø Mittel
◁ bis

Gebäudeart	▷	€/Einheit	◁	KG an 400
1 Büro- und Verwaltungsgebäude				
Büro- und Verwaltungsgebäude, einfacher Standard	–	–	–	–
Büro- und Verwaltungsgebäude, mittlerer Standard	–	–	–	–
Büro- und Verwaltungsgebäude, hoher Standard	–	–	–	–
2 Gebäude für Forschung und Lehre				
Instituts- und Laborgebäude	–	–	–	–
3 Gebäude des Gesundheitswesens				
Medizinische Einrichtungen	–	–	–	–
Pflegeheime	–	–	–	–
4 Schulen und Kindergärten				
Allgemeinbildende Schulen	–	–	–	–
Berufliche Schulen	–	–	–	–
Förder- und Sonderschulen	–	–	–	–
Weiterbildungseinrichtungen	–	–	–	–
Kindergärten, nicht unterkellert, einfacher Standard	–	–	–	–
Kindergärten, nicht unterkellert, mittlerer Standard	–	–	–	–
Kindergärten, nicht unterkellert, hoher Standard	–	–	–	–
Kindergärten, Holzbauweise, nicht unterkellert	–	–	–	–
Kindergärten, unterkellert	–	–	–	–
5 Sportbauten				
Sport- und Mehrzweckhallen	–	–	–	–
Sporthallen (Einfeldhallen)	–	–	–	–
Sporthallen (Dreifeldhallen)	–	–	–	–
Schwimmhallen	–	–	–	–
6 Wohngebäude				
Ein- und Zweifamilienhäuser				
Ein- und Zweifamilienhäuser, unterkellert, einfacher Standard	–	–	–	–
Ein- und Zweifamilienhäuser, unterkellert, mittlerer Standard	–	–	–	–
Ein- und Zweifamilienhäuser, unterkellert, hoher Standard	–	–	–	–
Ein- und Zweifamilienhäuser, nicht unterkellert, einfacher Standard	–	–	–	–
Ein- und Zweifamilienhäuser, nicht unterkellert, mittlerer Standard	–	–	–	–
Ein- und Zweifamilienhäuser, nicht unterkellert, hoher Standard	–	–	–	–
Ein- und Zweifamilienhäuser, Passivhausstandard, Massivbau	–	–	–	–
Ein- und Zweifamilienhäuser, Passivhausstandard, Holzbau	–	–	–	–
Ein- und Zweifamilienhäuser, Holzbauweise, unterkellert	–	–	–	–
Ein- und Zweifamilienhäuser, Holzbauweise, nicht unterkellert	–	–	–	–
Doppel- und Reihenendhäuser, einfacher Standard	–	–	–	–
Doppel- und Reihenendhäuser, mittlerer Standard	–	–	–	–
Doppel- und Reihenendhäuser, hoher Standard	–	–	–	–
Reihenhäuser, einfacher Standard	–	–	–	–
Reihenhäuser, mittlerer Standard	–	–	–	–
Reihenhäuser, hoher Standard	–	–	–	–
Mehrfamilienhäuser				
Mehrfamilienhäuser, mit bis zu 6 WE, einfacher Standard	–	–	–	–
Mehrfamilienhäuser, mit bis zu 6 WE, mittlerer Standard	–	–	–	–
Mehrfamilienhäuser, mit bis zu 6 WE, hoher Standard	–	–	–	–

465 Krananlagen

Gebäudeart	▷	€/Einheit	◁	KG an 400
Mehrfamilienhäuser (Fortsetzung)				
Mehrfamilienhäuser, mit 6 bis 19 WE, einfacher Standard	–	–	–	–
Mehrfamilienhäuser, mit 6 bis 19 WE, mittlerer Standard	–	–	–	–
Mehrfamilienhäuser, mit 6 bis 19 WE, hoher Standard	–	–	–	–
Mehrfamilienhäuser, mit 20 oder mehr WE, einfacher Standard	–	–	–	–
Mehrfamilienhäuser, mit 20 oder mehr WE, mittlerer Standard	–	–	–	–
Mehrfamilienhäuser, mit 20 oder mehr WE, hoher Standard	–	–	–	–
Mehrfamilienhäuser, Passivhäuser	–	–	–	–
Wohnhäuser, mit bis zu 15% Mischnutzung, einfacher Standard	–	–	–	–
Wohnhäuser, mit bis zu 15% Mischnutzung, mittlerer Standard	–	–	–	–
Wohnhäuser, mit bis zu 15% Mischnutzung, hoher Standard	–	–	–	–
Wohnhäuser, mit mehr als 15% Mischnutzung	–	–	–	–
Seniorenwohnungen				
Seniorenwohnungen, mittlerer Standard	–	–	–	–
Seniorenwohnungen, hoher Standard	–	–	–	–
Beherbergung				
Wohnheime und Internate	–	–	–	–
7 Gewerbegebäude				
Gaststätten und Kantinen				
Gaststätten, Kantinen und Mensen	–	–	–	–
Gebäude für Produktion				
Industrielle Produktionsgebäude, Massivbauweise	–	–	–	–
Industrielle Produktionsgebäude, überwiegend Skelettbauweise	41,00	**73,00**	136,00	6,5%
Betriebs- und Werkstätten, eingeschossig	–	**11,00**	–	0,7%
Betriebs- und Werkstätten, mehrgeschossig, geringer Hallenanteil	–	–	–	–
Betriebs- und Werkstätten, mehrgeschossig, hoher Hallenanteil	9,30	**46,00**	70,00	6,8%
Gebäude für Handel und Lager				
Geschäftshäuser, mit Wohnungen	–	–	–	–
Geschäftshäuser, ohne Wohnungen	–	–	–	–
Verbrauchermärkte	–	–	–	–
Autohäuser	–	–	–	–
Lagergebäude, ohne Mischnutzung	–	**5,90**	–	0,1%
Lagergebäude, mit bis zu 25% Mischnutzung	–	–	–	–
Lagergebäude, mit mehr als 25% Mischnutzung	–	–	–	–
Garagen und Bereitschaftsdienste				
Einzel-, Mehrfach- und Hochgaragen	–	–	–	–
Tiefgaragen	–	–	–	–
Feuerwehrhäuser	–	–	–	–
Öffentliche Bereitschaftsdienste	–	–	–	–
9 Kulturgebäude				
Gebäude für kulturelle Zwecke				
Bibliotheken, Museen und Ausstellungen	–	–	–	–
Theater	–	–	–	–
Gemeindezentren, einfacher Standard	–	–	–	–
Gemeindezentren, mittlerer Standard	–	–	–	–
Gemeindezentren, hoher Standard	–	–	–	–
Gebäude für religiöse Zwecke				
Sakralbauten	–	–	–	–
Friedhofsgebäude	–	–	–	–

Einheit: m² Brutto-Grundfläche (BGF)

471 Küchentechnische Anlagen

Kosten:
Stand 4.Quartal 2021
Bundesdurchschnitt
inkl. 19% MwSt.

Einheit: m²
Brutto-Grundfläche
(BGF)

▷ von
ø Mittel
◁ bis

Gebäudeart	▷	€/Einheit	◁	KG an 400
1 Büro- und Verwaltungsgebäude				
Büro- und Verwaltungsgebäude, einfacher Standard	–	–	–	–
Büro- und Verwaltungsgebäude, mittlerer Standard	2,30	**19,00**	38,00	0,5%
Büro- und Verwaltungsgebäude, hoher Standard	–	**1,70**	–	0,0%
2 Gebäude für Forschung und Lehre				
Instituts- und Laborgebäude	–	–	–	–
3 Gebäude des Gesundheitswesens				
Medizinische Einrichtungen	–	**2,70**	–	0,1%
Pflegeheime	41,00	**67,00**	132,00	9,2%
4 Schulen und Kindergärten				
Allgemeinbildende Schulen	11,00	**51,00**	113,00	3,6%
Berufliche Schulen	–	**117,00**	–	2,4%
Förder- und Sonderschulen	6,60	**9,50**	12,00	1,0%
Weiterbildungseinrichtungen	5,50	**87,00**	169,00	8,3%
Kindergärten, nicht unterkellert, einfacher Standard	–	–	–	–
Kindergärten, nicht unterkellert, mittlerer Standard	–	–	–	–
Kindergärten, nicht unterkellert, hoher Standard	–	**33,00**	–	4,6%
Kindergärten, Holzbauweise, nicht unterkellert	–	–	–	–
Kindergärten, unterkellert	–	–	–	–
5 Sportbauten				
Sport- und Mehrzweckhallen	–	**1,00**	–	0,1%
Sporthallen (Einfeldhallen)	–	–	–	–
Sporthallen (Dreifeldhallen)	–	–	–	–
Schwimmhallen	–	–	–	–
6 Wohngebäude				
Ein- und Zweifamilienhäuser				
Ein- und Zweifamilienhäuser, unterkellert, einfacher Standard	–	–	–	–
Ein- und Zweifamilienhäuser, unterkellert, mittlerer Standard	–	–	–	–
Ein- und Zweifamilienhäuser, unterkellert, hoher Standard	–	–	–	–
Ein- und Zweifamilienhäuser, nicht unterkellert, einfacher Standard	–	–	–	–
Ein- und Zweifamilienhäuser, nicht unterkellert, mittlerer Standard	–	–	–	–
Ein- und Zweifamilienhäuser, nicht unterkellert, hoher Standard	–	–	–	–
Ein- und Zweifamilienhäuser, Passivhausstandard, Massivbau	–	–	–	–
Ein- und Zweifamilienhäuser, Passivhausstandard, Holzbau	–	–	–	–
Ein- und Zweifamilienhäuser, Holzbauweise, unterkellert	–	–	–	–
Ein- und Zweifamilienhäuser, Holzbauweise, nicht unterkellert	–	–	–	–
Doppel- und Reihenendhäuser, einfacher Standard	–	–	–	–
Doppel- und Reihenendhäuser, mittlerer Standard	–	–	–	–
Doppel- und Reihenendhäuser, hoher Standard	–	–	–	–
Reihenhäuser, einfacher Standard	–	–	–	–
Reihenhäuser, mittlerer Standard	–	–	–	–
Reihenhäuser, hoher Standard	–	–	–	–
Mehrfamilienhäuser				
Mehrfamilienhäuser, mit bis zu 6 WE, einfacher Standard	–	–	–	–
Mehrfamilienhäuser, mit bis zu 6 WE, mittlerer Standard	–	–	–	–
Mehrfamilienhäuser, mit bis zu 6 WE, hoher Standard	–	–	–	–

471 Küchentechnische Anlagen

Gebäudeart	▷	€/Einheit	◁	KG an 400
Mehrfamilienhäuser (Fortsetzung)				
Mehrfamilienhäuser, mit 6 bis 19 WE, einfacher Standard	–	–	–	–
Mehrfamilienhäuser, mit 6 bis 19 WE, mittlerer Standard	–	–	–	–
Mehrfamilienhäuser, mit 6 bis 19 WE, hoher Standard	–	–	–	–
Mehrfamilienhäuser, mit 20 oder mehr WE, einfacher Standard	–	–	–	–
Mehrfamilienhäuser, mit 20 oder mehr WE, mittlerer Standard	–	–	–	–
Mehrfamilienhäuser, mit 20 oder mehr WE, hoher Standard	–	–	–	–
Mehrfamilienhäuser, Passivhäuser	–	–	–	–
Wohnhäuser, mit bis zu 15% Mischnutzung, einfacher Standard	–	–	–	–
Wohnhäuser, mit bis zu 15% Mischnutzung, mittlerer Standard	–	–	–	–
Wohnhäuser, mit bis zu 15% Mischnutzung, hoher Standard	–	–	–	–
Wohnhäuser, mit mehr als 15% Mischnutzung	–	**176,00**	–	10,2%
Seniorenwohnungen				
Seniorenwohnungen, mittlerer Standard	–	–	–	–
Seniorenwohnungen, hoher Standard	–	–	–	–
Beherbergung				
Wohnheime und Internate	–	**34,00**	–	1,0%
7 Gewerbegebäude				
Gaststätten und Kantinen				
Gaststätten, Kantinen und Mensen	–	**76,00**	–	8,4%
Gebäude für Produktion				
Industrielle Produktionsgebäude, Massivbauweise	–	–	–	–
Industrielle Produktionsgebäude, überwiegend Skelettbauweise	–	–	–	–
Betriebs- und Werkstätten, eingeschossig	–	–	–	–
Betriebs- und Werkstätten, mehrgeschossig, geringer Hallenanteil	–	–	–	–
Betriebs- und Werkstätten, mehrgeschossig, hoher Hallenanteil	–	–	–	–
Gebäude für Handel und Lager				
Geschäftshäuser, mit Wohnungen	–	–	–	–
Geschäftshäuser, ohne Wohnungen	–	–	–	–
Verbrauchermärkte	–	–	–	–
Autohäuser	–	–	–	–
Lagergebäude, ohne Mischnutzung	–	–	–	–
Lagergebäude, mit bis zu 25% Mischnutzung	–	–	–	–
Lagergebäude, mit mehr als 25% Mischnutzung	–	–	–	–
Garagen und Bereitschaftsdienste				
Einzel-, Mehrfach- und Hochgaragen	–	–	–	–
Tiefgaragen	–	–	–	–
Feuerwehrhäuser	–	–	–	–
Öffentliche Bereitschaftsdienste	–	–	–	–
9 Kulturgebäude				
Gebäude für kulturelle Zwecke				
Bibliotheken, Museen und Ausstellungen	–	**55,00**	–	1,3%
Theater	–	–	–	–
Gemeindezentren, einfacher Standard	–	**41,00**	–	7,0%
Gemeindezentren, mittlerer Standard	–	**50,00**	–	1,8%
Gemeindezentren, hoher Standard	–	**65,00**	–	3,6%
Gebäude für religiöse Zwecke				
Sakralbauten	–	–	–	–
Friedhofsgebäude	–	–	–	–

Einheit: m² Brutto-Grundfläche (BGF)

© BKI Baukosteninformationszentrum — Kosten: 4.Quartal 2021, Bundesdurchschnitt, **inkl. 19% MwSt.**

473 Medienversorgungsanlagen, Medizin- und labortechnische Anlagen

Kosten:
Stand 4.Quartal 2021
Bundesdurchschnitt
inkl. 19% MwSt.

Einheit: m²
Brutto-Grundfläche
(BGF)

▷ von
Ø Mittel
◁ bis

Gebäudeart	▷	€/Einheit	◁	KG an 400
1 Büro- und Verwaltungsgebäude				
Büro- und Verwaltungsgebäude, einfacher Standard	–	–	–	–
Büro- und Verwaltungsgebäude, mittlerer Standard	–	**0,50**	–	0,0%
Büro- und Verwaltungsgebäude, hoher Standard	–	–	–	–
2 Gebäude für Forschung und Lehre				
Instituts- und Laborgebäude	109,00	**191,00**	346,00	12,5%
3 Gebäude des Gesundheitswesens				
Medizinische Einrichtungen	–	**38,00**	–	1,5%
Pflegeheime	–	**23,00**	–	0,9%
4 Schulen und Kindergärten				
Allgemeinbildende Schulen	19,00	**34,00**	49,00	1,4%
Berufliche Schulen	–	–	–	–
Förder- und Sonderschulen	–	–	–	–
Weiterbildungseinrichtungen	–	**13,00**	–	1,0%
Kindergärten, nicht unterkellert, einfacher Standard	–	–	–	–
Kindergärten, nicht unterkellert, mittlerer Standard	–	–	–	–
Kindergärten, nicht unterkellert, hoher Standard	–	–	–	–
Kindergärten, Holzbauweise, nicht unterkellert	–	–	–	–
Kindergärten, unterkellert	–	–	–	–
5 Sportbauten				
Sport- und Mehrzweckhallen	–	–	–	–
Sporthallen (Einfeldhallen)	–	–	–	–
Sporthallen (Dreifeldhallen)	–	–	–	–
Schwimmhallen	–	–	–	–
6 Wohngebäude				
Ein- und Zweifamilienhäuser				
Ein- und Zweifamilienhäuser, unterkellert, einfacher Standard	–	–	–	–
Ein- und Zweifamilienhäuser, unterkellert, mittlerer Standard	–	–	–	–
Ein- und Zweifamilienhäuser, unterkellert, hoher Standard	–	–	–	–
Ein- und Zweifamilienhäuser, nicht unterkellert, einfacher Standard	–	–	–	–
Ein- und Zweifamilienhäuser, nicht unterkellert, mittlerer Standard	–	–	–	–
Ein- und Zweifamilienhäuser, nicht unterkellert, hoher Standard	–	–	–	–
Ein- und Zweifamilienhäuser, Passivhausstandard, Massivbau	–	–	–	–
Ein- und Zweifamilienhäuser, Passivhausstandard, Holzbau	–	–	–	–
Ein- und Zweifamilienhäuser, Holzbauweise, unterkellert	–	–	–	–
Ein- und Zweifamilienhäuser, Holzbauweise, nicht unterkellert	–	–	–	–
Doppel- und Reihenendhäuser, einfacher Standard	–	–	–	–
Doppel- und Reihenendhäuser, mittlerer Standard	–	–	–	–
Doppel- und Reihenendhäuser, hoher Standard	–	–	–	–
Reihenhäuser, einfacher Standard	–	–	–	–
Reihenhäuser, mittlerer Standard	–	–	–	–
Reihenhäuser, hoher Standard	–	–	–	–
Mehrfamilienhäuser				
Mehrfamilienhäuser, mit bis zu 6 WE, einfacher Standard	–	–	–	–
Mehrfamilienhäuser, mit bis zu 6 WE, mittlerer Standard	–	–	–	–
Mehrfamilienhäuser, mit bis zu 6 WE, hoher Standard	–	–	–	–

Medienversorgungsanlagen, Medizin- und labortechnische Anlagen

Einheit: m² Brutto-Grundfläche (BGF)

Gebäudeart	▷	€/Einheit	◁	KG an 400
Mehrfamilienhäuser (Fortsetzung)				
Mehrfamilienhäuser, mit 6 bis 19 WE, einfacher Standard	–	–	–	–
Mehrfamilienhäuser, mit 6 bis 19 WE, mittlerer Standard	–	–	–	–
Mehrfamilienhäuser, mit 6 bis 19 WE, hoher Standard	–	–	–	–
Mehrfamilienhäuser, mit 20 oder mehr WE, einfacher Standard	–	–	–	–
Mehrfamilienhäuser, mit 20 oder mehr WE, mittlerer Standard	–	–	–	–
Mehrfamilienhäuser, mit 20 oder mehr WE, hoher Standard	–	–	–	–
Mehrfamilienhäuser, Passivhäuser	–	–	–	–
Wohnhäuser, mit bis zu 15% Mischnutzung, einfacher Standard	–	–	–	–
Wohnhäuser, mit bis zu 15% Mischnutzung, mittlerer Standard	–	–	–	–
Wohnhäuser, mit bis zu 15% Mischnutzung, hoher Standard	–	–	–	–
Wohnhäuser, mit mehr als 15% Mischnutzung	–	–	–	–
Seniorenwohnungen				
Seniorenwohnungen, mittlerer Standard	–	–	–	–
Seniorenwohnungen, hoher Standard	–	–	–	–
Beherbergung				
Wohnheime und Internate	–	**64,00**	–	1,8%
7 Gewerbegebäude				
Gaststätten und Kantinen				
Gaststätten, Kantinen und Mensen	–	–	–	–
Gebäude für Produktion				
Industrielle Produktionsgebäude, Massivbauweise	7,00	**8,70**	10,00	1,8%
Industrielle Produktionsgebäude, überwiegend Skelettbauweise	9,40	**35,00**	60,00	2,7%
Betriebs- und Werkstätten, eingeschossig	–	**18,00**	–	1,3%
Betriebs- und Werkstätten, mehrgeschossig, geringer Hallenanteil	–	–	–	–
Betriebs- und Werkstätten, mehrgeschossig, hoher Hallenanteil	3,40	**11,00**	25,00	0,9%
Gebäude für Handel und Lager				
Geschäftshäuser, mit Wohnungen	–	–	–	–
Geschäftshäuser, ohne Wohnungen	–	–	–	–
Verbrauchermärkte	–	–	–	–
Autohäuser	–	–	–	–
Lagergebäude, ohne Mischnutzung	–	**12,00**	–	0,3%
Lagergebäude, mit bis zu 25% Mischnutzung	–	–	–	–
Lagergebäude, mit mehr als 25% Mischnutzung	–	–	–	–
Garagen und Bereitschaftsdienste				
Einzel-, Mehrfach- und Hochgaragen	–	–	–	–
Tiefgaragen	–	–	–	–
Feuerwehrhäuser	–	–	–	–
Öffentliche Bereitschaftsdienste	–	**10,00**	–	0,5%
9 Kulturgebäude				
Gebäude für kulturelle Zwecke				
Bibliotheken, Museen und Ausstellungen	–	–	–	–
Theater	–	–	–	–
Gemeindezentren, einfacher Standard	–	–	–	–
Gemeindezentren, mittlerer Standard	–	–	–	–
Gemeindezentren, hoher Standard	–	–	–	–
Gebäude für religiöse Zwecke				
Sakralbauten	–	–	–	–
Friedhofsgebäude	–	–	–	–

Kosten: 4.Quartal 2021, Bundesdurchschnitt, **inkl. 19% MwSt.**

474 Feuerlöschanlagen

Kosten:
Stand 4.Quartal 2021
Bundesdurchschnitt
inkl. 19% MwSt.

Einheit: m²
Brutto-Grundfläche
(BGF)

▷ von
Ø Mittel
◁ bis

Gebäudeart	▷	€/Einheit	◁	KG an 400
1 Büro- und Verwaltungsgebäude				
Büro- und Verwaltungsgebäude, einfacher Standard	–	**4,20**	–	0,4%
Büro- und Verwaltungsgebäude, mittlerer Standard	1,80	**9,10**	40,00	0,6%
Büro- und Verwaltungsgebäude, hoher Standard	1,40	**2,70**	5,10	0,2%
2 Gebäude für Forschung und Lehre				
Instituts- und Laborgebäude	0,50	**1,70**	2,90	0,1%
3 Gebäude des Gesundheitswesens				
Medizinische Einrichtungen	–	**3,90**	–	0,2%
Pflegeheime	0,20	**0,60**	0,90	0,0%
4 Schulen und Kindergärten				
Allgemeinbildende Schulen	0,60	**0,90**	1,00	0,1%
Berufliche Schulen	1,30	**1,50**	1,90	0,1%
Förder- und Sonderschulen	0,50	**0,90**	2,30	0,2%
Weiterbildungseinrichtungen	0,80	**1,10**	1,40	0,1%
Kindergärten, nicht unterkellert, einfacher Standard	–	–	–	–
Kindergärten, nicht unterkellert, mittlerer Standard	1,20	**2,00**	3,10	0,2%
Kindergärten, nicht unterkellert, hoher Standard	–	**0,30**	–	0,0%
Kindergärten, Holzbauweise, nicht unterkellert	0,40	**0,50**	0,60	0,0%
Kindergärten, unterkellert	0,90	**1,10**	1,20	0,3%
5 Sportbauten				
Sport- und Mehrzweckhallen	–	**0,40**	–	0,0%
Sporthallen (Einfeldhallen)	–	–	–	–
Sporthallen (Dreifeldhallen)	0,20	**0,70**	1,00	0,1%
Schwimmhallen	–	–	–	–
6 Wohngebäude				
Ein- und Zweifamilienhäuser				
Ein- und Zweifamilienhäuser, unterkellert, einfacher Standard	–	–	–	–
Ein- und Zweifamilienhäuser, unterkellert, mittlerer Standard	–	–	–	–
Ein- und Zweifamilienhäuser, unterkellert, hoher Standard	–	–	–	–
Ein- und Zweifamilienhäuser, nicht unterkellert, einfacher Standard	–	–	–	–
Ein- und Zweifamilienhäuser, nicht unterkellert, mittlerer Standard	–	–	–	–
Ein- und Zweifamilienhäuser, nicht unterkellert, hoher Standard	–	–	–	–
Ein- und Zweifamilienhäuser, Passivhausstandard, Massivbau	–	–	–	–
Ein- und Zweifamilienhäuser, Passivhausstandard, Holzbau	–	–	–	–
Ein- und Zweifamilienhäuser, Holzbauweise, unterkellert	–	–	–	–
Ein- und Zweifamilienhäuser, Holzbauweise, nicht unterkellert	–	–	–	–
Doppel- und Reihenendhäuser, einfacher Standard	–	–	–	–
Doppel- und Reihenendhäuser, mittlerer Standard	–	–	–	–
Doppel- und Reihenendhäuser, hoher Standard	–	–	–	–
Reihenhäuser, einfacher Standard	–	–	–	–
Reihenhäuser, mittlerer Standard	–	–	–	–
Reihenhäuser, hoher Standard	–	–	–	–
Mehrfamilienhäuser				
Mehrfamilienhäuser, mit bis zu 6 WE, einfacher Standard	–	**0,20**	–	0,1%
Mehrfamilienhäuser, mit bis zu 6 WE, mittlerer Standard	–	–	–	–
Mehrfamilienhäuser, mit bis zu 6 WE, hoher Standard	–	–	–	–

474 Feuerlöschanlagen

Gebäudeart	▷	€/Einheit	◁	KG an 400
Mehrfamilienhäuser (Fortsetzung)				
Mehrfamilienhäuser, mit 6 bis 19 WE, einfacher Standard	–	–	–	–
Mehrfamilienhäuser, mit 6 bis 19 WE, mittlerer Standard	0,30	**0,50**	0,70	0,0%
Mehrfamilienhäuser, mit 6 bis 19 WE, hoher Standard	–	**0,40**	–	0,0%
Mehrfamilienhäuser, mit 20 oder mehr WE, einfacher Standard	–	**2,50**	–	0,2%
Mehrfamilienhäuser, mit 20 oder mehr WE, mittlerer Standard	–	–	–	–
Mehrfamilienhäuser, mit 20 oder mehr WE, hoher Standard	–	–	–	–
Mehrfamilienhäuser, Passivhäuser	–	–	–	–
Wohnhäuser, mit bis zu 15% Mischnutzung, einfacher Standard	–	**0,20**	–	0,0%
Wohnhäuser, mit bis zu 15% Mischnutzung, mittlerer Standard	–	–	–	–
Wohnhäuser, mit bis zu 15% Mischnutzung, hoher Standard	–	–	–	–
Wohnhäuser, mit mehr als 15% Mischnutzung	–	–	–	–
Seniorenwohnungen				
Seniorenwohnungen, mittlerer Standard	0,40	**0,80**	1,90	0,2%
Seniorenwohnungen, hoher Standard	0,20	**0,70**	1,20	0,2%
Beherbergung				
Wohnheime und Internate	0,40	**0,70**	1,10	0,0%
7 Gewerbegebäude				
Gaststätten und Kantinen				
Gaststätten, Kantinen und Mensen	–	**1,00**	–	0,1%
Gebäude für Produktion				
Industrielle Produktionsgebäude, Massivbauweise	–	**0,80**	–	0,1%
Industrielle Produktionsgebäude, überwiegend Skelettbauweise	0,20	**0,70**	1,40	0,1%
Betriebs- und Werkstätten, eingeschossig	–	**7,10**	–	0,5%
Betriebs- und Werkstätten, mehrgeschossig, geringer Hallenanteil	–	**1,50**	–	0,2%
Betriebs- und Werkstätten, mehrgeschossig, hoher Hallenanteil	–	**14,00**	–	0,3%
Gebäude für Handel und Lager				
Geschäftshäuser, mit Wohnungen	0,80	**26,00**	51,00	4,1%
Geschäftshäuser, ohne Wohnungen	–	–	–	–
Verbrauchermärkte	–	–	–	–
Autohäuser	–	–	–	–
Lagergebäude, ohne Mischnutzung	0,60	**8,20**	16,00	0,4%
Lagergebäude, mit bis zu 25% Mischnutzung	–	**10,00**	–	0,8%
Lagergebäude, mit mehr als 25% Mischnutzung	–	**1,40**	–	0,3%
Garagen und Bereitschaftsdienste				
Einzel-, Mehrfach- und Hochgaragen	–	–	–	–
Tiefgaragen	–	–	–	–
Feuerwehrhäuser	4,90	**14,00**	29,00	3,0%
Öffentliche Bereitschaftsdienste	–	–	–	–
9 Kulturgebäude				
Gebäude für kulturelle Zwecke				
Bibliotheken, Museen und Ausstellungen	0,50	**2,30**	3,40	0,5%
Theater	–	**36,00**	–	1,1%
Gemeindezentren, einfacher Standard	0,20	**0,60**	1,30	0,4%
Gemeindezentren, mittlerer Standard	0,70	**0,80**	0,80	0,1%
Gemeindezentren, hoher Standard	0,80	**1,30**	2,20	0,2%
Gebäude für religiöse Zwecke				
Sakralbauten	–	–	–	–
Friedhofsgebäude	–	–	–	–

Einheit: m² Brutto-Grundfläche (BGF)

© **BKI** Baukosteninformationszentrum Kosten: 4.Quartal 2021, Bundesdurchschnitt, **inkl. 19% MwSt.**

475 Prozesswärme-, kälte- und -luftanlagen

Kosten:
Stand 4.Quartal 2021
Bundesdurchschnitt
inkl. 19% MwSt.

Einheit: m² Brutto-Grundfläche (BGF)

▷ von
ø Mittel
◁ bis

Gebäudeart	▷	€/Einheit	◁	KG an 400
1 Büro- und Verwaltungsgebäude				
Büro- und Verwaltungsgebäude, einfacher Standard	–	–	–	–
Büro- und Verwaltungsgebäude, mittlerer Standard	–	–	–	–
Büro- und Verwaltungsgebäude, hoher Standard	–	–	–	–
2 Gebäude für Forschung und Lehre				
Instituts- und Laborgebäude	–	74,00	–	1,0%
3 Gebäude des Gesundheitswesens				
Medizinische Einrichtungen	–	–	–	–
Pflegeheime	–	–	–	–
4 Schulen und Kindergärten				
Allgemeinbildende Schulen	–	–	–	–
Berufliche Schulen	–	209,00	–	6,3%
Förder- und Sonderschulen	–	–	–	–
Weiterbildungseinrichtungen	–	–	–	–
Kindergärten, nicht unterkellert, einfacher Standard	–	–	–	–
Kindergärten, nicht unterkellert, mittlerer Standard	–	–	–	–
Kindergärten, nicht unterkellert, hoher Standard	–	–	–	–
Kindergärten, Holzbauweise, nicht unterkellert	–	–	–	–
Kindergärten, unterkellert	–	–	–	–
5 Sportbauten				
Sport- und Mehrzweckhallen	–	–	–	–
Sporthallen (Einfeldhallen)	–	–	–	–
Sporthallen (Dreifeldhallen)	–	–	–	–
Schwimmhallen	–	–	–	–
6 Wohngebäude				
Ein- und Zweifamilienhäuser				
Ein- und Zweifamilienhäuser, unterkellert, einfacher Standard	–	–	–	–
Ein- und Zweifamilienhäuser, unterkellert, mittlerer Standard	–	–	–	–
Ein- und Zweifamilienhäuser, unterkellert, hoher Standard	–	–	–	–
Ein- und Zweifamilienhäuser, nicht unterkellert, einfacher Standard	–	–	–	–
Ein- und Zweifamilienhäuser, nicht unterkellert, mittlerer Standard	–	–	–	–
Ein- und Zweifamilienhäuser, nicht unterkellert, hoher Standard	–	–	–	–
Ein- und Zweifamilienhäuser, Passivhausstandard, Massivbau	–	–	–	–
Ein- und Zweifamilienhäuser, Passivhausstandard, Holzbau	–	–	–	–
Ein- und Zweifamilienhäuser, Holzbauweise, unterkellert	–	–	–	–
Ein- und Zweifamilienhäuser, Holzbauweise, nicht unterkellert	–	–	–	–
Doppel- und Reihenendhäuser, einfacher Standard	–	–	–	–
Doppel- und Reihenendhäuser, mittlerer Standard	–	–	–	–
Doppel- und Reihenendhäuser, hoher Standard	–	–	–	–
Reihenhäuser, einfacher Standard	–	–	–	–
Reihenhäuser, mittlerer Standard	–	–	–	–
Reihenhäuser, hoher Standard	–	–	–	–
Mehrfamilienhäuser				
Mehrfamilienhäuser, mit bis zu 6 WE, einfacher Standard	–	–	–	–
Mehrfamilienhäuser, mit bis zu 6 WE, mittlerer Standard	–	–	–	–
Mehrfamilienhäuser, mit bis zu 6 WE, hoher Standard	–	–	–	–

Prozesswärme-, kälte- und -luftanlagen

Einheit: m² Brutto-Grundfläche (BGF)

Gebäudeart	▷	€/Einheit	◁	KG an 400
Mehrfamilienhäuser (Fortsetzung)				
Mehrfamilienhäuser, mit 6 bis 19 WE, einfacher Standard	–	–	–	–
Mehrfamilienhäuser, mit 6 bis 19 WE, mittlerer Standard	–	–	–	–
Mehrfamilienhäuser, mit 6 bis 19 WE, hoher Standard	–	–	–	–
Mehrfamilienhäuser, mit 20 oder mehr WE, einfacher Standard	–	–	–	–
Mehrfamilienhäuser, mit 20 oder mehr WE, mittlerer Standard	–	–	–	–
Mehrfamilienhäuser, mit 20 oder mehr WE, hoher Standard	–	–	–	–
Mehrfamilienhäuser, Passivhäuser	–	–	–	–
Wohnhäuser, mit bis zu 15% Mischnutzung, einfacher Standard	–	–	–	–
Wohnhäuser, mit bis zu 15% Mischnutzung, mittlerer Standard	–	–	–	–
Wohnhäuser, mit bis zu 15% Mischnutzung, hoher Standard	–	–	–	–
Wohnhäuser, mit mehr als 15% Mischnutzung	–	–	–	–
Seniorenwohnungen				
Seniorenwohnungen, mittlerer Standard	–	–	–	–
Seniorenwohnungen, hoher Standard	–	–	–	–
Beherbergung				
Wohnheime und Internate	–	–	–	–
7 Gewerbegebäude				
Gaststätten und Kantinen				
Gaststätten, Kantinen und Mensen	–	38,00	–	4,2%
Gebäude für Produktion				
Industrielle Produktionsgebäude, Massivbauweise	–	–	–	–
Industrielle Produktionsgebäude, überwiegend Skelettbauweise	–	17,00	–	0,5%
Betriebs- und Werkstätten, eingeschossig	–	–	–	–
Betriebs- und Werkstätten, mehrgeschossig, geringer Hallenanteil	–	12,00	–	0,5%
Betriebs- und Werkstätten, mehrgeschossig, hoher Hallenanteil	–	–	–	–
Gebäude für Handel und Lager				
Geschäftshäuser, mit Wohnungen	–	–	–	–
Geschäftshäuser, ohne Wohnungen	–	–	–	–
Verbrauchermärkte	–	53,00	–	5,4%
Autohäuser	–	–	–	–
Lagergebäude, ohne Mischnutzung	–	135,00	–	3,0%
Lagergebäude, mit bis zu 25% Mischnutzung	–	–	–	–
Lagergebäude, mit mehr als 25% Mischnutzung	–	–	–	–
Garagen und Bereitschaftsdienste				
Einzel-, Mehrfach- und Hochgaragen	–	–	–	–
Tiefgaragen	–	–	–	–
Feuerwehrhäuser	–	44,00	–	2,9%
Öffentliche Bereitschaftsdienste	–	15,00	–	0,7%
9 Kulturgebäude				
Gebäude für kulturelle Zwecke				
Bibliotheken, Museen und Ausstellungen	–	–	–	–
Theater	–	–	–	–
Gemeindezentren, einfacher Standard	–	–	–	–
Gemeindezentren, mittlerer Standard	–	–	–	–
Gemeindezentren, hoher Standard	–	–	–	–
Gebäude für religiöse Zwecke				
Sakralbauten	–	–	–	–
Friedhofsgebäude	–	–	–	–

© **BKI** Baukosteninformationszentrum Kosten: 4.Quartal 2021, Bundesdurchschnitt, **inkl. 19% MwSt.**

481 Automationseinrichtungen

Kosten:
Stand 4. Quartal 2021
Bundesdurchschnitt
inkl. 19% MwSt.

Einheit: m² Brutto-Grundfläche (BGF)

▷ von
ø Mittel
◁ bis

Gebäudeart	▷	€/Einheit	◁	KG an 400
1 Büro- und Verwaltungsgebäude				
Büro- und Verwaltungsgebäude, einfacher Standard	–	**34,00**	–	2,0%
Büro- und Verwaltungsgebäude, mittlerer Standard	20,00	**28,00**	37,00	1,6%
Büro- und Verwaltungsgebäude, hoher Standard	19,00	**46,00**	92,00	3,6%
2 Gebäude für Forschung und Lehre				
Instituts- und Laborgebäude	7,80	**75,00**	143,00	2,8%
3 Gebäude des Gesundheitswesens				
Medizinische Einrichtungen	12,00	**15,00**	18,00	1,5%
Pflegeheime	1,10	**3,50**	5,90	0,2%
4 Schulen und Kindergärten				
Allgemeinbildende Schulen	15,00	**33,00**	41,00	3,0%
Berufliche Schulen	45,00	**74,00**	103,00	4,6%
Förder- und Sonderschulen	6,80	**18,00**	32,00	3,1%
Weiterbildungseinrichtungen	14,00	**60,00**	105,00	6,0%
Kindergärten, nicht unterkellert, einfacher Standard	–	–	–	–
Kindergärten, nicht unterkellert, mittlerer Standard	–	**42,00**	–	0,8%
Kindergärten, nicht unterkellert, hoher Standard	–	–	–	–
Kindergärten, Holzbauweise, nicht unterkellert	4,80	**14,00**	24,00	0,7%
Kindergärten, unterkellert	–	**9,70**	–	0,8%
5 Sportbauten				
Sport- und Mehrzweckhallen	–	**19,00**	–	1,1%
Sporthallen (Einfeldhallen)	–	–	–	–
Sporthallen (Dreifeldhallen)	–	**13,00**	–	0,7%
Schwimmhallen	–	–	–	–
6 Wohngebäude				
Ein- und Zweifamilienhäuser				
Ein- und Zweifamilienhäuser, unterkellert, einfacher Standard	–	–	–	–
Ein- und Zweifamilienhäuser, unterkellert, mittlerer Standard	17,00	**29,00**	41,00	0,8%
Ein- und Zweifamilienhäuser, unterkellert, hoher Standard	42,00	**42,00**	43,00	2,4%
Ein- und Zweifamilienhäuser, nicht unterkellert, einfacher Standard	–	–	–	–
Ein- und Zweifamilienhäuser, nicht unterkellert, mittlerer Standard	–	–	–	–
Ein- und Zweifamilienhäuser, nicht unterkellert, hoher Standard	–	–	–	–
Ein- und Zweifamilienhäuser, Passivhausstandard, Massivbau	7,80	**27,00**	37,00	1,8%
Ein- und Zweifamilienhäuser, Passivhausstandard, Holzbau	–	–	–	–
Ein- und Zweifamilienhäuser, Holzbauweise, unterkellert	–	–	–	–
Ein- und Zweifamilienhäuser, Holzbauweise, nicht unterkellert	–	**16,00**	–	1,3%
Doppel- und Reihenendhäuser, einfacher Standard	–	–	–	–
Doppel- und Reihenendhäuser, mittlerer Standard	–	–	–	–
Doppel- und Reihenendhäuser, hoher Standard	–	–	–	–
Reihenhäuser, einfacher Standard	–	–	–	–
Reihenhäuser, mittlerer Standard	–	–	–	–
Reihenhäuser, hoher Standard	–	–	–	–
Mehrfamilienhäuser				
Mehrfamilienhäuser, mit bis zu 6 WE, einfacher Standard	–	–	–	–
Mehrfamilienhäuser, mit bis zu 6 WE, mittlerer Standard	–	–	–	–
Mehrfamilienhäuser, mit bis zu 6 WE, hoher Standard	–	–	–	–

© BKI Baukosteninformationszentrum

Kosten: 4. Quartal 2021, Bundesdurchschnitt, **inkl. 19% MwSt.**

481 Automationseinrichtungen

Gebäudeart	▷	€/Einheit	◁	KG an 400
Mehrfamilienhäuser (Fortsetzung)				
Mehrfamilienhäuser, mit 6 bis 19 WE, einfacher Standard	–	–	–	–
Mehrfamilienhäuser, mit 6 bis 19 WE, mittlerer Standard	–	–	–	–
Mehrfamilienhäuser, mit 6 bis 19 WE, hoher Standard	–	–	–	–
Mehrfamilienhäuser, mit 20 oder mehr WE, einfacher Standard	–	–	–	–
Mehrfamilienhäuser, mit 20 oder mehr WE, mittlerer Standard	–	–	–	–
Mehrfamilienhäuser, mit 20 oder mehr WE, hoher Standard	–	–	–	–
Mehrfamilienhäuser, Passivhäuser	–	–	–	–
Wohnhäuser, mit bis zu 15% Mischnutzung, einfacher Standard	–	–	–	–
Wohnhäuser, mit bis zu 15% Mischnutzung, mittlerer Standard	–	–	–	–
Wohnhäuser, mit bis zu 15% Mischnutzung, hoher Standard	–	–	–	–
Wohnhäuser, mit mehr als 15% Mischnutzung	–	–	–	–
Seniorenwohnungen				
Seniorenwohnungen, mittlerer Standard	–	–	–	–
Seniorenwohnungen, hoher Standard	–	–	–	–
Beherbergung				
Wohnheime und Internate	9,50	**9,70**	9,80	0,8%
7 Gewerbegebäude				
Gaststätten und Kantinen				
Gaststätten, Kantinen und Mensen	–	–	–	–
Gebäude für Produktion				
Industrielle Produktionsgebäude, Massivbauweise	–	–	–	–
Industrielle Produktionsgebäude, überwiegend Skelettbauweise	15,00	**26,00**	44,00	2,3%
Betriebs- und Werkstätten, eingeschossig	–	**77,00**	–	5,4%
Betriebs- und Werkstätten, mehrgeschossig, geringer Hallenanteil	–	–	–	–
Betriebs- und Werkstätten, mehrgeschossig, hoher Hallenanteil	–	**22,00**	–	0,5%
Gebäude für Handel und Lager				
Geschäftshäuser, mit Wohnungen	–	–	–	–
Geschäftshäuser, ohne Wohnungen	–	–	–	–
Verbrauchermärkte	–	–	–	–
Autohäuser	–	–	–	–
Lagergebäude, ohne Mischnutzung	–	**31,00**	–	0,7%
Lagergebäude, mit bis zu 25% Mischnutzung	–	**34,00**	–	2,8%
Lagergebäude, mit mehr als 25% Mischnutzung	–	–	–	–
Garagen und Bereitschaftsdienste				
Einzel-, Mehrfach- und Hochgaragen	–	–	–	–
Tiefgaragen	–	–	–	–
Feuerwehrhäuser	–	**27,00**	–	1,8%
Öffentliche Bereitschaftsdienste	–	**4,90**	–	0,2%
9 Kulturgebäude				
Gebäude für kulturelle Zwecke				
Bibliotheken, Museen und Ausstellungen	–	**17,00**	–	0,4%
Theater	–	–	–	–
Gemeindezentren, einfacher Standard	–	–	–	–
Gemeindezentren, mittlerer Standard	–	**7,80**	–	0,3%
Gemeindezentren, hoher Standard	–	**21,00**	–	1,2%
Gebäude für religiöse Zwecke				
Sakralbauten	–	–	–	–
Friedhofsgebäude	–	–	–	–

Einheit: m² Brutto-Grundfläche (BGF)

482 Schaltschränke, Automationsschwerpunkte

Kosten:
Stand 4.Quartal 2021
Bundesdurchschnitt
inkl. 19% MwSt.

Einheit: m²
Brutto-Grundfläche (BGF)

▷ von
Ø Mittel
◁ bis

Gebäudeart	▷	€/Einheit	◁	KG an 400
1 Büro- und Verwaltungsgebäude				
Büro- und Verwaltungsgebäude, einfacher Standard	–	–	–	–
Büro- und Verwaltungsgebäude, mittlerer Standard	5,80	**9,90**	18,00	0,6%
Büro- und Verwaltungsgebäude, hoher Standard	7,70	**14,00**	25,00	1,0%
2 Gebäude für Forschung und Lehre				
Instituts- und Laborgebäude	8,20	**15,00**	21,00	1,0%
3 Gebäude des Gesundheitswesens				
Medizinische Einrichtungen	–	–	–	–
Pflegeheime	–	**1,40**	–	0,1%
4 Schulen und Kindergärten				
Allgemeinbildende Schulen	11,00	**14,00**	23,00	0,9%
Berufliche Schulen	–	–	–	–
Förder- und Sonderschulen	7,00	**10,00**	13,00	1,0%
Weiterbildungseinrichtungen	–	**15,00**	–	1,1%
Kindergärten, nicht unterkellert, einfacher Standard	–	–	–	–
Kindergärten, nicht unterkellert, mittlerer Standard	–	**19,00**	–	0,4%
Kindergärten, nicht unterkellert, hoher Standard	–	–	–	–
Kindergärten, Holzbauweise, nicht unterkellert	–	–	–	–
Kindergärten, unterkellert	–	**22,00**	–	1,9%
5 Sportbauten				
Sport- und Mehrzweckhallen	–	**8,60**	–	0,5%
Sporthallen (Einfeldhallen)	–	–	–	–
Sporthallen (Dreifeldhallen)	–	**6,60**	–	0,3%
Schwimmhallen	–	–	–	–
6 Wohngebäude				
Ein- und Zweifamilienhäuser				
Ein- und Zweifamilienhäuser, unterkellert, einfacher Standard	–	–	–	–
Ein- und Zweifamilienhäuser, unterkellert, mittlerer Standard	–	–	–	–
Ein- und Zweifamilienhäuser, unterkellert, hoher Standard	–	–	–	–
Ein- und Zweifamilienhäuser, nicht unterkellert, einfacher Standard	–	–	–	–
Ein- und Zweifamilienhäuser, nicht unterkellert, mittlerer Standard	–	–	–	–
Ein- und Zweifamilienhäuser, nicht unterkellert, hoher Standard	–	–	–	–
Ein- und Zweifamilienhäuser, Passivhausstandard, Massivbau	–	–	–	–
Ein- und Zweifamilienhäuser, Passivhausstandard, Holzbau	–	–	–	–
Ein- und Zweifamilienhäuser, Holzbauweise, unterkellert	–	–	–	–
Ein- und Zweifamilienhäuser, Holzbauweise, nicht unterkellert	–	–	–	–
Doppel- und Reihenendhäuser, einfacher Standard	–	–	–	–
Doppel- und Reihenendhäuser, mittlerer Standard	–	–	–	–
Doppel- und Reihenendhäuser, hoher Standard	–	–	–	–
Reihenhäuser, einfacher Standard	–	–	–	–
Reihenhäuser, mittlerer Standard	–	–	–	–
Reihenhäuser, hoher Standard	–	–	–	–
Mehrfamilienhäuser				
Mehrfamilienhäuser, mit bis zu 6 WE, einfacher Standard	–	–	–	–
Mehrfamilienhäuser, mit bis zu 6 WE, mittlerer Standard	–	–	–	–
Mehrfamilienhäuser, mit bis zu 6 WE, hoher Standard	–	–	–	–

482 Schaltschränke, Automationsschwerpunkte

Einheit: m² Brutto-Grundfläche (BGF)

Gebäudeart	▷	€/Einheit	◁	KG an 400
Mehrfamilienhäuser (Fortsetzung)				
Mehrfamilienhäuser, mit 6 bis 19 WE, einfacher Standard	–	–	–	–
Mehrfamilienhäuser, mit 6 bis 19 WE, mittlerer Standard	–	–	–	–
Mehrfamilienhäuser, mit 6 bis 19 WE, hoher Standard	–	–	–	–
Mehrfamilienhäuser, mit 20 oder mehr WE, einfacher Standard	–	–	–	–
Mehrfamilienhäuser, mit 20 oder mehr WE, mittlerer Standard	–	–	–	–
Mehrfamilienhäuser, mit 20 oder mehr WE, hoher Standard	–	–	–	–
Mehrfamilienhäuser, Passivhäuser	–	–	–	–
Wohnhäuser, mit bis zu 15% Mischnutzung, einfacher Standard	–	–	–	–
Wohnhäuser, mit bis zu 15% Mischnutzung, mittlerer Standard	–	–	–	–
Wohnhäuser, mit bis zu 15% Mischnutzung, hoher Standard	–	–	–	–
Wohnhäuser, mit mehr als 15% Mischnutzung	–	–	–	–
Seniorenwohnungen				
Seniorenwohnungen, mittlerer Standard	–	–	–	–
Seniorenwohnungen, hoher Standard	–	–	–	–
Beherbergung				
Wohnheime und Internate	4,40	**4,60**	4,80	0,4%
7 Gewerbegebäude				
Gaststätten und Kantinen				
Gaststätten, Kantinen und Mensen	–	–	–	–
Gebäude für Produktion				
Industrielle Produktionsgebäude, Massivbauweise	–	–	–	–
Industrielle Produktionsgebäude, überwiegend Skelettbauweise	7,80	**12,00**	17,00	0,6%
Betriebs- und Werkstätten, eingeschossig	–	–	–	–
Betriebs- und Werkstätten, mehrgeschossig, geringer Hallenanteil	–	–	–	–
Betriebs- und Werkstätten, mehrgeschossig, hoher Hallenanteil	–	**1,60**	–	0,0%
Gebäude für Handel und Lager				
Geschäftshäuser, mit Wohnungen	–	–	–	–
Geschäftshäuser, ohne Wohnungen	–	–	–	–
Verbrauchermärkte	–	–	–	–
Autohäuser	–	–	–	–
Lagergebäude, ohne Mischnutzung	–	**15,00**	–	0,3%
Lagergebäude, mit bis zu 25% Mischnutzung	–	–	–	–
Lagergebäude, mit mehr als 25% Mischnutzung	–	–	–	–
Garagen und Bereitschaftsdienste				
Einzel-, Mehrfach- und Hochgaragen	–	–	–	–
Tiefgaragen	–	–	–	–
Feuerwehrhäuser	–	**4,40**	–	0,3%
Öffentliche Bereitschaftsdienste	–	**7,50**	–	0,4%
9 Kulturgebäude				
Gebäude für kulturelle Zwecke				
Bibliotheken, Museen und Ausstellungen	–	**7,60**	–	0,2%
Theater	–	–	–	–
Gemeindezentren, einfacher Standard	–	–	–	–
Gemeindezentren, mittlerer Standard	–	–	–	–
Gemeindezentren, hoher Standard	–	–	–	–
Gebäude für religiöse Zwecke				
Sakralbauten	–	–	–	–
Friedhofsgebäude	–	–	–	–

© BKI Baukosteninformationszentrum — Kosten: 4.Quartal 2021, Bundesdurchschnitt, **inkl. 19% MwSt.**

483 Automationsmanagement

Kosten:
Stand 4.Quartal 2021
Bundesdurchschnitt
inkl. 19% MwSt.

Einheit: m² Brutto-Grundfläche (BGF)

▷ von
ø Mittel
◁ bis

Gebäudeart	▷	€/Einheit	◁	KG an 400
1 Büro- und Verwaltungsgebäude				
Büro- und Verwaltungsgebäude, einfacher Standard	–	–	–	–
Büro- und Verwaltungsgebäude, mittlerer Standard	4,80	**7,70**	14,00	0,3%
Büro- und Verwaltungsgebäude, hoher Standard	5,60	**6,30**	6,90	0,2%
2 Gebäude für Forschung und Lehre				
Instituts- und Laborgebäude	–	**13,00**	–	0,3%
3 Gebäude des Gesundheitswesens				
Medizinische Einrichtungen	–	–	–	–
Pflegeheime	–	–	–	–
4 Schulen und Kindergärten				
Allgemeinbildende Schulen	3,00	**5,50**	7,60	0,4%
Berufliche Schulen	–	–	–	–
Förder- und Sonderschulen	–	–	–	–
Weiterbildungseinrichtungen	–	–	–	–
Kindergärten, nicht unterkellert, einfacher Standard	–	–	–	–
Kindergärten, nicht unterkellert, mittlerer Standard	–	**15,00**	–	0,3%
Kindergärten, nicht unterkellert, hoher Standard	–	–	–	–
Kindergärten, Holzbauweise, nicht unterkellert	–	–	–	–
Kindergärten, unterkellert	–	–	–	–
5 Sportbauten				
Sport- und Mehrzweckhallen	–	–	–	–
Sporthallen (Einfeldhallen)	–	–	–	–
Sporthallen (Dreifeldhallen)	–	–	–	–
Schwimmhallen	–	–	–	–
6 Wohngebäude				
Ein- und Zweifamilienhäuser				
Ein- und Zweifamilienhäuser, unterkellert, einfacher Standard	–	–	–	–
Ein- und Zweifamilienhäuser, unterkellert, mittlerer Standard	–	–	–	–
Ein- und Zweifamilienhäuser, unterkellert, hoher Standard	–	**8,90**	–	0,2%
Ein- und Zweifamilienhäuser, nicht unterkellert, einfacher Standard	–	–	–	–
Ein- und Zweifamilienhäuser, nicht unterkellert, mittlerer Standard	–	–	–	–
Ein- und Zweifamilienhäuser, nicht unterkellert, hoher Standard	–	–	–	–
Ein- und Zweifamilienhäuser, Passivhausstandard, Massivbau	–	–	–	–
Ein- und Zweifamilienhäuser, Passivhausstandard, Holzbau	–	–	–	–
Ein- und Zweifamilienhäuser, Holzbauweise, unterkellert	–	–	–	–
Ein- und Zweifamilienhäuser, Holzbauweise, nicht unterkellert	–	–	–	–
Doppel- und Reihenendhäuser, einfacher Standard	–	–	–	–
Doppel- und Reihenendhäuser, mittlerer Standard	–	–	–	–
Doppel- und Reihenendhäuser, hoher Standard	–	–	–	–
Reihenhäuser, einfacher Standard	–	–	–	–
Reihenhäuser, mittlerer Standard	–	–	–	–
Reihenhäuser, hoher Standard	–	–	–	–
Mehrfamilienhäuser				
Mehrfamilienhäuser, mit bis zu 6 WE, einfacher Standard	–	–	–	–
Mehrfamilienhäuser, mit bis zu 6 WE, mittlerer Standard	–	–	–	–
Mehrfamilienhäuser, mit bis zu 6 WE, hoher Standard	–	–	–	–

© BKI Baukosteninformationszentrum Kosten: 4.Quartal 2021, Bundesdurchschnitt, **inkl. 19% MwSt.**

Gebäudeart	▷	€/Einheit	◁	KG an 400
Mehrfamilienhäuser (Fortsetzung)				
Mehrfamilienhäuser, mit 6 bis 19 WE, einfacher Standard	–	–	–	–
Mehrfamilienhäuser, mit 6 bis 19 WE, mittlerer Standard	–	–	–	–
Mehrfamilienhäuser, mit 6 bis 19 WE, hoher Standard	–	–	–	–
Mehrfamilienhäuser, mit 20 oder mehr WE, einfacher Standard	–	–	–	–
Mehrfamilienhäuser, mit 20 oder mehr WE, mittlerer Standard	–	–	–	–
Mehrfamilienhäuser, mit 20 oder mehr WE, hoher Standard	–	–	–	–
Mehrfamilienhäuser, Passivhäuser	–	–	–	–
Wohnhäuser, mit bis zu 15% Mischnutzung, einfacher Standard	–	–	–	–
Wohnhäuser, mit bis zu 15% Mischnutzung, mittlerer Standard	–	–	–	–
Wohnhäuser, mit bis zu 15% Mischnutzung, hoher Standard	–	–	–	–
Wohnhäuser, mit mehr als 15% Mischnutzung	–	–	–	–
Seniorenwohnungen				
Seniorenwohnungen, mittlerer Standard	–	–	–	–
Seniorenwohnungen, hoher Standard	–	–	–	–
Beherbergung				
Wohnheime und Internate	–	–	–	–
7 Gewerbegebäude				
Gaststatten und Kantinen				
Gaststätten, Kantinen und Mensen	–	–	–	–
Gebäude für Produktion				
Industrielle Produktionsgebäude, Massivbauweise	–	–	–	–
Industrielle Produktionsgebäude, überwiegend Skelettbauweise	–	6,80	–	0,1%
Betriebs- und Werkstätten, eingeschossig	–	–	–	–
Betriebs- und Werkstätten, mehrgeschossig, geringer Hallenanteil	–	31,00	–	1,2%
Betriebs- und Werkstätten, mehrgeschossig, hoher Hallenanteil	–	–	–	–
Gebäude für Handel und Lager				
Geschäftshäuser, mit Wohnungen	–	–	–	–
Geschäftshäuser, ohne Wohnungen	–	–	–	–
Verbrauchermärkte	–	–	–	–
Autohäuser	–	–	–	–
Lagergebäude, ohne Mischnutzung	–	–	–	–
Lagergebäude, mit bis zu 25% Mischnutzung	–	–	–	–
Lagergebäude, mit mehr als 25% Mischnutzung	–	–	–	–
Garagen und Bereitschaftsdienste				
Einzel-, Mehrfach- und Hochgaragen	–	–	–	–
Tiefgaragen	–	–	–	–
Feuerwehrhäuser	–	11,00	–	0,7%
Öffentliche Bereitschaftsdienste	–	6,40	–	0,3%
9 Kulturgebäude				
Gebäude für kulturelle Zwecke				
Bibliotheken, Museen und Ausstellungen	–	–	–	–
Theater	–	–	–	–
Gemeindezentren, einfacher Standard	–	–	–	–
Gemeindezentren, mittlerer Standard	–	–	–	–
Gemeindezentren, hoher Standard	–	–	–	–
Gebäude für religiöse Zwecke				
Sakralbauten	–	–	–	–
Friedhofsgebäude	–	–	–	–

Einheit: m² Brutto-Grundfläche (BGF)

Kosten: 4.Quartal 2021, Bundesdurchschnitt, **inkl. 19% MwSt.**

484 Kabel, Leitungen und Verlegesysteme

Kosten:
Stand 4.Quartal 2021
Bundesdurchschnitt
inkl. 19% MwSt.

Einheit: m² Brutto-Grundfläche (BGF)

▷ von
ø Mittel
◁ bis

Gebäudeart	▷	€/Einheit	◁	KG an 400
1 Büro- und Verwaltungsgebäude				
Büro- und Verwaltungsgebäude, einfacher Standard	–	–	–	–
Büro- und Verwaltungsgebäude, mittlerer Standard	2,30	**3,40**	6,60	0,1%
Büro- und Verwaltungsgebäude, hoher Standard	2,80	**7,90**	17,00	0,4%
2 Gebäude für Forschung und Lehre				
Instituts- und Laborgebäude	–	–	–	–
3 Gebäude des Gesundheitswesens				
Medizinische Einrichtungen	–	**14,00**	–	0,6%
Pflegeheime	–	–	–	–
4 Schulen und Kindergärten				
Allgemeinbildende Schulen	2,40	**2,50**	2,60	0,1%
Berufliche Schulen	–	–	–	–
Förder- und Sonderschulen	–	**2,10**	–	0,1%
Weiterbildungseinrichtungen	–	**7,10**	–	0,3%
Kindergärten, nicht unterkellert, einfacher Standard	–	–	–	–
Kindergärten, nicht unterkellert, mittlerer Standard	–	**4,40**	–	0,1%
Kindergärten, nicht unterkellert, hoher Standard	–	–	–	–
Kindergärten, Holzbauweise, nicht unterkellert	–	–	–	–
Kindergärten, unterkellert	–	–	–	–
5 Sportbauten				
Sport- und Mehrzweckhallen	–	–	–	–
Sporthallen (Einfeldhallen)	–	–	–	–
Sporthallen (Dreifeldhallen)	–	**0,70**	–	0,0%
Schwimmhallen	–	–	–	–
6 Wohngebäude				
Ein- und Zweifamilienhäuser				
Ein- und Zweifamilienhäuser, unterkellert, einfacher Standard	–	–	–	–
Ein- und Zweifamilienhäuser, unterkellert, mittlerer Standard	–	–	–	–
Ein- und Zweifamilienhäuser, unterkellert, hoher Standard	–	–	–	–
Ein- und Zweifamilienhäuser, nicht unterkellert, einfacher Standard	–	–	–	–
Ein- und Zweifamilienhäuser, nicht unterkellert, mittlerer Standard	–	–	–	–
Ein- und Zweifamilienhäuser, nicht unterkellert, hoher Standard	–	–	–	–
Ein- und Zweifamilienhäuser, Passivhausstandard, Massivbau	–	**6,10**	–	0,1%
Ein- und Zweifamilienhäuser, Passivhausstandard, Holzbau	–	–	–	–
Ein- und Zweifamilienhäuser, Holzbauweise, unterkellert	–	–	–	–
Ein- und Zweifamilienhäuser, Holzbauweise, nicht unterkellert	–	–	–	–
Doppel- und Reihenendhäuser, einfacher Standard	–	–	–	–
Doppel- und Reihenendhäuser, mittlerer Standard	–	–	–	–
Doppel- und Reihenendhäuser, hoher Standard	–	–	–	–
Reihenhäuser, einfacher Standard	–	–	–	–
Reihenhäuser, mittlerer Standard	–	–	–	–
Reihenhäuser, hoher Standard	–	–	–	–
Mehrfamilienhäuser				
Mehrfamilienhäuser, mit bis zu 6 WE, einfacher Standard	–	–	–	–
Mehrfamilienhäuser, mit bis zu 6 WE, mittlerer Standard	–	–	–	–
Mehrfamilienhäuser, mit bis zu 6 WE, hoher Standard	–	–	–	–

484 Kabel, Leitungen und Verlegesysteme

Gebäudeart	▷	€/Einheit	◁	KG an 400
Mehrfamilienhäuser (Fortsetzung)				
Mehrfamilienhäuser, mit 6 bis 19 WE, einfacher Standard	–	–	–	–
Mehrfamilienhäuser, mit 6 bis 19 WE, mittlerer Standard	–	–	–	–
Mehrfamilienhäuser, mit 6 bis 19 WE, hoher Standard	–	–	–	–
Mehrfamilienhäuser, mit 20 oder mehr WE, einfacher Standard	–	–	–	–
Mehrfamilienhäuser, mit 20 oder mehr WE, mittlerer Standard	–	–	–	–
Mehrfamilienhäuser, mit 20 oder mehr WE, hoher Standard	–	–	–	–
Mehrfamilienhäuser, Passivhäuser	–	–	–	–
Wohnhäuser, mit bis zu 15% Mischnutzung, einfacher Standard	–	–	–	–
Wohnhäuser, mit bis zu 15% Mischnutzung, mittlerer Standard	–	–	–	–
Wohnhäuser, mit bis zu 15% Mischnutzung, hoher Standard	–	–	–	–
Wohnhäuser, mit mehr als 15% Mischnutzung	–	–	–	–
Seniorenwohnungen				
Seniorenwohnungen, mittlerer Standard	–	–	–	–
Seniorenwohnungen, hoher Standard	–	–	–	–
Beherbergung				
Wohnheime und Internate	–	–	–	–
7 Gewerbegebäude				
Gaststätten und Kantinen				
Gaststätten, Kantinen und Mensen	–	–	–	–
Gebäude für Produktion				
Industrielle Produktionsgebäude, Massivbauweise	–	–	–	–
Industrielle Produktionsgebäude, überwiegend Skelettbauweise	–	**3,00**	–	0,1%
Betriebs- und Werkstätten, eingeschossig	–	–	–	–
Betriebs- und Werkstätten, mehrgeschossig, geringer Hallenanteil	–	–	–	–
Betriebs- und Werkstätten, mehrgeschossig, hoher Hallenanteil	–	–	–	–
Gebäude für Handel und Lager				
Geschäftshäuser, mit Wohnungen	–	–	–	–
Geschäftshäuser, ohne Wohnungen	–	–	–	–
Verbrauchermärkte	–	–	–	–
Autohäuser	–	–	–	–
Lagergebäude, ohne Mischnutzung	–	–	–	–
Lagergebäude, mit bis zu 25% Mischnutzung	–	–	–	–
Lagergebäude, mit mehr als 25% Mischnutzung	–	–	–	–
Garagen und Bereitschaftsdienste				
Einzel-, Mehrfach- und Hochgaragen	–	–	–	–
Tiefgaragen	–	–	–	–
Feuerwehrhäuser	–	–	–	–
Öffentliche Bereitschaftsdienste	–	–	–	–
9 Kulturgebäude				
Gebäude für kulturelle Zwecke				
Bibliotheken, Museen und Ausstellungen	–	–	–	–
Theater	–	–	–	–
Gemeindezentren, einfacher Standard	–	–	–	–
Gemeindezentren, mittlerer Standard	–	**3,40**	–	0,1%
Gemeindezentren, hoher Standard	–	–	–	–
Gebäude für religiöse Zwecke				
Sakralbauten	–	–	–	–
Friedhofsgebäude	–	–	–	–

Einheit: m² Brutto-Grundfläche (BGF)

© **BKI** Baukosteninformationszentrum   Kosten: 4.Quartal 2021, Bundesdurchschnitt, **inkl. 19% MwSt.**

485 Datenübertragungsnetze

Kosten:
Stand 4.Quartal 2021
Bundesdurchschnitt
inkl. 19% MwSt.

Einheit: m² Brutto-Grundfläche (BGF)

▷ von
ø Mittel
◁ bis

Gebäudeart	▷	€/Einheit	◁	KG an 400
1 Büro- und Verwaltungsgebäude				
Büro- und Verwaltungsgebäude, einfacher Standard	–	–	–	–
Büro- und Verwaltungsgebäude, mittlerer Standard	2,30	**11,00**	23,00	0,5%
Büro- und Verwaltungsgebäude, hoher Standard	2,30	**7,10**	19,00	0,6%
2 Gebäude für Forschung und Lehre				
Instituts- und Laborgebäude	–	**19,00**	–	0,5%
3 Gebäude des Gesundheitswesens				
Medizinische Einrichtungen	–	**1,50**	–	0,1%
Pflegeheime	–	**–**	–	–
4 Schulen und Kindergärten				
Allgemeinbildende Schulen	0,50	**5,50**	10,00	0,3%
Berufliche Schulen	–	**–**	–	–
Förder- und Sonderschulen	–	**1,10**	–	0,1%
Weiterbildungseinrichtungen	–	**–**	–	–
Kindergärten, nicht unterkellert, einfacher Standard	–	**–**	–	–
Kindergärten, nicht unterkellert, mittlerer Standard	–	**–**	–	–
Kindergärten, nicht unterkellert, hoher Standard	–	**–**	–	–
Kindergärten, Holzbauweise, nicht unterkellert	–	**1,00**	–	0,0%
Kindergärten, unterkellert	–	**7,30**	–	0,6%
5 Sportbauten				
Sport- und Mehrzweckhallen	–	**–**	–	–
Sporthallen (Einfeldhallen)	–	**–**	–	–
Sporthallen (Dreifeldhallen)	–	**–**	–	–
Schwimmhallen	–	**–**	–	–
6 Wohngebäude				
Ein- und Zweifamilienhäuser				
Ein- und Zweifamilienhäuser, unterkellert, einfacher Standard	–	**–**	–	–
Ein- und Zweifamilienhäuser, unterkellert, mittlerer Standard	–	**0,90**	–	0,0%
Ein- und Zweifamilienhäuser, unterkellert, hoher Standard	1,20	**1,90**	2,60	0,1%
Ein- und Zweifamilienhäuser, nicht unterkellert, einfacher Standard	–	**–**	–	–
Ein- und Zweifamilienhäuser, nicht unterkellert, mittlerer Standard	–	**–**	–	–
Ein- und Zweifamilienhäuser, nicht unterkellert, hoher Standard	–	**–**	–	–
Ein- und Zweifamilienhäuser, Passivhausstandard, Massivbau	–	**3,90**	–	0,1%
Ein- und Zweifamilienhäuser, Passivhausstandard, Holzbau	–	**–**	–	–
Ein- und Zweifamilienhäuser, Holzbauweise, unterkellert	–	**–**	–	–
Ein- und Zweifamilienhäuser, Holzbauweise, nicht unterkellert	–	**–**	–	–
Doppel- und Reihenendhäuser, einfacher Standard	–	**–**	–	–
Doppel- und Reihenendhäuser, mittlerer Standard	–	**–**	–	–
Doppel- und Reihenendhäuser, hoher Standard	–	**–**	–	–
Reihenhäuser, einfacher Standard	–	**–**	–	–
Reihenhäuser, mittlerer Standard	–	**–**	–	–
Reihenhäuser, hoher Standard	–	**–**	–	–
Mehrfamilienhäuser				
Mehrfamilienhäuser, mit bis zu 6 WE, einfacher Standard	–	**–**	–	–
Mehrfamilienhäuser, mit bis zu 6 WE, mittlerer Standard	–	**–**	–	–
Mehrfamilienhäuser, mit bis zu 6 WE, hoher Standard	–	**–**	–	–

485 Datenübertragungsnetze

Einheit: m² Brutto-Grundfläche (BGF)

Gebäudeart	▷	€/Einheit	◁	KG an 400
Mehrfamilienhäuser (Fortsetzung)				
Mehrfamilienhäuser, mit 6 bis 19 WE, einfacher Standard	–	–	–	–
Mehrfamilienhäuser, mit 6 bis 19 WE, mittlerer Standard	–	–	–	–
Mehrfamilienhäuser, mit 6 bis 19 WE, hoher Standard	–	–	–	–
Mehrfamilienhäuser, mit 20 oder mehr WE, einfacher Standard	–	–	–	–
Mehrfamilienhäuser, mit 20 oder mehr WE, mittlerer Standard	–	–	–	–
Mehrfamilienhäuser, mit 20 oder mehr WE, hoher Standard	–	–	–	–
Mehrfamilienhäuser, Passivhäuser	–	–	–	–
Wohnhäuser, mit bis zu 15% Mischnutzung, einfacher Standard	–	–	–	–
Wohnhäuser, mit bis zu 15% Mischnutzung, mittlerer Standard	–	–	–	–
Wohnhäuser, mit bis zu 15% Mischnutzung, hoher Standard	–	–	–	–
Wohnhäuser, mit mehr als 15% Mischnutzung	–	–	–	–
Seniorenwohnungen				
Seniorenwohnungen, mittlerer Standard	–	–	–	–
Seniorenwohnungen, hoher Standard	–	–	–	–
Beherbergung				
Wohnheime und Internate	–	7,60	–	0,2%
7 Gewerbegebäude				
Gaststätten und Kantinen				
Gaststätten, Kantinen und Mensen				
Gebäude für Produktion				
Industrielle Produktionsgebäude, Massivbauweise	–	–	–	–
Industrielle Produktionsgebäude, überwiegend Skelettbauweise	4,50	6,60	8,70	0,4%
Betriebs- und Werkstätten, eingeschossig	–	–	–	–
Betriebs- und Werkstätten, mehrgeschossig, geringer Hallenanteil	–	–	–	–
Betriebs- und Werkstätten, mehrgeschossig, hoher Hallenanteil	–	–	–	–
Gebäude für Handel und Lager				
Geschäftshäuser, mit Wohnungen	–	–	–	–
Geschäftshäuser, ohne Wohnungen	–	–	–	–
Verbrauchermärkte	–	–	–	–
Autohäuser	–	–	–	–
Lagergebäude, ohne Mischnutzung	–	5,10	–	0,1%
Lagergebäude, mit bis zu 25% Mischnutzung	–	–	–	–
Lagergebäude, mit mehr als 25% Mischnutzung	–	–	–	–
Garagen und Bereitschaftsdienste				
Einzel-, Mehrfach- und Hochgaragen	–	–	–	–
Tiefgaragen	–	–	–	–
Feuerwehrhäuser	–	1,30	–	0,1%
Öffentliche Bereitschaftsdienste	–	8,00	–	0,4%
9 Kulturgebäude				
Gebäude für kulturelle Zwecke				
Bibliotheken, Museen und Ausstellungen	–	–	–	–
Theater	–	–	–	–
Gemeindezentren, einfacher Standard	–	–	–	–
Gemeindezentren, mittlerer Standard	–	–	–	–
Gemeindezentren, hoher Standard	–	–	–	–
Gebäude für religiöse Zwecke				
Sakralbauten	–	–	–	–
Friedhofsgebäude	–	–	–	–

Kosten: 4.Quartal 2021, Bundesdurchschnitt, **inkl. 19% MwSt.**

491 Baustelleneinrichtung

Kosten:
Stand 4.Quartal 2021
Bundesdurchschnitt
inkl. 19% MwSt.

Einheit: m² Brutto-Grundfläche (BGF)

▷ von
Ø Mittel
◁ bis

Gebäudeart	▷	€/Einheit	◁	KG an 400
1 Büro- und Verwaltungsgebäude				
Büro- und Verwaltungsgebäude, einfacher Standard	–	–	–	–
Büro- und Verwaltungsgebäude, mittlerer Standard	0,70	**1,10**	1,60	0,0%
Büro- und Verwaltungsgebäude, hoher Standard	0,10	**0,80**	2,10	0,0%
2 Gebäude für Forschung und Lehre				
Instituts- und Laborgebäude	0,40	**1,90**	3,40	0,1%
3 Gebäude des Gesundheitswesens				
Medizinische Einrichtungen	–	**3,40**	–	0,3%
Pflegeheime	–	–	–	–
4 Schulen und Kindergärten				
Allgemeinbildende Schulen	1,00	**1,50**	2,30	0,1%
Berufliche Schulen	–	–	–	–
Förder- und Sonderschulen	0,30	**2,00**	3,70	0,2%
Weiterbildungseinrichtungen	–	–	–	–
Kindergärten, nicht unterkellert, einfacher Standard	–	–	–	–
Kindergärten, nicht unterkellert, mittlerer Standard	–	**2,50**	–	0,1%
Kindergärten, nicht unterkellert, hoher Standard	–	–	–	–
Kindergärten, Holzbauweise, nicht unterkellert	–	–	–	–
Kindergärten, unterkellert	–	**0,50**	–	0,0%
5 Sportbauten				
Sport- und Mehrzweckhallen	–	–	–	–
Sporthallen (Einfeldhallen)	–	**0,70**	–	0,1%
Sporthallen (Dreifeldhallen)	–	–	–	–
Schwimmhallen	–	–	–	–
6 Wohngebäude				
Ein- und Zweifamilienhäuser				
Ein- und Zweifamilienhäuser, unterkellert, einfacher Standard	–	–	–	–
Ein- und Zweifamilienhäuser, unterkellert, mittlerer Standard	–	–	–	–
Ein- und Zweifamilienhäuser, unterkellert, hoher Standard	–	–	–	–
Ein- und Zweifamilienhäuser, nicht unterkellert, einfacher Standard	–	–	–	–
Ein- und Zweifamilienhäuser, nicht unterkellert, mittlerer Standard	–	**0,80**	–	0,0%
Ein- und Zweifamilienhäuser, nicht unterkellert, hoher Standard	–	**6,00**	–	0,1%
Ein- und Zweifamilienhäuser, Passivhausstandard, Massivbau	–	–	–	–
Ein- und Zweifamilienhäuser, Passivhausstandard, Holzbau	–	–	–	–
Ein- und Zweifamilienhäuser, Holzbauweise, unterkellert	–	–	–	–
Ein- und Zweifamilienhäuser, Holzbauweise, nicht unterkellert	–	–	–	–
Doppel- und Reihenendhäuser, einfacher Standard	–	**0,80**	–	0,2%
Doppel- und Reihenendhäuser, mittlerer Standard	–	–	–	–
Doppel- und Reihenendhäuser, hoher Standard	–	–	–	–
Reihenhäuser, einfacher Standard	–	**0,80**	–	0,2%
Reihenhäuser, mittlerer Standard	–	–	–	–
Reihenhäuser, hoher Standard	–	–	–	–
Mehrfamilienhäuser				
Mehrfamilienhäuser, mit bis zu 6 WE, einfacher Standard	–	–	–	–
Mehrfamilienhäuser, mit bis zu 6 WE, mittlerer Standard	–	–	–	–
Mehrfamilienhäuser, mit bis zu 6 WE, hoher Standard	–	–	–	–

© BKI Baukosteninformationszentrum   Kosten: 4.Quartal 2021, Bundesdurchschnitt, **inkl. 19% MwSt.**

Gebäudeart	▷	€/Einheit	◁	KG an 400
Mehrfamilienhäuser (Fortsetzung)				
Mehrfamilienhäuser, mit 6 bis 19 WE, einfacher Standard	–	**1,80**	–	0,3%
Mehrfamilienhäuser, mit 6 bis 19 WE, mittlerer Standard	–	–	–	–
Mehrfamilienhäuser, mit 6 bis 19 WE, hoher Standard	–	**0,60**	–	0,1%
Mehrfamilienhäuser, mit 20 oder mehr WE, einfacher Standard	–	**0,20**	–	0,0%
Mehrfamilienhäuser, mit 20 oder mehr WE, mittlerer Standard	–	**0,10**	–	0,0%
Mehrfamilienhäuser, mit 20 oder mehr WE, hoher Standard	–	**0,10**	–	0,0%
Mehrfamilienhäuser, Passivhäuser	–	–	–	–
Wohnhäuser, mit bis zu 15% Mischnutzung, einfacher Standard	–	–	–	–
Wohnhäuser, mit bis zu 15% Mischnutzung, mittlerer Standard	–	–	–	–
Wohnhäuser, mit bis zu 15% Mischnutzung, hoher Standard	–	–	–	–
Wohnhäuser, mit mehr als 15% Mischnutzung	–	–	–	–
Seniorenwohnungen				
Seniorenwohnungen, mittlerer Standard	–	–	–	–
Seniorenwohnungen, hoher Standard	–	–	–	–
Beherbergung				
Wohnheime und Internate	–	**2,40**	–	0,1%
7 Gewerbegebäude				
Gaststätten und Kantinen				
Gaststätten, Kantinen und Mensen	–	**0,90**	–	0,1%
Gebäude für Produktion				
Industrielle Produktionsgebäude, Massivbauweise	–	–	–	–
Industrielle Produktionsgebäude, überwiegend Skelettbauweise	0,40	**2,60**	4,80	0,2%
Betriebs- und Werkstätten, eingeschossig	–	–	–	–
Betriebs- und Werkstätten, mehrgeschossig, geringer Hallenanteil	–	**0,30**	–	0,0%
Betriebs- und Werkstätten, mehrgeschossig, hoher Hallenanteil	0,30	**0,70**	1,00	0,0%
Gebäude für Handel und Lager				
Geschäftshäuser, mit Wohnungen	–	–	–	–
Geschäftshäuser, ohne Wohnungen	–	–	–	–
Verbrauchermärkte	–	–	–	–
Autohäuser	–	–	–	–
Lagergebäude, ohne Mischnutzung	–	**0,30**	–	0,0%
Lagergebäude, mit bis zu 25% Mischnutzung	–	–	–	–
Lagergebäude, mit mehr als 25% Mischnutzung	–	–	–	–
Garagen und Bereitschaftsdienste				
Einzel-, Mehrfach- und Hochgaragen	–	–	–	–
Tiefgaragen	–	–	–	–
Feuerwehrhäuser	–	–	–	–
Öffentliche Bereitschaftsdienste	–	**0,20**	–	0,0%
9 Kulturgebäude				
Gebäude für kulturelle Zwecke				
Bibliotheken, Museen und Ausstellungen	–	**2,40**	–	0,1%
Theater	–	–	–	–
Gemeindezentren, einfacher Standard	–	–	–	–
Gemeindezentren, mittlerer Standard	–	**1,60**	–	0,1%
Gemeindezentren, hoher Standard	–	–	–	–
Gebäude für religiöse Zwecke				
Sakralbauten	–	–	–	–
Friedhofsgebäude	–	–	–	–

Einheit: m² Brutto-Grundfläche (BGF)

© **BKI** Baukosteninformationszentrum — Kosten: 4.Quartal 2021, Bundesdurchschnitt, **inkl. 19% MwSt.**

492 Gerüste

Kosten:
Stand 4.Quartal 2021
Bundesdurchschnitt
inkl. 19% MwSt.

Einheit: m²
Brutto-Grundfläche (BGF)

▷ von
ø Mittel
◁ bis

Gebäudeart	▷	€/Einheit	◁	KG an 400
1 Büro- und Verwaltungsgebäude				
Büro- und Verwaltungsgebäude, einfacher Standard	–	–	–	–
Büro- und Verwaltungsgebäude, mittlerer Standard	0,10	**0,40**	0,60	0,0%
Büro- und Verwaltungsgebäude, hoher Standard	–	**2,30**	–	0,0%
2 Gebäude für Forschung und Lehre				
Instituts- und Laborgebäude	–	–	–	–
3 Gebäude des Gesundheitswesens				
Medizinische Einrichtungen	–	**0,80**	–	0,1%
Pflegeheime	–	–	–	–
4 Schulen und Kindergärten				
Allgemeinbildende Schulen	0,40	**0,50**	0,50	0,0%
Berufliche Schulen	–	–	–	–
Förder- und Sonderschulen	–	**0,20**	–	0,0%
Weiterbildungseinrichtungen	0,10	**0,30**	0,50	0,0%
Kindergärten, nicht unterkellert, einfacher Standard	–	–	–	–
Kindergärten, nicht unterkellert, mittlerer Standard	–	**1,10**	–	0,0%
Kindergärten, nicht unterkellert, hoher Standard	–	–	–	–
Kindergärten, Holzbauweise, nicht unterkellert	–	–	–	–
Kindergärten, unterkellert	–	**2,10**	–	0,1%
5 Sportbauten				
Sport- und Mehrzweckhallen	–	–	–	–
Sporthallen (Einfeldhallen)	–	–	–	–
Sporthallen (Dreifeldhallen)	–	–	–	–
Schwimmhallen	–	–	–	–
6 Wohngebäude				
Ein- und Zweifamilienhäuser				
Ein- und Zweifamilienhäuser, unterkellert, einfacher Standard	–	–	–	–
Ein- und Zweifamilienhäuser, unterkellert, mittlerer Standard	–	–	–	–
Ein- und Zweifamilienhäuser, unterkellert, hoher Standard	–	–	–	–
Ein- und Zweifamilienhäuser, nicht unterkellert, einfacher Standard	–	–	–	–
Ein- und Zweifamilienhäuser, nicht unterkellert, mittlerer Standard	–	–	–	–
Ein- und Zweifamilienhäuser, nicht unterkellert, hoher Standard	–	–	–	–
Ein- und Zweifamilienhäuser, Passivhausstandard, Massivbau	–	–	–	–
Ein- und Zweifamilienhäuser, Passivhausstandard, Holzbau	–	–	–	–
Ein- und Zweifamilienhäuser, Holzbauweise, unterkellert	–	–	–	–
Ein- und Zweifamilienhäuser, Holzbauweise, nicht unterkellert	–	–	–	–
Doppel- und Reihenendhäuser, einfacher Standard	–	–	–	–
Doppel- und Reihenendhäuser, mittlerer Standard	–	–	–	–
Doppel- und Reihenendhäuser, hoher Standard	–	–	–	–
Reihenhäuser, einfacher Standard	–	–	–	–
Reihenhäuser, mittlerer Standard	–	–	–	–
Reihenhäuser, hoher Standard	–	–	–	–
Mehrfamilienhäuser				
Mehrfamilienhäuser, mit bis zu 6 WE, einfacher Standard	–	–	–	–
Mehrfamilienhäuser, mit bis zu 6 WE, mittlerer Standard	–	–	–	–
Mehrfamilienhäuser, mit bis zu 6 WE, hoher Standard	–	–	–	–

Gerüste

Gebäudeart	▷	€/Einheit	◁	KG an 400
Mehrfamilienhäuser (Fortsetzung)				
Mehrfamilienhäuser, mit 6 bis 19 WE, einfacher Standard	–	–	–	–
Mehrfamilienhäuser, mit 6 bis 19 WE, mittlerer Standard	–	–	–	–
Mehrfamilienhäuser, mit 6 bis 19 WE, hoher Standard	–	–	–	–
Mehrfamilienhäuser, mit 20 oder mehr WE, einfacher Standard	–	–	–	–
Mehrfamilienhäuser, mit 20 oder mehr WE, mittlerer Standard	–	–	–	–
Mehrfamilienhäuser, mit 20 oder mehr WE, hoher Standard	–	–	–	–
Mehrfamilienhäuser, Passivhäuser				
Wohnhäuser, mit bis zu 15% Mischnutzung, einfacher Standard	–	–	–	–
Wohnhäuser, mit bis zu 15% Mischnutzung, mittlerer Standard	–	–	–	–
Wohnhäuser, mit bis zu 15% Mischnutzung, hoher Standard	–	–	–	–
Wohnhäuser, mit mehr als 15% Mischnutzung	–	–	–	–
Seniorenwohnungen				
Seniorenwohnungen, mittlerer Standard	–	–	–	–
Seniorenwohnungen, hoher Standard	–	–	–	–
Beherbergung				
Wohnheime und Internate	–	–	–	–
7 Gewerbegebäude				
Gaststätten und Kantinen				
Gaststätten, Kantinen und Mensen	–	–	–	–
Gebäude für Produktion				
Industrielle Produktionsgebäude, Massivbauweise	–	–	–	–
Industrielle Produktionsgebäude, überwiegend Skelettbauweise	–	**3,30**	–	0,1%
Betriebs- und Werkstätten, eingeschossig	–	–	–	–
Betriebs- und Werkstätten, mehrgeschossig, geringer Hallenanteil	–	–	–	–
Betriebs- und Werkstätten, mehrgeschossig, hoher Hallenanteil	–	–	–	–
Gebäude für Handel und Lager				
Geschäftshäuser, mit Wohnungen	–	–	–	–
Geschäftshäuser, ohne Wohnungen	–	–	–	–
Verbrauchermärkte	–	–	–	–
Autohäuser	–	–	–	–
Lagergebäude, ohne Mischnutzung	–	–	–	–
Lagergebäude, mit bis zu 25% Mischnutzung	–	–	–	–
Lagergebäude, mit mehr als 25% Mischnutzung	–	–	–	–
Garagen und Bereitschaftsdienste				
Einzel-, Mehrfach- und Hochgaragen	–	–	–	–
Tiefgaragen	–	–	–	–
Feuerwehrhäuser	0,20	**3,50**	6,80	0,6%
Öffentliche Bereitschaftsdienste	–	**0,90**	–	0,0%
9 Kulturgebäude				
Gebäude für kulturelle Zwecke				
Bibliotheken, Museen und Ausstellungen	–	**0,90**	–	0,0%
Theater	–	–	–	–
Gemeindezentren, einfacher Standard	–	–	–	–
Gemeindezentren, mittlerer Standard	–	–	–	–
Gemeindezentren, hoher Standard	–	–	–	–
Gebäude für religiöse Zwecke				
Sakralbauten	–	–	–	–
Friedhofsgebäude	–	–	–	–

Einheit: m² Brutto-Grundfläche (BGF)

© BKI Baukosteninformationszentrum Kosten: 4.Quartal 2021, Bundesdurchschnitt, inkl. 19% MwSt.

494 Abbruchmaßnahmen

Kosten: Stand 4.Quartal 2021 Bundesdurchschnitt inkl. 19% MwSt.

Einheit: m² Brutto-Grundfläche (BGF)

▷ von
ø Mittel
◁ bis

Gebäudeart	▷	€/Einheit	◁	KG an 400
1 Büro- und Verwaltungsgebäude				
Büro- und Verwaltungsgebäude, einfacher Standard	–	–	–	–
Büro- und Verwaltungsgebäude, mittlerer Standard	–	–	–	–
Büro- und Verwaltungsgebäude, hoher Standard	–	–	–	–
2 Gebäude für Forschung und Lehre				
Instituts- und Laborgebäude	–	–	–	–
3 Gebäude des Gesundheitswesens				
Medizinische Einrichtungen	–	–	–	–
Pflegeheime	–	**2,10**	–	0,1%
4 Schulen und Kindergärten				
Allgemeinbildende Schulen	0,50	**13,00**	25,00	1,0%
Berufliche Schulen	–	**1,10**	–	0,0%
Förder- und Sonderschulen	–	**0,90**	–	0,0%
Weiterbildungseinrichtungen	–	–	–	–
Kindergärten, nicht unterkellert, einfacher Standard	–	–	–	–
Kindergärten, nicht unterkellert, mittlerer Standard	–	–	–	–
Kindergärten, nicht unterkellert, hoher Standard	–	–	–	–
Kindergärten, Holzbauweise, nicht unterkellert	–	–	–	–
Kindergärten, unterkellert	–	–	–	–
5 Sportbauten				
Sport- und Mehrzweckhallen	–	**0,50**	–	0,0%
Sporthallen (Einfeldhallen)	–	–	–	–
Sporthallen (Dreifeldhallen)	–	**0,50**	–	0,0%
Schwimmhallen	–	–	–	–
6 Wohngebäude				
Ein- und Zweifamilienhäuser				
Ein- und Zweifamilienhäuser, unterkellert, einfacher Standard	–	–	–	–
Ein- und Zweifamilienhäuser, unterkellert, mittlerer Standard	–	–	–	–
Ein- und Zweifamilienhäuser, unterkellert, hoher Standard	–	–	–	–
Ein- und Zweifamilienhäuser, nicht unterkellert, einfacher Standard	–	–	–	–
Ein- und Zweifamilienhäuser, nicht unterkellert, mittlerer Standard	–	–	–	–
Ein- und Zweifamilienhäuser, nicht unterkellert, hoher Standard	–	–	–	–
Ein- und Zweifamilienhäuser, Passivhausstandard, Massivbau	–	–	–	–
Ein- und Zweifamilienhäuser, Passivhausstandard, Holzbau	–	–	–	–
Ein- und Zweifamilienhäuser, Holzbauweise, unterkellert	–	–	–	–
Ein- und Zweifamilienhäuser, Holzbauweise, nicht unterkellert	–	–	–	–
Doppel- und Reihenendhäuser, einfacher Standard	–	–	–	–
Doppel- und Reihenendhäuser, mittlerer Standard	–	–	–	–
Doppel- und Reihenendhäuser, hoher Standard	–	–	–	–
Reihenhäuser, einfacher Standard	–	–	–	–
Reihenhäuser, mittlerer Standard	–	–	–	–
Reihenhäuser, hoher Standard	–	–	–	–
Mehrfamilienhäuser				
Mehrfamilienhäuser, mit bis zu 6 WE, einfacher Standard	–	–	–	–
Mehrfamilienhäuser, mit bis zu 6 WE, mittlerer Standard	–	–	–	–
Mehrfamilienhäuser, mit bis zu 6 WE, hoher Standard	–	–	–	–

494 Abbruchmaßnahmen

Gebäudeart	▷	€/Einheit	◁	KG an 400
Mehrfamilienhäuser (Fortsetzung)				
Mehrfamilienhäuser, mit 6 bis 19 WE, einfacher Standard	–	0,20	–	0,0%
Mehrfamilienhäuser, mit 6 bis 19 WE, mittlerer Standard	–	–	–	–
Mehrfamilienhäuser, mit 6 bis 19 WE, hoher Standard	–	–	–	–
Mehrfamilienhäuser, mit 20 oder mehr WE, einfacher Standard	–	–	–	–
Mehrfamilienhäuser, mit 20 oder mehr WE, mittlerer Standard	–	–	–	–
Mehrfamilienhäuser, mit 20 oder mehr WE, hoher Standard	–	–	–	–
Mehrfamilienhäuser, Passivhäuser	–	–	–	–
Wohnhäuser, mit bis zu 15% Mischnutzung, einfacher Standard	–	–	–	–
Wohnhäuser, mit bis zu 15% Mischnutzung, mittlerer Standard	–	–	–	–
Wohnhäuser, mit bis zu 15% Mischnutzung, hoher Standard	–	–	–	–
Wohnhäuser, mit mehr als 15% Mischnutzung	–	–	–	–
Seniorenwohnungen				
Seniorenwohnungen, mittlerer Standard	–	–	–	–
Seniorenwohnungen, hoher Standard	–	–	–	–
Beherbergung				
Wohnheime und Internate	–	8,00	–	0,3%
7 Gewerbegebäude				
Gaststätten und Kantinen				
Gaststätten, Kantinen und Mensen	–	–	–	–
Gebäude für Produktion				
Industrielle Produktionsgebäude, Massivbauweise	–	–	–	–
Industrielle Produktionsgebäude, überwiegend Skelettbauweise	–	–	–	–
Betriebs- und Werkstätten, eingeschossig	–	–	–	–
Betriebs- und Werkstätten, mehrgeschossig, geringer Hallenanteil	–	–	–	–
Betriebs- und Werkstätten, mehrgeschossig, hoher Hallenanteil	–	–	–	–
Gebäude für Handel und Lager				
Geschäftshäuser, mit Wohnungen	–	–	–	–
Geschäftshäuser, ohne Wohnungen	–	–	–	–
Verbrauchermärkte	–	–	–	–
Autohäuser	–	–	–	–
Lagergebäude, ohne Mischnutzung	–	2,30	–	0,1%
Lagergebäude, mit bis zu 25% Mischnutzung	–	–	–	–
Lagergebäude, mit mehr als 25% Mischnutzung	–	–	–	–
Garagen und Bereitschaftsdienste				
Einzel-, Mehrfach- und Hochgaragen	–	–	–	–
Tiefgaragen	–	–	–	–
Feuerwehrhäuser	–	–	–	–
Öffentliche Bereitschaftsdienste	–	0,10	–	0,0%
9 Kulturgebäude				
Gebäude für kulturelle Zwecke				
Bibliotheken, Museen und Ausstellungen	–	–	–	–
Theater	–	–	–	–
Gemeindezentren, einfacher Standard	–	–	–	–
Gemeindezentren, mittlerer Standard	–	–	–	–
Gemeindezentren, hoher Standard	–	–	–	–
Gebäude für religiöse Zwecke				
Sakralbauten	–	–	–	–
Friedhofsgebäude	–	–	–	–

Einheit: m² Brutto-Grundfläche (BGF)

© BKI Baukosteninformationszentrum Kosten: 4.Quartal 2021, Bundesdurchschnitt, **inkl. 19% MwSt.**

495 Instandsetzungen

Kosten:
Stand 4. Quartal 2021
Bundesdurchschnitt
inkl. 19% MwSt.

Einheit: m²
Brutto-Grundfläche
(BGF)

▷ von
ø Mittel
◁ bis

Gebäudeart	▷	€/Einheit	◁	KG an 400
1 Büro- und Verwaltungsgebäude				
Büro- und Verwaltungsgebäude, einfacher Standard	–	–	–	–
Büro- und Verwaltungsgebäude, mittlerer Standard	0,40	**0,40**	0,50	0,0%
Büro- und Verwaltungsgebäude, hoher Standard	–	–	–	–
2 Gebäude für Forschung und Lehre				
Instituts- und Laborgebäude	–	–	–	–
3 Gebäude des Gesundheitswesens				
Medizinische Einrichtungen	–	**2,20**	–	0,1%
Pflegeheime	–	–	–	–
4 Schulen und Kindergärten				
Allgemeinbildende Schulen	0,40	**0,40**	0,50	0,0%
Berufliche Schulen	–	–	–	–
Förder- und Sonderschulen	–	–	–	–
Weiterbildungseinrichtungen	–	–	–	–
Kindergärten, nicht unterkellert, einfacher Standard	–	–	–	–
Kindergärten, nicht unterkellert, mittlerer Standard	–	**5,40**	–	0,2%
Kindergärten, nicht unterkellert, hoher Standard	–	**1,00**	–	0,1%
Kindergärten, Holzbauweise, nicht unterkellert	–	–	–	–
Kindergärten, unterkellert	1,10	**3,70**	6,20	0,5%
5 Sportbauten				
Sport- und Mehrzweckhallen	–	–	–	–
Sporthallen (Einfeldhallen)	–	–	–	–
Sporthallen (Dreifeldhallen)	–	–	–	–
Schwimmhallen	–	–	–	–
6 Wohngebäude				
Ein- und Zweifamilienhäuser				
Ein- und Zweifamilienhäuser, unterkellert, einfacher Standard	–	–	–	–
Ein- und Zweifamilienhäuser, unterkellert, mittlerer Standard	–	–	–	–
Ein- und Zweifamilienhäuser, unterkellert, hoher Standard	–	–	–	–
Ein- und Zweifamilienhäuser, nicht unterkellert, einfacher Standard	–	–	–	–
Ein- und Zweifamilienhäuser, nicht unterkellert, mittlerer Standard	–	–	–	–
Ein- und Zweifamilienhäuser, nicht unterkellert, hoher Standard	–	–	–	–
Ein- und Zweifamilienhäuser, Passivhausstandard, Massivbau	–	–	–	–
Ein- und Zweifamilienhäuser, Passivhausstandard, Holzbau	–	–	–	–
Ein- und Zweifamilienhäuser, Holzbauweise, unterkellert	–	**10,00**	–	0,2%
Ein- und Zweifamilienhäuser, Holzbauweise, nicht unterkellert	–	–	–	–
Doppel- und Reihenendhäuser, einfacher Standard	–	–	–	–
Doppel- und Reihenendhäuser, mittlerer Standard	–	–	–	–
Doppel- und Reihenendhäuser, hoher Standard	–	–	–	–
Reihenhäuser, einfacher Standard	–	–	–	–
Reihenhäuser, mittlerer Standard	–	–	–	–
Reihenhäuser, hoher Standard	–	–	–	–
Mehrfamilienhäuser				
Mehrfamilienhäuser, mit bis zu 6 WE, einfacher Standard	–	–	–	–
Mehrfamilienhäuser, mit bis zu 6 WE, mittlerer Standard	–	–	–	–
Mehrfamilienhäuser, mit bis zu 6 WE, hoher Standard	–	–	–	–

© **BKI** Baukosteninformationszentrum

Kosten: 4. Quartal 2021, Bundesdurchschnitt, **inkl. 19% MwSt.**

Gebäudeart	▷	€/Einheit	◁	KG an 400
Mehrfamilienhäuser (Fortsetzung)				
Mehrfamilienhäuser, mit 6 bis 19 WE, einfacher Standard	–	–	–	–
Mehrfamilienhäuser, mit 6 bis 19 WE, mittlerer Standard	–	–	–	–
Mehrfamilienhäuser, mit 6 bis 19 WE, hoher Standard	–	–	–	–
Mehrfamilienhäuser, mit 20 oder mehr WE, einfacher Standard	–	–	–	–
Mehrfamilienhäuser, mit 20 oder mehr WE, mittlerer Standard	–	–	–	–
Mehrfamilienhäuser, mit 20 oder mehr WE, hoher Standard	–	0,40	–	0,0%
Mehrfamilienhäuser, Passivhäuser	–	–	–	–
Wohnhäuser, mit bis zu 15% Mischnutzung, einfacher Standard	–	–	–	–
Wohnhäuser, mit bis zu 15% Mischnutzung, mittlerer Standard	–	–	–	–
Wohnhäuser, mit bis zu 15% Mischnutzung, hoher Standard	–	–	–	–
Wohnhäuser, mit mehr als 15% Mischnutzung	–	–	–	–
Seniorenwohnungen				
Seniorenwohnungen, mittlerer Standard	–	–	–	–
Seniorenwohnungen, hoher Standard	–	–	–	–
Beherbergung				
Wohnheime und Internate	–	–	–	–
7 Gewerbegebäude				
Gaststätten und Kantinen				
Gaststätten, Kantinen und Mensen	–	–	–	–
Gebäude für Produktion				
Industrielle Produktionsgebäude, Massivbauweise	–	–	–	–
Industrielle Produktionsgebäude, überwiegend Skelettbauweise	–	–	–	–
Betriebs- und Werkstätten, eingeschossig	–	–	–	–
Betriebs- und Werkstätten, mehrgeschossig, geringer Hallenanteil	–	–	–	–
Betriebs- und Werkstätten, mehrgeschossig, hoher Hallenanteil	–	–	–	–
Gebäude für Handel und Lager				
Geschäftshäuser, mit Wohnungen	–	–	–	–
Geschäftshäuser, ohne Wohnungen	–	–	–	–
Verbrauchermärkte	–	–	–	–
Autohäuser	–	–	–	–
Lagergebäude, ohne Mischnutzung	–	–	–	–
Lagergebäude, mit bis zu 25% Mischnutzung	–	–	–	–
Lagergebäude, mit mehr als 25% Mischnutzung	–	–	–	–
Garagen und Bereitschaftsdienste				
Einzel-, Mehrfach- und Hochgaragen	–	–	–	–
Tiefgaragen	–	–	–	–
Feuerwehrhäuser	–	–	–	–
Öffentliche Bereitschaftsdienste	–	–	–	–
9 Kulturgebäude				
Gebäude für kulturelle Zwecke				
Bibliotheken, Museen und Ausstellungen	–	25,00	–	1,3%
Theater	–	–	–	–
Gemeindezentren, einfacher Standard	–	–	–	–
Gemeindezentren, mittlerer Standard	–	–	–	–
Gemeindezentren, hoher Standard	–	–	–	–
Gebäude für religiöse Zwecke				
Sakralbauten	–	–	–	–
Friedhofsgebäude	–	–	–	–

Einheit: m² Brutto-Grundfläche (BGF)

497 Zusätzliche Maßnahmen

Kosten:
Stand 4. Quartal 2021
Bundesdurchschnitt
inkl. 19% MwSt.

Einheit: m²
Brutto-Grundfläche (BGF)

▷ von
Ø Mittel
◁ bis

Gebäudeart	▷	€/Einheit	◁	KG an 400
1 Büro- und Verwaltungsgebäude				
Büro- und Verwaltungsgebäude, einfacher Standard	–	–	–	–
Büro- und Verwaltungsgebäude, mittlerer Standard	–	**0,50**	–	0,0%
Büro- und Verwaltungsgebäude, hoher Standard	–	**2,70**	–	0,0%
2 Gebäude für Forschung und Lehre				
Instituts- und Laborgebäude	–	–	–	–
3 Gebäude des Gesundheitswesens				
Medizinische Einrichtungen	–	–	–	–
Pflegeheime	–	**1,50**	–	0,1%
4 Schulen und Kindergärten				
Allgemeinbildende Schulen	–	**3,20**	–	0,0%
Berufliche Schulen	–	–	–	–
Förder- und Sonderschulen	–	**1,60**	–	0,1%
Weiterbildungseinrichtungen	–	–	–	–
Kindergärten, nicht unterkellert, einfacher Standard	–	–	–	–
Kindergärten, nicht unterkellert, mittlerer Standard	0,60	**2,90**	5,30	0,2%
Kindergärten, nicht unterkellert, hoher Standard	–	–	–	–
Kindergärten, Holzbauweise, nicht unterkellert	–	**0,80**	–	0,0%
Kindergärten, unterkellert	–	**0,30**	–	0,0%
5 Sportbauten				
Sport- und Mehrzweckhallen	–	–	–	–
Sporthallen (Einfeldhallen)	–	–	–	–
Sporthallen (Dreifeldhallen)	–	–	–	–
Schwimmhallen	–	–	–	–
6 Wohngebäude				
Ein- und Zweifamilienhäuser				
Ein- und Zweifamilienhäuser, unterkellert, einfacher Standard	–	–	–	–
Ein- und Zweifamilienhäuser, unterkellert, mittlerer Standard	–	–	–	–
Ein- und Zweifamilienhäuser, unterkellert, hoher Standard	–	–	–	–
Ein- und Zweifamilienhäuser, nicht unterkellert, einfacher Standard	–	–	–	–
Ein- und Zweifamilienhäuser, nicht unterkellert, mittlerer Standard	–	–	–	–
Ein- und Zweifamilienhäuser, nicht unterkellert, hoher Standard	–	–	–	–
Ein- und Zweifamilienhäuser, Passivhausstandard, Massivbau	–	–	–	–
Ein- und Zweifamilienhäuser, Passivhausstandard, Holzbau	–	–	–	–
Ein- und Zweifamilienhäuser, Holzbauweise, unterkellert	–	–	–	–
Ein- und Zweifamilienhäuser, Holzbauweise, nicht unterkellert	–	–	–	–
Doppel- und Reihenendhäuser, einfacher Standard	–	–	–	–
Doppel- und Reihenendhäuser, mittlerer Standard	–	–	–	–
Doppel- und Reihenendhäuser, hoher Standard	–	–	–	–
Reihenhäuser, einfacher Standard	–	–	–	–
Reihenhäuser, mittlerer Standard	–	–	–	–
Reihenhäuser, hoher Standard	–	–	–	–
Mehrfamilienhäuser				
Mehrfamilienhäuser, mit bis zu 6 WE, einfacher Standard	–	–	–	–
Mehrfamilienhäuser, mit bis zu 6 WE, mittlerer Standard	–	–	–	–
Mehrfamilienhäuser, mit bis zu 6 WE, hoher Standard	–	**0,60**	–	0,0%

Zusätzliche Maßnahmen

Gebäudeart	▷	€/Einheit	◁	KG an 400
Mehrfamilienhäuser (Fortsetzung)				
Mehrfamilienhäuser, mit 6 bis 19 WE, einfacher Standard	–	–	–	–
Mehrfamilienhäuser, mit 6 bis 19 WE, mittlerer Standard	–	–	–	–
Mehrfamilienhäuser, mit 6 bis 19 WE, hoher Standard	–	–	–	–
Mehrfamilienhäuser, mit 20 oder mehr WE, einfacher Standard	–	–	–	–
Mehrfamilienhäuser, mit 20 oder mehr WE, mittlerer Standard	–	**0,10**	–	0,0%
Mehrfamilienhäuser, mit 20 oder mehr WE, hoher Standard	–	–	–	–
Mehrfamilienhäuser, Passivhäuser	–	–	–	–
Wohnhäuser, mit bis zu 15% Mischnutzung, einfacher Standard	–	–	–	–
Wohnhäuser, mit bis zu 15% Mischnutzung, mittlerer Standard	–	–	–	–
Wohnhäuser, mit bis zu 15% Mischnutzung, hoher Standard	–	–	–	–
Wohnhäuser, mit mehr als 15% Mischnutzung	–	–	–	–
Seniorenwohnungen				
Seniorenwohnungen, mittlerer Standard	–	–	–	–
Seniorenwohnungen, hoher Standard	–	–	–	–
Beherbergung				
Wohnheime und Internate	–	–	–	–
7 Gewerbegebäude				
Gaststätten und Kantinen				
Gaststätten, Kantinen und Mensen	–	**14,00**	–	1,6%
Gebäude für Produktion				
Industrielle Produktionsgebäude, Massivbauweise	–	–	–	–
Industrielle Produktionsgebäude, überwiegend Skelettbauweise	–	**12,00**	–	0,3%
Betriebs- und Werkstätten, eingeschossig	–	–	–	–
Betriebs- und Werkstätten, mehrgeschossig, geringer Hallenanteil	–	–	–	–
Betriebs- und Werkstätten, mehrgeschossig, hoher Hallenanteil	–	**2,50**	–	0,1%
Gebäude für Handel und Lager				
Geschäftshäuser, mit Wohnungen	–	–	–	–
Geschäftshäuser, ohne Wohnungen	–	–	–	–
Verbrauchermärkte	–	–	–	–
Autohäuser	–	–	–	–
Lagergebäude, ohne Mischnutzung	–	–	–	–
Lagergebäude, mit bis zu 25% Mischnutzung	–	–	–	–
Lagergebäude, mit mehr als 25% Mischnutzung	–	–	–	–
Garagen und Bereitschaftsdienste				
Einzel-, Mehrfach- und Hochgaragen	–	–	–	–
Tiefgaragen	–	–	–	–
Feuerwehrhäuser	–	–	–	–
Öffentliche Bereitschaftsdienste	–	–	–	–
9 Kulturgebäude				
Gebäude für kulturelle Zwecke				
Bibliotheken, Museen und Ausstellungen	–	–	–	–
Theater	–	–	–	–
Gemeindezentren, einfacher Standard	–	–	–	–
Gemeindezentren, mittlerer Standard	–	–	–	–
Gemeindezentren, hoher Standard	–	–	–	–
Gebäude für religiöse Zwecke				
Sakralbauten	–	–	–	–
Friedhofsgebäude	–	–	–	–

Einheit: m² Brutto-Grundfläche (BGF)

STATISTISCHE KOSTENKENNWERTE FÜR GEBÄUDETECHNIK

F

Positionen für Neubau

LB 040 Wärmeversorgungsanlagen - Betriebseinrichtungen

Kosten: Stand 4.Quartal 2021 Bundesdurchschnitt

▶ min
▷ von
ø Mittel
◁ bis
◀ max

Wärmeversorgungsanlagen - Betriebseinrichtungen — Preise €

Nr.	Positionen	Einheit	▶	▷	ø brutto € / ø netto €	◁	◀
1	Gas-Brennwerttherme, Wand, bis 15kW	St	3.748	5.253	**6.050**	7.203	9.425
			3.149	4.414	**5.084**	6.053	7.920
2	Gas-Brennwerttherme, Wand, 15 bis 25kW	St	4.017	4.805	**6.203**	7.601	10.124
			3.376	4.038	**5.212**	6.387	8.507
3	Gas-Brennwerttherme, Wand, 25 bis 50kW	St	4.435	5.222	**6.347**	7.810	10.606
			3.727	4.389	**5.334**	6.563	8.912
4	Gas-Brennwertkessel, bis 25kW	St	4.064	6.092	**6.424**	7.017	8.807
			3.415	5.120	**5.398**	5.897	7.401
5	Gas-Brennwertkessel, 25 bis 50kW	St	4.218	6.053	**7.095**	7.967	9.217
			3.544	5.087	**5.962**	6.695	7.745
6	Gas-Brennwertkessel, 50 bis 70kW	St	5.355	7.051	**7.690**	8.129	11.257
			4.500	5.925	**6.462**	6.831	9.460
7	Gas-Brennwertkessel, 70 bis 150kW	St	7.004	9.252	**9.820**	11.097	13.566
			5.886	7.775	**8.252**	9.325	11.400
8	Gas-Brennwertkessel, 150 bis 225kW	St	11.013	14.391	**15.505**	18.784	23.253
			9.254	12.094	**13.029**	15.785	19.540
9	Gas-Brennwertkessel, 225 bis 400kW	St	11.045	18.691	**20.008**	24.484	32.130
			9.281	15.706	**16.814**	20.575	27.000
10	Gas-Brennwertkessel, 400 bis 600kW	St	14.601	22.218	**26.507**	31.653	39.270
			12.270	18.671	**22.275**	26.599	33.000
11	Öl-Brennwerttherme, Wand, bis 15kW	St	6.041	7.132	**8.391**	10.069	10.908
			5.077	5.993	**7.051**	8.461	9.166
12	Öl-Brennwerttherme, Wand, 15 bis 25kW	St	6.590	7.780	**9.153**	10.984	11.442
			5.538	6.538	**7.692**	9.230	9.615
13	Öl-Brennwertkessel, bis 25kW	St	7.856	8.503	**9.243**	10.167	12.016
			6.602	7.146	**7.767**	8.544	10.097
14	Öl-Brennwertkessel, 25 bis 50kW	St	8.429	9.123	**9.916**	10.908	12.395
			7.083	7.666	**8.333**	9.166	10.416
15	Öl-Brennwertkessel, 50 bis 70kW	St	10.725	12.319	**14.493**	17.391	20.290
			9.012	10.352	**12.179**	14.615	17.050
16	Öl-Brennwertkessel, 70 bis 100kW	St	14.676	16.857	**19.832**	23.799	26.972
			12.333	14.166	**16.666**	19.999	22.665
17	Heizöltank, stehend, 5.000 Liter	St	3.189	3.580	**4.556**	5.207	7.550
			2.680	3.008	**3.829**	4.376	6.345
18	Abgasanlage, Edelstahl	St	3.315	5.866	**6.483**	9.065	12.593
			2.786	4.929	**5.448**	7.618	10.583
19	Neutralisationsanlage, Brennwertgeräte	St	257	701	**896**	2.147	3.883
			216	589	**753**	1.804	3.263
20	Heizungsverteiler, Vorlaufverteiler/Rücklaufsammler	St	670	1.734	**2.214**	2.917	5.295
			563	1.457	**1.860**	2.451	4.450
21	Holz/Pellet-Heizkessel, bis 25kW	St	10.763	12.693	**13.787**	15.364	17.495
			9.045	10.667	**11.586**	12.911	14.701
22	Holz/Pellet-Heizkessel, 25 bis 50kW	St	12.306	13.400	**15.595**	19.588	22.465
			10.341	11.261	**13.105**	16.461	18.878
23	Holz/Pellet-Heizkessel, 50 bis 120kW	St	23.403	29.655	**32.779**	38.491	44.744
			19.666	24.920	**27.546**	32.345	37.600

© **BKI** Baukosteninformationszentrum

Wärmeversorgungsanlagen - Betriebseinrichtungen — Preise €

Nr.	Positionen	Einheit	▶	▷ ø brutto € / ø netto €		◁	◀
24	Pellet-Fördersystem, Förderschnecke	St	2.408	3.241	**3.502**	4.166	5.020
			2.024	2.724	**2.943**	3.501	4.218
25	Pellet-Fördersystem, Saugleitung	St	1.409	2.732	**3.455**	4.580	5.399
			1.184	2.296	**2.903**	3.848	4.537
26	Erdgas-BHKW-Anlage, 1,0kW$_{el}$, 2,5kW$_{th}$	St	–	22.397	**25.843**	29.445	–
			–	18.821	**21.717**	24.744	–
27	Erdgas-BHKW-Anlage, 1,5-3,0kW$_{el}$, 4-10kW$_{th}$	St	–	33.047	**36.806**	40.722	–
			–	27.771	**30.930**	34.220	–
28	Erdgas-BHKW-Anlage, 5-20kW$_{el}$, 10-45kW$_{th}$	St	–	64.215	**73.613**	84.577	–
			–	53.963	**61.860**	71.073	–
29	Flach-Solarkollektoranlage, thermisch, bis 10m²	St	–	7.769	**8.285**	8.915	–
			–	6.528	**6.962**	7.492	–
30	Flach-Solarkollektoranlage, thermisch, 10 bis 20m²	St	–	10.885	**11.480**	12.452	–
			–	9.147	**9.647**	10.463	–
31	Flach-Solarkollektoranlage, thermisch, 20 bis 30m²	St	–	15.490	**17.730**	22.240	–
			–	13.017	**14.899**	18.689	–
32	Heizungspufferspeicher bis 500 Liter	St	–	3.367	**3.916**	4.573	–
			–	2.830	**3.290**	3.843	–
33	Heizungspufferspeicher bis 1.000 Liter	St	–	3.508	**4.229**	4.934	–
			–	2.948	**3.554**	4.146	–
34	Trinkwarmwasserbereiter, Durchflussprinzip, 1-15 l/min	St	–	3.799	**4.221**	4.854	–
			–	3.192	**3.547**	4.079	–
35	Trinkwarmwasserbereiter, Durchflussprinzip, 1-30 l/min	St	–	4.327	**4.808**	5.530	–
			–	3.637	**4.041**	4.647	–
36	Wärmepumpe, bis 15kW, Wasser	St	–	13.985	**16.453**	18.921	–
			–	11.752	**13.826**	15.900	–
37	Wärmepumpe, 15 bis 25kW, Wasser	St	–	16.343	**19.227**	22.111	–
			–	13.734	**16.157**	18.581	–
38	Wärmepumpe, 25 bis 35kW, Wasser	St	–	20.136	**23.689**	27.243	–
			–	16.921	**19.907**	22.893	–
39	Wärmepumpe, 35 bis 50kW, Wasser	St	–	25.261	**29.719**	34.177	–
			–	21.228	**24.974**	28.720	–
40	Wärmepumpe, bis 15kW, Sole	St	–	14.893	**17.521**	20.150	–
			–	12.515	**14.724**	16.932	–
41	Wärmepumpe, 25 bis 35kW, Sole	St	–	23.431	**27.566**	31.701	–
			–	19.690	**23.164**	26.639	–
42	Wärmepumpe, 35 bis 50kW, Sole	St	–	30.167	**35.491**	40.814	–
			–	25.351	**29.824**	34.298	–
43	Wärmepumpe, bis 10kW, Luft	St	–	18.452	**21.708**	24.964	–
			–	15.506	**18.242**	20.978	–
44	Wärmepumpe, 20 bis 35kW, Luft	St	–	28.044	**32.993**	37.942	–
			–	23.566	**27.725**	31.884	–
45	Brunnenanlage, WP bis 15kW	St	–	12.530	**15.662**	19.108	–
			–	10.529	**13.162**	16.057	–
46	Brunnenanlage, WP 15 bis 25kW	St	–	14.409	**18.012**	21.974	–
			–	12.109	**15.136**	18.466	–

LB 040 Wärmeversorgungsanlagen - Betriebseinrichtungen

Preise €

Kosten:
Stand 4.Quartal 2021
Bundesdurchschnitt

▶ min
▷ von
ø Mittel
◁ bis
◀ max

Nr.	Positionen	Einheit	▶	▷	ø brutto € ø netto €	◁	◀
47	Brunnenanlage, WP 25 bis 35kW	St	–	17.229	**21.536**	26.274	–
			–	14.478	**18.097**	22.079	–
48	Brunnenanlage, WP 35 bis 50kW	St	–	31.325	**39.156**	47.770	–
			–	26.323	**32.904**	40.143	–
49	Erdsondenanlage, Wärmepumpe	m	69	84	**89**	95	109
			58	70	**75**	80	92
50	Ausdehnungsgefäß, bis 500 Liter	St	79	228	**270**	519	917
			66	191	**227**	436	770
51	Ausdehnungsgefäß, über 500 Liter	St	1.114	2.060	**2.315**	2.719	4.177
			936	1.731	**1.945**	2.285	3.510
52	Trinkwarmwasserspeicher	St	1.277	2.194	**2.624**	3.659	5.907
			1.073	1.843	**2.205**	3.075	4.964
53	Speicher-Wassererwärmer mit Solar, bis 400 Liter	St	2.923	3.965	**4.307**	4.508	5.152
			2.456	3.332	**3.620**	3.788	4.330
54	Umwälzpumpen, bis 2,50m³/h	St	137	334	**410**	554	792
			115	281	**345**	466	666
55	Umwälzpumpen, bis 5,00m³/h	St	385	568	**650**	729	869
			324	477	**546**	612	731
56	Umwälzpumpen, ab 5,00m³/h	St	887	1.109	**1.269**	1.422	2.169
			745	932	**1.067**	1.195	1.823
57	Absperrklappen, bis DN25	St	79	124	**132**	151	164
			66	104	**111**	127	138
58	Absperrklappen, DN32	St	88	122	**150**	175	208
			74	103	**126**	147	175
59	Absperrklappen, DN65	St	127	167	**217**	244	286
			107	140	**182**	205	240
60	Absperrklappen, DN125	St	181	416	**450**	647	882
			152	350	**378**	544	742
61	Rückschlagventil, DN65	St	77	123	**149**	185	235
			64	103	**125**	155	198
62	Dreiwegeventil, DN40	St	184	399	**573**	706	921
			155	335	**481**	593	774
63	Heizungsverteiler, Wandmontage, 3 Heizkreise	St	–	235	**267**	299	–
			–	197	**224**	251	–
64	Heizungsverteiler, Wandmontage, 5 Heizkreise	St	–	382	**424**	506	–
			–	321	**356**	425	–
65	Füllset, Heizung	St	18	26	**28**	32	41
			15	22	**24**	27	34

Nr.	Kurztext / Langtext						Kostengruppe
▶	▷	ø netto €	◁	◀	[Einheit]	Ausf.-Dauer	Positionsnummer

A 1 Gas-Brennwerttherme, Wand — Beschreibung für Pos. 1-3

Brennwerttherme, für geschlossene Heizungsanlage, wandhängende Montage, einschl. sicherheitstechnischer Einrichtungen, mit MSR in digitaler Ausführung; einschl. interner Verdrahtung.
Betriebsmittel: Erdgas

1 Gas-Brennwerttherme, Wand, bis 15kW   KG 421
Wie Ausführungsbeschreibung A 1
Kesselkörper: **Edelstahl / Aluminium**
Erdgas: **E / L / Flüssiggas / Bioerdgas**
Wärmeleistung: bis 15 kW, modulierend 30-100%
Auslegungsvorlauftemperatur: **bis 75 / 85**°C
Max. zulässiger Betriebsdruck: **4 / 6 / 10** bar
Heizmedium: Wasser
Norm-Nutzungsgrad bei 40 / 30°C: **102 / über 108**% (bezogen auf den unteren Heizwert)
3.149€   4.414€   **5.084**€   6.053€   7.920€   [St]   ⏱ 3,80 h/St   040.000.085

2 Gas-Brennwerttherme, Wand, 15 bis 25kW   KG 421
Wie Ausführungsbeschreibung A 1
Kesselkörper: **Edelstahl / Aluminium**
Erdgas: **E / L / Flüssiggas / Bioerdgas**
Wärmeleistung: 15-25 kW, modulierend 30-100%
Auslegungsvorlauftemperatur: **bis 75 / 85**°C
Max. zulässiger Betriebsdruck: **4 / 6 / 10** bar
Heizmedium: Wasser
Norm-Nutzungsgrad bei 40 / 30°C: **102 / über 108**% (bezogen auf den unteren Heizwert)
3.376€   4.038€   **5.212**€   6.387€   8.507€   [St]   ⏱ 3,80 h/St   040.000.035

3 Gas-Brennwerttherme, Wand, 25 bis 50kW   KG 421
Wie Ausführungsbeschreibung A 1
Kesselkörper: **Edelstahl / Aluminium**
Erdgas: **E / L / Flüssiggas / Bioerdgas**
Wärmeleistung: 25-50 kW, modulierend 30-100%
Auslegungsvorlauftemperatur: **bis 75 / 85**°C
Max. zulässiger Betriebsdruck: **4 / 6 / 10** bar
Heizmedium: Wasser
Norm-Nutzungsgrad bei 40 / 30°C: **102 / über 108**% (bezogen auf den unteren Heizwert)
3.727€   4.389€   **5.334**€   6.563€   8.912€   [St]   ⏱ 4,10 h/St   040.000.036

**LB 040
Wärmeversorgungs-
anlagen
- Betriebs-
einrichtungen**

Nr.	Kurztext / Langtext					Kostengruppe
▶	▷ ø netto € ◁ ◀				[Einheit] Ausf.-Dauer	Positionsnummer

A 2   Gas-Brennwertkessel   Beschreibung für Pos. **4-10**

Gas-Brennwertkessel für geschlossene Heizungsanlagen; für den Betrieb mit gleitend abgesenkter Kesselwasser-Temperatur ohne untere Begrenzung, modulierender Brenner, mit Edelstahl-Heizflächen. Alle abgasberührten Teile, wie Brennkammer, Nachschaltheizflächen und Abgassammelkasten, aus Edelstahl. Kesselkörper allseitig wärmegedämmt, Ummantelung aus Stahlblech, epoxidharzbeschichtet. Lieferumfang: Kessel mit schwenkbarer Kesseltür, inkl. Erdgas-Unit-Brenner, Reinigungsdeckel am Abgassammelkasten, Gegenflanschen mit Schrauben und Dichtungen an allen Stutzen, Wärmedämmung, Brennkammerschauglas. inkl. elektronischer Kesselkreisregelung, komplett mit allen Fühlern, Thermostaten und dem Sicherheitstemperaturbegrenzer.

Kosten:
Stand 4.Quartal 2021
Bundesdurchschnitt

4   Gas-Brennwertkessel, bis 25kW   KG **421**
Wie Ausführungsbeschreibung A 2
Kesselkörperabmessung: .....
Gesamtabmessungen: ..... (mit Kesselregulierung)
Gewicht komplett mit Wärmedämmung: ..... kg
Kesselkörper: .....
Erdgas: **E / L / Flüssiggas / Bioerdgas**
Max. Nennwärmeleistung: ..... kW
Feuerungst. Wirkungsgrad: bis 108%
Abgasseitiger Widerstand: ..... mbar
Zul. Vorlauftemperatur: bis **90 / 100**°C
Max. zulässiger Betriebsdruck: **4 / 6 / 10** bar
Wasserinhalt: ..... Liter
Abgasrohr, lichte Weite: ..... mm
3.415€   5.120€   **5.398**€   5.897€   7.401€   [St]   ⏱ 5,00 h/St   040.000.086

5   Gas-Brennwertkessel, 25 bis 50kW   KG **421**
Wie Ausführungsbeschreibung A 2
Kesselkörperabmessung: .....
Gesamtabmessungen: ..... (mit Kesselregulierung)
Gewicht komplett mit Wärmedämmung: ..... kg
Kesselkörper: .....
Erdgas: **E / L / Flüssiggas / Bioerdgas**
Max. Nennwärmeleistung: ..... kW
Feuerungst. Wirkungsgrad: bis 108%
Abgasseitiger Widerstand: ..... mbar
Zul. Vorlauftemperatur: bis **90 / 100**°C
Max. zulässiger Betriebsdruck: **4 / 6 / 10** bar
Wasserinhalt: ..... Liter
Abgasrohr, lichte Weite: ..... mm
3.544€   5.087€   **5.962**€   6.695€   7.745€   [St]   ⏱ 5,30 h/St   040.000.087

▶ min
▷ von
ø Mittel
◁ bis
◀ max

Nr.	Kurztext / Langtext						Kostengruppe
▶	▷	ø netto €	◁	◀	[Einheit]	Ausf.-Dauer	Positionsnummer

6   Gas-Brennwertkessel, 50 bis 70kW KG **421**
Wie Ausführungsbeschreibung A 2
Kesselkörperabmessung: .....
Gesamtabmessungen: ..... (mit Kesselregulierung)
Gewicht komplett mit Wärmedämmung: ..... kg
Kesselkörper: .....
Erdgas: **E / L / Flüssiggas / Bioerdgas**
Max. Nennwärmeleistung: ..... kW
Feuerungst. Wirkungsgrad: bis 108%
Abgasseitiger Widerstand: ..... mbar
Zul. Vorlauftemperatur: bis **90 / 100**°C
Max. zulässiger Betriebsdruck: **4 / 6 / 10** bar
Wasserinhalt: ..... Liter
Abgasrohr, lichte Weite: ..... mm

| 4.500€ | 5.925€ | **6.462€** | 6.831€ | 9.460€ | [St] | ⏱ 5,50 h/St | 040.000.039 |

7   Gas-Brennwertkessel, 70 bis 150kW KG **421**
Wie Ausführungsbeschreibung A 2
Kesselkörperabmessung: .....
Gesamtabmessungen: ..... (mit Kesselregulierung)
Gewicht komplett mit Wärmedämmung: ..... kg
Kesselkörper: .....
Erdgas: **E / L / Flüssiggas / Bioerdgas**
Max. Nennwärmeleistung: ..... kW
Feuerungst. Wirkungsgrad: bis 108%
Abgasseitiger Widerstand: ..... mbar
Zul. Vorlauftemperatur: bis **90 / 100**°C
Max. zulässiger Betriebsdruck: **4 / 6 / 10** bar
Wasserinhalt: ..... Liter
Abgasrohr, lichte Weite: ..... mm

| 5.886€ | 7.775€ | **8.252€** | 9.325€ | 11.400€ | [St] | ⏱ 5,80 h/St | 040.000.003 |

8   Gas-Brennwertkessel, 150 bis 225kW KG **421**
Wie Ausführungsbeschreibung A 2
Kesselkörperabmessung: .....
Gesamtabmessungen: ..... (mit Kesselregulierung)
Gewicht komplett mit Wärmedämmung: ..... kg
Kesselkörper: .....
Erdgas: **E / L / Flüssiggas / Bioerdgas**
Max. Nennwärmeleistung: ..... kW
Feuerungst. Wirkungsgrad: bis 108%
Abgasseitiger Widerstand: ..... mbar
Zul. Vorlauftemperatur: bis **90 / 100**°C
Max. zulässiger Betriebsdruck: **4 / 6 / 10** bar
Wasserinhalt: ..... Liter
Abgasrohr, lichte Weite: ..... mm

| 9.254€ | 12.094€ | **13.029€** | 15.785€ | 19.540€ | [St] | ⏱ 6,70 h/St | 040.000.088 |

LB 040
Wärmeversorgungs-
anlagen
- Betriebs-
einrichtungen

Kosten:
Stand 4.Quartal 2021
Bundesdurchschnitt

▶ min
▷ von
ø Mittel
◁ bis
◀ max

Nr.	Kurztext / Langtext		Kostengruppe
▶ ▷ ø netto € ◁ ◀		[Einheit] Ausf.-Dauer	Positionsnummer

9 Gas-Brennwertkessel, 225 bis 400kW KG **421**
Wie Ausführungsbeschreibung A 2
Kesselkörperabmessung: .....
Gesamtabmessungen: ..... (mit Kesselregulierung)
Gewicht komplett mit Wärmedämmung: ..... kg
Kesselkörper: .....
Erdgas: **E / L / Flüssiggas / Bioerdgas**
Max. Nennwärmeleistung: ..... kW
Feuerungst. Wirkungsgrad: bis 108%
Abgasseitiger Widerstand: ..... mbar
Zul. Vorlauftemperatur: bis **90 / 100**°C
Max. zulässiger Betriebsdruck: **4 / 6 / 10** bar
Wasserinhalt: ..... Liter
Abgasrohr, lichte Weite: ..... mm
9.281€   15.706€   **16.814**€ 20.575€   27.000€   [St]   ⏱ 8,00 h/St   040.000.041

10 Gas-Brennwertkessel, 400 bis 600kW KG **421**
Wie Ausführungsbeschreibung A 2
Kesselkörperabmessung: .....
Gesamtabmessungen: ..... (mit Kesselregulierung)
Gewicht komplett mit Wärmedämmung: ..... kg
Kesselkörper: .....
Erdgas: **E / L / Flüssiggas / Bioerdgas**
Max. Nennwärmeleistung: ..... kW
Feuerungst. Wirkungsgrad: bis 108%
Abgasseitiger Widerstand: ..... mbar
Zul. Vorlauftemperatur: bis **90 / 100**°C
Max. zulässiger Betriebsdruck: **4 / 6 / 10** bar
Wasserinhalt: ..... Liter
Abgasrohr, lichte Weite: ..... mm
12.270€   18.671€   **22.275**€ 26.599€   33.000€   [St]   ⏱ 10,00 h/St   040.000.010

11 Öl-Brennwerttherme, Wand, bis 15kW KG **421**
Öl-Brennwerttherme, für geschlossene Heizungsanlage, für Heizöl EL DIN 51603-1, Kesselkörper aus Metall, wandhängende Montage, mit modulierendem Brenner, einschl. Ummantelung mit Wärmedämmung, einschl. sicherheitstechnischer Einrichtungen DIN EN 12828, mit MSR in digitaler Ausführung, einschl. interner Verdrahtung.
Kesselkörper: **Edelstahl / Aluminium / Gusseisen**
Heizöl: **EL schwefelarm / A Bio 10**
Wärmeleistung: ..... kW, modulierend 30-100%
Auslegungsvorlauftemperatur: bis 75 / 85°C
Max. zulässiger Betriebsdruck: 3 bar
Heizmedium: Wasser
Norm-Nutzungsgrad bei 50 / 30°C: 98 / über 104% (bezogen auf den unteren Heizwert)
Ausführung gem. Einzelbeschreibung: .....
5.077€   5.993€   **7.051**€ 8.461€   9.166€   [St]   ⏱ 4,20 h/St   040.000.080

Nr.	Kurztext / Langtext					Kostengruppe		
▶	▷	ø netto €	◁	◀	[Einheit]	Ausf.-Dauer	Positionsnummer	

12 Öl-Brennwerttherme, Wand, 15 bis 25kW   KG 421

Öl-Brennwerttherme, für geschlossene Heizungsanlage, für Heizöl EL DIN 51603-1, Kesselkörper aus Metall, wandhängende Montage, mit modulierendem Brenner, einschl. Ummantelung mit Wärmedämmung, einschl. sicherheitstechnischer Einrichtungen DIN EN 12828, mit MSR in digitaler Ausführung; einschl. interner Verdrahtung.

Kesselkörper: **Edelstahl / Aluminium / Gusseisen**
Heizöl: **EL schwefelarm / A Bio 10**
Wärmeleistung: ..... kW, modulierend 30-100%
Auslegungsvorlauftemperatur: bis 75 / 85°C
Max. zulässiger Betriebsdruck: 3 bar
Heizmedium: Wasser
Norm-Nutzungsgrad bei 50 / 30°C: 98 / über 104% (bezogen auf den unteren Heizwert)
Ausführung gem. Einzelbeschreibung: .....

| 5.538€ | 6.538€ | **7.692€** | 9.230€ | 9.615€ | [St] | 4,20 h/St | 040.000.083 |

13 Öl-Brennwertkessel, bis 25kW   KG 421

Öl-Brennwertkessel für Heizöl EL DIN 51603-1, für geschlossene Heizungsanlagen; für den Betrieb mit gleitend abgesenkter Kesselwasser-Temperatur ohne untere Begrenzung, modulierender Brenner, mit Metall Heizflächen, Brennwert-Wärmetauscher aus Edelstahl. Kesselkörper allseitig wärmegedämmt, Ummantelung aus Stahlblech, epoxidharzbeschichtet. Lieferumfang: Kessel mit schwenkbarer Kesseltür, inkl. Erdöl-Unit-Brenner, Reinigungsdeckel am Abgassammelkasten, Gegenflanschen mit Schrauben und Dichtungen an allen Stutzen, Wärmedämmung, Brennkammerschauglas, inkl. elektronischer Kesselkreisregelung, komplett mit allen Fühlern, Thermostaten und dem Sicherheitstemperaturbegrenzer.

Abmessungen Kesselkörper: Länge ..... mm, Breite ..... mm, Höhe ..... mm
Gesamtabmessungen: Länge ..... mm, Breite (Kesselregulierung) ..... mm, Höhe ..... mm
Gewicht komplett mit Wärmedämmung: ..... kg
Erdgas: **EL schwefelarm / A Bio 10**
Max. Nennwärmeleistung ..... kW
Feuerungst. Wirkungsgrad: bis 103%
Abgasseitiger Widerstand: ..... mbar
Zul. Vorlauftemperatur: bis 90 / 100°C
Max. zulässiger Betriebsdruck: 3 bar
Wasserinhalt: ..... Liter
Abgasrohr lichte Weite: ..... mm
Ausführung gem. Einzelbeschreibung: .....

| 6.602€ | 7.146€ | **7.767€** | 8.544€ | 10.097€ | [St] | 6,20 h/St | 040.000.089 |

LB 040
Wärmeversorgungs-
anlagen
- Betriebs-
einrichtungen

Kosten:
Stand 4.Quartal 2021
Bundesdurchschnitt

▶ min
▷ von
ø Mittel
◁ bis
◀ max

Nr.	Kurztext / Langtext					Kostengruppe		
▶	▷	ø netto €	◁	◀	[Einheit]	Ausf.-Dauer	Positionsnummer	

14 Öl-Brennwertkessel, 25 bis 50kW KG **421**

Öl-Brennwertkessel für Heizöl EL DIN 51603-1, für geschlossene Heizungsanlagen; für den Betrieb mit gleitend abgesenkter Kesselwasser-Temperatur ohne untere Begrenzung, modulierender Brenner, mit Metall-Heizflächen, Brennwert-Wärmetauscher aus Edelstahl. Kesselkörper allseitig wärmegedämmt, Ummantelung aus Stahlblech, epoxidharzbeschichtet. Lieferumfang: Kessel mit schwenkbarer Kesseltür, inkl. Erdöl-Unit-Brenner, Reinigungs-deckel am Abgassammelkasten, Gegenflanschen mit Schrauben und Dichtungen an allen Stutzen, Wärme-dämmung, Brennkammerschauglas, inkl. elektronischer Kesselkreisregelung, komplett mit allen Fühlern, Thermostaten und dem Sicherheitstemperaturbegrenzer.
Abmessungen Kesselkörper: Länge ..... mm, Breite ..... mm, Höhe ..... mm
Gesamtabmessungen: Länge ..... mm, Breite (Kesselregulierung) ..... mm, Höhe ..... mm
Gewicht komplett mit Wärmedämmung: ..... kg
Erdgas: **EL schwefelarm / A Bio 10**
Max. Nennwärmeleistung ..... kW
Feuerungst. Wirkungsgrad: bis 103%
Abgasseitiger Widerstand: ..... mbar
Zul. Vorlauftemperatur: bis 90 / 100°C
Max. zulässiger Betriebsdruck: 3 bar
Wasserinhalt: ..... Liter
Abgasrohr lichte Weite: ..... mm
Ausführung gem. Einzelbeschreibung: .....

7.083€   7.666€   **8.333€**   9.166€   10.416€   [St]   ⏱ 6,20 h/St   040.000.081

15 Öl-Brennwertkessel, 50 bis 70kW KG **421**

Öl-Brennwertkessel für Heizöl EL DIN 51603-1, für geschlossene Heizungsanlagen; für den Betrieb mit gleitend abgesenkter Kesselwasser-Temperatur ohne untere Begrenzung, modulierender Brenner, mit Metall-Heizflächen, Brennwert-Wärmetauscher aus Edelstahl. Kesselkörper allseitig wärmegedämmt, Ummantelung aus Stahlblech, epoxidharzbeschichtet. Lieferumfang: Kessel mit schwenkbarer Kesseltür, inkl. Erdöl-Unit-Brenner, Reinigungs-deckel am Abgassammelkasten, Gegenflanschen mit Schrauben und Dichtungen an allen Stutzen, Wärme-dämmung, Brennkammerschauglas, inkl. elektronischer Kesselkreisregelung, komplett mit allen Fühlern, Thermostaten und dem Sicherheitstemperaturbegrenzer.
Abmessungen Kesselkörper: Länge ..... mm, Breite ..... mm, Höhe ..... mm
Gesamtabmessungen: Länge ..... mm, Breite (Kesselregulierung) ..... mm, Höhe ..... mm
Gewicht komplett mit Wärmedämmung: ..... kg
Erdgas: **EL schwefelarm / A Bio 10**
Max. Nennwärmeleistung ..... kW
Feuerungst. Wirkungsgrad: bis 103%
Abgasseitiger Widerstand: ..... mbar
Zul. Vorlauftemperatur: bis 90 / 100°C
Max. zulässiger Betriebsdruck: 3 bar
Wasserinhalt: ..... Liter
Abgasrohr lichte Weite: ..... mm
Ausführung gem. Einzelbeschreibung: .....

9.012€   10.352€   **12.179€**   14.615€   17.050€   [St]   ⏱ 7,60 h/St   040.000.084

Nr.	Kurztext / Langtext					Kostengruppe	
▶	▷	ø netto €	◁	◀	[Einheit]	Ausf.-Dauer	Positionsnummer

16 Öl-Brennwertkessel, 70 bis 100kW   KG 421

Öl-Brennwertkessel für Heizöl EL DIN 51603-1, für geschlossene Heizungsanlagen; für den Betrieb mit gleitend abgesenkter Kesselwasser-Temperatur ohne untere Begrenzung, modulierender Brenner, mit Metall-Heizflächen, Brennwert-Wärmetauscher aus Edelstahl. Kesselkörper allseitig wärmegedämmt, Ummantelung aus Stahlblech, epoxidharzbeschichtet. Lieferumfang: Kessel mit schwenkbarer Kesseltür, inkl. Erdöl-Unit-Brenner, Reinigungsdeckel am Abgassammelkasten, Gegenflanschen mit Schrauben und Dichtungen an allen Stutzen, Wärmedämmung, Brennkammerschauglas, inkl. elektronischer Kesselkreisregelung, komplett mit allen Fühlern, Thermostaten und dem Sicherheitstemperaturbegrenzer.
Abmessungen Kesselkörper: Länge ..... mm, Breite ..... mm, Höhe ..... mm
Gesamtabmessungen: Länge ..... mm, Breite (Kesselregulierung) ..... mm, Höhe ..... mm
Gewicht komplett mit Wärmedämmung: ..... kg
Erdgas: **EL schwefelarm / A Bio 10**
Max. Nennwärmeleistung ..... kW
Feuerungst. Wirkungsgrad: bis 103%
Abgasseitiger Widerstand: ..... mbar
Zul. Vorlauftemperatur: bis 90 / 100°C
Max. zulässiger Betriebsdruck: 3 bar
Wasserinhalt: ..... Liter
Abgasrohr lichte Weite: ..... mm
Ausführung gem. Einzelbeschreibung: .....
12.333 €   14.166 €   **16.666** €   19.999 €   22.665 €   [St]   ⏱ 8,40 h/St   040.000.082

17 Heizöltank, stehend, 5.000 Liter   KG 421

Heizöllagerbehälter in stehender Ausführung, für oberirdische Lagerung im Gebäude. Leckschutzauskleidung mit Bauartzulassung. Überwachung mit Vakuum. Eventueller Zusatz: Heizölauffangbehälter, Entlüftungsleitung, Füllleitung, Entlüftungshaube, Grenzwertgeber, Tankinhaltsanzeiger, Tankeinbaugarnitur, Sicherheitsrohr, Doppelpumpenaggregat, Absperrkombination, Filterkombination, Schnellschlussventile, Kugelhähne, Motor- und Schutzschalter, Elektroleitungen, Bezeichnungsschilder, Doppelkugel-Fußventil.
Material Behälter: **Stahl / GFK**
Brutto-Lagervolumen: 5.000 Liter
Abmessung: .....
Einbringung: **am Stück / geteilt**, mit Unterstützungskonstruktion
2.680 €   3.008 €   **3.829** €   4.376 €   6.345 €   [St]   ⏱ 2,00 h/St   040.000.032

18 Abgasanlage, Edelstahl   KG 429

Schornsteinanlage, industriell gefertigtes, doppelwandiges, wärmegedämmtes, druck- und kondensatdichtes Schornstein- und Abgassystem in Elementbauweise, bauaufsichtlich zugelassen, Feuerstätte mit niedrigen Abgastemperaturen, feuchte bzw. kondensierende Betriebsweise, ausbrenngeprüft bis 1.000°C. Eventuell Zusatz: mit Konsolblechen, Zwischenstütze, Inspektionselement, Wandführungsstützen, Mündungsabschluss, Verbindungskupplung, Wetterkragen einschl. Befestigung, Dichtungen und Verbindungsstücke, mit Inspektionselementen, Schiebeelementen, Gleitmittel, Befestigungsbänder, Dichtungsmittel für Kesselanschluss, Messöffnung, Klemmbänder, Unterstützung.
Installation: **Außenwandmontage / im Schacht**
Material: Edelstahl
Wandstärke: 1 mm
Schornsteinhöhe: ..... m
2.786 €   4.929 €   **5.448** €   7.618 €   10.583 €   [St]   ⏱ 6,00 h/St   040.000.033

LB 040 Wärmeversorgungsanlagen - Betriebseinrichtungen

Kosten:
Stand 4.Quartal 2021
Bundesdurchschnitt

▶ min
▷ von
ø Mittel
◁ bis
◀ max

Nr.	Kurztext / Langtext					Kostengruppe		
▶	▷	ø netto €	◁	◀	[Einheit]	Ausf.-Dauer	Positionsnummer	

---

19 Neutralisationsanlage, Brennwertgeräte   KG **421**

Neutralisationsanlage geeignet für Kondenswasser aus Erdgas/Heizöl. Gehäuse aus durchsichtigem Kunststoff mit Markierung für minimalen und maximalen Füllstand. Komplett mit Neutralisationsgranulat befüllt, Halteschellen und vorbereitetem Abwasseranschluss für HT-Rohr, inkl. Siphon.
Brennwertgeräte: bis ..... kW
Gesamtabmessungen Länge: ..... mm
Durchmesser: ..... mm
Anschluss Fallstrang: ca. 4,00 m

216€   589€   **753**€   1.804€   3.263€   [St]   ⏱ 0,90 h/St   040.000.027

---

20 Heizungsverteiler, Vorlaufverteiler/Rücklaufsammler   KG **421**

Heizungsverteiler als kombinierter Vorlaufverteiler und Rücklaufsammler, Quadratform und eingeschweißtem Trennsteg. **Mit / ohne** Zwischenisolierung zur thermischen Trennung von Vor- und Rücklauf, Wärmedämmung mit Schutzmantel. Mit paarweise nebeneinander angeordneten Stutzen (fluchtend) mit Vorschweißflanschen, auf Spindelhöhe ausgerichtet, mit Anschlussstutzen für Entleerung, Entlüftung, Druckmessung und Temperaturmessung an jeder Kammer, mit Messstutzen für Regelung, Stutzenabstand variabel entsprechend Durchmesser und Wärmedämmstärke des Stutzens. Mit Konsolen für Wand- / Bodenbefestigung. Inkl. Bohrungen und Befestigungselementen.
Material: Stahl
Schutzmantel: **Aluminium / Stahlblech verzinkt**
Max. Heizwasserdurchsatz: ..... m³/h
Max. Mediumtemperatur: **100 / 120**°C
Max. Betriebs-Druck: **6 / 10** bar
Anzahl der Gruppen: (je 2 Stutzen)
Dimension: ..... x DN.....
Doppelkammer-Größe: 150 x 150 mm²

563€   1.457€   **1.860**€   2.451€   4.450€   [St]   ⏱ 2,00 h/St   040.000.028

A 3 Holz/Pellet-Heizkessel   Beschreibung für Pos. **21-23**

Heizkessel für geschlossene Warmwasserheizungsanlagen für Festbrennstoff zur Erzeugung von Warmwasser. Kesselkörper aus Metall, für stehende Montage, einschl. sicherheitstechnischer Einrichtungen. Anschlussstutzen für Vor-, Rücklauf, Entlüftung, Füllung, Entleerung. Mit CE-Registrierung und Bauartzulassung.

---

21 Holz/Pellet-Heizkessel, bis 25kW   KG **421**

Wie Ausführungsbeschreibung A 3
Kesselkörper: **Stahl / Guss**
Brennstoff: **Stückholz / Pellets DIN EN ISO 17225-2**
Wärmeleistung: ..... kW
Auslegungsvorlauftemperatur: bis 110°C
Max. zulässiger Betriebsdruck: **6 / 10 / 16 / 25** bar
Heizmedium: Wasser
Norm-Nutzungsgrad: bei **75 / 60**°C: **92 / 94**% (bezogen auf den unteren Heizwert)
Abmessungen Kesselkörper: Länge ..... mm, Breite: ..... mm, Höhe: ..... mm
Gesamtabmessungen: Länge ..... mm, Breite (mit Kesselregulierung) ..... mm, Höhe: ..... mm
Gewicht komplett mit Wärmedämmung: ..... kg
Wasserinhalt: ..... Liter

9.045€   10.667€   **11.586**€   12.911€   14.701€   [St]   ⏱ 5,00 h/St   040.000.043

Nr.	Kurztext / Langtext							Kostengruppe
▶	▷	ø netto €	◁	◀	[Einheit]	Ausf.-Dauer	Positionsnummer	

22 **Holz/Pellet-Heizkessel, 25 bis 50kW** KG **421**
Wie Ausführungsbeschreibung A 3
Kesselkörper: **Stahl / Guss**
Brennstoff: **Stückholz / Pellets DIN EN ISO 17225-2**
Wärmeleistung: ..... kW
Auslegungsvorlauftemperatur: bis 110°C
Max. zulässiger Betriebsdruck: **6 / 10 / 16 / 25** bar
Heizmedium: Wasser
Norm-Nutzungsgrad: bei **75 / 60**°C: **92 / 94**% (bezogen auf den unteren Heizwert)
Abmessungen Kesselkörper: Länge ..... mm, Breite: ..... mm, Höhe: ..... mm
Gesamtabmessungen: Länge ..... mm, Breite (mit Kesselregulierung) ..... mm, Höhe: ..... mm
Gewicht komplett mit Wärmedämmung: ..... kg
Wasserinhalt: ..... Liter
10.341€   11.261€   **13.105**€   16.461€   18.878€   [St]   ⏱ 5,20 h/St   040.000.044

23 **Holz/Pellet-Heizkessel, 50 bis 120kW** KG **421**
Wie Ausführungsbeschreibung A 3
Kesselkörper: **Stahl / Guss**
Brennstoff: **Stückholz / Pellets DIN EN ISO 17225-2**
Wärmeleistung: ..... kW
Auslegungsvorlauftemperatur: bis 110°C
Max. zulässiger Betriebsdruck: **6 / 10 / 16 / 25** bar
Heizmedium: Wasser
Norm-Nutzungsgrad: bei **75 / 60**°C: **92 / 94**% (bezogen auf den unteren Heizwert)
Abmessungen Kesselkörper: Länge ..... mm, Breite: ..... mm, Höhe: ..... mm
Gesamtabmessungen: Länge ..... mm, Breite (mit Kesselregulierung) ..... mm, Höhe: ..... mm
Gewicht komplett mit Wärmedämmung: ..... kg
Wasserinhalt: ..... Liter
19.666€   24.920€   **27.546**€   32.345€   37.600€   [St]   ⏱ 6,00 h/St   040.000.004

24 **Pellet-Fördersystem, Förderschnecke** KG **421**
Beschickungssystem für Pelletfeuerungen als Förderschnecke mit Antrieb und Steuerung. Lagerbodenschnecke mit ziehendem Antrieb und Übergabetrichter für Beschickung des Kessels mit Brennstoff. Antriebseinheit mit Stirnradgetriebemotor. Auswurf mit Revisionsdeckel, Sicherheitsendschalter und Fallrohr/Adapter zur nachfolgenden Fördereinrichtung. Schnecke und Kanal aus Stahl geschweißt. Rohrförderschnecke für Pellets, Steigungswinkel bis 65°. Ziehender Antrieb mit Auswurf über einer Fallstrecke. Der Antrieb erfolgt über Stirnradgetriebemotor. Steuerung im Schaltkasten vorverkabelt.
Lagerbodenschnecke: ..... m
Schneckendurchmesser: ..... mm
waagerechte Länge: ..... m
Durchmesser Förderschnecke: max. 120 mm
Länge der Rohrförderschnecke: ..... m
Max. Förderkapazität: ..... kg/h
Anschluss 230 V 50 Hz; 0,5 kW
2.024€   2.724€   **2.943**€   3.501€   4.218€   [St]   ⏱ 0,60 h/St   040.000.026

LB 040
Wärmeversorgungs-anlagen
- Betriebs-einrichtungen

Kosten:
Stand 4.Quartal 2021
Bundesdurchschnitt

Nr.	Kurztext / Langtext					Kostengruppe		
▶	▷	ø netto €	◁	◀		[Einheit]	Ausf.-Dauer	Positionsnummer

25 Pellet-Fördersystem, Saugleitung — KG **421**

Austragungssystem für Pelletfeuerungen mit Saugturbine im Metallgehäuse. Zwischenbehälter, Saugschlauch mit Drahtspirale, Rückluftschlauch, Austragungsschnecke im Lager mit max. 2500mm offenem Schnecken-kanal, Absaugung von Übergabestation, Kapazitätsfühler mit Relais, Steuerung im Schaltkasten vorverkabelt, Zeitschaltuhr zur Einstellung der Saugzeit.
Gesamtschlauchlänge: bis 30 m
Länge Saugschlauch mit Drahtspirale: 15 m
Länge Rückluftschlauch: 15 m
Austragungssystem: Saugprinzip
Max. Förderkapazität: **5 / 10** kg/h
Anschluss 230 V 50 Hz: 1,1 kW

| 1.184€ | 2.296€ | **2.903**€ | 3.848€ | 4.537€ | | [St] | ⏱ 0,30 h/St | 040.000.029 |

26 Erdgas-BHKW-Anlage, 1,0kW$_{el}$, 2,5kW$_{th}$ — KG **421**

Blockheizkraftwerk als Kompaktmodul in Gehäuse, schallgedämmt, zur Erzeugung von Heizwärme und Strom. Mit Schaltschrank, Verkabelung innerhalb des Moduls hitze- und schwingungsfest verlegt, einschl. Brennstoffversorgungseinrichtungen bestehend aus: Gasregelstrecke, Gasfilter, Gasabsperrarmaturen, Manometern..... einschl. Abgassystem, als Viertakt-Otto-Motor, einschl. aller erforderlichen elektrischen Anschlüsse und aller erforderlichen Anschlüsse für Brennstoff, Heizwasser, Abgas (ca. 10-15m) und Kondensat.
Betriebsweise: konstant
Kondensat-Hebeanlage: **ja / nein**
Brennstoff: Erdgas
Aufstellung: schallentkoppelt, stationär im Gebäude
Thermische Leistung: bis 2,5 kW$_{th}$
Elektrische Leistung: bis 1,0 kW$_{el}$
Elektrischer Wirkungsgrad: mind. 25%
Gesamtwirkungsgrad: mind. 90%
Schallleistungspegel max: 60 dB(A)
Schaltschrank: **integriert / separat**
Ausführung gem. nachfolgender Einzelbeschreibung: .....

| –€ | 18.821€ | **21.717**€ | 24.744€ | –€ | | [St] | ⏱ 8,00 h/St | 040.000.053 |

▶ min
▷ von
ø Mittel
◁ bis
◀ max

Nr.	Kurztext / Langtext						Kostengruppe
▶	▷	ø netto €	◁	◀	[Einheit]	Ausf.-Dauer	Positionsnummer

27 Erdgas-BHKW-Anlage, 1,5-3,0kW$_{el}$, 4-10kW$_{th}$ — KG **421**

Blockheizkraftwerk als Kompaktmodul in Gehäuse, schallgedämmt, zur Erzeugung von Heizwärme und Strom. Mit Schaltschrank, Verkabelung innerhalb des Moduls hitze- und schwingungsfest verlegt, einschl. Brennstoffversorgungseinrichtungen bestehend aus: Gasregelstrecke, Gasfilter, Gasabsperrarmaturen, Manometern..... einschl. Abgassystem, als Viertakt-Otto-Motor, Leistung einschl. aller erforderlichen elektrischen Anschlüsse und aller erforderlichen Anschlüsse für Brennstoff, Heizwasser, Abgas (ca. 10-15m) und Kondensat.
Betriebsweise: konstant
Kondensat-Hebeanlage: **ja / nein**
Brennstoff: Erdgas
Aufstellung: schallentkoppelt, stationär im Gebäude
Thermische Leistung: bis 4.0-10,0 kW$_{th}$
Elektrische Leistung: bis 1,5-3,0 kW$_{el}$
Elektrischer Wirkungsgrad: mind. 25%
Gesamtwirkungsgrad: mind. 90%
Schallleistungspegel max: 60 dB(A)
Schaltschrank: **integriert / separat**
Ausführung gem. nachfolgender Einzelbeschreibung: .....

–€   27.771€ **30.930**€ 34.220€   –€   [St]   ⏱ 8,50 h/St   040.000.054

28 Erdgas-BHKW-Anlage, 5-20kW$_{el}$, 10-45kW$_{th}$ — KG **421**

Blockheizkraftwerk als Kompaktmodul in Gehäuse, schallgedämmt, zur Erzeugung von Heizwärme und Strom. Mit Schaltschrank, Verkabelung innerhalb des Moduls hitze- und schwingungsfest verlegt, einschl. Brennstoffversorgungseinrichtungen bestehend aus: Gasregelstrecke, Gasfilter, Gasabsperrarmaturen, Manometern..... einschl. Abgassystem, als Viertakt-Otto-Motor, Leistung einschl. aller erforderlichen elektrischen Anschlüsse und aller erforderlichen Anschlüsse für Brennstoff, Heizwasser, Abgas (ca. 10-15m) und Kondensat.
Betriebsweise: konstant
Kondensat-Hebeanlage: **ja / nein**
Brennstoff: Erdgas
Aufstellung: schallentkoppelt, stationär im Gebäude
Thermische Leistung: bis 10.0-45,0 kW$_{th}$
Elektrische Leistung: bis 5,0-20,0 kW$_{el}$
Elektrischer Wirkungsgrad: mind. 25%
Gesamtwirkungsgrad: mind. 90%
Schallleistungspegel max: 60 dB(A)
Schaltschrank: **integriert / separat**
Ausführung gem. nachfolgender Einzelbeschreibung: .....

–€   53.963€ **61.860**€ 71.073€   –€   [St]   ⏱ 12,00 h/St   040.000.055

**LB 040
Wärmeversorgungs-
anlagen
- Betriebs-
einrichtungen**

Nr.	Kurztext / Langtext						Kostengruppe
▶	▷	ø netto €	◁	◀	[Einheit]	Ausf.-Dauer	Positionsnummer

A 4   Flach-Solarkollektoranlage, thermisch   Beschreibung für Pos. **29-31**

Flachkollektor für Heizung in Aufdachmontage mit konstruktiver Verankerung sowie systembedingten Befestigungsmitteln und gedämmter Solarpumpenregelgruppe. Module mit korrosions- und witterungsbeständigem Rahmen und mit hochselektiver Vakuumbeschichtung, rückseitig hochtemperaturbeständige Wärmeschutzdämmung, mit durchgehender Wanne, hochtransparentes, gehärtetes Solarsicherheitsglas, mit Bauartzulassung, 2 Fühlerhülsen für Fühler. Leistung einschl. Anschlussfitting für Kupferrohr sowie sämtlicher Verbindungs- und Dichtungsmaterialien und ca. 40m fertigisolierter Solaranschlussleitungen mit Dachdurchführungen und Frostschutz-Befüllung.

Kosten:
Stand 4.Quartal 2021
Bundesdurchschnitt

29   Flach-Solarkollektoranlage, thermisch, bis 10m²   KG **421**
Wie Ausführungsbeschreibung A 4
Frostschutz-Befüllung (Menge, Art und Mischungsverhältnis): .....
Kollektor-Neigungswinkel: min/max 15-75°
Mindest-Ertrag: 500 kWh/(m²a) gem. Prüfverfahren nach EN12975-2
Maximaler Betriebsdruck: 10 bar
Aperturfläche: bis 10 m²
Ausführung gem. nachfolgender Einzelbeschreibung: .....
–€   6.528€   **6.962**€   7.492€   –€   [St]   ⏱ 4,90 h/St   040.000.056

30   Flach-Solarkollektoranlage, thermisch, 10 bis 20m²   KG **421**
Wie Ausführungsbeschreibung A 4
Frostschutz-Befüllung (Menge, Art und Mischungsverhältnis): .....
Kollektor-Neigungswinkel: min/max 15-75°
Mindest-Ertrag: 500 kWh/(m²a) gem. Prüfverfahren nach EN12975-2
Maximaler Betriebsdruck: 10 bar
Aperturfläche: 10 bis 20 m²
Ausführung gem. nachfolgender Einzelbeschreibung: .....
–€   9.147€   **9.647**€   10.463€   –€   [St]   ⏱ 5,80 h/St   040.000.057

31   Flach-Solarkollektoranlage, thermisch, 20 bis 30m²   KG **421**
Wie Ausführungsbeschreibung A 4
Frostschutz-Befüllung (Menge, Art und Mischungsverhältnis): .....
Kollektor-Neigungswinkel: min/max 15-75°
Mindest-Ertrag: 500 kWh/(m²a) gem. Prüfverfahren nach EN12975-2
Maximaler Betriebsdruck: 10 bar
Aperturfläche: 20 bis 30 m²
Ausführung gem. nachfolgender Einzelbeschreibung: .....
–€   13.017€   **14.899**€   18.689€   –€   [St]   ⏱ 7,00 h/St   040.000.058

▶ min
▷ von
ø Mittel
◁ bis
◀ max

32   Heizungspufferspeicher bis 500 Liter   KG **421**
Pufferspeicher als Wärmespeicheranlage für den Einsatz in Heizungsanlagen mit Wärmeschutzmantel, einschl. Schaltung und Regelung, sowie Anschlussleitungen.
Speicher: Stahl, innen unbehandelt, außen Grundbeschichtung
Nenninhalt: bis 500 Liter
Maximaler zulässiger Betriebsüberdruck: 6 bar
Ausführung gem. nachfolgender Einzelbeschreibung: .....
–€   2.830€   **3.290**€   3.843€   –€   [St]   ⏱ 3,40 h/St   040.000.059

Nr.	Kurztext / Langtext							Kostengruppe
▶	▷	ø netto €	◁	◀	[Einheit]	Ausf.-Dauer	Positionsnummer

33   **Heizungspufferspeicher bis 1.000 Liter**   KG **421**

Pufferspeicher als Wärmespeicheranlage für den Einsatz in Heizungsanlagen mit Wärmeschutzmantel, einschl. Schaltung und Regelung, sowie Anschlussleitungen.
Speicher: Stahl, innen unbehandelt, außen Grundbeschichtung
Nenninhalt: bis 1.000 Liter
Maximaler zulässiger Betriebsüberdruck: 6 bar
Ausführung gem. nachfolgender Einzelbeschreibung: .....

–€   2.948€   **3.554**€   4.146€   –€   [St]   4,60 h/St   040.000.060

A 5   **Trinkwarmwasserbereiter, Durchflussprinzip**   Beschreibung für Pos. **34-35**

Trinkwarmwasserbereiter zur Brauchwasserbereitung im Durchlaufprinzip mit Wärmetauscher aus kupferverlöteten Edelstahlplatten, mit Umwälzpumpe und Fertigdämmung einschl. Absperrkugelhähnen, zusätzlich mit Zirkulationspumpe, Rückflussverhinderer, Verrohrungs- und Verschraubungsteile in der Station montiert und an Regelung angeschlossen. Entlüftungsmöglichkeiten auf der Heizungsseite, mit Rückflussverhinderer der Heizkreispumpe, elektronischer Trinkwasserregler (proportional) zur konstanten Warmwassertemperaturregelung in Abhängigkeit der eingestellten Warmwassertemperatur und Zapfleistung durch Modulation der Heizkreispumpe.

34   **Trinkwarmwasserbereiter, Durchflussprinzip, 1-15 l/min**   KG **421**

Wie Ausführungsbeschreibung A 5
Technische Daten:
Betriebsdruck Heizung: 3 bar
Betriebsdruck Trinkwasser: 6 bar
Maximale zulässige Vorlauftemperatur Heizung: 95°C
Versorgungsspannung 230 VAC / 50 HZ
Zapfleistung Warmwasser (55-60°C): 1-15 l/min
Ausführung gem. nachfolgender Einzelbeschreibung: .....

–€   3.192€   **3.547**€   4.079€   –€   [St]   0,40 h/St   040.000.061

35   **Trinkwarmwasserbereiter, Durchflussprinzip, 1-30 l/min**   KG **421**

Wie Ausführungsbeschreibung A 5
Technische Daten:
Betriebsdruck Heizung: 3 bar
Betriebsdruck Trinkwasser: 6 bar
Maximale zulässige Vorlauftemperatur Heizung: 95°C
Versorgungsspannung 230 VAC / 50 HZ
Zapfleistung Warmwasser (55-60°C): 1-30 l/min
Ausführung gem. nachfolgender Einzelbeschreibung: .....

–€   3.637€   **4.041**€   4.647€   –€   [St]   0,40 h/St   040.000.062

LB 040 Wärmeversorgungsanlagen - Betriebseinrichtungen

Nr.	Kurztext / Langtext						Kostengruppe
▶	▷ ø netto € ◁ ◀				[Einheit]	Ausf.-Dauer	Positionsnummer

A 6 — Wärmepumpe, Wasser
Beschreibung für Pos. 36-39

Elektrisch angetriebene Wärmepumpe für Raumheizung und zur Erwärmung von Trinkwasser DIN EN 14511 für Innenaufstellung, mit Verdichter, einschl. Schwingungsdämpfer, Regelung für Warmwasserbereitung und einen geregelten Heizkreis. Leistung einschl. Anschlusszubehör und Inbetriebnahme

---

36 Wärmepumpe, bis 15kW, Wasser — KG **421**

Wie Ausführungsbeschreibung A 6
Wärmequelle: Wasser, gem. beigefügter Wasseranalyse
Minimale Wärmequellentemperatur: ca. 10°C
Maximale Vorlauftemperatur:
Mind. 60°C zur Raumheizung
Mind. 72°C zur WW-Bereitung
Nennwärmeleistung: ..... kW (bei W10W35)
Leistungszahl (COP): mind. 5,5 (bei W10W35)
Maximaler Schallleistungspegel 55 dB(A)
Maximaler Betriebsdruck: mind. PN 6
Bemessungsbetriebsspannung: 400 V AC
Ausführung gem. nachfolgender Einzelbeschreibung: .....

–€   11.752€ **13.826€** 15.900€   –€   [St]   ⏱ 6,00 h/St   040.000.063

---

37 Wärmepumpe, 15 bis 25kW, Wasser — KG **421**

Wie Ausführungsbeschreibung A 6
Wärmequelle: Wasser, gem. beigefügter Wasseranalyse
Minimale Wärmequellentemperatur: ca. 10°C
Maximale Vorlauftemperatur:
Mind. 60°C zur Raumheizung
Mind. 72°C zur WW-Bereitung
Nennwärmeleistung: ..... kW (bei W10W35)
Leistungszahl (COP): mind. 5,5 (bei W10W35)
Maximaler Schallleistungspegel 55 dB(A)
Maximaler Betriebsdruck: mind. PN 6
Bemessungsbetriebsspannung: 400 V AC
Ausführung gem. nachfolgender Einzelbeschreibung: .....

–€   13.734€ **16.157€** 18.581€   –€   [St]   ⏱ 6,00 h/St   040.000.069

---

38 Wärmepumpe, 25 bis 35kW, Wasser — KG **421**

Wie Ausführungsbeschreibung A 6
Wärmequelle: Wasser, gem. beigefügter Wasseranalyse
Minimale Wärmequellentemperatur: ca. 10°C
Maximale Vorlauftemperatur:
Mind. 60°C zur Raumheizung
Mind. 72°C zur WW-Bereitung
Nennwärmeleistung: ..... kW (bei W10W35)
Leistungszahl (COP): mind. 5,5 (bei W10W35)
Maximaler Schallleistungspegel 55 dB(A)
Maximaler Betriebsdruck: mind. PN 6
Bemessungsbetriebsspannung: 400 V AC
Ausführung gem. nachfolgender Einzelbeschreibung: .....

–€   16.921€ **19.907€** 22.893€   –€   [St]   ⏱ 6,00 h/St   040.000.070

Kosten: Stand 4.Quartal 2021, Bundesdurchschnitt

Legende:
▶ min
▷ von
ø Mittel
◁ bis
◀ max

Nr.	Kurztext / Langtext				Kostengruppe	
▶	▷ ø netto € ◁ ◀			[Einheit]	Ausf.-Dauer	Positionsnummer

39   Wärmepumpe, 35 bis 50 kW, Wasser KG **421**

Wie Ausführungsbeschreibung A 6
Wärmequelle: Wasser, gem. beigefügter Wasseranalyse
Minimale Wärmequellentemperatur: ca. 10°C
Maximale Vorlauftemperatur:
Mind. 60°C zur Raumheizung
Mind. 72°C zur WW-Bereitung
Nennwärmeleistung: ..... kW (bei W10W35)
Leistungszahl (COP): mind. 5,5 (bei W10W35)
Maximaler Schallleistungspegel 55 dB(A)
Maximaler Betriebsdruck: mind. PN 6
Bemessungsbetriebsspannung: 400 V AC
Ausführung gem. nachfolgender Einzelbeschreibung: .....

–€   21.228€ **24.974**€ 28.720€   –€   [St]   ⏱ 7,00 h/St   040.000.071

A 7   Wärmepumpe, Sole Beschreibung für Pos. **40-42**

Elektrisch angetriebene Wärmepumpe für Raumheizung und zur Erwärmung von Trinkwasser DIN EN 14511 für Innenaufstellung, mit Verdichter einschl. Schwingungsdämpfer sowie Regelung für Warmwasserbereitung und einen geregelten Heizkreis. Leistung einschl. Anschlusszubehör und Inbetriebnahme.

40   Wärmepumpe, bis 15kW, Sole KG **421**

Wie Ausführungsbeschreibung A 7
Wärmequelle: **Erdwärme / Sole**
Solequalität: .....
Minimale Wärmequellentemperatur: 0°C
Maximale Vorlauftemperatur:
Mind. 60°C zur Raumheizung
Mind. 72°C zur WW-Bereitung
Nennwärmeleistung: ..... kW (bei B0W35)
Leistungszahl (COP): mind. 4,5 (bei B0W35)
Maximaler Schallleistungspegel: 55 dB(A)
Maximaler Betriebsdruck: mind. PN 6
Bemessungsbetriebsspannung: 400 V AC
Ausführung gem. nachfolgender Einzelbeschreibung: .....

–€   12.515€ **14.724**€ 16.932€   –€   [St]   ⏱ 6,00 h/St   040.000.064

LB 040 Wärmeversorgungsanlagen - Betriebseinrichtungen

Kosten:
Stand 4.Quartal 2021
Bundesdurchschnitt

Nr.	Kurztext / Langtext				[Einheit]	Ausf.-Dauer	Kostengruppe Positionsnummer
	▶ ▷ ø netto € ◁ ◀						

41 Wärmepumpe, 25 bis 35kW, Sole — KG **421**
Wie Ausführungsbeschreibung A 7
Wärmequelle: **Erdwärme / Sole**
Solequalität: .....
Minimale Wärmequellentemperatur: 0°C
Maximale Vorlauftemperatur:
Mind. 60°C zur Raumheizung
Mind. 72°C zur WW-Bereitung
Nennwärmeleistung: ..... kW (bei B0W35)
Leistungszahl (COP): mind. 4,7 (bei B0W35)
Maximaler Schallleistungspegel: 55 dB(A)
Maximaler Betriebsdruck: mind. PN 6
Bemessungsbetriebsspannung: 400 V AC
Ausführung gem. nachfolgender Einzelbeschreibung: .....
–€   19.690€   **23.164**€   26.639€   –€   [St]   ⏱ 6,00 h/St   040.000.073

42 Wärmepumpe, 35 bis 50kW, Sole — KG **421**
Wie Ausführungsbeschreibung A 7
Wärmequelle: **Erdwärme / Sole**
Solequalität: .....
Minimale Wärmequellentemperatur: 0°C
Maximale Vorlauftemperatur:
Mind. 60°C zur Raumheizung
Mind. 72°C zur WW-Bereitung
Nennwärmeleistung: ..... kW (bei B0W35)
Leistungszahl (COP): mind. 4,7 (bei B0W35)
Maximaler Schallleistungspegel: 55 dB(A)
Maximaler Betriebsdruck: mind. PN 6
Bemessungsbetriebsspannung: 400 V AC
Ausführung gem. nachfolgender Einzelbeschreibung: .....
–€   25.351€   **29.824**€   34.298€   –€   [St]   ⏱ 7,00 h/St   040.000.074

▶ min
▷ von
ø Mittel
◁ bis
◀ max

Nr.	**Kurztext** / Langtext					Kostengruppe	
▶	▷	**ø netto €**	◁	◀	[Einheit]	Ausf.-Dauer	Positionsnummer

A 8 Wärmepumpe, Luft — Beschreibung für Pos. **43-44**

Elektrisch angetriebene Wärmepumpe für Raumheizung und zur Erwärmung von Trinkwasser DIN EN 14511 für Innen-/Außenaufstellung, mit Verdichter, einschl. Schwingungsdämpfer sowie Regelung für Warmwasserbereitung und einen geregelten Heizkreis. Leistung einschl. Anschlusszubehör und Inbetriebnahme.

43 Wärmepumpe, bis 10kW, Luft — KG **421**

Wie Ausführungsbeschreibung A 8
Wärmequelle: Luft
Minimale Wärmequellentemperatur: -18°C
Maximaler Vorlauftemperatur:
Mind. 55°C zur Raumheizung mit zusätzlichem elektrischen Heizstab
Mind. 72°C zur WW-Bereitung
Montage / Aufstellung: schallentkoppelt
Nennwärmeleistung ..... kW (bei A2W35)
Leistungszahl (COP): mind. 4,0 (bei A2W35)
Maximaler Schallleistungspegel: 60 dB(A)
Maximaler Betriebsdruck: mind. PN 6
Bemessungsbetriebsspannung: 400 V AC
Ausführung gem. nachfolgender Einzelbeschreibung: .....

–€   15.506   **18.242 €**   20.978 €   –€   [St]   ⏱ 6,00 h/St   040.000.065

44 Wärmepumpe, 20 bis 35kW, Luft — KG **421**

Wie Ausführungsbeschreibung A 8
Wärmequelle: Luft
Minimale Wärmequellentemperatur: -18°C
Maximaler Vorlauftemperatur:
Mind. 55°C zur Raumheizung mit zusätzlichem elektrischen Heizstab
Mind. 72°C zur WW-Bereitung
Montage / Aufstellung: schallentkoppelt
Nennwärmeleistung ..... kW (bei A2W35)
Leistungszahl (COP): mind. 3,4 (bei A2W35)
Maximaler Schallleistungspegel: 65 dB(A)
Maximaler Betriebsdruck: mind. PN 6
Bemessungsbetriebsspannung: 400 V AC
Ausführung gem. nachfolgender Einzelbeschreibung: .....

–€   23.566   **27.725 €**   31.884 €   –€   [St]   ⏱ 6,00 h/St   040.000.076

LB 040
Wärmeversorgungs-anlagen
- Betriebs-einrichtungen

Nr.	Kurztext / Langtext						Kostengruppe
▶	▷	ø netto €	◁	◀	[Einheit]	Ausf.-Dauer	Positionsnummer

A 9   Brunnenanlage Beschreibung für Pos. **45-48**

Brunnenanlage für Wärmepumpe mit Filterrohren im Bereich des Grundwasserspiegels oder durchlässigen Horizonts und Filterkies, Schacht aus Fertigteilen, mit Sumpf- oder Aufsatzrohr sowie Bodenkappe, Brunnenkopf (Flanschanschluss) mit Durchgang für Pumpensteigrohre, Kabelverbindung, inkl. Einbau von Steigrohren, einschl. Zubehör. Schächte für Saug- und Schluckbrunnen aus Beton-/Stahlbetonfertigteilen, ohne Schachtunterteil, mit Steigeisengang und Abdeckung. Liefern und Montieren der erdverlegten Leitungen DN50 (von den Brunnen bis zum Übergabepunkt Innenkante Gebäude), inkl. aller Form-, Verbindungsteile, Armaturen, Anschlussverschraubungen und Dichtungen. Erdkabel für Brunnenpumpe verlegen und anklemmen, Leistung einschl. Pumpversuch zur Leistungsermittlung, Erstellung einer Wasseranalyse über das Brunnenwasser, mit Gutachten zur Erlangung der wasserrechtlichen Erlaubnis für die thermische Nutzung von Grundwasser. Die Baustelleneinrichtung mit An- und Abtransport des Bohrgerätes sowie Aufstellen / Umsetzen der Bohranlage von Bohrpunkt zu Bohrpunkt auf hindernisfreiem, von LKW befahrbarem Gelände, ist Leistungsbestandteil.

Kosten:
Stand 4.Quartal 2021
Bundesdurchschnitt

45   Brunnenanlage, WP bis 15kW KG **421**
Wie Ausführungsbeschreibung A 9
Brunnenbohrung:
Bodenmaterial (Beschreibung der Homogenbereiche nach Unterlagen des AG): .....
Bohrtiefe: 0-15 m
Wärmepumpe: ..... kW, mehrstufige Unterwasserpumpe
Nennförderstrom: bis 3,5 m³/h (für GW dT 4K)
Beton-/Stahlbetonfertigteilen: DN1.500
Lichte Schachttiefe: über 1,5 m bis 2,0 m
Ausführung gem. nachfolgender Einzelbeschreibung: .....
–€   10.529€ **13.162**€ 16.057€   –€   [St]   ⏱ 14,00 h/St   040.000.066

46   Brunnenanlage, WP 15 bis 25kW KG **421**
Wie Ausführungsbeschreibung A 9
Brunnenbohrung:
Bodenmaterial (Beschreibung der Homogenbereiche nach Unterlagen des AG): .....
Bohrtiefe: 0-15 m
Wärmepumpe: ..... kW, mehrstufige Unterwasserpumpe
Nennförderstrom: bis 5,5 m³/h (für GW dT 4K)
Beton-/Stahlbetonfertigteilen: DN1.500
Lichte Schachttiefe: über 1,5 m bis 2,0 m
Ausführung gem. nachfolgender Einzelbeschreibung: .....
–€   12.109€ **15.136**€ 18.466€   –€   [St]   ⏱ 17,00 h/St   040.000.077

▶ min
▷ von
ø Mittel
◁ bis
◀ max

47   Brunnenanlage, WP 25 bis 35kW KG **421**
Wie Ausführungsbeschreibung A 9
Brunnenbohrung:
Bodenmaterial (Beschreibung der Homogenbereiche nach Unterlagen des AG): .....
Bohrtiefe: 0-15 m
Wärmepumpe: ..... kW, mehrstufige Unterwasserpumpe
Nennförderstrom: bis 7,5 m³/h (für GW dT 4K)
Beton-/Stahlbetonfertigteilen: DN1.500
Lichte Schachttiefe: über 1,5 m bis 2,0 m
Ausführung gem. nachfolgender Einzelbeschreibung: .....
–€   14.478€ **18.097**€ 22.079€   –€   [St]   ⏱ 20,00 h/St   040.000.078

Nr.	Kurztext / Langtext							Kostengruppe
▶	▷	ø netto €	◁	◀	[Einheit]		Ausf.-Dauer	Positionsnummer

48 Brunnenanlage, WP 35 bis 50kW KG 421
Wie Ausführungsbeschreibung A 9
Brunnenbohrung:
Bodenmaterial (Beschreibung der Homogenbereiche nach Unterlagen des AG): .....
Bohrtiefe: 0-15 m
Wärmepumpe: ..... kW, mehrstufige Unterwasserpumpe
Nennförderstrom: bis 11,0 m³/h (für GW dT 4K)
Beton-/Stahlbetonfertigteilen: DN1.500
Lichte Schachttiefe: über 1,5 m bis 2,0 m
Ausführung gem. nachfolgender Einzelbeschreibung: .....
–€ 26.323€ **32.904€** 40.143€ –€ [St] ⌚ 22,00 h/St 040.000.079

49 Erdsondenanlage, Wärmepumpe KG 421
Erdsondenanlage mit druckgeprüften Doppel-U- Sonden und Füllung des Ringraums mit Zement-Bentonit-Suspension. Ausführung der Erdwärmesondenbohrung(en) einschl. eventuell notwendiger Verrohrung des Bohrlochs. Leistung inkl. Antrag auf wasserrechtliche Genehmigung einschl. Bohrgenehmigung zur Vorlage bei der zuständigen Behörde und Nebenarbeiten und Versicherungen. Graphische Darstellung der Bohrergebnisse, Ausbauzeichnung. Baustelleneinrichtung mit An- und Abtransport Bohrgerät, Mannschaft und Ausrüstung, Auf- und Abbau des Bohrgeräts je Ansatzpunkt einschl. Umsetzen.
Bohrloch: ca. 160 mm
Doppel-U-Sonden: 32 mm einschl. Fußstück
Durchflussspülung und Befüllung: mit **Wasser / Wasser-Glykol**
Sondentiefe: bis 50 m
Überstand Sonden über Gelände: ca. 1,00 m
Ausführung gem. nachfolgender Einzelbeschreibung: .....
58€ 70€ **75€** 80€ 92€ [m] ⌚ 0,20 h/m 040.000.067

50 Ausdehnungsgefäß, bis 500 Liter KG 421
Membran-Druckausdehnungsgefäß mit Abnahmebescheinigung DIN EN 13831 für Heizungswasser.
Zulässiger Betriebsdruck: **3 / 6 / 10** bar
Vordruck Druckausdehnungsgefäß: ..... bar
Nennvolumen Ausdehnungsgefäß: ..... Liter
Werkstoff: Stahl
Aufstellung: stehend
Oberfläche außen: lackiert
66€ 191€ **227€** 436€ 770€ [St] ⌚ 2,50 h/St 040.000.008

51 Ausdehnungsgefäß, über 500 Liter KG 421
Membran-Druckausdehnungsgefäß mit Abnahmebescheinigung DIN EN 13831 für Heizungswasser.
Zulässiger Betriebsdruck: **3 / 6 / 10** bar
Vordruck Druckausdehnungsgefäß: ..... bar
Nennvolumen Ausdehnungsgefäß: ..... Liter
Werkstoff: Stahl
Aufstellung: stehend
Oberfläche außen: lackiert
936€ 1.731€ **1.945€** 2.285€ 3.510€ [St] ⌚ 3,00 h/St 040.000.011

© BKI Baukosteninformationszentrum Kostenstand: 4.Quartal 2021, Bundesdurchschnitt

LB 040 Wärmeversorgungsanlagen - Betriebseinrichtungen

Kosten:
Stand 4.Quartal 2021
Bundesdurchschnitt

▶ min
▷ von
ø Mittel
◁ bis
◀ max

Nr.	Kurztext / Langtext					[Einheit]	Ausf.-Dauer	Kostengruppe Positionsnummer
▶	▷ ø netto € ◁ ◀							

52 Trinkwarmwasserspeicher — KG 421

Speicher-Wassererwärmung für Trinkwasser DIN 4753-7 und DVGW W 551. Mit Einbauheizfläche DIN 4708-2 als Glattrohrwärmetauscher aus geschweißtem nichtrostendem Stahlrohr. Warmwasserdauerleistung bei Erwärmung von 10 auf 60°C und Heizwasser-Vorlauftemperatur von 70°C .....l/h. Behälter mit Korrosionsschutzeinrichtung, mit Anschlussstutzen für Heizmitteleintritt, Mess- und Regeleinrichtung, Kalt-, Warm- und Zirkulationswasser. Mit Wärmedämmung und Ummantelung, abnehmbar.
Bauart: **stehend / liegend**
Speicherinhalt: ..... Liter
Leistungskennzahl Nl: ..... [ ]
Maximale Speichertemperatur: 95°C
Zulässiger Druck: **4 / 6 / 10** bar
Maximale Heizwassertemperatur: .....°C
Behälter: **Stahl emailliert / Edelstahl**
Durchmesser ohne Wärmedämmung: ..... m
Höhe: ..... m
Gewicht: ..... kg

| 1.073€ | 1.843€ | **2.205**€ | 3.075€ | 4.964€ | [St] | ⏱ 5,80 h/St | 040.000.020 |

53 Speicher-Wassererwärmer mit Solar, bis 400 Liter — KG 421

Bivalenter Speicher-Wassererwärmer für Trinkwasser DIN 4753-7 und DVGW W 551, mit zwei innenliegenden Heizflächen DIN 4708-2, mit Einbauheizfläche für Solaraufheizung und weiteren Wärmeerzeuger. Leistung einschl. Anschlüssen für Medien und für Messwertgeber, mit Revisionsöffnung, mit abnehmbarer Wärmedämmung und Ummantelung, mit Anschlussleitungen.
Speicher: Bauart stehend
Material: **nichtrostendem Stahl / Stahl emailliert**
Speicherinhalt: bis 400 Liter
DIN 4708-2 bei Erwärmung von 10 auf 45°C
Leistungskennzahl je Heizfläche mindestens NL 2,5
(nach DIN 4708 bei Speicher-/VL-Temperatur 60/70°C)
Ausführung gem. nachfolgender Einzelbeschreibung: .....

| 2.456€ | 3.332€ | **3.620**€ | 3.788€ | 4.330€ | [St] | ⏱ 2,50 h/St | 040.000.068 |

54 Umwälzpumpen, bis 2,50m³/h — KG 421

Kreiselpumpe als Umwälzpumpe, Ausführung als Nassläufer, für Heizwasser VDI 2035 Blatt 1+2, Wärmedämmschalen.
Leistung: **regelbar / stufenlos regelbar**
Regelgröße: **Druck / Differenzdruck / Temperatur / Signal**
Max. Betriebstemperatur: **90 / 100 / 110**°C
Max. Betriebsdruck: **6 / 10 / 16** bar
Maximale Druckerhöhung: ..... bar
Max. Förderleistung: ..... m³/h
Gewindeanschluss / Flanschanschluss: DN.....
Werkstoff Gehäuse: **Bronze / Gusseisen / Rotguss / Stahl, nichtrostend**
Werkstoff Laufrad: **Bronze / Kunststoff / Stahl, nichtrostend**
Energieeffizienzklasse: **A / B / C**

| 115€ | 281€ | **345**€ | 466€ | 666€ | [St] | ⏱ 0,70 h/St | 040.000.009 |

Nr.	Kurztext / Langtext					Kostengruppe	
▶	▷	ø netto €	◁	◀	[Einheit]	Ausf.-Dauer	Positionsnummer

55 Umwälzpumpen, bis 5,00m³/h KG **422**
Kreiselpumpe als Umwälzpumpe, Ausführung als Nassläufer, für Heizwasser VDI 2035 Blatt 1+2, Wärmedämmschalen.
Leistung: **regelbar / stufenlos regelbar**
Regelgröße: **Druck / Differenzdruck / Temperatur / Signal**
Max. Betriebstemperatur: **90 / 100 / 110**°C
Max. Betriebsdruck: **6 / 10 / 16** bar
Maximale Druckerhöhung: ..... bar
Max. Förderleistung: ..... m³/h
Gewindeanschluss / Flanschanschluss: DN.....
Werkstoff Gehäuse: **Bronze / Gusseisen / Rotguss / Stahl, nichtrostend**
Werkstoff Laufrad: **Bronze / Kunststoff / Stahl, nichtrostend**
Energieeffizienzklasse: **A / B / C**

| 324€ | 477€ | **546**€ | 612€ | 731€ | [St] | ⏱ 0,80 h/St | 040.000.012 |

56 Umwälzpumpen, ab 5,00m³/h KG **422**
Kreiselpumpe als Umwälzpumpe, Ausführung als Nassläufer, für Heizwasser VDI 2035 Blatt 1+2, Wärmedämmschalen.
Leistung: **regelbar / stufenlos regelbar**
Regelgröße: **Druck / Differenzdruck / Temperatur / Signal**
Max. Betriebstemperatur: **90 / 100 / 110**°C
Max. Betriebsdruck: **6 / 10 / 16** bar
Maximale Druckerhöhung: ..... bar
Max. Förderleistung: ..... m³/h
Gewindeanschluss / Flanschanschluss: DN.....
Werkstoff Gehäuse: **Bronze / Gusseisen / Rotguss / Stahl, nichtrostend**
Werkstoff Laufrad: **Bronze / Kunststoff / Stahl, nichtrostend**
Energieeffizienzklasse: **A / B / C**

| 745€ | 932€ | **1.067**€ | 1.195€ | 1.823€ | [St] | ⏱ 1,00 h/St | 040.000.013 |

57 Absperrklappen, bis DN25 KG **422**
Absperrklappe als Zwischenflanscharmatur, für Betrieb mit Heizungswasser, inkl. zwei Gegenflanschen.
Heizungswasser: **bis 120**°C **/ über 120**°C
Gehäuse: **Grauguss / Bronze / .....**
Nenndruck PN: **6 / 10 / 16** bar
Nenndurchmesser Rohr: bis DN25
Betätigung: **über Handhebel / Rasterhebel**
Baulänge: .....

| 66€ | 104€ | **111**€ | 127€ | 138€ | [St] | ⏱ 0,35 h/St | 040.000.049 |

58 Absperrklappen, DN32 KG **422**
Absperrklappe als Zwischenflanscharmatur, für Betrieb mit Heizungswasser, inkl. zwei Gegenflanschen.
Heizungswasser: **bis 120**°C **/ über 120**°C
Gehäuse: **Grauguss / Bronze / .....**
Nenndruck PN: **6 / 10 / 16** bar
Nenndurchmesser Rohr: DN32
Betätigung: über **Handhebel / Rasterhebel**
Baulänge: .....

| 74€ | 103€ | **126**€ | 147€ | 175€ | [St] | ⏱ 0,38 h/St | 040.000.014 |

LB 040
Wärmeversorgungsanlagen
- Betriebseinrichtungen

Kosten:
Stand 4.Quartal 2021
Bundesdurchschnitt

▶ min
▷ von
ø Mittel
◁ bis
◀ max

Nr.	Kurztext / Langtext					[Einheit]	Ausf.-Dauer	Kostengruppe Positionsnummer
	▶	▷	**ø netto €**	◁	◀			
59	**Absperrklappen, DN65**							KG **422**
	Absperrklappe als Zwischenflanscharmatur, für Betrieb mit Heizungswasser, inkl. zwei Gegenflanschen.							
	Heizungswasser: **bis 120**°C / **über 120**°C							
	Gehäuse: **Grauguss / Bronze / .....**							
	Nenndruck PN: **6 / 10 / 16** bar							
	Nenndurchmesser Rohr: DN65							
	Betätigung: über **Handhebel / Rasterhebel**							
	Baulänge:							
	107€	140€	**182**€	205€	240€	[St]	⏱ 0,50 h/St	040.000.017
60	**Absperrklappen, DN125**							KG **422**
	Absperrklappe als Zwischenflanscharmatur, für Betrieb mit Heizungswasser, inklusive zwei Gegenflanschen.							
	Heizungswasser: **bis 120**°C / **über 120**°C							
	Gehäuse: **Grauguss / Bronze /**							
	Nenndruck PN: **6 / 10 / 16** bar							
	Nenndurchmesser Rohr: DN125							
	Betätigung: über **Handhebel / Rasterhebel**							
	Baulänge:							
	152€	350€	**378**€	544€	742€	[St]	⏱ 0,80 h/St	040.000.019
61	**Rückschlagventil, DN65**							KG **422**
	Rückschlagventil in Zwischenflanschausführung mit Spezialzentrierung, zum Einbau zwischen Rohrleitungsflanschen, inklusive Gegenflanschen, entsprechend langen Schrauben und Dichtungen.							
	Nennweite: DN65							
	Nenndruck: PN 6							
	64€	103€	**125**€	155€	198€	[St]	⏱ 0,40 h/St	040.000.021
62	**Dreiwegeventil, DN40**							KG **421**
	Dreiwege-Mischventil mit Verschraubung, Kennlinie A-AB gleichprozentig, B-AB linear. Für Heizungsverteilungen inkl. elektrischem Stellantrieb für 3-Punkt oder Auf-Zu-Regelung sowie Verschraubungen und Dichtungen.							
	Material Gehäuse: Grauguss							
	Nenndruck: PN 16							
	Nennweite: DN40							
	Max. Vorlauftemperatur: 95°C							
	kvs-Wert: 25 m³/h							
	Spannung: 230 V, 50 Hz							
	155€	335€	**481**€	593€	774€	[St]	⏱ 0,90 h/St	040.000.022

Nr.	Kurztext / Langtext						Kostengruppe
▶	▷	ø netto €	◁	◀	[Einheit]	Ausf.-Dauer	Positionsnummer

63 Heizungsverteiler, Wandmontage, 3 Heizkreise   KG **421**

Heizungsverteiler als kombinierter Vor- und Rücklaufverteiler. Abgangsstutzen Vor- und Rücklauf nebeneinander, als Rohrstutzen, mit Vorschweißflansch. Für Abgänge DN25-DN100 mit Stutzenabstand 350mm, bei größeren Dimensionen 400mm. Flanschstutzen DN25-DN100 sind auf gleiche Spindelhöhe, für Armaturen entsprechend den Baulängenreihen F1, F4, oder K1, abgestimmt. Entleerungsmuffen DN15 für Vor- und Rücklaufbalken. Verteiler werkseitig druckgeprüft und grundiert. Heizkreisverteiler für 3 Heizkreise (1 Anschluss Wärmeerzeuger Vor-/Rücklauf, 2 Anschlüsse für Heizkreise (DN25-DN100). Inkl. Wärmedämmschalen für Verteiler entsprechend Heizungsanlagenverordnung.
Material: Stahl
Vorschweißflansch: **PN 6 / PN 10 / PN 16**

| –€ | 197€ | **224€** | 251€ | –€ | [St] | ⏱ 0,75 h/St | 040.000.050 |

64 Heizungsverteiler, Wandmontage, 5 Heizkreise   KG **421**

Heizungsverteiler als kombinierter Vor- und Rücklaufverteiler. Abgangsstutzen Vor- und Rücklauf nebeneinander, als Rohrstutzen, mit Vorschweißflansch. Für Abgänge DN25-DN100 mit Stutzenabstand 350mm, bei größeren Dimensionen 400mm. Flanschstutzen DN25-DN100 sind auf gleiche Spindelhöhe, für Armaturen entsprechend den Baulängenreihen F1, F4, oder K1, abgestimmt. Entleerungsmuffen DN15 für Vor- und Rücklaufbalken. Verteiler werkseitig druckgeprüft und grundiert. Heizkreisverteiler für 5 Heizkreise (1 Anschluss Wärmeerzeuger Vor-/Rücklauf, 2 Anschlüsse für Heizkreise (DN25-DN100). Inkl. Wärmedämmschalen für Verteiler entsprechend Heizungsanlagenverordnung.
Material: Stahl
Vorschweißflansch: **PN 6 / PN 10 / PN 16**

| –€ | 321€ | **356€** | 425€ | –€ | [St] | ⏱ 0,90 h/St | 040.000.051 |

65 Füllset, Heizung   KG **421**

Manuelle Heizungsfüll-/nachfüllstation mit flexibler Schlauchanbindung zum Befüllen von Warmwasser-Heizungsanlagen DIN 12828. Bestehend aus Absperrarmatur mit Systemtrenner, einem Wandschlauchhalter, 5 m Wasserschlauch 1/2" für maximal 12 bar Betriebsdruck, zwei halben Schlauchverschraubungen 1/2" aus Messing, inklusive Befestigungselementen für Wandbefestigung.
Temperaturbereich: bis 40°C (Füllwasser)

| 15€ | 22€ | **24€** | 27€ | 34€ | [St] | ⏱ 0,10 h/St | 040.000.052 |

LB 041 Wärmeversorgungsanlagen - Leitungen, Armaturen, Heizflächen

Kosten:
Stand 4. Quartal 2021
Bundesdurchschnitt

▶ min
▷ von
ø Mittel
◁ bis
◀ max

Wärmeversorgungsanlagen - Leitungen, Armaturen, Heizflächen — Preise €

Nr.	Positionen	Einheit	▶ min	▷ von	ø brutto € ø netto €	◁ bis	◀ max
1	Strangregulierventil, Guss, DN15	St	21	37	**48**	59	67
			18	31	**40**	49	57
2	Überströmventil, Guss, DN15	St	46	74	**93**	104	151
			39	62	**79**	88	127
3	Schmutzfänger, Guss, DN40	St	56	74	**84**	84	107
			47	62	**71**	71	90
4	Schnellentlüfter, DN10 (Schwimmerentlüfter)	St	10	27	**34**	49	108
			8	23	**28**	41	91
5	Zeigerthermometer, Bimetall	St	12	21	**24**	46	74
			10	18	**20**	38	62
6	Manometer, Rohrfeder	St	27	51	**69**	109	235
			23	43	**58**	92	197
7	Absperrventil, Guss, DN15	St	27	44	**53**	63	93
			22	37	**44**	53	78
8	Absperrventil, Guss, DN20	St	44	61	**67**	77	102
			37	52	**56**	65	86
9	Absperrventil, Guss, DN32	St	55	104	**120**	161	242
			46	87	**101**	135	204
10	Absperrventil, Guss, DN65	St	181	239	**240**	265	326
			152	201	**202**	222	274
11	Badheizkörper/Handtuchheizkörper, Stahl beschichtet	St	306	609	**719**	852	1.544
			257	511	**605**	716	1.298
12	Rohrleitung, Kupfer, DN15	m	12	16	**19**	22	29
			9,9	14	**16**	18	24
13	Rohrleitung, Kupfer, DN20	m	14	19	**23**	24	34
			12	16	**19**	20	29
14	Rohrleitung, Kupfer, DN25	m	22	27	**29**	33	40
			18	22	**24**	28	34
15	Rohrleitung, C-Stahlrohr, DN10	m	11	15	**16**	18	22
			9,4	13	**14**	15	19
16	Rohrleitung, C-Stahlrohr, DN12	m	12	16	**18**	19	24
			9,8	13	**15**	16	20
17	Rohrleitung, C-Stahlrohr, DN15	m	14	18	**20**	21	24
			12	15	**17**	18	20
18	Rohrleitung, C-Stahlrohr, DN20	m	–	19	**24**	31	–
			–	16	**20**	26	–
19	Rohrleitung, C-Stahlrohr, DN25	m	24	28	**29**	31	35
			20	23	**24**	26	30
20	Rohrleitung, C-Stahlrohr, DN32	m	29	35	**36**	37	43
			25	30	**30**	31	36
21	Rohrleitung, C-Stahlrohr, DN40	m	28	39	**47**	53	72
			23	32	**40**	45	61
22	Rohrleitung, C-Stahlrohr, DN50	m	32	53	**63**	71	90
			27	44	**53**	59	76
23	Rohrleitung, C-Stahlrohr, Bogen, DN50	St	–	140	**175**	210	–
			–	118	**147**	176	–

© BKI Baukosteninformationszentrum

Kostenstand: 4. Quartal 2021, Bundesdurchschnitt

Wärmeversorgungsanlagen - Leitungen, Armaturen, Heizflächen — Preise €

Nr.	Positionen	Einheit	▶	▷	ø brutto € / ø netto €	◁	◀
24	Rohrleitung, Stahlrohr, DN65	m	34	41	**44**	50	64
			29	35	**37**	42	54
25	Rohrleitung, Stahlrohr, DN80	m	–	45	**51**	55	–
			–	38	**43**	46	–
26	Rohrleitung, Stahlrohr, DN100	m	–	58	**70**	83	–
			–	49	**59**	70	–
27	Rohrleitung, Stahlrohr, DN150	m	–	77	**85**	93	–
			–	65	**72**	78	–
28	Rohrleitung, PE-X 17mm, Fußbodenheizung	m	8,0	10	**11**	12	14
			6,7	8,7	**9,3**	10	12
29	Rohrleitung, PE-X 20mm, Fußbodenheizung	m	10	12	**13**	14	17
			8,6	10	**11**	11	14
30	Rohrleitung, PE-X 25mm, Fußbodenheizung	m	16	17	**18**	19	22
			13	15	**16**	16	18
31	Rohrleitung, Verbundrohr, 16mm, Fußbodenheizung	m	20	23	**24**	24	26
			17	19	**20**	21	22
32	Röhrenheizkörper, Stahl, h=500	St	–	13	**15**	17	–
			–	11	**12**	14	–
33	Röhrenheizkörper, Stahl, h=600	St	–	15	**18**	21	–
			–	12	**15**	18	–
34	Röhrenheizkörper, Stahl, h=900	St	–	16	**22**	28	–
			–	13	**19**	23	–
35	Kompaktheizkörper, Stahl, H=500, L=bis 700, Typ 11	St	148	170	**185**	207	240
			124	143	**155**	174	202
36	Kompaktheizkörper, Stahl, H=500, L=bis 700, Typ 22	St	164	189	**205**	230	267
			138	159	**172**	193	224
37	Kompaktheizkörper, Stahl, H=500, L=700-1.400, Typ 11	St	276	318	**345**	380	421
			232	267	**290**	319	354
38	Kompaktheizkörper, Stahl, H=500, L=700-1.400, Typ 22	St	296	340	**370**	414	480
			248	286	**311**	348	404
39	Kompaktheizkörper, Stahl, H=500, L=700-1.400, Typ 33	St	408	469	**509**	571	662
			342	394	**428**	479	556
40	Kompaktheizkörper, Stahl, H=500, L=1.400-2.100, Typ 11	St	379	436	**474**	531	616
			319	366	**398**	446	518
41	Kompaktheizkörper, Stahl, H=500, L=1.400-2.100, Typ 22	St	424	488	**530**	594	689
			356	410	**446**	499	579
42	Kompaktheizkörper, Stahl, H=500, L=1.400-2.100, Typ 33	St	553	636	**691**	746	829
			465	534	**581**	627	697

LB 041 Wärmeversorgungsanlagen - Leitungen, Armaturen, Heizflächen

Kosten: Stand 4.Quartal 2021 Bundesdurchschnitt

▶ min ▷ von ø Mittel ◁ bis ◀ max

Nr.	Positionen	Einheit	▶ min	▷ von	ø brutto € / ø netto €	◁ bis	◀ max
43	Kompaktheizkörper, Stahl, H=600, L=bis 700, Typ 11	St	170 / 143	195 / 164	**212** / **178**	238 / 200	276 / 232
44	Kompaktheizkörper, Stahl, H=600, L=bis 700, Typ 22	St	190 / 160	219 / 184	**238** / **200**	266 / 224	309 / 260
45	Kompaktheizkörper, Stahl, H=600, L=bis 700, Typ 33	St	255 / 214	293 / 246	**318** / **267**	356 / 299	414 / 348
46	Kompaktheizkörper, Stahl, H=600, L=1.400-2.100, Typ 11	St	392 / 329	451 / 379	**490** / **412**	549 / 461	637 / 535
47	Kompaktheizkörper, Stahl, H=600, L=1.400-2.100, Typ 22	St	440 / 369	506 / 425	**550** / **462**	616 / 517	714 / 600
48	Kompaktheizkörper, Stahl, H=600, L=1.400-2.100, Typ 33	St	572 / 481	658 / 553	**715** / **601**	772 / 649	858 / 721
49	Kompaktheizkörper, Stahl, H=900, L=bis 700, Typ 11	St	224 / 188	257 / 216	**280** / **235**	313 / 263	363 / 305
50	Kompaktheizkörper, Stahl, H=900, L=bis 700, Typ 22	St	249 / 210	287 / 241	**312** / **262**	349 / 293	405 / 341
51	Kompaktheizkörper, Stahl, H=900, L=bis 700, Typ 33	St	342 / 287	393 / 330	**427** / **359**	479 / 402	556 / 467
52	Kompaktheizkörper, Stahl, H=900, L=1.400-2.100, Typ 11	St	528 / 444	608 / 511	**660** / **555**	740 / 622	859 / 721
53	Kompaktheizkörper, Stahl, H=900, L=1.400-2.100, Typ 22	St	572 / 481	658 / 553	**715** / **601**	801 / 673	930 / 781
54	Kompaktheizkörper, Stahl, H=900, L=1.400-2.100, Typ 33	St	720 / 605	828 / 696	**900** / **756**	972 / 817	1.053 / 885
55	Radiavektoren, Profilrohre, H=140, L=bis 700	St	429 / 361	607 / 510	**659** / **554**	779 / 655	860 / 722
56	Radiavektoren, Profilrohre, H=140, L=1.400-2.100	St	701 / 589	1.056 / 887	**1.096** / **921**	1.380 / 1.160	1.704 / 1.432
57	Radiavektoren, Profilrohre, H=210, L=bis 700	St	437 / 368	604 / 507	**717** / **603**	866 / 728	1.065 / 895
58	Radiavektoren, Profilrohre, H=210, L=1.400-2.100	St	885 / 744	1.334 / 1.121	**1.462** / **1.229**	1.639 / 1.377	2.076 / 1.745
59	Radiavektoren, Profilrohre, H=280, L=bis 700	St	443 / 372	730 / 613	**798** / **671**	999 / 839	1.285 / 1.080

Nr.	Positionen	Einheit	▶	▷	ø brutto €	◁	◀
					ø netto €		
60	Radiavektoren, Profilrohre, H=280, L=700-1.400	St	583	1.004	**1.160**	1.440	1.852
			490	844	**975**	1.210	1.556
61	Thermostatventil, Guss, DN15	St	13	19	**24**	29	35
			11	16	**20**	24	30
62	Heizkörperverschraubung, DN15	St	12	23	**28**	58	89
			10	19	**23**	49	75
63	Heizkörper ausbauen/wiedermontieren	St	30	47	**59**	77	151
			25	40	**49**	65	127
64	Kappenventil, Ausdehnungsgefäß, DN20	St	–	30	**36**	46	–
			–	25	**31**	38	–
65	Muffenkugelhahn, Guss, DN15	St	8	21	**26**	34	49
			7	17	**22**	28	41
66	Membran-Sicherheitsventil, Guss	St	10	18	**23**	30	35
			9	15	**19**	26	30
67	Verteiler Heizungswasser	St	236	352	**405**	477	617
			198	295	**341**	401	518
68	Heizkreisverteiler, Fußbodenheizung, 5 Heizkreise	St	278	350	**388**	435	549
			234	294	**326**	365	461
69	Verteilerschrank, Fußbodenheizung, Unterputz	St	–	530	**593**	635	–
			–	446	**498**	533	–
70	Verteilerschrank, Fußbodenheizung, Aufputz	St	–	513	**545**	578	–
			–	431	**458**	486	–
71	Umlenkungsbogen, Heizleitung	St	2	4	**4**	4	5
			2	3	**3**	4	4
72	Tacker/EPS-Systemträger, Fußbodenheizung	m²	7	9	**10**	12	13
			6	7	**8**	10	11
73	Noppen/EPS-Systemträger, Fußbodenheizung	m²	9	11	**12**	13	15
			8	9	**10**	11	12
74	Noppen-Systemträger, Dämmung, Fußbodenheizung	m²	14	20	**20**	24	29
			12	17	**17**	20	24
75	Noppen-Systemträger, Fußbodenheizung	m²	10	14	**15**	18	21
			9	11	**13**	15	18
76	Fußbodenheizung, Typ A, Träger/PE-X Rohr, 100	m²	29	32	**33**	35	39
			25	27	**28**	30	32
77	Fußbodenheizung, Typ A, Träger/PE-X Rohr, 200	m²	–	24	**26**	28	–
			–	20	**22**	23	–
78	Anbindeleitung, PE-X 17mm, Fußbodenheizung	m	3	4	**4**	5	7
			3	3	**4**	4	6
79	Schutzummantelung, Fußbodenheizrohr	St	0,9	2,5	**2,9**	3,1	5,3
			0,8	2,1	**2,4**	2,6	4,4
80	Ummantelung, Anbindeleitung	m	2	3	**3**	4	6
			1	2	**3**	4	5
81	Funktionsheizen, Fußbodenheizung	m²	1	2	**2**	3	4
			1	1	**2**	3	4
82	Belegreifheizen, Fußbodenheizung	m²	0,2	0,3	**0,5**	0,7	3,2
			0,1	0,2	**0,4**	0,6	2,7

LB 041
Wärmeversorgungsanlagen - Leitungen, Armaturen, Heizflächen

Kosten:
Stand 4.Quartal 2021
Bundesdurchschnitt

▶ min
▷ von
ø Mittel
◁ bis
◀ max

Nr.	Positionen	Einheit	▶	▷ ø brutto € / ø netto €	ø	◁	◀
83	Einregulierung/Inbetriebnahme, Fußbodenheizung	psch	97	354	**968**	2.574	4.418
			81	297	**814**	2.163	3.713
84	Messung, Feuchte, Fußbodenheizung	St	–	50	**63**	77	–
			–	42	**53**	65	–

Nr.	Kurztext / Langtext					[Einheit]	Ausf.-Dauer	Kostengruppe Positionsnummer
	▶	▷	ø netto €	◁	◀			

1 Strangregulierventil, Guss, DN15 KG **421**

Strangregulierventil als Durchgangsventil in Schrägsitzausführung. Stufenlose Voreinstellung über Handrad. Ablesbarkeit der Voreinstellung unabhängig von der Handradstellung. Alle Funktionselemente auf der Handradseite. Montage im Vor- und Rücklauf möglich. Ventilgehäuse und Kopfstück, Spindel und Ventilkegel aus entzinkungsbeständigem Messing (Ms-EZB) / Rotguss, Kegel mit Dichtung aus PTFE, wartungsfreie Spindelabdichtung durch doppelten O-Ring. Messventil und Füll- und Entleerkugelhahn anschließ- und austauschbar. Inklusive Verschraubung beidseitig.
Strangregulierventil: **PN 6 / 10 / 16** bar
Ventilgehäuse und Kopfstück aus: **Rotguss / Grauguss**
Betriebstemperatur **120**°C **/ 150**°C
Nennweite: DN15
Anschlussgewinde: Rp 1/2 IG

| 18€ | 31€ | **40**€ | 49€ | 57€ | [St] | ⏱ 0,20 h/St | 041.000.009 |

2 Überströmventil, Guss, DN15 KG **421**

Differenzdruck-Überströmventil mit Federhaube aus Kunststoff, Membrane aus EPDM, einschl. Anzeigenhülse, inkl. beidseitiger Verschraubung.
Ausführung: **Eckausführung / gerade Ausführung**
Material: **Messing / Rotguss / Grauguss** mit eingebauter Differenzdruck-Anzeige
Differenzdruck: zwischen 0,05 und 0,5 bar
Betriebstemperatur: **110**°C **/ 120**°C **/ 150**°C
Betriebsdruck: max. **3 / 6 / 10** bar
Nennweite: DN15
Anschlussgewinde Rp 1/2 IG

| 39€ | 62€ | **79**€ | 88€ | 127€ | [St] | ⏱ 0,35 h/St | 041.000.010 |

3 Schmutzfänger, Guss, DN40 KG **421**

Schmutzfänger, mit **einfachem / doppeltem** Sieb, aus Niro-Stahldrahtgeflecht.
Betriebsdruck: PN **6 / 10 / 16**
Gehäuse: Grauguss
Betriebstemperatur: **110**°C **/ 120**°C **/ 150**°C
Nennweite: DN40
Anschlussgewinde: Rp 1 1/2 IG

| 47€ | 62€ | **71**€ | 71€ | 90€ | [St] | ⏱ 0,30 h/St | 041.000.011 |

Nr.	Kurztext / Langtext						Kostengruppe
▶	▷	ø netto €	◁	◀	[Einheit]	Ausf.-Dauer	Positionsnummer

4 Schnellentlüfter, DN10 (Schwimmerentlüfter) KG 421

Schwimmerentlüfter zur permanenten, automatischen Entlüftung von Heizungsanlagen.
Anschlussgewinde: Rp 3/8 IG
Material Gehäuse: **Messing / Grauguss**
Material Schwimmer: Kunststoff
Betriebstemperatur: 115°C
Betriebsdruck PN: **6 / 10 / 16** bar

| 8 € | 23 € | **28 €** | 41 € | 91 € | [St] | 0,10 h/St | 041.000.012 |

5 Zeigerthermometer, Bimetall KG 421

Zeigerthermometer DIN EN 13190, Tauchrohr radial, aus nichtrostendem Stahl, inkl. Tauchhülse, eingeschweißt in Medienrohr.
Messelement: Bimetall
Tauchrohr-Einbaulänge: **63 / 80 / 100 / 160** mm
Tauchrohrdurchmesser: **6 / 8 / 10** mm
Gehäuse: **Aluminium / Edelstahl**
Übersteckring: **Messing / Edelstahl**, poliert
Gehäusedurchmesser: **63 / 80 / 100 / 160** mm
Anzeigebereich: **-40 / 0**°C bis **60 / 100 / 160**°C
Zifferblatt: Aluminium, weiß, Skalenaufdruck schwarz
Instrumentenglas Schutzart: IP65
Messgenauigkeit: Klasse 1

| 10 € | 18 € | **20 €** | 38 € | 62 € | [St] | 0,05 h/St | 041.000.013 |

6 Manometer, Rohrfeder KG 421

Manometer, als Rohrfedermanometer mit verstellbarer Markierung, Rohrfeder aus nichtrostendem Stahl.
Anschlusszapfen: R 1/4, radial nach unten
Anschluss: **hinten / seitlich**
Gehäusedurchmesser: **63 / 80 / 100 / 160** mm
Gehäuse: **Messing / nichtrostender Stahl**
Anzeigebereich: bis **3 / 6 / 10 / 16 / 25** bar
Nenndruck: PN **6 / 10 / 16 / 25** bar
Messgenauigkeit: 1,6% vom Skalenendwert

| 23 € | 43 € | **58 €** | 92 € | 197 € | [St] | 0,05 h/St | 041.000.014 |

A 1 Absperrventil, Guss Beschreibung für Pos. **7-10**

Absperrventil als Durchgangsventil in Schrägsitzausführung, mit Entleerung. Spindel und Ventilkegel aus entzinkungsbeständigem Messing (Ms-EZB), Kegel mit Dichtung aus PTFE, wartungsfreie Spindelabdichtung durch doppelten O-Ring, inklusive beidseitiger Verschraubung, zwei Gegenflanschen mit Schrauben, Pressverbindung inklusive Pressfittinge.

7 Absperrventil, Guss, DN15 KG 422

Wie Ausführungsbeschreibung A 1
Betriebsdruck PN: **6 / 10 / 16** bar
Gehäuse und Kopfstück: **Rotguss / Grauguss**
Betriebstemperatur: **120**°C **/ 150**°C
Nennweite: DN15
Anschluss: Rp 1/2 IG x Rp 1/2 IG

| 22 € | 37 € | **44 €** | 53 € | 78 € | [St] | 0,30 h/St | 041.000.033 |

LB 041
Wärmeversorgungs-anlagen
- Leitungen, Armaturen, Heizflächen

Kosten:
Stand 4.Quartal 2021
Bundesdurchschnitt

▶ min
▷ von
ø Mittel
◁ bis
◀ max

Nr.	Kurztext / Langtext					[Einheit]	Ausf.-Dauer	Kostengruppe Positionsnummer
▶	▷	ø netto €	◁	◀				

8 Absperrventil, Guss, DN20 KG **422**
Wie Ausführungsbeschreibung A 1
Betriebsdruck PN: **6 / 10 / 16** bar
Gehäuse und Kopfstück: **Rotguss / Grauguss**
Betriebstemperatur: **120**°C **/ 150**°C
Nennweite: DN20
Anschluss: Rp 3/4 IG x Rp 3/4 IG

| 37€ | 52€ | **56**€ | 65€ | 86€ | [St] | ⏱ 0,32 h/St | 041.000.034 |

9 Absperrventil, Guss, DN32 KG **422**
Wie Ausführungsbeschreibung A 1
Betriebsdruck PN: **6 / 10 / 16** bar
Gehäuse und Kopfstück: **Rotguss / Grauguss**
Betriebstemperatur: **120**°C **/ 150**°C
Nennweite: DN32
Anschluss: Rp 1 1/4 IG x Rp 1 1/4 IG

| 46€ | 87€ | **101**€ | 135€ | 204€ | [St] | ⏱ 0,40 h/St | 041.000.036 |

10 Absperrventil, Guss, DN65 KG **422**
Wie Ausführungsbeschreibung A 1
Betriebsdruck PN: **6 / 10 / 16** bar
Gehäuse und Kopfstück: **Rotguss / Grauguss**
Betriebstemperatur: **120**°C **/ 150**°C
Nennweite: DN65
Anschluss: Rp 2 1/2 IG x Rp 2 1/2 IG

| 152€ | 201€ | **202**€ | 222€ | 274€ | [St] | ⏱ 0,60 h/St | 041.000.039 |

11 Badheizkörper/Handtuchheizkörper, Stahl beschichtet KG **423**
Bad-/ Handtuchheizkörper mit Thermostat und elektrischem Heizeinsatz. Rohre horizontal, gerade, mit integrierter 2-Rohr Armatur und Anschlussverschraubung, inkl. elektr. Raumtemperaturregelung, Elektroheizpatrone mit Trockenlaufschutz, einschl. Montage und Anschluss.
Material: Stahl
Beschichtung DIN 55900-2: Pulverbeschichtung
Farbe: weiß / Sonderfarbton
Maximale Betriebstemperatur: 90 / 120°C
Maximaler Betriebsdruck PN: **6 / 10** bar
Höhe: 1.800 mm
Breite: 600 mm
Tiefe: 40 mm
Heizleistung DIN EN 442-2: 800 W
Elektrische Heizpatrone 230 V / 50 Hz: 600 W
Schutzart: IP 3X DIN EN 60529 (VDE 0470-1)

| 257€ | 511€ | **605**€ | 716€ | 1.298€ | [St] | ⏱ 1,80 h/St | 041.000.015 |

Nr.	Kurztext / Langtext					Kostengruppe	
▶	▷ ø netto € ◁ ◀				[Einheit]	Ausf.-Dauer	Positionsnummer

A 2 Rohrleitung, Kupfer   Beschreibung für Pos. **12-14**

Rohrleitung aus nahtlosem Kupferrohr DIN EN 1057, für Heizungswasser, Form- und Verbindungsstücke werden gesondert vergütet, inkl. Rohrbefestigung, Schweiß-, Löt-, Dichtungsmittel und Herstellen der Verbindungen.

12 Rohrleitung, Kupfer, DN15   KG **422**
Wie Ausführungsbeschreibung A 2
Außendurchmesser: 18 mm
Rohrstärke: 1 mm
10€   14€   **16**€   18€   24€   [m]   ⏱ 0,15 h/m   041.000.110

13 Rohrleitung, Kupfer, DN20   KG **422**
Wie Ausführungsbeschreibung A 2
Außendurchmesser: 22 mm
Rohrstärke: 1 mm
12€   16€   **19**€   20€   29€   [m]   ⏱ 0,17 h/m   041.000.111

14 Rohrleitung, Kupfer, DN25   KG **422**
Wie Ausführungsbeschreibung A 2
Außendurchmesser: 28 mm
Rohrstärke: 1 mm
18€   22€   **24**€   28€   34€   [m]   ⏱ 0,20 h/m   041.000.112

A 3 Rohrleitung, C-Stahlrohr   Beschreibung für Pos. **15-22**

Rohrleitung in Stangen, geschweißte Ausführung, Rohre außen grundiert mit Kunststoffmantel aus Polypropylen, einschl. Fittings, Materialwechsel bei Armaturen etc. bis DN50, falls nicht separat aufgeführt.

15 Rohrleitung, C-Stahlrohr, DN10   KG **422**
Wie Ausführungsbeschreibung A 3
C-Stahlrohr: .....
Werkstoff: RSt. 34-2
Farbe: **..... / cremeweiß RAL 9001**
Nennweite: 12 x 1,2 mm
9€   13€   **14**€   15€   19€   [m]   ⏱ 0,13 h/m   041.000.121

16 Rohrleitung, C-Stahlrohr, DN12   KG **422**
Wie Ausführungsbeschreibung A 3
C-Stahlrohr: .....
Werkstoff: RSt. 34-2
Farbe: **..... / cremeweiß RAL 9001**
Nennweite: 15 x 1,2 mm
10€   13€   **15**€   16€   20€   [m]   ⏱ 0,15 h/m   041.000.122

LB 041
Wärmeversorgungs-anlagen
- Leitungen, Armaturen, Heizflächen

Kosten:
Stand 4.Quartal 2021
Bundesdurchschnitt

▶ min
▷ von
ø Mittel
◁ bis
◀ max

Nr.	Kurztext / Langtext				[Einheit]	Ausf.-Dauer	Kostengruppe Positionsnummer
▶	▷	ø netto €	◁	◀			
17	**Rohrleitung, C-Stahlrohr, DN15**						KG **422**
	Wie Ausführungsbeschreibung A 3 C-Stahlrohr: ..... Werkstoff: RSt. 34-2 Farbe: ..... / **cremeweiß RAL 9001** Nennweite: 18 x 1,2 mm						
12€	15€	**17**€	18€	20€	[m]	⏱ 0,18 h/m	041.000.001
18	**Rohrleitung, C-Stahlrohr, DN20**						KG **422**
	Wie Ausführungsbeschreibung A 3 C-Stahlrohr: ..... Werkstoff: RSt. 34-2 Farbe: ..... / **cremeweiß RAL 9001** Nennweite: 22 x 1,5 mm						
–€	16€	**20**€	26€	–€	[m]	⏱ 0,22 h/m	041.000.017
19	**Rohrleitung, C-Stahlrohr, DN25**						KG **422**
	Wie Ausführungsbeschreibung A 3 C-Stahlrohr: ..... Werkstoff: RSt. 34-2 Farbe: ..... / **cremeweiß RAL 9001** Nennweite: 28 x 1,5 mm						
20€	23€	**24**€	26€	30€	[m]	⏱ 0,25 h/m	041.000.018
20	**Rohrleitung, C-Stahlrohr, DN32**						KG **422**
	Wie Ausführungsbeschreibung A 3 C-Stahlrohr: ..... Werkstoff: RSt. 34-2 Farbe: ..... / **cremeweiß RAL 9001** Nennweite: 35 x 1,5 mm						
25€	30€	**30**€	31€	36€	[m]	⏱ 0,28 h/m	041.000.019
21	**Rohrleitung, C-Stahlrohr, DN40**						KG **422**
	Wie Ausführungsbeschreibung A 3 C-Stahlrohr: ..... Werkstoff: RSt. 34-2 Farbe: ..... / **cremeweiß RAL 9001** Nennweite: 42 x 1,5 mm						
23€	32€	**40**€	45€	61€	[m]	⏱ 0,33 h/m	041.000.020
22	**Rohrleitung, C-Stahlrohr, DN50**						KG **422**
	Wie Ausführungsbeschreibung A 3 C-Stahlrohr: ..... Werkstoff: RSt. 34-2 Farbe: ..... / **cremeweiß RAL 9001** Nennweite: 54 x 1,5 mm						
27€	44€	**53**€	59€	76€	[m]	⏱ 0,36 h/m	041.000.021

Nr.	Kurztext / Langtext							Kostengruppe
▶	▷	ø netto €	◁	◀		[Einheit]	Ausf.-Dauer	Positionsnummer

23 Rohrleitung, C-Stahlrohr, Bogen, DN50 — KG **422**
Form- und Verbindungsstücke als Bogen 90°, für Rohrleitung in geschweißter Ausführung.
Rohrleitung: Präzisionsstahlrohr DIN EN 10305-3
Werkstoff: .....
Außendurchmesser: 54 mm

| –€ | 118€ | **147**€ | 176€ | –€ | | [St] | ⏱ 0,40 h/St | 041.000.002 |

A 4 Rohrleitung, Stahlrohr — Beschreibung für Pos. **24-27**
Rohrleitung aus nahtlosem Stahlrohr, für Heizungswasser, Form- und Verbindungsstücke werden gesondert vergütet, inkl. Rohrbefestigung.

24 Rohrleitung, Stahlrohr, DN65 — KG **422**
Wie Ausführungsbeschreibung A 4
Rohrleitung: Stahlrohr DIN EN 10216-1, Maße DIN EN 10220
Oberfläche: schwarz
Außendurchmesser: 76,1 mm
Verlegung: bis **3,50 / 5,00 / 7,00** m über **Gelände / Fußboden**

| 29€ | 35€ | **37**€ | 42€ | 54€ | | [m] | ⏱ 0,40 h/m | 041.000.022 |

25 Rohrleitung, Stahlrohr, DN80 — KG **422**
Wie Ausführungsbeschreibung A 4
Rohrleitung: Stahlrohr DIN EN 10216-1, Maße DIN EN 10220
Oberfläche: schwarz
Außendurchmesser: 88,9 mm
Verlegung: bis **3,50 / 5,00 / 7,00** m **über Gelände / Fußboden**

| –€ | 38€ | **43**€ | 46€ | –€ | | [m] | ⏱ 0,44 h/m | 041.000.023 |

26 Rohrleitung, Stahlrohr, DN100 — KG **422**
Wie Ausführungsbeschreibung A 4
Rohrleitung: Stahlrohr DIN EN 10216-1, Maße DIN EN 10220
Oberfläche: schwarz
Außendurchmesser: 108 mm
Verlegung: bis **3,50 / 5,00 / 7,00** m **über Gelände / Fußboden**

| –€ | 49€ | **59**€ | 70€ | –€ | | [m] | ⏱ 0,48 h/m | 041.000.024 |

27 Rohrleitung, Stahlrohr, DN150 — KG **422**
Wie Ausführungsbeschreibung A 4
Rohrleitung: Stahlrohr DIN EN 10216-1, Maße DIN EN 10220
Oberfläche: schwarz
Außendurchmesser: 168,3 mm
Verlegung: bis **3,50 / 5,00 / 7,00** m über **Gelände / Fußboden**

| –€ | 65€ | **72**€ | 78€ | –€ | | [m] | ⏱ 0,55 h/m | 041.000.025 |

LB 041
Wärmeversorgungs-anlagen
- Leitungen, Armaturen, Heizflächen

Kosten:
Stand 4.Quartal 2021
Bundesdurchschnitt

Nr.	Kurztext / Langtext						Kostengruppe
▶	▷ ø netto € ◁ ◀				[Einheit]	Ausf.-Dauer	Positionsnummer

A 5 **Rohrleitung, PE-X-Rohr, Fußbodenheizung** Beschreibung für Pos. **28-30**
Rohrleitung der Fußbodenheizung DIN EN 1264-1, für Verlegesystem Typ A (Verlegung im Estrich), mit Rohr aus Polyethylen PE-X DIN EN ISO 15875-1 und DIN EN ISO 15875-2, sauerstoffdicht DIN 4726.
Vorlauftemperatur: .....°C
Norm-Innentemperatur: .....°C

28 **Rohrleitung, PE-X 17mm, Fußbodenheizung** KG **422**
Wie Ausführungsbeschreibung A 5
Außendurchmesser: 17 mm
Verlegeabstand: ..... mm
| 7€ | 9€ | **9**€ | 10€ | 12€ | [m] | ⏱ 0,14 h/m | 041.000.068 |

29 **Rohrleitung, PE-X 20mm, Fußbodenheizung** KG **422**
Wie Ausführungsbeschreibung A 5
Außendurchmesser: 20 mm
Verlegeabstand: ..... mm
| 9€ | 10€ | **11**€ | 11€ | 14€ | [m] | ⏱ 0,14 h/m | 041.000.069 |

30 **Rohrleitung, PE-X 25mm, Fußbodenheizung** KG **422**
Wie Ausführungsbeschreibung A 5
Außendurchmesser: 25 mm
Verlegeabstand: ..... mm
| 13€ | 15€ | **16**€ | 16€ | 18€ | [m] | ⏱ 0,14 h/m | 041.000.070 |

A 6 **Rohrleitung, Mehrschichtrohr, Fußbodenheizung** Beschreibung für Pos. **31**
Heizleitung der Fußbodenheizung DIN EN 1264-1, für Verlegesystem Typ A (Verlegung im Estrich), mit Rohr aus Mehrschichtverbundwerkstoff (PE, Aluminium, PE) DIN 16836, sauerstoffdicht DIN 4726.
Vorlauftemperatur: .....°C
Norm-Innentemperatur: .....°C

31 **Rohrleitung, Verbundrohr, 16mm, Fußbodenheizung** KG **422**
Wie Ausführungsbeschreibung A 6
Außendurchmesser: 16 mm
Verlegeabstand: 100 mm
| 17€ | 19€ | **20**€ | 21€ | 22€ | [m] | ⏱ 0,14 h/m | 041.000.071 |

▶ min
▷ von
ø Mittel
◁ bis
◀ max

Nr.	Kurztext / Langtext							Kostengruppe
▶	▷	ø netto €	◁	◀		[Einheit]	Ausf.-Dauer	Positionsnummer

A 7 Röhrenheizkörper, Stahl
Beschreibung für Pos. 32-34

Röhrenheizkörper als Mehrsäuler in Gliederbauweise mit vertikalen Präzisionsrundrohren und Kopfstück vollständig verschweißt. Wärmeleistung geprüft DIN EN 442-2. Lieferung montagefertig mit 2 bis 4 stirnseitigen Anschlüssen für Vorlauf, Rücklauf, Entlüftung und Entleerung. Mit Lieferung, fachgerechter Montage sowie Montagezubehör für Massivwände oder Leichtbauwänden. Wandkonsolen, verzinkt mit Schalldämmteil für Mehrsäuler.

32 Röhrenheizkörper, Stahl, h=500 — KG **423**
Wie Ausführungsbeschreibung A 7
Wärmekörper: mit Pulver-Einbrenn-Fertiglackierung
Farbe: RAL 9010
Max. Betriebstemperatur: **bis 120**°C / **über 120**°C
Max. Betriebsdruck: **4 / 6 / 10 / 12** bar
Bauhöhe: 500 mm
Bautiefe: ..... mm
Glieder: ..... St
Normwärmeabgabe je Glied: ..... W
Hinweis: Preisangaben pro HK-Glied

▶	▷	ø	◁	◀		[Einheit]	Dauer	Pos.-Nr.
–€	11€	**12€**	14€	–€		[St]	0,12 h/St	041.000.003

33 Röhrenheizkörper, Stahl, h=600 — KG **423**
Wie Ausführungsbeschreibung A 7
Wärmekörper: mit Pulver-Einbrenn-Fertiglackierung
Farbe: RAL 9010
Max. Betriebstemperatur: **bis 120**°C / **über 120**°C
Max. Betriebsdruck: **4 / 6 / 10 / 12** bar
Bauhöhe: 600 mm
Bautiefe: ..... mm
Glieder: ..... St
Normwärmeabgabe je Glied: ..... W
Hinweis: Preisangaben pro HK-Glied

▶	▷	ø	◁	◀		[Einheit]	Dauer	Pos.-Nr.
–€	12€	**15€**	18€	–€		[St]	0,15 h/St	041.000.026

34 Röhrenheizkörper, Stahl, h=900 — KG **423**
Wie Ausführungsbeschreibung A 7
Wärmekörper: mit Pulver-Einbrenn-Fertiglackierung
Farbe: RAL 9010
Max. Betriebstemperatur: **bis 120**°C / **über 120**°C
Max. Betriebsdruck: **4 / 6 / 10 / 12** bar
Bauhöhe: 900 mm
Bautiefe: ..... mm
Glieder: ..... St
Normwärmeabgabe je Glied: ..... W
Hinweis: Preisangaben pro HK-Glied

▶	▷	ø	◁	◀		[Einheit]	Dauer	Pos.-Nr.
–€	13€	**19€**	23€	–€		[St]	0,18 h/St	041.000.027

LB 041
Wärmeversorgungs-anlagen
- Leitungen, Armaturen, Heizflächen

Kosten:
Stand 4.Quartal 2021
Bundesdurchschnitt

▶ min
▷ von
ø Mittel
◁ bis
◀ max

Nr.	Kurztext / Langtext					[Einheit]	Ausf.-Dauer	Kostengruppe Positionsnummer
▶	▷	ø netto €	◁	◀				

| **A 8** | **Kompaktheizkörper, Stahl** | | | | | | | Beschreibung für Pos. **35-54** |

Kompaktheizkörper als Plattenheizkörper, Sickenteilung 33 1/3mm. Übergreifende obere Abdeckung und geschlossene seitliche Blenden. Zweischichtlackierung, lösungsmittelfrei im Heizbetrieb, entfettet, eisenphosphoriert, grundiert mit kathodischem Elektrotauchlack und elektrostatisch pulverbeschichtet, Rückseite mit vier Befestigungslaschen (ab Baulänge 1.800mm = 6St). Einschl. Montageset, bestehend aus Bohrkonsolen, Abstandshalter und Sicherungsbügel zur Befestigung sowie Blind- und Entlüftungsstopfen. Mit Lieferung, Montage sowie Montagezubehör, einschl. Einschraubventil mit Voreinstellung.

| **35** | **Kompaktheizkörper, Stahl, H=500, L=bis 700, Typ 11** | | | | | | | KG **423** |

Wie Ausführungsbeschreibung A 8
Heizkörper: Typ 11
Material: Stahlblech St. 12.03
Blechstärke: 1,25 mm
Farbe: weiß
Anschlüsse: G 1/2 **vertikal links / rechts**
Betriebsdruck: max. **4 / 6 / 10** bar
Medium: Heißwasser bis **110 / 120**°C
Bautiefe: ..... mm
Bauhöhe: 500 mm
Baulänge: bis 700 mm
Fabrikat: .....
Typ: .....
Normwärmeabgabe: ..... W/m

| 124€ | 143€ | **155**€ | 174€ | 202€ | | [St] | ⏱ 1,00 h/St | 041.000.083 |

| **36** | **Kompaktheizkörper, Stahl, H=500, L=bis 700, Typ 22** | | | | | | | KG **423** |

Wie Ausführungsbeschreibung A 8
Heizkörper: Typ 22
Material: Stahlblech St. 12.03
Blechstärke: 1,25 mm
Farbe: weiß
Anschlüsse: G 1/2 **vertikal links / rechts**
Betriebsdruck: max. **4 / 6 / 10** bar
Medium: Heißwasser bis **110 / 120**°C
Bautiefe: ..... mm
Bauhöhe: 500 mm
Baulänge: bis 700 mm
Fabrikat: .....
Typ: .....
Normwärmeabgabe: ..... W/m

| 138€ | 159€ | **172**€ | 193€ | 224€ | | [St] | ⏱ 1,00 h/St | 041.000.084 |

Nr.	Kurztext / Langtext						Kostengruppe
▶	▷	ø netto €	◁	◀	[Einheit]	Ausf.-Dauer	Positionsnummer

37 Kompaktheizkörper, Stahl, H=500, L=700-1.400, Typ 11   KG **423**
Wie Ausführungsbeschreibung A 8
Heizkörper: Typ 11
Material: Stahlblech St. 12.03
Blechstärke: 1,25 mm
Farbe: weiß
Anschlüsse: G 1/2 **vertikal links / rechts**
Betriebsdruck: max. **4 / 6 / 10** bar
Medium: Heißwasser bis **110 / 120**°C
Bautiefe: ..... mm
Bauhöhe: 500 mm
Baulänge: 701-1.400 mm
Fabrikat: .....
Typ: .....
Normwärmeabgabe: ..... W/m

| 232€ | 267€ | **290**€ | 319€ | 354€ | [St] | ⏱ 1,10 h/St | 041.000.086 |

38 Kompaktheizkörper, Stahl, H=500, L=700-1.400, Typ 22   KG **423**
Wie Ausführungsbeschreibung A 8
Heizkörper: Typ 22
Material: Stahlblech St. 12.03
Blechstärke: 1,25 mm
Farbe: weiß
Anschlüsse: G 1/2 **vertikal links / rechts**
Betriebsdruck: max. **4 / 6 / 10** bar
Medium: Heißwasser bis **110 / 120**°C
Bautiefe: ..... mm
Bauhöhe: 500 mm
Baulänge: 701-1.400 mm
Fabrikat: .....
Typ: .....
Normwärmeabgabe: ..... W/m

| 248€ | 286€ | **311**€ | 348€ | 404€ | [St] | ⏱ 1,10 h/St | 041.000.087 |

© **BKI** Baukosteninformationszentrum   Kostenstand: 4.Quartal 2021, Bundesdurchschnitt

LB 041
Wärmeversorgungs-
anlagen
- Leitungen,
Armaturen,
Heizflächen

Nr.	Kurztext / Langtext					[Einheit]	Ausf.-Dauer	Kostengruppe Positionsnummer
▶	▷	ø netto €	◁	◀				

39 **Kompaktheizkörper, Stahl, H=500, L=700-1.400, Typ 33** — KG **423**

Wie Ausführungsbeschreibung A 8
Heizkörper: Typ 33
Material: Stahlblech St. 12.03
Blechstärke: 1,25 mm
Farbe: weiß
Anschlüsse: G 1/2 **vertikal links / rechts**
Betriebsdruck: max. **4 / 6 / 10** bar
Medium: Heißwasser bis **110 / 120**°C
Bautiefe: ..... mm
Bauhöhe: 500 mm
Baulänge: 701-1.400 mm
Fabrikat: .....
Typ: .....
Normwärmeabgabe: ..... W/m

| 342€ | 394€ | **428**€ | 479€ | 556€ | [St] | ⏱ 1,10 h/St | 041.000.088 |

Kosten:
Stand 4.Quartal 2021
Bundesdurchschnitt

40 **Kompaktheizkörper, Stahl, H=500, L=1.400-2.100, Typ 11** — KG **423**

Wie Ausführungsbeschreibung A 8
Heizkörper: Typ 11
Material: Stahlblech St. 12.03
Blechstärke: 1,25 mm
Farbe: weiß
Anschlüsse: G 1/2 **vertikal links / rechts**
Betriebsdruck: max. **4 / 6 / 10** bar
Medium: Heißwasser bis **110 / 120**°C
Bautiefe: ..... mm
Bauhöhe: 500 mm
Baulänge: 1.401-2.100 mm
Fabrikat: .....
Typ: .....
Normwärmeabgabe: ..... W/m

| 319€ | 366€ | **398**€ | 446€ | 518€ | [St] | ⏱ 1,30 h/St | 041.000.089 |

▶ min
▷ von
ø Mittel
◁ bis
◀ max

Nr.	Kurztext / Langtext							Kostengruppe
▶	▷	ø **netto** €	◁	◀		[Einheit]	Ausf.-Dauer	Positionsnummer

41 Kompaktheizkörper, Stahl, H=500, L=1.400-2.100, Typ 22   KG **423**

Wie Ausführungsbeschreibung A 8
Heizkörper: Typ 22
Material: Stahlblech St. 12.03
Blechstärke: 1,25 mm
Farbe: weiß
Anschlüsse: G 1/2 **vertikal links / rechts**
Betriebsdruck: max. **4 / 6 / 10** bar
Medium: Heißwasser bis **110 / 120**°C
Bautiefe: ..... mm
Bauhöhe: 500 mm
Baulänge: 1.401-2.100 mm
Fabrikat: .....
Typ: .....
Normwärmeabgabe: ..... W/m

| 356€ | 410€ | **446**€ | 499€ | 579€ | | [St] | ⏱ 1,30 h/St | 041.000.090 |

42 Kompaktheizkörper, Stahl, H=500, L=1.400-2.100, Typ 33   KG **423**

Wie Ausführungsbeschreibung A 8
Heizkörper: Typ 33
Material: Stahlblech St. 12.03
Blechstärke: 1,25 mm
Farbe: weiß
Anschlüsse: G 1/2 **vertikal links / rechts**
Betriebsdruck: max. **4 / 6 / 10** bar
Medium: Heißwasser bis **110 / 120**°C
Bautiefe: ..... mm
Bauhöhe: 500 mm
Baulänge: 1.401-2.100 mm
Fabrikat: .....
Typ: .....
Normwärmeabgabe: ..... W/m

| 465€ | 534€ | **581**€ | 627€ | 697€ | | [St] | ⏱ 1,30 h/St | 041.000.091 |

LB 041
Wärmeversorgungs-anlagen
- Leitungen, Armaturen, Heizflächen

Kosten:
Stand 4.Quartal 2021
Bundesdurchschnitt

Nr.	Kurztext / Langtext				[Einheit]	Ausf.-Dauer	Kostengruppe Positionsnummer
▶	▷ ø netto € ◁ ◀						
43	**Kompaktheizkörper, Stahl, H=600, L=bis 700, Typ 11**						KG **423**

Wie Ausführungsbeschreibung A 8
Heizkörper: Typ 11
Material: Stahlblech St. 12.03
Blechstärke: 1,25 mm
Farbe: weiß
Anschlüsse: G 1/2 **vertikal links / rechts**
Betriebsdruck: max. **4 / 6 / 10** bar
Medium: Heißwasser bis **110 / 120**°C
Bautiefe: ..... mm
Bauhöhe: 600 mm
Baulänge: bis 700 mm
Fabrikat: .....
Typ: .....
Normwärmeabgabe: ..... W/m

143€	164€	**178€**	200€	232€	[St]	⏱ 1,00 h/St	041.000.092

44	**Kompaktheizkörper, Stahl, H=600, L=bis 700, Typ 22**						KG **423**

Wie Ausführungsbeschreibung A 8
Heizkörper: Typ 22
Material: Stahlblech St. 12.03
Blechstärke: 1,25 mm
Farbe: weiß
Anschlüsse: G 1/2 **vertikal links / rechts**
Betriebsdruck: max. **4 / 6 / 10** bar
Medium: Heißwasser bis **110 / 120**°C
Bautiefe: ..... mm
Bauhöhe: 600 mm
Baulänge: bis 700 mm
Fabrikat: .....
Typ: .....
Normwärmeabgabe: ..... W/m

160€	184€	**200€**	224€	260€	[St]	⏱ 1,00 h/St	041.000.093

▶ min
▷ von
ø Mittel
◁ bis
◀ max

Nr.	Kurztext / Langtext					Kostengruppe	
▶	▷	ø netto €	◁	◀	[Einheit]	Ausf.-Dauer	Positionsnummer

45 Kompaktheizkörper, Stahl, H=600, L=bis 700, Typ 33 — KG **423**

Wie Ausführungsbeschreibung A 8
Heizkörper: Typ 33
Material: Stahlblech St. 12.03
Blechstärke: 1,25 mm
Farbe: weiß
Anschlüsse: G 1/2 **vertikal links / rechts**
Betriebsdruck: max. **4 / 6 / 10** bar
Medium: Heißwasser bis **110 / 120**°C
Bautiefe: ..... mm
Bauhöhe: 600 mm
Baulänge: bis 700 mm
Fabrikat: .....
Typ: .....
Normwärmeabgabe: ..... W/m

| 214 € | 246 € | **267** € | 299 € | 348 € | [St] | ⏱ 1,00 h/St | 041.000.094 |

46 Kompaktheizkörper, Stahl, H=600, L=1.400-2.100, Typ 11 — KG **423**

Wie Ausführungsbeschreibung A 8
Heizkörper: Typ 11
Material: Stahlblech St. 12.03
Blechstärke: 1,25 mm
Farbe: weiß
Anschlüsse: G 1/2 **vertikal links / rechts**
Betriebsdruck: max. **4 / 6 / 10** bar
Medium: Heißwasser bis **110 / 120**°C
Bautiefe: ..... mm
Bauhöhe: 600 mm
Baulänge: 1.401-2.100 mm
Fabrikat: .....
Typ: .....
Normwärmeabgabe: ..... W/m

| 329 € | 379 € | **412** € | 461 € | 535 € | [St] | ⏱ 1,30 h/St | 041.000.098 |

LB 041 Wärmeversorgungsanlagen - Leitungen, Armaturen, Heizflächen

Kosten:
Stand 4.Quartal 2021
Bundesdurchschnitt

Nr.	Kurztext / Langtext	▶	▷	ø netto €	◁	◀	[Einheit]	Ausf.-Dauer	Kostengruppe Positionsnummer
47	Kompaktheizkörper, Stahl, H=600, L=1.400-2.100, Typ 22								KG **423**

Wie Ausführungsbeschreibung A 8
Heizkörper: Typ 22
Material: Stahlblech St. 12.03
Blechstärke: 1,25 mm
Farbe: weiß
Anschlüsse: G 1/2 **vertikal links / rechts**
Betriebsdruck: max. **4 / 6 / 10** bar
Medium: Heißwasser bis **110 / 120**°C
Bautiefe: ..... mm
Bauhöhe: 600 mm
Baulänge: 1.401-2.100 mm
Fabrikat: .....
Typ: .....
Normwärmeabgabe: ..... W/m

| 369€ | 425€ | **462**€ | 517€ | 600€ | | [St] | ⏱ 1,30 h/St | 041.000.099 |

| 48 | Kompaktheizkörper, Stahl, H=600, L=1.400-2.100, Typ 33 | | | | | | | | KG **423** |

Wie Ausführungsbeschreibung A 8
Heizkörper: Typ 33
Material: Stahlblech St. 12.03
Blechstärke: 1,25 mm
Farbe: weiß
Anschlüsse: G 1/2 **vertikal links / rechts**
Betriebsdruck: max. **4 / 6 / 10** bar
Medium: Heißwasser bis **110 / 120**°C
Bautiefe: ..... mm
Bauhöhe: 600 mm
Baulänge: 1.401-2.100 mm
Fabrikat: .....
Typ: .....
Normwärmeabgabe: ..... W/m

| 481€ | 553€ | **601**€ | 649€ | 721€ | | [St] | ⏱ 1,30 h/St | 041.000.100 |

▶ min
▷ von
ø Mittel
◁ bis
◀ max

Nr.	**Kurztext** / Langtext					Kostengruppe	
▶	▷	**ø netto €** ◁ ◀			[Einheit]	Ausf.-Dauer	Positionsnummer

49 Kompaktheizkörper, Stahl, H=900, L=bis 700, Typ 11   KG **423**
Wie Ausführungsbeschreibung A 8
Heizkörper: Typ 11
Material: Stahlblech St. 12.03
Blechstärke: 1,25 mm
Farbe: weiß
Anschlüsse: G 1/2 **vertikal links / rechts**
Betriebsdruck: max. **4 / 6 / 10** bar
Medium: Heißwasser bis **110 / 120**°C
Bautiefe: ..... mm
Bauhöhe: 900 mm
Baulänge: bis 700 mm
Fabrikat: .....
Typ: .....
Normwärmeabgabe: ..... W/m

| 188€ | 216€ | **235**€ | 263€ | 305€ | [St] | ⏱ 1,00 h/St | 041.000.101 |

50 Kompaktheizkörper, Stahl, H=900, L=bis 700, Typ 22   KG **423**
Wie Ausführungsbeschreibung A 8
Heizkörper: Typ 22
Material: Stahlblech St. 12.03
Blechstärke: 1,25 mm
Farbe: weiß
Anschlüsse: G 1/2 **vertikal links / rechts**
Betriebsdruck: max. **4 / 6 / 10** bar
Medium: Heißwasser bis **110 / 120**°C
Bautiefe: ..... mm
Bauhöhe: 900 mm
Baulänge: bis 700 mm
Fabrikat: .....
Typ: .....
Normwärmeabgabe: ..... W/m

| 210€ | 241€ | **262**€ | 293€ | 341€ | [St] | ⏱ 1,00 h/St | 041.000.102 |

51 Kompaktheizkörper, Stahl, H=900, L=bis 700, Typ 33   KG **423**
Wie Ausführungsbeschreibung A 8
Heizkörper: Typ 33
Material: Stahlblech St. 12.03
Blechstärke: 1,25 mm
Farbe: weiß
Anschlüsse: G 1/2 **vertikal links / rechts**
Betriebsdruck: max. **4 / 6 / 10** bar
Medium: Heißwasser bis **110 / 120**°C
Bautiefe: ..... mm
Bauhöhe: 900 mm
Baulänge: bis 700 mm
Fabrikat: .....
Normwärmeabgabe: ..... W/m

| 287€ | 330€ | **359**€ | 402€ | 467€ | [St] | ⏱ 1,00 h/St | 041.000.103 |

LB 041
Wärmeversorgungs-anlagen
- Leitungen, Armaturen, Heizflächen

Kosten:
Stand 4.Quartal 2021
Bundesdurchschnitt

Nr.	Kurztext / Langtext				[Einheit]	Ausf.-Dauer	Kostengruppe Positionsnummer
	▶ ▷ ø netto € ◁ ◀						
52	**Kompaktheizkörper, Stahl, H=900, L=1.400-2.100, Typ 11**						KG **423**
	Wie Ausführungsbeschreibung A 8						
	Heizkörper: Typ 11						
	Material: Stahlblech St. 12.03						
	Blechstärke: 1,25 mm						
	Farbe: weiß						
	Anschlüsse: G 1/2 **vertikal links / rechts**						
	Betriebsdruck: max. **4 / 6 / 10** bar						
	Medium: Heißwasser bis **110 / 120**°C						
	Bautiefe: ..... mm						
	Bauhöhe: 900 mm						
	Baulänge: 1.401-2.100 mm						
	Fabrikat:						
	Typ:						
	Normwärmeabgabe: ..... W/m						
	444€ 511€ **555**€ 622€ 721€				[St]	⏱ 1,30 h/St	041.000.107
53	**Kompaktheizkörper, Stahl, H=900, L=1.400-2.100, Typ 22**						KG **423**
	Wie Ausführungsbeschreibung A 8						
	Heizkörper: Typ 22						
	Material: Stahlblech St. 12.03						
	Blechstärke: 1,25 mm						
	Farbe: weiß						
	Anschlüsse: G 1/2 **vertikal links / rechts**						
	Betriebsdruck: max. **4 / 6 / 10** bar						
	Medium: Heißwasser bis **110 / 120**°C						
	Bautiefe: ..... mm						
	Bauhöhe: 900 mm						
	Baulänge: 1.401-2.100 mm						
	Fabrikat:						
	Typ:						
	Normwärmeabgabe: ..... W/m						
	481€ 553€ **601**€ 673€ 781€				[St]	⏱ 1,30 h/St	041.000.108

▶ min
▷ von
ø Mittel
◁ bis
◀ max

Nr.	Kurztext / Langtext					Kostengruppe	
▶	▷	ø netto €	◁	◀	[Einheit]	Ausf.-Dauer	Positionsnummer

54 Kompaktheizkörper, Stahl, H=900, L=1.400-2.100, Typ 33   KG 423

Wie Ausführungsbeschreibung A 8
Heizkörper: Typ 33
Material: Stahlblech St. 12.03
Blechstärke: 1,25 mm
Farbe: weiß
Anschlüsse: G 1/2 **vertikal links / rechts**
Betriebsdruck: max. **4 / 6 / 10** bar
Medium: Heißwasser bis **110 / 120**°C
Bautiefe: ..... mm
Bauhöhe: 900 mm
Baulänge: 1.401-2.100 mm
Fabrikat: .....
Typ: .....
Normwärmeabgabe: ..... W/m

| 605€ | 696€ | 756€ | 817€ | 885€ | [St] | ⏱ 1,30 h/St | 041.000.109 |

A 9 Radiavektor, Profilrohr   Beschreibung für Pos. **55-60**

Radiavektor in vollständig geschweißter Ausführung mit 2 bis 5 hintereinander und 1 bis 4 übereinander angeordneten wasserführenden Profilrohren. Wärmeleistung geprüft DIN EN 442-2. Lieferung montagefertig mit 2 bis 4 stirnseitigen Anschlüssen für Vorlauf, Rücklauf, Entlüftung und Entleerung, fachgerechte Montage sowie Montagezubehör.

55 Radiavektoren, Profilrohre, H=140, L=bis 700   KG 423

Wie Ausführungsbeschreibung A 9
Wärmeleistung: ..... W/m
Wärmekörper: mit Pulvereinbrenn-Fertiglackierung
Farbe: RAL 9010
Anschluss: **wechselseitig / gleichseitig** Standkonsolen EFK mit Kunststoffkappe FK
Max. Betriebstemperatur: **100 / 120**°C
Max. Betriebsdruck: **4 / 6 / 10** bar
Fabrikat: .....
Modell: .....
Typ: .....
Bauhöhe: 140 mm
Bautiefe: ..... mm
Baulänge: bis 700 mm

| 361€ | 510€ | 554€ | 655€ | 722€ | [St] | ⏱ 1,60 h/St | 041.000.005 |

LB 041
Wärmeversorgungs-anlagen
- Leitungen, Armaturen, Heizflächen

Kosten:
Stand 4.Quartal 2021
Bundesdurchschnitt

▶ min
▷ von
ø Mittel
◁ bis
◀ max

Nr.	Kurztext / Langtext				[Einheit]	Ausf.-Dauer	Kostengruppe Positionsnummer
▶	▷	ø netto €	◁	◀			

56 Radiavektoren, Profilrohre, H=140, L=1.400-2.100 KG **423**
Wie Ausführungsbeschreibung A 9
Wärmeleistung: ..... W/m
Wärmekörper: mit Pulvereinbrenn-Fertiglackierung
Farbe: RAL 9010
Anschluss: **wechselseitig / gleichseitig Standkonsolen EFK mit Kunststoffkappe FK**
Max. Betriebstemperatur: **100 / 120**°C
Max. Betriebsdruck: **4 / 6 / 10** bar
Fabrikat: .....
Modell: .....
Typ: .....
Bauhöhe: 140 mm
Bautiefe: ..... mm
Baulänge: 1.401-2.100 mm

| 589€ | 887€ | **921**€ | 1.160€ | 1.432€ | [St] | ⏱ 1,72 h/St | 041.000.047 |

57 Radiavektoren, Profilrohre, H=210, L=bis 700 KG **423**
Wie Ausführungsbeschreibung A 9
Wärmeleistung: ..... W/m
Wärmekörper: mit Pulvereinbrenn-Fertiglackierung
Farbe: RAL 9010
Anschluss: **wechselseitig / gleichseitig Standkonsolen EFK mit Kunststoffkappe FK**
Max. Betriebstemperatur: **100 / 120**°C
Max. Betriebsdruck: **4 / 6 / 10** bar
Fabrikat: .....
Modell: .....
Typ: .....
Bauhöhe: 210 mm
Bautiefe: ..... mm
Baulänge: bis 700 mm

| 368€ | 507€ | **603**€ | 728€ | 895€ | [St] | ⏱ 1,60 h/St | 041.000.031 |

58 Radiavektoren, Profilrohre, H=210, L=1.400-2.100 KG **423**
Wie Ausführungsbeschreibung A 9
Wärmeleistung: ..... W/m
Wärmekörper: mit Pulvereinbrenn-Fertiglackierung
Farbe: RAL 9010
Anschluss: **wechselseitig / gleichseitig Standkonsolen EFK mit Kunststoffkappe FK**
Max. Betriebstemperatur: **100 / 120**°C
Max. Betriebsdruck: **4 / 6 / 10** bar
Fabrikat: .....
Modell: .....
Typ: .....
Bauhöhe: 210 mm
Bautiefe: ..... mm
Baulänge: 1.401-2.100 mm

| 744€ | 1.121€ | **1.229**€ | 1.377€ | 1.745€ | [St] | ⏱ 1,72 h/St | 041.000.050 |

Nr.	Kurztext / Langtext							Kostengruppe
▶	▷	ø netto €	◁	◀		[Einheit]	Ausf.-Dauer	Positionsnummer

59 Radiavektoren, Profilrohre, H=280, L=bis 700 KG 423

Wie Ausführungsbeschreibung A 9
Wärmeleistung: ..... W/m
Wärmekörper: mit Pulvereinbrenn-Fertiglackierung
Farbe: RAL 9010
Anschluss: **wechselseitig / gleichseitig Standkonsolen EFK mit Kunststoffkappe FK**
Max. Betriebstemperatur: **100 / 120**°C
Max. Betriebsdruck: **4 / 6 / 10** bar
Fabrikat: .....
Modell: .....
Typ: .....
Bauhöhe: 280 mm
Bautiefe: ..... mm
Baulänge: bis 700 mm

| 372€ | 613€ | **671**€ | 839€ | 1.080€ | [St] | ⏱ 1,60 h/St | 041.000.032 |

60 Radiavektoren, Profilrohre, H=280, L=700-1.400 KG 423

Wie Ausführungsbeschreibung A 9
Wärmeleistung: ..... W/m
Wärmekörper: mit Pulvereinbrenn-Fertiglackierung
Farbe: RAL 9010
Anschluss: **wechselseitig / gleichseitig Standkonsolen EFK mit Kunststoffkappe FK**
Max. Betriebstemperatur: **100 / 120**°C
Max. Betriebsdruck: **4 / 6 / 10** bar
Fabrikat: .....
Modell: .....
Typ: .....
Bauhöhe: 280 mm
Bautiefe: ..... mm
Baulänge: bis 1.400 mm

| 490€ | 844€ | **975**€ | 1.210€ | 1.556€ | [St] | ⏱ 1,64 h/St | 041.000.051 |

61 Thermostatventil, Guss, DN15 KG 423

Heizkörperventil, als Durchgangs-, Eck- oder Axialventil. Gehäuse aus korrosionsbeständigem, entzinkungsfreiem Rotguss. Mit Niro-Spindelabdichtung und doppelter O-Ring-Abdichtung. Thermostat-Oberteil und äußerer O-Ring ohne Entleeren der Anlage auswechselbar. Anschluss Innengewinde für Gewinderohr, oder in Verbindung mit Klemmverschraubung für Kupfer-, Präzisionsstahl- oder Verbundrohr. Inkl. Thermostat-Kopf mit eingebautem Fühler.
Zul. Betriebstemperatur: 120°C
Zul. Betriebsdruck: **6 / 10** bar
Nennweite: DN15

| 11€ | 16€ | **20**€ | 24€ | 30€ | [St] | ⏱ 0,10 h/St | 041.000.006 |

**LB 041
Wärmeversorgungs-
anlagen
- Leitungen,
Armaturen,
Heizflächen**

Kosten:
Stand 4.Quartal 2021
Bundesdurchschnitt

▶ min
▷ von
ø Mittel
◁ bis
◀ max

Nr.	Kurztext / Langtext						Kostengruppe
▶	▷	ø netto €	◁	◀	[Einheit]	Ausf.-Dauer	Positionsnummer

62 Heizkörperverschraubung, DN15 — KG **423**
Heizkörper-Anschlussmontageeinheit für den Unterputz-Anschluss von Ventilheizkörpern aus **der Wand / dem Boden,** bestehend aus dem Kugelhahnblock mit Anschlussnippel in Eckform, Anschlussverschraubungs-Set, 2 Heizkörper-Anschlussrohre sowie Montageeinheit. Inkl. Schiebehülsen und allen sonstigen Verbindungs- und Befestigungsmaterialien.
Mittenabstand Anschluss: 50 mm
Nennweite: DN15

| 10€ | 19€ | **23**€ | 49€ | 75€ | [St] | ⏱ 0,10 h/St | 041.000.008 |

63 Heizkörper ausbauen/wiedermontieren — KG **423**
Heizkörper nach Aufforderung der Bauleitung einmal geschlossen ausbauen und wieder geschlossen montieren.
Heizkörper: **Röhren- / Plattenheizkörper / Konvektor**
Einheit: Stück
Förderweg: .....
Lagerstelle: .....

| 25€ | 40€ | **49**€ | 65€ | 127€ | [St] | ⏱ 1,00 h/St | 041.000.053 |

64 Kappenventil, Ausdehnungsgefäß, DN20 — KG **422**
Muffen-Kappenventil aus Messing zum Einbau in die Ausdehnungsleitung vor dem Membran-Ausdehnungs-gefäß, mit Plombiervorrichtung / Stahlkappe gegen unbeabsichtigtes Schließen gesichert.
Gewindeanschluss DN20

| –€ | 25€ | **31**€ | 38€ | –€ | [St] | ⏱ 0,30 h/St | 041.000.054 |

65 Muffenkugelhahn, Guss, DN15 — KG **422**
Muffenkugelhahn, Gehäuse und Kugel aus Rotguss, Kugelabdichtung PTFE, O-Ringe EPDM, Bedienungs-knebel aus Kunststoff, inkl. Wärmedämm-Halbschalen aus PUR sowie Spannringe.
Nennweite: DN15

| 7€ | 17€ | **22**€ | 28€ | 41€ | [St] | ⏱ 0,50 h/St | 041.000.055 |

66 Membran-Sicherheitsventil, Guss — KG **422**
Membran-Sicherheitsventil für geschlossene Heizungsanlagen DIN EN 12828, federbelastet, bauteilgeprüft, Gehäuse aus Rotguss.
Muffenanschluss Eintritt: DN20
Austritt: DN25
Abblasleistung: -100 kW
Ansprechdruck: -2,5 / 3,0 bar

| 9€ | 15€ | **19**€ | 26€ | 30€ | [St] | ⏱ 0,45 h/St | 041.000.056 |

Nr.	Kurztext / Langtext							Kostengruppe
▶	▷	ø netto €	◁	◀		[Einheit]	Ausf.-Dauer	Positionsnummer

67   Verteiler Heizungswasser   KG **422**

Heizkreisverteiler für Pumpenwarmwasserheizungen als **Verteiler / Sammler / Verteiler-Sammler-Kombination**. Mit Flanschanschlüssen für ..... Anschlussstutzen, abnehmbarer Wärmedämmung und Befestigungsklammern.
Maximale Betriebstemperatur: **bis / über 120**°C
Maximaler Betriebsdruck: **4 / 6 / 10 / 16** bar
Werkstoff: Stahl
Maximale Anschlussdimension: DN.....
Achsabstand der Anschlüsse: ..... mm
Inklusive: **Stand- / Wandkonsolen**
Aufstellung: **Boden / Wand**
Schutzmantel: **Aluminium / Stahl verzinkt**

| 198 € | 295 € | **341** € | 401 € | 518 € | | [St] | ⏱ 1,20 h/St | 041.000.007 |

68   Heizkreisverteiler, Fußbodenheizung, 5 Heizkreise   KG **422**

Heizkreisverteiler für Fußbodenheizungen, mit Verschraubungen für Heizungsrohre, Übergangsverschraubungen für Heizkreisrohre, Entlüftung und Entleerung, Heizkreis-Rückläufe mit Durchflussanzeiger und Feinregulierung, einschl. Klemmringverschraubungen, mit 3/4" Eurokonus, bestehend aus Grundkörper mit O-Ring, Klemmring und Überwurfmutter, zum Anschluss des Heizkreisrohres an den Heizkreisverteiler.
Werkstoff: .....
Befestigung, schallgedämmt: **in / an** .....
Anschluss: **waagrecht / senkrecht**
Max. Betriebstemperatur: 60°C
Max. Betriebsüberdruck: 4 bar
Max. Volumenstrom: 3 m³/h
Nenndruck: **PN 6 / PN 10**
Gewindeanschluss: R 1"
Heizkreisanschluss: G 3/4 Eurokonus
Anzahl Heizkreise: 5
Baulänge: ..... mm
Ausführung gem. Einzelbeschreibung: .....
Angeb. Fabrikat / Typ: .....

| 234 € | 294 € | **326** € | 365 € | 461 € | | [St] | ⏱ 1,06 h/St | 041.000.059 |

LB 041
Wärmeversorgungsanlagen
- Leitungen, Armaturen, Heizflächen

Kosten:
Stand 4.Quartal 2021
Bundesdurchschnitt

▶ min
▷ von
ø Mittel
◁ bis
◀ max

Nr.	Kurztext / Langtext					[Einheit]	Ausf.-Dauer	Kostengruppe Positionsnummer
▶	▷	ø netto €	◁	◀				
69	**Verteilerschrank, Fußbodenheizung, Unterputz**							**KG 422**
	Verteilerschrank für Heizkreisverteiler, für Wandeinbau, zur Aufnahme der Fußboden-Heizkreisverteiler, der Anschluss- und der Regelungskomponenten, mit Tür mit Zylinderschloss und höhenverstellbarem Sockel, mit Estrich-Abschlussblende, Türbereich mit Kantenschutz, Schranktür mit Kippsicherung und Verriegelung, mit horizontal und vertikal einstellbarer Verteilerbefestigung, mit integrierter Normschiene zur Befestigung der Regelungskomponenten.							
	Werkstoff: Stahlblech.....							
	RAL-Farbe:							
	Schrankhöhe: ..... mm							
	Schranktiefe: ..... mm							
	Schrankbreite: ..... mm							
	Höhenverstellbarkeit: ..... mm							
	Heizkreise:							
	Ausführung gem. Einzelbeschreibung:							
	Angeb. Fabrikat / Typ:							
–€	446€	**498€**	533€	–€		[St]	⏱ 1,20 h/St	041.000.058
70	**Verteilerschrank, Fußbodenheizung, Aufputz**							**KG 422**
	Verteilerschrank für Heizkreisverteiler, für Wandaufbau, zur Aufnahme der Fussboden-Heizkreisverteiler, der Anschluss- und der Regelungskomponenten, mit Tür mit Zylinderschloss und höhenverstellbarem Sockel, mit Estrich-Abschlussblende, Türbereich mit Kantenschutz, Schranktür mit Kippsicherung und Verriegelung, mit horizontal und vertikal einstellbarer Verteilerbefestigung, mit integrierter Normschiene zur Befestigung der Regelungskomponenten.							
	Werkstoff: Stahlblech.....							
	RAL-Farbe:							
	Schrankhöhe: ..... mm							
	Schranktiefe: ..... mm							
	Schrankbreite: ..... mm							
	Höhenverstellbarkeit: ..... mm							
	Heizkreise:							
	Ausführung gem. Einzelbeschreibung:							
	Angeb. Fabrikat / Typ:							
–€	431€	**458€**	486€	–€		[St]	⏱ 1,00 h/St	041.000.057
71	**Umlenkungsbogen, Heizleitung**							**KG 422**
	Rohrführungsbogen aus Kunststoff, zur 90°-Umlenkung der Heizkreisrohre, zur sicheren Rohreinführung an den Verteilerkästen.							
	Heizkreisrohr:							
	Außendurchmesser:							
2€	3€	**3€**	4€	4€		[St]	⏱ 0,10 h/St	041.000.113

Nr.	Kurztext / Langtext							Kostengruppe
▶	▷	ø netto €	◁	◀		[Einheit]	Ausf.-Dauer	Positionsnummer

72 Tacker/EPS-Systemträger, Fußbodenheizung — KG **422**

Tacker-Systemelement für Rohrleitungen der Fußbodenheizung mit EPS-Wärmedämmplatte und aufkaschierten Mehrschicht-Gewebe, zur Aufnahme der Heizleitungen in Verlegesystem Typ A, DIN EN 1264-1.

Untergrund: .....
Nutzlast: ..... kN/m²
Dämmstoffdicke: .....
Anwendungstyp: .....
Angeb. Fabrikat: .....

| 6 € | 7 € | **8 €** | 10 € | 11 € | [m²] | ⏱ 0,10 h/m² | 041.000.077 |

73 Noppen/EPS-Systemträger, Fußbodenheizung — KG **422**

Noppen-Systemelement für Rohrleitungen der Fußbodenheizung mit EPS-Wärmedämmplatte und Kunststoff-Folienkaschierung zur Aufnahme der Heizleitungen in Verlegesystem Typ A, DIN EN 1264-1.

Untergrund: .....
Nutzlast: ..... kN/m²
Dämmstoffdicke: .....
Anwendungstyp: .....
Angeb. Fabrikat: .....

| 8 € | 9 € | **10 €** | 11 € | 12 € | [m²] | ⏱ 0,10 h/m² | 041.000.078 |

74 Noppen-Systemträger, Dämmung, Fußbodenheizung — KG **422**

Systemträgerplatten für Rohrleitungen der Fußbodenheizung aus Noppenplatten zur Aufnahme der Heizleitungen in Verlegesystem Typ A (Verlegung im Estrich) mit Trittschall- und Wärmedämmung.

Untergrund: .....
Nutzlast: ..... kN/m²
Heizleitung: ..... mm
Dämmschichten: .....
Wärmeleitfähigkeit: ..... (W/mK)
Angeb. Fabrikat: .....

| 12 € | 17 € | **17 €** | 20 € | 24 € | [m²] | ⏱ 0,10 h/m² | 041.000.079 |

75 Noppen-Systemträger, Fußbodenheizung — KG **422**

Systemträgerplatten für Rohrleitungen der Fußbodenheizung aus Noppenplatten zur Aufnahme der Heizleitungen in Verlegesystem Typ A (Verlegung im Estrich).

Untergrund: .....
Nutzlast: ..... kN/m²
Heizleitung: .....
Angeb. Fabrikat: .....

| 9 € | 11 € | **13 €** | 15 € | 18 € | [m²] | ⏱ 0,08 h/m² | 041.000.080 |

LB 041
Wärmeversorgungs-anlagen
- Leitungen, Armaturen, Heizflächen

Nr.	Kurztext / Langtext					[Einheit]	Ausf.-Dauer	Kostengruppe Positionsnummer
▶	▷	ø netto €	◁	◀				

A 10 Fußbodenheizung, Typ A, Träger/Leitung — Beschreibung für Pos. **76-77**

Fußbodenheizung DIN EN 1264-1, für Verlegesystem Typ A (Verlegung im Estrich), Rohr aus Polyethylen PE-X DIN EN ISO 15875-1 und DIN EN ISO 15875-2, sauerstoffdicht DIN 4726, einschl. Trägersystem.
Vorlauftemperatur: 30°C
Norm-Innentemperatur: 18°C
Außendurchmesser: 17 mm
Rohrstärke: 2 mm
Trägersystem: .....
Ausführung gem. Einzelbeschreibung: .....
Angeb. Fabrikat / Typ: .....

Kosten:
Stand 4.Quartal 2021
Bundesdurchschnitt

76 Fußbodenheizung, Typ A, Träger/PE-X Rohr, 100 — KG **423**
Wie Ausführungsbeschreibung A 10
Verlegeabstand: 100 mm
25€   27€   **28€**   30€   32€   [m²]   ⏱ 1,20 h/m²   041.000.016

77 Fußbodenheizung, Typ A, Träger/PE-X Rohr, 200 — KG **423**
Wie Ausführungsbeschreibung A 10
Verlegeabstand: 200 mm
–€   20€   **22€**   23€   –€   [m²]   ⏱ 1,00 h/m²   041.000.114

78 Anbindeleitung, PE-X 17mm, Fußbodenheizung — KG **423**
Anbindeleitung der Fußbodenheizung DIN EN 1264-1, für Verlegesystem Typ A (Verlegung im Estrich), mit Rohr aus Polyethylen PE-X DIN EN ISO 15875-1 und DIN EN ISO 15875-2, sauerstoffdicht DIN 4726, einschl. Trägerbefestigung.
Vorlauftemperatur: .....°C
Norm-Innentemperatur: .....°C
Außendurchmesser: 17 mm
Wanddicke: 2
3€   3€   **4€**   4€   6€   [m]   ⏱ 0,10 h/m   041.000.074

79 Schutzummantelung, Fußbodenheizrohr — KG **423**
Flexible Ummantelung zum Schutz des Fußbodenheizungsrohrs beim Kreuzen von Dehn-/Bewegungsfugen und im Verteilerbereich.
Ausführung: .....
Material: .....
Länge.: ..... mm
Außendurchmesser: ...... mm
Innendurchmesser: ..... mm
Ausführung gem. Einzelbeschreibung: .....
0,8€   2,1€   **2,4€**   2,6€   4,4€   [St]   ⏱ 0,10 h/St   041.000.115

▶ min
▷ von
ø Mittel
◁ bis
◀ max

Nr.	Kurztext / Langtext					Kostengruppe
▶	▷ ø netto € ◁ ◀				[Einheit]	Ausf.-Dauer Positionsnummer

80 Ummantelung, Anbindeleitung — KG 423

Flexible Ummantelung als Überschub für Anbindeleitungen, zur Reduzierung der Heizleistung.
Ausführung: .....
Material: .....
Länge.: ..... mm
Außendurchmesser: ...... mm
Innendurchmesser: ..... mm
Ausführung gem. Einzelbeschreibung: .....

| 1€ | 2€ | **3€** | 4€ | 5€ | [m] | ⏱ 0,10 h/m | 041.000.116 |

81 Funktionsheizen, Fußbodenheizung — KG 423

Auf- und Abheizen der Fußbodenheizfläche nach Freigabe durch die Estrichfirma, gem. Aufheizprotokoll des Estrichherstellers, einschl. Erstellen eines Funktionsheiz-Protokolls.
Estrich: .....
Ausführung gem. Einzelbeschreibung: .....

| 1€ | 1€ | **2€** | 3€ | 4€ | [m²] | ⏱ 0,16 h/m² | 041.000.117 |

82 Belegreifheizen, Fußbodenheizung — KG 423

Belegreifheizen, nach abgeschlossenem Funktionsheizen und vor dem Belegen des Estrichs mit Oberbelägen, zur schnelleren Austrocknung des Estrichs. Belegreifheizen nach Datenblatt "FBH-D4" der "Schnittstellen-koordination bei beheizten Fußbodenkonstruktionen" des BVF (Bundesverbands Flächenheizung e.V.), einschl. erstellen eines Belegreifheiz-Protokolls.
Estrich: .....
Ausführung gem. Einzelbeschreibung: .....

| 0,1€ | 0,2€ | **0,4€** | 0,6€ | 2,7€ | [m²] | – | 041.000.118 |

83 Einregulierung/Inbetriebnahme, Fußbodenheizung — KG 423

Verteilerweise Einregulierung der gesamten Fußboden-Heizungsanlage mit vorhergegangenem Befüllen, Spülen und Druckprobe nach Herstellerangabe. Einstellung der erforderlichen Wassermengen für die einzelnen Heizkreise, Inbetriebnahme und erstellen eines Einstellprotokolls.
Ausführung gem. Einzelbeschreibung: .....

| 81€ | 297€ | **814€** | 2.163€ | 3.713€ | [psch] | – | 041.000.119 |

84 Messung, Feuchte, Fußbodenheizung — KG 353

Feuchtigkeitsmessung des Estrichs der Fußbodenheizung, entsprechend Schnittstellenkoordination des BVF (Bundesverbands Flächenheizung e.V.) mit Protokollierung. Messstellenset aus Kunststoff, pro Raum eine Messstelle, bei größeren Räumen (etwa 50m²) entsprechend mehr. Um den Messpunkt herum darf sich im Abstand von 10cm (Durchmesser 20cm) kein Heizrohr befinden.
Ausführung gem. Einzelbeschreibung: .....

| –€ | 42€ | **53€** | 65€ | –€ | [St] | ⏱ 0,50 h/St | 041.000.120 |

LB 042 Gas- und Wasseranlagen - Leitungen, Armaturen

Gas- und Wasseranlagen - Leitungen, Armaturen — Preise €

Kosten: Stand 4.Quartal 2021 Bundesdurchschnitt

Legende:
- ▶ min
- ▷ von
- ø Mittel
- ◁ bis
- ◀ max

Nr.	Positionen	Einheit	▶ min	▷ von	ø brutto € / ø netto €	◁ bis	◀ max
1	Hauseinführung, DN25	St	25	87	**128**	197	288
			21	73	**108**	165	242
2	Hauswasserstation, Druckminderer/Wasserfilter, DN40	St	285	440	**502**	678	1.009
			240	370	**421**	569	848
3	Leitung, Metallverbundrohr, DN12	m	7,0	13	**15**	17	21
			5,9	11	**13**	14	18
4	Leitung, Metallverbundrohr, DN15	m	8,3	15	**18**	20	29
			7,0	13	**15**	17	24
5	Leitung, Metallverbundrohr, DN20	m	12	19	**22**	25	32
			9,9	16	**18**	21	27
6	Leitung, Metallverbundrohr, DN25	m	16	26	**30**	34	42
			13	22	**25**	29	35
7	Leitung, Metallverbundrohr, DN32	m	23	34	**39**	44	56
			19	29	**33**	37	47
8	Leitung, Metallverbundrohr, DN40	m	36	49	**54**	59	67
			30	41	**46**	49	56
9	Leitung, Metallverbundrohr, DN50	m	46	56	**63**	67	78
			39	47	**53**	56	66
10	Leitung, Kupferrohr, 15mm	m	16	22	**25**	27	31
			13	18	**21**	23	26
11	Leitung, Kupferrohr, 18mm	m	19	24	**26**	29	34
			16	20	**22**	24	29
12	Leitung, Kupferrohr, 22mm	m	21	25	**27**	34	41
			17	21	**23**	28	34
13	Leitung, Kupferrohr, 28mm	m	24	31	**35**	41	51
			20	26	**29**	34	43
14	Leitung, Kupferrohr, 35mm	m	33	41	**45**	46	62
			28	35	**38**	38	52
15	Leitung, Kupferrohr, 42mm	m	39	50	**53**	57	69
			33	42	**45**	48	58
16	Leitung, Kupferrohr, 54mm	m	49	66	**70**	77	89
			41	56	**59**	65	75
17	Leitung, Edelstahlrohr, 15mm	m	9,7	19	**22**	24	29
			8,1	16	**18**	21	24
18	Leitung, Edelstahlrohr, 18mm	m	13	21	**24**	24	34
			11	17	**20**	20	28
19	Leitung, Edelstahlrohr, 22mm	m	15	27	**28**	32	42
			13	23	**23**	27	35
20	Leitung, Edelstahlrohr, 28mm	m	17	28	**31**	36	47
			14	24	**26**	30	39
21	Leitung, Edelstahlrohr, 35mm	m	26	39	**41**	48	61
			22	33	**35**	41	51
22	Leitung, Edelstahlrohr, 42mm	m	32	47	**49**	60	75
			27	39	**41**	50	63
23	Leitung, Edelstahlrohr, 54mm	m	37	50	**54**	67	89
			31	42	**45**	56	75

© **BKI** Baukosteninformationszentrum — Kostenstand: 4.Quartal 2021, Bundesdurchschnitt

Gas- und Wasseranlagen - Leitungen, Armaturen — Preise €

Nr.	Positionen	Einheit	▶	▷	ø brutto € ø netto €	◁	◀
24	Löschwasserleitung, verzinktes Rohr, DN50	m	55	59	**61**	64	67
			47	50	**51**	53	57
25	Löschwasserleitung, verzinktes Rohr, DN100	m	–	91	**103**	110	–
			–	76	**86**	93	–
26	Kugelhahn, DN15	St	7	16	**22**	23	47
			6	14	**18**	19	39
27	Kugelhahn, DN25	St	19	31	**33**	35	43
			16	26	**28**	29	36
28	Kugelhahn, DN50	St	64	70	**71**	76	83
			53	59	**60**	64	70
29	Eckventil, DN15	St	8	22	**27**	46	71
			7	18	**23**	38	59
30	Absperr-Schrägsitzventil DN15	St	59	74	**81**	89	102
			50	62	**68**	75	86
31	Absperr-Schrägsitzventil, DN25	St	95	112	**124**	132	153
			80	94	**104**	111	128
32	Absperr-Schrägsitzventil, DN50	St	288	319	**328**	346	378
			242	268	**276**	291	318
33	Absperr-Schrägsitzventil, DN65	St	–	440	**490**	545	–
			–	370	**412**	458	–
34	Zirkulations-Regulierventil, DN20	St	92	108	**120**	127	143
			77	91	**101**	106	120
35	Zirkulations-Regulierventil, DN32	St	193	218	**227**	248	272
			163	183	**190**	208	229
36	Füll- und Entleerventil, DN15	St	9	17	**22**	54	96
			8	15	**18**	45	81
37	Warmwasser-Zirkulationspumpe, DN20	St	204	306	**352**	428	596
			171	257	**296**	360	501
38	Membran-Sicherheitsventil, Warmwasserbereiter	St	43	61	**75**	95	156
			36	51	**63**	80	131
39	Enthärtungsanlage	St	1.717	2.170	**2.277**	2.288	2.909
			1.443	1.824	**1.913**	1.923	2.445
40	Leitung, Kupferrohr ummantelt, DN10	m	–	4,2	**4,7**	5,1	–
			–	3,5	**3,9**	4,3	–
41	Leitung, Kupferrohr ummantelt, DN20	m	8,4	9,4	**9,7**	10	12
			7,0	7,9	**8,2**	8,6	9,8

LB 042
Gas- und Wasseranlagen
- Leitungen, Armaturen

Kosten:
Stand 4.Quartal 2021
Bundesdurchschnitt

Nr.	Kurztext / Langtext	ø netto €			[Einheit]	Ausf.-Dauer	Kostengruppe Positionsnummer
▶	▷	ø	◁	◀			

1 Hauseinführung, DN25 KG **412**

Wanddurchführung für **Erdgas / Trinkwasser** mit Absperrarmatur nach Vorschrift des zuständigen Versorgungsunternehmens. Anschlüsse mit / ohne anschweißenden Dichtungsbahnen für Bauten, einschl. Herstellen der für Hauseinführung notwendigen Kernbohrung.
Wand: **Beton / Mauerwerk**
Dicke: bis 24 cm
Abdichtung: drückendes / nichtdrückendes Wasser
Medium: Erdgas, Trinkwasser
Material: **Gusseisen / Kunststoff / Stahl**
Medienleitung: DN25
Anschluss PN: 10 bar

| 21€ | 73€ | **108**€ | 165€ | 242€ | [St] | ⏱ 0,40 h/St | 042.000.010 |

2 Hauswasserstation, Druckminderer/Wasserfilter, DN40 KG **412**

Hauswasserstation geprüft DIN EN 13443-1, mit Druckminderer (Armaturengruppe I) mit Feinfilter in Klarsichthaube aus Polyethylen. Filtrationsfeinheit 0,1mm mit Rückspülvorrichtung, Ablaufhahn DN15 (R1/2) und Rückflussverhinderer. Mit Vor- und Hinterdruckmanometer, einstellbar. Gerade Bauform mit Anschlüsse mit Verschraubungen DN40 (R1 1/2).
Vordruck max.: 16 bar
Hinterdruck: 1,5 bis 6 bar
Mindestdruckgefälle: ca. 1 bar
Betriebstemperatur max.: 40°C

| 240€ | 370€ | **421**€ | 569€ | 848€ | [St] | ⏱ 0,80 h/St | 042.000.009 |

A 1 Leitung, Metallverbundrohr Beschreibung für Pos. **3-9**

Metallverbundrohr aus Mehrschichtverbundwerkstoff (PE, Aluminium,PE), für Trinkwasser warm und kalt, einschl. Dichtungs- und Befestigungsmittel. Form- und Verbindungsstücke (Fittings) werden gesondert vergütet.

3 Leitung, Metallverbundrohr, DN12 KG **412**

Wie Ausführungsbeschreibung A 1
Nennweite: DN12
Außendurchmesser: 16 mm
Wandstärke: 2,25 mm
Lieferung: **Stangen / Ringen**
Verlegehöhe: **3,50 / 5,00 / 7,00** m

| 6€ | 11€ | **13**€ | 14€ | 18€ | [m] | ⏱ 0,28 h/m | 042.000.008 |

4 Leitung, Metallverbundrohr, DN15 KG **412**

Wie Ausführungsbeschreibung A 1
Nennweite: DN15
Außendurchmesser: 20 mm
Wandstärke: 2,5 mm
Lieferung: **Stangen / Ringen**
Verlegehöhe: **3,50 / 5,00 / 7,00** m

| 7€ | 13€ | **15**€ | 17€ | 24€ | [m] | ⏱ 0,28 h/m | 042.000.042 |

▶ min
▷ von
ø Mittel
◁ bis
◀ max

Nr.	Kurztext / Langtext					Kostengruppe
▶	▷	ø netto € ◁ ◀	[Einheit]	Ausf.-Dauer	Positionsnummer

5 Leitung, Metallverbundrohr, DN20   KG **412**
Wie Ausführungsbeschreibung A 1
Nennweite: DN20
Außendurchmesser: 26 mm
Wandstärke: 3 mm
Lieferung: **Stangen / Ringen**
Verlegehöhe: **3,50 / 5,00 / 7,00** m

| 10€ | 16€ | **18**€ | 21€ | 27€ | [m] | ⏱ 0,28 h/m | 042.000.045 |

6 Leitung, Metallverbundrohr, DN25   KG **412**
Wie Ausführungsbeschreibung A 1
Nennweite: DN25
Außendurchmesser: 32 mm
Wandstärke: 3 mm
Lieferung: **Stangen / Ringen**
Verlegehöhe: **3,50 / 5,00 / 7,00** m

| 13€ | 22€ | **25**€ | 29€ | 35€ | [m] | ⏱ 0,28 h/m | 042.000.043 |

7 Leitung, Metallverbundrohr, DN32   KG **412**
Wie Ausführungsbeschreibung A 1
Nennweite: DN32
Außendurchmesser: 40 mm
Wandstärke: 3,5 mm
Lieferung: **Stangen / Ringen**
Verlegehöhe: **3,50 / 5,00 / 7,00** m

| 19€ | 29€ | **33**€ | 37€ | 47€ | [m] | ⏱ 0,28 h/m | 042.000.046 |

8 Leitung, Metallverbundrohr, DN40   KG **412**
Wie Ausführungsbeschreibung A 1
Nennweite: DN40
Außendurchmesser: 50 mm
Wandstärke: 4 mm
Lieferung: **Stangen / Ringen**
Verlegehöhe: **3,50 / 5,00 / 7,00** m

| 30€ | 41€ | **46**€ | 49€ | 56€ | [m] | ⏱ 0,28 h/m | 042.000.047 |

9 Leitung, Metallverbundrohr, DN50   KG **412**
Wie Ausführungsbeschreibung A 1
Nennweite: DN50
Außendurchmesser: 63 mm
Wandstärke: 4 mm
Lieferung: **Stangen / Ringen**
Verlegehöhe: **3,50 / 5,00 / 7,00** m

| 39€ | 47€ | **53**€ | 56€ | 66€ | [m] | ⏱ 0,28 h/m | 042.000.049 |

LB 042
Gas- und Wasseranlagen - Leitungen, Armaturen

Nr.	Kurztext / Langtext				[Einheit]	Ausf.-Dauer	Kostengruppe Positionsnummer
▶	▷	ø netto €	◁	◀			

A 2 **Leitung, Kupferrohr** — Beschreibung für Pos. **10-16**
Kupferrohr, blank, in Stangen, einschl. Rohrverbindung **löten / pressen**, mit Aufhängung.

10 **Leitung, Kupferrohr, 15mm** — KG **412**
Wie Ausführungsbeschreibung A 2
Nennweite: 15 mm
Wandstärke: 1 mm
Verlegehöhe: **3,50 / 5,00 / 7,00** m
13 €   18 €   **21** €   23 €   26 €   [m]   ⏱ 0,25 h/m   042.000.001

11 **Leitung, Kupferrohr, 18mm** — KG **412**
Wie Ausführungsbeschreibung A 2
Nennweite: 18 mm
Wandstärke: 1 mm
Verlegehöhe: **3,50 / 5,00 / 7,00** m
16 €   20 €   **22** €   24 €   29 €   [m]   ⏱ 0,25 h/m   042.000.011

12 **Leitung, Kupferrohr, 22mm** — KG **412**
Wie Ausführungsbeschreibung A 2
Nennweite: 22 mm
Wandstärke: 1 mm
Verlegehöhe: **3,50 / 5,00 / 7,00** m
17 €   21 €   **23** €   28 €   34 €   [m]   ⏱ 0,25 h/m   042.000.012

13 **Leitung, Kupferrohr, 28mm** — KG **412**
Wie Ausführungsbeschreibung A 2
Nennweite: 28 mm
Wandstärke: 1 mm
Verlegehöhe: **3,50 / 5,00 / 7,00** m
20 €   26 €   **29** €   34 €   43 €   [m]   ⏱ 0,25 h/m   042.000.013

14 **Leitung, Kupferrohr, 35mm** — KG **412**
Wie Ausführungsbeschreibung A 2
Nennweite: 35 mm
Wandstärke: 1,2 mm
Verlegehöhe: **3,50 / 5,00 / 7,00** m
28 €   35 €   **38** €   38 €   52 €   [m]   ⏱ 0,25 h/m   042.000.014

15 **Leitung, Kupferrohr, 42mm** — KG **412**
Wie Ausführungsbeschreibung A 2
Nennweite: 42 mm
Wandstärke: 1,2 mm
Verlegehöhe: **3,50 / 5,00 / 7,00** m
33 €   42 €   **45** €   48 €   58 €   [m]   ⏱ 0,25 h/m   042.000.015

Kosten: Stand 4.Quartal 2021 Bundesdurchschnitt

▶ min
▷ von
ø Mittel
◁ bis
◀ max

Nr.	Kurztext / Langtext				[Einheit]	Ausf.-Dauer	Kostengruppe Positionsnummer
▶	▷ ø netto € ◁ ◀						

16 Leitung, Kupferrohr, 54mm KG **412**
Wie Ausführungsbeschreibung A 2
Nennweite: 54 mm
Wandstärke: 1,5 mm
Verlegehöhe: **3,50 / 5,00 / 7,00** m

| 41€ | 56€ | **59**€ | 65€ | 75€ | [m] | ⏱ 0,25 h/m | 042.000.016 |

A 3 Leitung, Edelstahlrohr Beschreibung für Pos. **17-23**
Rohrleitung; Edelstahl aus nichtrostendem Cr-Ni-Mo-Stahl, in geschweißter Ausführung, DVGW GW 541 für Trinkwasser DIN 1988-200, in Stangen, beständig gegen alle natürlichen Trinkwasserinhaltsstoffe, verlegt nach den Richtlinien des Herstellers, einschl. Rohrverbindung sowie Befestigungsmaterial, körperschallgedämmt.

17 Leitung, Edelstahlrohr, 15mm KG **412**
Wie Ausführungsbeschreibung A 3
Werkstoff-Nr.: .....
Maximaler Betriebsdruck: 16 bar
Maximale Temperatur: 85°C
Nennweite: 15 mm
Wandstärke: 1 mm
Verlegung in Gebäuden bis **3,50 / 5,00 / 7,00** m **über Gelände / Fußboden**

| 8€ | 16€ | **18**€ | 21€ | 24€ | [m] | ⏱ 0,14 h/m | 042.000.004 |

18 Leitung, Edelstahlrohr, 18mm KG **412**
Wie Ausführungsbeschreibung A 3
Werkstoff-Nr.: .....
Maximaler Betriebsdruck: 16 bar
Maximale Temperatur: 85°C
Nennweite: 18 mm
Wandstärke: 1 mm
Verlegung in Gebäuden bis **3,50 / 5,00 / 7,00** m **über Gelände / Fußboden**

| 11€ | 17€ | **20**€ | 20€ | 28€ | [m] | ⏱ 0,14 h/m | 042.000.023 |

19 Leitung, Edelstahlrohr, 22mm KG **412**
Wie Ausführungsbeschreibung A 3
Werkstoff-Nr.: .....
Maximaler Betriebsdruck: 16 bar
Maximale Temperatur: 85°C
Nennweite: 22 mm
Wandstärke: 1,2 mm
Verlegung in Gebäuden bis **3,50 / 5,00 / 7,00** m **über Gelände / Fußboden**

| 13€ | 23€ | **23**€ | 27€ | 35€ | [m] | ⏱ 0,14 h/m | 042.000.024 |

LB 042
Gas- und Wasseranlagen
- Leitungen, Armaturen

Kosten:
Stand 4.Quartal 2021
Bundesdurchschnitt

▶ min
▷ von
ø Mittel
◁ bis
◀ max

Nr. ▶	Kurztext / Langtext ▷ ø netto € ◁ ◀				[Einheit]	Ausf.-Dauer	Kostengruppe Positionsnummer
20	**Leitung, Edelstahlrohr, 28mm**						KG **412**
	Wie Ausführungsbeschreibung A 3						
	Werkstoff-Nr.:						
	Maximaler Betriebsdruck: 16 bar						
	Maximale Temperatur: 85°C						
	Nennweite: 28 mm						
	Wandstärke: 1,2 mm						
	Verlegung in Gebäuden bis **3,50 / 5,00 / 7,00** m **über Gelände / Fußboden**						
14€	24€	**26€**	30€	39€	[m]	⏱ 0,14 h/m	042.000.025
21	**Leitung, Edelstahlrohr, 35mm**						KG **412**
	Wie Ausführungsbeschreibung A 3						
	Werkstoff-Nr.:						
	Maximaler Betriebsdruck: 16 bar						
	Maximale Temperatur: 85°C						
	Nennweite: 35mm						
	Wandstärke: 1,5mm						
	Verlegung in Gebäuden bis **3,50 / 5,00 / 7,00** m **über Gelände / Fußboden**						
22€	33€	**35€**	41€	51€	[m]	⏱ 0,14 h/m	042.000.026
22	**Leitung, Edelstahlrohr, 42mm**						KG **412**
	Wie Ausführungsbeschreibung A 3						
	Werkstoff-Nr.:						
	Maximaler Betriebsdruck: 16 bar						
	Maximale Temperatur: 85°C						
	Nennweite: 42 mm						
	Wandstärke: 1,5 mm						
	Verlegung in Gebäuden bis **3,50 / 5,00 / 7,00** m **über Gelände / Fußboden**						
27€	39€	**41€**	50€	63€	[m]	⏱ 0,14 h/m	042.000.027
23	**Leitung, Edelstahlrohr, 54mm**						KG **412**
	Wie Ausführungsbeschreibung A 3						
	Werkstoff-Nr.:						
	Maximaler Betriebsdruck: 16 bar						
	Maximale Temperatur: 85°C						
	Nennweite: 54 mm						
	Wandstärke: 1,5 mm						
	Verlegung in Gebäuden bis **3,50 / 5,00 / 7,00** m **über Gelände / Fußboden**						
31€	42€	**45€**	56€	75€	[m]	⏱ 0,14 h/m	042.000.028
24	**Löschwasserleitung, verzinktes Rohr, DN50**						KG **474**
	Rohrleitung, Gewinderohr mittelschwer, geschweißt, DIN EN 10255 einschl. Rohrbefestigung und Verbindungsstücke.						
	Oberfläche: verzinkt DIN EN 10240						
	Durchmesser: 60,3 mm						
	Verlegung in Gebäuden: bis **3,50 / 5,00 / 7,00** m über **Gelände / Fußboden**						
47€	50€	**51€**	53€	57€	[m]	⏱ 0,40 h/m	042.000.033

Nr.	Kurztext / Langtext						Kostengruppe
▶	▷	ø netto €	◁	◀	[Einheit]	Ausf.-Dauer	Positionsnummer

25 Löschwasserleitung, verzinktes Rohr, DN100 — KG 474

Rohrleitung, Gewinderohr mittelschwer, geschweißt, DIN EN 10255 einschl. Rohrbefestigung und Verbindungsstücke.
Oberfläche: verzinkt DIN EN 10240
Durchmesser: 114,3 mm
Verlegung in Gebäuden: bis **3,50 / 5,00 / 7,00** m über **Gelände / Fußboden**

| –€ | 76€ | **86€** | 93€ | –€ | [m] | 0,70 h/m | 042.000.036 |

26 Kugelhahn, DN15 — KG 412

Kugelhahn in Durchgangsform.
Nennweite: DN15
Gehäuse: **Rotguss / Messing**, für Trinkwasser
Anschluss Außengewinde: R 1/2

| 6€ | 14€ | **18€** | 19€ | 39€ | [St] | 0,35 h/St | 042.000.038 |

27 Kugelhahn, DN25 — KG 412

Kugelhahn in Durchgangsform.
Nennweite: DN25
Gehäuse: **Rotguss / Messing**, für Trinkwasser
Anschluss Außengewinde: R 1

| 16€ | 26€ | **28€** | 29€ | 36€ | [St] | 0,35 h/St | 042.000.040 |

28 Kugelhahn, DN50 — KG 412

Kugelhahn in Durchgangsform.
Nennweite: DN50
Gehäuse: **Rotguss / Messing**, für Trinkwasser
Anschluss Außengewinde: R 2

| 53€ | 59€ | **60€** | 64€ | 70€ | [St] | 0,35 h/St | 042.000.054 |

29 Eckventil, DN15 — KG 412

Eckventil, verchromt mit Rosette. Als Absperr- und Anschlussventil, mit Schneidringverschraubung.
Gehäuse: entzinkungsbeständiges Messing
Nennweite: DN15
Geräuschverhalten Gruppe DIN 4109-1: **I / II**

| 7€ | 18€ | **23€** | 38€ | 59€ | [St] | 0,20 h/St | 042.000.006 |

**LB 042
Gas- und Wasseranlagen
- Leitungen, Armaturen**

Kosten:
Stand 4.Quartal 2021
Bundesdurchschnitt

▶ min
▷ von
ø Mittel
◁ bis
◀ max

Nr.	Kurztext / Langtext						Kostengruppe
▶	▷ ø netto € ◁ ◀				[Einheit]	Ausf.-Dauer	Positionsnummer

A 4 Absperr-Schrägsitzventil Beschreibung für Pos. **30-33**
Absperr-Schrägsitzventil, in Durchgangsform, Muffenanschluss, für Trinkwasser DIN 1988-200, mit Entleerung, Schallschutz-Zulassung, Gehäuse, mit wartungsfreier Spindelabdichtung, mit PTFE-Dichtung. Inkl. Dämmschale und Übergänge auf Kunststoff- bzw. Edelstahlrohr. Absperrung mit Handgriff.

30   Absperr-Schrägsitzventil DN15   KG **412**
Wie Ausführungsbeschreibung A 4
Nennweite: DN15
Gehäuse: **Rotguss / Messing**
Maximaler Betriebsdruck: **10 / 16** bar
50 €   62 €   **68** €   75 €   86 €   [St]   ⏱ 0,30 h/St   042.000.007

31   Absperr-Schrägsitzventil, DN25   KG **412**
Wie Ausführungsbeschreibung A 4
Nennweite: DN25
Gehäuse: **Rotguss / Messing**
Maximaler Betriebsdruck: **10 / 16** bar
80 €   94 €   **104** €   111 €   128 €   [St]   ⏱ 0,30 h/St   042.000.056

32   Absperr-Schrägsitzventil, DN50   KG **412**
Wie Ausführungsbeschreibung A 4
Nennweite: DN50
Gehäuse: **Rotguss / Messing**
Maximaler Betriebsdruck: **10 / 16** bar
242 €   268 €   **276** €   291 €   318 €   [St]   ⏱ 0,30 h/St   042.000.059

33   Absperr-Schrägsitzventil, DN65   KG **412**
Wie Ausführungsbeschreibung A 4
Nennweite: DN65
Gehäuse: **Rotguss / Messing**
Maximaler Betriebsdruck: **10 / 16** bar
– €   370 €   **412** €   458 €   – €   [St]   ⏱ 0,30 h/St   042.000.060

A 5 Zirkulations-Regulierventil Beschreibung für Pos. **34-35**
Zirkulations-Regulierventil, Schallzulassung, mit Temperatur- und digitaler Stellungsanzeige zum hydraulischen Strangabgleich und zur Strangabsperrung, mit Entleerung im Gehäuse, mit Niro-Press-Verschraubung.

34   Zirkulations-Regulierventil, DN20   KG **412**
Wie Ausführungsbeschreibung A 5
Gehäuse: **Rotguss / Messing**
Anschluss: DN20
77 €   91 €   **101** €   106 €   120 €   [St]   ⏱ 0,25 h/St   042.000.061

35   Zirkulations-Regulierventil, DN32   KG **412**
Wie Ausführungsbeschreibung A 5
Gehäuse: **Rotguss / Messing**
Anschluss: DN32
163 €   183 €   **190** €   208 €   229 €   [St]   ⏱ 0,25 h/St   042.000.063

Nr.	Kurztext / Langtext						Kostengruppe	
▶	▷	ø netto €	◁	◀	[Einheit]	Ausf.-Dauer	Positionsnummer	

36 Füll- und Entleerventil, DN15 — KG 412

Füll- und Entleerkugelhahn, mit Stopfbuchse, Kette und Kappe.
Anschluss: 1/2"
Gehäuse: Rotguss

| 8€ | 15€ | **18**€ | 45€ | 81€ | [St] | ⏱ 0,20 h/St | 042.000.041 |

37 Warmwasser-Zirkulationspumpe, DN20 — KG 412

Elektronisch geregelte Zirkulationspumpe, für Trinkwasser DIN 1988-200, als wellenloser Pumpenläufer ohne Lagerbuchsen, mit Rückschlagventil, beiderseits mit zweiteiligen Lötverschraubungen, flachdichtend. Als Dauerläufer mit Drehzahlregelung. Druck- und temperaturabhängige Drehzahlanpassung.
Pumpengehäuse: Rotguss
Elektroanschluss: 230 V / 50 Hz
Leistungsaufnahme: ..... Watt
Anschluss: DN20

| 171€ | 257€ | **296**€ | 360€ | 501€ | [St] | ⏱ 0,80 h/St | 042.000.050 |

38 Membran-Sicherheitsventil, Warmwasserbereiter — KG 412

Membran-Sicherheitsventil mit Sicherheitsventil-Austauschsatz, für geschlossene, druckfeste Warmwasserbereiter DIN 1988-200, bauteilgeprüft, mit vergrößertem Austritt.
Gehäuse: **Rotguss / Messing**
Eintritt: DN25
Austritt: DN32
Ansprechdruck: **6, 10, 16** bar
Nenninhalt WWB: bis 5.000 LM

| 36€ | 51€ | **63**€ | 80€ | 131€ | [St] | ⏱ 0,40 h/St | 042.000.048 |

39 Enthärtungsanlage — KG 412

Vollautomatische Enthärtungsanlage für kaltes Trinkwasser DIN EN 14743 und DIN 19636-100, mit selbstständiger Ermittlung der Rohwasserhärte. Vollautomatische Einstellung auf die gewünschte Resthärte per Knopfdruck und permanenter Überprüfung und Nachregulierung bei Abweichungen. Eingebaute Desinfektionseinrichtung mit platinierten Titanelektroden zur Desinfektion des Ionenaustauschers.
Nenndurchfluss: 1,8 m³/h bei 0,8 bar
Max. Durchfluss (kurzzeitig): 3,5 m³/h
Rohranschluss: DN25
Einbaulänge: 195 mm
Salzvorratsbehälter: 36 kg
Salzverbrauch: 0,36 kg je m³, bei Enthärtung von 20° dH auf 8° dH
Nenndruck: PN 10
Kapazität je kg Salz: 5,0 mol
Betriebstemperatur: max. 30°C
Betriebsdruck: 2-7 bar
Mindestfließdruck bei Nenndurchfluss: 2 bar
Elektroanschluss: 230 V / 50 Hz

| 1.443€ | 1.824€ | **1.913**€ | 1.923€ | 2.445€ | [St] | ⏱ 1,00 h/St | 042.000.064 |

LB 042 Gas- und Wasseranlagen - Leitungen, Armaturen

Kosten:
Stand 4.Quartal 2021
Bundesdurchschnitt

Nr. ▶	▷	**Kurztext** / Langtext **ø netto €** ◁	◀	[Einheit]	Ausf.-Dauer	Kostengruppe Positionsnummer

A 6 — Leitung, Kupferrohr ummantelt
Beschreibung für Pos. 40-41

Leitung aus Kupferrohr DIN EN 1057 für Trinkwasser-, Heizung-, Gas-, Flüssiggas-Installationen sowie für alle Leitungen ohne Wärmedämmanforderungen. Zum Pressen und Löten geeignet. Ummantelung zur Verminderung von Tauwasserbildung, Schutz vor mechanischer Beschädigung und Korrosionsschutz. Lieferung in Ringen, inkl. Rohrverbindung sowie Befestigungsmaterial, körperschallgedämmt.

40 Leitung, Kupferrohr ummantelt, DN10 KG **412**
Wie Ausführungsbeschreibung A 6
Stegmantel: Kunststoff
Farbe: grau
Zulässige Betriebstemperatur: 100°C
Brandverhalten: B2
Beanspruchungsklasse: B
Lieferung: in Ringen
Rohr: 12 x 1 mm
Mantel Außendurchmesser: 16 mm
Maximaler Betriebsdruck über 16 bar

–€   4€   **4€**   4€   –€   [m]   ⏱ 0,15 h/m   042.000.065

41 Leitung, Kupferrohr ummantelt, DN20 KG **412**
Wie Ausführungsbeschreibung A 6
Stegmantel: Kunststoff
Farbe: grau
Zulässige Betriebstemperatur: 100°C
Brandverhalten: B2
Beanspruchungsklasse: B
Lieferung: in Ringen
Rohr: 22 x 1 mm
Mantel Außendurchmesser: 27 mm
Maximaler Betriebsdruck über 16 bar

7€   8€   **8€**   9€   10€   [m]   ⏱ 0,15 h/m   042.000.068

▶ min
▷ von
ø Mittel
◁ bis
◀ max

LB 044
Abwasseranlagen - Leitungen, Abläufe, Armaturen

Kosten: Stand 4.Quartal 2021 Bundesdurchschnitt

- ▶ min
- ▷ von
- ø Mittel
- ◁ bis
- ◀ max

Nr.	Positionen	Einheit	▶	▷ ø brutto € / ø netto €		◁	◀
1	Bodenablauf, DN100	St	487 / 409	551 / 463	**580** / **488**	697 / 586	822 / 691
2	Hebeanlage, DN100	St	962 / 809	4.684 / 3.936	**7.175** / **6.029**	9.891 / 8.312	16.091 / 13.522
3	Dachentwässerung DN80	St	83 / 70	120 / 100	**142** / **119**	176 / 147	225 / 189
4	Rohrbelüfter DN50	St	50 / 42	76 / 64	**92** / **77**	99 / 83	121 / 101
5	Rohrbelüfter DN70	St	83 / 70	105 / 88	**117** / **99**	126 / 106	148 / 125
6	Rohrbelüfter DN100	St	85 / 71	106 / 89	**115** / **97**	126 / 106	162 / 136
7	Grundleitung, PVC-U, DN100	m	24 / 21	28 / 23	**30** / **25**	31 / 26	33 / 28
8	Abwasserleitung, Guss, DN80	m	39 / 33	44 / 37	**47** / **40**	47 / 40	52 / 44
9	Formstück, Bogen, Guss, DN80	St	16 / 14	26 / 22	**30** / **26**	36 / 31	59 / 50
10	Formstück, Abzweig, Guss, DN80	St	28 / 23	31 / 26	**32** / **27**	34 / 28	38 / 32
11	Putzstück, Guss, DN80	St	23 / 20	35 / 29	**41** / **34**	50 / 42	62 / 52
12	Abwasserleitung, Guss, DN100	m	50 / 42	58 / 49	**63** / **53**	66 / 56	73 / 61
13	Formstück, Bogen, Guss, DN100	St	23 / 20	31 / 26	**32** / **27**	38 / 32	49 / 41
14	Formstück, Abzweig, Guss, DN100	St	18 / 16	30 / 25	**40** / **34**	42 / 35	50 / 42
15	Putzstück, Guss, DN100	St	43 / 36	54 / 46	**61** / **51**	62 / 52	74 / 62
16	Abwasserleitung, Guss, DN125	m	59 / 50	76 / 63	**96** / **81**	108 / 90	109 / 92
17	Formstück, Bogen, Guss, DN125	St	30 / 25	37 / 31	**43** / **36**	51 / 43	63 / 53
18	Formstück, Abzweig, Guss, DN125	St	21 / 17	43 / 36	**52** / **44**	66 / 55	84 / 71
19	Abwasserleitung, Guss, DN150	m	– / –	96 / 81	**115** / **96**	117 / 98	– / –
20	Formstück, Bogen, Guss, DN150	St	35 / 29	50 / 42	**61** / **51**	69 / 58	79 / 66
21	Formstück, Abzweig, Guss, DN150	St	51 / 43	84 / 70	**104** / **88**	117 / 99	130 / 109
22	Putzstück, Guss, DN150	St	104 / 88	125 / 105	**149** / **126**	164 / 138	193 / 162
23	Abwasserleitung, HT-Rohr, DN/OD50	m	14 / 12	17 / 14	**18** / **15**	19 / 16	21 / 18
24	Formstück, HT-Bogen, DN/OD50	St	4 / 4	7 / 6	**8** / **6**	11 / 9	15 / 13

© BKI Baukosteninformationszentrum

Kostenstand: 4.Quartal 2021, Bundesdurchschnitt

Abwasseranlagen - Leitungen, Abläufe, Armaturen — Preise €

Nr.	Positionen	Einheit	▶	▷	ø brutto € ø netto €	◁	◀
25	Formstück, HT-Abzweig, DN/OD50	St	6	10	**12**	16	23
			5	8	**10**	13	19
26	Abwasserleitung, HT-Rohr, DN/OD75	m	23	25	**26**	28	32
			19	21	**22**	24	27
27	Formstück, HT-Bogen, DN/OD75	St	4	7	**8**	14	20
			4	6	**7**	12	17
28	Formstück, HT-Abzweig, DN/OD75	St	5	9	**10**	12	16
			4	8	**9**	10	13
29	Abwasserleitung, HT-Rohr, DN/OD100	m	22	28	**31**	33	40
			19	24	**26**	28	33
30	Formstück, HT-Bogen, DN/OD100	St	5	9	**11**	13	18
			4	7	**9**	11	15
31	Formstück, HT-Abzweig, DN/OD100	St	6	22	**25**	57	105
			5	18	**21**	48	89
32	Formstück, HT Doppelabzweig, DN/OD100	St	22	32	**44**	61	68
			19	27	**37**	51	57
33	Formstück, HT Übergangsrohr, DN/OD100	St	1	4	**5**	9	14
			0,9	3,5	**4,6**	7,6	11
34	Abwasserleitung, PE-Rohr, DN/OD75	m	9	22	**27**	31	39
			8	18	**22**	26	33
35	Formstück, PE-Bogen, DN/OD75	St	6	8	**10**	11	14
			5	7	**8**	9	12
36	Formstück, PE-Abzweig, DN/OD75	St	–	11	**13**	15	–
			–	10	**11**	13	–
37	Abwasserleitung, PE-Rohr, DN/OD100	m	42	59	**67**	92	135
			35	50	**56**	77	113
38	Formstück, PE-Bogen, DN/OD100	St	–	19	**26**	32	–
			–	16	**22**	27	–
39	Formstück, PE-Abzweig, DN/OD100	St	–	22	**31**	35	–
			–	18	**26**	29	–
40	Formstück, PE-Putzstück, DN/OD100	St	–	39	**48**	58	–
			–	33	**41**	49	–
41	Abwasserleitung, PE-Rohr, DN/OD150	m	–	75	**90**	104	–
			–	63	**75**	88	–
42	Formstück, PE-Abzweig, DN/OD150	St	92	103	**117**	127	142
			77	86	**99**	107	120
43	Druckleitung, Schmutzwasserhebeanlage DN40	m	–	28	**36**	41	–
			–	23	**31**	35	–
44	Doppelabzweig, SML, DN100	St	–	61	**66**	71	–
			–	52	**55**	59	–
45	Abflussleitung, PP-Rohre, DN/OD50, schallgedämmt	m	23	28	**32**	36	44
			19	24	**27**	31	37
46	Abflussleitung, PP-Rohre, DN/OD75, schallgedämmt	m	25	31	**35**	39	48
			21	26	**30**	33	40

LB 044 Abwasseranlagen - Leitungen, Abläufe, Armaturen

Preise €

Kosten: Stand 4.Quartal 2021, Bundesdurchschnitt

▶ min ▷ von ø Mittel ◁ bis ◀ max

Nr.	Positionen	Einheit	▶	▷	ø brutto € / ø netto €	◁	◀
47	Abflussleitung, PP-Rohre, DN/OD90, schallgedämmt	m	30	35	**42**	47	57
			25	30	**36**	40	48
48	Abflussleitung, PP-Rohre, DN/OD110, schallgedämmt	m	31	37	**43**	48	58
			26	31	**36**	40	49
49	Abwasser-Rohrbogen, PP, DN/OD50, schallgedämmt	St	7,0	10	**12**	14	17
			5,9	8,5	**9,8**	12	15
50	Abwasser-Rohrbogen, PP, DN/OD75, schallgedämmt	St	8,9	13	**15**	18	22
			7,5	11	**12**	15	19
51	Abwasser-Rohrbogen, PP, DN/OD90, schallgedämmt	St	12	18	**21**	25	31
			10	15	**17**	21	26
52	Abwasser-Rohrbogen, PP, DN/OD110, schallgedämmt	St	27	39	**45**	54	68
			23	33	**38**	46	57
53	Abwasser-Abzweig, PP, DN/OD50, schallgedämmt	St	12	17	**19**	23	29
			9,8	14	**16**	20	25
54	Abwasser-Abzweig, PP, DN/OD75, schallgedämmt	St	15	21	**25**	30	37
			12	18	**21**	25	31
55	Abwasser-Abzweig, PP, DN/OD90, schallgedämmt	St	21	31	**35**	42	53
			18	26	**30**	35	44
56	Abwasser-Abzweig, PP, DN/OD110, schallgedämmt	St	22	32	**37**	45	56
			19	27	**31**	38	47
57	Bodenablauf, Gully, bodengleiche Dusche	St	650	714	**793**	952	1.095
			547	600	**667**	800	920
58	Bodenablauf, Rinne, bodengleiche Dusche	St	835	891	**1.114**	1.336	1.537
			702	749	**936**	1.123	1.291
59	Duschrinne, Edelstahl, 900mm	St	374	484	**554**	643	774
			315	407	**466**	541	651
60	Abdeckung, Duschrinne, Edelstahl	St	–	121	**151**	197	–
			–	102	**127**	166	–

Nr.	Kurztext / Langtext					Kostengruppe	
▶	▷	ø netto €	◁	◀	[Einheit]	Ausf.-Dauer	Positionsnummer

1 Bodenablauf, DN100 — KG **411**

Bodenablauf DIN EN 1253-1 für frostfreie Räume, mit Geruchsverschluss und Reinigungsöffnung, mit 2 Isolierflanschen, sowie Aufstockelement, mit Rostrahmen und Rost.
Nennweite: DN100
Ablaufleistung: 2,0 l/s
Gehäuse: Gusseisen
Isolierflansch: DN100
Aufstockelement: 45 / 300 mm (kürzbar)
Abgang: waagrecht / senkrecht
Rost: **V4A / Gusseisen grundbeschichtet**
Abmessung (LxB): 150 x 150 mm

| 409 € | 463 € | **488** € | 586 € | 691 € | [St] | ⏱ 0,80 h/St | 044.000.036 |

2 Hebeanlage, DN100 — KG **411**

Automatische Schmutzwasser-Hebeanlage für fäkalienfreies Abwasser DIN EN 12050-2, bestehend aus: Kunststoffsammelbehälter mit automatisch schaltender Tauchmotorpumpe und Rückschlagklappe, zwei um 90° versetzte Zulaufstutzen, Entlüftungs- und Druckstutzen. Abdeckung mit Zwischengehäuse, höhenverstellbar. Abdeckplatte wahlweise als Strukturblech, Ausführung mit Bodenablauf und Geruchsverschluss. Alarmschaltgerät netzunabhängig, mit Ausschalter, piezokeramischem Signalgeber. Grüne Betriebsleuchte, potenzialfreier Kontakt zur Ansteuerung einer Leitwarte, Versorgungsteil mit Batterie für 5h Betrieb bei Netzausfall.
Zulauf: DN100
Schallpegel bei Betrieb: max. 85 dBA
Spannung: 230 V / 12V = 1,2 VA
Förderleistung: 5,00 m³/h
Förderhöhe: 13 m

| 809 € | 3.936 € | **6.029** € | 8.312 € | 13.522 € | [St] | ⏱ 8,00 h/St | 044.000.037 |

3 Dachentwässerung DN80 — KG **411**

Dachwasserablauf für Flachdachentwässerung (mit planmäßig vollgefüllt betriebener Regenwasserleitung), mit Grundkörper aus Kunststoff, Flanschring für Anschluss an Dampfsperre, Befestigungsscheibe für Flanschring, mit Ablaufkörper, sowie Befestigungsscheibe für Einsatzring. Höhenverstellbares Aufsatzstück, mit Laubfangkorb, Isolierkörper, einschl. Befestigungsmaterial.
Nennweite: DN80
Werkstoff Grund- und Ablaufkörper: PE-HD
Anschlussstutzen Abflussleistung: PE-HD
Ablaufleistung: 1-12 l/s

| 70 € | 100 € | **119** € | 147 € | 189 € | [St] | ⏱ 0,60 h/St | 044.000.038 |

4 Rohrbelüfter DN50 — KG **411**

Rohrbelüfter zur Belüftung von Abwasserleitungen DIN EN 12380. Mit Sieb für Lufteinlassöffnung, mit Lippendichtung für Abwasserleitung. Allgemeine bauaufsichtliche Zulassung.
Abmessung: DN50

| 42 € | 64 € | **77** € | 83 € | 101 € | [St] | ⏱ 0,15 h/St | 044.000.039 |

LB 044 Abwasseranlagen - Leitungen, Abläufe, Armaturen

Kosten: Stand 4.Quartal 2021 Bundesdurchschnitt

Legende:
- ▶ min
- ▷ von
- ø Mittel
- ◁ bis
- ◀ max

Nr.	Kurztext / Langtext	▶	▷	ø netto €	◁	◀	[Einheit]	Ausf.-Dauer	Kostengruppe Positionsnummer
5	**Rohrbelüfter DN70** Rohrbelüfter zur Belüftung von Abwasserleitungen DIN EN 12380. Mit Sieb für Lufteinlassöffnung, mit Lippendichtung für Abwasserleitung. Allgemeine bauaufsichtliche Zulassung. Abmessung: DN70	70€	88€	**99€**	106€	125€	[St]	0,15 h/St	KG **411** 044.000.051
6	**Rohrbelüfter DN100** Rohrbelüfter zur Belüftung von Abwasserleitungen DIN EN 12380. Mit Sieb für Lufteinlassöffnung, mit Lippendichtung für Abwasserleitung. Allgemeine bauaufsichtliche Zulassung. Abmessung: DN100	71€	89€	**97€**	106€	136€	[St]	0,15 h/St	KG **411** 044.000.052
7	**Grundleitung, PVC-U, DN100** Abwasserleitung als Grundleitung aus PVC-U-Rohren, allgemeine bauaufsichtliche Zulassung, Verlegung in vorhandenem Graben. Grundleitung für: **Schmutzwasser / Regenwasser** Bettung: **gesondert vergütet / bauseits** Nennweite: DN100 Baulänge **1,00 / 2,00 / 5,00 m**	21€	23€	**25€**	26€	28€	[m]	0,25 h/m	KG **411** 044.000.035
8	**Abwasserleitung, Guss, DN80** Abwasserleitungen aus muffenlosen Gussrohren, DIN EN 877 und DIN 19522, innen mit Zweikomponenten-Epoxid-Schutzschicht, außen mit Schutzfarbe versehen. Inklusive aller Verbindungsmaterialien, verschraubbare Spannhülsen aus nichtrostendem Stahl mit Gummidichtmanschette, auch kraftschlüssig, sowie allen Befestigungsteilen. Verlegung in Gebäuden. Nennweite: DN80 Schutzfarbe: **rotbraun / grau** Verlegehöhe: bis **3,50 / 5,00 / 10,00** m	33€	37€	**40€**	40€	44€	[m]	0,40 h/m	KG **411** 044.000.034
9	**Formstück, Bogen, Guss, DN80** Bogen aller Winkelgrade für Schmutz- und Regenwasserleitung aus Guss, innen mit Zweikomponenten-Epoxid-Schutzschicht, außen mit Schutzfarbe versehen. Nennweite: DN80 Winkelgrad: ..... °	14€	22€	**26€**	31€	50€	[St]	0,20 h/St	KG **411** 044.000.001
10	**Formstück, Abzweig, Guss, DN80** Abzweig aller Winkelgrade für Schmutz- und Regenwasserleitung aus Guss, innen mit Zweikomponenten-Epoxid-Schutzschicht, außen mit Schutzfarbe versehen. Nennweite: DN80 Winkelgrad: ..... °	23€	26€	**27€**	28€	32€	[St]	0,30 h/St	KG **411** 044.000.002

Nr.	Kurztext / Langtext						Kostengruppe
▶	▷	ø netto €	◁	◀	[Einheit]	Ausf.-Dauer	Positionsnummer

11   Putzstück, Guss, DN80   KG 411

Reinigungsöffnung für Schmutz- und Regenwasserleitung aus Guss, innen mit Zweikomponenten-Epoxid-Schutzschicht, außen mit Schutzfarbe versehen.
Öffnung: **rechteckig / rund**
Nennweite: DN80

| 20€ | 29€ | **34**€ | 42€ | 52€ | [St] | ⏱ 0,20 h/St | 044.000.003 |

12   Abwasserleitung, Guss, DN100   KG 411

Abwasserleitungen aus muffenlosen Gussrohren, DIN EN 877 und DIN 19522, innen mit Zweikomponenten-Epoxid-Schutzschicht, außen mit Schutzfarbe versehen. Inklusive aller Verbindungsmaterialien, verschraubbare Spannhülsen aus nichtrostendem Stahl mit Gummidichtmanschette, auch kraftschlüssig, sowie allen Befestigungsteilen. Verlegung in Gebäuden.
Nennweite: DN100
Schutzfarbe: **rotbraun / grau**
Verlegehöhe: bis **3,50 / 5,00 / 10,00** m

| 42€ | 49€ | **53**€ | 56€ | 61€ | [m] | ⏱ 0,50 h/m | 044.000.004 |

13   Formstück, Bogen, Guss, DN100   KG 411

Bogen aller Winkelgrade für Schmutz- und Regenwasserleitung aus Guss, innen mit Zweikomponenten-Epoxid-Schutzschicht, außen mit Schutzfarbe versehen.
Nennweite: DN100
Winkelgrad: ..... °

| 20€ | 26€ | **27**€ | 32€ | 41€ | [St] | ⏱ 0,25 h/St | 044.000.005 |

14   Formstück, Abzweig, Guss, DN100   KG 411

Abzweig aller Winkelgrade für Schmutz- und Regenwasserleitung aus Guss, innen mit Zweikomponenten-Epoxid-Schutzschicht, außen mit Schutzfarbe versehen.
Nennweite: DN100
Winkelgrad: ..... °

| 16€ | 25€ | **34**€ | 35€ | 42€ | [St] | ⏱ 0,40 h/St | 044.000.006 |

15   Putzstück, Guss, DN100   KG 411

Reinigungsöffnung für Schmutz- und Regenwasserleitung aus Guss, innen mit Zweikomponenten-Epoxid-Schutzschicht, außen mit Schutzfarbe versehen.
Öffnung: **rechteckig / rund**
Nennweite: DN100

| 36€ | 46€ | **51**€ | 52€ | 62€ | [St] | ⏱ 0,25 h/St | 044.000.007 |

16   Abwasserleitung, Guss, DN125   KG 411

Abwasserleitungen aus muffenlosen Gussrohren, DIN EN 877 und DIN 19522, innen mit Zweikomponenten-Epoxid-Schutzschicht, außen mit Schutzfarbe versehen. Inklusive aller Verbindungsmaterialien, verschraubbare Spannhülsen aus nichtrostendem Stahl mit Gummidichtmanschette, auch kraftschlüssig, sowie allen Befestigungsteilen. Verlegung in Gebäuden.
Nennweite: DN125
Schutzfarbe: **rotbraun / grau**
Verlegehöhe: bis **3,50 / 5,00 / 10,00** m

| 50€ | 63€ | **81**€ | 90€ | 92€ | [m] | ⏱ 0,50 h/m | 044.000.008 |

© **BKI** Baukosteninformationszentrum   Kostenstand: 4.Quartal 2021, Bundesdurchschnitt

LB 044
Abwasseranlagen - Leitungen, Abläufe, Armaturen

Kosten: Stand 4.Quartal 2021, Bundesdurchschnitt

Legende:
- ▶ min
- ▷ von
- ø Mittel
- ◁ bis
- ◀ max

Nr.	Kurztext / Langtext ▶ min ▷ von ø netto € ◁ bis ◀ max	[Einheit]	Ausf.-Dauer	Kostengruppe / Positionsnummer

17 Formstück, Bogen, Guss, DN125 — KG 411
Bogen aller Winkelgrade für Schmutz- und Regenwasserleitung aus Guss, innen mit Zweikomponenten-Epoxid-Schutzschicht, außen mit Schutzfarbe versehen.
Nennweite: DN125
Winkelgrad: ..... °

▶	▷	ø	◁	◀	[Einheit]	Ausf.-Dauer	Pos.-Nr.
25€	31€	**36€**	43€	53€	[St]	0,30 h/St	044.000.009

18 Formstück, Abzweig, Guss, DN125 — KG 411
Abzweig aller Winkelgrade für Schmutz- und Regenwasserleitung aus Guss, innen mit Zweikomponenten-Epoxid-Schutzschicht, außen mit Schutzfarbe versehen.
Nennweite: DN125
Winkelgrad: ..... °

17€	36€	**44€**	55€	71€	[St]	0,40 h/St	044.000.010

19 Abwasserleitung, Guss, DN150 — KG 411
Abwasserleitungen aus muffenlosen Gussrohren, DIN EN 877 und DIN 19522, innen mit Zweikomponenten-Epoxid-Schutzschicht, außen mit Schutzfarbe versehen. Inklusive aller Verbindungsmaterialien, verschraubbare Spannhülsen aus nichtrostendem Stahl mit Gummidichtmanschette, auch kraftschlüssig, sowie allen Befestigungsteilen. Verlegung in Gebäuden.
Nennweite: DN150
Schutzfarbe: **rotbraun / grau**
Verlegehöhe: bis **3,50 / 5,00 / 10,00** m

–€	81€	**96€**	98€	–€	[m]	0,50 h/m	044.000.012

20 Formstück, Bogen, Guss, DN150 — KG 411
Bogen aller Winkelgrade für Schmutz- und Regenwasserleitung aus Guss, innen mit Zweikomponenten-Epoxid-Schutzschicht, außen mit Schutzfarbe versehen.
Nennweite: DN150
Winkelgrad: ..... °

29€	42€	**51€**	58€	66€	[St]	0,30 h/St	044.000.013

21 Formstück, Abzweig, Guss, DN150 — KG 411
Abzweig aller Winkelgrade für Schmutz- und Regenwasserleitung aus Guss, innen mit Zweikomponenten-Epoxid-Schutzschicht, außen mit Schutzfarbe versehen.
Nennweite: DN150
Winkelgrad: ..... °

43€	70€	**88€**	99€	109€	[St]	0,45 h/St	044.000.014

22 Putzstück, Guss, DN150 — KG 411
Reinigungsöffnung für Schmutz- und Regenwasserleitung aus Guss, innen mit Zweikomponenten-Epoxid-Schutzschicht, außen mit Schutzfarbe versehen.
Öffnung: **rechteckig / rund**
Nennweite: DN150

88€	105€	**126€**	138€	162€	[St]	0,30 h/St	044.000.015

Nr.	**Kurztext** / Langtext					Kostengruppe
▶	▷	**ø netto €**	◁	◀	[Einheit]	Ausf.-Dauer Positionsnummer

23 Abwasserleitung, HT-Rohr, DN/OD50 KG **411**
HT-Abwasserrohre mit Steckmuffensystem und mit werkseitig eingebautem Lippendichtring zur Entwässerung innerhalb von Gebäuden und zur Ableitung von aggressiven Medien. Chemische Beständigkeit: Resistent gegenüber anorganischen Salzen, Laugen und Milchsäuren in Konzentrationen, wie sie zum Beispiel in Laborwässern vorhanden sind. Material heißwasserbeständig, lichtstabilisiert, dauerhaft schwer entflammbar.
Material: Polypropylen (PP)
Nennweite: DN/OD50

12€ 14€ **15**€ 16€ 18€ [m] ⏱ 0,30 h/m 044.000.016

24 Formstück, HT-Bogen, DN/OD50 KG **411**
HT-Bogen aller Winkelgrade für Schmutz- und Regenwasserleitung aus PP DIN EN 1451-1, Steckmuffensystem mit werkseitig vormontiertem Lippendichtring.
Nennweite: DN/OD50
Winkelgrad: ..... °

4€ 6€ **6**€ 9€ 13€ [St] ⏱ 0,10 h/St 044.000.017

25 Formstück, HT-Abzweig, DN/OD50 KG **411**
HT-Abzweig aller Winkelgrade für Schmutz- und Regenwasserleitung aus PP DIN EN 1451-1, Steckmuffensystem mit werkseitig vormontiertem Lippendichtring.
Nennweite: DN/OD50
Winkelgrad: ..... °

5€ 8€ **10**€ 13€ 19€ [St] ⏱ 0,15 h/St 044.000.018

26 Abwasserleitung, HT-Rohr, DN/OD75 KG **411**
HT-Abwasserrohre DIN EN 1451-1 mit Steckmuffensystem und mit werkseitig eingebautem Lippendichtring zur Entwässerung innerhalb von Gebäuden und zur Ableitung von aggressiven Medien. Chemische Beständigkeit: Resistent gegenüber anorganischen Salzen, Laugen und Milchsäuren in Konzentrationen, wie sie zum Beispiel in Laborwässern vorhanden sind. Material heißwasserbeständig, lichtstabilisiert, dauerhaft schwer entflammbar.
Material: Polypropylen (PP)
Nennweite: DN/OD75

19€ 21€ **22**€ 24€ 27€ [m] ⏱ 0,30 h/m 044.000.019

27 Formstück, HT-Bogen, DN/OD75 KG **411**
HT-Bogen aller Winkelgrade für Schmutz- und Regenwasserleitung aus PP DIN EN 1451-1, Steckmuffensystem mit werkseitig vormontiertem Lippendichtring.
Nennweite: DN/OD75
Winkelgrad: ..... °

4€ 6€ **7**€ 12€ 17€ [St] ⏱ 0,10 h/St 044.000.020

28 Formstück, HT-Abzweig, DN/OD75 KG **411**
HT-Abzweig aller Winkelgrade für Schmutz- und Regenwasserleitung aus PP DIN EN 1451-1, Steckmuffensystem mit werkseitig vormontiertem Lippendichtring.
Nennweite: DN/OD75
Winkelgrad: ..... °

4€ 8€ **9**€ 10€ 13€ [St] ⏱ 0,15 h/St 044.000.021

LB 044
Abwasseranlagen - Leitungen, Abläufe, Armaturen

Kosten: Stand 4.Quartal 2021 Bundesdurchschnitt

Nr.	Kurztext / Langtext					[Einheit]	Ausf.-Dauer	Kostengruppe Positionsnummer
	▶	▷	ø netto €	◁	◀			

29 Abwasserleitung, HT-Rohr, DN/OD100 — KG **411**
HT-Abwasserrohre DIN EN 1451-1 mit Steckmuffensystem und mit werkseitig eingebautem Lippendichtring zur Entwässerung innerhalb von Gebäuden und zur Ableitung von aggressiven Medien. Chemische Beständigkeit: Resistent gegenüber anorganischen Salzen, Laugen und Milchsäuren in Konzentrationen, wie sie zum Beispiel in Laborwässern vorhanden sind. Material heißwasserbeständig, lichtstabilisiert, dauerhaft schwer entflammbar.
Material: Polypropylen (PP)
Nennweite: DN/OD100

19€ 24€ **26€** 28€ 33€ [m] 0,35 h/m 044.000.022

30 Formstück, HT-Bogen, DN/OD100 — KG **411**
HT-Bogen aller Winkelgrade für Schmutz- und Regenwasserleitung aus PP DIN EN 1451-1, Steckmuffensystem mit werkseitig vormontiertem Lippendichtring.
Nennweite: DN/OD100
Winkelgrad: ..... °

4€ 7€ **9€** 11€ 15€ [St] 0,10 h/St 044.000.023

31 Formstück, HT-Abzweig, DN/OD100 — KG **411**
HT-Abzweig aller Winkelgrade für Schmutz- und Regenwasserleitung aus PP DIN EN 1451-1, Steckmuffensystem mit werkseitig vormontiertem Lippendichtring.
Nennweite: DN/OD100
Winkelgrad: ..... °

5€ 18€ **21€** 48€ 89€ [St] 0,20 h/St 044.000.024

32 Formstück, HT Doppelabzweig, DN/OD100 — KG **411**
HT-Eck-Doppelabzweig für Schmutz- und Regenwasserleitung aus PP DIN EN 1451-1, Steckmuffensystem mit werkseitig vormontiertem Lippendichtring, Abgänge mit gleichen bzw. reduzierten Durchmessern **87, 70, 45°, in Eck- / Gabelform.**
Anschluss: DN/OD100

19€ 27€ **37€** 51€ 57€ [St] 0,20 h/St 044.000.048

33 Formstück, HT Übergangsrohr, DN/OD100 — KG **411**
HT-Übergangsrohr exzentrisch für Schmutz- und Regenwasserleitung aus PP DIN EN 1451-1, Steckmuffensystem mit werkseitig vormontiertem Lippendichtring.
Anschluss: DN/OD100
Übergang auf: DN/OD70 / DN/OD50

0,9€ 3,5€ **4,6€** 7,6€ 11€ [St] 0,12 h/St 044.000.049

34 Abwasserleitung, PE-Rohr, DN/OD75 — KG **411**
Abwasserleitung aus PE-Rohr, heißwasserbeständig und schallgedämmt, Verlegung in Gebäuden, Form- und Verbindungsstücke werden gesondert vergütet, einschl. Rohrbefestigungen, körperschallgedämmt.
Nennweite: DN/OD75

8€ 18€ **22€** 26€ 33€ [m] 0,30 h/m 044.000.025

▶ min
▷ von
ø Mittel
◁ bis
◀ max

Nr.	Kurztext / Langtext							Kostengruppe
▶	▷	ø netto €	◁	◀	[Einheit]		Ausf.-Dauer	Positionsnummer

35 — Formstück, PE-Bogen, DN/OD75 — KG 411
Bogen aller Winkelgrade für Schmutz- und Regenwasserleitung aus PE.
Nennweite: DN/OD75
Winkelgrad: ..... °

| 5€ | 7€ | **8€** | 9€ | 12€ | [St] | ⏱ 0,10 h/St | 044.000.026 |

36 — Formstück, PE-Abzweig, DN/OD75 — KG 411
Abzweig aller Winkelgrade für Schmutz- und Regenwasserleitung aus PE.
Nennweite: DN/OD75
Winkelgrad: ..... °

| –€ | 10€ | **11€** | 13€ | –€ | [St] | ⏱ 0,16 h/St | 044.000.027 |

37 — Abwasserleitung, PE-Rohr, DN/OD100 — KG 411
Abwasserleitung aus PE-Rohr, heißwasserbeständig und schallgedämmt, Verlegung in Gebäuden, Form- und Verbindungsstücke werden gesondert vergütet, einschl. Rohrbefestigungen, körperschallgedämmt.
Nennweite: DN/OD100

| 35€ | 50€ | **56€** | 77€ | 113€ | [m] | ⏱ 0,34 h/m | 044.000.028 |

38 — Formstück, PE-Bogen, DN/OD100 — KG 411
Bogen aller Winkelgrade für Schmutz- und Regenwasserleitung aus PE.
Nennweite: DN/OD100
Winkelgrad: ..... °

| –€ | 16€ | **22€** | 27€ | –€ | [St] | ⏱ 0,10 h/St | 044.000.029 |

39 — Formstück, PE-Abzweig, DN/OD100 — KG 411
Abzweig aller Winkelgrade für Schmutz- und Regenwasserleitung aus PE.
Nennweite: DN/OD100
Winkelgrad: ..... °

| –€ | 18€ | **26€** | 29€ | –€ | [St] | ⏱ 0,16 h/St | 044.000.030 |

40 — Formstück, PE-Putzstück, DN/OD100 — KG 411
Reinigungsöffnung für Schmutz- und Regenwasserleitung aus PE.
Öffnung: **rechteckig / rund**
Nennweite: DN/OD100

| –€ | 33€ | **41€** | 49€ | –€ | [St] | ⏱ 0,10 h/St | 044.000.031 |

41 — Abwasserleitung, PE-Rohr, DN/OD150 — KG 411
Abwasserleitung aus PE-Rohr, heißwasserbeständig und schallgedämmt, Verlegung in Gebäuden, Form- und Verbindungsstücke werden gesondert vergütet, einschl. Rohrbefestigungen, körperschallgedämmt.
Nennweite: DN/OD150

| –€ | 63€ | **75€** | 88€ | –€ | [m] | ⏱ 0,40 h/m | 044.000.032 |

42 — Formstück, PE-Abzweig, DN/OD150 — KG 411
Abzweig aller Winkelgrade für Schmutz- und Regenwasserleitung aus PE.
Nennweite: DN/OD150
Winkelgrad: ..... °

| 77€ | 86€ | **99€** | 107€ | 120€ | [St] | ⏱ 0,10 h/St | 044.000.033 |

© **BKI** Baukosteninformationszentrum — Kostenstand: 4.Quartal 2021, Bundesdurchschnitt

LB 044
Abwasseranlagen - Leitungen, Abläufe, Armaturen

Kosten:
Stand 4.Quartal 2021
Bundesdurchschnitt

Nr.	Kurztext / Langtext					[Einheit]	Ausf.-Dauer	Kostengruppe Positionsnummer
▶	▷	ø netto €	◁	◀				

43 Druckleitung, Schmutzwasserhebeanlage DN40 — KG **411**

Druckleitung, Schmutzwasserhebeanlage, aus korrosionsfestem Material, Verlegung **unterhalb / in der Bodenplatte** zum bauseitigen Anschluss oberhalb des Fertigbodens, Durchdringungen abgedichtet gegen drückendes / nichtdrückendes Wasser, komplett mit allen Anschluss- und Abdichtungsmaterialien.
Druckleitung: DN40
Maximaldruck: **4 / 6** bar

| –€ | 23€ | **31**€ | 35€ | –€ | [m] | ⏱ 0,30 h/m | 044.000.047 |

44 Doppelabzweig, SML, DN100 — KG **411**

Eck-Doppelabzweig für Schmutz- und Regenwasserleitung aus Guss, innen mit Zweikomponenten-Epoxid-Schutzschicht, außen mit Schutzfarbe versehen. 87, 70, 45°, Abgänge mit gleichen bzw. reduzierten Durchmessern, in **Eck- / Gabelform**.
Anschluss: DN100

| –€ | 52€ | **55**€ | 59€ | –€ | [St] | ⏱ 0,32 h/St | 044.000.050 |

A 1 Abflussleitung, PP-Rohre, schallgedämmt — Beschreibung für Pos. **45-48**

Schallgedämmte Abflussleitung aus mineralverstärktes Polypropylen (PP)-Rohr für Entwässerungsanlagen innerhalb von Gebäuden. Einsetzbar bis 95°C (kurzzeitig); geeignet zur Ableitung chemisch aggressiver Abwässer mit einem pH-Wert von 2 bis 12. Rohrverbindungen sind bis zu einem Wasserüberdruck von 0,5 bar dicht.
Material Lippendichtring: Styrol-Butadien-Kautschuk (SBR)

45 Abflussleitung, PP-Rohre, DN/OD50, schallgedämmt — KG **411**
Wie Ausführungsbeschreibung A 1
Nennweite: DN/OD50
Baulänge: 1,00 m

| 19€ | 24€ | **27**€ | 31€ | 37€ | [m] | ⏱ 0,28 h/m | 044.000.053 |

46 Abflussleitung, PP-Rohre, DN/OD75, schallgedämmt — KG **411**
Wie Ausführungsbeschreibung A 1
Nennweite: DN/OD75
Baulänge: 1,00 m

| 21€ | 26€ | **30**€ | 33€ | 40€ | [m] | ⏱ 0,28 h/m | 044.000.054 |

47 Abflussleitung, PP-Rohre, DN/OD90, schallgedämmt — KG **411**
Wie Ausführungsbeschreibung A 1
Nennweite: DN/OD90
Baulänge: 1,00 m

| 25€ | 30€ | **36**€ | 40€ | 48€ | [m] | ⏱ 0,28 h/m | 044.000.055 |

48 Abflussleitung, PP-Rohre, DN/OD110, schallgedämmt — KG **411**
Wie Ausführungsbeschreibung A 1
Nennweite: DN/OD110
Baulänge: 1,00 m

| 26€ | 31€ | **36**€ | 40€ | 49€ | [m] | ⏱ 0,32 h/m | 044.000.056 |

▶ min
▷ von
ø Mittel
◁ bis
◀ max

Nr.	Kurztext / Langtext					Kostengruppe		
▶	▷	ø netto €	◁	◀	[Einheit]	Ausf.-Dauer	Positionsnummer	

A 2 — Abwasser-Rohrbogen, PP, schallgedämmt Beschreibung für Pos. **49-52**
Bogen aller Winkelgrade schallgedämmt für Schmutz- und Regenwasserleitung aus PP DIN EN 1451-1,
Material Rohre und Formteile: mineralverstärktes Polypropylen (PP)
Material Lippendichtring: Styrol-Butadien-Kautschuk (SBR)

49 Abwasser-Rohrbogen, PP, DN/OD50, schallgedämmt KG **411**
Wie Ausführungsbeschreibung A 2
Nennweite: DN/OD50
Winkelgrad: ..... °

| 6€ | 8€ | **10€** | 12€ | 15€ | [St] | ⏱ 0,12 h/St | 044.000.057 |

50 Abwasser-Rohrbogen, PP, DN/OD75, schallgedämmt KG **411**
Wie Ausführungsbeschreibung A 2
Nennweite: DN/OD75
Winkelgrad: ..... °

| 7€ | 11€ | **12€** | 15€ | 19€ | [St] | ⏱ 0,12 h/St | 044.000.058 |

51 Abwasser-Rohrbogen, PP, DN/OD90, schallgedämmt KG **411**
Wie Ausführungsbeschreibung A 2
Nennweite: DN/OD90
Winkelgrad: ..... °

| 10€ | 15€ | **17€** | 21€ | 26€ | [St] | ⏱ 0,12 h/St | 044.000.059 |

52 Abwasser-Rohrbogen, PP, DN/OD110, schallgedämmt KG **411**
Wie Ausführungsbeschreibung A 2
Nennweite: DN/OD110
Winkelgrad: ..... °

| 23€ | 33€ | **38€** | 46€ | 57€ | [St] | ⏱ 0,12 h/St | 044.000.060 |

A 3 — Abwasser-Abzweig, PP, schallgedämmt Beschreibung für Pos. **53-56**
Abzweig aller Winkelgrade schallgedämmt für Schmutz- und Regenwasserleitung aus PP DIN EN 1451-1,
Material Rohre und Formteile: mineralverstärktes Polypropylen (PP)
Material Lippendichtring: Styrol-Butadien-Kautschuk (SBR)

53 Abwasser-Abzweig, PP, DN/OD50, schallgedämmt KG **411**
Wie Ausführungsbeschreibung A 3
Nennweite: DN/OD50
Winkelgrad: ..... °

| 10€ | 14€ | **16€** | 20€ | 25€ | [St] | ⏱ 0,16 h/St | 044.000.061 |

54 Abwasser-Abzweig, PP, DN/OD75, schallgedämmt KG **411**
Wie Ausführungsbeschreibung A 3
Nennweite: DN/OD75
Winkelgrad: ..... °

| 12€ | 18€ | **21€** | 25€ | 31€ | [St] | ⏱ 0,16 h/St | 044.000.062 |

LB 044
Abwasseranlagen - Leitungen, Abläufe, Armaturen

Kosten:
Stand 4.Quartal 2021
Bundesdurchschnitt

▶ min
▷ von
ø Mittel
◁ bis
◀ max

Nr.	Kurztext / Langtext				[Einheit]	Ausf.-Dauer	Kostengruppe Positionsnummer
▶	▷	ø netto €	◁	◀			

55 **Abwasser-Abzweig, PP, DN/OD90, schallgedämmt** — KG **411**
Wie Ausführungsbeschreibung A 3
Nennweite: DN/OD90
Winkelgrad: ..... °

| 18€ | 26€ | **30€** | 35€ | 44€ | [St] | ⏱ 0,16 h/St | 044.000.063 |

56 **Abwasser-Abzweig, PP, DN/OD110, schallgedämmt** — KG **411**
Wie Ausführungsbeschreibung A 3
Nennweite: DN/OD110
Winkelgrad: ..... °

| 19€ | 27€ | **31€** | 38€ | 47€ | [St] | ⏱ 0,16 h/St | 044.000.064 |

57 **Bodenablauf, Gully, bodengleiche Dusche** — KG **411**
Boden- / Deckenablauf DIN EN 1253-1 aus Gusseisen, mit herausnehmbarem Glockengeruchverschluss, mit Pressdichtungsflansch, Abgang **senkrecht / waagrecht**, Gehäuse epoxiert, mit Aufsatzstück aus Gusseisen, epoxiert, mit Pressdichtungsflansch, stufenlos höhenverstellbar, mit Abdichtring, rückstausicher, mit Rostrahmen aus nichtrostendem Stahl.
Durchmesser: DN70-100
Rostrahmen-Nennmaß (BxL): 150 x 150 mm
Gitterrost: nichtrostender Stahl, rutschhemmend, Klasse: L 15
Zusätzliche Ausführungsoptionen: .....
Fabrikat: .....
Typ: .....

| 547€ | 600€ | **667€** | 800€ | 920€ | [St] | ⏱ 1,20 h/St | 044.000.067 |

58 **Bodenablauf, Rinne, bodengleiche Dusche** — KG **411**
Rinnenablauf für Dusche, höhenverstellbar, Gehäuse aus nichtrostendem Stahl, mit Geruchverschluss und Reinigungsöffnung, mit Anschlussrand.
Anschluss: DN50-70
Baulänge: über 600 bis 1000 mm
Abgang: **seitlich / senkrecht**
Rost: nichtrostendem Stahl, Klasse K 3
Zusätzliche Ausführungsoptionen: .....
Fabrikat: .....
Typ: .....

| 702€ | 749€ | **936€** | 1.123€ | 1.291€ | [St] | ⏱ 1,00 h/St | 044.000.068 |

59 **Duschrinne, Edelstahl, 900mm** — KG **411**
Entwässerungsrinne für den Duschbereich aus Edelstahl mit umlaufendem Anschlussrand mit Anschluss für Abdichtung und herausnehmbarem Geruchverschluss.
Ablaufstutzen: DN50, für Steckrohrmuffensysteme
Ablaufleistung 0,6 l/s
Belastbarkeit: K 3
Rinnenlänge: 900 mm
Rinnenbreite: ..... mm

| 315€ | 407€ | **466€** | 541€ | 651€ | [St] | ⏱ 1,00 h/St | 044.000.065 |

Nr.	Kurztext / Langtext					Kostengruppe	
▶	▷	ø netto €	◁	◀	[Einheit]	Ausf.-Dauer	Positionsnummer

60 Abdeckung, Duschrinne, Edelstahl KG **411**

Abdeckung für Duschrinne aus Edelstahl.
Länge: 900 mm
Design: .....
Oberfläche: poliert
Belastungsklasse: K3

| –€ | 102 € | **127 €** | 166 € | –€ | [St] | ⏱ 0,15 h/St | 044.000.066 |

LB 045
Gas-, Wasser- und Entwässerungsanlagen - Ausstattung, Elemente, Fertigbäder

Preise €

Kosten: Stand 4.Quartal 2021, Bundesdurchschnitt

Legende:
- ▶ min
- ▷ von
- ø Mittel
- ◁ bis
- ◀ max

Nr.	Positionen	Einheit	▶	▷	ø brutto € ø netto €	◁	◀
1	Handwaschbecken, Keramik	St	68	95	**112**	164	229
			57	80	**94**	138	192
2	Waschtisch, Keramik 600x500	St	128	263	**280**	346	533
			108	221	**235**	291	448
3	Waschtisch, Keramik 550x450	St	112	198	**260**	298	386
			94	166	**218**	250	324
4	Waschbecken, behindertengerecht	St	278	315	**371**	501	686
			234	265	**312**	421	577
5	Raumsparsiphon, Waschtisch, unterfahrbar	St	121	134	**155**	186	232
			101	113	**130**	156	195
6	Einhebel-Mischbatterie, Standmontage	St	147	218	**257**	345	503
			124	184	**216**	290	422
7	Spiegel, Kristallglas	St	21	46	**53**	73	108
			18	39	**44**	61	91
8	Spiegel, hochkant, für Waschtisch	St	70	79	**93**	121	148
			58	66	**78**	101	125
9	Badewanne, Stahl 170	St	349	531	**576**	669	1.023
			293	447	**484**	562	859
10	Einhandmischer, Badewanne	St	71	224	**314**	478	652
			60	188	**264**	401	548
11	Thermostatarmatur, Badewanne	St	366	488	**610**	824	1.190
			308	410	**513**	692	1.000
12	WC, wandhängend	St	239	343	**356**	403	556
			201	288	**299**	339	467
13	WC, behindertengerecht	St	393	533	**601**	775	1.020
			330	448	**505**	651	857
14	WC-Spülkasten, mit Betätigungsplatte	St	209	233	**265**	310	379
			176	196	**223**	261	319
15	Notruf, behindertengerechtes WC	St	492	691	**831**	973	1.164
			414	581	**698**	817	978
16	WC-Sitz	St	56	105	**118**	142	201
			47	88	**99**	120	169
17	WC-Bürste	St	7	40	**69**	73	91
			5	33	**58**	61	76
18	WC-Toilettenpapierhalter	St	29	54	**66**	79	111
			25	45	**56**	66	94
19	Duschwanne, Stahl 80x80	St	131	216	**259**	293	380
			110	182	**217**	247	319
20	Duschwanne, Stahl 90x90	St	192	318	**383**	418	592
			162	267	**322**	351	497
21	Duschwanne, Stahl 100x100	St	255	370	**442**	507	666
			215	311	**371**	426	560
22	Duschwanne, Stahl 100x80	St	435	557	**633**	637	759
			365	468	**532**	535	638
23	Einhebelmischarmatur, Dusche	St	187	482	**502**	621	863
			157	405	**421**	521	725
24	Duschabtrennung, Kunststoff	St	796	984	**1.078**	1.368	1.736
			669	827	**906**	1.150	1.459

© BKI Baukosteninformationszentrum

Gas-, Wasser- und Entwässerungsanlagen - Ausstattung, Elemente, Fertigbäder — Preise €

Nr.	Positionen	Einheit	▶	▷	ø brutto € ø netto €	◁	◀
25	Urinal, Keramik	St	213	271	**308**	343	393
			179	227	**259**	288	330
26	Installationselement, Urinal	St	237	272	**290**	332	384
			199	228	**244**	279	323
27	Bidet, Keramik	St	223	458	**590**	715	1.512
			188	385	**496**	601	1.271
28	Einhandmischer, Bidet	St	196	252	**296**	355	489
			165	212	**248**	298	411
29	Ausgussbecken, Stahl	St	70	179	**198**	517	849
			59	150	**166**	434	714
30	Seifenspender, Wandmontage	St	58	109	**129**	186	274
			48	91	**109**	156	231
31	Papierhandtuchspender, Wandmontage	St	31	63	**78**	110	177
			26	53	**66**	93	149
32	Einhandmischer, Spültisch	St	43	218	**289**	401	615
			36	183	**243**	337	517
33	Installationselement, WC	St	42	174	**273**	304	389
			35	146	**229**	255	327
34	Installationselement, barrierefreies WC, mit Stützgriffen	St	693	853	**1.067**	1.280	1.493
			583	717	**896**	1.076	1.255
35	Installationselement, Hygiene-Spül-WC, mit Stützgriffen	St	754	928	**1.159**	1.391	1.623
			633	779	**974**	1.169	1.364
36	Installationselement, Hygiene-Spül-WC	St	303	368	**433**	519	597
			255	309	**364**	436	502
37	Installationselement, Waschtisch	St	56	109	**144**	171	228
			47	91	**121**	144	192
38	Installationselement, barrierefreier Waschtisch, mit Stützgriffen	St	390	484	**557**	668	762
			327	407	**468**	561	641
39	Installationselement, barrierefreier Waschtisch, höhenverstellbar	St	267	302	**356**	420	480
			224	254	**299**	353	403
40	Wandablauf, bodengleiche Dusche	St	603	683	**804**	949	1.045
			507	574	**676**	797	878
41	Installationselement, Stützgriff	St	181	237	**278**	334	381
			152	199	**234**	281	320
42	Unterkonstruktion Stützgriff/Sitz	St	80	105	**124**	148	169
			68	88	**104**	125	142
43	Haltegriff, Edelstahl, 600mm	St	85	122	**131**	169	216
			71	103	**110**	142	182
44	Haltegriff, Kunststoff, 300mm	St	88	127	**155**	184	255
			74	107	**130**	155	214
45	Duschhandlauf, Edelstahl, 600mm	St	–	448	**595**	757	–
			–	377	**500**	637	–
46	Haltegriffkombination, BW-Duschbereich	St	386	495	**618**	742	1.299
			325	416	**520**	624	1.091

LB 045
Gas-, Wasser- und Entwässerungsanlagen - Ausstattung, Elemente, Fertigbäder

Kosten:
Stand 4.Quartal 2021
Bundesdurchschnitt

Gas-, Wasser- und Entwässerungsanlagen - Ausstattung, Elemente, Fertigbäder — Preise €

Nr.	Positionen	Einheit	▶	▷	ø brutto € / ø netto €	◁	◀
47	Duschsitz, klappbar	St	482	594	**742**	890	1.017
			405	499	**624**	748	854
48	WC-Rückenstütze	St	247	396	**495**	594	742
			208	333	**416**	499	624
49	Stützgriff, fest, WC	St	378	445	**557**	668	751
			318	374	**468**	561	631
50	Stützgriff, fest, WC mit Spülauslösung	St	570	640	**696**	765	870
			479	538	**585**	643	731
51	Stützgriff, klappbar, WC	St	432	532	**665**	798	911
			363	447	**559**	670	765
52	Stützgriff, fest, Waschtisch	St	301	371	**464**	557	635
			253	312	**390**	468	534
53	Stützgriff, klappbar, Waschtisch	St	433	492	**541**	590	649
			364	414	**455**	496	546

Nr.	Kurztext / Langtext					Kostengruppe
▶	▷	**ø netto €**	◁	◀	[Einheit] Ausf.-Dauer	Positionsnummer

1 Handwaschbecken, Keramik — KG **412**
Handwaschbecken mit Überlauf aus Sanitärporzellan, inkl. Befestigung und Schallschutzset DIN 4109.
Größe: ..... x ..... mm
Farbe: .....
Fabrikat: .....
Typ: .....

| 57€ | 80€ | **94**€ | 138€ | 192€ | [St] | ⏱ 0,90 h/St | 045.000.001 |

A 1 Waschtisch, Keramik — Beschreibung für Pos. **2-3**
Waschtisch mit Überlauf aus Sanitärporzellan installieren, einschl. Befestigung und Schallschutzset.

2 Waschtisch, Keramik 600x500 — KG **412**
Wie Ausführungsbeschreibung A 1
Größe: ca. 600 x 500 mm
Farbe: .....
Fabrikat: .....
Typ: .....

| 108€ | 221€ | **235**€ | 291€ | 448€ | [St] | ⏱ 1,20 h/St | 045.000.027 |

3 Waschtisch, Keramik 550x450 — KG **412**
Wie Ausführungsbeschreibung A 1
Größe: ca. 550 x 450 mm
Farbe: .....
Fabrikat: .....
Typ: .....

| 94€ | 166€ | **218**€ | 250€ | 324€ | [St] | ⏱ 0,90 h/St | 045.000.016 |

▶ min
▷ von
ø Mittel
◁ bis
◀ max

Nr.	Kurztext / Langtext						Kostengruppe	
▶	▷	ø netto €	◁	◀		[Einheit]	Ausf.-Dauer	Positionsnummer

4 Waschbecken, behindertengerecht KG **412**

Waschbecken, als barrierefreie Ausführung unterfahrbar DIN 18040, aus Sanitärporzellan, glasiert, weiß, mit wasserabweisender Beschichtung, mit Loch für Einlocharmatur, mit Überlauf, für Ablaufventil, inkl. Befestigung und Schallschutzset.
Breite: über 500 bis 550 mm
Ausladung: über 450 bis 500 mm
Fabrikat: .....
Typ: .....

| 234 € | 265 € | **312** € | 421 € | 577 € | [St] | ⏱ 1,25 h/St | 045.000.037 |

5 Raumsparsiphon, Waschtisch, unterfahrbar KG **412**

Geruchsverschluss für Waschbecken, 1 1/4 x DN32, aus Messing, verchromt, als Wandeinbaugeruchsverschluss mit Kasten und Abdeckung, mit Reinigungsöffnung, durch Abdeckplatte verdeckt, für Wandanschluss, verstellbar.

| 101 € | 113 € | **130** € | 156 € | 195 € | [St] | ⏱ 0,15 h/St | 045.000.062 |

6 Einhebel-Mischbatterie, Standmontage KG **412**

Einhand-Waschtischarmatur für Standmontage mit Keramikkartusche und Zugstangen-Ablaufgarnitur, inkl. Temperaturbegrenzer und Schnellmontagesystem.
Farbe: .....
Fabrikat: .....
Typ: .....

| 124 € | 184 € | **216** € | 290 € | 422 € | [St] | ⏱ 0,80 h/St | 045.000.002 |

7 Spiegel, Kristallglas KG **610**

Kristallspiegel, rechteckig, Kanten geschliffen, inkl. Befestigung mit Spiegelklammern.
Abmessung: 600 x 500 mm
Spiegelklammern: **Metall / Kunststoff**
Ecken: **abgerundet / gerade**

| 18 € | 39 € | **44** € | 61 € | 91 € | [St] | ⏱ 0,45 h/St | 045.000.019 |

8 Spiegel, hochkant, für Waschtisch KG **412**

Kristallspiegel, rechteckig, rahmenlos mit C-Kante, poliert und versiegelt.
Befestigung: Magnetaufhängung
Höhe: 1.000 mm
Breite: 500 bis 600 mm
Stärke: ..... mm

| 58 € | 66 € | **78** € | 101 € | 125 € | [St] | ⏱ 0,48 h/St | 045.000.065 |

9 Badewanne, Stahl 170 KG **412**

Badewannenanlage bestehend aus Badewanne Stahl emailliert, 1x Badewannenfüße oder Träger für oben beschriebene Badewanne; 1x Rolle Wannenprofil-Dämmstreifen für Bade- und Duschwannen, aus Polyethylen-Schaumstoff, oberseitig mit Silikonfolie kaschiert, Ab- und Überlaufgarnitur, Grund- und Fertigset für Normalwannen.
Farbe: .....
Größe: 170 x 80 cm

| 293 € | 447 € | **484** € | 562 € | 859 € | [St] | ⏱ 1,80 h/St | 045.000.003 |

© BKI Baukosteninformationszentrum   Kostenstand: 4.Quartal 2021, Bundesdurchschnitt

LB 045
Gas-, Wasser- und Entwässerungs-
anlagen
- Ausstattung,
Elemente, Fertigbäder

Kosten:
Stand 4.Quartal 2021
Bundesdurchschnitt

▶ min
▷ von
ø Mittel
◁ bis
◀ max

Nr.	Kurztext / Langtext				[Einheit]	Ausf.-Dauer	Kostengruppe Positionsnummer
▶	▷ ø netto € ◁ ◀						

10 Einhandmischer, Badewanne — KG **412**

Einhandmischer für Badewanne in Wandmontage, eigensicher gegen Rückfließen, aus Metall, verchromt, Kugelmischsystem mit Griff, Luftsprudler und Rosetten, inkl. Temperaturbegrenzer, Geräuschverhalten DIN 4109 Gruppe I, mit Prüfzeichen.
Einbau: **Auf- / Unterputz**
Ausführungsoptionen: .....
Fabrikat: .....
Typ: .....

| 60€ | 188€ | **264**€ | 401€ | 548€ | [St] | ⏱ 0,80 h/St | 045.000.004 |

11 Thermostatarmatur, Badewanne — KG **412**

Thermostat-Wandeinbaubatterie / Wandbatterie DIN EN 1111, aus Messing, sichtbare Teile verchromt, mit Temperaturwähler, Grad-Markierung und Temperatursperre, Geräuschverhalten DIN 4109 Gruppe I, mit Prüfzeichen. Armatur für Wanne, mit Absperrung und automatischer Rückstellung, mit Armhebel, Betätigungselement aus Metall, verchromt.
Ausführungsoptionen: .....
Fabrikat: .....
Typ: .....

| 308€ | 410€ | **513**€ | 692€ | 1.000€ | [St] | ⏱ 1,20 h/St | 045.000.069 |

12 WC, wandhängend — KG **412**

WC-Anlage, bestehend aus: 1x Tiefspül-WC aus Sanitärporzellan, wandhängend, inkl. Befestigung und Schallschutzset DIN 4109.
Länge: ..... m
Breite: ..... m
Farbe: .....
Spülrand: **mit / ohne**

| 201€ | 288€ | **299**€ | 339€ | 467€ | [St] | ⏱ 1,80 h/St | 045.000.005 |

13 WC, behindertengerecht — KG **412**

Tiefspül-WC, wandhängend an Installationselement, als barrierefreie Ausführung DIN 18040, aus Sanitärporzellan, spülrandlos, glasiert, weiß, mit wasserabweisender Beschichtung, inkl. WC-Sitz und Rückenstütze und Schallschutzset.
Spülwasserbedarf: 6 l
Abgang: waagrecht
Fabrikat: .....
Typ: .....

| 330€ | 448€ | **505**€ | 651€ | 857€ | [St] | ⏱ 2,00 h/St | 045.000.038 |

14 WC-Spülkasten, mit Betätigungsplatte — KG **412**

Unterputz-Spülkasten aus Kunststoff mit wassersparender Zweimengenspültechnik, schwitzwasserisoliert, für Wasseranschluss links, rechts oder hinten mittig, inkl. Betätigungsplatte für Betätigung von vorne, mit 2-Mengenauslösung, Befestigungsrahmen und Befestigung.
Inhalt: **3 / 6** Liter
Geräuschklasse: I
Größe: ..... x ..... x ..... m
Farbe: .....

| 176€ | 196€ | **223**€ | 261€ | 319€ | [St] | ⏱ 0,85 h/St | 045.000.006 |

Nr.	Kurztext / Langtext							Kostengruppe
▶	▷	ø netto €	◁	◀	[Einheit]	Ausf.-Dauer	Positionsnummer

15 Notruf, behindertengerechtes WC — KG **452**

Notruf behindertengerechtes WC als Kompakt-Set, bestehend aus 1-Kammer-Signalleuchte rot, Zugtaster, Abstelltaster, Meldeeinheit und Netzteil, einschl. Stromquelle für Sicherheitszwecke DIN VDE 0100-560 (VDE 0100-560), Weiterleitung Störung an Meldeeinheit, Weiterleitung Notruf an Meldeeinheit.
Ausführungsoptionen: .....
Fabrikat: .....
Typ: .....

| 414 € | 581 € | **698** € | 817 € | 978 € | [St] | 1,20 h/St | 045.000.074 |

16 WC-Sitz — KG **412**

WC-Sitz einschl. Deckel und Scharniere.
Scharniere: **Edelstahl / Kunststoff**
Farbe: .....
Material: .....

| 47 € | 88 € | **99** € | 120 € | 169 € | [St] | 0,20 h/St | 045.000.007 |

17 WC-Bürste — KG **610**

WC-Bürstengarnitur mit herausnehmbarem Glaseinsatz, Bürste mit Griff und Ersatzbürstenkopf, inkl. Befestigungsmaterial.
Farbe: .....

| 5 € | 33 € | **58** € | 61 € | 76 € | [St] | 0,20 h/St | 045.000.008 |

18 WC-Toilettenpapierhalter — KG **610**

Toilettenpapierhalter, offene Form mit gebogenem Halter und Abdeckung, für Wandaufbau, inkl. Befestigungsmaterial.
Rollenbreite: 100 und 120 mm
Material: Nylon
Farbe: Standardfarbe nach Wahl
Befestigungsschrauben **sichtbar / verdeckt**

| 25 € | 45 € | **56** € | 66 € | 94 € | [St] | 0,20 h/St | 045.000.017 |

A 2 Duschwanne, Stahl — Beschreibung für Pos. **19-22**

Duschwannenanlage bestehend aus:
1x Duschwanne Stahlemaille inkl. Füße für Duschwanne
1x Rolle Wannenprofil-Dämmstreifen für Bade- und Duschwannen, aus Polyethylen-Schaumstoff, oberseitig mit Silikonfolie kaschiert, Schallschutz DIN 4109
1x Ablaufgarnitur für Duschwannen mit Haube

19 Duschwanne, Stahl 80x80 — KG **412**

Wie Ausführungsbeschreibung A 2
Größe: 80 x 80 x 6 cm
Farbe: .....
Ablauf: **40 / 50** mm

| 110 € | 182 € | **217** € | 247 € | 319 € | [St] | 1,40 h/St | 045.000.009 |

LB 045
Gas-, Wasser- und Entwässerungs- anlagen
- Ausstattung, Elemente, Fertigbäder

Kosten:
Stand 4.Quartal 2021
Bundesdurchschnitt

▶ min
▷ von
ø Mittel
◁ bis
◀ max

Nr. ▶ ▷	Kurztext / Langtext ø netto € ◁ ◀	[Einheit]	Ausf.-Dauer	Kostengruppe Positionsnummer

20 Duschwanne, Stahl 90x90 KG **412**
Wie Ausführungsbeschreibung A 2
Größe: 90 x 90 x 6 cm
Farbe: .....
Ablauf: **40 / 50** mm
162€   267€   **322**€   351€   497€   [St]   ⏱ 1,40 h/St   045.000.030

21 Duschwanne, Stahl 100x100 KG **412**
Wie Ausführungsbeschreibung A 2
Größe: 100 x 100 x 6 cm
Farbe: .....
Ablauf: **40 / 50** mm
215€   311€   **371**€   426€   560€   [St]   ⏱ 1,40 h/St   045.000.031

22 Duschwanne, Stahl 100x80 KG **412**
Wie Ausführungsbeschreibung A 2
Größe: 100 x 80 x 6 cm
Farbe: .....
Ablauf: **40 / 50** mm
365€   468€   **532**€   535€   638€   [St]   ⏱ 1,40 h/St   045.000.033

23 Einhebelmischarmatur, Dusche KG **412**
Unterputz-Brausearmatur, Einhebelmischer für Dusche in Wandmontage, eigensicher gegen Rückfließen, aus Metall verchromt, Kugelmischsystem mit Griff, Luftsprudler und Rosetten, einschl. Temperaturbegrenzer, Geräuschverhalten DIN 4109 Gruppe I, mit Prüfzeichen.
Anschluss: DN15
157€   405€   **421**€   521€   725€   [St]   ⏱ 0,80 h/St   045.000.010

24 Duschabtrennung, Kunststoff KG **610**
Duschabtrennung für Duschwanne, als Einzelanlage. Tür mit schmutzabweisender Beschichtung. Rahmen aus Kunststoff, mit Seitenwänden. Befestigung mit Wandanschlussprofil, wassergeschützt angesetzt. Mit Befestigungs- und Dichtmaterial.
Tür: **Drehtür / Schiebefalttür**
Kunststoff: **klar / mit Dekor mit schmutzabweisender Beschichtung**
Rahmen Farbe: **weiß / Standardfarbe**
Seitenwände: **1 / 2**
Breite Eingang: 800 mm
Breite Seitenteil: 800 mm
Höhe: 2.000 mm
669€   827€   **906**€   1.150€   1.459€   [St]   ⏱ 2,00 h/St   045.000.041

Nr.	Kurztext / Langtext						Kostengruppe
▶	▷	ø netto €	◁	◀	[Einheit]	Ausf.-Dauer	Positionsnummer

25 Urinal, Keramik   KG 412

Urinal-Anlage, Urinal aus Sanitärporzellan, verdeckter Zulauf und hinterer Abgang, verdeckter Schraubbefestigung, inkl. herausnehmbarem Sieb aus Edelstahl mit einer geschlossenen Randeinfassung aus EPDM und Absaugsiphon, mit Schallschutzset DIN 4109.
Farbe: .....
Stutzen AD: 50 mm
Abgang: waagrecht

| 179€ | 227€ | **259**€ | 288€ | 330€ | [St] | ⏱ 1,50 h/St | 045.000.011 |

26 Installationselement, Urinal   KG 419

Urinal-Installationselement mit selbsttragendem Montagerahmen, Oberfläche pulverbeschichtet, mit verstellbaren Fußstützen verzinkt, für einen Fußbodenaufbau 0-20cm, mit zwei kompletten Keramikbefestigungen und vormontiertem Passstück, Absperrventil und Schmutzfänger, mit Einbauspülkasten DIN EN 14055 und Schutzteil, Einlaufbogen und PE-Fertigablaufanschlussbogen, inkl. Anschlussgarnitur für Einlauf und Ablaufsiphon, einschl. Befestigungsmaterial.
Keramikbefestigungen: M8
Absperrventil: R 1/2
Einlaufbogen: DN25
Ablaufbogen: DN40

| 199€ | 228€ | **244**€ | 279€ | 323€ | [St] | ⏱ 1,30 h/St | 045.000.012 |

27 Bidet, Keramik   KG 412

Bidet DIN EN 14528 aus Sanitärporzellan, wandhängend, inkl. Befestigung und Schallschutzset.
Farbe: .....

| 188€ | 385€ | **496**€ | 601€ | 1.271€ | [St] | ⏱ 2,40 h/St | 045.000.014 |

28 Einhandmischer, Bidet   KG 412

Einhandmischer für Bidet mit Keramikkartusche, Zugknopfablaufgarnitur, Kugelgelenk-Strahlregler und flexiblen Anschlüssen.
Farbe: .....

| 165€ | 212€ | **248**€ | 298€ | 411€ | [St] | ⏱ 0,80 h/St | 045.000.015 |

29 Ausgussbecken, Stahl   KG 412

Ausgussbecken aus emaillierten Stahl, mit Rückwand, für wandhängenden Einbau, mit Klapprost aus Stahl, verzinkt, inkl. Befestigung.
Größe: 500 x 350 mm
Farbe: weiß

| 59€ | 150€ | **166**€ | 434€ | 714€ | [St] | ⏱ 1,20 h/St | 045.000.021 |

30 Seifenspender, Wandmontage   KG 610

Seifenspender für Flüssigseife, Wandmontage, inkl. Befestigung. Ausführungsform rechteckig. Spender für Einwegbehälter, mit vollständiger Erstbefüllung, Entnahme durch Drücken, Gehäuse verschließbar, inkl. Befestigung
Gehäuse: **Kunststoff / Stahl nichtrostend**
Inhalt: **0,5 / 0,75** Liter

| 48€ | 91€ | **109**€ | 156€ | 231€ | [St] | ⏱ 0,40 h/St | 045.000.022 |

LB 045
Gas-, Wasser- und Entwässerungsanlagen
- Ausstattung, Elemente, Fertigbäder

Kosten:
Stand 4.Quartal 2021
Bundesdurchschnitt

▶ min
▷ von
ø Mittel
◁ bis
◀ max

Nr.	Kurztext / Langtext				[Einheit]	Ausf.-Dauer	Kostengruppe Positionsnummer
▶	▷	ø netto €	◁	◀			

31 **Papierhandtuchspender, Wandmontage** — KG **610**

Papierhandtuchspender, für Wandmontage, für Falt-Papierhandtücher, inkl. Erstbefüllung und Befestigung.
Fassungsvermögen: 300 Stück
Handtücher in: Lagen-Falzung, **25 / 33** cm
Gehäuse: **Kunststoff/ Stahl nichtrostend**
Vorratsbehälter: verschließbar

| 26€ | 53€ | **66**€ | 93€ | 149€ | [St] | ⏱ 0,35 h/St | 045.000.023 |

32 **Einhandmischer, Spültisch** — KG **412**

Einhandmischer für Spültisch, Kugelmischsystem, schwenkbarer Auslauf, Luftsprudler.
Oberfläche: verchromt
Durchmesser: DN15

| 36€ | 183€ | **243**€ | 337€ | 517€ | [St] | ⏱ 0,70 h/St | 045.000.024 |

33 **Installationselement, WC** — KG **419**

WC-Installationselement für wandhängendes WC, Rahmen aus Stahl, pulverbeschichtet mit verstellbaren Fußstützen verzinkt, für einen Fußbodenaufbau von 0-20cm mit UP-Spülkasten DIN EN 14055, Betätigungsplatte mit Befestigungsrahmen, umstellbar auf Spül-Stopp-Funktion, für Betätigung von vorn. Vormontierter Wasseranschluss, Eckventil, schallgeschützter **Klemm- / Pressanschluss** aus Rotguss, C-Anschlussbogen, WC-Anschlussgarnitur, Befestigungsmaterial für Element und WC, inkl. Klein- und Befestigungsmaterial.
Wasseranschluss: Rp1/2
Anschlussbogen: **DN90 / DN100**

| 35€ | 146€ | **229**€ | 255€ | 327€ | [St] | ⏱ 1,00 h/St | 045.000.026 |

34 **Installationselement, barrierefreies WC, mit Stützgriffen** — KG **419**

Installationselement als Einzelelement, statisch belastbar und stufenlos höhenverstellbar, für wandhängendes barrierefreies WC, mit beidseitiger Befestigungsmöglichkeit von Stützgriffen, inkl. Einbauspülkasten DIN EN 14055 und Ablaufbogen aus PE-HD-Rohr. Element für Metallständerwände und Vorwandmontage, zum Beplanken mit **Gipskarton / Gipsfaserplatten**, für Aufbau auf Rohfußboden, zur Wand- und Fußbodenbefestigung. Leistung mit Befestigung und Anschlüssen für Zu- und Abläufe.
Verstellbereich: 0 bis 200 mm
Einbauhöhe: über 1.000 bis 1.200 mm
Breite: 850 bis 1.000 mm
Fabrikat: .....
Typ: .....

| 583€ | 717€ | **896**€ | 1.076€ | 1.255€ | [St] | ⏱ 1,30 h/St | 045.000.042 |

Nr.	Kurztext / Langtext							Kostengruppe
▶	▷	ø netto €	◁	◀		[Einheit]	Ausf.-Dauer	Positionsnummer

35 Installationselement, Hygiene-Spül-WC, mit Stützgriffen KG 419

Installationselement als Einzelelement, statisch belastbar und stufenlos höhenverstellbar, für wandhängendes Hygiene-Spül-WC, mit beidseitiger Befestigungsmöglichkeit von Stützgriffen, inkl. Einbauspülkasten DIN EN 14055 mit Wasserzuleitung und Elektroanschluss für Anschluss von barrierefreiem Hygiene-Spül-WC sowie Ablaufbogen aus PE-HD-Rohr. Element für Metallständerwände und Vorwandmontage, zum Beplanken mit **Gipskarton / Gipsfaserplatten**, für Aufbau auf Rohfußboden, zur Wand- und Fußbodenbefestigung. Leistung mit Befestigung und Anschlüssen für Zu- und Abläufe.
Verstellbereich: 0 bis 200 mm
Einbauhöhe: über 1.000 bis 1.200 mm
Breite: 850 bis 1.000 mm
Fabrikat: .....
Typ: .....

| 633 € | 779 € | **974** € | 1.169 € | 1.364 € | | [St] | ⏱ 1,50 h/St | 045.000.043 |

36 Installationselement, Hygiene-Spül-WC KG 419

Installationselement als Einzelelement, statisch belastbar und stufenlos höhenverstellbar, für wandhängendes Hygiene-Spül-WC, inkl. Einbauspülkasten DIN EN 14055 mit Wasserzuleitung und Elektroanschluss für Anschluss von behindertengerechtem-Hygiene-Spül-WC sowie Ablaufbogen aus PE-HD-Rohr. Element für Metallständerwände und Vorwandmontage, zum Beplanken mit **Gipskarton / Gipsfaserplatten,** für Aufbau auf Rohfußboden, zur Wand- und Fußbodenbefestigung. Leistung mit Befestigung und Anschlüssen für Zu- und Abläufe.
Verstellbereich: 0 bis 200 mm
Einbauhöhe: über 1.000 bis 1.200 mm
Breite: 400 bis 600 mm
Fabrikat: .....
Typ: .....

| 255 € | 309 € | **364** € | 436 € | 502 € | | [St] | ⏱ 1,30 h/St | 045.000.044 |

37 Installationselement, Waschtisch KG 419

Installationselement für Waschtisch mit Einlocharmatur, Rahmen aus Stahl, pulverbeschichtet, schallgeschützter Befestigung für Wandscheiben, Ablaufbogen, Gumminippel, Befestigungsmaterial für Element (Bodenbefestigung) und Waschtisch, selbstbohrende Schrauben für Befestigung an Ständerwand, inkl. Klein- und Befestigungsmaterial.
Ablaufbogen: **DN40 / DN50**
Gumminippel: 40/30

| 47 € | 91 € | **121** € | 144 € | 192 € | | [St] | ⏱ 0,90 h/St | 045.000.025 |

38 Installationselement, barrierefreier Waschtisch, mit Stützgriffen KG 419

Installationselement als Einzelelement, statisch belastbar und stufenlos höhenverstellbar, für wandhängenden barrierefreien Waschtisch, mit beidseitiger Befestigungsmöglichkeit von Stützgriffen, inkl. Unterputz-Geruchsverschluss. Element für Metallständerwände und Vorwandmontage, zum Beplanken mit **Gipskarton / Gipsfaserplatten**, für Aufbau auf Rohfußboden, zur Wand- und Fußbodenbefestigung. Leistung mit Befestigung und Anschlüssen für Zu- und Abläufe.
Verstellbereich: 0 bis 200 mm
Einbauhöhe Installationselement: über 1.000 bis 1.200 mm
Breite Installationselement: 1.200 bis 1.300 mm
Fabrikat: .....
Typ: .....

| 327 € | 407 € | **468** € | 561 € | 641 € | | [St] | ⏱ 1,20 h/St | 045.000.047 |

LB 045
Gas-, Wasser- und Entwässerungsanlagen
- Ausstattung, Elemente, Fertigbäder

Kosten:
Stand 4.Quartal 2021
Bundesdurchschnitt

▶ min
▷ von
ø Mittel
◁ bis
◀ max

Nr.	Kurztext / Langtext				Kostengruppe
▶ ▷ ø netto € ◁ ◀			[Einheit]	Ausf.-Dauer	Positionsnummer

39 Installationselement, barrierefreier Waschtisch, höhenverstellbar KG **419**

Installationselement als Einzelelement, statisch belastbar und stufenlos höhenverstellbar, für nachträglich im fertigen Bad höhenverstellbaren wandhängenden barrierefreien Waschtisch, mit Unterputz-Geruchsverschluss. Element für Metallständerwände und Vorwandmontage, zum Beplanken mit **Gipskarton / Gipsfaserplatten**, für Aufbau auf Rohfußboden, zur Wand- und Fußbodenbefestigung. Leistung mit Befestigung und Anschlüssen für Zu- und Abläufe.
Verstellbereich Keramik: 200 mm
Einbauhöhe: über 1.000 bis 1.200 mm
Breite: 400 bis 600 mm
Fabrikat: .....
Typ: .....
224 €   254 €   **299** €   353 €   403 €   [St]   ⏱ 1,70 h/St   045.000.050

40 Wandablauf, bodengleiche Dusche KG **419**

Installationselement als Einzelelement für Dusch-Wandablauf, für Metallständerwände und Vorwandmontage, zum Beplanken mit **Gipskarton / Gipsfaserplatten**. Element für Wand- und Fußbodenbefestigung, statisch selbsttragend, für Aufbau auf Rohfußboden. Befestigung und Anschluss für Ablauf seitlich, für bodengleiche Dusche, stufenlos höhenverstellbar, mit Dichtvlies umlaufend zur Anbindung von Abdichtsystemen, mit Geruchsverschluss, Reinigungsöffnung und **Kunststoff / Edelstahl**-Abdeckung.
Einbauhöhe: über 400 bis 600 mm
Breite: 400 bis 600 mm
Fabrikat: .....
Typ: .....
507 €   574 €   **676** €   797 €   878 €   [St]   ⏱ 1,00 h/St   045.000.072

41 Installationselement, Stützgriff KG **419**

Installationselement als Einzelelement, statisch belastbar und stufenlos höhenverstellbar, für wandhängenden Stützgriff, für Metallständerwände und Vorwandmontage, zum Beplanken mit **Gipskarton / Gipsfaserplatten,** für Aufbau auf Rohfußboden, zur Wand- und Fußbodenbefestigung.
Belastung: bis ..... kg
Verstellbereich: 0 bis 200 mm
Einbauhöhe: über 1.000 bis 1.200 mm
Breite: 300 bis 400 mm
Fabrikat: .....
Typ: .....
152 €   199 €   **234** €   281 €   320 €   [St]   ⏱ 1,30 h/St   045.000.048

42 Unterkonstruktion Stützgriff/Sitz KG **419**

Unterkonstruktion für wandhängenden **Stützgriff / Sitz**, für Metallständerwände und Vorwandmontage, zum Beplanken mit **Gipskarton / Gipsfaserplatten**. Montageplatte als wasserfest verleimte Furnierholzplatte, einschl. Befestigungsmaterial an Metallständern.
Belastung: bis kg .....
Stärke Montageplatte: mind. 30 mm
Höhe Montageplatte: 250 bis 500 mm
Breite Montageplatte: 300 bis 400 mm
Fabrikat: .....
Typ: .....
68 €   88 €   **104** €   125 €   142 €   [St]   ⏱ 1,30 h/St   045.000.049

Nr.	Kurztext / Langtext				[Einheit]	Ausf.-Dauer	Kostengruppe Positionsnummer
▶	▷	ø netto €	◁	◀			

43 Haltegriff, Edelstahl, 600mm KG **412**
Haltegriff aus Edelstahl, gebürstet, mit Befestigung.
Grifflänge: 600 mm
Griffdurchmesser: 32 mm
Wandabstand: 50 mm
Belastung max.: 200 kg
Fabrikat: .....
Typ: .....

| 71 € | 103 € | **110** € | 142 € | 182 € | [St] | ⏱ 0,30 h/St | 045.000.034 |

44 Haltegriff, Kunststoff, 300mm KG **412**
Haltegriff, gerade Form, aus Kunststoff mit Stahlkern.
Profilquerschnitt: rund
Länge: 300 mm
Befestigung: mit Rosetten, Schrauben verdeckt
Zusätzliche Ausführungsoptionen: .....
Fabrikat: .....
Typ: .....

| 74 € | 107 € | **130** € | 155 € | 214 € | [St] | ⏱ 0,30 h/St | 045.000.052 |

45 Duschhandlauf, Edelstahl, 600mm KG **412**
Duschhandlauf mit 90° Winkel aus verchromtem Messingrohr mit Befestigung.
Höhenverstellbarkeit: ..... mm
Seitenverstellbarkeit: ..... mm
Rohrdurchmesser: 32 mm
Fabrikat: .....
Typ: .....

| – € | 377 € | **500** € | 637 € | – € | [St] | ⏱ 0,40 h/St | 045.000.035 |

46 Haltegriffkombination, BW-Duschbereich KG **412**
Winkelgriff mit Brausehalter, senkrecht und waagrecht angeordnete, im rechten Winkel verbundene Stangen mit Kunststoff-Befestigungsrosetten und Brausehalter. Eignung für Handbrausen verschiedener Hersteller, Brausehalter stufenlos neigbar und höhenverstellbar, aus Kunststoff mit Stahlkern.
Farbton: weiß
Senkrechte Länge: 1.000 bis 1.300 mm
Waagrechte Länge: 600 bis 1.000 mm
Profilquerschnitt: rund
Befestigung: mit Flansch, Schrauben verdeckt
Zusätzliche Ausführungsoptionen: .....
Fabrikat: .....
Typ: .....

| 325 € | 416 € | **520** € | 624 € | 1.091 € | [St] | ⏱ 0,45 h/St | 045.000.053 |

© **BKI** Baukosteninformationszentrum   Kostenstand: 4.Quartal 2021, Bundesdurchschnitt

LB 045
Gas-, Wasser- und Entwässerungs-
anlagen
- Ausstattung,
Elemente, Fertigbäder

Kosten:
Stand 4.Quartal 2021
Bundesdurchschnitt

▶ min
▷ von
ø Mittel
◁ bis
◀ max

Nr.	Kurztext / Langtext						Kostengruppe
▶	▷	**ø netto €**	◁	◀	[Einheit]	Ausf.-Dauer	Positionsnummer

47 Duschsitz, klappbar — KG **412**
Klappsitz für Dusche aus Rahmen in Kunststoff, mit korrosionsgeschütztem Stahlkern, Arretierung und Fallbremse, inkl. Befestigung mit verdeckten Schrauben.
Wandbefestigung: **Leichtbauwände inkl. Unterkonstruktion / Mauerwerk / Beton**
Zusätzliche Ausführungsoptionen: .....
Fabrikat: .....
Typ: .....

| 405€ | 499€ | **624**€ | 748€ | 854€ | [St] | ⏱ 0,15 h/St | 045.000.054 |

48 WC-Rückenstütze — KG **412**
Rückenstütze für WC mit Befestigungselementen.
WC-Ausladung: von 650 bis 700 mm
Material: Kunststoff
Farbton: weiß
Zusätzliche Ausführungsoptionen: .....
Fabrikat: .....
Typ: .....

| 208€ | 333€ | **416**€ | 499€ | 624€ | [St] | ⏱ 0,10 h/St | 045.000.055 |

49 Stützgriff, fest, WC — KG **412**
Stützgriff, fest, für WC, aus Kunststoff mit Stahlkern, inkl. Befestigung mit Flansch, Schrauben verdeckt.
Farbton: weiß
Ausladung: 850 mm
Belastbar: bis 100 kg am Griffvorderteil
Zusätzliche Ausführungsoptionen: .....
Fabrikat: .....
Typ: .....

| 318€ | 374€ | **468**€ | 561€ | 631€ | [St] | ⏱ 0,15 h/St | 045.000.056 |

50 Stützgriff, fest, WC mit Spülauslösung — KG **412**
Stützgriff, fest, für WC, aus Kunststoff mit Stahlkern, mit Spülauslösung, manuell, inkl. Befestigung mit Flansch, Schrauben verdeckt.
Farbton: weiß
Ausladung: 850 mm
Belastbar: bis 100 kg am Griffvorderteil
Zusätzliche Ausführungsoptionen: ....
Fabrikat: .....
Typ: .....

| 479€ | 538€ | **585**€ | 643€ | 731€ | [St] | ⏱ 0,35 h/St | 045.000.057 |

Nr.	**Kurztext** / Langtext							Kostengruppe
▶	▷	**ø netto €**	◁	◀		[Einheit]	Ausf.-Dauer	Positionsnummer

51 Stützgriff, klappbar, WC KG **412**

Stützklappgriff, klappbar, für WC, aus Kunststoff mit Stahlkern, mit Arretierung und Fallbremse, inkl. Befestigung mit Flansch, Schrauben verdeckt.
Farbton: weiß
Ausladung: 850 mm
Belastbar: bis 100 kg am Griffvorderteil
Zusätzliche Ausführungsoptionen: .....
Fabrikat: .....
Typ: .....

| 363 € | 447 € | **559** € | 670 € | 765 € | | [St] | ⏱ 0,35 h/St | 045.000.058 |

52 Stützgriff, fest, Waschtisch KG **412**

Stützgriff, fest, für Waschtisch, aus Kunststoff mit Stahlkern, inkl. Befestigung verdeckt.
Farbton: weiß
Ausladung: 600 mm
Belastbar bis 100 kg am Griffvorderteil
Fabrikat: .....
Typ: .....

| 253 € | 312 € | **390** € | 468 € | 534 € | | [St] | ⏱ 0,35 h/St | 045.000.060 |

53 Stützgriff, klappbar, Waschtisch KG **412**

Stützklappgriff, klappbar, für Waschtisch, aus Kunststoff mit Stahlkern, mit Arretierung und Fallbremse, inkl. Befestigung verdeckt.
Farbton: weiß
Ausladung: 600 mm
Belastbar: bis 100 kg am Griffvorderteil
Fabrikat: .....
Typ: .....

| 364 € | 414 € | **455** € | 496 € | 546 € | | [St] | ⏱ 0,42 h/St | 045.000.061 |

LB 047 – Dämm- und Brandschutzarbeiten an technischen Anlagen

Kosten: Stand 4. Quartal 2021, Bundesdurchschnitt

Nr.	Positionen	Einheit	▶ min	▷ von	ø Mittel brutto € / netto €	◁ bis	◀ max
1	Kompaktdämmhülse, Rohrleitung DN15	m	7,3 / 6,1	8,9 / 7,5	**9,1** / **7,6**	9,9 / 8,3	12 / 9,7
2	Kompaktdämmhülse, Rohrleitung DN25	m	9,6 / 8,0	12 / 10	**14** / **12**	17 / 14	20 / 17
3	Wärmedämmung, Rohrleitung, DN15	m	12 / 10	19 / 16	**22** / **19**	23 / 20	30 / 26
4	Rohrdämmung, MW-alukaschiert, DN15	m	6,3 / 5,3	14 / 12	**18** / **15**	22 / 19	31 / 26
5	Rohrdämmung, MW-alukaschiert, DN25	m	12 / 10	21 / 18	**27** / **22**	33 / 28	44 / 37
6	Rohrdämmung, MW-alukaschiert, DN40	m	– / –	31 / 26	**37** / **31**	43 / 36	– / –
7	Rohrdämmung, MW-alukaschiert, DN65	m	29 / 24	37 / 31	**46** / **39**	60 / 50	76 / 63
8	Rohrdämmung, MW/Blech DN20	m	– / –	30 / 26	**34** / **28**	37 / 31	– / –
9	Rohrdämmung, MW/Blech DN40	m	– / –	38 / 32	**48** / **40**	57 / 48	– / –
10	Lüftungskanal Mineral alukaschiert	m	19 / 16	28 / 23	**32** / **27**	36 / 30	43 / 37
11	Brandschutzabschottung, R90, DN15	St	15 / 13	21 / 18	**24** / **20**	30 / 25	41 / 35
12	Brandschutzabschottung, R90, DN20	St	46 / 39	51 / 43	**52** / **44**	54 / 46	61 / 51
13	Brandschutzabschottung, R90, DN25	St	46 / 39	53 / 44	**56** / **47**	57 / 48	64 / 54
14	Brandschutzabschottung, R90, DN32	St	– / –	60 / 50	**67** / **56**	78 / 66	– / –
15	Brandschutzabschottung, R90, DN40	St	69 / 58	76 / 63	**82** / **69**	87 / 73	104 / 88
16	Brandschutzabschottung, R90, DN50	St	117 / 99	124 / 104	**130** / **109**	135 / 113	149 / 126
17	Brandschutzabschottung, R90, DN65	St	125 / 105	135 / 113	**145** / **122**	151 / 127	166 / 139
18	Körperschalldämmung	m	10 / 8	12 / 10	**13** / **11**	15 / 13	18 / 15
19	Wärmedämmschalen für Armaturen und Pumpen, DN15	St	– / –	20 / 17	**22** / **19**	24 / 20	– / –
20	Wärmedämmschalen für Armaturen und Pumpen, DN20	St	– / –	26 / 22	**31** / **26**	36 / 30	– / –
21	Wärmedämmschalen für Armaturen und Pumpen, DN25	St	– / –	35 / 29	**37** / **31**	40 / 34	– / –
22	Wärmedämmschalen für Armaturen und Pumpen, DN32	St	– / –	37 / 31	**39** / **33**	41 / 35	– / –

© BKI Baukosteninformationszentrum

Dämm- und Brandschutzarbeiten an technischen Anlagen — Preise €

Nr.	Positionen	Einheit	▶	▷ ø brutto € / ø netto €	◁	◀
23	Wärmedämmschalen für Armaturen und Pumpen, DN40	St	–	47 **49**	52	–
			–	40 **42**	44	–
24	Wärmedämmschalen für Armaturen und Pumpen, DN50	St	–	50 **55**	58	–
			–	42 **46**	49	–

Nr.	Kurztext / Langtext							Kostengruppe
▶	▷	ø netto €	◁	◀		[Einheit]	Ausf.-Dauer	Positionsnummer

A 1 Kompaktdämmhülse, Rohrleitung
Beschreibung für Pos. **1-2**

Asymmetrische Wärmedämmung DIN 4140 für Rohrleitungen haustechnischer Anlagen auf Rohfußboden (gegen beheizte Räume oder auf Zusatzdämmung). Kompaktdämmhülsen in Anti-Körperschall-Ausführung. Zur Verlegung im Dämmbereich des Fußbodenaufbaus. Polsterlage aus miteinander vernadelten Kunststoff-Fasern und geschlossenzelligem Polyethylen mit reißfestem Gittergewebe.

1 Kompaktdämmhülse, Rohrleitung DN15
KG **422**

Wie Ausführungsbeschreibung A 1
Nennwert der Wärmeleitfähigkeit: 0,040 W/(mK)
Normalentflammbar: B2, DIN 4102-1
Nennweite: DN15
Dämmschichtdicke 1/2 gem. GEG: 13 mm
Bauhöhe: 36 mm

6€   7€   **8€**   8€   10€   [m]   ⏱ 0,05 h/m   047.000.005

2 Kompaktdämmhülse, Rohrleitung DN25
KG **422**

Wie Ausführungsbeschreibung A 1
Nennwert der Wärmeleitfähigkeit: 0,040W/(mK)
Normalentflammbar: B2, DIN 4102-1
Nennweite: DN25
Dämmschichtdicke 1/2 gem. GEG: 20 mm
Bauhöhe: 51 mm

8€   10€   **12€**   14€   17€   [m]   ⏱ 0,05 h/m   047.000.017

3 Wärmedämmung, Rohrleitung, DN15
KG **422**

Wärmedämmung für Rohrleitungen DIN 4140 haustechnischer Anlagen im sichtbaren Bereich unter der Decke. Mineralfaserschalen einseitig geschlitzt, nichtbrennbar A1 DIN EN 13501-1, einseitig Alu-Folie kaschiert. Sämtliche Quer- und Längsfugen werden dicht gestoßen und mit 10cm breiten selbstklebenden Alustreifen verbunden. Sicherung der Längsfuge mit Alu-Klebestreifen in der Mitte der Bahnenbreite. Verkleidung mit PVC-Mantel (Isogenopack) 0,35mm stark, schwer entflammbar.
Verlegung bis: **3,50 /5,00 / 7,00** m über Fußboden
Nennwert der Wärmeleitfähigkeit: 0,040 W/(mK)
Rohrdurchmesser: 18 mm
Dämmschichtstärke 1/1 gem. GEG: 20 mm

10€   16€   **19€**   20€   26€   [m]   ⏱ 0,30 h/m   047.000.006

LB 047
Dämm- und Brandschutzarbeiten an technischen Anlagen

Nr.	Kurztext / Langtext				[Einheit]	Ausf.-Dauer	Kostengruppe Positionsnummer
▶	▷ ø netto € ◁ ◀						

A 2 Rohrdämmung, MW-alukaschiert Beschreibung für Pos. **4-7**

Wärmedämmung einschl. Ummantelung DIN 4140 an Rohrleitungen für Heizung, Warmwasser und Zirkulation nach GEG in Gebäuden. Dämmung aus Mineralwolle, als Matte, auf verzinktem Drahtgeflecht mit verzinktem Draht versteppt, befestigen mit Stahlhaken aus dem Werkstoff des Drahtgeflechts. Längs- und Rundstöße mit selbstklebender Aluminiumfolie überklebt.

Kosten:
Stand 4.Quartal 2021
Bundesdurchschnitt

4   Rohrdämmung, MW-alukaschiert, DN15   KG **422**
Wie Ausführungsbeschreibung A 2
Rohrleitung: Stahl, schwarz
Nennweite: DN15
Baustoffklasse DIN EN 13501-1: nichtbrennbar A1
Dämmstärke Wärmedämmung: 100% nach GEG
Dämmschichtdicke: 20 mm
Nennwert der Wärmeleitfähigkeit: 0,035 W/(mK) bei 40°C
Oberkante Dämmung über Gelände / Fußboden: **bis 3,50** m / **bis 5,00** m
  5€   12€   **15**€   19€   26€   [m]   ⏱ 0,30 h/m   047.000.002

5   Rohrdämmung, MW-alukaschiert, DN25   KG **422**
Wie Ausführungsbeschreibung A 2
Rohrleitung: Stahl, schwarz
Nennweite: DN25
Baustoffklasse DIN EN 13501-1: nichtbrennbar A1
Dämmstärke Wärmedämmung: 100% nach GEG
Dämmschichtdicke: 30 mm
Nennwert der Wärmeleitfähigkeit: 0,035 W/(mK) bei 40°C
Oberkante Dämmung über Gelände / Fußboden: **bis 3,50** m / **bis 5,00** m
  10€   18€   **22**€   28€   37€   [m]   ⏱ 0,30 h/m   047.000.008

6   Rohrdämmung, MW-alukaschiert, DN40   KG **422**
Wie Ausführungsbeschreibung A 2
Rohrleitung: Stahl, schwarz
Nennweite: DN40
Baustoffklasse DIN EN 13501-1: nichtbrennbar A1
Dämmstärke Wärmedämmung: 100% nach GEG
Dämmschichtdicke: 40 mm
Nennwert der Wärmeleitfähigkeit: 0,035 W/(mK) bei 40°C
Oberkante Dämmung über Gelände / Fußboden: **bis 3,50** m / **bis 5,00** m
  –€   26€   **31**€   36€   –€   [m]   ⏱ 0,30 h/m   047.000.031

▶ min
▷ von
ø Mittel
◁ bis
◀ max

7   Rohrdämmung, MW-alukaschiert, DN65   KG **422**
Wie Ausführungsbeschreibung A 2
Rohrleitung: Stahl, schwarz
Nennweite: DN65
Baustoffklasse DIN EN 13501-1: nichtbrennbar A1
Dämmstärke Wärmedämmung: 100% nach GEG
Dämmschichtdicke: 70 mm
Nennwert der Wärmeleitfähigkeit: 0,035 W/(mK) bei 40°C
Oberkante Dämmung über Gelände / Fußboden: **bis 3,50** m / **bis 5,00** m
  24€   31€   **39**€   50€   63€   [m]   ⏱ 0,30 h/m   047.000.012

Nr.	Kurztext / Langtext					Kostengruppe		
▶	▷	ø netto €	◁	◀	[Einheit]	Ausf.-Dauer	Positionsnummer	

A 3 Rohrdämmung, MW/Blech — Beschreibung für Pos. 8-9

Wärmedämmung einschl. Ummantelung DIN 4140 an Rohrleitungen für Heizung, Warmwasser und Zirkulation nach GEG in Gebäuden. Dämmung aus Mineralwolle, als Matte, auf verzinktem Drahtgeflecht mit verzinktem Draht versteppt, befestigen mit Stahlhaken aus dem Werkstoff des Drahtgeflechts. Ummantelung aus nicht-profiliertem Blech, Blechdicke für normale mechanische Beanspruchung, Überlappungen verschrauben, einschl. Stützkonstruktion aus Hartschaum.

8 Rohrdämmung, MW/Blech DN20 — KG 422

Wie Ausführungsbeschreibung A 3
Rohrleitung: Stahl, schwarz
Nennweite: DN20
Baustoffklasse DIN EN 13501-1: nichtbrennbar A1
Dämmstärke Wärmedämmung: 100% nach EnEV
Dämmschichtdicke: 20 mm
Nennwert der Wärmeleitfähigkeit: 0,035 W/(mK) bei 40°C
Ummantelung: **Stahl feuerverzinkt / Alu-Ummantelung**
Oberkante Dämmung über Gelände / Fußboden: **bis 3,50 m / bis 5,00 m**

| –€ | 26€ | **28€** | 31€ | –€ | [m] | ⏱ 0,30 h/m | 047.000.003 |

9 Rohrdämmung, MW/Blech DN40 — KG 422

Wie Ausführungsbeschreibung A 3
Rohrleitung: Stahl, schwarz
Nennweite: DN40
Baustoffklasse DIN EN 13501-1: nichtbrennbar A1
Dämmstärke Wärmedämmung: 100% nach GEG
Dämmschichtdicke: 40 mm
Nennwert der Wärmeleitfähigkeit: 0,035 W/(mK) bei 40°C
Ummantelung: **Stahl feuerverzinkt / Alu-Ummantelung**
Oberkante Dämmung über Gelände / Fußboden: **bis 3,50 m / bis 5,00 m**

| –€ | 32€ | **40€** | 48€ | –€ | [m] | ⏱ 0,30 h/m | 047.000.013 |

10 Lüftungskanal Mineral alukaschiert — KG 431

Wärmedämmung an Lüftungskanälen DIN 4140, in Gebäuden. Für gerade Kanäle, Dämmung aus Mineralwolle, als Matte, auf verzinktem Drahtgeflecht mit verzinktem Draht versteppt, Befestigen mit Stahlhaken aus dem Werkstoff des Drahtgeflechts, Wärmeleitfähigkeit für haustechnische Anlagen nach GEG. Zur Ausbildung einer Dampfsperre sind sämtliche Kanten, Stöße, Ausschnitte, usw. mit Aluminium-Umklebeband dicht zu verkleben.
Oberkante Dämmung über Gelände / Fußboden: **3,50 / 5,00** m
Baustoffklasse DIN EN 13501-1: nichtbrennbar A1
Wärmeleitfähigkeit 0,035 W/(mK): bei 40° Mitteltemperatur
Wärmedämmung: 100% nach GEG
Dämmschichtdicke: **30 / 50** mm
Kanalumfang: 0,5-4,0 m

| 16€ | 23€ | **27€** | 30€ | 37€ | [m] | ⏱ 0,40 h/m | 047.000.001 |

LB 047
Dämm- und Brandschutzarbeiten an technischen Anlagen

Nr.	Kurztext / Langtext				[Einheit]	Ausf.-Dauer	Kostengruppe Positionsnummer
▶	▷	ø netto €	◁	◀			

A 4 — Brandschutzabschottung, R90
Beschreibung für Pos. 11-17

Brandschutzabschottung von Rohrleitungen haustechnischer Anlagen nach MLAR / LAR, mit allgemeinem bauaufsichtlichen Prüfzeugnis / Zulassung. Dämmstoff aus Mineralwolle, nicht brennbar. Zur Verlegung in rundem Wanddurchbruch, ohne Hüllrohr, Verfüllung des Ringspalts mit Mörtel MG III, beidseitige Weiterführung der Dämmung.

Kosten:
Stand 4.Quartal 2021
Bundesdurchschnitt

11 — Brandschutzabschottung, R90, DN15 — KG 422
Wie Ausführungsbeschreibung A 4
Bauteil: **Wand / Decke / leichte Trennwand**
Feuerwiderstandsklasse: R90, DIN EN 13501-2
Montagehöhe: bis **3,50 / 5,00 / 7,00** m über Fußboden
Rohrleitung: **Stahl / Kupfer**
Ringspalt: bis 15 mm
Außendurchmesser der Rohrleitung: 18 mm
Außendurchmesser Schott: 60 mm
Dämmlänge: 1.000 mm

▶	▷	ø	◁	◀	[Einheit]	Ausf.-Dauer	Positionsnummer
13 €	18 €	**20 €**	25 €	35 €	[St]	0,40 h/St	047.000.007

12 — Brandschutzabschottung, R90, DN20 — KG 422
Wie Ausführungsbeschreibung A 4
Bauteil: **Wand / Decke / leichte Trennwand**
Feuerwiderstandsklasse: R90, DIN EN 13501-2
Montagehöhe: bis **3,50 / 5,00 / 7,00** m über Fußboden
Rohrleitung: **Stahl / Kupfer**
Ringspalt: bis 15 mm
Außendurchmesser der Rohrleitung: 22 mm
Außendurchmesser Schott: 60 mm
Dämmlänge: 1.000 mm

▶	▷	ø	◁	◀	[Einheit]	Ausf.-Dauer	Positionsnummer
39 €	43 €	**44 €**	46 €	51 €	[St]	0,40 h/St	047.000.018

13 — Brandschutzabschottung, R90, DN25 — KG 422
Wie Ausführungsbeschreibung A 4
Bauteil: **Wand / Decke / leichte Trennwand**
Feuerwiderstandsklasse: R90, DIN EN 13501-2
Montagehöhe: bis **3,50 / 5,00 / 7,00** m über Fußboden
Rohrleitung: **Stahl / Kupfer**
Ringspalt: bis 15 mm
Außendurchmesser der Rohrleitung: 28 mm
Außendurchmesser Schott: 80 mm
Dämmlänge: 1.000 mm

▶	▷	ø	◁	◀	[Einheit]	Ausf.-Dauer	Positionsnummer
39 €	44 €	**47 €**	48 €	54 €	[St]	0,40 h/St	047.000.019

▶ min
▷ von
ø Mittel
◁ bis
◀ max

Nr.	Kurztext / Langtext					Kostengruppe
▶	▷	ø netto €	◁	◀	[Einheit]	Ausf.-Dauer Positionsnummer

14 Brandschutzabschottung, R90, DN32 — KG **422**
Wie Ausführungsbeschreibung A 4
Bauteil: **Wand / Decke / leichte Trennwand**
Feuerwiderstandsklasse: R90, DIN EN 13501-2
Montagehöhe: bis **3,50 / 5,00 / 7,00** m über Fußboden
Rohrleitung: **Stahl / Kupfer**
Ringspalt: bis 15 mm
Außendurchmesser der Rohrleitung: 35 mm
Außendurchmesser Schott: 80 mm
Dämmlänge: 1.000 mm

| – € | 50 € | **56** € | 66 € | – € | [St] | ⏱ 0,40 h/St 047.000.020 |

15 Brandschutzabschottung, R90, DN40 — KG **422**
Wie Ausführungsbeschreibung A 4
Bauteil: **Wand / Decke / leichte Trennwand**
Feuerwiderstandsklasse: R90, DIN EN 13501-2
Montagehöhe: bis **3,50 / 5,00 / 7,00** m über Fußboden
Rohrleitung: **Stahl / Kupfer**
Ringspalt: bis 15 mm
Außendurchmesser der Rohrleitung: 48 mm
Außendurchmesser Schott: 100 mm
Dämmlänge: 1.000 mm

| 58 € | 63 € | **69** € | 73 € | 88 € | [St] | ⏱ 0,40 h/St 047.000.021 |

16 Brandschutzabschottung, R90, DN50 — KG **422**
Wie Ausführungsbeschreibung A 4
Bauteil: **Wand / Decke / leichte Trennwand**
Feuerwiderstandsklasse: R90, DIN EN 13501-2
Montagehöhe: bis **3,50 / 5,00 / 7,00** m über Fußboden
Rohrleitung: **Stahl / Kupfer**
Ringspalt: bis 15 mm
Außendurchmesser der Rohrleitung: 63 mm
Außendurchmesser Schott: 130 mm
Dämmlänge: 1.000 mm

| 99 € | 104 € | **109** € | 113 € | 126 € | [St] | ⏱ 0,40 h/St 047.000.022 |

17 Brandschutzabschottung, R90, DN65 — KG **422**
Wie Ausführungsbeschreibung A 4
Bauteil: **Wand / Decke / leichte Trennwand**
Feuerwiderstandsklasse: R90, DIN EN 13501-2
Montagehöhe: bis **3,50 / 5,00 / 7,00** m über Fußboden
Rohrleitung: **Stahl / Kupfer**
Ringspalt: bis 15 mm
Außendurchmesser der Rohrleitung: 76 mm
Außendurchmesser Schott: 180 mm
Dämmlänge: 1.000 mm

| 105 € | 113 € | **122** € | 127 € | 139 € | [St] | ⏱ 0,40 h/St 047.000.023 |

LB 047
Dämm- und Brandschutzarbeiten an technischen Anlagen

Kosten:
Stand 4.Quartal 2021
Bundesdurchschnitt

Nr.	Kurztext / Langtext				[Einheit]	Ausf.-Dauer	Kostengruppe Positionsnummer
▶	▷	ø netto €	◁	◀			

18 Körperschalldämmung — KG 422
Körperschalldämmung aus PE mit robuster Außenhaut, aus hochflexiblem, geschlossenzelligem Weichpolyethylen Abwasserisoliersystem zur Körperschalldämmung, mit diffusionsdichter Außenhaut und montagefreundlicher Innengleitfolie, als Schall- und Schwitzwasserschutz für Abwasserrohre.
Einsatz: bis +105°C
Brandklasse: B2, DIN 4102-1
Isolierstärke: 4 mm
Nennweite: DN50-150

| 8€ | 10€ | **11**€ | 13€ | 15€ | [m] | ⏱ 0,20 h/m | 047.000.030 |

A 5 Wärmedämmschalen für Armaturen und Pumpen — Beschreibung für Pos. **19-24**
Wärmedämmschalen DIN 4140 für Armaturen und Pumpen. Bestehend aus einem zusammenklappbaren Formteil aus Polyethylen mit kratzfester Oberfläche aus PE-Gittergewebe. Entleerungsöffnungen vorgeprägt, Lieferung inkl. Verschlussclipsen, mit handelsüblichen Klebern diffusionsdicht verschließbar.

19 Wärmedämmschalen für Armaturen und Pumpen, DN15 — KG 422
Wie Ausführungsbeschreibung A 5
Baustoffklasse: B1, DIN 4102-1
Wärmeleitwert 0,034 W/(mK): bei 10°C und 0,040 W/(mK) bei 40°C
Wasserdampfdiffusionsfaktor µ: 5.000
Temperaturbereich: -80°C bis +100°C
Abmessungen (LxBxH): 130 x 70 x 112 mm
Nennweite: DN15

| –€ | 17€ | **19**€ | 20€ | –€ | [St] | ⏱ 0,10 h/St | 047.000.024 |

20 Wärmedämmschalen für Armaturen und Pumpen, DN20 — KG 422
Wie Ausführungsbeschreibung A 5
Baustoffklasse: B1, DIN 4102-1
Wärmeleitwert 0,034 W/(mK) bei 10°C und 0,040 W/(mK) bei 40°C
Wasserdampfdiffusionsfaktor µ: 5.000
Temperaturbereich: -80°C bis +100°C
Abmessungen (LxBxH): 130 x 70 x 112 mm
Nennweite: DN20

| –€ | 22€ | **26**€ | 30€ | –€ | [St] | ⏱ 0,10 h/St | 047.000.025 |

21 Wärmedämmschalen für Armaturen und Pumpen, DN25 — KG 422
Wie Ausführungsbeschreibung A 5
Baustoffklasse: B1, DIN 4102-1
Wärmeleitwert 0,034 W/(mK) bei 10°C und 0,040 W/(mK) bei 40°C
Wasserdampfdiffusionsfaktor µ: 5.000
Temperaturbereich: -80°C bis +100°C
Abmessungen (LxBxH): 145 x 80 x 130 mm
Nennweite: DN25

| –€ | 29€ | **31**€ | 34€ | –€ | [St] | ⏱ 0,10 h/St | 047.000.026 |

▶ min
▷ von
ø Mittel
◁ bis
◀ max

Nr.	Kurztext / Langtext							Kostengruppe
▶	▷	ø netto €	◁	◀		[Einheit]	Ausf.-Dauer	Positionsnummer

22 Wärmedämmschalen für Armaturen und Pumpen, DN32 — KG **422**

Wie Ausführungsbeschreibung A 5
Baustoffklasse: B1, DIN 4102-1
Wärmeleitwert 0,034 W/(mK): bei 10°C und 0,040 W/(mK) bei 40°C
Wasserdampfdiffusionsfaktor µ: 5.000
Temperaturbereich: -80°C bis +100°C
Abmessungen (LxBxH): 195 x 137 x 203 mm
Nennweite: DN32

▶	▷	ø netto €	◁	◀	[Einheit]	Ausf.-Dauer	Positionsnummer
–€	31€	**33€**	35€	–€	[St]	⏱ 0,10 h/St	047.000.027

23 Wärmedämmschalen für Armaturen und Pumpen, DN40 — KG **422**

Wie Ausführungsbeschreibung A 5
Baustoffklasse: B1, DIN 4102-1
Wärmeleitwert 0,034 W/(mK): bei 10°C und 0,040 W/(mK) bei 40°C
Wasserdampfdiffusionsfaktor µ: 5.000
Temperaturbereich: -80°C bis +100°C
Abmessungen (LxBxH): 196 x 163 x 230 mm
Nennweite: DN40

▶	▷	ø netto €	◁	◀	[Einheit]	Ausf.-Dauer	Positionsnummer
–€	40€	**42€**	44€	–€	[St]	⏱ 0,10 h/St	047.000.028

24 Wärmedämmschalen für Armaturen und Pumpen, DN50 — KG **422**

Wie Ausführungsbeschreibung A 5
Baustoffklasse: B1, DIN 4102-1
Wärmeleitwert 0,034 W/(mK) bei 10°C und 0,040 W/(mK) bei 40°C
Wasserdampfdiffusionsfaktor µ: 5.000
Temperaturbereich: -80°C bis +100°C
Abmessungen (LxBxH): 212 x 182 x 253 mm
Nennweite: DN50

▶	▷	ø netto €	◁	◀	[Einheit]	Ausf.-Dauer	Positionsnummer
–€	42€	**46€**	49€	–€	[St]	⏱ 0,10 h/St	047.000.029

LB 053
Niederspannungsanlagen - Kabel/Leitungen, Verlegesysteme, Installationsgeräte

Kosten: Stand 4.Quartal 2021, Bundesdurchschnitt

Legende:
- ▶ min
- ▷ von
- ø Mittel
- ◁ bis
- ◀ max

Preise €

Nr.	Positionen	Einheit	▶	▷ ø brutto € / ø netto €		◁	◀
1	Gitterrinne, Stahl, 200mm	m	–	29 / 25	**40** / **33**	31 / 26	–
2	Kabelrinne, Stahl, 100mm	m	–	34 / 28	**36** / **30**	38 / 32	–
3	Kabelrinne, Stahl, 200mm	m	–	38 / 32	**35** / **30**	40 / 33	–
4	Kabelrinne, Stahl, 300mm	m	–	51 / 43	**55** / **46**	58 / 49	–
5	Kabelrinne, Stahl, 400mm	m	–	62 / 52	**67** / **56**	70 / 59	–
6	Elektroinstallationsrohr, 16mm	m	–	6,0 / 5,1	**6,5** / **5,4**	6,9 / 5,8	–
7	Elektroinstallationsrohr, 25mm	m	–	6,0 / 5,1	**6,5** / **5,4**	6,9 / 5,8	–
8	Elektroinstallationsrohr, 40mm	m	–	15 / 13	**16** / **14**	17 / 14	–
9	Leitungsführungskanal PVC 15x15mm	m	–	7,4 / 6,3	**7,8** / **6,6**	8,5 / 7,1	–
10	Leitungsführungskanal PVC 30x30mm	m	–	10 / 8,7	**11** / **9,3**	12 / 9,9	–
11	Leitungsführungskanal PVC 90x40mm	m	–	10 / 8,7	**11** / **9,3**	12 / 9,9	–
12	Leitungsführungskanal PVC 110x60mm	m	–	37 / 31	**40** / **33**	42 / 35	–
13	Installationsleitung, NYM-J 1x6mm², KR/K/R/MW	m	–	2,7 / 2,2	**2,9** / **2,4**	3,0 / 2,6	–
14	Installationsleitung, NYM-J 1x10mm², KR/K/R/MW	m	–	4,4 / 3,7	**4,7** / **3,9**	5,0 / 4,2	–
15	Installationsleitung, NYM-J 1x16mm², KR/K/R/MW	m	–	5,6 / 4,7	**6,0** / **5,0**	6,3 / 5,3	–
16	Installationsleitung, NYM-J 3x1,5mm², KR/K/R/MW	m	–	2,0 / 1,7	**2,2** / **1,8**	2,3 / 1,9	–
17	Installationsleitung, NYM-J 3x2,5mm², KR/K/R/MW	m	–	2,9 / 2,4	**3,1** / **2,6**	3,3 / 2,8	–
18	Installationsleitung, NYM-J 5x2,5mm², KR/K/R/MW	m	–	4,4 / 3,7	**4,7** / **4,0**	5,0 / 4,2	–
19	Installationsleitung, NYM-J 5x4mm², KR/K/R/MW	m	–	6,0 / 5,0	**6,4** / **5,3**	6,7 / 5,7	–
20	Installationsleitung, NYM-J 5x6mm², KR/K/R/MW	m	–	7,7 / 6,5	**8,3** / **7,0**	8,8 / 7,4	–

© BKI Baukosteninformationszentrum

Niederspannungsanlagen - Kabel/Leitungen, Verlegesysteme, Installationsgeräte — Preise €

Nr.	Positionen	Einheit	▶	▷	ø brutto € / ø netto €	◁	◀
21	Installationsleitung, NYM-J 5x10mm², KR/K/R/MW	m	–	11	**12**	13	–
				9,4	**10**	11	
22	Installationsleitung, NYM-J 5x16mm², KR/K/R/MW	m	–	17	**18**	19	–
				14	**15**	16	
23	Installationsleitung, NYM-J 1x6mm², AD	m	–	4,3	**4,6**	4,9	–
				3,6	**3,8**	4,1	
24	Installationsleitung, NYM-J 1x10mm², AD	m	–	6,0	**6,4**	6,8	–
				5,0	**5,4**	5,7	
25	Installationsleitung, NYM-J 1x16mm², AD	m	–	7,2	**7,7**	8,2	–
				6,0	**6,5**	6,9	
26	Installationsleitung, NYM-J 3x1,5mm², AD	m	–	3,6	**3,9**	4,1	–
				3,0	**3,2**	3,5	
27	Installationsleitung, NYM-J 3x2,5mm², AD	m	–	4,5	**4,8**	5,1	–
				3,8	**4,0**	4,3	
28	Installationsleitung, NYM-J 5x2,5mm², AD	m	–	6,2	**6,7**	7,1	–
				5,2	**5,6**	6,0	
29	Installationsleitung, NYM-J 5x4mm², AD	m	–	7,9	**8,4**	9,0	–
				6,7	**7,1**	7,6	
30	Installationsleitung, NYM-J 5x6mm², AD	m	–	10	**11**	12	–
				8,5	**9,1**	9,7	
31	Installationsleitung, NYM-J 5x10mm², AD	m	–	14	**14**	15	–
				11	**12**	13	
32	Installationsleitung, NYM-J 5x16mm², AD	m	–	20	**21**	22	–
				17	**18**	19	
33	Installationsleitung, NYM-J 1x6mm², uP	m	–	6,9	**7,4**	7,9	–
				5,8	**6,2**	6,6	
34	Installationsleitung, NYM-J 1x16mm², uP	m	–	11	**12**	13	–
				9,2	**9,9**	11	
35	Installationsleitung, NYM-J 3x2,5mm², uP	m	–	8,2	**8,8**	9,3	–
				6,9	**7,4**	7,8	
36	Installationsleitung, NYM-J 5x2,5mm², uP	m	–	5,4	**5,8**	6,1	–
				4,5	**4,9**	5,2	
37	Installationsleitung, NYM-J 5x6mm², uP	m	–	11	**12**	13	–
				9,6	**10**	11	
38	Geräteeinbaukanal, 130x60mm	m	–	45	**48**	50	–
				38	**40**	42	
39	Geräteeinbaukanal, 170x60mm	m	–	58	**61**	65	–
				48	**51**	55	
40	Geräteeinbaukanal, 210x60mm	m	–	88	**94**	100	–
				74	**79**	84	
41	Sockelleistenkanal, 50x20mm	m	–	22	**24**	25	–
				19	**20**	21	
42	Potentialausgleichsschiene, Stahl, verzinkt	St	–	48	**52**	55	–
				41	**43**	46	
43	Tastschalter, Aus-/Wechselschalter, 2polig, uP	St	–	26	**28**	29	–
				22	**23**	25	

LB 053 Niederspannungsanlagen - Kabel/Leitungen, Verlegesysteme, Installationsgeräte

Niederspannungsanlagen - Kabel/Leitungen, Verlegesysteme, Installationsgeräte — Preise €

Kosten: Stand 4.Quartal 2021 Bundesdurchschnitt

▶ min
▷ von
ø Mittel
◁ bis
◀ max

Nr.	Positionen	Einheit	▶	▷ ø brutto € / ø netto €		◁	◀
44	Tastschalter, Serienschalter, uP	St	–	24	**26**	27	–
			–	20	**21**	23	–
45	Tastschalter, Kreuzschalter, uP	St	–	26	**28**	29	–
			–	22	**23**	25	–
46	Tastschalter, Taster, Kontrolllicht, uP	St	–	28	**30**	31	–
			–	23	**25**	26	–
47	Tastschalter, Aus-/Wechselschalter, 1polig, uP	St	–	17	**18**	20	–
			–	15	**16**	16	–
48	Verbindungs-/Abzweigdose, aP	St	–	19	**20**	21	–
			–	16	**17**	18	–
49	Verbindungs-/Abzweigkasten, aP	St	–	36	**39**	41	–
			–	30	**33**	35	–
50	Heizungs-Not-Ausschalter, aP	St	–	33	**37**	37	–
			–	28	**31**	31	–
51	Installationsschalter, Taster, aP	St	–	25	**26**	28	–
			–	21	**22**	24	–
52	Installationsschalter, Aus-/Wechselschalter, aP	St	–	25	**27**	29	–
			–	21	**23**	24	–
53	Gerätedose, Brandschutz, uP	St	–	25	**27**	29	–
			–	21	**23**	24	–
54	Gerätedose, luftdicht, uP	ST	–	10	**10**	11	–
			–	8	**9**	9	–
55	Dreifach-Schukosteckdose, 16A, 250V, aP, Deckel	St	–	66	**70**	75	–
			–	56	**59**	63	–
56	Zweifach-Schukosteckdose, 16A, 250V, aP, Deckel	St	–	40	**42**	45	–
			–	33	**36**	38	–
57	Schukosteckdose, 16A, 250V, aP, Deckel	St	–	23	**25**	26	–
			–	19	**21**	22	–
58	Dreifach-Schukosteckdose, 16A, 250V, Wand, aP	St	–	33	**36**	38	–
			–	28	**30**	32	–
59	Zweifach-Schukosteckdose, 16A, 250V, Wand, aP	St	–	27	**28**	30	–
			–	22	**24**	25	–
60	Schukosteckdose, 16A, 250V, Wandmontage, aP	St	–	19	**28**	22	–
			–	16	**23**	18	–
61	Schukosteckdose, 16A, 250V, uP, IP44, Deckel	St	–	13	**14**	15	–
			–	11	**12**	12	–
62	Schukosteckdose, 16A, 250V, uP, IP24	ST	–	17	**19**	20	–
			–	15	**16**	17	–
63	Photovoltaik 2kW$_p$	St	–	5.354	**6.299**	7.181	–
			–	4.499	**5.293**	6.034	–
64	Photovoltaik 10kW$_p$	St	–	18.806	**22.124**	25.222	–
			–	15.803	**18.592**	21.195	–

Nr.	Kurztext / Langtext						Kostengruppe	
▶	▷	ø netto €	◁	◀		[Einheit]	Ausf.-Dauer	Positionsnummer

1 Gitterrinne, Stahl, 200mm — KG **444**

Gitterrinne mit Trennsteg und Wandausleger, einschl. systembedingter Verbindungsstücke, Formstücke, Befestigungsmaterial.
Norm: DIN EN 61537 (VDE 0639)
Werkstoff: Stahl, feuerverzinkt DIN EN ISO 1461
Drahtdurchmesser: 4mm
Breite: 200 mm
Höhe: 60 mm
Trennstege: 1
Angeb. Fabrikat: .....

| –€ | 25€ | **33€** | 26€ | –€ | [m] | ⏱ 0,20 h/m | 053.000.001 |

A 1 Kabelrinne, Stahl — Beschreibung für Pos. **2-5**

Kabelrinne mit Trennsteg und Wandausleger, einschl. systembedingten Verbindungsstücken, Formstücken, Befestigungsmaterial.
Norm: DIN EN 61537 (VDE 0639)
Werkstoff: Stahl, feuerverzinkt, DIN EN ISO 1461
Dicke Metallwerkstoff: 1,5mm
Ausführung: gelocht
Höhe: 60mm
Trennstege: 1

2 Kabelrinne, Stahl, 100mm — KG **444**

Wie Ausführungsbeschreibung A 1
Breite: 100 mm
Angeb. Fabrikat: .....

| –€ | 28€ | **30€** | 32€ | –€ | [m] | ⏱ 0,20 h/m | 053.000.002 |

3 Kabelrinne, Stahl, 200mm — KG **444**

Wie Ausführungsbeschreibung A 1
Breite: 200 mm
Angeb. Fabrikat: .....

| –€ | 32€ | **30€** | 33€ | –€ | [m] | ⏱ 0,25 h/m | 053.000.007 |

4 Kabelrinne, Stahl, 300mm — KG **444**

Wie Ausführungsbeschreibung A 1
Breite: 300 mm
Angeb. Fabrikat: .....

| –€ | 43€ | **46€** | 49€ | –€ | [m] | ⏱ 0,30 h/m | 053.000.008 |

5 Kabelrinne, Stahl, 400mm — KG **444**

Wie Ausführungsbeschreibung A 1
Breite: 400 mm
Angeb. Fabrikat: .....

| –€ | 52€ | **56€** | 59€ | –€ | [m] | ⏱ 0,40 h/m | 053.000.009 |

© **BKI** Baukosteninformationszentrum — Kostenstand: 4.Quartal 2021, Bundesdurchschnitt

**LB 053
Niederspannungs-
anlagen
- Kabel/Leitungen,
Verlegesysteme,
Installationsgeräte**

Kosten:
Stand 4.Quartal 2021
Bundesdurchschnitt

▶ min
▷ von
ø Mittel
◁ bis
◀ max

Nr.	Kurztext / Langtext					[Einheit]	Ausf.-Dauer	Kostengruppe Positionsnummer
▶	▷	ø netto €	◁	◀				

A 2   Elektroinstallationsrohr
Beschreibung für Pos. **6-8**

Elektroinstallationsrohr, geschlossen, für Verlegung unter Putz, mit Befestigung.
Norm: DIN EN 61386 (VDE 0605)
Werkstoff: Kunststoff, halogenfrei
Ausführung: einwandig, gewellt, flexibel
Druckfestigkeitsklasse: 3 - mittel (750 N)
Klasse Schlagbeanspruchung: 3 - mittel (2 kg/100 mm)

6   Elektroinstallationsrohr, 16mm   KG **444**
Wie Ausführungsbeschreibung A 2
Außendurchmesser: 16mm

▶	▷	ø	◁	◀	[Einheit]	Ausf.-Dauer	Pos.Nr.
–€	5€	**5**€	6€	–€	[m]	⏱ 0,10 h/m	053.000.020

7   Elektroinstallationsrohr, 25mm   KG **444**
Wie Ausführungsbeschreibung A 2
Außendurchmesser: 25 mm

| –€ | 5€ | **5**€ | 6€ | –€ | [m] | ⏱ 0,10 h/m | 053.000.021 |

8   Elektroinstallationsrohr, 40mm   KG **444**
Wie Ausführungsbeschreibung A 2
Außendurchmesser: 40 mm

| –€ | 13€ | **14**€ | 14€ | –€ | [m] | ⏱ 0,10 h/m | 053.000.022 |

A 3   Leitungsführungskanal PVC-U
Beschreibung für Pos. **9-12**

Leitungsführungskanal, einschl. systembedingter Verbindungsstücke, Formstücke, Befestigungsmaterial.
Norm: DIN EN 50085-2-1 (VDE 0604-2-1)
Werkstoff: PVC-U

9   Leitungsführungskanal PVC 15x15mm   KG **444**
Wie Ausführungsbeschreibung A 3
Breite: 15 mm
Höhe: 15 mm
Farbe: reinweiß RAL 9010
Befestigung: auf **Beton / Mauerwerk / Installationswand**

| –€ | 6€ | **7**€ | 7€ | –€ | [m] | ⏱ 0,04 h/m | 053.000.035 |

10   Leitungsführungskanal PVC 30x30mm   KG **444**
Wie Ausführungsbeschreibung A 3
Breite: 30 mm
Höhe: 30 mm
Farbe: reinweiß RAL 9010
Befestigung: auf **Beton / Mauerwerk / Installationswand**

| –€ | 9€ | **9**€ | 10€ | –€ | [m] | ⏱ 0,04 h/m | 053.000.036 |

Nr.	Kurztext / Langtext							Kostengruppe
▶	▷	ø netto €	◁	◀	[Einheit]	Ausf.-Dauer	Positionsnummer

11   Leitungsführungskanal PVC 90x40mm — KG **444**
Wie Ausführungsbeschreibung A 3
Breite: 90 mm
Höhe: 40 mm
Farbe: reinweiß RAL 9010
Befestigung: auf **Beton / Mauerwerk / Installationswand**

| –€ | 9€ | **9**€ | 10€ | –€ | [m] | ⏱ 0,05 h/m | 053.000.037 |

12   Leitungsführungskanal PVC 110x60mm — KG **444**
Wie Ausführungsbeschreibung A 3
Breite: 110 mm
Höhe: 60 mm
Farbe: reinweiß RAL 9010
Befestigung: auf **Beton / Mauerwerk / Installationswand**

| –€ | 31€ | **33**€ | 35€ | –€ | [m] | ⏱ 0,05 h/m | 053.000.038 |

A 4   Installationsleitung, NYM-J, KR/K/R/MW — Beschreibung für Pos. **13-22**
Installationsleitung in vorhandener **Kabelrinne / Kanal / Rohr / Montagewand**.
Norm: DIN VDE 0250-204 (VDE 0250-204)
Leitungstyp: NYM-J

13   Installationsleitung, NYM-J 1x6mm^2, KR/K/R/MW — KG **444**
Wie Ausführungsbeschreibung A 4
Ader-/Leiterzahl: 1 x 6 mm^2
Metallzahl: Cu-Zahl 58

| –€ | 2€ | **2**€ | 3€ | –€ | [m] | ⏱ 0,04 h/m | 053.000.044 |

14   Installationsleitung, NYM-J 1x10mm^2, KR/K/R/MW — KG **444**
Wie Ausführungsbeschreibung A 4
Ader-/Leiterzahl: 1 x 10 mm^2
Metallzahl: Cu-Zahl 96

| –€ | 4€ | **4**€ | 4€ | –€ | [m] | ⏱ 0,04 h/m | 053.000.045 |

15   Installationsleitung, NYM-J 1x16mm^2, KR/K/R/MW — KG **444**
Wie Ausführungsbeschreibung A 4
Ader-/Leiterzahl: 1 x 16 mm^2
Metallzahl: Cu-Zahl 154

| –€ | 5€ | **5**€ | 5€ | –€ | [m] | ⏱ 0,06 h/m | 053.000.046 |

16   Installationsleitung, NYM-J 3x1,5mm^2, KR/K/R/MW — KG **444**
Wie Ausführungsbeschreibung A 4
Ader-/Leiterzahl: 3 x 1,5 mm^2
Metallzahl: Cu-Zahl 43

| –€ | 2€ | **2**€ | 2€ | –€ | [m] | ⏱ 0,07 h/m | 053.000.047 |

LB 053
Niederspannungs-anlagen
- Kabel/Leitungen, Verlegesysteme, Installationsgeräte

Kosten:
Stand 4.Quartal 2021
Bundesdurchschnitt

▶ min
▷ von
ø Mittel
◁ bis
◀ max

Nr.	Kurztext / Langtext				[Einheit]	Ausf.-Dauer	Kostengruppe Positionsnummer
▶	▷	ø netto €	◁	◀			
17	**Installationsleitung, NYM-J 3x2,5mm², KR/K/R/MW**						KG **444**
	Wie Ausführungsbeschreibung A 4						
	Ader-/Leiterzahl: 3 x 2,5 mm²						
	Metallzahl: Cu-Zahl 72						
–€	2€	**3€**	3€	–€	[m]	⏱ 0,09 h/m	053.000.048
18	**Installationsleitung, NYM-J 5x2,5mm², KR/K/R/MW**						KG **444**
	Wie Ausführungsbeschreibung A 4						
	Ader-/Leiterzahl: 5 x 2,5 mm²						
	Metallzahl: Cu-Zahl 120						
–€	4€	**4€**	4€	–€	[m]	⏱ 0,05 h/m	053.000.051
19	**Installationsleitung, NYM-J 5x4mm², KR/K/R/MW**						KG **444**
	Wie Ausführungsbeschreibung A 4						
	Ader-/Leiterzahl: 5 x 4 mm²						
	Metallzahl: Cu-Zahl 192						
–€	5€	**5€**	6€	–€	[m]	⏱ 0,07 h/m	053.000.049
20	**Installationsleitung, NYM-J 5x6mm², KR/K/R/MW**						KG **444**
	Wie Ausführungsbeschreibung A 4						
	Ader-/Leiterzahl: 5 x 6 mm²						
	Metallzahl: Cu-Zahl 288						
–€	7€	**7€**	7€	–€	[m]	⏱ 0,09 h/m	053.000.050
21	**Installationsleitung, NYM-J 5x10mm², KR/K/R/MW**						KG **444**
	Wie Ausführungsbeschreibung A 4						
	Ader-/Leiterzahl: 5 x 10 mm²						
	Metallzahl: Cu-Zahl 430						
–€	9€	**10**€	11€	–€	[m]	⏱ 0,10 h/m	053.000.052
22	**Installationsleitung, NYM-J 5x16mm², KR/K/R/MW**						KG **444**
	Wie Ausführungsbeschreibung A 4						
	Ader-/Leiterzahl: 5 x 16 mm²						
	Metallzahl: Cu-Zahl 768						
–€	14€	**15**€	16€	–€	[m]	⏱ 0,12 h/m	053.000.053
A 5	**Installationsleitung, NYM-J, AD**					Beschreibung für Pos.	**23-32**
	Installationsleitung in abgehängter Decke, mit Sammelbefestigung aus Metall.						
	Norm: DIN VDE 0250-204 (VDE 0250-204)						
	Leitungstyp: NYM-J						
23	**Installationsleitung, NYM-J 1x6mm², AD**						KG **444**
	Wie Ausführungsbeschreibung A 5						
	Ader-/Leiterzahl: 1 x 6 mm²						
	Metallzahl: Cu-Zahl 58						
–€	4€	**4**€	4€	–€	[m]	⏱ 0,02 h/m	053.000.059

Nr.	Kurztext / Langtext							Kostengruppe
▶	▷	ø netto €	◁	◀	[Einheit]	Ausf.-Dauer	Positionsnummer	

24 Installationsleitung, NYM-J 1x10mm², AD — KG **444**
Wie Ausführungsbeschreibung A 5
Ader-/Leiterzahl: 1 x 10 mm²
Metallzahl: Cu-Zahl 96

–€	5€	**5**€	6€	–€	[m]	⏱ 0,04 h/m	053.000.060

25 Installationsleitung, NYM-J 1x16mm², AD — KG **444**
Wie Ausführungsbeschreibung A 5
Ader-/Leiterzahl: 1 x 16 mm²
Metallzahl: Cu-Zahl 154

–€	6€	**6**€	7€	–€	[m]	⏱ 0,06 h/m	053.000.061

26 Installationsleitung, NYM-J 3x1,5mm², AD — KG **444**
Wie Ausführungsbeschreibung A 5
Ader-/Leiterzahl: 3 x 1,5 mm²
Metallzahl: Cu-Zahl 43

–€	3€	**3**€	3€	–€	[m]	⏱ 0,07 h/m	053.000.062

27 Installationsleitung, NYM-J 3x2,5mm², AD — KG **444**
Wie Ausführungsbeschreibung A 5
Ader-/Leiterzahl: 3 x 2,5 mm²
Metallzahl: Cu-Zahl 72

–€	4€	**4**€	4€	–€	[m]	⏱ 0,09 h/m	053.000.063

28 Installationsleitung, NYM-J 5x2,5mm², AD — KG **444**
Wie Ausführungsbeschreibung A 5
Ader-/Leiterzahl: 5 x 2,5 mm²
Metallzahl: Cu-Zahl 120

–€	5€	**6**€	6€	–€	[m]	⏱ 0,05 h/m	053.000.064

29 Installationsleitung, NYM-J 5x4mm², AD — KG **444**
Wie Ausführungsbeschreibung A 5
Ader-/Leiterzahl: 5 x 4 mm²
Metallzahl: Cu-Zahl 192

–€	7€	**7**€	8€	–€	[m]	⏱ 0,07 h/m	053.000.065

30 Installationsleitung, NYM-J 5x6mm², AD — KG **444**
Wie Ausführungsbeschreibung A 5
Ader-/Leiterzahl: 5 x 6 mm²
Metallzahl: Cu-Zahl 288

–€	9€	**9**€	10€	–€	[m]	⏱ 0,09 h/m	053.000.066

31 Installationsleitung, NYM-J 5x10mm², AD — KG **444**
Wie Ausführungsbeschreibung A 5
Ader-/Leiterzahl: 5 x 10 mm²
Metallzahl: Cu-Zahl 430

–€	11€	**12**€	13€	–€	[m]	⏱ 0,10 h/m	053.000.067

LB 053
Niederspannungsanlagen
- Kabel/Leitungen, Verlegesysteme, Installationsgeräte

Kosten:
Stand 4.Quartal 2021
Bundesdurchschnitt

▶ min
▷ von
ø Mittel
◁ bis
◀ max

Nr. ▶ ▷	Kurztext / Langtext ø netto € ◁ ◀	[Einheit]	Ausf.-Dauer	Kostengruppe Positionsnummer
32	**Installationsleitung, NYM-J 5x16mm², AD**			KG **444**
	Wie Ausführungsbeschreibung A 5			
	Ader-/Leiterzahl: 5 x 16 mm²			
	Metallzahl: Cu-Zahl 768			
	–€ 17€ **18€** 19€ –€	[m]	⏱ 0,12 h/m	053.000.068
A 6	**Installationsleitung, NYM-J, uP**			Beschreibung für Pos. **33-37**
	Installationsleitung unter Putz, mit Befestigung.			
	Norm: DIN VDE 0250-204 (VDE 0250-204)			
	Leitungstyp: NYM-J			
33	**Installationsleitung, NYM-J 1x6mm², uP**			KG **444**
	Wie Ausführungsbeschreibung A 6			
	Ader-/Leiterzahl: 1 x 6 mm²			
	Metallzahl: Cu-Zahl 58			
	–€ 6€ **6€** 7€ –€	[m]	⏱ 0,02 h/m	053.000.054
34	**Installationsleitung, NYM-J 1x16mm², uP**			KG **444**
	Wie Ausführungsbeschreibung A 6			
	Ader-/Leiterzahl: 1 x 16 mm²			
	Metallzahl: Cu-Zahl 154			
	–€ 9€ **10€** 11€ –€	[m]	⏱ 0,04 h/m	053.000.055
35	**Installationsleitung, NYM-J 3x2,5mm², uP**			KG **444**
	Wie Ausführungsbeschreibung A 6			
	Ader-/Leiterzahl: 3 x 2,5 mm²			
	Metallzahl: Cu-Zahl 72			
	–€ 7€ **7€** 8€ –€	[m]	⏱ 0,05 h/m	053.000.056
36	**Installationsleitung, NYM-J 5x2,5mm², uP**			KG **444**
	Wie Ausführungsbeschreibung A 6			
	Ader-/Leiterzahl: 5 x 2,5mm²			
	Metallzahl: Cu-Zahl 120			
	–€ 5€ **5€** 5€ –€	[m]	⏱ 0,07 h/m	053.000.057
37	**Installationsleitung, NYM-J 5x6mm², uP**			KG **444**
	Wie Ausführungsbeschreibung A 6			
	Ader-/Leiterzahl: 5 x 6 mm²			
	Metallzahl: Cu-Zahl 288			
	–€ 10€ **10€** 11€ –€	[m]	⏱ 0,09 h/m	053.000.058

Nr.	Kurztext / Langtext						Kostengruppe	
▶	▷	ø netto €	◁	◀	[Einheit]	Ausf.-Dauer	Positionsnummer	

A 7 Geräteeinbaukanal Beschreibung für Pos. 38-40

Geräteeinbaukanal mit Trennsteg und mit Wandausleger, einschl. systembedingter Verbindungsstücke, Kabelhalteklammern, Formstücke, Befestigungsmaterial.
Norm: DIN EN 50085-2-1 (VDE 0604-2-1)
Werkstoff: PVC-U

38 Geräteeinbaukanal, 130x60mm KG **444**
Wie Ausführungsbeschreibung A 7
Breite: 130 mm
Höhe: 60 mm
Farbe: reinweiß RAL 9010
Befestigung: auf **Beton / Mauerwerk / Installationswand**
Trennstege: 1
–€   38€   **40**€   42€   –€   [m]   ⏱ 0,08 h/m   053.000.043

39 Geräteeinbaukanal, 170x60mm KG **444**
Wie Ausführungsbeschreibung A 7
Breite: 170 mm
Höhe:60 mm
Farbe: reinweiß RAL 9010
Befestigung: auf **Beton / Mauerwerk / Installationswand**
Trennstege: 1
–€   48€   **51**€   55€   –€   [m]   ⏱ 0,10 h/m   053.000.041

40 Geräteeinbaukanal, 210x60mm KG **444**
Wie Ausführungsbeschreibung A 7
Breite: 210 mm
Höhe: 60 mm
Farbe: reinweiß RAL 9010
Befestigung: auf **Beton / Mauerwerk / Installationswand**
Trennstege: 1
–€   74€   **79**€   84€   –€   [m]   ⏱ 0,12 h/m   053.000.042

41 Sockelleistenkanal, 50x20mm KG **444**
Sockelleistenkanal, einschl. systembedingter Verbindungsstücke, Formstücke, Befestigungsmaterial.
Norm: DIN EN 50085-2-1 (VDE 0604-2-1)
Werkstoff: PVC-U
Breite: 50 mm
Höhe: 20 mm
Farbe: reinweiß RAL 9010
Befestigung: auf **Beton / Mauerwerk / Installationswand**
–€   19€   **20**€   21€   –€   [m]   ⏱ 0,08 h/m   053.000.069

LB 053
Niederspannungs-
anlagen
- Kabel/Leitungen,
Verlegesysteme,
Installationsgeräte

Kosten:
Stand 4.Quartal 2021
Bundesdurchschnitt

▶ min
▷ von
ø Mittel
◁ bis
◀ max

Nr.	Kurztext / Langtext					Kostengruppe	
▶	▷	ø netto €	◁	◀	[Einheit]	Ausf.-Dauer	Positionsnummer

42 Potentialausgleichsschiene, Stahl, verzinkt — KG **446**

Potentialausgleichsschiene mit Abdeckhaube aus schlagfestem Polystyrol, Befestigungsmaterial. Ausführung mit Anschluss für 7x2,5 bis 25mm², Flachband 30x3,5, Massivrundleiter Durchmesser 8 bis 10mm.
Norm: VDE 0618, Teil 1 (VDE 0618-1)
Angeb. Fabrikat: .....

| –€ | 41€ | **43€** | 46€ | –€ | [St] | ⏱ 0,60 h/St | 053.000.006 |

A 8 Tastschalter — Beschreibung für Pos. **43-46**

Tastschalter in Gerätedose mit Schraubbefestigung, einschl. Wippe mit Symbol, Kontrolllampe, anteilig Abdeckrahmen mit Beschriftungsfeld, unter Putz.
Norm: DIN EN 60669-1 (VDE 0632-1)

43 Tastschalter, Aus-/Wechselschalter, 2polig, uP — KG **444**

Wie Ausführungsbeschreibung A 8
Leistung: Aus-/Wechselschalter, 2polig
Nennstrom: 10 A
Nennspannung: 250 V AC
Schutzart: IP 20
Farbe: reinweiß, RAL 9010
Angeb. Fabrikat: .....

| –€ | 22€ | **23€** | 25€ | –€ | [St] | ⏱ 0,18 h/St | 054.000.002 |

44 Tastschalter, Serienschalter, uP — KG **444**

Wie Ausführungsbeschreibung A 8
Leistung: Serienschalter, 1polig
Nennstrom: 10 A
Nennspannung: 250 V AC
Schutzart: IP 20
Farbe: reinweiß, RAL 9010
Angeb.Fabrikat: .....

| –€ | 20€ | **21€** | 23€ | –€ | [St] | ⏱ 0,18 h/St | 054.000.014 |

45 Tastschalter, Kreuzschalter, uP — KG **444**

Wie Ausführungsbeschreibung A 8
Leistung: Kreuzschalter, 1polig
Nennstrom: 10 A
Nennspannung: 250 V AC
Schutzart: IP 20
Farbe: reinweiß, RAL 9010
Angeb. Fabrikat: .....

| –€ | 22€ | **23€** | 25€ | –€ | [St] | ⏱ 0,18 h/St | 054.000.015 |

Nr.	Kurztext / Langtext							Kostengruppe
▶	▷	ø netto €	◁	◀		[Einheit]	Ausf.-Dauer	Positionsnummer

46 Tastschalter, Taster, Kontrolllicht, uP — KG 444
Wie Ausführungsbeschreibung A 8
Leistung: Taster, 1polig
Nennstrom: 10 A
Nennspannung: 250 V AC
Schutzart: IP 20
Farbe: reinweiß, RAL 9010
Angeb. Fabrikat: .....

| –€ | 23€ | **25**€ | 26€ | –€ | [St] | ⏱ 0,18 h/St | 054.000.016 |

47 Tastschalter, Aus-/Wechselschalter, 1polig, uP — KG 444
Tastschalter in Gerätedose mit Schraubbefestigung, einschl. Wippe mit Symbol, Kontrolllampe, anteilig Abdeckrahmen mit Beschriftungsfeld, unter Putz.
Norm: DIN EN 60669-1 (VDE 0632-1)
Leistung: Aus-/Wechselschalter, 1polig
Nennstrom: 10 A
Nennspannung: 250 V AC
Schutzart: IP 20
Farbe: reinweiß, RAL 9010
Befestigung: in Gerätedose, Einsatz mit Schrauben
Angeb. Fabrikat: .....

| –€ | 15€ | **16**€ | 16€ | –€ | [St] | ⏱ 0,18 h/St | 054.000.001 |

48 Verbindungs-/Abzweigdose, aP — KG 444
Verbindungsdose als Abzweigdose mit Deckel, mit Schraubbefestigung, auf Putz/Wandmontage.
Norm: DIN EN 60695 (VDE 0471)
Werkstoff Elektrobauteil: Polystyrol
Durchmesser: 70 mm
Abmessungen (LxBxT): 80 x 80 x 52 mm
Anschlusssystem: 5 Klemmen, 4 mm²
Schutzart: IP65
Angeb. Fabrikat: .....

| –€ | 16€ | **17**€ | 18€ | –€ | [St] | ⏱ 0,18 h/St | 054.000.021 |

49 Verbindungs-/Abzweigkasten, aP — KG 444
Verbindungskasten als Abzweigdose, mit Deckel, mit Schraubbefestigung, auf Putz/Wandmontage.
Norm: DIN EN 60670-1 (VDE 0606-1)
Werkstoff Elektrobauteil: Polystyrol
Farbe: grau
Abmessungen (LxBxT): 200 x 250 x 155 mm
Anschlusssystem: 5 Klemmen, 4 mm²
Schutzart: IP54
Angeb. Fabrikat: .....

| –€ | 30€ | **33**€ | 35€ | –€ | [St] | ⏱ 0,18 h/St | 054.000.023 |

**LB 053
Niederspannungs-
anlagen
- Kabel/Leitungen,
Verlegesysteme,
Installationsgeräte**

Kosten:
Stand 4.Quartal 2021
Bundesdurchschnitt

▶ min
▷ von
ø Mittel
◁ bis
◀ max

Nr.	Kurztext / Langtext						Kostengruppe	
▶	▷	ø netto €	◁	◀		[Einheit]	Ausf.-Dauer	Positionsnummer

50 Heizungs-Not-Ausschalter, aP KG **444**
Heizungs-Not-Ausschalter auf Putz, mit Schraubenbefestigung.
Norm: DIN VDE 0620
Leistung: Heizungs-Not-Ausschalter, 2polig
Nennstrom: 16 A
Nennspannung: 250 V
Schutzart: IP 44
Farbe: grau
Angeb. Fabrikat: .....
–€   28€   **31€**   31€   –€   [St]   ⏱ 0,12 h/St   054.000.008

51 Installationsschalter, Taster, aP KG **444**
Installationsschalter einschl. Wippe mit Symbol, mit Beschriftungsfeld, Kontrolllampe, auf Putz, mit Schrauben-
befestigung.
Norm: DIN EN 60669-1 (VDE 0632-1)
Leistung: Taster, 1polig
Nennstrom: 10 A
Nennspannung: 250 V AC
Schutzart: IP 44
Farbe: grau RAL 7035
Angeb. Fabrikat: .....
–€   21€   **22€**   24€   –€   [St]   ⏱ 0,15 h/St   054.000.035

52 Installationsschalter, Aus-/Wechselschalter, aP KG **444**
Installationsschalter einschl. Wippe mit Symbol, mit Beschriftungsfeld, Kontrolllampe, auf Putz, mit Schrauben-
befestigung.
Norm: DIN EN 60669-1 (VDE 0632-1)
Leistung: **Aus- / Wechselschalter**, 1polig
Nennstrom: 10 A
Nennspannung: 250 V AC
Schutzart: IP 44
Farbe: grau RAL 7035
Angeb. Fabrikat: .....
–€   21€   **23€**   24€   –€   [St]   ⏱ 0,15 h/St   054.000.034

53 Gerätedose, Brandschutz, uP KG **444**
Gerätedose mit Brandschutzanforderungen, in Mauerwerk, mit Schraubenbefestigung und Klemmen,
anteilig, unter Putz.
Norm: DIN EN 60670-1 (VDE 0606-1)/DIN 49073
Werkstoff: Kunststoff, halogenfrei
Durchmesser Installationsgerät: 60 mm
Tiefe: Installationsgerät: 60 mm
Farbe: schwarz
Angeb. Fabrikat: .....
–€   21€   **23€**   24€   –€   [St]   ⏱ 0,30 h/St   054.000.033

Nr.	Kurztext / Langtext					Kostengruppe		
▶	▷	ø netto €	◁	◀	[Einheit]	Ausf.-Dauer	Positionsnummer	

54   Gerätedose, luftdicht, uP   KG **444**
Gerätedose, luftdicht, in Mauerwerk, mit Schraubenbefestigung und Klemmen, anteilig, unter Putz.
Norm: DIN EN 60670-1 (VDE 0606-1)/DIN 49073
Werkstoff: Kunststoff, halogenfrei
Durchmesser Installationsgerät: 60 mm
Tiefe: Installationsgerät: 40 mm
Ausführung: unter Putz
Farbe: schwarz
Einbringung: in Mauerwerk, mit Schrauben
Angeb. Fabrikat: .....

–€   8€   **9**€   9€   –€   [ST]   ⏱ 0,30 h/ST   054.000.032

55   Dreifach-Schukosteckdose, 16A, 250V, aP, Deckel   KG **444**
Dreifach-Schutzkontaktsteckdose einschl. Klappdeckel, in Gerätedose mit Schraubenbefestigung, einschl. Beschriftungsfeld, auf Putz / Wandmontage.
Norm: DIN VDE 0620-1 (VDE 0620-1)
Nennstrom: 16 A
Nennspannung: 250 V
Schutzart: IP 44
Farbe: reinweiß RAL 9010
Angeb. Fabrikat: .....

–€   56€   **59**€   63€   –€   [St]   ⏱ 0,18 h/St   054.000.031

56   Zweifach-Schukosteckdose, 16A, 250V, aP, Deckel   KG **444**
Zweifach-Schutzkontaktsteckdose einschl. Klappdeckel, in Gerätedose mit Schraubenbefestigung, einschl. Beschriftungsfeld, auf Putz / Wandmontage.
Norm: DIN VDE 0620-1 (VDE 0620-1)
Nennstrom: 16 A
Nennspannung: 250 V
Schutzart: IP 44
Farbe: reinweiß RAL 9010
Angeb. Fabrikat: .....

–€   33€   **36**€   38€   –€   [St]   ⏱ 0,18 h/St   054.000.030

57   Schukosteckdose, 16A, 250V, aP, Deckel   KG **444**
Schutzkontaktsteckdose einschl. Klappdeckel, in Gerätedose mit Schraubenbefestigung, einschl. Beschriftungsfeld, auf Putz / Wandmontage.
Norm: DIN VDE 0620-1 (VDE 0620-1)
Nennstrom: 16 A
Nennspannung: 250 V
Schutzart: IP 44
Farbe: reinweiß RAL 9010
Angeb. Fabrikat: .....

–€   19€   **21**€   22€   –€   [St]   ⏱ 0,18 h/St   054.000.029

© **BKI** Baukosteninformationszentrum   Kostenstand: 4.Quartal 2021, Bundesdurchschnitt

LB 053
Niederspannungs-
anlagen
- Kabel/Leitungen,
Verlegesysteme,
Installationsgeräte

Kosten:
Stand 4.Quartal 2021
Bundesdurchschnitt

▶ min
▷ von
ø Mittel
◁ bis
◀ max

Nr.	Kurztext / Langtext							Kostengruppe
▶	▷	**ø netto €**	◁	◀		[Einheit]	Ausf.-Dauer	Positionsnummer
58	**Dreifach-Schukosteckdose, 16A, 250V, Wand, aP**							KG **444**
	Dreifach-Schutzkontaktsteckdose in Gerätedose mit Schraubenbefestigung, einschl. Beschriftungsfeld, auf Putz / Wandmontage.							
	Norm: DIN VDE 0620-1 (VDE 0620-1)							
	Nennstrom: 16 A							
	Nennspannung: 250 V							
	Schutzart: IP 24							
	Farbe: reinweiß RAL 9010							
	Angeb. Fabrikat:							
–€	28€	**30€**	32€	–€		[St]	⏱ 0,18 h/St	054.000.028
59	**Zweifach-Schukosteckdose, 16A, 250V, Wand, aP**							KG **444**
	Zweifach-Schutzkontaktsteckdose in Gerätedose mit Schraubenbefestigung, einschl. Beschriftungsfeld, auf Putz / Wandmontage.							
	Norm: DIN VDE 0620-1 (VDE 0620-1)							
	Nennstrom: 16 A							
	Nennspannung: 250 V							
	Schutzart: IP 24							
	Farbe: reinweiß RAL 9010							
	Angeb. Fabrikat:							
–€	22€	**24€**	25€	–€		[St]	⏱ 0,18 h/St	054.000.027
60	**Schukosteckdose, 16A, 250V, Wandmontage, aP**							KG **444**
	Schutzkontaktsteckdose in Gerätedose mit Schraubenbefestigung, einschl. Beschriftungsfeld, auf Putz / Wandmontage.							
	Norm: DIN VDE 0620-1 (VDE 0620-1)							
	Nennstrom: 16 A							
	Nennspannung: 250 V							
	Schutzart: IP 24							
	Farbe: reinweiß RAL 9010							
	Angeb. Fabrikat:							
–€	16€	**23€**	18€	–€		[St]	⏱ 0,18 h/St	054.000.026
61	**Schukosteckdose, 16A, 250V, uP, IP44, Deckel**							KG **444**
	Schutzkontaktsteckdose in Gerätedose und Klappdeckel, mit Schraubbefestigung einschl. Abdeckrahmen mit Beschriftungsfeld, unter Putz.							
	Norm: DIN VDE 0620-1 (VDE 0620-1)							
	Nennstrom: 16 A							
	Nennspannung: 250 V							
	Schutzart: IP 44							
	Farbe: reinweiß RAL 9010							
	Angeb. Fabrikat:							
–€	11€	**12€**	12€	–€		[St]	⏱ 0,28 h/St	054.000.025

Nr.	Kurztext / Langtext					Kostengruppe
▶	▷	**ø netto €**	◁	◀	[Einheit]	Ausf.-Dauer Positionsnummer

62   Schukosteckdose, 16A, 250V, uP, IP24 — KG **444**

Schutzkontaktsteckdose in Gerätedose mit Schraubbefestigung einschl. Abdeckrahmen mit Beschriftungsfeld, unter Putz.
Norm: DIN VDE 0620-1 (VDE 0620-1)
Nennstrom: 16 A
Nennspannung: 250 V
Schutzart: IP 24
Farbe: reinweiß RAL 9010
Angeb. Fabrikat: .....

| –€ | 15€ | **16**€ | 17€ | –€ | [ST] | ⏱ 0,18 h/ST   054.000.024 |

A 9   Photovoltaik — Beschreibung für Pos. **63-64**

Solaranlage zur Stromgewinnung als Photovoltaiksystem zur Aufdach-/ Inndach-/Flachdachlösung, mit konstruktiver Verankerung. Leistung einschl. systembedingter Befestigungsmittel und Befestigungskonstruktionsmaterial, Befestigung gem. statischem Einzelnachweis, mit Wechselrichter mit Datenlogger, Powermanagement, DC-Schalter und dreipoliger Einspeisung, einschl. ca. 100m Elektrokabel, komplett verdrahtet, mit Durchführungen, Anschlussarbeiten und Inbetriebnahme.

63   Photovoltaik 2kW$_p$ — KG **442**

Wie Ausführungsbeschreibung A 9
Nennleistung System: 2 kW$_p$
Polykristalline PV-Module: mind. 250 W$_p$
Auflast (Schneelast): bis 5 kN/m²
Dynamische Last (Windlast): bis 2 kN/m²
Ausführung gem. Einzelbeschreibung: .....

| –€ | 4.499€ | **5.293**€ | 6.034€ | –€ | [St] | ⏱ 14,00 h/St   053.000.023 |

64   Photovoltaik 10kW$_p$ — KG **442**

Wie Ausführungsbeschreibung A 9
Nennleistung System: 10 kW$_p$
Polykristalline PV-Module: mind. 250 W$_p$
Auflast (Schneelast): bis 5 kN/m²
Dynamische Last (Windlast): bis 2 kN/m²
Ausführung gem. Einzelbeschreibung: .....

| –€ | 15.803€ | **18.592**€ | 21.195€ | –€ | [St] | ⏱ 48,00 h/St   053.000.024 |

LB 054
Niederspannungsanlagen - Verteilersysteme und Einbaugeräte

Kosten: Stand 4.Quartal 2021 Bundesdurchschnitt

Niederspannungsanlagen - Verteilersysteme und Einbaugeräte — Preise €

Nr.	Positionen	Einheit	▶	▷ ø brutto € / ø netto €	◁	◀
1	Installationskleinverteiler, uP, 356x348x94,5mm	St	–	77 / 65	**82** / **69**	87 / 73	–
2	Installationskleinverteiler, uP, 755x348x94,5mm	St	–	133 / 111	**141** / **119**	150 / 126	–
3	Zählerschrank, uP, Multimediafeld	St	–	1.303 / 1.095	**1.385** / **1.164**	1.467 / 1.233	–
4	Fehlerstromschutzschalter, 25A, 4polig	St	–	12 / 10	**13** / **11**	14 / 12	–
5	Fehlerstromschutzschalter 63A, 4polig	St	–	68 / 57	**73** / **61**	77 / 65	–
6	Leitungsschutzschalter 6kA, 3polig B16A	St	–	55 / 46	**58** / **49**	61 / 52	–
7	Leitungsschutzschalter 6kA, 3polig B20A	St	–	39 / 32	**41** / **35**	44 / 37	–
8	Leitungsschutzschalter 6kA, 3polig C16A	St	–	52 / 44	**55** / **46**	58 / 49	–
9	Leitungsschutzschalter 6kA, 1polig B10A	St	–	41 / 35	**43** / **36**	46 / 39	–
10	Sicherungssockel D02, 3polig	St	–	50 / 42	**53** / **45**	57 / 48	–
11	Lasttrennschalter, 63A	St	–	170 / 143	**182** / **153**	193 / 162	–

Nr.	Kurztext / Langtext					Kostengruppe
▶	▷ ø netto € ◁ ◀	[Einheit]	Ausf.-Dauer	Positionsnummer

▶ min
▷ von
ø Mittel
◁ bis
◀ max

A 1 Installationskleinverteiler, uP — Beschreibung für Pos. 1-2

Installationskleinverteiler mit Kunststoffmauerkasten, Blendrahmen mit Tür aus Stahlblech, Blindabdeckungen.
Norm: DIN EN 60670-24, DIN 43871
Schutzart: IP30
Schutzartklasse: II
Montageart: Unterputz

1 Installationskleinverteiler, uP, 356x348x94,5mm — KG 444

Wie Ausführungsbeschreibung A 1
Verteilerreihen: 1
Farbe: reinweiß RAL 9010
Höhe: 356 mm
Breite: 348 mm
Tiefe: 94,5 mm
Angeb. Fabrikat: .....

–€   65€   **69**€   73€   –€   [St]   ⏱ 0,85 h/St   054.000.036

Nr.	Kurztext / Langtext							Kostengruppe
▶	▷	ø netto €	◁	◀	[Einheit]	Ausf.-Dauer	Positionsnummer

2 **Installationskleinverteiler, uP, 755x348x94,5mm** KG **444**
Wie Ausführungsbeschreibung A 1
Verteilerreihen: 4
Farbe: reinweiß RAL 9010
Höhe: 755 mm
Breite: 348 mm
Tiefe: 94,5 mm
Angeb. Fabrikat: .....
–€ 111€ **119**€ 126€ –€ [St] ⏱ 1,00 h/St 054.000.037

3 **Zählerschrank, uP, Multimediafeld** KG **444**
Zählerschrank mit Multimediafeld und Dreifach-Steckdose, Kunststoffmauerkasten, Blendrahmen mit Tür aus Stahlblech, Blindabdeckungen.
Norm: DIN EN 0603/1, DIN 43870
Schutzart: IP44
Schutzklasse: II
Montageart: Unterputz
Verteilerreihen: 7
Farbe: reinweiß RAL 9010
Höhe: 1.100 mm
Breite: 1.050 mm
Tiefe: 205 mm
Angeb. Fabrikat: .....
–€ 1.095€ **1.164**€ 1.233€ –€ [St] ⏱ 0,85 h/St 054.000.038

A 2 **Fehlerstromschutzschalter** Beschreibung für Pos. **4-5**
Fehlerstromschutzschalter als Reiheneinbaugerät nach DIN 43880, mit Aufnahmevorrichtung für Beschriftungsschild.
Norm: DIN EN 61008-1 (VDE 0664-10)
Berührungsschutz: fingersicher (DIN EN 50274 (VDE 0660-514)
Typ Fehlerstrom: A pulsstromsensitiv
Bemessungsfehlerstrom (mA) Schutzschalter: 30
Anzahl Pole: 3+N
Bemessungsbetriebsspannung: 400 V AC
Kurzschlussfestigkeit: 6 kA
max. Stoßstromfestigkeit: 250 A
Antrieb Schalter: handbetätigt
Angeb. Fabrikat: .....

4 **Fehlerstromschutzschalter, 25A, 4polig** KG **444**
Wie Ausführungsbeschreibung A 2
Bemessungsstrom: 25 A
–€ 10€ **11**€ 12€ –€ [St] ⏱ 0,45 h/St 054.000.043

5 **Fehlerstromschutzschalter 63A, 4polig** KG **444**
Wie Ausführungsbeschreibung A 2
Bemessungsstrom: 63 A
–€ 57€ **61**€ 65€ –€ [St] ⏱ 0,50 h/St 054.000.044

**LB 054
Niederspannungs-
anlagen
- Verteilersysteme
und Einbaugeräte**

Nr.	Kurztext / Langtext					[Einheit]	Ausf.-Dauer	Kostengruppe Positionsnummer
▶	▷	ø netto €	◁	◀				

A 3 Leitungsschutzschalter 6kA

Beschreibung für Pos. **6-9**

Leitungsschutzschalter als Reiheneinbaugerät nach DIN 43880, mit Aufnahmevorrichtung für Beschriftungs-
schild.
Norm: DIN EN 60898-1 (VDE 0641-11)
Berührungsschutz: fingersicher DIN EN 50274 (VDE 0660-514)
Bemessungsbetriebsspannung: 230/400 V AC

6 Leitungsschutzschalter 6kA, 3polig B16A   KG **444**
Wie Ausführungsbeschreibung A 3
Bemessungsschaltvermögen: 6 kA
Anzahl Pole: 3
Auslösecharakteristik Schutzschalter: B
Bemessungsstrom: 16 A
Angeb. Fabrikat: .....

| –€ | 46€ | **49€** | 52€ | –€ | [St] | ⏱ 0,65 h/St | 054.000.039 |

7 Leitungsschutzschalter 6kA, 3polig B20A   KG **444**
Wie Ausführungsbeschreibung A 3
Bemessungsschaltvermögen: 6 kA
Anzahl Pole: 3
Auslösecharakteristik Schutzschalter: B
Bemessungsstrom: 20 A
Angeb. Fabrikat: .....

| –€ | 32€ | **35€** | 37€ | –€ | [St] | ⏱ 0,65 h/St | 054.000.040 |

8 Leitungsschutzschalter 6kA, 3polig C16A   KG **444**
Wie Ausführungsbeschreibung A 3
Bemessungsschaltvermögen: 6 kA
Anzahl Pole: 3
Auslösecharakteristik Schutzschalter: C
Bemessungsstrom: 16 A
Angeb. Fabrikat: .....

| –€ | 44€ | **46€** | 49€ | –€ | [St] | ⏱ 0,65 h/St | 054.000.041 |

9 Leitungsschutzschalter 6 kA, 1polig B10A   KG **444**
Wie Ausführungsbeschreibung A 3
Bemessungsschaltvermögen: 6 kA
Ausführung Abdeckung: beidseitige Klemmenabdeckung
Anzahl Pole: 1
Auslösecharakteristik Schutzschalter: B
Bemessungsstrom: 10 A
Angeb. Fabrikat: .....

| –€ | 35€ | **36€** | 39€ | –€ | [St] | ⏱ 0,65 h/St | 054.000.042 |

Kosten:
Stand 4.Quartal 2021
Bundesdurchschnitt

▶ min
▷ von
ø Mittel
◁ bis
◀ max

Nr.	Kurztext / Langtext						Kostengruppe
▶	▷	ø netto €	◁	◀	[Einheit]	Ausf.-Dauer	Positionsnummer

10 Sicherungssockel D02, 3polig KG **444**

Sicherungssockel mit Abdeckung, auf Tragschiene und Neutralleiterklemme. Bestückung mit Sicherungssockel/-unterteil/Trennschalter, mit Sicherungseinsatz.
Norm: DIN VDE 0636-3 (VDE 0636-3)
Bemessungsstrom: 63 A
Anzahle Pole: 3

| –€ | 42€ | **45**€ | 48€ | –€ | [St] | ⏱ 0,30 h/St | 054.000.045 |

11 Lasttrennschalter, 63A KG **444**

Lasttrennschalter mit Berührungsschutz nach DIN VDE 0106/100
Norm: DIN VDE 0632
Nennstrom: 63 A
Betriebsspannung: 400 V AC
Anschlussquerschnitt bei starrem Leiter: 16 mm²

| –€ | 143€ | **153**€ | 162€ | –€ | [St] | ⏱ 0,45 h/St | 054.000.046 |

LB 058 Leuchten und Lampen

Kosten: Stand 4.Quartal 2021, Bundesdurchschnitt

Leuchten und Lampen — Preise €

Nr.	Positionen	Einheit	▶ min	▷ von	ø brutto € / ø netto €	◁ bis	◀ max
1	Anbauleuchte, LED, Feuchtraum	St	–	130 / –	**148** / 109	166 / **124**	– / 139
2	Einbauleuchte, LED, 39W	St	–	135 / –	**154** / 114	172 / **129**	– / 145
3	Pendelleuchte, LED 47W, bis 598mm	St	–	312 / –	**355** / 262	397 / **298**	– / 334
4	Pendelleuchte, LED 47W, bis 1.198mm	St	–	385 / –	**437** / 323	490 / **367**	– / 411
5	Einbaudownlight, LED, 9W	St	–	65 / –	**73** / 54	82 / **62**	– / 69
6	Einbaudownlight, LED, 17,8W	St	–	72 / –	**82** / 61	92 / **69**	– / 77

Nr.	Kurztext / Langtext					[Einheit]	Ausf.-Dauer	Kostengruppe Positionsnummer
▶	▷	ø netto €	◁	◀				

1 Anbauleuchte, LED, Feuchtraum — KG **445**

Anbauleuchte für Feuchtraum, Gehäuse aus Kunststoff (Polycarbonat), innenliegende Halterung, Stahlblech, weiß lackiert, Refraktor Kunststoff (PMMA oder PC), innenprismatisch.
Befestigung: Decke/Wand
Abmessung: ..... (bis 1.278 mm)
Leuchtmittel: LED 28 W
Lichtfarbe: 840, neutralweiß
Leuchtenlichtstrom: 3.350 lm
Elektrische Ausstattung: Betriebsgerät
Schutzart: IP 66
Schutzklasse: I
Spannung: 220-240 V / 50-60 Hz
Farbe: Lichtgrau
Zubehör: Befestigungsmaterial
Angeb. Fabrikat: .....

–€   109€   **124**€   139€   –€   [St]   ⏱ 0,35 h/St   058.000.003

▶ min
▷ von
ø Mittel
◁ bis
◀ max

© **BKI** Baukosteninformationszentrum   Kostenstand: 4.Quartal 2021, Bundesdurchschnitt

Nr.	Kurztext / Langtext							Kostengruppe
▶	▷	ø netto €	◁	◀		[Einheit]	Ausf.-Dauer	Positionsnummer

2 Einbauleuchte, LED, 39W KG **445**

Einbauleuchte in abgehängter Decke, Gehäuse aus Aluminium, Diffusor und Lightguide aus vergilbungsfreiem PMMA (opal), seitliche Lichteinkopplung mit LED-Betriebsgerät extern.
Abmessung: ..... (bis 1.233 mm)
Abstrahlwinkel: 60°
Leuchtmittel: LED 39 W
Lichtfarbe: 830, warmweiß
Leuchtenlichtstrom: 3.600 lm
Lebensdauer: 50.000 h (L70/B10)
Schutzart: IP 20
Schutzklasse: II
Spannung: 220-240 V / 50-60 Hz
für Deckenstärke: 10-25mm
Gehäusefarbe: weiß
Zubehör: Befestigungsmaterial
Angeb. Fabrikat: .....

| –€ | 114€ | **129**€ | 145€ | –€ | | [St] | 0,60 h/St | 058.000.020 |

3 Pendelleuchte, LED 47W, bis 598mm KG **445**

Pendelleuchte, Abdeckung aus Stahlblech, pulverbeschichtet, Rahmen aus Aluminium, eloxiert, Diffusor aus Kunststoff (PMMA) opal, seitliche Lichteinkopplung mit LED, mit 2-Punkt-Stahlseilabhängung, stufenlos höhenverstellbar.
Abstrahlwinkel: 120 °
Leuchtmittel: LED 47 W
Lichtfarbe: 830, warmweiß
Leuchtenlichtstrom: 4.300 lm
Schutzart: IP 40
Schutzklasse: I
Spannung: 100-240 V / 50-60 Hz
Gehäusefarbe: aluminium, eloxiert
Zubehör: Befestigungsmaterial
Abmessung: ..... (bis 598 mm)
Angeb. Fabrikat: .....

| –€ | 262€ | **298**€ | 334€ | –€ | | [St] | 0,50 h/St | 058.000.023 |

LB 058 Leuchten und Lampen

Kosten:
Stand 4.Quartal 2021
Bundesdurchschnitt

Nr.	Kurztext / Langtext				[Einheit]	Ausf.-Dauer	Kostengruppe Positionsnummer
▶	▷ ø netto € ◁ ◀						

4 — Pendelleuchte, LED 47W, bis 1.198mm — KG **445**

Pendelleuchte, Abdeckung aus Stahlblech, pulverbeschichtet, Rahmen aus Aluminium, eloxiert, Diffusor aus Kunststoff (PMMA) opal, seitliche Lichteinkopplung mit LED, mit 2-Punkt-Stahlseilabhängung, stufenlos höhenverstellbar.
Abstrahlwinkel: 120 °
Leuchtmittel: LED 47 W
Lichtfarbe: 830, warmweiß
Leuchtenlichtstrom: 4.300 lm
Schutzart: IP 40
Schutzklasse: I
Spannung: 100-240 V / 50-60 Hz
Gehäusefarbe: aluminium, eloxiert
Zubehör: Befestigungsmaterial
Abmessung: ..... (bis 1.198 mm)
Angeb. Fabrikat: .....

–€   323€   **367**€   411€   –€   [St]   ⏱ 0,55 h/St   058.000.024

A 1 — Einbaudownlight, LED — Beschreibung für Pos. **5-6**

Einbaudownlight mit LED, Gehäuse aus Aluminium-Druckguss, pulverbeschichtet, Lightguide und Kunststoffabdeckung aus vergilbungsfreiem Kunststoff (PMMA), Abdeckung Kunststoff opal matt, Deckenbefestigung mit Federsystem.
Betriebsgerät: extern über Steckverbindung, mit Verbindungsleitung zwischen Leuchte und LED-Konverter 250 mm
Abstrahlwinkel: 110°
Lichtfarbe: 830, warmweiß
Lebensdauer: L70 > 50.000 h
Spannung: 220-240 V / 50-60 Hz
für Deckenstärke: 1-20 mm
Schutzart: IP40
Schutzklasse: II
Zubehör: Befestigungsmaterial

5 — Einbaudownlight, LED, 9W — KG **445**

Wie Ausführungsbeschreibung A 1
Durchmesser: 170 mm
Einbautiefe: 27-53 mm
Lichtleistung: LED 9 W
Leuchtenlichtstrom: 940 lm
Angeb. Fabrikat: .....

–€   54€   **62**€   69€   –€   [St]   ⏱ 0,30 h/St   058.000.017

6 — Einbaudownlight, LED, 17,8W — KG **445**

Wie Ausführungsbeschreibung A 1
Durchmesser: 234 mm
Einbautiefe: 31-56 mm
Lichtleistung: LED 17,8 W
Leuchtenlichtstrom: 1.650 lm
Angeb. Fabrikat: .....

–€   61€   **69**€   77€   –€   [St]   ⏱ 0,40 h/St   058.000.018

▶ min
▷ von
ø Mittel
◁ bis
◀ max

LB 061 Kommunikations- und Übertragungsnetze

Kommunikations- und Übertragungsnetze — Preise €

Kosten: Stand 4.Quartal 2021, Bundesdurchschnitt

- ▶ min
- ▷ von
- ø Mittel
- ◁ bis
- ◀ max

Nr.	Positionen	Einheit	▶	▷	ø brutto € / ø netto €	◁	◀
1	Installationsleitung, symmetrisch J-Y(St)Y 2x2x0,8mm, BS	m	–	5,9 / 5,0	**6,4** / **5,3**	6,6 / 5,6	–
2	Installationsleitung, symmetrisch J-Y(St)Y 4x2x0,8mm, BS	m	–	6,3 / 5,3	**6,7** / **5,7**	6,9 / 5,8	–
3	Installationsleitung, symmetrisch J-Y(St)Y 10x2x0,8mm, BS	m	–	9,6 / 8,0	**10** / **8,5**	11 / 9,0	–
4	Installationsleitung, symmetrisch J-Y(St)Y 20x2x0,8mm, BS	m	–	13 / 11	**14** / **11**	15 / 13	–
5	Installationsleitung, symmetrisch J-Y(St)Y 2x2x0,8mm, KR/K/R/MW	m	–	1,9 / 1,6	**2,0** / **1,7**	2,1 / 1,8	–
6	Installationsleitung, symmetrisch J-Y(St)Y 4x2x0,8mm, KR/K/R/MW	m	–	2,2 / 1,8	**2,3** / **1,9**	2,4 / 2,0	–
7	Installationsleitung, symmetrisch J-Y(St)Y 10x2x0,8mm, KR/K/R/MW	m	–	4,5 / 3,8	**4,7** / **4,0**	5,0 / 4,2	–
8	Installationsleitung, symmetrisch J-Y(St)Y 20x2x0,8mm, KR/K/R/MW	m	–	6,3 / 5,3	**6,6** / **5,5**	6,9 / 5,8	–
9	Installationsleitung, symmetrisch J-Y(St)Y 2x2x0,8mm, AD	m	–	3,6 / 3,0	**3,8** / **3,2**	4,1 / 3,4	–
10	Installationsleitung, symmetrisch J-Y(St)Y 4x2x0,8mm, AD	m	–	3,8 / 3,2	**4,1** / **3,5**	4,4 / 3,7	–
11	Installationsleitung, symmetrisch J-Y(St)Y 10x2x0,8mm, AD	m	–	6,3 / 5,3	**6,8** / **5,7**	7,2 / 6,1	–
12	Installationsleitung, symmetrisch J-Y(St)Y 20x2x0,8mm, AD	m	–	8,1 / 6,8	**8,8** / **7,4**	9,3 / 7,8	–
13	Installationsleitung, symmetrisch J-Y(St)Y 2x2x0,8mm, uP	m	–	3,1 / 2,6	**3,3** / **2,8**	3,5 / 3,0	–
14	Installationsleitung, symmetrisch J-Y(St)Y 4x2x0,8mm, uP	m	–	5,5 / 4,6	**5,9** / **4,9**	6,2 / 5,2	–
15	Installationsleitung, symmetrisch J-Y(St)Y 10x2x0,8mm, uP	m	–	5,4 / 4,5	**5,9** / **4,9**	6,1 / 5,1	–

© **BKI** Baukosteninformationszentrum

Kommunikations- und Übertragungsnetze — Preise €

Nr.	Positionen	Einheit	▶	▷ ø brutto €	◁	◀
				ø netto €		
16	Installationsleitung, symmetrisch J-Y(St)Y 20x2x0,8mm, uP	m	–	7,6 **8,1**	8,5	–
			–	6,4 **6,8**	7,2	–

Nr.	Kurztext / Langtext						Kostengruppe
▶	▷ **ø netto €** ◁ ◀				[Einheit]	Ausf.-Dauer	Positionsnummer

A 1 Installationsleitung, symmetrisch J-Y(St)Y, BS   Beschreibung für Pos. **1-4**
Installationsleitung symmetrisch
Norm: DIN VDE 0815 (VDE 0815)
Leitungstyp: J-Y(St)Y
Verlegung: mit Metallbügel oder Bügelschelle

1 Installationsleitung, symmetrisch J-Y(St)Y 2x2x0,8mm, BS   KG **444**
Wie Ausführungsbeschreibung A 1
Ader-/Leiterzahl: 2 x 2 x 0,8 mm
–€   5€   **5€**   6€   –€   [m]   ⏱ 0,09 h/m   061.000.001

2 Installationsleitung, symmetrisch J-Y(St)Y 4x2x0,8mm, BS   KG **444**
Wie Ausführungsbeschreibung A 1
Ader-/Leiterzahl: 4 x 2 x 0,8 mm
–€   5€   **6€**   6€   –€   [m]   ⏱ 0,09 h/m   061.000.002

3 Installationsleitung, symmetrisch J-Y(St)Y 10x2x0,8mm, BS   KG **444**
Wie Ausführungsbeschreibung A 1
Ader-/Leiterzahl: 10 x 2 x 0,8 mm
–€   8€   **8€**   9€   –€   [m]   ⏱ 0,13 h/m   061.000.003

4 Installationsleitung, symmetrisch J-Y(St)Y 20x2x0,8mm, BS   KG **444**
Wie Ausführungsbeschreibung A 1
Ader-/Leiterzahl: 20 x 2 x 0,8 mm
–€   11€   **11€**   13€   –€   [m]   ⏱ 0,16 h/m   061.000.004

A 2 Installationsleitung, symmetrisch J-Y(St)Y, KR/K/R/MW   Beschreibung für Pos. **5-8**
Installationsleitung symmetrisch
Norm: DIN VDE 0815 (VDE 0815)
Leitungstyp: J-Y(St)Y
Verlegung: in vorhandener **Kabelrinne / Kanal / Rohr / Montagewand**

5 Installationsleitung, symmetrisch J-Y(St)Y 2x2x0,8mm, KR/K/R/MW   KG **444**
Wie Ausführungsbeschreibung A 2
Ader-/Leiterzahl: 2 x 2 x 0,8 mm
–€   2€   **2€**   2€   –€   [m]   ⏱ 0,03 h/m   061.000.008

LB 061 Kommunikations- und Übertragungsnetze

Kosten:
Stand 4.Quartal 2021
Bundesdurchschnitt

▶ min
▷ von
ø Mittel
◁ bis
◀ max

Nr.	Kurztext / Langtext				[Einheit]	Ausf.-Dauer	Kostengruppe Positionsnummer
▶	▷	ø netto €	◁	◀			

6 Installationsleitung, symmetrisch J-Y(St)Y 4x2x0,8mm, KR/K/R/MW — KG **444**
Wie Ausführungsbeschreibung A 2
Ader-/Leiterzahl: 4 x 2 x 0,8mm

| –€ | 2€ | **2**€ | 2€ | –€ | [m] | ⏱ 0,03 h/m | 061.000.009 |

7 Installationsleitung, symmetrisch J-Y(St)Y 10x2x0,8mm, KR/K/R/MW — KG **444**
Wie Ausführungsbeschreibung A 2
Ader-/Leiterzahl: 10 x 2 x 0,8 mm

| –€ | 4€ | **4**€ | 4€ | –€ | [m] | ⏱ 0,05 h/m | 061.000.010 |

8 Installationsleitung, symmetrisch J-Y(St)Y 20x2x0,8mm, KR/K/R/MW — KG **444**
Wie Ausführungsbeschreibung A 2
Ader-/Leiterzahl: 20 x 2 x 0,8 mm

| –€ | 5€ | **6**€ | 6€ | –€ | [m] | ⏱ 0,06 h/m | 061.000.011 |

A 3 Installationsleitung, symmetrisch J-Y(St)Y, AD — Beschreibung für Pos. **9-12**
Installationsleitung symmetrisch
Norm: DIN VDE 0815 (VDE 0815)
Leitungstyp: J-Y(St)Y
Verlegung: oberhalb der Abhangdecke mit Metallsammelbefestigung

9 Installationsleitung, symmetrisch J-Y(St)Y 2x2x0,8mm, AD — KG **444**
Wie Ausführungsbeschreibung A 3
Ader-/Leiterzahl: 2 x 2 x 0,8 mm

| –€ | 3€ | **3**€ | 3€ | –€ | [m] | ⏱ 0,05 h/m | 061.000.012 |

10 Installationsleitung, symmetrisch J-Y(St)Y 4x2x0,8mm, AD — KG **444**
Wie Ausführungsbeschreibung A 3
Ader-/Leiterzahl: 4 x 2 x 0,8 mm

| –€ | 3€ | **3**€ | 4€ | –€ | [m] | ⏱ 0,05 h/m | 061.000.013 |

11 Installationsleitung, symmetrisch J-Y(St)Y 10x2x0,8mm, AD — KG **444**
Wie Ausführungsbeschreibung A 3
Ader-/Leiterzahl: 10x 2 x 0,8 mm

| –€ | 5€ | **6**€ | 6€ | –€ | [m] | ⏱ 0,08 h/m | 061.000.014 |

12 Installationsleitung, symmetrisch J-Y(St)Y 20x2x0,8mm, AD — KG **444**
Wie Ausführungsbeschreibung A 3
Ader-/Leiterzahl: 20 x 2 x 0,8 mm

| –€ | 7€ | **7**€ | 8€ | –€ | [m] | ⏱ 0,09 h/m | 061.000.015 |

Nr.	Kurztext / Langtext							Kostengruppe
▶	▷	ø netto €	◁	◀		[Einheit]	Ausf.-Dauer	Positionsnummer

A 4 Installationsleitung, symmetrisch J-Y(St)Y, uP   Beschreibung für Pos. **13-16**

Installationsleitung symmetrisch
Norm: DIN VDE 0815 (VDE 0815)
Leitungstyp: J-Y(St)Y
Verlegung: unter Putz

13 Installationsleitung, symmetrisch J-Y(St)Y 2x2x0,8mm, uP   KG **444**
Wie Ausführungsbeschreibung A 4
Ader-/Leiterzahl: 2 x 2 x 0,8 mm

| –€ | 3€ | **3**€ | 3€ | –€ | [m] | ⏱ 0,02 h/m | 061.000.017 |

14 Installationsleitung, symmetrisch J-Y(St)Y 4x2x0,8mm, uP   KG **444**
Wie Ausführungsbeschreibung A 4
Ader-/Leiterzahl: 4 x 2 x 0,8 mm

| –€ | 5€ | **5**€ | 5€ | –€ | [m] | ⏱ 0,04 h/m | 061.000.016 |

15 Installationsleitung, symmetrisch J-Y(St)Y 10x2x0,8mm, uP   KG **444**
Wie Ausführungsbeschreibung A 4
Ader-/Leiterzahl: 10 x 2 x 0,8 mm

| –€ | 5€ | **5**€ | 5€ | –€ | [m] | ⏱ 0,07 h/m | 061.000.018 |

16 Installationsleitung, symmetrisch J-Y(St)Y 20x2x0,8mm, uP   KG **444**
Wie Ausführungsbeschreibung A 4
Ader-/Leiterzahl: 20 x 2 x 0,8 mm

| –€ | 6€ | **7**€ | 7€ | –€ | [m] | ⏱ 0,08 h/m | 061.000.019 |

LB 069 Aufzüge

Aufzüge — Preise €

Kosten: Stand 4.Quartal 2021, Bundesdurchschnitt

Nr.	Positionen	Einheit	▶ min	▷ von	ø brutto € ø netto €	◁ bis	◀ max
1	Personenaufzug bis 320kg	St	36.346	44.582	**46.473**	50.824	57.637
			30.543	37.464	**39.053**	42.709	48.434
2	Personenaufzug bis 630kg, behindertengerecht, Typ 2	St	46.291	52.875	**56.218**	60.379	67.398
			38.900	44.433	**47.242**	50.738	56.637
3	Personenaufzug bis 1.275kg, behindertengerecht, Typ 3	St	57.936	78.743	**90.328**	101.943	123.828
			48.686	66.171	**75.906**	85.666	104.058
4	Personenaufzug über 1.000 bis 1.600kg	St	90.671	104.742	**113.516**	116.099	130.170
			76.194	88.018	**95.392**	97.562	109.386
5	Bettenaufzug, 2.500kg	St	83.700	102.952	**114.136**	115.578	144.077
			70.336	86.514	**95.912**	97.124	121.073
6	Kleingüteraufzug mit Traggerüst	St	9.746	11.917	**13.441**	14.073	16.432
			8.190	10.014	**11.295**	11.826	13.809
7	Verglasung Aufzug	m²	127	201	**236**	292	394
			107	169	**198**	245	331
8	Wartung Personenaufzug EN81-20	St	1.166	2.148	**2.318**	3.037	4.245
			980	1.805	**1.948**	2.552	3.567
9	Stundensatz Facharbeiter/-in	h	57	89	**98**	122	182
			48	75	**82**	102	153
10	Stundensatz Helfer/-in	h	42	63	**75**	105	139
			36	53	**63**	89	117

▶ min
▷ von
ø Mittel
◁ bis
◀ max

© **BKI** Baukosteninformationszentrum

Nr.	Kurztext / Langtext							Kostengruppe
▶	▷	ø netto €	◁	◀		[Einheit]	Ausf.-Dauer	Positionsnummer

1 Personenaufzug bis 320kg KG **461**

Seilaufzug, bis 320kg Nutzlast, als Personenaufzug, elektrisch betrieben EN 81-1, liefern und betriebsfertig montieren.
Ausführung gem. Einzelbeschreibungen, Anlagen-Nr.: .....
Typ: Personenaufzug EN81-20
Gruppengröße: 4 Personen
Gruppensteuerung: **Auf- / Abwärts**-Sammelsteuerung
Geschwindigkeit: **1,6 / 1,0 / 0,5** m/s
Nennlast: 320 kg
Anzahl der Fahrten / Fahrzeit je Tag ca. **1,5 / 3,0 / 6,0** (Stunden je Tag) nach VDI 4707 Bl.1
Schallwerte 1 Meter vom Antrieb entfernt: max. 65 dB(A)
Schallwerte in der Kabine während der Fahrt: max. 51 dB(A)
Schallwert ein Meter vor geschlossener Schachttür: max. 53 dB(A)
Brandschutz: **Türen ohne Brandanforderung / E120 nach EN 81-58**
Anzahl Haltestellen: .... Geschosse, Summe Zugänge: ..... Zugänge
Korrosionsschutz für Stahlteile:
Korrosivitätsklasse: C....., Schutzdauer: **L / M / H / VH**
Schachtausführung: Betonschacht nach EN 81
Schacht-Abmessung (BxT): ..... x ..... mm
Schachtgrubentiefe: ..... mm
Schachtkopfhöhe: ..... mm
Förderhöhe: ..... mm
Bieterangaben:
Motor: Energieeffizienzklasse ....., mit ..... kW
Nennstrom: .....
Anlaufstrom: .....
Hersteller / Typ des Antriebes: .....
Hersteller / Typ des Motors: .....
Hersteller / Typ der Steuerung: .....
Hersteller / Typ des Fahrkorbes: .....
Hersteller / Typ der elektronischen Steuerung: .....
30.543 €   37.464 €   **39.053 €**   42.709 €   48.434 €   [St]   ⏱ 180,00 h/St   069.000.001

LB 069
Aufzüge

Nr.	Kurztext / Langtext					[Einheit]	Ausf.-Dauer	Kostengruppe Positionsnummer
▶	▷	ø netto €	◁	◀				

Kosten:
Stand 4.Quartal 2021
Bundesdurchschnitt

2 — Personenaufzug bis 630kg, behindertengerecht, Typ 2 — KG **461**

Seilaufzug, behindertengerecht EN 81-70, 630kg Nutzlast, als Personenaufzug elektrisch betrieben EN 81-1, liefern und betriebsfertig montieren. Ausführung gem. anliegender Einzelbeschreibungen.
Türbreite: mind. 90 cm
Fahrkorbbreite: mind. 110 cm
Fahrkorbtiefe: mind. 210 cm
Typ: Personenaufzug EN 81-70 barrierefrei / behindertengerecht, Nutzung durch 1 Rollstuhlbenutzer mit Begleitperson nach EN 12183 oder durch elektrisch angetriebenen Rollstuhl der Klassen A oder B DIN EN 12184
Gruppengröße: 8 Personen
Gruppensteuerung: **Auf- / Abwärts**-Sammelsteuerung
Geschwindigkeit: **1,6 / 1,0 / 0,5 m/s**
Nennlast: 630 kg
Anzahl der Fahrten / Fahrzeit je Tag: ca. **1,5 / 3,0 / 6,0** (Stunden je Tag) nach VDI 4707 Bl.1
Schallwert 1 Meter vom Antrieb entfernt: max. ..... dB(A)
Schallwert in der Kabine während der Fahrt: max. 51 dB(A)
Schallwert1 Meter vor geschlossener Schachttür: max. ..... dB(A)
Türausbildung: gem. DIN 18091
Brandschutz: Türen **ohne Brandanforderung / E120 nach EN 81-58**
Türausbildung gem. DIN 18091
Anzahl Haltestellen: ..... Geschosse
Summe Zugänge: ..... Zugänge
Korrosionsschutz für Stahlteile:
Korrosivitätsklasse: C....., Schutzdauer: **L / M / H / VH**
Schachtausführung: Betonschacht nach EN 81
Schacht-Abmessung (BxT): ..... x ..... mm
Schachtgrubentiefe: ..... mm
Schachtkopfhöhe: ..... mm
Förderhöhe: ..... mm
Aufzugsantrieb: im Schacht / im gesonderten Maschinenraum
Antrieb / Kabinenausstattung / Ausführung Schachtkorb und Türen, gem. Einzelbeschreibung
Bieterangaben:
Motor: Energieeffizienzklasse ....., mit ..... kW
Nennstrom: .....
Anlaufstrom: .....
Hersteller / Typ des Antriebes: .....
Hersteller / Typ des Motors: .....
Hersteller / Typ der Steuerung: .....
Hersteller / Typ des Fahrkorbes: .....
Hersteller / Typ der elektronischen Steuerung: .....

▶ min
▷ von
ø Mittel
◁ bis
◀ max

38.900€   44.433€   **47.242**€   50.738€   56.637€   [St]   ⏱ 220,00 h/St   069.000.004

Nr.	Kurztext / Langtext						Kostengruppe
▶	▷	ø netto €	◁	◀	[Einheit]	Ausf.-Dauer	Positionsnummer

3 Personenaufzug bis 1.275kg, behindertengerecht, Typ 3 — KG **461**

Seilaufzug, krankentrage- und behindertengerecht EN 81-70, 1275 kg Nutzlast, als Personenaufzug für 13 Personen, elektrisch betrieben EN 81-1, liefern und betriebsfertig montieren.
Ausführung gem. anliegender Einzelbeschreibungen, Anlagen-Nr.: .....
Typ: Personenaufzug EN 81-70 Tabelle 1 Typ 3, barrierefrei / behindertengerecht und krankentragegerecht, Nutzung durch 1 Rollstuhlbenutzer und weitere Personen, mit der Möglichkeit des Wenden des Rollstuhls der Klasse A oder B oder der Gehhilfe bzw. des Rollators
Gruppengröße: 13 Personen
Gruppensteuerung: **Auf- / Abwärts**-Sammelsteuerung
Geschwindigkeit: **1,6 / 1,0 / 0,5** m/s
Nennlast: 1.275 kg
Anzahl der Fahrten / Fahrzeit je Tag: ca. **1,5 / 3,0 / 6,0** (Stunden je Tag) nach VDI 4707 Bl.1
Schallwert 1 Meter vom Antrieb entfernt: max. ..... dB(A)
Schallwert in der Kabine während der Fahrt: max. 51 dB(A)
Schallwert: Meter vor geschlossener Schachttür max. ..... dB(A)
Türausbildung: gem. DIN 18091
Brandschutz: Türen **ohne Brandanforderung / E120 nach EN 81-58**
Anzahl Haltestellen: .... Geschosse
Summe Zugänge: ..... Zugänge
Korrosionsschutz für Stahlteile:
Korrosivitätsklasse: C....., Schutzdauer: **L / M / H / VH**
Schachtausführung: Betonschacht nach EN 81
Schacht-Abmessung (BxT): ..... x ..... mm
Schachtgrubentiefe: ..... mm
Schachtkopfhöhe: ..... mm
Förderhöhe: ..... mm
Aufzugsantrieb: **im Schacht / im gesonderten Maschinenraum**
Bieterangaben:
Motor: Energieeffizienzklasse ....., mit ..... kW
Nennstrom: ..... / Anlaufstrom: .....
Türbreite: mind. 90 cm
Fahrkorbbreite: mind. 200 cm
Fahrkorbtiefe: mind. 140 cm
Hersteller / Typ des Antriebes: .....
Hersteller / Typ des Motors: .....
Hersteller / Typ der Steuerung: .....
Hersteller / Typ des Fahrkorbes: .....
Hersteller / Typ der elektronischen Steuerung: .....

48.686 € 66.171 € **75.906** € 85.666 € 104.058 €   [St]   ⏱ 240,00 h/St   069.000.002

LB 069
Aufzüge

Nr.	Kurztext / Langtext				[Einheit]	Ausf.-Dauer	Kostengruppe Positionsnummer
▶	▷	ø netto €	◁	◀			

4   Personenaufzug über 1.000 bis 1.600kg   KG **461**

Seilaufzug, Personenaufzug, elektrisch betrieben EN 81-1, liefern und betriebsfertig montieren.
Ausführung gem. anliegender Einzelbeschreibungen, Anlagen-Nr.: .....
Typ: Personenaufzug EN81-20
Gruppengröße: ..... Personen
Gruppensteuerung: **Auf- / Abwärts**-Sammelsteuerung
Geschwindigkeit: **1,6 / 1,0 / 0,5 m/s**
Nennlast: über 1.000 bis 1.600 kg
Anzahl der Fahrten / Fahrzeit je Tag: ca. **1,5 / 3,0 / 6,0** (Stunden je Tag) nach VDI 4707 Bl.1
Schallwert 1 Meter vom Antrieb entfernt: max. ..... dB(A)
Schallwert in der Kabine während der Fahrt: max. 51 dB(A)
Schallwert 1 Meter vor geschlossener Schachttür: max. ..... dB(A)
Brandschutz: **Türen ohne Brandanforderung / E120 nach EN 81-58**
Anzahl Haltestellen: ..... Geschosse.
Zugänge: ..... Zugänge
Korrosionsschutz für Stahlteile:
Korrosivitätsklasse: C....., Schutzdauer: **L / M / H / VH**
Schachtausführung: Betonschacht nach EN81
Schacht-Abmessung (BxT): ..... x ..... mm
Schachtgrubentiefe: ..... mm
Schachtkopfhöhe: ..... mm
Förderhöhe: ..... mm
Aufzugsantrieb: **im Schacht / im gesonderten Maschinenraum**
Bieterangaben:
Motor: Energieeffizienzklasse ....., mit ..... kW
Nennstrom: .....
Anlaufstrom: .....
Hersteller / Typ des Antriebes: .....
Hersteller / Typ des Motors: .....
Hersteller / Typ der Steuerung: .....
Hersteller / Typ des Fahrkorbes: .....
Hersteller / Typ der elektronischen Steuerung: .....

76.194€   88.018€   **95.392**€   97.562€   109.386€   [St]   ⏱ 240,00 h/St   069.000.003

Kosten:
Stand 4.Quartal 2021
Bundesdurchschnitt

▶ min
▷ von
ø Mittel
◁ bis
◀ max

Nr.	Kurztext / Langtext					Kostengruppe	
▶	▷	ø netto €	◁	◀	[Einheit]	Ausf.-Dauer	Positionsnummer

5   Bettenaufzug, 2.500kg   KG **461**

Seilaufzug, Bettenaufzug, elektrisch betrieben EN 81-1, liefern und betriebsfertig montieren.
Ausführung gem. anliegender Einzelbeschreibungen, Anlagen-Nr.: .....
Einsatzempfehlung: Bettenaufzug gem. DIN 15309, in Krankenhäuser und Kliniken, Bettengröße 1,00 x 2,30 m, mit Geräten für die medizinische Versorgung und Notbehandlung der Patienten, mit Begleitperson am Kopfende und/oder seitlich stehend. Ausführung barrierefrei EN81-70
Gruppengröße: 33 Personen
Gruppensteuerung: **Auf- / Abwärts**-Sammelsteuerung
Geschwindigkeit: **1,0 / 0,5** m/s
Nennlast: 2.500 kg
Anzahl der Fahrten / Fahrzeit je Tag: ca. ..... (Stunden je Tag) nach VDI 4707 Bl.1
Schallwert 1 Meter vom Antrieb entfernt: max. ..... dB(A)
Schallwert in der Kabine während der Fahrt: max. 51 dB(A)
Schallwert 1 Meter vor geschlossener Schachttür: max. ..... dB(A)
Brandschutz: E120 nach EN81-58
Anzahl Haltestellen: ..... Geschosse
Zugänge: ..... Zugänge / Türen gegenüber: ..... Geschosse
Korrosionsschutz für Stahlteile:
Korrosivitätsklasse: C....., Schutzdauer: **L / M / H / VH**
Schachtausführung: Betonschacht nach EN 81
Schacht-Abmessung (BxT): 2.775 x 3.250 mm
Schachtgrubentiefe: ..... mm
Schachtkopfhöhe: ..... mm
Förderhöhe: ..... mm
Aufzugsantrieb: **im Schacht / im gesonderten Maschinenraum**
Bieterangaben:
Motor: Energieeffizienzklasse ....., mit ..... kW
Nennstrom: ..... / Anlaufstrom: .....
Hersteller / Typ des Antriebes: .....
Hersteller / Typ des Motors: .....
Hersteller / Typ der Steuerung: .....
Hersteller / Typ des Fahrkorbes: .....
Hersteller / Typ der elektronischen Steuerung: .....
70.336 €   86.514 €   **95.912** € 97.124 € 121.073 €   [St]   ⏱ 260,00 h/St   069.000.008

LB 069
Aufzüge

	Nr.	Kurztext / Langtext						Kostengruppe
	▶	▷	ø netto €	◁	◀	[Einheit]	Ausf.-Dauer	Positionsnummer

6   Kleingüteraufzug mit Traggerüst　　　　　　　　　　　　　　　　　　　　　　　　KG **461**

Kleingüteraufzug, mit selbsttragendem, vormontiertem Schachtgerüst liefern und betriebsfertig montieren.
Ausführung gem. anliegender Einzelbeschreibungen, Anlagen-Nr.: .....
Aufzugstyp: Lastenaufzug, **elektrisch / hydraulisch** betrieben EN 81-3
Steuerung: Hol- und Sendesteuerung
Geschwindigkeit: **0,15 / 0,30 / 0,45** m/s
Nennlast: **50-100 / über 100-300** kg
Fahrzeit je Tag: ca. **1,5 / 3,0 / 6,0** (Stunden je Tag) nach VDI 4707 Bl.1
Schallwert 1 Meter vom Antrieb entfernt: max. ..... dB(A)
Schallwert 1 Meter vor geschlossener Schachttür: max. ..... dB(A)
Türausbildung: gem. DIN 18091
Anzahl Haltestellen: ...., Geschosse. Summe Zugänge: ..... Stück
Schachtausführung: Traggerüst aus korrosionsgeschützter Stahlkonstruktion, mit F30 Verkleidung aus verzinkten Stahlblechen
Korrosivitätsklasse: C....., Schutzdauer: **L / M / H / VH**
Schachtabmessung (LxB): ..... m
Schachtkopfhöhe: ..... mm
Kabine: verzinkte Stahlkonstruktion
Kabinenbreite / -länge / -höhe (BxLxH): ..... x ..... x ..... mm
Förderhöhe: ..... mm
Beladung: **1-seitig / 2-seitig gegenüberliegend**
Öffnung: **Schiebetür / Drehtür**
Öffnungshöhe: **Brüstungshöhe / bodenbündig**
Ausführung Fahrkorb / Türrahmen / Türblatt / Tableau: gem. Einzelbeschreibung
Türverriegelung: elektrisch überwacht
Aufzugsantrieb: **im Schacht / im gesonderten Maschinenraum**
Bieterangaben:
Motor: Energieeffizienzklasse ....., mit ..... kW
Nennstrom: ..... / Anlaufstrom: .....
Hersteller / Typ des Antriebes: .....
Hersteller / Typ des Motors: .....
Hersteller / Typ der Steuerung: .....
Hersteller / Typ des Fahrkorbes: .....
Hersteller / Typ der elektronischen Steuerung: .....

| 8.190€ | 10.014€ | **11.295**€ | 11.826€ | 13.809€ | [St] | ⏱ 120,00 h/St | 069.000.005 |

7   Verglasung Aufzug　　　　　　　　　　　　　　　　　　　　　　　　　　　　　　　　　　KG **461**

Absturzsichernde Verglasung DIN 18008-7, für Aufzugsverglasung, Verglasungen: VSG aus 2x 8mm TVG mit PVB-Folie 0,76mm bzw. nach Statik.
Scheibengrößen:
Aufzugrückseite (BxH): ca. ..... x ..... mm
Seiten (BxH): 2x ca. ..... x ..... mm

| 107€ | 169€ | **198**€ | 245€ | 331€ | [m²] | ⏱ 1,50 h/m² | 069.000.009 |

▶ min
▷ von
ø Mittel
◁ bis
◀ max

Kosten:
Stand 4.Quartal 2021
Bundesdurchschnitt

Nr.	Kurztext / Langtext				[Einheit]	Ausf.-Dauer	Kostengruppe Positionsnummer
▶	▷ ø **netto €** ◁ ◀						

8 Wartung Personenaufzug EN81-20 — KG **461**

Vollwartung für Aufzugsanlagen, inkl. aller Verbrauchs- und Bedarfsstoffe, sowie aller Ersatzteile über den Gesamtgewährleistungszeitraum von 4 Jahren hinaus.
Aufzugstyp: Personenaufzug EN 81-20..... Personen, Nutzlast bis ...... kg
Aufzug-Nr. ..... / Einbauort: .....
Vergütung: je **Aufzug / Kalenderjahr**

| 980€ | 1.805€ | **1.948**€ | 2.552€ | 3.567€ | [St] | – | 069.000.010 |

9 Stundensatz Facharbeiter/-in

Stundenlohnarbeiten für Facharbeiter, Spezialfacharbeiter, Vorarbeiter und jeweils Gleichgestellte. Verrechnungssatz für die jeweilige Arbeitskraft inkl. aller Aufwendungen wie Lohn- und Gehaltskosten, Lohn- und Gehaltsnebenkosten, Zuschläge, lohngebundene und lohnabhängige Kosten, sonstige Sozialkosten, Gemeinkosten, Wagnis und Gewinn. Leistung nach besonderer Anordnung der Bauüberwachung. Nachweis und Anmeldung gem. VOB/B.

| 48€ | 75€ | **82**€ | 102€ | 153€ | [h] | 1,00 h/h | 069.000.006 |

10 Stundensatz Helfer/-in

Stundenlohnarbeiten für Facharbeiter, Spezialfacharbeiter, Vorarbeiter und jeweils Gleichgestellte. Verrechnungssatz für die jeweilige Arbeitskraft inkl. aller Aufwendungen wie Lohn- und Gehaltskosten, Lohn- und Gehaltsnebenkosten, Zuschläge, lohngebundene und lohnabhängige Kosten, sonstige Sozialkosten, Gemeinkosten, Wagnis und Gewinn. Leistung nach besonderer Anordnung der Bauüberwachung. Nachweis und Anmeldung gem. VOB/B.

| 36€ | 53€ | **63**€ | 89€ | 117€ | [h] | 1,00 h/h | 069.000.007 |

LB 075 Raumlufttechnische Anlagen

Kosten: Stand 4. Quartal 2021 Bundesdurchschnitt

- ▶ min
- ▷ von
- ø Mittel
- ◁ bis
- ◀ max

Raumlufttechnische Anlagen — Preise €

Nr.	Positionen	Einheit	▶	▷	ø brutto € / ø netto €	◁	◀
1	Absperrvorrichtung, K90, DN100	St	185 / 156	226 / 190	**239** / **201**	265 / 223	317 / 267
2	Be- und Entlüftungsgerät, bis 5.000m³/h	St	4.922 / 4.136	8.382 / 7.044	**10.140** / **8.521**	12.133 / 10.195	19.226 / 16.156
3	Be- und Entlüftungsgerät, bis 12.000m³/h	St	– / –	22.725 / 19.097	**22.751** / **19.118**	25.992 / 21.842	– / –
4	Abluftventilator, Einbaugerät	St	1.690 / 1.421	2.234 / 1.877	**2.880** / **2.420**	3.133 / 2.633	3.762 / 3.161
5	Kulissenschalldämpfer, rechteckig, Stahlblech, verzinkt	St	279 / 235	562 / 473	**619** / **520**	760 / 638	980 / 824
6	Kulissenschalldämpfer, rund, Stahlblech, verzinkt	St	192 / 161	238 / 200	**255** / **214**	293 / 246	366 / 307
7	Schalldämpfer, flach, runder Anschluss	St	119 / 100	141 / 119	**161** / **135**	166 / 139	187 / 157
8	Wetterschutzgitter, Außenluft-/Fortluft	St	148 / 124	272 / 229	**299** / **251**	398 / 335	552 / 464
9	Luftleitung, rechteckig, Stahlblech verzinkt	m²	45 / 38	58 / 48	**62** / **52**	67 / 56	84 / 71
10	Luftleitung, rechteckig, Kunststoff	m²	119 / 100	157 / 132	**206** / **173**	239 / 201	273 / 230
11	Luftleitung, feuerbeständig L30/L90	m²	63 / 53	147 / 124	**204** / **172**	212 / 178	302 / 253
12	Formstücke, verzinkt, Luftleitung	m²	60 / 50	84 / 70	**87** / **73**	105 / 89	139 / 117
13	Formteile, Kunststoff, Lüftungskanäle	m²	– / –	222 / 186	**263** / **221**	303 / 254	– / –
14	Luftleitung, Spiralfalzrohre, verzinkt, DN100	m	19 / 16	21 / 17	**22** / **18**	23 / 19	24 / 20
15	Luftleitung, Spiralfalzrohre, verzinkt, DN125	m	19 / 16	25 / 21	**27** / **23**	36 / 30	48 / 41
16	Luftleitung, Spiralfalzrohre, verzinkt, DN160	m	22 / 18	28 / 24	**29** / **25**	37 / 31	49 / 41
17	Luftleitung, Spiralfalzrohre, verzinkt, DN180	m	– / –	29 / 25	**34** / **28**	42 / 35	– / –
18	Luftleitung, Spiralfalzrohre verzinkt, DN250	m	38 / 32	42 / 35	**48** / **40**	56 / 47	63 / 53
19	Luftleitung, Spiralfalzrohre, verzinkt, DN500	St	61 / 51	67 / 57	**77** / **65**	87 / 73	93 / 78
20	Luftleitung, Alurohre, flexibel, DN80	m	7 / 6	14 / 12	**15** / **13**	19 / 16	22 / 19
21	Luftleitung, Alurohre, flexibel, DN100	m	11 / 9	18 / 15	**21** / **18**	30 / 25	39 / 33
22	Rohrbogen, Luftleitung	St	14 / 12	21 / 18	**26** / **21**	32 / 27	42 / 35
23	Abzweigstück, Luftleitung	St	18 / 15	22 / 18	**22** / **19**	24 / 21	30 / 26

© BKI Baukosteninformationszentrum

Kostenstand: 4. Quartal 2021, Bundesdurchschnitt

Raumlufttechnische Anlagen — Preise €

Nr.	Positionen	Einheit	▶	▷	ø brutto € ø netto €	◁	◀
24	Lüftungsgitter, Zu-/Abluft	St	43	89	**111**	137	223
			36	74	**93**	115	187
25	Drallauslass, Decke	St	109	382	**507**	636	863
			92	321	**426**	535	725
26	Brandschutzklappen, RLT, eckig	St	256	575	**735**	801	1.008
			215	483	**618**	673	847
27	Brandschutzklappen, RLT, rund, Küche	St	562	4.580	**6.592**	8.758	12.695
			473	3.848	**5.539**	7.359	10.668
28	Warmwasser-Heizregister	St	272	783	**1.062**	1.089	2.014
			229	658	**892**	915	1.693
29	Tellerventil, Zu-/Abluft	St	26	59	**70**	97	149
			22	50	**59**	82	125
30	Wickelfalzrohr, Reduzierstück, DN100/80	St	16	21	**23**	28	33
			14	17	**20**	23	28
31	Drosselklappe, DN100	St	31	45	**56**	66	81
			26	38	**47**	55	68
32	Drosselklappe, 200x200mm	St	52	63	**76**	92	100
			44	53	**64**	77	84
33	Lüftungsgerät mit WRG, Bypass, Feuerstättenfunktion	St	–	2.900	**3.718**	4.773	–
			–	2.487	**3.125**	4.011	–
34	Außenwanddurchlass, DN110	St	–	121	**159**	196	–
			–	102	**133**	165	–
35	Außenwanddurchlass, DN160	St	–	283	**357**	390	–
			–	238	**300**	328	–
36	Lüftungsgerät für Abluft, nach DIN 18017	St	248	263	**270**	288	306
			209	221	**227**	242	257
37	KWL-Lüftungsgerät, in Außenwand, bis 100m³/h mit WRG	St	–	2.114	**2.349**	2.678	–
			–	1.777	**1.974**	2.251	–
38	KWL-Lüftungsgerät, Wohngebäude, bis 200m³/h mit WRG	St	–	4.729	**5.255**	5.990	–
			–	3.974	**4.416**	5.034	–
39	KWL-Lüftungsgerät, Wohngebäude, bis 350m³/h mit WRG	St	–	5.194	**5.772**	6.580	–
			–	4.365	**4.850**	5.529	–
40	KWL-Lüftungsgerät, Wohngebäude, bis 500m³/h mit WRG	St	–	6.794	**7.549**	8.606	–
			–	5.710	**6.344**	7.232	–
41	VRF-Außengerät, Heizen / Kühlen, 10kW	St	–	3.407	**5.179**	8.313	–
			–	2.863	**4.352**	6.986	–
42	VRF-Außengerät, Heizen / Kühlen, 15kW	St	–	6.814	**9.540**	12.265	–
			–	5.726	**8.017**	10.307	–
43	VRF-Außengerät, Heizen / Kühlen, 20kW	St	–	9.540	**12.265**	14.991	–
			–	8.017	**10.307**	12.598	–
44	VRF-Innenwandgerät, Heizen / Kühlen, 2,5kW	St	–	1.090	**1.499**	1.908	–
			–	916	**1.260**	1.603	–

© BKI Baukosteninformationszentrum — Kostenstand: 4.Quartal 2021, Bundesdurchschnitt

LB 075 Raumlufttechnische Anlagen

Kosten: Stand 4.Quartal 2021 Bundesdurchschnitt

Raumlufttechnische Anlagen — Preise €

Nr.	Positionen	Einheit	▶	▷ ø brutto € / ø netto €	◁	◀
45	VRF-Innenwandgerät, Heizen / Kühlen, 3,5kW	St	–	1.227 **1.704**	2.181	–
			–	1.031 **1.432**	1.832	–
46	VRF-Innenwandgerät, Heizen / Kühlen, 5,0kW	St	–	1.499 **2.044**	2.589	–
			–	1.260 **1.718**	2.176	–
47	VRF-Verteilereinheit, Innengerät	St	–	954 **1.363**	1.772	–
			–	802 **1.145**	1.489	–
48	Zubehörmontage, VRF-Anlage	psch	–	1.227 **1.772**	2.453	–
			–	1.031 **1.489**	2.061	–

Nr.	Kurztext / Langtext				[Einheit]	Ausf.-Dauer	Kostengruppe Positionsnummer
	▶ ▷ ø netto € ◁ ◀						

1 Absperrvorrichtung, K90, DN100 KG **431**

Brandschutz-Deckenschott, wartungsfrei, Anschlussstutzen oben und unten, als Absperrvorrichtung für Lüftungsanlagen DIN 18017-3, für Einbau in massive Decke gem. Herstellerangaben. Verfüllung des Ringspalts mit Mörtel MG III. Absperrvorrichtung ohne Querschnittsveränderung, für Anschluss an nicht brennbare Luftleitung.
Anschlüsse DN100
Feuerwiderstandsklasse: K90, DIN 4102-6
Montagehöhe: bis **3,5 / 5,00 / 7,00** m über Fußboden

156€   190€   **201**€   223€   267€   [St]   ⏱ 1,60 h/St   075.000.020

A 1 Be- und Entlüftungsgerät Beschreibung für Pos. **2-3**

Lüftungsanlage, Konstruktionsart: liegend, Zu- und Abluft übereinander; Gehäuse in doppelschaliger Ausführung aus korrosionsgeschütztem Material mit dazwischenliegender, formstabiler und fest mit den Deckblechen verbundener Schall- und Wärmedämmung (nichtbrennbar A1). Innen- und Außenschale aus verzinktem Stahlblech, Rahmenkonstruktion verzinkt. Türen an der Gerätevorderseite mit nachstellbaren, wartungsfreien Scharnieren und umlaufenden, formschlüssig eingelassenen und alterungsbeständigen Profilgummidichtungen. Die Türen sind mit Vorreibverschlüssen und Türgriffen ausgestattet. Anlagenbestandteile: Ventilator Zu- / Abluft, Filter Zuluft, Heizregister über Warmwasser / Dampf / elektrisch, Kühlregister über Kaltwasser / Direktverdampfer, Luftbefeuchter über Dampflanze, elektrisch / Sprühbefeuchter, Wärmerückgewinner über Kreuzstrom / Wärmerohr / Kreislaufverbundsystem / Rotor Mischkammer.

2 Be- und Entlüftungsgerät, bis 5.000m³/h KG **431**

Wie Ausführungsbeschreibung A 1
Zuluftmenge: ..... m³/h
Abluftmenge: ..... m³/h
Zulufttemperatur: min / max ..... / ..... °C
Ablufttemperatur: min / max. ..... / ..... °C
Zuluftfeuchte: min / max ..... % relativ
Gerätequerschnitt Zuluft: Breite ..... m, Höhe ..... m
Abluft: Breite ..... m, Höhe ..... m
Filter Zuluft: **M5** bzw. **F7 / F9**, Mindest-Wirkungsgrad: .....

4.136€   7.044€   **8.521**€   10.195€   16.156€   [St]   ⏱ 3,50 h/St   075.000.001

▶ min
▷ von
ø Mittel
◁ bis
◀ max

Nr.	Kurztext / Langtext						Kostengruppe	
▶	▷	ø netto €	◁	◀		[Einheit]	Ausf.-Dauer	Positionsnummer

3   Be- und Entlüftungsgerät, bis 12.000 m³/h — KG **431**

Wie Ausführungsbeschreibung A 1
Zuluftmenge: ..... m³/h
Abluftmenge: ..... m³/h
Zulufttemperatur: min / max ..... / ..... °C
Ablufttemperatur: min / max. ..... / ..... °C
Zuluftfeuchte: min / max ..... % relativ
Gerätequerschnitt Zuluft: Breite ..... m, Höhe ..... m
Abluft: Breite ..... m, Höhe ..... m
Filter Zuluft: **M5** bzw. **F7 / F9**, Mindest-Wirkungsgrad: .....

| –€ | 19.097€ | **19.118**€ | 21.842€ | –€ | [St] | ⧗ 6,00 h/St | 075.000.002 |

4   Abluftventilator, Einbaugerät — KG **431**

Abluftventilator in Unterputzgehäuse ohne Brandschutz für den Unterputzeinbau in Wand und Decke. Luftdichte Rückschlagklappe, Steckverbindung für elektrischen Anschluss und Putzdeckel. Aus schwerentflammbarem Kunststoff Klasse B2. Ventilatoreinsatz mit zwei Leistungsstufen (60 / 30m³). Für Bedarfs- und Grundlüftung. Betriebsbereite Lieferung mit Innenfassade, Schalldämmplatte, integrierter Steckverbindung für elektrischen Anschluss, Schutzisoliert, Klasse 2. Wartungsfreier, kugelgelagerter Energiesparmotor 230V, 50Hz, 16 / 8W. Flache Innenfassade, geräuschdämpfend für flüsterleisen Betrieb. Mit Filterwechselanzeige bei verschmutztem Dauerfilter, Filter mit einem Griff herausnehmbar.
Anschlussdurchmesser Luftaustritt: **DN75 / DN80**
Schutzart: IP 55
Energiesparmotor: 230 V, 50 Hz, **16 / 8** W
Geräusch: Schallleistung ..... / ..... dB(A)

| 1.421€ | 1.877€ | **2.420**€ | 2.633€ | 3.161€ | [St] | ⧗ 2,00 h/St | 075.000.003 |

5   Kulissenschalldämpfer, rechteckig, Stahlblech, verzinkt — KG **431**

Kulissenschalldämpfer, rechteckig, Gehäuse aus verzinktem Stahlblech mit beidseitigen 4-Loch-Anschlussrahmen als Leichtbauprofil. Aufbau: Rahmen aus sendzimirverzinktem Stahlblech Absorptionsmaterial als Füllung aus Mineralwolle mit aufkaschierter Glasseidenvliesabdeckung, Baustoffklasse A2 (nicht brennbar) Standardkulisse für Einsatz vorwiegend bei mittleren und hohen Frequenzen. Inkl. Gummilippendichtungen und sämtlichen Befestigungs-, Verbindungs- und Abdichtungsmaterialien.
Breite: ..... mm
Höhe: ..... mm
Länge: ..... mm
Dämpfung (250 Hz): ..... dB

| 235€ | 473€ | **520**€ | 638€ | 824€ | [St] | ⧗ 1,00 h/St | 075.000.004 |

6   Kulissenschalldämpfer, rund, Stahlblech, verzinkt — KG **431**

Kulissenschalldämpfer, rund, Gehäuse aus Stahlblech verzinkt. Anschluss an die Kanalleitung durch 50 mm langen Stutzen aus Stahlblech verzinkt, Dämpfung nach dem Absorptionsprinzip durch ringförmige Kammer mit Mineralwollefüllung, welche zum Luftstrom hin mit verzinktem Lochblech abriebfest abgedeckt ist. Inkl. Gummilippendichtungen und sämtlichen Befestigungs-, Verbindungs- und Abdichtungsmaterialien.
Nennweite: ..... mm
Außendurchmesser: ..... mm
Dämpfung (250 Hz): ..... dB
Länge: ..... mm

| 161€ | 200€ | **214**€ | 246€ | 307€ | [St] | ⧗ 1,00 h/St | 075.000.005 |

LB 075 Raumlufttechnische Anlagen

Kosten:
Stand 4.Quartal 2021
Bundesdurchschnitt

Nr.	Kurztext / Langtext				[Einheit]	Ausf.-Dauer	Kostengruppe Positionsnummer
▶	▷	ø netto €	◁	◀			

7 Schalldämpfer, flach, runder Anschluss — KG 431

Schalldämpfer, als rechteckiger Flachschalldämpfer mit rundem Anschluss, aus Aluminium, in flexibler Ausführung, Absorbermaterial mineralfaserfrei, nicht brennbar Klasse A2
Temperaturbeständig: bis 200°C
Nennweite Schalldämpfer: 100 mm
Dämpfung (250 Hz): mind.10 dB
Länge: ca. 500 mm
Abmessungen Außenrohr: Breite: 195 mm, Höhe: 120 mm

100€ 119€ **135**€ 139€ 157€   [St]   ⏱ 1,00 h/St   075.000.033

8 Wetterschutzgitter, Außenluft-/Fortluft — KG 431

Wetterschutzgitter für Außen- und Fortluft, rahmenlos, schrauben- und nietenlos zum Einbau in Maueröffnungen oder Fassadenverkleidungen, bestehend aus: Halterprofilen, Halter, Lamellen und Vogelschutzgitter, Gitter mit unterer Abtropflamelle und oberer Ausgleichslamelle nach Maßangabe.
Farbe: .....
Montagehöhe: OK Wetterschutzgitter ca. ..... m über Gelände
Breite: ..... mm
Höhe: ..... mm
Lamellenabstand: ..... mm
Volumenstrom: ..... m³/h
Druckabfall: ..... Pa
Schallleistungspegel max.: ..... B(A)

124€ 229€ **251**€ 335€ 464€   [St]   ⏱ 1,00 h/St   075.000.006

9 Luftleitung, rechteckig, Stahlblech verzinkt — KG 431

Luftleitung, rechteckig, aus verzinktem Stahlblech, inklusive sämtlicher Verbindungsteile und Abdichtungen sowie allen notwendigen Befestigungsteilen und Aufhängekonstruktion.
Medium: Luft
Material: Stahlblech verzinkt
Kantenlänge: bis **500 / 1.000 / 2.000** mm
Temperatur: min / max ..... / ..... °C
Montagehöhe: bis **3,50 / 5,00 / 7,00** m

38€ 48€ **52**€ 56€ 71€   [m²]   ⏱ 0,40 h/m²   075.000.008

10 Luftleitung, rechteckig, Kunststoff — KG 431

Luftleitung, rechteckig, aus Kunststoff, inklusive sämtlicher Verbindungsteile und Abdichtungen sowie allen notwendigen Befestigungsteilen und Aufhängekonstruktion.
Medium: Luft
Material: **PVC / PE / PP**
Kantenlänge: bis ..... mm
Temperatur: min / max ..... / ..... °C
Montagehöhe: bis **3,50 / 5,00 / 7,00** m

100€ 132€ **173**€ 201€ 230€   [m²]   ⏱ 0,90 h/m²   075.000.009

▶ min
▷ von
ø Mittel
◁ bis
◀ max

Nr.	**Kurztext** / Langtext						Kostengruppe
▶	▷	**ø netto €**	◁	◀	[Einheit]	Ausf.-Dauer	Positionsnummer

11 Luftleitung, feuerbeständig L30/L90 — KG **431**

Zweischalige Luftleitung als brandschutztechnische Bekleidung, von Luft führenden Kanälen und Rohrleitungen, für eine Feuerwiderstandsdauer von 30 / 90 Minuten. Fertigung aus Brandschutzplatten (A1), d=45mm, stumpf gestoßen. Die Stoßfugen der beiden Plattenlagen sind fugenversetzt, Versatz 100mm, auszuführen. Plattenverbindung mit Schrauben oder Klammern. Die Lüftungsleitungen sind auf Stahlprofile oder Traversen aufzulagern, die mit Gewindestangen abgehängt werden. Die Befestigung an Massivdecken, F90, erfolgt mit bauaufsichtlich zugelassenen Dübeln. Gewindestangen über 1,50m Länge sind brandschutztechnisch über die gesamte Länge zu bekleiden. Senkrechte Kanäle sind geschossweise, max. 5,00m, auf die Massivdecken, F90, aufzusetzen.

Brandschutztechnische Bekleidung: **L30 / L90**
Rohrleitungen: .....
Feuerwiderstandsklasse: **F30 / F90**
Montagehöhe: bis **3,50 / 5,00 / 7,00** m

| 53€ | 124€ | **172**€ | 178€ | 253€ | [m²] | 1,00 h/m² | 075.000.010 |

12 Formstücke, verzinkt, Luftleitung — KG **431**

Formteile der Luftleitung in Rechteckform und als Übergänge auf rund bzw. oval, aus verzinktem Stahlblech, inkl. sämtlicher Verbindungsteile und Abdichtungen sowie allen notwendigen Befestigungsteilen.

Medium: Luft
Material: Stahlblech verzinkt
Kantenlänge: bis **500 / 1.000 / 2.000** mm
Temperatur: min / max ..... / ..... °C
Montagehöhe: bis **3,50 / 5,00 / 7,00** m

| 50€ | 70€ | **73**€ | 89€ | 117€ | [m²] | 0,40 h/m² | 075.000.011 |

13 Formteile, Kunststoff, Lüftungskanäle — KG **431**

Formteile der Luftleitung in Rechteckform und als Übergänge auf rund bzw. oval, aus Kunststoff, inkl. sämtlicher Verbindungsteile und Abdichtungen sowie allen notwendigen Befestigungsteilen.

Medium: Luft
Material: **PVC / PE / PP**
Kantenlänge: bis ..... mm
Temperatur: min / max ..... / ..... °C
Montagehöhe: bis **3,50 / 5,00 / 7,00** m

| –€ | 186€ | **221**€ | 254€ | –€ | [m²] | 0,60 h/m² | 075.000.012 |

A 2 Luftleitung, Spiralfalzrohre, verzinkt — Beschreibung für Pos. **14-19**

Luftleitung mit Wickelfalzrohren aus verzinktem Stahlblech, inkl. sämtlicher Verbindungsteile (z.B. Muffen, Steckverbindungen und Enddeckel) und Abdichtungen sowie allen notwendigen bauaufsichtlich zugelassenen Befestigungsteilen.

14 Luftleitung, Spiralfalzrohre, verzinkt, DN100 — KG **431**

Wie Ausführungsbeschreibung A 2
Material: Stahlblech verzinkt
Nennweite: DN100
Montagehöhe: bis **3,50 / 5,00 / 7,00**

| 16€ | 17€ | **18**€ | 19€ | 20€ | [m] | 0,18 h/m | 075.000.013 |

LB 075 Raumlufttechnische Anlagen

Kosten:
Stand 4.Quartal 2021
Bundesdurchschnitt

▶ min
▷ von
ø Mittel
◁ bis
◀ max

Nr.	Kurztext / Langtext ▶ ▷ ø netto € ◁ ◀					[Einheit]	Ausf.-Dauer	Kostengruppe Positionsnummer
15	**Luftleitung, Spiralfalzrohre, verzinkt, DN125**							**KG 431**
	Wie Ausführungsbeschreibung A 2							
	Material: Stahlblech verzinkt							
	Nennweite: DN125							
	Montagehöhe: bis **3,50 / 5,00 / 7,00** m							
	16€	21€	**23**€	30€	41€	[m]	0,20 h/m	075.000.021
16	**Luftleitung, Spiralfalzrohre, verzinkt, DN160**							**KG 431**
	Wie Ausführungsbeschreibung A 2							
	Material: Stahlblech verzinkt							
	Nennweite: DN160							
	Montagehöhe: bis **3,50 / 5,00 / 7,00** m							
	18€	24€	**25**€	31€	41€	[m]	0,25 h/m	075.000.022
17	**Luftleitung, Spiralfalzrohre, verzinkt, DN180**							**KG 431**
	Wie Ausführungsbeschreibung A 2							
	Material: Stahlblech verzinkt							
	Nennweite: DN180							
	Montagehöhe: bis **3,50 / 5,00 / 7,00** m							
	–€	25€	**28**€	35€	–€	[m]	0,28 h/m	075.000.023
18	**Luftleitung, Spiralfalzrohre verzinkt, DN250**							**KG 431**
	Wie Ausführungsbeschreibung A 2							
	Material: Stahlblech verzinkt							
	Nennweite: DN250							
	Montagehöhe: bis **3,50 / 5,00 / 7,00** m							
	32€	35€	**40**€	47€	53€	[m]	0,33 h/m	075.000.026
19	**Luftleitung, Spiralfalzrohre, verzinkt, DN500**							**KG 431**
	Wie Ausführungsbeschreibung A 2							
	Material: Stahlblech verzinkt							
	Nennweite: DN500							
	Montagehöhe: bis **3,50 / 5,00 / 7,00** m							
	51€	57€	**65**€	73€	78€	[St]	0,47 h/St	075.000.030
20	**Luftleitung, Alurohre, flexibel, DN80**							**KG 431**
	Elastische Luftleitung aus zweilagig gestauchtem Aluminium. Inkl. Befestigungsmaterial an Luftrohrstutzen.							
	Nennweite: DN80							
	Länge: 1,25 m, ausziehbar bis 5,00 m							
	Betriebsdruck: bis 1.000 Pa							
	6€	12€	**13**€	16€	19€	[m]	0,10 h/m	075.000.034
21	**Luftleitung, Alurohre, flexibel, DN100**							**KG 431**
	Elastische Luftleitung aus zweilagig gestauchtem Aluminium. Inkl. Befestigungsmaterial an Luftrohrstutzen.							
	Nennweite: DN100							
	Länge: 1,25 m, ausziehbar bis 5,00 m							
	Betriebsdruck: bis 1.000 Pa							
	9€	15€	**18**€	25€	33€	[m]	0,10 h/m	075.000.032

© **BKI** Baukosteninformationszentrum

Nr.	Kurztext / Langtext					Kostengruppe	
▶	▷	ø netto €	◁	◀	[Einheit]	Ausf.-Dauer	Positionsnummer

22 Rohrbogen, Luftleitung KG **431**

Rohrbogen der Luftleitung, alle Winkelgrade, für Wickelfalzrohr aus verzinktem Stahlblech, inkl. sämtlicher Verbindungsteile (z.B. Muffen, Steckverbindungen) und Abdichtungen sowie allen notwendigen Befestigungsteilen.
Material: Stahlblech verzinkt
Nennweite: DN.....
Montagehöhe bis: **3,50 / 5,00 / 7,00** m
Winkelgrad: .....°

| 12 € | 18 € | **21** € | 27 € | 35 € | [St] | ⏱ 0,10 h/St | 075.000.018 |

23 Abzweigstück, Luftleitung KG **431**

Abzweigstück der Luftleitung, als Abzweig 90°, für Wickelfalzrohr aus verzinktem Stahlblech, inkl. sämtlicher Verbindungsteile (z.B. Muffen, Steckverbindungen) und Abdichtungen sowie allen notwendigen Befestigungsteilen.
Material: Stahlblech verzinkt
Nennweite: DN.....
Montagehöhe bis: **3,50 / 5,00 / 7,00** m

| 15 € | 18 € | **19** € | 21 € | 26 € | [St] | ⏱ 0,10 h/St | 075.000.019 |

24 Lüftungsgitter, Zu-/Abluft KG **431**

Lüftungsgitter, mit Anbauteilen, für Zu- und Abluft, für Einbau in Rundrohr / Rechteckkanal mit frontseitig waagrechten oder senkrechten Tropfenlenklamellen. Rahmen und Lamellen aus Stahlblech mit Epoxidharz-Pulverbeschichtung oder Einbrennlackierung. Anbauteile aus elektrolytisch verzinktem Stahlblech, mit angeklebter Schaumstoffdichtung und Schlitzschieber zur Luftmengenregulierung.
Farbe: .....
Volumenstrom max.: ..... m³/h
Länge: ..... mm
Höhe: ..... mm

| 36 € | 74 € | **93** € | 115 € | 187 € | [St] | ⏱ 0,30 h/St | 075.000.014 |

25 Drallauslass, Decke KG **431**

Decken-Drallluftdurchlass für **Zuluft / Abluft**, **mit / ohne** Strahlverstellung. Luftdurchlass aus verzinktem Stahl, für Einbau in abgehängter Decke.
Luftdurchsatz max.: ..... m³/h
Breite: ..... mm
Länge: ..... mm
Höhe Anschlusskasten: ..... mm
Leitungsanschluss seitlich, DN.....

| 92 € | 321 € | **426** € | 535 € | 725 € | [St] | ⏱ 0,90 h/St | 075.000.015 |

LB 075 Raumlufttechnische Anlagen

Kosten: Stand 4.Quartal 2021 Bundesdurchschnitt

▶ min
▷ von
ø Mittel
◁ bis
◀ max

Nr.	Kurztext / Langtext							Kostengruppe
▶	▷	ø netto €	◁	◀	[Einheit]	Ausf.-Dauer	Positionsnummer	

26   Brandschutzklappen, RLT, eckig   KG **431**

Brandschutzklappe für Luftleitungen rechteckig DIN EN 15650, aus Stahl verzinkt, für Einbau in massive **Wand / Decke**. Gehäuse mit **1 / 2** Inspektionsöffnungen, Auslösung durch Schmelzlot. Kontrolle Klappenblatt über elektrische Endschalter.
Feuerwiderstandsklasse: **EI30 / EI60 / EI90 / EI120**, DIN EN 13501-3
Höhe: ..... mm
Breite: ..... mm
Höhe: ..... mm
Einbaulänge: **500 / 600** mm
Einbau in: Wand / Decke
Auslösetemperatur: **72 / 95**°C
Kontrolle Klappenblatt: **0 / 1 / 2**

| 215€ | 483€ | **618**€ | 673€ | 847€ | [St] | ⏱ 1,80 h/St | 075.000.016 |

27   Brandschutzklappen, RLT, rund, Küche   KG **431**

Brandschutzklappe für Luftleitungen rund DIN EN 15650. Zugelassen für fetthaltige Abluft aus Küchen. Gehäuse aus **Stahl verzinkt / andere Materialien**.
Feuerwiderstandsklasse: **EI30 /EI60 / EI90 / EI120**, DIN EN 13501-3
Durchmesser: ..... mm
Einbaulänge: **500 / 600** mm
Einbau in: **Wand / Decke**

| 473€ | 3.848€ | **5.539**€ | 7.359€ | 10.668€ | [St] | ⏱ 3,00 h/St | 075.000.017 |

28   Warmwasser-Heizregister   KG **431**

Warmwasser-Heizregister als Lufterwärmer mit Lamellen aus Aluminium, auf Kupferrohre aufgepresst Wärmetauscher mit 2 Rohrreihen, Gehäuse aus verzinktem Stahlblech Inspektionsöffnung für die Reinigung der Wärmetauscher, Wasseranschlussrohre mit glatten Enden für Lötverbindung / Anschraubenden, Luftrohranschluss mit 1x Einsteckstutzen sowie 1x Aufsteckstutzen.
Betriebstemperatur tmax.: 100°C
Max. Betriebsdruck pmax.: 8 bar
Wasseranschlussrohre: DN15
Luftrohranschluss: DN .....
Auslegungsheizwasserstrom (l/h): .....
Druckabfall Wasser (kPa): .....
Abmessungen (LxBxH): ..... x ..... x ..... mm

| 229€ | 658€ | **892**€ | 915€ | 1.693€ | [St] | ⏱ 2,50 h/St | 075.000.035 |

29   Tellerventil, Zu-/Abluft   KG **431**

Tellerventil für Zu- / Abluft, mit Mengenregulierung. Für Montage in beliebiger Lage in Decke und Wand aus einbrennlackiertem Stahlblech, mit niedrigem Schallleistungspegel auch bei hohem Druckabfall, mit passendem Rohrmontagering (20mm) mit Bajonettverschluss. Inkl. Befestigungs-, Klein- und Dichtmaterial.
Anschlussdimension: DN100

| 22€ | 50€ | **59**€ | 82€ | 125€ | [St] | ⏱ 0,20 h/St | 075.000.036 |

Nr.	Kurztext / Langtext							Kostengruppe
▶	▷	**ø netto €**	◁	◀		[Einheit]	Ausf.-Dauer	Positionsnummer

30 Wickelfalzrohr, Reduzierstück, DN100/80 — KG **431**

Reduzierstück, zentrisch (symmetrisch), für Wickelfalz-Rundrohr verzinkt, mit werkseitig vormontierter Lippendichtung aus EPDM.
EPDM Anschlüsse: **DN100 / DN80**

| 14€ | 17€ | **20**€ | 23€ | 28€ | [St] | ⏱ 0,10 h/St | 075.000.038 |

31 Drosselklappe, DN100 — KG **431**

Drosselklappe aus verzinktem Stahlblech für Wickelfalz-Rundrohr verzinkt, mit Klappenflügel und außenliegender, stufenlos verstellbarer Feststellvorrichtung.
Anschlüsse: DN100

| 26€ | 38€ | **47**€ | 55€ | 68€ | [St] | ⏱ 0,12 h/St | 075.000.039 |

32 Drosselklappe, 200x200mm — KG **431**

Drosselklappe aus verzinktem Stahlblech für rechteckigen Lüftungskanal verzinkt, mit Klappenflügel und außenliegender, stufenlos verstellbarer Feststellvorrichtung.
Anschlüsse: 200 x 200 mm

| 44€ | 53€ | **64**€ | 77€ | 84€ | [St] | ⏱ 0,20 h/St | 075.000.040 |

**LB 075
Raumluft-
technische
Anlagen**

Kosten:
Stand 4.Quartal 2021
Bundesdurchschnitt

▶ min
▷ von
ø Mittel
◁ bis
◀ max

Nr.	**Kurztext** / Langtext						Kostengruppe
▶	▷	**ø netto €**	◁	◀	[Einheit]	Ausf.-Dauer	Positionsnummer

33 **Lüftungsgerät mit WRG, Bypass, Feuerstättenfunktion** **KG 431**

Wohnungslüftungsgerät mit Wärmerückgewinnung und Bypass zur kontrollierten Be- und Entlüftung von Wohnungen und Wohnhäusern mit einem zentralen Luftverteilsystem. Effiziente Konstantvolumenstrom geregelte EC-Ventilatoren mit drei Ventilatorstufen, Luftmengen je Stufe individuell programmierbar. Wärmerückgewinnung aus der Abluft mit Kreuzgegenstrom-Wärmetauscher. Vereisungsschutzfunktion und Abtauautomatik. Integrierter automatischer Sommer-Bypass mit einstellbarer Schalttemperatur zur Unterbrechung der Wärmerückgewinnung im Sommer. Auskühlschutzfunktion zum Frostschutz in der Wohneinheit im Winter. Umfassendes Selbstdiagnosesystem mit Fehlercodes und Meldungen in Klartextanzeige. Sicherheitsabschaltung des Lüftungsgerätes durch optionalen Rauchsensor möglich. TÜV-geprüfte integrierte Feuerstätten-Funktion mit permanenter Überwachung der Volumenstrom-Balance und Sicherheitsabschaltung im Fehlerfall zur sicheren Verhinderung von Unterdruck im Gebäude. Der gleichzeitige Betrieb von Lüftungsanlage und Feuerstätte ist ohne zusätzliche Sicherheitskomponenten möglich.

Menügeführte multilinguale Bedienung mit LCD-Klartextanzeige am Gerät und integrierte Echtzeituhr mit Wochentimer zur zeitlichen Steuerung der Betriebsarten ermöglichen den Betrieb des Lüftungsgerätes ohne zusätzliche Steuerelemente. Die Steuerung des Geräts kann optional mit einem drahtgebundenen Bedienelement, einem Funkbedienschalter oder bedarfsgerecht mit automatischer Luftmengenregelung durch Bestimmung der Abluftqualität mit einem Luftqualitätssensor erfolgen. Für eine externe Steuerung sind programmierbare Ein- und Ausgänge integriert. Filterwartungsanzeige mit einstellbarem Intervall. Innenauskleidung des Geräts EPP, Außengehäuse Stahlblech, pulverbeschichtet RAL 9010, Revisionstüre Kunststoff lichtgrau RAL 7035. Luftkanalanschlüsse auf der Geräteoberseite, wandhängende Montage mit beiliegender Wandkonsole. Kondensatwasseranschluss an der Unterseite des Lüftungsgeräts.

Technische Daten:
Luftvolumenstrom Werkseinstellung: **90 / 160 / 250** m³/h
Schalldruckpegel (1m Abstand): **29 / 34 / 42** dB(A)
Wärmerückgewinnungsgrad: max. 95%
Wärmebereitstellungsgrad: max. 88%
Spannungsversorgung: 1~/N/PE 230 V 50Hz
Leistungsaufnahme, Stufen: **19 / 36 / 95** W
Leistungsaufnahme: max. 136 W
Stromaufnahme: max. 1,2 A
Schutzart: IP 20
Filterklasse Zuluft / Abluft: M5 / M5
Luftkanalanschlüsse: **4x DN150 / DN160**
Kondensatanschluss: 20 mm
Abmessungen (BxHxT): 750 x 725 x 469 mm
Gewicht: 32 kg
Einsatzgrenzen Außentemperatur: -20°C bis +40°C
Einsatzgrenzen Raumtemperatur: +15°C bis +40°C

| –€ | 2.487€ | **3.125**€ | 4.011€ | –€ | [St] | 🕐 6,50 h/St | 075.000.041 |

A 3 **Außenwanddurchlass, mit Filter/Schalldämpfer** Beschreibung für Pos. **34-35**

Außenwandluftdurchlass - Rundkanal, variables Teleskoprohr 305-535mm mit Schalldämpfer, steckbarem weißem Außengitter, Insektenschutz, Winddrucksicherung und Innenblende mit Staubfilter.

34 **Außenwanddurchlass, DN110** **KG 431**

Wie Ausführungsbeschreibung A 3
Volumenstrom: V(8 Pa) = 10 m³/h
Nennweite Rundkanal: DN110

| –€ | 102€ | **133**€ | 165€ | –€ | [St] | 🕐 1,00 h/St | 075.000.042 |

Nr.	Kurztext / Langtext					Kostengruppe
▶	▷ ø netto € ◁ ◀				[Einheit] Ausf.-Dauer	Positionsnummer

35 Außenwanddurchlass, DN160 KG **431**
Wie Ausführungsbeschreibung A 3
Volumenstrom: V(8 Pa) = 10 m³/h
Nennweite Rundkanal: DN160

| –€ | 238€ | **300**€ | 328€ | –€ | [St] | ⏱ 1,20 h/St | 075.000.043 |

36 Lüftungsgerät für Abluft, nach DIN 18017 KG **431**
Lüftungsgerät (1, 2 oder 3-stufig) für den Einbau in Wände oder Decken (ohne Brandschutzanforderung). Der Anschlussstutzen ist seitlich / hinten am Kasten angebracht. Mit federbelasteter Rückschlagklappe, verhindert Geruchs- und (Kalt) Rauchübertragung. Das Lüftungsgerät kann im Schutzbereich I eingebaut werden.
Leckluftrate: < 0,01 m³/h
Elektroanschluss: 230 VAC / 50 Hz
Nennleistung: 6 / 11 / 23 W bei 30 (40) / 60 / 100 m³/h
Eigengeräusch LA: 26 / 30 / 33 / 39 dB(A) bei 30 / 40 / 60 / 100 m³/h
Abmessungen (LxBxT): 242 x 242 x 100 mm
Anschlussstutzen: NW80

| 209€ | 221€ | **227**€ | 242€ | 257€ | [St] | ⏱ 2,00 h/St | 075.000.044 |

37 KWL-Lüftungsgerät, in Außenwand, bis 100m³/h mit WRG KG **431**
Dezentrales Lüftungsgerät mit Wärmerückgewinnung zur kontrollierten De- und Entlüftung von Wohngebäuden, zur Innenmontage, für Zu-und Abluft, mit Außen- und Fortluftbetrieb. EC-Ventilatoren mit mind. drei Ventilatorstufen, Wärmerückgewinnung mit Wärmetauscher, mit Bedieneinheit am Gerät, mit Ab- und Außenluftfilter, hängende Außenwandmontage, einschl. Befestigungsmaterial und Montageset zur Außenwanddurchführung und Wetterschutzgittereinheit für Außenluftansaugung und Fortluftausblas.
Ausführung: **Aufputzmontage / Unterputzmontage**
Luftvolumenstrom: bis 100 m³/h
Wärmerückgewinnungsgrad: mind. 85%
Spannungsversorgung: 1~/N/PE 230 V 50 Hz
Ausführung gem. nachfolgender Einzelbeschreibung: .....

| –€ | 1.777€ | **1.974**€ | 2.251€ | –€ | [St] | ⏱ 1,35 h/St | 075.000.045 |

A 4 KWL-Lüftungsgerät, Wohngebäude, mit WRG Beschreibung für Pos. 38-40
Zentrales Lüftungsgerät mit Wärmerückgewinnung zur kontrollierten Be- und Entlüftung von Wohngebäuden, zur Innenmontage, für Zu- und Abluft, mit Außen- und Fortluftbetrieb. EC-Ventilatoren mit mind. drei Ventilatorstufen, Wärmerückgewinnung mit Wärmetauscher, mit Bedieneinheit am Gerät, mit Ab- und Außenluftfilter, einschl. Befestigungsmaterial und Montageset zur Außenwanddurchführung und Wetterschutzgittereinheit für Außenluftansaugung und Fortluftausblas, einschl. 4 Geräteschalldämpfern.

38 KWL-Lüftungsgerät, Wohngebäude, bis 200m³/h mit WRG KG **431**
Wie Ausführungsbeschreibung A 4
Montageart: **wandhängend / deckenhängend / stehend**
Luftvolumenstrom: bis 200 m³/h
Wärmerückgewinnungsgrad: mind. 85%
Spannungsversorgung: 1~/N/PE 230 V 50 Hz
Ausführung gem. nachfolgender Einzelbeschreibung: .....

| –€ | 3.974€ | **4.416**€ | 5.034€ | –€ | [St] | ⏱ 1,40 h/St | 075.000.046 |

LB 075 Raumlufttechnische Anlagen

Kosten:
Stand 4.Quartal 2021
Bundesdurchschnitt

▶ min
▷ von
ø Mittel
◁ bis
◀ max

Nr.	Kurztext / Langtext					[Einheit]	Ausf.-Dauer	Kostengruppe Positionsnummer
▶	▷	ø netto €	◁	◀				

39 KWL-Lüftungsgerät, Wohngebäude, bis 350m³/h mit WRG KG **431**
Wie Ausführungsbeschreibung A 4
Montageart: **wandhängend / deckenhängend / stehend**
Luftvolumenstrom: bis 350 m³/h
Wärmerückgewinnungsgrad: mind. 85%
Spannungsversorgung: 1~/N/PE 230 V 50 Hz
Ausführung gem. nachfolgender Einzelbeschreibung: .....

–€   4.365€   **4.850**€   5.529€   –€   [St]   ⏱ 1,40 h/St   075.000.047

40 KWL-Lüftungsgerät, Wohngebäude, bis 500m³/h mit WRG KG **431**
Wie Ausführungsbeschreibung A 4
Montageart: **wandhängend / deckenhängend / stehend**
Luftvolumenstrom: bis 500 m³/h
Wärmerückgewinnungsgrad: mind. 85%
Spannungsversorgung: 1~/N/PE 230 V 50 Hz
Ausführung gem. nachfolgender Einzelbeschreibung: .....

–€   5.710€   **6.344**€   7.232€   –€   [St]   ⏱ 1,50 h/St   075.000.048

A 5 VRF-Außengerät Heizen / Kühlen Beschreibung für Pos. **41-43**
VFR-Außengerät für die Klimatisierung von Wohnräumen, Gehäuse und Rahmen aus verzinktem beschichteten Stahl, UV- und witterungsbeständig, mit Schalldämmung, mit Wärmetauscher, Axialventilator, Kompressor drehzahlgeregelt mit Invertertechnologie, Kältekreislauf mit Filtern, Sammler, Ölabscheider und mit Kältemittel vorgefüllt, einschl. komplett verdrahteter Steuerung mit MSR -und Sicherheitsbauteilen sowie Bedieneinheit, inkl. Montagematerial.
Montageart: **bodenstehend / an Wand / auf Dach**
Betriebsart: **Kühlen / Kühlen und Heizen**
Wärmetauscher: **Verdampfer / Verflüssiger aus Kupferrohr mit Aluminiumlamellen**
Luftvolumenstrom: m3/h
Schalldruckpegel in 1m Abstand - Kühlen: ..... dB(A)
Schalldruckpegel in 1m Abstand - Heizen: ..... dB(A)
Betriebsspannung: 230 / 400 V
Kältemittel: R410A / R32
Anschluss von Innengeräten max.: .....
max. Rohrleitungslänge: ..... m
max. Höhendifferenz: ...... m
Geräteabmessungen (TxBxH): ..... x ..... x ..... mm
Ausführung gem. Einzelbeschreibung: .....
Angeb. Fabrikat / Typ: .....

41 VRF-Außengerät, Heizen / Kühlen, 10kW KG **434**
Wie Ausführungsbeschreibung A 5
Heizleistung: 10 kW
COP: .....
Kälteleistung: ..... kW
EER: .....

–€   2.863€   **4.352**€   6.986€   –€   [St]   ⏱ 2,10 h/St   075.000.049

Nr.	Kurztext / Langtext						Kostengruppe	
▶	▷	ø netto €	◁	◀	[Einheit]	Ausf.-Dauer	Positionsnummer	

42 VRF-Außengerät, Heizen / Kühlen, 15kW — KG **434**
Wie Ausführungsbeschreibung A 5
Heizleistung: 15 kW
COP: .....
Kälteleistung: ..... kW
EER: .....

| –€ | 5.726€ | **8.017**€ | 10.307€ | –€ | [St] | ⏱ 2,10 h/St | 075.000.050 |

43 VRF-Außengerät, Heizen / Kühlen, 20kW — KG **434**
Wie Ausführungsbeschreibung A 5
Heizleistung: 20 kW
COP: .....
Kälteleistung: ..... kW
EER: .....

| –€ | 8.017€ | **10.307**€ | 12.598€ | –€ | [St] | ⏱ 2,10 h/St | 075.000.051 |

A 6 VRF-Innenwandgerät, Heizen / Kühlen — Beschreibung für Pos. **44-46**
VRF-Innengerät für die Klimatisierung von Wohnräumen, Kältesystem mit Schutzgas gefüllt, mit Wärmetauscher, Luftansaugung mit Filter und Luftausblas mit motorbetriebenen Luftleitlamellen, Kondensatwanne, Ventilator mit Querstromgebläse, einschl. komplett verdrahteter Steuerung mit allen notwendigen MSR- und Sicherheitsbauteilen sowie mit Fernbedieneinheit, inkl. Montagematerial.
Betriebsart: **Kühlen / Kühlen und Heizen**
Wärmetauscher: **Verdampfer / Verflüssiger aus Kupferrohr mit Aluminiumlamellen**
Luftvolumenstrom von - bis: .....m³/h
Luftansaugung: **vorne / unten / oben**
Luftfilter: .....
Luftausblas: **vorne / unten / oben**
Schalldruckpegel von - bis: ..... dB(A)
Betriebsspannung: 230 V / 400 V / über Außengerät
Kältemittel: R410A / R32
Gehäuse: Kunststoff
Geräteabmessungen (TxBxH): ..... x ..... x ..... mm
Farbe: .....
Ausführung gem. Einzelbeschreibung: .....
Angeb. Fabrikat / Typ: .....

44 VRF-Innenwandgerät, Heizen / Kühlen, 2,5kW — KG **434**
Wie Ausführungsbeschreibung A 6
Heizleistung: 2,5 kW
SCOP: .....
Kälteleistung: ..... kW
SEER: .....

| –€ | 916€ | **1.260**€ | 1.603€ | –€ | [St] | ⏱ 1,80 h/St | 075.000.052 |

LB 075 Raumlufttechnische Anlagen

Kosten:
Stand 4.Quartal 2021
Bundesdurchschnitt

Nr.	Kurztext / Langtext				[Einheit]	Ausf.-Dauer	Kostengruppe Positionsnummer
▶ ▷	ø netto €	◁	◀				

45 VRF-Innenwandgerät, Heizen / Kühlen, 3,5kW — KG **434**
Wie Ausführungsbeschreibung A 6
Heizleistung: 3,5 kW
SCOP: .....
Kälteleistung: ..... kW
SEER: .....
−€   1.031€   **1.432**€   1.832€   −€   [St]   ⏱ 1,80 h/St   075.000.053

46 VRF-Innenwandgerät, Heizen / Kühlen, 5,0kW — KG **434**
Wie Ausführungsbeschreibung A 6
Heizleistung: 5,0 kW
SCOP: .....
Kälteleistung: ..... kW
SEER: .....
−€   1.260€   **1.718**€   2.176€   −€   [St]   ⏱ 1,80 h/St   075.000.054

47 VRF-Verteilereinheit, Innengerät — KG **434**
VRF-Verteilereinheit als Multi-Split-Regeleinheit, zum Einbau im Gebäudeinneren.
Abmessungen (BxTxH): ..... x ..... x ..... mm
Geräteanzahl: .....
Leistung: .....
Ausführung gem. Einzelbeschreibung: .....
Angeb. Fabrikat / Typ: .....
−€   802€   **1.145**€   1.489€   −€   [St]   ⏱ 1,00 h/St   075.000.055

▶ min
▷ von
ø Mittel
◁ bis
◀ max

Nr.	Kurztext / Langtext						Kostengruppe	
▶	▷	ø netto €	◁	◀		[Einheit]	Ausf.-Dauer	Positionsnummer

48 Zubehörmontage, VRF-Anlage — KG **434**

Montage von Zubehör der VRF-Anlage mit Leitungen und Leitungsabzweigungen. Die Kühlleitungen aus nahtlos gezogenem Kupferrohr in Kühlschrankqualität unter Schutzgas gelötet, mit Kälteschellen auf C-Profilen montiert, evakuiert und mit Kältemittel gefüllt. Die Flüssigkeits- und die Gasleitung sind mit diffusionsdichter und bezügl. Brandschutz zugelassenen Dämmung von min. 13mm Wanddicke umschlossen und mit den Kälteschellen verklebt. Die gesamte Verrohrung ist nach den derzeitig gültigen Regeln für das Kälteanlagenbauhandwerk zu erstellen.

Einbauort: .....

Bei den folgenden Massen handelt es sich um ca. Angaben:
Flüssigkeitsleitung Ø 10 mm: ..... m
Flüssigkeitsleitung Ø 6 mm: ..... m
Gasleitung Ø 10 mm: ..... m
Gasleitung Ø 16 mm: ..... m
Leitungs-Isolierung Ø 10 mm: ..... m
Leitungs-Isolierung Ø 16 mm: ..... m
Leitungs-Isolierung Ø 6 mm: ..... m
Anzahl Brandschutzdurchführung Ø 10 mm: .....
Anzahl Brandschutzdurchführung Ø 16 mm: .....
Anzahl Brandschutzdurchführung Ø 6 mm: .....
Leitungs-Isolierung mit Blechmantel, wetterbeständig
Außen Ø 10 mm: ..... m
Außen Ø 16 mm: ..... m
Außen Ø 6 mm: ..... m
Bus Kabel LIYCY 2x1,5 mm^2: ..... m
Zusätzliche Kältemittelnachfüllmenge:..... kg

–€   1.031€   **1.489**€   2.061€   –€   [psch]   ⏱ 1,30 h/psch   075.000.056

STATISTISCHE KOSTENKENNWERTE FÜR GEBÄUDETECHNIK

Positionen für Altbau

LB 340 Wärmeversorgungsanlagen - Betriebseinrichtungen

Kosten: Stand 4.Quartal 2021, Bundesdurchschnitt

▶ min
▷ von
ø Mittel
◁ bis
◀ max

Preise €

Nr.	Positionen	Einheit	▶	▷	ø brutto € / ø netto €	◁	◀
1	Heizkessel ausbauen, Stahl, bis 50kW	St	286 / 241	316 / 266	**351** / **295**	427 / 359	500 / 420
2	Gas-Brennwerttherme, Wand, bis 15kW	St	3.505 / 2.945	4.295 / 3.609	**4.648** / **3.906**	5.079 / 4.268	5.795 / 4.870
3	Gas-Brennwerttherme, Wand, 15 bis 25kW	St	3.888 / 3.267	5.549 / 4.663	**6.064** / **5.096**	6.579 / 5.528	7.825 / 6.576
4	Gas-Brennwerttherme, Wand, 25 bis 50kW	St	4.499 / 3.781	5.921 / 4.976	**6.420** / **5.395**	7.890 / 6.630	8.934 / 7.508
5	Gas-Niedertemperaturkessel, bis 25kW	St	4.075 / 3.424	4.882 / 4.102	**5.142** / **4.321**	5.481 / 4.606	6.769 / 5.689
6	Gas-Niedertemperaturkessel, 25 bis 50kW	St	4.335 / 3.643	5.012 / 4.212	**6.184** / **5.196**	6.913 / 5.809	8.175 / 6.870
7	Gas-Niedertemperaturkessel, 50 bis 70kW	St	4.739 / 3.982	5.402 / 4.540	**7.095** / **5.962**	7.694 / 6.465	9.347 / 7.855
8	Gas-Brennwertkessel, bis 25kW	St	4.064 / 3.415	6.092 / 5.120	**6.424** / **5.398**	7.017 / 5.897	8.807 / 7.401
9	Gas-Brennwertkessel, 25 bis 50kW	St	4.218 / 3.544	6.053 / 5.087	**7.095** / **5.962**	7.967 / 6.695	9.217 / 7.745
10	Gas-Brennwertkessel, 50 bis 70kW	St	5.520 / 4.638	6.314 / 5.306	**9.816** / **8.248**	11.209 / 9.419	11.951 / 10.042
11	Gas-Brennwertkessel, 70 bis 150kW	St	9.187 / 7.720	11.570 / 9.723	**12.587** / **10.577**	15.734 / 13.222	20.409 / 17.150
12	Gas-Brennwertkessel, 150 bis 225kW	St	12.905 / 10.844	15.573 / 13.087	**16.181** / **13.598**	19.460 / 16.353	23.253 / 19.540
13	Gas-Brennwertkessel, 225 bis 400kW	St	14.988 / 12.595	20.636 / 17.341	**25.037** / **21.040**	28.141 / 23.648	38.764 / 32.575
14	Heizöltank, stehend, 3.000 Liter	St	2.752 / 2.313	2.911 / 2.446	**3.423** / **2.877**	4.162 / 3.497	5.101 / 4.287
15	Heizöltank, stehend, 5.000 Liter	St	3.189 / 2.680	3.580 / 3.008	**4.556** / **3.829**	5.207 / 4.376	7.550 / 6.345
16	Holz/Pellet-Heizkessel, bis 25kW	St	11.946 / 10.039	13.517 / 11.359	**14.133** / **11.877**	15.514 / 13.037	17.502 / 14.708
17	Holz/Pellet-Heizkessel, 25 bis 50kW	St	12.487 / 10.493	15.527 / 13.048	**18.506** / **15.551**	20.038 / 16.838	22.638 / 19.024
18	Holz/Pellet-Heizkessel, 50 bis 120kW	St	21.629 / 18.176	29.417 / 24.720	**32.860** / **27.614**	32.925 / 27.668	44.873 / 37.709
19	Pellet-Fördersystem, Förderschnecke	St	2.399 / 2.016	3.243 / 2.725	**3.461** / **2.908**	4.144 / 3.483	4.988 / 4.192
20	Flach-Solarkollektoranlage, thermisch, bis 10m²	St	7.014 / 5.894	9.453 / 7.944	**10.165** / **8.542**	13.011 / 10.934	14.027 / 11.788
21	Flach-Solarkollektoranlage, thermisch, 10 bis 20m²	St	9.997 / 8.401	13.052 / 10.968	**13.885** / **11.668**	17.495 / 14.701	18.467 / 15.518
22	Flach-Solarkollektoranlage, thermisch, 20 bis 30m²	St	14.411 / 12.110	19.788 / 16.629	**21.509** / **18.075**	26.241 / 22.051	27.962 / 23.497

© BKI Baukosteninformationszentrum

Nr.	Kurztext / Langtext					Kostengruppe	
▶	▷ ø netto € ◁ ◀				[Einheit]	Ausf.-Dauer	Positionsnummer

1 Heizkessel ausbauen, Stahl, bis 50kW KG **494**

Heizkessel ausbauen und entsorgen, sowie eingebundene Leitungen verschließen.
Wärmeleistung: bis 50 kW
Betriebsmittel: …..
Gewicht: …..
Abmessung: ….
Aufstellort: …..
Leitungen: …..

| 241 € | 266 € | **295** € | 359 € | 420 € | [St] | ⏱ 3,00 h/St | 340.000.053 |

A 1 Gas-Brennwerttherme, Wand Beschreibung für Pos. **2-4**

Brennwerttherme, für geschlossene Heizungsanlage, wandhängende Montage, einschl. sicherheitstechnischer Einrichtungen, mit MSR in digitaler Ausführung; einschl. interner Verdrahtung.
Betriebsmittel: Erdgas

2 Gas-Brennwerttherme, Wand, bis 15kW KG **421**

Wie Ausführungsbeschreibung A 1
Kesselkörper: **Edelstahl / Aluminium**
Erdgas: **E / L / Flüssiggas / Bioerdgas**
Wärmeleistung: bis 15 kW, modulierend 30-100%
Auslegungsvorlauftemperatur: **bis 75 / 85**°C
Max. zulässiger Betriebsdruck: **4 / 6 / 10** bar
Heizmedium: Wasser
Norm-Nutzungsgrad bei 40 / 30°C: **102 / über 108**% (bezogen auf den unteren Heizwert)

| 2.945 € | 3.609 € | **3.906** € | 4.268 € | 4.870 € | [St] | ⏱ 3,80 h/St | 340.000.054 |

3 Gas-Brennwerttherme, Wand, 15 bis 25kW KG **421**

Wie Ausführungsbeschreibung A 1
Kesselkörper: **Edelstahl / Aluminium**
Erdgas: **E / L / Flüssiggas / Bioerdgas**
Wärmeleistung: 15-25 kW, modulierend 30-100%
Auslegungsvorlauftemperatur: **bis 75 / 85**°C
Max. zulässiger Betriebsdruck: **4 / 6 / 10** bar
Heizmedium: Wasser
Norm-Nutzungsgrad bei 40 / 30°C: **102 / über 108**% (bezogen auf den unteren Heizwert)

| 3.267 € | 4.663 € | **5.096** € | 5.528 € | 6.576 € | [St] | ⏱ 3,80 h/St | 340.000.055 |

4 Gas-Brennwerttherme, Wand, 25 bis 50kW KG **421**

Wie Ausführungsbeschreibung A 1
Kesselkörper: **Edelstahl / Aluminium**
Erdgas: **E / L / Flüssiggas / Bioerdgas**
Wärmeleistung: 25-50 kW, modulierend 30-100%
Auslegungsvorlauftemperatur: **bis 75 / 85**°C
Max. zulässiger Betriebsdruck: **4 / 6 / 10** bar
Heizmedium: Wasser
Norm-Nutzungsgrad bei 40 / 30°C: **102 / über 108**% (bezogen auf den unteren Heizwert)

| 3.781 € | 4.976 € | **5.395** € | 6.630 € | 7.508 € | [St] | ⏱ 4,10 h/St | 340.000.063 |

LB 340
Wärmeversorgungsanlagen
- Betriebseinrichtungen

Kosten:
Stand 4.Quartal 2021
Bundesdurchschnitt

Nr.	Kurztext / Langtext					Kostengruppe
▶ ▷	ø netto € ◁ ◀			[Einheit]	Ausf.-Dauer	Positionsnummer

A 2   Gas-Niedertemperaturkessel
Beschreibung für Pos. 5-7

Niedertemperatur-Heizkessel, für geschlossene Heizungsanlage, für stehende Montage, einschl. sicherheitstechnischer Einrichtungen, mit MSR in digitaler Ausführung; einschl. interner Verdrahtung.
Kesselkörperabmessung: .....
Gesamtabmessungen: ..... (mit Kesselregulierung)
Gesamtgewicht: ..... kg
Betriebsmittel: Erdgas

5   Gas-Niedertemperaturkessel, bis 25kW   KG **421**
Wie Ausführungsbeschreibung A 2
Kesselkörper: **Stahl / Guss**
Erdgas: **E / L / Flüssiggas / Bioerdgas**
Wärmeleistung: bis 25 kW, zweistufig 50% / 100%
Auslegungsvorlauftemperatur: bis 110°C
Auslegungsrücklauftemperatur: **bis 45 / 60**°C
Max. zulässiger Betriebsdruck: **4 / 6 / 10** bar
Heizmedium: Wasser
Norm-Nutzungsgrad bei 75 / 60°C: **96 / 98**% (bezogen auf den unteren Heizwert)
3.424€   4.102€   **4.321**€   4.606€   5.689€   [St]   ⏱ 4,20 h/St   340.000.056

6   Gas-Niedertemperaturkessel, 25 bis 50kW   KG **421**
Wie Ausführungsbeschreibung A 2
Kesselkörper: **Stahl / Guss**
Erdgas: **E / L / Flüssiggas / Bioerdgas**
Wärmeleistung: 25-50 kW, zweistufig 50% / 100%
Auslegungsvorlauftemperatur: bis 110°C
Auslegungsrücklauftemperatur: **bis 45 / 60**°C
Max. zulässiger Betriebsdruck: **4 / 6 / 10** bar
Heizmedium: Wasser
Norm-Nutzungsgrad bei 75 / 60°C: **96 / 98**% (bezogen auf den unteren Heizwert)
3.643€   4.212€   **5.196**€   5.809€   6.870€   [St]   ⏱ 6,40 h/St   340.000.064

7   Gas-Niedertemperaturkessel, 50 bis 70kW   KG **421**
Wie Ausführungsbeschreibung A 2
Kesselkörper: **Stahl / Guss**
Erdgas: **E / L / Flüssiggas / Bioerdgas**
Wärmeleistung: 50-70 kW, zweistufig 50% / 100%
Auslegungsvorlauftemperatur: bis 110°C
Auslegungsrücklauftemperatur: **bis 45 / 60**°C
Max. zulässiger Betriebsdruck: **4 / 6 / 10** bar
Heizmedium: Wasser
Norm-Nutzungsgrad bei 75 / 60°C: **96 / 98**% (bezogen auf den unteren Heizwert)
3.982€   4.540€   **5.962**€   6.465€   7.855€   [St]   ⏱ 8,40 h/St   340.000.065

▶ min
▷ von
ø Mittel
◁ bis
◀ max

Nr.	Kurztext / Langtext						Kostengruppe	
▶	▷	**ø netto €**	◁	◀	[Einheit]	Ausf.-Dauer	Positionsnummer	

A 3   Gas-Brennwertkessel   Beschreibung für Pos. **8-13**

Gas-Brennwertkessel für geschlossene Heizungsanlagen; für den Betrieb mit gleitend abgesenkter Kesselwasser-Temperatur ohne untere Begrenzung, modulierender Brenner, mit Edelstahl-Heizflächen. Alle abgasberührten Teile, wie Brennkammer, Nachschaltheizflächen und Abgassammelkasten, aus Edelstahl. Kesselkörper allseitig wärmegedämmt, Ummantelung aus Stahlblech, epoxidharzbeschichtet. Kessel mit schwenkbarer Kesseltür, einschl. Erdgas-Unit-Brenner, Reinigungsdeckel am Abgassammelkasten, Gegenflanschen mit Schrauben und Dichtungen an allen Stutzen, Wärmedämmung, Brennkammerschauglas. inkl. elektronischer Kesselkreisregelung, komplett mit allen Fühlern, Thermostaten und dem Sicherheitstemperaturbegrenzer.

8   Gas-Brennwertkessel, bis 25kW   KG **421**
Wie Ausführungsbeschreibung A 3
Kesselkörperabmessung: .....
Gesamtabmessungen: ..... (mit Kesselregulierung)
Gewicht komplett mit Wärmedämmung ..... kg
Kesselkörper: .....
Erdgas: **E / L / Flüssiggas / Bioerdgas**
Max. Nennwärmeleistung: ..... kW
Feuerungst. Wirkungsgrad: bis 108%
Abgasseitiger Widerstand: ..... mbar
Zul. Vorlauftemperatur: bis **90 / 100**°C
Max. zulässiger Betriebsdruck: **4 / 6 / 10** bar
Wasserinhalt: . Liter
Abgasrohr, lichte Weite: ..... mm

▶	▷	ø netto €	◁	◀	[Einheit]	Ausf.-Dauer	Positionsnummer
3.415 €	5.120 €	**5.398 €**	5.897 €	7.401 €	[St]	5,00 h/St	340.000.074

9   Gas-Brennwertkessel, 25 bis 50kW   KG **421**
Wie Ausführungsbeschreibung A 3
Kesselkörperabmessung: .....
Gesamtabmessungen: ..... (mit Kesselregulierung)
Gewicht komplett mit Wärmedämmung ..... kg
Kesselkörper: .....
Erdgas: **E / L / Flüssiggas / Bioerdgas**
Max. Nennwärmeleistung: ..... kW
Feuerungst. Wirkungsgrad: bis 108%
Abgasseitiger Widerstand: ..... mbar
Zul. Vorlauftemperatur: bis **90 / 100**°C
Max. zulässiger Betriebsdruck: **4 / 6 / 10** bar
Wasserinhalt: ..... Liter
Abgasrohr, lichte Weite: ..... mm

▶	▷	ø netto €	◁	◀	[Einheit]	Ausf.-Dauer	Positionsnummer
3.544 €	5.087 €	**5.962 €**	6.695 €	7.745 €	[St]	5,30 h/St	340.000.075

LB 340
Wärmeversorgungs-anlagen
- Betriebs-einrichtungen

Kosten:
Stand 4.Quartal 2021
Bundesdurchschnitt

▶ min
▷ von
ø Mittel
◁ bis
◀ max

Nr.	Kurztext / Langtext	[Einheit]	Ausf.-Dauer	Kostengruppe Positionsnummer
▶ ▷	ø netto € ◁ ◀			

10 **Gas-Brennwertkessel, 50 bis 70kW** — KG **421**
Wie Ausführungsbeschreibung A 3
Kesselkörperabmessung: .....
Gesamtabmessungen: ..... (mit Kesselregulierung)
Gewicht komplett mit Wärmedämmung ..... kg
Kesselkörper: .....
Erdgas: **E / L / Flüssiggas / Bioerdgas**
Max. Nennwärmeleistung: ..... kW
Feuerungst. Wirkungsgrad: bis 108%
Abgasseitiger Widerstand: ..... mbar
Zul. Vorlauftemperatur: bis **90 / 100**°C
Max. zulässiger Betriebsdruck: **4 / 6 / 10** bar
Wasserinhalt: ..... Liter
Abgasrohr, lichte Weite: ..... mm
4.638€ 5.306€ **8.248€** 9.419€ 10.042€   [St]   ⏱ 5,50 h/St   340.000.076

11 **Gas-Brennwertkessel, 70 bis 150kW** — KG **421**
Wie Ausführungsbeschreibung A 3
Kesselkörperabmessung: .....
Gesamtabmessungen: ..... (mit Kesselregulierung)
Gewicht komplett mit Wärmedämmung ..... kg
Kesselkörper: .....
Erdgas: **E / L / Flüssiggas / Bioerdgas**
Max. Nennwärmeleistung: ..... kW
Feuerungst. Wirkungsgrad: bis 108%
Abgasseitiger Widerstand: ..... mbar
Zul. Vorlauftemperatur: bis **90 / 100**°C
Max. zulässiger Betriebsdruck: **4 / 6 / 10** bar
Wasserinhalt: ..... Liter
Abgasrohr, lichte Weite: ..... mm
7.720€ 9.723€ **10.577€** 13.222€ 17.150€   [St]   ⏱ 5,80 h/St   340.000.066

12 **Gas-Brennwertkessel, 150 bis 225kW** — KG **421**
Wie Ausführungsbeschreibung A 3
Kesselkörperabmessung: .....
Gesamtabmessungen: ..... (mit Kesselregulierung)
Gewicht komplett mit Wärmedämmung ..... kg
Kesselkörper: .....
Erdgas: **E / L / Flüssiggas / Bioerdgas**
Max. Nennwärmeleistung: ..... kW
Feuerungst. Wirkungsgrad: bis 108%
Abgasseitiger Widerstand: ..... mbar
Zul. Vorlauftemperatur: bis **90 / 100**°C
Max. zulässiger Betriebsdruck: **4 / 6 / 10** bar
Wasserinhalt: ..... Liter
Abgasrohr, lichte Weite: ..... mm
10.844€ 13.087€ **13.598€** 16.353€ 19.540€   [St]   ⏱ 6,70 h/St   340.000.067

Nr.	Kurztext / Langtext							Kostengruppe
▶	▷	ø netto €	◁	◀		[Einheit]	Ausf.-Dauer	Positionsnummer

13 Gas-Brennwertkessel, 225 bis 400kW KG **421**

Wie Ausführungsbeschreibung A 3
Kesselkörperabmessung: .....
Gesamtabmessungen: ..... (mit Kesselregulierung)
Gewicht komplett mit Wärmedämmung ..... kg
Kesselkörper: .....
Erdgas: **E / L / Flüssiggas / Bioerdgas**
Max. Nennwärmeleistung: ..... kW
Feuerungst. Wirkungsgrad: bis 108%
Abgasseitiger Widerstand: ..... mbar
Zul. Vorlauftemperatur: bis **90 / 100**°C
Max. zulässiger Betriebsdruck: **4 / 6 / 10** bar
Wasserinhalt: ..... Liter
Abgasrohr, lichte Weite: ..... mm

12.595€   17.341€   **21.040**€   23.648€   32.575€   [St]   ⏱ 8,00 h/St   340.000.068

A 4 Heizöltank, stehend Beschreibung für Pos. **14-15**

Heizöllagerbehälter in stehender Ausführung, für oberirdische Lagerung im Gebäude. Leckschutzauskleidung mit Bauartzulassung. Überwachung mit Vakuum. Eventueller Zusatz: Heizölauffangbehälter, Entlüftungsleitung, Füllleitung, Entlüftungshaube, Grenzwertgeber, Tankinhaltsanzeiger, Tankeinbaugarnitur, Sicherheitsrohr, Doppelpumpenaggregat, Absperrkombination, Filterkombination, Schnellschlussventile, Kugelhähne, Motor- und Schutzschalter, Elektroleitungen, Bezeichnungsschilder, Doppelkugel-Fußventil.

14 Heizöltank, stehend, 3.000 Liter KG **421**

Wie Ausführungsbeschreibung A 4
Material Behälter: **Stahl / GFK**
Brutto-Lagervolumen: 3.000 Liter
Abmessung: .....
Einbringung: **am Stück / geteilt**, mit Unterstützungskonstruktion

2.313€   2.446€   **2.877**€   3.497€   4.287€   [St]   ⏱ 2,20 h/St   340.000.058

15 Heizöltank, stehend, 5.000 Liter KG **421**

Wie Ausführungsbeschreibung A 4
Material Behälter: **Stahl / GFK**
Brutto-Lagervolumen: 5.000 Liter
Abmessung: .....
Einbringung: **am Stück / geteilt**, mit Unterstützungskonstruktion

2.680€   3.008€   **3.829**€   4.376€   6.345€   [St]   ⏱ 2,50 h/St   340.000.077

LB 340
Wärmeversorgungs-
anlagen
- Betriebs-
einrichtungen

Nr.	Kurztext / Langtext				[Einheit]	Ausf.-Dauer	Kostengruppe Positionsnummer
▶	▷	ø netto €	◁	◀			

A 5 Holz/Pellet-Heizkessel *Beschreibung für Pos.* **16-18**

Heizkessel für geschlossene Warmwasserheizungsanlagen für Festbrennstoff zur Erzeugung von Warmwasser. Kesselkörper aus Metall, für stehende Montage, einschl. sicherheitstechnischer Einrichtungen. Anschluss-stutzen für Vor-, Rücklauf, Entlüftung, Füllung, Entleerung. Mit CE-Registrierung und Bauartzulassung.

16 Holz/Pellet-Heizkessel, bis 25kW **KG 421**
Wie Ausführungsbeschreibung A 5
Kesselkörper: **Stahl / Guss**
Brennstoff: **Stückholz / Pellets DIN EN ISO 17225-2**
Wärmeleistung: ..... kW
Auslegungsvorlauftemperatur: bis 110°C
Max. zulässiger Betriebsdruck: **6 / 10 / 16 / 25** bar
Heizmedium: Wasser
Norm-Nutzungsgrad: bei **75 / 60**°C: **92 / 94**% (bezogen auf den unteren Heizwert)
Abmessungen Kesselkörper: Länge ..... mm, Breite: ..... mm, Höhe: ..... mm
Gesamtabmessungen: Länge ..... mm, Breite (mit Kesselregulierung) ..... mm, Höhe: ..... mm
Gewicht komplett mit Wärmedämmung: ..... kg
Wasserinhalt: ..... Liter
10.039€ 11.359€ **11.877**€ 13.037€ 14.708€   [St]   ⏱ 5,00 h/St   340.000.059

17 Holz/Pellet-Heizkessel, 25 bis 50kW **KG 421**
Wie Ausführungsbeschreibung A 5
Kesselkörper: **Stahl / Guss**
Brennstoff: **Stückholz / Pellets DIN EN ISO 17225-2**
Wärmeleistung: ..... kW
Auslegungsvorlauftemperatur: bis 110°C
Max. zulässiger Betriebsdruck: **6 / 10 / 16 / 25** bar
Heizmedium: Wasser
Norm-Nutzungsgrad: bei **75 / 60**°C: **92 / 94**% (bezogen auf den unteren Heizwert)
Abmessungen Kesselkörper: Länge ..... mm, Breite: ..... mm, Höhe: ..... mm
Gesamtabmessungen: Länge ..... mm, Breite (mit Kesselregulierung) ..... mm, Höhe: ..... mm
Gewicht komplett mit Wärmedämmung: ..... kg
Wasserinhalt: ..... Liter
10.493€ 13.048€ **15.551**€ 16.838€ 19.024€   [St]   ⏱ 5,20 h/St   340.000.071

18 Holz/Pellet-Heizkessel, 50 bis 120kW **KG 421**
Wie Ausführungsbeschreibung A 5
Kesselkörper: **Stahl / Guss**
Brennstoff: **Stückholz / Pellets DIN EN ISO 17225-2**
Wärmeleistung: ..... kW
Auslegungsvorlauftemperatur: bis 110°C
Max. zulässiger Betriebsdruck: **6 / 10 / 16 / 25** bar
Heizmedium: Wasser
Norm-Nutzungsgrad: bei **75 / 60**°C: **92 / 94**% (bezogen auf den unteren Heizwert)
Abmessungen Kesselkörper: Länge ..... mm, Breite: ..... mm, Höhe: ..... mm
Gesamtabmessungen: Länge ..... mm, Breite (mit Kesselregulierung) ..... mm, Höhe: ..... mm
Gewicht komplett mit Wärmedämmung: ..... kg
Wasserinhalt: ..... Liter
18.176€ 24.720€ **27.614**€ 27.668€ 37.709€   [St]   ⏱ 6,00 h/St   340.000.072

Kosten:
Stand 4.Quartal 2021
Bundesdurchschnitt

▶ min
▷ von
ø Mittel
◁ bis
◀ max

Nr.	Kurztext / Langtext					Kostengruppe	
▶	▷	ø netto €	◁	◀	[Einheit]	Ausf.-Dauer	Positionsnummer

19 Pellet-Fördersystem, Förderschnecke   KG **421**

Beschickungssystem für Pelletfeuerungen als Förderschnecke mit Antrieb und Steuerung. Lagerboden-schnecke mit ziehendem Antrieb und Übergabetrichter für Beschickung des Kessels mit Brennstoff. Antriebs-einheit mit Stirnradgetriebemotor. Auswurf mit Revisionsdeckel, Sicherheitsendschalter und Fallrohr/Adapter zur nachfolgenden Fördereinrichtung. Schnecke und Kanal aus Stahl geschweißt. Rohrförderschnecke für Pellets, Steigungswinkel bis 65°. Ziehender Antrieb mit Auswurf über einer Fallstrecke. Der Antrieb erfolgt über Stirnradgetriebemotor. Steuerung im Schaltkasten vorverkabelt.

Lagerbodenschnecke: ..... m
Schneckendurchmesser: ..... mm
waagerechte Länge: ..... m
Durchmesser Förderschnecke: max. 120 mm
Länge der Rohrförderschnecke: ..... m
Max. Förderkapazität: ..... kg/h
Anschluss 230 V 50 Hz: 0,5 kW

2.016 €   2.725 €   **2.908** €   3.483 €   4.192 €   [St]   ⏱ 0,60 h/St   340.000.073

A 6 Flach-Solarkollektoranlage, thermisch   Beschreibung für Pos. **20-22**

Flachkollektor für Heizung in Aufdachmontage mit konstruktiver Verankerung sowie systembedingten Befestigungsmitteln und gedämmter Solarpumpenregelgruppe. Module mit korrosions- und witterungs-beständigem Rahmen und mit hochselektiver Vakuumbeschichtung, rückseitig hochtemperaturbeständige Wärmeschutzdämmung, mit durchgehender Wanne, hochtransparentes, gehärtetes Solarsicherheitsglas, mit Bauartzulassung, 2 Fühlerhülsen für Fühler. Leistung einschl. Anschlussfitting für Kupferrohr sowie sämtlicher Verbindungs- und Dichtungsmaterialien und ca. 40m fertigisolierter Solaranschlussleitungen mit Dachdurch-führungen und Frostschutz-Befüllung.

20 Flach-Solarkollektoranlage, thermisch, bis 10m²   KG **421**

Wie Ausführungsbeschreibung A 6
Frostschutz-Befüllung (Menge, Art und Mischungsverhältnis): .....
Kollektor-Neigungswinkel: min/max 15-75°
Mindest-Ertrag: 500 kWh/(m²a) gem. Prüfverfahren nach EN12975-2
Maximaler Betriebsdruck: 10 bar
Aperturfläche: bis 10 m²
Ausführung gem. nachfolgender Einzelbeschreibung: .....

5.894 €   7.944 €   **8.542** €   10.934 €   11.788 €   [St]   ⏱ 4,90 h/St   340.000.060

21 Flach-Solarkollektoranlage, thermisch, 10 bis 20m²   KG **421**

Wie Ausführungsbeschreibung A 6
Frostschutz-Befüllung (Menge, Art und Mischungsverhältnis): .....
Kollektor-Neigungswinkel: min/max 15-75°
Mindest-Ertrag: 500 kWh/(m²a) gem. Prüfverfahren nach EN12975-2
Maximaler Betriebsdruck: 10 bar
Aperturfläche: 10 bis 20 m²
Ausführung gem. nachfolgender Einzelbeschreibung: .....

8.401 €   10.968 €   **11.668** €   14.701 €   15.518 €   [St]   ⏱ 5,80 h/St   340.000.061

LB 340
Wärmeversorgungs-anlagen
- Betriebs-einrichtungen

Nr.	Kurztext / Langtext				[Einheit]	Ausf.-Dauer	Kostengruppe Positionsnummer
▶	▷	ø netto €	◁	◀			

22 **Flach-Solarkollektoranlage, thermisch, 20 bis 30m²** KG **421**
Wie Ausführungsbeschreibung A 6
Frostschutz-Befüllung (Menge, Art und Mischungsverhältnis): .....
Kollektor-Neigungswinkel: min/max 15-75°
Mindest-Ertrag: 500 kWh/(m²a) gem. Prüfverfahren nach EN12975-2
Maximaler Betriebsdruck: 10 bar
Aperturfläche: 20 bis 30 m²
Ausführung gem. nachfolgender Einzelbeschreibung: .....
12.110€ 16.629€ **18.075**€ 22.051€ 23.497€   [St]   ⏱ 7,00 h/St   340.000.062

Kosten:
Stand 4.Quartal 2021
Bundesdurchschnitt

▶ min
▷ von
ø Mittel
◁ bis
◀ max

LB 341 Wärmeversorgungsanlagen - Leitungen, Armaturen, Heizflächen

Kosten: Stand 4.Quartal 2021, Bundesdurchschnitt

Legende:
- ▶ min
- ▷ von
- ø Mittel
- ◁ bis
- ◀ max

Preise €

Nr.	Positionen	Einheit	▶	▷ ø brutto € / ø netto €		◁	◀
1	Röhrenradiator ausbauen, bis 50kg	St	18 / 15	24 / 20	**28** / **24**	32 / 27	39 / 33
2	Röhrenradiator ausbauen, 50-100kg	St	31 / 26	58 / 48	**66** / **56**	74 / 62	96 / 81
3	Flachheizkörper ausbauen, bis 50kg	St	14 / 12	20 / 17	**24** / **20**	27 / 23	51 / 43
4	Gewinderohrleitung, ausbauen, DN15-25	m	4 / 3	6 / 5	**7** / **6**	8 / 7	16 / 13
5	Gewinderohrleitung, ausbauen, DN65-100	m	5 / 5	13 / 11	**15** / **13**	18 / 15	23 / 20
6	Kupferrohrleitung, ausbauen, 18-22mm	m	4 / 3	4 / 4	**5** / **4**	6 / 5	7 / 6
7	Heizkörper ausbauen/wiedermontieren	St	31 / 26	40 / 33	**48** / **41**	64 / 54	80 / 67
8	Rohrleitung, C-Stahlrohr, DN10	m	11 / 9,4	15 / 13	**16** / **14**	18 / 15	22 / 19
9	Rohrleitung, C-Stahlrohr, DN12	m	12 / 9,7	16 / 13	**18** / **15**	20 / 17	24 / 20
10	Rohrleitung, C-Stahlrohr, DN15	m	12 / 10	19 / 16	**22** / **18**	24 / 20	29 / 24
11	Rohrleitung, C-Stahlrohr, DN20	m	18 / 15	22 / 19	**24** / **21**	27 / 23	33 / 27
12	Rohrleitung, C-Stahlrohr, DN25	m	23 / 19	27 / 22	**29** / **24**	33 / 28	40 / 34
13	Rohrleitung, C-Stahlrohr, DN32	m	27 / 22	33 / 28	**35** / **29**	38 / 32	47 / 39
14	Rohrleitung, C-Stahlrohr, DN40	m	27 / 23	41 / 34	**46** / **39**	53 / 44	63 / 53
15	Rohrleitung, C-Stahlrohr, DN50	m	38 / 32	49 / 41	**52** / **44**	60 / 50	70 / 59
16	Rohrleitung, C-Stahlrohr, DN65	m	51 / 43	60 / 50	**64** / **53**	69 / 58	81 / 68
17	Kompaktheizkörper, Stahl, H=500, L=bis 700	St	169 / 142	186 / 156	**205** / **172**	243 / 205	313 / 263
18	Kompaktheizkörper, Stahl, H=500, L=700-1.400	St	316 / 265	345 / 290	**367** / **309**	470 / 395	567 / 476
19	Kompaktheizkörper, Stahl, H=500, L=1.400-2.100	St	433 / 364	479 / 403	**527** / **443**	577 / 485	742 / 623
20	Kompaktheizkörper, Stahl, H=600, L=bis700	St	195 / 164	210 / 177	**238** / **200**	319 / 268	413 / 347
21	Kompaktheizkörper, Stahl, H=600, L=700-1.400	St	347 / 292	376 / 316	**433** / **364**	522 / 439	606 / 509
22	Kompaktheizkörper, Stahl, H=600, L=1.400-2.100	St	451 / 379	506 / 426	**549** / **461**	652 / 548	771 / 648
23	Kompaktheizkörper, Stahl, H=900, L=bis 700	St	257 / 216	284 / 238	**311** / **262**	388 / 326	478 / 402

© BKI Baukosteninformationszentrum Kostenstand: 4.Quartal 2021, Bundesdurchschnitt

Wärmeversorgungsanlagen - Leitungen, Armaturen, Heizflächen — Preise €

Nr.	Positionen	Einheit	▶	▷ ø brutto € ø netto €	◁	◀
24	Kompaktheizkörper, Stahl, H=900, L=700-1.400	St	416 / 350	474 / 398	**506** / **425**	656 / 551	789 / 663
25	Kompaktheizkörper, Stahl, H=900, L=1.400-2.100	St	607 / 510	649 / 545	**714** / **600**	798 / 671	971 / 816

Nr.	Kurztext / Langtext					Kostengruppe
▶	▷ ø netto € ◁ ◀	[Einheit]	Ausf.-Dauer	Positionsnummer

1   Röhrenradiator ausbauen, bis 50kg — KG **494**
Röhrenradiator entleeren, ausbauen und anfallenden Bauschutt entsorgen, einschl. Verschließen der Anschlussleitung.
Größe: bis 50 kg

15€   20€   **24**€   27€   33€   [St]   ⏱ 0,55 h/St   341.000.060

2   Röhrenradiator ausbauen, 50-100kg — KG **494**
Röhrenradiator entleeren, ausbauen und anfallenden Bauschutt entsorgen, einschl. Verschließen der Anschlussleitung
Größe: 50-100 kg

26€   48€   **56**€   62€   81€   [St]   ⏱ 0,80 h/St   341.000.061

3   Flachheizkörper ausbauen, bis 50kg — KG **494**
Flachheizkörper entleeren, ausbauen und anfallenden Bauschutt entsorgen, einschl. Verschließen der Anschlussleitung.
Größe: bis 50 kg

12€   17€   **20**€   23€   43€   [St]   ⏱ 0,50 h/St   341.000.062

4   Gewinderohrleitung, ausbauen, DN15-25 — KG **494**
Entleerte Gewinderohrleitung einschl. Befestigung ausbauen und anfallenden Bauschutt entsorgen, einschl. Verschließen der Anschlussleitung.
Durchmesser: DN15-25
Material: ......

3€   5€   **6**€   7€   13€   [m]   ⏱ 0,15 h/m   341.000.063

5   Gewinderohrleitung, ausbauen, DN65-100 — KG **494**
Entleerte Gewinderohrleitung, einschl. Befestigung ausbauen und anfallenden Bauschutt entsorgen, einschl. Verschließen der Anschlussleitung.
Durchmesser: DN65-100
Material: .....

5€   11€   **13**€   15€   20€   [m]   ⏱ 0,33 h/m   341.000.064

6   Kupferrohrleitung, ausbauen, 18-22mm — KG **494**
Entleerte Kupferrohrleitung, einschl. Befestigung ausbauen und anfallenden Bauschutt entsorgen, einschl. Verschließen der Anschlussleitung.
Durchmesser: 18-22 mm

3€   4€   **4**€   5€   6€   [m]   ⏱ 0,18 h/m   341.000.065

© **BKI** Baukosteninformationszentrum

LB 341
Wärmeversorgungs-anlagen
- Leitungen, Armaturen, Heizflächen

Kosten:
Stand 4.Quartal 2021
Bundesdurchschnitt

▶ min
▷ von
ø Mittel
◁ bis
◀ max

Nr.	Kurztext / Langtext					[Einheit]	Ausf.-Dauer	Kostengruppe Positionsnummer
▶	▷	ø netto €	◁	◀				

7 Heizkörper ausbauen/wiedermontieren — KG **423**
Heizkörper nach Aufforderung der Bauleitung einmal geschlossen ausbauen und wieder geschlossen montieren.
Heizkörper: **Röhren- / Plattenheizkörper / Konvektor**
Einheit: Stück
Förderweg: .....
Lagerstelle: .....

| 26€ | 33€ | **41€** | 54€ | 67€ | [St] | ⏱ 1,00 h/St | 341.000.078 |

A 1 Rohrleitung, C-Stahlrohr — Beschreibung für Pos. **8-16**
Rohrleitung in Stangen, geschweißte Ausführung, Rohre außen grundiert mit Kunststoffmantel aus Polypropylen, einschl. Fittings, Materialwechsel bei Armaturen etc. bis DN50, falls nicht separat aufgeführt.

8 Rohrleitung, C-Stahlrohr, DN10 — KG **422**
Wie Ausführungsbeschreibung A 1
C-Stahlrohr: .....
Werkstoff: RSt. 34-2
Farbe: **..... / cremeweiß RAL 9001**
Nennweite: 12 x 1,2 mm

| 9€ | 13€ | **14€** | 15€ | 19€ | [m] | ⏱ 0,13 h/m | 341.000.089 |

9 Rohrleitung, C-Stahlrohr, DN12 — KG **422**
Wie Ausführungsbeschreibung A 1
C-Stahlrohr: .....
Werkstoff: RSt. 34-2
Farbe: **..... / cremeweiß RAL 9001**
Nennweite: 15 x 1,2 mm

| 10€ | 13€ | **15€** | 17€ | 20€ | [m] | ⏱ 0,15 h/m | 341.000.090 |

10 Rohrleitung, C-Stahlrohr, DN15 — KG **422**
Wie Ausführungsbeschreibung A 1
C-Stahlrohr: .....
Werkstoff: RSt. 34-2
Farbe: **..... / cremeweiß RAL 9001**
Nennweite: 18 x 1,2 mm

| 10€ | 16€ | **18€** | 20€ | 24€ | [m] | ⏱ 0,18 h/m | 341.000.075 |

11 Rohrleitung, C-Stahlrohr, DN20 — KG **422**
Wie Ausführungsbeschreibung A 1
C-Stahlrohr: .....
Werkstoff: RSt. 34-2
Farbe: **..... / cremeweiß RAL 9001**
Nennweite: 22 x 1,5 mm

| 15€ | 19€ | **21€** | 23€ | 27€ | [m] | ⏱ 0,22 h/m | 341.000.074 |

Nr.	Kurztext / Langtext				[Einheit]	Ausf.-Dauer	Kostengruppe Positionsnummer
▶	▷ ø netto € ◁ ◀						

12 Rohrleitung, C-Stahlrohr, DN25 KG **422**
Wie Ausführungsbeschreibung A 1
C-Stahlrohr: .....
Werkstoff: RSt. 34-2
Farbe: **..... / cremeweiß RAL 9001**
Nennweite: 28 x 1,5 mm

| 19€ | 22€ | **24**€ | 28€ | 34€ | [m] | ⏱ 0,25 h/m | 341.000.073 |

13 Rohrleitung, C-Stahlrohr, DN32 KG **422**
Wie Ausführungsbeschreibung A 1
C-Stahlrohr: .....
Werkstoff: RSt. 34-2
Farbe: **..... / cremeweiß RAL 9001**
Nennweite: 35 x 1,5 mm

| 22€ | 28€ | **29**€ | 32€ | 39€ | [m] | ⏱ 0,28 h/m | 341.000.072 |

14 Rohrleitung, C-Stahlrohr, DN40 KG **422**
Wie Ausführungsbeschreibung A 1
C-Stahlrohr: .....
Werkstoff: RSt. 34-2
Farbe: **..... / cremeweiß RAL 9001**
Nennweite: 42 x 1,5 mm

| 23€ | 34€ | **39**€ | 44€ | 53€ | [m] | ⏱ 0,33 h/m | 341.000.071 |

15 Rohrleitung, C-Stahlrohr, DN50 KG **422**
Wie Ausführungsbeschreibung A 1
C-Stahlrohr: .....
Werkstoff: RSt. 34-2
Farbe: **..... / cremeweiß RAL 9001**
Nennweite: 54 x 1,5 mm

| 32€ | 41€ | **44**€ | 50€ | 59€ | [m] | ⏱ 0,36 h/m | 341.000.070 |

16 Rohrleitung, C-Stahlrohr, DN65 KG **422**
Wie Ausführungsbeschreibung A 1
C-Stahlrohr: .....
Werkstoff: RSt. 34-2
Farbe: **..... / cremeweiß RAL 9001**
Nennweite: 76,1 x 2,0 mm

| 43€ | 50€ | **53**€ | 58€ | 68€ | [m] | ⏱ 0,39 h/m | 341.000.091 |

LB 341
Wärmeversorgungs-anlagen
- Leitungen, Armaturen, Heizflächen

Kosten:
Stand 4.Quartal 2021
Bundesdurchschnitt

▶ min
▷ von
ø Mittel
◁ bis
◀ max

Nr.	Kurztext / Langtext					Kostengruppe	
▶	▷ ø netto € ◁ ◀				[Einheit]	Ausf.-Dauer	Positionsnummer

A 2 **Kompaktheizkörper, Stahl** Beschreibung für Pos. **17-25**

Kompaktheizkörper als Plattenheizkörper, Sickenteilung 33 1/3mm. Übergreifende obere Abdeckung und geschlossene seitliche Blenden. Zweischichtlackierung, lösungsmittelfrei im Heizbetrieb, entfettet, eisenphosphoriert, grundiert mit kathodischem Elektrotauchlack und elektrostatisch pulverbeschichtet, Rückseite mit vier Befestigungslaschen (ab Baulänge 1.800mm = 6St). Einschl. Montageset, bestehend aus Bohrkonsolen, Abstandshalter und Sicherungsbügel zur Befestigung sowie Blind- und Entlüftungsstopfen. Mit Lieferung, Montage sowie Montagezubehör, einschl. Einschraubventil mit Voreinstellung.

17 **Kompaktheizkörper, Stahl, H=500, L=bis 700** KG **423**

Wie Ausführungsbeschreibung A 2
Material: Stahlblech St. 12.03
Blechstärke: 1,25 mm
Farbe: weiß
Anschlüsse: G 1/2 **vertikal links / rechts**
Betriebsdruck: max. **4 / 6 / 10** bar
Medium: Heißwasser bis **110 / 120**°C
Bautiefe: ..... mm
Bauhöhe: 500 mm
Baulänge: bis 700 mm
Fabrikat: .....
Typ: .....
Normwärmeabgabe: ..... W/m

142€   156€   **172**€   205€   263€   [St]   ⏱ 1,00 h/St   341.000.080

18 **Kompaktheizkörper, Stahl, H=500, L=700-1.400** KG **423**

Wie Ausführungsbeschreibung A 2
Material: Stahlblech St. 12.03
Blechstärke: 1,25 mm
Farbe: weiß
Anschlüsse: G 1/2 **vertikal links / rechts**
Betriebsdruck: max. **4 / 6 / 10** bar
Medium: Heißwasser bis **110 / 120**°C
Bautiefe: ..... mm
Bauhöhe: 500 mm
Baulänge: 701-1.400 mm
Fabrikat: .....
Typ: .....
Normwärmeabgabe: ..... W/m

265€   290€   **309**€   395€   476€   [St]   ⏱ 1,10 h/St   341.000.081

Nr.	Kurztext / Langtext				[Einheit]	Ausf.-Dauer	Kostengruppe Positionsnummer
▶	▷	ø netto €	◁	◀			

19 Kompaktheizkörper, Stahl, H=500, L=1.400-2.100 KG **423**
Wie Ausführungsbeschreibung A 2
Material: Stahlblech St. 12.03
Blechstärke: 1,25 mm
Farbe: weiß
Anschlüsse: G 1/2 **vertikal links / rechts**
Betriebsdruck: max. **4 / 6 / 10** bar
Medium: Heißwasser bis **110 / 120**°C
Bautiefe: ..... mm
Bauhöhe: 500 mm
Baulänge: 1.401-2.100 mm
Fabrikat: .....
Typ: .....
Normwärmeabgabe: ..... W/m

| 364€ | 403€ | **443**€ | 485€ | 623€ | [St] | ⏱ 1,30 h/St | 341.000.082 |

20 Kompaktheizkörper, Stahl, H=600, L=bis 700 KG **423**
Wie Ausführungsbeschreibung A 2
Material: Stahlblech St. 12.03
Blechstärke: 1,25 mm
Farbe: weiß
Anschlüsse: G 1/2 **vertikal links / rechts**
Betriebsdruck: max. **4 / 6 / 10** bar
Medium: Heißwasser bis **110 / 120**°C
Bautiefe: ..... mm
Bauhöhe: 600 mm
Baulänge: bis 700 mm
Fabrikat: .....
Typ: .....
Normwärmeabgabe: ..... W/m

| 164€ | 177€ | **200**€ | 268€ | 347€ | [St] | ⏱ 1,00 h/St | 341.000.083 |

21 Kompaktheizkörper, Stahl, H=600, L=700-1.400 KG **423**
Wie Ausführungsbeschreibung A 2
Material: Stahlblech St. 12.03
Blechstärke: 1,25 mm
Farbe: weiß
Anschlüsse: G 1/2 **vertikal links / rechts**
Betriebsdruck: max. **4 / 6 / 10** bar
Medium: Heißwasser bis **110 / 120**°C
Bautiefe: ..... mm
Bauhöhe: 600 mm
Baulänge: 701-1.400 mm
Fabrikat: .....
Typ: .....
Normwärmeabgabe: ..... W/m

| 292€ | 316€ | **364**€ | 439€ | 509€ | [St] | ⏱ 1,10 h/St | 341.000.084 |

**LB 341
Wärmeversorgungs-
anlagen
- Leitungen,
Armaturen,
Heizflächen**

Kosten:
Stand 4.Quartal 2021
Bundesdurchschnitt

▶ min
▷ von
ø Mittel
◁ bis
◀ max

Nr.	Kurztext / Langtext				[Einheit]	Ausf.-Dauer	Kostengruppe Positionsnummer
▶	▷	ø netto €	◁	◀			

22 Kompaktheizkörper, Stahl, H=600, L=1.400-2.100 KG **423**
Wie Ausführungsbeschreibung A 2
Material: Stahlblech St. 12.03
Blechstärke: 1,25 mm
Farbe: weiß
Anschlüsse: G 1/2 **vertikal links / rechts**
Betriebsdruck: max. **4 / 6 / 10** bar
Medium: Heißwasser bis **110 / 120**°C
Bautiefe: ..... mm
Bauhöhe: 600 mm
Baulänge: 1.401-2.100 mm
Fabrikat: .....
Typ: .....
Normwärmeabgabe: ..... W/m

| 379€ | 426€ | **461**€ | 548€ | 648€ | [St] | ⏱ 1,30 h/St | 341.000.085 |

23 Kompaktheizkörper, Stahl, H=900, L=bis 700 KG **423**
Wie Ausführungsbeschreibung A 2
Material: Stahlblech St. 12.03
Blechstärke: 1,25 mm
Farbe: weiß
Anschlüsse: G 1/2 **vertikal links / rechts**
Betriebsdruck: max. **4 / 6 / 10** bar
Medium: Heißwasser bis **110 / 120**°C
Bautiefe: ..... mm
Bauhöhe: 900 mm
Baulänge: bis 700 mm
Fabrikat: .....
Typ: .....
Normwärmeabgabe: ..... W/m

| 216€ | 238€ | **262**€ | 326€ | 402€ | [St] | ⏱ 1,00 h/St | 341.000.086 |

24 Kompaktheizkörper, Stahl, H=900, L=700-1.400 KG **423**
Wie Ausführungsbeschreibung A 2
Material: Stahlblech St. 12.03
Blechstärke: 1,25 mm
Farbe: weiß
Anschlüsse: G 1/2 **vertikal links / rechts**
Betriebsdruck: max. **4 / 6 / 10** bar
Medium: Heißwasser bis **110 / 120**°C
Bautiefe: ..... mm
Bauhöhe: 900 mm
Baulänge: 701-1.400 mm
Fabrikat: .....
Typ: .....
Normwärmeabgabe: ..... W/m

| 350€ | 398€ | **425**€ | 551€ | 663€ | [St] | ⏱ 1,10 h/St | 341.000.087 |

Nr.	Kurztext / Langtext				[Einheit]	Ausf.-Dauer	Kostengruppe Positionsnummer
▶	▷ ø **netto** €	◁	◀				

25 **Kompaktheizkörper, Stahl, H=900, L=1.400-2.100** KG **423**
Wie Ausführungsbeschreibung A 2
Material: Stahlblech St. 12.03
Blechstärke: 1,25 mm
Farbe: weiß
Anschlüsse: G 1/2 **vertikal links / rechts**
Betriebsdruck: max. **4 / 6 / 10** bar
Medium: Heißwasser bis **110 / 120**°C
Bautiefe: ..... mm
Bauhöhe: 900 mm
Baulänge: 1.401-2.100 mm
Fabrikat: .....
Typ: .....
Normwärmeabgabe: ..... W/m

| 510 € | 545 € | **600** € | 671 € | 816 € | [St] | ⏱ 1,30 h/St | 341.000.088 |

LB 342
Gas- und Wasseranlagen - Leitungen, Armaturen

Kosten:
Stand 4.Quartal 2021
Bundesdurchschnitt

▶ min
▷ von
ø Mittel
◁ bis
◀ max

Gas- und Wasseranlagen - Leitungen, Armaturen — Preise €

Nr.	Positionen	Einheit	▶	▷	ø brutto € ø netto €	◁	◀
1	Stahlrohrleitung ausbauen, 12-25mm	m	3 2	7 6	**8** **7**	9 8	20 17
2	Stahlrohrleitung ausbauen, 32-50mm	m	3 3	9 8	**11** **9**	13 11	21 18
3	Stahlrohrleitung ausbauen, 65-100mm	m	5 4	12 10	**14** **12**	16 14	27 22
4	Leitung, Metallverbundrohr, DN12	m	5,8 4,9	11 9,5	**14** **11**	16 13	21 18
5	Leitung, Metallverbundrohr, DN15	m	9,8 8,2	17 14	**19** **16**	21 18	27 23
6	Leitung, Metallverbundrohr, DN20	m	11 9,5	19 16	**23** **19**	26 22	36 31
7	Leitung, Metallverbundrohr, DN25	m	14 12	24 20	**29** **24**	33 27	42 35
8	Leitung, Metallverbundrohr, DN32	m	22 18	32 27	**38** **32**	44 37	52 44
9	Leitung, Metallverbundrohr, DN40	m	47 39	54 45	**58** **48**	59 49	67 57
10	Leitung, Kupferrohr, 15mm	m	17 15	24 20	**27** **22**	28 24	32 27
11	Leitung, Kupferrohr, 18mm	m	21 17	26 22	**28** **24**	31 26	36 30
12	Leitung, Kupferrohr, 22mm	m	23 19	29 24	**30** **25**	36 30	45 38
13	Leitung, Kupferrohr, 28mm	m	24 20	32 27	**37** **31**	43 36	52 44
14	Leitung, Kupferrohr, 35mm	m	31 26	41 34	**45** **38**	46 39	62 52
15	Leitung, Kupferrohr, 42mm	m	36 31	54 45	**60** **50**	66 56	80 68
16	Leitung, Kupferrohr, 54mm	m	47 39	62 52	**68** **57**	74 62	89 75

Nr.	Kurztext / Langtext						Kostengruppe
	▶ ▷ ø netto € ◁ ◀				[Einheit]	Ausf.-Dauer	Positionsnummer

1 Stahlrohrleitung ausbauen, 12-25mm — KG **494**
Entleerte Stahlrohrleitung einschl. Befestigung ausbauen und anfallenden Bauschutt entsorgen. Anschlussleitung verschließen.
Durchmesser: 12-25 mm

| 2€ | 6€ | **7€** | 8€ | 17€ | [m] | ⏱ 0,15 h/m | 342.000.069 |

2 Stahlrohrleitung ausbauen, 32-50mm — KG **494**
Entleerte Stahlrohrleitung einschl. Befestigung ausbauen und anfallenden Bauschutt entsorgen. Anschlussleitung verschließen.
Durchmesser: 32-50 mm

| 3€ | 8€ | **9€** | 11€ | 18€ | [m] | ⏱ 0,20 h/m | 342.000.070 |

© BKI Baukosteninformationszentrum — Kostenstand: 4.Quartal 2021, Bundesdurchschnitt

Nr.	Kurztext / Langtext							Kostengruppe
▶	▷	ø netto €	◁	◀	[Einheit]	Ausf.-Dauer	Positionsnummer

3 Stahlrohrleitung ausbauen, 65-100mm — KG **494**
Entleerte Stahlrohrleitung einschl. Befestigung ausbauen und anfallenden Bauschutt entsorgen. Anschlussleitung verschließen.
Durchmesser: 65-100 mm

| 4€ | 10€ | **12**€ | 14€ | 22€ | [m] | ⏱ 0,20 h/m | 342.000.071 |

A 1 Leitung, Metallverbundrohr — Beschreibung für Pos. **4-9**
Metallverbundrohr aus Mehrschichtverbundwerkstoff (PE, Aluminium, PE), für Trinkwasser warm und kalt, einschl. Dichtungs- und Befestigungsmittel. Form- und Verbindungsstücke (Fittings) werden gesondert vergütet.

4 Leitung, Metallverbundrohr, DN12 — KG **412**
Wie Ausführungsbeschreibung A 1
Nennweite: DN12
Außendurchmesser: 16 mm
Wandstärke: 2,25 mm
Lieferung: **Stangen / Ringen**
Verlegehöhe: **3,50 / 5,00 / 7,00** m

| 5€ | 9€ | **11**€ | 13€ | 18€ | [m] | ⏱ 0,28 h/m | 342.000.077 |

5 Leitung, Metallverbundrohr, DN15 — KG **412**
Wie Ausführungsbeschreibung A 1
Nennweite: DN15
Außendurchmesser: 20 mm
Wandstärke: 2,5 mm
Lieferung: **Stangen / Ringen**
Verlegehöhe: **3,50 / 5,00 / 7,00** m

| 8€ | 14€ | **16**€ | 18€ | 23€ | [m] | ⏱ 0,28 h/m | 342.000.076 |

6 Leitung, Metallverbundrohr, DN20 — KG **412**
Wie Ausführungsbeschreibung A 1
Nennweite: DN20
Außendurchmesser: 26 mm
Wandstärke: 3 mm
Lieferung: **Stangen / Ringen**
Verlegehöhe: **3,50 / 5,00 / 7,00** m

| 9€ | 16€ | **19**€ | 22€ | 31€ | [m] | ⏱ 0,28 h/m | 342.000.075 |

7 Leitung, Metallverbundrohr, DN25 — KG **412**
Wie Ausführungsbeschreibung A 1
Nennweite: DN25
Außendurchmesser: 32 mm
Wandstärke: 3 mm
Lieferung: **Stangen / Ringen**
Verlegehöhe: **3,50 / 5,00 / 7,00** m

| 12€ | 20€ | **24**€ | 27€ | 35€ | [m] | ⏱ 0,28 h/m | 342.000.074 |

**LB 342
Gas- und Wasseranlagen
- Leitungen, Armaturen**

Kosten:
Stand 4.Quartal 2021
Bundesdurchschnitt

Nr.	Kurztext / Langtext				[Einheit]	Ausf.-Dauer	Kostengruppe Positionsnummer
▶	▷ ø netto € ◁ ◀						

8   Leitung, Metallverbundrohr, DN32   **KG 412**
Wie Ausführungsbeschreibung A 1
Nennweite: DN32
Außendurchmesser: 40 mm
Wandstärke: 3,5 mm
Lieferung: **Stangen / Ringen**
Verlegehöhe: **3,50 / 5,00 / 7,00** m
18€   27€   **32**€   37€   44€   [m]   ⏱ 0,28 h/m   342.000.073

9   Leitung, Metallverbundrohr, DN40   **KG 412**
Wie Ausführungsbeschreibung A 1
Nennweite: DN40
Außendurchmesser: 50 mm
Wandstärke: 4 mm
Lieferung: **Stangen / Ringen**
Verlegehöhe: **3,50 / 5,00 / 7,00** m
39€   45€   **48**€   49€   57€   [m]   ⏱ 0,28 h/m   342.000.072

10   Leitung, Kupferrohr, 15mm   **KG 412**
Kupferrohr, blank, in Stangen, einschl. Rohrverbindung **löten / pressen**, mit Aufhängung.
Nennweite: 15 mm
Wandstärke: 1,0 mm
Verlegehöhe: **3,50 / 5,00 / 7,00** m
15€   20€   **22**€   24€   27€   [m]   ⏱ 0,25 h/m   342.000.083

11   Leitung, Kupferrohr, 18mm   **KG 412**
Kupferrohr, blank, in Stangen, einschl. Rohrverbindung **löten / pressen**, mit Aufhängung.
Nennweite: 18 mm
Wandstärke: 1,0 mm
Verlegehöhe: **3,50 / 5,00 / 7,00** m
17€   22€   **24**€   26€   30€   [m]   ⏱ 0,25 h/m   342.000.082

12   Leitung, Kupferrohr, 22mm   **KG 412**
Kupferrohr, blank, in Stangen, einschl. Rohrverbindung **löten / pressen**, mit Aufhängung.
Nennweite: 22 mm
Wandstärke: 1,0 mm
Verlegehöhe: **3,50 / 5,00 / 7,00** m
19€   24€   **25**€   30€   38€   [m]   ⏱ 0,25 h/m   342.000.081

13   Leitung, Kupferrohr, 28mm   **KG 412**
Kupferrohr, blank, in Stangen, einschl. Rohrverbindung **löten / pressen**, mit Aufhängung.
Nennweite: 28 mm
Wandstärke: 1,0 mm
Verlegehöhe: **3,50 / 5,00 / 7,00** m
20€   27€   **31**€   36€   44€   [m]   ⏱ 0,25 h/m   342.000.080

▶ min
▷ von
ø Mittel
◁ bis
◀ max

Nr.	**Kurztext** / Langtext							Kostengruppe
▶	▷	**ø netto €**	◁	◀	[Einheit]	Ausf.-Dauer	Positionsnummer

14 Leitung, Kupferrohr, 35mm KG **412**
Kupferrohr, blank, in Stangen, einschl. Rohrverbindung **löten / pressen**, mit Aufhängung.
Nennweite: 35 mm
Wandstärke: 1,2 mm
Verlegehöhe: **3,50 / 5,00 / 7,00** m

| 26€ | 34€ | **38**€ | 39€ | 52€ | [m] | ⏱ 0,25 h/m | 342.000.078 |

15 Leitung, Kupferrohr, 42mm KG **412**
Kupferrohr, blank, in Stangen, einschl. Rohrverbindung **löten / pressen**, mit Aufhängung.
Nennweite: 42 mm
Wandstärke: 1,2 mm
Verlegehöhe: **3,50 / 5,00 / 7,00** m

| 31€ | 45€ | **50**€ | 56€ | 68€ | [m] | ⏱ 0,25 h/m | 342.000.088 |

16 Leitung, Kupferrohr, 54mm KG **412**
Kupferrohr, blank, in Stangen, einschl. Rohrverbindung **löten / pressen**, mit Aufhängung.
Nennweite: 54 mm
Wandstärke: 1,5 mm
Verlegehöhe: **3,50 / 5,00 / 7,00** m

| 39€ | 52€ | **57**€ | 62€ | 75€ | [m] | ⏱ 0,25 h/m | 342.000.079 |

LB 344 Abwasseranlagen - Leitungen, Abläufe, Armaturen

Kosten: Stand 4.Quartal 2021 Bundesdurchschnitt

▶ min
▷ von
ø Mittel
◁ bis
◀ max

Abwasseranlagen - Leitungen, Abläufe, Armaturen — Preise €

Nr.	Positionen	Einheit	▶	▷	ø brutto € / ø netto €	◁	◀
1	Gussrohrleitung ausbauen, DN40-100	m	14 / 11	17 / 14	**20** / **17**	23 / 19	29 / 24
2	Gussrohrleitung ausbauen, DN125-200	m	14 / 12	20 / 17	**23** / **20**	27 / 23	31 / 26
3	Stahlrohrleitung ausbauen, DN40-100	m	9 / 7	15 / 13	**18** / **15**	20 / 17	25 / 21
4	Kunststoff-Rohrleitung, ausbauen, DN40-100	m	6 / 5	8 / 7	**10** / **8**	11 / 10	20 / 17
5	Abwasserleitung, Guss, DN50	m	23 / 19	33 / 28	**36** / **31**	43 / 36	52 / 43
6	Abwasserleitung, Guss, DN80	m	29 / 24	40 / 34	**44** / **37**	49 / 41	59 / 49
7	Abwasserleitung, Guss, DN100	m	36 / 30	49 / 41	**56** / **47**	61 / 51	73 / 62
8	Abwasserleitung, Guss, DN125	m	49 / 41	68 / 57	**74** / **62**	78 / 66	92 / 77
9	Abwasserleitung, Guss, DN150	m	57 / 48	79 / 67	**95** / **80**	100 / 84	109 / 92
10	Abwasserleitung, HT-Rohr, DN/OD50	m	9,9 / 8,3	15 / 13	**17** / **15**	20 / 17	26 / 22
11	Abwasserleitung, HT-Rohr, DN/OD75	m	20 / 17	25 / 21	**26** / **22**	29 / 24	37 / 31
12	Abwasserleitung, HT-Rohr, DN/OD110	m	22 / 19	28 / 24	**31** / **26**	33 / 27	40 / 33
13	Abwasserleitung, PE-Rohr, DN/OD70	m	19 / 16	30 / 25	**34** / **28**	38 / 32	47 / 40
14	Abwasserleitung, PE-Rohr, DN/OD100	m	22 / 18	35 / 29	**39** / **33**	44 / 37	57 / 48
15	Abflussleitung, PP-Rohr, DN/OD50, schallgedämmt	m	19 / 16	23 / 20	**29** / **24**	31 / 26	38 / 32
16	Abflussleitung, PP-Rohr, DN/OD75, schallgedämmt	m	21 / 17	27 / 23	**31** / **26**	38 / 32	42 / 35
17	Abflussleitung, PP-Rohr, DN/OD90, schallgedämmt	m	31 / 26	38 / 32	**44** / **37**	51 / 43	61 / 52
18	Abflussleitung, PP-Rohr, DN/OD110, schallgedämmt	m	32 / 27	39 / 33	**45** / **38**	56 / 47	66 / 55
19	Abwasserkanal, PVC-U, DN/OD100	m	22 / 18	32 / 27	**35** / **30**	42 / 36	60 / 50
20	Abwasserkanal, PVC-U, DN/OD150	m	24 / 20	37 / 31	**43** / **36**	50 / 42	67 / 56

© BKI Baukosteninformationszentrum

Nr.	Kurztext / Langtext					[Einheit]	Ausf.-Dauer	Kostengruppe Positionsnummer
▶	▷	ø netto €	◁	◀				

1 Gussrohrleitung ausbauen, DN40-100 — KG **494**
Gussrohrleitung einschl. Befestigung ausbauen und anfallenden Bauschutt entsorgen.
Durchmesser: DN40-100

11€	14€	**17€**	19€	24€	[m]	⏱ 0,33 h/m	344.000.065

2 Gussrohrleitung ausbauen, DN125-200 — KG **494**
Gussrohrleitung einschl. Befestigung ausbauen und anfallenden Bauschutt entsorgen.
Durchmesser: DN125-200

12€	17€	**20€**	23€	26€	[m]	⏱ 0,42 h/m	344.000.066

3 Stahlrohrleitung ausbauen, DN40-100 — KG **494**
Stahlrohrleitung einschl. Befestigung ausbauen und anfallenden Bauschutt entsorgen.
Durchmesser: DN40-100

7€	13€	**15€**	17€	21€	[m]	⏱ 0,26 h/m	344.000.067

4 Kunststoff-Rohrleitung, ausbauen, DN40-100 — KG **494**
Rohrleitung aus Kunststoffrohren einschl. Befestigung ausbauen und anfallenden Bauschutt entsorgen.
Material: .....
Durchmesser: DN40-100

5€	7€	**8€**	10€	17€	[m]	⏱ 0,27 h/m	344.000.068

5 Abwasserleitung, Guss, DN50 — KG **411**
Abwasserleitungen aus Gussrohren zur Entwässerung innerhalb von Gebäuden, einschl. Verbindungen und Befestigungen.
Nennweite: DN50
Schutzschicht: Zweikomponenten-Epoxid-Beschichtung
Schutzfarbe: Grundbeschichtung, rotbraun
Rohrverbindung: .....
Befestigung: .....
Verlegehöhe: bis ..... m

19€	28€	**31€**	36€	43€	[m]	⏱ 0,40 h/m	344.000.084

6 Abwasserleitung, Guss, DN80 — KG **411**
Abwasserleitungen aus Gussrohren zur Entwässerung innerhalb von Gebäuden, einschl. Verbindungen und Befestigungen.
Nennweite: DN80
Schutzschicht: Zweikomponenten-Epoxid-Beschichtung
Schutzfarbe: Grundbeschichtung, rotbraun
Rohrverbindung: .....
Befestigung: .....
Verlegehöhe: bis ..... m

24€	34€	**37€**	41€	49€	[m]	⏱ 0,40 h/m	344.000.069

LB 344
Abwasseranlagen
- Leitungen, Abläufe, Armaturen

Nr.	Kurztext / Langtext				[Einheit]	Ausf.-Dauer	Kostengruppe Positionsnummer
▶ min	▷ ø netto €	◁	◀				

7   Abwasserleitung, Guss, DN100   KG **411**
Abwasserleitungen aus Gussrohren zur Entwässerung innerhalb von Gebäuden, einschl. Verbindungen und Befestigungen.
Nennweite: DN100
Schutzschicht: Zweikomponenten-Epoxid-Beschichtung
Schutzfarbe: Grundbeschichtung, rotbraun
Rohrverbindung: .....
Befestigung: .....
Verlegehöhe: bis ..... m

| 30€ | 41€ | **47€** | 51€ | 62€ | [m] | ⏱ 0,50 h/m | 344.000.070 |

8   Abwasserleitung, Guss, DN125   KG **411**
Abwasserleitungen aus Gussrohren zur Entwässerung innerhalb von Gebäuden, einschl. Verbindungen und Befestigungen.
Nennweite: DN125
Schutzschicht: Zweikomponenten-Epoxid-Beschichtung
Schutzfarbe: Grundbeschichtung, rotbraun
Rohrverbindung: .....
Befestigung: .....
Verlegehöhe: bis ..... m

| 41€ | 57€ | **62€** | 66€ | 77€ | [m] | ⏱ 0,50 h/m | 344.000.071 |

9   Abwasserleitung, Guss, DN150   KG **411**
Abwasserleitungen aus Gussrohren zur Entwässerung innerhalb von Gebäuden, einschl. Verbindungen und Befestigungen.
Nennweite: DN150
Schutzschicht: Zweikomponenten-Epoxid-Beschichtung
Schutzfarbe: Grundbeschichtung, rotbraun
Rohrverbindung: .....
Befestigung: .....
Verlegehöhe: bis ..... m

| 48€ | 67€ | **80€** | 84€ | 92€ | [m] | ⏱ 0,50 h/m | 344.000.072 |

A 1   Abwasserleitung, HT-Rohr   Beschreibung für Pos. **10-12**
HT-Abwasserrohre mit Steckmuffensystem und mit werkseitig eingebautem Lippendichtring zur Entwässerung innerhalb von Gebäuden und zur Ableitung von aggressiven Medien. Chemische Beständigkeit: Resistent gegenüber anorganischen Salzen, Laugen und Milchsäuren in Konzentrationen, wie sie zum Beispiel in Laborwässern vorhanden sind. Material heißwasserbeständig, lichtstabilisiert, dauerhaft schwer entflammbar.

10   Abwasserleitung, HT-Rohr, DN/OD50   KG **411**
Wie Ausführungsbeschreibung A 1
Material: Polypropylen (PP)
Nennweite: DN/OD50
Außendurchmesser: 50 mm
Wandstärke: 1,8 mm
Rohrverbindung: mit werkseitig eingebautem Lippendichtring
Befestigung: .....

| 8€ | 13€ | **15€** | 17€ | 22€ | [m] | ⏱ 0,30 h/m | 344.000.073 |

Kosten:
Stand 4.Quartal 2021
Bundesdurchschnitt

▶ min
▷ von
ø Mittel
◁ bis
◀ max

Nr.	Kurztext / Langtext							Kostengruppe
▶	▷	ø netto €	◁	◀	[Einheit]	Ausf.-Dauer	Positionsnummer	

11 Abwasserleitung, HT-Rohr, DN/OD75 KG **411**
Wie Ausführungsbeschreibung A 1
Material: Polypropylen (PP)
Nennweite: DN/OD75
Außendurchmesser: 75 mm
Wandstärke: 1,9 mm
Rohrverbindung: mit werkseitig eingebautem Lippendichtring
Befestigung: .....

| 17€ | 21€ | **22**€ | 24€ | 31€ | [m] | ⏱ 0,30 h/m | 344.000.074 |

12 Abwasserleitung, HT-Rohr, DN/OD110 KG **411**
Wie Ausführungsbeschreibung A 1
Material: Polypropylen (PP)
Nennweite: DN/OD110
Außendurchmesser: 110 mm
Wandstärke: 2,7 mm
Rohrverbindung: mit werkseitig eingebautem Lippendichtring
Befestigung: .....

| 19€ | 24€ | **26**€ | 27€ | 33€ | [m] | ⏱ 0,35 h/m | 344.000.075 |

13 Abwasserleitung, PE-Rohr, DN/OD70 KG **411**
Abwasserleitung aus PE-Rohr, heißwasserbeständig und körperschallgedämmt, zur Verlegung in Gebäuden, einschl. Verbindungen und Rohrbefestigungen.
Nennweite: DN/OD70
Rohrverbindung: .....
Befestigung: .....

| 16€ | 25€ | **28**€ | 32€ | 40€ | [m] | ⏱ 0,30 h/m | 344.000.076 |

14 Abwasserleitung, PE-Rohr, DN/OD100 KG **411**
Abwasserleitung aus PE-Rohr, heißwasserbeständig und körperschallgedämmt, zur Verlegung in Gebäuden, einschl. Verbindungen und Rohrbefestigungen.
Nennweite: DN/OD100
Rohrverbindung: .....
Befestigung: .....

| 18€ | 29€ | **33**€ | 37€ | 48€ | [m] | ⏱ 0,34 h/m | 344.000.077 |

A 2 Abflussleitung, PP-Rohre, schallgedämmt Beschreibung für Pos. **15-18**
Schallgedämmte Abflussleitung aus mineralverstärktes Polypropylen (PP)-Rohr für Entwässerungsanlagen innerhalb von Gebäuden. Einsetzbar bis 95°C (kurzzeitig); geeignet zur Ableitung chemisch aggressiver Abwässer mit einem pH-Wert von 2 bis 12. Rohrverbindungen sind bis zu einem Wasserüberdruck von 0,5 bar dicht.
Material Lippendichtring: Styrol-Butadien-Kautschuk (SBR)

15 Abflussleitung, PP-Rohr, DN/OD50, schallgedämmt KG **411**
Wie Ausführungsbeschreibung A 2
Nennweite: DN/OD50

| 16€ | 20€ | **24**€ | 26€ | 32€ | [m] | ⏱ 0,28 h/m | 344.000.078 |

LB 344
Abwasseranlagen
- Leitungen, Abläufe, Armaturen

Kosten:
Stand 4.Quartal 2021
Bundesdurchschnitt

Nr. ▶	Kurztext / Langtext ▷ ø netto € ◁ ◀	[Einheit]	Ausf.-Dauer	Kostengruppe Positionsnummer
16	**Abflussleitung, PP-Rohr, DN/OD75, schallgedämmt**			KG **411**
	Wie Ausführungsbeschreibung A 2 Nennweite: DN/OD75			
	17€ 23€ **26**€ 32€ 35€	[m]	⏱ 0,28 h/m	344.000.079
17	**Abflussleitung, PP-Rohr, DN/OD90, schallgedämmt**			KG **411**
	Wie Ausführungsbeschreibung A 2 Nennweite: DN/OD90			
	26€ 32€ **37**€ 43€ 52€	[m]	⏱ 0,28 h/m	344.000.080
18	**Abflussleitung, PP-Rohr, DN/OD110, schallgedämmt**			KG **411**
	Wie Ausführungsbeschreibung A 2 Nennweite: DN/OD110			
	27€ 33€ **38**€ 47€ 55€	[m]	⏱ 0,32 h/m	344.000.081
19	**Abwasserkanal, PVC-U, DN/OD100**			KG **411**
	Abwasserkanal aus PVC-U-Rohren mit homogenen Vollwandrohren, für Schmutzwasserleitung. Verlegung in vorh. verbauten Graben. Die Bettung wird gesondert vergütet. Nennweite: DN/OD100 Baulänge: **0,50 / 1,00 / 2,00 / 5,00 m** Grabentiefe: bis 1,00 m			
	18€ 27€ **30**€ 36€ 50€	[m]	⏱ 0,40 h/m	344.000.082
20	**Abwasserkanal, PVC-U, DN/OD150**			KG **411**
	Abwasserkanal aus PVC-U-Rohren mit homogenen Vollwandrohren, für Schmutzwasserleitung. Verlegung in vorh. verbauten Graben. Die Bettung wird gesondert vergütet. Nennweite: DN/OD150 Baulänge: **0,50 / 1,00 / 2,00 / 5,00 m** Grabentiefe: bis 1,00 m			
	20€ 31€ **36**€ 42€ 56€	[m]	⏱ 0,50 h/m	344.000.083

▶ min
▷ von
ø Mittel
◁ bis
◀ max

Positionen Altbau

LB 345
Gas-, Wasser- und Entwässerungsanlagen - Ausstattung, Elemente, Fertigbäder

Kosten: Stand 4. Quartal 2021, Bundesdurchschnitt

- ▶ min
- ▷ von
- ø Mittel
- ◁ bis
- ◀ max

Preise €

Nr.	Positionen	Einheit	▶ min	▷ von ø netto €	ø brutto €	◁ bis	◀ max
1	Montageelement ausbauen	St	37 / 31	47 / 40	**56** / **47**	64 / 54	70 / 58
2	Badewanne ausbauen	St	42 / 35	89 / 75	**108** / **91**	129 / 108	183 / 154
3	Duschwanne ausbauen	St	46 / 39	56 / 47	**66** / **55**	75 / 63	79 / 66
4	Waschtisch ausbauen	St	18 / 15	29 / 25	**33** / **28**	42 / 35	64 / 54
5	WC-Anlage ausbauen	St	20 / 17	36 / 31	**38** / **32**	46 / 39	63 / 53
6	Waschtischbatterie ausbauen	St	9 / 8	13 / 11	**14** / **12**	16 / 14	17 / 14
7	Spülkasten Stahl demontieren	St	18 / 15	19 / 16	**20** / **17**	22 / 18	23 / 20
8	Urinal demontieren	St	21 / 18	28 / 23	**32** / **27**	36 / 30	47 / 40
9	Handwaschbecken, Keramik	St	76 / 64	152 / 128	**182** / **153**	258 / 217	451 / 379
10	Waschtisch, Keramik 550x450	St	93 / 78	219 / 184	**251** / **211**	380 / 319	547 / 459
11	Waschtisch, Keramik, 600x500	St	117 / 98	237 / 200	**285** / **240**	497 / 417	858 / 721
12	Einhand-Waschtischarmatur	St	168 / 141	297 / 250	**345** / **290**	418 / 352	645 / 542
13	Handtuchspender, Stahlblech	St	63 / 53	97 / 81	**108** / **91**	174 / 147	307 / 258
14	Badewanne, Stahl, 170	St	248 / 208	415 / 349	**498** / **419**	679 / 571	1.087 / 913
15	Badewanne, Stahl 180	St	385 / 323	701 / 589	**829** / **697**	994 / 835	1.517 / 1.275
16	Badewanne, Stahl 200	St	919 / 772	1.142 / 960	**1.252** / **1.053**	1.400 / 1.177	1.610 / 1.353
17	Einhandmischer, Badewanne	St	247 / 208	334 / 281	**362** / **304**	490 / 412	652 / 548
18	WC, wandhängend	St	184 / 155	328 / 275	**385** / **324**	475 / 399	730 / 613
19	WC-Sitz	St	47 / 39	109 / 91	**135** / **113**	197 / 166	330 / 277
20	Duschwanne, Stahl, 80x80	St	229 / 192	320 / 269	**364** / **306**	499 / 419	697 / 586
21	Duschwannen, Stahl 90x80	St	326 / 274	530 / 446	**567** / **477**	731 / 614	1.009 / 848
22	Duschwannen, Stahl 90x90	St	333 / 280	526 / 442	**610** / **512**	728 / 612	1.030 / 865
23	Duschwannen, Stahl 100x80	St	390 / 327	653 / 549	**684** / **575**	809 / 680	1.082 / 909
24	Duschwanne, Stahl 100x100	St	435 / 365	663 / 557	**779** / **655**	886 / 744	1.177 / 989

© BKI Baukosteninformationszentrum

Kostenstand: 4. Quartal 2021, Bundesdurchschnitt

Gas-, Wasser- und Entwässerungsanlagen - Ausstattung, Elemente, Fertigbäder — Preise €

Nr.	Positionen	Einheit	▶	▷	ø brutto € ø netto €	◁	◀
25	Einhebelmischarmatur, Dusche	St	272	504	**668**	730	863
			228	424	**562**	614	725
26	Duschabtrennung, Kunststoff	St	860	1.073	**1.179**	1.453	1.811
			723	902	**991**	1.221	1.522
27	Installationselement, WC	St	241	304	**334**	370	434
			202	255	**281**	311	365
28	Installationselement, Waschtisch	St	175	234	**266**	292	368
			147	196	**224**	245	309
29	Haltegriff, Edelstahl, 600mm	St	59	101	**126**	134	168
			49	85	**106**	113	141
30	Duschhandlauf, Messing	St	384	502	**541**	644	845
			322	422	**455**	541	710
31	Stützklappgriff, Edelstahl, bis 850mm	St	434	533	**579**	628	711
			365	448	**486**	528	598
32	Waschbecken, behindertengerecht	St	252	333	**364**	472	680
			212	280	**306**	396	572
33	WC, behindertengerecht	St	393	527	**560**	748	1.020
			330	443	**471**	629	857
34	Hygiene-Tiefspül-WC, barrierefrei	St	3.434	4.102	**4.770**	5.724	6.916
			2.886	3.447	**4.008**	4.810	5.812
35	WC-Spülkasten, mit Betätigungsplatte	St	214	238	**270**	313	382
			180	200	**227**	263	321
36	WC-Betätigung, berührungslos	St	398	492	**586**	703	908
			335	414	**492**	591	763
37	Nachrüstaufsatz, Hygiene-Tiefspül-WC	St	1.281	1.404	**1.526**	1.953	2.441
			1.077	1.179	**1.282**	1.641	2.051
38	Nachrüstung Türeinstieg Badewanne (Bestand)	St	1.179	1.207	**1.404**	1.628	2.035
			991	1.014	**1.179**	1.368	1.710
39	Stützgriff, fest, WC	St	398	449	**561**	673	758
			335	377	**472**	566	637
40	Stützgriff, fest, WC mit Spülauslösung	St	589	660	**710**	781	887
			495	555	**596**	656	745
41	Stützgriff, klappbar, WC	St	445	546	**674**	816	923
			374	459	**566**	685	776
42	Stützgriff, klappbar, WC mit Spülauslösung	St	653	740	**796**	884	995
			549	622	**669**	743	836
43	Stützgriff, fest, Waschtisch	St	311	387	**472**	580	646
			262	325	**396**	487	543
44	Stützgriff, klappbar, Waschtisch	St	449	514	**541**	611	671
			377	432	**455**	514	564

© BKI Baukosteninformationszentrum — Kostenstand: 4.Quartal 2021, Bundesdurchschnitt

LB 345
Gas-, Wasser- und Entwässerungsanlagen
- Ausstattung, Elemente, Fertigbäder

Kosten:
Stand 4.Quartal 2021
Bundesdurchschnitt

▶ min
▷ von
ø Mittel
◁ bis
◀ max

Nr.	Kurztext / Langtext					[Einheit]	Ausf.-Dauer	Kostengruppe Positionsnummer
▶	▷	ø netto €	◁	◀				

1 Montageelement ausbauen — KG **494**
Montageelement für Sanitärausstattung ausbauen und anfallenden Bauschutt entsorgen.
Ausstattung: .....
31€   40€   **47**€   54€   58€   [St]   ⏱ 0,78 h/St   345.000.034

2 Badewanne ausbauen — KG **494**
Badewanne einschl. Ablaufgarnitur ausbauen und anfallenden Bauschutt entsorgen.
Abmessung: .....
35€   75€   **91**€   108€   154€   [St]   ⏱ 2,00 h/St   345.000.035

3 Duschwanne ausbauen — KG **494**
Duschwanne einschl. Ablaufgarnitur ausbauen und anfallenden Bauschutt entsorgen.
Abmessung: .....
39€   47€   **55**€   63€   66€   [St]   ⏱ 1,25 h/St   345.000.036

4 Waschtisch ausbauen — KG **494**
Waschtisch einschl. Zu- und Ablaufgarnitur ausbauen und anfallenden Bauschutt entsorgen. Anschlussleitungen verschließen.
Abmessung: .....
15€   25€   **28**€   35€   54€   [St]   ⏱ 0,66 h/St   345.000.037

5 WC-Anlage ausbauen — KG **494**
WC-Anlage nach dem Entleeren ausbauen und anfallenden Bauschutt entsorgen. Anschlussleitungen verschließen.
17€   31€   **32**€   39€   53€   [St]   ⏱ 0,70 h/St   345.000.038

6 Waschtischbatterie ausbauen — KG **494**
Waschtischbatterie ausbauen und anfallenden Bauschutt entsorgen. Anschlussleitungen verschließen.
8€   11€   **12**€   14€   14€   [St]   ⏱ 0,23 h/St   345.000.039

7 Spülkasten Stahl demontieren — KG **494**
Spülkasten demontieren, in Gebäuden, inkl. Demontage der Konsolen, Halter, Armaturen, Verschraubungen und Anschlussleitungen.
Material: Stahl
15€   16€   **17**€   18€   20€   [St]   ⏱ 0,35 h/St   345.000.077

8 Urinal demontieren — KG **494**
Urinal demontieren, in Gebäuden, inkl. Demontieren der Konsolen, Halter, Armaturen, Verschraubungen und Anschlussleitungen.
Material: Sanitärporzellan
18€   23€   **27**€   30€   40€   [St]   ⏱ 0,49 h/St   345.000.078

9 Handwaschbecken, Keramik — KG **412**
Handwaschbecken mit Überlauf aus Sanitärporzellan installieren, einschl. Befestigung und Schallschutzset.
Größe: ..... x ..... cm
Farbe: .....
64€   128€   **153**€   217€   379€   [St]   ⏱ 0,90 h/St   345.000.064

Nr.	Kurztext / Langtext						Kostengruppe
▶	▷	ø netto €	◁	◀	[Einheit]	Ausf.-Dauer	Positionsnummer

10 Waschtisch, Keramik 550x450 — KG 412
Waschtisch mit Überlauf aus Sanitärporzellan installieren, einschl. Befestigung und Schallschutzset.
Größe: ca. 550 x 450 mm
Farbe: .....
Fabrikat: .....
Typ: .....

| 78€ | 184€ | **211€** | 319€ | 459€ | [St] | ⏱ 0,90 h/St | 345.000.065 |

11 Waschtisch, Keramik, 600x500 — KG 412
Waschtisch mit Überlauf aus Sanitärporzellan installieren, einschl. Befestigung und Schallschutzset.
Größe: ca. 600 x 500 mm
Farbe: .....
Fabrikat: .....
Typ: .....

| 98€ | 200€ | **240€** | 417€ | 721€ | [St] | ⏱ 1,20 h/St | 345.000.066 |

12 Einhand-Waschtischarmatur — KG 412
Einhand-Waschtischarmatur für Standmontage mit Keramikkartusche und Zugstangen-Ablaufgarnitur, inkl. Temperaturbegrenzer und Schnellmontagesystem.
Farbe: .....
Fabrikat: .....
Typ: .....

| 141€ | 250€ | **290€** | 352€ | 542€ | [St] | ⏱ 0,80 h/St | 345.000.067 |

13 Handtuchspender, Stahlblech — KG 610
Handtuchspender für Papierhandtücher, für Wandaufbau, inkl. Befestigungsmaterial.
Größe Papierhandtücher: **250 / 500** mm
Handtücher in: Lagen-Falzung
Gehäuse: Stahlblech
Lackiert: **weiß / Standardfarbe**
Vorratsbehälter: **offen / verschließbar**
Gehäuseabmessungen: 285 x 160 x 150 mm

| 53€ | 81€ | **91€** | 147€ | 258€ | [St] | ⏱ 0,45 h/St | 345.000.041 |

14 Badewanne, Stahl, 170 — KG 412
Badewannenanlage bestehend aus Badewanne Stahl emailliert, 1x Badewannenfüße oder Träger für oben beschriebene Badewanne; 1x Rolle Wannenprofil-Dämmstreifen für Bade- und Duschwannen, aus Polyethylen-Schaumstoff, oberseitig mit Silikonfolie kaschiert, Ab- und Überlaufgarnitur, Grund- und Fertigset für Normalwannen.
Farbe: .....
Größe: 170 x 80 cm

| 208€ | 349€ | **419€** | 571€ | 913€ | [St] | ⏱ 1,80 h/St | 345.000.068 |

LB 345
Gas-, Wasser- und Entwässerungs-
anlagen
- Ausstattung,
Elemente, Fertigbäder

Kosten:
Stand 4.Quartal 2021
Bundesdurchschnitt

▶ min
▷ von
ø Mittel
◁ bis
◀ max

Nr.	Kurztext / Langtext						Kostengruppe
▶	▷	ø netto €	◁	◀	[Einheit]	Ausf.-Dauer	Positionsnummer

15 Badewanne, Stahl 180   KG **412**
Badewannenanlage bestehend aus Badewanne Stahl emailliert, 1x Badewannenfüße oder Träger für oben beschriebene Badewanne; 1x Rolle Wannenprofil-Dämmstreifen für Bade- und Duschwannen, aus Polyethylen-Schaumstoff, oberseitig mit Silikonfolie kaschiert, Ab- und Überlaufgarnitur, Grund- und Fertigset für Normalwannen.
Farbe: .....
Größe: 180 x 80 cm
323 €   589 €   **697 €**   835 €   1.275 €   [St]   ⏱ 2,00 h/St   345.000.048

16 Badewanne, Stahl 200   KG **412**
Badewannenanlage bestehend aus Badewanne Stahl emailliert, 1x Badewannenfüße oder Träger für oben beschriebene Badewanne; 1x Rolle Wannenprofil-Dämmstreifen für Bade- und Duschwannen, aus Polyethylen-Schaumstoff, oberseitig mit Silikonfolie kaschiert, Ab- und Überlaufgarnitur, Grund- und Fertigset für Normalwannen.
Farbe: .....
Größe: 200 x 80 cm
772 €   960 €   **1.053 €**   1.177 €   1.353 €   [St]   ⏱ 2,40 h/St   345.000.049

17 Einhandmischer, Badewanne   KG **412**
Einhandmischer für Badewanne in Wandmontage, eigensicher gegen Rückfließen, aus Metall, verchromt, Kugelmischsystem mit Griff, Luftsprudler und Rosetten, inkl. Temperaturbegrenzer, Geräuschverhalten DIN 4109 Gruppe I, mit Prüfzeichen.
Einbau: **Auf- / Unterputz**
Ausführungsoptionen: .....
Fabrikat: .....
Typ: .....
208 €   281 €   **304 €**   412 €   548 €   [St]   ⏱ 0,80 h/St   345.000.069

18 WC, wandhängend   KG **412**
WC-Anlage, bestehend aus: 1x Tiefspül-WC aus Sanitärporzellan, wandhängend, inkl. Befestigung und Schallschutzset DIN 4109.
Länge: ..... m
Breite: ..... m
Farbe: .....
Spülrand: **mit / ohne**
155 €   275 €   **324 €**   399 €   613 €   [St]   ⏱ 1,80 h/St   345.000.070

19 WC-Sitz   KG **412**
WC-Sitz einschl. Deckel und Scharniere.
Scharniere: **Edelstahl / Kunststoff**
Farbe: .....
Material: .....
39 €   91 €   **113 €**   166 €   277 €   [St]   ⏱ 0,20 h/St   345.000.071

Nr.	Kurztext / Langtext							Kostengruppe
▶	▷	ø netto €	◁	◀		[Einheit]	Ausf.-Dauer	Positionsnummer

20 Duschwanne, Stahl, 80x80   KG **412**

Duschwannenanlage bestehend aus:
1x Duschwanne Stahlemaille inkl. Füße für Duschwanne
1x Rolle Wannenprofil-Dämmstreifen für Bade- und Duschwannen, aus Polyäthylen-Schaumstoff, oberseitig mit Silikonfolie kaschiert, Schallschutz DIN 4109
1x Ablaufgarnitur für Duschwannen mit Haube
Größe: 80 x 80 x 6 cm
Farbe: .....
Ablauf: 40 / 50 mm

192€   269€   **306**€   419€   586€   [St]   ⏱ 1,40 h/St   345.000.072

21 Duschwannen, Stahl 90x80   KG **412**

Duschwannenanlage bestehend aus:
1x Duschwanne Stahlemaille inkl. Füße für Duschwanne
1x Rolle Wannenprofil-Dämmstreifen für Bade- und Duschwannen, aus Polyäthylen-Schaumstoff, oberseitig mit Silikonfolie kaschiert, Schallschutz DIN 4109
1x Ablaufgarnitur für Duschwannen mit Haube
Größe: 90 x 80 x 6 cm
Farbe: .....
Ablauf: 40 / 50 mm

274€   446€   **477**€   614€   848€   [St]   ⏱ 1,40 h/St   345.000.042

22 Duschwannen, Stahl 90x90   KG **412**

Duschwannenanlage bestehend aus:
1x Duschwanne Stahlemaille inkl. Füße für Duschwanne
1x Rolle Wannenprofil-Dämmstreifen für Bade- und Duschwannen, aus Polyäthylen-Schaumstoff, oberseitig mit Silikonfolie kaschiert, Schallschutz DIN 4109
1x Ablaufgarnitur für Duschwannen mit Haube
Größe: 90 x 90 x 6 cm
Farbe: .....
Ablauf: 40 / 50 mm

280€   442€   **512**€   612€   865€   [St]   ⏱ 1,40 h/St   345.000.043

23 Duschwannen, Stahl 100x80   KG **412**

Duschwannenanlage bestehend aus:
1x Duschwanne Stahlemaille inkl. Füße für Duschwanne
1x Rolle Wannenprofil-Dämmstreifen für Bade- und Duschwannen, aus Polyäthylen-Schaumstoff, oberseitig mit Silikonfolie kaschiert, Schallschutz DIN 4109
1x Ablaufgarnitur für Duschwannen mit Haube
Größe: 100 x 80 x 6 cm
Farbe: .....
Ablauf: 40 / 50 mm

327€   549€   **575**€   680€   909€   [St]   ⏱ 1,40 h/St   345.000.044

LB 345
Gas-, Wasser- und Entwässerungs-
anlagen
- Ausstattung,
Elemente, Fertigbäder

Kosten:
Stand 4.Quartal 2021
Bundesdurchschnitt

▶ min
▷ von
ø Mittel
◁ bis
◀ max

Nr.	Kurztext / Langtext				[Einheit]	Ausf.-Dauer	Kostengruppe Positionsnummer
▶	▷ ø netto € ◁ ◀						

24 Duschwanne, Stahl 100x100 — KG **412**

Duschwannenanlage bestehend aus:
1x Duschwanne Stahlemaille inkl. Füße für Duschwanne
1x Rolle Wannenprofil-Dämmstreifen für Bade- und Duschwannen, aus Polyäthylen-Schaumstoff, oberseitig mit Silikonfolie kaschiert, Schallschutz DIN 4109
1x Ablaufgarnitur für Duschwannen mit Haube
Größe: 100 x 100 x 6 cm
Farbe: .....
Ablauf: 40 / 50 mm

365€   557€   **655**€   744€   989€   [St]   ⏱ 1,40 h/St   345.000.073

25 Einhebelmischarmatur, Dusche — KG **412**

Unterputz-Brausearmatur, Einhebelmischer für Dusche in Wandmontage, eigensicher gegen Rückfließen, aus Metall verchromt, Kugelmischsystem mit Griff, Luftsprudler und Rosetten, einschl. Temperaturbegrenzer, Geräuschverhalten DIN 4109 Gruppe I, mit Prüfzeichen.
Anschluss: DN15

228€   424€   **562**€   614€   725€   [St]   ⏱ 0,80 h/St   345.000.074

26 Duschabtrennung, Kunststoff — KG **610**

Duschabtrennung für Duschwanne, als Einzelanlage. Tür mit schmutzabweisender Beschichtung. Rahmen aus Kunststoff, mit Seitenwänden. Befestigung mit Wandanschlussprofil, wassergeschützt angesetzt. Mit Befestigungs- und Dichtmaterial.
Tür: Drehtür / Schiebefalttür
Kunststoff: **klar / mit Dekor mit schmutzabweisender Beschichtung**
Rahmen Farbe: **weiß / Standardfarbe**
Seitenwände: **1 / 2**
Breite Eingang: 800 mm
Breite Seitenteil: 800 mm
Höhe: 2.000 mm

723€   902€   **991**€   1.221€   1.522€   [St]   ⏱ 2,00 h/St   345.000.050

27 Installationselement, WC — KG **419**

WC-Installationselement für wandhängendes WC, Rahmen aus Stahl, pulverbeschichtet mit verstellbaren Fuß-stützen verzinkt, für einen Fußbodenaufbau von 0-20cm mit UP-Spülkasten DIN EN 14055, Betätigungsplatte mit Befestigungsrahmen, umstellbar auf Spül-Stopp-Funktion, für Betätigung von vorn. Vormontierter Wasseranschluss, Eckventil, schallgeschützter **Klemm- / Pressanschluss** aus Rotguss, C-Anschlussbogen, WC-Anschlussgarnitur, Befestigungsmaterial für Element und WC, inkl. Klein- und Befestigungsmaterial.
Wasseranschluss: Rp1/2
Anschlussbogen: DN90 / DN100

202€   255€   **281**€   311€   365€   [St]   ⏱ 1,00 h/St   345.000.075

© BKI Baukosteninformationszentrum

Nr.	Kurztext / Langtext					Kostengruppe	
▶	▷	ø netto €	◁	◀	[Einheit]	Ausf.-Dauer	Positionsnummer

28 Installationselement, Waschtisch — KG 419

Installationselement für Waschtisch mit Einlocharmatur, Rahmen aus Stahl, pulverbeschichtet, schallgeschützter Befestigung für Wandscheiben, Ablaufbogen, Gumminippel, Befestigungsmaterial für Element (Bodenbefestigung) und Waschtisch, selbstbohrende Schrauben für Befestigung an Ständerwand, inkl. Klein- und Befestigungsmaterial.
Ablaufbogen: DN40 / DN50
Gumminippel: 40/30

| 147 € | 196 € | **224 €** | 245 € | 309 € | [St] | 1,00 h/St | 345.000.076 |

29 Haltegriff, Edelstahl, 600mm — KG 412

Haltegriff aus Edelstahl, gebürstet, mit Befestigung.
Grifflänge: 600mm
Griffdurchmesser: 32 mm
Wandabstand: 50 mm
Belastung max.: 200 kg
Fabrikat: .....
Typ: .....

| 49 € | 85 € | **106 €** | 113 € | 141 € | [St] | 0,28 h/St | 345.000.045 |

30 Duschhandlauf, Messing — KG 412

Duschhandlauf mit 90° Winkel aus verchromtem Messingrohr mit Befestigung.
Höhenverstellbarkeit: ..... mm
Seitenverstellbarkeit: ..... mm
Rohrdurchmesser: 32 mm
Fabrikat: .....
Typ: .....

| 322 € | 422 € | **455 €** | 541 € | 710 € | [St] | 0,40 h/St | 345.000.046 |

31 Stützklappgriff, Edelstahl, bis 850mm — KG 412

Stützklappgriff in u-Form aus Edelstahl, gebürstet, mit Befestigung.
Grifflänge: bis 850 mm
Griffdurchmesser: 32 mm
Tiefe hochgeklappt: ..... mm
Belastung max.: 150 kg
Fabrikat: .....

| 365 € | 448 € | **486 €** | 528 € | 598 € | [St] | 0,35 h/St | 345.000.047 |

32 Waschbecken, behindertengerecht — KG 412

Waschbecken, als barrierefreie Ausführung unterfahrbar DIN 18040, aus Sanitärporzellan, glasiert, weiß, mit wasserabweisender Beschichtung, mit Loch für Einlocharmatur, mit Überlauf, für Ablaufventil, inkl. Befestigung und Schallschutzset.
Breite: über 500 bis 550 mm
Ausladung: über 450 bis 500 mm
Fabrikat: .....
Typ: .....

| 212 € | 280 € | **306 €** | 396 € | 572 € | [St] | 1,25 h/St | 345.000.051 |

LB 345
Gas-, Wasser- und Entwässerungs-
anlagen
- Ausstattung,
Elemente, Fertigbäder

Kosten:
Stand 4.Quartal 2021
Bundesdurchschnitt

▶ min
▷ von
ø Mittel
◁ bis
◀ max

Nr.	Kurztext / Langtext							Kostengruppe
▶	▷	ø netto €	◁	◀	[Einheit]	Ausf.-Dauer	Positionsnummer

33 WC, behindertengerecht KG **412**

Tiefspül-WC, wandhängend an Installationselement, als barrierefreie Ausführung DIN 18040, aus Sanitärporzellan, spülrandlos, glasiert, weiß, mit wasserabweisender Beschichtung, inkl. WC-Sitz und Rückenstütze und Schallschutzset.
Spülwasserbedarf: 6 Liter
Abgang: waagrecht
Fabrikat: .....
Typ: .....

330€   443€   **471**€   629€   857€   [St]   ⏱ 2,00 h/St   345.000.052

34 Hygiene-Tiefspül-WC, barrierefrei KG **412**

Tiefspül-WC mit ausfahrbarer Unterdusche und Benutzerkennung, als barrierefreie Ausführung DIN 18040, aus Sanitärporzellan, glasiert, in weiß, spülrandlos, wandhängend. Abgang waagrecht, mit Klosettsitz und Deckel mit Schließdämpfung und Geruchsabsaugung, mit Ventilator und Aktivkohlefilter, mit integriertem Wassererwärmer und Warmluftfön, Temperaturen einstellbar. Befestigung wandhängend, an Installationselement, mit Schallschutz DIN 4109. Inklusive Eckventil und Metallanschlussschlauch, sowie mit Elektroanschluss.
Spülwasserbedarf: 6 Liter
Wasseranschluss: DN15
Abgang: waagrecht
Zusätzliche Ausführungsoptionen: .....
Fabrikat: .....
Typ: .....

2.886€   3.447€   **4.008**€   4.810€   5.812€   [St]   ⏱ 2,60 h/St   345.000.053

35 WC-Spülkasten, mit Betätigungsplatte KG **412**

Unterputz-Spülkasten aus Kunststoff mit wassersparender Zweimengenspültechnik, schwitzwasserisoliert, für Wasseranschluss links, rechts oder hinten mittig, inkl. Betätigungsplatte für Betätigung von vorne, mit 2-Mengenauslösung, Befestigungsrahmen und Befestigung.
Inhalt: **3 / 6** Liter
Geräuschklasse: I
Größe: ..... x ..... x ..... m
Farbe: .....

180€   200€   **227**€   263€   321€   [St]   ⏱ 0,85 h/St   345.000.054

36 WC-Betätigung, berührungslos KG **412**

Spülarmatur für Klosetts zur berührungslosen Betätigung, elektronisch gesteuert, mit Spülstromautomatik, mit Vorabsperrung und Eingangsverschraubung, Bemessungsbetriebsspannung 230 V AC, Geräuschverhalten DIN 4109 Gruppe I, mit Prüfzeichen, für Spülkasten mit elektrischer Auslösung, Spüldauer einstellbar.
Ausführungsoptionen: .....
Fabrikat: .....
Typ: .....

335€   414€   **492**€   591€   763€   [St]   ⏱ 0,30 h/St   345.000.055

Nr.	Kurztext / Langtext						Kostengruppe	
▶	▷ ø netto € ◁ ◀					[Einheit]	Ausf.-Dauer	Positionsnummer

37 Nachrüstaufsatz, Hygiene-Tiefspül-WC — KG 412

Nachrüst-Aufsatz für Tiefspül-WC mit ausfahrbarer Unterdusche und Benutzerkennung, mit Klosettsitz und Deckel mit Schließdämpfung und Geruchsabsaugung, mit Ventilator und Aktivkohlefilter, mit integriertem Wassererwärmer und Warmluftfön, Temperaturen einstellbar.
Befestigung: auf bestehender WC-Keramik, mit Elektroanschluss
Wasseranschluss: DN15
zusätzliche Ausführungsoptionen: .....
Fabrikat: .....
Typ: .....

| 1.077€ | 1.179€ | **1.282**€ | 1.641€ | 2.051€ | | [St] | ⏱ 3,00 h/St | 345.000.056 |

38 Nachrüstung Türeinstieg Badewanne (Bestand) — KG 412

Einbau einer Wannentür in eine bestehende Badewanne, Türöffnung nach innen, mit mechanischer Verriegelung, bestehende Badewanne aus **Acryl / Stahl**.
lichte Türbreite: 500 bis 600 mm
lichte Türhöhe: 400 bis 500 mm
Türmaterial: **Kunststoff / Sicherheitsglas**
Ausführungsoptionen: .....
Fabrikat: .....
Typ: .....

| 991€ | 1.014€ | **1.179**€ | 1.368€ | 1.710€ | | [St] | ⏱ 8,00 h/St | 345.000.057 |

39 Stützgriff, fest, WC — KG 412

Stützgriff, fest, für WC, aus Kunststoff mit Stahlkern, inkl. Befestigung mit Flansch, Schrauben verdeckt.
Farbton: weiß
Ausladung: 850 mm
Belastbar: bis 100 kg am Griffvorderteil
Zusätzliche Ausführungsoptionen: .....
Fabrikat: .....
Typ: .....

| 335€ | 377€ | **472**€ | 566€ | 637€ | | [St] | ⏱ 0,30 h/St | 345.000.058 |

40 Stützgriff, fest, WC mit Spülauslösung — KG 412

Stützgriff, fest, für WC, aus Kunststoff mit Stahlkern, mit Spülauslösung, manuell, inkl. Befestigung mit Flansch, Schrauben verdeckt.
Farbton: weiß
Ausladung: 850 mm
Belastbar: bis 100 kg am Griffvorderteil
Zusätzliche Ausführungsoptionen: ....
Fabrikat: .....
Typ: .....

| 495€ | 555€ | **596**€ | 656€ | 745€ | | [St] | ⏱ 0,50 h/St | 345.000.059 |

LB 345
Gas-, Wasser- und Entwässerungsanlagen
- Ausstattung, Elemente, Fertigbäder

Kosten:
Stand 4.Quartal 2021
Bundesdurchschnitt

▶ min
▷ von
ø Mittel
◁ bis
◀ max

Nr.	Kurztext / Langtext ▶ ▷ ø netto € ◁ ◀	[Einheit]	Ausf.-Dauer	Kostengruppe Positionsnummer

41 Stützgriff, klappbar, WC — KG 412
Stützklappgriff, klappbar, für WC, aus Kunststoff mit Stahlkern, mit Arretierung und Fallbremse, inkl. Befestigung mit Flansch, Schrauben verdeckt.
Farbton: weiß
Ausladung: 850 mm
Belastbar: bis 100 kg am Griffvorderteil
Zusätzliche Ausführungsoptionen: .....
Fabrikat: .....
Typ: .....

374€   459€   **566**€   685€   776€   [St]   ⏱ 0,35 h/St   345.000.060

42 Stützgriff, klappbar, WC mit Spülauslösung — KG 412
Stützklappgriff, klappbar, für WC, aus Kunststoff mit Stahlkern, mit Spülauslösung, manuell, mit Arretierung und Fallbremse, inkl. Befestigung.
Farbton: weiß
Ausladung: 850 mm
Belastbar: bis 100 kg am Griffvorderteil
Zusätzliche Ausführungsoptionen: .....
Fabrikat: .....
Typ: .....

549€   622€   **669**€   743€   836€   [St]   ⏱ 0,45 h/St   345.000.061

43 Stützgriff, fest, Waschtisch — KG 412
Stützgriff, fest, für Waschtisch, aus Kunststoff mit Stahlkern, inkl. Befestigung verdeckt.
Farbton: weiß
Ausladung: 600 mm
Belastbar bis 100 kg am Griffvorderteil
Fabrikat: .....
Typ: .....

262€   325€   **396**€   487€   543€   [St]   ⏱ 0,35 h/St   345.000.062

44 Stützgriff, klappbar, Waschtisch — KG 412
Stützklappgriff, klappbar, für Waschtisch, aus Kunststoff mit Stahlkern, mit Arretierung und Fallbremse, inkl. Befestigung verdeckt.
Farbton: weiß
Ausladung: 600 mm
Belastbar: bis 100 kg am Griffvorderteil
Fabrikat: .....
Typ: .....

377€   432€   **455**€   514€   564€   [St]   ⏱ 0,42 h/St   345.000.063

LB 347
Dämm- und Brandschutzarbeiten an technischen Anlagen

Kosten:
Stand 4.Quartal 2021
Bundesdurchschnitt

▶ min
▷ von
ø Mittel
◁ bis
◀ max

Dämm- und Brandschutzarbeiten an technischen Anlagen — Preise €

Nr.	Positionen	Einheit	▶	▷ ø brutto €		◁	◀
				ø netto €			
1	Kompaktdämmhülse, Rohrleitung, DN12	m	5,9	9,4	**11**	13	16
			5,0	7,9	**9,2**	11	14
2	Kompaktdämmhülse, Rohrleitung, DN15	m	6,2	12	**13**	16	22
			5,2	9,7	**11**	14	19
3	Kompaktdämmhülse, Rohrleitung, DN20	m	8,5	13	**15**	18	25
			7,1	11	**12**	15	21
4	Kompaktdämmhülse, Rohrleitung, DN25	m	9,0	15	**18**	23	33
			7,6	13	**15**	20	28
5	Kompaktdämmhülse, Rohrleitung, DN32	m	13	20	**22**	27	36
			11	16	**18**	23	30
6	Rohrdämmung, MW-alukaschiert, DN12	m	5,5	12	**15**	19	25
			4,6	11	**13**	16	21
7	Rohrdämmung, MW-alukaschiert, DN15	m	6,2	14	**17**	21	28
			5,2	12	**14**	18	24
8	Rohrdämmung, MW-alukaschiert, DN20	m	6,8	15	**18**	25	41
			5,7	13	**15**	21	34
9	Rohrdämmung, MW-alukaschiert, DN25	m	13	22	**28**	35	48
			11	19	**23**	30	40
10	Rohrdämmung, MW-alukaschiert, DN32	m	18	31	**36**	40	52
			15	26	**31**	33	44
11	Rohrdämmung, MW-alukaschiert, DN40	m	20	32	**36**	42	55
			16	27	**30**	35	46
12	Rohrdämmung, MW-alukaschiert, DN50	m	23	36	**42**	44	57
			19	30	**36**	37	48
13	Rohrdämmung, MW-alukaschiert, DN65	m	30	42	**50**	57	80
			25	36	**42**	48	67
14	Brandschutzabschottung, R90, DN12	St	17	20	**21**	26	33
			15	17	**18**	22	27
15	Brandschutzabschottung, R90, DN15	St	20	25	**26**	31	37
			17	21	**22**	26	31
16	Brandschutzabschottung, R90, DN20	St	21	34	**40**	46	61
			18	29	**33**	39	51
17	Brandschutzabschottung, R90, DN25	St	23	38	**46**	52	67
			20	32	**38**	44	56
18	Brandschutzabschottung, R90, DN32	St	33	48	**54**	63	86
			28	41	**46**	53	72
19	Brandschutzabschottung, R90, DN40	St	44	62	**66**	73	87
			37	52	**55**	61	73
20	Brandschutzabschottung, R90, DN50	St	53	75	**81**	91	96
			45	63	**68**	76	80
21	Brandschutzabschottung, R90, DN65	St	68	84	**95**	102	113
			57	71	**80**	86	95
22	Brandschutzabschottung, R90, DN100	St	77	98	**110**	117	137
			65	82	**92**	98	115
23	Brandschutzabschottung, R90, DN125	St	82	107	**116**	126	150
			69	90	**98**	106	126

© BKI Baukosteninformationszentrum

Kostenstand: 4.Quartal 2021, Bundesdurchschnitt

Dämm- und Brandschutzarbeiten an technischen Anlagen — Preise €

Nr.	Positionen	Einheit	▶	▷	ø brutto € / ø netto €	◁	◀
24	Wärmedämmschalen für Armaturen und Pumpen, DN12	St	11	13	**16**	19	23
			9,2	11	**14**	16	19
25	Wärmedämmschalen für Armaturen und Pumpen, DN15	St	16	19	**20**	22	24
			13	16	**17**	18	20
26	Wärmedämmschalen für Armaturen und Pumpen, DN20	St	18	21	**23**	24	26
			15	17	**19**	20	22
27	Wärmedämmschalen für Armaturen und Pumpen, DN25	St	18	24	**28**	30	37
			16	20	**24**	25	31
28	Wärmedämmschalen für Armaturen und Pumpen, DN32	St	20	27	**32**	34	42
			17	22	**27**	29	35
29	Wärmedämmschalen für Armaturen und Pumpen, DN40	St	24	33	**40**	42	52
			20	28	**34**	35	43
30	Wärmedämmschalen für Armaturen und Pumpen, DN50	St	28	34	**42**	47	57
			24	29	**36**	39	48
31	Wärmedämmschalen für Armaturen und Pumpen, DN65	St	31	35	**46**	54	63
			26	30	**39**	46	53

Nr.	Kurztext / Langtext					Kostengruppe	
▶	▷	ø netto €	◁	◀	[Einheit]	Ausf.-Dauer	Positionsnummer

A 1 — Kompaktdämmhülse, Rohrleitung
Beschreibung für Pos. **1-5**

Wärmedämmung für Rohrleitungen haustechnischer Anlagen auf Rohfußboden. Kompaktdämmhülsen in Anti-Körperschall-Ausführung. Zur Verlegung im Dämmbereich des Fußbodenaufbaus. Polsterlage aus miteinander vernadelten Kunststoff-Fasern und geschlossenzelligem Polyethylen mit reißfestem Gittergewebe.

1 — Kompaktdämmhülse, Rohrleitung, DN12
KG **422**

Wie Ausführungsbeschreibung A 1
Nennwert der Wärmeleitfähigkeit: ..... W/(mK)
Bemessungswert der Wärmeleitfähigkeit: ..... W/(mK)
Normalentflammbar: B2
Nennweite: DN12
Dämmschichtdicke: ..... mm
Bauhöhe: ..... mm

5€   8€   **9€**   11€   14€   [m]   ⏱ 0,05 h/m   347.000.038

LB 347
Dämm- und Brandschutzarbeiten an technischen Anlagen

Kosten:
Stand 4.Quartal 2021
Bundesdurchschnitt

Nr.	Kurztext / Langtext				[Einheit]	Ausf.-Dauer	Kostengruppe Positionsnummer
▶	▷ ø **netto €** ◁ ◀						
2	**Kompaktdämmhülse, Rohrleitung, DN15**						KG **422**
	Wie Ausführungsbeschreibung A 1						
	Nennwert der Wärmeleitfähigkeit: ..... W/(mK)						
	Bemessungswert der Wärmeleitfähigkeit: ..... W/(mK)						
	Normalentflammbar: B2						
	Nennweite: DN15						
	Dämmschichtdicke: ..... mm						
	Bauhöhe: ..... mm						
	5€ 10€ **11€** 14€ 19€				[m]	⏱ 0,05 h/m	347.000.005
3	**Kompaktdämmhülse, Rohrleitung, DN20**						KG **422**
	Wie Ausführungsbeschreibung A 1						
	Nennwert der Wärmeleitfähigkeit: ..... W/(mK)						
	Bemessungswert der Wärmeleitfähigkeit: ..... W/(mK)						
	Normalentflammbar: B2						
	Nennweite: DN20						
	Dämmschichtdicke: ..... mm						
	Bauhöhe: ..... mm						
	7€ 11€ **12€** 15€ 21€				[m]	⏱ 0,05 h/m	347.000.016
4	**Kompaktdämmhülse, Rohrleitung, DN25**						KG **422**
	Wie Ausführungsbeschreibung A 1						
	Nennwert der Wärmeleitfähigkeit: ..... W/(mK)						
	Bemessungswert der Wärmeleitfähigkeit: ..... W/(mK)						
	Normalentflammbar: B2						
	Nennweite: DN25						
	Dämmschichtdicke: ..... mm						
	Bauhöhe: ..... mm						
	8€ 13€ **15€** 20€ 28€				[m]	⏱ 0,05 h/m	347.000.017
5	**Kompaktdämmhülse, Rohrleitung, DN32**						KG **422**
	Wie Ausführungsbeschreibung A 1						
	Nennwert der Wärmeleitfähigkeit: ..... W/(mK)						
	Bemessungswert der Wärmeleitfähigkeit: ..... W/(mK)						
	Normalentflammbar: B2						
	Nennweite: DN32						
	Dämmschichtdicke: ..... mm						
	Bauhöhe: ..... mm						
	11€ 16€ **18€** 23€ 30€				[m]	⏱ 0,05 h/m	347.000.039

▶ min
▷ von
ø Mittel
◁ bis
◀ max

Nr.	**Kurztext** / Langtext					Kostengruppe	
► ▷	ø **netto €**	◁ ◀		[Einheit]	Ausf.-Dauer	Positionsnummer

A 2 Rohrdämmung, Mineralwolle, alukaschiert Beschreibung für Pos. **6-13**

Wärmedämmung einschl. Ummantelung an Rohrleitungen für Heizung, Warmwasser und Zirkulation, in Gebäuden. Dämmung aus Mineralwolle, Baustoffklasse 1 A (nichtbrennbar), als Matte, auf verzinktem Drahtgeflecht mit verzinktem Draht versteppt, Befestigen mit Stahlhaken aus dem Werkstoff des Drahtgeflechts. Längs- und Rundstöße mit selbstklebender Aluminiumfolie überklebt.

6   Rohrdämmung, MW-alukaschiert, DN12   KG **422**
Wie Ausführungsbeschreibung A 2
Oberkante Dämmung über Gelände / Fußboden: **bis 3,50 / bis 5,00** m
Rohrleitung: .....
Nennweite: DN12
Dämmstärke: ..... mm
Dämmschichtdicke: ..... mm
Bemessungswert der Wärmeleitfähigkeit bei 40°: ..... W/(mK)
5€   11€   **13**€   16€   21€   [m]   ⏱ 0,30 h/m   347.000.040

7   Rohrdämmung, MW-alukaschiert, DN15   KG **422**
Wie Ausführungsbeschreibung A 2
Oberkante Dämmung über Gelände / Fußboden: **bis 3,50 / bis 5,00** m
Rohrleitung: .....
Nennweite: DN15
Dämmstärke: ..... mm
Dämmschichtdicke: ..... mm
Bemessungswert der Wärmeleitfähigkeit bei 40°: ..... W/(mK)
5€   12€   **14**€   18€   24€   [m]   ⏱ 0,30 h/m   347.000.002

8   Rohrdämmung, MW-alukaschiert, DN20   KG **422**
Wie Ausführungsbeschreibung A 2
Oberkante Dämmung über Gelände / Fußboden: **bis 3,50 / bis 5,00** m
Rohrleitung: .....
Nennweite: DN20
Baustoffklasse: 1 A
Dämmstärke: ..... mm
Dämmschichtdicke: ..... mm
Bemessungswert der Wärmeleitfähigkeit bei 40°: ..... W/(mK)
6€   13€   **15**€   21€   34€   [m]   ⏱ 0,30 h/m   347.000.015

9   Rohrdämmung, MW-alukaschiert, DN25   KG **422**
Wie Ausführungsbeschreibung A 2
Oberkante Dämmung über Gelände / Fußboden: **bis 3,50 / bis 5,00** m
Rohrleitung: .....
Nennweite: DN25
Baustoffklasse: 1 A
Dämmstärke: ..... mm
Dämmschichtdicke: ..... mm
Bemessungswert der Wärmeleitfähigkeit bei 40°: ..... W/(mK)
11€   19€   **23**€   30€   40€   [m]   ⏱ 0,30 h/m   347.000.008

LB 347
Dämm- und Brandschutzarbeiten an technischen Anlagen

Kosten:
Stand 4.Quartal 2021
Bundesdurchschnitt

Nr.	Kurztext / Langtext					[Einheit]	Ausf.-Dauer	Kostengruppe Positionsnummer
▶	▷	**ø netto €**	◁	◀				

| 10 | **Rohrdämmung, MW-alukaschiert, DN32** | | | | | | | KG **422** |

Wie Ausführungsbeschreibung A 2
Oberkante Dämmung über Gelände / Fußboden: **bis 3,50 / bis 5,00** m
Rohrleitung: …..
Nennweite: DN32
Dämmstärke: ….. mm
Dämmschichtdicke: ….. mm
Bemessungswert der Wärmeleitfähigkeit bei 40°: ….. W/(mK)

| 15€ | 26€ | **31**€ | 33€ | 44€ | [m] | ⏱ 0,30 h/m | 347.000.009 |

| 11 | **Rohrdämmung, MW-alukaschiert, DN40** | | | | | | | KG **422** |

Wie Ausführungsbeschreibung A 2
Oberkante Dämmung über Gelände / Fußboden: **bis 3,50 / bis 5,00** m
Rohrleitung: …..
Nennweite: DN40
Dämmstärke: ….. mm
Dämmschichtdicke: ….. mm
Bemessungswert der Wärmeleitfähigkeit bei 40°: ….. W/(mK)

| 16€ | 27€ | **30**€ | 35€ | 46€ | [m] | ⏱ 0,30 h/m | 347.000.041 |

| 12 | **Rohrdämmung, MW-alukaschiert, DN50** | | | | | | | KG **422** |

Wie Ausführungsbeschreibung A 2
Oberkante Dämmung über Gelände / Fußboden: **bis 3,50m / bis 5,00** m
Rohrleitung: …..
Nennweite: DN50
Dämmstärke: ….. mm
Dämmschichtdicke: ….. mm
Bemessungswert der Wärmeleitfähigkeit bei 40°: ….. W/(mK)

| 19€ | 30€ | **36**€ | 37€ | 48€ | [m] | ⏱ 0,30 h/m | 347.000.011 |

| 13 | **Rohrdämmung, MW-alukaschiert, DN65** | | | | | | | KG **422** |

Wie Ausführungsbeschreibung A 2
Oberkante Dämmung über Gelände / Fußboden: **bis 3,50 / bis 5,00** m
Rohrleitung: …..
Nennweite: DN65
Dämmstärke: ….. mm
Dämmschichtdicke: ….. mm
Bemessungswert der Wärmeleitfähigkeit bei 40°: ….. W/(mK)

| 25€ | 36€ | **42**€ | 48€ | 67€ | [m] | ⏱ 0,30 h/m | 347.000.012 |

▶ min
▷ von
ø Mittel
◁ bis
◀ max

Nr.	Kurztext / Langtext							Kostengruppe
▶	▷	ø netto €	◁	◀	[Einheit]	Ausf.-Dauer	Positionsnummer

A 3 **Brandschutzabschottung, R90**   Beschreibung für Pos. **14-23**
Brandschutzabschottung von Rohrleitungen haustechnischer Anlagen nach MLAR / LAR, zur Montage in Wand / Decke / leichter Trennwand. Zur Verlegung in rundem Durchbruch, ohne Hüllrohr, Verfüllung des Ringspalts mit Mörtel MG III, beidseitige Weiterführung der Dämmung.

14   **Brandschutzabschottung, R90, DN12**   KG **422**
Wie Ausführungsbeschreibung A 3
Feuerwiderstandsklasse: R90
Rohrleitung: **nicht brennbar / brennbar**
Montagehöhe: bis **3,50 / 5,00 / 7,00** m über Fußboden
Ringspalt: bis 15 mm
Außendurchmesser der Rohrleitung: 15 mm
Außendurchmesser Schott: 60 mm
Dämmlänge: 1.000 mm
Dämmung: .....
15€   17€   **18**€   22€   27€   [St]   ⏱ 0,38 h/St   347.000.042

15   **Brandschutzabschottung, R90, DN15**   KG **422**
Wie Ausführungsbeschreibung A 3
Feuerwiderstandsklasse: R90
Rohrleitung: **nicht brennbar / brennbar**
Montagehöhe: bis **3,50 / 5,00 / 7,00** m über Fußboden
Ringspalt: bis 15 mm
Außendurchmesser der Rohrleitung: 18 mm
Außendurchmesser Schott: 60 mm
Dämmlänge: 1.000 mm
Dämmung: .....
17€   21€   **22**€   26€   31€   [St]   ⏱ 0,40 h/St   347.000.031

16   **Brandschutzabschottung, R90, DN20**   KG **422**
Wie Ausführungsbeschreibung A 3
Feuerwiderstandsklasse: R90
Rohrleitung: **nicht brennbar / brennbar**
Montagehöhe: bis **3,50 / 5,00 / 7,00** m über Fußboden
Ringspalt: bis 15 mm
Außendurchmesser der Rohrleitung: 22 mm
Außendurchmesser Schott: 60 mm
Dämmlänge: 1.000 mm
Dämmung: .....
18€   29€   **33**€   39€   51€   [St]   ⏱ 0,40 h/St   347.000.032

LB 347
Dämm- und Brandschutzarbeiten an technischen Anlagen

Kosten:
Stand 4.Quartal 2021
Bundesdurchschnitt

▶ min
▷ von
ø Mittel
◁ bis
◀ max

Nr.	Kurztext / Langtext				[Einheit]	Ausf.-Dauer	Kostengruppe Positionsnummer
	▶ ▷ **ø netto €** ◁ ◀						
17	**Brandschutzabschottung, R90, DN25**						KG **422**
	Wie Ausführungsbeschreibung A 3						
	Feuerwiderstandsklasse: R90						
	Rohrleitung: **nicht brennbar / brennbar**						
	Montagehöhe: bis **3,50 / 5,00 / 7,00** m über Fußboden						
	Ringspalt: bis 15 mm						
	Außendurchmesser der Rohrleitung: 28 mm						
	Außendurchmesser Schott: 80 mm						
	Dämmlänge: 1.000 mm						
	Dämmung:						
	20€ 32€ **38€** 44€ 56€				[St]	⏱ 0,40 h/St	347.000.033
18	**Brandschutzabschottung, R90, DN32**						KG **422**
	Wie Ausführungsbeschreibung A 3						
	Feuerwiderstandsklasse: R90						
	Rohrleitung: **nicht brennbar / brennbar**						
	Montagehöhe: bis **3,50 / 5,00 / 7,00** m über Fußboden						
	Ringspalt: bis 15 mm						
	Außendurchmesser der Rohrleitung: 35 mm						
	Außendurchmesser Schott: 80 mm						
	Dämmlänge: 1.000 mm						
	Dämmung:						
	28€ 41€ **46€** 53€ 72€				[St]	⏱ 0,40 h/St	347.000.034
19	**Brandschutzabschottung, R90, DN40**						KG **422**
	Wie Ausführungsbeschreibung A 3						
	Feuerwiderstandsklasse: R90						
	Rohrleitung: **nicht brennbar / brennbar**						
	Montagehöhe: bis **3,50 / 5,00 / 7,00** m über Fußboden						
	Ringspalt: bis 15 mm						
	Außendurchmesser der Rohrleitung: 42 mm						
	Außendurchmesser Schott: 100 mm						
	Dämmlänge: 1.000 mm						
	Dämmung:						
	37€ 52€ **55€** 61€ 73€				[St]	⏱ 0,40 h/St	347.000.035
20	**Brandschutzabschottung, R90, DN50**						KG **422**
	Wie Ausführungsbeschreibung A 3						
	Feuerwiderstandsklasse: R90						
	Rohrleitung: **nicht brennbar / brennbar**						
	Montagehöhe: bis **3,50 / 5,00 / 7,00** m über Fußboden						
	Ringspalt: bis 15 mm						
	Außendurchmesser der Rohrleitung: 63 mm						
	Außendurchmesser Schott: 130 mm						
	Dämmlänge: 1.000 mm						
	Dämmung:						
	45€ 63€ **68€** 76€ 80€				[St]	⏱ 0,40 h/St	347.000.036

Nr.	Kurztext / Langtext				[Einheit]	Ausf.-Dauer	Kostengruppe Positionsnummer
▶	▷	ø netto €	◁	◀			

21 Brandschutzabschottung, R90, DN65 KG **422**
Wie Ausführungsbeschreibung A 3
Feuerwiderstandsklasse: R90
Rohrleitung: **nicht brennbar / brennbar**
Montagehöhe: bis **3,50 / 5,00 / 7,00** m über Fußboden
Ringspalt: bis 15 mm
Außendurchmesser der Rohrleitung: 76 mm
Außendurchmesser Schott: 180 mm
Dämmlänge: 1.000 mm
Dämmung: .....

| 57€ | 71€ | **80**€ | 86€ | 95€ | [St] | ⏱ 0,40 h/St | 347.000.037 |

22 Brandschutzabschottung, R90, DN100 KG **422**
Wie Ausführungsbeschreibung A 3
Feuerwiderstandsklasse: R90
Rohrleitung: **nicht brennbar / brennbar**
Montagehöhe: bis **3,50 / 5,00 / 7,00** m über Fußboden
Ringspalt: bis 15 mm
Außendurchmesser der Rohrleitung: 110 mm
Außendurchmesser Schott: 180 mm
Dämmlänge: 1.000 mm
Dämmung: .....

| 65€ | 82€ | **92**€ | 98€ | 115€ | [St] | ⏱ 0,42 h/St | 347.000.043 |

23 Brandschutzabschottung, R90, DN125 KG **422**
Wie Ausführungsbeschreibung A 3
Feuerwiderstandsklasse: R90
Rohrleitung: **nicht brennbar / brennbar**
Montagehöhe: bis **3,50 / 5,00 / 7,00** m über Fußboden
Ringspalt: bis 15 mm
Außendurchmesser der Rohrleitung: 139 mm
Außendurchmesser Schott: 180 mm
Dämmlänge: 1.000 mm
Dämmung: .....

| 69€ | 90€ | **98**€ | 106€ | 126€ | [St] | ⏱ 0,45 h/St | 347.000.044 |

LB 347
Dämm- und Brandschutzarbeiten an technischen Anlagen

Kosten: Stand 4.Quartal 2021, Bundesdurchschnitt

Legende:
- ▶ min
- ▷ von
- ø Mittel
- ◁ bis
- ◀ max

Nr.	Kurztext / Langtext ▶ ▷ ø netto € ◁ ◀	[Einheit]	Ausf.-Dauer	Kostengruppe Positionsnummer

A 4 — Wärmedämmschalen für Armaturen und Pumpen
Beschreibung für Pos. 24-31

Wärmedämmschalen für Armaturen und Pumpen. Bestehend aus einem zusammenklappbaren Formteil aus Polyethylen mit kratzfester Oberfläche aus PE-Gittergewebe. Entleerungsöffnungen vorgeprägt, Lieferung inkl. Verschlussclipsen, mit handelsüblichen Klebern diffusionsdicht verschließbar.

---

24 Wärmedämmschalen für Armaturen und Pumpen, DN12 KG **422**
Wie Ausführungsbeschreibung A 4
Baustoffklasse: B1
Wärmeleitwert 0,034 W/(mK): bei 10°C und 0,040 W/(mK) bei 40°C
Wasserdampfdiffusionsfaktor µ: 5.000
Temperaturbereich: -80°C bis +100°C
Abmessungen (LxBxH): 130 x 70 x 112 mm
Nennweite: DN12

▶	▷	ø	◁	◀	[Einheit]	Ausf.-Dauer	Positionsnummer
9€	11€	**14€**	16€	19€	[St]	⏱ 0,10 h/St	347.000.045

---

25 Wärmedämmschalen für Armaturen und Pumpen, DN15 KG **422**
Wie Ausführungsbeschreibung A 4
Baustoffklasse: B1
Wärmeleitwert 0,034 W/(mK): bei 10°C und 0,040 W/(mK) bei 40°C
Wasserdampfdiffusionsfaktor µ: 5.000
Temperaturbereich: -80°C bis +100°C
Abmessungen (LxBxH): 130 x 70 x 112 mm
Nennweite: DN15

▶	▷	ø	◁	◀	[Einheit]	Ausf.-Dauer	Positionsnummer
13€	16€	**17€**	18€	20€	[St]	⏱ 0,10 h/St	347.000.024

---

26 Wärmedämmschalen für Armaturen und Pumpen, DN20 KG **422**
Wie Ausführungsbeschreibung A 4
Baustoffklasse: B1
Wärmeleitwert 0,034 W/(mK): bei 10°C und 0,040 W/(mK) bei 40°C
Wasserdampfdiffusionsfaktor µ: 5.000
Temperaturbereich: -80°C bis +100°C
Abmessungen (LxBxH): 130 x 70 x 112 mm
Nennweite: DN20

▶	▷	ø	◁	◀	[Einheit]	Ausf.-Dauer	Positionsnummer
15€	17€	**19€**	20€	22€	[St]	⏱ 0,10 h/St	347.000.025

---

27 Wärmedämmschalen für Armaturen und Pumpen, DN25 KG **422**
Wie Ausführungsbeschreibung A 4
Baustoffklasse: B1
Wärmeleitwert 0,034 W/(mK): bei 10°C und 0,040 W/(mK) bei 40°C
Wasserdampfdiffusionsfaktor µ: 5.000
Temperaturbereich: -80°C bis +100°C
Abmessungen (LxBxH): 145 x 80 x 130 mm
Nennweite: DN25

▶	▷	ø	◁	◀	[Einheit]	Ausf.-Dauer	Positionsnummer
16€	20€	**24€**	25€	31€	[St]	⏱ 0,10 h/St	347.000.026

Nr.	Kurztext / Langtext					Kostengruppe
▶	▷ ø **netto** € ◁ ◀			[Einheit]	Ausf.-Dauer	Positionsnummer

28 Wärmedämmschalen für Armaturen und Pumpen, DN32 — KG **422**
Wie Ausführungsbeschreibung A 4
Baustoffklasse: B1
Wärmeleitwert 0,034 W/(mK): bei 10°C und 0,040 W/(mK) bei 40°C
Wasserdampfdiffusionsfaktor µ: 5.000
Temperaturbereich: -80°C bis +100°C
Abmessungen (LxBxH): 195 x 137 x 203 mm
Nennweite: DN32

| 17€ | 22€ | **27€** | 29€ | 35€ | [St] | ⏱ 0,10 h/St | 347.000.027 |

29 Wärmedämmschalen für Armaturen und Pumpen, DN40 — KG **422**
Wie Ausführungsbeschreibung A 4
Baustoffklasse: B1
Wärmeleitwert 0,034 W/(mK): bei 10°C und 0,040 W/(mK) bei 40°C
Wasserdampfdiffusionsfaktor µ: 5.000
Temperaturbereich: -80°C bis +100°C
Abmessungen (LxBxH): 196 x 163 x 230 mm
Nennweite: DN40

| 20€ | 28€ | **34€** | 35€ | 43€ | [St] | ⏱ 0,10 h/St | 347.000.028 |

30 Wärmedämmschalen für Armaturen und Pumpen, DN50 — KG **422**
Wie Ausführungsbeschreibung A 4
Baustoffklasse: B1
Wärmeleitwert 0,034 W/(mK): bei 10°C und 0,040 W/(mK) bei 40°C
Wasserdampfdiffusionsfaktor µ: 5.000
Temperaturbereich: -80°C bis +100°C
Abmessungen (LxBxH): 212 x 182 x 253 mm
Nennweite: DN50

| 24€ | 29€ | **36€** | 39€ | 48€ | [St] | ⏱ 0,10 h/St | 347.000.029 |

31 Wärmedämmschalen für Armaturen und Pumpen, DN65 — KG **422**
Wie Ausführungsbeschreibung A 4
Baustoffklasse: B1
Wärmeleitwert 0,034 W/(mK): bei 10°C und 0,040 W/(mK) bei 40°C
Wasserdampfdiffusionsfaktor µ: 5.000
Temperaturbereich: -80°C bis +100°C
Abmessungen (LxBxH): 212 x 182 x 253 mm
Nennweite: DN65

| 26€ | 30€ | **39€** | 46€ | 53€ | [St] | ⏱ 0,10 h/St | 347.000.046 |

LB 353
Niederspannungsanlagen - Kabel/Leitungen, Verlegesysteme, Installationsgeräte

Kosten: Stand 4. Quartal 2021, Bundesdurchschnitt

▶ min
▷ von
ø Mittel
◁ bis
◀ max

Niederspannungsanlagen - Kabel/Leitungen, Verlegesysteme, Installationsgeräte — Preise €

Nr.	Positionen	Einheit	▶	▷ ø brutto € ø netto €	◁	◀
1	Schlitz herstellen, Mauerwerk, 5x3cm	m	–	21 / 18	**23** / **19**	24 / 20	–
2	Schlitz herstellen, Mauerwerk, 10x5cm	m	–	48 / 40	**52** / **43**	54 / 46	–
3	Kabelrinne, Stahl, WA ,100mm	m	–	48 / 40	**52** / **43**	54 / 46	–
4	Kabelrinne, Stahl, WA, 200mm	m	–	54 / 46	**57** / **48**	61 / 51	–
5	Kabelrinne, Stahl, WA, 300mm	m	–	47 / 39	**49** / **41**	53 / 45	–
6	Kabelrinne, Stahl, WA, 400mm	m	–	55 / 47	**59** / **50**	63 / 53	–
7	Installationsleitung, NYM-J 1x6mm², UP	m	–	3 / 3	**4** / **3**	4 / 3	–
8	Installationsleitung, NYM-J 1x16mm², UP	m	–	6 / 5	**7** / **6**	8 / 7	–
9	Installationsleitung, NYM-J 3x2,5mm², UP	m	–	4 / 3	**4** / **3**	4 / 4	–
10	Installationsleitung, NYM-J 5x2,5mm², UP	m	–	5 / 4	**6** / **5**	6 / 5	–
11	Installationsleitung, NYM-J 5x6mm², UP	m	–	11 / 9	**11** / **9**	12 / 10	–
12	Installationsleitung, NYM-J 5x16mm², UP	m	–	23 / 19	**23** / **20**	25 / 21	–
13	Elektroinstallationsrohr, 16mm	m	–	4,4 / 3,7	**4,8** / **4,0**	5,0 / 4,2	–
14	Elektroinstallationsrohr, 25mm	m	–	4,8 / 4,0	**5,2** / **4,4**	5,4 / 4,6	–
15	Elektroinstallationsrohr, 40mm	m	–	10 / 8,6	**11** / **9,1**	12 / 9,8	–
16	Leitungsführungskanal PVC 15x15mm	m	–	7 / 6	**8** / **7**	8 / 7	–
17	Leitungsführungskanal PVC 30x30mm	m	–	10 / 8	**11** / **9**	11 / 10	–
18	Leitungsführungskanal PVC 90x40mm	m	–	22 / 18	**23** / **20**	24 / 21	–
19	Leitungsführungskanal PVC 110x60mm	m	–	36 / 30	**37** / **31**	40 / 34	–
20	Leitungsführungskanal PVC 230x60mm	m	–	76 / 64	**83** / **70**	86 / 72	–
21	Sockelleistenkanal, 50x20mm	m	–	22 / 19	**23** / **20**	25 / 21	–
22	Geräteeinbaukanal, 130x60mm	m	–	41 / 34	**42** / **35**	47 / 39	–
23	Geräteeinbaukanal, 170x60mm	m	–	56 / 47	**61** / **51**	64 / 54	–
24	Geräteeinbaukanal, 210x60mm	m	–	77 / 65	**83** / **70**	86 / 72	–

© BKI Baukosteninformationszentrum

Kostenstand: 4.Quartal 2021, Bundesdurchschnitt

Nr.	Kurztext / Langtext							Kostengruppe
▶	▷	ø netto €	◁	◀		[Einheit]	Ausf.-Dauer	Positionsnummer

A 1 Schlitz herstellen, Mauerwerk — Beschreibung für Pos. **1-2**

Schlitz in verputztem Mauerwerk nachträglich herstellen und Bauschutt entsorgen.
Druckfestigkeitsklasse: bis Mz 12 N/mm²
Wanddicke: .....
Lage: .....

1 Schlitz herstellen, Mauerwerk, 5x3cm — KG **394**
Wie Ausführungsbeschreibung A 1
Breite: bis 5 cm
Tiefe: bis 3 cm

| –€ | 18€ | **19**€ | 20€ | –€ | [m] | ⏱ 0,15 h/m | 353.000.023 |

2 Schlitz herstellen, Mauerwerk, 10x5cm — KG **394**
Wie Ausführungsbeschreibung A 1
Breite: bis 10 cm
Tiefe: bis 5 cm

| –€ | 40€ | **43**€ | 46€ | –€ | [m] | ⏱ 0,15 h/m | 353.000.024 |

A 2 Kabelrinne, Stahl, WA — Beschreibung für Pos. **3-6**

Kabelrinne mit Trennsteg und Wandausleger, einschl. systembedingten Verbindungsstücken, Formstücken, Befestigungsmaterial.
Norm: DIN EN 61537 (VDE 0639)
Werkstoff: Stahl, feuerverzinkt, DIN EN ISO 1461
Dicke Metallwerkstoff: 1,5 mm
Ausführung: gelocht
Höhe: 60mm

3 Kabelrinne, Stahl, WA ,100mm — KG **444**
Wie Ausführungsbeschreibung A 2
Breite: 100 mm
Angeb. Fabrikat: .....

| –€ | 40€ | **43**€ | 46€ | –€ | [m] | ⏱ 0,20 h/m | 353.000.025 |

4 Kabelrinne, Stahl, WA, 200mm — KG **444**
Wie Ausführungsbeschreibung A 2
Breite: 200 mm
Angeb. Fabrikat: .....

| –€ | 46€ | **48**€ | 51€ | –€ | [m] | ⏱ 0,25 h/m | 353.000.026 |

5 Kabelrinne, Stahl, WA, 300mm — KG **444**
Wie Ausführungsbeschreibung A 2
Breite: 300 mm
Angeb. Fabrikat: .....

| –€ | 39€ | **41**€ | 45€ | –€ | [m] | ⏱ 0,30 h/m | 353.000.027 |

© BKI Baukosteninformationszentrum — Kostenstand: 4.Quartal 2021, Bundesdurchschnitt

LB 353
Niederspannungs-
anlagen
- Kabel/Leitungen,
Verlegesysteme,
Installationsgeräte

Kosten:
Stand 4.Quartal 2021
Bundesdurchschnitt

▶ min
▷ von
ø Mittel
◁ bis
◀ max

Nr.	Kurztext / Langtext				[Einheit]	Ausf.-Dauer	Kostengruppe Positionsnummer
▶	▷ ø netto € ◁ ◀						
6	**Kabelrinne, Stahl, WA, 400mm**						KG **444**
	Wie Ausführungsbeschreibung A 2						
	Breite: 400 mm						
	Angeb. Fabrikat:						
	–€ 47€ **50€** 53€ –€				[m]	⏱ 0,40 h/m	353.000.028
A 3	**Installationsleitung, NYM-J, UP**						Beschreibung für Pos. **7-12**
	Installationsleitung für Verlegung unter Putz, mit Befestigung.						
	Norm: DIN VDE 0250-204 (VDE 0250-204)						
	Leitungstyp: NYM-J						
7	**Installationsleitung, NYM-J 1x6mm², UP**						KG **444**
	Wie Ausführungsbeschreibung A 3						
	Ader-/Leiterzahl: 1 x 6 mm²						
	Metallzahl: Cu-Zahl 58						
	–€ 3€ **3€** 3€ –€				[m]	⏱ 0,05 h/m	353.000.029
8	**Installationsleitung, NYM-J 1x16mm², UP**						KG **444**
	Wie Ausführungsbeschreibung A 3						
	Ader-/Leiterzahl: 1 x 16 mm²						
	Metallzahl: Cu-Zahl 154						
	–€ 5€ **6€** 7€ –€				[m]	⏱ 0,06 h/m	353.000.030
9	**Installationsleitung, NYM-J 3x2,5mm², UP**						KG **444**
	Wie Ausführungsbeschreibung A 3						
	Ader-/Leiterzahl: 3 x 2,5 mm²						
	Metallzahl: Cu-Zahl 72						
	–€ 3€ **3€** 4€ –€				[m]	⏱ 0,09 h/m	353.000.032
10	**Installationsleitung, NYM-J 5x2,5mm², UP**						KG **444**
	Wie Ausführungsbeschreibung A 3						
	Ader-/Leiterzahl: 5 x 2,5 mm²						
	Metallzahl: Cu-Zahl 120						
	–€ 4€ **5€** 5€ –€				[m]	–	353.000.033
11	**Installationsleitung, NYM-J 5x6mm², UP**						KG **444**
	Wie Ausführungsbeschreibung A 3						
	Ader-/Leiterzahl: 5 x 6 mm²						
	Metallzahl: Cu-Zahl 288						
	–€ 9€ **9€** 10€ –€				[m]	⏱ 0,09 h/m	353.000.034
12	**Installationsleitung, NYM-J 5x16mm², UP**						KG **444**
	Wie Ausführungsbeschreibung A 3						
	Ader-/Leiterzahl: 5 x 16 mm²						
	Metallzahl: Cu-Zahl 768						
	–€ 19€ **20€** 21€ –€				[m]	⏱ 0,12 h/m	353.000.035

Nr.	Kurztext / Langtext						Kostengruppe	
▶	▷	ø netto €	◁	◀	[Einheit]	Ausf.-Dauer	Positionsnummer	

A 4   Elektroinstallationsrohr   Beschreibung für Pos. **13-15**

Elektroinstallationsrohr, geschlossen, für Verlegung unter Putz, mit Befestigung.
Norm: DIN EN 61386 (VDE 0605)
Werkstoff: Kunststoff, halogenfrei
Ausführung: einwandig, gewellt, flexibel
Druckfestigkeitsklasse: 3 - mittel (750 N)
Klasse Schlagbeanspruchung: 3 - mittel (2 kg/100 mm)

13   Elektroinstallationsrohr, 16mm   KG **444**
Wie Ausführungsbeschreibung A 4
Außendurchmesser: 16 mm
–€   4€   **4€**   4€   –€   [m]   ⏱ 0,12 h/m   353.000.036

14   Elektroinstallationsrohr, 25mm   KG **444**
Wie Ausführungsbeschreibung A 4
Außendurchmesser: 25 mm
–€   4€   **4€**   5€   –€   [m]   ⏱ 0,12 h/m   353.000.037

15   Elektroinstallationsrohr, 40mm   KG **444**
Wie Ausführungsbeschreibung A 4
Außendurchmesser: 40 mm
–€   9€   **9€**   10€   –€   [m]   ⏱ 0,12 h/m   353.000.038

16   Leitungsführungskanal PVC 15x15mm   KG **444**
Leitungsführungskanal mit Trennsteg, einschl. systembedingter Verbindungsstücke, Formstücke, Befestigungsmaterial.
Norm: DIN EN 50085-2-1 (VDE 0604-2-1)
Werkstoff: PVC-U
Breite: 15 mm
Höhe: 15 mm
Farbe: **grau / weiß**
Befestigung: auf **Beton / Mauerwerk / Installationswand**
–€   6€   **7€**   7€   –€   [m]   ⏱ 0,04 h/m   353.000.039

17   Leitungsführungskanal PVC 30x30mm   KG **444**
Leitungsführungskanal mit Trennsteg, einschl. systembedingter Verbindungsstücke, Formstücke, Befestigungsmaterial.
Norm: DIN EN 50085-2-1 (VDE 0604-2-1)
Werkstoff: PVC-U
Breite: 30 mm
Höhe: 30 mm
Farbe: **grau / weiß**
Befestigung: auf **Beton / Mauerwerk / Installationswand**
–€   8€   **9€**   10€   –€   [m]   ⏱ 0,04 h/m   353.000.040

LB 353
Niederspannungsanlagen
- Kabel/Leitungen, Verlegesysteme, Installationsgeräte

Kosten:
Stand 4.Quartal 2021
Bundesdurchschnitt

▶ min
▷ von
ø Mittel
◁ bis
◀ max

Nr.	Kurztext / Langtext				[Einheit]	Ausf.-Dauer	Kostengruppe Positionsnummer
▶	▷ ø netto € ◁ ◀						

18 Leitungsführungskanal PVC 90x40mm — KG **444**
Leitungsführungskanal mit Trennsteg, einschl. systembedingter Verbindungsstücke, Formstücke, Befestigungsmaterial.
Norm: DIN EN 50085-2-1 (VDE 0604-2-1)
Werkstoff: PVC-U
Breite: 90 mm
Höhe: 40 mm
Farbe: **grau / weiß**
Befestigung: auf **Beton / Mauerwerk / Installationswand**

–€   18€   **20**€   21€   –€   [m]   ⏱ 0,05 h/m   353.000.041

19 Leitungsführungskanal PVC 110x60mm — KG **444**
Leitungsführungskanal mit Trennsteg, einschl. systembedingter Verbindungsstücke, Formstücke und Befestigungsmaterial.
Norm: DIN EN 50085-2-1 (VDE 0604-2-1)
Werkstoff: PVC-U
Breite: 110 mm
Höhe: 60 mm
Farbe: **grau / weiß**
Befestigung: auf **Beton / Mauerwerk / Installationswand**

–€   30€   **31**€   34€   –€   [m]   ⏱ 0,05 h/m   353.000.042

20 Leitungsführungskanal PVC 230x60mm — KG **444**
Leitungsführungskanal mit Trennsteg, einschl. systembedingter Verbindungsstücke, Formstücke und Befestigungsmaterial.
Norm: DIN EN 50085-2-1 (VDE 0604-2-1)
Werkstoff: PVC-U
Breite: 230 mm
Höhe: 60 mm
Farbe: **grau / weiß**
Befestigung: auf **Beton / Mauerwerk / Installationswand**

–€   64€   **70**€   72€   –€   [m]   ⏱ 0,10 h/m   353.000.043

21 Sockelleistenkanal, 50x20mm — KG **444**
Sockelleistenkanal, einschl. systembedingter Verbindungsstücke, Formstücke, Befestigungsmaterial.
Norm: DIN EN 50085-2-1 (VDE 0604-2-1)
Werkstoff: PVC-U
Breite: 50 mm
Höhe: 20 mm
Farbe: **grau / weiß**
Befestigung: auf **Beton / Mauerwerk / Installationswand**

–€   19€   **20**€   21€   –€   [m]   ⏱ 0,06 h/m   353.000.044

© BKI Baukosteninformationszentrum

Nr.	Kurztext / Langtext						Kostengruppe	
▶	▷	**ø netto €**	◁	◀	[Einheit]	Ausf.-Dauer	Positionsnummer	

22 Geräteeinbaukanal, 130x60mm KG **444**
Geräteeinbaukanal mit Trennsteg, einschl. systembedingter Verbindungsstücke, Kabelhalteklammern, Formstücke, Befestigungsmaterial.
Norm: DIN EN 50085-2-1 (VDE 0604-2-1)
Werkstoff: PVC-U
Breite: 130 mm
Höhe: 60 mm
Farbe: **grau / weiß**
Befestigung: auf **Beton / Mauerwerk / Installationswand**

| –€ | 34€ | **35**€ | 39€ | –€ | [m] | ⏱ 0,08 h/m | 353.000.045 |

23 Geräteeinbaukanal, 170x60mm KG **444**
Geräteeinbaukanal mit Trennsteg, einschl. systembedingter Verbindungsstücke, Kabelhalteklammern, Formstücke, Befestigungsmaterial.
Norm: DIN EN 50085-2-1 (VDE 0604-2-1)
Werkstoff: PVC-U
Breite: 190 mm
Höhe: 60 mm
Farbe: **grau / weiß**
Befestigung: auf **Beton / Mauerwerk / Installationswand**

| –€ | 47€ | **51**€ | 54€ | –€ | [m] | ⏱ 0,10 h/m | 353.000.046 |

24 Geräteeinbaukanal, 210x60mm KG **444**
Geräteeinbaukanal mit Trennsteg, einschl. systembedingter Verbindungsstücke, Kabelhalteklammern, Formstücke, Befestigungsmaterial.
Norm: DIN EN 50085-2-1 (VDE 0604-2-1)
Werkstoff: PVC-U
Breite: 230 mm
Höhe: 60 mm
Farbe: **grau / weiß**
Befestigung: auf **Beton / Mauerwerk / Installationswand**

| –€ | 65€ | **70**€ | 72€ | –€ | [m] | ⏱ 0,12 h/m | 353.000.047 |

LB 358 Leuchten und Lampen

Leuchten und Lampen — Preise €

Nr.	Positionen	Einheit	▶ min	▷ von ø brutto € / ø netto €	ø Mittel	◁ bis	◀ max
1	Abbruch Einbauleuchte	St	–	13 / 11	**16** / **14**	19 / 16	–
2	Wannenleuchte, LED, Feuchtraum	St	–	177 / 148	**214** / **180**	227 / 191	–
3	Einbauleuchte, LED, 39W	St	–	199 / 167	**230** / **193**	277 / 233	–
4	Pendelleuchte, LED 47W, bis 598m	St	227 / 191	348 / 292	**410** / **344**	456 / 383	537 / 451
5	Pendelleuchte, LED 47W, bis 1.198m	St	376 / 316	470 / 395	**492** / **413**	552 / 464	645 / 542
6	Einbaudownlight, LED, 9W	St	–	48 / 40	**53** / **45**	58 / 49	–
7	Einbaudownlight, LED, 17,8W	St	–	71 / 59	**77** / **65**	86 / 72	–

Kosten: Stand 4.Quartal 2021, Bundesdurchschnitt

▶ min ▷ von ø Mittel ◁ bis ◀ max

Nr.	Kurztext / Langtext					[Einheit]	Ausf.-Dauer	Kostengruppe Positionsnummer
▶	▷	ø netto €	◁	◀				

1 Abbruch Einbauleuchte — KG 494

Abbruch Einbauleuchte mit Befestigungsmaterial, inkl. Leuchtmittel, im Rahmen einer Teilabbruchmaßnahme, Ausführung innerhalb des Bauwerks. Abbruch von Hand/mit handgeführten Kleingeräten, aufgenommene Stoffe sammeln, in vom AG gestellten Behälter lagern. Abfall ist nicht gefährlich, nicht schadstoffbelastet, Entsorgung wird gesondert vergütet.
Ausführungsort: .....
Einbautiefe 50 mm
Arbeitshöhe: bis 3,50 m

–€   11€   **14**€   16€   –€   [St]   ⏱ 0,30 h/St   358.000.049

2 Wannenleuchte, LED, Feuchtraum — KG 445

Wannenleuchte für Feuchtraum, Gehäuse aus Kunststoff (Polycarbonat), innenliegende Halterung, Stahlblech, weiß lackiert, Refraktor Kunststoff (PMMA oder PC), innenprismatisch.
Abmessung: ..... (bis 1.278 mm)
Leuchtmittel: LED 28 W
Lichtfarbe: 840, neutralweiß
Leuchtenlichtstrom: 3.350 lm
Elektrische Ausstattung: Betriebsgerät
Schutzart: IP 66
Schutzklasse: I
Spannung: 220-240 V / 50-60 Hz
Farbe: lichtgrau
Zubehör: Befestigungsmaterial
Arbeitshöhe: bis ..... m

–€   148€   **180**€   191€   –€   [St]   ⏱ 0,35 h/St   358.000.043

© BKI Baukosteninformationszentrum — Kostenstand: 4.Quartal 2021, Bundesdurchschnitt

Nr.	Kurztext / Langtext							Kostengruppe
▶	▷	ø netto €	◁	◀	[Einheit]	Ausf.-Dauer	Positionsnummer

3   Einbauleuchte, LED, 39W   KG 445
Einbauleuchte in abgehängter Decke, Gehäuse aus Aluminium, Diffusor und Lightguide aus vergilbungsfreiem PMMA (opal), mit LED-Betriebsgerät extern.
Abmessung: ..... (bis 1233 mm)
Abstrahlwinkel: 60°
Leuchtmittel: LED 39 W
Lichtfarbe: 830, warmweiß
Leuchtenlichtstrom: 3.600 lm
Lebensdauer: 50.000 h (L70/B10)
Schutzart: IP 20
Schutzklasse: II
Spannung: 220-240 V / 50-60 Hz
Für Deckenstärke: 10-25 mm
Gehäusefarbe: weiß
Zubehör: Befestigungsmaterial
Arbeitshöhe: bis ..... m

| –€ | 167€ | **193**€ | 233€ | –€ | [St] | ⏱ 0,60 h/St | 358.000.044 |

A 1   Pendelleuchte, LED   Beschreibung für Pos. 4-5
Pendelleuchte, Abdeckung aus Stahlblech, pulverbeschichtet, Rahmen aus Aluminium, eloxiert, Diffusor microprismatisch, direkt-/indirekt-Stahlseilabhängung, stufenlos, strahlend, höhenverstellbar, bildschirmarbeitsplatzgerecht, designintegrierte.
Abstrahlwinkel: 80-200°
Leuchtmittel: LED 34 W
Lichtfarbe: 830, warmweiß
Leuchtenlichtstrom: 3.944 lm
Schutzart: IP 20
Schutzklasse: I
Spannung: 100-240 V / 50-60 Hz
Gehäusefarbe: aluminium, eloxiert
Zubehör: Befestigungsmaterial

4   Pendelleuchte, LED 47W, bis 598m   KG 445
Wie Ausführungsbeschreibung A 1
Abmessung: ..... (bis 598 mm)
Arbeitshöhe: bis ..... m

| 191€ | 292€ | **344**€ | 383€ | 451€ | [St] | ⏱ 0,50 h/St | 358.000.045 |

5   Pendelleuchte, LED 47W, bis 1.198m   KG 445
Wie Ausführungsbeschreibung A 1
Abmessung: ..... (bis 1.198 mm)
Arbeitshöhe: bis ..... m

| 316€ | 395€ | **413**€ | 464€ | 542€ | [St] | ⏱ 0,50 h/St | 358.000.046 |

LB 358
Leuchten und Lampen

Kosten:
Stand 4.Quartal 2021
Bundesdurchschnitt

Nr.	Kurztext / Langtext				[Einheit]	Kostengruppe Ausf.-Dauer	Positionsnummer
▶	▷	**ø netto €**	◁	◀			

A 2 Einbaudownlight, LED
Beschreibung für Pos. 6-7

Einbaudownlight mit LED, Gehäuse aus Aluminium-Druckguss, pulverbeschichtet, Lightguide und Kunststoffabdeckung aus vergilbungsfreiem Kunststoff (PMMA), Abdeckung Kunststoff opal matt, Deckenbefestigung mit Federsystem.
Betriebsgerät: extern über Steckverbindung, mit Verbindungsleitung zwischen Leuchte und LED-Betriebsgerät 250 mm
Abstrahlwinkel: 110°
Lichtfarbe: 830, warmweiß
Lebensdauer: L70> 50.000 h
Spannung: 220-240 V / 50-60 Hz
Für Deckenstärke: 1-20 mm
Schutzart: IP20
Schutzklasse: II
Zubehör: Befestigungsmaterial

6 Einbaudownlight, LED, 9W
KG **445**

Wie Ausführungsbeschreibung A 2
Deckenausschnitt: 170 mm
Einbautiefe: 27-53 mm
Lichtleistung: LED 9 W
Leuchtenlichtstrom: 780 lm
Arbeitshöhe: bis ..... m

| –€ | 40€ | **45**€ | 49€ | –€ | [St] | ⏱ 0,30 h/St | 358.000.047 |

7 Einbaudownlight, LED, 17,8W
KG **445**

Wie Ausführungsbeschreibung A 2
Dekenausschnitt: 234 mm
Einbautiefe: 30-56 mm
Lichtleistung: LED 17,8 W
Leuchtenlichtstrom: 1.650 lm
Arbeitshöhe: bis ..... m

| –€ | 59€ | **65**€ | 72€ | –€ | [St] | ⏱ 0,40 h/St | 358.000.048 |

▶ min
▷ von
ø Mittel
◁ bis
◀ max

Positionen Altbau

LB 369 Aufzüge

Aufzüge — Preise €

Nr.	Positionen	Einheit	▶ min	▷ von ø brutto € / ø netto €	ø Mittel	◁ bis	◀ max
1	Personenaufzug bis 630kg, behindertengerecht, Typ 2	St	41.637	56.266	**63.883**	69.087	81.711
			34.989	47.282	**53.683**	58.056	68.665
2	Personenaufzug bis 1.275kg, behindertengerecht, Typ 3	St	66.187	79.316	**86.840**	89.547	106.218
			55.619	66.652	**72.974**	75.250	89.259
3	Bettenaufzug, 2.500kg	St	91.391	112.282	**121.745**	123.187	144.077
			76.799	94.355	**102.306**	103.518	121.073
4	Sitzlift, Treppe innen, gerade	St	–	5.263	**9.306**	12.677	–
			–	4.423	**7.820**	10.653	–
5	Sitzlift, Treppe innen, gewendelt	St	–	10.664	**15.538**	23.036	–
			–	8.961	**13.057**	19.358	–
6	Plattformlift, Treppe innen, gerade	St	–	12.586	**15.576**	22.578	–
			–	10.576	**13.089**	18.973	–
7	Plattformlift, Treppe innen, gewendelt	St	–	19.558	**26.239**	30.664	–
			–	16.435	**22.050**	25.768	–
8	Plattformlift, Treppe außen, gerade	St	–	18.154	**21.693**	24.470	–
			–	15.256	**18.230**	20.563	–
9	Hublift, Förderplattform, 1,5m	St	–	7.498	**14.645**	17.269	–
			–	6.301	**12.307**	14.512	–
10	Hublift, Förderplattform, 3,0m	St	–	19.527	**24.027**	25.782	–
			–	16.409	**20.191**	21.665	–
11	Plattformaufzug, barrierefrei, verglast, außen	St	–	33.585	**45.904**	56.674	–
			–	28.223	**38.575**	47.625	–
12	Stundensatz, Facharbeiter/-in	h	61	90	**100**	122	152
			51	76	**84**	103	128
13	Stundensatz, Helfer/-in	h	41	62	**76**	106	140
			35	52	**63**	89	117

Kosten:
Stand 4. Quartal 2021
Bundesdurchschnitt

▶ min
▷ von
ø Mittel
◁ bis
◀ max

© BKI Baukosteninformationszentrum — Kostenstand: 4. Quartal 2021, Bundesdurchschnitt

Nr.	Kurztext / Langtext					Kostengruppe	
▶	▷	ø netto €	◁	◀	[Einheit]	Ausf.-Dauer	Positionsnummer

1   Personenaufzug bis 630kg, behindertengerecht, Typ 2   KG **461**

Seilaufzug, behindertengerecht EN 81-70, 630kg Nutzlast, als Personenaufzug elektrisch betrieben EN 81-1, liefern und betriebsfertig montieren.
Ausführung gem. anliegender Einzelbeschreibungen, Anlagen-Nr.: .....
Türbreite: mind. 90 cm
Fahrkorbbreite: mind. 110 cm
Fahrkorbtiefe: mind. 140 cm
Typ: Personenaufzug EN 81-70 Typ 2, barrierefrei / behindertengerecht, Nutzung durch 1 Rollstuhlbenutzer mit Begleitperson nach EN 12183 oder durch elektrisch angetriebenen Rollstuhl der Klassen A oder B DIN EN 12184
Gruppengröße: 8 Personen
Gruppensteuerung: **Auf- / Abwärts-**Sammelsteuerung
Geschwindigkeit: **1,6 / 1,0 / 0,5 m/s**
Nennlast: 630 kg
Anzahl der Fahrten / Fahrzeit je Tag: ca. **1,5 / 3,0 / 6,0** (Stunden je Tag) nach VDI 4707 Bl.1
Schallwert 1 Meter vom Antrieb entfernt: max. ..... dB(A)
Schallwert in der Kabine während der Fahrt: max. 51 dB(A)
Schallwert1 Meter vor geschlossener Schachttür: max. ..... dB(A)
Brandschutz: Türen **ohne Brandanforderung / E120 nach EN81-58,** Türausbildung gem. DIN 18091
Anzahl Haltestellen: ..... Geschosse
Summe Zugänge: .....
Schachtausführung: Betonschacht nach EN 81
Schachtbreite: ..... mm
Schachttiefe: ..... mm
Schachtgrubentiefe: ..... mm
Schachtkopfhöhe: ..... mm
Förderhöhe: ..... mm
Aufzugsantrieb: **im Schacht / im gesonderten Maschinenraum**
Antrieb / Kabinenausstattung / Ausführung Schachtkorb und Türen, gem. Einzelbeschreibung
Bieterangaben:
Motor: Energieeffizienzklasse ..... mit ..... kW
Nennstrom: .....
Anlaufstrom: .....
Hersteller / Typ des Antriebes: .....
Hersteller / Typ des Motors: .....
Hersteller / Typ der Steuerung: .....
Hersteller / Typ des Fahrkorbes: .....
Hersteller / Typ der elektronischen Steuerung: .....
34.989€   47.282€   **53.683**€   58.056€   68.665€   [St]   ⏱ 220,00 h/St   369.000.001

LB 369 Aufzüge

Nr.	Kurztext / Langtext					Kostengruppe
▶	▷ ø netto € ◁ ◀			[Einheit]	Ausf.-Dauer	Positionsnummer

2 **Personenaufzug bis 1.275kg, behindertengerecht, Typ 3** — KG **461**

Seilaufzug, krankentrage- und behindertengerecht EN 81-70, 1275kg Nutzlast, als Personenaufzug für 13 Personen, elektrisch betrieben EN 81-1, liefern und betriebsfertig montieren.
Ausführung gem. anliegender Einzelbeschreibungen, Anlagen-Nr.: .....
Türbreite: mind. 90 cm
Fahrkorbbreite: mind. 200 cm
Fahrkorbtiefe: mind. 140 cm
Typ: Personenaufzug EN 81-70 Tabelle 1 Typ 3, barrierefrei / behindertengerecht und krankentragegerecht, Nutzung durch 1 Rollstuhlbenutzer und weitere Personen, mit der Möglichkeit des Wenden des Rollstuhls der Klasse A oder B oder der Gehhilfe bzw. des Rollators
Gruppengröße: 13 Personen
Gruppensteuerung: **Auf- / Abwärts-**Sammelsteuerung
Geschwindigkeit: **1,6 / 1,0 / 0,5** m/s
Nennlast: 1.275 kg
Anzahl der Fahrten / Fahrzeit je Tag: ca. **1,5 / 3,0 / 6,0** (Stunden je Tag) nach VDI 4707 Bl.1
Schallwert 1 Meter vom Antrieb entfernt: max. ..... dB(A)
Schallwert in der Kabine während der Fahrt: max. 51 dB(A)
Schallwert: Meter vor geschlossener Schachttür max. ..... dB(A)
Brandschutz: Türen **ohne Brandanforderung / E120 nach EN 81-58,** Türausbildung gem. DIN 18091
Anzahl Haltestellen: ..... Geschosse
Summe Zugänge: .....
Schachtausführung: Betonschacht nach EN 81
Schachtbreite: ..... mm
Schachttiefe: ..... mm
Schachtgrubentiefe: ..... mm
Schachtkopfhöhe: ..... mm
Förderhöhe: ..... mm
Aufzugsantrieb: **im Schacht / im gesonderten Maschinenraum**
Antrieb / Kabinenausstattung / Ausführung Schachtkorb und Türen, gem. Einzelbeschreibung
Bieterangaben:
Motor: Energieeffizienzklasse ..... mit ..... kW
Nennstrom: .....
Anlaufstrom: .....
Hersteller / Typ des Antriebes: .....
Hersteller / Typ des Motors: .....
Hersteller / Typ der Steuerung: .....
Hersteller / Typ des Fahrkorbes: .....
Hersteller / Typ der elektronischen Steuerung: .....

55.619€ 66.652€ **72.974€** 75.250€ 89.259€   [St]   ⏱ 240,00 h/St   369.000.002

Kosten: Stand 4.Quartal 2021 Bundesdurchschnitt

▶ min
▷ von
ø Mittel
◁ bis
◀ max

Nr.	Kurztext / Langtext							Kostengruppe	
▶	▷	ø netto €	◁	◀		[Einheit]	Ausf.-Dauer	Positionsnummer	

3   Bettenaufzug, 2.500kg   KG **461**

Seilaufzug, Bettenaufzug, elektrisch betrieben EN 81-1, liefern und betriebsfertig montieren.
Ausführung gem. anliegender Einzelbeschreibungen, Anlagen-Nr.: .....
Türbreite: 140 cm
Fahrkorbbreite: 180 cm
Fahrkorbtiefe: 270 cm
Einsatzempfehlung: Bettenaufzug gem. DIN 15309, in Krankenhäuser und Kliniken, Bettengröße 1,00 x 2,30 m, mit Geräten für die medizinische Versorgung und Notbehandlung der Patienten, mit Begleitperson am Kopfende und/oder seitlich stehend. Ausführung barrierefrei EN81-70
Gruppengröße: 33 Personen
Gruppensteuerung: **Auf- / Abwärts-**Sammelsteuerung
Geschwindigkeit: **1,0 / 0,5** m/s
Nennlast: 2.500 kg
Anzahl der Fahrten / Fahrzeit je Tag: ca. ..... (Stunden je Tag) nach VDI 4707 Bl.1
Schallwert 1 Meter vom Antrieb entfernt: max. ..... dB(A)
Schallwert in der Kabine während der Fahrt: max. 51 dB(A)
Schallwert 1 Meter vor geschlossener Schachttür: max. ..... dB(A)
Brandschutz: Türen **ohne Brandanforderung / E120 nach EN 81-58,** Türausbildung gem. DIN 18091
Anzahl Haltestellen: ..... Geschosse
Zugänge: ..... / Türen gegenüber: .....
Schachtausführung: Betonschacht nach EN 81
Schachtbreite: ..... mm
Schachttiefe: ..... mm
Schachtgrubentiefe: ..... mm
Schachtkopfhöhe: ..... mm
Förderhöhe: ..... mm
Aufzugsantrieb: **im Schacht / im gesonderten Maschinenraum**
Antrieb / Kabinenausstattung / Ausführung Schachtkorb und Türen, gem. Einzelbeschreibung
Bieterangaben:
Motor: Energieeffizienzklasse ..... mit ..... kW
Nennstrom: .....
Anlaufstrom: .....
Hersteller / Typ des Antriebes: .....
Hersteller / Typ des Motors: .....
Hersteller / Typ der Steuerung: .....
Hersteller / Typ des Fahrkorbes: .....
Hersteller / Typ der elektronischen Steuerung: .....

76.799 €   94.355 €   **102.306** € 103.518 € 121.073 €   [St]   260,00 h/St   369.000.003

LB 369 Aufzüge

Nr.	Kurztext / Langtext					[Einheit]	Ausf.-Dauer	Kostengruppe Positionsnummer
▶	▷	ø netto €	◁	◀				

A 1 Sitzlift, Treppe innen
Beschreibung für Pos. 4-5

Sitzlift mit Stangenantrieb für Treppen im Innenbereich, mit außenseitiger Stützenmontage auf Treppenstufen, gepolsterten Sitz, klappbar, mit Rücken- und beidseitiger Armlehne, mit Gurt und Fußbrett.
Förderlänge: ..... m (1 Wohngeschoss)
Neigungswinkel: 0-.... °
Betrieb: Zahnstangenantrieb, Akkumotor 0,36 kW
Tragfähigkeit: 125 kg
Fahrgeschwindigkeit: max. 0,11 m/s
Stromversorgung: 230 V / 50 Hz
Steuerung: Totmannsteuerung
Bedienung: Fernbedienung und Taster, Joystick auf Lehne
Fahrschiene: Stahlrohr, pulverbeschichtet

Kosten: Stand 4.Quartal 2021 Bundesdurchschnitt

4 Sitzlift, Treppe innen, gerade KG **461**
Wie Ausführungsbeschreibung A 1
Treppenlauf: gerade
−€   4.423€   **7.820**€ 10.653€   −€   [St]   −   369.000.004

5 Sitzlift, Treppe innen, gewendelt KG **461**
Wie Ausführungsbeschreibung A 1
Treppenlauf: gewendelt
−€   8.961€   **13.057**€ 19.358€   −€   [St]   −   369.000.005

A 2 Plattformlift, Treppe
Beschreibung für Pos. 6-8

Plattformlift mit Fahrschiene und Antriebsseil, für Treppen mit Plattformrückwand und äußerer Wandbefestigung, Plattform mit Auffahrrampen, automatischen Sicherheitsbügel und Bedieneinheit.
Nutzgröße: mind. 860 x 650 mm
Förderlänge: ..... m (1 Wohngeschoss)
Neigungswinkel: 0-..... °
Betrieb: Seilantrieb, bis 2,2 kW
Tragfähigkeit: 250 kg
Fahrgeschwindigkeit: max. 0,52 m/s
Stromversorgung: 230 V / 50 Hz
Steuerung: Totmannsteuerung
Bedienung: Außenbefehlsgeber, Bedienpaneel
Schlüsselaktivierung: **ja / nein**
Fahrschiene: Stahlrohrpaar, pulverbeschichtet

▶ min
▷ von
ø Mittel
◁ bis
◀ max

6 Plattformlift, Treppe innen, gerade KG **461**
Wie Ausführungsbeschreibung A 2
Einbauort: innen
Treppenlauf: gerade
−€   10.576€   **13.089**€ 18.973€   −€   [St]   −   369.000.006

7 Plattformlift, Treppe innen, gewendelt KG **461**
Wie Ausführungsbeschreibung A 2
Einbauort: innen
Treppenlauf: gewendelt
−€   16.435€   **22.050**€ 25.768€   −€   [St]   −   369.000.007

Nr.	Kurztext / Langtext						Kostengruppe	
▶	▷	ø netto €	◁	◀		[Einheit]	Ausf.-Dauer	Positionsnummer

8 Plattformlift, Treppe außen, gerade KG **461**
Wie Ausführungsbeschreibung A 2
Einbauort: außen
Treppenlauf: gerade

| –€ | 15.256 € | **18.230** € | 20.563 € | –€ | [St] | – | 369.000.008 |

A 3 Hublift, Förderplattform   Beschreibung für Pos. **9-10**

Hublift mit Förderplattform und Fördermast, Konstruktion selbsttragend, mit Wandbefestigung, Geländer mit Ausfachung, Bekleidungen aus Metall, sowie oberer Sicherheitstüre mit Blechbekleidung zur Sturzabsicherung und mitfahrender Sicherheitstüre.
Zugänge: gegenüber, 90° versetzt
Nutzgröße: 1.100 mm x 1.400 mm
Schachtgrube: .....
Betrieb: Spindelantrieb, 1,5 kW
Tragfähigkeit: 340 kg
Fahrgeschwindigkeit: max. 0,005 m/s
Stromversorgung: 230 V / 50 Hz
Steuerung: Totmannsteuerung
Bedienung: Wippschalter
Schlüsselaktivierung: **ja / nein**
Rahmen der Antriebseinheit und Türen: Aluminium, eloxiert
Geländer: Edelstahl
Ausfachung: Stahlblech, pulverbeschichtet
Farbe: .....
Bekleidung: .....

9 Hublift, Förderplattform, 1,5m KG **461**
Wie Ausführungsbeschreibung A 3
Einbauort: **Hochparterre / versetzte Geschossebene, innen/außen**
Förderhöhe: bis 1,5 m

| –€ | 6.301 € | **12.307** € | 14.512 € | –€ | [St] | – | 369.000.009 |

10 Hublift, Förderplattform, 3,0m KG **461**
Wie Ausführungsbeschreibung A 3
Einbauort: ....., **innen / außen**
Förderhöhe: bis 3,0 m

| –€ | 16.409 € | **20.191** € | 21.665 € | –€ | [St] | – | 369.000.010 |

LB 369 Aufzüge

Kosten:
Stand 4.Quartal 2021
Bundesdurchschnitt

Nr.	Kurztext / Langtext					[Einheit]	Ausf.-Dauer	Kostengruppe Positionsnummer
▶	▷	ø netto €	◁	◀				

A 4 Personenaufzug, Plattform, verglast, barrierefrei — Beschreibung für Pos. **11**

Aufzugsanlage mit Senkrechtplattform und Seitenschutz, Aufzugstraggerüst aus Stahlprofilen mit Verglasung, Automatiktüren, Bedienelementen, Ausstattungen und Klappsitz. Die Inbetriebnahme mit Schlüsselschalter am Bedientableau an Zugang, Sicherheitseinrichtung mit Not-Stopptaster, Notruf, Notruftonsignal, Notlicht und Notablass bei Stromausfall.

Einbauort: außen
Tragfähigkeit: 400 kg
Geschwindigkeit: 0,15 m/s
Bedienung: Tableaus
Stromversorgung: 230 V / 50 Hz
Steuerung: Totmann-Steuerung, Selbsterhaltungsteuerung
Schachtkonstruktion: Stahlprofile, lackiert
Verglasung: Wärmeschutzglas, Sicherheitsverglasung
U-Werte, Hüllflächen: .....
Schachtgrubentiefe: .....
Türen: .....

11 Plattformaufzug, barrierefrei, verglast, außen — KG **461**

Wie Ausführungsbeschreibung A 4
Haltestellen: 2
Förderhöhe: bis 15 m

| –€ | 28.223€ | **38.575€** | 47.625€ | –€ | [St] | – | 369.000.011 |

12 Stundensatz, Facharbeiter/-in

Stundenlohnarbeiten für Facharbeiter, Spezialfacharbeiter, Vorarbeiter und jeweils Gleichgestellte. Leistung nach besonderer Anordnung der Bauüberwachung. Nachweis und Anmeldung gem. VOB/B.

| 51€ | 76€ | **84€** | 103€ | 128€ | [h] | ⏱ 1,00 h/h | 369.000.012 |

13 Stundensatz, Helfer/-in

Stundenlohnarbeiten für Werker, Fachwerker und jeweils Gleichgestellte. Leistung nach besonderer Anordnung der Bauüberwachung. Nachweis und Anmeldung gem. VOB/B.

| 35€ | 52€ | **63€** | 89€ | 117€ | [h] | ⏱ 1,00 h/h | 369.000.013 |

▶ min
▷ von
ø Mittel
◁ bis
◀ max

ANHANG

Verzeichnis der Architektur- und Planungsbüros

Verzeichnis der Architektur- und Planungsbüros

Architektur- und Planungsbüros	Objektnummer
AHM Architekten; Berlin	1300-0271
ARCHWERK Generalplaner KG; Bochum	1300-0279
AW+ Planungsgesellschaft mbH; Eiterfeld	1300-0254
bau grün ! energieeffiziente Gebäude; Architekt D. Finocchiaro; Mönchengladbach	6100-1289
brack architekten; Kempten	6100-1262
BRATHUHN + KÖNIG; Architektur- und Ingenieur-PartGmbB; Braunschweig	6200-0077
CGG mbH; Cottbus	6100-1483
Deppisch Architekten GmbH; Freising	6100-1336
Dillig Architekten GmbH; Simmern	5100-0124
Dritte Haut° Architekten; Berlin	6100-1316
Funken Architekten; Erfurt	6100-1482
Gebhardt, Walter; Architekt; Hamburg	6100-1383
Graf, Rainer; Architekt; Architektur + Energiekonzepte; Ofterdingen	1300-0240, 6100-1338, 6100-1339
Griebel Architekturbüro; Lehnsahn	6100-1505
hartmann l s architekten BDA; Telgte	6100-1442
htm.a Hartmann Architektur GmbH; Hannover	1300-0253
Jenichen, Samuel; Architekturbüro; Dresden	6100-1306
Kauffmann Theilig & Partner; Freie Architekten BDA; Ostfildern	5200-0013
kbg architekten; bagge grothoff partner; Oldenburg	1300-0231
KÖBER-PLAN GmbH; Brandenburg	7600-0081
KÖNIG Architekturbüro; Magdeburg	9100-0144
Krekeler, Dr.; Generalplaner GmbH; Brandenburg	9100-0127
Küssner Architekten BDA; Kleinmachnow	6100-1337
Leistner Fahr Architektenpartnerschaft; Reinbek	6100-1311
Leonhard Architekten; München	4400-0250
medienundwerk; Karlsruhe	7100-0058
Michelmann-Architekten GmbH; Isernhagen	7300-0100
Mögel, Helmut; Freier Architekt BDA; Stuttgart	7700-0080
mse architekten gmbh; Kaufbeuren	5200-0014
Ostermann Architekten; Hamburg	6100-1500
Plan.Concept Architekten GmbH; Osnabrück	1300-0269
Planungsgemeinschaft blauraum Architekten; ASSMANN BERATEN+PLANEN GmbH; Hamburg	7100-0052
pohlmann, ralf; architekten; Waddeweitz	4100-0175, 4400-0298
RoA Rongen; Architekten PartG mbB; Wassenberg	6100-1335, 6100-1426, 6100-1433, 6400-0100
Rossmann, Andreas; Freier Architekt BDA; Schwerin	4100-0161
Rühmann Architekturbüro; Steenfeld	6100-1294
Schwalm Architekturbüro; Karlskron	4400-0293
studio moeve architekten bda; Darmstadt	1300-0227
TABERY ARCHITEKTURBÜRO; Bremervörde	4100-0189
Tectum Hille Kobelt Architekten BDA; Weimar	5100-0115
Tenbücken, Jan; Architekt; Köln	6100-1375
TW.Architekten; Többen Woschek; Hannover	7300-0100
wagner + ewald architekten; Ginsheim-Gustavsburg	4400-0307
Wamsler, Martin; Freier Architekt BDA; Friedrichshafen	6100-1186
Werkgruppe Freiburg Architekten; Freiburg	6100-1400
Wohlenberg Architekturbüro; Eckernförde	5300-0017
Wolff, Torsten; M.A. Architekt; Erfurt	6100-1482

Der Herausgeber dankt den genannten Büros für die zur Verfügung gestellten Objektdaten.

Nutzen Sie die Vorteile Ihrer Projekt-Veröffentlichung in den BKI-Produkten:
- Dokumentierte Kosten Ihres Projektes nach DIN 276
- Ausbau und Erweiterung Ihrer bürointernen Baukostendaten für Folgeprojekte
- Dokumentationsunterlagen als Referenz für Ihre Projekt-Akquise
- Aufwandsentschädigung von bis zu 700,- €
- Aufnahme Ihrer Bürodaten in die Liste der BKI Architekt*innen und Planer*innen
- Kostenloses Fachbuch

Weitere Informationen unter www.bki.de/bki-verguetung.html

ANHANG

Regionalfaktoren

Regionalfaktoren Deutschland

Diese Faktoren geben Aufschluss darüber, inwieweit die Baukosten in einer bestimmten Region Deutschlands teurer oder günstiger liegen als im Bundesdurchschnitt. Sie können dazu verwendet werden, die BKI Baukosten an das besondere Baupreisniveau einer Region anzupassen.

Hinweis: Alle Angaben wurden durch Untersuchungen des BKI weitgehend verifiziert. Dennoch können Abweichungen zu den angegebenen Werten entstehen. In Grenznähe zu einem Land-/Stadtkreis mit anderen Baupreisfaktoren sollte dessen Baupreisniveau mit berücksichtigt werden, da die Übergänge zwischen den Land-/Stadtkreisen fließend sind. Die Besonderheiten des Einzelfalls können ebenfalls zu Abweichungen führen.

Für die größeren Inseln Deutschlands wurden separate Regionalfaktoren ermittelt. Dazu wurde der zugehörige Landkreis in Festland und Inseln unterteilt. Alle Inseln eines Landkreises erhalten durch dieses Verfahren den gleichen Regionalfaktor. Der Regionalfaktor des Festlandes erhält keine Inseln mehr und ist daher gegenüber früheren Ausgaben verringert.

Land- / Stadtkreis / Insel	Bundeskorrekturfaktor
Aachen, Städteregion	0,948
Ahrweiler	0,974
Aichach-Friedberg	1,073
Alb-Donau-Kreis	1,017
Altenburger Land	0,877
Altenkirchen (Westerwald)	0,968
Altmarkkreis Salzwedel	0,825
Altötting	1,000
Alzey-Worms	0,980
Amberg, Stadt	1,036
Amberg-Sulzbach	1,006
Ammerland	0,794
Amrum, Insel	1,402
Anhalt-Bitterfeld	0,771
Ansbach	1,020
Ansbach, Stadt	1,097
Aschaffenburg	1,114
Aschaffenburg, Stadt	1,096
Augsburg	1,075
Augsburg, Stadt	1,147
Aurich, Festlandanteil	0,768
Aurich, Inselanteil	1,294
Bad Dürkheim	0,976
Bad Kissingen	1,039
Bad Kreuznach	0,995
Bad Tölz-Wolfratshausen	1,143
Baden-Baden, Stadtkreis	0,994
Baltrum, Insel	1,294
Bamberg	1,026
Bamberg, Stadt	1,098
Barnim	0,875
Bautzen	0,877
Bayreuth	1,064
Bayreuth, Stadt	1,075
Berchtesgadener Land	1,096
Bergstraße	1,041
Berlin, Stadt	1,100
Bernkastel-Wittlich	1,019
Biberach	0,994
Bielefeld, Stadt	0,867
Birkenfeld	0,984
Bochum, Stadt	0,870
Bodenseekreis	0,989
Bonn, Stadt	0,956
Borken	0,935
Borkum, Insel	1,038
Bottrop, Stadt	0,885
Brandenburg an der Havel, Stadt	0,944
Braunschweig, Stadt	0,876
Breisgau-Hochschwarzwald	1,079
Bremen, Stadt	0,970
Bremerhaven, Stadt	0,977
Burgenlandkreis	0,892
Böblingen	1,111
Börde	0,887
Calw	1,069
Celle	0,857
Cham	0,890
Chemnitz, Stadt	0,838
Cloppenburg	0,778
Coburg	0,995
Coburg, Stadt	1,103
Cochem-Zell	1,015
Coesfeld	0,931
Cottbus, Stadt	0,799
Cuxhaven	0,826
Dachau	1,182
Dahme-Spreewald	0,883
Darmstadt, Stadt	1,029

Darmstadt-Dieburg	1,017
Deggendorf	0,986
Delmenhorst, Stadt	0,756
Dessau-Roßlau, Stadt	0,964
Diepholz	0,833
Dillingen a.d.Donau	1,037
Dingolfing-Landau	0,956
Dithmarschen	0,945
Donau-Ries	1,003
Donnersbergkreis	0,970
Dortmund, Stadt	0,785
Dresden, Stadt	0,910
Duisburg, Stadt	0,933
Düren	0,968
Düsseldorf, Stadt	1,018
Ebersberg	1,213
Eichsfeld	0,866
Eichstätt	1,052
Eifelkreis Bitburg-Prüm	0,977
Eisenach, Stadt	0,907
Elbe-Elster	0,852
Emden, Stadt	0,706
Emmendingen	1,061
Emsland	0,806
Ennepe-Ruhr-Kreis	0,933
Enzkreis	1,027
Erding	1,105
Erfurt, Stadt	0,881
Erlangen, Stadt	1,199
Erlangen-Höchstadt	1,040
Erzgebirgskreis	0,904
Essen, Stadt	0,959
Esslingen	1,041
Euskirchen	0,952
Fehmarn, Insel	1,211
Flensburg, Stadt	0,807
Forchheim	1,080
Frankenthal (Pfalz), Stadt	0,929
Frankfurt (Oder), Stadt	0,801
Frankfurt am Main, Stadt	1,007
Freiburg im Breisgau, Stadtkreis	1,105
Freising	1,086
Freudenstadt	1,073
Freyung-Grafenau	0,982
Friesland, Festlandanteil	0,857
Friesland, Inselanteil	1,657
Fulda	1,001
Föhr, Insel	1,402
Fürstenfeldbruck	1,202
Fürth	1,098
Fürth, Stadt	1,027
Garmisch-Partenkirchen	1,164
Gelsenkirchen, Stadt	0,842
Gera, Stadt	0,908
Germersheim	0,977
Gießen	0,999
Gifhorn	0,842
Goslar	0,887
Gotha	0,899
Grafschaft Bentheim	0,831
Greiz	0,955
Groß-Gerau	0,984
Göppingen	1,028
Görlitz	0,827
Göttingen	0,867
Günzburg	1,066
Gütersloh	0,927
Hagen, Stadt	0,865
Halle (Saale), Stadt	0,803
Hamburg, Freie und Hansestadt	1,183
Hameln-Pyrmont	0,817
Hamm, Stadt	0,887
Hannover, Region	0,901
Harburg	1,032
Harz	0,832
Havelland	0,948
Haßberge	1,074
Heidekreis	0,850
Heidelberg, Stadtkreis	1,029
Heidenheim	1,019
Heilbronn	1,036
Heilbronn, Stadtkreis	0,992
Heinsberg	0,924
Helgoland, Insel	1,959
Helmstedt	0,897
Herford	0,889
Herne, Stadt	0,929
Hersfeld-Rotenburg	1,015
Herzogtum Lauenburg	0,914
Hiddensee, Insel	1,123
Hildburghausen	0,915
Hildesheim	0,881
Hochsauerlandkreis	0,936
Hochtaunuskreis	1,011
Hof	1,112
Hof, Stadt	1,101
Hohenlohekreis	1,031
Holzminden	0,854
Höxter	0,907
Ilm-Kreis	0,816
Ingolstadt, Stadt	1,117

Ort	Faktor
Jena, Stadt	0,942
Jerichower Land	0,814
Juist, Insel	1,294
Kaiserslautern	0,960
Kaiserslautern, Stadt	0,919
Karlsruhe	1,022
Karlsruhe, Stadtkreis	1,120
Kassel	0,977
Kassel, Stadt	1,043
Kaufbeuren	1,025
Kelheim	1,038
Kempten (Allgäu)	0,966
Kiel, Stadt	1,045
Kitzingen	1,066
Kleve	0,950
Koblenz, Stadt	0,984
Konstanz	1,086
Krefeld, Stadt	0,905
Kronach	1,164
Kulmbach	1,047
Kusel	0,926
Kyffhäuserkreis	0,872
Köln, Stadt	0,984
Lahn-Dill-Kreis	0,993
Landau in der Pfalz, Stadt	0,919
Landsberg am Lech	1,176
Landshut	0,992
Landshut, Stadt	1,149
Langeoog, Insel	1,406
Leer, Festlandanteil	0,738
Leer, Inselanteil	1,038
Leipzig	0,956
Leipzig, Stadt	0,780
Leverkusen, Stadt	0,930
Lichtenfels	1,053
Limburg-Weilburg	0,999
Lindau (Bodensee)	1,053
Lippe	0,903
Ludwigsburg	1,079
Ludwigshafen am Rhein, Stadt	0,971
Ludwigslust-Parchim	0,924
Lörrach	1,053
Lübeck, Hansestadt	1,014
Lüchow-Dannenberg	0,841
Lüneburg	0,932
Magdeburg, Stadt	0,837
Main-Kinzig-Kreis	0,988
Main-Spessart	1,069
Main-Tauber-Kreis	1,054
Main-Taunus-Kreis	0,998
Mainz, Stadt	0,980
Mainz-Bingen	1,028
Mannheim, Stadtkreis	0,975
Mansfeld-Südharz	0,847
Marburg-Biedenkopf	1,004
Mayen-Koblenz	0,974
Mecklenburgische Seenplatte	0,904
Meißen	0,928
Memmingen	1,037
Merzig-Wadern	0,987
Mettmann	0,889
Miesbach	1,260
Miltenberg	1,121
Minden-Lübbecke	0,882
Mittelsachsen	0,885
Märkisch-Oderland	0,884
Märkischer Kreis	0,918
Mönchengladbach, Stadt	0,901
Mühldorf a.Inn	1,032
Mülheim an der Ruhr, Stadt	0,904
München	1,298
München, Stadt	1,573
Münster, Stadt	0,886
Neckar-Odenwald-Kreis	1,036
Neu-Ulm	1,066
Neuburg-Schrobenhausen	1,059
Neumarkt i.d.OPf.	1,010
Neumünster, Stadt	0,884
Neunkirchen	0,977
Neustadt a.d.Aisch-Bad Windsheim	1,112
Neustadt a.d.Waldnaab	1,042
Neustadt an der Weinstraße, Stadt	1,019
Neuwied	0,910
Nienburg (Weser)	0,674
Norderney, Insel	1,294
Nordfriesland, Festlandanteil	1,052
Nordfriesland, Inselanteil	1,402
Nordhausen	0,832
Nordsachsen	0,909
Nordwest-Mecklenburg, Inselanteil	1,191
Nordwestmecklenburg, Festlandanteil	0,941
Northeim	0,890
Nürnberg, Stadt	1,064
Nürnberger Land	1,065
Oberallgäu	1,040
Oberbergischer Kreis	0,941
Oberhausen, Stadt	0,917
Oberhavel	0,939
Oberspreewald-Lausitz	0,865
Odenwaldkreis	1,000
Oder-Spree	0,914

Offenbach	1,000
Offenbach am Main, Stadt	0,968
Oldenburg	0,840
Oldenburg (Oldb), Stadt	0,857
Olpe	1,019
Ortenaukreis	1,035
Osnabrück	0,820
Osnabrück, Stadt	0,787
Ostalbkreis	1,034
Ostallgäu	1,076
Osterholz	0,836
Ostholstein, Festlandanteil	0,961
Ostholstein, Inselanteil	1,211
Ostprignitz-Ruppin	0,905
Paderborn	0,898
Passau	0,964
Passau, Stadt	1,075
Peine	0,883
Pellworm, Insel	1,402
Pfaffenhofen a.d.Ilm	1,076
Pforzheim, Stadtkreis	0,998
Pinneberg, Festlandanteil	0,959
Pinneberg, Inselanteil	1,959
Pirmasens, Stadt	0,961
Plön	1,014
Poel, Insel	1,191
Potsdam, Stadt	1,041
Potsdam-Mittelmark	0,987
Prignitz	0,807
Rastatt	1,004
Ravensburg	1,021
Recklinghausen	0,872
Regen	0,990
Regensburg	1,028
Regensburg, Stadt	1,109
Rems-Murr-Kreis	1,042
Remscheid, Stadt	0,882
Rendsburg-Eckernförde	0,939
Reutlingen	1,021
Rhein-Erft-Kreis	0,948
Rhein-Hunsrück-Kreis	1,005
Rhein-Kreis Neuss	0,864
Rhein-Lahn-Kreis	0,998
Rhein-Neckar-Kreis	1,058
Rhein-Pfalz-Kreis	0,971
Rhein-Sieg-Kreis	0,961
Rheingau-Taunus-Kreis	1,031
Rheinisch-Bergischer Kreis	0,986
Rhön-Grabfeld	1,040
Rosenheim	1,193
Rosenheim, Stadt	1,099
Rostock	0,966
Rostock, Stadt	0,997
Rotenburg (Wümme)	0,767
Roth	1,017
Rottal-Inn	1,001
Rottweil	1,002
Rügen, Insel	1,123
Saale-Holzland-Kreis	0,870
Saale-Orla-Kreis	0,822
Saalekreis	0,847
Saalfeld-Rudolstadt	0,980
Saarbrücken, Regionalverband	0,948
Saarlouis	0,973
Saarpfalz-Kreis	0,990
Salzgitter, Stadt	0,848
Salzlandkreis	0,808
Schaumburg	0,859
Schleswig-Flensburg	0,928
Schmalkalden-Meiningen	0,979
Schwabach, Stadt	1,123
Schwalm-Eder-Kreis	0,978
Schwandorf	1,002
Schwarzwald-Baar-Kreis	1,000
Schweinfurt	1,061
Schweinfurt, Stadt	1,012
Schwerin, Stadt	1,054
Schwäbisch Hall	0,976
Segeberg	0,974
Siegen-Wittgenstein	0,968
Sigmaringen	1,038
Soest	0,945
Solingen, Stadt	0,881
Sonneberg	0,951
Speyer, Stadt	1,132
Spiekeroog, Insel	1,406
Spree-Neiße	0,788
St. Wendel	1,017
Stade	0,899
Starnberg	1,310
Steinburg	0,930
Steinfurt	0,921
Stendal	0,739
Stormarn	0,984
Straubing, Stadt	1,207
Straubing-Bogen	1,027
Stuttgart, Stadtkreis	1,136
Suhl, Stadt	1,021
Sylt, Insel	1,402
Sächsische Schweiz-Osterzgebirge	0,962
Sömmerda	0,883
Südliche Weinstraße	0,984
Südwestpfalz	0,971

Teltow-Fläming 0,971
Tirschenreuth 0,995
Traunstein 1,138
Trier, Stadt 1,039
Trier-Saarburg 1,054
Tuttlingen 1,025
Tübingen 1,023

Uckermark 0,829
Uelzen 0,868
Ulm, Stadtkreis 1,053
Unna 0,882
Unstrut-Hainich-Kreis 0,862
Unterallgäu 0,996
Usedom, Insel 1,134

Vechta 0,845
Verden 0,890
Viersen 0,976
Vogelsbergkreis 0,957
Vogtlandkreis 0,925
Vorpommern-Greifswald, Festlandanteil 0,884
Vorpommern-Greifswald, Inselanteil 1,134
Vorpommern-Rügen, Festlandanteil 0,873
Vorpommern-Rügen, Inselanteil 1,123
Vulkaneifel 0,988

Waldeck-Frankenberg 0,981
Waldshut 1,099
Wangerooge, Insel 1,657
Warendorf 0,912
Wartburgkreis 0,928
Weiden i.d.OPf., Stadt 0,996
Weilheim-Schongau 1,156
Weimar, Stadt 0,997
Weimarer Land 0,948
Weißenburg-Gunzenhausen 1,061
Werra-Meißner-Kreis 0,969
Wesel 0,896
Wesermarsch 0,810
Westerwaldkreis 0,952
Wetteraukreis 1,019
Wiesbaden, Stadt 1,016
Wilhelmshaven, Stadt 0,821
Wittenberg 0,816
Wittmund, Festlandanteil 0,776
Wittmund, Inselanteil 1,406
Wolfenbüttel 0,872
Wolfsburg, Stadt 0,887
Worms, Stadt 0,964
Wunsiedel i.Fichtelgebirge 1,117
Wuppertal, Stadt 0,848
Würzburg 1,083
Würzburg, Stadt 1,221

Zingst, Insel 1,123
Zollernalbkreis 1,034
Zweibrücken, Stadt 1,036
Zwickau 0,949

ANHANG

Index Elementbeschreibungen und Positionen

Benutzerhinweise

Die Stichworte verweisen auf Fundstellen bei den Elementbeschreibungen der 1. bis 4. Ebene und bei den Positionen. Die Fundstellen der 1. bis 3. Ebene verweisen wiederum auf die entsprechenden Objekte, so dass der Objektbezug hergestellt werden kann.

A

Abbruch Einbauleuchte 1042
Abdeckung, Duschrinne, Edelstahl 909
Abflussleitung, PP-Rohr, schallgedämmt 906, 1011, 1012
Abgasanlage 117, 157, 212, 233, 295, 318, 319, 447
Abgasanlage, Edelstahl 837
Abluftanlage 56, 128, 129, 211, 261, 552
Abluftventilator, Einbaugerät 971
Absperrklappen 851, 852
Absperr-Schrägsitzventil 892
Absperrventil, Guss 859, 860
Absperrvorrichtung, K90, DN100 970
Abwasser-Abzweig, PP, schallgedämmt 907, 908
Abwasserkanal, PVC-U 1012
Abwasserleitung, Guss 900, 901, 902, 1009, 1010
Abwasserleitung, HT-Rohr 904, 1010, 1011
Abwasserleitung, PE-Rohr 904, 905, 1011
Abwasser-Rohrbogen, PP, schallgedämmt 907
Abzweigstück, Luftleitung 975
Anbauleuchte, LED, Feuchtraum 952
Anbindeleitung, PE-X, Fußbodenheizung 882
Aufzug 80, 106, 108, 156, 446, 596, 619, 620, 702
Ausdehnungsgefäß 849
Ausgussbecken, Stahl 917
Außenwanddurchlass 978, 979

B

Badewanne ausbauen 1016
Badewanne, Stahl 913, 1017, 1018
Badheizkörper/Handtuchheizkörper, Stahl beschichtet 860
barrierefrei 175, 193, 203, 482, 483, 494, 654, 657, 712
Batterie 203, 651
Batteriespeicher 72, 73, 401, 402
Bauteilaktivierung 56, 97, 537, 543, 558, 565
Be- und Entlüftungsgerät 970, 971
behindertengerechte Einstiege 210
Belegreifheizen, Fußbodenheizung 883
Betonkernaktivierung 106, 107
Bettenaufzug 965, 1049
BHKW 64, 116
Bidet, Keramik 917
Blitzschutz 96, 128, 138, 148, 174, 211, 223, 232, 334, 350, 436, 581, 615, 676, 698, 699
Blitzschutzanlage 106, 156, 182, 192, 201, 268, 276, 401, 411, 428, 464, 481, 492, 503, 698
Bodenablauf 899, 908
Bodenkanalheizungen 106, 107
Brandmeldeanlage 106, 130, 138, 148, 156, 166, 167, 250, 446, 448, 483, 492, 595, 596, 598, 709
Brandmeldecomputer 139, 149, 483, 495, 504, 595, 598, 599, 709
Brandmeldezentrale 64, 65, 108, 116, 117, 252, 472, 594, 595, 597, 709
Brandschutzabschottung, R90 928, 1031, 1032, 1033
Brandschutzklappen, RLT 976
Brunnenanlage 848, 849

D

Dachentwässerung DN80 899
Dimmer 81, 223, 252, 278, 295
Doppelabzweig, SML 906
Drallauslass, Decke 975
Dreifach-Schukosteckdose 945, 946
Dreiwegeventil 852
Drosselklappe 977
Druckleitung, Schmutzwasserhebeanlage 906
Duschabtrennung, Kunststoff 916, 1020
Duschhandlauf 921, 1021
Duschrinne, Edelstahl, 908
Duschsitz, klappbar 922
Duschwanne ausbauen 1016
Duschwanne, Stahl 915, 916, 1019, 1020
Düsensauginfiltrationsanlage 106

E

Eckventil 891
EIB 56, 57, 98, 108, 158, 224, 261, 495, 664, 687, 688, 719
Einbaudownlight, LED 954, 1044
Einbauleuchte, LED 953, 1043
Einbruchmeldeanlage 80, 81, 130, 446, 448, 481, 483, 594, 595, 598, 709
Einhandmischer 914, 917, 918, 1018
Einhand-Waschtischarmatur 1017
Einhebelmischarmatur, Dusche 916, 1020
Einhebel-Mischbatterie, Standmontage 913
Einregulierung/Inbetriebnahme, Fußbodenheizung 883
Eisspeicher 302, 303
Elektroinstallationsrohr 936, 1039
Enthärtungsanlage 893
Erdgas-BHKW-Anlage 840, 841
Erdsonden 376, 662
Erdsondenanlage, Wärmepumpe 849

F

Fehlerstromschutzschalter 949
Fehlerstromschutzschalter 949

Fernwärmeübergabestation 659
Fingerscanner 72, 73
Flachheizkörper ausbauen, bis 50kg 997
Flach-Solarkollektoranlage 842, 993, 994
Formstück, Abzweig 900, 901, 902
Formstück, Bogen 900, 901, 902
Formstück, HT Doppelabzweig 904
Formstück, HT Übergangsrohr 904
Formstück, HT-Abzweig 903, 904
Formstück, HT-Bogen 903, 904
Formstück, PE-Abzweig 905
Formstück, PE-Bogen 905
Formstück, PE-Putzstück 905
Formstücke, verzinkt, Luftleitung 973
Formteile, Kunststoff, Lüftungskanäle 973
Füll- und Entleerventil, DN15 893
Füllset, Heizung 853
Funktionsheizen, Fußbodenheizung 883
Fußbodenheizung, Typ A 882

G

Gas-Brennwertkessel 832, 833, 834, 989, 990, 991
Gas-Brennwerttherme, Wand 831, 987
Gas-Niedertemperaturkessel 988
Gebäudeautomation 80, 88, 96, 106, 128, 138, 156, 174, 211, 221, 446, 492
Geothermieanlage 384, 385
Gerätedose, Brandschutz, uP 944
Gerätedose, uP, luftdicht 945
Geräteeinbaukanal 941, 1041
Gewinderohrleitung, ausbauen 997
Gitterrinne, Stahl 935
Glasfaserkabel 96, 98
Großkücheneinrichtung 65
Grundleitung, PVC-U 900
Gussrohrleitung ausbauen 1009

H

Haltegriff, Edelstahl 921, 1021
Haltegriff, Kunststoff 921
Haltegriffkombination, BW-Duschbereich 921
Handtuchspender, Stahlblech 1017
Handwaschbecken, Keramik 912, 1016
Hausalarmanlage 192, 193, 393, 503, 504, 596, 598, 599
Hauseinführung 886
Hauswasserstation, Druckminderer/Wasserfilter 886
Hebeanlage 899
Heizkessel ausbauen, Stahl 987
Heizkörper ausbauen/wiedermontieren 878, 998
Heizkörperverschraubung 878
Heizkreisverteiler, Fußbodenheizung, 5 Heizkreise 879
Heizöltank, stehend 837, 991
Heizungs-Not-Ausschalter, aP 944

Heizungspufferspeicher 842, 843
Heizungsverteiler, Vorlaufverteiler/Rücklaufsammler 838
Heizungsverteiler, Wandmontage 853
Holz/Pellet-Heizkessel 838, 839, 992
Hublift, Förderplattform 1051
Hygiene-Tiefspül-WC, barrierefrei 1022

I

Installationselement, barrierefreier Waschtisch 919, 920
Installationselement, barrierefreies WC 918
Installationselement, Hygiene-Spül-WC 919
Installationselement, Stützgriff 920
Installationselement, Urinal 917
Installationselement, Waschtisch 919, 1021
Installationselement, WC 918, 1020
Installationskleinverteiler, uP 948, 949
Installationsleitung, NYM-J 937, 938, 939, 940, 1038
Installationsleitung, symmetrisch J-Y(St)Y 957, 958, 959
Installationsschalter, Aus-/Wechselschalter, aP 944
Installationsschalter, Taster, aP 944

K

Kabelrinne, Stahl 935
Kabelrinne, Stahl, WA 1037, 1038
Kältemaschine 447, 559
Kaminofen 342, 343, 420, 421, 547, 549, 676
Kappenventil, Ausdehnungsgefäß 878
Kleingüteraufzug mit Traggerüst 966
Klimagerät 472, 473, 559
KNX 56, 57, 140, 158, 175, 473
Kompaktdämmhülse, Rohrleitung 925, 1027, 1028
Kompaktheizkörper, Stahl 866-875, 1000-1003
Körperschalldämmung 930
Kranbahn 448, 492, 495, 607
Kugelhahn 891
Kühldeckensegel 80, 81
Kulissenschalldämpfer, rechteckig, Stahlblech, verzinkt 971
Kulissenschalldämpfer, rund, Stahlblech, verzinkt 971
Kunststoff-Rohrleitung, ausbauen 1009
Kupferrohrleitung, ausbauen 997
KWL-Lüftungsgerät mit WRG 979, 980

L

Ladestation 350, 351
Lasttrennschalter, 63A 951
Leitung, Edelstahlrohr 889, 890
Leitung, Kupferrohr 886, 888, 889, 1005-1007
Leitung, Kupferrohr ummantelt 894
Leitung, Metallverbundrohr 886, 887, 1005, 1006
Leitungsführungskanal PVC 936, 937, 1039, 1040
Leitungsschutzschalter 950
Lichtbänder 117, 130, 157, 212, 482
Löschwasserleitung, verzinktes Rohr 890, 891

Lufteitung, Spiralfalzrohre verzinkt 973, 974
Luftleitung, Alurohre, flexibel 974
Luftleitung, feuerbeständig L30/L90 973
Luftleitung, rechteckig, Kunststoff 972
Luftleitung, rechteckig, Stahlblech verzinkt 972
Lüftung mit Wärmerückgewinnung 555, 596, 613, 614
Lüftungsanlage 72, 106, 166, 174, 182, 202, 242, 268, 302, 303, 368, 369, 384, 385, 436, 446, 503, 533, 553, 554, 555
Lüftungsgerät 57, 73, 88, 89, 139, 167, 175, 183, 243, 351, 447, 551, 552, 553, 554, 555, 556, 558, 678
Lüftungsgerät für Abluft 979
Lüftungsgerät mit WRG, Bypass, Feuerstättenfunktion 978
Lüftungsgitter, Zu-/Abluft 975
Lüftungskanal Mineral alukaschiert 927
Lüftungszentralgerät 156, 157, 350

M
Manometer, Rohrfeder 859
Membran-Sicherheitsventil, Guss 878
Membran-Sicherheitsventil, Warmwasserbereiter 893
Messung, Feuchte, Fußbodenheizung 883
Montageelement ausbauen 1016
Muffenkugelhahn, Guss 878

N
Nachrüstaufsatz, Hygiene-Tiefspül-WC 1023
Nachrüstung Türeinstieg Badewanne (Bestand) 1023
Neutralisationsanlage, Brennwertgeräte 838
Noppen/EPS-Systemträger, Fußbodenheizung 881
Noppen-Systemträger, Fußbodenheizung 881
Notruf, behindertengerechtes WC 915

O
Öl-Brennwertkessel 834, 835, 836, 837

P
Papierhandtuchspender, Wandmontage 918
Pellet 269, 310, 311, 319, 456, 457, 534, 536, 659, 661
Pellet-Fördersystem 839, 840, 993
Pendelleuchte, LED 953, 954, 1043
Personenaufzug 605, 606, 961, 962-964, 1047, 1048, 1052
Photovoltaik 269, 562, 685, 947
Plattformaufzug, barrierefrei, verglast, außen 1052
Plattformlift, Treppe 1050, 1051
Potentialausgleichsschiene, Stahl, verzinkt 942
Putzstück, Guss 901, 902

R
Radiavektoren, Profilrohre 875, 876, 877
Rampenheizung 96
Raumsparsiphon, Waschtisch, unterfahrbar 913
Regenwasserspeicher 294, 334

Rohrbelüfter 899, 900
Rohrbogen, Luftleitung 975
Rohrdämmung, Mineralwolle, alukaschiert 1029
Rohrdämmung, MW/Blech 927
Rohrdämmung, MW/Blech 927
Rohrdämmung, MW-alukaschiert 926, 1029, 1030
Röhrenheizkörper, Stahl 865
Röhrenradiator ausbauen 997
Rohrleitung, C-Stahlrohr 861, 862, 863, 998
Rohrleitung, Kupfer 861
Rohrleitung, Mehrschichtrohr, Fußbodenheizung 864
Rohrleitung, PE-X, Fußbodenheizung 864
Rohrleitung, Stahlrohr 863
Rohrleitung, Verbundrohr, Fußbodenheizung 864
Rückkühler 64, 65, 447
Rückschlagventil 852

S
Satellitenanlage 708
Säuglingspflegebecken 167, 183
Schalldämpfer, flach, runder Anschluß 972
Schlitz herstellen, Mauerwerk 1037
Schmutzfänger, Guss, DN40 858
Schnellentlüfter, DN10 (Schwimmerentlüfter) 859
Schukosteckdose 945, 946, 947
Schutzummantelung, Fußbodenheizrohr 882
Seifenspender, Wandmontage 917
Sicherheitstrafo 97, 175, 505
Sicherungssockel D02 951
Sitzlift, Treppe innen 1050
Sockelleistenkanal 941, 1040
Solaranlage 156, 260, 286, 287, 534, 662, 663, 664, 669
Solarsystem 402, 535
Solarthermie 401
Soleflüssigkeit 535
Speichersystem 89
Speicher-Wassererwärmer mit Solar 850
Spiegel 913
Sportbodenheizung 192, 193
Spülkasten Stahl demontieren 1016
Stahlrohrleitung ausbauen 1004, 1005, 1009
Strangregulierventil, Guss 858
Stützgriff, fest 922, 923, 1023, 1024
Stützgriff, klappbar 923, 1024
Stützklappgriff, Edelstahl 1021

T
Tacker/EPS-Systemträger, Fußbodenheizung 881
Tastschalter 942
Tastschalter, Aus-/Wechselschalter 942, 943
Tastschalter, Kreuzschalter 942
Tastschalter, Taster, Kontrolllicht, uP 943
Teilklimaanlage 260, 446

Tellerventil, Zu-/Abluft 976
thermische Bauteilaktivierung 560
Thermostatarmatur, Badewanne 914
Thermostatventil, Guss 877
Trinkwarmwasserbereiter, Durchflussprinzip 843
Trinkwarmwasserspeicher 850

U

Übergabestation 243, 659
Überströmventil, Guss 858
Umlenkungsbogen, Heizleitung 880
Ummantelung, Anbindeleitung 883
Umwälzpumpen 850, 851
Unterkonstruktion Stützgriff/Sitz 920
Urinal demontieren 1016
Urinal, Keramik 917

V

Verbindungs-/Abzweigdose, aP 943
Verbindungs-/Abzweigkasten, aP 943
Verglasung Aufzug 966
Verteiler Heizungswasser 879
Verteilerschrank, Fußbodenheizung 880
VRF-Außengerät Heizen / Kühlen 980, 981
VRF-Innenwandgerät, Heizen / Kühlen 981, 982
VRF-Verteilereinheit, Innengerät 982

W

Wandablauf, bodengleiche Dusche 920
Wannenleuchte, LED, Feuchtraum 1042
Wärmedämmschalen für Armaturen und Pumpen 930, 931, 1034, 1035
Wärmedämmung, Rohrleitung, DN15 925
Wärmepumpe 57, 72, 73, 88, 96, 97, 128, 129, 148, 149, 166, 167, 201, 202, 222, 232, 233, 286, 287, 302, 303, 326, 327, 334, 335, 350, 351, 376, 377, 384, 385, 392, 393, 420, 421, 472, 473, 531, 532, 533, 534, 535, 536, 557, 569, 613, 662
Wärmepumpe, Wasser 844, 845
Wärmepumpe, Luft 847
Wärmepumpe, Sole 845, 846
Wärmerückgewinnung 72, 73, 96, 117, 138, 156, 157, 167, 222, 242, 260, 261, 287, 350, 368, 369, 438, 504, 551, 552, 553, 554, 555, 556, 557, 558
Warmwasser-Heizregister 976
Warmwasser-Zirkulationspumpe 893
Wartung Personenaufzug EN81-20 967
Waschbecken, behindertengerecht 913, 1021
Waschtisch ausbauen 1016
Waschtisch, Keramik 912, 1017
Waschtischbatterie ausbauen 1016
Wasserkühlmaschine 97
WC, behindertengerecht 914, 1022
WC, wandhängend 914, 1018
WC-Anlage ausbauen 1016
WC-Betätigung, berührungslos 1022
WC-Bürste 915
WC-Rückenstütze 922
WC-Sitz 915, 1018
WC-Spülkasten, mit Betätigungsplatte 914, 1022
WC-Toilettenpapierhalter 915
Wetterschutzgitter, Außenluft-/Fortluft 972
Wickelfalzrohr, Reduzierstück 977
WRG 80, 81, 106, 107, 129, 174, 268, 269, 351, 384, 385, 447

Z

Zählerschrank, uP, Multimediafeld 949
Zeigerthermometer, Bimetall 859
Zentralbatterie 447, 563
Zirkulations-Regulierventil 892
Zisterne 72, 521, 654
Zubehörmontage, VRF-Anlage 983
Zugangskontrollsysteme 139
zweier Wärmepumpen 538
Zweifach-Schukosteckdose 945, 946